NICKEL / SCHUMMER / SEIFERLE

LEHRBUCH DER ANATOMIE DER HAUSTIERE · BAND II

6. Auflage

Lehrbuch
der Anatomie der Haustiere

Von

DR. R. NICKEL †
o. Professor
ehem. Direktor des Anatomischen
Instituts der Tierärztlichen
Hochschule Hannover

DR. A. SCHUMMER †
o. Professor
ehem. Direktor des Veterinär-
Anatomischen Instituts der
Justus-Liebig-Universität Gießen

DR. E. SEIFERLE †
o. Professor
ehem. Direktor des Veterinär-
Anatomischen Instituts
der Universität Zürich

BAND II

SECHSTE AUFLAGE

VERLAG PAUL PAREY · BERLIN UND HAMBURG

Eingeweide

Von

DR. A. SCHUMMER †   DR. R. NICKEL †

Sechste, neubearbeitete Auflage

Von

DR. DR. h. c. K.-H. HABERMEHL
Univ.-Professor
Inhaber der Professur Veterinär-Anatomie I
des Fachbereichs Veterinärmedizin
der Justus-Liebig-Universität Gießen

DR. B. VOLLMERHAUS
Univ.-Professor
Vorstand des Instituts für Tieranatomie
der Ludwig-Maximilians-Universität München

DR. H. WILKENS
Univ.-Professor
Vorsitzender des Vorstands des Anatomischen Instituts
der Tierärztlichen Hochschule Hannover

Mit 560 Abbildungen, davon 39 mehrfarbig

1987

VERLAG PAUL PAREY · BERLIN UND HAMBURG

1. Auflage 1960

2. Auflage 1967
ISBN 3-489-55216-4

3. Auflage 1975
ISBN 3-489-71916-6

4. Auflage 1979
ISBN 3-489-71916-6

5. Auflage 1982
ISBN 3-489-65716-0

CIP-Kurztitelaufnahme der Deutschen Bibliothek

Nickel, Richard:
Lehrbuch der Anatomie der Haustiere / von R.
Nickel ; A. Schummer ; E. Seiferle. – Berlin ;
Hamburg : Parey
    Engl. Ausg. u.d.T.: Nickel, Richard: The
    anatomy of the domestic animals
NE: Schummer, August:; Seiferle, Eugen:

Bd. 2. Eingeweide / von A. Schummer ; R. Nickel. –
6., neubearb. Aufl. / von K.-H. Habermehl . . . –
1987.
    ISBN 3-489-50316-3
NE: Habermehl, Karl-Heinz [Bearb.]

Einbandentwurf: Atelier Karl-Christian Lege, Berlin

© Verlag Paul Parey, Berlin und Hamburg, 1987. Anschriften: Lindenstraße 44–47, D-1000 Berlin 61 ; Spitalerstraße 12, D-2000 Hamburg 1. Printed in Germany by Felgentreff & Goebel, D-1000 Berlin 61. Lithographien: Carl Schütte & C. Behling, D-1000 Berlin 42. Buchbinderei: Lüderitz & Bauer, D-1000 Berlin 61.

ISBN 3-489-50316-3

PAUL MARTIN

in Verehrung und Dankbarkeit gewidmet

PAUL MARTIN (1861–1937), Geheimer Medizinalrat Professor Dr. phil., Dr. Dr. med. vet. h. c.
Veterinäranatom von 1886–1901 in Zürich, von 1901–1928 in Gießen

Das Gesamtwerk gliedert sich wie folgt :

BAND I
Bewegungsapparat

BAND II
Eingeweide

BAND III
Kreislaufsystem
Haut und Hautorgane

BAND IV
Nervensystem, Endokrine Drüsen, Sinnesorgane

BAND V
Anatomie der Hausvögel

*

In englischer Sprache liegen vor :

BAND I
The Locomotor System of the Domestic Mammals

BAND II
The Viscera of the Domestic Mammals

BAND III
The Circulatory System, the Skin, and the Cutaneous
Organs of the Domestic Mammals

BAND V
Anatomy of the Domestic Birds

Vorwort zur sechsten Auflage

Bereits nach weniger als fünf Jahren ist die 5. Auflage des II. Bandes vom „Lehrbuch der Anatomie der Haustiere" vergriffen. Für diese und alle folgenden Auflagen hatte EUGEN SEIFERLE die Herren HABERMEHL, VOLLMERHAUS und WILKENS als Bearbeiter gewonnen. EUGEN SEIFERLE hat das Erscheinen der 5. Auflage im Frühjahr 1982 noch erlebt, ehe er uns im September 1983 für immer verließ.

Die Aufteilung des Stoffgebiets wurde unter den Bearbeitern schon bei der 5. Auflage abgesprochen. KARL-HEINZ HABERMEHL, Gießen, übernahm die Kapitel Körperhöhlen und Kopfdarm, HELMUT WILKENS, Hannover, einen Teil des Kapitels Rumpfdarm sowie den Atmungsapparat und BERND VOLLMERHAUS, München, einen Teil des Rumpfdarms mit den Darmanhangsdrüsen, die Milz sowie den Harn- und Geschlechtsapparat.

Bei der 5. Auflage hatten wir uns zunächst auf die Änderungen stilistischer, sprachlicher und drucktechnischer Fehler beschränkt. Bei der Vorbereitung der 6. Auflage erschien eine weitergehende Überarbeitung dringend erforderlich, weil einerseits der lehrbuchreife Kenntniszuwachs in der Veterinäranatomie aufgenommen werden mußte, andererseits die 1983 erschienene 3. Auflage der Nomina Anatomica Veterinaria zahlreiche weitere Änderungen enthielt, die es zu berücksichtigen galt. Die neuen veterinäranatomischen Forschungsergebnisse finden sich vorzugsweise in den Kapiteln Zähne, Darmanhangsdrüsen, Nieren und Begattungsorgane wieder. Die Beschreibung des Magengekröses wurde überarbeitet. Eine Reihe von Abbildungen wurde ausgetauscht bzw. ergänzt. Die dazu notwendigen Zeichnungen 157, 158, 162, 167, 412, 456 und 457 hat Frau BARBARA RUPPEL, München, angefertigt, wofür ihr herzlich gedankt sei.

Das Literaturverzeichnis wurde entsprechend erweitert. Die Seitenzahl des Bandes hat sich jedoch nur unwesentlich erhöht, wodurch der Charakter des Lehrbuchs, so wie er von den Begründern konzipiert war, erhalten bleiben konnte.

Allen Mitarbeitern unserer Institute, die mit notwendigen Hilfestellungen zum Gelingen der 6. Auflage beigetragen haben, insbesondere Frau MARIE-LUISE MEINECKE, Hannover, Frau Akad. Dir. Dr. HEIDE ROOS, München, und Frau Dr. CLAUDIA BECKER, Gießen, gilt unser aufrichtiger Dank.

Zu besonderem Dank sind wir Herrn Dr. h. c. Dr. h. c. FRIEDRICH GEORGI, Mitinhaber des Verlags Paul Parey, verpflichtet. Seiner Mitarbeiterin in der Herstellungsabteilung, Frau HELGA LIESE, sei für die gleichbleibende verständnisvolle Zusammenarbeit gedankt.

Möge die 6. Auflage, wie ihre Vorgänger, eine gute Aufnahme bei den Studierenden der Tiermedizin, aber auch bei den Tierärzten und Vertretern benachbarter Fachgebiete finden.

Gießen, München und Hannover, im Frühjahr 1987

KARL-HEINZ HABERMEHL, BERND VOLLMERHAUS, HELMUT WILKENS

Vorwort zur dritten Auflage

Ein besonderes Anliegen bei der Vorbereitung der 3. Auflage des Bandes II war die Angleichung der Fachausdrücke an die zur Zeit gültige internationale anatomische Nomenklatur, zu deren über Jahrzehnte sich erstreckende Genese und Metamorphose bis zu ihrem heutigen Stand hier einige Anmerkungen angebracht erscheinen.

Die in der Anatomie zur möglichst unmißverständlichen Beschreibung des menschlichen oder des tierischen Körpers, seiner Organsysteme, der Einzelorgane sowie zur Darstellung ihrer Topographie gebrauchten Termini technici, die sogenannten Nomina anatomica, sind bekanntlich meist der lateinischen, seltener der griechischen Sprache entlehnt. Diese in ihrem Ursprung Jahrhunderte zurückreichende und wegen neuer Forschungsergebnisse mit Neuschöpfungen immer weiter angereicherte Fachsprache wies jedoch neben Verstößen gegen die Sprachregeln vor allem in zunehmendem Maße unterschiedliche Auslegbarkeit ihrer Termini auf. Damit aber verlor sie mehr und mehr den ihr zugedachten Wert eines Instrumentes internationaler wissenschaftlicher Kommunikation.

Um diesem Mißstand abzuhelfen, wurde schon in den zurückliegenden Jahrzehnten von nationalen, aber auch von übernationalen Fachverbänden der Human- und der Veterinär-Anatomie wiederholt der Versuch einer sprachlichen und zugleich sachbezogenen Revision der Nomina anatomica unternommen, ohne daß diese Vorschläge internationale Anerkennung gefunden hätten.

Besondere Erwähnung verdient in diesem Zusammenhang die von der „Anatomischen Gesellschaft" 1895 in Basel beschlossene Liste der sogenannten „Baseler nomina anatomica" (B. N. A.) sowie die in revidierter Form aus diesen hervorgegangenen „Jenaer nomina anatomica" (J. N. A.), die von derselben Gesellschaft 1935 in Jena zur Anwendung empfohlen wurden.

Ein besonderes Merkmal der J. N. A. war, daß ihre Lage- und Richtungsbezeichnung sich nicht, wie in den B. N. A., auf die aufrechte Körperhaltung des Menschen, sondern auf die Grundstellung der vierbeinigen Tiere bezog. Während diese Neuregelung erstmalig auch die Belange der vergleichenden Anatomie der Wirbeltiere und damit die Interessen der Veterinär-Anatomie berücksichtigte, stieß sie bei den Human-Anatomen auf Ablehnung, da die neuen Lage- und Richtungsbezeichnungen, auf den Menschen angewendet, jeweils einen „Umdenkprozeß" erforderlich machten.

Ein entscheidender Schritt zur Internationalisierung der anatomischen Fachsprache für den Bereich der Human-Anatomie war die Anerkennung einer neuen Liste anatomischer Termini durch den 6. Internationalen Kongreß der Anatomen im Jahre 1955 in Paris. Diese, während mehrerer Jahre zuvor von einer Kommission erarbeiteten „Pariser nomina anatomica" (P. N. A.) sind mit wenigen Ausnahmen mit den B. N. A. identisch und damit in ihren Lage- und Richtungsbezeichnungen ausschließlich auf die aufrechte Körperstellung des Menschen abgestellt. Infolgedessen sind die P. N. A. insbesondere mit ihren für die Orientierung am und im Tierkörper vorgesehenen Fachausdrücken sowohl in der vergleichenden Anatomie wie auch in der Veterinär-Anatomie wenig geeignet und zudem in ihrem übrigen Vokabular für die vergleichende Betrachtung unvollständig.

Aus diesem Grunde wurde bei der 1. Tagung der Internationalen Vereinigung der Veterinär-Anatomen 1957 in Freiburg beschlossen, eine aus mehreren Sektionen bestehende Kommission mit der Erarbeitung einer speziell auf die Belange der Veterinär-Anatomie abgestellten Liste von Termini technici zu beauftragen. Als Richtlinie für die Arbeit der Kommission galt einerseits, daß die Lage- und Richtungsbezeichnungen auf die Grundhaltung der Haussäugetiere zu beziehen seien, während andererseits die übrigen Termini mit den für die Darstellung der Anatomie von Hund, Katze, Schwein, Rind, Schaf, Ziege und Pferd erforderlichen Ergänzungen möglichst weitgehend mit jenen der P. N. A. übereinstimmen solten.

Das unter diesen Prämissen erstellte Verzeichnis der „Nomina anatomica veterinaria" (N. A. V.) wurde in erster Lesung von der Weltvereinigung der Veterinär-Anatomen 1967 in Paris und 1971 in schon zum Teil revidierter Form von demselben Gremium in Mexiko gutgeheißen und zur internationalen Anwendung empfohlen*. Damit wurde es nunmehr möglich, die im Vorwort der vor 8 Jahren erschienenen 2. Auflage des Bandes II angekündigte Revision der Termini in dieser Auflage nach den Richtlinien der Nomina anatomica veterinaria durchzuführen. Die Einführung der neuen bzw. veränderten Namen machte gleichzeitig zahlreiche Änderungen, Verbesserungen und Umstellungen im Text erforderlich. Die ebenfalls berichtigten, zum Teil sehr ausführlichen Legenden konnten leichter lesbar gemacht werden, indem die teils durch große, teils durch kleine Buchstaben bzw. durch Ziffern gekennzeichneten Hinweise zu gegeneinander abgesetzten Gruppen zusammengefaßt wurden. Nicht unerwähnt bleiben soll, daß nach Meinung des Autors mit der Einführung der N. A. V. mancher bisher gebrauchte, für die Belange der Veterinär-Anatomie zutreffendere Terminus den P. N. A. zum Opfer gefallen ist.

Dem oft geäußerten Wunsch nach Beigabe eines Literaturverzeichnisses wurde, wie bisher schon in den Bänden IV und V des Lehrbuches, auch für diesen Band Folge geleistet. Mit dem freundlichen Einverständnis der Herren Professor Dr. W. O. Sack, Ithaca, New York, und Akademischer Oberrat Dr. Karl-Heinz Wille, Gießen, wurde das von ihnen für die englische Ausgabe dieses Bandes erstellte Literaturverzeichnis übernommen und durch eine größere Anzahl neuer Titel auf den neuesten Stand gebracht. Beiden Kollegen gilt mein herzlicher Dank!

In diesem Zusammenhang sei erwähnt, daß weit mehr als die Hälfte der aufgeführten Veröffentlichungen, deren Ergebnisse in diesem Buch berücksichtigt sind, erst in den zurückliegenden 30 Jahren entstanden. Mit Befriedigung kann das gleichbleibende Interesse der Studierenden der Veterinärmedizin an den in- und ausländischen deutschsprachigen Bildungsstätten ebenso wie das der praktizierenden Tierärzte, der Veterinär- und Human-Anatomen sowie der Zoologen an unserem Werke der Anatomie der Haustiere festgestellt werden, das alle vertretbaren Wünsche hinsichtlich der Ausstattung mit Abbildungen erfüllt und die neuesten Forschungsergebnisse berücksichtigt. Dadurch wurde die Herausgabe dieser neubearbeiteten dritten Auflage erforderlich und möglich.

Mein Dank gilt auch diesmal wieder dem Mitinhaber des Verlages Paul Parey, Herrn Dr. h. c. Friedrich Georgi, für sein gleichbleibendes förderndes Interesse an unserem Werk. Danken möchte ich ebenso Herrn E. Topschowsky, Prokurist des Verlages, für die gute Zusammenarbeit bei den Vorbereitungen zur Drucklegung und für seine Bemühungen um sorgfältige verlegerische Gestaltung dieser 3. Auflage des Bandes II, von der wir hoffen, daß sie in dieser neuen Fassung gleich gute Aufnahme wie ihre Vorgängerinnen finden möge.

Gießen, im April 1975

August Schummer

---

* Schaller, O., R. E. Habel and J. Frewein (ed.): Nomina anatomica veterinaria. 2nd ed., Vienna, International Committee on Veterinary Anatomical Nomenclature, 1972.

Vorwort zur ersten Auflage

Wenn wir nunmehr mit größerem Zeitabstand als vorgesehen nach dem Erscheinen des I. Bandes den II. Band unseres Lehrbuches der Anatomie der Haustiere vorlegen, so findet dieses in den außerordentlich zeitraubenden Vorarbeiten zur Fertigstellung besonders des umfangreichen Bildmaterials, aber auch in der immer mehr zunehmenden zeitlichen Belastung der Autoren seine Erklärung.

Wie im Vorwort zum I. Band des Lehrbuches angekündigt, enthält der von SCHUMMER und NIKKEL verfaßte II. Band die Darstellung des Eingeweidesystems. Der Grundkonzeption unseres Lehrbuches folgend, wurden wieder die morphologischen und funktionellen Gegebenheiten der einzelnen Organsysteme jeweils in einem vergleichenden Kapitel besprochen und anschließend die artspezifischen Merkmale der Organe für jede Tierart mit notwendiger Ausführlichkeit dargestellt. Die Bedeutung grundlegender Kenntnisse vom Bau und der Funktion der Organe unserer Haustiere für alle Disziplinen der Veterinärmedizin in der Praxis und in der Forschung vermag den Umfang des Werkes in Wort und Bild zu rechtfertigen.

Mit Recht wird der Wert eines anatomischen Lehrbuches auch nach seiner Ausstattung mit instruktivem Bildmaterial beurteilt. Aus diesem Grunde waren wir auch diesmal wieder um die Beigabe besonders nach topographischen Gesichtspunkten sorgfältig ausgewählter Abbildungen bemüht. Die 480 mit großem Können und künstlerischem Einfühlungsvermögen neuerstellten Zeichnungen verdanken wir der wissenschaftlichen Zeichnerin am Veterinär-Anatomischen Institut der Universität Gießen, Fräulein Valerie GUBE, und den wissenschaftlichen Zeichnern am Anatomischen Institut der Tierärztlichen Hochschule Hannover, Herrn Walter HEINEMANN und Herrn Gerhard KAPITZKE. Einige Abbildungen wurden in dankenswerter Weise von Herrn cand. med. vet. Dietmar HEGNER erstellt.

Besonderen Dank schulden wir unseren treuen Mithelfern am Werk, Herrn Dr. Bernd VOLLMERHAUS, Assistent am Veterinär-Anatomischen Institut der Universität Gießen, und Herrn Dr. Helmut WILKENS, Prosektor am Anatomischen Institut der Tierärztlichen Hochschule Hannover. Sie haben mit bester Sachkenntnis und großem Geschick die schwierigen Vorarbeiten für die Beschriftung sowie die Legenden der Abbildungen betreut und uns bei allen Arbeiten für die Drucklegung des Buches tatkräftig unterstützt. Darüber hinaus danken wir für die Mitarbeit beim Korrekturlesen Herrn Privatdozent Dr. Karlheinz HABERMEHL sowie den Herren Dr. Klaus LOEFFLER, Dr. Rudolf SCHWARZ und Heinz KOLBE.

Nicht zuletzt gilt unser aufrichtiger Dank dem Verlag Paul Parey und besonders dem Mitinhaber des Verlages, Herrn Friedrich GEORGI, der mit viel Interesse an der Sache und großem Verständnis für die Absichten der Autoren um die gewohnt gute und sorgfältige Gestaltung und Ausstattung auch des II. Bandes unseres Lehrbuches besorgt war.

Wir aber möchten hoffen, daß auch der II. Band des Lehrbuches der Anatomie der Haustiere, gleich dem I. Band, gute Aufnahme finde.

Zürich, Hannover und Gießen, im Herbst 1959

EUGEN SEIFERLE   RICHARD NICKEL   AUGUST SCHUMMER

Inhaltsverzeichnis

Seite

Eingeweide (A. Schummer † und K.-H. Habermehl, Gießen)   1

Körperhöhlen   2
  Brustkorb, Brustkorbhöhle, Brusthöhle und Brustfell   4
  Bauchhöhle, Beckenhöhle und Bauchfell   7
   Gekröse der Peritonäalhöhle 11
    Gekröse des Magen- und Darmkanals 11
    Gekröse der Harn- und Geschlechtsorgane 16

Verdauungsapparat (A. Schummer † und K.-H. Habermehl, Gießen) 19
  Kopfdarm 19
   Allgemeine und vergleichende Betrachtung 19
    Mundhöhle 19
     Lippen 21
     Backen 23
      Zahnfleisch 24
     Harter Gaumen 24
     Zunge 26
      Zungenmuskeln 29
      Zungenbeinmuskeln 31
      Sublingualer Mundhöhlenboden 34
    Anhangsdrüsen der Mundhöhle 35
     Ohrspeicheldrüse 36
     Unterkieferdrüse 43
     Unterzungendrüsen 44
    Schlundkopf 45
     Gaumensegel 51
    Lymphatische Einrichtungen des Kopfdarms 53
     Schluckakt 57
   Kopfdarm der Fleischfresser 58
   Kopfdarm des Schweines 62
   Kopfdarm der Wiederkäuer 66
   Kopfdarm des Pferdes 72
   Zähne und Gebiß 77
    Allgemeines 77
     Zahnwechsel 79
     Zahnarten 80
     Zahnformel 81
     Zahnformen 83
    Zähne und Gebiß der Fleischfresser 84
    Zähne und Gebiß des Schweines 88
    Zähne und Gebiß der Wiederkäuer 91
    Zähne und Gebiß des Pferdes 96

Seite

Rumpfdarm (A. SCHUMMER †, Gießen, H. WILKENS, Hannover) 100
  Allgemeine und vergleichende Betrachtung 100
    Vorderdarm 100
      Speiseröhre 100
      Magen 103
    Mittel- und Enddarm 109
      Dünndarm 111
      Dickdarm 114
    Afterkanal 118
    Anhangsdrüsen des Darmes (A. SCHUMMER †, Gießen, B. VOLLMERHAUS, München) . 118
      Leber 119
      Bauchspeicheldrüse 128
    Rumpfdarm der Fleischfresser 131
    Rumpfdarm des Schweines 147
    Rumpfdarm der Wiederkäuer (A. SCHUMMER †, Gießen, H. WILKENS, Hannover) 158
    Rumpfdarm des Pferdes 194

Milz (A. SCHUMMER †, Gießen, B. VOLLMERHAUS, München) 213
  Allgemeine und vergleichende Betrachtung 213
  Milz der Fleischfresser 215
  Milz des Schweines 216
  Milz der Wiederkäuer 217
  Milz des Pferdes 217

Atmungsapparat (R. NICKEL † und H. WILKENS, Hannover) 219
  Allgemeine und vergleichende Betrachtung 219
    Nase 221
      Naseneingang 222
      Nasenhöhle 225
        Besondere Einrichtungen der Nasenhöhle 230
      Nasenrachen 231
      Nebenhöhlen der Nase 236
    Kehlkopf 241
      Kehlkopfknorpel 242
      Verbindungen der Kehlkopfknorpel 245
      Muskeln des Kehlkopfs 247
      Kehlkopfhöhle und ihre Schleimhautbildungen 249
      Bewegungsmechanismus des Kehlkopfs 251
    Luftröhre 253
    Lunge 255
    Atmungsorgane der Fleischfresser 265
    Atmungsorgane des Schweines 273
    Atmungsorgane der Wiederkäuer 280
    Atmungsorgane des Pferdes 291

Harn- und Geschlechtsapparat (A. SCHUMMER †, Gießen, B. VOLLMERHAUS, München) 300
  Harnorgane 300
    Allgemeine und vergleichende Betrachtung 300
      Harnbereitende Organe 300
        Niere 300
      Harnableitende Organe 306
        Nierenbecken 306
        Harnleiter 307
        Harnblase 307
        Harnröhre 309

Seite

Harnorgane der Fleischfresser 310
Harnorgane des Schweines 314
Harnorgane der Wiederkäuer 317
Harnorgane des Pferdes 321
   Artdiagnostische Merkmale der Nieren 325
   Tierartliche Merkmale der Nieren 326
Geschlechtsorgane 327
  Männliche Geschlechtsorgane 327
    Allgemeine und vergleichende Betrachtung 327
     Keimbereitende und keimleitende Organe sowie ihre Hüllen 327
      Hoden 327
      Nebenhoden und Samenleiter 331
       Hüllen des Hodens und des Samenstrangs 333
     Akzessorische Geschlechtsdrüsen 339
    Begattungsorgan und Harnröhre 341
     Muskulatur des männlichen Begattungsorgans 348
   Männliche Geschlechtsorgane der Fleischfresser 349
   Männliche Geschlechtsorgane des Schweines 355
   Männliche Geschlechtsorgane der Wiederkäuer 360
   Männliche Geschlechtsorgane des Pferdes 368
  Weibliche Geschlechtsorgane 376
    Allgemeine und vergleichende Betrachtung 376
     Keimbereitende Organe 378
     Eierstock 378
     Keimleitende und keimbewahrende Organe 382
     Eileiter 382
     Gebärmutter 385
    Begattungsorgan 388
     Scheide 388
     Scheidenvorhof 388
     Scham und Kitzler 390
      Muskulatur des weiblichen Begattungsorgans 391
     Altersveränderungen an den weiblichen Geschlechtsorganen 392
     Plazentation 393
     Evolution des trächtigen Uterus 394
   Weibliche Geschlechtsorgane der Fleischfresser 397
   Weibliche Geschlechtsorgane des Schweines 403
   Weibliche Geschlechtsorgane der Wiederkäuer 406
   Weibliche Geschlechtsorgane des Pferdes 415

Literaturverzeichnis 421

Sachverzeichnis 445

Nachweis entnommener Abbildungen

Abb. 8: ZIETZSCHMANN, in BAUM/ZIETZSCHMANN, Anatomie des Hundes, 2. Auflage, Paul Parey, Berlin, 1936.

Abb. 12, 14: ZIETZSCHMANN, in ZIETZSCHMANN/KRÖLLING, Lehrbuch der Entwicklungsgeschichte der Haustiere, 2. Auflage, Paul Parey, Berlin und Hamburg, 1955.

Abb. 63, 65, 79: ZIETZSCHMANN, Betrachtungen über den Schlundkopf, Dtsch. Tierärztl. Wschr. **47**, 418–421, 1939.

Abb. 114: WEBER, Die Säugetiere, I. Bd, 2. Auflage, Fischer, Jena, 1927.

Abb. 129: KÜPFER, Beiträge zur Erforschung der baulichen Struktur der Backenzähne des Hausrindes (Bos taurus L.), Denkschr. d. Schweiz. nat. forsch. Ges. Bd LXX, 1, 1–218, 1935.

Abb. 143, 217: PERNKOPF, Beiträge zur vergleichenden Anatomie des Vertebratenmagens, Zschr. Anat. Entw. **91**, 329–390, 1930.

Abb. 160, 161, 353: BRAUS, Anatomie des Menschen, II. Bd, Springer, Berlin, 1921 und 1956.

Abb. 169–177: ZIETZSCHMANN, Über die Form und Lage des Hundemagens, Berl. Tierärztl. Wschr. **50**, 138–141, 1938.

Abb. 178, 180: ZIETZSCHMANN, Das Mesogastrium dorsale des Hundes mit einer schematischen Darstellung seiner Blätter, Morph. Jb. **83**, 327–358, 1939.

Abb. 179, 304, 305: ZIETZSCHMANN, in ELLENBERGER/BAUM, Handbuch der vergleichenden Anatomie der Haustiere, 18. Auflage, Springer, Berlin, 1943.

Abb. 204: AUERNHEIMER, Größen- und Formveränderungen der Baucheingeweide der Wiederkäuer nach der Geburt bis zum erwachsenen Zustand. Diss. Zürich, 1909.

Abb. 230: ZIETZSCHMANN, in SCHÖNBERG/ZIETZSCHMANN, Die Ausführung der tierärztlichen Fleischuntersuchung, 5. Auflage, Paul Parey, Berlin und Hamburg, 1958.

Abb. 356: BAUM, in ELLENBERGER/BAUM, Handbuch der vergleichenden Anatomie der Haustiere, 18. Auflage, Springer, Berlin, 1943.

Abb. 357–363: MÜLLER, Von der Lunge, Dtsch. Tierärztl. Wschr. **46**, 146–153, 1938.

Abb. 416: GRÄNING, Beitrag zur vergleichenden Anatomie der Muskulatur von Harnblase und Harnröhre, Zschr. Anat. Entw. **106**, 226–250, 1936.

Abb. 513–518, 551–553: SEIFERLE, Über Art- und Altersmerkmale der weiblichen Geschlechtsorgane unserer Haussäugetiere, Zschr. ges. Anat. **101**, 1–80, 1933.

Abb. 532: ANDRESEN, Die Plazentome der Wiederkäuer, Morph. Jb. **57**, 410–485, 1927.

Die Bibliographie der aus Dissertationen und Zeitschriften übernommenen Abbildungen, soweit sie in den beteiligten Instituten angefertigt wurden, erfolgt im Literaturverzeichnis.

Verzeichnis der Abkürzungen

(Im Plural ist der letzte Buchstabe der Abkürzung verdoppelt)

A.	= Arteria	Inc.	= Incisura	Proc.	= Processus
Art.	= Articulatio	Lam.	= Lamina	Rec.	= Recessus
Can.	= Canalis	Lig.	= Ligamentum	R.	= Regio
Fiss.	= Fissura	Ln.	= Lymphonodus	Tub.	= Tuberculum
For.	= Foramen	M.	= Musculus	V.	= Vena
Gl.	= Glandula	N.	= Nervus		

acc.	= accessorius	int.	= internus	prox.	= proximalis
ant.	= anterior	lat.	= lateralis	rostr.	= rostralis
caud.	= caudalis	mand.	= mandibularis	s.	= seu, sive
com.	= communis	maj.	= major	sin.	= sinister
cran.	= cranialis	max.	= maxillaris	sup.	= superior
dext.	= dexter	med.	= medialis	supf.	= superficialis
dist.	= distalis	min.	= minor	transv.	= transversus
dors.	= dorsalis	post.	= posterior	ventr.	= ventralis
ext.	= externus	prof.	= profundus		
inf.	= inferior	propr.	= proprius		

Msch.	= Mensch	*Zg.*	= Ziege	*Pfd.*	= Pferd
Ktz.	= Katze	*Schf.*	= Schaf	*Hft.*	= Huftiere
Hd.	= Hund	*Rd.*	= Rind	*Sgt.*	= Säugetiere
Flfr.	= Fleischfresser	*Wdk.*	= Wiederkäuer	*Hsgt.*	= Haussäugetiere
Schw.	= Schwein	*kl. Wdk.*	= kleiner Wiederkäuer	*Pflfr.*	= Pflanzenfresser

Abbildungshinweise im Text

Die Abbildungshinweise sind eingeklammert. Hinweise auf Teile innerhalb der Abbildungen erfolgen in Kursivschrift und sind durch einen Schrägstrich von der normalen Ziffer, die die Abbildung selbst bezeichnet, getrennt [z.B. (36/*a*)]. Bezieht sich ein „Kursiv-Hinweis" zugleich auf mehrere Abbildungen, so sind jene dem Schrägstrich vorausgehenden, die Abbildungen selbst betreffenden Ziffern durch Kommata voneinander getrennt [z.B. (36,37,38/*b*)]. Bezieht sich jedoch der „Kursiv-Hinweis" nur auf einzelne Abbildungen, so sind die davorstehenden Abbildungsnummern durch Semikolon abgetrennt [z.B. (54;60,61/*a*)].

EINGEWEIDE, VISCERA

Zu den Eingeweiden, Viscera, gehören:

1. Die **Organe des Stoffwechsels:**

a) Der **Verdauungsapparat.** Dieser steht im Dienste der Ernährung und vollzieht die Nahrungsaufnahme, deren mechanische Zerkleinerung, die chemische Auflösung und die Resorption der für den Aufbau und den Fortbestand des Organismus notwendigen Stoffe. Zugleich besorgt er die Ausscheidung der unverdaulichen Anteile der Nahrung sowie auch jener Stoffe, die ihm auf dem Blutwege zugeführt werden.

b) Der **Atmungsapparat.** Dieser vermittelt den Gasaustausch zwischen Blut und Luft und enthält zudem die Organe der Stimmbildung.

c) Die **Ausscheidungsorgane, der Harnapparat.** Die zu dem Harnapparat gehörenden Organe beseitigen die harnpflichtigen Stoffe aus dem Blut und regulieren zugleich den Wasser- und Salzhaushalt des Körpers; hierbei unterliegt das Blut ihrer Kontrolle, aus dem sie auch körperfremde Substanzen ausscheiden.

2. Die **Fortpflanzungsorgane:** Diese der Erhaltung der Art dienenden Organe haben bei beiden Geschlechtern im Fortpflanzungsgeschehen unterschiedliche Aufgaben zu lösen und zeigen daher bei männlichen und weiblichen Tieren einen unterschiedlichen Bau.

Die unter dem Begriff Eingeweide zusammengefaßten Organe stehen in engster funktioneller Wechselbeziehung zu den Organen des Stofftransportes, dem **Blut- und Lymphgefäßsystem,** zu dem der Steuerung ihrer Funktion dienenden **Nervensystem** sowie zu dem **System der Drüsen mit innerer Sekretion.**

Die im nachfolgenden abgehandelten *Verdauungs-, Atmungs-* sowie *Harn-* und *Geschlechtsorgane* sind im Bereich des Kopfes, des Halses und im kaudalen Teil des Beckens, da hier besondere Höhlen nicht zur Ausbildung kommen, direkt in diese Körperteile eingebaut. Der größte Teil der Eingeweide jedoch ist in der Leibeshöhle untergebracht. Diese wird durch das Zwerchfell in die *Brusthöhle* und die *Bauchhöhle* mit dem an letztere anschließenden kranialen Abschnitt der *Bekkenhöhle* zerlegt. Die Brusthöhle wird von dem *Brustfell, Pleura,* und die Bauchhöhle sowie der mit ihr in Verbindung stehende offene Teil der Beckenhöhle vom *Bauchfell, Peritonaeum,* ausgekleidet. Die in diesen Höhlen enthaltenen, selbst von Serosa überzogenen Organe füllen den ihnen zur Verfügung stehenden Raum so vollständig aus, daß zwischen den Organen selbst sowie zwischen diesen und der Höhlenwand nur von einer geringen Menge *seröser Flüssigkeit* erfüllte kapillare Spalten übrigbleiben.

Die Eingeweide sind ferner dadurch charakterisiert, daß ihr Kanalsystem mit der Außenwelt in direkter Verbindung steht; dabei handelt es sich um Mund-, Nasen-, After- und Urogenitalöffnung.

Körperhöhlen

(1; 5–7; 15–17)

Durch die Ausbildung des *Zwerchfells* (1/7–10) wird die ursprünglich einheitliche Leibeshöhle in die kleinere **Brusthöhle, Cavum pectoris,** und die größere **Bauchhöhle, Cavum abdominis,** geteilt. Mit der Bauchhöhle in weit offener Verbindung steht die kaudal anschließende **Beckenhöhle, Cavum pelvis** (1/c). Die Wand von Brust-, Bauch- und Beckenhöhle setzt sich aus der äußeren Haut, der äußeren, doppelblättrigen Rumpffaszie, der skeletthaltigen Muskelschicht und der inneren Rumpffaszie zusammen.

Die Körperhöhlen werden von einer *serösen Haut, Serosa,* ausgekleidet, und es entstehen so große seröse Hohlräume. Die Serosa der *Brusthöhle* heißt *Brustfell, Pleura.* Sie bildet zwei Pleurasäcke, die die rechte und linke **Pleurahöhle, Cavum pleurae** (1/a; 5–7), umschließen. Zwischen die beiden Pleurasäcke eingeschoben findet sich der **Herzbeutel, Pericardium** (6, 7/g), mit dem auch von Serosa ausgekleideten **Cavum pericardii.**

Die *Bauchhöhle* und der *vordere Abschnitt der Beckenhöhle* werden vom *Bauchfell, Peritonaeum,* ausgekleidet, das als Peritonäalsack die **Bauchfellhöhle, Cavum peritonaei** (1/b), umschließt. Die in den Körperhöhlen enthaltenen Organe sind von der Serosa überzogen. Ihr seröser Überzug steht

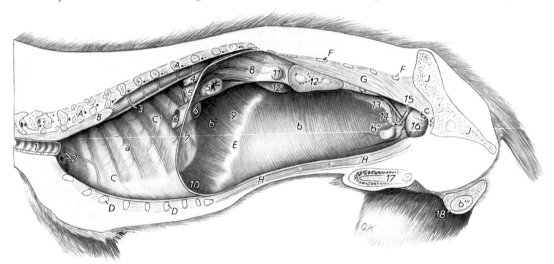

Abb. 1.   Paramedianschnitt durch die Brust- und Bauchhöhle eines Hundes, nach Entfernung der Brust- und Verdauungsorgane. Linke Ansicht.

A Anschnitte der Brustwirbel und Rippen sowie der dorsalen Stammesmuskulatur; *B* Brustteil des M. longus colli; *C, C'* 3. bzw. 6. rechte Rippe; *D* Querschnitt der Rippenknorpel nahe ihres Ansatzes am Sternum; *E* rechter Arcus costalis; *F* Procc. transversi der Lendenwirbel; *G* innere Lendenmuskulatur; *H* Bauchmuskulatur; *J* Os coxae

a rechte Pleurahöhle; *b* rechte Hälfte der Peritonäalhöhle, *b'* intrathorakaler Teil; *b''* Anulus und Ostium vaginale; *b'''* Proc. vaginalis mit Inhalt (Hoden und Nebenhoden) im Schnitt; *c* Eingang in die Beckenhöhle, Apertura pelvis cran.

1 Trachea, *2* Truncus brachiocephalicus und V. brachiocephalica durch die Apertura thoracis cran. durchtretend; *3* V. azygos; *4* Aorta descendens; *5* Oesophagus im Hiatus oesophageus; *6* V. cava caud. im For. venae cavae; *7* Centrum tendineum, *8* Pars lumbalis, *9* Pars costalis, *10* Pars sternalis des Zwerchfells; *11* Ln. lumbalis aorticus; *12* linke angeschnittene, *12'* rechte Niere; *13* Ureter dext.; *14* A. und V. testicularis; *15* Ductus deferens; *16* Vesica urinaria; *17* Penis, angeschnitten; *18* Scrotum

durch eine Serosadoppellamelle mit dem wandständigen Blatt in Verbindung. Infolgedessen lassen sich am Brust- und Bauchfell drei Abschnitte unterscheiden: das die Höhle auskleidende **Wand-blatt, Lamina parietalis** (2/b), – in der Bauchhöhle *Peritonaeum parietale,* in der Brusthöhle *Pleura parietalis* (5–7/e) –, der seröse **Organüberzug, Lamina visceralis** (2/d), und die **Lamina intermedia,** *Mesenterium* (2/c), jene Serosadoppelplatte, die die Verbindung zwischen der Lamina parietalis und der Lamina visceralis herstellt.

Abb. 2 und 3. Entwicklung der Serosa-verhältnisse in der Peritonäalhöhle.

a Bauchwand; *b* Peritonaeum parietale; *c* Mesenterium, Gekröse, bei *c'* Verlagerung von Organ und Mesenterium an das Peritonaeum parietale, bei *c''* sekundäre Verwachsung des Organs mit gleichzeitigem Schwund der langen Gekröseplatte; *d* Peritonaeum viscerale; *e* Darmrohr

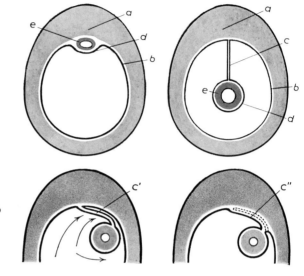

Abb. 2

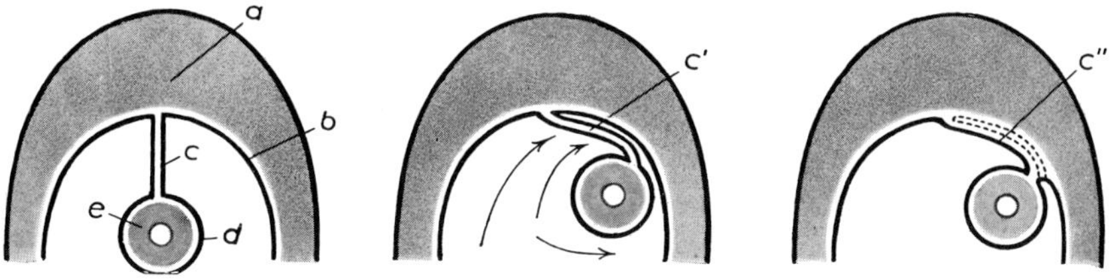

Abb. 3

Das *Mesenterium* hat die Aufgabe, die Organe in den serösen Höhlen unter Erhaltung der notwendigen Beweglichkeit und Verschiebbarkeit zu befestigen, und enthält deren Blut- und Lymphgefäße sowie Nerven (4). Der Grad der Bewegungsfreiheit der Organe hängt von der Festigkeit und Länge der Serosafalten ab. Je nach Länge und Beschaffenheit werden sie als *Gekröse, Bänder* oder *Falten* bezeichnet. Die Lamina intermedia kann so entstanden gedacht werden, daß die Organe zunächst außerhalb der Peritonäalhöhle gelagert sind und sich dann im Laufe ihrer Entwicklung in diese einsenken, sich selbst mit dem viszeralen Blatt der Serosa bedecken und das Gekröseblatt hinter sich herziehen. Einige Organe behalten ihre **retroseröse** (*retroperitonäale, retropleurale*) Lage zeitlebens. Sie sind nur körperhöhlenseitig von der Serosa bedeckt, und es fehlt ihnen ein Gekröse. Manche Organe verwachsen sekundär mit der Bauchwand, indem viszerale und parietale Serosa an den Berührungsflächen schwinden (3). Auch hier fehlt dann eine Lamina intermedia, und Wand- sowie Eingeweideblatt gehen an den Rändern der Verwachsungszone ineinander über.

Die **serösen Häute** sind durchscheinend, an ihrer Oberfläche feucht, glatt und glänzend. Sie tragen ein **einschichtiges Plattenepithel** mesodermaler Herkunft. Die *Epitheldecke* ist von mikroskopisch feinen Öffnungen, den *Stomata,* durchsetzt und von der bindegewebigen *Lamina propria* unterlagert, auf die eine Lage subserösen Bindegewebes, die *Tela subserosa, Subserosa,* folgt. In der Subserosa findet man nach Tierart und Ernährungszustand wechselnde Mengen *subserösen Fettgewebes.*

Die serösen Häute sondern eine blutserumähnliche, **seröse Flüssigkeit,** die *Peritonäal-, Pleura-* bzw. *Perikardialflüssigkeit,* ab. Ebenso sind sie befähigt, diese körpereigene, aber auch körperfremde Flüssig-

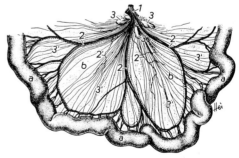

Abb. 4. Jejunumschlinge mit Gekröse und darin befindlichen Organen, halb-schematisch. Pferd.

a Teilabschnitt des Jejunums; *b* Mesojejunum

1 A. und V. mesenterica cran. in der kranialen Gekrösewurzel; *2* Aa., Vv., Äste des Plexus mesentericus cran. (schraffierte, ausgezogene bzw. gestrichelte Linien); *2'* Gefäße für das Mesojejunum; *3* eine Gruppe von Lnn. jejunales; *3'* Lymphgefäße

keit aufzusaugen sowie körperliche Elemente aufzunehmen. Die Serosen sind außerordentlich reaktionsfähig und beantworten mechanische, chemische, toxische und andere Reize je nach Art, Intensität und Dauer derselben mit den verschiedenen Formen der Entzündung.

Die in die serösen Höhlen eingelagerten Organe füllen den ihnen jeweils zur Verfügung stehenden Raum so vollständig aus, daß zwischen den Organen selbst sowie zwischen diesen und der Höhlenwand nur kapillare Spalten übrigbleiben, die von einer geringen Menge seröser Flüssigkeit erfüllt sind.

Brustkorb, Thorax, Brustkorbhöhle, Cavum thoracis, Brusthöhle, Cavum pectoris, und Brustfell, Pleura

(1; 5–8)

Als **Brustkorb, Thorax,** bezeichnet man den vorderen Rumpfabschnitt, der von den Brustwirbeln, von den Rippenpaaren mit ihren Rippenknorpeln, die in ihrer Zahl jener der Brustwirbel entsprechen, und dem Brustbein gestützt wird. Der **Brustkorb, Thorax,** umschließt die **Brustkorbhöhle, Cavum thoracis.** Diese wird kranial und kaudal durch Hilfsebenen begrenzt, die in den *Aperturae thoracis cranialis* und *caudalis* liegen.

Seine kraniale Öffnung, die *Apertura thoracis cranialis,* wird dorsal vom 1. Brustwirbel, seitlich vom ersten Rippenpaar und ventral vom Manubrium sterni umrahmt, während seine kaudale Öffnung, *Apertura thoracis caudalis,* vom letzten Brustwirbel, von den Rippenbögen, bestehend aus dem letzten Rippenpaar und den Knorpeln der falschen Rippen, sowie vom Xiphosternum begrenzt wird.

Äußere Haut, äußere Rumpffaszien, Muskulatur, innere Rumpffaszie, hier als *Fascia endothoracica* (5–7/d) bezeichnet, sowie das Zwerchfell (1/7–10; 8) lassen in der *Brustkorbhöhle* eine weitere, geschlossene Höhle, die **Brusthöhle, das Cavum pectoris,** entstehen. Ansatz, Stellung und kuppelförmige Kranialwölbung des Zwerchfells bestimmen die Größe dieser Höhle im Thorax, dessen hinter dem Zwerchfell liegender Teil als intrathorakaler Teil der Bauchhöhle der Unterbringung umfangreicher Baucheingeweide dient. Das Cavum pectoris umfaßt demnach einen gegenüber der Ausdehnung des *Cavum thoracis* kleineren Raum, der zudem in seinen Ausmaßen von der jeweiligen Stellung der beweglichen Rippen und des Zwerchfells bei der Ex- und Inspiration abhängig ist. Mithin nimmt die *Brustkorbhöhle* Brust- und einige Bauchhöhlenorgane auf; die *Brusthöhle* enthält nur Brustorgane.

Die topographisch bedeutsame Apertura thoracis cranialis ist äußerlich durch das Kranialende des Brustbeins in ihrer Lage sichtbar gekennzeichnet und dient dem Durchtritt zahlreicher Organe. In ihr liegen dorsal der M. longus colli (1/B), die Speise- und Luftröhre (1/1), die den Kopf und Hals, die Schultergliedmaßen und die seitliche Rumpfwand versorgenden Stämme der Arterien und Venen (1/2) sowie Lymphgefäße, weiterhin Nerven, Lymphknoten und bei jungen Tieren der Thymus. Diese Organe sind hier in lockeres Bindegewebe bzw. Fettgewebe eingebettet.

Die Fascia endothoracica (5–7/d) ist eine elastisch-bindegewebige Haut, die mit der Innenfläche der Rippen, den Mm. intercostales interni, dem Brustbein und dem M. transversus thoracis eng verwachsen ist, sich auch auf das Zwerchfell umschlägt und sich in dessen Sehnenspiegel verliert. An der Innenfläche des Brustbeines bzw. vom Zwerchfell aus gibt sie Bindegewebszüge als Herzbeutelbänder (7/g') ab, die in das fibröse Blatt des Perikards einstrahlen.

Das die Brusthöhle auskleidende und deren Organe überziehende **Brustfell, Pleura** (5–7/rote Linien), ist wie das Bauchfell eine seröse Haut und bildet die beiden Brustfellsäcke, die je eine *Brustfellhöhle, Cavum pleurae,* umschließen. Der rechte größere und der linke kleinere Brustfellsack sind so in die Brusthöhle eingefügt, daß sie mit ihrem Wandblatt, Pleura parietalis, bestehend aus dem *Rippenfell, Pleura costalis* (5–7/e), und dem das Zwerchfell überziehenden Teil, *Pleura diaphragmatica,* die Wandung der Brusthöhle auskleiden und median das Mittelfell, Mediastinum (5–7/f; 8/f,f'), bildend, mit großer Fläche aneinanderstoßen. Die das Mittelfell bildende *Pleura parietalis* wird als *Pleura mediastinalis,* ihr dem **Herzbeutel, Pericardium,** aufliegender Abschnitt als *Pleura pericardiaca* bezeichnet (5–/7f,f'). Das Mediastinum stellt somit eine vom Brusteingang zum Zwerchfell und von den Brustwirbeln zum Brustbein hinreichende, gleichsam in einen Rahmen

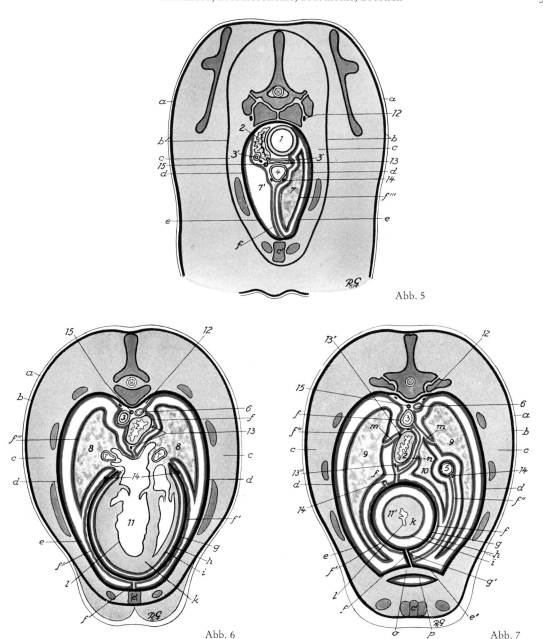

Abb. 5

Abb. 6 Abb. 7

Abb. 5, 6, 7. Transversalschnitte durch die Brusthöhle eines Hundes im Bereich des präkardialen (5), des kardialen (6) und des postkardialen Abschnitts (7). Kaudalansicht, schematisiert, Serosa rot eingezeichnet. (Nach ZIETZSCHMANN, unveröffentlicht.)

a Oberflächliche Rumpffaszie; *b* tiefe Rumpffaszie; *c* skelettführende Muskelschicht; *c'* Sternum; *d* innere Rumpffaszie (Fascia endothoracica); *e* Pleura costalis; *e'* Pleura diaphragmatica; *f* Pleura mediastinalis; *f'* Pleura pericardiaca; *f''* Gekröse der kaudalen Hohlvene; *f'''* Pleura pulmonalis; *g* Pericardium fibrosum; *g'* Lig. phrenicopericardiacum; *h* parietales Blatt, *i* viszerales Blatt der Serosa des Perikards (Epicardium); *k* Myocardium; *l* Endocardium; *m* Lig. pulmonale; *n* Cavum mediastini serosum; *o* Diaphragma im Schnitt; *p* Peritonaeum, Peritonäalhöhle im Querschnitt

1 Trachea; *1'* Bronchi principales; *2* Oesophagus; *3* Aorta descendens; *3',3'* Truncus brachiocephalicus bzw. A. subclavia sin.; *4* V. cava cran.; *5* V. cava caud.; *6* V. azygos dext.; *7* Lobus cranialis pulmonis dext.; *7'* linke Pleurahöhle; *8* links Lobus cranialis, rechts Lobus medius pulmonis dext.; *9* Lobus caudalis; *10* Lobus accessorius pulmonis dext.; *11* linke Herzkammer; *11'* Herzspitze; *12* Grenzstrang des Sympathikus; *13* N. vagus; *13',13''* Ramus oesophageus dors. bzw. ventr. des N. vagus; *14* N. phrenicus; *15* Ductus thoracicus

eingespannte Brustfelldoppelplatte dar. Zwischen diese Pleuradoppelplatte ist eine Bindegewebsschicht, die *Lamina propria mediastini*, eingelagert.

In den mittleren Abschnitt des Mittelfells eingefügt, findet sich der Herzbeutel mit dem Herz (6,7).
Dadurch wird das Mittelfell in einen *präkardialen, Mediastinum craniale*, einen *kardialen, Mediastinum medium*, und einen *postkardialen* Abschnitt, *Mediastinum caudale*, zerlegt. Im k r a n i a l e n
M i t t e l f e l l s p a l t befinden sich der Brustteil des M. longus colli, die Luftröhre (*5/1*), die Speiseröhre
(2), die Ursprünge der für die Versorgung der seitlichen Brustwand, der Vordergliedmaßen, des Halses und des Kopfes bestimmten Blutgefäße (*3',4*), die Nn. sympathici, vagi, phrenici, recurrentes
(*13,14*), die Lnn. mediastinales craniales, das Ende des Ductus thoracicus (*15*) und bei jungen Tieren
der Thymus. Im m i t t l e r e n M i t t e l f e l l s p a l t liegen das Herz mit dem Herzbeutel (6) und die
großen, vom Herzen herkommenden Blutgefäßstämme, die Luftröhre, die Speiseröhre (*2*), die Nn.
vagi (*13*) und seitlich am Herzbeutel in einer besonderen Serosafalte die Nn. phrenici (*14*). Der k a u -
d a l e M i t t e l f e l l s p a l t beherbergt in seinem dorsalen Teil die Aorta (*7/3*), die V. azygos, die Speiseröhre (*2*), die Nn. vagi (*13,13'*), die Lnn. mediastinales caudales und in einer besonderen Serosafalte
den linken N. phrenicus (*7/14;8/l*). In den kaudalen Mittelfellspalt erstreckt sich ein bei der Entstehung des Zwerchfells von der Netzbeutelhöhle abgetrennter, von Bauchfell ausgekleideter Raum, das
*Cavum mediastini serosum (Sussdorf*scher Raum) (*7/n;8/h*). Er liegt ventral von der Aorta, rechts von
der Speiseröhre und hat bei *Pfd.* und *Wdk.* nur geringe Ausdehnung. Bei *Hd.* und *Schw.* jedoch reicht
er vom Zwerchfell bis zur Lungenwurzel und kann beim *Schw.*, mitunter auch beim *Hd.*, bauchhöhlenwärts durch den Hiatus oesophageus hindurch zwischen die Blätter des Ligamentum gastrophrenicum eintreten.

In die beiden Pleurahöhlen wachsen die als paarige Lungenanlage im Mediastinalspalt angelegten
Lungenflügel hinein. Dabei nehmen sie das Brustfell mit und erhalten so einen eigenen Überzug, das
Lungenfell, Pleura pulmonalis (*5–7/f''*). Zwischen Pleura mediastinalis und Pleura pulmonalis bleibt
kaudal von der Lungenwurzel eine Verbindung, ein *Gekröse*, das *Ligamentum pulmonale* (*7/m*), bestehen. Es zieht von der mediastinalen Fläche der Lunge zum Mittelfell bzw. als *Lungen-Zwerchfellband* auch zum Zwerchfell. Das *Ligamentum pulmonale* ist bei *Flfr.* und *Schw.* deutlich, desgleichen
beim *Schw.* auch das Lungen-Zwerchfellband. Beim *Wdk.* verwachsen die mediastinalen Flächen der
Lunge mit dem Mittelfell, so daß das Ligamentum pulmonale nur im kaudalen Bereich als kurze Falte
vorhanden ist. Beim *Pfd.* reicht diese Verwachsung so weit nach kaudal, daß das Ligamentum pulmonale fehlt. Das Lungen-Zwerchfellband hingegen ist vorhanden.

Nach Abschluß der Fetalentwicklung stellt das Mittelfell eine vollständige Scheidewand zwischen
den beiden Pleuraräumen dar. Bei erwachsenen *Flfr.* und *Pfd.* jedoch kommunizieren beide Pleurahöhlen durch postfetal namentlich im ventralen Abschnitt des postkardialen Mittelfells entstandene
Lücken. Bei *Rd., Zg.* und zuweilen beim *Schf.* fehlen solche Verbindungen. Beim *Flfr.* finden sich
Öffnungen auch im kardialen und bei mageren *Schf.* im präkardialen Mittelfell. Diese morphologischen Befunde stehen jedoch in Widerspruch zu klinischen Beobachtungen.

Am Brusteingang bilden die beiden Brustfellsäcke die rechte und linke *Cupula pleurae*. Die rechte
Kuppel überragt bei *Flfr.* und *Wdk.* den kranialen Rand der 1. Rippe – beim *Rd.* um 60–70 mm –,
während die linke Kuppel nur beim *Flfr.* über den kranialen Rand der 1. Rippe hinausgeht.

Von besonderer Bedeutung ist der sogenannte *Recessus costodiaphragmaticus*, ein spaltförmiger
Raum der Pleurahöhle, der dadurch entsteht, daß durch die kuppelförmige Vorwölbung des Zwerchfells die Pleura diaphragmatica und die Pleura costalis einander flächenförmig berühren. Dieser Raum
ist als K o m p l e m e n t ä r r a u m d e r P l e u r a h ö h l e aufzufassen, der in der Exspirationsphase einen
kapillaren Spalt darstellt, sich aber bei der Inspiration so erweitert, daß die Lunge sich auch in diesen
„Spalt“-Raum hinein entfalten kann. Diese Tatsache muß bei der perkutorischen Festlegung der
kaudoventralen Lungengrenze berücksichtigt werden. Beim Hund überschreitet die Pleurahöhle dorsal die letzte Rippe und erstreckt sich in das Gebiet des 1. Lendenwirbels.

Im kaudoventralen Abschnitt des rechten Pleuraraums befindet sich eine Nische, der *Recessus mediastini*. Diese entsteht dadurch, daß die hintere Hohlvene (*7/5;8/g'*) etwa in halber Höhe des rechten
Pleuraraums vom Hohlvenenloch des Zwerchfells aus zur rechten Vorkammer des Herzens hinzieht
und dabei in eine Pleurafalte, das *Hohlvenengekröse, Plica venae cavae* (*7/f';8/g*), eingeschlossen ist,
die zum Brustbein und zum Zwerchfell herabsteigt. Der Recessus mediastini wird medial vom postkardialen Mittelfell (*7/f*), kranial vom Herzbeutel, lateral vom Hohlvenengekröse und kaudal vom

Zwerchfell begrenzt. Durch den dorsal gelegenen weiten Zugang hängt der nur der rechten Lunge eigene Lobus accessorius (7/10) in dieses Nebengelaß der rechten Pleurahöhle hinein.

Die *Pleura* weist in b a u l i c h e r und f u n k t i o n e l l e r H i n s i c h t weitgehende Ähnlichkeit mit dem Peritonaeum auf. Auch sie besteht aus einem *einschichtigen Plattenepithel,* der bindegewebigen *Lamina propria* und der *Subserosa,* ist spiegelnd glatt und durch Absonderung der *Pleuraflüssigkeit* feucht. Die in den kapillaren Spalten der Pleuräume enthaltene seröse Flüssigkeit setzt die Reibung zwischen den Pleuraflächen während der Inspiration und der Exspiration auf ein Minimum herab. Ebenso wie das Bauchfell zeigt auch die Pleura auf verschiedene Reize hin die gleiche Bereitschaft zu reaktiven Veränderungen.

Bauchhöhle, Cavum abdominis, Beckenhöhle, Cavum pelvis, und Bauchfell, Peritonaeum
(1;8;9;10;15–17)

Als **Bauch, Abdomen,** bezeichnet man jenen Rumpfabschnitt, der kranial durch die Rippenbogen und kaudal durch den von der Linea terminalis umrahmten Beckeneingang begrenzt wird. In diesem Rumpfabschnitt befindet sich die **Bauchhöhle,** das **Cavum abdominis.** Ihre Wandung besteht kranial aus dem sich kuppelförmig weit in den Thorax vorwölbenden Zwerchfell (1/7–10), dorsal aus der Lende mit den dorsal und ventral von Muskulatur bedeckten Lendenwirbeln (F,G), sowie seitlich und ventral aus der muskulös-sehnigen Bauchdecke (H). Nach kaudal steht sie durch den Beckeneingang (c) mit dem vom Bauchfell ausgekleideten Teil der Beckenhöhle in weit offener Verbindung. Die dorsale Bauchwand setzt sich aus folgenden Schichten zusammen: aus der äußeren Haut, dem oberflächlichen und tiefen Blatt der äußeren Rumpffaszie, Fascia trunci – das tiefe Blatt wird hier als Fascia thoracolumbalis bezeichnet –, den Mm. iliocostalis, longissimus dorsi und multifidi, den Lendenwirbeln mit ihren seitlich weit ausladenden Processus transversi, der inneren Lendenmuskulatur – Mm. quadratus lumborum, iliopsoas und psoas minor – und der inneren Rumpffaszie, hier Fascia iliaca genannt. Die kranial an den Rippen und dem Brustbein, dorsal an den Processus transversi der Lendenwirbel und kaudal am Becken verankerte seitliche und ventrale Bauchwand bestehen aus: der äußeren Haut, dem oberflächlichen Blatt der äußeren Rumpffaszie, in deren beide Lamellen der Bauchhautmuskel eingeschlossen ist, dem tiefen Blatt der äußeren Rumpffaszie, das bei *Pflfr.* viele elastische Fasern enthält und wegen der hierdurch bedingten Gelbfärbung auch als gelbe Bauchhaut, Tunica flava, bezeichnet wird, den Mm. obliqui externus und internus abdominis, die mit ihren Sehnenplatten das äußere Blatt der Rektusscheide bilden, dem nur ventral liegenden M. rectus abdominis, dem M. transversus abdominis, der, mit seiner Sehne den M. rectus abdominis innen bedeckend, das innere Blatt der Rektusscheide liefert, und der inneren Rumpffaszie, die hier Fascia transversalis genannt wird (s. Band I, S. 331ff.).

Das derart begrenzte Cavum abdominis wird von einer durch subperitonäales Binde- und Fettgewebe unterlagerten serösen Haut, dem **Bauchfell, Peritonaeum,** ausgekleidet und beherbergt somit eine große seröse Höhle, die *Peritonäalhöhle,* das *Cavum peritonaei.* Über die Linea terminalis dringt aber der P e r i t o n ä a l s a c k, bei den verschiedenen Tieren unterschiedlich weit, auch in die Beckenhöhle vor und bildet so den *peritonäalen Teil der Beckenhöhle.*

Die Bauchhöhlenwand weist zum Durchtritt von Gefäßen und Organen verschiedene Öffnungen auf:

Im Z w e r c h f e l l finden sich unter der Wirbelsäule der von den beiden Zwerchfellpfeilern umschlossene *Aortenschlitz, Hiatus aorticus,* zum Durchtritt der Aorta (1/4; 8/d) und ventral von diesem der *Speiseröhrenschlitz, Hiatus oesophageus,* als Durchlaß für die Speiseröhre (1/5;8/e). Der Brustfellüberzug auf der kranialen Fläche des Zwerchfells und der Bauchfellüberzug auf dessen kaudaler Seite sichern den Verschluß der beiden Pforten, lockeres Bindegewebe in diesen Öffnungen gibt jedoch den durchtretenden Organen die erforderliche Bewegungsfreiheit. In der dritten Öffnung, dem *Foramen venae cavae,* im Scheitelpunkt des Centrum tendineum (8/a,a') gelegen, ist die V. cava caudalis (1/6;8/g') mit dem Sehnenspiegel fest verwachsen, woraus sich eine wechselseitige Beeinflussung von Hohlvene und Zwerchfell ergibt.

Die ventrale Bauchwand enthält bei Fetus und Neugeborenem median die *Nabelpforte* zum Durchtritt der Nabelgefäße und des Allantois- sowie des Nabelblasenstiels. Diese Öffnung schließt sich in den ersten Lebenstagen zum *Nabel, Umbilicus, Omphalos (9/18)*. Durch den in der Leistengegend beiderseits ausgebildeten *Leistenspalt* stülpen sich beim männlichen Tier das Bauchfell und die Fascia transversalis, ersteres als *Scheidenhautfortsatz, Processus vaginalis peritonaei*, in den Hodensack aus. Bei weiblichen Hunden ist im Gegensatz zu anderen weiblichen *Hsgt.* meist ein Processus vaginalis ausgebildet. Während beim männlichen Tier die Peritonäalhöhle allseitig verschlossen ist, steht sie beim weiblichen Tier über den Genitaltrakt durch die bauchhöhlenseitige enge, nur für die Geschlechtszellen, gegebenenfalls aber auch für Bakterien usw. passierbare Öffnung des Eileiters mit der Außenwelt in Verbindung.

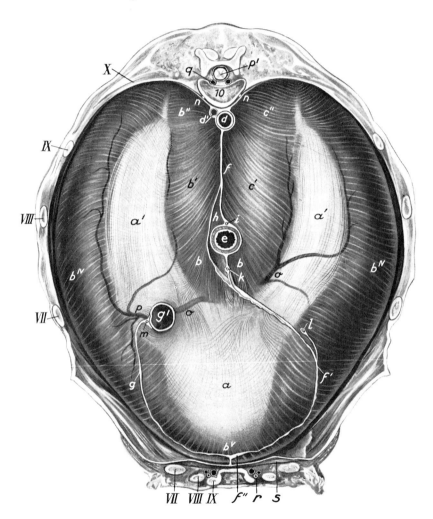

Abb. 8. Facies thoracalis des Zwerchfells vom Hund. (Nach ZIETZSCHMANN, 1936.)

a Körper, *a′* Schenkel des Centrum tendineum; *b* Pars medialis, *b′* Pars intermedia, *b′′* Pars lateralis des Crus dextrum, *c′* Pars intermedia, *c′′* Pars lateralis des Crus sinistrum, *b*[IV] Pars costalis, *b*[V] Pars sternalis des Zwerchfells; *d* Aorta descendens; *d′* V. azygos dext.; *e* Oesophagus im Hiatus oesophageus; *f* dorsaler, *f′* ventraler Teil des Mediastinums, *f′′* Lig. phrenicopericardiacum; *g* Hohlvenengekröse, *g′* V. cava caud. im For. venae cavae; *h* Cavum mediastini serosum (SUSSDORFscher Raum); *i, k* Truncus vagalis dors. bzw. ventr.; *l* N. phrenicus sin., *m* N. phrenicus dext.; *n* Truncus sympathicus; *o* V. phrenica sin.; *p* V. phrenica dext.; *p′* Rückenmark; *q* Plexus venosus vertebralis int.; *r* A. und V. thoracica int.; *s* M. transversus thoracis

10 Querschnitt durch den 10. Brustwirbel

VII–X Quer- und Schrägschnitte durch entsprechende Rippen

Die Peritonäalhöhle dient der Unterbringung des gesamten Magen-Darmkanals mit Ausnahme des im retroperitonäalen Teil der Beckenhöhle liegenden Abschnitts des Mastdarms und des Afterrohrs. Ferner enthält sie die großen Anhangsdrüsen des Darmes, Leber und Bauchspeicheldrüse, sowie die Milz und Teile des Urogenitalapparats.

Um Anhaltspunkte für die Orientierung über die Lage der Bauchorgane zu gewinnen, unterteilt man die Bauchhöhle in drei von kranial nach kaudal aufeinanderfolgende Abschnitte: *Regio abdominis cranialis, Regio abdominis media* und *Regio abdominis caudalis.*

Die Regio abdominis cranialis (9/*16,17*) wird kranial durch das von der Brustlendengrenze zum Kaudalende des Brustbeins schräg von kaudodorsal nach kranioventral hinziehende und seitlich an den Rippen befestigte, kuppelförmig in den Thorax vorgewölbte Zwerchfell begrenzt (1).

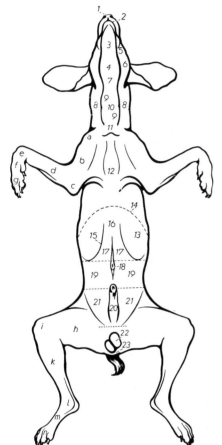

Abb. 9. Körpergegenden, dargestellt am Hund. Ventralansicht.

1 R. naris; *2* R. oralis; *3* R. intermandibularis; *4* R. subhyoidea; *5* R. buccalis; *6* R. masseterica; *7* R. laryngea; *8* R. colli lat.; *9* R. colli ventr. mit *10* R. trachealis; *11* R. praesternalis; *12* R. sternalis; *13* R. costalis; *14* Zwerchfellkuppel; *15* Arcus costalis; *16, 17* R. abdominis cran.; *16* R. xiphoidea; *17* R. hypochondriaca; *18, 19* R. abdominis media; *18* R. umbilicalis; *19* R. abdominis lat.; *20, 21* R. abdominis caud.; *20* R. pubica mit Praeputium; *21* R. inguinalis, *22* Scrotum; *23* R. perinealis

a R. axillaris; *b* R. brachii; *c* R. cubiti; *d* R. antebrachii med.; *e* R. carpi med.; *f* R. metacarpi med.; *g* Digiti manus; *h* R. femoris med.; *i* R. genus med.; *k* R. cruris med.; *l* R. tarsi med.; *m* R. metatarsi med.; *n* Digiti pedis

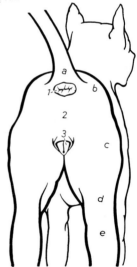

Abb. 10. Körpergegenden, dargestellt am Hund. Kaudalansicht.

1 R. analis; *2* R. perinealis; *3* Vulva

a Radix caudae; *b* R. glutaea; *c* R. femoris; *d* R. poplitea; *e* R. cruris caud.

Der Scheitel der Zwerchfellkuppel mit dem Foramen venae cavae steht wenig veränderlich in Höhe einer Querebene durch den 6.–7. Interkostalraum am Übergang des dorsalen in das mittlere Drittel des dorsoventralen Höhendurchmessers der Brusthöhle. Die kaudale Begrenzung dieser Gegend bildet eine durch den kaudalsten Punkt des letzten Rippenpaares gedachte Querebene. Die Regio abdominis media (9/*18,19*) reicht von dieser Querebene bis zu einer solchen durch den kranialsten Punkt des Hüfthöckers. Hier schließt die Regio abdominis caudalis (9/*20,21*) an, welche kaudal bis zu dem von der Linea terminalis umrahmten Beckeneingang reicht und mit dem peritonäalen Abschnitt der Beckenhöhle in Verbindung steht. Durch die Medianebene werden die drei Abschnitte der Bauchhöhle in eine rechte und linke Hälfte geteilt. Nimmt man eine in halber Höhe der Bauchhöhle verlaufende Horizontalebene hinzu, dann wird jede der drei großen Abteilungen in einen rechten und linken dorsalen sowie einen rechten und linken ventralen Quadranten zerlegt.

Darüber hinaus teilt man die B a u c h w a n d in nur zum Teil durch natürliche Grenzen gegeneinander abgesetzte Felder ein, die ebenfalls zur Lagebeschreibung der Bauchorgane dienen. So entfallen auf die R e g i o   a b d o m i n i s   c r a n i a l i s das rechte und linke an den Rippenbogen anschließende, kaudal von der Querebene durch das letzte Rippenpaar begrenzte, dreieckige Feld der Bauchwand, die *Regio hypochondriaca* (9/17), und mit dem medianen Schaufelknorpel die *Regio xiphoidea* (9/16), während das vor dem Rippenbogen liegende, von den Knorpeln der falschen Rippen bedeckte Feld der seitlichen und ventralen Bauchwand zu dem in die Zwerchfellkuppel vorragenden Raum der Regio abdominis cranialis, dem i n t r a t h o r a k a l e n Teil der Bauchhöhle (1/*b'*), gehört. Seine Größe ist abhängig von der Form und der Stellung des Zwerchfells, die durch die Anzahl und Stellung der falschen Rippen bestimmt werden. Dieser Raum ist von der Körperwand abgerückt, und die in ihm liegenden Organe werden außer dem Zwerchfell auch von der in der Pleurahöhle liegenden Lunge und der Brustwand bedeckt. Sie sind daher der Untersuchung von außen her nur in beschränktem Maße zugängig. Die R e g i o   a b d o m i n i s   m e d i a wird durch die *Lendengegend, Regio lumbalis,* von dorsal abgedeckt. Ihr schließen sich jederseits die rechte und linke *Flankengegend* oder *seitliche Bauchwand, Regio abdominis lateralis* (9/19), an. Von dieser kann die topographisch wichtige *Hungergrubengegend, Fossa paralumbalis,* abgetrennt werden. Sie wird dorsal von den Enden der Processus transversi der Lendenwirbel, ventral vom Crus costocoxale des M. obliquus internus abdominis, kranial von der letzten Rippe und kaudal vom Tuber coxae begrenzt. Rechte und linke Regio abdominis lateralis gehen ventral über in jenen Teil der Bauchwand, der den Nabel enthält und als *Regio umbilicalis* (9/18) bezeichnet wird. Im Bereich der R e g i o   a b d o m i n i s   c a u d a l i s unterteilt man die Bauchwand in die vor dem Schambeinkamm liegende mediane *Schamgegend, Regio pubica* (9/20), und die beiderseits seitlich anschließende, medial der Kniefalte und des Oberschenkels gelegene *Leistengegend, Regio inguinalis* (9/21).

D e r   d o r s a l e   L ä n g s d u r c h m e s s e r   d e r   B a u c h h ö h l e reicht vom 1. Lendenwirbel zum Promontorium, umfaßt also die Länge der Lendenwirbelkette. Der viel größere v e n t r a l e   L ä n g s - d u r c h m e s s e r erstreckt sich vom Kaudalende des Brustbeins zum Schambeinkamm. Ihr größter H ö h e n d u r c h m e s s e r fällt etwa in die Höhe des 1. Lendenwirbels, während der g r ö ß t e   Q u e r - d u r c h m e s s e r   d e r   B a u c h h ö h l e zwischen dem zweit- bzw. drittletzten Rippenpaar gemessen wird.

Die **Beckenhöhle, Cavum pelvis** (15–17), wird dorsal vom Kreuzbein und den ersten drei bis vier Schwanzwirbeln, seitlich von den Darmbeinen und dem *Corpus ossis ischii* sowie ventral von den in der Beckenfuge zusammenstoßenden Sitz- und Schambeinen umgeben. Ihre Seitenwände werden zudem bei den Ungulaten durch eine ausgedehnte Bandplatte, das *Ligamentum sacrotuberale latum,* das breite Beckenband (15,16/*D*), vervollständigt, welches sich beim *Hd.* nur in Form eines vom letzten Kreuzwirbelquerfortsatz zum Sitzbeinhöcker hinziehenden Stranges, *Ligamentum sacrotuberale,* vorfindet und bei der *Ktz.* vollständig fehlt. Um die knöcherne und ligamentöse Wandung der Beckenhöhle gruppieren sich die äußere Hüft- und Kruppenmuskulatur. Ein bei großen *Hsgt.* rektal gut abtastbarer, aus dem vorderen Ende des Kreuzbeins mit dem Promontorium und den Kreuzbeinflügeln, den Darmbeinsäulen sowie dem Schambeinkamm bestehender rundovaler Knochenring, als *Linea terminalis* bezeichnet, umrahmt den *Beckeneingang, Apertura pelvis cranialis.* Der *Beckenausgang, Apertura pelvis caudalis,* wird dorsal vom 3. bzw. 4. Schwanzwirbel, seitlich bei *Schw., Wdk.* und *Pfd.* vom Kaudalrand des *Ligamentum sacrotuberale latum,* beim *Hd.* vom *Ligamentum sacrotuberale* und ventral von den Sitzbeinhöckern und dem *Arcus ischiadicus* begrenzt. Der Beckenausgang ist mit Ausnahme des *Flfr.* bei allen *Hsgt.* enger als der Beckeneingang, jedoch im Gegensatz zu diesem erweiterungsfähig (s. auch Bd. I, S. 88–91 und 217).

Die Beckenhöhle beherbergt den Mastdarm mit After (15,16/*a*;17/*a,a'*), beim männlichen Tier das Beckenstück der Harnröhre mit den akzessorischen Geschlechtsdrüsen (15/*c,c'*), beim weiblichen Tier die kaudalen Abschnitte des Geschlechtsapparats (16/*c*;17/*b–b''''*) sowie bei beiden unterschiedlich große Teile der Harnblase (15,16/*d*;17/*c*). In die kranial offene Beckenhöhle stülpt sich als Fortsetzung der *Fascia transversalis abdominis* und der *Fascia iliaca* die *Fascia pelvis* ein. In gleicher Weise überschreitet auch das Peritonäum die Grenze zwischen Bauch- und Beckenhöhle und kleidet so einen bei den verschiedenen Tieren unterschiedlich großen Teil der Beckenhöhle mit Bauchfell aus, das teils als seröser Überzug auf die Organe, teils in deren Bänder übergeht. Dieser vom Bauchfell ausgekleidete Teil der Beckenhöhle wird als *peritonäaler,* der kaudal anschließende als *retroperitonäaler Teil* (17/*g*) bezeichnet. Folgende Wirbel kennzeichnen die Grenze zwischen dem peritonäalen und dem retroperitonäalen Teil der Beckenhöhle: beim *Hd.* der 2., bei der *Ktz.* der 2.–3., beim *Schw.* der

1.–2., beim *Rd.* der 1., beim *kl. Wdk.* der 1.–2. Schwanzwirbel, beim *Pfd.* jedoch der 3.–4. Kreuzwirbel.

Diaphragma pelvis. Der Beckenausgang, *Apertura pelvis caudalis*, wird von Muskulatur und Faszien verschlossen, die in ihrer Gesamtheit als *Diaphragma pelvis* bezeichnet werden.

Diese, bei den quadrupeden Haustieren nach kaudal gerichtete Verschlußplatte wird von den beidseitigen *Mm. levatores ani* und *Mm. coccygei* sowie von den sie überziehenden *Fasciae diaphragmatis pelvis externa* und *interna* gebildet. Die Mm. levatores ani lassen zwischen sich einen, beim Menschen als *Levatortor* bezeichneten Spalt zum Durchtritt des Afters und des Sinus urogenitalis bzw. des Canalis urogenitalis frei. Das die schwächste Stelle des Diaphragma pelvis darstellende „Levatortor" ist durch eine weitere muskulös-fibröse Platte, die *Membrana perinei*, verstärkt. Zudem wird das Diaphragma pelvis in seiner Außenschicht durch stammesgeschichtlich vom M. sphincter cloacae abstammende, die einzelnen Ostien verschließende Muskeln ergänzt. Zu ihnen gehören der *M. sphincter ani externus*, der *M. bulbospongiosus*, der *M. ischiocavernosus* sowie der *M. sphincter urethrae*.

Als Träger der Beckenorgane spielt das Diaphragma pelvis der Quadrupeden – im Gegensatz zum bipeden Menschen – nur in Ausnahmefällen, z. B. beim Erheben des Körpers auf die Hinterbeine, eine Rolle. Hingegen muß der durch die Betätigung der Bauchpresse sich auf die Beckenorgane und das Diaphragma pelvis fortsetzende Druck von diesem teils passiv aufgenommen, teils ihm auch aktiv entgegengewirkt werden. Dies ist z. B. der Fall bei dem Kot- und Harnabsatz, in höheren Trächtigkeitsstadien und während des Geburtsvorgangs.

Die aus Haut, Faszien, Muskulatur und Bindegewebe bestehende, beim weiblichen Tier von der Schwanzwurzel bis zur Milchdrüse, beim männlichen Tier bis zum Ansatz des Skrotums sich erstreckende, After und Scham einschließende kaudale Körpergegend wird als *Regio perinealis* mit der *Regio analis* bzw. *urogenitalis* bezeichnet.

Der Abschnitt der Regio perinealis, der beim weiblichen Tier zwischen After und dorsalem Schamwinkel, beim männlichen Tier zwischen After und Bulbus penis eine fibro-muskulöse Hautbrücke bildet, wird als *Perinaeum, Damm* oder *Mittelfleisch* bezeichnet. Der Damm entsteht während der Entwicklung bei der Trennung der Kloake in das dorsale Rektum und den ventralen Sinus urogenitalis.

Gekröse der Peritonäalhöhle
Gekröse des Magen- und Darmkanals

Der Beschreibung der Gekröseverhältnisse in der Peritonäalhöhle sei zunächst ein Überblick über die Gliederung des Darmkanals vorausgeschickt. Der von dem S c h l u n d k o p f bis zum A f t e r reichende Abschnitt des Verdauungsrohrs wird als *Rumpfdarm* bezeichnet.

Der **Rumpfdarm** (11/c–q) läßt sich in 1. *Vorderdarm*, 2. *Mitteldarm*, 3. *Enddarm* gliedern, an denen wiederum folgende Abschnitte zu unterscheiden sind:

1. Am V o r d e r d a r m (c–d):
   a) die *Speiseröhre, Oesophagus* (c),
   b) der *Magen, Gaster s. Ventriculus* (d).
2. Am M i t t e l d a r m = D ü n n d a r m, I n t e s t i n u m t e n u e (h–k):
   a) der *Zwölffingerdarm, Duodenum* (h),
   b) der *Leerdarm, Jejunum* (i),
   c) der *Hüftdarm, Ileum* (k).
3. Am E n d d a r m = D i c k d a r m, I n t e s t i n u m c r a s s u m (l–p):
   a) der *Blinddarm, Caecum* (l),
   b) der *Grimmdarm, Colon*, mit dem aufsteigenden Teil, *Colon ascendens* (m,m'), dem querliegenden Teil, *Colon transversum* (n), dem absteigenden Teil, *Colon descendens* (o),
   c) der *Mastdarm, Rectum* (p).
4. C a n a l i s a n a l i s mit dem *After, Anus* (q).

Im frühen Entwicklungsstadium stellt der Magen-Darmkanal ein in der Leibeshöhle median verlaufendes, gestrecktes Rohr dar, das an der dorsalen Bauchwand durch eine einfache Gekröseplatte, *Dor-*

salgekröse, Mesenterium dorsale commune, aufgehängt ist. Ein *Ventralgekröse, Mesenterium ventrale,* ist hingegen nur im Bereich der Magenanlage, übergreifend auf den Anfangsteil des Zwölffingerdarms, vorhanden. Nach der Differenzierung des Darmrohrs in seine oben genannten Abschnitte unterscheidet man auch an seinem D o r s a l g e k r ö s e entsprechende Anteile, und zwar das *dorsale Magengekröse, Mesogastrium dorsale* – auch als *großes Netz, Omentum majus,* bezeichnet –, das *Zwölffingerdarmgekröse, Mesoduodenum,* das *Leerdarmgekröse, Mesojejunum,* das *Hüftdarmgekröse, Mesoileum,* das *Blinddarmgekröse, Mesocaecum,* das *Grimmdarmgekröse, Mesocolon,* und das *Mastdarmgekröse, Mesorectum.* Der zwischen Leber und Magen sowie dem Anfangsteil des Zwölffingerdarms verkehrende Teil des v e n t r a l e n G e k r ö s e s, das *kleine Netz, Omentum minus,* wird als *Ligamentum hepatogastricum* bzw. *Ligamentum hepatoduodenale* bezeichnet. Das Gekröse des Dünndarms, des Zäkums sowie des Colon ascendens und Colon transversum faßt man unter der Bezeichnung *vorderes Gekröse, Mesenterium craniale,* jenes des Colon descendens und Rektums als *hinteres*

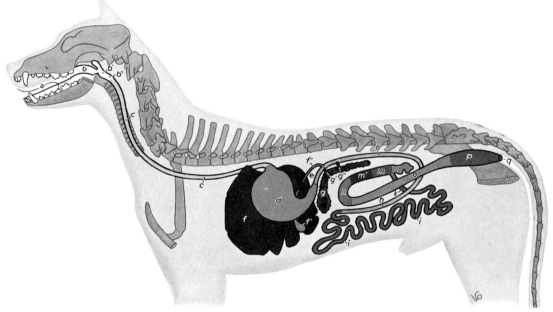

Abb. 11.   S c h e m a   d e s   V e r d a u u n g s a p p a r a t e s,   H u n d. Große Kopfdrüsen nicht dargestellt.

a,b K o p f d a r m: *a* Cavum oris (Mundhöhle), bestehend aus Vestibulum oris und Cavum oris propr.; *b,b',b''* Pharynx digestorius (Schlingrachen): *b* Pars oralis pharyngis, *b'* Pars laryngea pharyngis, *b''* Pars oesophagea; *c–q* R u m p f - d a r m: *c* Oesophagus (Speiseröhre), *d* Ventriculus, Gaster (Magen); *e* Pars cranialis des Duodenums; *f,g* A n h a n g s d r ü s e n   d e s   D a r m e s: *f* Hepar, Jecur (Leber), *f'* Vesica fellea (Gallenblase), *f''* Ductus choledochus (Gallengang), *g* Pankreas (Bauchspeicheldrüse), *g'* Ductus pancreaticus, *g''* Ductus pancreaticus acc.; *h–k* M i t - t e l d a r m,   D ü n n d a r m,   I n t e s t i n u m   t e n u e: *h* Duodenum (Zwölffingerdarm); *i* Jejunum (Leerdarm), *k* Ileum (Hüftdarm); *l–p* E n d d a r m,   D i c k d a r m,   I n t e s t i n u m   c r a s s u m: *l* Caecum (Blinddarm), *m–o* Colon (Grimm - darm): *m,m'* Colon ascendens, *n* Colon transversum, *o* Colon descendens, *p* Rectum (Mastdarm); *q* A n u s   (A f t e r)

Gekröse, Mesenterium caudale, zusammen. Die am Mesenterium craniale befestigten Darmabschnitte gehören zum Versorgungsgebiet der v o r d e r e n   G e k r ö s e a r t e r i e,   A.   m e s e n t e r i c a   c r a n i a - l i s, während jene am Mesenterium caudale hängenden in das Gebiet der h i n t e r e n   G e k r ö s e a r t e - r i e,   A.   m e s e n t e r i c a   c a u d a l i s, fallen. Zusammen mit den Lage- und Formveränderungen am Magen-Darmkanal vollziehen sich während der Entwicklung auch Veränderungen der ursprünglich einfachen Gekröseverhältnisse. Als solche sind zu nennen die M a g e n d r e h u n g, die D a r m d r e - h u n g sowie das unterschiedliche L ä n g e n w a c h s t u m einzelner Darmabschnitte mit den sich für sie ergebenden Umlagerungen. Die Folgen hiervon sind auch Verlängerung oder Verkürzung einzelner Gekröseabschnitte. Extreme Verkürzung kann zur Verwachsung des betreffenden Darmabschnitts mit der dorsalen Bauchwand führen, wobei die Verwachsungszone den ursprünglich linienförmigen Ansatz des Gekröses flächenhaft vergrößert. Ebenso können benachbarte Gekröseabschnitte miteinander verkleben und so eine Verlagerung der primären Ursprungslinien verursachen.

Das **Magengekröse** (12,13). Da die endgültigen Verhältnisse am Magengekröse nur aus der während der Entwicklung sich vollziehenden Lageveränderung des Magens zu verstehen sind, sei hier jener als *Magendrehung* bezeichnete Vorgang dargestellt (12):

Der Magen ist während seiner Entwicklung zunächst (*I*) ein spindelförmiges Organ, steht mit seiner Längsachse sagittal und sieht mit seiner konvexen, *großen Krümmung, Curvatura major,* nach dorsal, mit seiner konkaven Einziehung, der *kleinen Krümmung, Curvatura minor,* nach ventral. An der großen Krümmung heftet sich sein *dorsales Gekröse, Mesogastrium dorsale,* an der kleinen Krümmung sein *ventrales Gekröse, Mesogastrium ventrale,* an. Aus dieser Stellung heraus vollzieht sich nun am e i n h ö h l i g e n M a g e n eine z w e i f a c h e L a g e v e r ä n d e r u n g, die Magendrehung. Eine D r e h u n g u m d i e L ä n g s a c h s e bringt die große Krümmung des Magens nach links und ventral. Die D r e h u n g u m e i n e s e n k r e c h t e A c h s e führt das Kaudalende des Organs nach ventral und rechts. So entsteht die s e k u n d ä r e Stellung des Magens (*II*), wobei seine große Krümmung nach links, kaudal und ventral, seine kleine Krümmung aber nach rechts, kranial und dorsal sieht. Bei der Magendrehung wird das Mesogastrium dorsale mit der großen Krümmung des Magens nach links und

Abb. 12. S c h e m a d e r M a g e n d r e h u n g u n d E n t w i c k l u n g d e r M a g e n g e k r ö s e. (Nach ZIETZSCHMANN, 1955, umgezeichnet.)

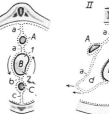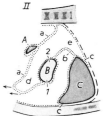

I Transversalschnitt, Frühstadium der Magenentwicklung; *II* Sagittalschnitt, Stadium nach vollzogener Magendrehung
A Milz im Mesogastrium dorsale; *B* Magen mit *1* großer, *2* kleiner Krümmung; *C* Leber im Mesogastrium ventrale
a Mesogastrium dorsale, dorsales Magengekröse; *b,c* Mesogastrium ventrale: *b* kleines Netz, zwischen kleiner Krümmung des Magens und Leber, *c* Bänder der Leber zwischen Leber und Bauchwand bzw. Zwerchfell; *d* Rec. caudalis der Netzbeutelhöhle; *e* Netzbeutelvorhof

ventral mitgenommen und legt sich als *großes Netz, Omentum majus,* der Kaudalfläche des Magens an. Das Mesogastrium ventrale wird bei diesem Vorgang nach rechts und dorsal hochgeschoben. Im ventralen Mesogastrium entwickelt sich die L e b e r und zerlegt diese Gekröseplatte in einen d i s t a l e n, Leber und Zwerchfell verbindenden Teil und einen p r o x i m a l e n zwischen Leber, kleiner Krümmung des Magens und Anfangsteil des Duodenums verkehrenden Abschnitt. Letzterer wird als *kleines Netz, Omentum minus,* bezeichnet.

Das **große Netz, Omentum majus** (13,179,180) (griechisch *Epiploon*), ist eine Bauchfellplatte von erheblichem Ausmaß. Sein netzartiges Aussehen rührt daher, daß zahlreiche größere und kleinere Blut- und Lymphgefäße, netzartig sich verzweigend und von Fettgewebssträngen begleitet, in die

Abb. 13. S c h e m a d e r G e k r ö s e v e r h ä l t n i s s e d e s M a g e n s v o m P f e r d. Kaudodorsale Ansicht. (Nach ZIETZSCHMANN, unveröffentlicht.)

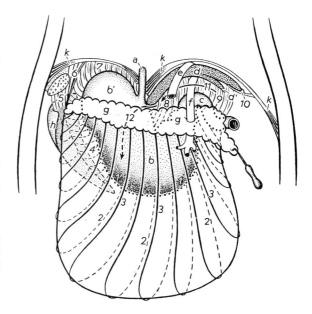

a Oesophagus; *b* Magen, *b'* Saccus caecus ventriculi; *c* Pars cranialis des Duodenums; *d* Leber, *d'* Proc. caudatus; *e* V. cava caud.; *f* V. portae; *g* Pankreas; *h* Milz; *i* linke Niere; *k* Zwerchfell

1–7 Omentum majus, Dorsalgekröse des Magens: *1* Ansatz des großen Netzes, Omentum majus, an der Curvatura major des Magens, *2* Paries superficialis, *3* Paries profundus des Netzbeutels, *4* Lig. gastrolienale, *5* Lig. renolienale, *6* Lig. phrenicolienale, *7* Lig. gastrophrenicum; *8,9* Omentum minus, Teil des Ventralgekröses des Magens: *8* Lig. hepatogastricum, *9* Lig. hepatoduodenale; *10* Lig. triangulare dext.; *11* Pfeil, der durch das For. omentale in den Netzbeutelvorhof, Vestibulum bursae omentalis, deutet; *12* Pfeil, der durch den Aditus ad recessum caudalem aus dem Netzbeutelvorhof in die Netzbeutelhöhle, Rec. caudalis omentalis, deutet

b i n d e g e w e b i g e n   G r u n d l a m e l l e n eingelagert sind. Zwischen diesen aus Gefäßen und Fettgewebe bestehenden Strängen ist die Serosadoppellamelle hauchdünn und durchsichtig. Stellenweise findet man milchig getrübte Felder, die sogenannten *Milchflecken*. Sie bestehen aus Anhäufungen von Lymphozyten, Histiozyten und Wanderzellen und sollen Brutstätten für Lymphozyten und damit auch Bildungsstätten für Antikörper sein.

Die A n s a t z l i n i e des großen Netzes beginnt unter der Wirbelsäule am Hiatus oesophageus und geht kaudal in jene des Mesoduodenums über. Diese primäre Ansatzlinie ändert sich im Laufe der Entwicklung durch die besprochene Umlagerung des Magens und unterschiedliche Ausgestaltung sowie Lageveränderungen des Darmkanals und weist bei den verschiedenen Tierarten charakteristische Unterschiede auf, die bei den einzelnen Vertretern besprochen werden. Bei allen Haussäugetieren mit e i n h ö h l i g e m   M a g e n wächst jedoch das an der dorsalen Bauchwand entspringende große Netz als sogenanntes *viszerales Blatt, Paries profundus* (13/3), beckenwärts weit aus, schlägt sich in Richtung auf die ventrale Bauchwand nach kranial um, wird so zum *parietalen Blatt, Paries superficialis* (2), des Netzes und zieht zur großen Krümmung des Magens (1). Hier spaltet es sich in seine beiden Serosalamellen, die den Magen überziehen, an der kleinen Magenkrümmung wieder zusammentreten, um sich hier erneut zu einer an der Viszeralfläche der Leber ansetzenden Gekröseplatte, dem *kleinen Netz, Omentum minus* (8,9), zu vereinigen. Die Insertionslinie des Paries profundus an der dorsalen Bauchwand und jene des Paries superficialis an der großen Krümmung des Magens gehen links an der Milz und rechts am Duodenum, sich zu einem Kreis schließend, ineinander über. Parietes profundus und superficialis des großen Netzes bilden die Wandung des geräumigen *Netzbeutels, Bursa omentalis*, der die spaltförmige *Netzbeutelhöhle, Recessus caudalis omentalis*, umschließt. Der Rezessus, an dessen Begrenzung sich auch die viszerale Fläche des Magens beteiligt, ist von der Peritonäalhöhle auf natürlichem Wege nur durch das *Netzbeutelloch, Foramen omentale (Winslowi)*, über den *Netzbeutelvorhof, Vestibulum bursae omentalis* (13/11), und den *Aditus ad recessum caudalem* (12) zugänglich.

Beim *Flfr.* hat der Netzbeutel eine eindeutige Lage. Er umhüllt schürzenartig von ventral und zum Teil von der Seite her das Darmkonvolut. Die Umschlagstelle seines Paries superficialis in den Paries profundus liegt vor dem Beckeneingang. Der Ausdehnung des Netzbeutels entspricht auch jene des Recessus bursae omentalis. Beim *Schw.* schiebt sich der Netzbeutel zwischen die Darmschlingen und reicht nicht so weit kaudal. Er bildet keine Schürze um die Leerdarmschlingen, wie das beim *Hd.* der Fall ist. Beim *Pfd.* verwachsen die kaudalen Abschnitte beider Blätter in unterschiedlicher Ausdehnung miteinander und bringen so den Rezessus zum Teil zum Schwinden. Der Netzbeutel schiebt sich hier regellos zwischen die Dünndarmschlingen ein, kann aber mit seinem Kaudalrand die Leistengegend erreichen, ja sogar in den Processus vaginalis peritonaei eindringen und so bei der Kastration männlicher Tiere einen Netzbeutelvorfall veranlassen.

Dieses zu einer langen Doppellamelle ausgewachsene dorsale Magengekröse kann dem Magen nicht mehr als „Befestigung" dienen. Für die f u n k t i o n e l l e   B e d e u t u n g dieser ausgedehnten Gekröseplatte, in der auch die Milz und ein Teil der Bauchspeicheldrüse (dorsale Pankreasanlage) entstehen und die wie andere Gekröse auch die Blutgefäße (A. coeliaca, Äste der Pfortader) sowie die Lymphbahnen und Nerven zu den Organen hinleitet, gibt es eine Reihe von Erklärungsversuchen, die nachfolgend angeführt seien: Die aus einer doppelten Serosalamelle bestehenden Blätter des großen Netzes stellen eine erhebliche Vergrößerung der Bauchfellflächen und damit eine beträchtliche Steigerung der oben geschilderten spezifischen Leistungen der Serosa dar. Experimentelle und klinische Beobachtungen haben gezeigt, daß sich zelluläre Reaktionen des Bauchfells am intensivsten am großen Netz abspielen. Ferner neigt das Organ bei allen *Hsgt.*, weniger ausgeprägt beim *Pfd.*, zu umfangreichen Fetteinlagerungen, die zum Teil als Wärmeschutz, zum Teil auch in Form von Anhängseln, *Appendices epiploicae*, als Füllmaterial zwischen den Bauchorganen sowie als Reserve- oder Depotfett dienen. Der nicht unbedeutende Reichtum an Blutgefäßen soll auch an der Steuerung des Blutdrucks in der Bauchhöhle beteiligt sein. Zudem zeigt das Netz die Fähigkeit, Defekte der Bauchwand und der Bauchhöhlenorgane zu schließen. So können auch kleinere Zwerchfellrisse oder Zwerchfellbrüche von Netzteilen zunächst verstopft und dann durch Verwachsung mit den Rißrändern verschlossen werden.

Das **kleine Netz, Omentum minus,** ist jener Teil vom *Ventralgekröse* des Vorderdarms, der die kleine Krümmung des Magens und den Anfangsabschnitt des Zwölffingerdarms mit der Kaudalfläche der Leber verbindet. Es besteht, entsprechend seinem Ansatz an Magen und Zwölffingerdarm einerseits und an der Leber andererseits, aus zwei Teilen, dem *Leber-Magenband, Ligamentum hepato-gastricum* (13/8), und dem *Leber-Zwölffingerdarmband, Ligamentum hepatoduodenale* (9). Der zwischen Leber und Zwerchfell liegende Teil des ursprünglichen Ventralgekröses des Vorderdarms wurde zu den *Leber-Zwerchfellbändern* (*Lig. falciforme hepatis, Lig. coronarium hepatis* und *Ligg. triangularia*) der Leber. Das kleine Netz hilft nach ventral und seitlich eine spaltenförmige Nische, den *Netzbeutelvorhof, Vestibulum bursae omentalis,* begrenzen. Nach kranial wird der Netzbeutelvorhof durch die Leber (13/d), nach kaudal durch den Magen (b,b'), den Anfangsteil des Duodenums (c) und durch das Pankreas (g), nach links durch das *Ligamentum gastrophrenicum* (7) begrenzt. Den Verschluß nach rechts liefern das kleine Netz, das Pankreas, die V. cava caudalis (e) und die V. portae (f). Der natürliche Zugang zu dieser Nische ist das *Netzbeutelloch, Foramen omentale (Winslowi)* (11), das man rechts von der Medianebene an der Basis des Processus caudatus der Leber (d') findet. Kraniodorsal wird es durch die kaudale Hohlvene bzw. vom Processus caudatus der Leber, kaudoventral von der V. portae bzw. dem Pankreas begrenzt.

Durch das Netzbeutelloch gelangt man aus der Peritonäalhöhle in das *Vestibulum bursae omentalis* und von hier aus über die kleine Krümmung des Magens hinweg nach kaudal durch den *Aditus ad recessum caudalem* in die *Netzbeutelhöhle.*

Diese von dem Magengekröse gegebene Übersicht trifft, wie schon erwähnt, in großen Zügen für die *Hsgt.* mit einhöhligem Magen (*Flfr., Schw., Pfd.*) zu. Besonderheiten des Magengekröses bei den verschiedenen Vertretern, insbesondere jene der *Wdk.*, werden an entsprechender Stelle dargestellt.

Das Gekröse des Darmes, Mesenterium (14). Zunächst sei an dieser Stelle ein während der Entwicklung ablaufender, als *Darmdrehung* bezeichneter Vorgang geschildert, der sowohl für die endgültige Ausgestaltung des Darmkanals und dessen Lagerung in der Bauchhöhle als auch für die Entstehung und das Verhalten seiner Gekröse von entscheidender Bedeutung ist: Wie an anderer Stelle bereits erwähnt wurde, ist der Darmkanal in seinem frühen Entwicklungsstadium ein geradlinig durch die Leibeshöhle ziehendes einfaches Rohr, das an einer gemeinsamen dorsalen Gekröseplatte, *Mesenterium dorsale commune* (14/k), befestigt ist. In der Folgezeit übertrifft jedoch das Längenwachstum des Darmrohrs jenes des Körpers, und es kommt zur Entstehung der sogenannten primitiven Darmschleife, deren ventral gerichteter Scheitel mit dem in den Nabelstrang eintretenden Dottergang verbunden ist (14/A). An dem Darmrohr lassen sich nunmehr der an die spindelförmige Magenanlage anschließende horizontale Teil, der absteigende Schenkel, der Scheitel, der aufsteigende Schen-

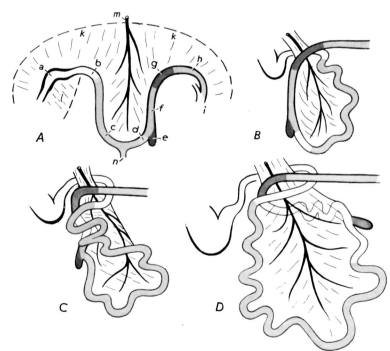

Abb. 14. Schema der Darmdrehung des Säugetierembryos. Linke Seitenansicht. (Nach ZIETZSCHMANN, 1955.)

A Stadium der primitiven Darmschleife; *B* halbe Drehung; *C* dreiviertel Drehung; *D* ganze Drehung

a Magen; b Duodenum; c Jejunum; d Ileum; e Caecum; f Colon ascendens; g Colon transversum; h Colon descendens bzw. Rectum; i Kloake; k Mesenterium dorsale com.; l Mesenterium ventrale; m A. mesenterica cran.; n Dottersackstiel

kel sowie der beckenwärts ziehende Endabschnitt unterscheiden. Die am aufsteigenden Schenkel auftretende Blinddarmanlage (*e*) kennzeichnet die Grenze zwischen Mittel- und Enddarm.

Zunächst liegen die beiden Schenkel der Darmschleife sagittal hintereinander. Mit dem zunehmenden Längenwachstum des Darmrohrs vollzieht sich jedoch eine D r e h u n g d e r D a r m s c h l e i f e u m d i e A. m e s e n t e r i c a c r a n i a l i s (*m*) als Achse. Diesen Vorgang bezeichnet man als *Darmdrehung*, und er leitet jene für die verschiedenen Tierarten charakteristische Umlagerung des Darmkanals ein. Da die Drehung zunächst um 180° erfolgt, wird der aufsteigende Schenkel der Schleife von kaudal über links nach kranial, der absteigende hingegen über rechts nach kaudal umgelagert. Der aufsteigende Schenkel liegt somit kranial vom absteigenden, und der Enddarm zieht links am Zwölffingerdarm vorbei (14/*B*). Nunmehr wird der aufsteigende Schenkel der Darmschleife mit dem dazugehörigen Blinddarm über kranial nach rechts dorsal umgelagert, und der absteigende Teil der Schleife, im wesentlichen den Leerdarm repräsentierend, kehrt von kaudal über links in die kraniale Ausgangsstellung zurück (14/*C*). Damit hat die Darmschleife eine volle Drehung um 360° im Sinne des Uhrzeigers vollführt, und das kraniale Darmgekröse erscheint an seinem Ursprung zur kranialen *Gekrösewurzel* umgeformt. Das Duodenum zieht nunmehr von rechts her über kaudal nach links hakenförmig um die Gekrösewurzel herum und zeigt deutlich eine *Pars descendens* und eine *Pars ascendens* (14/*D*). Auch am Kolon lassen sich die für alle Tierarten typischen drei Abschnitte erkennen: rechts von der Gekrösewurzel das *Colon ascendens*, kranial von der Gekrösewurzel das *Colon transversum* und links von ihr das *Colon descendens*. Das Colon ascendens behält beim *Flfr.* einfache Verhältnisse. Bei den übrigen *Hsgt.* zeigt es hingegen bezüglich seiner Länge und Lagerung jeweils typisches Verhalten und wird daher bei den verschiedenen Tierarten ausführlich beschrieben.

Das g e m e i n s a m e D a r m g e k r ö s e , M e s e n t e r i u m d o r s a l e c o m m u n e , schließt unmittelbar an das Mesogastrium dorsale kaudal an. Es stellt eine am Pylorus des Magens beginnende, bis in den peritonäalen Teil der Beckenhöhle hinreichende Bauchfelldoppelplatte dar, die, wie bereits besprochen, nach den einzelnen, an ihr befestigten Abschnitten des Darmkanals eingeteilt und dementsprechend als *Mesoduodenum, Mesojejunum, Mesoileum, Mesocaecum, Mesocolon* (Mesocolon ascendens, Mesocolon transversum, Mesocolon descendens) und *Mesorectum* benannt wird. Die A n s a t z l i n i e der Mesenterialplatte an der dorsalen Bauchwand wird durch die beiden von der Bauchaorta herkommenden großen Darmarterien, *A. mesenterica cranialis* und *A. mesenterica caudalis*, bestimmt. Mit dem ausgedehnten Längenwachstum des Darmkanals besonders im Gebiet des Leerdarms, bei *Pfd., Schw.* und *Wdk.* auch des Grimmdarms, muß die Gekröseplatte gleichen Schritt halten. So kommt es, daß die Befestigungslinie des Gekröses am Darm jene an der dorsalen Bauchwand an Länge um das Vielfache übertrifft und daß Gekrösefalten besonders aus der Umgebung der A. mesenterica cranialis, aber auch aus jener der A. mesenterica caudalis fächer- oder halskrausenförmig (daher *Gekröse!*) sich verbreiternd zum Darm hin ausstrahlen. Die Zusammenraffung der Gekröseplatte um die A. mesenterica cranialis als Achse führt zur Entstehung der *Gekrösewurzel, Radix mesenterii*. Die einfachsten Verhältnisse in der Ausbildung des Darmkanals und damit auch seiner Gekröse weisen die *Flfr.* auf. Bei *Pfd., Wdk.* und *Schw.* mit ihrem durch Längenwachstum und vielgestaltige Lageveränderungen ausgezeichneten Darmtrakt erfährt das Darmgekröse auch durch umfangreiche sekundäre Verwachsungen einzelner Darm- und Gekröseabschnitte untereinander, mit Nachbarorganen und der dorsalen Bauchwand zahlreiche Veränderungen, auf welche bei den einzelnen Tierarten gesondert eingegangen werden muß. Bemerkenswert ist, daß einzelne Gekröseabschnitte ähnlich dem großen Netz zur Fetteinlagerung neigen, die dann entlang den Blut- und Lymphgefäßbahnen erfolgt. Auch aus Fettgewebe bestehende Anhängsel, *Appendices epiploicae,* finden sich an den Gekrösen, besonders an jenem des Colon descendens des *Pfd.*

Gekröse der Harn- und Geschlechtsorgane
(15–17)

Ähnlich dem Darm sind auch die zum Teil in der Bauchhöhle, zum Teil in dem peritonäalen Abschnitt der Beckenhöhle untergebrachten Harn- und Geschlechtsorgane durch Gekröse befestigt. Mit Ausnahme der *Wdk.*, deren linke Niere an einer Gekrösefalte herabhängt (dieses kommt gelegentlich auch bei weniger gut genährten Hunden vor), liegen die Nieren, von der subserösen Fettkapsel umgeben, r e t r o p e r i t o n ä a l . Gleiche Lage hat der Bauchhöhlenabschnitt des Harnleiters; sein Beckenabschnitt (15,16/*b*) hingegen tritt in der Beckenhöhle in die *Harn-Geschlechtsfalte, Plica urogenitalis* (*5*), ein.

Die **Plica urogenitalis** ist eine beim w e i b l i c h e n T i e r (16) große, wechselnde Mengen g l a t t e r M u s k u l a t u r enthaltende Bauchfelldoppelplatte. Sie entspringt aus der Seitenwand des peritonäalen Teiles der Beckenhöhle und ragt noch über die Linea terminalis in die Bauchhöhle vor. Ihr kranialer Abschnitt dient beim weiblichen Tier der Aufhängung des Eierstocks, Ovarium, und wird in diesem Teil als *Eierstocksband, Mesovarium,* bezeichnet. Ferner enthält sie in einer lateralen Nebenfalte, dem *Eileitergekröse, Mesosalpinx,* den Eileiter, Salpinx, und stellt schließlich in ihrem Hauptteil das Gekröse der Gebärmutter, Uterus s. Metra, als *breites Gebärmutterband, Ligamentum latum uteri s. Mesometrium,* dar. Ihr dorsales Blatt geht in den Serosaüberzug der Beckenhöhle und jenen des Mastdarms, das ventrale Blatt in die Seitenbänder der Harnblase bzw. auf diese selbst über.

Beim m ä n n l i c h e n T i e r (15) enthält die sehr viel kleinere Plica urogenitalis den Endabschnitt der Samenleiter bzw. die Samenleiterampullen (c), die Harnleiter (b) und, mit Ausnahme des *Flfr.,* die Samenblasen, *Vesiculae seminales (Pfd.),* (c') bzw. Samenblasendrüsen, *Glandulae vesiculares (Wdk., Schw.),* gegebenenfalls auch noch die *Uterovagina masculina,* das Rudiment der Müllerschen Gänge.

Die ventral von der Plica urogenitalis gelegene Harnblase, Vesica urinaria (15,16/*d*), besitzt zwei aus der seitlichen Beckenwand entspringende *Seitenbänder, Ligamenta vesicae lateralia* (6), in deren freien Rändern die *verödeten Nabelarterien (Ligamenta teretia vesicae)* verlaufen. Zum Beckenboden bzw. zur ventralen Bauchwand entsendet die Harnblase eine dritte Gekröseplatte, das *Ligamentum vesicae medianum* (7/*h*). Von diesem wird der an das Schambein herantretende Teil als *Ligamentum pubovesicale* (15,16/7), der nabelwärts ziehende, während der Entwicklung den U r a c h u s oder A l l a n t o i s g a n g enthaltende Teil als *Ligamentum umbilicale medianum* bezeichnet.

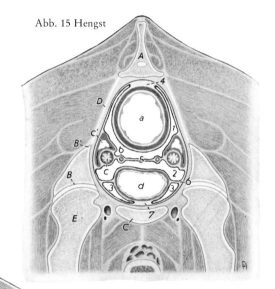

Abb. 15 Hengst

Dorsal von der Plica genitalis hängt das Rektum (15–17/*a*) an seinem Gekröse, dem *Mesorectum* (15,16/*4;*17/*e*), in den peritonäalen Teil der Beckenhöhle herab.

Durch das geschilderte Verhalten der Bandapparate der in dem peritonäalen Teil der Beckenhöhle gelegenen Organe wird diese in drei kranial offene

Abb. 16 Stute

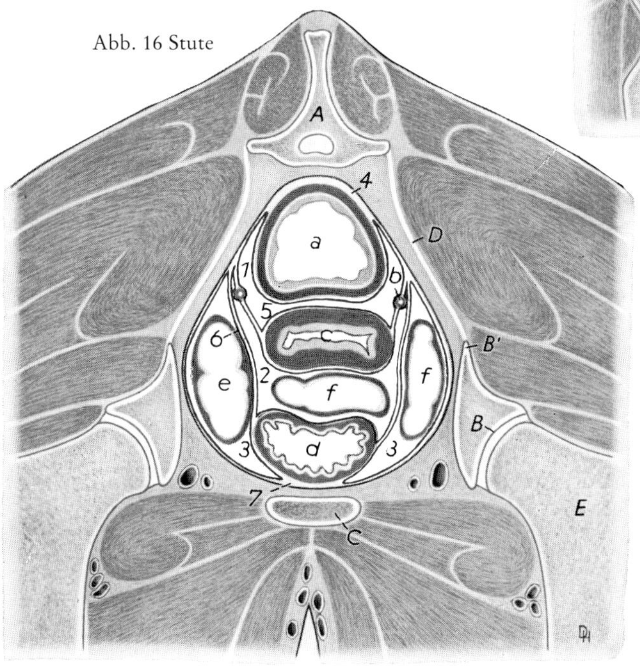

Abb. 15 und 16. T r a n s v e r s a l s c h n i t t d u r c h d a s B e c k e n v o n H e n g s t u n d S t u t e i n H ö h e d e s H ü f t g e l e n k s, schematisiert. Peritonaeum rot dargestellt.

A Os sacrum; *B* Acetabulum; *B'* Spina ischiadica; *C* Os pubis; *D* Lig. sacrotuberale latum; *E* Os femoris

a Rectum; *b* Ureter; *c* Ampulla ductus deferentis (Hengst) bzw. Vagina (Stute); *c'* Gl. vesicularis; *d* Vesica urinaria; nur bei der Stute dargestellt: *e* Flexura pelvina des Colon ascendens, *f* Schlingen des Colon descendens

1 Excavatio rectogenitalis; *2* Excavatio vesicogenitalis; *3* Seitennischen der Excavatio pubovesicalis; *4* Mesorectum; *5* Plica genitalis; *6* Lig. vesicae lat.; *7* Lig. vesicae medianum (pubovesicale)

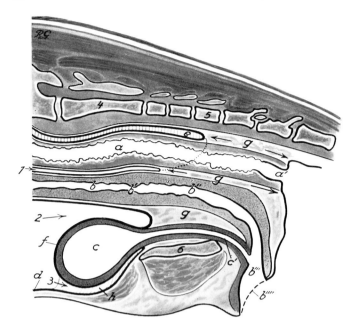

Abb. 17. Medianschnitt durch das Becken einer Hündin, schematisiert. (Nach ZIETZSCHMANN, unveröffentlicht.)

a Rectum; *a'* Anus; *b* Corpus uteri; *b'* Cervix uteri; *b''* Vagina; *b'''* Vestibulum vaginae; *b''''* Vulva; *c* Vesica urinaria; *c'* Urethra; *d* Peritonaeum parietale; *e* Mesorectum; *f* Peritonaeum viscerale; *g* Bindegewebe, die Organe im retroperitonäalen Teil der Beckenhöhle umhüllend; *h* Lig. vesicae medianum

1–3 peritonäaler Teil der Beckenhöhle: *1* Excavatio rectogenitalis, *2* Excavatio vesicogenitalis, *3* Excavatio pubovesicalis; *4* Kreuzbein; *5* 3. Schwanzwirbel; *6* Beckenboden

Bauchfellbuchten geteilt. Die dorsale Bucht wird ventral von der Plica urogenitalis sowie den in sie eingeschlossenen Organen, nach dorsal von der dorsalen Bauchwand sowie dem Rektum begrenzt und als *Excavatio rectogenitalis* (16,17/1) bezeichnet. Ventral von dieser liegt zwischen Plica urogenitalis einerseits und der Harnblase mit ihren Seitenbändern andererseits die *Excavatio vesicogenitalis* (2). Die *Excavatio pubovesicalis* (15–17/3) schließlich schiebt sich zwischen Beckenboden und Ventralfläche der Harnblase und deren Seitenbänder ein und wird durch das mediane Ligamentum vesicae medianum in zwei Seitennischen zerlegt.

Verdauungsapparat
Apparatus digestorius

Der Verdauungsapparat mit seinen Organen steht im Dienste der Ernährung. Er vollzieht die Nahrungsaufnahme, deren mechanische Zerkleinerung, chemische Aufschließung, die Resorption und den Aufbau der für den Fortbestand und die mannigfaltigen Leistungen des Organismus notwendigen Stoffe. Zugleich besorgt er die Ausscheidung der unverdaulichen Bestandteile der Nahrung sowie zum Teil auch solcher Stoffe, die ihm auf dem Blutwege zugeführt werden.

Er stellt den von der Mundöffnung bis zum After reichenden **Verdauungskanal** dar und besteht aus der fast durchweg dreischichtigen Wand: der *Schleimhaut, Tunica mucosa,* mit ihren D r ü s e n , der *Muskelhaut, Tunica muscularis,* und der *Bindegewebshaut.* Letztere ist in den Körperhöhlen eine *Tunica serosa*: B r u s t f e l l , P l e u r a , in der Brusthöhle und B a u c h f e l l , P e r i t o n a e u m , in der Bauchhöhle. Wo dieser Schlauch nicht in den serösen Körperhöhlen verläuft, ist er von einer lockeren Bindegewebshaut, *Tunica adventitia,* umhüllt. Hinzu kommen die vom Darmkanal abgerückten A n h a n g s d r ü s e n , die *großen Kopfdrüsen, Leber* und *Bauchspeicheldrüse,* die ihre Sekrete durch besondere Ausführungsgänge in ihn abgeben.

Er wird eingeteilt in **Kopf-, Vorder-, Mittel-** und **Enddarm** sowie **Canalis analis** (11). Seine einzelnen Abschnitte sind gemäß den genannten spezifischen Funktionen unterschiedlich gebaut. Darüber hinaus ergeben sich bei den verschiedenen *Hsgt.* durch unterschiedliche Lebens- und Ernährungsweise bedingte arttypische Besonderheiten im Aufbau ihrer Verdauungsorgane.

Kopfdarm

Allgemeine und vergleichende Betrachtung

Unter Berücksichtigung entwicklungsgeschichtlicher Vorgänge bezeichnet man als K o p f d a r m die im Kopf untergebrachte *Nasenhöhle,* die *Mundhöhle* sowie die als gemeinsame Wegstrecke für die Luft und für die Nahrung dienende *Schlundkopfhöhle.* Im nachfolgenden Kapitel sollen unter der Bezeichnung Kopfdarm zunächst **Mund-** und **Schlundkopfhöhle** mit ihren Organen und im Kapitel Atmungsapparat die Nasenhöhle besprochen werden.

Mundhöhle, Cavum oris
(25,57–62,79,81,83,85)

Die Mundhöhle dient mit ihren Organen dem Ergreifen, der Auswahl, der mechanischen Zerkleinerung und dem Einspeicheln der Nahrung, damit vor allem der Vorbereitung des Bissens zum Abschlucken. Hinzu kommt die Überprüfung der Nahrung durch die in der Mundhöhle untergebrachten Geschmacksorgane. Sie reicht von den Lippen bis zum Schlingrachen. Ihre k n ö c h e r n e G r u n d l a g e liefern die Processus palatini und alveolares des Os incisivum und der Maxilla, das Corpus ossis incisivi, die Lamina horizontalis des Os palatinum und die Mandibula. Sie wird begrenzt rostral

Abb. 18 Hund

Abb. 19 Katze

Abb. 20 Schwein

Abb. 21 Rind

Abb. 22 Schaf

Abb. 24 Pferd

Abb. 23 Ziege

Abb. 18–24. Köpfe der Haustiere, zur Darstellung der Nasenöffnungen, Mundspalte mit Ober- und Unterlippe und Anordnung der Tasthaare (Sinushaare)

von den *Lippen*, seitlich von den *Backen*, ihr Dach bildet der *harte Gaumen*, ihren Boden die *Zunge* und der *sublinguale Mundhöhlenboden*. Kaudal steht sie durch die von *Gaumensegel* und *Zungengrund* verschließbare *Rachenenge* mit der S c h l u n d k o p f h ö h l e in Verbindung. Die Z a h n b ö g e n des Ober- und Unterkiefers mit den Alveolarfortsätzen der Kieferknochen trennen bei Kieferschluß den **Mundhöhlenvorhof, Vestibulum oris,** von der **eigentlichen Mundhöhle, Cavum oris proprium** (25). Nur durch die bei den meisten *Hsgt.* zwischen Schneide- und Backenzähnen vorhandene Lücke, das D i a s t e m a, *Margo interalveolaris* (26,29,35/*c*), sowie hinter den letzten Backenzähnen besteht zwischen beiden Verbindung. Das V e s t i b u l u m o r i s gliedert sich in den Lippenvorhof, Vestibulum labiale (57,58/*b'*;59,60,61,62/24), den Spaltraum zwischen Schneidezähnen und Innenfläche der Lippen, und den Backenvorhof, Vestibulum buccale (25/*f*;26,28,29,31,35/*b'*), zwischen Backenzäh-

Abb. 25. T r a n s v e r s a l s c h n i t t d u r c h d e n K o p f e i n e s P f e r d e s i n H ö h e d e s 3. P r ä m o l a r e n b e i z e n t r a l e r O k k l u s i o n.

A Os nasale; *B* Maxilla, *B'* Proc. palatinus; *C* Vomer; *D* Mandibula; *P,P'* Dens praemolaris 3 des Oberkiefers bzw. des Unterkiefers

a–d Cavum nasi: *a* Meatus nasi com., *b* Meatus nasi dors., *c* Meatus nasi medius, *d* Meatus nasi ventr.; *e–g* Cavum oris: *e* Cavum oris propr., *f* Vestibulum buccale, *g* Rec. sublingualis lat.

1 Septum nasi mit Venengeflecht; *2* Concha nasalis dors.; *3* Concha nasalis ventr.; *4* Organum vomeronasale; *5* Corpus linguae mit Binnenmuskulatur; *6* Zungenrückenknorpel; *7* M. genioglossus; *8* Gl. sublingualis polystomatica; *9* Ductus mandibularis; *10* M. geniohyoideus; *11* M. mylohyoideus rostr.; *12* Backenmuskulatur; *13* Plexus venosus buccalis; *14* Gll. buccales

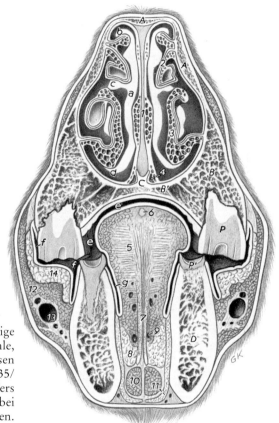

nen und Innenfläche der Backen. Auf eine paarige Verbindung zwischen Mund- und Nasenhöhle, den *Nasen-Gaumenkanal, Ductus incisivus,* dessen Mündung auf der *Papilla incisiva* (26,28,29,31,35/*1*) hinter den Schneidezähnen des Oberkiefers bzw. der Zahnplatte bei *Wdk.* gelegen ist, soll bei den Atmungsorganen näher eingegangen werden. Die Mundhöhle mit ihren Organen ist von einer kutanen, stark durchbluteten, blaßroten bzw. auch pigmentierten Schleimhaut ausgekleidet. Submuköse Drüsen von serösem oder mukösem Charakter finden sich gruppenweise als *Lippen-, Backen-* und *Zungendrüsen.* Hinzu kommen die g r o ß e n S p e i c h e l d r ü s e n d e s K o p f e s, *Unterzungen-, Unterkiefer-* und *Ohrspeicheldrüse,* die ihr Sekret durch besondere Ausführungsgänge in die Mundhöhle ergießen (47–56).

Lippen, Labia oris
(18–24;47–62;269–276)

Der Eingang zur Mundhöhle, die *Mundspalte, Rima oris,* wird von den Rändern der *Oberlippe, Labium superius,* und jenen der *Unterlippe, Labium inferius,* umfaßt. Sie ist bei den verschiedenen Tierarten unterschiedlich weit, so daß der *Mundwinkel, Angulus oris,* an welchem Ober- und Unterlippe in der *Commissura labiorum* ineinander übergehen, mehr rostral oder mehr kaudal zu liegen kommt (18–24). Mit dem Gebrauch der Lippen als S a u g -, G r e i f - bzw. T a s t o r g a n hängen die sehr unterschiedliche Form und Beweglichkeit, namentlich der Oberlippe, bei den verschiedenen *Hsgt.* zusammen. So besitzen *Pfd., Schf., Zg.* und *Flfr.* gut, *Rd.* und *Schw.* mäßig bewegliche Lippen. Sie sind am Os incisivum bzw. der Pars incisiva der Mandibula angeheftet und bestehen aus drei Schichten: Die Mittelschicht, als Grundlage der Lippen, enthält Muskeln, Sehnen, Binde- und Fettgewebe. Die Außenfläche wird von der allgemeinen Decke, die Innenfläche von der Lippenschleimhaut gebildet. Letztere springt auf den Alveolarteil des Os incisivum und der Mandibula über und setzt sich in das Zahnfleisch der Schneidezähne und auf den Margo interalveolaris fort (59–62/22,23;89/*h*). Submuköse oder intramuskuläre Drüsen an Ober- und Unterlippe, besonders nahe dem Mundwinkel gut ausgebildet, werden als *Lippendrüsen, Glandulae labiales,* bezeichnet. Sie sind bei allen Haustieren vorhanden, und es ergibt sich bezüglich der Mächtigkeit ihrer Ausbildung die Reihenfolge: *Pfd., Rd., Zg., Schf., Schw., Hd., Ktz.* Haut und Schleimhaut gehen am Lippenrand mit scharfer Grenze ineinander über. Bei *Flfr., kl. Wdk.* und *Pfd.* (269,270,272,273,275) trägt der Hautüberzug der Lippen alle baulichen Merkmale der allgemeinen Decke, dazu auch Sinus- oder Tasthaare. Beim *Schw.* vereinigt sich der mittlere, vereinzelte Sinushaare tragende, sonst unbehaarte Abschnitt der Oberlippe mit dem Nasenspiegel zur *Rüsselscheibe* (271). Ähnlich fließt beim *Rd.* der unbehaarte mittlere Teil der

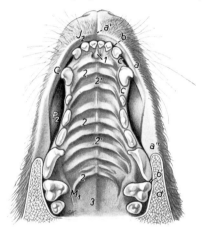

Abb. 26

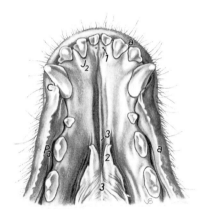

Abb. 27

Abb. 26.   Mundhöhlendach eines Hundes.

J2 Dens incisivus 2; *C* Dens caninus; *P2* Dens praemolaris 2; *M1* Dens molaris 1

a Labium superius, *a'* Philtrum, *a''* Angulus oris; *b* Vestibulum labiale, *b'* Vestibulum buccale; *c* Margo interalveolaris (Diastema); *d* Bucca mit Backenmuskulatur

1 Papilla incisiva mit Mündungen der Ductus incisivi; *2* Palatum durum mit Rugae palatinae und *2'* leistenförmiger Rhaphe palati; *3* Velum palatinum

Abb. 27.   Präfrenularer (sublingualer) Mundhöhlenboden mit Unterlippe eines Hundes.

J2 Dens incisivus 2; *C* Dens caninus; *P3* Dens praemolaris 3

a Labium inferius

1 Organum orobasale; *2* Caruncula sublingualis mit Mündungen der Ductus sublingualis maj. und mandibularis; *3* Frenulum linguae

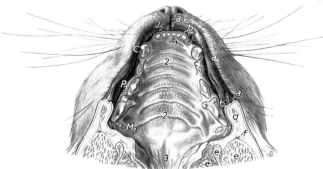

Abb. 28.   Mundhöhlendach einer Katze.

J2 Dens incisivus 2; *C* Dens caninus; *P3* Dens praemolaris 3; *M1* Dens molaris 1

a Labium superius, *a'* Philtrum, *a''* Angulus oris; *b* Vestibulum labiale, *b'* Vestibulum buccale; *c* Margo interalveolaris (Diastema); *d* Bucca; *e* Ramus mandibulae; *e'* M. masseter; *e''* M. pterygoideus; *f* V. facialis

1 Papilla incisiva mit Mündungen der Ductus incisivi; *2* Palatum durum mit Rugae palatinae und reihenförmigen, verhornten Papillen; *3* Velum palatinum

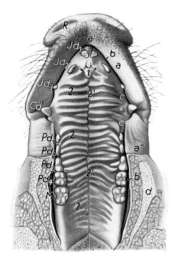
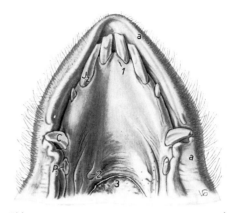

Abb. 29   Abb. 30

Abb. 29. Mundhöhlendach eines Schweines.

Jd1–3 Dentes incisivi decidui 1–3; *Cd* Dens caninus deciduus; *Pd2–4* Dentes praemolares decidui 2–4; *P1* Dens praemolaris 1; *M1* Dens molaris 1; *R* Rostrum

a Labium superius, *a'* Philtrum, *a''* Angulus oris; *b* Vestibulum labiale, *b'* Vestibulum buccale; *c* Margo interalveolaris (Diastema); *d* Bucca mit Backenmuskulatur und Gll. buccales dorss.

1 Papilla incisiva mit Mündungen der Ductus incisivi; *2* Palatum durum mit Rugae palatinae, *2'* Rhaphe palati; *3* Velum palatinum mit Fossulae tonsillares

Abb. 30. Präfrenularer (sublingualer) Mundhöhlenboden mit Unterlippe eines Schweines. Beachte die in diesem Fall deutlichen Carunculae sublinguales.

J2 Dens incisivus 2; *C* Dens caninus; *P1* Dens praemolaris 1

a Labium inferius

1 Organum orobasale; *2* Caruncula sublingualis, Mündungen der Ductus mandibularis und sublingualis maj. verdeckend; *3* Ansatz des Frenulum linguae

Oberlippe mit dem Nasenspiegel zum *Flotzmaul* (274) zusammen. Dieses kann bei bestimmten Rinderrassen (z. B. Alpenbraunvieh) pigmentiert sein. Bei *Flfr.* und *kl. Wdk.* trägt die Oberlippe eine markante, bei den anderen *Hsgt.* weniger deutliche mediane Furche, das *Philtrum* (269–274/*b*). Auffallend kleiner als die Oberlippe ist bei *Flfr.* und *Schw.* die Unterlippe, die bei *Rd.* und *Pfd.* an ihrer Unterfläche einen aus Muskulatur und Fettgewebe bestehenden Wulst, den *Kinnwulst, Mentum,* aufweist.

Backen, Buccae
(25;26,28,29,31,35/*d*)

Die Außenwand des Vestibulum buccale bilden die *Backen, Buccae*. Sie heften sich am Alveolarrand des Ober- und Unterkiefers im Bereich der Backenzähne an (25) und reichen vom Lippenwinkel bis zu der als *Kieferfalte, Plica pterygomandibularis*, bezeichneten Schleimhautfalte, die hinter dem letzten Backenzahn vom Gaumen zum Unterkiefer überspringt. Der kaudale Teil der Backen enthält den starken M. masseter. Wie die Lippen sind auch die Backen dreischichtig: außen die behaarte Haut, in der Mitte die Backenmuskulatur (s. Bd. I, S. 253ff.) und innen die kutane Mundhöhlenschleimhaut, die am Alveolarrand von Ober- und Unterkiefer in das Zahnfleisch der Backenzähne übergeht (25). Bei dem *Wdk.* erheben sich auf der Backenschleimhaut kräftige, verhornte, kegelförmige, kaudal gerichtete Papillen (31,32,83,85). Die *Backendrüsen, Glandulae buccales* (25/*14*;47/*d*;48–51/*8,10*), sind zwischen Schleimhaut und Backenmuskulatur oder zwischen die Schichten der Muskulatur eingebettet. Meist sind eine dorsale oder maxillare und eine ventrale oder mandibulare – beim *Wdk.* auch eine mittlere – Gruppe (49/*9*) vorhanden. Im Vergleich zum *Rd.* sind die Backendrüsen bei *Schf.* und *Zg.* bedeutend besser entwickelt. Von diesen sind das *Schf.* und das *Rd.* zu den Grasfressern, die *Zg.* jedoch schon zu den futterselektierenden Wiederkäuerarten (Intermediärtyp) zu zählen. Diese Zugehörigkeit der *Hauswiederkäuer* zu verschiedenen

Ernährungstypen bleibt nicht ohne Einfluß auf ihren Verdauungsapparat (s. später). Beim *Flfr.* entspricht der maxillaren Gruppe der übrigen *Hsgt.* die in der Orbitalgegend gelegene *Glandula zygomatica* (52/*e*). Ihre Ausführungsgänge, wie auch der Ausführungsgang der später zu besprechenden Ohrspeicheldrüse, münden in das Vestibulum buccale ein.

Zahnfleisch, Gingiva
(25;89/*f*)

Die Abschnitte der Mundhöhlenschleimhaut, deren Submukosa mit dem Periost der Alveolarfortsätze der Kiefer eng verwachsen ist, die die Zähne an der Grenze zwischen Wurzelteil und Krone fest umwallen und Fasern auch mit dem Alveolarperiost austauschen, werden als *Zahnfleisch, Gingiva,* bezeichnet. Beim *Wdk.* tritt es, zur sog. *Zahnplatte* (31/*D*;83,85/*1'*) umgeformt, an die Stelle der im Oberkiefer fehlenden Schneidezähne. Zahnfleischwunden verheilen ohne Narbenbildung.

Harter Gaumen, Palatum durum
(25,26,28,29,31,35,57–62,79,81,83,85)

Der Teil der Mundhöhlenschleimhaut, der besonders beim *Pfd.* von starken Venengeflechten unterlagert ist (62/*27*), wird zusammen mit dem knöchernen Mundhöhlendach als *harter Gaumen,*

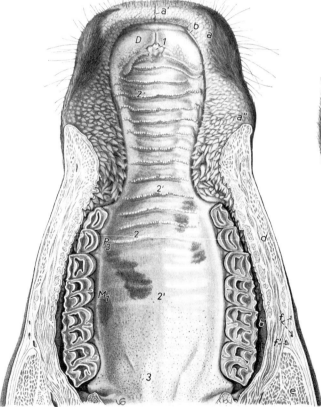

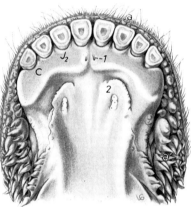

Abb. 32. Präfrenularer (sublingualer) Mundhöhlenboden mit Unterlippe eines Rindes.

J2 Dens incisivus 2; *C* Dens caninus

a Labium inferius; *a'* verhornte Schleimhautpapillen an der Unterlippe

1 Organum orobasale; *2* Caruncula sublingualis mit Mündungen der Ductus sublingualis maj. und mandibularis

Abb. 31.   Mundhöhlendach eines Rindes.

D Dentalplatte; *P3* Dens praemolaris 3; *M1* Dens molaris 1

a Labium superius, *a'* Philtrum, *a''* Angulus oris, Übergang in die papillenbesetzte Backenschleimhaut; *b* Vestibulum labiale, *b'* Vestibulum buccale; *d* Bucca mit Backenmuskulatur und Gll. buccales dorss.; *e* M. masseter; *f* A. und V. facialis; *f'* Ductus parotideus

1 Papilla incisiva mit Mündungen der Ductus incisivi; *2* Palatum durum mit Rugae palatinae, diese mit verhornten Papillen besetzt, *2'* Rhaphe palati; *3* Velum palatinum

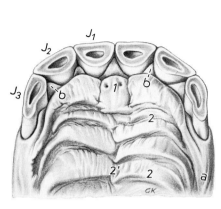

Abb. 33

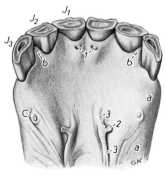

Abb. 34

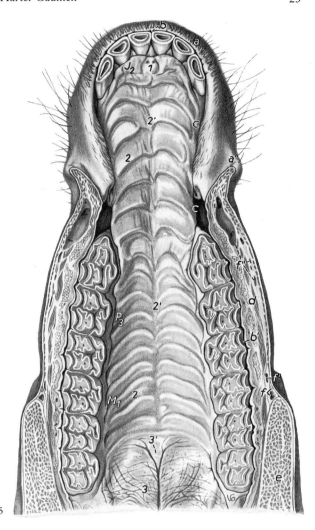

Abb. 35

Abb. 33.   Pars incisiva des harten Gaumens einer etwa 6jährigen Stute.

J1–3 Dentes incisivi mit Kunden

a Margo interalveolaris; b Gingiva

1 Papilla incisiva mit zwei kleinen Grübchen (obliterierte Mündungen der Ductus incisivi); 2 Palatum durum mit Rugae palatinae, 2' Rhaphe palati

Abb. 34.   Präfrenularer (sublingualer) Mundhöhlenboden einer etwa 6jährigen Stute.

J1–3 Dentes incisivi mit Kunden; C rudimentärer Dens caninus

a Margo interalveolaris; b Gingiva

1 Organum orobasale; 2 Caruncula sublingualis, auf ihrer Außenseite die Mündung des Ductus mandibularis; 3 Plica caruncularis

Abb. 35.   Mundhöhlendach eines Pferdes.

J2 Dens incisivus 2; P3 Dens praemolaris 3; M1 Dens molaris 1

a Labium superius, a'' Angulus oris; b Vestibulum labiale, b' Vestibulum buccale; c Margo interalveolaris (Diastema); d Bucca mit Backenmuskulatur und Gll. buccales dorss.; e M. masseter; f A. und V. facialis; f' Ductus parotideus; f'' Äste des Plexus venosus buccalis

1 Papilla incisiva mit zwei kleinen Grübchen (obliterierte Mündungen der Ductus incisivi); 2 Palatum durum mit Rugae palatinae, 2' Rhaphe palati; 3 Velum palatinum mit Ausführungsgängen der Gll. palatinae; 3' Tonsilla veli palatini mit Fossulae tonsillares

Palatum durum, bezeichnet. Er wird von dem Oberkieferzahnbogen umrahmt. Seine derbe Schleimhaut geht seitlich in das Zahnfleisch und am Choanenrand des Os palatinum in den weichen Gaumen über. Er wird bei *Pflfr.* und *Schw.* durch eine mediane Längsfurche, die *Gaumennaht, Rhaphe palati*, in zwei symmetrische Hälften geteilt. Beim *Hd.* tritt an die Stelle der Gaumennaht eine undeutliche m e d i a n e   L e i s t e (26/2';79/4). Beiderseits der Gaumennaht trägt der harte Gaumen paarige, zum Teil gegeneinander versetzte, verhornte, rachenwärts leicht konkav ausgebogene Schleimhautquerleisten, die *Gaumenstaffeln, Rugae palatinae*. Diese steigen rachenwärts flach an, bilden einen First und fallen zur nächstfolgenden Staffel hin steiler ab. Beim *Rd.* ist ihr First mit kaudal gerichteten, verhornten Papillen ausgestattet (31/2). Die Gaumenpapillen der *Zg.* sind feiner, zahlreicher und nicht so stark verhornt; ähnlich verhält es sich beim *Schf.* Die Zahl der gut ausgebildeten Gaumenstaffeln, zwischen die sich kleinere, sogenannte S c h a l t s t a f f e l n einschieben können, wechselt nach Tierart und Individuum. So besitzen der *Hd.* deren 6–10, die *Ktz.* 7, das *Schw.* 20–23, das *Rd.* 15–20, das *Schf.* etwa 14, die *Zg.* 12 und das *Pfd.* 16–18 paarige Gaumenstaffeln. Nur bei *Schw.* und *Pfd.* (29,35) reichen die Gaumenstaffeln bis zum weichen Gaumen, während der rachenwärtige Teil des harten Gaumens bei den anderen *Hsgt.* glatt ist. Die Schleimhaut des harten Gaumens ist drüsenfrei, nur bei *Hd.* und *Wdk.* ist sie im kaudalen, staffelfreien, beim *Schw.* in seinem rostralen Abschnitt mit Drüsen ausgestattet. Zudem kann sie bei allen *Hsgt.* in mehr oder weniger großem Umfang schwarz pigmentiert sein. Hinter den mittleren Schneidezähnen des Oberkiefers bzw. hinter der Zahnplatte der *Wdk.* trägt der harte Gaumen einen Schleimhauthügel, die *Papilla incisiva* (26,28,29,31,35,79, 81,83,85/*1*). Außer beim *Pfd.* findet sich auf ihr seitlich je eine Mündung des paarigen *Ductus incisivus*. Der harte Gaumen dient der Zunge bei der Nahrungsaufnahme und dem Transport des Bissens als Widerlager, wobei die Gaumenstaffeln für diese Leistung der Zunge besonders förderlich sind.

Zunge, Lingua, Glossa
(25;36–43;57–62)

Die Zunge füllt bei Kieferschluß das C a v u m   o r i s   p r o p r i u m aus und fügt sich so in ihrer Gestalt in die Form der Mundhöhle ein. Sie besteht, vom Z u n g e n b e i n gestützt, aus quergestreifter Skelettmuskulatur, Binde- und Fettgewebe, enthält Drüsen und ist von kutaner Schleimhaut mit auffallendem Oberflächenrelief überzogen. Die Zunge ist sehr beweglich und weist bei unterschiedlichem Gebrauch in ihrem Bau arttypische Unterschiede auf. Mannigfaltig sind ihre F u n k t i o n e n. Sie dient zur Aufnahme der festen und flüssigen Nahrung (Lecken, Saugen). Als wichtiges T a s t o r g a n und Trägerin der G e s c h m a c k s s i n n e s o r g a n e ergreift, sortiert und prüft sie zudem die Nahrung. Sie ist am Kau- und Schluckakt maßgeblich beteiligt und kann zur Säuberung der Haut und des Haarkleids gebraucht werden.

An ihrer **Innervation** sind fünf Gehirnnervenpaare beteiligt, und zwar der N. mandibularis des N. trigeminus (V. 3), der N. intermediofacialis (VII.), der N. glossopharyngeus (IX.), der N. vagus (X.) und der N. hypoglossus (XII.). Dabei ist der N. hypoglossus allein für die Motilität der Zunge verantwortlich, während die vier übrigen erwähnten Nervenpaare im Dienste der Geschmacks-, Tast-, Schmerz- und Temperaturempfindung stehen.

Form und Bau: Die dem Gaumen zugewendete Fläche der Zunge wird als *Zungenrücken, Dorsum linguae*, bezeichnet. Ihr rostraler, rundum freier Abschnitt ist die *Zungenspitze, Apex linguae* (36–41/ *a*). Diese hat eine freie R ü c k e n - und eine ebensolche B o d e n f l ä c h e. Beide Flächen gehen mit scharfem oder abgerundetem Rand ineinander über. Ihre Unterfläche ist kaudal durch eine mediane Schleimhautfalte, das *Frenulum linguae* (43/*e*;59–62/26), am Mundhöhlenboden befestigt, und nach hinten schließt sich der größere Teil des Organs, das *Corpus linguae* (36–41/*b*), und der rachenwärts abfallende *Zungengrund* oder die *Zungenwurzel, Radix linguae* (*c*), an. Beide schieben sich zwischen die namentlich beim *Pflfr.* eng stehenden Unterkieferäste ein und sind hier durch die seitlich und von unten einstrahlende Zungenmuskulatur verankert (25). Der Zungenkörper zeigt außer an seiner Dorsalfläche bei *Pflfr.* und *Schw.* auch umfangreiche, schleimhautbedeckte S e i t e n f l ä c h e n, beim *Flfr.* scharfe S e i t e n r ä n d e r. An der Zungenwurzel ist nur die Dorsalfläche von Schleimhaut überzogen. Beim *Wdk.* wölbt sich am Zungenrücken der *Zungenrückenwulst, Torus linguae*, besonders deutlich empor (39,40/*d'*;60,61/29). Vor dem Torus findet sich beim *Rd.* eine trichterförmige Schleimhautgrube, das sog. F u t t e r l o c h, *Fossa linguae* (39/*d'*;60). (Diese Bildung ist mit dem entwicklungsgeschichtlich bedeutsamen Foramen caecum am Zungengrund des *Msch.* nicht identisch.) Während beim *Pfd.* der *Zungenrückenknorpel, Cartilago dorsi linguae* (25/6), als Charakteristikum vorkommt, besitzt die Zunge des *Hd.* eine mediane Längsfurche, *Sulcus medianus linguae* (36/*b'*). Zudem zeigt die Zunge des *Flfr.* als weitere Besonderheit ein median in die Muskulatur an der Unterfläche der Zungenspitze eingebettetes, spindelförmiges Gebilde, den *Tollwurm, Lyssa* (42/*a*;43/*b*).

Die Z u n g e n s c h l e i m h a u t sitzt mit straffer Submukosa (beim *Msch.* Aponeurosis linguae) fest der Unterlage auf. Sie ist an den Seitenflächen sowie an der Unterfläche dünn und zart. Die mechanisch stark in Anspruch genommene Rückenfläche der Zunge hingegen besitzt durch stärkere Verhornung des Epithels besonders bei *Wdk.* und *Ktz.* derbe Beschaffenheit.

Zungenpapillen, Papillae linguales, halten die Oberfläche der Zunge besetzt. Man unterscheidet mechanisch wirksame P a p i l l a e m e c h a n i c a e von faden-, kegelförmiger oder konischer Gestalt, die *Papillae filiformes* und *conicae.* Hinzu kommen die G e s c h m a c k s p a p i l l e n , P a p i l l a e g u - s t a t o r i a e , mit charakteristischer Lokalisation, Form und Zahl als *Papillae fungiformes, Papillae vallatae* und *Papillae foliatae* bezeichnet.

Die P a p i l l a e f i l i f o r m e s (37–41/*1*) bedecken bei *Schw., Zg.* und *Pfd.* als dünne, weiche Hornfäden den Zungenrücken und verleihen so dessen Schleimhaut samtartiges Aussehen. Bei *Rd., Schf., Ktz.* und ähnlich auch beim *Hd.* sind es rachenwärts gerichtete, kleine Papillen mit einem bindegewebigen Grundstock, die bei *Ktz.* und *Rd.* stark verhornen. Zwischen diesen spitzen Papillen stehen beim *Rd.* besonders am Zungenkörper stumpfkegelförmige P a p i l l a e c o n i c a e , während bei *Schf.* und *Zg.* neben gleichgeformten auch blattartige Papillen vorkommen. Bei *Flfr.* und *Schw.* finden sich am Z u n g e n g r u n d lange, weiche, zottenförmige Papillen, während er bei den übrigen *Hsgt.* papillenfrei ist.

Die p i l z f ö r m i g e n P a p i l l e n , P a p i l l a e f u n g i f o r m e s (36 bis 41/*2*), sind weniger zahlreich, aber größer als die vorigen. Sie gehören zu den G e s c h m a c k s p a p i l l e n , besitzen – wenn auch nicht immer – *Geschmacksknospen* und liegen nach Tierart etwas unterschiedlich verteilt auf dem Zungenrücken, besonders aber an den Rändern, den Seitenflächen, ja sogar an der Unterseite der Zunge.

Die u m w a l l t e n P a p i l l e n , P a p i l l a e v a l l a t a e (36–41/*3*), finden sich am Übergang des Zungenkörpers in den Zungengrund. Sie besitzen einen bindegewebigen Grundstock und sind größer als die Papillae fungiformes. Jenen in der Form ähnlich, werden sie jedoch von einem deutlichen Ringwall umgeben und erheben sich nicht über die Oberfläche. Der Epithelbelag des vom Ringwall umfaßten Teiles der Papille trägt zahlreiche, jener der Wallaußenwand nur vereinzelte *Geschmacksknospen.* Seröse Drüsen liegen der Papille benachbart, submukös oder intermuskulär und geben ihr dünnflüssiges Sekret in die Tiefe des Wallgrabens ab. Sie sollen bereits geschmeckte Stoffe wegspülen und so die Geschmacksknospen neuen Geschmackseindrücken zugängig machen (*Spüldrüsen*). Die Zahl der umwallten Papillen ist nach Tierart unterschiedlich. Alle Geschmackspapillen lassen eine sehr starke Blutkapillarversorgung erkennen (43a,43b). So finden wir jederseits bei *Schw.* und *Pfd.* nur eine sehr große Papille (beim *Pfd.* kommt gelegentlich zusätzlich eine unpaare Papilla vallata hinzu), beim *Flfr.* 2–3, beim *Rd.* 8–17, beim *Schf.* 18–24 und bei der *Zg.* 12–18 Papillen.

Vor dem *Arcus palatoglossus,* jener vom Zungengrund zur Ventralfläche des weichen Gaumens überspringenden Schleimhautfalte, liegt am Rande der Zunge die B l ä t t e r p a p i l l e , P a p i l l a f o - l i a t a (38,41/*4*;88/*1''*), ein Schleimhautwulst, der durch querstehende Schleimhautblättchen mit dazwischenliegenden kleinen Furchen gekennzeichnet ist. Beim *Pfd.* beträgt ihre Länge 20 mm, beim *Schw.* 7–8 mm, beim *Hd.* ist sie klein, unscheinbar bei der *Ktz.* Dem *Wdk.* fehlt sie oder ist beim *Rd.* nur schwach angedeutet. Das Epithel der Blättchen enthält in der Tiefe der Querfurchen *Geschmacksknospen.* Auch in der Umgebung der Papilla foliata kommen regelmäßig seröse Drüsen vor, welche die gleiche Funktion haben wie jene der Papilla vallata.

An der Zunge neugeborener Omnivoren und Carnivoren (*Schw.* und *Flfr.*) kommen im Bereich des vorderen Zungendrittels besondere *Randpapillen, Papillae marginales,* vor. Der Beginn ihrer sichtbaren Entwicklung fällt in die letzten Fetalwochen. Sie sind bei der Geburt am besten ausgebildet (43c), behalten diesen Ausbildungsgrad während der ersten Lebenswochen bei und bilden sich gegen Ende der Säugeperiode vollkommen zurück.

Sie erreichen beim *Schw.* Höchstlängen von 6 mm und bedecken in dichten Büscheln den Rand des vorderen Zungendrittels, mit Ausnahme ihres apikalsten Teiles (43c). Beim *Hd.* werden die Randpapillen 3 mm, bei der *Ktz.* 1,5 mm lang und sind in der Regel in drei Reihen angeordnet. Bei ihnen trägt auch die Apex linguae im engsten Sinne eine Reihe feiner Randpapillen.

Ihr histologischer Aufbau gleicht annähernd dem der übrigen mechanisch wirkenden Papillen, ihr Epithel ist aber nicht verhornt. Die besonderen Randpapillen konnten u. a. auch bei *Wildschwein, Fuchs, Leopard* und *syrischem Braunbär* festgestellt werden. Es ist anzunehmen, daß alle Omnivoren und Carnivoren, die im allgemeinen straffe Lippen oder eine lange Mundspalte haben, diese Randpapillen vorübergehend besitzen. Der Beginn ihrer Entstehung, die Zeitspanne ihrer besten Ausbildung und der Zeitpunkt ihrer Rückbildung weisen auf eine bestimmte Beziehung zum Saugakt hin; die Bezeichnung der Papillae marginales als *„Saugpapillen"* erscheint deshalb nicht abwegig.

Außer den Drüsen in der Umgebung der großen Geschmackspapillen führt die Zunge noch a n d e - r e D r ü s e n g r u p p e n. Hierher gehören solche in der Submukosa bzw. auch zwischen den Muskelbündeln des Zungengrunds eingelagerte, teils muköse, teils seröse oder auch gemischte Drüsen. Weitere Drüsengruppen sind die *Zungenranddrüsen* an den Seitenflächen der Zunge sowie Drüsen in der Umgebung des Zungenbändchens, die in ihrer Ausbildung artspezifische Unterschiede aufweisen. Er-

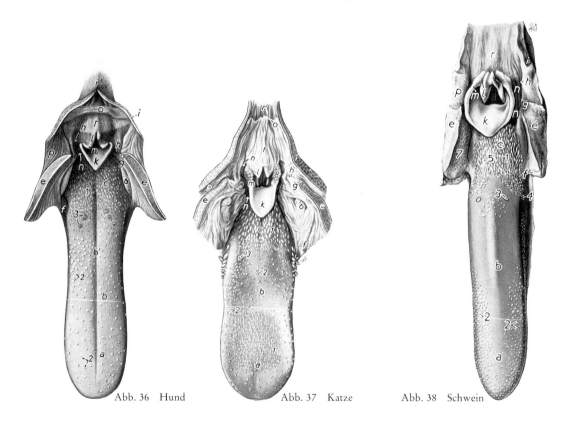

Abb. 36   Hund   Abb. 37   Katze   Abb. 38   Schwein

Abb. 36–41.   Z u n g e   u n d   d o r s a l   e r ö f f n e t e r   P h a r y n x. Dorsalansicht.

a–d Dorsum linguae: *a* Apex linguae, *b* Corpus linguae, *b'* Sulcus medianus linguae (*Hd.*), *c* Radix linguae, *d* Torus linguae (*Wdk.*), davor *d'* Fossa linguae „Futterloch" (*Rd.*); *e–r* Pharynx: *e* Velum palatinum (Dach der Pars oralis pharyngis), median durchschnitten und seitlich aufgeklappt, mit Drüsen und Muskulatur, *f* Arcus palatoglossus, *g–i* Begrenzung des Ostium intrapharyngeum, *g,h,i* Arcus palatopharyngeus, *k* Epiglottis, *l* schleimhautbedeckter Proc. corniculatus, *m* Plica aryepiglottica, *n* Rec. piriformis, *o* Limen pharyngooesophageum (*Hd., Ktz.*), *p* Pars nasalis pharyngis, *q* Ostium pharyngeum tubae auditivae (*Pfd.*), *r* Pars oesophagea, *r'* Oesophagus (*Hd., Ktz., Zg.*)

1–4 Papillae linguales: *1* Papillae filiformes und conicae (Papp. filiformes beim *Pfd.* nicht dargestellt), *2* Papillae fungiformes, *3* Papillae vallatae, *4* Papillae foliatae (*Schw., Pfd.*); *5–8* zum lymphatischen Rachenring gehörende Tonsillen: *5* Tonsilla lingualis (bei *Hd.* u. *Ktz.* makroskopisch nicht sichtbar, beim *Schw.* in den Papillen des Zungengrunds enthalten), *6* Tonsilla palatina (bei *Hd.* u. *Ktz.* aus dem Sinus vorgezogen, beim *Schw.* nicht vorhanden, beim *Rd.* nur Zugang zur Fossa tonsillaris sichtbar), *7* Tonsilla veli palatini (nur beim *Schw.* sichtbar), *8* Tonsilla paraepiglottica (nur bei der *Ktz.* deutlich sichtbar)

wähnt sei auch, daß die vom Zungengrund zur Basis des Kehldeckels hinziehende, auffällige Schleimhautfalte, die *Plica glossoepiglottica mediana*, sowie die vom Zungengrund zur Ventralfläche des weichen Gaumens überspringende Schleimhautfalte, der *Arcus palatoglossus*, zahlreiche Drüsen enthalten. Ein weiteres Merkmal der Schleimhaut des Zungengrunds ist das in wechselnder Menge und unterschiedlicher Ausbildung in deren Submukosa eingelagerte lymphoretikuläre Gewebe. Hierbei handelt es sich entweder um das Auftreten von *Schleimhautbälgen, Folliculi tonsillares, Zun-*

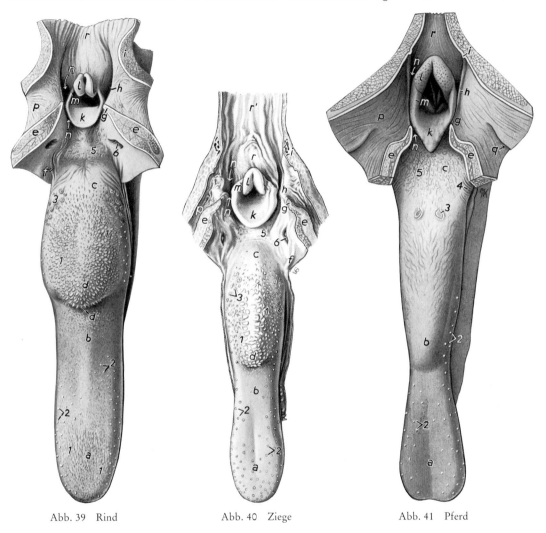

Abb. 39   Rind   Abb. 40   Ziege   Abb. 41   Pferd

genbälgen (Pfd.) bzw. *Schleimhautpapillen, Papillae tonsillares (Schw.),* oder um Ansammlungen diffusen lymphoretikulären Gewebes bzw. um *Einzelknötchen.* Diese lymphoretikulären Bildungen werden unter der Bezeichnung *Zungenmandel, Tonsilla lingualis* (38–41/5), zusammengefaßt.

Zungenmuskeln

Die Zungenmuskeln setzen sich aus dem intralingualen System, den Binnenmuskeln, und aus dem extralingualen System, den Außenmuskeln, zusammen. Die Binnenmuskeln haben keine Befestigung am Skelett, sie entspringen und enden in der Zunge selbst und verlaufen in den drei Richtungen des Raumes. Die Außenmuskeln haben knöchernen Ansatz und strahlen von hier aus in die Zunge ein. Eine mediane, dünne Bindegewebsplatte, *Septum linguae*, teilt das Organ in zwei symmetrische Hälften.

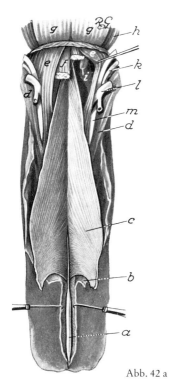

Abb. 42 a

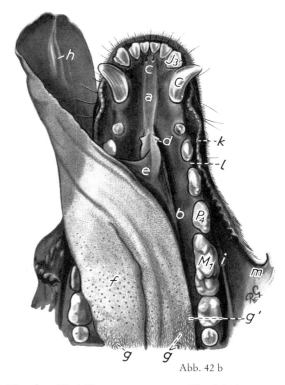

Abb. 42 b

Abb. 42 a. Unterfläche der Zunge eines Hundes. (Nach ZIETZSCHMANN, unveröffentlicht.)

a Lyssa, freigelegt; *b* Frenulum linguae; *c* M. genioglossus; *d* M. styloglossus; *e* M. hyoglossus; *f* M. geniohyoideus; *g* M. sternohyoideus; *h* M. thyreohyoideus; *i* Epihyoideum; *k* A. lingualis; *l* V. lingualis; *m* N. hypoglossus

Abb. 42 b. Boden der Mundhöhle eines Hundes. (Nach ZIETZSCHMANN, unveröffentlicht.)

J3 Dens incisivus 3; *C* Dens caninus; *P4* Dens praemolaris 4; *M1* Dens molaris 1 (Reißzahn)

a Präfrenularer Mundhöhlenboden; *b* Rec. sublingualis lat.; *c* Organum orobasale; *d* Caruncula sublingualis mit Mündungen der Ductus sublingualis maj. und mandibularis; *e* Frenulum linguae; *f* Dorsum linguae; *g* Papillae vallatae; *g'* Papilla foliata; *h* Lyssa, freigelegt; *i* Vestibulum buccale; *k* Labium inferius; *l* Gingiva; *m* Angulus oris

Der **Binnenmuskel** der Zunge, **M. lingualis proprius** (25/5), besteht aus den *Fibrae longitudinales superficiales* und *profundae, den Fibrae transversae* und den *Fibrae perpendiculares.* Sie durchkreuzen sich in drei Richtungen und können im Zusammenwirken die Zunge verkürzen, ihre Breite vermindern oder sie abplatten und so das Organ nach Bedarf formen und festigen. Wirken z. B. die Fibrae perpendiculares und transversae zusammen, so hat das bei gleichzeitiger Erschlaffung der Fibrae longitudinales eine Verlängerung der Zunge zur Folge. Kontrahieren sich dagegen die Fibrae longitudinales, so kann eine Verkürzung der Zunge durch sie nur dann erfolgen, wenn die Maschen der Fibrae perpendiculares und transversae auseinanderweichen. Durch gleichzeitige Kontraktion der drei Gruppen wird eine Versteifung der Zunge herbeigeführt. Zudem sind aber durch das Einstrahlen der Außenmuskeln in das Binnenmuskelsystem zahlreiche weitere Form- und Lageveränderungen der Zunge möglich.

Zu den **Außenmuskeln** der Zunge gehören:

M. genioglossus (25/7;42a/*c*;44,45/*a*;46/14;59–62/31). Dieser platte Muskel liegt unmittelbar paramedian und wird von dem der Gegenseite nur durch eine schwache Bindegewebsmembran, das *Septum linguae,* getrennt. Er entspringt im Kinnwinkel des Unterkiefers. Von der an seinem unteren Rand verlaufenden Sehne, die bis zum Zungenbein reicht, strahlen die Muskelfasern fächerförmig von unten her in den Zungenkörper, den Zungengrund und die Zungenspitze ein. Er zieht die Zunge nach vorn und unten und kann auf ihr eine mediane Rinne erzeugen.

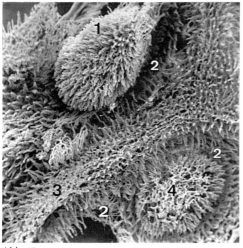

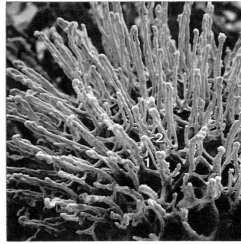

Abb. 43 a   Abb. 43 b

Abb. 43 a.   Feinere Blutgefäße der Papillae vallatae eines
Schafes. Dorsalansicht. Stark gefülltes Plastoidkorrosionspräparat. Rasterelektronenmikroskopische Aufnahme. (Nach RACH, 1978.)

1 Kuppelförmig angeordnete Kapillarschlingen der Papille; *2* Kapillarschlingen des Grabens, *3* des Walles; *4* venöses Kapillarbäumchen der Papille

Abb. 43 b.   Blutkapillarschlingen der Papillae vallatae eines
Schafes. Seitliche Ansicht. Plastoidkorrosionspräparat. Rasterelektronenmikroskopische Aufnahme. (Nach RACH, 1978.)

1 Arterieller, *2* venöser Kapillarschenkel

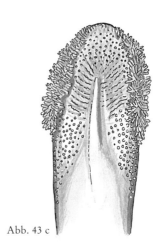

Abb. 43 c.   Zunge eines 3 Tage alten Ferkels mit dichten
Randpapillenbüscheln, Papillae marginales.   Abb. 43 c

M. hyoglossus (44,45/*d*;46/*12*;54–56/*23*). Der Zungengrundmuskel liegt seitlich am Zungengrund.
Er ist unregelmäßig rechteckig und schiebt sich von kaudal zwischen den medial gelegenen M. genioglossus und den lateral von ihm verlaufenden M. styloglossus ein. Sein Ursprung liegt an Zungenbeinkörper, Kehlkopfast und Zungenfortsatz des Zungenbeins. Seine Fasern strahlen von kaudal in die
Zungenwurzel ein und erstrecken sich bis zur Zungenspitze. Er zieht die Zunge nach hinten und ist
Antagonist des M. genioglossus. Mit jenem zusammenwirkend, kann er bei festgestelltem Zungenbein
die Zunge auch nach unten ziehen.

M. styloglossus (44,45/*c*;46/*13*;52/*k*;53–56/*23'*). Er entspringt als langer, schlanker Muskel mit flacher Sehne am rostralen Ende des Stylohyoideums und verläuft an der Seitenfläche bzw. dem Seitenrand der Zunge zu deren Spitze. Er verkürzt die Zunge und hebt ihre Spitze an. Einseitig wirkend,
zieht er die Zunge nach seiner Seite.

Zungenbeinmuskeln

(44–46; 53–56)

Die engen funktionellen Beziehungen zwischen den Binnen- und Außenmuskeln der Zunge und
den Zungenbeinmuskeln machen es erforderlich, letztere an dieser Stelle mitzubesprechen. Es gibt
obere und untere Zungenbeinmuskeln.

Folgende **obere Zungenbeinmuskeln** sind zu unterscheiden:

M. mylohyoideus (44,45/*e*;46/*15,15'*;49/*S*;53–56/*24,24'*). Er überbrückt als paariger Muskel mit querem Faserverlauf gurtartig den Kehlgang. Man unterscheidet bei *Schw., Wdk.* und *Pfd.* einen r o - s t r a l e n und einen k a u d a l e n T e i l. Der rostrale Teil schiebt sich bei *Wdk.* und *Pfd.* zum Teil über den kaudalen Abschnitt hinweg, beim *Schw.* liegen beide Teile hintereinander. Beim *Flfr.* ist er einheitlich. Sein Ursprung liegt jederseits an der Innenfläche der Unterkieferäste, an der Linea mylohyoidea. Beide Muskelteile stoßen median in einem Sehnenstreifen zusammen und befestigen sich bei *Flfr.* und *Schw.* am Körper des Zungenbeins bzw. bei *Wdk.* und *Pfd.* an seinem Zungenfortsatz. Dieser Muskelgurt trägt und hebt die Zunge und ist bei Tieren mit engem Kehlgang (*Pflfr.*) schwach, bei solchen mit weiterem Kehlgang (*Flfr.* und *Schw.*) entsprechend kräftiger.

M. geniohyoideus (44,45/*b*;46/*16*;53–56/*25*). Er ist vom M. mylohyoideus bedeckt, liegt im Kehlgang, entspringt im Kinnwinkel, ist spindelförmig und endet bei *Wdk.* und *Pfd.* am Zungenfortsatz, bei *Flfr.* und *Schw.* am Körper des Zungenbeins. Er bewegt das Zungenbein und damit auch die Zunge nach vorn.

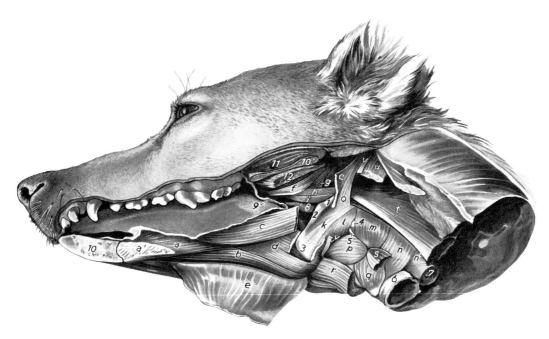

Abb. 44. Zungen- und Schlundkopfmuskeln eines Hundes. (Nach ZIETZSCHMANN, unveröffentlicht.)

a M. genioglossus, bei *a'* durchgeschnitten; *b* M. geniohyoideus; *c* M. styloglossus, ein Teil herausgeschnitten; *d* M. hyoglossus; *e* M. mylohyoideus; *f* M. tensor veli palatini; *g* M. levator veli palatini; *h* M. pterygopharyngeus; *i* M. palatopharyngeus; *k* M. stylopharyngeus rostr.; *l* M. hyopharyngeus; *m* M. thyreopharyngeus; *n* M. cricopharyngeus; *n'* M. cricooesophageus; *o* M. stylopharyngeus caud.; *p* M. thyreohyoideus; *q* M. cricothyreoideus; *r* M. sternohyoideus; *s* M. sternothyreoideus; *t* M. longus capitis; *u* M. digastricus; *v* M. stylohyoideus, ein Teil herausgeschnitten

1 Stylohyoideum; *2* Epihyoideum; *3* Ceratohyoideum; *4* Thyreohyoideum; *5* N. laryngeus cran.; *6* Trachea; *7* Oesophagus; *8* Gll. palatinae; *9* Pars oralis pharyngis; *10* Symphysis mandibulae; *10'* Ramus mandibulae; *11* M. masseter; *12* M. pterygoideus med.

M. stylohyoideus (44,45/*v*;46/*17*;54–56/*26*). Sein Ursprung liegt am unteren Rand des kaudalen Endes des Stylohyoideums, beim *Flfr.* am Schläfenbein, sein Ende am Thyreohyoideum. Er bewegt das Zungenbein und den Kehlkopf nach hinten oben. Seine Endsehne läßt beim *Pfd.* durch einen Schlitz die Zwischensehne des M. digastricus hindurchtreten.

M. occipitohyoideus (46/*17'*;54–56/*26'*). Seine Muskelplatte verkehrt zwischen dem Processus paracondylaris und dem kaudalen Ende des Stylohyoideums. Er senkt das rostrale Ende des Stylohyoideums und damit·den Zungengrund und den Kehlkopf.

M. ceratohyoideus (369,370,380,391,405/*1*). Vom M. hyoglossus bedeckt, füllt er als eine dünne Muskelplatte das Dreieck zwischen Cerato- und Thyreohyoideum aus. Er entspringt am rostralen Rand des Thyreohyoideums und endet am kaudalen Rand des Ceratohyoideums sowie am Proximalende des Stylohyoideums. Er hebt das Thyreohyoideum an und zieht den Kehlkopf damit nach vorn und oben.

M. hyoideus transversus (84,86/*16*). Der durch einen undeutlichen Sehnenstreifen median mit der Gegenseite verbundene schwache Muskel spannt sich quer von einem Ceratohyoideum zum gegenüberliegenden aus und verbindet diese miteinander. Er fehlt dem *Flfr.* und dem *Schw.*

Die **unteren Zungenbeinmuskeln** stellen die Fortsetzung des durch seine Intersectiones tendineae charakterisierten, an der ventralen Rumpfwand liegenden, längsverlaufenden M. rectus abdominis dar. Es sind drei schmale, flache Muskelpaare, die den Halsteil der Trachea und den Kehlkopf von ventral und an den Seitenflächen umscheiden. In der Medianlinie stoßen die beiden *Mm. sternohyoidei* zusammen, es folgen nach lateral jederseits der *M. sternothyreoideus* mit seiner rostralen Fortsetzung,

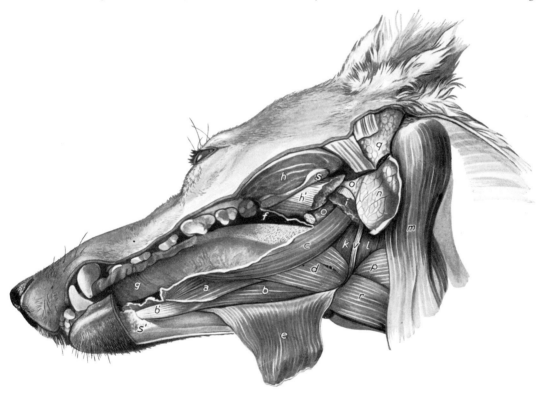

Abb. 45. Z u n g e n - u n d S c h l u n d k o p f m u s k e l n e i n e s H u n d e s. (Nach ZIETZSCHMANN, unveröffentlicht.)

a M. genioglossus; *b,b′* M. geniohyoideus; *c* M. styloglossus; *d* M. hyoglossus; *e* M. mylohyoideus; *f* Pars oralis pharyngis; *g* Apex linguae; *h* M. masseter; *h′* M. pterygoideus med.; *i* Stumpf des M. digastricus; *k* M. stylopharyngeus rostr.; *l* M. hyopharyngeus; *m* M. sternocephalicus; *n* Gl. mandibularis; *o* Rest der Gl. sublingualis monostomatica; *p* M. thyrohyoideus; *q* Gl. parotis; *r* M. sternohyoideus; *s,s′* Ramus bzw. Corpus mandibulae; *v* M. stylohyoideus

dem *M. thyrohyoideus*, und der *M. omohyoideus*. Ihre Namen charakterisieren Ursprung und Ansatz (vgl. auch Bd. I. S. 299).

M. sternohyoideus (44,45/*r*;46/*18*;53–56/*28*). Er entspringt am Manubrium sterni. Das flache Muskelband ist von dem der Gegenseite in der Medianlinie des Halses durch einen Bindegewebsstreifen getrennt (Schnittlinie für die Laryngo- und Tracheotomie). Der Muskel wird beim *Pfd.* in der Mitte des Halses durch einen Sehnenstreifen unterbrochen und endet am Basihyoideum. Er zieht das Zungenbein, den Zungengrund und den Kehlkopf nach unten.

M. sternothyreoideus (44/s;46/20;54/28''). Er entspringt mit dem M. sternohyoideus am Manubrium sterni und bedeckt die Trachea zunächst von ventral, dann mehr von lateral und inseriert mit einer flachen Sehne an der lateralen Fläche des Schildknorpels. Er zieht den Kehlkopf nach unten. Seine rostrale Fortsetzung ist der *M. thyrohyoideus* (44/p;46/20';54/22). Da, wo jener an der Seitenfläche des Schildknorpels endet, entspringt dieser und findet am kaudalen Rand des Thyreohyoideums sein Ende. Im Zusammenwirken mit dem M. sternothyreoideus zieht er das Zungenbein und die Zunge nach hinten oder nähert bei feststehendem Zungenbein diesem den Kehlkopf.

M. omohyoideus (46/19;53,54,56/28'). Bei *Schw.* und *Pfd.* entspringt er aus der Fascia subscapularis (beim *Pfd.* auch von den Querfortsätzen der 2.–4. Halswirbel), beim *Wdk.* in Höhe des 3. Halswirbels aus der Fascia profunda colli, beim *Flfr.* fehlt er. Er wird z. T. vom M. brachiocephalicus bedeckt und ist stellenweise mit ihm verwachsen. Im kranialen Drittel des Halses kreuzt er die Trachea und schiebt sich hier zwischen die Drosselvene, V. jugularis, und die in der Tiefe liegende A. carotis communis (Stelle für Aderlaß und intravenöse Injektion). Er inseriert dicht neben dem M. sternohyoideus am Basihyoideum, beim *Schw.* am Kehlkopfast des Zungenbeins. Wie dieser zieht er das Zungenbein und den Kehlkopf brustwärts.

Die drei langen zu Zungenbein und Kehlkopf ziehenden Muskelpaare bewegen jene Organe gemeinsam brustwärts, wodurch gleichzeitig der Schlundkopf erweitert wird. Die gleiche Wirkung tritt aber auch ein, wenn man dem Tier Kopf und Hals hochstellt, denn dadurch werden diese ventralen Halsmuskeln und die Luftröhre in Spannung versetzt, Zungenbein und Kehlkopf brustwärts gezogen und in dieser Stellung festgehalten. Werden Tiere nun bei dieser Zwangshaltung von Kopf und Hals zum Abschlucken flüssiger Medikamente gezwungen, dann können sie sich leicht verschlucken. Der Grund für das Unvermögen, bei dieser Kopf- und Halshaltung zu schlucken, liegt nämlich darin, daß durch die passive Spannung der ventralen Halsmuskeln und der Luftröhre das zur Einleitung und zum normalen Ablauf des Schluckaktes erforderliche Heben des Zungenbeins, des Zungengrunds und des Kehlkopfs unmöglich wird (s. a. S. 58).

Sublingualer Mundhöhlenboden
(25,27,30,32,34,42b)

An diesem Teil der Mundhöhle kann man zwei Abschnitte unterscheiden: rostral den vom Bogen der Unterkieferschneidezähne umfaßten, der schleimhautbekleideten Innenfläche der Pars incisiva des Unterkiefers aufliegenden unpaaren *präfrenularen Mundhöhlenboden*. Ihm schließt sich beiderseits ein spaltförmiger, von den Unterkieferbackenzähnen und dem Zahnfleisch einerseits und den Seitenflächen der Zunge andererseits begrenzter, in Richtung auf den Zungengrund vorstoßender Raum, der *Recessus sublingualis lateralis* (25/g), an.

In die Schleimhaut des präfenularen Mundhöhlenbodens strahlt median das oben erwähnte *Zungenbändchen, Frenulum linguae* (42b/e;59–62/26), ein. Etwas rostral und seitlich vom Frenulum erheben sich beim *Schw.* gelegentlich (30/2), bei den übrigen *Hsgt.* regelmäßig die nach Form, Größe und Lage unterschiedlichen *Carunculae sublinguales* (27;32;34/2;42b/d), „Hungerwarzen". Hier mündet beim *Pfd.* der Ausführungsgang der Unterkieferdrüse, *Ductus mandibularis*, bei den anderen Tieren auch jener der einmündigen Unterzungendrüse, Glandula sublingualis monostomatica, der *Ductus sublingualis major*. Bei *Pfd.* und *Zg.* findet man zudem an dieser Stelle die kleine *Mundhöhlenbodendrüse, Glandula paracaruncularis*.

Als *Organum orobasale, Ackerknechtsches Organ* (27,30,32,34/l;42b/c), bezeichnet man zwei hinter den mittleren Schneidezähnen des Unterkiefers mit zwei kleinen Öffnungen beginnende, in die Propria eindringende Epithelstränge oder englumige Epithelschläuche. Es soll sich um das Rudiment einer bei Reptilien vorkommenden Glandula sublingualis anterior handeln. Ebenfalls in der Umgebung der Caruncula sublingualis kommen Einlagerungen von lymphoretikulärem Gewebe vor, die als *Tonsilla sublingualis* bezeichnet werden können.

Am Boden des Recessus sublingualis lateralis wird die Schleimhaut durch die submukös liegende *Glandula sublingualis polystomatica* zum *Sublingualiswulst* emporgewölbt, auf dessen Höhe, der *Plica sublingualis,* die in Reihen angeordneten Mündungen der zahlreichen Ausführungsgänge jener Drüse sichtbar werden.

Anhangsdrüsen der Mundhöhle, Glandulae salivales

(47–56)

Die kleinen Speicheldrüsen, *Glandulae labiales* und *buccales*, sowie die in der Zunge, am Gaumen und am präfrenularen Mundhöhlenboden vorkommenden Drüsen wurden bereits erwähnt. Haben diese Drüsengruppen vorwiegend lokale Bedeutung (Feuchterhaltung und Schlüpfrigmachen des betreffenden Schleimhautgebiets, Spüldrüsen), so kommt den drei großen Drüsenpaaren, der *Glandula*

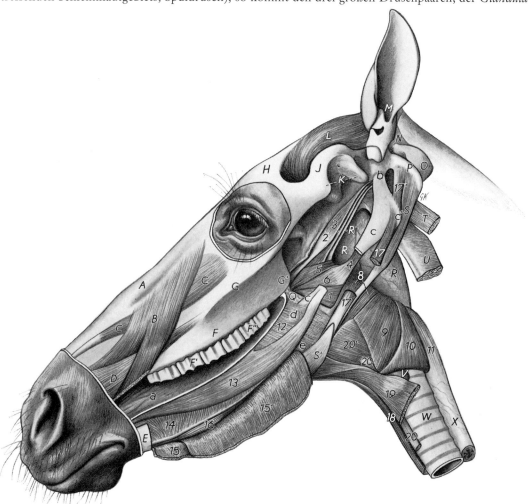

Abb. 46. Z u n g e n - u n d S c h l u n d k o p f m u s k e l n e i n e s P f e r d e s.

A Os nasale; *B* M. levator nasolabialis; *C* M. levator labii superioris; *D* M. caninus; *E* Teil der linken Mandibula; *F* Proc. alveolaris der Maxilla, *F'* Dens praemolaris 3, *F''* Dens molaris 2; *G* Crista facialis, *G'* Tuber maxillae; *H* Os frontale; *J* Arcus zygomaticus; *K* Tuberculum articulare, Fossa mandibularis und Proc. retroarticularis des Os temporale; *L* M. temporalis; *M* Ohrmuschel mit knorpeligem Gehörgang; *N* Squama occipitalis; *O* Condylus occipitalis; *P* Proc. paracondylaris; *Q* Gll. palatinae; *R* Diverticulum tubae auditivae; *R'* Tuba auditiva; *S* kaudaler, *S'* rostraler Bauch des M. digastricus; *T* M. rectus capitis ventr.; *U* M. longus capitis; *V* Gl. thyreoidea; *W* Trachea; *X* Oesophagus

1 M. palatinus; *2* M. tensor veli palatini; *3* M. levator veli palatini; *4* M. stylopharyngeus caud.; *5* M. pterygopharyngeus; *6* M. palatopharyngeus; *8* M. hyopharyngeus; *9* M. thyreopharyngeus; *10* M. cricopharyngeus; *11* M. cricooesophageus; *12* M. hyoglossus; *13* M. styloglossus; *14* M. genioglossus; *15,15'* M. mylohyoideus; *16* M. geniohyoideus; *17* M. stylohyoideus, *17'* M. occipitohyoideus; *18* M. sternohyoideus; *19* M. omohyoideus; *20* M. sternothyreoideus; *20'* M. thyreohyoideus

a Corpus linguae; *b–e* Os hyoideum: *b* Tympanohyoideum, *c* Stylohyoideum, *c'* Angulus stylohyoideus, *d* Stelle der Verbindung des Stylohyoideums mit dem Ceratohyoideum durch das Epihyoideum, *e* Stelle der Verbindung zwischen Ceratohyoideum und Basihyoideum (*d* und *e* durch den M. hyoglossus verdeckt)

parotis, Ohrspeicheldrüse, Glandula mandibularis, Unterkieferdrüse, sowie den *Glandulae sublinguales, Unterzungendrüsen,* weit größere Bedeutung zu. Ihr teils seröses, dünnflüssiges, teils muköses, zähflüssiges und schleimiges Sekret, von dem beim *Pfd.* am Tage etwa 40-60 l, beim *Rd.* 80-100 l produziert werden sollen, hat zunächst die Aufgabe, den Bissen zu durchtränken, ihn zu verdünnen (Verdünnungsspeichel), gleitfähig zu machen (Gleitspeichel) und ihn so zum Abschlucken mit vorzubereiten. Daneben enthält der Speichel, S a l i v a , besonders beim *Schw.* ein Ferment, das *Ptyalin,* welches die Verdauung der Stärke schon im Mund einzuleiten hat (Mundverdauung, *Amylolyse).* So ist verständlich, daß die *Pflfr.* über größere Speicheldrüsen verfügen als die *Flfr.*

Nach der Art ihres Sekrets werden die Mundwand- und Anhangsdrüsen als seröse, als muköse und als seromuköse oder gemischte Drüsen bezeichnet. Hinsichtlich des Vorkommens der einzelnen Typen bei den verschiedenen *Hsgt.* bestehen Unterschiede, deren Darstellung den Lehrbüchern der mikroskopischen Anatomie überlassen sein soll.

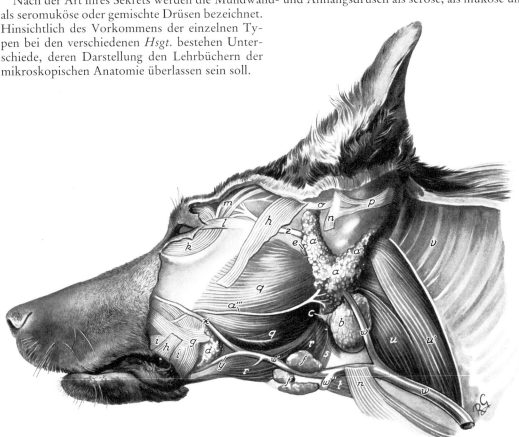

Abb. 47.   O b e r f l ä c h l i c h e   D r ü s e n   a m   K o p f   e i n e s   H u n d e s . (Nach SCHEUERER, 1933.)

a Gl. parotis, *a'* prä-, *a''* postaurikulärer Zipfel; *a'''* Ductus parotideus; *b* Gl. mandibularis; *c* kaudaler Teil der Gl. sublingualis monostomatica; *d* Gll. buccales; *e* Ln. parotideus; *f* Lnn. mandibulares; *g* M. buccinator; *h* M. zygomaticus; *i* M. orbicularis oris; *k* M. orbicularis oculi; *l* M. retractor anguli oculi lat.; *m* M. frontoscutularis; *n* M. parotidoauricularis, ein Teil herausgeschnitten; *o* M. zygomaticoauricularis; *p* M. cervicoauricularis prof.; *q* M. masseter; *r* M. digastricus; *s* M. stylohyoideus; *t* M. sternohyoideus; *u* M. sternomastoideus; *u'* M. sternooccipitalis; *v* Platysma (Teil des Halshautmuskels); *w* V. jugularis ext.; *w'* V. maxillaris; *w''*, *x* V. facialis; *w'''* V. lingualis; *y* V. labialis inf.; *z* R. zygomaticofrontalis n. facialis

Ohrspeicheldrüse, Glandula parotis

(47/*a*; 48–51/*12*; 52/*a*)

Sie besteht aus makroskopisch sichtbaren Läppchen. Ihre Farbe hängt von dem Funktionszustand und somit dem Grad ihrer Durchblutung ab, immer aber erscheint sie heller rot als die benachbarte Skelettmuskulatur. Sie füllt den Raum zwischen dem aufsteigenden Unterkieferast und dem Atlasflügel, die *Fossa retromandibularis,* mehr oder weniger aus. Mit ihrem O h r e n d e grenzt sie an den Ohrgrund, und mit ihrem Kehlende reicht sie verschieden weit am Hals herab bzw. in den Kehlgang hinein. An ihrer Außenfläche wird sie von der Fascia parotidea bzw. vom M. parotidoauricularis bedeckt. Zudem tritt sie besonders mit ihrer medialen Fläche in engste nachbarliche Beziehungen zu den Ästen der A. carotis communis, solchen der V. jugularis, zu dem Zungenbein und dessen Muskeln sowie zu Nerven (N. facialis, N. trigeminus), Lymphknoten und schließlich beim *Pfd.* zum Luftsack, zum M. occipitomandibularis und zum M. sternomandibularis (56). Da die Kenntnis dieser topographischen Verhältnisse beim *Pfd.* wegen der Luftsackoperation besonders wichtig ist, wird an entsprechender Stelle nochmals davon zu sprechen sein (s. S. 74).

Bezüglich der **Form, Größe** und **Lage** der Parotis lassen sich folgende tierartliche Unterschiede feststellen: Beim *Flfr.* (47,52) ist die Drüse klein und von etwa dreieckiger Gestalt.

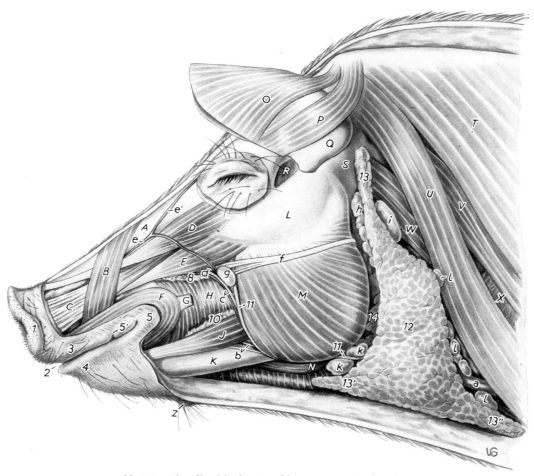

Abb. 48. Oberflächliche Kopfdrüsen eines Schweines.

A Os nasale; *B* M. levator nasolabialis; *C* M. caninus; *D* M. levator labii superioris; *E* M. depressor labii superioris; *F* M. orbicularis oris; *G* M. zygomaticus; *H* M. buccinator; *J* M. depressor labii inferioris; *K* Mandibula; *L* Arcus zygomaticus; *M* M. masseter; *N* M. digastricus; *O* M. cervicoauricularis supf.; *P* M. cervicoauricularis prof.; *Q* Ohrmuschel; *R* M. temporalis; *S* Art. temporomandibularis; *T* M. cleidooccipitalis; *U* M. cleidomastoideus; *V* M. omotransversarius; *W* M. sternomastoideus; *X* M. omohyoideus; *Z* Mentalorgan

1 Rostrum; *2* Rima oris; *3* Labium superius; *4* Labium inferius; *5* Angulus oris; *5'* Kerbe für den Dens caninus; *8* dorsale, *10* ventrale Backendrüsen; *11* Ductus parotideus; *12* Gl. parotis, *13* Ohrende, *13'* Kehlgangszipfel; *13''* Halszipfel; *14* Gl. mandibularis

a V. jugularis; *b* A. und V. labialis inf.; *c* A. und V. facialis; *d* A. und V. labialis supf.; *e* V. dorsalis nasi; *e'* V. angularis oculi; *f* R. buccalis dors. n. facialis; *g* Fettkörper; *h* Lnn. parotidei; *i* Lnn. retropharyngei latt.; *k* Lnn. mandibulares; *l* Lnn. cervicales supff. ventrr.

Abb. 49. Oberflächliche Kopfdrüsen eines Rindes.

A M. levator nasolabialis; *B* M. levator labii superioris; *C* M. caninus; *D* M. depressor labii superioris; *E* M. buccinator; *F* M. malaris; *G* Jochbogen; *H* M. masseter, *H'* tiefe Portion; *J* M. frontalis; *K* M. orbicularis oculi; *L* M. temporalis; *M* M. cleidooccipitalis; *N* Ala atlantis; *O* M. cleidomastoideus; *P* M. sternocephalicus; *Q* M. omohyoideus; *R* M. sternohyoideus; *R'* M. sternothyreoideus; *S* M. mylohyoideus; *T* Mandibula

1 linkes Nasenloch; *2* Rima oris; *3* Labium superius mit Planum nasolabiale; *4* Labium inferius mit Torus mentalis; *5* Angulus oris; *8* dorsale, *9* mittlere, *10* ventrale Gll. buccales; *11* Ductus parotideus; *12* Gl. parotis, *13* präaurikulärer Zipfel; *13''* Kehlgangszipfel; *14* Gl. mandibularis

a Ln. parotideus; *b* Ln. mandibularis

Abb. 51. Oberflächliche Kopfdrüsen eines Pferdes.

A Pars buccalis, *A'*, *A'* Pars molaris des M. buccinator; *B* M. depressor labii inferioris; *C* linke Unterkieferhälfte; *D* M. masseter; *E* Art. temporomandibularis; *F* M. parotidoauricularis; *G* Ohrmuschelgrund; *H* Ala atlantis; *J* M. splenius; *K* M. cleidomastoideus; *L* M. occipitomandibularis; *M* M. sternocephalicus; *N* Mm. sternohyoideus und omohyoideus
1 linkes Nasenloch, *1'* Diverticulum nasi; *2* Rima oris; *3* Labium superius; *4* Labium inferius; *4'* Torus mentalis; *5* Angulus oris; *6* Gll. labiales der Oberlippe, *7* der Unterlippe; *8* rostrale, *8'* kaudale Abteilung der dorsalen Backendrüsen; *10* ventrale Backendrüsen, rostral in die Lippendrüsen übergehend; *11* Ductus parotideus; *12* Gl. parotis, *13,13'* Ohrende: *13* prä-, *13'* postaurikulärer Zipfel, *13'',13'''* Kehlende: *13''* Kehlgangszipfel, *13'''* Halszipfel

a V. jugularis; *b* V. linguofacialis; *c* V. maxillaris; *d* A. und V. masseterica; *e* A. und V. transversa faciei; *f* N. facialis mit Aufzweigung; *g* N. buccalis; *h* A. und V. facialis; *i* A. und V. labialis inf.; *k* A. und V. labialis sup.; *l* A. und V. dorsalis nasi; *m* V. profunda faciei; *n* V. buccalis, unterbrochen

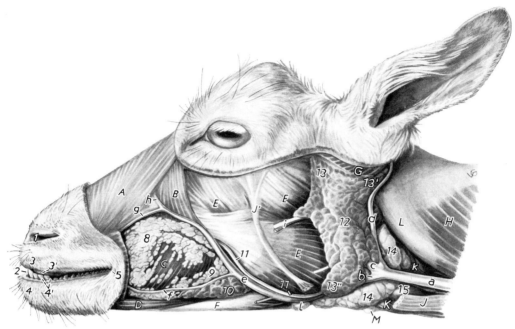

Abb. 50. Oberflächliche Kopfdrüsen einer Ziege.

A M. levator nasolabialis; *B* M. malaris; *C* Pars buccalis des M. buccinator; *D* M. depressor labii inferioris; *E* M. masseter; *F* Mandibula; *G* M. parotidoauricularis; *H* M. cleidocephalicus; *J* M. sternocephalicus, *J'* Endsehne; *K* M. sternohyoideus; *L* Ala atlantis; *M* Prominentia laryngea

1 linkes Nasenloch; *2* Rima oris; *3* Labium superius; *3'* Dentalplatte; *4* Labium inferius; *4'* Dens incisivus 3 und Dens caninus; *5* Angulus oris; *8* dorsale, *9* mittlere, *10* ventrale Backendrüsen; *11* Ductus parotideus; *12* Gl. parotis: *13,13'* Ohrende: *13* prä-, *13'* postaurikulärer Zipfel, *13''* Kehlgangszipfel; *14* Gl. mandibularis; *15* Gl. thyreoidea

a V. jugularis; *b* V. linguofacialis; *c* V. maxialis; *d* V. auricularis caud.; *e* V. facialis; *f* V. labialis inf.; *g* V. labialis sup.; *h* V. dorsalis nasi; *i* A. transversa faciei und Ramus buccalis des N. facialis; *k* Ln. retropharyngeus lat.; *l* Ln. mandibularis

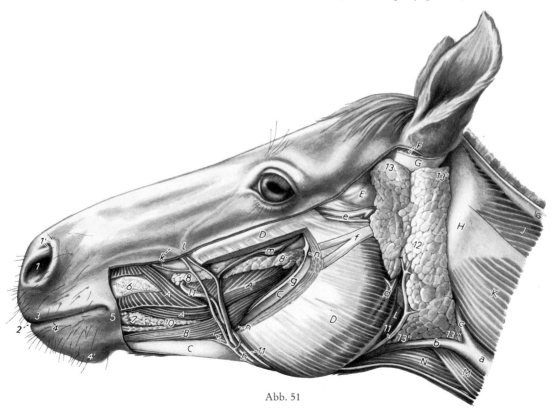

Abb. 51

Ohrwärts ist sie breit und umfaßt mit einem *prä-* und einem *postaurikulären Zipfel* den äußeren Gehörgang. Ihr schmales unteres Ende bedeckt nur einen geringen Teil der Unterkieferdrüse. Die Parotis des *Schw.* (48) ist groß und besitzt d r e i Z i p f e l. Der *Ohrzipfel* erreicht den Gehörgang nicht, der *Kehlgangszipfel* überragt den rostralen Rand des M. masseter, während der *Halszipfel* fast über die ganze Länge des Halses brustwärts reicht. Von den *Wdk.* besitzen die Grasfresser *Rd.* und *Schf.* kleinere Speicheldrüsen als die Konzentratselektierer mit leichtem Einschlag zum intermediären Ernährungstyp (*Zg.*), was besonders für die Parotis gilt (50). Das *Rd.* (49) besitzt eine verhältnismäßig kleine, k e u l e n f ö r m i g e P a r o t i s. Mit ihrem breiten, ohrwärts gerichteten Teil legt sie sich in größerer Ausdehnung dem M. masseter an, ihr unterer Abschnitt reicht etwa bis zum Unterkieferwinkel und bedeckt die Unterkieferdrüse zum Teil. Die *Zg.* besitzt eine große, das *Schf.* eine mittelgroße Ohrspeicheldrüse. Die Parotis des *Pfd.* (51) ist im Vergleich zu jener des *Rd.* sehr groß. Sie füllt die Fossa retromandibularis vollständig aus. Ihr schmales ohrseitiges Ende besitzt einen *prä-* und *postaurikulä-*

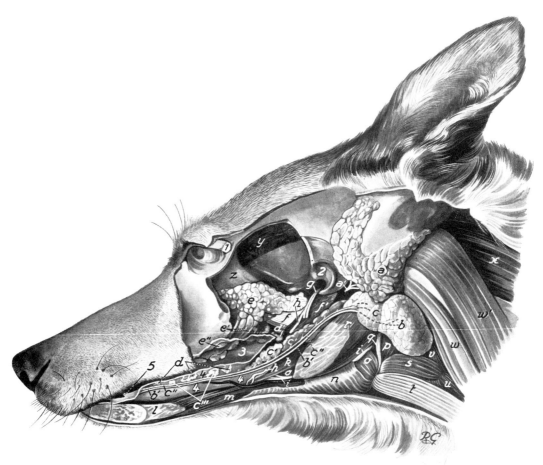

Abb. 52.   Tiefe Kopfdrüsen, Zungen- und Schlundkopfmuskeln eines Hundes.
(Nach SCHEUERER, 1933.)

a Gl. parotis, *a'* Ductus parotideus; *b* Gl. mandibularis, *b'* Ductus mandibularis; *c* Gl. sublingualis monostomatica, *c'* schmaler rostraler Teil, *c''* Ductus sublingualis maj.; *c'''* Einzelläppchen der Gl. sublingualis monostomatica, eingeschoben zwischen solche der *d* Gl. sublingualis polystomatica; *d'* akzessorische Gl. sublingualis polystomatica; *e* Gl. zygomatica, *e'* Ausführungsgänge, *e''* Mündungen in den Backenvorhof; *f* M. pterygoideus, bei *f'* auf dem Schnitt; *g* N. massetericus; *h* N. lingualis; *i* N. hypoglossus; *k* M. styloglossus; *l* Querschnitt des M. genioglossus; *m* M. geniohyoideus; *n* M. mylohyoideus; *o* M. hyoglossus; *p* M. hyopharyngeus; *q* M. stylohyoideus; *r* M. digastricus; *s* M. thyreohyoideus, *t* M. sternohyoideus; *u* M. sternothyreoideus; *v* M. thyreopharyngeus; *w* M. sternomastoideus; *w'* M. sternooccipitalis; *x* M. splenius; *y* M. temporalis; *z* Periorbita

1 Lig. orbitale, quer durchschnitten; *2* Fossa mandibularis des Os temporale; *3* Zunge; *4* Mundschleimhaut an der Innenfläche des Unterkiefers; *5* Caruncula sublingualis mit Mündungen der Ductus mandibularis und sublingualis maj.

ren Zipfel. Ihr breiter unterer Abschnitt trägt einen nur *kurzen Kehlgangs-* und einen *deutlicheren Halszipfel* und fügt sich an der Aufgabelung der V. jugularis zwischen die V. maxillaris und V. linguofacialis ein.

Durch Zusammenfluß zahlreicher k l e i n e r A u s f ü h r u n g s g ä n g e entsteht ein großer gemeinsamer *Speichelgang,* der *Ductus parotideus (Stenonis) (47/a''';48–51/11).* Er zieht beim *Flfr.* und meist auch beim *kl. Wdk.* quer über den M. masseter zu der Stelle seines Durchtritts durch die Backen-

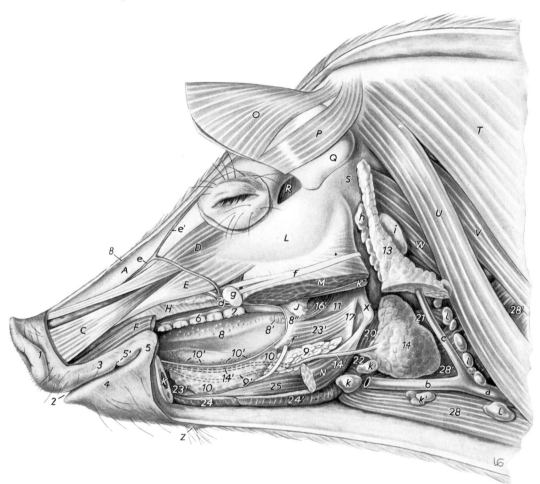

Abb. 53. Tiefe Kopfdrüsen, Zungen- und Schlundkopfmuskeln eines Schweines.

A Os nasale; *B* M. levator nasolabialis, abgeschnitten; *C* M. caninus; *D* M. levator labii superioris; *E* M. depressor labii superioris; *F* M. orbicularis oris, zum Teil abgeschnitten; *H* M. buccinator; *J* Procc. sphenoidalis und pterygoideus des Os palatinum bzw. Os basisphenoidale; *K* Mandibula, Pars molaris entfernt; *L* Arcus zygomaticus; *M* M. masseter; *N* M. digastricus; *O* M. cervicoauricularis supf.; *P* M. cervicoauricularis prof.; *Q* Ohrmuschel; *R* M. temporalis; *S* Art. temporomandibularis; *T* M. cleidooccipitalis; *U* M. cleidomastoideus; *V* M. omotransversarius; *W* M. sternomastoideus; *X* Proc. paracondylaris; *Z* Mentalorgan

1 Rostrum; *2* Rima oris; *3* Labium superius; *4* Labium inferius; *5* Angulus oris; *5'* Kerbe für den Dens caninus; *6* Dens praemolaris 4, *7* Dens molaris 2 des Oberkiefers (M3 noch nicht durchgebrochen); *8* Corpus linguae mit Papillae fungiformes; *8'* Papilla foliata; *8''* Plica pterygomandibularis; *9* Gl. sublingualis monostomatica, *9'* Ductus sublingualis maj.; *10* Gl. sublingualis polystomatica, *10'* Mündungen der Ductus sublinguales minn.; *11* Gll. palatinae; *13* Gl. parotis, Ohrende; *14* Gl. mandibularis, *14'* Ductus mandibularis; *16'* M. tensor veli palatini; *17* Stylohoideum; *20* Mm. constrictores pharyngis medii; *21* Mm. constrictores pharyngis caudd.; *22* M. thyreohyoideus; *23',23''* Zungenmuskeln: *23'* M. styloglossus, *23''* M. genioglossus; *24–28'* Zungenbeinmuskeln: *24* rostraler, *24'* kaudaler Teil des M. mylohyoideus, *25* M. geniohyoideus, *28* M. sternohyoideus, *28'* M. omohyoideus

a V. jugularis; *b* V. linguofacialis; *c* V. maxillaris; *d* A. und V. facialis an ihrer Aufteilung in A. und V. labialis sup., V. profunda faciei; *e* V. dorsalis nasi; *e'* V. angularis oculi; *f* R. buccalis dors. n. facialis; *f'* N. lingualis; *g* Fettkörper; *h* Lnn. parotidei; *i* Lnn. retropharyngei latt.; *k* Lnn. mandibulares; *k'* Lnn. mandibulares acc.; *l* Lnn. cervicales supff. ventrr.

Abb. 54. Tiefe Kopfdrüsen, Zungen- und Schlundkopfmuskeln eines Rindes.

A M. levator nasolabialis; *B* M. levator labii superioris; *C* M. caninus; *D* M. depressor labii superioris; *E* Proc. alveolaris der Maxilla; *F* M. malaris; *G* Jochbogen; *G'* Fossa mandibularis; *G''* Ohrmuschelgrund; *H* M. masseter; *J* M. frontalis; *K* M. orbicularis oculi; *L* M. temporalis; *M* Funiculus nuchae; *M'* M. multifidus cervicis; *M''* M. rectus capitis dors.; *N* Atlas; *N'* Proc. paracondylaris; *O* Axis; *P* 3. Halswirbel; *Q* Can. vertebralis mit Medulla spinalis; *R* M. longus colli; *S* M. longus capitis; *T* M. digastricus; *U* linke Unterkieferhälfte, im Margo interalveolaris abgesetzt

1 linkes Nasenloch; *2* Rima oris; *3* Labium superius mit Planum nasolabiale; *4* Labium inferius mit Torus mentalis; *5* Angulus oris; *6* Dens praemolaris 3, *7* Dens molaris 2 des Oberkiefers; *8* Corpus linguae mit Torus linguae; *8'* papillenbesetzte Backenschleimhaut; *8''* Papillae vallatae; *9* Gl. sublingualis monostomatica; *10* Gl. sublingualis polystomatica; *11* Gll. palatinae; *12* Tonsilla palatina; *14'* Ductus mandibularis; *15* Gl. thyreoidea; *16'* M. tensor veli palatini; *16''* M. levator veli palatini; *17* Stylohyoideum, ein Teil entfernt; *18* M. stylopharyngeus caud.; *19* Mm. constrictores pharyngis rostrr.; *20* Mm. constrictores pharyngis medii; *21,21'* Mm. constrictores pharyngis caudd.: *21* M. thyreopharyngeus, *21'* M. cricopharyngeus; *22* M. thyreohyoideus; *22'* M. cricothyreoideus; *23,23'* Zungenmuskeln: *23* die beiden Abschnitte des M. hyoglossus; *23'* M. styloglossus; *24–26'* obere Zungenbeinmuskeln: *24* rostraler, *24'* kaudaler Teil des M. mylohyoideus; *25* M. geniohyoideus; *26* M. stylohyoideus; *26'* M. occipitohyoideus; *28–28''* untere Zungenbeinmuskeln: *28* M. sternohyoideus, *28'* M. omohyoideus; *28''* M. sternothyreoideus; *29* Oesophagus; *30* Trachea

a Lc. retropharyngeum

schleimhaut in die Mundhöhle, während er bei *Schw., Rd.* und *Pfd.* zunächst an der medialen Fläche des Unterkiefers verläuft, an der I n c i s u r a v a s o r u m auf die laterale Fläche der Backe tritt und dann erst, dorsal und rostral verlaufend, in das V e s t i b u l u m b u c c a l e mündet. Die Stelle der Einmündung wird durch eine unterschiedlich ausgebildete Schleimhautpapille, die *Papilla parotidea,* gekennzeichnet. Sie liegt bei der *Ktz.* in Höhe des 2., bei *Hd., Zg.* und *Pfd.* in Höhe des 3., beim *Schf.* in Höhe des 4., beim *Rd.* in Höhe des 5. und beim *Schw.* in der Gegend des 3.–4. maxillaren Backenzahns.

Unterkieferdrüse, Glandula mandibularis

(47/*b*;49,50/*14*;52/*b*;53,56/*14*)

Die Drüse liegt, zum Teil von der Glandula parotis verdeckt, in dem Raum zwischen Atlasflügel und Basihyoideum. Beim *Flfr.* (47,52) ist sie meist größer als die Ohrspeicheldrüse und hat r u n d l i c h - k n o l l i g e G e s t a l t. Beim *Schw.* (53) gleicht die Drüse in ihrer Gestalt jener des *Flfr.,* besitzt jedoch einen rostral gerichteten Zipfel und ist zudem kleiner als die Parotis. Beträchtliche Größe weist die Unterkieferdrüse beim *Wdk.* (49,50) auf. Sie reicht vom Atlasflügel bis weit in den Kehlgang hinein und ist hier auffallend k n o l l i g v e r d i c k t. Beim *Pfd.* (56) ist sie viel kleiner als die Parotis, hat l a n g e , s c h m a l e G e s t a l t und erreicht mit ihrem rostralen Ende das Basihyoideum.

Ihr Ausführungsgang, der *Ductus mandibularis* (52/*c''*;53–56/*14'*), verläuft, zwischen M. mylohyoideus und M. hyoglossus eingebettet, an der Unterzungendrüse medial vorbei zum präfrenularen Mundhöhlenboden und mündet auf der *Caruncula sublingualis* in die Mundhöhle.

Abb. 55.   T i e f e K o p f d r ü s e n , Z u n g e n - u n d S c h l u n d k o p f m u s k e l n e i n e r Z i e g e.

A M. levator nasolabialis; *B* M. malaris; *C* Proc. alveolaris der Maxilla; *D* M. pterygoideus; *E* M. masseter, *E'* tiefere Portion; *F* linke Unterkieferhälfte, zum Teil entfernt; *G* M. parotidoauricularis; *G'* Ohrmuschelgrund; *H* M. cleidocephalicus; *J* M. sternocephalicus, *J'* Endsehne; *K* M. digastricus; *L* Ala atlantis; *M* Prominentia laryngea

1 linkes Nasenloch; *2* Rima oris; *3* Labium superius; *3'* Dentalplatte; *4* Labium inferius; *4'* Dens incisivus 3 und Dens caninus; *5* Angulus oris; *6* Dens praemolaris 3, *7* Dens molaris 2 des Oberkiefers; *8* Corpus linguae mit Papillae fungiformes; *8'* papillenbesetzte Backenschleimhaut; *8''* Plica pterygomandibularis; *9* Gl. sublingualis monostomatica, *9'* Ductus sublingualis maj.; *10* Gl. sublingualis polystomatica; *11* Gll. palatinae; *12* Tonsilla palatina; *14* Gl. mandibularis, *14'* Ductus mandibularis; *15* Gl. thyreoidea; *17* Stylohyoideum; *19* Mm. constrictores pharyngis rostrr.; *20* Mm. constrictores pharyngis medii; *21* Mm. constrictores pharyngis caudd.; *23,23'* Zungenmuskeln: *23* M. hyoglossus, *23'* M. styloglossus; *24–27* obere Zungenbeinmuskeln: *24* rostraler, *24'* kaudaler Teil des M. mylohyoideus, *25* M. geniohyoideus, *26* M. stylohyoideus, *26'* M. occipitohyoideus, *27* M. ceratohyoideus; *28* M. sternohyoideus

a V. jugularis; *b* V. temporalis supf.; *c* Ln. parotideus; *d* Ln. retropharyngeus med.; *e* Ln. mandibularis; *f* Ln. retropharyngeus lat.

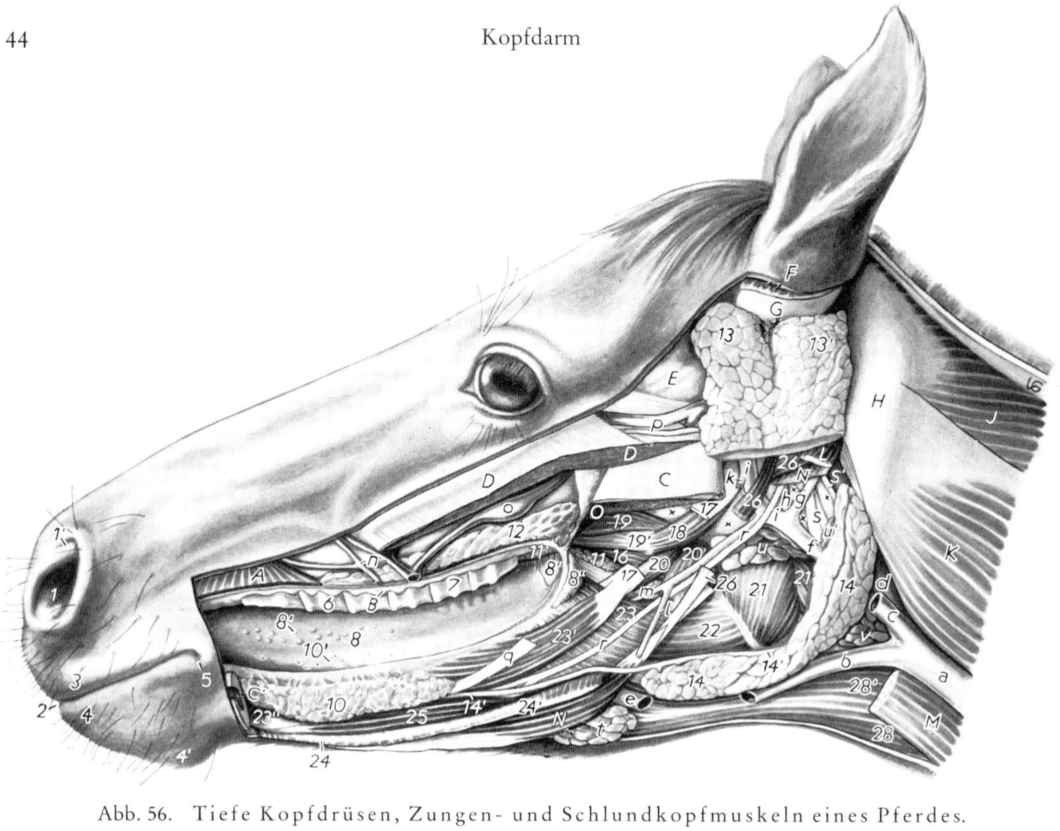

Abb. 56. Tiefe Kopfdrüsen, Zungen- und Schlundkopfmuskeln eines Pferdes.

A Pars buccalis des M. buccinator; *B* Proc. alveolaris der Maxilla; *C,C'* linke Unterkieferhälfte, teilweise entfernt, bei *C'* For. mentale angeschnitten; *D* M. masseter; *E* Art. temporomandibularis; *F* M. parotidoauricularis; *G* Ohrmuschel-grund; *H* Ala atlantis; *J* M. splenius; *K* M. cleidomastoideus; *L* M. occipitomandibularis; *M* M. sternocephalicus; *N* rostraler, *N'* kaudaler Bauch des M. digastricus; *O* M. pterygoideus; *x* Diverticulum tubae auditivae

1 linkes Nasenloch; *1'* Diverticulum nasi; *2* Rima oris; *3* Labium superius; *4* Labium inferius; *4'* Torus mentalis; *5* An-gulus oris; *6* Dens praemolaris 3, *7* Dens molaris 2 des Oberkiefers; *8* Corpus linguae, *8'* Papillae fungiformes, *8''* Papil-la foliata mit ihrer Drüsengruppe; *10* Gl. sublingualis polystomatica; *10'* Mündungen der Ductus sublinguales minn.; *11* Gll. palatinae; *11'* Tonsilla veli palatini; *12* dorsale Backendrüsen; *13,13'* Gl. parotis, Ohrende: *13* prä-, *13'*post-aurikulärer Zipfel; *14* Gl. mandibularis, *14'* Ductus mandibularis; *16* M. palatopharyngeus; *17* Stylohyoideum, ein Stück herausgenommen; *18* M. stylopharyngeus caud.; *19,19'* Mm. constrictores pharyngis rostrr.: *19* M. pterygo-pharyngeus, *19'* M. palatopharyngeus; *20,20'* Mm. constrictores pharyngis medii: *20* M. stylopharyngeus rostr., *20'* M. hyopharyngeus; *21,21'* Mm. constrictores pharyngis caudd.: *21* M. thyreopharyngeus, *21'* M. cricopharyngeus; *22* M. thyreohyoideus; *23–23''* Zungenmuskeln: *23* M. hyoglossus, *23'* M. styloglossus, *23''* M. genioglossus; *24–26'* obere Zungenbeinmuskeln: *24* rostraler, *24'* kaudaler Teil des M. mylohyoideus, *25* M. geniohyoideus, *26* M. stylohyoideus, *26'* M. occipitohyoideus; *28,28'* untere Zungenbeinmuskeln: *28* M. sternohyoideus, *28'* M. omohyoideus

a V. jugularis; *b* V. linguofacialis; *c* V. maxillaris; *d* V. occipitalis; *e* V. lingualis; *f* A. carotis com.; *g* A. occipitalis; *h* A. carotis int.; *i* A. carotis ext.; *k* A. masseterica; *l* A. facialis; *m* A. lingualis; *n* A. und V. facialis; *o* V. profunda faciei; *p* A. und V. transversa faciei; *q* N. lingualis; *r* N. hypoglossus; *s* N. vagus und Truncus sympathicus; *s'* N. accessorius; *t* Lnn. mandibulares; *u* Lnn. retropharyngei medd.; *u'* Lnn. retropharyngei latt. (Luftsacklymphknoten); *v* Lnn. cervi-cales crann.

Unterzungendrüsen, Glandulae sublinguales

(52*c, c',c''',d,d'*;53–56/*9,10*)

Unter der Schleimhaut des Recessus sublingualis lateralis bzw. unter der Schleimhaut der Seitenflä-chen der Zunge findet man die *Glandulae sublinguales*. Es sind zwei Drüsen, von denen die eine, nur dem *Pfd*. fehlende, als *Glandula sublingualis major* (52/*c,c',c''''*;53–55/*9*) bezeichnet wird. Sie hat nur e i n e n Ausführungsgang, *Ductus sublingualis major* (52/*c''*;53,55/*9*), und heißt daher auch **Glandula sublingualis monostomatica**. Ihr Ausführungsgang mündet bei *Wdk., Flfr.* und *Schw.* auf der *Ca-runcula sublingualis* (27,30,32/*2*;42b/*d*), die bei *Flfr.* und *Schw.* nur undeutlich ist und seitlich vom Zungenbändchen liegt. Die zweite Unterzungendrüse besteht aus einer größeren Anzahl kleiner E i n z e l d r ü s e n l ä p p c h e n, *Glandulae sublinguales minores* (52/*d,d'*;53–56/*10*), ist mit einer ent-sprechenden Anzahl kleiner Ausführungsgänge, *Ductus sublinguales minores* (52;53;56/*10'*), ausgestattet und führt daher auch den Namen **Glandula sublingualis polystomatica**. Ihre Ausführungsgänge münden seitlich der Zunge in den Recessus sublingualis lateralis ein. Bei *Flfr.* und *Schw.* (52,53) liegt die Glandula sublingualis polystomatica lippenwinkelwärts, beim *Wdk.* (54,55) kaudal von der Glandula sublingualis monostomatica. Beide Drüsenabschnitte erstrecken sich vom Arcus glossopalatinus bis zum Kinnwinkel. Beim *Rd.* sind die in bezug auf die Körpergröße kleinen Unterzungendrüsen etwa gleichgroß, bei *Schf.* und *Zg.* ist die vielmündige Unterzungendrüse die kleinere von beiden.

Schlundkopf, Rachen, Pharynx
(44,46,54,56,57–66,79–88)

Als Rachen oder Schlundkopf, *Pharynx*, bezeichnet man den kaudalen, trichterförmigen Abschnitt des Kopfdarms, der die Verbindung zwischen Mundhöhle und Speiseröhre einerseits, der Nasenhöhle und dem Kehlkopf andererseits herstellt. Es ist somit jener kaudale Teil des Kopfdarms, der die **Schlundkopf-** oder **Rachenhöhle**, das **Cavum pharyngis**, beherbergt (57–65). Das Dach des Schlundkopfs, *Rachengewölbe, Fornix pharyngis*, liegt der Schädelbasis, also dem Pflugscharbein, dem Keilbeinkörper sowie den Mm. rectus capitis ventralis und longus capitis an und reicht bei *Hd.* und *Ktz.* bis in Höhe des 2. bzw. 3. Halswirbels. Beim *Pfd.* jedoch wird das Rachengewölbe von den erwähnten Muskeln und dem Keilbein durch die sich hier einschiebenden Luftsäcke (62/*14'*;66/*1*) abgedrängt. Die Seitenwände des Schlundkopfs werden von den großen Zungenbeinästen und den Mm. pterygoidei, beim *Pfd.* auch von den Luftsäcken flankiert. Sein Boden erstreckt sich vom Zungengrund über die Kehlkopfkrone bis vor oder auf die Ringknorpelplatte. Das *Cavum pharyngis* wird durch das die kaudale Fortsetzung des harten Gaumens darstellende *Gaumensegel, Velum palatinum, weicher Gaumen, Palatum molle*, sowie die vom freien Rand des Gaumensegels, dem *Arcus veli palatini* (79,81,83,85/*8*;87,88/*4*), jederseits auf die Seitenwand der Rachenhöhle übergehenden, sich miteinander bogenförmig zum *Arcus palatopharyngeus* vereinigenden Schleimhautfalten in eine dorsale und eine ventrale Etage unterteilt. Beide Etagen bleiben jedoch durch das von dem genannten Faltensystem begrenzte *Ostium intrapharyngeum* (79,81,83,85/*11*;87) in Verbindung. Die dorsale Etage des Pharynx schließt an die Nasenhöhle an und wird als *Pars nasalis pharyngis, Nasenrachen*, bezeichnet. An der ventralen Etage, dem Schlingrachen, lassen sich in rostrokaudaler Richtung drei Abschnitte unterscheiden: in Fortsetzung der Mundhöhle die *Pars oralis pharyngis, Mundrachen*, anschließend die von der „Kehlkopfkrone" beherrschte *Pars laryngea pharyngis, Kehlrachen*, und drittens die *Pars oesophagea*.

An der Rachenhöhle können ferner folgende Öffnungen unterschieden werden:

1. Rostrodorsal die paarige *Choanenöffnung* (59–62/*13*;63/*a*) als Verbindung zwischen Nasenhöhle und *Pars nasalis pharyngis*.

2. Am Rachengewölbe das jederseits in je eine Ohrtrompete führende *Ostium pharyngeum tubae auditivae* (57,58/*v*;59–62/*14*;63/*v*;80,84,86/*6*).

3. Die rostroventrale Verbindung der Mundhöhle mit der *Pars oralis pharyngis*, einer schlitzförmigen Öffnung zwischen dem Zungengrund, dem beiderseitigen Arcus glossopalatinus und der Ventralfläche des Gaumensegels, der *Aditus pharyngis*.

4. Am Boden des Pharynx der Kehlkopfeingang, *Aditus laryngis* (57–62;87,88/*11*).

5. Kaudodorsal in Fortsetzung der *Pars oesophagea* der Eingang in die Speiseröhre (59–62 bei *e*).

Atmungsluft und Speise nehmen ihren Weg durch die Schlundkopfhöhle. Hierbei ist zu beachten, daß die Luft bei der Atmung von rostrodorsal nach kaudal und ventral und umgekehrt durch die Rachenhöhle streicht, während bei der Nahrungsaufnahme der abzuschluckende Bissen seinen Weg von rostroventral nach kaudal und dorsal durch die Pharynxhöhle nehmen muß (beim *Wdk.* physiologischerweise auch in umgekehrter Richtung). Luft- und Speiseweg kreuzen sich somit in der Rachenhöhle, und der Schlundkopf mit seinen Organen hat die Aufgabe, der Luft und der Speise bei ihrer Passage durch diesen Raum von Fall zu Fall den richtigen Weg zu weisen und so ein „Verschlucken" zu verhindern. Über diesen Schluckmechanismus wird später noch zu sprechen sein (s. S. 57).

Pars nasalis pharyngis, Nasen- oder **Atmungsrachen, Pars respiratoria** (57,58/*c*;59–62/*b*). Sie legt sich der Schädelbasis an und steht über die Choanen mit der Nasenhöhle, über das *Ostium pha-*

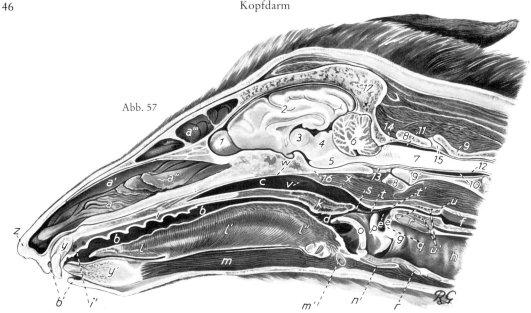

Abb. 57

Abb. 57 und 58. Paramedianschnitt durch den Kopf eines Hundes und einer Katze.
(Abb. 57 nach ZIETZSCHMANN, unveröffentlicht.)

a–a'' Cavum nasi dextr., durch Wegnahme des Septum nasi eröffnet: *a* Concha nasalis ventr., *a'* Concha nasalis dors., *a''* Conchae ethmoidales; *a'''* Sinus frontalis, mit *(Ktz.)* Septum sinuum; *b* Cavum oris propr.; *b'* Vestibulum oris; *c* Pars nasalis pharyngis; *d* Pars oralis pharyngis; *e* Pars laryngea pharyngis; *e'* Pars oesophagea; *f* Oesophagus; *g* Larynx; *h* Trachea; *i* Palatum durum mit Rugae palatinae; *i'* Papilla incisiva; *k* Velum palatinum; *k'* Tonsilla palatina im Sinus tonsillaris *(Ktz.)*; *l–l''* Lingua: *l* Apex linguae, *l'* Corpus linguae, *l''* Radix linguae; *m* M. geniohyoideus; *m'* Basihyoideum; *n* Cartilago thyreoidea; *o* Epiglottis; *o'* Plica cricoepiglottica und Tonsilla paraepiglottica *(Ktz.)*; *p* schleimhautüberzogene Procc. cuneiformes *(Hd.)*; *q* Cartilago arytaenoidea; *r* Lamina und Arcus der Cartilago cricoidea; *s–t'* Begrenzung des Ostium intrapharyngeum: *s,t,t'* Arcus palatopharyngeus (nur beim *Hd.* sichtbar); *u* Querschnitt des M. cricopharyngeus; *u'* Plexus venosus; *v* Ostium pharyngeum tubae auditivae; *w* Rhaphe pharyngis *(Hd.)*; *w'* Tonsilla pharyngea *(Ktz.)*; *x* Fornix pharyngis; *y* Proc. alveolaris des Os incisivum; *y'* Pars incisiva der Mandibula; *z* Nasenspiegel

1 Bulbus olfactorius; *2* Cerebrum; *3* Adhaesio interthalamica; *4* Vierhügelgebiet; *4'* Hypophysis *(Ktz.)*; *5* Pons; *6* Cerebellum; *7* Medulla spinalis; *8* Atlas; *9* Axis, *9'* Dens. Nur beim Hund dargestellt: *10* Epiduralraum; *11* Subarachnoidealraum, Cisterna cerebellomedullaris; *12* Dura mater; *13* Membrana atlantooccipitalis ventr.; *14* Membrana atlantooccipitalis dors.; *15* Spatium atlantoaxialis; *16* Schädelbasis; *17* Schädeldach

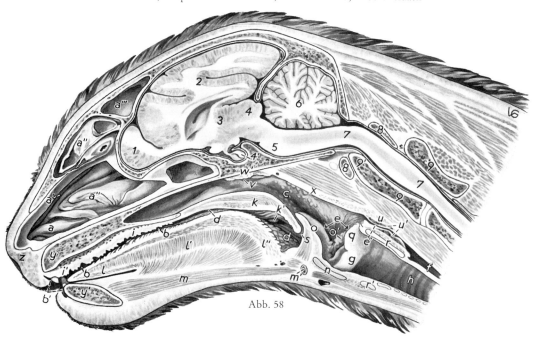

Abb. 58

ryngeum tubae auditivae und die **Hörtrompete**, *Tuba auditiva,* mit der **Paukenhöhle,** *Cavum tympani,* beim *Pfd.* auch mit dem **Luftsack,** *Diverticulum pharyngeum,* und über das *Ostium intrapharyngeum* mit dem Schlingrachen in Verbindung.

Pars oralis pharyngis, Mundrachen, mit Isthmus faucium, Rachenenge (57,58/*d*;59–62/*c*;63/*d*; 65/*1*;80, 82, 84, 86/*b*). Der Mundrachen reicht von den letzten Backenzähnen bis zur Basis der Epiglottis. Sein D a c h wird von der Ventralfläche des Gaumensegels, seine rechte und linke S e i t e n -w a n d von der Fortsetzung der Gaumenschleimhaut auf jene des Zungengrunds, dem rechten und linken *Arcus palatoglossus* (80,84,86/*2'*;88/*2*), und sein B o d e n vom Zungengrund gebildet. Da die

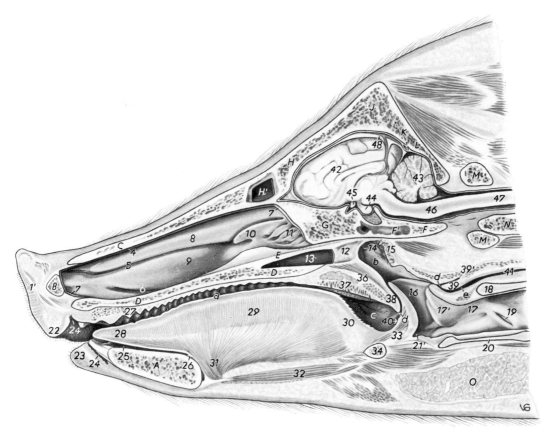

Abb. 59. P a r a m e d i a n s c h n i t t d u r c h d e n K o p f e i n e s S c h w e i n e s .

Cavum nasi dextr. durch Wegnahme des Septum nasi eröffnet; darunter *a* Cavum oris mit Zunge; *b* Pars nasalis pharyngis; *c* Pars oralis pharyngis; *d* Pars laryngea pharyngis; *e* Pars oesophagea

A Pars incisiva des Corpus mandibulae mit Dens incisivus 1; *B* Os rostri; *C* Os nasale; *D* knöcherner Gaumen; *E* Vomer; *F* Os occipitale, Pars basilaris; *F'* Sinus sphenoidalis; *G* Os ethmoidale; *H* Os frontale, *H'* Sinus frontalis; *J* Os parietale; *K* Protuberantia occipitalis int.; *L* Squama occipitalis; *M* Atlas; *N* Dens axidis; *O* Kehlgangszipfel der Gl. parotis

1' Rostrum; *4* Meatus nasi dors.; *5* Meatus nasi medius; *6* Meatus nasi ventr.; *7* Septum nasi cartilagineum (fast vollständig entfernt); *8* Concha nasalis dors.; *9* Concha nasalis ventr.; *10* Concha nasalis media; *11* Conchae ethmoidales; *12* Septum pharyngis, rostral entfernt; *13* Choane; *14* Ostium pharyngeum tubae auditivae mit Tonsilla tubaria; *15* Tonsilla pharyngea; *16* Epiglottis; *17* schleimhautüberzogene Cartilago arytaenoidea; *17'* Proc. corniculatus; *18* Lamina der Cartilago cricoidea; *19* Eingang zum Ventriculus laryngis; *20* Cartilago thyreoidea; *21'* Rec. laryngis medianus; *22* Labium superius; *23* Labium inferius; *24* Vestibulum labiale; *25* präfrenularer Mundhöhlenboden; *26* Frenulum linguae; *27* Palatum durum mit Venengeflecht und Rugae palatinae; *28* Apex linguae; *29* Corpus linguae; *30* Radix linguae mit Tonsilla lingualis; *31* M. genioglossus; *32* M. geniohyoideus; *33* M. hyoepiglotticus in der Plica glossoepiglottica mediana; *34* Basihyoideum; *36* Velum palatinum mit Drüsen und Muskulatur; *37* Tonsilla veli palatini; *38,39* Arcus palatopharyngeus, rostrale bzw. kaudale Begrenzung des Ostium intrapharyngeum; *39'* Diverticulum pharyngeum; *40* Rec. piriformis; *41* Oesophagus; *42–48* Gehirn und Rückenmark: *42* Cerebrum, *43* Cerebellum, *44* Hypophysis, *45* Chiasma opticum, *46* Medulla oblongata, *47* Medulla spinalis, *48* Falx cerebri mit Sinus sagittalis und einmündendem Sinus rectus

ventrale Fläche des Gaumensegels beim Atmen dem Zungengrund aufliegt, umschließt der Mundrachen, Rachenenge, in diesem Zustand einen nur engen, quer-ovalen Kanal.

Pars laryngea pharyngis, Kehlrachen (57,58/*e*; 59–62/*d*;63/*e*;65/*2*;80,82,84,86/*c*): Sie folgt der Pars oralis pharyngis kaudal, reicht vom Grund des Kehldeckels bis zu einer Querebene durch das kaudale Ende der Processus corniculati der Aryknorpel und umfaßt den Bereich der *Kehlkopfkrone* (Epiglottis, Plicae aryepiglotticae, Processus corniculati der Aryknorpel) (57,58/*o,q*;59–62/*16,17'*;87,88/*8,9,10*). Über der Kehlkopfkrone steht das oben beschriebene, während des Atmens weit offene, vom *Arcus palatopharyngeus* umrahmte O s t i u m i n t r a p h a r y n g e u m (79;81,83,85/*11*;87).

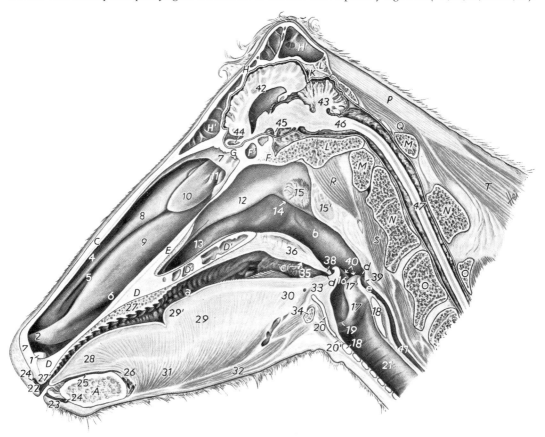

Abb. 60. P a r a m e d i a n s c h n i t t d u r c h d e n K o p f e i n e s R i n d e s.

Cavum nasi dextr. durch Wegnahme des Septum nasi eröffnet; darunter *a* Cavum oris mit Zunge; *b* Pars nasalis pharyngis; *d* Pars oralis pharyngis; *d* Pars laryngea pharyngis; *e* Pars oesophagea

A Pars incisiva des Corpus mandibulae mit Dens incisivus 1; *C* Os nasale; *D* knöcherner Gaumen; *D'* Sinus palatinus; *E* Vomer; *F* Os praesphenoidale; *F''* Sinus sphenoidalis; *G* Os ethmoidale; *H* Os frontale; *H'* Sinus frontalis; *K* Protuberantia occipitalis int.; *L* Os occipitale; *M* Atlas; *N* Axis; *O* 3. Halswirbel; *P* Funiculus nuchae; *Q* M. rectus capitis dors.; *R* M. longus capitis; *S* M. longus colli; *T* M. semispinalis capitis

1 Naris dextra; *2* Plica alaris; *4* Meatus nasi dors.; *5* Meatus nasi medius; *6* Meatus nasi ventr.; *7* Rest des Septum nasi cartilagineum; *8* Concha nasalis dors.; *9* Concha nasalis ventr.; *10* Concha nasalis media; *11* Conchae ethmoidales; *12* Septum pharyngis; *13* Choane; *14* Ostium pharyngeum tubae auditivae, durch Septum pharyngis verdeckt; *15* Tonsilla pharyngea; *15'* Ln. retropharyngeus med.; *16* Epiglottis; *17* schleimhautüberzogene Cartilago arytaenoidea; *17'* Proc. corniculatus; *18* Lamina und Arcus der Cartilago cricoidea; *19* Plica vocalis; *20* Cartilago thyreoidea; *20'* Lig. cricothyreoideum; *21* Trachea; *22* Labium superius; *23* Labium inferius; *24* Vestibulum labiale; *25* präfrenularer Mundhöhlenboden; *26* Frenulum linguae; *27* Palatum durum mit Venengeflecht und Rugae palatinae; *27'* Dentalplatte; *28* Apex linguae; *29* Corpus linguae; *29'* Torus linguae, davor Fossa linguae; *30* Radix linguae; *31* M. genioglossus; *32* M. geniohyoideus; *33* M. hyoepiglotticus in der Plica glossoepiglottica mediana; *34* Basihyoideum; *35* Zugang zum Sinus tonsillaris der Tonsilla palatina; *36* Velum palatinum mit Drüsen und Muskulatur; *38,39* Arcus palatopharyngeus, rostrale bzw. kaudale Begrenzung des Ostium intrapharyngeum; *40* Rec. piriformis; *41* Oesophagus; *42–47* Gehirn und Rückenmark: *42* Cerebrum, *43* Cerebellum, *44* Bulbus olfactorius, *45* Chiasma opticum, *46* Medulla oblongata, *47* Medulla spinalis

Beiderseits der Kehlkopfkrone findet sich je eine rinnenförmige Nische, der *Recessus piriformis* (36–41/*n*;81/9′;87,88/7). Durch diese kann feingekaute Nahrung bzw. Flüssigkeit an dem Kehlkopfeingang vorbei in den Oesophagus gelangen.

Pars oesophagea, Vestibulum oesophagi, Schlundrachen (57,58/*e*;59–62/*e*′;63/*e*;65/3; 80,82,84,86/*d*). Von den kaudalen Schlundkopfschnürern bedeckt, reicht sie von einer Querebene durch die Processus corniculati der Aryknorpel bzw. von dem Arcus palatopharyngeus bis zum kaudalen Rand der kaudalen Schlundkopfschnürer, wo beim *Flfr.* in gleicher Höhe ein Schleimhautringwulst, das *Limen pharyngooesophageum* (63/*u*;64/*c*′;65/*e*), in den Oesophagus vorspringt.

Bau der Pharynxwand: Die Pharynxwand besteht aus *Schleimhaut, innerer Rachenfaszie, Muskelhaut*, mit nur bedingt dem Willen unterworfenen (Schluckreflex), quergestreiften, von rostral nach kaudal aufeinander folgenden bilateralen Muskelpaaren, *äußerer Rachenfaszie* und *Adventitia*.

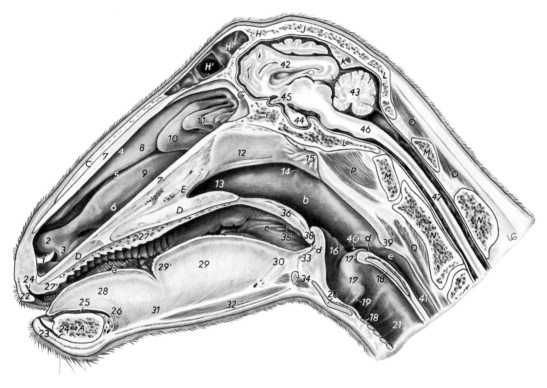

Abb. 61. Paramedianschnitt durch den Kopf eines Schafes.

Cavum nasi dextr. durch Wegnahme des Septum nasi eröffnet; darunter *a* Cavum oris mit Zunge; *b* Pars nasalis pharyngis; *c* Pars oralis pharyngis; *d* Pars laryngea pharyngis; *e* Pars oesophagea

A Pars incisiva des Corpus mandibulae mit Dens incisivus 1; *C* Os nasale; *D* knöcherner Gaumen; *E* Vomer; *F* Os praesphenoidale; *G* Os ethmoidale; *H* Os frontale; *H″* Septum sinuum frontalium, teilweise entfernt zum Einblick in *H′* Sinus frontalis; *J* Os parietale; *K* Protuberantia occipitalis int.; *L* Os occipitale; *M* Atlas; *N* Axis; *O* M. rectus capitis dors.; *P* M. longus capitis; q M. longus colli

1 Naris dextra; *2* Plica alaris; *3* Plica basalis; *4* Meatus nasi dors.; *5* Meatus nasi medius; *6* Meatus nasi ventr.; *7* Septum nasi cartilagineum, größtenteils entfernt; *8* Concha nasalis dors.; *9* Concha nasalis ventr.; *10* Concha nasalis media; *11* Conchae ethmoidales; *12* Septum pharyngis; *13* Choane; *14* Ostium pharyngeum tubae auditivae; *15* Tonsilla pharyngea; *16* Epiglottis; *17* schleimhautüberzogene Cartilago arytaenoidea; *17′* Proc. corniculatus; *18* Lamina und Arcus der Cartilago cricoidea; *19* Plica vocalis; *20* Cartilago thyreoidea; *21* Trachea; *22* Labium superius; *23* Labium inferius; *24* Vestibulum labiale; *25* präfrenularer Mundhöhlenboden; *26* Frenulum linguae; *27* Palatum durum mit Venengeflecht und Rugae palatinae; *27′* Dentalplatte; *28* Apex linguae; *29* Corpus linguae; *29′* Torus linguae, davor Fossa linguae; *30* Radix linguae; *31* M. genioglossus; *32* M. geniohyoideus; *33* M. hyoepiglotticus in der Plica glossoepiglottica mediana; *34* Basihyoideum; *35* Tonsilla palatina; *36* Velum palatinum mit Drüsen und Muskulatur; *38,39* Arcus palatopharyngeus, rostrale bzw. kaudale Begrenzung des Ostium intrapharyngeum; *40* Rec. piriformis; *41* Oesophagus; *42–47* Gehirn und Rückenmark: *42* Cerebrum, *43* Cerebellum, *44* Hypophysis, *45* Chiasma opticum, *46* Medulla oblongata, *47* Medulla spinalis

Die leicht gefältelte S c h l e i m h a u t d e s N a s e n r a c h e n s gleicht jener der Regio respiratoria der Nasenhöhle. Sie führt Drüsen *(Glandulae pharyngeae)*, Einlagerungen l y m p h o r e t i k u l ä r e n G e - w e b e s und besitzt ein mehrreihiges hochprismatisches flimmertragendes Epithel. Hingegen stellt die in ihrer Submukosa ebenfalls drüsenhaltige S c h l e i m h a u t d e r v e n t r a l e n E t a g e d e s P h a r y n x die Fortsetzung der Mundhöhlenschleimhaut, also eine kutane Schleimhaut, dar, die am Eingang in die Speiseröhre von stärkeren Venenpolstern unterlagert ist. Die i n n e r e R a c h e n f a s z i e ist dünn und strahlt in die *Rhaphe pharyngis* ein. Die ä u ß e r e R a c h e n f a s z i e ist stärker (s. Bd. I, S. 252).

Zwischen beiden Faszien liegen die S c h l u n d k o p f m u s k e l n. Man unterscheidet *Schlundkopf-schnürer* und *-erweiterer*. Erstere gliedern sich in drei aufeinanderfolgende, bilateral symmetrische

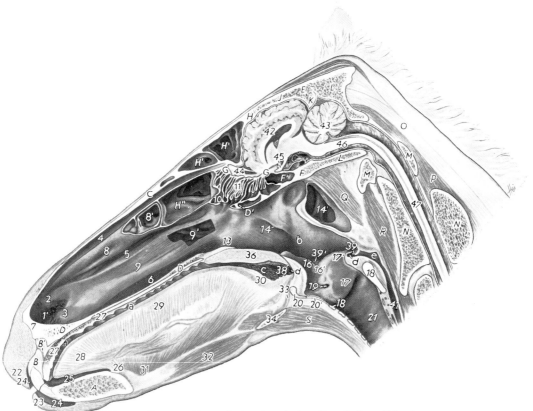

Abb. 62.   P a r a m e d i a n s c h n i t t d u r c h d e n K o p f e i n e s P f e r d e s.

Cavum nasi dextr. durch Wegnahme des Septum nasi eröffnet; darunter *a* Cavum oris mit Zunge; *b* Pars nasalis pharyn-gis; *c* Pars oralis pharyngis; *d* Pars laryngea pharyngis; *e* Pars oesophagea

A Pars incisiva des Corpus mandibulae mit Dens incisivus 1; *B* Os incisivum mit Dens incisivus 1, *B′* Can. incisivus; *C* Os nasale; *D* knöcherner Gaumen; *D′* Sinus palatinus; *E* Os interparietale; *F* Os basisphenoidale; *F′* Os praesphenoida-le, Sinus sphenoidalis; *G* Os ethmoidale; *H* Os frontale; *H′*, *H′′* Sinus conchofrontalis: *H′* Sinus frontalis, *H′′* Sinus conchae dors.; *J* Os parietale; *K* Tentorium cerebelli osseum; *L* Os occipitale; *M* Atlas; *N* Axis; *O* Funiculus nuchae; *P* M. rectus capitis dors.; *Q* M. longus capitis; *R* M. longus colli; *S* Mm. sterno- und omohyoideus

1′ Vestibulum nasi; *2* Plica alaris; *3* Plica basalis; *4* Meatus nasi dors.; *5* Meatus nasi medius; *6* Meatus nasi ventr.; *7* Rest des Septum nasi cartilagineum; *8* Concha nasalis dors.; *8′* Cellula conchalis; *9* Concha nasalis ventr.; *9′* Sinus con-chae ventr.; *10* eröffnete Concha nasalis media; *11* Conchae ethmoidales; *13* Choane; *14* Ostium pharyngeum tubae auditivae; *14′* rechtes Diverticulum tubae auditivae, eröffnet; *16* Epiglottis; *16′* Plica aryepiglottica; *17* schleimhaut-überzogene Cartilago arytaenoidea; *17′* Proc. corniculatus; *18* Lamina und Arcus der Cartilago cricoidea; *19* Eingang zum Ventriculus laryngis; *20* Cartilago thyreoidea; *20′* Lig. cricothyreoideum; *21* Trachea; *22* Labium superius; *23* La-bium inferius; *24* Vestibulum labiale; *25* präfrenularer Mundhöhlenboden; *26* Frenulum linguae; *27* Palatum durum mit Venengeflecht und Rugae palatinae; *28* Apex linguae; *29* Corpus linguae; *30* Radix linguae mit Tonsilla lingualis; *31* M. genioglossus; *32* M. geniohyoideus; *33* M. hyoepiglotticus in der Plica glossoepiglottica mediana; *34* Basihyoideum mit Proc. lingualis; *36* Velum palatinum mit Drüsen und Muskulatur; *38,39,39′* Arcus palatopharyngeus, rostrale bzw. kau-dale Begrenzung des Ostium intrapharyngeum; *41* Oesophagus; *42–47* Gehirn und Rückenmark: *42* Cerebrum, *43* Cerebellum, *44* Bulbus olfactorius, *45* Chiasma opticum, *46* Medulla oblongata, *47* Medulla spinalis

Gruppen, die jeweils am Dach des Pharynx in einem Sehnenstreifen, *Rhaphe pharyngis,* zusammenstoßen. Da die Muskeln des Schlundkopfs nach Ursprung und Ansatz bei den *Hsgt.* weitgehende Übereinstimmung aufweisen, gilt ihre nachfolgende Darstellung für alle *Hgst.* und soll nur an dieser Stelle erfolgen.

Rostrale Schlundkopfschnürer, Mm. constrictores pharyngis rostrales

M. palatopharyngeus (44/*i*;46/6;54,55/*19*;56/*19'*), U. (Ursprung): Rand des Gaumen- und Flügelbeins, verbunden mit dem M. palatinus, A. (Ansatz): Rostralrand des Schildknorpels und Rhaphe pharyngis. Er wird auch zu den Gaumensegelmuskeln gezählt.

M. pterygopharyngeus (44/*h*;46/*5*;54–56/*19*), U.: Flügelbein, A.: Rhaphe pharyngis.

Mittlere Schlundkopfschnürer, Mm. constrictores pharyngis medii

M. stylopharyngeus rostralis (fehlt häufig) (44,45/*k*;56/*20*), U.: medial am rostralen Ende des Stylohyoideums, A.: Rhaphe pharyngis.

M. hyopharyngeus (44,45/*l*;46/*8*;53–55/*20*;56/*20'*), U.: kaudales Ende des Thyreohyoideums, A.: Rhaphe pharyngis.

Kaudale Schlundkopfschnürer, Mm. constrictores pharyngis caudales

M. thyreopharyngeus (44/*m*;46/*9*;54–56/*21*;66/*m*;87/*13*), U.: Linea obliqua der Schildknorpelplatte, A.: Rhaphe pharyngis.

M. cricopharyngeus (44/*n*;46/*10*;54,56/*21'*;66/*m'*;87/*13'*), U.: laterale Fläche der Cartilago cricoidea, A.: Rhaphe pharyngis.

Der **Erweiterer des Schlundkopfs** ist der *M. stylopharyngeus caudalis* (44/*o*;46/*4*;54,56/*18*;66/*k*; 88/*14'*). Er entspringt medial am kaudalen Drittel des Stylohyoideums, zieht rostroventral und strahlt zwischen mittleren und kaudalen Schlundkopfschnürern in die seitliche Schlundkopfwand ein.

Gaumensegel, Velum palatinum, weicher Gaumen, Palatum molle
(57,58/*k*;59–62/*36*;63/*k*;65/*a*;79,81,83,85/*5*;80,82,84,86/*3*;87/*1*;88/*3,3'*)

Die kaudale Fortsetzung des harten Gaumens bildet das *Gaumensegel.* Es ragt als Schleimhautfalte vom Choanenrand der Gaumenbeine schräg kaudal und ventral in die Rachenhöhle hinein und bildet so die S c h e i d e w a n d zwischen der dorsalen P a r s n a s a l i s p h a r y n g i s und der ventralen P a r s o r a l i s p h a r y n g i s. Sein freier Rand liegt nahe der Basis der Epiglottis und trägt median bei *Schw.,* *Rd.* und *Schf.* die Andeutung einer U v u l a, die dem bekannten Zäpfchen des *Msch.* entspricht. Das *Pfd.* mit seinem sehr langen Gaumensegel und retrovelarem, d.h. dem Gaumensegel von der nasenrachenseitigen Fläche aufliegenden Kehldeckel kann nicht oder nur schwer durch die Mundhöhle atmen. Die von k u t a n e r S c h l e i m h a u t überzogene mundseitige Fläche des Gaumensegels liegt bei Atemstellung des Pharynx dem Zungengrund auf und bildet das D a c h d e s I s t h m u s f a u c i u m (Pars oralis pharyngis). Seine choanenwärts von r e s p i r a t o r i s c h e r S c h l e i m h a u t bedeckte atmungsrachenseitige Fläche ist der P a r s n a s a l i s p h a r y n g i s zugewendet. Die Verbindung zwischen der Schleimhaut des Gaumensegels und der des Zungengrunds stellt beiderseits der *Arcus palatoglossus* (80,84,86/*2'*;88/*2*) her, während der *Arcus palatopharyngeus* (79,81,83,85/*8,9,10*;87,88/ *4,5,6*) als Schleimhautfalte vom kaudolateralen Ende des weichen Gaumens zur Kaudalwand des Pharynx zieht, wo er sich in der der anderen Seite fortsetzt und so das Ostium intrapharyngeum begrenzt. Unter der je nach Tierart mit unterschiedlichen Mengen l y m p h o r e t i k u l ä r e n G e w e b e s versehenen Schleimhaut der Mundrachenfläche liegt ein dickes Lager von Schleimhautdrüsen, *Glandulae pharyngeae* (53–56/*11*;80,82,84,86/*3'*,88/*3'*). Die atmungsrachenseitige zarte, von hochprismatischem flimmertragenden Epithel bedeckte Schleimhaut des Gaumensegels enthält dagegen nur wenige Drüsen und wenig lymphoretikuläres Gewebe.

Drei paarige M u s k e l n sichern die Beweglichkeit des Gaumensegels:

Der **M. palatinus** (46/*1*;56/*16*) entspringt mit seiner Aponeurose am Choanenrand der Gaumenbeine und strahlt in den freien Rand des Gaumensegels ein. Er hängt eng mit dem bei den rostralen Schlundkopfschnürern beschriebenen *M. palatopharyngeus* zusammen. Als M. u v u l a e läßt sich bei *Wdk.* und *Schw.* in Nähe des Arcus palatopharyngeus median ein schwacher Muskelzug darstellen. Der M. palatinus verkürzt das Gaumensegel.

Der **M. tensor veli palatini** (44/*f*;46/*2*;53,54/*16'*) entspringt am Processus muscularis der Pars tympanica der Felsenbeinpyramide und liegt der Tuba auditiva an. Seine Sehne zieht hier, von einem Schleimbeutel unterlagert, um den Hamulus pterygoideus nach medial und strahlt in die Aponeurose des Gaumensegels ein. Er spannt das Gaumensegel.

Der **M. levator veli palatini** (44/*g*;46/*3*;54/*16''*) entspringt mit dem vorgenannten Muskel. Medial von ihm liegend, unterkreuzt er in der Seitenwand des Atmungsrachens den M. pterygopharyngeus, tritt in das Gaumensegel ein und stößt mit dem der Gegenseite median zusammen. Er hebt das Gaumensegel zur Schädelbasis hin.

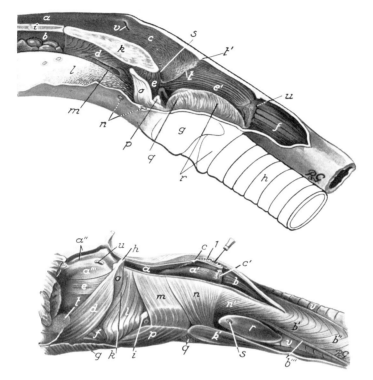

Abb. 63. Schlundkopf eines Hundes, von links eröffnet. Mundatmungsstellung des Gaumensegels. (Nach ZIETZSCHMANN, 1939.)

a Choane; *b* Cavum oris; *c* Pars nasalis pharyngis; *d* Pars oralis pharyngis; *e* Pars laryngea pharyngis; *e'* Pars oesophagea; *f* Oesophagus; *g* Cartilago thyreoidea; *h* Trachea; *i* Os palatinum; *k* Velum palatinum; *l* Radix linguae; *m* Fossa tonsillaris; *n* Os hyoideum; *o* Epiglottis; *p* Proc. cuneiformis; *q* Cartilago arytaenoidea; *r* Cartilago cricoidea; *s,t,t'* Arcus palatopharyngeus, Ostium intrapharyngeum begrenzend; *u* Limen pharyngooesophageum; *v* Ostium pharyngeum tubae auditivae

Abb. 64. Schlundkopf eines Hundes. Laterale Ansicht. Dach des Pharynx gespalten. (Nach ZIETZSCHMANN, unveröffentlicht.)

a Pars nasalis pharyngis; *a'* Pars oesophagea; *a''* Schleimhaut der Pars nasalis pharyngis am Choanenrand abgetrennt; *a'''* Fornix pharyngis; *b* Oesophagus, *b'* elliptische, *b''* sich überkreuzende spiralige, *b'''* längsverlaufende Muskelzüge; *c* Arcus palatopharyngeus; *c'* Limen pharyngooesophageum; *d* M. styloglossus; *e* Mm. constrictores pharyngis rostrr.: M. palatopharyngeus und M. pterygopharyngeus; *f* M. hyoglossus; *g* M. mylohyoideus; *h* Stylohyoideum; *i* Thyreohyoideum; *k,l* Mm. constrictores pharyngis medii: *k* M. hyopharyngeus, *l* M. stylopharyngeus rostr.; *m,n* Mm. constrictores pharyngis caudd.: *m* M. thyreopharyngeus, *n* M. cricopharyngeus; *n'* M. cricooesophageus; *o* M. stylopharyngeus caud.; *p* M. thyreohyoideus; *q* M. cricothyreoideus; *r* Gl. thyreoidea; *s* äußere Gl. parathyreoidea; *t* Radix linguae; *u* Durchtritt der Hörtrompete durch die Pharynxwand, abgeschnitten; *v* Trachea

1 Venengeflecht im Dach der Pars oesophagea

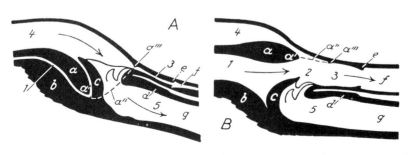

Abb. 65. Schema der Schlundkopfhöhle in (*A*) Nasenatmungs- und (*B*) Schlingstellung, Hund. (Nach ZIETZSCHMANN, 1939.)

1 Pars oralis pharyngis; *2* Pars laryngea pharyngis; *3* Pars oesophagea; *4* Pars nasalis pharyngis; *5* Larynx

a Velum palatinum; *a',a'',a'''* Arcus palatopharyngeus, Ostium intrapharyngeum begrenzend; *b* Radix linguae; *c* Epiglottis; *d* Lamina der Cartilago cricoidea; *e* Limen pharyngooesophageum; *f* Oesophagus; *g* Trachea

Lymphatische Einrichtungen des Kopfdarms

An zahlreichen Stellen der Schleimhaut des Kopfdarms, in deren Propria oder auch submukös gelegen, findet sich lymphoretikuläres Gewebe, d.h. in retikuläres Gewebe eingebettete Anhäufungen von Lymphozyten. Es handelt sich entweder um diffuse, regellose Herde von Lymphzellgewebe, die an unterschiedlichen Stellen auftreten und wieder vergehen können, oder es sind knötchenförmige Gebilde von lymphoretikulärem Gewebe, *Einzellymphknötchen, Noduli lymphatici solitarii*, die gegen die Umgebung durch eine Bindegewebskapsel abgegrenzt sein können. In ihnen finden sich *Sekundärknötchen* mit einem im gefärbten Schnittpräparat hell erscheinenden Zentrum und einer aus dichtgedrängten Lymphozyten bestehenden, dunklen Mantelzone. Da die Sekundärknötchen auch Brutstätten von Lymphozyten sind, nennt man sie *Keimzentren*. Sicher ist, daß zur Abwehr eingedrungener Giftstoffe oder Mikroorganismen in ihnen auch reaktive Vorgänge ablaufen. Sie werden daher auch als *Reaktionszentren* bezeichnet. In den Sekundärknötchen finden sich an zelligen Elementen außer den Retikulumzellen und reifen Lymphozyten Lymphoblasten und von Retikulumzellen abstammende, phagozytäre Elemente, Makrophagen. Ebenso können andere Leukozyten, Plasmazellen und Zelltrümmer vorhanden sein. Die Reaktionszentren werden von zahlreichen Blutgefäßen versorgt und sind von einem Netz feiner Lymphbahnen umsponnen, die für den Abtransport von Zellen und gelösten Stoffen sorgen. Zuführende Lymphgefäße jedoch fehlen. Auf Reize vergrößern sich die Einzellymphknötchen und werden dann als kleine, gerötete Höckerchen auf der Schleimhaut sichtbar.

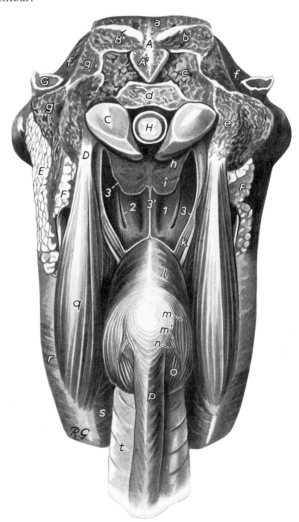

Abb. 66. Schlundkopf und Luftsack eines Pferdes. Nuchale Ansicht. Oesophagus und Trachea nach unten gezogen, Luftsäcke eröffnet. (Nach Zietzschmann, unveröffentlicht.)

A Protuberantia occipitalis ext., *A'* Ansatz des paarigen Funiculus nuchae; *B* Linea nuchae; *C* Condylus occipitalis; *D* Proc. paracondylaris; *E* Gl. parotis; *F* Gl. mandibularis; *G* knorpeliger Gehörgang; *H* Medulla spinalis

a Muskeln der Ohrmuschel; *b* Endsehne des M. semispinalis capitis; *c* M. rectus capitis dors. maj.; *d* M. rectus capitis dors. min. und Membrana atlantooccipitalis mit Fettkissen; *e* M. rectus capitis lat; *f,g* M. obliquus capitis cran.: *f* Seitenansicht, *g* Schnittfläche; *h* M. rectus capitis ventr.; *i* M. longus capitis; *k* M. stylopharyngeus caud.; *l* Mm. constrictores pharyngis medii; *m,m'* Mm. constrictores pharyngis caudd.: *m* M. thyreopharyngeus, *m'* M. cricopharyngeus; *n* Mm. oesophagei longitudinales latt.; *o* M. cricoarytaenoideus dors.; *p* Oesophagus; *q* M. occipitomandibularis; *r* M. masseter; *s* M. pterygoideus med.; *t* Trachea

1 mediale Bucht des rechten Luftsacks; *2* linkes Ostium pharyngeum tubae auditivae mit lateraler und medialer Lippe; *3* Schleimhaut des Luftsacks, Schnittkante, bei *3'* aneinanderstoßende Medianwände beider Luftsäcke

Die weitere Differenzierung lymphoretikulären Gewebes zu selbständigen S c h l e i m h a u t o r g a - n e n führt über das gruppenweise Zusammentreten solcher Solitärfollikel und die Entstehung von *Schleimhautbälgen* zu den nach Form, Bau und Lage verschiedenartigen *Mandeln* oder *Tonsillen.*

Die **Schleimhautbälge, Folliculi tonsillares** (67), am Zungengrund z.B. als *Zungenbälge* bezeich- net, bestehen aus einer k r y p t e n a r t i g e n E p i t h e l e i n s e n k u n g mit der *Fossula tonsillaris* als Zu- gang und einem in Propria und Submukosa liegenden, mit Sekundärknötchen ausgestatteten M a n t e l l y m p h o r e t i k u l ä r e n G e w e b e s. Auch ihnen fehlen zuführende Lymphgefäße. Dagegen finden sich neben zahlreichen Blut- und abführenden Lymphgefäßen benachbart muköse oder gemischte D r ü s e n. Das Epithel in der Tiefe der Krypten ist teilweise bis zur Unkenntlichkeit von Lympho- und Leukozyten überwandert, die dann als sogenannte *Speichelkörperchen* in die freie Mundhöhle ge- langen können.

Als **Mandeln** oder **Tonsillen, Tonsillae,** bezeichnet man schließlich Schleimhautorgane, die nach Form, Bau und Lage bei den einzelnen Tierarten konstant sind und aus einer Zusammenballung sub- epithelial oder submukös liegenden, lymphoretikulären Gewebes an bestimmten Stellen der Schleim- haut des Kopfdarms ausgebildet sind. Dabei liegt das lymphoretikuläre Gewebe mit seinen zahlrei- chen Sekundärknötchen, den Reaktionszentren, entweder unter einer planen, glatten Epitheldecke, oder es handelt sich um eine Anhäufung von den Schleimhautbälgen analogen Gebilden. Die Tonsil- len sind zudem gegen die Umgebung b i n d e g e w e b i g a b g e k a p s e l t , besitzen zahlreiche Blut- und ebenso wie die Schleimhautbälge n u r a b f ü h r e n d e L y m p h g e f ä ß e und werden auch von mukösen oder gemischten D r ü s e n umlagert. Ihre Epitheldecke an der Oberfläche und in der Tiefe der Krypten ist so dicht von Lymphozyten durchsetzt, daß man hier von einem l y m p h o e p i t h e - l i a l e n O r g a n spricht. In der Tiefe der Epitheltrichter können sich Detritusmassen, sogenannte *Mandelpfröpfe,* ansammeln, die aus weißen Blutzellen, zugrundegegangenen Epithelzellen und Fut- terpartikelchen bestehen. Fäulniserreger und andere, krankmachende Keime können hinzukommen. Was über die Funktion der vorher beschriebenen lymphoretikulären Gebilde des Kopfdarms gesagt wurde, gilt in gesteigertem Maße für die Tonsillen. Auch in ihnen entstehen Lymphozyten, und sie stellen wichtige A b w e h r o r g a n e zur Ausschaltung eingedrungener Giftstoffe und Mikroorganis- men dar, stehen im Dienste der Antikörperbildung und sollen Stoffe, die zur Abwehr gebildet wer- den, in die freie Mundhöhle ausscheiden können.

Nach ihrem u n t e r s c h i e d l i c h e n B a u lassen sich die Tonsillen folgendermaßen einteilen: Liegt das lymphoretikuläre Gewebe mit seinen Reaktionszentren unter einer ebenen, kryptenfreien Epi- theldecke, f e h l e n a l s o S c h l e i m h a u t b ä l g e , dann spricht man von einer **balgfreien Mandel** (*Plattenmandel*). Sind dagegen zur Oberflächenvergrößerung S c h l e i m h a u t b ä l g e m i t i h r e n E p i t h e l k r y p t e n v o r h a n d e n , dann liegt eine **balghaltige Mandel** (*Balgmandel*) vor. Balgfreie und balghaltige Mandeln können sich zu einem Wulst, einem B e e t , emporwölben, oder sie bilden eine tiefe Schleimhautbucht, eine G r u b e . Im ersteren Fall haben wir es mit einer **Beet-**, im letzteren Fall mit einer **Grubenmandel** zu tun.

Daraus ergeben sich folgende Möglichkeiten, die Mandeln zu klassifizieren:

1. *Beetmandel* **mit** *Bälgen* (69,70), 2. *Beetmandel* **ohne** *Bälge*, 3. *Grubenmandel* **mit** *Bälgen* (72), 4. *Grubenmandel* **ohne** *Bälge* (71).

Nach dem O r t i h r e s V o r k o m m e n s bezeichnet man die Tonsillen als *Zungenmandel, Tonsilla lingualis, Gaumenmandel, Tonsilla palatina, Gaumensegelmandel, Tonsilla veli palatini, seitliche Kehldeckelmandel, Tonsilla paraepiglottica, Rachenmandel, Tonsilla pharyngea,* und *Tubenmandel, Tonsilla tubaria.*

Besonderheiten der verschiedenen Tonsillen werden bei den einzelnen Tierarten dargestellt. Hier jedoch sei schon ein vergleichender Überblick über die Tonsillen gegeben, die unter dem Namen *lym- phatischer* bzw. *Waldeyerscher Rachenring* zusammengefaßt werden:

Zungenmandel, Tonsilla lingualis, in der Schleimhaut des Zungengrunds (73–78/*1*):

Flfr: Keine Bälge, nur Herde von diffusem lymphoretikulären Gewebe und Einzelknötchen.

Schw.: Nur vereinzelte Bälge. Dagegen enthalten die z o t t e n a r t i g e n Papillen des Zungen- grunds in ihrem bindegewebigen Grundstock große Mengen lymphoretikulären Gewebes mit zahlrei- chen Sekundärknötchen, *Papillae tonsillares* (68).

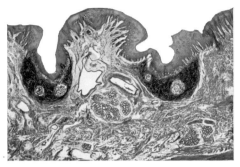

Abb. 67. Tonsilla lingualis eines Pferdes. (Schleimhautbälge, Folliculi tonsillares.) Mikrofoto.

Die Epithelkrypten, Fossulae tonsillares, sind von einem Mantel lymphoretikulären Gewebes mit Sekundärknötchen umgeben

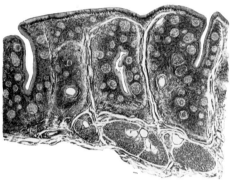

Abb. 69. Tonsilla palatina eines Pferdes. (Beetmandel mit Bälgen.) Mikrofoto.

Epithelkrypten, umgeben von einem Mantel lymphoretikulären Gewebes, von Bindegewebe eingehüllt. In der Umgebung einzelne Drüsenläppchen

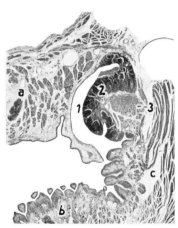

Abb. 71. Tonsilla palatina eines Hundes. (Grubenmandel ohne Bälge.) Mikrofoto.

1 Fossa tonsillaris; 2 Tonsilla; 3 Drüsenläppchen
a Gaumensegel; b Zungengrund; c Arcus palatoglossus

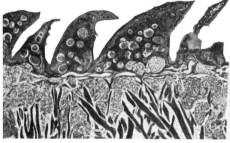

Abb. 68. Tonsilla lingualis eines Schweines. (Tonsilläre Zungenpapillen, Papillae tonsillares.) Mikrofoto.

Zwischen den Muskelbündeln Drüsenläppchen

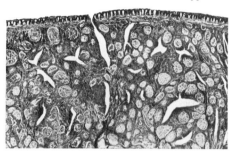

Abb. 70. Tonsilla veli palatini eines Schweines. (Beetmandel mit Bälgen.) Mikrofoto.

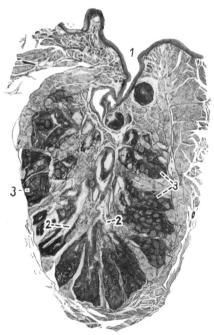

Abb. 72. Tonsilla palatina eines Rindes. (Grubenmandel mit Bälgen.) Mikrofoto.

1 Zugang zum Sinus tonsillaris; 2 Fossulae tonsillares; 3 Tonsillenbälge, zwischen den Bälgen eingestreut Drüsenläppchen

Wdk.: Beim *Rd.* zahlreiche große Bälge mit deutlichen Fossulae tonsillares, beim *kl. Wdk.* nur geringe Mengen diffusen lymphoretikulären Gewebes (39,40/5).

Pfd.: Große Mengen von Bälgen mit ihren gut sichtbaren *Fossulae tonsillares* (41/5;67;86,88/1).

Gaumenmandel, Tonsilla palatina; an bzw. in der Seitenwand der Pars oralis pharyngis, zwischen Gaumensegel und Zungengrund gelegen (73,74,76–78/2):

Flfr.: Grubenmandel ohne Bälge, die beim *Hd.* als walzenförmiges Gebilde an der Seitenfläche der Pars oralis pharyngis in einer durch eine kleine Schleimhautfalte abgedeckten Schleimhauttasche, *Fossa tonsillaris*, liegt. Bei der *Ktz.* hat sie bei sonst gleichem Verhalten gedrungenere, mehr halbkugelige Form (36,37/6;58/*k'*;63/*m*;71;79/7';80/2').

Schw.: Keine vorhanden.

Rd.: Grubenmandel mit Bälgen von etwa Walnußgröße, die retropharyngeal in Muskulatur und Bindegewebe der Seitenwand der Pars oralis pharyngis eingebettet ist. Sie besitzt 1–3 trichterförmige Zugänge, Fossulae tonsillares, die in den verzweigten Sinus tonsillaris hineinführen (39/6;54/*12*; 60/*35*;72;76/2;83/7;84/2'').

Kl. Wdk.: Beetmandel mit Bälgen. Bei gleicher Lage wie jene des *Rd.* besteht sie aus 3–6 tiefen Fossulae tonsillares (40/6;55/*12*;77/2;85/7).

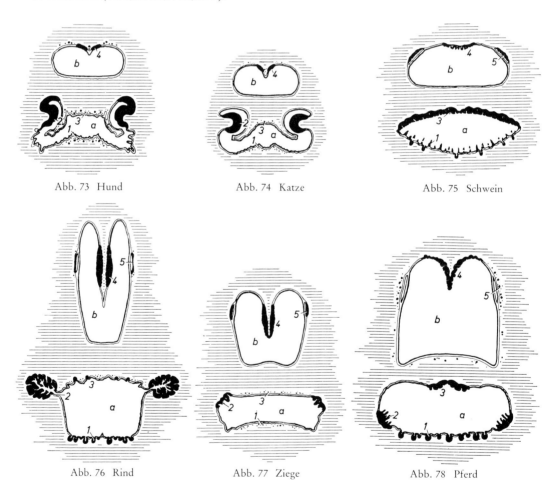

Abb. 73 Hund   Abb. 74 Katze   Abb. 75 Schwein

Abb. 76 Rind   Abb. 77 Ziege   Abb. 78 Pferd

Abb. 73–78. Schemata des lymphatischen Rachenringes (Waldeyer) der Haussäugetiere.
(Nach VOLLMERHAUS, 1959.)

Um *a* Pars oralis pharyngis und *b* Pars nasalis pharyngis sind gruppiert: *1* Tonsilla lingualis, *2* Tonsilla palatina, *3* Tonsilla veli palatini, *4* Tonsilla pharyngea, *5* Tonsilla tubaria

Pfd.: Beetmandel mit Bälgen. 100–120 mm langer und nur 20 mm breiter, mit zahlreichen Bälgen ausgestatteter Wulst, zwischen Plica glossoepiglottica mediana und Basis des Kehldeckels sowie Arcus palatoglossus gelegen (69;78/2;88/2′).

Gaumensegelmandel, Tonsilla veli palatini, an der ventralen Fläche des Gaumensegels gelegen (73–78/3):

Flfr.: Nur spärliches, diffuses lymphoretikuläres Gewebe bzw. einzelne Lymphknötchen ersetzen hier eine echte Gaumensegelmandel.

Schw.: Beetmandel mit Bälgen von auffallender Größe, paarige, erhabene Platte mit zahlreichen Bälgen und deutlichen Fossulae tonsillares (38/7;59/37;75/3;81/5).

Wdk.: Ähnlich wie beim *Flfr.* kommen auch hier nur geringe Mengen lymphoretikulären Gewebes, beim *Rd.* jedoch auch einige Bälge vor.

Pfd.: Beetmandel mit Bälgen, etwa 40 mm lang, 25 mm breit, median gelegen, mit zahlreichen Bälgen ausgestattet (35/3′;78/3).

Seitliche Kehldeckelmandel, Tonsilla paraepiglottica:

Flfr.: Nur bei der *Ktz.*, auch hier inkonstant, als kleine, paarige Tonsillenplatte an der Basis der Epiglottis vorkommend. (37/8)

Schw.: Auf dem Boden einer 5–8 mm langen und 3–4 mm breiten Furche beiderseits an der Basis des Kehldeckels findet sich eine Gruppe von Bälgen.

Wdk.: Nur bei *Schf.* und *Zg.* kommt regelmäßig eine Gruppe von Bälgen als Tonsilla paraepiglottica vor.

Pfd.: Fehlt eine entsprechende Bildung.

Rachenmandel, Tonsilla pharyngea, am Dach der Pars nasalis pharyngis (73–78/4):

Flfr.: Beetmandel ohne Bälge, plattenartige Bildung von diffusem lymphoretikulären Gewebe und eingelagerten Lymphknötchen zwischen den Öffnungen der Tuba auditiva.

Schw.: Beetmandel mit Bälgen, eine wulstige, unebene Erhebung am Septum pharyngis (59/15).

Wdk.: Beetmandel ohne Bälge, höckeriger Wulst am Rachenseptum (60,61/15).

Pfd.: Beetmandel mit Bälgen, ein von Bälgen durchsetztes Schleimhautfeld am Rachendach zwischen den Öffnungen der Ohrtrompeten.

Tubenmandel, Tonsilla tubaria, an der Innenseite des Ostium pharyngeum tubae auditivae (75–78/5):

Flfr.: Keine vorhanden.

Schw.: Beetmandel mit Bälgen, umfangreiche Bildung im Ostium pharyngeum der Tuba auditiva.

Wdk.: Beetmandel ohne Bälge, durch Ansammlung lymphoretikulären Gewebes verdickter Schleimhautbezirk an der Innenfläche der Tubenöffnung.

Pfd.: Die Tubenschleimhaut enthält unregelmäßig verteiltes lymphoretikuläres Gewebe.

Schluckakt

(65)

Als Schluck- oder Schlingakt bezeichnet man jenen Bewegungsvorgang, der den abzuschluckenden Bissen veranlaßt, den von der Mundhöhle über den Schlundkopf zum Speiseröhreneingang hinwegreichenden Schlingweg zurückzulegen. Man unterscheidet zwischen dem e r s t e n , w i l l k ü r l i c h e n und dem z w e i t e n , u n w i l l k ü r l i c h e n T e i l des Schluckaktes.

Der erste, willkürliche Teil des Schluckaktes besteht darin, daß der gekaute und eingespeichelte Bissen oder die aufgenommene Flüssigkeit durch den sich steigernden und wieder nachlassenden Druck der Zunge gegen den harten Gaumen gepreßt, rachenhöhlenwärts befördert und schließlich von dem sich emporwölbenden Zungengrund in die Pars oralis pharyngis hineingepreßt wird. Voraussetzung für diesen ersten Teil des Schluckaktes ist der feste Verschluß der Mundhöhle. Er wird erreicht durch Kieferschluß sowie Anpressen der Lippen und Backen an die Zähne. Ferner wird der Transport des Bissens durch die rachenwärts gerichteten Papillae filiformes und die Gaumenstaffeln maßgeblich unterstützt.

Hat der Bissen so die Rachenenge erreicht, dann beginnt der zweite, unwillkürliche Teil des Schluckaktes. Nunmehr muß durch die Vorrichtungen in der Rachenhöhle dafür gesorgt werden, daß der Bissen, ohne eine andere Ausweichmöglichkeit zu besitzen, in die Speiseröhre gelangt. Es ist also notwendig, ihm die Rückkehr in die Mundhöhle unmöglich zu machen und ihm zugleich den Eintritt in den Nasenrachen und in den Kehlkopf zu verwehren. Die Rückkehr des Bissens in die Mundhöhle wird durch Anpressen des Zungengrunds gegen die Ventralfläche des Gaumensegels verhindert. Der Nasenrachen wird durch das gespannte und emporgehobene Gaumensegel verschlossen. An diesem Vorgang beteiligen sich auch der das Ostium intrapharyngeum umfassende Arcus palatopharyngeus, indem er aus der Seiten- und Kaudalwand des Schlundkopfs faltenförmig hervortritt und so diese Öffnung einengt. Die Sicherung des Kehlkopfeingangs gegen den Eintritt von Futterbestandteilen kommt schließlich folgendermaßen zustande: Mit dem Emporwölben des Zungengrunds gegen das Gaumensegel ist durch die Wirkung der Mm. geniohyoidei, stylohyoidei, mylohyoidei, digastrici und ceratohyoidei auch eine Bewegung des Zungenbeins in Richtung nach vorn und oben verbunden, wodurch der Kehlkopf in gleicher Richtung bewegt, unter den Zungengrund geschoben und der Kehldeckel auf den von den Plicae aryepiglotticae flankierten Kehlkopfeingang gedrückt wird. Vervollständigt werden diese Bewegungen am Schlundkopf durch Heranziehen und Erweiterung der Pars oesophagea. Der durch den Zungendruck wie von dem Stempel einer Spritze angetriebene Bissen gleitet, wenn er feingekaut und dünnflüssig ist, von dem Kehldeckel, wie von einem „Eisbrecher" zweigeteilt, seitlich durch die Recessus piriformes (s. S. 49) an dem Kehlkopf vorbei oder in grobgekautem, wenig eingespeicheltem Zustand auch über den Kehldeckel hinweg zum Eingang des Oesophagus hin. – Im ersteren Fall sind gleichzeitiges Schlucken und Atmen möglich; dünnbreiige sowie flüssige Nahrung sollen nämlich allein durch die Tätigkeit der Zunge eine solche Beschleunigung erhalten, daß sie durch den Rachen, ja sogar durch die Speiseröhre hindurch bis zum Magen hin geschleudert werden. Hingegen ist zum Transport konsistenterer Bissen die Mitbetätigung der Schlundkopfschnürer erforderlich. Nach vollzogenem Schluckakt nimmt der Schlundkopf seine „Ruhestellung" wieder ein, d. h., das Gaumensegel, das Zungenbein und der Kehlkopf kehren in ihre Ausgangsstellung zurück, und die Atmungsluft findet bei nunmehr wieder geöffnetem Ostium intrapharyngeum den Weg in den Kehlkopf.

Kopfdarm der Fleischfresser

Mundhöhle

Die Mundhöhle des *Hd.* weist in Form und Größe erhebliche R a s s e u n t e r s c h i e d e auf. Lang und verhältnismäßig schmal ist sie bei langschädeligen, dolichozephalen, kurz und breit bei kurzschädeligen, brachyzephalen Tieren. Bei der *Ktz.* aller Rassen ist sie kurz und breit. Die kutane Mundschleimhaut kann stellenweise oder vollständig schwarz oder dunkelblau pigmentiert sein. Selbst für die Zungenschleimhaut trifft dies gelegentlich zu (z. B. Chow Chow).

Ober- und Unterlippe sind behaart und mit zahlreichen, langen *Sinushaaren (Tasthaaren)* ausgestattet, und zwar besonders auffallend an der Oberlippe der *Ktz. (Schnurrhaare)* (18,19,269). Die gut bewegliche **Oberlippe** des *Hd.* ist lang, besonders am Zusammentreffen mit der hier ähnlich beschaffenen Unterlippe im *Mundwinkel (Lefze).* Eine mediane, kleinere, h a a r l o s e S t e l l e der Oberlippe fließt mit dem *Nasenspiegel (270/a)* zusammen. Die *Lippenrinne, Philtrum (b),* ist eine seichte, mediane Furche an der Oberlippe, die aber bei manchen Hunderassen (z. B. Boxer) auch sehr tief sein kann (*Hasenscharte*). Das manchmal doppelte mediane *Lippenbändchen* verbindet die Schleimhaut der Oberlippe mit dem Zahnfleisch. Die **Unterlippe** ist kürzer und wird vorn und zum Teil auch an den Seiten von der Oberlippe überragt. Sie trägt bei der *Ktz.,* zahlreicher als die Oberlippe, Talgdrüsen, *Zirkumoraldrüsen* (sog. *Putzdrüsen*). Beide Lippen treffen in Höhe des 3. bzw. 4. Backenzahns in der *Commissura labiorum* zusammen. *Mundspalte* und *Vestibulum labiale* sind demnach beim *Flfr.* groß, und es ist eine ausgiebige Öffnung des Mundes möglich, was für die Untersuchung der Mund- und Rachenhöhle und operative Eingriffe günstig ist.

Das nur kurze **Vestibulum buccale** nimmt beim *Hd.* in Höhe des 3. oder 4. maxillaren Backenzahns die Mündung des *Ductus parotideus* auf. Bei der *Ktz.* liegt diese Stelle in Höhe des 2. maxillaren Backenzahns. Im Gegensatz zu den nur in kleinen Gruppen in Ober- und Unterlippe vorkommenden

Abb. 79. Dach der Mundhöhle, des Rachens und der Speiseröhre eines Hundes nach Spaltung von Zunge, Kehlkopf, Luftröhre und Speiseröhre. Ventralansicht. (Nach ZIETZSCHMANN, 1939.)

a Labium superius, *a'* Philtrum; *b* Angulus oris (Ende der Mundspalte); *c* Bucca, durchschnitten; *d* Apex linguae; *e* Corpus linguae; *f* Radix linguae; *g* M. genioglossus; *h* M. geniohyoideus; *i* Bashyoideum; *k* Epiglottis, gespalten und bei *k'* seitlich weggezogen; *l* Cartilago thyreoidea; *m* schleimhautüberzogene Cartilago arytaenoidea; *m''* Proc. cuneiformis; *n* Lamina, *n'* Arcus der Cartilago cricoidea; *o* Eingang zum Ventriculus laryngis, kaudal die Plica vocalis; *p* Trachea; *q* Cartilago interarytaenoidea

1 Papilla incisiva; *2* Mündung des Ductus incisivus; *3* Palatum durum mit Rugae palatinae; *4* leistenförmige Rhaphe palati; *5* Velum palatinum; *6* Arcus palatoglossus; *6'* Plica pterygomandibularis; *7* Zugang zur Tonsillengrube der rechten Tonsilla palatina; *7* linke Tonsilla palatina, aus der Tonsillengrube hervorgeholt; *8,9,10* Arcus palatopharyngeus; *11* Ostium intrapharyngeum; *12* Pars oesophagea; *12'* Limen pharyngooesophageum; *13* Oesophagus

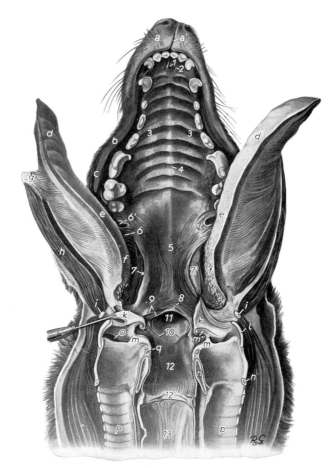

Glandulae labiales sind die *Glandulae buccales* (47/d) relativ gut entwickelt. Als *Glandula zygomatica* wird beim *Flfr.* die dorsale Backendrüse (52/e) bezeichnet. Diese rundliche, seromuköse Drüse findet man medial vom Jochbein. Sie grenzt nach medial an den M. pterygoideus und nach dorsal an die Periorbita. Ihr größerer und ihre 3–4 kleineren Ausführungsgänge (*e'*,*e''*) münden in Höhe des letzten Backenzahns in das Vestibulum buccale. Die *Unterkieferbackendrüsen, Glandulae buccales ventrales,* reichen vom Hakenzahn bis zur Höhe des 3. Unterkieferbackenzahns.

Abb. 80. Paramedianschnitt durch den Schlund- und Kehlkopf eines Hundes. Atemstellung.

a Pars nasalis pharyngis; *b* Pars oralis pharyngis; *c* Pars laryngea pharyngis; *d* Pars oesophagea

1 Radix linguae; *2* Plica glossoepiglottica mediana; *2'* Tonsilla palatina; *3* Velum palatinum mit Gll. palatinae; *4,5,5'* Arcus palatopharyngeus, das Ostium intrapharyngeum begrenzend; *6* Ostium pharyngeum tubae auditivae; *7* Epiglottis; *8* Plica aryepiglottica; *9* schleimhautüberzogene

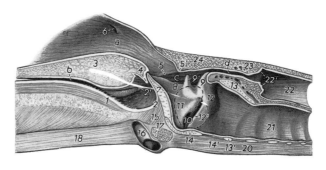

Cartilago arytaenoidea; *9'* Proc. cuneiformis; *10* Eingang zum Ventriculus laryngis, dieser gestrichelt eingezeichnet; *11* Vestibulum laryngis; *12* Proc. vocalis der Cartilago arytaenoidea; *12'* Plica vocalis; *13* Lamina, *13'* Arcus der Cartilago cricoidea; *14* Cartilago thyreoidea; *14'* Lig. cricothyreoideum; *15* M. hyoepiglotticus; *16'* V. lingualis, angeschnitten; *17* Basihyoideum; *18* M. geniohyoideus; *20* M. sternohyoideus; *21* Trachea; *22'* Oesophagus; *22* Limen pharyngooesophageum; *23* Mm. constrictores pharyngis caudd.; *24* Mm. constrictores pharyngis medii

Der **harte Gaumen** des *Flfr.* (26,28,79) ist lyraförmig, vorn schmal, rachenwärts sich verbreiternd. Sein Epithel ist beim *Hd.* nur wenig, bei der *Ktz.* stärker verhornt. Die hinter den mittleren Schneidezähnen gelegene *Papilla incisiva* (79/1) ist warzenförmig, rundlich oder dreieckig; seitlich von ihr münden die *Ductus incisivi*. Beim *Hd.* beträgt die Zahl der nicht gleichen Abstand voneinander haltenden, rostral konvexen *Gaumenstaffeln* 6–10, bei der *Ktz.* 7–9 (26,28/2;79/3). Es kommen auch S c h a l t s t a f f e l n vor. In den Furchen zwischen den Gaumenstaffeln stehen bei der *Ktz.* reihenweise angeordnete P a p i l l e n . Die *Rhaphe palati* (26/2′;79/4), eine mediane L e i s t e , erscheint nicht immer deutlich und kann sogar fehlen. Der kaudale Teil des harten Gaumens ist etwa vom letzten Bakkenzahn ab glatt und leitet zum Gaumensegel über. In diesem Gebiet führt die Gaumenschleimhaut D r ü s e n , wie solche vereinzelt auch in der Nachbarschaft der Papilla incisiva anzutreffen sind.

Die **Zunge** der *Flfr.* (36,37) ist sehr beweglich und spielt namentlich bei der Aufnahme von Flüssigkeiten eine wichtige Rolle. Vor allem beim *Hd.* besitzt sie vorn scharfe S e i t e n r ä n d e r , ist hier breit und flach und kann löffelförmig gestaltet werden. Bei forcierter Atmung, dem Hecheln, läßt der *Hd.* seine Zunge weit zum Mund heraushängen (sog. Zungenatmen). Über die ganze Länge der Zungenoberfläche zieht beim *Hd.* ein seichter *Sulcus medianus linguae* (36/b′) hinweg, in dessen Fortsetzung die *Plica glossoepiglottica mediana* (80/2) vom Zungengrund zur Basis der Epiglottis überspringt.

Z u n g e n s p i t z e , - k ö r p e r und - g r u n d tragen an ihrer Oberfläche in diagonalen Reihen stehende **Papillae filiformes** (36,37/1), während der durch das *Frenulum linguae* (42b/e) am Mundhöhlenboden befestigten Unterfläche der Zungenspitze sowie den Seitenflächen des Zungenkörpers solche fehlen. Beim *Hd.* sind sie weich, nehmen rachenwärts an Größe zu und sind am Zungengrund z o t t e n f ö r m i g . Bei der *Ktz.* sind es s t a r k v e r h o r n t e , rachenwärts gerichtete Hornzähnchen, die der Zungenoberfläche die Beschaffenheit einer feinen Drahtbürste verleihen und mit Vorteil bei der Aufnahme von Flüssigkeiten, zum „Abraspeln" von Fleischresten auf Knochen und zum Säubern sowie Ordnen des Haarkleids Verwendung finden. Die **Papillae fungiformes** (36,37/2) liegen verstreut zwischen den vorigen, sind etwa hirsekorngroß, von roter Farbe und mit besonders großen *Geschmacksknospen* ausgestattet. Sie verteilen sich auf die Oberfläche der Zungenspitze und des Zungenrückens, während der Zungengrund frei davon bleibt.

Am Übergang des Zungenkörpers in den Zungengrund liegen bei *Hd.* und *Ktz.* auf dem Zungenrücken jederseits 2–3 **Papillae vallatae** (36,37/3;42b/g). In gleicher Höhe, jedoch am Seitenrand der Zunge, befindet sich beim *Hd.* undeutlich und noch schwächer ausgebildet bei der *Ktz.* die **Papilla foliata** (42b/g′). Bei der *Ktz.* fehlen diesem rudimentären Organ die Geschmacksknospen. In der Schleimhaut des Zungengrunds sowie in der *Plica glossoepiglottica mediana* kommen regelmäßig d i f f u s e H e r d e l y m p h o r e t i k u l ä r e n G e w e b e s bzw. *Einzellymphknötchen* vor und bilden so eine „*Tonsilla lingualis*" (73,74/1). Diese Gegend der Zungenschleimhaut ist zudem mit seromukösen D r ü s e n ausgestattet.

Eine spezifische Bildung der Zunge des *Flfr.* ist die **Lyssa** (42a/a;42b/h), der „*Tollwurm*". Als spindelförmiger Strang beginnt sie, an der U n t e r f l ä c h e d e r Z u n g e gelegen, einige Millimeter von dem Vorderrand der Zungenspitze entfernt, zwischen den Mm. genioglossi (42a/o) und läuft kaudal in einen feinen Faden aus, der sich im Septum linguae verliert. Beim *Hd.* wölbt sie eine mediane Falte hervor. Das Zungenbein erreicht sie weder beim *Hd.* noch bei der *Ktz.* Sie besteht aus einem bindegewebigen, von Fettgewebe erfüllten Schlauch, in dessen mittlerem Abschnitt beim *Hd.* quergestreifte Muskelfasern und Knorpelinseln eingelagert sind. Bei der *Ktz.* kommt nur selten Muskulatur vor, Knorpel wurde nie nachgewiesen.

Dicht neben dem Frenulum linguae markiert sich als ein kleiner Schleimhautwulst die *Caruncula sublingualis* (27/2;42b/d). Das *Organum orobasale* des *Flfr.* (27/1;42b/c) tritt auf dem **präfrenularen Mundhöhlenboden** nur in Form von zwei seichten Rinnen, bei der *Ktz.* oft nur als paariges kleines Epithelgrübchen hinter den mittleren Schneidezähnen in Erscheinung.

Anhangsdrüsen der Mundhöhle

Die kleine, etwa dreieckige **Glandula parotis** (47,52/a) umfaßt mit einem *prä-* und *postaurikulären Zipfel* (47/a′,a′′) den Ohrmuschelgrund und bedeckt mit ihrem kurzen, unterkieferwärts gerichteten Abschnitt von lateral den Dorsalrand der Glandula mandibularis. Unter ihr liegen der N. facialis, die

V. maxillaris mit ihren Ästen sowie der Lymphonodus parotideus (*e*). Auf ihrer Lateralfläche bedeckt sie der flache M. parotidoauricularis (*n*). Der *Ductus parotideus* (*a'''*) tritt aus dem Kieferrand der Drüse hervor, kreuzt den M. masseter (*q*) lateral in halber Höhe und mündet beim *Hd.* in Höhe des 3.–4., bei der *Ktz.* in Höhe des 2. maxillaren Backenzahns in das Vestibulum buccale. Entlang dem Ausführungsgang können akzessorische Ohrspeicheldrüsenläppchen vorkommen.

Die rundliche **Glandula mandibularis** (47,52/*b*) ist oft größer und heller gefärbt als die Glandula parotis. Ihr Läppchenbau tritt nur undeutlich hervor. Wie jene liegt auch sie oberflächlich und fügt sich hinter dem kaudalen Rand des Unterkieferastes in den Winkel zwischen V. maxillaris und V. linguofacialis ein (47/*w*, *w'*). Vor und zum Teil ventral von ihr liegen die Lymphonodi mandibulares (*f*). Der *Ductus mandibularis* gelangt zwischen Zungenmuskulatur und Unterkiefer zur undeutlichen *Caruncula sublingualis* seitlich vom Zungenbändchen (52/*b'*,5).

Die **Glandulae sublinguales** bestehen aus der **Glandula sublingualis polystomatica** (*d,d'*) und der **Glandula sublingualis monostomatica** (*c,c'*,c*'''*), von denen erstere lippenwinkelwärts von letzterer gelegen ist. Die *Glandula sublingualis polystomatica* besteht aus einzelnen Drüsenläppchen, die, zwischen dem M. styloglossus (*k*) und dem Unterkiefer gelegen, sich vom 1. bis zum letzten Backenzahn erstrecken. Ihre zahlreichen kleinen Ausführungsgänge münden in den *Recessus sublingualis lateralis*. Die kompaktere *Glandula sublingualis monostomatica* schiebt sich zwischen M. digastricus (*r*) einerseits, Unterkiefer und M. pterygoideus andererseits ein und erreicht die Glandula mandibularis, mit der sie bindegewebig zu einem einheitlichen Drüsenkomplex verbunden ist. Der *Ductus sublingualis major* (*c''*) läuft dem Ductus mandibularis parallel und mündet seitlich mit ihm auf der *Caruncula sublingualis*. Einzelne ihm anhängende Drüsenläppchen können zwischen solche der Glandula polystomatica eingefügt sein.

Schlundkopf, Pharynx

Der Schlundkopf (57,58,63,64,79,80) ist lang und reicht mit seiner kaudalen, durch den hinteren Rand des kaudalen Schlundkopfschnürers gekennzeichneten Grenze beim *Hd.* bis zum 2., bei der *Ktz.* bis zum 3. Halswirbel. Beim *Hd.* ist der *Arcus palatopharyngeus* (57,63/*s,t,t'* ;79/9,10;80/4,5,5') kaudal deutlich, bei der *Ktz.* hingegen nur durch kleine Schleimhauterhebungen angedeutet. Das spaltförmige *Ostium pharyngeum tubae auditivae* (57,58,63/*v*) liegt beiderseits kaudal im Rachendach und ist beim *Hd.* bis 10 mm, bei der *Ktz.* 4 mm lang. Die Öffnung wird kaudal von einem kleinen Schleimhautwulst begleitet. Zwischen den beiden Tubenöffnungen findet sich die plattenförmige *Rachentonsille, Tonsilla pharyngea* (58/*w'* ;73,74/4). Die Kehlkopfkrone ragt durch das *Ostium intrapharyngeum* (79/11) in den *Nasenrachen* hinein. Der Kehldeckel liegt bei ruhiger Atmung retrovelar. Der *Flfr.* kann aber bei forcierter Atmung durch aktives Anheben seines Gaumensegels auch durch den Mund atmen. Die ventrale Etage des Pharynx zeigt die typische Dreiteilung in *Pars oralis pharyngis, Pars laryngea pharyngis* und *Pars oesophagea* (57,58,63/*d,e,e'* ;65/1,2,3;80/*b,c,d*). Das **Gaumensegel** (57,58,63/*k* ;65/*a* ;79/5;80/3) ist beim *Flfr.* lang, erreicht aber die Basis des Kehldeckels nicht. Bei der *Ktz.* trägt sein mundseitiger Schleimhautüberzug bis nahe an den freien Rand reichende kleine Papillen und enthält zudem bei *Hd.* und *Ktz.* neben zahlreichen submukösen *Glandulae pharyngeae* auch Einlagerungen lymphoretikulären Gewebes (73,74/3) (siehe auch lymphatischer Rachenring). Die von hochprismatischem flimmertragendem Zylinderepithel bedeckte dorsale Fläche des weichen Gaumens ist spärlich mit Drüsen und lymphoretikulärem Gewebe ausgestattet. In einer Nische des Arcus palatoglossus findet sich die *Tonsilla palatina* (36,37/6;73,74/2;79/7,7' ;80/2'). Die *Recessus piriformes* (36,37/*n*) der *Pars laryngea pharyngis* sind mäßig tief. Auffallend lang ist die Pars oesophagea. Sie wird kaudal von einer Querebene durch den kaudalen Rand des kaudalen Schlundkopfschnürers, der den hinteren Rand der Ringknorpelplatte erreicht, abgegrenzt. In dieser Höhe findet sich beim *Flfr.* ein deutlicher Schleimhautringwulst, *Limen pharyngooesophageum* (36,37/*r* ;63/*u* ;79/12' ;80/22'), der die Grenze zwischen Pars oesophagea und Speiseröhre besonders deutlich macht. Dieser Schleimhautring weist beim *Hd.* kranial eine blasse, kleingefältete, drüsenlose, magenwärts eine grobfaltige, dunkle, drüsenhaltige Schleimhaut auf. Bei der *Ktz.* ist dieser Grenzwulst eine drüsenlose, verstreichbare Schleimhautfalte.

Lymphatische Einrichtungen des Kopfdarms

Zum l y m p h a t i s c h e n R a c h e n r i n g des Schling- und Atmungsrachens gehören folgende lymphatische Einrichtungen:

Die **Tonsilla lingualis** (73,74/1), eine Ansammlung lymphoretikulären Gewebes sowie vereinzelte Lymphknötchen in der Schleimhaut des Zungengrunds und der Plica glossoepiglottica mediana.

Die nur bei der *Ktz.* vorhandene **Tonsilla paraepiglottica** (37/8), eine kleine, mit Einzellymphknötchen ausgestattete Tonsillenplatte seitlich an der Basis der Epiglottis.

Die **Tonsilla palatina** (36,37/6;57,58/v;73,74/2;79/7,7';80/2'). Sie liegt als walzenförmiges Gebilde in einer taschenartigen, medial von einer Schleimhautfalte abgedeckten Vertiefung, *Fossa tonsillaris* (71), des Arcus palatoglossus. Der Boden der Grube ist buchtig und von lymphoretikulärem Gewebe unterlagert. Diese G r u b e n m a n d e l o h n e B ä l g e ist ähnlich wie beim *Msch.* durch die weitgeöffnete Mundhöhle gut sichtbar und Eingriffen zugänglich. Die Tonsilla palatina der *Ktz.* weicht von jener des *Hd.* nur durch gedrungenere, mehr rundliche Form des Tonsillenwulstes ab.

Die **Tonsilla veli palatini** (73,74/3), bestehend aus zum Teil diffusen, zum Teil knötchenförmigen lymphozytären Einlagerungen in der mundhöhlenseitigen Schleimhaut des Gaumensegels.

Die **Tonsilla pharyngea** (58/w';73,74/4), eine zwischen den Öffnungen der Tubae auditivae am Rachendach gelegene, plattenförmige Bildung der Schleimhaut, die mit diffusen und knötchenförmigen lymphoretikulären Einlagerungen ausgestattet ist.

Vervollständigt wird der lymphatische Rachenring durch verstreut in der Rachenschleimhaut vorkommendes lymphoretikuläres Gewebe. Erwähnt sei schließlich, daß dem *Flfr.* die T o n s i l l a t u b a r i a fehlt.

Kopfdarm des Schweines

Mundhöhle

Die Mundhöhle wird in ihrer Länge durch Rasseeigentümlichkeiten beeinflußt. Sie ist jedoch immer verhältnismäßig lang und erreicht ihre größte Breite in Höhe der Hakenzähne (Hauer).

Ober- und Unterlippe sind behaart, tragen an ihren Rändern auch *Sinushaare*, sind wenig beweglich und treffen erst rachenwärts von den Hakenzähnen im *Angulus oris* zusammen; die *Mundspalte* ist also sehr groß (20). Der vor den Schneidezähnen liegende Teil der **Oberlippe** ist unbehaart und wird als *Rüsselscheibe, Planum rostrale (271/a)*, bezeichnet. Eine median an ihrem Ventralrand sichtbare Kerbe deutet ein *Philtrum (b)* an; ihr Dorsalrand ist stark verhornt (Wühltätigkeit). Der H a k e n z a h n (Hauer) des Oberkiefers liegt in einem tiefen Einschnitt, in der *Hauerfurche* der Oberlippe (29), die bei beiden Geschlechtern unabhängig von der Entwicklung des Hakenzahns ausgebildet ist. Die **Unterlippe** läuft vorn spitz zu (30/a) und schiebt sich mit ihren Rändern unter jene der Oberlippe. Die Schleimhaut von Ober- und Unterlippe ist nur spärlich mit intermuskulären *Lippendrüsen* ausgestattet.

Oberkiefer- und *Unterkieferbackendrüsen* (48/8,10) liegen, als zwei streifenförmige Drüsenkomplexe der Backenzahnreihe in Ober- und Unterkiefer folgend, dem M. buccinator (*H*) auf, reichen vom Lippenwinkel bis zum M. masseter (*M*), von dem sie zum Teil noch bedeckt sind, und entsenden zahlreiche A u s f ü h r u n g s g ä n g e in das **Vestibulum buccale**.

Der **harte Gaumen** (29/2;81/3) nimmt, hinter den Schneidezähnen schmal beginnend, bis zu den Hakenzähnen an Breite zu, um dann zwischen den Backenzähnen etwa gleiche Breite zu behalten. Er ist nasenwärts leicht durchgewölbt, zeigt eine tiefe *Rhaphe palati* (29/2';81/4) und zwei Reihen gegeneinander versetzter, glatter *Gaumenstaffeln,* deren Zahl variabel ist und im Durchschnitt 20–23 beträgt. Die rostralen sind hoch und scharfkantig, nach kaudal werden sie niedriger und erstrecken sich bis zum Übergang des harten in den weichen Gaumen. Die *Papilla incisiva* (1) ist länglich und in Richtung der Rhaphe palati orientiert. An ihren Seitenflächen mündet in kleinen Mulden jederseits der *Ductus incisivus* (81/2). In der k u t a n e n S c h l e i m h a u t des gesamten harten Gaumens finden sich vereinzelte L y m p h k n ö t c h e n, in seinem rostralen Abschnitt zudem auch D r ü s e n.

Die **Zunge** (38) läuft vorn spitz zu. Ihr S p i t z e n t e i l ist lang, der K ö r p e r hat zwei deutliche Seitenflächen und auf seiner Rückenfläche einen *Medianwulst*. Das Epithel der Zungenschleimhaut ist nur wenig verhornt. Die **Papillae filiformes** auf dem Zungenrücken werden von weichen Hornfäden dargestellt. Der Zungengrund trägt dagegen große, z o t t e n f ö r m i g e, weiche P a p i l l e n (*1*) und entläßt median zur Basis der Epiglottis die *Plica glossoepiglottica mediana* (82/2). Zahlreiche **Papillae fungiformes** (38/2) finden sich auf dem Zungenrücken und den Seitenflächen der Zunge verteilt. Am Übergang des Zungenkörpers in den Zungengrund steht auf der Rückenfläche der Zunge jederseits eine große **Papilla vallata** (*3*). Die **Papilla foliata** (*4*) ist etwa 7–8 mm lang, besitzt etwa 5 Querfurchen und liegt als länglicher Wulst vor dem *Arcus palatoglossus*. Neben den in der Umgebung der großen Geschmackspapillen vorhandenen, fast ausschließlich serösen D r ü s e n sind muköse *Zungenranddrüsen* ausgebildet. Sie bestehen aus einzelnen submukösen oder intermuskulären flachen Drüsenlagern, die sich zu einem nach vorn offenen Bogen zusammenschließen. Die Schenkel des Bogens beginnen an den Seitenflächen des Zungenkörpers und laufen am Zungengrund zum Scheitel zusammen. Ihre A u s f ü h r u n g s g ä n g e entsenden diese flachen Drüsenbänder hauptsächlich zu den Seitenflächen der Zunge. D r ü s e n finden sich auch in und seitlich der *Plica glossoepiglottica mediana*. In der Medianebene der Zungenspitze, nahe deren Unterfläche, liegt ein schwacher B i n d e g e w e b s s t r a n g, der von manchen Autoren als ein der Lyssa des *Flfr.* homologes Gebilde gedeutet wird. Die *Tonsilla lingualis* (38/5;68;75/1) des Zungengrunds wird durch bis in den bindegewebigen Grundstock der zottenförmigen Papillae filiformes emporsteigende Lager lymphoretikulären Gewebes mit Sekundärknötchen (*Papillae tonsillares*) und durch *Zungenbälge* repräsentiert. Letztere können das Epithel zwischen den zottenförmigen Papillen hügelartig emporwölben.

Der **präfrenulare Mundhöhlenboden** (30) beherbergt auch beim *Schw.* hinter den mittleren Schneidezähnen das *Organum orobasale* (*1*). Dieses stellt zwei, mit je einem nadelstichgroßen Grübchen beginnende solide, in der Tiefe der Schleimhaut liegende Epithelsprossen dar. In Höhe des Ansatzes des paarigen *Frenulum linguae* am Mundhöhlenboden findet sich lateral von diesem jederseits die unscheinbare, von den Karunkelfalten begleitete *Caruncula sublingualis* (*2*). Ob dem Hausschwein eine beim Wildschwein nachgewiesene Glandula paracaruncularis mit benachbarten Solitärfollikeln zukommt, steht nicht fest.

Anhangsdrüsen der Mundhöhle

Die sehr große, rein seröse **Glandula parotis** (48/12) besitzt d r e i Z i p f e l. Ihr vorderer Rand schließt sich eng dem Hinterrand des Unterkiefers an, ihr Unterrand folgt dem Dorsalrand des M. sternohyoideus, und ihr Kaudalrand schiebt sich auf den M. sternomastoideus hinauf. Ihr *Ohrzipfel* (*13*) erreicht den Ohrmuschelgrund nicht ganz, der *Kehlgangszipfel* (*13'*) erstreckt sich weit in den Kehlgang hinein, während ihr *Halszipfel* (*13''*) gut zwei Drittel des Halses brustwärts reicht. Die Ohrspeicheldrüse ist stark von interlobulärem Fettgewebe durchsetzt und lateral zum Teil vom M. parotidoauricularis bedeckt. Ihre Medialfläche ist unregelmäßig höckerig und bedeckt unter anderem die Lymphonodi parotidei (*h*), retropharyngei laterales (*i*) und mandibulares (*k*), zum Teil die Glandula mandibularis (*14*), Äste der A. carotis communis und der V. jugularis (*a*), Teile der Brustbein-Kehlkopf- und Brustbein-Zungenbeinmuskeln sowie zum Teil den Kehlkopf selbst. Der *Ductus parotideus* (*11*) entsteht aus mehreren Ausführungsgängen an der medialen Fläche der Drüse, zieht über die Glandula mandibularis hinweg am M. digastricus (*N*) entlang in den Kehlgang, folgt dem Vorderrand des M. masseter (*M*) und mündet in Höhe des 3.–4. Oberkieferbackenzahns auf der deutlichen *Papilla parotidea* in den B a c k e n v o r h o f.

Gegenüber der gelblich-blaß gefärbten Glandula parotis fällt die **Glandula mandibularis** (53/14) durch ihre mehr rötliche Farbe auf. Viel kleiner als erstere, ist sie von knollig-rundlicher Gestalt und mit einem rostromedialen Zipfel ausgestattet. Ihr vorderer Teil schiebt sich zwischen M. pterygoideus und Schlundkopfmuskulatur ein. Ihr kaudales Ende überragt den Unterkiefer und wird lateral von der Ohrspeicheldrüse bedeckt. Lateral an der Basis ihres rostromedialen zapfenförmigen Zipfels entspringt der *Ductus mandibularis* (*14'*). Dieser kreuzt den N. lingualis (*f'*) medial und läuft medial an der Glandula sublingualis polystomatica entlang zur *Caruncula sublingualis*.

Die **Glandula sublingualis** setzt sich aus zwei Teilen zusammen, und zwar aus der **Glandula sublingualis monostomatica** und der **Glandula sublingualis polystomatica**. Erstere (53/9) stellt ein

40–60 mm langes, flaches Drüsenband dar. Sie reicht von der Zwischensehne des M. digastricus rostral bis zur Kreuzungsstelle des Ductus mandibularis mit dem N. lingualis. Zahlreiche kleine A u s - f ü h r u n g s g ä n g e fließen lateral zum *Ductus sublingualis major (9′)* zusammen, der dann mit dem Ductus mandibularis gemeinsam an der *Caruncula sublingualis* mündet.

Die 70–90 mm lange, rötlich gefärbte *Glandula sublingualis polystomatica (10)* schließt sich dem rostralen Ende der rötlichgelben Glandula sublingualis monostomatica an, liegt der Seitenfläche des Zungenkörpers auf und reicht bis zum Angulus mentalis. Von ihr wird die Schleimhaut der Zunge zum *Sublingualiswulst* vorgewölbt, an dessen lateraler Fläche die zahlreichen Ausführungsgänge, *Ductus sublinguales minores (10′)*, in den *Recessus sublingualis lateralis* der Mundhöhle einmünden.

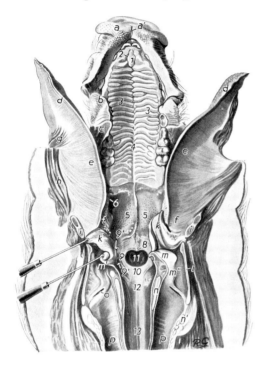

Abb. 81.   D a c h d e r M u n d h ö h l e , d e s S c h l i n g r a c h e n s u n d d e r S p e i s e r ö h r e e i n e s S c h w e i n e s n a c h S p a l t u n g v o n Z u n g e , K e h l k o p f , L u f t r ö h r e u n d S p e i s e r ö h r e . Ventralansicht. (Nach Zietzschmann, unveröffentlicht.)

a Labium superius (Rüsselscheibe); *a′* Philtrum; *b* Angulus oris (Ende der Mundspalte); *c* Bucca, durchschnitten; *d* Apex linguae; *e* Corpus linguae; *f* Radix linguae mit Papillae tonsillares (Tonsilla lingualis); *g* M. genioglossus; *h* M. geniohyoideus; *i* Basihyoideum; *k* Epiglottis, durchschnitten und bei *k′* eine Hälfte seitlich weggezogen; *l* Cartilago thyreoidea; *m* schleimhautüberzogene Cartilago arytaenoidea, bei *m′* seitlich weggezogen, *m″* Proc. vocalis; *n* Lamina, *n′* Arcus der Cartilago cricoidea; *o* doppelte Plica vocalis mit Eingang zum Ventriculus laryngis; *p* Trachea

1 Papilla incisiva; *2* Mündung des Ductus incisivus; *3* Palatum durum mit Rugae palatinae; *4* Rhaphe palati; *5* Velum palatinum mit Mündungen der Gll. palatinae, Solitärfollikeln und Fossulae tonsillares (Tonsilla veli palatini); *6* Arcus palatoglossus; *8,9,10* Arcus palatopharyngeus; *9′* Rec. piriformis; *11* Ostium intrapharyngeum; *12* Pars oesophagea; *13* Oesophagus

Schlundkopf, Pharynx

Der Schlundkopf des *Schw.* (59,81,82) ist lang und schmal und reicht bis zur Höhe des 2. Halswirbels kaudal. Das vom *Arcus palatopharyngeus (59/38;81/8,9,10;82/4,5)* begrenzte *Ostium intrapharyngeum (81/11)* mißt nur 15–20 mm im Durchmesser.

Das **Gaumensegel** (59/*36*;81/*5*;82/*3*) ist im Vergleich zu dem anderer Tiere beim *Schw.* kurz und gedrungen, und seine Länge übertrifft nur wenig die Breite. Es liegt fast horizontal und postmortal, wahrscheinlich aber auch intra vitam, meistens mit seiner Ventralfläche dem Kehldeckel auf, kann aber bei r e t r o v e l a r e r Lage des Kehldeckels mit seinem freien Rand bis zur Basis der Epiglottis reichen. Der Kaudalrand des Gaumensegels trägt bis zu vier kleine Wärzchen, die dem *Zäpfchen*, der Uvula des *Msch.*, entsprechen sollen. Die kutane Schleimhaut der Ventralfläche des Gaumensegels enthält die umfangreiche, von den S c h l e i m d r ü s e n der Submukosa umlagerte *Tonsilla veli palatini* (38/*7*;59/*37*;75/*3*;81/*5*), eine Beetmandel mit Bälgen.

Der *Mundrachen, Pars oralis pharyngis* (59/*c*;82/*b*), ist wie das Gaumensegel ebenfalls kurz. Sein B o d e n , der Zungengrund, fällt gegen die Basis des Kehldeckels steil ab, während sein D a c h von dem fast horizontalen Gaumensegel dargestellt wird. In fast allen Fällen findet man die Epiglottis postmortal u n t e r dem Gaumensegel in den Mundrachen hineinragen. In der anschließenden *Pars laryngea pharyngis* (59/*d*;82/*c*) bedingt die besonders hohe K e h l k o p f k r o n e auffallend tiefe, seitlich von ihr liegende *Recessus piriformes* (38/*n*). Es wird angenommen, daß Nahrung durch diese tiefen Rinnen auch am unverschlossenen Kehlkopf vorbeifließen und das *Schw.* so zugleich atmen und schlucken kann. Die Processus corniculati der Aryknorpel und der Arcus palatopharyngeus liegen in der gleichen Querschnittsebene, die zugleich die rostrale Grenze der anschließenden *Pars oesophagea* (59/*e*;82/*d*) darstellt. Diese geht ohne ein *Limen pharyngooesophageum* – dorsal der Mitte der Ringknorpelplatte, nur vom Kaudalrand der kaudalen Schlundkopfschnürer begrenzt – in die Speiseröhre über.

In den *Nasenrachen, Pars nasalis pharyngis,* setzt sich die Schleimhaut der Nasenscheidewand als eine mediane Leiste, das *Rachenseptum, Septum pharyngis* (59/*12*), bildend, bis in die Gegend der Mündungen der Ohrtrompeten fort und geht auch auf die Dorsalfläche des Gaumensegels über. Eine auffallende Bildung am Atmungsrachen stellt die *Rachentasche, Diverticulum pharyngeum* (59/*39'*;82/*5'*), dar. Es handelt sich um eine etwa 30–40 mm tiefe, blindsackartige, unpaare Schleimhautbucht der Dorsalwand des Nasenrachens, die sich dorsal vom Arcus palatopharyngeus zwischen dem rechten und linken M. cricopharyngeus hindurchschiebt. Durch Kontraktion der beiden Muskeln kann die Rachentasche verschlossen werden. Wo das Rachengewölbe an die Schädelbasis herantritt, münden in einer grubigen Vertiefung der Rachenwand beiderseits die *Ohrtrompeten, Tubae auditivae* (59/*14*). Die Schleimhaut des Rachendachs enthält viel l y m p h o r e t i k u l ä r e s   G e w e b e, auch in Form von *Schleimhautbälgen,* das in besonders dichter Lagerung sich am Dach und am Ostium pharyngeum tubae auditivae vorfindet und so die *Rachen-* und *Tubentonsille* bildet.

Lymphatische Einrichtungen des Kopfdarms

An der Bildung des l y m p h a t i s c h e n   R a c h e n r i n g s sind folgende lymphoretikuläre Einrichtungen der Schleimhaut des Schling- und Nasenrachens beteiligt:

Die **Tonsilla lingualis** (38/*5'*;68;75/*1*), die von großen Mengen lymphoretikulären Gewebes mit zahlreichen Sekundärknötchen in den zottenartigen Papillen des Zungengrunds und vereinzelten Zungenbälgen dargestellt wird.

Die **Tonsilla paraepiglottica,** die aus einer Gruppe in der Tiefe zweier Furchen an der Basis des Kehldeckels gelegener Bälge besteht.

Die **Tonsilla veli palatini** (38/*7*;59/*37*;75/*3*;81/*5*), eine Mandel von auffallender Größe, die als eine paarige, beetartige Platte mit zahlreichen Bälgen in der Schleimhaut der Ventralfläche des Gaumensegels untergebracht ist.

Die **Tonsilla pharyngea** (59/*15*;75/*4*), eine wulstige, unebene, mit Bälgen ausgestattete Schleimhauterhebung, median am Dach des Nasenrachens gelegen.

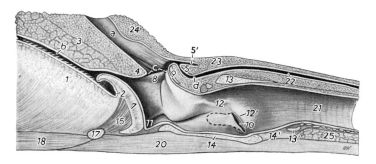

Abb. 82.   P a r a m e d i a n s c h n i t t   d u r c h   d e n   S c h l u n d -   u n d   K e h l k o p f   e i n e s   S c h w e i n e s.   Schluckstellung.

a Pars nasalis pharyngis; *b* Pars oralis pharyngis; *c* Pars laryngea pharyngis; *d* Pars oesophagea

1 Radix linguae mit Papillae tonsillares (Tonsilla lingualis); *2* Plica glossoepiglottica mediana; *3* Velum palatinum mit Drüsen und Muskulatur; *4,5* Arcus palatopharyngeus, das Ostium intrapharyngeum begrenzend; *5'* Diverticulum pharyngeum; *7–9* Kehlkopfkrone: *7* Epiglottis, *8* Plica aryepiglottica, *9* Cartilago arytaenoidea; *10* Eingang zum Ventriculus laryngis, dieser gestrichelt eingezeichnet; *11* Rec. laryngis medianus; *12* Proc. vocalis der Cartilago arytaenoidea; *12'* Plica vocalis; *13* Lamina, *13'* Arcus der Cartilago cricoidea; *14* Cartilago thyreoidea; *14'* Lig. cricothyreoideum; *15* M. hyoepiglotticus; *17* Basihyoideum; *18* M. geniohyoideus; *20* M. sternohyoideus; *21* Trachea; *22* Oesophagus; *23* Mm. constrictores pharyngis caudd.; *24* Mm. constrictores pharyngis medii; *25* Gl. thyreoidea

Die **Tonsilla tubaria** (75/5), eine Beetmandel mit Bälgen in der Schleimhaut des Ostium pharynge-um tubae auditivae. Hinzu kommen die in der Schleimhaut der gesamten Rachenhöhle enthaltenen Einlagerungen diffusen lymphoretikulären Gewebes sowie Einzelknötchen.

Auffallend ist das F e h l e n   e i n e r   T o n s i l l a   p a l a t i n a beim *Schw.*

Kopfdarm der Wiederkäuer
Mundhöhle

Die Mundhöhle und ihre Organe sind beim *Wdk.* in ihrer Beschaffenheit der Art und Weise, die voluminöse, schwerverdauliche Pflanzennahrung aufzunehmen und sie zur weiteren Verdauung mechanisch vorzubereiten, angepaßt. Hierbei wird das zum Teil sperrige Rauhfutter mit den Lippen und der sehr beweglichen, rauhen Zunge erfaßt, wenn nötig unter Zuhilfenahme der Schneidezähne des Unterkiefers und der Zahnplatte des Oberkiefers abgerupft, nur oberflächlich gekaut und eingespeichelt abgeschluckt. So werden innerhalb verhältnismäßig kurzer Zeit große Futtermengen in den Pansen befördert. Nachdem das Futter hier eine Zeitlang eingeweicht, mazeriert und durch die Tätigkeit von Infusorien und Bakterien zu weiterer Verdauung vorbereitet worden ist, gelangt es abermals bissenweise in die Mundhöhle, um hier nunmehr nochmals gründlich gekaut und eingespeichelt zu werden.

Lippen: Die **Oberlippe** (21,274) ist beim *Rd.* kräftig, derb und nur wenig beweglich. Ihr mittlerer Abschnitt zeigt median ein undeutliches *Philtrum* (274/*b*), ist unbehaart und fließt nasenwärts mit dem beim Atmungsapparat näher zu beschreibenden *Nasen-Lippenspiegel, Planum nasolabiale* (*Flotzmaul*) (*a*) zusammen; ihre Seitenteile sind behaart und mit S i n u s h a a r e n besetzt. Die nur kleine *Mundspalte* trennt die Ober- von der Unterlippe; beide fließen im *Angulus oris* zusammen. Die Ränder der **Unterlippe** fügen sich unter die etwas überhängenden Ränder der Oberlippe ein. Auch sie ist behaart und trägt T a s t h a a r e. Ein schmaler, haarloser und mit kleinen, zähnchenförmigen Papillen ausgestatteter Saum vermittelt den Übergang der behaarten Haut in die Lippenschleimhaut. Der in der Hauptsache aus Fettgewebe bestehende *Kinnwulst* an der Unterseite der Unterlippe ist oft gut entwickelt. Die Schleimhaut der Lippen besitzt in Höhe des Mundwinkels spitzkegelförmige, verhornte und kaudal gerichtete P a p i l l e n (32/*a'*), die sich auf der Backenschleimhaut fortsetzen. Die *Lippendrüsen* dringen aus der Submukosa auch zwischen die Lippenmuskeln ein und häufen sich besonders in Nähe der Mundwinkel. Bemerkenswert ist die im Vergleich zur Länge der Mundhöhle nur kleine Mundspalte, wodurch die Besichtigung kaudaler Mundhöhlenorgane und operative Eingriffe an diesen selbst bei maximaler Öffnung der Mundspalte erschwert sind.

Die **Lippen** von *Schf.* und *Zg.* (22;23;273;272) sind sehr beweglich und dienen diesen Tieren bei der Nahrungsaufnahme als ausgesprochene G r e i f o r g a n e. Ihre *Oberlippe* trägt Deck- und S i n u s -h a a r e sowie median ein deutliches *Philtrum* (272,273/*b*). Der zwischen den Nasenlöchern liegende, haarlose, schmale *Nasenspiegel, Planum nasale* (*a*), reicht beim *kl. Wdk.* nicht bis zum Lippenrand herab. Die Ränder beider Lippen sind mit Reihen stumpf-kegelförmiger Papillen besetzt (85), die mundwinkelwärts spitz werden und zu jenen der Backenschleimhaut überleiten. Die *Lippendrüsen* der Oberlippe sind besonders in der Nähe der Mundwinkel zahlreich; jene der Unterlippe sind mäßig entwickelt.

Das **Vestibulum buccale** der *Wdk.* ist geräumig und erweiterungsfähig. Seine Schleimhaut trägt starke, kegelförmige, verhornte, rachenwärts gerichtete P a p i l l e n (31). Sie können beim *Rd.* eine Höhe bis zu 10 mm, bei *kl. Wdk.* 4–5 mm erreichen, sind in der Nähe der Mundwinkel am stärksten und werden kaudal niedriger und spärlicher. Pigmentierungen der Backenschleimhaut kommen beim schwarzbunten Niederungsrind vor.

Die gutentwickelten **Glandulae buccales** (49;50) lassen sich in die *dorsalen (8)*, die *ventralen (10)* und in die einen schmalen Drüsenstreifen darstellenden *mittleren Backendrüsen (9)* gliedern. Die *dorsalen Backendrüsen* reichen vom Lippenwinkel zum Tuber maxillae und sind kaudal vom M. masseter bedeckt. Das aus zahlreichen Läppchen bestehende Drüsenband folgt dem Zahnfachrand des Oberkiefers. Das breitere und kräftigere Paket der *ventralen Backendrüsen*, in Höhe der Unterkiefer-backenzähne gelegen, reicht vom Mundwinkel bis zum Vorderrand des M. masseter. An ihren oberen Rand reiht sich jene aus mehr locker gefügten Einzelläppchen bestehende *mittlere Backendrüse* an.

Der **harte Gaumen** (31;83) des *Rd.* ist biskuitförmig, rostral und kaudal breit und in der Mitte eingezogen. Ähnlich geformt ist auch jener des *Schf.* (85). Bei der *Zg.* jedoch hat er im rostralen Abschnitt annähernd parallel verlaufende Ränder und wird erst zwischen den ersten Backenzähnen unvermittelt breiter.

Die den Hauswiederkäuern fehlenden oberen Schneidezähne werden durch eine auffallende Bildung, die *Zahnplatte, Pulvinus dentalis* (31/D;85/1'), ersetzt. Sie ist als mondsichelförmiges Widerlager für die Unterkieferschneidezähne am Rande des Os incisivum befestigt. Ihre derbe Schleimhaut trägt eine hohe, stark verhornte Epitheldecke. Ein schmaler Saum vermittelt den Übergang zwischen der Zahnplatte und dem mit *Gaumenstaffeln* ausgestatteten Teil des harten Gaumens. Er ist mit stumpf-konischen Papillen besetzt und trägt median die rundliche *Papilla incisiva* (31;83;85/1'). Diese wird von einer Ringfurche umgeben, in deren Tiefe die *Ductus incisivi* einmünden. Die von Venengeflechten unterlagerte Schleimhaut des harten Gaumens kann teilweise oder auch ganz pigmentiert sein und ist beim *Rd.* jederseits mit 15–19 (31/2;83/3), beim *Schf.* mit 14 (85/3) und bei der *Zg.* mit 12 *Gaumenstaffeln* ausgestattet. Beim *Rd.* sind die kaudalen Leisten zunächst schwächer ausgebildet und fehlen schließlich ganz. Die Übergangszone zum weichen Gaumen in Höhe des 2. Backenzahns ist glatt. Das gleiche ist beim *Schf.* vom 3., bei der *Zg.* vom 2. Backenzahn an der Fall. Die Gaumenstaffeln des *Rd.* tragen an ihren freien Rändern nach kaudal gerichtete H o r n z ä h n c h e n , die dem *kl. Wdk.* fehlen. Die mediane *Rhaphe palati* (31/2';83,85/4) ist deutlich. Beim *Wdk.* kommen in der Umgebung der Papilla incisiva vereinzelt, im staffelfreien, kaudalen Abschnitt des harten Gaumens zahlreiche Drüsen vor, während sie im Staffelbereich fehlen.

Die **Zunge** der *Wdk.* (39,40) ist sehr beweglich, kann weit aus der Mundhöhle herausgestreckt werden und spielt als Greiforgan bei der Futteraufnahme eine wichtige Rolle; beim Alpenbraunvieh ist sie dunkelblau pigmentiert. Beim *Rd.* fallen ihre plumpe Form und derbe Beschaffenheit auf. Sie läuft vorn spitz aus, und die abgerundeten Ränder ihres Spitzenteils gehen kaudal in hohe Seitenflächen über. Das beim *Rd.* sehr breite *Zungenbändchen* ist der großen Beweglichkeit der Zunge angepaßt. Der kaudale Abschnitt des Zungenrückens trägt den auffallenden *Zungenrückenwulst, Torus linguae* (39,40/d;60,61/29'). Der *Torus linguae* ist eine Besonderheit der Zunge des *Wdk.* Er dient dem Zerdrücken der Nahrung zwischen Zunge, Zähnen und Gaumen. **Konzentratselektierer** (z. B. *Rehwild*) haben in Relation zur Gesamtzungenlänge den kürzesten, **Grasfresser** (*Rd., Schf.*) den größten Torus aufzuweisen; dazwischen steht der **Intermediärtypus** (*Zg.*). Je länger der *Torus linguae*, desto kürzer das freie Zungenende (s. auch S. 26). Vor ihm liegt eine unterschiedlich tiefe Querrinne oder Grube, *Fossa linguae* (39,40/d';60,61), in deren Schleimhautauskleidung sich beim *Rd.* leicht Futterteile (Spelzen, Grannen) einspießen, diese verletzen und so spezifische Infektionen veranlassen können. In diesem Zusammenhang wird die Grube auch als *Futterloch* bezeichnet. Die derbe, oft pigmentierte, mit der Unterlage festverbundene Schleimhaut des Zungenrückens ist am Spitzenteil und am rostralen Teil des Zungenkörpers mit stark verhornten, kaudal gerichteten, scharfen **Papillae filiformes** (39,40/1) besetzt. Auf dem Zungenrückenwulst sind diese mechanisch wirksamen Papillen stumpfkonisch oder rundlich (**Papillae conicae**) und treten kaudal nur vereinzelt auf. Beim *Schf.* sind die Papillae filiformes bis zum Zungenwulst jenen des *Rd.* ähnlich, bei der *Zg.* fadenförmig. Bei beiden gehen sie auch auf die Unterfläche der Zungenspitze über und sind am Zungenrückenwulst groß, flach und mehr schuppenförmig. Die zahlreichen **Papillae fungiformes** (2) finden sich an den Rändern der Zungenspitze, weniger dicht auch auf dem Zungenrücken und auf den Seitenflächen der Zunge. An **Papillae vallatae** (3) zählt man beim *Rd.* im Durchschnitt jederseits 8–17 und mehr, beim *Schf.* 18–24 und bei der *Zg.* 12–18. Sie sind unterschiedlich groß und bilden unregelmäßige Reihen seitlich am Übergang des Zungenkörpers in den Zungengrund. Papillae fungiformes besitzen prinzipiell nur dorsal, Papillae vallatae nur an den Seitenflächen Geschmacksknospen. Die **Papillae foliatae** f e h l e n dem *Wdk.* oder sind beim *Rd.* r u d i m e n t ä r . Die rauhe Beschaffenheit der Rinderzunge mit ihren kaudal gerichteten scharfen Papillae filiformes sowie den ebenfalls kaudal gerichteten harten Hornzähnchen an den freien Rändern der Gaumenstaffeln und die großen Papillen an Lippen- und Backenschleimhaut erleichtern dem Tier das Ergreifen, Festhalten und den Transport des oft sperrigen Rauhfutters zum Rachen hin. Zugleich ist diese Einrichtung aber auch der Grund dafür, daß das *Rd.* einmal erfaßte Gegenstände, ebenso „Fremdkörper", nur schwer wieder aus der Mundhöhle hinausbefördern kann. Nimmt man hinzu, daß die erstmalige Zerkleinerung der Nahrung nur oberflächlich erfolgt, dann hat man eine Erklärung dafür, daß beim *Rd.* mit dem Futter häufig Fremdkörper mannigfaltiger Art mit abgeschluckt werden und dann in der Haube, seltener auch im Pansen aufzufinden sind. Sie können Anlaß zu der sogenannten Fremdkörpererkrankung dieser Tiere geben.

Die *Zungenmandel, Tonsilla lingualis* (39,40/5;76,77/1), wird beim *Rd.* von zahlreichen *Schleim-hautbälgen, Folliculi tonsillares*, gebildet, die man auch seitlich der *Plica glossoepiglottica mediana* bis in das Gebiet der Kehldeckelbasis antrifft. Bei *Schf.* und *Zg.* hingegen finden sich am Zungengrund nur v e r e i n z e l t e L y m p h k n ö t c h e n und d i f f u s e s l y m p h o r e t i k u l ä r e s G e w e b e. Außer den mukösen, serösen oder gemischten D r ü s e n des Zungengrunds und in der Umgebung der Papil-lae vallatae kommt eine weitere D r ü s e n g r u p p e an der Seiten- bzw. Unterfläche der Zunge vor. Äußerlich wird ihre Lage durch eine von den Seitenflächen der Zunge im Bogen um das Frenulum lin-guae herumziehende Papillenreihe gekennzeichnet (der Plica fimbriata des *Msch.* vergleichbar), in de-ren Nachbarschaft die zahlreichen A u s f ü h r u n g s g ä n g e dieser *Zungenranddrüse* liegen. Eine zweite, ventrale, weiter kaudal reichende P a p i l l e n r e i h e verläuft etwa parallel mit jener oben er-wähnten und markiert die Lage der A u s f ü h r u n g s g ä n g e der später zu beschreibenden G l a n d u-l a s u b l i n g u a l i s p o l y s t o m a t i c a. Der N u h n s c h e n D r ü s e des *Msch.* vergleichbar ist eine beim *Schf.* und gelegentlich auch beim *Rd.* nachgewiesene, vor dem Frenulum linguae in die Zungen-muskulatur eingelagerte Drüse.

Die auf dem **sublingualen Mundhöhlenboden** gelegene *Caruncula sublingualis* (32/2) ist beim *Rd.* flach, hart, und ihr Rand ist gezähnelt; ähnlich beschaffen ist auch jene der *kl. Wdk.* Bei der *Zg.* findet

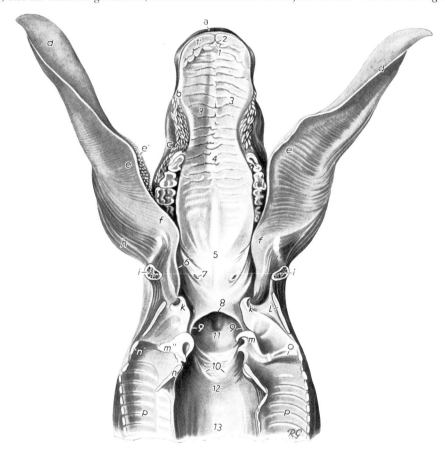

Abb. 83. D a c h d e r M u n d h ö h l e , d e s S c h l i n g r a c h e n s u n d d e r S p e i s e r ö h r e e i n e s R i n d e s n a c h S p a l t u n g v o n Z u n g e , K e h l k o p f , L u f t r ö h r e u n d S p e i s e r ö h r e. Ventralansicht. (Nach Zietzschmann, un-veröffentlicht.)

a Labium superius; *b* Angulus oris; *c* Bucca, durchschnitten; *d* Apex linguae; *e* Corpus linguae; *e'* Torus linguae; *f* Ra-dix linguae; *h* M. geniohyoideus; *i* Basihyoideum; *k* Epiglottis; *l* Cartilago thyreoidea; *m* Cartilago arytaenoidea, *m''* Proc. vocalis; *n* Lamina, *n'* Arcus der Cartilago cricoidea; *o* Plica vocalis; *p* Trachea

1 Papilla incisiva; *1'* Dentalplatte; *2* Mündung der Ductus incisivi; *3* Palatum durum mit Rugae palatinae; *4* Rhaphe pa-lati; *5* Velum palatinum; *6* Arcus palatoglossus; *7* Zugang zur Fossa tonsillaris der Tonsilla palatina; *8,9,10* Arcus pala-topharyngeus; *11* Ostium intrapharyngeum; *12* Pars oesophagea; *13* Oesophagus

sich hier ein kleiner Drüsenkomplex, die *Glandula paracaruncularis*. Beim *kl. Wdk.*, gelegentlich aber auch beim *Rd.*, ist seitlich vom Frenulum linguae weiterhin eine kleine muköse Drüse nachzuweisen. Bei der *Zg.* finden sich in ihrer Umgebung einige Schleimhautbälge, die als *Zungenbodentonsille* bezeichnet werden.

Das *Organum orobasale* (*1*) liegt beim *Rd.* auf einem medianen Wulst hinter den beiden mittleren Schneidezähnen. Zwei in ihn eingefügte, nach hinten leicht divergierende, epithelausgekleidete Rinnen enden mit zwei kleinen Grübchen. Beim *Schf.* wird das Organ von zwei länglichen Grübchen, bei der *Zg.* durch zwei kleine Epitheltrichter repräsentiert.

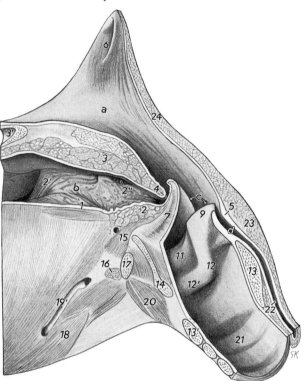

Abb. 84. Paramedianschnitt durch den Schlund- und Kehlkopf eines Rindes. Atemstellung.

a Pars nasalis pharyngis; *b* Pars oralis pharyngis; *c* Pars laryngea pharyngis; *d* Pars oesophagea

1 Radix linguae mit Zungenbälgen (Tonsilla lingualis); *2* Plica glossoepiglottica mediana; *2'* Arcus palatoglossus; *2''* Zugang zur Fossa tonsillaris der Tonsilla palatina im Arcus palatoglossus; *3* Velum palatinum mit Gll. palatinae; *3'* Os palatinum mit Sinus palatinus; *4,5* Arcus palatopharyngeus, das Ostium intrapharyngeum begrenzend; *6* Ostium pharyngeum tubae auditivae; *7,9* Kehlkopfkrone: *7* Epiglottis, *9* schleimhautüberzogene Cartilago arytaenoidea; *11* Vestibulum laryngis; *12* Proc. vocalis der Cartilago arytaenoidea; *12'* Plica vocalis; *13* Lamina, *13'* Arcus der Cartilago cricoidea; *14* Cartilago thyreoidea; *15* M. hyoepiglotticus; *16* M. hyoideus transv.; *17* Basihyoideum; *18* M. geniohyoideus; *19'* V. lingualis; *20* M. sternohyoideus; *21* Trachea; *22* Oesophagus; *23* Mm. constrictores pharyngis caudd.; *24* Mm. constrictores pharyngis medii

Anhangsdrüsen der Mundhöhle

Die **Glandula parotis** des *Rd.* (49/12) besitzt Keulenform. Ihr breiter und dicker Teil liegt vor dem Ohrgrund (*13*), erreicht die Gegend des Kiefergelenks und schiebt sich auf die Außenfläche des M. masseter. Ihr schmaler *Kehlgangszipfel* (*13'*) folgt dem Kaudalrand des Unterkiefers und ist hier von der großen Glandula mandibularis unterlagert. Bei *Schf.* und *Zg.* (50/12) hat sie mehr rechteckige Gestalt, reicht von der Basis des Gehörgangs bis in die von der V. maxillaris und der V. linguofacialis (*b,c*) gebildete Gefäßgabel und stößt hier auf die Glandula mandibularis. Beim *Rd.* bedeckt sie den Lymphonodus parotideus (49a) zum Teil, bei *Schf.* und *Zg.* hingegen vollständig. Ihr Ausführungsgang, *Ductus parotideus*, verläuft beim *Rd.* (*11*) im Kehlgang, gemeinsam mit der A. und V. facialis an den Rostralrand des M. masseter (*H*) und mündet hier aufsteigend in Höhe des 5. Oberkieferbackenzahns in das Vestibulum buccale. Bei den *kl. Wdk.* hingegen überquert der *Ductus parotideus* (50/11) den M. masseter etwa in halber Höhe, um in der Gegend des 3. und 4. Oberkieferbackenzahns in das Vestibulum buccale einzumünden. Diese Stelle ist durch die kleine *Papilla parotidea* gekennzeichnet. Bei der *Zg.* kann sich der Ductus parotideus in seinem Verlauf auch wie jener des *Rd.* verhalten.

Die **Glandula mandibularis** (49/14) des *Rd.* ist mit 180–200 mm Länge, 80–100 mm Breite und 20–40 mm Dicke im Vergleich zur Glandula parotis sehr groß. Nur in ihrem mittleren Abschnitt lateral von der Parotis bedeckt, reicht sie vom Atlasflügel bis etwa zum Basihyoideum. Die k n o l l e n f ö r - m i g e n r o s t r a l e n E n d e n der beiden Drüsen rücken im Kehlgang eng aneinander und sind unter der Haut sichtbar. Hier liegt jederseits lateral von ihr der Lymphonodus mandibularis (*b*). Während ihr von lateral her auch die Ä s t e der V. jugularis externa und des N. facialis aufliegen, grenzt sie nach medial an die A. carotis communis und deren Zweige, den N. vagus und den Truncus sympathicus sowie an Zweige des N. trigeminus, an den Schlund- und Kehlkopf sowie an die Mm. sterno- und brachiocephalicus. Ihr Ausführungsgang, *Ductus mandibularis* (54/*14′*), tritt an ihrem rostralen Rand hervor, überkreuzt den M. digastricus und strebt im Kehlgang medial vom M. mylohyoideus der *Ca- runcula sublingualis* zu, um seitlich von dieser zu münden. Die gleichen Verhältnisse bezüglich der **Glandula mandibularis** liegen bei den *kl. Wdk.* vor. Die Drüse ist jedoch bei der *Zg.* (55/*14*) relativ groß.

Die **Unterzungendrüse** besteht auch beim *Wdk.* aus je zwei Einzeldrüsen, der ventralen **Glandula sublingualis monostomatica** (54,55/*9*) und der dorsalen **Glandula sublingualis polystomatica** (*10*). Sie werden außen von dem M. mylohyoideus (*24,24′*) bedeckt und grenzen an die Mm. styloglossus (*23′*), genioglossus und geniohyoideus (*25*). Die *Glandula sublingualis monostomatica* ist beim *Rd.* (54/*9*) etwa 100–120 mm lang, 20–30 mm breit und erstreckt sich von der Pars incisiva der Mandibula bis etwa zur Mitte der ihr dorsal eng anliegenden *Glandula sublingualis polystomatica.* Ihr einheitli- cher Ausführungsgang entsteht aus dem Zusammenfluß zahlreicher Einzelgänge, liegt der Drüse zu- nächst medial an, verläuft neben dem Ductus mandibularis und mündet als *Ductus sublingualis major* seitlich von der *Caruncula sublingualis* in die Mundhöhle ein. Dorsal von der Glandula sublingualis monostomatica erstreckt sich die *Glandula sublingualis polystomatica (10)* von der Pars incisiva der Mandibula bis zum Arcus palatoglossus. Sie hat eine Länge von etwa 150–180 mm und besteht aus zahlreichen Einzelläppchen, die sich zu Gruppen zusammenfügen. Die Stellen der Einmündung ihrer zahlreichen, kleinen Ausführungsgänge, *Ductus sublinguales minores,* werden durch eine Reihe lan- ger, verhornter Papillen gekennzeichnet. Beide Drüsen gehören zum sero-mukösen Typ und verhal- ten sich bei den *kl. Wdk.* (55) grundsätzlich wie beim *Rd.*

Schlundkopf, Pharynx

Der Schlundkopf (60,83,84) des *Rd.* ist verhältnismäßig kurz und überschreitet die kaudale Grenze der Schädelbasis nicht.

Das **Gaumensegel** (60/*36;*83/*5;*84/*3* und 61/*36;*85/*5*) des *Wdk.,* das beim *Rd.* 85–120 mm lang ist, erreicht mit seinem freien Rand die Basis des Kehldeckels. Bei ruhiger Atmung liegt der Kehldeckel der nasenrachenseitigen Fläche des Gaumensegels an. Durch aktives Anheben des Gaumensegels bei forcierter Atmung kann jedoch der Weg für die Luft von der Mundhöhle her zum Kehlkopf hin und umgekehrt freigemacht werden, so daß die Tiere ebenfalls durch den Mund atmen können. Die aktive Erweiterung des Mundrachens durch Heben des Gaumensegels ist beim *Wdk.* aber auch insofern ein physiologischer Akt, als bei diesen Tieren die bissenweise Rejektion des erstmalig gekauten Futters in die Mundhöhle zur Wiederholung des Kauaktes ein lebensnotwendiger Vorgang ist. Auf dem glei- chen Wege entledigen sich die *Wdk.* ferner der in den Vormägen durch Gärung entstehenden Gas- mengen unter hörbarem Geräusch. Störungen dieser Vorgänge können für das betroffene Tier schwerwiegende Folgen haben (Aufblähen).

Die Submukosa der m u n d r a c h e n s e i t i g e n S c h l e i m h a u t des Gaumensegels enthält ein mächtiges Lager muköser D r ü s e n (54,55/*11*), die die Hälfte bis ein Drittel vom Querschnitt des dik- ken Gaumensegels ausmachen und auch zwischen die Muskulatur der Mittelschicht eindringen kön- nen. Neben d i f f u s e m l y m p h o r e t i k u l ä r e m G e w e b e und E i n z e l l y m p h k n ö t c h e n kom- men beim *Rd.* hier noch vereinzelte S c h l e i m h a u t b ä l g e vor, die jedoch bei *Schf.* und *Zg.* fehlen. Die zarte n a s e n r a c h e n s e i t i g e S c h l e i m h a u t trägt ein hochprismatisches flimmertragendes Epithel und führt in Propria und Submukosa mehr einzeln liegende D r ü s e n l ä p p c h e n, ebenso wie d i f f u s e s l y m p h o r e t i k u l ä r e s G e w e b e und E i n z e l l y m p h k n ö t c h e n. Ein kleines Wärz- chen am freien Rand des Gaumensegels wird als U v u l a gedeutet.

Der *Arcus palatopharyngeus* (83,84/*8,9,10*) ist kaudal nur durch einige Fältchen angedeutet. Der zwischen dem kaudal steil abfallenden Zungengrund und dem Gaumensegel gelegene *Mundrachen, Pars oralis pharyngis* (60,61/*c;*84/*b*), bildet einen breiten Spaltraum. Die Kehlkopfkrone ragt durch das *Ostium intrapharyngeum* (83,85/*11* und 60,61,84) hoch in den Nasenrachen hinauf, und die bei-

Abb. 85.   Dach der Mundhöhle, des Schling-
rachens und der Speiseröhre eines Schafes nach
Spaltung von Zunge, Kehlkopf, Luftröhre und
Speiseröhre. Ventralansicht.
(Nach ZIETZSCHMANN, unveröffentlicht.)

a Labium superius; *a′* Philtrum; *b* Angulus oris; *c* Bucca,
durchgeschnitten; *d* Apex linguae; *e* Corpus linguae; *e′* Torus linguae; *f* Radix linguae; *g* M. genioglossus; *h* M. geniohyoideus; *i* Basihyoideum; *k* Epiglottis, gespalten und bei *k′*
eine Hälfte seitlich weggezogen; *l* Cartilago thyreoidea; *m*
schleimhautüberzogene Cartilago arytaenoidea; *n* Lamina, *n′*
Arcus der Cartilago cricoidea; *o* Plica vocalis; *p* Trachea

1 Papilla incisiva; *1′* Dentalplatte; *2* Mündung des Ductus incisivus; *3* Palatum durum mit Rugae palatinae; *4* Rhaphe palati; *5* Velum palatinum; *6* Arcus palatoglossus; *7* Tonsilla
palatina; *8,9,10* Arcus palatopharyngeus; *11* Ostium intrapharyngeum; *12* Pars oesophagea; *13* Oesophagus

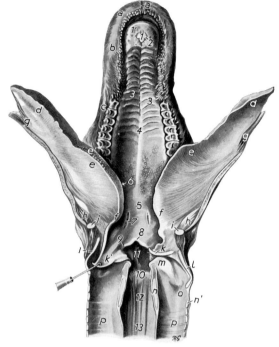

den *Recessus piriformes* (39,40/*n*) sind beim *Rd.* tief.
Die *Pars oesophagea* (60,61/*e*;84/*d*) ist kurz und erstreckt sich von einer Querebene durch den kaudalen Rand der Aryknorpelhörner bis zum kaudalen
Rand des hinteren Schlundkopfschnürers und deckt
so nur das vordere Drittel der Ringknorpelplatte.
Hier geht sie ohne ein Limen pharyngooesophageum zu besitzen, in die Speiseröhre über.

In den *Nasenrachen* (60,61/*b*;84/*a*) hinein setzt
sich die Nasenscheidewand als dorsomediane, beim
Kalb hohe, beim *Rd.* etwas niedrigere Schleimhautfalte, *Septum pharyngis* (60,61/*12*), fort, die kaudal
allmählich verstreicht. In den kaudalen Abschnitt des Nasenrachens münden mit zwei kleinen schlitzförmigen Öffnungen die *Ohrtrompeten* ein. Der Bau des Schlundkopfs der *kl. Wdk.* weist mit jenem des
Rd. weitgehende Übereinstimmung auf.

Lymphatische Einrichtungen des Kopfdarms

Zum lymphatischen Rachenring der *Wdk.* gehören folgende Einrichtungen:

Die **Tonsilla lingualis** (39,40/*5*;76,77/*1*), die beim *Rd.* aus zahlreichen großen Zungenbälgen, beim *kl.*
Wdk. aus nur geringen Mengen diffusen lymphoretikulären Gewebes besteht.

Die nur beim *kl. Wdk.* vorhandene **Tonsilla paraepiglottica,** eine Gruppe von Bälgen an der Basis des
Kehldeckels.

Die **Tonsilla veli palatini** (76,77/*3*). Sie besteht nur aus geringen Mengen lymphoretikulären Gewebes
in der Schleimhaut der Ventralfläche des Gaumensegels. Beim *Rd.* kommen hier auch einige Bälge vor.

Die **Tonsilla palatina.** Sie hat beim *Rd.* (39/*6*;60/*35*;72,76/*2*;83/*7*;84/*2′′*) etwa Walnußgröße und
liegt eingebettet in dem Bindegewebe bzw. der Muskulatur der Seitenwand des Mundrachens. In ihren
zentralen, von Lymphfollikeln umlagerten *Sinus tonsillaris* führen von der Rachenhöhle aus 1–3 trichterförmige Zugänge, die *Fossulae tonsillares.* Beim *kl. Wdk.* (40/*6*;61/*35*;77/*2*;85/*7*) besteht sie, an der
gleichen Stelle gelegen, aus 3–6 mit spaltförmigen Krypten ausgestatteten Fossulae.

Die **Tonsilla pharyngea** (60,61/*15*;76,77/*4*), die beim *Rd.* und den *kl. Wdk.* in Form eines höckerigen
Wulstes im kaudalen Ende des häutigen Rachenseptums untergebracht ist.

Die **Tonsilla tubaria** (76,77/*5*), eine Ansammlung lymphoretikulären Gewebes in der Schleimhaut
des Ostium pharyngeum tubae auditivae.

Kopfdarm des Pferdes
Mundhöhle

Entsprechend der mächtigen Ausbildung des Angesichtsteiles des Kopfes beim *Pfd.* mit dem auffallend umfangreichen Kauapparat ist auch seine Mundhöhle sehr lang, allerdings infolge des engen Standes der Unterkieferäste schmal.

Lippen: Die große **Oberlippe** und die kleinere **Unterlippe** (24,275,276) sind außerordentlich beweglich und fein empfindende Tast- und Greiforgane. Beide sind vollständig von feinen Haaren bedeckt. An den Lippenrändern sind die Haare aber borstenartig. Zahlreiche S i n u s h a a r e umrahmen die *Mundspalte.* Die Oberlippe geht ohne Grenze in das Gebiet der Nasenlöcher über und zeigt ein undeutliches *Philtrum* (275/e). Beiderseits von diesem kommen nicht selten längere Haare vor, die gelegentlich zu einem vollentwickelten „S c h n u r r b a r t" auswachsen können. Hierbei handelt es sich weder um ein Tast-, noch um ein sekundäres Geschlechtsmerkmal. Die Unterlippe trägt einen aus dem schwachen M. mentalis und aus Fett- sowie Bindegewebe bestehenden Wulst, *Mentum.* Die *Mundspalte* reicht bis zum ersten Backenzahn. Sie ist aber im Vergleich zur Gesamtlänge der Mundhöhle klein, wodurch selbst bei maximaler Öffnung die Untersuchung und die Eingriffe an rachenwärtigen Organen erschwert sind.

Die submukösen D r ü s e n der Oberlippe (51/6) sind stärker als jene der Unterlippe (7). Beide nehmen in Nähe der *Mundwinkel* an Stärke zu und münden durch zahlreiche, makroskopisch sichtbare Öffnungen in das *Vestibulum labiale.* Die Backenschleimhaut ist glatt und trägt in Höhe des 3. Backenzahns die deutliche *Papilla parotidea* mit der weiten Austrittsöffnung des Ohrspeicheldrüsengangs.

Die *dorsalen Backendrüsen* folgen dem maxillaren Backenzahnrand und gliedern sich in eine r o s t r a l e und eine k a u d a l e Portion, die submukös bzw. intermuskulär liegen (51/8,8'). Die rostrale (8), aus locker gefügten Einzelläppchen bestehende Abteilung reicht vom Mundwinkel bis zum rostralen Rand des M. masseter (D). Die kaudale Abteilung (8'), ein zusammenhängendes Drüsenband von 60–80 mm Länge, liegt dem Oberkieferbein an und schiebt sich zwischen M. masseter und Pars buccalis des M. buccinator (A') ein. Die *ventralen Backendrüsen* (10) begleiten vom Mundwinkel bis zum rostralen Rand des M. masseter den unteren Rand der Pars molaris des M. buccinator.

Der **harte Gaumen** (33,35) reicht von den Schneidezähnen bis zum Choanenrand und besitzt in seiner ganzen Ausdehnung nahezu die gleiche Breite. Die dicht hinter den Oberkieferschneidezähnen liegende *Pars incisiva* fällt durch ihre wallartige, wulstige Beschaffenheit auf. Sie kann, namentlich beim *Fohlen*, bis zur Höhe der Kaufläche der Schneidezähne polsterartig emporragen und dann von Laien für eine pathologische Bildung gehalten werden. Median auf diesem Schleimhautwall findet sich die ovale *Papilla incisiva* (1) mit zwei kleinen Grübchen, o h n e d a ß aber von diesen aus eine o f f e n e V e r b i n d u n g zum *Ductus incisivus* und damit zur Nasenhöhle vorhanden ist. Der harte Gaumen trägt 16–18 querstehende deutliche *Gaumenstaffeln* (2), die beiderseits der tiefen *Rhaphe palati* (2') so angeordnet sind, daß sie im rostralen und kaudalen Abschnitt dichter aufeinander folgen, während sie im Bereich des D i a s t e m a (33/a;35/c) größere Abstände voneinander halten. Die Submukosa der derben, drüsenlosen kutanen Schleimhaut des harten Gaumens enthält mehrschichtige V e n e n n e t z e.

Die schmale, mit hohen Seitenflächen ausgestattete **Zunge** (41) schiebt sich zwischen die enggestellten Unterkieferhälften ein. Die lange, löffelförmig verbreiterte *Zungenspitze* (a) ist sehr beweglich, hat abgerundete Ränder und ein deutliches *Zungenbändchen.* Die samtartige Beschaffenheit der kutanen Schleimhaut ihrer Rückenfläche rührt von dem Besatz mit den feinen, weichen **Papillae filiformes** her. Die **Papillae fungiformes** (2) gruppieren sich auf der Zungenspitze und den hohen Seitenflächen des Zungenkörpers. Auf der Grenze des sich wulstig gaumenwärts emporwölbenden *Zungenkörpers* (b) zum *Zungengrund* (c) liegen je eine große *Papilla vallata* (41/3;88/1') von etwa 7 mm Durchmesser. Ihre Oberfläche ist höckerig, und es kann sich jederseits eine kleinere zweite, ganz selten eine dritte akzessorische hinzugesellen. Dicht vor dem rostralen Rand des *Arcus palatoglossus* (88/2) findet man beiderseits am Zungenrand die 20–25 mm lange, wulstförmige **Papilla foliata** (41/4;88/1''). Die Schleimhaut des Zungengrunds ist höckerig, da sie zahlreiche *Schleimhautbälge, Folliculi tonsillares, Zungenbälge,* beherbergt. Diese bilden die *Tonsilla lingualis* (41/5;78,88/1). Unter der Schleimhaut des Zungenkörpers liegt in der Medianebene der 110–170 mm lange, federkielförmige *Zungenrückenknorpel, Cartilago dorsi linguae* (25/6). Er erreicht eine durchschnittliche Dicke von 4–6 mm, ist vorn zylindrisch, kaudal fadenförmig und besteht aus einem dichten Geflecht vorwiegend elastischer Fasern, in welchem man neben zahlreichen Fettzellen einzelne oder Gruppen von Knorpelzellen findet. In der Umgebung der großen Geschmackspapillen und im Zungengrund kommen regelmäßig muköse und seröse bzw. gemischte D r ü s e n vor.

Als *Zungenranddrüse* wird ein in seiner Ausbildung variables schmales Drüsenband beschrieben. Es liegt unter der Schleimhaut der Zungenseitenfläche und reicht vom Zungengrund bis etwa zur Zungenkörpermitte. Ihre zahlreichen kleinen Ausführungsgänge münden im Bereich der Drüse.

Am **präfrenularen Mundhöhlenboden** (34) erheben sich vor dem *Zungenbändchen* paramedian die paarigen *Plicae carunculares* (3), aus deren freiem Rand die seitlich abgeflachten, etwa linsengroßen *Carunculae sublinguales,* die *Hungerwarzen* (2), emporragen. Diese legen sich seitlich um und tragen an ihrer Außenfläche die Mündung des *Ductus mandibularis.* In und neben diesen Falten finden sich lymphozytäre Einlagerungen, die als *Tonsilla sublingualis* zusammengefaßt werden. Zudem kommt hier eine *Glandula paracaruncularis* vor, deren Ausführungsgänge vor und auf der Caruncula sublingualis münden. In einigen Millimetern Abstand hinter den beiden mittleren Schneidezähnen (Zangen) gewahrt man zwei kleine mondsichel- oder schlitzförmige Öffnungen, die in je einen etwa 9 mm langen, epithelausgekleideten Kanal führen; es ist das *Organum orobasale* (1).

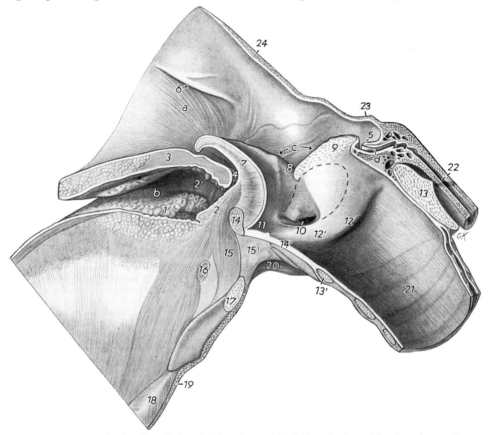

Abb. 86. P a r a m e d i a n s c h n i t t d u r c h d e n S c h l u n d - u n d K e h l k o p f e i n e s P f e r d e s. Atemstellung.

a Pars nasalis pharyngis; *b* Pars oralis pharyngis; *c* Pars laryngea pharyngis; *d* Pars oesophagea

1 Radix linguae mit Zungenbälgen (Tonsilla lingualis); *2* Plica glossoepiglottica mediana; *2'* Arcus palatoglossus; *3* Velum palatinum mit Gll. palatinae; *4,5* Arcus palatopharyngeus, das Ostium intrapharyngeum begrenzend; *6* Ostium pharyngeum tubae auditivae; *7–9* Kehlkopfkrone: *7* Epiglottis, *8* Plica aryepiglottica, *9* schleimhautüberzogener Proc. corniculatus; *10* Eingang zum Ventriculus laryngis, dieser gestrichelt eingezeichnet; *11* Rec. laryngis medianus; *12* Proc. vocalis der Cartilago arytaenoidea; *12'* Plica vocalis; *13* Lamina, *13'* Arcus der Cartilago cricoidea; *14* Cartilago thyreoidea; *14'* Lig. cricothyreoideum; *15* M. hyoepiglotticus; *15'* Fettgewebe; *16* M. hyoideus transv.; *17* Basihyoideum mit Proc. lingualis; *18* M. geniohyoideus; *19* M. mylohyoideus; *20* M. sternohyoideus; *21* Trachea; *22* Oesophagus; *23* Mm. constrictores pharyngis caudd.; *24* Mm. constrictores pharyngis medii

Anhangsdrüsen der Mundhöhle

Die großen Kopfspeicheldrüsen erreichen wie bei allen *Pflfr.* so auch beim *Pfd.* bedeutenden Umfang. Die **Ohrspeicheldrüse, Glandula parotis** (51/*12*), ist die größte; ihre Länge beträgt 200–260 mm, die Breite 50–100 mm, ihre Dicke 15–25 mm und ihr Gewicht 200–225 g. Sie fügt sich in den Raum zwischen Unterkiefer- und Atlasflügelrand, in die *Fossa retromandibularis*, ein. Ihr Kopfrand liegt bis zum Kiefergelenk hin dem M. masseter (*D*) auf und schmiegt sich dem Unterkieferast eng an. Der Halsrand folgt dem Rand des Atlasflügels (*H*), während das O h r e n d e den äußeren Gehörgang mit einem *prä-* und einem *postaurikulären Zipfel* (*13,13′*) umfaßt. Auch das K e h l e n d e besitzt zwei Zipfel, den kaudalen *Halszipfel* (*13′′*), der in die Gefäßgabel der V. maxillaris und V. linguofacialis (*b,c*) eingefügt ist, und den unterschiedlich langen *Kehlgangszipfel* (*13′′*), der sich medial am M. occipitomandibularis (*L*) vorbei in den Kehlgang einschiebt. Ihr mittlerer Abschnitt wird von der V. maxillaris durchzogen. Die zahlreichen großen Ausführungsgänge der Parotis fließen im Bereich des Kehlgangszipfels zu dem *Ductus parotideus* (*11*) zusammen. Dieser verläuft im Kehlgang an der medialen Fläche des Unterkieferkörpers, tritt mit der A. und V. facialis (*h*), zunächst hinter der Vene liegend, an den Vorderrand des M. masseter (hier operativ erreichbar), unterkreuzt in dorsalem Verlauf die beiden Blutgefäße und mündet, nachdem er sich trichterförmig erweitert hat, auf der *Papilla parotidea* in Höhe des 3. Oberkieferbackenzahns in das V e s t i b u l u m o r i s.

Wegen der engen nachbarlichen Beziehung der Parotis zum Luftsack, D i v e r t i c u l u m t u b a e a u d i t i v a e (56/*x*) (s. Bd. IV), und der Notwendigkeit, an diesem relativ häufig erkrankten Organ und der Lymphknotengruppe dieser Gegend operative Eingriffe vornehmen zu müssen, sei an dieser Stelle noch einiges über die **Topographie der Parotisgegend** gesagt: Der l a t e r a l e n F l ä c h e der leicht höckerigen, blaßrot oder gelblich gefärbten Parotis liegt der M. parotidoauricularis auf. Ihr unterer Rand wird von der V. linguofacialis (51,56/*b*) begrenzt, während die V. maxillaris (*c*) in der Fossa retromandibularis das Drüsengewebe durchzieht. Mit ihrer unebenen m e d i a l e n F l ä c h e liegt die Ohrspeicheldrüse folgenden Organen an: dem kaudalen Ende der Glandula mandibularis (56/*14*) zwischen V. maxillaris und V. linguofacialis, der Endsehne des M. sternomandibularis (51,56/*M*), dem M. occipitomandibularis (51/*L*), der Endsehne des M. cleidomastoideus (51,56/*K*), den Ästen der V. maxillaris, Zweigen der A. carotis externa und A. carotis interna (56/*h,i*) sowie dem N. facialis (51/*f*), der zum Teil von Drüsengewebe umschlossen wird. Zwischen den großen Gefäßen ziehen die Nn. hypoglossus (56/*r*) und glossopharyngeus zungenwärts, der Truncus vagosympathicus (*s*) halswärts. Erwähnt seien schließlich die Lymphonodi parotidei, dicht ventral vom Kiefergelenk am hinteren Rand des Unterkiefers medial der Parotis, die Lymphonodi retropharyngei mediales (*u*) dorsal vom Schlundkopf sowie die Lymphonodi retropharyngei laterales (*u′*) am kaudoventralen Rand des M. occipitomandibularis in der Tiefe der Atlasflügelgrube.

An zwei Stellen tritt der Luftsack mit der Parotis unmittelbar in Kontakt, nämlich 1. zwischen Unterkieferrand und dem rostralen Rand des M. occipitomandibularis und 2. zwischen dem Halsrand dieses Muskels und der Atlasflügelgrube. Auf zwei verschiedenen Wegen ist der Luftsack o p e r a t i v e r r e i c h b a r, wobei jeweils die Parotis beachtet und umgangen werden muß: 1. vom sogenannten *Viborgschen Dreieck* (51) aus in rostrodorsaler Richtung auf das Stylohyoideum zu. Das Dreieck wird begrenzt rostral vom Hinterrand des Unterkiefers, ventral von der V. linguofacialis und kaudodorsal von der Endsehne des M. sternomandibularis; 2. etwa 10 mm vor dem Atlasflügelrand unter Schonung der V. auricularis caudalis und des N. auricularis caudalis um den halsseitigen Rand der Parotis und des M. occipitomandibularis oder durch den Muskel hindurch.

Die **Glandula mandibularis** des *Pfd.* (56/*14*) bleibt an Größe hinter der Parotis zurück. Sie besitzt eine Länge von 200–230 mm, eine Breite von 20–35 mm, eine Dicke bis zu 10 mm und ein Gewicht von 45–60 g. Sie reicht von der Atlasflügelgrube bis in die Nähe des Basihyoideums. Ihr kaudales Ende wird lateral von der Parotis, der Sehne des M. sternomandibularis (*M*) und der V. maxillaris (*b,c*), ihre weiter rostral folgenden Abschnitte werden von den Mm. occipitomandibularis, digastricus und pterygoideus bedeckt. Von medial liegen ihr die Kopfbeuger, der Luftsack (*x*), die Gabel der A. carotis communis (*f*), der N. vagus mit seinen Ästen, der Truncus sympathicus sowie der Schlund- und Kehlkopf an. Ihr Ausführungsgang, der *Ductus mandibularis* (*14′*), beginnt im mittleren Abschnitt der Drüse. Er begleitet ihren Dorsalrand, kreuzt die Zwischensehne des M. digastricus (*N*), tritt an die mediale Fläche der Glandula sublingualis polystomatica (*10*) und mündet schließlich an der Seitenfläche der *Caruncula sublingualis*.

Von den bei den übrigen *Hsgt.* vorhandenen z w e i U n t e r z u n g e n d r ü s e n besitzt das *Pfd.* nur die **Glandula sublingualis polystomatica** (*56/10*). Sie liegt flach unter der Schleimhaut des mittleren Abschnitts des *Recessus sublingualis lateralis*, reicht vom Kinnwinkel bis etwa in die Höhe des 3. Unterkieferbackenzahns und wölbt die Schleimhaut in ihrem Bereich zum *Sublingualiswulst* empor. Sie ist 120–150 mm lang, 15–30 mm breit, 4–6 mm dick und wiegt etwa 15–16 g. Sie liegt den Mm. styloglossus und genioglossus (*23′,23′′*) sowie dem Ductus mandibularis lateral auf. Ihre zahlreichen kleinen A u s f ü h r u n g s g ä n g e münden mit kleinen, eben sichtbaren Öffnungen (*10′*) auf der Höhe des Sublingualiswulstes.

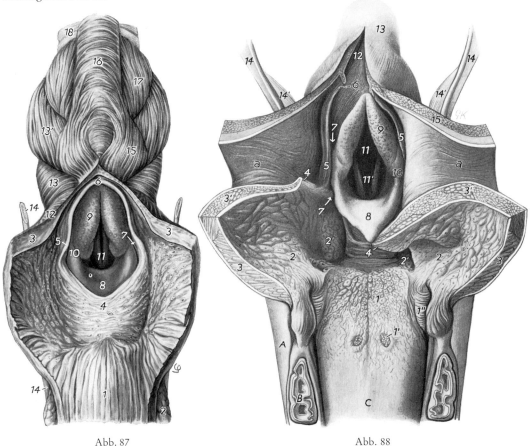

Abb. 87   Abb. 88

Abb. 87.   S c h l u n d k o p f   e i n e s   P f e r d e s. Dorsalansicht. Rachendach median gespalten.
1 Nasenrachenseitige Fläche des Velum palatinum, mit Drüsenmündungen und Fossulae tonsillares besetzt; *2* Gll. palatinae; *3* Rachendach, in der Medianebene gespalten; *4,5,6* Arcus palatopharyngeus, das Ostium intrapharyngeum begrenzend; *7* Rec. piriformis; *8* Epiglottis, teilweise vom Velum palatinum bedeckt; *9* schleimhautüberzogener Proc. corniculatus, mit Solitärfollikeln besetzt; *10* Plica aryepiglottica; *11* Aditus laryngis mit in der Tiefe sichtbarer Rima glottidis; *12* Mm. constrictores pharyngis medii; *13* M. thyreopharyngeus; *13′* M. cricopharyngeus; *14* Stylohyoideum; *15* Mm. oesophagei longitudinales latt.; *16* Muskulatur der Speiseröhre; *17* M. cricoarytaenoideus dors.; *18* Trachea

Abb. 88.   S c h l u n d k o p f   e i n e s   P f e r d e s. Dorsalansicht. Rachendach und Gaumensegel median gespalten.
A Mandibula; *B* Dens molaris 3; *C* Dorsum linguae
a Pars nasalis pharyngis
1 Radix linguae mit Zungenbälgen (Tonsilla lingualis); *1′* Papilla vallata; *1′′* Papilla foliata; *2* Arcus palatoglossus; *2′* Tonsilla palatina; *3,3′* Velum palatinum, bei *3* am harten Gaumen abgesetzt, bei *3′* in der Medianebene gespalten und zum Einblick in den Mundrachen seitlich aufgeklappt, mit Mündungen der Ausführungsgänge der Gll. palatinae und Fossulae tonsillares (Tonsilla veli palatini) besetzt; *4,5,6* Arcus palatopharyngeus, das Ostium intrapharyngeum begrenzend; *7* Rec. piriformis; *8–10* Kehlkopfkrone: *8* Epiglottis, *9* schleimhautüberzogener Proc. corniculatus, mit Solitärfollikeln besetzt, *10* Plica aryepiglottica; *11* Aditus laryngis; *11′* Rima glottidis, von Plicae vocales flankiert (Pars intermembranacea); *12,13* Oesophagus, bei *12* dorsal gespalten; *14* Stylohyoideum; *14′* M. stylopharyngeus caud.; *15* Schlundkopfschnürer, Schnittfläche

Schlundkopf, Pharynx

Der Schlundkopf (62,86,87,88) hat eine Gesamtlänge von 190–200 mm. Seine kaudale Grenze reicht jedoch über die Schädelbasis nicht hinaus. Zwischen Rachendach einerseits und Schädelbasis sowie den Mm. rectus capitis ventralis und longus capitis (62/Q) andererseits schiebt sich der paarige Luftsack (14') derart ein, daß nur das rostrale Drittel der dorsalen Rachenwand mit der Schädelbasis in Berührung tritt. Zudem werden auch die Seitenflächen der Rachenwand beiderseits von den Luftsäcken flankiert.

Das **Gaumensegel** (62/36;86/3;87/1;88/3) ist lang und mißt von seinem Ansatz am Margo liber des Os palatinum bis zu seinem freien Rand 100–130 mm. Der Kaudalrand erreicht die Basis der Epiglottis (86/7) und die *Plica glossoepiglottica mediana* (2). Die kutane Schleimhaut der mundseitigen Fläche (88) ist runzelig und weist zahlreiche kleine Öffnungen, die Mündungen der Ausführungsgänge der mächtigen *Gaumensegeldrüsen, Glandulae palatinae*, auf. Im Wurzelgebiet des Gaumensegels markiert sich median ein wulstiges, länglich-ovales Feld. Es enthält eine große Zahl von *Schleimhautbälgen, Folliculi tonsillares*. Sie stellen die *Tonsilla veli palatini* (35/3') dar. Auch in der nasenrachenseitigen Schleimhaut (87) findet man diffuses und zu Knötchen zusammengefaßtes lymphoretikuläres Gewebe. In der auf Atmung eingestellten Schlundkopfhöhle liegt der Kehldeckel der nasenrachenseitigen Fläche des Gaumensegels (retrovelar) auf (62,86). Aus dieser Stellung heraus kann das *Pfd.* offenbar das Gaumensegel nur unvollkommen aktiv heben, so daß Mundatmung nur in außergewöhnlichen Fällen erfolgt. Aus dem gleichen Grund kann erbrochenes Futter auch nur durch die Nasenhöhle nach außen gelangen.

Der *Arcus palatopharyngeus* (86/4,5;87,88/4,5,6) umschließt das ovale *Ostium intrapharyngeum* (87,88). Das lange Gaumensegel erreicht, wie schon erwähnt, schräg kaudoventral abfallend die Basis der Epiglottis. Infolgedessen ist auch die vom Gaumensegel überdeckte *Pars oralis pharyngis* (62/c; 86/b) 90–100 mm lang und stellt einen zwischen Gaumensegel und dem Zungengrund liegenden spaltförmigen Raum dar, der nur kaudal etwas weiter wird. In Atmungsstellung befindet sich die Epiglottis retrovelar und ragt mit den übrigen Teilen der Kehlkopfkrone durch das Ostium intrapharyngeum in den Nasenrachen hinein (62,86,88). Der Boden der *Recessus piriformes* (41/n;87,88/7) der *Pars laryngea pharyngis* liegt 30 mm tiefer als der Arcus palatopharyngeus. Als rostrale Grenze der *Pars oesophagea* (86/d) gilt bei den übrigen *Hsgt.* eine Querebene durch die Aryknorpelhörner, als kaudale Begrenzung der Kaudalrand des M. cricopharyngeus. Da nur beim *Pfd.* der kaudale Rand des stark kopfwärtsgeneigten M. cricopharyngeus kaum über jene Querebene durch die Aryknorpelhörner kaudal reicht, ist hier der der Pars oesophagea der anderen Tiere entsprechende Raum nur kurz.

Der *Nasenrachen* (62/b;86,88/a) ist geräumig. In ihn münden lateral die beiden *Ohrtrompeten* mit je einer etwa 30–40 mm hohen, schlitzförmigen Öffnung. Dieses *Ostium pharyngeum tubae auditivae* (62/14;86/6) wird lateral von der Rachenwand, medial von den mondsichelförmigen, klappenartigen Enden des *Tubenknorpels* begrenzt. Es liegt in Höhe einer Querschnittsebene durch die beiden temporalen Augenwinkel. Durch den unteren Nasengang und die Choanen kann man mit einer Sonde durch die Tubenöffnung in den Luftsack eingehen, wobei der mit der Sonde bis zu den Tubenöffnungen zurückzulegende Weg der Entfernung zwischen lateralem Nasenflügel und temporalem Augenwinkel entspricht.

Lymphatische Einrichtungen des Kopfdarms

Den lymphatischen Rachenring bilden folgende Tonsillen bzw. Ansammlungen lymphoretikulären Gewebes:

Die schon besprochenen *Zungenbälge* am Zungenrand und in der Nähe bzw. auf der Plica glossoepiglottica mediana, die sogenannte **Tonsilla lingualis** (41/5;67;78/1;86,88/1).

Die schon erwähnte **Tonsilla veli palatini** (35/3';78/3), eine Beetmandel mit Bälgen, die sich nahe dem Ursprung des Gaumensegels am Choanenrand auf dessen mundrachenseitiger Fläche in Form eines Wulstes emporwölbt.

Die Gaumenmandel, **Tonsilla palatina** (78/2;88/2'). Sie liegt als 100–120 mm langer und etwa 20 mm breiter Wulst (Beetmandel mit Bälgen) seitlich der Plica glossoepiglottica mediana im Boden des Mundrachens und reicht bis zur Basis des Kehldeckels.

Ansammlungen von Schleimhautbälgen am Ende des Nasenseptums und in der Umgebung der Choanen, auch als **Tonsilla pharyngea** (78/4) bezeichnet.

Die **Tonsilla tubaria** (78/5), die von einem dreieckigen Schleimhautfeld mit lymphoretikulärem Gewebe auf oder zwischen den Knorpelplatten der Tubenöffnungen dargestellt wird, sowie das diffuse oder in Form von Einzelknötchen in der Schleimhaut der Seitenwand des Nasenrachens und an der dorsalen Fläche des Gaumensegels vorkommende lymphoretikuläre Gewebe.

Zähne und Gebiß

Allgemeines

Das **Gebiß** der Haussäugetiere setzt sich aus einer nach Tierart unterschiedlichen Zahl von Z ä h - n e n zusammen, deren Form und Anordnung ebenfalls variabel sind. In seinem Gesamtaufbau jedoch ist es bei den verschiedenen Säugern jeweils so charakteristisch, daß es als wichtiges morphologisches Artmerkmal verwendet werden kann. Es dient im Zusammenwirken mit anderen Teilen des K a u a p - p a r a t s – dem Skelett des Ober- und Unterkiefers, den Kaumuskeln, den Lippen und der Zunge – dem Nahrungserwerb, der Nahrungsaufnahme sowie deren mechanischer Zerkleinerung. Zwischen G e b i ß f o r m und A r t d e r E r n ä h r u n g bestehen so enge Wechselbeziehungen, daß von Fall zu Fall von einem *Carnivoren-, Fleischfresser-, Omnivoren-, Allesfresser-, und Herbivoren-, Pflanzen- fresser-Gebiß* gesprochen werden kann. Manchen Tieren dient es auch als wirksame Waffe. Erwähnt sei schließlich, daß die Zähne dank ihrer Beständigkeit zu den wichtigsten paläontologischen Funden gehören und deshalb dem Paläoosteologen wertvolle Hilfe leisten.

Die **Zähne, Dentes,** bestehen aus drei Substanzen; *Zahnbein, Schmelz* und *Zement* (89,90,91,97,98,103,104).

Das **Zahnbein, Dentinum, Elfenbein** (89/*b,b'*), ist ein hartes, gelblich-weißes, m o d i f i z i e r t e s K n o c h e n g e w e b e, das seine Entstehung den sogenannten *Odontoblasten* verdankt. Das Dentin bildet die Grundlage des Zahnes und enthält die *Zahnhöhle, Cavum dentis.* Diese beherbergt die aus zartem Bindegewebe bestehende, zahlreiche Blutgefäße und Nerven enthaltende *Zahnpulpa, Pulpa dentis* (89/*c*). Im Bereich der Zahnkrone findet sich die Pulpa coronalis, im Bereich der Zahnwurzel die Pulpa radicularis.

Der **Schmelz, Email, Enamelum** (89/*a*), ist rein weiß und stellt die härteste Substanz des Körpers dar. Seine Entstehung ist von den ektodermalen, dem Mundhöhlenepithel entstammenden *Adaman- toblasten* herzuleiten. Der Schmelz bildet, selbst vom S c h m e l z o b e r h ä u t c h e n überzogen, entwe- der an dem freien Teil des Zahnes einen kappenartigen Überzug – *schmelzhöckerige Zähne* (90–93) – oder zeigt zu seiner Unterlage, dem Dentin, ein später zu besprechendes komplizierteres Verhalten – *schmelzfaltige Zähne* (101–104,107,108).

Das **Zement, Cementum** (91,98,104), bildet den Überzug des im *Zahnfach* steckenden Teiles des Zahnes oder reicht in manchen Fällen auf dessen Schmelzmantel hinauf. Zement ist als e c h t e K n o - c h e n s u b s t a n z das Produkt der *Zementoblasten* und wird schichtweise abgelagert (93).

In vielen Fällen lassen sich an dem Zahn der freie Teil als *Zahnkrone, Corona dentis,* und der im Kiefer verborgene Teil als *Zahnwurzel, Radix dentis,* unterscheiden, die durch eine Einschnürung, den *Zahnhals, Cervix dentis,* gegeneinander abgegrenzt sein können (92,93). Bei anderen Zähnen je- doch (z. B. Backenzähnen von *Pflfr.;* 99,100,105,106) ist diese Gliederung nicht so deutlich.

Die Zähne stecken, an ihrem **Halsteil** vom *Zahnfleisch, Gingiva* (89/*f*), umwallt, mit ihrer **Wurzel** in den k n ö c h e r n e n *Zahnfächern,* den *Alveolen* (e) des P r o c e s s u s a l v e o l a r i s d e r M a x i l l a, des O s i n c i s i v u m sowie der P a r s i n c i s i v a und P a r s m o l a r i s d e r M a n d i b u l a. Für die feste Verankerung des Zahnes in seiner Alveole sorgen im Zusammenwirken *Wurzelzement* und *Alveolarwand* sowie die zwischen ihnen die Verbindung herstellenden, auf Zug beanspruchten Fasern der *Wurzelhaut, Periodontium* (d).

Die gegen den *Antagonisten* gerichtete Fläche des Zahnes heißt *Reibe-* oder *Kaufläche, Facies occlusalis*, und die Berührungsfläche mit den b e n a c h b a r t e n Z ä h n e n *Facies contactus*. Jeder Zahn, ausgenommen der hinterste Backenzahn (*M3*), hat zwei Kontaktflächen zu den benachbarten Zähnen des jeweiligen Zahnbogens. An dem ersten Schneidezahn wird die Berührungsfläche in der Nähe der Medianebene *Facies mesialis* genannt, desgleichen alle Berührungsflächen in Richtung auf den ersten Schneidezahn hin; die entgegengesetzte Kontaktfläche der Zähne eines Zahnbogens wird als *Facies distalis* bezeichnet. Die *Facies vestibularis* des Zahnes ist der Lippen- bzw. der Backenschleimhaut zugewendet, während die *Facies lingualis* mit der Zunge in Kontakt steht. Von der Wurzelspitze, Apex radicis dentis, führt, mit dem *Foramen apicis dentis* beginnend, der *Wurzelkanal, Canalis radicis dentis*, in das von der Zahnpulpa erfüllte *Cavum dentis* (91,98,104).

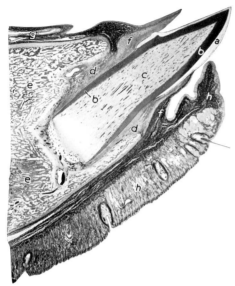

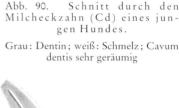

Abb. 90.   S c h n i t t   d u r c h   d e n M i l c h e c k z a h n (Cd) e i n e s   j u n - g e n   H u n d e s.

Grau: Dentin; weiß: Schmelz; Cavum dentis sehr geräumig

Abb. 90

Abb. 91.   S c h n i t t   d u r c h   d e n E c k z a h n   (C)   e i n e s   ä l t e r e n H u n d e s.

Grau: Dentin; weiß: Schmelzkappe, am distalen Ende abgerieben; schwarz: Zement; Cavum dentis spaltförmig

Abb. 91

Abb. 89.   S a g i t t a l s c h n i t t   d u r c h   U n t e r - l i p p e,   S c h n e i d e z a h n   u n d   U n t e r k i e f e r e i n e s   n e u g e b o r e n e n   K a l b e s. Mikrofoto.

a Schmelz, Email, Enamelum, einen kappenartigen Überzug am freien Teil des Zahnes bildend; *b,b'* Zahnbein, Dentinum, bei *b* die Zahnkrone, Corona dentis, bei *b'* die Zahnwurzel, Radix dentis, bildend; *c* Zahnhöhle, Cavum dentis, ausgefüllt von der Zahnpulpa, Pulpa dentis, mit Blutgefäßen und Nerven; *d* Wurzelhaut, Periodontium; *e* Pars incisiva der Mandibula, mit Zahnfach, Alveole; *f* Zahnfleisch, Gingiva; *g* präfrenularer Mundhöhlenboden; *h* Unterlippe, Labium inferius mit Lippendrüsen und Sinushaaren

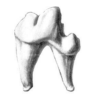

Abb. 92 a   Abb. 92 b

Abb. 92 a und 92 b.   U n t e r k i e f e r r e i ß z a h n (M1) e i n e s   ä l t e r e n   H u n d e s.

(92a) Bukkale und (92b) linguale Ansicht.

Diese so beschaffenen Zähne, sogenannte *Wurzelzähne*, zeigen abgeschlossenes Wachstum. Während der Entwicklung haben sie eine weite Zahnhöhle mit weitem Wurzelkanal und blutgefäß- und nervenreicher Zahnpulpa. Nach abgeschlossenem Wachstum kommt es jedoch durch Ablagerung von *Sekundärdentin* zunächst an der Wurzelöffnung zu einer Einschnürung der Zahnpulpa und schließlich schrittweise zu ihrer völligen Verödung mit schichtweiser Auffüllung der Zahnhöhle durch Sekundärdentin von der Zahnkrone zur Zahnwurzel (90,91,93,97,98,103,104). Im Gegensatz hierzu wachsen die *wurzellosen Zähne*, die eine weit offenbleibende, pulpaerfüllte Zahnhöhle besitzen, mit der Abnutzung Schritt haltend, zeitlebens weiter (94). Fehlt die natürliche Abreibung, dann können diese Zähne gewaltig an Länge gewinnen (Hirscheber). Die Backenzähne der *Wdk.* und des *Pfd.* nehmen zwischen den Wurzelzähnen und den wurzellosen eine Mittelstellung ein.

Zahnwechsel

Bei den weitaus meisten Säugetieren treten z w e i *Zahngenerationen, Dentitionen,* auf; das Gebiß unterliegt dem *Zahnwechsel.* Das zahnärmere Gebiß der e r s t e n G e n e r a t i o n heißt **Milchgebiß, lakteale Dentition,** jenes der z w e i t e n G e n e r a t i o n ist das bleibende, das **Dauergebiß, permanente Dentition.** Die Säuger sind somit *diphyodont* (dis = zweimal, doppelt; phyo = hervorbringen;

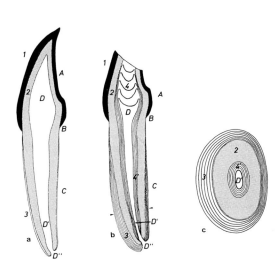

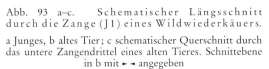

Abb. 93 a–c. Schematischer Längsschnitt durch die Zange (J1) eines Wildwiederkäuers.

a Junges, b altes Tier; c schematischer Querschnitt durch das untere Zangendrittel eines alten Tieres. Schnittebene in b mit ► ◄ angegeben

A Zahnkrone, Corona dentis; *B* Zahnhals, Cervix dentis; *C* Zahnwurzel, Radix dentis; *D* Zahnhöhle, Cavum pulpae dentis; *D'* Wurzelkanal, Can. radicis dentis; *D''* Wurzelloch, For. apicis dentis

1 Zahnschmelz, Enamelum; *2* Zahnbein, Dentinum; *3* Zahnzement, Cementum, mit Jahresringen; *4* Sekundärdentin, Dentinum secundarium, im Bereich der Zahnkrone; *4'* Sekundärdentin im Bereich der Zahnwurzel, mit Jahresringen

Abb. 94. Schnitt durch den Unterkieferhauer (C) eines älteren männlichen Schweines.

Typus eines permanent wachsenden Zahnes mit „wurzelwärts" weit offen bleibendem Cavum dentis. Dentin (grau) überzogen von Schmelz (weiß) und Zement (schwarz). „Kronenende" in Reibung

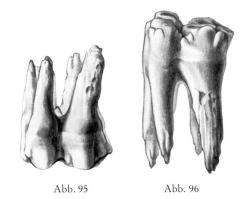

Abb. 95   Abb. 96

Abb. 95 und 96. M1 des Ober- und des Unterkiefers eines etwa 20 Monate alten Schweines. Bukkale Ansicht.

odus, odontos = Zahn). Durch diesen Entwicklungsgang steht dem Jungtier im Milchgebiß mit einer dem permanentem Gebiß gegenüber geringeren Anzahl von Zähnen ein den kleineren Kiefern angepaßter, jedoch voll funktionsfähiger Kauapparat zur Verfügung, der in Angleichung an die sich steigernden Ansprüche, durch Wechsel und Vermehrung der Zähne in den größer gewordenen Kiefern gegen das definitive Gebiß ausgetauscht wird (114,112). Die Zähne der e r s t e n G e n e r a t i o n sind die **Milchzähne, Dentes decidui** (deciduus = hinfällig), jene der z w e i t e n G e n e r a t i o n die bleibenden oder **Dauerzähne, Dentes permanentes.** Dem Zahnwechsel unterliegen die *Schneidezähne, Dentes incisivi,* die *Eck-, Fang-* oder *Hakenzähne, Dentes canini,* sowie die *vorderen Mahlzähne, Dentes praemolares,* mit Ausnahme des P_1, der nicht gewechselt wird. Die im D a u e r g e b i ß den Prämolaren rachenwärts folgenden *Mahlzähne, Molaren,* haben im Milchgebiß keine Vorläufer, sie werden also auch n i c h t g e w e c h s e l t. Der Zahnwechsel erfolgt schrittweise meist in bestimmter Reihenfolge, und während dieser Zeit sind Zähne beider Generationen zugleich im Gebrauch. Durch

Druck des sich mehr und mehr vergrößernden, nach außen drängenden Dauerzahns auf die Wurzel des verbrauchten Milchzahns werden dessen Ernährung gedrosselt, schließlich unterbunden und der tote Zahn durch den nachfolgenden Dauerzahn verdrängt. Diese Lage- und Stellungsänderung der Zähne erfolgt stets unter gleichzeitigem Vollzug von Ab- und Aufbauvorgängen an der Wandung ihrer Alveolen. Die Dauerzähne entwickeln sich lingual von den Milchzähnen.

Zahnarten
(109–122, 124–128)

Die unterschiedliche S t e l l u n g der Zähne im Gebiß bedingt auch deren unterschiedliche F u n k t i o n sowie die sich daraus ergebenden verschiedenen *Zahnarten*. Das Säugetiergebiß enthält verschiedene Gruppen ungleich gebauter Zähne, es ist *heterodont* (heteros = ungleich). So stehen im Zwischenkiefer und im Schneidezahnteil des Unterkiefers die einfach gebauten *haplodonten* (haploos = einfach) **Schneidezähne, Dentes incisivi** (109–119, 121, 122, 125–128/J), rachenwärts anschließend die **Eck-** oder **Hakenzähne, Dentes canini** *(C)*. Ihnen folgen die kompliziert gebauten **Backenzähne,**

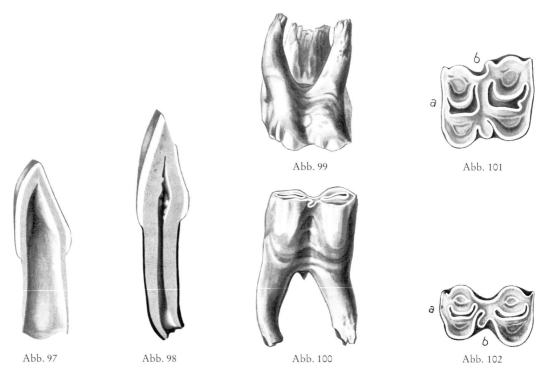

Abb. 99

Abb. 101

Abb. 97   Abb. 98   Abb. 100   Abb. 102

Abb. 97. S c h n i t t d u r c h d e n M i l c h s c h n e i d e z a h n (*J d 1*) e i n e s 1 0 T a g e a l t e n K a l b e s mit noch weitem Cavum dentis.

Grau: Dentin; weiß: Schmelzkappe

Abb. 98. S c h n i t t d u r c h d e n b l e i b e n d e n S c h n e i d e z a h n (*J 3*) e i n e s e t w a 7 j ä h r i g e n R i n d e s mit noch offenem Cavum dentis und Wurzelkanal.

Grau: Dentin; weiß: Schmelzkappe, zum Teil abgerieben; schwarz: Zement

Abb. 99 und 100. *M 1* d e s O b e r - u n d d e s U n t e r k i e f e r s e i n e s e t w a 1 0 j ä h r i g e n R i n d e s. Bukkale Ansicht.

Abb. 101 und 102. K a u f l ä c h e n d e s *M 1* d e s O b e r - u n d d e s U n t e r k i e f e r s e i n e s e t w a 1 0 j ä h r i g e n R i n d e s.

Von Zement (schwarz) umgebenes Schmelzblech (weiß) umkleidet den Zahn. Zwei mondsichelförmige Schmelzbecher (weiß), gefüllt mit Zement (schwarz), zeigen mit ihrer Konkavität im Oberkiefer bukkal, im Unterkiefer lingual. Im Binnenraum Dentin (hellgrau)

a mesial; *b* bukkal

und zwar die vorn stehende Gruppe der **Prämolaren, Dentes praemolares** (109–128,130/*P*), *vordere Backen-* oder *Mahlzähne,* und die folgende, nur im bleibenden Gebiß auftretende Gruppe der **Molaren, Dentes molares** *(M), hintere Backen-* oder *Mahlzähne.*

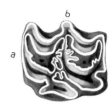

Abb. 107. Kaufläche des *M1* des Oberkiefers eines etwa 7jährigen Pferdes.

Die erhabenen Schmelzleisten (weiß) des Schmelzmantels und der beiden Schmelzbecher umschließen das Dentin (hellgrau), Zement (dunkelgrau) füllt die Schmelzbecher und umscheidet den Schmelzmantel

a Facies contactus; *b* Facies vestibularis

Abb. 103   Abb. 104   Abb. 105

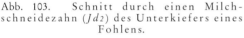

Abb. 103. Schnitt durch einen Milchschneidezahn (*Jd2*) des Unterkiefers eines Fohlens.

Weites Cavum dentis, umgeben von Dentin (grau), Schmelz (weiß) und Zement (schwarz). Beachte den deutlichen Zahnhals und die becherartige Einstülpung der Kunde. Zahn steht noch nicht in Reibung

Abb. 104. Schnitt durch einen bleibenden Schneidezahn (*J2*) des Zwischenkiefers eines etwa 7jährigen Pferdes.

Dentin (grau) umgibt ein enges Cavum dentis. Schmelzmantel (weiß) umscheidet die Zahnkrone. Schmelzbecher (Kunde) durch Abreibung des Zahnes vom Schmelzmantel getrennt. Zement (schwarz)

Abb. 105, 106. *M1* des Ober- und des Unterkiefers eines etwa 7jährigen Pferdes. Bukkale Ansicht.

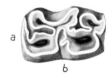

Abb. 108. Kaufläche des *M1* des Unterkiefers eines etwa 7jährigen Pferdes.

Tiefe Einfaltungen des Schmelzmantels (weiß), umgeben von Zement (dunkelgrau), umschließen das Dentin (hellgrau).

a Facies contactus; *b* Facies vestibularis

Abb. 106

Zahnformel

Zum leichteren Vergleich der Gebisse verschiedener *Sgt.* verwendet man *Zahnformeln.* In diesen werden die Schneidezähne, *Incisivi,* des b l e i b e n d e n G e b i s s e s mesial beginnend nacheinander als J1, J2 und J3, die Hakenzähne, *Canini,* als **C,** die *Prämolaren* als P1, P2 usw. und die *Molaren* als M1, M2 usw. bezeichnet. Für die *Milchzähne* wird hinter den die Zähne charakterisierenden Buchstaben ein **d** = d e c i d u u s, z.B. Jd = Milchschneidezahn, gesetzt, oder man verwendet an Stelle des als Signum benutzten großen Buchstabens den entsprechenden kleinen. Wegen der Gleichheit des Gebisses in beiden Kieferhälften wird nur die Z a h n z a h l e i n e r H ä l f t e im Ober- und im Unterkiefer vermerkt. Über dem Strich stehen die Zähne des Ober-, unter dem Strich die des Unterkiefers einer Seite. So sieht beispielsweise die Zahnformel des *Schw.,* welches unter den *Hsgt.* das nach Anzahl der Zähne vollständigste Gebiß besitzt, folgendermaßen aus:

Milchgebiß: $\dfrac{Jd_1\ Jd_2\ Jd_3\ Cd\ Pd_2\ Pd_3\ Pd_4}{Jd_1\ Jd_2\ Jd_3\ Cd\ Pd_2\ Pd_3\ Pd_4}$ oder

$\dfrac{i_1\ i_2\ i_3\ c\ p_2\ p_3\ p_4}{i_1\ i_2\ i_3\ c\ p_2\ p_3\ p_4}$ oder kürzer $\dfrac{3\ Jd\ 1\ Cd\ 3\ Pd}{3\ Jd\ 1\ Cd\ 3\ Pd}$ bzw. $\dfrac{3\ i\quad 1\ c\quad 3\ p}{3\ i\quad 1\ c\quad 3\ p}$ = 28 Zähne.

Permanentes Gebiß (117–119): $\dfrac{J_1\ J_2\ J_3\ C_1\ P_1\ P_2\ P_3\ P_4\ M_1\ M_2\ M_3}{J_1\ J_2\ J_3\ C_1\ P_1\ P_2\ P_3\ P_4\ M_1\ M_2\ M_3}$ oder $\dfrac{3\ J\ \ 1\ C\ \ 4\ P\ \ 3\ M}{3\ J\ \ 1\ C\ \ 4\ P\ \ 3\ M}$

bzw. unter   Weglassung des Zeichens für die verschiedenen Zahnarten: $\dfrac{3\ 1\ 4\ 3}{3\ 1\ 4\ 3}$ = 44 Zähne.

Die Zähne im Oberkiefer bilden den **oberen Zahnbogen, Arcus dentalis superior** (109,111,115, 117,120,124,126), die des Unterkiefers den **unteren Zahnbogen, Arcus dentalis inferior** (110,116,118, 121,125,127). Bei den Haussäugetieren erfahren die Zahnbogen eine Unterbrechung durch den zwischen Schneide- und Backenzähnen liegenden *Zwischenzahnrand, Diastema (d)*. Bei gleicher Weite des Ober- und Unterkiefers sind auch der obere und untere Zahnbogen gleich weit, und die Zähne treffen beim Kieferschluß, und zwar bei z e n t r a l e r O k k l u s i o n, mit ihrer ganzen Kaufläche aufeinander, es liegt *Isognathie* (isos = gleich; gnathos = Kinnbacken, Kiefer) vor (z.B. Omnivoren). Ist dagegen der Unterkiefer und damit auch sein Zahnbogen enger als der Oberkiefer und dessen Zahnbogen, so besteht *Anisognathie* (129) (anisos = ungleich) (z.B. Herbivoren).

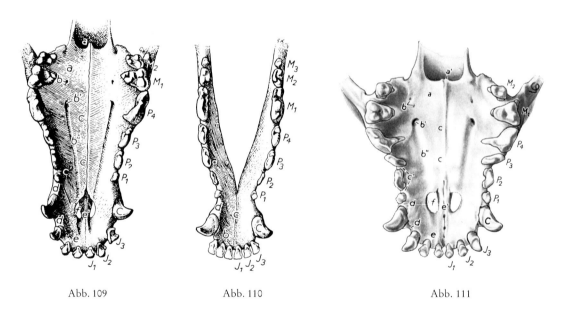

Abb. 109   Abb. 110   Abb. 111

Abb. 109.   A r c u s   d e n t a l i s   s u p e r i o r   e i n e s   e t w a   1 j ä h r i g e n   H u n d e s.

J1–3 Dentes incisivi; *C* Dens caninus; *P1–4* Dentes praemolares; *M1,2* Dentes molares

a Pars horizontalis des Os palatinum, *a'* Spina nasalis; *b* For. palatinum min.; *b'* For. palatinum maj., *b''* Sulcus palatinus; *c* Proc. palatinus, *c'* Proc. alveolaris der Maxilla; *d* Diastema; *e* Corpus, *e'* Proc. palatinus des Os incisivum; *f* Fiss. palatina

Abb. 110.   A r c u s   d e n t a l i s   i n f e r i o r   e i n e s   e t w a   1 j ä h r i g e n   H u n d e s.

J1–3 Dentes incisivi; *C* Dens caninus; *P1–4* Dentes praemolares; *M1–3* Dentes molares

a Pars molaris, *b* Pars incisiva der Mandibula; *c* Synchondrosis intermandibularis; *d* Diastema

Abb. 111.   A r c u s   d e n t a l i s   s u p e r i o r   e i n e s   b r a c h y z e p h a l e n   H u n d e s (Boxer). Beachte die Stellung von *P3* und *P4*.

Bezeichnungen wie in Abb. 109

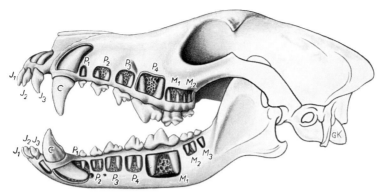

Abb. 112. Bleibendes Gebiß eines etwa 8 Monate alten Schäferhunds (Normalgebiß).
Wurzeln durch Eröffnung der Zahnfächer freigelegt. P_4 des Oberkiefers und M_1 des Unterkiefers sind Dentes sectorii
(Reißzähne). Zähne wie in den Abb. 109 und 110 bezeichnet

Zahnformen

Die *Grundform* des Zahnes ist die mit k e g e l f ö r m i g e r   K r o n e, anschließendem H a l s und
e i n f a c h e r   W u r z e l. Dieser *haplodonte Typ* findet sich mit gewissen Modifikationen, z.B. schaufel-
förmiger Krone, an den Dentes incisivi (98) und den Dentes canini. W e i t g e h e n d e   D i f f e r e n z i e -
r u n g   a u s   d i e s e r   G r u n d f o r m   h e r a u s   e r f a h r e n   j e d o c h   i n s b e s o n d e r e   d i e   B a c k e n -
z ä h n e   d e r   S ä u g e t i e r e. Über die Entstehung dieser außerordentlich unterschiedlichen, den funktionellen Erfordernissen angepaßten Backenzahnformen gibt es verschiedene T h e o r i e n. Hier mag
ein kurzer Hinweis auf zwei der bekanntesten Anschauungen genügen: Die *Trituberkulartheorie* (tres
= drei; tuberculum = Spitze) läßt alle Zähne der *Säugetiere* aus dem e i n f a c h   k e g e l f ö r m i g e n,
von einem Basalwulst, Cingulum, umgebenen Zahn (haplodontes Stadium), und zwar aus einem e i n -
z i g e n   Zahnindividuum durch dessen mehr oder weniger weitgehende Differenzierung hervorgehen.
Die *Konkreszenztheorie* (concrescere = zusammenwachsen) hingegen vertritt die Auffassung, daß die
mehrhöckerigen Zähne durch V e r s c h m e l z u n g   m e h r e r e r   k e g e l f ö r m i g e r   Z a h n a n l a g e n
z u   e i n e m   Z a h n   entstanden seien. Diese Verschmelzung kann zwischen einer Anzahl von Zähnen
derselben Generation erfolgen, oder das Material entstammt aufeinanderfolgenden Zahngenerationen.
Hand in Hand mit diesem Vorgang sei eine Verminderung der Zahnzahl erfolgt und die z.B. noch bei
den Reptilien vorhandene mehrfache Dentition auf zwei Dentitionen bei den *Sgt.* zurückgegangen.

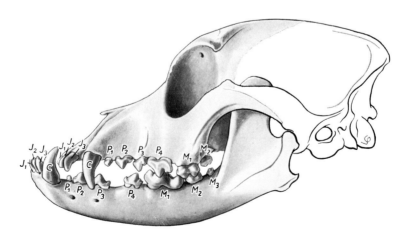

Abb. 113. Schädel und Gebiß eines brachyzephalen Hundes (Boxer).
Beachte die Stellung des Gebisses bei Brachygnathia superior (hier Rasseeigentümlichkeit).
Zähne wie in Abb. 109 und 110 bezeichnet

Bei den rezenten Säugern kann man folgende B a c k e n z a h n f o r m e n unterscheiden: Den durch m e h r f a c h e   H ö c k e r b i l d u n g charakterisierten *tuberkulosektorialen* (tuberculum = Höcker; secare = schneiden) Zahn der *Carnivoren* (92/*a*,92/*b*,109,110,112) (*sekodontes Gebiß*) bzw. die mit einer der Mahlfunktion angepaßten mehrhöckerigen Krone ausgestatteten Backenzähne des *bunodonten* (bunos = Hügel), *omnivoren Gebisses* des *Schweines* (95,96,117,118,119). Beide Backenzahnformen besitzen eine von einer S c h m e l z k a p p e überzogene niedrige *Krone* mit g u t e n t w i c k e l t e n *Wurzeln*, **schmelzhöckerige Zähne.** Diese Zahnform mit abgeschlossenem Wachstum wird als *brachydont* bezeichnet (brachys = kurz).

Durch b e c h e r f ö r m i g e   E i n s t ü l p u n g   d e s   S c h m e l z ü b e r z u g s entsteht der Backenzahn der *Wdk.* und *Ehf.* Beim *Wdk.* haben die *Schmelzbecher* und die sie umgebenden Dentinkomplexe auf dem Querschnitt M o n d s i c h e l f o r m; ihr Gebiß wird daher als *selenodont* (selene = Mond) bezeichnet (101,102,120,121,124,125). Bei den *Ehf.* fließen die Schmelzhöcker zu L e i s t e n (lophos = Kamm) oder J o c h e n (zygos = Joch) zusammen (*lophodont, zygodont*) (107,108,126,127). Bei beiden Typen kommt es zudem an dem *Schmelzmantel* des Zahnes, dem sog. *Schmelzblech*, zu in der Längsrichtung des Zahnes verlaufenden Einfaltungen, man spricht von **schmelzfaltigen Zähnen.** D e m   S c h m e l z m a n t e l   l a g e r t   s i c h   v o n   a u ß e n   Z e m e n t   a n, und auch die S c h m e l z b e c h e r   w e r d e n   v o n   Z e m e n t   a u s g e f ü l l t, die B i n n e n r ä u m e   d e s   S c h m e l z m a n t e l s   h i n g e g e n   v o n   D e n t i n (101,102,107,108). Diese Zähne zeigen längere Zeit hindurch echtes Längenwachstum, wodurch ihr Zahnkörper sehr hoch wird, *hypselodonter Typ* (hypselos = hoch) (105,106). Erst nach Abschluß des Wachstums entstehen ihre verhältnismäßig k u r z e n *Wurzeln.* Der gefaltete Schmelzmantel und die Schmelzbecher treten an der Kaufläche dieser Zähne nach Abreibung ihres kronenseitigen Endes als scharfe Kanten auf, während das dazwischenliegende weichere Dentin und das Zement muldenförmig vertieft sind. Dadurch erhält die Kaufläche die zur Zerkleinerung der Pflanzennahrung notwendige rauhe Beschaffenheit.

Zähne und Gebiß der Fleischfresser

Das **Gebiß des Hundes** (90–93,109–113, auch 26,27,43,79) besteht aus *schmelzhöckerigen Wurzelzähnen* mit abgeschlossenem Wachstum (*brachyodonter Zahntyp*). Der untere Zahnbogen ist enger als der obere, es besteht *Anisognathie.* Infolgedessen gleiten beim Kieferschluß die Zähne des oberen Zahnbogens mit ihrer lingualen Fläche an der labialen bzw. bukkalen Fläche der entsprechenden Zähne des unteren Zahnbogens zum Teil vorbei. Diese Einrichtung macht das Gebiß des Hundes zu einem *sekodonten* und läßt in Übereinstimmung mit dem Bau des Kiefergelenks nur Vertikalbewegung des Unterkiefers (*zentrale Okklusion*) zu.

Die **Zahnformel** für das **Dauergebiß** lautet: $\dfrac{3\,\text{J} \quad 1\,\text{C} \quad 4\,\text{P} \quad 2\,\text{M}}{3\,\text{J} \quad 1\,\text{C} \quad 4\,\text{P} \quad 3\,\text{M}} = 42$ Zähne.

Das Gebiß des *Hd.* hat bei den zahlreichen Kulturrassen mit ihren sehr unterschiedlichen Schädelformen nach Form und Stellung der Zähne, nicht selten auch nach ihrer Zahl, mannigfaltige Abwandlungen erfahren. Hierbei stellen *brachyzephale* (kurzschädelige) *Rassen* (z. B. Pekinese, Zwergspitz, Boxer; 111,113) auf der einen und ausgesprochen *dolichozephale* (langschädelige) *Rassen* (z. B. Barsoi) auf der anderen Seite die beiden Extreme dar. Als N o r m a l f o r m   d e s   H u n d e g e b i s s e s ist das Gebiß des zwischen diesen Extremen stehenden d e u t s c h e n   S c h ä f e r h u n d e s (112) aufzufassen, da es nach Form, Zahl und Stellung seiner Zähne noch am meisten jenem der wilden Stammform gleicht. Das Gebiß des deutschen Schäferhundes wird daher im folgenden als P r o t o t y p   d e s H u n d e g e b i s s e s beschrieben.

An den **Schneidezähnen, Dentes incisivi,** läßt sich die durch den *Hals* von der starken und langen *Wurzel* deutlich abgegrenzte *Krone* unterscheiden. Jene des Zwischenkiefers sind kräftiger als die des Unterkiefers (109,110). Ihre starken, auf dem Querschnitt längsovalen Wurzeln stecken, median konvergierend, in getrennten Zahnfächern des Os incisivum, die kleineren des Unterkiefers mit schwächeren Wurzeln in Alveolen, deren Trennwände fehlen können (112). Von J_1 über J_2 zu J_3, also von mesial nach distal nehmen sie in beiden Kiefern an Stärke zu. J_1 und J_2 des Oberkiefers sind deutlich d r e i l a p p i g, J_3 des Oberkiefers s p i t z - k e g e l f ö r m i g, J_1, J_2 und J_3 des Unterkiefers dagegen z w e i l a p p i g (112), wobei der mesiale Lappen fehlt. Die Labialfläche der Schneidezähne ist konvex, die Lingualfläche konkav mit muldenförmiger Vertiefung. Die oberen Schneidezähne treffen bei Kieferschluß mit ihren in wenig abgenutztem Zustand scharfen Rändern etwas vor die labiale Fläche der unteren Dentes incisivi (Scherenbiß). Die *J3* beider Kiefer stehen auf „Lücke". Der große *J3* des Oberkiefers greift zwischen *J3* und *C* des Unterkiefers ein. Die **Eck-** oder **Fangzähne, Dentes canini,** fallen durch ihre besondere Größe auf, wobei die oberen etwas kräftiger sind. Ihre *Krone* ist spitz-kegelförmig, in leichtem Bogen nach hinten gekrümmt. Ihre mächtigen *Wurzeln* reichen im Bogen über die Alveolen von *P1* und *P2* hinweg (109,110,112/*C*). An ihrer sonst glatten Oberfläche fällt lingual eine spitzenwärts verlaufende Schmelzleiste auf. Der Fangzahn des Unterkiefers greift in das Diastema des Oberkiefers zwischen *J3* und *C*, der Eckzahn des Oberkiefers, mit seiner Spitze bukkal zeigend, in den Margo interalveolaris zwischen *C* und *P1* des Unterkiefers ein. Bei brachyzephalen Hunden verhalten sich die Fangzähne (*C*) etwas anders (113/*C*).

Backenzähne: Die vier **Prämolaren** in Ober- und Unterkiefer zeigen ausgeprägte Gliederung in *Krone* mit deutlichem *Basalwulst, Cingulum,* und gut entwickelte *Wurzeln*. Die *P1* des Ober- und Unterkiefers sind stumpf-kegelförmig mit einfacher Wurzel. Die rachenwärts folgenden *P2* und *P3* beider Kiefer und der *P4* des Unterkiefers sind zweiwurzelig, im Querschnitt längsoval und haben eine dreispitzige Krone. Der *P4* des Oberkiefers, der sog. R e i ß z a h n (109,112/*P4*), hat zwei bukkale und eine linguale Wurzel. Zwei seiner Kronenhöcker fallen durch ihre Größe auf. Auch bei geschlossenen Kiefern berühren sich die *P1, P2* und *P3* des Oberkiefers und die *P1, P2, P3* und *P4* des Unterkiefers nicht. Dabei steht je ein Prämolar des Oberkiefers über der Lücke zwischen zwei benachbarten Prämolaren des Unterkiefers und umgekehrt. Lediglich beim *Foxterrier* greifen die Prämolaren bei zentraler Okklusion wie die Zacken zweier einander zugekehrter Sägeblätter ineinander. Der P4 d e s O b e r k i e f e r s , d e r R e i ß z a h n (D e n s s e c t o r i u s) hingegen findet im ähnlich geformten, ebenso mächtigen R e i ß z a h n d e s U n t e r k i e f e r s , dem **M1** (92a;92b;110,112/*M1*), seinen Antagonisten. Er gleitet mit seiner lingualen an der bukkalen Fläche des Unterkieferreißzahns, dieser eng anliegend, vorbei (Scherenwirkung). Beide Reißzähne stehen in Höhe des Mundwinkels und bieten sich so unmittelbar der Einwirkung der Kaumuskeln dar (26;43/*M1*).

Molaren: Der *M1* des Unterkiefers hat zwei Wurzeln und trifft außer auf seinen Hauptantagonisten, den *P4*, auch auf den kräftigen *M1* des Oberkiefers. Auffallend klein ist der flachhöckerige, zweiwurzelige *M2* des Unterkiefers und noch kleiner der einwurzelige, stumpfkegelförmige *M3* des Unterkiefers, dem ein Antagonist im Oberkiefer fehlt. Der Teilantagonist für den *M1* des Unterkiefers, der vorhin erwähnte *M1* des Oberkiefers, ist sehr kräftig und dreiwurzelig. Der flachhöckerige, tiefer liegende Teil seiner breiten Krone springt stufenförmig gaumenwärts vor. Ihm schließt sich der ähnlich gestaltete, jedoch schwächere, ebenfalls dreiwurzelige *M2* an, der mit seiner flachhöckerigen Kaufläche mit dem kleineren *M2* des Unterkiefers, zum Teil auch mit dem schwachen *M3* des Unterkiefers in Kontakt tritt (109,110,112/*M*). Diese reichhaltige morphologische und damit auch funktionelle Gliederung des Hundegebisses befähigt das Tier, unter natürlichen Verhältnissen seine Beute zu ergreifen, festzuhalten, zu töten, sie zu zerlegen, Stücke herauszureißen und schließlich die großen Bissen durch oberflächliches Zerquetschen zum Abschlucken vorzubereiten. Die Molaren sind vorwiegend zum Quetschen ausgebildet. Bei kurzköpfigen Hunderassen wird der fehlende Platz im Oberkiefer oft durch Querstellung der *P3* und *P4* ausgeglichen.

In d e n d r e i e r s t e n W o c h e n n a c h d e r G e b u r t ist der Hund z a h n l o s . Das danach auftretende **Milchgebiß** besteht aus 28 Zähnen mit der **Zahnformel:** $\dfrac{3\,\text{Jd} \quad 1\,\text{Cd} \quad 3\,\text{Pd}}{3\,\text{Jd} \quad 1\,\text{Cd} \quad 3\,\text{Pd}} = 28$ Zähne.

Es ist mit ca. 1½ Monaten vollständig entwickelt (114). Nur der e r s t e P r ä m o l a r e tritt erst zwischen 3½ und 6 Lebensmonaten auf und reiht sich dann gleich als D a u e r p r ä m o l a r e ein. Die *Milchzähne* sind kleiner als die Dauerzähne, haben scharfe Spitzen und schwache, schlanke Wurzeln. Sie lassen mit dem Herannahen des Zahnwechsels bei gleichzeitiger Verbreiterung der Kiefer immer größer werdende Lücken zwischen sich frei. *Pd3* des Oberkiefers und *Pd4* des Unterkiefers übernehmen im Milchgebiß nach Form und Funktion die Rolle der *Reißzähne*, also des *P4* des Oberkiefers und des *M1* des Unterkiefers im bleibenden Gebiß. Über den Zeitpunkt des *Durchbruchs* der Zähne sowie den des *Zahnwechsels* gibt folgende Tabelle Aufschluß:

Durchbruch und Wechsel der Zähne des Hundes:			
Zähne	*Durchgebrochen im Alter von:*	*Zähne*	*Wechsel im Alter von:*
Jd $\frac{1}{1}$		J $\frac{1}{1}$	
Jd $\frac{2}{2}$	4–6 Wochen	J $\frac{2}{2}$	3–5 Monaten
Jd $\frac{3}{3}$		J $\frac{3}{3}$	
Cd $\frac{1}{1}$	3–5 Wochen	C $\frac{1}{1}$	5–7 Monaten
P $\frac{1}{1}$	4–5 Monaten		
Pd $\frac{2}{2}$		P $\frac{2}{2}$	
Pd $\frac{3}{3}$	5–6 Wochen	P $\frac{3}{3}$	5–6 Monaten
Pd $\frac{4}{4}$		P $\frac{4}{4}$	
M $\frac{1}{1}$	4–5 Monaten		
M $\frac{2}{2}$	5–6 Monaten		
M $\frac{}{3}$	6–7 Monaten		

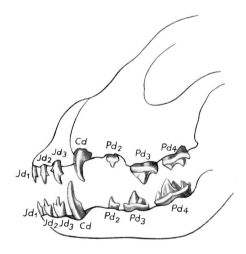

Abb. 114. Milchgebiß eines etwa 6 Wochen alten Hundes. (Nach WEBER, 1927.)

Jd1–3 Dentes incisivi decidui; *Cd* Dens caninus deciduus; *Pd2–4* Dentes praemolares decidui

Zahndurchbruch und Zahnwechsel erfolgen somit auffallend früh, so daß der Hd. schon in relativ jugendlichem Alter sein voll funktionsfähiges Gebiß besitzt. Durchbruch und Wechsel der Zähne weisen aber auch bemerkenswerte individuelle und rassebedingte zeitliche Schwankungen auf, so daß beide Vorgänge nur mit Vorbehalt zur Altersbestimmung gebraucht werden können. Die besonders an den Schneidezähnen, in höherem Alter auch an den Eck- und Backenzähnen auftretenden Abnutzungserscheinungen und schließlich der Zahnausfall sind ebenfalls von der Rasse, der Haltung und Nutzung der Tiere abhängig und für die Zahnaltersbeurteilung des Hd. somit nur bedingt brauchbar. Näheres hierüber ist den Arbeiten über Altersbestimmung des Hd. zu entnehmen. Prämolarverlust (*P1* und *P2*) kommt bei Hunden nicht allzu selten vor.

Das zur allgemeinen Charakterisierung des Hundegebisses Gesagte gilt auch für das **Gebiß der Katze** (115,116, auch 28). Die *Formel* ihres **Milchgebisses** jedoch lautet:

$$\frac{3\ \text{Jd}}{3\ \text{Jd}}\ \ \frac{1\ \text{Cd}}{1\ \text{Cd}}\ \ \frac{3\ \text{Pd}}{2\ \text{Pd}} = 26\ \text{Zähne, die des \textbf{Dauergebisses}:}\ \ \frac{3\ \text{J}}{3\ \text{J}}\ \ \frac{1\ \text{C}}{1\ \text{C}}\ \ \frac{3\ \text{P}}{2\ \text{P}}\ \ \frac{1\ \text{M}}{1\ \text{M}} = 30\ \text{Zähne.}$$

Es ist also das Gebiß der *Ktz.* in den kurzen gedrungenen Kiefern gegenüber jenem des Hundes um jederseits einen Prämolaren und einen Molaren im Oberkiefer und jederseits zwei Prämolaren und zwei Molaren im Unterkiefer r e d u z i e r t. Auffallend ist das Fehlen der beim *Hd.* flachhöckerigen

Durchbruch und Wechsel der Zähne der Katze:			
Zähne	*Durchgebrochen im Alter von:*	*Zähne*	*Wechsel im Alter von:*
Jd $\frac{1}{1}$		J $\frac{1}{1}$	
Jd $\frac{2}{2}$	3–4 Wochen	J $\frac{2}{2}$	3½–5½ Monaten
Jd $\frac{3}{3}$		J $\frac{3}{3}$	
Cd $\frac{1}{1}$	3–4 Wochen	C $\frac{1}{1}$	5½–6 Monaten
Pd $\frac{2}{\ }$		P $\frac{2}{\ }$	
Pd $\frac{3}{3}$	5–6 Wochen	P $\frac{3}{3}$	4–5 Monaten
Pd $\frac{4}{4}$		P $\frac{4}{4}$	
M $\frac{1}{1}$	5–6 Monaten		

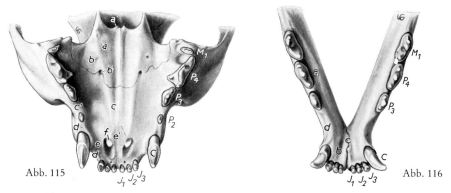

Abb. 115   Abb. 116

Abb. 115.   A r c u s   d e n t a l i s   s u p e r i o r   e i n e r   e t w a   7   M o n a t e   a l t e n   K a t z e.

J1–3 Dentes insicivi; *C* Dens caninus; *P2–4* Dentes praemolares; *M1* Dens molaris

a Pars horizontalis des Os palatinum, *a'* Spina nasalis caud.; *b* For. palatinum min.; *b'* For. palatinum maj.; *c* Proc. palatinus, *c'* Proc. alveolaris der Maxilla; *d* Diastema; *e* Corpus, *e'* Proc. palatinus des Os incisivum; *f* Fiss. palatina

Abb. 116.   A r c u s   d e n t a l i s   i n f e r i o r   e i n e r   e t w a   7   M o n a t e   a l t e n   K a t z e.

J1–3 Dentes incisivi; *C* Dens caninus; *P3,4* Dentes praemolares; *M1* Dens molaris

a Pars molaris, *b* Pars incisiva der Mandibula; *c* Synchondrosis intermandibularis; *d* Diastema

M2 des Oberkiefers sowie *M2* und *M3* des Unterkiefers, wodurch das Gebiß der Katze zu einem extrem *sekodonten* Fleischfressergebiß geworden ist. Sehr klein, und wie beim *Hd.* von mesial nach distal an Stärke zunehmend, sind die Dentes incisivi. Dolchartig geformt greift jederseits der untere Fangzahn zwischen den *J3* und *C* des Oberkiefers hindurch. Dieser ist bei gleicher Form noch größer und flankiert, weit nach unten vorragend, den unteren Eckzahn distal. Dem Dens caninus im Oberkiefer folgen rachenwärts bei fehlendem *P1* der sehr kleine *P2*, der spitzhöckerige *P3* und der kräftige *P4*. Bei der auch der *Ktz.* eigenen *Anisognathie* liegen die scharfkantigen *P3* und *P4* des Oberkiefers bei z e n t r a l e r   O k k l u s i o n mit ihrer lingualen der bukkalen Fläche des starken *P4* und *M1* des Unterkiefers dicht an. Auch hier sind die *P4* des Oberkiefers und die *M1* des Unterkiefers als R e i ß - z ä h n e ausgebildet. Der *M1* des Oberkiefers ist ein kleines, gaumenwärts verschobenes, quer zur Sagittalebene stehendes, unscheinbares Zähnchen, dessen Krone mit dem kaudalen Rand des *M1* des Unterkiefers eben noch Kontakt aufnimmt. *P3*, *P4* und *M1* des Unterkiefers sind zweiwurzelig; im Oberkiefer haben *P2* eine, *P3* zwei, *P4* drei und *M1* zwei Wurzeln.

Zähne und Gebiß des Schweines
(94–96,117–119, auch 29,30)

Die **Zahnformel** für das **Dauergebiß** lautet: $\dfrac{3\text{ J} \quad 1\text{ C} \quad 4\text{ P} \quad 3\text{ M}}{3\text{ J} \quad 1\text{ C} \quad 4\text{ P} \quad 3\text{ M}} = 44$ Zähne. Das **Gebiß des**

omnivoren Schweines besitzt **Dentes incisivi** vom *haplodonten* und v i e l h ö c k e r i g e **Backenzähne** vom *bunodonten Typ*. Die Backenzähne haben eine niedrige *Krone* (*brachydont*) und sind wie auch die Schneidezähne *Wurzelzähne* mit abgeschlossenem Wachstum (95,96).

Dentes incisivi: *J1* und *J2* des unteren Zahnbogens sind lang, gerade gestreckt und schmal meißelförmig. Eng beieinanderstehend, bilden sie eine Schaufel mit labial konvexer Fläche. Die linguale Fläche dieser **Dentes incisivi** trägt eine von zwei Rinnen begleitete Schmelzleiste. Mit fast vierkantiger Wurzel stecken sie tief in ihren Alveolen. *J3* flankiert als auffallend kurzer Zahn mit seitlich abgeflachter Krone und deutlichem Hals jederseits den *J2* (118,30). Der *J1* des oberen Zahnbogens sitzt als kräftiger Zahn im Os incisivum. Seine mesial gerichtete Krone überbrückt bogenförmig die *Fissura interincisiva*. Mit seiner kaudal liegenden Kaufläche ist er Antagonist für *J1* und *J2* des Unterkiefers. Mit deutlichem Abstand vom *J1* folgt der *J2*. Er ist schwächer, hat eine seitlich zusammengedrückte Krone, einen deutlichen Hals und berührt auch bei Kieferschluß den unter ihm stehenden *J3* des Unterkiefers nicht. Mit größerem Zwischenraum folgt *J3*. Mit dreifach gelappter Krone ist er der unscheinbarste Schneidezahn und steht ohne Antagonist frei über dem Raum zwischen *J3* und *C* des Unterkiefers (117). Besonders auffallend sind die **Dentes canini**, (*Haken-, Eckzähne, Hauer, Gewehre*). Es sind beim *Eber wurzellose,* p e r m a n e n t   w a c h s e n d e Zähne mit z e i t l e b e n s   o f f e n b l e i - b e n d e r,   p u l p a e r f ü l l t e r Zahnhöhle (94). Der dem *J3* benachbarte Hakenzahn des Unterkiefers ist größer als sein Antagonist. Beim Eber kann er eine Gesamtlänge von 150–180 mm erreichen, wovon der größere Teil in seiner weit in den Unterkiefer hineinragenden ·Alveole verankert ist (119/C). Er ist dreikantig und läuft, mit seinem kronenseitigen Ende im Bogen nach hinten gekrümmt, in eine scharfe Spitze aus. Die beiden Seitenkanten sowie die Spitze werden durch den an seiner konkaven Hinterfläche entlang schleifenden Antagonisten des Oberkiefers scharf gehalten. Der in weitem Abstand von *J3* folgende Hakenzahn des Oberkiefers ist nur etwa 60–100 mm lang, steckt tief in der Maxilla und wird lateral von der *Eminentia canina* gestützt. Er wächst im Bogen nach oben, trägt eine rostrale, von seinem Antagonisten angeschliffene Fläche und läuft ebenfalls in eine etwas stumpfere Spitze aus. Die *Dentes canini* sind beim w e i b l i c h e n   S c h w e i n viel schwächer, weil sie mit zunehmendem Lebensalter Wurzeln ausbilden.

Backenzähne: Die **Prämolaren** (117–119/P) nehmen kaudal an Größe beträchtlich zu. Im Unterkiefer besitzen *P1* und *P2* je zwei, *P3* zwei bis drei und *P4* drei Wurzeln. *P1* des Oberkiefers ist zwei-, *P2* und *P3* sind drei-, *P4* ist vier- bis fünfwurzelig. Die Krone der Unterkieferprämolaren ist seitlich komprimiert und läuft okklusal in eine scharfe Kante aus. Die *P1* wechseln nicht. Im Unterkiefer folgt der *P1* (*Lückenzahn*) dem *C* dicht und läßt zwischen sich und dem *P2* den breiten *Zwischenzahnrand, Diastema,* frei. Er ist ein kleiner Zahn mit scharfkantiger Krone, der gelegentlich fehlen kann. Die Kronen von *P2*, *P3* und *P4* des Unterkiefers tragen drei Spitzen, die durch den Gebrauch allmählich verschwinden. *P1* des Oberkiefers läßt zwischen sich und dem *C* eine große, zum *P2* hin eine kleine Lücke frei; seine Krone ist undeutlich zweispitzig und scharfkantig. Die zunächst dreihöckerige Krone von *P3* des Oberkiefers erhält durch Abreibung eine breite, dreieckige Kaufläche. Der kräftigste Prämolar des Oberkiefers ist *P4*. Nach Abnutzung seiner dreihöckerigen Krone besitzt er eine breite, rundliche Kaufläche. Auch die **Molaren** (95,96;117–119/*M*) nehmen kaudal an Größe zu. Die *M1* und *M2* des Unterkiefers haben vier Wurzeln, während der *M3* deren sechs besitzt. Mit je sechs Hauptwurzeln sind die *3 Molaren* des Oberkiefers in ihren Alveolen verankert. *M1* (96) und *M2* des Unterkiefers tragen neben vier Haupthöckern eine Anzahl warzenförmiger Nebenhöcker und sind ebenso wie der mit sechs Haupt- und zahlreichen Nebenhöckern versehene, auffallend große *M3* auf dem Querschnitt rechteckig. *M1* (95) und *M2* des oberen Zahnbogens sind den unteren *3 Molaren* ähnlich. Der ebenfalls sehr große *M3* des Oberkiefers trägt zwei linguale, zwei bukkale und einen rachenwärtigen unpaaren Haupt- sowie zahlreiche Nebenhöcker. Beim *Schw.* besteht *Isognathie*. Ferner nehmen die Backenzähne bei *zentraler Okklusion* folgende Stellung zueinander ein (119): *P1* des Ober- und *P1* des Unterkiefers sind um die Länge des Diastemas auseinandergerückt und finden so keinen Kontakt miteinander. *P1*, *P2* und *P3* des Oberkiefers können in wenig abgenutztem Zustand mit ihren

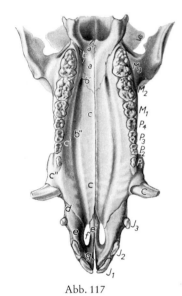

Abb. 117

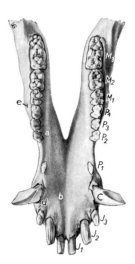

Abb. 118

Abb. 117. Arcus dentalis superior eines etwa 2jährigen Ebers.

J1–3 Dentes incisivi; *C* Dens caninus; *P1–4* Dentes praemolares; *M1–3* Dentes molares

a Pars horizontalis des Os palatinum, *a'* Spina nasalis caud.; *b* Forr. palatina minn.; *b'* For. palatinum maj.; *b''* Sulcus palatinus; *c* Proc. palatinus, *c'* Proc. alveolaris der Maxilla; *c''* Eminentia canina; *d* Diastema; *e* Corpus, *e'* Proc. palatinus des Os incisivum; *f* Fiss. palatina; *g* Fiss. interincisiva

Abb. 118. Arcus dentalis inferior eines etwa 2jährigen Ebers.

J1–3 Dentes incisivi; *C* Dens caninus; *P1–4* Dentes praemolares; *M1–3* Dentes molares

a Pars molaris, *b* Pars incisiva der Mandibula; *d* Diastema; *e* ein For. mentale

Abb. 119. Bleibendes Gebiß eines etwa 2jährigen Ebers. (Nach HABERMEHL, 1957.)

Wurzeln durch Eröffnung der Zahnfächer freigelegt. Zähne wie in Abb. 117 und 118 bezeichnet.

R Os rostrale

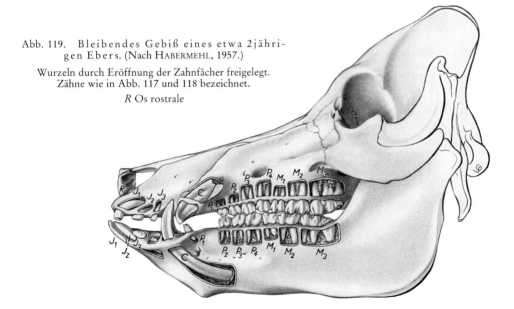

scharfkantigen Rändern s c h e r e n a r t i g an der bukkalen Fläche ihrer Antagonisten im Unterkiefer vorbeigleiten. Wegen seiner extrem rostralen Lage ragt der untere *P1* (*Lückenzahn*) ohne Antagonisten in das Diastema des Oberkiefers hinein. Die *4 Prämolaren des Oberkiefers* finden daher nur *3 Prämolaren* (*P2–P4*) *im Unterkiefer* als A n t a g o n i s t e n vor. *M1* und *M2* d e s O b e r k i e f e r s benutzen als Antagonisten jeweils die H ä l f t e der g l e i c h z ä h l i g e n und die H ä l f t e der n a c h f o l g e n d e n M o l a r e n i m U n t e r k i e f e r, während die Kaufläche des *M3* i m O b e r k i e f e r mit je- ner des sehr großen *M3* i m U n t e r k i e f e r allein K o n t a k t a u f n i m m t. Dabei greifen die Schmelzwarzen der breiten Kauflächen der Oberkiefermolaren in Vertiefungen der Unterkiefermola- ren und umgekehrt ein. So kommt es zu einem lückenlosen Kontakt zwischen den breiten Kauflächen dieser schmelzwarzigen Zähne (Quetschfunktion).

An dem omnivoren Gebiß des *Schw.* findet man also folgende, der Art des Nahrungserwerbs und ihrer mechanischen Verarbeitung angepaßte Gliederung in die von den verschiedenen Zahngruppen gebildeten F u n k t i o n s e i n h e i t e n : Die von den *Dentes incisivi* des U n t e r k i e f e r s geformte Z a h n s c h a u f e l dient bei der Nahrungssuche zu deren Freilegung. Die Dentes incisivi des Zwischen- und Unterkiefers ergreifen sie, die Gruppe der scharfkantigen *Prämolaren* sorgt für Zer- legung und oberflächliche Zerkleinerung, während die kräftigen *Molaren* mit breiter, schmelzhöcke- riger Kaufläche, der Einwirkung der Kaumuskeln unmittelbar unterstellt, bei vorwiegend vertikaler und in geringerem Maße auch horizontaler Kaubewegung des Unterkiefers die Nahrung gründlich zerquetschen und zermalmen.

Die **Formel** für das **Milchgebiß des Schweines** lautet: $\dfrac{3\,\text{Jd}\quad 1\,\text{Cd}\quad 3\,\text{Pd}}{3\,\text{Jd}\quad 1\,\text{Cd}\quad 3\,\text{Pd}}$ = 28 Zähne.

Durchbruch und Wechsel der Zähne des Schweines:			
Zähne	*Durchgebrochen im Alter von:*[*]	*Zähne*	*Wechsel im Alter von:*[*]
Jd $\frac{1}{1}$	1– 5 Wochen	J $\frac{1}{1}$	11–14 Monaten
Jd $\frac{2}{2}$	8–14 Wochen 6–10 Wochen	J $\frac{2}{2}$	14–18 Monaten
Jd $\frac{3}{3}$	vor der Geburt	J $\frac{3}{3}$	8–12 Monaten
Cd $\frac{1}{1}$	vor der Geburt	C $\frac{1}{1}$	8–12 Monaten
P $\frac{1}{1}$	4–8 Monaten		
Pd $\frac{2}{2}$	6–12 Wochen	P $\frac{2}{2}$	12–16 Monaten
Pd $\frac{3}{3}$	1– 3 Wochen 2– 7 Wochen	P $\frac{3}{3}$	12–16 Monaten
Pd $\frac{4}{4}$	1– 4 Wochen 2– 7 Wochen	P $\frac{4}{4}$	12–16 Monaten
M $\frac{1}{1}$	4– 8 Monaten		
M $\frac{2}{2}$	7–13 Monaten		
M $\frac{3}{3}$	17—22 Monaten		
[*] Die frühen Daten gelten für frühreife, die späten Daten für spätreife Rassen. Zwischen beiden liegen die Werte für mittelfrühreife Rassen.			

Jd1 und *Jd2* in Ober- und Unterkiefer ähneln in Form und Stellung denen des Dauergebisses. *Jd3* und *Cd* im Ober- und Unterkiefer sind stiftförmig. *Jd3* des Oberkiefers findet im Unterkieferhakenzahn seinen Antagonisten, während der *Cd* des Oberkiefers ohne Gegenwirker frei in das Diastema hineinragt. Die *Pd1* des Ober- und Unterkiefers f e h l e n . Die *Pd2* und *Pd3* des Unterkiefers gleichen nach Form und Stellung ihren Ersatzzähnen. *Pd3* und *Pd4* des Oberkiefers und der auffallend große *Pd4* des Unterkiefers zeigen in ihrer Form und Funktion deutlichen Anklang an jene der M o l a r e n des bleibenden Gebisses.

Züchterische Maßnahmen, insbesondere die Heranzüchtung sogenannter mittelfrühreifer und frühreifer Rassen, haben durch zum Teil tiefgreifende V e r ä n d e r u n g e n d e s S c h ä d e l s auch die Z a h n e n t w i c k l u n g , d e n D u r c h b r u c h , d e n W e c h s e l , d i e F o r m u n d S t e l l u n g d e r Z ä h n e b e i m *Schw.* w e i t g e h e n d b e e i n f l u ß t . Die Veränderungen grenzen häufig an das Pathologische. Aus diesem Grund weisen auch die Daten über Durchbruch und Zahnwechsel erhebliche Streuung auf und haben somit zur Altersbestimmung nur bedingten Wert. Vorstehende Zusammenstellung gibt Aufschluß über die erste und zweite Dentition. Für eine rasche Altersbeurteilung ist wichtig, daß der *Pd4* aus drei, der *P4* nur aus zwei Zahnkomponenten zusammengesetzt ist.

Zähne und Gebiß der Wiederkäuer
(97–102;120–125, auch 31,32)

Zahnformel für das **Dauergebiß**: $\dfrac{0\ J \quad 0\ C \quad 3\ P \quad 3\ M}{3\ J \quad 1\ C \quad 3\ P \quad 3\ M}$ = 32 Zähne.

Das **Pflanzenfressergebiß der Wiederkäuer** besitzt Zähne teils *haplodonten*, teils *selenodonten* Typs.

Die **Schneidezähne** wie auch der **Dens caninus** f e h l e n d e n *Hswdk.* im O b e r k i e f e r (120,122,124,31). Ihre Anlage kann jedoch bei *Rd.* und *Schf.* ontogenetisch nachgewiesen werden. Als A n t a g o n i s t für die Dentes incisivi des Unterkiefers dient die dem Zwischenkiefer aufliegende, mit einem stark verhornten, vielschichtigen Plattenepithel ausgestattete *Dentalplatte, Pulvinus dentalis* (31/*D*). I n d i e R e i h e d e r S c h n e i d e z ä h n e d e s U n t e r k i e f e r s s i n d d i e D e n t e s c a n i n i e i n g e r ü c k t . Sie haben sich sowohl in ihrer Form als auch in ihrer Funktion den Schneidezähnen angepaßt (121,125;32/*C*). Die *Schneidezähne* werden von mesial nach distal als *Zangen, innere Mittelzähne, äußere Mittelzähne* und die *Dentes canini* als *Eckzähne* bezeichnet. Ihre beim *Rd.* schaufel-, bei den *kl. Hswdk.* mehr meißelförmige, nach distal etwas ausgezogene, asymmetrische Krone

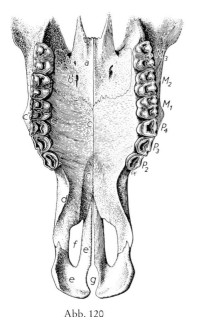

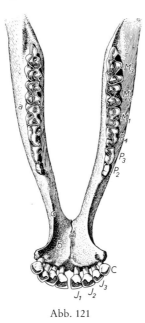

Abb. 120. A r c u s d e n t a l i s s u p e r i o r e i n e s e t w a 6 j ä h r i g e n R i n d e s .

P2–4 Dentes praemolares; *M1–3* Dentes molares

a Pars horizontalis des Os palatinum; *b* For. palatinum min.; *b'* For. palatinum maj.; *c* Proc. palatinus, *c'* Proc. alveolaris der Maxilla; *c''* Tuber faciale; *d* Diastema; *e* Corpus, *e'* Proc. palatinus des Os incisivum; *f* Fiss. palatina; *g* Fiss. interincisiva

Abb. 121. A r c u s d e n t a l i s i n f e r i o r e i n e s e t w a 6 j ä h r i g e n R i n d e s .

J1–3 Dentes incisivi; *C* Dens caninus; *P2–4* Dentes praemolares; *M1–3* Dentes molares

a Pars molaris, *b* Pars incisiva der Mandibula; *c* Synchondrosis intermandibularis; *d* Diastema

Abb. 120 Abb. 121

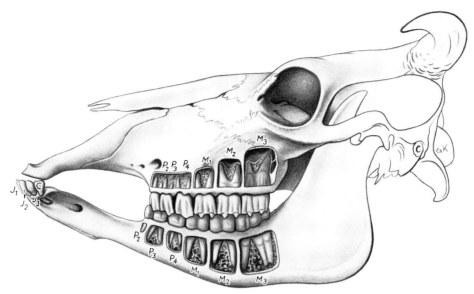

Abb. 122.   Bleibendes Gebiß eines 6jährigen Rindes.
Wurzeln durch Eröffnung der Zahnfächer freigelegt. Zähne wie in Abb. 120 und 121 bezeichnet

ist von einer *Schmelzkappe* überzogen, die an der schwach konkaven lingualen Fläche zwei Schmelz-leisten trägt. Die leicht konvexe Lippenfläche stößt bei jungen Tieren mit der Zungenfläche in einem scharfen Rand zusammen (89,97,98). Sie stehen zunächst, sich dachziegelartig überdeckend, im Halb-rund, um bei zunehmender Größe der Pars incisiva der Mandibula nebeneinander in einen flachen Bogen einzurücken. Die *Krone* der Dentes incisivi und Dentes canini setzt sich von der *Wurzel* deut-lich ab. Diese ist auf dem Querschnitt rundlich oder mehr vierkantig und wird von dem Zahnfleisch hoch umwallt; in ihrer Alveole sind sie jedoch nicht sehr fest verankert. Infolgedessen lassen sich die-se Zähne, besonders bei älteren Tieren, bewegen und können in höherem Alter zum Teil ausfallen. D u r c h   d e n   G e b r a u c h   r e i b t   s i c h   i h r *Schmelzüberzug* a n   d e r   l i n g u a l e n   F l ä c h e   a b ,   u n d e s   t r e t e n   a u f   d e r   *Kaufläche* das gelbliche *Dentin* und später auch die mit *Sekundär-dentin* a n g e f ü l l t e *Zahnhöhle* a l s *Zahnsternchen* z u t a g e (32,98). Mit der weiteren Abnutzung der Zähne ändern sich auch die F o r m   u n d   G r ö ß e   d e r   K a u f l ä c h e   a n   d e n *Dentes incisivi* und *Den-tes canini* von längsoval über quadratisch zu rund. Schließlich sind bei alten Tieren nurmehr Zahn-stummel vorhanden.

Die **Backenzähne** gehören wegen ihres verhältnismäßig hohen Zahnkörpers dem *hypselodonten Typ* an. Nach Ingebrauchnahme wachsen sie noch eine Zeitlang weiter und werden dann entspre-chend ihrer Abnutzung allmählich nachgeschoben. Bei alten Tieren sind sie nur sehr kurz und werden durch stummelförmige Wurzeln im Kiefer festgehalten. D i e   B a c k e n z ä h n e   d e s   O b e r k i e f e r s sind in lückenloser Reihe, rachenwärts größer werdend, dem kräftigen Processus alveolaris der Maxil-la eingefügt (120,122). Die breite Kaufläche der drei **Prämolaren** (120,31/*P*) zeigt je einen, mit seiner Konvexität lingual gerichteten, mondsichelförmigen *Zahnbecher*. Sie haben zwei bukkale und eine breite linguale Wurzel (122/*P*). Die **Molaren** sind dreiwurzelig, bestehen aus je zwei säulenförmigen Anteilen, Komponenten, und stellen so gewissermaßen die Verdoppelung eines einfach säulenförmi-gen Prämolaren dar. Sie tragen daher auf ihren Kauflächen z w e i lingual konvexe *Zahnbecher* (101;120,31/*M*). Die 6 B a c k e n z ä h n e   d e s   U n t e r k i e f e r s stehen in einer dem ausgedehnten Zwi-schenzahnrand sich anschließenden, dichtgefügten Reihe und nehmen rachenwärts an Größe zu. Die **Prämolaren** (121,122/*P*) sind zweiwurzelig. Der kleine P2 ist s c h m e l z h ö c k e r i g , trägt eine kegel-förmige Schmelzkappe und zeigt nur in höherem Alter Abnutzungserscheinungen. P3 und P4 sind seitlich abgeplattet und tragen an der lingualen Fläche ihres Schmelzmantels tiefe Rinnen. Ein Schmelzbecher ist in der Regel nicht vorhanden. Die **Molaren** (102;121,122/*M*) sind zweiwurzelig und schmal. M1 und M2 erscheinen aus je zwei, M3 aus drei säulenförmigen Komponenten aufgebaut und tragen auf ihrer Kaufläche je zwei *Schmelzbecher*, deren konvexer Rand bukkal gerichtet ist.

Die Stellung der Prämolaren und Molaren beider Kiefer zueinander veranschaulicht das Schema in Abb. 123. Daraus ist ersichtlich, daß der P_2 des Unterkiefers gegen den P_2 des Oberkiefers rostral verschoben ist und dadurch die einzelnen Backenzähne des Oberkiefers jeweils mit dem nachzähligen Zahn des Unterkiefers in Kontakt treten. Nur der obere M_3 findet allein im M_3 des Unterkiefers seinen Antagonisten. Die breiten *Kauflächen* der Oberkieferbackenzähne sind von bukkal nach lingual,

Abb. 123. Stellung der Antagonisten des Backenzahngebisses vom Rind. Schematisiert.
P2–4 Dentes praemolares; *M1–3* Dentes molares

die schmalen der Unterkieferbackenzähne von lingual nach bukkal abgedacht, und es greifen entsprechende Querkämme und Quertäler auf den Kauflächen der Zähne beider Kiefer alternierend ineinander ein. Die Querkämme bewegen sich bei den für die *Pflfr.* charakteristischen horizontalen Mahlbewegungen, nämlich mit seitlichem Kieferschlag, stets in den gleichen Quertälern ihrer Antagonisten. Bemerkenswert ist ferner die h o c h g r a d i g e *Anisognathie.* Durch den engen Stand der Unterkieferhälften bedingt, deckt bei zentraler Okklusion nur ein schmaler bukkaler Saum der unteren Backenzähne einen entsprechend schmalen lingualen Saum der breiten Mahlfläche der Oberkieferbackenzähne. Durch seitlichen Kieferschlag fährt die Kaufläche der Unterkieferbackenzähne jener Seite, nach welcher der Kieferschlag erfolgte, über die Kaufläche der gleichseitigen Backenzahnreihe des Oberkiefers hinweg, während die Backenzähne der anderen Seite den Kontakt miteinander völlig verlieren. Die oben geschilderte Beschaffenheit der Backenzähne mit ihren stets rauh bleibenden Kauflächen setzen den *Wdk.* in die Lage, in wiederholtem Kauvorgang seine Pflanzennahrung zu außerordent-

Durchbruch und Wechsel der Zähne des Rindes:			
Zähne	*Durchgebrochen im Alter von:*	*Zähne*	*Wechsel im Alter von:*
Jd $\frac{}{1}$	vor der Geburt	J $\frac{}{1}$	14–25 Monaten
Jd $\frac{}{2}$	vor der Geburt	J $\frac{}{2}$	17–33 Monaten
Jd $\frac{}{3}$	vor der Geburt bis zu 2–6 Tagen	J $\frac{}{3}$	22–40 Monaten
Cd $\frac{}{1}$	vor der Geburt bis zu 2–14 Tagen	C $\frac{}{1}$	32–42 Monaten
Pd $\frac{2}{2}$	vor der Geburt bis zu 14–21 Tagen	P $\frac{2}{2}$	24–28 Monaten
Pd $\frac{3}{3}$	vor der Geburt bis zu 14–21 Tagen	P $\frac{3}{3}$	24–30 Monaten
Pd $\frac{4}{4}$	vor der Geburt bis zu 14–21 Tagen	P $\frac{4}{4}$	28–34 Monaten
M $\frac{1}{1}$	5–6 Monaten		
M $\frac{2}{2}$	15–18 Monaten		
M $\frac{3}{3}$	24—28 Monaten		
* Die Frühtermine beziehen sich auf frühreife, die Spättermine auf spätreife Rinderrassen.			

licher Feinheit zu zerreiben, wobei den Molaren besondere Bedeutung zukommt. Der durch den Ge-brauch auftretende Substanzverlust der Backenzähne wird zunächst durch echtes L ä n g e n w a c h s - t u m und nach dessen Abschluß durch N a c h g e s c h o b e n w e r d e n der Zähne ausgeglichen.

Zahnformel für das **Milchgebiß**: $\dfrac{0\ \text{Jd}\quad 0\ \text{Cd}\quad 3\ \text{Pd}}{3\ \text{Jd}\quad 1\ \text{Cd}\quad 3\ \text{Pd}}$ = 20 Zähne.

Die *Milchschneidezähne* zeigen nach Z a h l , F o r m , S t e l l u n g und A b n u t z u n g weitgehende Übereinstimmung mit den permanenten Schneidezähnen. Schon zur Zeit der Geburt vorhanden oder aber erst in den ersten Lebenstagen durchbrechend, ist ihre K r o n e z u n ä c h s t v o m Z a h n f l e i s c h b e d e c k t , das sich dann allmählich auf den Zahnhals zurückzieht (am 21. Tag nach der Geburt voll-endet) (89). Während sich die Kronen der benachbarten Milchschneidezähne in der 1. Lebenswoche noch deutlich dachziegelartig decken, rücken sie allmählich von innen nach außen auseinander, bis sie gegen Ende des 1. Lebensmonats vollkommen nebeneinander liegen. Zur Zeit des W e c h s e l s der Milch- gegen die Dauerschneidezähne vollzieht sich an letzteren die zur Einrichtung in ihre normale Stellung notwendige eigentümliche A c h s e n d r e h u n g . Abweichungen von der Normalstellung der Schneidezähne sind nicht selten. Von den *Milchprämolaren* des Unterkiefers bestehen *Pd2* und *Pd3* aus je einer Komponente ohne Schmelzbecher, *Pd4* aus drei Komponenten mit drei Schmelzbechern. Die ersten beiden besitzen je zwei, der letztere drei Wurzeln.

Pd2 des Oberkiefers ist ein-, *Pd3* und *Pd4* sind zweikomponentig. Der zweiwurzelige *Pd2* hat eine Schmelzeinstülpung, während der ebenfalls zweiwurzelige *Pd3* und der dreiwurzelige *Pd4* je zwei Schmelzbecher aufweisen. Die mehrkomponentigen *Milchprämolaren* ähneln in Form und Funktion den Molaren des Dauergebisses, sie sind *molariform.*

Durchbruch und Wechsel der Zähne des Schafes:			
Zähne	*Durchgebrochen im Alter von:**	*Zähne*	*Wechsel im Alter von:**
Jd $\overline{}_{1}$	vor der Geburt bis zu 8 Tagen	J $\overline{}_{1}$	12–20 Monaten
Jd $\overline{}_{2}$	vor der Geburt	J $\overline{}_{2}$	18–27 Monaten
Jd $\overline{}_{3}$	vor der Geburt	J $\overline{}_{3}$	27–36 Monaten
Cd $\overline{}_{1}$	Geburt bis zu 8 Tagen	C $\overline{}_{1}$	36–48 Monaten
Pd $\dfrac{2}{2}$	vor der Geburt bis zu 4 Wochen	P $\dfrac{2}{2}$	24 Monaten
Pd $\dfrac{3}{3}$	vor der Geburt bis zu 4 Wochen	P $\dfrac{3}{3}$	24 Monaten
Pd $\dfrac{4}{4}$	vor der Geburt bis zu 4 Wochen	P $\dfrac{4}{4}$	24 Monaten
M $\dfrac{1}{1}$	3 Monaten		
M $\dfrac{2}{2}$	9 Monaten		
M $\dfrac{3}{3}$	18 Monaten		
* Die Frühtermine beziehen sich auf frühreife, die Spättermine auf spätreife Schafrassen.			

Die **Zähne der kleinen Wiederkäuer** weisen grundsätzlich mit denen des *Rd.* sowohl bezüglich der Anzahl, des Baues, der Stellung, der Anordnung sowie der Funktion weitgehende Übereinstimmungen auf (124,125). Hier sollen nur einige Besonderheiten Erwähnung finden. Die 6 *Dentes incisivi* und die in die Reihe der Schneidezähne eingerückten 2 *Dentes canini* des Unterkiefers sind schlank und mit ihren Kauflächen steiler gegen die Dentalplatte

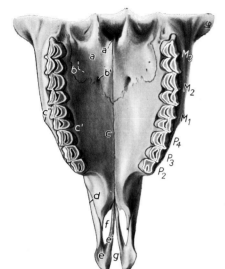

Abb. 124. Arcus dentalis superior einer etwa 3jährigen Ziege.

P2–4 Dentes praemolares; *M1–3* Dentes molares

a Pars horizontalis des Os palatinum, *a'* Spina nasalis caud.; *b* Forr. palatina minn.; *b'* For. palatinum maj.; *c* Proc. palatinus, *c'* Proc. alveolaris der Maxilla; *c''* Tuber faciale; *d* Diastema; *e* Corpus, *e'* Proc. palatinus des Os incisivum; *f* Fiss. palatina; *g* Fiss. interincisiva

Abb. 125. Arcus dentalis inferior einer etwa 3jährigen Ziege.

J1–3 Dentes incisivi; *C* Dens caninus; *P2–4* Dentes praemolares; *M1–3* Dentes molares

a Pars molaris, *b* Pars incisiva der Mandibula; *c* Synchondrosis intermandibularis; *d* Diastema; *e* Forr. mentalia

Durchbruch und Wechsel der Zähne der Ziege:			
Zähne	*Durchgebrochen im Alter von:*	*Zähne*	*Wechsel im Alter von:*
Jd $\frac{}{1}$	bei der Geburt	J $\frac{}{1}$	15 Monaten
Jd $\frac{}{2}$	bei der Geburt	J $\frac{}{2}$	19–22 Monaten
Jd $\frac{}{3}$	bei der Geburt	J $\frac{}{3}$	21–26 Monaten
Cd $\frac{}{1}$	1–3 Wochen	C $\frac{}{1}$	29–36 Monaten
Pd $\frac{2}{2}$	3 Wochen	P $\frac{2}{2}$	17–20 Monaten
Pd $\frac{3}{3}$	3 Wochen	P $\frac{3}{3}$	17–20 Monaten
Pd $\frac{4}{4}$	3 Wochen	P $\frac{4}{4}$	17–20 Monaten
M $\frac{1}{1}$	3–4 Monaten		
M $\frac{2}{2}$	8–10 Monaten		
M $\frac{3}{3}$	18–24 Monaten		

des Oberkiefers gestellt als beim *Rd.* Die meißelförmigen Schneidezähne der *Zg.* sind fest verankert, die des *Schf.* lockerer in ihren Alveolen befestigt und schmal-schaufelförmig. Die *Backenzähne* sind einfacher in ihrem Bau. Ihre Kauflächen sind, bedingt durch die sehr ausgeprägte Anisognathie, stärker abgedacht. Die Innenseite der Unterkiefer- und die Außenseite der Oberkieferbackenzähne tragen eine scharfe Kante.

Durchbruch und Wechsel der Zähne, unterschiedliche Größe und Form der Kaufläche der Schneidezähne sowie der Verlust einzelner Zähne in höherem Alter werden auch beim *kl. Wdk.* zur **Altersbestimmung** verwendet. Neben diesen Kriterien können beim erwachsenen weiblichen *Rd.* die Anzahl der Hornringe, beim *Kalb* die Beschaffenheit des Zahnfleisches der Dentes incisivi (89), Wachstumsvorgänge an der Hornanlage und der Klaue sowie Veränderungen am Nabelstrang nach der Geburt als weitere Merkmale für die Altersfeststellung herangezogen werden. Auch beim *Wdk.* können jedoch die Entwicklungsphasen des Gebisses und die zeitliche Folge der übrigen Altersmerkmale durch Haltung und Fütterung sowie verschiedene andere Faktoren weitgehend beeinflußt sein. Diese Tatsache muß bei der Altersfeststellung dieser Tierart gebührend berücksichtigt werden.

Zähne und Gebiß des Pferdes
(103–108;126–130; auch 25;33–35)

Zahnformel: $\dfrac{3\,\text{J} \quad 1\,\text{C} \quad 3\,\text{P} \quad (4\,\text{P}) \quad 3\,\text{M}}{3\,\text{J} \quad 1\,\text{C} \quad 3\,\text{P} \quad (4\,\text{P}) \quad 3\,\text{M}} = 40$ (42 oder 44) Zähne.

Wie nachfolgende Schilderung zeigt, finden sich beim **Pferd** alle für ein **Herbivorengebiß** typischen Merkmale.

Die **Dentes incisivi** (33–35,126–128/*J*) heißen der Reihe nach *Zangen* (*J1*), *Mittel–* (*J2*) und *Eckschneidezähne* (*J3*). Von mesial nach distal an Länge abnehmend (70–55 mm), stehen sie mit median konvergierenden Wurzeln in dem Zwischenkiefer und der Pars incisiva der Mandibula. Die oberen Schneidezähne sind stärker als die unteren labial konvex, lingual konkav gebogen. Bei jungen Tieren bilden ihre extraalveolaren Teile (*Krone*) eng zusammenstehend sowohl in der Horizontalen als auch in der Vertikalen einen Halbkreis. Die Kronen der Zähne stehen fast senkrecht aufeinander, wobei die Kaufläche je eines Zahnes jene seines Antagonisten vollständig deckt (*Zangengebiß*). Tritt bei älteren Tieren der nur schwach gebogene, ursprünglich intraalveolare Abschnitt (*Wurzel*) des Zahnes zutage, dann rücken auch diese nunmehr länger gewordenen extraalveolaren Teile der Zähne mehr und mehr in eine Ebene, der horizontale Zahnbogen flacht sich ab, und die gerade gestreckten Zähne beider Kiefer treffen in immer spitzer werdendem Winkel aufeinander (*Winkelgebiß*). Bei jungen Tieren sind die *Reibefläche* wie auch der Querschnitt des extraalveolaren Teiles der Schneidezähne queroval. Der anschließende intraalveolare Teil, die *Wurzel,* hat dagegen zunächst rundlichen, dann dreieckigen und schließlich längsovalen Querschnitt. Demgemäß ändert sich mit dem Nachgeschobenwerden des alternden Zahnes auch seine *Reibefläche* von der querovalen über die rundliche, dreieckige zur längsovalen Form (wichtig für die Altersbestimmung). Zudem trägt das kronenseitige Ende der Oberkieferschneidezähne 12 mm, das der Unterkieferschneidezähne 6 mm tiefe *Schmelzbecher* (*Infundibula*) (104), deren Wandung am noch nicht abgenutzten Zahn mit dem Schmelzmantel des Zahnkörpers in kontinuierlicher Verbindung steht (103). Durch Abreibung der Kaufläche geht diese Verbindung verloren (104), und die von Zement und Futterresten erfüllte Schmelzeinstülpung steht als *Kunde* (*Marke*) frei in dem Dentin des Zahnkörpers (33–35,126,127/*J*). Alle Bauelemente des Zahnes sind dann auf der Kaufläche sichtbar: außen die Kante des Schmelzmantels, dann das gelblich gefärbte Zahnbein und das Queroval der Kundenwand. Durch Abreiben der Zahnsubstanz (etwa 2 mm pro Jahr) schwindet die *Kunde*, es erscheint ihr Boden (*Kundenspur*) und danach die von *Sekundärdentin* erfüllte *Zahnhöhle* als *Zahnsternchen* (*Kernspur*) labial von der Kundenspur (wichtige Altersmerkmale).

Die in guter Ausbildung nur dem männlichen Geschlecht eigentümlichen maxillaren und mandibularen **Hakenzähne, Dentes canini** (126–128/*C*), sind *schmelzhöckerige Zähne* und besitzen eine Länge von 40–50 mm, wovon der kegelförmige extraalveolare Teil etwa 10 mm ausmacht. Ihre

Abb. 126. Arcus dentalis superior eines etwa 8jährigen Wallachs.

J1–3 Dentes incisivi; *C* Dens caninus; *P2–4* Dentes praemolares; *M1–3* Dentes molares

a Pars horizontalis des Os palatinum; *b'* For. palatinum maj.; *b''* Sulcus palatinus; *c* Proc. palatinus, *c'* Proc. alveolaris der Maxilla; *c''* Crista facialis; *d* Diastema; *e* Corpus, *e'* Proc. palatinus des Os incisivum; *f* Fiss. palatina; *g* Can. interincisivus

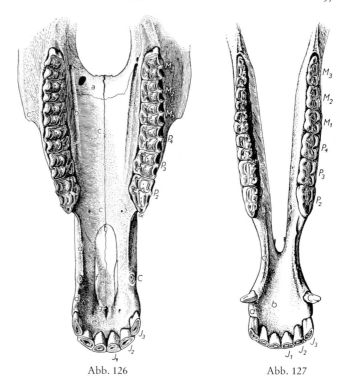

Abb. 127. Arcus dentalis inferior eines etwa 8jährigen Wallachs.

J1–3 Dentes incisivi; *C* Dens caninus; *P2–4* Dentes praemolares; *M1–3* Dentes molares

a Pars molaris, *b* Pars incisiva der Mandibula; *d* Diastema

Abb. 126   Abb. 127

Wurzel ist nach kaudal stark abgekrümmt. Bei der S t u t e brechen sie in nur ganz seltenen Fällen als unscheinbare Zähnchen durch (34/*C*). Sie folgen den Eckschneidezähnen mit einigem Abstand (im Oberkiefer auf der Grenze zwischen Os incisivum und Maxilla); zwischen ihnen und den ersten Prämolaren befindet sich das ausgedehnte Diastema (*Lade*) (126,127/*d*). Sie zeigen nur bei älteren Tieren Abnutzungserscheinungen.

Das *Pfd.* besitzt in Ober- und Unterkiefer je **3 Prämolaren** und **3 Molaren**. Es sind *schmelzfaltige Zähne* vom *lophodonten Typ* (105–108). Beim 6–7jährigen *Pfd.* ist ihr Wachstum abgeschlossen, und sie stellen dann hochprismatische Säulen von etwa 80–105 mm Höhe dar. Ihr kronenseitiges Ende überragt die Alveole um etwa 15–20 mm (128/*P,M*). Der Querschnitt der o b e r e n Backenzähne ist

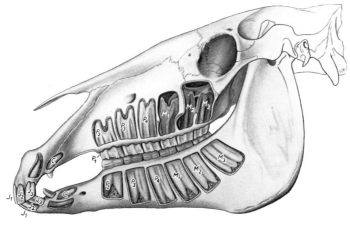

Abb. 128. Bleibendes Gebiß eines 8jährigen Wallachs.
Wurzeln durch Eröffnung der Zahnfächer freigelegt. Zähne wie in Abb. 126 und 127 bezeichnet

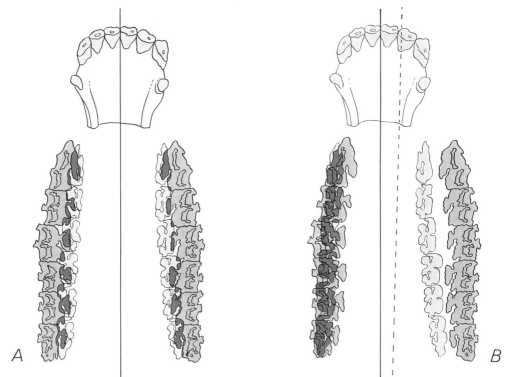

Abb. 129.   Schema der Zahnstellung des Pferdes bei (A) zentraler und (B) linksseitiger Okklusion. (Nach KÜPFER, umgezeichnet.)

Hellgrau: Schneidezähne, Hakenzähne und Kauflächen der Backenzähne des Unterkiefers; *mittelgrau:* Kauflächen der
Backenzähne des Oberkiefers; *dunkelgrau:* Teile der miteinander in Kontakt stehenden Kauflächen der Ober- und Unterkieferbackenzähne, *A* bei zentraler und *B* bei linksseitiger Okklusion

etwa quadratisch (107), der der u n t e r e n Backenzähne rechteckig (108), von bukkal nach lingual abgeflacht. Die *Backenzähne des Oberkiefers* besitzen je z w e i S c h m e l z b e c h e r, deren Wandung am
noch nicht gebrauchten Zahn zunächst noch mit dem Schmelzmantel des Zahnes an dessen Kaufläche
in kontinuierlicher Verbindung steht. Durch Abnutzung des Zahnes geht diese Verbindung verloren,
und es entsteht das typische Bild der Kaufläche eines Oberkieferbackenzahns mit den erhabenen
Schmelzleisten und den dazwischen gelegenen muldenförmigen Vertiefungen in Zahnbein und Zement. Sie besitzen nach Abschluß des Wachstums drei k u r z e, s t u m m e l f ö r m i g e *Wurzeln.* An
ihrer bukkalen Fläche trägt der Schmelzmantel zwei Längsfurchen, die von drei ungleich hohen, kammartigen Längsleisten begleitet sind. An seiner lingualen Fläche finden sich seitlich von einem mittleren Längswulst zwei Längsrinnen (105,107). Die *mandibularen Backenzähne* sind zwar, wie schon
erwähnt, auch *schmelzfaltig,* besitzen aber k e i n e geschlossenen S c h m e l z b e c h e r. Ihre bukkale
Fläche hat eine deutliche, die linguale eine ebensolche tiefe Längsfurche. Letztere wird jedoch von
mehreren seichten Rinnen begleitet. Auf ihrer Kaufläche gewahrt man tiefe Einfaltungen des
Schmelzmantels, von denen sich zwei auf der lingualen, eine auf der bukkalen Seite befinden. Die unteren Backenzähne besitzen z w e i k u r z e *Wurzeln* (106,108). In beiden Kiefern kommt nicht selten
ein vor dem ersten Prämolaren stehendes kleines Zähnchen vor, das als *Lückenzahn* (*Wolfszahn, Dens
lupinus*), bezeichnet wird und wahrscheinlich einen r u d i m e n t ä r e n Prämolaren darstellt. Es
fällt oft schon frühzeitig aus und wird nicht ersetzt. Im Unterkiefer wird es angelegt, ohne jedoch
durchzubrechen. Der intraalveolare Teil des Zahnkörpers von *P2* im Oberkiefer ist deutlich, jener des
P3 weniger deutlich r o s t r a l g e n e i g t, während *P4* und *M1* etwa s e n k r e c h t in ihrer Alveole stehen. *M2* zeigt mäßige, *M3* auffallende N e i g u n g n a c h k a u d a l. Im Unterkiefer ist der intraalveolare Teil des *P2* leicht r o s t r a l g e r i c h t e t, *P3* steht s e n k r e c h t, *P4* jedoch sowie die nachfolgenden
3 Molaren sind in k a u d a l e r R i c h t u n g zunehmend schräg in ihre Alveolen eingefügt (128/*P,M*).

Die *Prämolaren* und die *Molaren* im O b e r - und U n t e r k i e f e r bilden eine d i c h t g e s c h l o s s e - ne, vom Diastema bis zum Tuber maxillae bzw. zum Unterkieferast hinreichende Z a h n r e i h e (126,127).

Infolge der beim *Pfd.* bestehenden *Anisognathie* ruht bei *zentraler Okklusion* nur etwa das linguale Drittel der Kaufläche der Oberkieferbackenzähne auf der bukkalen Hälfte der Unterkieferbackenzähne (129 A). Bei ausgiebigen Mahlbewegungen verlieren die auf der jeweils der Bewegungsrichtung des Unterkiefers entgegengesetzten Seite gelegenen mandibularen Mahlzähne den Kontakt mit ihren Antagonisten (129 B).

Weiterhin ist zu beachten, daß der linguale Rand der unteren Backenzähne höher steht als der bukkale, während an den oberen Backenzähnen umgekehrte Verhältnisse herrschen (25). I n f o l g e d e s - sen ist die K a u f l ä c h e d e r m a n d i b u l a r e n B a c k e n z ä h n e v o n l i n g u a l o b e n n a c h b u k k a l u n t e n a b g e s c h r ä g t , in u m g e k e h r t e r R i c h t u n g jene der m a x i l l a r e n B a k - k e n z ä h n e . In abnormen Fällen können der linguale Rand der Unterkieferbackenzähne und der bukkale Rand der Oberkieferbackenzähne durch ungleichmäßige Abnutzung der Zähne in Form scharfer Kanten stehenbleiben (*Kantengebiß*, in hochgradigen Fällen *Scherengebiß* genannt).

Als normale Erscheinung findet man ferner auf der Kaufläche der Backenzähne von lingual nach bukkal verlaufende *Querrinnen* mit dazwischenliegenden *kammartigen Erhebungen* (126,127,130). Diese entstehen durch ungleichmäßige Abnutzung der verschiedenen Zahnsubstanzen. In die Quer-rinnen der Unterkieferbackenzähne sind bei Kieferschluß entsprechende Querkämme der Oberkie-ferbackenzähne und umgekehrt eingefügt. Erwähnt sei schließlich, daß die oberen Backenzähne zu je-nen des Unterkiefers a l t e r n i e r e n d a n g e o r d n e t sind. Demnach hat jeder Oberkieferbackenzahn

Durchbruch und Wechsel der Zähne des Pferdes:			
Zähne	*Durchgebrochen im Alter von:*	*Zähne*	*Wechsel im Alter von:*
Jd $\frac{1}{1}$	vor bzw. in den ersten Lebenstagen nach der Geburt	J $\frac{1}{1}$	2½–3 Jahren
Jd $\frac{2}{2}$	3–4 Wochen selten bis zu 8 Wochen	J $\frac{2}{2}$	3½–4 Jahren
Jd $\frac{3}{3}$	5–9 Monaten	J $\frac{3}{3}$	4½–5 Jahren
Cd $\frac{1}{1}$	brechen selten durch	C $\frac{1}{1}$	4–5Jahren
Pd $\frac{2}{2}$	vor der Geburt oder in der ersten Lebenswoche	P $\frac{2}{2}$	2½ Jahren
Pd $\frac{3}{3}$		P $\frac{3}{3}$	2½ Jahren
Pd $\frac{4}{4}$		P $\frac{4}{4}$	3½ Jahren
M $\frac{1}{1}$	6–9 Monaten selten bis zu 14 Monaten		
M $\frac{2}{2}$	2–2½ Jahren		
M $\frac{3}{3}$	3½–4½ Jahren		

einen *Hauptantagonisten*, dessen Kaufläche er zu ³/₄ und einen *Nebenantagonisten*, von dem er bis zu ¹/₄ der Kaufläche in Anspruch nimmt. Nur der *M3* des Oberkiefers findet allein im *M3* des Unterkiefers seinen Antagonisten (130).

Die **Formel** für das **Milchgebiß des Pferdes** lautet: $\dfrac{3\,\mathrm{Jd} \quad 1\,\mathrm{Cd} \quad 3\,\mathrm{Pd}}{3\,\mathrm{Jd} \quad 1\,\mathrm{Cd} \quad 3\,\mathrm{Pd}} = 28$ Zähne.

Die *Milchschneidezähne* (*Fohlenzähne*) sind k l e i n e r und w e i ß e r als die Dauerzähne. Sie haben eine s c h a u f e l f ö r m i g e *Krone*, einen d e u t l i c h e n *Zahnhals* und eine relativ k u r z e *Wurzel* (103). Wie die bleibenden Zähne, so tragen auch sie auf der Kaufläche eine Kunde, die nur etwa 4 mm tief ist. Die *Milchhakenzähne*, die bei beiden Geschlechtern angelegt sind, bleiben rudimentär und brechen auch beim männlichen Tier nicht durch. Die drei *Milchprämolaren* sind k l e i n e r als die Dauerprämolaren, in Bau und Form gleichen sie jedoch diesen weitgehend.

Abb. 130. S t e l l u n g d e r A n t a g o n i s t e n d e s B a c k e n z a h n g e b i s s e s v o m P f e r d. Schematisiert.

P2–4 Dentes praemolares; *M1–3* Dentes molares

Das **Alter des Pferdes** nach seinen *Zähnen* zu bestimmen, wird seit Jahrhunderten geübt. Am normal beschaffenen und regelmäßig abgenutzten Gebiß ist es möglich, mit einem ziemlich hohen Grad von Sicherheit das *sogenannte Zahnalter* des *Pfd.* zu ermitteln. Z a h l r e i c h e M e r k m a l e sind hierbei zu beachten: D u r c h b r u c h u n d A b n u t z u n g d e r *Fohlenzähne*, W e c h s e l d e r Z ä h n e, A b n u t z u n g d e r *Dauerschneidezähne*, Ä n d e r u n g d e r F o r m i h r e r K a u f l ä c h e n, F o r m u n d S t e l l u n g d e r S c h n e i d e z ä h n e i n O b e r - u n d U n t e r k i e f e r z u e i n a n d e r (*Zangengebiß*, *Winkelgebiß*), um nur einige zu nennen. Ausführliches hierüber ist den Werken über die Altersbestimmung bei den *Hsgt.* zu entnehmen.

Rumpfdarm

Allgemeine und vergleichende Betrachtung

Vorderdarm
(11, 131–143, 169–171, 191, 245, 246)

Der Vorderdarm besteht aus *Speiseröhre, Oesophagus*, und *Magen, Ventriculus s. Gaster.*

Speiseröhre, Oesophagus

Der Oesophagus (11/*c*;131/*b*;132/*10,10′*;133) ist ein häutig-muskulöser Schlauch, der die Verbindung zwischen dem Schlundkopf und dem Magen herstellt (11/*b,d*). Er beginnt als unmittelbare Fortsetzung des Pharynx und läßt sich in H a l s - (132/*10*), B r u s t - (*10′*) und den nur kurzen B a u c h t e i l gliedern. Der *Halsteil, Pars cervicalis*, liegt zwischen dem die Halswirbel bedeckenden M. longus colli (*r*) und der Luftröhre (*19*), von der er im distalen Drittel des Halses nach links herabsteigt und hier auf ihre linke Seite zu liegen kommt (131/*b*). Magenwärts gleitende Bissen, Luftblasen und abgeschlucktes Wasser wölben an dieser Stelle die Speiseröhre sichtbar vor. Eine in die Speiseröhre eingebrachte Sonde ist bei ihrem Vordringen hier ebenfalls zu sehen und durchzufühlen. Für operative Eingriffe an der Speiseröhre ist ihr distales Drittel am Hals besonders geeignet. Als wichtige N a c h b a r o r g a n e des Halsteils der Speiseröhre findet man: A. carotis communis (132/*31*), V. jugularis (*37*), Truncus trachealis, Halslymphknoten, Truncus sympathicus, Nn. vagus und laryngeus recurrens (*38,44*) sowie bei jungen Tieren den Thymus (*17*). An der vorderen Brustapertur beginnt der *Brustteil, Pars thoracica*, des Oesophagus (*10′*). Dieser liegt der Luftröhre (*19′*) wieder dorsal auf, verläuft im kranialen Mittelfell und tritt über die Luftröhrengabel (*20*) hinweg, im mittleren Mittelfell an dem

Aortenbogen rechts vorbeiziehend, in das kaudale Mittelfell ein. Hier strebt er, unter der Aorta gelegen (*27*), von den Trunci vagales dorsalis und ventralis begleitet (*43',43''*), links dem *Cavum mediastini serosum* (*7/n*;*8/h*) benachbart, dem *Hiatus oesophageus* (*8/e*; *132/bei w*) des Zwerchfells zu. Im Speiseröhrenschlitz durchdringt der Oesophagus das Zwerchfell und erreicht mit dem nur kurzen *Bauchteil, Pars abdominalis* (*243/m*;*262/o*), zwischen den Blättern des *Ligamentum gastrophrenicum* (*262/e*) den *Kardiateil* des Magens (*169,191,245/g,a*).

Die Speiseröhre ist ein unterschiedlich weites Rohr, dessen M u s k e l w a n d an den engeren Stellen dicker, an den weiteren dünner ist. Außer beim *Wdk.* nimmt die Muskulatur jedoch kardiawärts stets an Stärke zu, was beim *Pfd.* besonders auffällt. Die d r e i s c h i c h t i g e W a n d der Speiseröhre besteht von außen nach innen aus der lockeren *Bindegewebsschicht, Tunica adventitia* (*133/h*), der *Muskelhaut, Tunica muscularis* (*f,g*), und der *Schleimhaut, Tunica mucosa* (*a–e*). Die A d v e n t i t i a besorgt die verschiebliche und nachgiebige Verbindung der stark erweiterungsfähigen Speiseröhre mit der Umgebung. Im Brustteil wird sie durch den P l e u r a ü b e r z u g, im Bauchteil durch den Peritonäalüberzug vertreten. Das M u s k e l r o h r befördert den Bissen magenwärts, gegebenenfalls auch mundwärts. Bei *Hd.* und *Wdk.* besteht die Tunica muscularis durchweg aus q u e r g e s t r e i f t e r Muskulatur. Beim *Schw.* wird diese kurz vor dem Magen von g l a t t e r Muskulatur abgelöst. Bei *Ktz.* und *Pfd.* erstreckt sie sich auf die zwei ersten Drittel der Speiseröhre und wird von da ab durch g l a t t e Muskulatur ersetzt. Die Oesophagusmuskulatur geht aus der Pharynxmuskulatur hervor (*87/16*) und läßt sich im Ursprungsgebiet bei den einzelnen Tierarten in verschiedene selbständige Muskelzüge zerlegen. Im weiteren Verlauf bestehen ihre zwei Hauptschichten zunächst aus elliptischen Touren, im Mittelstück aus zwei sich überkreuzenden Spirallagen. Im Endteil der Speiseröhre ordnen sie sich in eine äußere Längs- (*133/g*) und eine innere, magenwärts stärker werdende Ringschicht (*f*) ein. Die T u n i c a m u c o s a ist eine k u t a n e Schleimhaut, deren mehrschichtiges, bei den *Pflfr.* deutlicher verhorntes *Plattenepithel* (*a*) dem gut

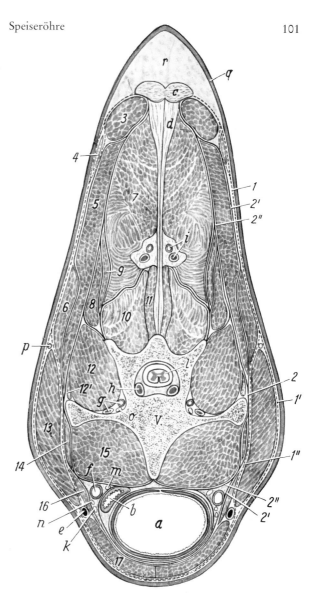

Abb. 131. H a l b s c h e m a t i s c h e r Q u e r s c h n i t t d u r c h d e n H a l s e i n e s P f e r d e s a u f d e r H ö h e d e s 5. H a l s w i r b e l s. Kaudalansicht.

a Trachea; *b* Oesophagus; *c* Nackenstrang; *d* Nackenplatte; *e* V. jugularis ext. im Sulcus jugularis, Drosselrinne; *f* A. carotis com.; *g* A. und V. vertebralis; *h* V. basivertebralis; *i* A. und V. cervicalis prof.; *k* Truncus trachealis; *l* Rückenmark im Wirbelkanal; *m* Truncus vagosympathicus; *n* N. laryngeus recurrens; *o* N. vertebralis; *p* dorsaler Ast des N. accessorius; *q* äußere Haut; *r* Kammfett

1 Fascia cervicalis supf., *1'* oberflächliches, *1''* tiefes Blatt; *2* Fascia cervicalis prof., *2'* oberflächliches, *2''* tiefes Blatt (im Gebiet des M. longus colli (*15*)); *3* M. rhomboideus cervicis; *4* M. trapezius, Pars cervicalis; *5* M. splenius; *6* M. serratus ventr. cervicis; *7* M. semispinalis capitis; *8* M. longissimus atlantis; *9* M. longissimus capitis; *10* M. multifidus; *11* M. spinalis cervicis; *12* M. intertransversarius dors. cervicis, *12'* M. intertransversarius intermedius cervicis; *13* M. brachiocephalicus; *14* M. longus capitis; *15* M. longus colli; *16* M. omohyoideus; *17* Mm. sternomandibularis, sternohyoideus und sternothyreoideus; V. 5. Halswirbel

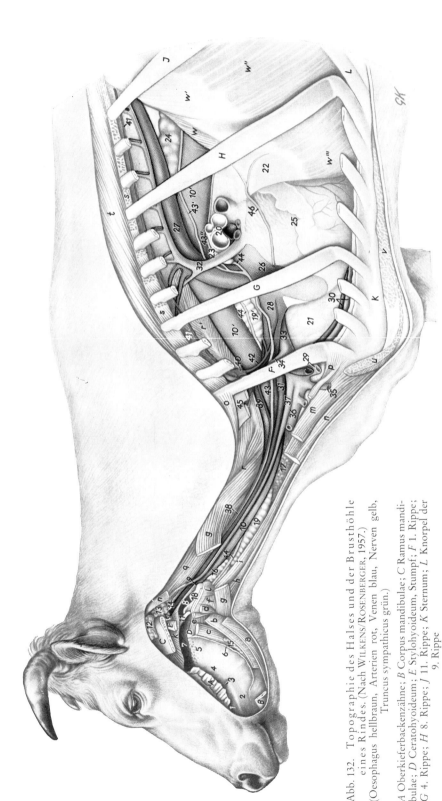

Abb. 132. Topographie des Halses und der Brusthöhle eines Rindes. (Nach WILKENS/ROSENBERGER, 1957.) (Oesophagus hellbraun, Arterien rot, Venen blau, Nerven gelb, Truncus sympathicus grün.)

A Oberkieferbackenzähne; B Corpus mandibulae; C Ramus mandibulae; D Ceratohyoideum; E Stylohyoideum, Stumpf; F 1. Rippe; G 4. Rippe; H 8. Rippe; J 11. Rippe; K Sternum; L Knorpel der 9. Rippe

a M. digastricus; b M. mylohyoideus; c M. styloglossus; d M. stylohyoideus, vor dem unteren Stumpf M. stylopharyngeus caud.; e M. ceratohyoideus; f M. thyreohyoideus; g M. omohyoideus; h M. sternohyoideus; b M. sternomastoideus; i M. sternothyreoideus; k M. palatopharyngeus; l Mm. thyreopharyngeus und cricopharyngeus; m,n M. sternocephalicus; m M. sternomandibularis, n M. sternomastoideus; o M. scalenus medius, dorsaler Abschnitt; p M. scalenus ventr.; q M. longus capitis; r M. longus colli; s Mm. intercostales; t M. longissimus thoracis; u Mm. pectorales supff.; v M. pectoralis prof.; w Zwerchfell, Crus dextrum der Pars lumbalis; w' Centrum tendineum, w'' Pars costalis, w''' Pars sternalis

1 Mundhöhle; 2–5 Zunge: 2 Zungenspitze, 3 Fossa linguae, 4 Zungenrückenwulst, 5 Zungenwurzel mit umwallten Papillen; 6 Mundhöhlenschleimhaut, Schnittkante; 7 Pars oralis pharyngis; 8 Pars laryngea pharyngis; 9 Pars oesophagea; 10 Oesophagus, Halsteil, 10' Brustteil; 11 Gaumensegel; 12 Gl. mandibularis; 13 Gl. parotis; 14 Ln. retropharyngeus lat.; 15 Gl. sublingualis polystomatica; 16 Gl. thyreoidea; 17 Trachea, Halsteil, 19' Brustteil, 20 Bifurkation; 21 Lobus cranialis, 22 Lobus accessorius pulmonis dext., beide von Mediastinum bedeckt; 23 Ln. bifurcationis sin.; 24 Ln. mediastinalis caud.; 25–37 Herz- und Blutgefäße; 25 Herz vom Herzbeutel bedeckt, durchschimmernd linkes Herzohr, Fettgewebe in der Herzkranzfurche sowie linke Kammer, 26 Truncus pulmonalis, 27 Aorta thoracica mit abzweigenden Aa. intercostales dorss., 28 Truncus brachiocephalicus, 29 A. und V. axillaris, 30 A. und V. thoracica int., 31 A. carotis com., 32 V. azygos sin. mit abzweigenden Vv. intercostales dorss., 33 V. cava cran., 34 V. costocervicalis sin., 35 V. cephalica, 36 V. jugularis ext. sin., brustwärts aus ihr die V. cervicalis supf. hervortretend, 37 V. jugularis int. sin.; 38–46 Nerven: 38 Truncus vagosympathicus, 39 Truncus sympathicus, 40 Ggl. stellatum, 41 Pars thoracica, 42 Herzzweig, 43 N. vagus, 43' Truncus vagalis dors., 43'' Truncus vagalis ventr., 44 N. laryngeus recurrens, 45 7. und 8. Halsnerv, Stümpfe der Ventraläste, 46 N. phrenicus sin., peripherer Stumpf

entwickelten *Papillarkörper* der drüsenlosen *Lamina propria mucosae* (*b*) aufgelagert ist. Die *Lamina muscularis mucosae* (*c*) ist unvollständig und lückenhaft und wird von der stark entwickelten *Tela submucosa* (*e*) unterlagert, die beim *Hd.* über die ganze Länge des Oesophagus hinweg mit *Schleimdrüsen, Glandulae oesophageae* (*d*), ausgestattet ist. Beim *Schw.* reicht das Drüsenlager bis etwa zur Mitte der Speiseröhre, während es bei *Pfd., Wdk.* und *Ktz.* sich nur auf das Grenzgebiet vom Pharynx zum Oesophagus beschränkt. Der Muskelschlauch der Speiseröhre ist stark erweiterungsfähig, wobei das Schleimhautrohr dank seiner dehnbaren Submukosa durch Entfaltung leicht folgen kann. An der leeren Speiseröhre fällt das Lumen zu einem rosettenförmigen Spalt zusammen.

Magen, Ventriculus, Gaster

Der Magen hat die Aufgabe, die zerkleinerte und eingespeichelte Nahrung, die ihm durch die Speiseröhre zugeführt wird, aufzunehmen, sie vorübergehend zu speichern und chemisch weiter zu verdauen. Durch die Tätigkeit der Magenmuskulatur wird der Speisebrei schubweise in den Zwölffingerdarm befördert. Der die chemische Verdauung einleitende, von den Magendrüsen gelieferte Magensaft enthält außer dem Pepsin und dem Labferment auch Salzsäure. Der Magen als ein sackförmig erweiterter Abschnitt des Verdauungsschlauches ist zwischen die Speiseröhre und den Zwölffingerdarm eingeschaltet (11/*d*). Im Mageneingangsbereich, *Pars cardiaca*, liegt die *Speiseröhren-Magenöffnung*, der *Magenmund, Ostium cardiacum* (169, 191, 245/*a*). Der Magenausgang wird als *Pförtner, Pylorus* (*f*), bezeichnet, mit der *Magen-Zwölffingerdarmöffnung, Ostium pyloricum*.

Die unterschiedliche Lebens- und Ernährungsweise der verschiedenen Tierarten erfordern unterschiedliche Leistungen des Magens. Diese wiederum stehen in Wechselbeziehung zu seinen baulichen Verhältnissen. So besitzen

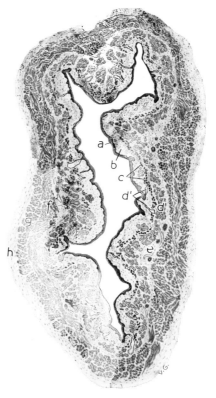

Abb. 133. Querschnitt durch die Speiseröhre eines Hundes.

a–e Tunica mucosa: *a* Lam. epithelialis, *b* Lam. propria mucosae, *c* Lam. muscularis mucosae, *d* Gll. oesophageae, *d'* Ausführungsvorgänge, *e* Tela submucosa; *f,g* Tunica muscularis: *f* innere Ring-, *g* äußere Längsmuskelschicht; *h* Tunica adventitia

Flfr., Schw. und **Pfd.** einen e i n h ö h l i g e n M a g e n (134–137), während sich bei den **Wdk.** aus der einhöhligen Anlage ein m e h r h ö h l i g e r M a g e n (203) entwickelt hat. Weiterhin unterscheidet man nach der Beschaffenheit der Innenauskleidung des Magens e i n f a c h e und z u s a m m e n g e s e t z t e M ä g e n . Der *einfache* Magen (134,135) wird in seiner ganzen Ausdehnung von einer drüsenhaltigen, mit einschichtigem Zylinderepithel bedeckten Schleimhaut ausgekleidet. Beim *zusammengesetzten* Magen (136,137) wird ein unterschiedlich großer Teil der inneren Oberfläche von d r ü s e n l o s e r , k u t a n e r Schleimhaut eingenommen. Es ist dies die *Pars nonglandularis* (*1*). Der übrige Teil des Magens, die *Pars glandularis* (*2,3,4*), ist von Drüsenschleimhaut ausgekleidet.

Bei den *Hsgt.* werden demnach *einhöhlig-einfache, einhöhlig-zusammengesetzte* und *mehrhöhlig-zusammengesetzte* Mägen unterschieden. Die *Flfr.* besitzen einen einhöhlig-einfachen, *Schw.* und *Pfd.* hingegen einen einhöhlig-zusammengesetzten Magen. Beim *Schw.* ist die Pars nonglandularis klein (137/*1*;191/*2*), beim *Pfd.* umfangreich (136/*1*;245/*2*). Der Magen der *Wdk.* setzt sich aus dem drei Anteile, *Pansen, Haube* und *Blättermagen,* enthaltenden V o r m a g e n und aus dem D r ü s e n m a g e n , dem *Labmagen,* zusammen. Der *Vormagen, Proventriculus,* trägt eine drüsenlose, kutane Schleimhaut (203/*1',1'',1''',1''''*). Nur der *Labmagen* ist von Drüsenschleimhaut ausgekleidet (*2,3,4*). Der Wiederkäuermagen ist somit das typische Beispiel eines mehrhöhlig-zusammengesetzten Magens.

Die **Gestalt** des Magens ist durch seine unterschiedlichen Funktionszustände in gewissen Grenzen

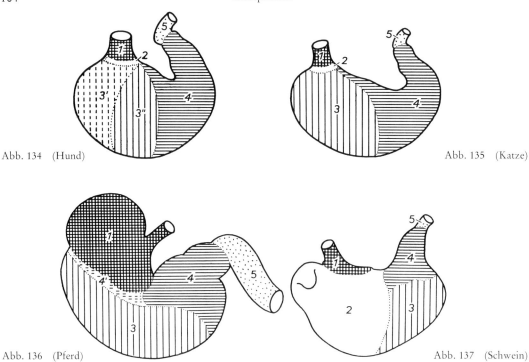

Abb. 134   (Hund)   Abb. 135   (Katze)

Abb. 136   (Pferd)   Abb. 137   (Schwein)

Abb. 134–137.   Schleimhautregionen des Magens der Haussäugetiere, schematisiert. (*Wdk.*: s. Abb. 203).

1 Kutane, drüsenlose Schleimhaut des Oesophagus und der Pars nonglandularis (kariert); *2* Kardiadrüsenzone (weiß); *3* Fundus- oder Eigendrüsenzone (längsliniert); *3'* helle (längsstrichlierte), *3''* dunkle (längslinierte) Fundus- oder Eigendrüsenzone des *Hd.*; *4* Pylorusdrüsenzone (querliniert); *4'* gemischte Kardia- und Pylorusdrüsenzone des *Pfd.* (querstrichliert); *5* Duodenalschleimhaut

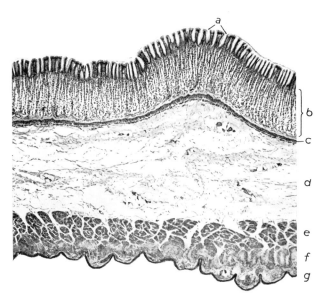

Abb. 138.   Schnitt durch die Magenwand einer Katze im Bereich der
Fundus- oder Eigendrüsenzone. Mikrofoto.

a–d Tunica mucosa: *a* Magengrübchen, ausgekleidet von Oberflächenepithel, *b* Lam. propria mucosae, hier die Fundus- oder Eigendrüsen enthaltend, *c* Lam. muscularis mucosae, darüber das Stratum compactum, *d* locker gefügte Tela submucosa; *e,f* zweigeschichtete Tunica muscularis; *g* Tunica serosa

einem ständigen Formwechsel unterworfen. Trotzdem besitzt auch dieses Organ eine G r u n d f o r m. Diese läßt sich am mäßig gefüllten Magen, der bald nach dem Tode geöffneten oder auch an der lebenswarm fixierten Tierleiche ermitteln. Hier sei zunächst der e i n h ö h l i g e Magen besprochen. Der mehrhöhlige Magen der *Wdk.* erfordert eine gesonderte Darstellung.

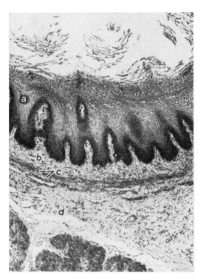

Abb. 139. Kutane, drüsenlose Schleimhaut der Pars non-glandularis des Magens eines Schweines. Mikrofoto.

a Zum Teil verhorntes Oberflächenepithel; *b* Lam. propria mucosae mit Papillarkörper; *c* Lam. muscularis mucosae; *d* Tela submucosa

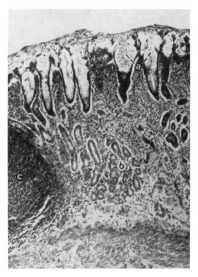

Abb. 140. Kardiadrüsenzone der Magenschleimhaut eines Schweines. Mikrofoto.

a Magengrübchen; *b* Kardiadrüsen in der mit Lymphozyten durchsetzten Lam. propria mucosae; *c* Lymphknötchen

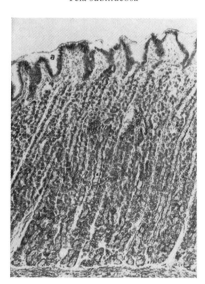

Abb. 141. Fundus- oder Eigendrüsenzone der Magenschleimhaut eines Hundes. Mikrofoto.

a Magengrübchen; in der Lam. propria mucosae die langen, schlauchförmigen Fundus- oder Eigendrüsen

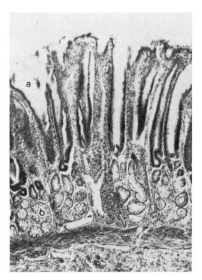

Abb. 142. Pylorusdrüsenzone der Magenschleimhaut eines Hundes. Mikrofoto.

a Magengrübchen; *b* Pylorusdrüsen in der Lam. propria mucosae

Die Grundform des einhöhligen Magens (169,191,245) ist die eines gekrümmten Sackes mit einer kranialen, dem *Zwerchfell* benachbarten Fläche, *Facies parietalis,* einer kaudalen oder *Eingeweidefläche, Facies visceralis,* und zwei Rändern oder Bögen, der *Curvatura ventriculi major* (i) und *Curvatura ventriculi minor* (k). Die konvexe, nach links und ventral gerichtete *Curvatura ventriculi major* reicht von der Kardia (a) bis zum Pylorus (f). Ihr gegenüber liegt die konkave nach rechts und dorsal schauende *Curvatura ventriculi minor,* ebenfalls von der Kardia zum Pylorus hinziehend. Die hakenförmige Krümmung des Magensacks, das Magenknie als tiefste Stelle des Organs, findet sich an der großen Kurvatur. Dieser gegenüber liegt an der kleinen Krümmung eine Einziehung, *Incisura angularis.* Der kardiawärts, in situ links von der Abbiegung gelegene Teil wird als *Corpus ventriculi* (c) bezeichnet. Er trägt eine die Kardia überragende Kuppel, einen Blindsack, den *Fundus ventriculi* (b). Dieser enthält in der Regel eine Gasblase und wird daher auch als *Magenblase* bezeichnet. An das Korpus schließt nach rechts der Pylorusteil des Magens, *Pars pylorica* (d,e), an, der aus dem weiten *Antrum pyloricum* (d) und dem enger werdenden *Canalis pyloricus* besteht und am Pförtner (f) sein Ende findet. Der Wandabschnitt an der kleinen Krümmung zwischen Kardia und Pylorus stellt das Magenrinnengebiet dar (191/6;247/g,g'). Erwähnt sei hier schon, daß am Magen des *Pfd.* der Fundus die Kardia hoch überragt und damit einen wohlausgebildeten *Blindsack, Saccus caecus ventriculi* (245,246/b), darstellt, während der Fundus des *Schw.* eine Nebenbucht, das *Diverticulum ventriculi* (191/1), trägt.

Bau der Magenwand: Die Magenwand besteht von innen nach außen aus einer *Schleimhaut, Tunica mucosa* (138/a–d), einer *Muskelhaut, Tunica muscularis* (e,f), und aus dem *Bauchfellüberzug,* der *Tunica serosa* (i).

Die Tunica mucosa zeigt die bekannte Schichtung in *Lamina epithelialis* (a), *Lamina propria mucosae* (b), *Lamina muscularis mucosae* (c) und *Tela submucosa* (d). Während bei *Schw.* und *Pfd.* mit ihrem *zusammengesetzten Magen* die Pars nonglandularis von einer drüsenlosen, kutanen Schleimhaut und allein die Pars glandularis von drüsenhaltiger Schleimhaut bedeckt sind, ist beim *Flfr.* mit seinem *einfachen Magen* der gesamte Hohlraum von Drüsenschleimhaut ausgekleidet.

Die kutane Schleimhaut der Pars nonglandularis kann leicht gefaltet sein. Sie ist von weißlicher Farbe, glatt und derb und trägt auf einem deutlichen Papillarkörper ein verhorntes, vielschichtiges Plattenepithel (139). Gegen die Drüsenschleimhaut setzt sie sich scharf ab und bildet beim *Pfd.* eine wulstige, gezackte Grenzlinie, den *Margo plicatus* (245,246/3). Beim *Pfd.* ist sie oft mit den Larven der Magenbremse besetzt, oder man findet die durch diese Parasiten verursachten Veränderungen in Form kraterförmiger Vertiefungen im Epithel.

Die Drüsenschleimhaut kann besonders nach dem Magenausgang hin hohe, verstreichbare Falten bilden. Sie zeigt auf ihrer höckerigen Oberfläche wulstige Felder, die *Areae gastricae.* Diese erweisen sich zusammengesetzt aus einer großen Zahl leistenförmiger Erhebungen, zwischen denen grübchenförmige Vertiefungen, die *Foveolae gastricae* (140–142/a), gelegen sind. Ein einfaches, hochprismatisches Epithel bedeckt die Oberfläche und kleidet auch die Grübchen aus. Es sind mukoide Zellen, die Schleim produzieren, der in dünner Schicht die Oberfläche der Schleimhaut überzieht.

In die Propria eingelagert finden sich in der Pars glandularis des Magens drei Drüsenarten, Glandulae gastricae. Dies sind 1. die Fundus- oder Eigendrüsen, *Glandulae gastricae propriae,* 2. die Pylorusdrüsen, *Glandulae pyloricae,* und 3. die Kardiadrüsen, *Glandulae cardiacae.* Sie halten bei den verschiedenen Tieren unterschiedlich große Flächen der Schleimhaut besetzt, die nur bei *Msch.* und *Flfr.* mit den Magenabschnitten übereinstimmen, und man spricht demnach von der Zone der Kardiadrüsen (134–137/2), der Fundus- oder Eigendrüsen (3) und der Pylorusdrüsen (4).

Die Schleimhaut der Fundus- oder Eigendrüsenzone ist dick, braunrötlich und unregelmäßig gefleckt. Beim *Flfr.* kleidet sie fast den ganzen Magenkörper einschließlich des Fundus, also etwa zwei Drittel des Magens, aus (134,135/3). Das *Schw.* zeigt insofern eine Abweichung, als diese Schleimhaut sich allein auf die Gegend des Magenknies beschränkt (137/3). Beim *Pfd.* nimmt sie den Magenkörper unter Ausschluß des Fundus in Anspruch (136/3). Die *Glandulae gastricae propriae* (138,141) sind dicht gelagerte Drüsenschläuche, die mit engerem Halsstück zu mehreren in die Magengrübchen einmünden. Die Wand der Drüsenschläuche wird von zwei Zellarten, den *Haupt-* und den *Belegzellen,* gebildet. Hinzu kommen die den Halsteil des Drüsenschlauchs auskleidenden *Nebenzellen.*

Die Schleimhaut der Pylorusdrüsenzone ist dünner als die vorher beschriebene, zeigt graugelbe oder grauweiße Färbung und trägt meist hohe, grobe Falten. Ihre Drüsen, die mukösen *Pylorusdrüsen, Glandulae pyloricae* (142), sind oft stärker verästelt und geschlängelt als die Glandulae gastricae propriae und münden in tiefere Magengrübchen als jene. Die Schleimhaut der Pylorusdrüsenzone kleidet beim *Flfr.* das Antrum pyloricum, den Canalis pyloricus und einen Teil des Korpus, also etwa ein Drittel der Innenfläche des Magens, aus (134,135/4). Beim *Schw.* nimmt sie nicht die gesamte Pars pylorica in Anspruch (137/4), während sie sich beim *Pfd.* ähnlich wie beim *Flfr.* auf das Antrum pyloricum und den Canalis pyloricus erstreckt (136/4).

Die Schleimhaut der Kardiadrüsenzone enthält verästelte und aufgeknäuelte seröse Drüsen (140). Auffallend ist ferner an diesem Schleimhautabschnitt der Reichtum an lymphoretikulärem Gewebe, teils in Form von Lymphknötchen (*c*), teils in mehr diffuser Anordnung. Beim *Flfr.* bildet die Schleimhaut der Kardiadrüsenzone eine schmale, ringförmige Zone an der Kardia (134,135/2), beim *Schw.* hingegen schließt sie an die kutane Schleimhaut der Pars nonglandularis an und kleidet einen Teil des Fundus mit dem Diverticulum ventriculi sowie den ganzen Magenkörper aus (137/2). Beim *Pfd.* umfaßt sie nur einen schmalen Kardia- und Pylorusdrüsen enthaltenden Streifen, der sich zwischen die Margo plicatus der Pars nonglandularis und die Zone der Glandulae gastricae propriae einschiebt (136/4′).

Die *Lamina muscularis mucosae* (138/c) kommt der gesamten Magenschleimhaut zu und ist meist zweischichtig. Sie bildet die Grenze zwischen der *Lamina propria mucosae* und der stark entwickelten *Tela submucosa* (*d*). Diese sichert die notwendige Verschiebbarkeit der Schleimhaut. Damit gibt sie auch der Lamina muscularis mucosae die Möglichkeit, das Makrorelief der Schleimhaut den wechselnden Funktionszuständen des Gesamtorgans anzupassen.

Die Tunica muscularis des Magens besteht aus einer äußeren *Längs-* und einer inneren *Ringmuskelschicht* (138/e,f;143). Hinzu kommt eine dritte, dem Magen eigentümliche Muskellage, die sich aus den *Fibrae obliquae internae* (143) zusammensetzt. Das Auftreten dieser dritten Muskelschicht läßt sich dadurch erklären, daß die ursprünglich schlauchförmige Magenanlage bei den *Sgt.* im Bereich der großen Kurvatur kardiawärts eine Ausbuchtung erfährt, die zur Entstehung von Korpus und Fundus führt. Dieser Vorgang ist mit einer Umordnung des Faserverlaufs der Muskelschichten und dem Neuerwerb der nur dem Korpus und Fundus angehörenden dritten Muskelschicht, den Fibrae obliquae internae, verbunden. Der Faserverlauf in den einzelnen Muskelschichten des einhöhligen Magens der verschiedenen *Hsgt.* weist grundsätzlich die gleiche Anordnung auf. Wie noch zu beschreiben ist, zeigt auch der mehrhöhlige Magen der *Wdk.* unter Berücksichtigung der Genese seiner einzelnen Abteilungen bezüglich der Schichtung und Struktur der Muskelwand weitgehende Übereinstimmung mit der des einhöhligen Magens.

Wie aus dem Schema in Abb. 143 ersichtlich ist, strahlt die Längsmuskelschicht, *Stratum longitudinale,* der Speiseröhre von der Kardia aus in das Gebiet der kleinen Kurvatur ein. Sie bildet an der kleinen Krümmung einen deutlichen Längsmuskelstreifen, *Fibrae longitudinales,* der zur Incisura angularis hin allmählich schwächer wird. Eine zweite Gruppe longitudinaler Fasern zieht vom Oesophagus zum Teil an der großen Kurvatur entlang und bildet hier einen allmählich schwächer werdenden Längsmuskelstreifen. Ein anderer Teil dieser Fasern verläuft jedoch an die parietale und viszerale Fläche des Fundus und von da über den Magenkörper im Bogen zur kleinen Krümmung. Ihrer Herkunft nach gehören diese Fasern zwar zum Stratum longitudinale, ihrem Verlauf entsprechend werden sie jedoch als *Fibrae obliquae externae* bezeichnet. Ihre der großen Krümmung nahe liegenden Züge ordnen sich in den oben beschriebenen Längsmuskelstreifen ein. Abweichend von dem Grundschema, verläuft diese Gruppe der Längsmuskulatur des Magens bei *Pfd.* und *Schw.* Von der Kardia aus umgreifen sie als Fibrae obliquae externae fächerförmig den Fundus, nehmen aber korpuswärts zirkulären Verlauf an, während das Stratum longitudinale sich in Form je eines Muskelbands auf die große und kleine Krümmung beschränkt.

Die Ringmuskelschicht, *Stratum circulare,* ist erst unterhalb der Kardia und damit auf der Grenze zwischen Fundus und Korpus bis zum Pylorus hin als geschlossene Muskellage vorhanden. Das Gebiet des Fundus ist demnach frei von Ringmuskulatur. Die Ringmuskelfasern liegen an der kleinen Krümmung dicht beisammen und ziehen von hier fächerförmig auseinander zur großen Kurvatur. Besonders stark sind sie am Pyloruskanal. An diesem Magenabschnitt sind daher besonders ausgiebige peristaltische Bewegungen möglich, die den Mageninhalt unter kräftigem Druck in den

Zwölffingerdarm befördern. Am Magenausgang bilden die Ringmuskelfasern den *Schließmuskel des Pförtners, M. sphincter pylori.*

Auffallend sind das Vorhandensein und der Verlauf einer dritten Muskellage, der Fibrae obliquae internae, welche allein Fundus und Korpus des Magens angehört. Ein Teil dieser Muskelfasern umkreist ringförmig den Scheitel des Fundus. In der Hauptsache umfassen die Fibrae obliquae internae jedoch von der Incisura cardiaca her die Kardia in Form einer Muskelschleife, deren Fasern divergierend auf das Korpus ausstrahlen und sich dabei der großen Krümmung des Magens zuwenden. Die der kleinen Krümmung nahe liegenden Bündel der Schleife reichen am weitesten pyloruswärts. Sie sind auffallend stark, umfassen als *Kardiamuskelschleife, Ansa cardiaca,* die Kardia unmittelbar und formen zwei kräftige Muskelwülste, die an der kleinen Krümmung des Magens bis zur Incisura angularis reichen. Die Schenkel dieser Schleife können so stark sein, daß sie auch das Schleimhautrelief beeinflussen und z. B. beim *Schw.* zwei *Magenrinnenfalten* hochwölben (191/6). Das von diesen Falten begrenzte Feld bildet an der kleinen Krümmung die *Magenrinne, Sulcus ventriculi,* die, an der Kardia beginnend, bis zur Incisura angularis hinreicht (*Magenstraße*).

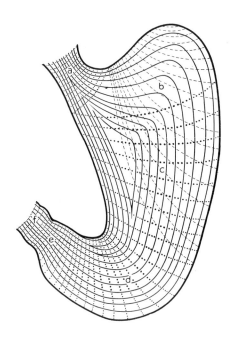

Abb. 143. Schema der Tunica muscularis eines einhöhligen Magens.
(Nach PERNKOPF, 1930, umgezeichnet.)

a Pars cardiaca; *b* Fundus ventriculi; *c* Corpus ventriculi; *d* Antrum pyloricum; *e* Canalis pyloricus; *f* Pylorus. Ausgezogene Linien : Stratum longitudinale. Vom Oesophagus kommend, zieht es an der großen und kleinen Kurvatur pyloruswärts und setzt sich in das Stratum longitudinale des Duodenums fort. Am Fundus des Magens bildet es die Fibrae obliquae externae. Punktierte Linien : Stratum circulare. An der Kardia bildet es einen Teil des M. sphincter cardiae, am Korpus und an der Pars pylorica die Ringmuskelschicht und am Pylorus den M. sphincter pylori. Gestrichelte Linien : Fibrae obliquae internae. Sie umgeben Fundus und Korpus des Magens und stellen in der Nähe der kleinen Krümmung die muskulöse Grundlage der beiden Magenrinnenlippen dar, die von dorsal die Kardia umfassen und so die Kardiamuskelschleife als Teil des M. sphincter cardiae bilden.

Der Scheitel der Kardiamuskelschleife und ihre beiden Schenkel sowie die die Schenkel überkreuzenden, der Kardia nahe liegenden Bündel der Ringmuskulatur bilden den besonders beim *Pfd.* starken *Schließmuskel des Mageneingangs, M. sphincter cardiae* (247/f,g).

Erwähnt sei schließlich, daß jene beim *Schw.* spiralig eingerollte Schleimhautfalte, die den Zugang zu dem Divertikel des Magens umgibt (191/1'), ihre muskulöse Grundlage auch von Bündeln der Fibrae obliquae internae erhält.

Der seröse Überzug des Magens wird durch das *Dorsalgekröse, Mesogastrium dorsale, großes Netz* (13/2,3,4;178/a–d), an die große Krümmung herangetragen. Hier weichen beide Serosalamellen auseinander, nehmen den Magen zwischen sich, treten an seiner kleinen Krümmung wieder zusammen und gehen in das *Ventralgekröse, Mesogastrium ventrale,* über. Dieses bildet mit den *Ligamenta hepatogastricum* und *hepatoduodenale* (13/8,9) das *kleine Netz,* das zur Leberpforte zieht. Des weiteren gehen aus dem ventralen Magengekröse die *Leber-Zwerchfellbänder* hervor. An der kleinen Krümmung ist die Serosa von einer größeren Menge subserösen Binde- bzw. Fettgewebes unterlagert. Durch das Auseinanderweichen der beiden Serosablätter an den Insertionsstellen des großen und des kleinen Netzes bleibt die Magenwand an diesen Stellen frei von Bauchfell. Berücksichtigt man die große Dehnungsfestigkeit des Bauchfells, so werden diese bauchfellfreien Streifen der Magenwand besonders an der großen Krümmung einem zu großen Binnendruck des Magens nicht den gleichen Widerstand entgegensetzen wie seine serosabedeckten Teile.

Blut- und Lymphgefäße, Innervation: Der Halsabschnitt der S p e i s e r ö h r e wird von Ästen der Aa. carotides communes dextra und sinistra versorgt, ihr Brustteil hingegen von dem Ramus oesophageus, der entweder aus der A. broncho-oesophagea der Aorta oder direkt aus dieser entspringt. An den kurzen Bauchteil der Speiseröhre gelangt ein kleiner Ast der A. gastrica sinistra. Die Venen des Halsteils des Oesophagus kommen aus den Vv. jugulares. Für den Brustteil ist die V. oesophagea zuständig. Beim *Flfr.* ist sie paarig und entstammt der von der V. azygos herkommenden rechten und linken V. broncho-oesophagea, die bei *Schw.* und *Rd.* unpaarig ist. Bei *kl. Wdk.* und *Pfd.* entspringt die V. oesophagea direkt aus der V. azygos. Die Lymphgefäße des Halsteils der Speiseröhre münden in die Lnn. cervicales profundae craniales, medii und caudales, die des Brustteils in die Lnn. mediastinales craniales und caudales. Die Innervation des Oesophagus erfolgt durch Geflechte, die von Zweigen des N. vagus und Truncus sympathicus gebildet werden. Intramurale Ganglien (Plexus myentericus) finden sich zwischen beiden Muskellagen.

Der M a g e n wird von den drei Ästen der A. coeliaca (A. lienalis, A. gastrica sinistra und A. hepatica) versorgt, wobei die A. gastrica sinistra an Bedeutung überwiegt. Seine Venen entstammen der V. portae (s. auch Bd III: S. 166 ff. und S. 268 ff.). Die Lymphgefäße des Magens münden in die Lnn. gastrici, Lnn. lienales, Lnn. coeliaci und in die Lnn. pancreaticoduodenales. Die Innervation vollzieht sich über den Plexus gastricus, einen Teil der vom N. vagus und vom Sympathikus gebildeten Plexus coeliacus und mesentericus cranialis, sowie die Plexus myentericus und submucosus.

Mittel- und Enddarm

(11, 144–152, 192, 230, 249)

Der **Darmkanal, Intestinum,** setzt sich aus M i t t e l - (11/*h–k*) und E n d d a r m (*l–p*) zusammen. Er reicht vom Pförtner des Magens bis zu seinem kurzen Verschlußstück, dem A f t e r k a n a l, der somit den Endabschnitt des Verdauungsschlauches darstellt. Wegen der unterschiedlichen Weite des Darmkanals bezeichnet man den im allgemeinen engeren Mitteldarm als D ü n n d a r m, I n t e s t i n u m   t e n u e, den meist weiteren Enddarm als D i c k d a r m, I n t e s t i n u m   c r a s s u m. Der erste Abschnitt des D ü n n d a r m s heißt *Zwölffingerdarm, Duodenum* (*h*), der zweite sehr viel längere Teil *Leerdarm, Jejunum* (*i*), und der dritte kurze Abschnitt *Hüftdarm, Ileum* (*k*). Am D i c k d a r m unterscheidet man den *Blinddarm, Caecum* (*l*), den *Grimmdarm, Colon* (*m–o*), und den *Mastdarm, Rectum* (*p*).

Sowohl die G e s a m t l ä n g e   d e s   D a r m k a n a l s wie die Länge seiner Abschnitte weisen vor allem tierartliche, aber auch innerhalb der gleichen Art rassebedingte und individuelle Unterschiede auf. Die exakte Ermittlung der intra vitam vorhandenen Darmlänge stößt auf erhebliche technische Schwierigkeiten. Messungen an der Tierleiche liefern nur dann brauchbare Vergleichswerte, wenn sie unter gleichen Bedingungen durchgeführt wurden. Es ist also notwendig, die nachfolgend aufgeführten Längenmaße des Darmes der *Hsgt.* unter Berücksichtigung des oben Gesagten zu betrachten und zu verwerten.

Nach übereinstimmenden Angaben beträgt die D a r m l ä n g e beim *Hd.* das 5fache, beim *Schw.* das 15fache, beim *Rd.* das 20fache, beim *kl. Wdk.* das 25fache und beim *Pfd.* das 10fache der Körperlänge. Daraus ist zunächst zu ersehen, daß der *Flfr.* gegenüber dem *Pflfr.* und dem omnivoren *Schw.* einen sehr viel kürzeren Darm hat. Andererseits fällt jedoch auf, daß das *Pfd.* trotz reiner Pflanzenkost gegenüber dem ebenso von Pflanzen lebenden *Wdk.*, aber auch gegenüber dem *Schw.* einen erheblich kürzeren Darmkanal besitzt.

Die W e i t e   d e s   D a r m r o h r s ist kein sicheres Kriterium für die Unterscheidung zwischen Dünndarm und Dickdarm, da bei einigen *Hsgt.* Teile des Dickdarms nicht weiter sind als der Dünndarm. Als zuverlässiges Merkmal für die Dünn-Dickdarmgrenze gilt der bei *Sgt.* u n t e r s c h i e d l i c h e   B a u d e r   S c h l e i m h a u t, die im Dünndarm Zotten trägt, während solche der Dickdarmschleimhaut fehlen. Weitere Möglichkeiten, verschiedene Darmabschnitte voneinander zu unterscheiden, bieten Art, Form und Ansatz der Gekröse und Bänder, die typische Form einzelner Darmteile sowie die Versorgung durch bestimmte Blutgefäße.

Darmlänge in Metern:						
	Hund	*Katze*	*Schwein*	*Rind*	*Schaf Ziege*	*Pferd*
Länge des gesamten Darms	**2,0 –5,7 (7,0)**	**1,0 –1,8**	**20,0–27,0**	**33,0–63,0**	**22,0 –43,0**	**25,0–39,0**
Länge des Dünndarms	*1,8 –4,8*	*0,8 –1,3*	*16,0–21,00*	*27,0–49,0*	*18,0 –35,0*	*19,0–30,0*
Länge des Zwölffingerdarms	0,2 –0,6	0,1 –0,12	0,7– 0,95	0,9– 1,2	0,6 – 1,2	1,0– 1,5
Länge des Leerdarms	1,6 –4,2	0,7 –1,2	15,0–20,0	26,0–48,0	17,5 –34,0	17,0–28,0
Länge des Hüftdarms						0,7– 0,8
Länge des Dickdarms	*0,28–0,9*	*0,2 –0,45*	*3,5– 6,0*	*6,5–14,0*	*4,0 – 8,0*	*6,0– 9,0*
Länge des Blinddarms	0,08–0,3	0,02–0,04	0,3– 0,4	0,5– 0,7	0,25– 0,42	0,8– 1,3
Länge des Grimmdarms einschl. des Mastdarms	0,2 –0,6	0,2 –0,4	3,0– 5,8	6,0–13,0	3,5 – 7,5	5,5– 8,0*

*) Am Grimmdarm des *Pfd.* können für das Colon ascendens 3,0–4,0 m und für das Colon descendens 2,5–4,0 m als Längenmaße angenommen werden.

So lassen sich auch die drei Abschnitte des D ü n n d a r m s , *Duodenum, Jejunum* und *Ileum,* durch Lage, Verlauf, topographische Beziehungen zu Nachbarorganen, durch die Art ihrer Befestigung und Blutversorgung gegeneinander abgrenzen. Die Erkennung und Abgrenzung des *Blinddarms* bereitet keine Schwierigkeiten. Bei der Benennung der drei Teilabschnitte des G r i m m d a r m s geht man von den einfachen Lageverhältnissen dieses Darmteils bei *Msch.* und *Flfr.* aus. Bei diesen steigt nämlich der Grimmdarm mit einem Schenkel rechts in der Bauchhöhle auf, *Colon ascendens* (11/*m,m'* ;144/ *F,F'*), wendet sich kaudal von Magen und Leber vor der kranialen Gekrösearterie nach links hinüber, *Colon transversum* (11/*n*;144/*G*), um dann, links absteigend, zum *Colon descendens* (11/*o*;144/*H*) und schließlich beim *Msch.* in S-förmigem Verlauf zum *Colon sigmoideum* zu werden. Mit großer Beharrlichkeit behält bei allen Arten das Colon transversum (144–147/*G*) seine Lage vor der A. mesenterica cranialis bei (*a*). Auch bei *Schw., Wdk.* und *Pfd.* lassen sich am K o l o n auf Grund entwicklungsgeschichtlicher Vergleiche diese Abschnitte unterscheiden. Das *Colon ascendens* jedoch weist bei diesen Tieren erhebliche Länge auf. Beim *Schw.* bildet es ein k e g e l f ö r m i g e s , t u r b a n - o d e r b i e n e n k o r b a r t i g e s (145/*F,F'*;192/*e–g*), beim *Wdk.* ein s c h e i b e n f ö r m i g e s Konvolut (146/ *F,F'*;230/5–7;235/17–20), während es beim *Pfd.* eine d o p p e l h u f e i s e n f ö r m i g e Schleife darstellt (147/*F,F'*;249/*e–l*). Mit der arttypischen Umformung ist bei diesen Tieren eine unterschiedliche Lagerung des Colon ascendens verbunden, die bei den einzelnen Tierarten besprochen wird. Das *Colon transversum* behält, wie bereits erwähnt, auch bei *Schw., Wdk.* und *Pfd.* seine charakteristische Lage k r a n i a l der A. mesenterica cranialis. Während das *Colon descendens,* kaudal in den Mastdarm übergehend, bei *Schw.* und *Flfr.* in geradem Verlauf beckenwärts strebt (144,145/*H*), besitzt es beim *Wdk.* vor dem Beckeneingang das *Colon sigmoideum* (146/*H,16*;230/9). Beim *Pfd.* hingegen zeichnet sich das Colon descendens durch seine besondere Länge aus und ist an einem langen plattenförmigen Gekröse befestigt (147/*H*;249/*n*). Das *Rectum* schließlich erkennt man an seinem gestreckten Verlauf in der Beckenhöhle (11/*p*;144–147/*J*). Ihm folgt der *Canalis analis.*

Dünndarm, Intestinum tenue

Der Dünndarm oder Mitteldarm reicht vom Magenpförtner bis zur Hüft-Blind-Grimmdarmgrenze und gliedert sich, wie bereits ausgeführt, in *Duodenum, Jejunum* und *Ileum*.

Das **Duodenum, Zwölffingerdarm** (144–147,184,248) (so genannt, weil man ihm früher beim *Msch.* die Länge von 12 Fingerbreiten zuerkannte), schließt rechts an den Pylorus an. Man unterscheidet an ihm drei Abschnitte mit nur beim *Flfr.* längerem, sonst aber kurzem Gekröse. Die *Pars cranialis* (144–147/*1*;248/*f*) zieht an der Eingeweidefläche der Leber nach rechts und geht mit der *Flexura duodeni cranialis* (144–147/*2*;184/*g*;248/*f'*) in die nach kaudal zur rechten Niere hinstrebende *Pars descendens* (144–147/*3*;184/*g'*;248/*f''*) über. Kaudal der rechten Niere wendet sich das Duodenum mit seiner *Flexura duodeni caudalis* (144–147/*4*;184/*g''*;248/*f'''*) nach links und kranial, erreicht so als *Pars ascendens* (144–147/*5*;184/*g'''*;248/*f''''*) die Gegend der linken Niere und geht da, wo das Gekröse länger wird, mittels der *Flexura duodenojejunalis* (144–147/*6*;184/*h*) in das Jejunum über. An dieser Stelle ist die Pars ascendens des Duodenums mit dem Colon descendens durch die *Plica duodenocolica* (144–147/*21*;184/*l''''*) verbunden. Pars descendens, Flexura duodeni caudalis und Pars ascendens bilden einen kranial offenen Bogen, einen Haken, der k a u d a l um die kraniale Gekrösewurzel und somit um die A. mesenterica cranialis (144–147/*a*;184/*f*;248/*c*) im Halbkreis herumzieht. Die Pars cranialis hat beim *Pfd.* die Form eines liegenden S, während sie beim *Wdk.* die kranial gerichtete *Ansa sigmoidea* (146/*1'*) beschreibt. Sie zeigt enge Lagebeziehungen zu Leber und Bauchspeicheldrüse, ist mit ersterer durch das *Ligamentum hepatoduodenale* verbunden und nimmt den G a l l e n g a n g der Leber und die B a u c h s p e i c h e l d r ü s e n g ä n g e auf (248/*5*).

Das **Jejunum, Leerdarm** (144–147,179,195,196,229,230,234–238,257), ist der längste Abschnitt des Dünndarms und enthält postmortal oft nur geringe Mengen dünnflüssigen Speisebreis oder wird in leerem Zustand angetroffen. Es beginnt mit der *Flexura duodenojejunalis* am kranialen Ende der *Plica duodenocolica* (144–147/*21*). Von hier ab wird das k r a n i a l e D a r m g e k r ö s e rasch länger und bietet bei *Flfr.* und *Pfd.* den großen Schlingen des Jejunums als Gekröseplatte Ansatz (144,147/*17*; 249/*2*). Beim *Wdk.* hängt das lange Jejunum mit zahlreichen kleinen Schlingen am Rande der Gekröseplatte und umgibt in Form eines Halbkreises girlandenartig (sog. Kranzdarm) die dieser Gekröseplatte flach aufgelagerte und mit ihr verwachsene Grimmdarmspirale (146/*17*;230). Auch beim *Schw.* hängt das Jejunum in zahlreichen Schlingen an einer bis 0,2 m langen Gekröseplatte, mit deren Ursprungsbereich linksseitig nur die Basis des bienenkorbartigen Konvoluts des Colon ascendens (145/*17*;192) verbunden ist.

Beim *Flfr.* drängt das den Bauchraum beherrschende Dünndarmkonvolut die übrigen Darmteile an die dorsale Bauchwand und liegt, vom großen Netz bedeckt, sowohl der ventralen als auch der rechten und linken Bauchwand in großer Ausdehnung auf (179). Das Leerdarmkonvolut des *Schw.* füllt vorwiegend den rechten und unteren Bauchraum aus, reicht jedoch auch in den ventralen Teil der linken Bauchhöhlenhälfte hinüber, in deren dorsalem Bereich die Grimmdarmspirale und der Blinddarm liegen (195,196). Beim *Wdk.* wird durch die mächtige Entwicklung des Magens der gesamte Darm in die rechte Bauchhöhlenhälfte abgedrängt. Der die Grimmdarmspirale von kranial, ventral und kaudal girlandenartig umfassende Leerdarm liegt demzufolge ebenfalls rechts in der Bauchhöhle, und zwar in dem später zu besprechenden von dem großen Netz gebildeten Recessus supraomentalis (s. S. 179) (229,234–238). Beim *Pfd.* finden die sehr beweglichen Leerdarmschlingen vorwiegend im linken oberen Quadranten der Bauchhöhle Platz (257).

Das **Ileum, Hüftdarm** (Krummdarm) (144–147/*D*;184/*i*;192/*c*;230/*3*;249/*c*), ist das kurze Endstück des Dünndarms und vermittelt den Anschluß zum Dickdarm. Es hängt an der kaudal auslaufenden Platte des kranialen Gekröses und ist durch die *Plica ileocaecalis* (144–147/*18*;184/*i'*;230/*3'*; 249/*c'*) mit dem Zäkum verbunden. Diese Falte inseriert am antimesenterialen Rand des Ileums und läuft in einen Gekrösestreifen aus, der durch seine Reichweite die Länge dieses Dünndarmabschnitts bestimmt. Er mündet auf der Grenze zwischen Blind- und Grimmdarm mit dem *Ostium ileale* (144–147/*7*;181,194,232,233,250–253,255/*1*) in den Dickdarm. Das Mündungsstück des Hüftdarms kann besondere Ausgestaltung, z. B. als *Ileumzapfen, Papilla ilealis*, beim *Schw.* (194/*1*), erfahren. Im übrigen stellt das Ostium ileale nicht allein eine m o r p h o l o g i s c h e , sondern auch eine f u n k t i o n e l l e G r e n z e im Darmkanal dar. Erwähnt sei schließlich hier schon, daß beim *Pfd.* die Muskelwand des Hüftdarms erheblich stärker ist als an den übrigen Dünndarmteilen, ein Hinweis auf die Sonderleistungen des Ileums bei diesem Tier (252,253/*a*).

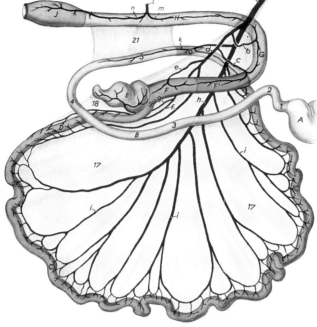

Abb. 144   (Hund)

Abb. 144–147.   Schema des Darmkanals der Haussäugetiere.

A Pars pylorica des Magens (*Hd., Schw., Pfd.*) bzw. des Labmagens (*Rd.*); *B* Duo-denum; *C* Jejunum; *D* Ileum; *E* Cae-cum; *F, F'* Colon ascendens; *G* Colon transversum; *H* Colon descendens; *J* Rectum

a A. mesenterica cran.; *b* A. colica me-dia; *c* A. colica dext. (beim *Pfd.* auch A. colica dors. genannt) bzw. Aa. colicae dextt. *(Rd.)*; *d* A. ileocolica; *d'*, *g* A. cae-calis *(Rd.)*; *e* Ramus colicus (beim *Pfd.* auch A. colica ventr. genannt) bzw. Rami colici *(Rd.)*; *f* Ramus ilei mesenterialis; *g* A. caecalis (beim *Pfd.* doppelt); *h* fort-laufende A. mesenterica cran.; *h'* Ramus collateralis *(Rd.)*; *i* Aa. jejunales; *k* A. pancreaticoduodenalis caud.; *l* A. mes-enterica caud.; *m* A. colica sin.; *n* A. rec-talis cran.

1–6 am Duodenum: *1* Pars cranialis, *1'* Ansa sigmoidea (*Rd.*), *2* Flexura duodeni cran., *3* Pars descendens, *4* Flexura duo-deni caud., *5* Pars ascendens, *6* Flexura duodenojejunalis; *7* Ostium ileale; *7'* Ostium caecocolicum (*Pfd.*); *8* Basis cae-ci; *9* Corpus caeci, *10* Apex caeci (nur *Pfd.*); *11–15* am Colon ascendens: *11* Ansa proximalis coli (*Rd.*), *12* Gyri cen-tripetales (*Schw., Rd.*) bzw. Colon ven-trale (*Pfd.*), *12'* Flexura diaphragmatica ventr. (*Pfd.*), *13* Flexura centralis (*Schw., Rd.*) bzw. Flexura pelvina (*Pfd.*), *14* Gyri centrifugales (*Schw., Rd.*) bzw. Colon dorsale (*Pfd.*), *14'* Flexura diaphragmati-ca dors. (*Pfd.*), *15* Ansa distalis coli (*Rd.*), *16* Colon sigmoideum (*Rd.*); *17* Mesojejunum; *18* Plica ileocaecalis; *19* Plica caecocolica (*Pfd.*); *20* Mesocolon ascendens (*Pfd.*); *21* Plica duodenocoli-ca; *22* Mesocolon descendens (nur beim *Pfd.* dargestellt)

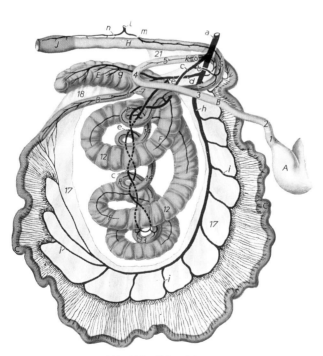

Abb. 145   (Schwein)

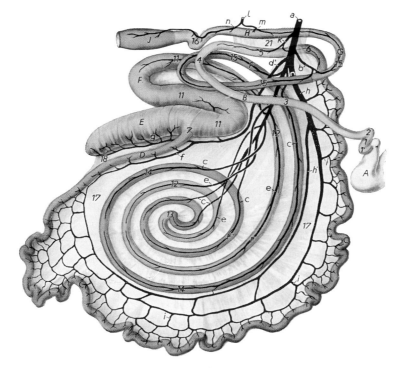

Abb. 146 (Rind)

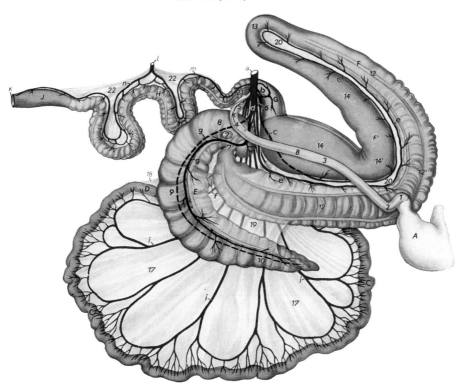

Abb. 147 (Pferd)

Dickdarm, Intestinum crassum

Der Dickdarm oder Enddarm umfaßt *Caecum, Colon,* mit seinen drei Abschnitten, und *Rectum.*

Das **Caecum, Blinddarm** (144–147/*E*), ist der blind endende Anfangsabschnitt des Dickdarms, dessen Grenze zum Grimmdarm durch das *Ostium ileale* (exkl. *Pfd.*) gegeben ist. Seine Länge nimmt bei den *Hsgt.* in der Reihenfolge *Ktz.* (183), *Hd.* (181,182), *Schw.* (192/*d*;193), *Wdk.* (230/4;231) und *Pfd.* (249/*d,d',d''*;254) zu. Bei letzterem nimmt er gewaltige Ausmaße an. Der *Wurmfortsatz* des Blinddarms des *Msch.* fehlt den hier beschriebenen *Hsgt.* (Hase und Kaninchen z. B. besitzen einen *Processus vermiformis*). Der Blinddarm liegt bei *Flfr.* (184/*k*;185/*g*), *Wdk.* (234/*r*;236/*o*;238/*k*) und *Pfd.* (258/*t,t',t''*) r e c h t s in der Bauchhöhle; nur beim *Schw.* (195/*m*) findet er sich l i n k s der Medianebene. Während sein Anfang bei ersteren regelmäßig dorsal in der rechten Flankengegend zu finden ist, zeigen die übrigen Abschnitte bei den verschiedenen Tieren, recht unterschiedliche Lagerung, wovon ausführlich bei den einzelnen Tierarten zu sprechen sein wird.

Das **Colon, Grimmdarm** (144–147,184,192,230,249,257–259), zeigt unterschiedliches Verhalten bei den verschiedenen Tieren, auf das schon hingewiesen wurde. Seine Lage beim *Msch.* gibt die Möglichkeit, den rechts in der Bauchhöhle aufsteigenden Teil als *Colon ascendens,* den vor der A. mesenterica cranialis querliegenden Teil als *Colon transversum* und den links absteigenden Teil als *Colon descendens* zu bezeichnen. Bei grundsätzlich gleichem Verlauf lassen sich die entsprechenden Abschnitte des Grimmdarms auch beim *Flfr.* erkennen (184/*l,l',l''*). Das *Querkolon* nimmt wie bei allen übrigen Vertretern k r a n i a l der A. mesenterica cranialis seinen Verlauf von rechts nach links.

Bei *Schw., Wdk.* und *Pfd.* zeigt das C o l o n a s c e n d e n s arttypische Ausgestaltung. Sie findet ihren Ausdruck in einer erheblichen Längenzunahme dieses Grimmdarmabschnitts. Die Verlängerung des Colon ascendens führt bei *Schw.* (145/*F,F'*;192/*e,f,g*) und *Wdk.* (146/*F,F'*;230/5,6,7) zu seiner spiraligen Aufrollung. Über eine nur dem *Wdk.* eigene *Anfangsschleife, Ansa proximalis coli* (146/*11*;230/5), bildet der Darm mit seinen *zentripetalen* und *zentrifugalen* Windungen, *Gyri centripetales* bzw. *centrifugales,* das *Grimmdarmlabyrinth, Grimmdarmspirale, Ansa spiralis coli* (145,146/*12,13,14*;192/*e,f,g*; 230/6), und geht mit der *Endschleife, Ansa distalis coli* (146/*15*;230/7), exkl. *Schw.,* in das kurze C o l o n t r a n s v e r s u m (145,146/*G*;192/*h*;230/8) über und dieses in das C o l o n d e s c e n d e n s (145,146/*H*;192/*i*;230/9). Beim *Schw.* türmt sich das Grimmdarmlabyrinth bienenkorb- oder turbanartig auf, während es beim *Wdk.* eine flache Scheibe bildet, deren Windungen beim *Rd.* annähernd in gleicher Ebene liegen. Colon transversum und Colon descendens bieten keine Besonderheiten.

Beim *Pfd.* ist es wiederum das C o l o n a s c e n d e n s, das sich nicht nur durch seine Länge, sondern auch durch sein gewaltiges Volumen (Colon crassum) auszeichnet. Aus räumlichen Gründen legt sich dieser Grimmdarmabschnitt zu einer doppelten U- oder hufeisenförmigen Schleife zusammen. Die eine der Schleifen liegt ventral (147/*12*), die andere dorsal (*14*), und beide wenden ihren Scheitel zwerchfellwärts (*12',14'*). Hieraus ergibt sich nun die Möglichkeit, an dem Colon ascendens des *Pfd.* durch ihre Lage gekennzeichnete Einzelabschnitte zu unterscheiden: rechts in der Bauchhöhle, vom Blinddarm herkommend, kranial verlaufend, die *rechte ventrale Längslage, Colon ventrale dextrum* (249/*e*;258/*u*;259/*c*). Sie geht mit ihrer kaudal vom Zwerchfell gelegenen *ventralen Zwerchfellkrümmung, Flexura diaphragmatica ventralis s. sternalis* (249/*f*;258/*u'*;259/*d*), in die beckenwärts ziehende *linke ventrale Längslage, Colon ventrale sinistrum* (249/*g*;257/*u'*,259/*e*), über, wodurch die ventrale U-förmige Schleife vervollständigt wird. Die linke ventrale Längslage wendet sich dann vor dem Beckeneingang mittels der *Beckenkrümmung, Flexura pelvina* (249/*h*;257/*v*), in die kranial verlaufende *linke dorsale Längslage, Colon dorsale sinistrum* (249/*i*;257/*w*), und diese mit der *dorsalen Zwerchfellkrümmung, Flexura diaphragmatica dorsalis* (249/*k*;257/*w'*), in die kurze, aber sehr voluminöse *rechte dorsale Längslage, Colon dorsale dextrum* (249/*l*;258/*v'*), so die dorsale U-förmige Schleife bildend. Das kurze und enge C o l o n t r a n s v e r s u m (147/*G*;249/*m*) liegt, von rechts nach links verlaufend, vor der kranialen Gekrösewurzel (147/*a*;249/*1*) und vermittelt den Übergang vom Colon ascendens in das C o l o n d e s c e n d e n s (147/*H*;249/*n*;258/*x*). Dieses hat eine beträchtliche Länge und hängt an einer breiten Gekröseplatte. Die großen Schlingen des Colon descendens nehmen mit dem Jejunum den linken dorsalen Quadranten der Bauchhöhle ein.

An Blind- und Grimmdarm von *Schw.* (145,192,193) und *Pfd.* (147,249,254) ist die Längsmuskulatur zu sog. *Bandstreifen, Taeniae,* zusammengerafft, zwischen denen die Darmwand sich in Form von *Poschen, Haustra,* vorbuchtet. Hohe, mondsichelförmige Falten, *Plicae semilunares,* springen in das Innere des Darmes vor und vergrößern so dessen Schleimhautfläche (255).

Das **Rectum, Mastdarm** (144–147/*J*;192/*k*;230/*10*), schließt an das Colon descendens an und stellt ein unter der Wirbelsäule gelegenes, geradlinig afterwärts verlaufendes Darmrohrstück dar. Vor seinem Übergang in das kurze Afterrohr erweitert sich das Rektum bei *Hd., Schw., Rd.* (554/*24′*) und besonders deutlich beim *Pfd.* (559/*24*) zur *Mastdarmampulle, Ampulla recti*.

Bau der Darmwand: Der Darmkanal dient der A u f s c h l i e ß u n g und R e s o r p t i o n der in der Nahrung enthaltenen, zum Aufbau des Körpers und für die Funktion seiner Organe notwendigen Stoffe. Ein Teil dieser Stoffe (Kohlenhydrate, Fette und Eiweißkörper) muß zunächst durch fermentative Prozesse in die zur Resorption geeignete Form gebracht werden. Die hierzu erforderlichen Fermente liefern die Bauchspeicheldrüse, die Leber sowie die Darmdrüsen selbst. Ein Teil der chemischen Aufschließung wird bei den *Pflfr.* von den stets im Magen (*Wdk.*) bzw. im Darmkanal (*Pfd.*) enthaltenen Kleinlebewesen (Darmflora) geleistet. Die für die chemische Verdauung notwendige Durch-

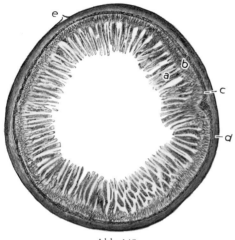

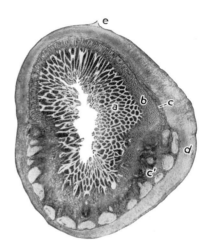

Abb. 148   Abb. 149

Abb. 148.   Q u e r s c h n i t t   d u r c h   d e n   L e e r d a r m   e i n e r   K a t z e. Mikrofoto.

a–c Tunica mucosa: *a* Villi intestinales, Darmzotten, *b* Gll. intestinales, Propriadrüsen (Lieberkühnsche Drüsen), *c* Tela submucosa mit Lam. muscularis mucosae; *d* Strata circulare und longitudinale der Tunica muscularis, von der Tunica serosa bedeckt; *e* Gekröseansatz

Abb. 149.   Q u e r s c h n i t t   d u r c h   d e n   H ü f t d a r m   e i n e r   K a t z e. Mikrofoto.

a–c Tunica mucosa: *a* Villi intestinales, Darmzotten, *b* Gll. intestinales, Propriadrüsen, *c* Tela submucosa; *c′* Lymphonoduli aggregati, Peyersche Platten, in Lam. propria mucosae und Tela submucosa gelegen; *d* Strata circulare und longitudinale der Tunica muscularis, von der Tunica serosa bedeckt; *e* Gekröseansatz

mischung, die Weiterbeförderung des Speisebreis und schließlich den Abtransport der unverdaulichen eingedickten Bestandteile der Nahrung, des Kotes, übernimmt das unter dem regelnden Einfluß des autonomen Nervensystems die Peristaltik erzeugende Muskelrohr des Darmes. In der Durchführung dieser Aufgaben ist eine Arbeitsteilung solcher Art festzustellen, daß der Dünndarm ausschließlich der chemischen Verdauung und der Resorption, der Dickdarm hingegen der Ausscheidung dient. Vermerkt sei aber, daß z. B. beim *Pfd.* ebenfalls im Dickdarm Verdauung und Resorption stattfinden und die Dickdarmschleimhaut auch bei den übrigen Tieren in gewissen Grenzen zu resorptiven Leistungen fähig ist. Die verschiedenen Leistungen des Dünn- und Dickdarms finden sichtbaren Ausdruck in den baulichen Unterschieden ihrer Wandung, die anschließend besprochen sein sollen.

Die Darmwand besteht aus einer *Schleimhaut, Tunica mucosa* (148,149/*a,b,c*;150/*a,b*), einer *Muskelhaut, Tunica muscularis* (148,149/*d*;150/*c,d*), und dem *Bauchfellüberzug, Tunica serosa*.

Die S c h l e i m h a u t trägt in Anpassung an die ständig wechselnde Weite des Darmrohrs nach Zahl und Höhe wechselnde, verstreichbare Schleimhautfalten. Daneben gibt es z. B. im Dickdarm des *Pfd.* und des *Schw.* permanente Schleimhautfalten. Die *Epitheldecke* besteht im gesamten Darmkanal aus einer einfachen Schicht von hochprismatischen Zellen mit einem deutlichen Kutikularsaum (151). Sie

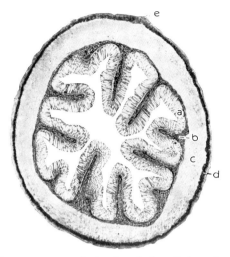

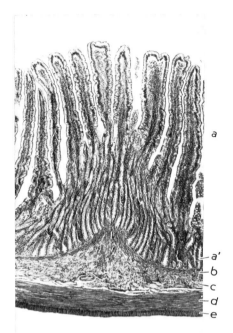

Abb. 150.   Querschnitt durch den Grimmdarm eines
Hundes. Mikrofoto.

a,b Tunica mucosa mit hohen, verstreichbaren Schleimhautfalten: *a* Lam. propria mucosae mit Darmeigendrüsen (Lieberkühnsche Drüsen), *b* Tela submucosa; *c,d* Tunica muscularis: *c* Stratum circulare, *d* Stratum longitudinale, letzteres von der Tunica
serosa bedeckt; *e* Gekröseansatz

Abb. 151

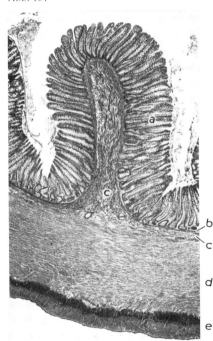

Abb. 151.   Ausschnitt aus dem Leerdarm einer Katze,
aus Abb. 148, stark vergrößert. Mikrofoto.

a–c Tunica mucosa: *a,a'* Lam. propria mucosae: *a* Villi intestinales, Darmzotten, vom Oberflächenepithel überzogen, *a'* Gll. intestinales, Darmeigendrüsen, *b* Lam. muscularis mucosae, *c* Tela
submucosa; *d,e* Tunica muscularis: *d* Stratum circulare, *e* Stratum longitudinale, von der Tunica serosa bedeckt

Abb. 152.   Ausschnitt aus dem Grimmdarm eines
Hundes, aus Abb. 150, stark vergrößert. Mikrofoto.

a–c Tunica mucosa, eine verstreichbare Falte bildend: *a* Lam.
propria mucosae mit Gll. intestinales, Darmeigendrüsen, darin
zahlreiche Becherzellen, *b* Lam. muscularis mucosae, *c* Tela submucosa; *d,e* Tunica muscularis: *d* Stratum circulare, *e* Stratum
longitudinale, von der Tunica serosa bedeckt

Abb. 152

sind an der Resorption der Stoffe aus dem Darminhalt maßgeblich beteiligt und stellen so die Vermitt-
ler zwischen Darminhalt auf der einen und Blut- und Lymphgefäßen auf der anderen Seite dar. Im
Darmepithel finden sich ferner schleimsezernierende Becherzellen (151,152), die im Dickdarmepithel
in besonders dichter Folge auftreten und die Oberfläche der Schleimhaut mit einer Schicht schützen-
den und die Gleitfähigkeit des Darminhalts erhöhenden Schleimes überziehen. Dieser Schleim, ein

normaler Bestandteil des Kotes, kann bei Darmerkrankungen in großen Mengen ausgeschieden werden. Die sezernierende Oberfläche der Darmschleimhaut erfährt eine erhebliche Vergrößerung durch die in die *Lamina propria mucosae* der Schleimhaut kryptenartig eingesenkten schlauchförmigen *Darmeigendrüsen, Glandulae intestinales (Lieberkühnsche Drüsen)* (151/*a'* ;152/*a*), die der Schleimhaut des gesamten Darmkanals eigentümlich sind. Sie münden an der Schleimhautoberfläche mit bei Lupenvergrößerung sichtbaren Öffnungen.

Neben den Darmeigendrüsen gibt es im Anfangsabschnitt des Dünndarms in der *Tela submucosa* gelegene Drüsen, *Glandulae duodenales (Brunnersche Drüsen)*. Sie erstrecken sich, vom Pylorus ab gemessen, beim *Flfr.* 15–20 mm, bei der *Zg.* 0,2–0,25 m, beim *Schf.* 0,6–0,7 m, beim *Schw.* 3–5 m, beim *Rd.* 4–5 m und beim *Pfd.* 5–6 m weit in den Dünndarm hinein. Neben diesen tierartlichen gibt es individuelle Schwankungen bezüglich der Längenausdehnung dieser Drüsenzone.

Eine erhebliche Vergrößerung der resorbierenden Oberfäche erfährt der Dünndarm durch die *Darmzotten, Villi intestinales* (148,149,151/*a*), die vom Pylorus bis zum Ostium ileale die Schleimhaut besetzt halten. Sie verleihen der Dünndarmschleimhaut ein samtartiges Aussehen, sind etwa 0,5 bis 1 mm lang, nach Tierart etwas unterschiedlich in der Form, und man schätzt ihre Zahl z. B. beim *Hd.* auf etwa 4 Millionen. Die Darmzotten sind von dem bereits geschilderten Epithel überzogen und besitzen einen aus retikulärem Gewebe bestehenden, glatte Muskelzellen, Blut- und Lymphgefäße enthaltenden Grundstock, das Zottenstroma. Die Funktion dieser kleinen Organe wird am besten mit der Bezeichnung „Zottenpumpe" charakterisiert. Abwechselnde Kontraktion und Erektion der Zotte fördern das Abströmen des Blutes und der Lymphe und damit zugleich den Abtransport der resorbierten Stoffe. Die *Lamina muscularis mucosae* (151,152/*b*) besteht aus einer dünnen, meist zweischichtigen Muskellage, die beim *Flfr.* von einem eigentümlichen *Stratum compactum* überlagert wird. Sie dient der aktiven Gestaltung des Schleimhautreliefs, wobei die von gröberen Blut- und Lymphgefäßen sowie Nerven durchsetzte, locker gefügte *Tela submucosa* (*c*) die notwendige Verschiebeschicht darstellt.

Der lymphatische Apparat der Darmwand bedarf wegen seiner Bedeutung nachdrücklicher Erwähnung. Schon die allenthalben in der Lamina propria mucosae und zwischen den Epithelzellen vorkommenden, nach Zahl sehr schwankenden Lymphozyten stehen in Abwehr gegen eindringende Keime. Sie können ebenso wie Leukozyten in den Darm einwandern.

Anhäufungen von Lymphozyten führen zur Entstehung von *Einzellymphknötchen, Lymphonoduli solitarii*, in denen Reaktionszentren auftreten können. Die meisten von ihnen sind in die Lamina propria mucosae eingebettet, brechen aber durch die Lamina muscularis mucosae auch in die Tela submucosa ein. Auf der Schleimhaut sind sie als kleine Höckerchen sichtbar. Anhäufungen dicht beieinander liegender Einzelknötchen in der antimesenterialen Darmwand werden als *Lymphonoduli aggregati, Peyersche Platten*, bezeichnet (149/*c'*). Sie sind gut sichtbar und haben eine Länge von mehreren Millimetern bis zu mehreren Metern (beim *Schw.* z. B. bis 3,5 m). Häufigkeit, Größe und Gestalt sowohl der Einzelknötchen als auch der Peyerschen Platten schwanken nach Tierart, Alter, Darmregion und Art des Futters. Im Dickdarm sind die Einzelknötchen, im Dünndarm die Peyerschen Platten häufiger. Ihre zum Darm gerichtete Oberfläche ist mit Zotten ausgestattet. Im bedeckenden Epithel sind sog. M-Zellen für Antigenaufnahme und -transport bemerkenswert. Dabei wird neuerlich diskutiert, ob diese Zellen Eintrittspforten für Keime darstellen.

Die Tunica muscularis besteht aus einer dickeren inneren *Ringmuskelschicht* (151,152/*d*) und aus einer äußeren schwächeren *Längsmuskelschicht* (*e*), die durch eine dünne bindegewebige Grenzschicht voneinander getrennt sind. Bei *Schw.* und *Pfd.* ist, wie schon erwähnt, die Längsmuskelschicht des Dickdarms zu den sog. *Bandstreifen, Taeniae*, zusammengerafft.

Blut- und Lymphgefäße, Innervation: Die *Arterien* des Dünndarms entstammen der vorderen Gekrösearterie, A. mesenterica cranialis (144–147/*a*), die für den Anfangsabschnitt des Duodenums auch der A. coeliaca. Der Dickdarm bezieht sein Blut sowohl aus der A. mesenterica cranialis als auch aus der A. mesenterica caudalis (*l*), der Mastdarm zum Teil ebenfalls von Arterien der Beckenhöhle. Die *Venen* des gesamten Darmkanals leiten ihr Blut in die Pfortader, V. portae. Nur das Rektum schickt sein Blut auch zur hinteren Hohlvene, V. cava caudalis (s. Bd III: S. 175 ff. und S. 181 ff. sowie S. 268 ff.).

Die einzelnen Darmabschnitte entsenden ihre *Lymphgefäße* in folgende *Lymphknotengruppen:* das Duodenum zu den Lnn. portales, pancreaticoduodenales, mesenterici craniales und caecales, das

Jejunum zu den Lnn. jejunales, das Ileum zu den Lnn. jejunales, caecales und colici, Zäkum, Kolon, Rektum und der Afterkanal zu den Lnn. jejunales, caecales, colici, anorectales (230).

Darmmuskulatur und Darmdrüsen unterstehen den antagonistisch wirksamen *sympathischen* und *parasympathischen Nervensystemen,* wobei ersteres die Darmtätigkeit hemmt, letzteres sie fördert. Die sympathischen Anteile erreichen den Darm über den großen Bauchknoten (Ganglion coeliacum und Ganglion mesentericum craniale) als Plexus mesentericus cranialis, über das Ganglion mesentericum caudale als Plexus mesentericus caudalis und über die vertebralen Lendenganglien als Plexus rectalis cranialis. Die parasympathischen Nerven entstammen dem kraniosakralen System. Die für die Versorgung des Darmes zuständigen Nerven des kranialparasympathischen Systems (N. vagus) ziehen zunächst zu den Bauchganglien, die des sakralen Systems zu den Ganglia pelvina und von hier aus als postganglionäre Fasern zum Darm.

Schließlich verfügt der Darmkanal über ein *intramurales Nervensystem, Plexus entericus.* Diese Nervengeflechte, in deren Knotenpunkten Ganglienzellen enthalten sind, finden sich in der Tela subserosa als *Plexus subserosus,* zwischen den beiden Schichten des Muskelrohrs als *Plexus myentericus* (AUERBACH) und in der Tela submucosa als *Plexus submucosus* (MEISSNER). Diese beiden Geflechte werden für die Automatie des Darmes verantwortlich gemacht und sollen den Darm zu weitgehend selbständigen, motorischen und sekretorischen Leistungen befähigen.

Afterkanal, Canalis analis

(186, 187, 471, 473, 490, 494, 499, 525–529, 545, 554, 559)

Der Afterkanal ist das kurze Endstück des Darmrohrs und mündet auf der Höhe des Afterkegels mit dem *After, Anus,* nach außen (526–529/a). Die Auskleidung des an das Rektum anschließenden *Canalis analis* besteht aus kutaner Schleimhaut, die sich gegen die Schleimhaut des Rektums in der *Linea anorectalis* und gegen die pigmentierte, fein behaarte Haut des Afters in der *Linea anocutanea* scharf absetzt. Der Bau der Schleimhaut des Canalis analis weist bei den einzelnen Vertretern zu besprechende tierartliche Unterschiede auf. Ein *äußerer* und *innerer Schließmuskel* besorgen den Verschluß der Afteröffnung. Der *M. sphincter ani internus* besteht aus glatter Muskulatur und stellt die verstärkte, kontinuierliche Fortsetzung der Ringmuskulatur des Rektums dar. Ihn bedeckt der aus quergestreifter Muskulatur bestehende *M. sphincter ani externus* (539,541,545,554,559/26). Er kommt von den Schwanzwirbeln her und umgibt den After teils als Ringmuskel, teils legt er sich ihm seitlich strangartig an und steigt zum Urogenitalkanal hinab. Kranial vom Schließmuskel findet sich beim *Pfd.* und gelegentlich beim *Hd.* die *ventrale Mastdarmschleife* (545,559/26'). Dabei handelt es sich um die *Pars rectalis* des *M. retractor penis/clitoridis.* Der aus glatter Muskulatur bestehende Muskel entspringt beiderseits von der Schwanzfaszie und umfaßt mit der Pars rectalis schleifenartig das Ende des Darmrohrs. Der *M. levator ani* (490/16;554,559/25), der bei den *Hft.* am Ligamentum sacrotuberale latum bzw. an der Spina ischiadica entspringt und fächerförmig in die Afterwand einstrahlt, vervollständigt die Aftermuskulatur. Beim *Hd.* besteht der M. levator ani aus dem M. iliocaudalis und aus dem M. pubocaudalis. Sie erstrecken sich von der Darmbeinsäule bzw. von dem Beckenboden an die Unterseite des Schwanzes.

Anhangsdrüsen des Darmes

Zwei große Darmdrüsen, die *Leber, Hepar s. Jecur* (11/f), und die *Bauchspeicheldrüse, Pancreas* (11/g), entwickeln sich aus einem das Duodenum umfassenden Epithelfeld, dem h e p a t o p a n k r e a t i s c h e n R i n g. Durch Aussprossen der Epithelknospen in die benachbarten Mesenterien findet eine gewaltige Anzahl von Drüsenzellen als Darmanhang in den so gebildeten Drüsen ihren Platz, wobei ihr Zusammenhang mit dem Darm durch große Ausführungsgänge gewahrt und damit ihre Sekretabgabe in den Darm möglich bleibt.

Leber, Hepar, Jecur
(153–162, 188, 189)

Die Leber entwickelt sich als ventrale Ausbuchtung des hepatopankreatischen Ringes. Ein k r a - n i a l e s D i v e r t i k e l sproßt ins Septum transversum und läßt die Leber selbst und deren Ductus hepatici entstehen. Ein k a u d a l e s D i v e r t i k e l formt die Gallenblase und deren Ductus cysticus. Über den beiden Divertikeln gemeinsamen Stiel, den Ductus choledochus, bleibt die Verbindung mit dem Duodenum erhalten.

Im Einklang mit der Größe der Leber steht auch die Vielfalt ihrer Leistungen. Ihre augenscheinlichste Funktion, die Sekretion der Galle, ist nur eine der zahlreichen Aufgaben, die dieses Organ zu erfüllen hat. Im Embryonalleben enthält sie Blutbildungsherde, die nach der Geburt verschwinden. Noch beim Neugeborenen beherrscht sie einen erheblichen Teil des Bauchraums, verliert dann aber relativ an Größe; bei jungen Hunden entfallen etwa 40–50 g Lebergewicht auf 1 kg Körpergewicht, bei älteren Tieren jedoch nur etwa 20 g. Trotzdem bleibt sie die größte Drüse des Körpers. Sie ist weiterhin ein wichtiges Speicherorgan für Glykogen, welches sie aus den durch das Pfortaderblut vom Darm zugeführten Kohlenhydraten aufbaut. Beim *Wdk.* werden zudem die von der Pansenschleimhaut resorbierten flüchtigen Fettsäuren z. T. in der Leber in verschiedene Stoffwechselprozesse eingeschleust. Ebenso ist sie fähig, in ihren Zellen Fett und auch gewisse Mengen Eiweiß zu speichern. Auch exkretorische Funktionen führt sie aus, indem sie die stickstoffhaltigen Abbauprodukte des Eiweißes zu Harnstoff und Harnsäure synthetisiert, die dann durch die Nieren als sog. harnpflichtige Stoffe im Harn ausgeschieden werden. Während sie sich im Embryonalleben an der Blutbildung beteiligte, sorgt sie später für die Beseitigung der aus der Milz stammenden Abbauprodukte der roten Blutzellen, wobei unter anderem der Gallenfarbstoff entsteht. Erwähnt sei schließlich, daß die Leber auch andere für den Körper schädliche Stoffe dem Blut entzieht und sie entgiftet.

Die F a r b e der Leber hängt ab von ihrem Blutgehalt, der Tierart, dem Lebensalter, ganz besonders aber von der Beschaffenheit der Nahrung und dem Ernährungszustand des betreffenden Tieres. Bei *Schw., Rd., Schf.* und *Pfd.* ist sie in ausgeblutetem Zustand braun; stark bluthaltig jedoch hat sie mehr rotbraune Farbe. Letztere Farbe zeigt sie auch beim *Flfr.* Bei noch saugenden, mastig gefütterten und trächtigen Tieren ist sie durch Fetteinlagerung mehr gelblich getönt. Abgemagerte und hungernde Tiere haben eine dunkelbraunrote Leber.

Die G r ö ß e und das G e w i c h t der Leber zeigen ebenfalls erhebliche Schwankungen. Da die Leber Fett und Glykogen speichert, ist ihr Gewicht bei gut genährten Tieren größer als bei hungernden oder ausgezehrten. Bei alten Tieren nimmt das Lebergewicht stets ab.

Die Leber ist durch ihren Bauchfellüberzug an ihrer O b e r f l ä c h e glatt und glänzend. Ihr Aufbau aus einer großen Anzahl von 1–2 mm großen *Läppchen* ist nur bei reichlich vorhandenem interlobulärem Bindegewebe mit freiem Auge sichtbar, bei den *Hsgt.* normalerweise nur beim *Schw.* (201,202). Die körnige Bruchfläche deutet allerdings auch bei anderen Tieren auf den Läppchenbau hin.

Die K o n s i s t e n z der Leber ist derbfest-elastisch „leberartig". Trotzdem ist sie plastisch und paßt sich in situ in ihrer **Form** der Nachbarschaft weitgehend an. Im exenterierten Zustand flacht sie sich ab. Da sie fast ganz im intrathorakalen Teil der Bauchhöhle liegt, schmiegt sie sich mit ihrer konvexen *Vorderfläche, Zwerchfellfläche, Facies diaphragmatica* (189,202,240,261), dem bauchhöhlenwärts konkaven Zwerchfell an (188,243,262). Ihre konkave *Hinterfläche, Eingeweidefläche, Facies visceralis* (188,201,293,241–243,260,262), grenzt an den Magen, Darmteile (Duodenum, Kolon, Jejunumschlingen) und die rechte Niere. Die benachbarten Organe rufen an der Eingeweidefläche der plastischen Leber tierartlich unterschiedliche und funktionell wechselnde E i n d r ü c k e, Impressiones, hervor: *Impressio oesophagea, Impressio gastrica* (exkl. *Wdk.*), *Impressio reticularis* und *Impressio omasica* (nur *Wdk.*), *Impressio duodenalis, Impressio colica, Impressio caecalis* (nur *Pfd.*), *Impressio renalis* und *Impressio suprarenalis* (exkl. *Schw.*). Der mittlere Abschnitt des Dorsalrandes, *Margo dorsalis*, ist abgerundet, stumpf, deshalb früher auch als Margo obtusus bezeichnet. Der rechte und linke Seitenrand, *Margo dexter* und *Margo sinister,* und der Ventralrand, *Margo ventralis*, sind scharf, deshalb die alte Bezeichnung Margo acutus (wichtig für die Beurteilung von Leberschwellungen).

L o b i e r u n g (153–156):

Die Leber ist tierartlich entweder unterschiedlich gegliedert durch *Incisurae interlobares* in einzelne

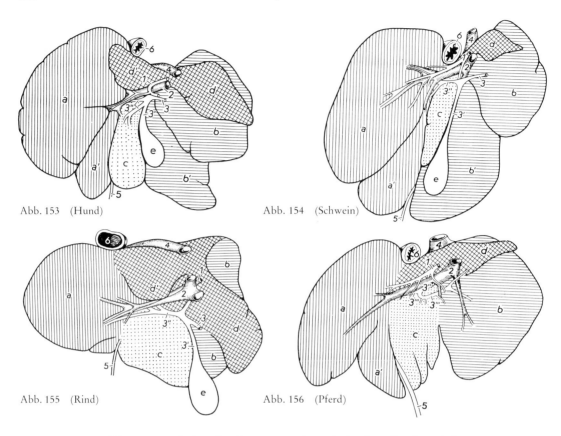

Abb. 153   (Hund)   Abb. 154   (Schwein)

Abb. 155   (Rind)   Abb. 156   (Pferd)

Abb. 153–156. Leber der Haussäugetiere. Facies visceralis, schematisch.

Zur vergleichenden Beschreibung der homologen Abschnitte der Leber sind die Organe unabhängig von ihrer unterschiedlichen Lage bei den verschiedenen Vertretern so orientiert, daß ihr Margo dorsalis sich oben im Bild befindet.

a und *a'* Lobus hepatis sin., bei *Hd.*, *Schw.* und *Pfd.* bestehend aus *a* Lobus hepatis sin. lat. und *a'* Lobus hepatis sin.
med., *a* bei *Rd.* nicht unterteilt; *b* und *b'* Lobus hepatis dext., bei *Hd.* und *Schw.* bestehend aus *b* Lobus hepatis dext.
lat. und *b'* Lobus hepatis dext. med., *b* bei *Rd.* und *Pfd.* nicht unterteilt; *c* Lobus quadratus; *d,d'* Lobus caudatus. Letzterer bei *Hd.* und *Rd.* bestehend aus *d* Proc. caudatus und *d'* Proc. papillaris, bei *Schw.* und *Pfd.* nur *d* Proc. caudatus
deutlich; *e* Vesica fellea, beim *Pfd.* nicht vorhanden

1–3 Gallengänge und Blutgefäße im Bereich der Porta hepatis: *1* A. hepatica, *2* V. portae, *3* Ductus choledochus (exkl.
Pfd.); *3'* Ductus cysticus (exkl. *Pfd.*); *3'',3'''* Ductus hepatici; *4* V. cava caud.; *5* Lig. teres hepatis; *6* Oesophagus

Lappen (*Flfr.*, *Schw.*, *Pfd.*) oder bleibt äußerlich m. o. w. ungegliedert (*Wdk.*). Deshalb kann man
sich, wie bei der ungegliederten Leber des *Msch.* auch, einiger G r e n z l i n i e n bedienen, die bei der
menschlichen Leber jedoch als H-förmige Furchen auf der Viszeralfläche in Erscheinung treten. Die
linke dieser Grenzlinien reicht von der Impressio oesophagea (6) am Margo dorsalis bis zur Einpflan-
zung des Ligamentum teres hepatis (5) in der Fissura ligamenti teretis. Die rechte Grenzlinie ziehen
wir von der Verwachsungsstelle der V. cava caudalis (4) im Sulcus venae cavae bis zur Fossa vesicae
felleae (*e*), wobei zu beachten ist, daß dem *Pfd.* eine Gallenblase fehlt, so daß hier eine entsprechend
lokalisierte Inzisur hilfsweise die Begrenzung markiert. Alles Lebergewebe links von der linken
Grenzlinie ist als *Lobus hepatis sinister* (*a,a'*), alles Lebergewebe rechts der rechten Grenzlinie als *Lobus hepatis dexter* (*b,b'*) zu bezeichnen. Der verbleibende mittlere Abschnitt der Leber wird durch die
mehr transversal gestellte *Leberpforte*, *Porta hepatis*, in den unter ihr gelegenen *Lobus quadratus* (*c*)
und den über ihr gelegenen *Lobus caudatus* (*d,d'*) eingeteilt. Letzterer kann noch weiterhin in den
Processus papillaris (exkl. *Pfd.* und *Schw.*) und den *Processus caudatus* untergliedert sein. Aber auch
der Lobus hepatis sinister (*Flfr.*, *Schw.*) und der Lobus hepatis dexter (*Flfr.*, *Schw.*, *Pfd.*) werden
durch deutliche Inzisuren noch einmal in laterale und mediale Lappen (*Lobus hepatis sinister lat.*,

Lobus hepatis sinister med., Lobus hepatis dexter lat., Lobus hepatis dexter med.) unterteilbar. So besteht beim *Flfr.* (153) der Lobus hepatis sinister aus dem Lobus hepatis sinister lateralis (*a*) bzw. medialis (*a'*), der Lobus hepatis dexter aus dem Lobus hepatis dexter lateralis (*b*) bzw. medialis (*b'*). Der unter der Leberpforte gelegene Lobus quadratus (*c*) wird hinsichtlich seiner quadratischen Form seinem Namen gerecht; und der über der Leberpforte gelegene Lobus caudatus ist weiter untergliedert in den nach rechts gerichteten Processus caudatus (*d*) und den nach links zeigenden Processus papillaris (*d'*). Beim *Schw.* (154) ist die Leber ähnlich stark gegliedert. Hier ist jedoch der Lobus quadratus (*c*) spitz und klein und erreicht den Ventralrand der Leber nicht. An dem Lobus caudatus (*d*) fehlt ein Processus papillaris. Auffallend wenig gegliedert ist dagegen die Leber der *Wdk.* (155). Ihr Lobus hepatis sinister (*a*) und Lobus hepatis dexter (*b*) bleiben ungeteilt. Der Lobus quadratus (*c*) nimmt seine Lage zwischen der Fissura ligamenti teretis einerseits und der Fossa vesicae felleae andererseits ein; der Lobus caudatus zeigt einen kleinen Processus papillaris (*d'*) und den beim *Rd.* auffallend großen Processus caudatus (*d*). Beim *Pfd.* (156) ist der Lobus hepatis sinister in den Lobus sinister lateralis (*a*) bzw. medialis (*a'*) gegliedert. Der Lobus caudatus trägt den Processus caudatus (*d*), während ein Processus papillaris fehlt. Der Lobus quadratus (*c*) besitzt an seinem Ventralrand eine wechselnde Anzahl von kleinen Kerben und ist nach rechts durch eine tiefe Inzisur vom Lobus hepatis dexter (*b*) abgetrennt, der selbst ungegliedert bleibt.

Bänder der Leber: Es wurde schon erwähnt, daß sich die Leber vom Zwölffingerdarm aus in das Ventralgekröse des Vorderdarms hinein entwickelt hat (12). Der als Gekröseplatte übrigbleibende Teil des ventralen Gekröses verbindet als k l e i n e s N e t z (*b*), das aus den *Ligamenta hepatogastricum* und *hepatoduodenale* (13,201,239,260/8,9) besteht, das Gebiet der Leberpforte mit der kleinen Krümmung des Magens bzw. dem Anfangsteil des Duodenums. Zudem ist die Leber an ihrer intestinalen Fläche auch durch die Pfortader indirekt an der kranialen Gekrösewurzel angeheftet, indem sich die Pfortaderwurzeln mit den gleichnamigen Ästen aus der A. coeliaca und der A. mesenterica cranialis auf dem Wege zu Magen und Darm aneinanderlegen. Ihre Zwerchfellfläche ist vermittels der kaudalen Hohlvene und ebenso auch durch das ventral und seitlich der kaudalen Hohlvene benachbarte *Ligamentum coronarium hepatis* mit dem Zwerchfell verbunden (189/4,8;202,240,261/4,8,9). Beim *Wdk.* tritt hier eine Verklebungsfläche, *Area nuda*, auf (240/10). Eine weitere Verbindung der Leber mit dem Zwerchfell stellt das sichelförmige *Ligamentum falciforme hepatis* dar (188,189,202, 239,240,260,261/7). Es entspringt ventral an der Leber in der Gegend des *Sulcus venae umbilicalis*, zieht zur Pars sternalis des Zwerchfells und enthält in seinem freien Rande die aus der Nabelvenengrube herkommende o b l i t e r i e r t e (verödete) N a b e l v e n e als *Ligamentum teres hepatis*, das sich nabelwärts subperitonäal als runder Strang verfolgen läßt. Bei Neugeborenen und jungen Tieren ist die Nabelvene ein noch dickwandiges Gefäß, das zunächst im noch nicht abgetrockneten Nabelstrangrest endet. Es spielt hier als Eintrittspforte für Krankheitserreger namentlich bei *Kälbern* eine wichtige Rolle und muß bei Untersuchungen besonders beachtet werden. Schließlich ist der rechte bzw. linke Leberlappen durch das *Ligamentum triangulare dextrum* bzw. *sinistrum* am Zwerchfell angeheftet (189,202,239,240,242,260,261/6,5;243,262/*g,f*).

Die Leber ruht mit ihrer viszeralen Fläche auf den hinter und unter ihr liegenden Organen und saugt sich mit ihrer Parietalfläche förmlich am Zwerchfell fest. Ihr Bandapparat verhindert größere Verschiebungen.

Die Untersuchung der Leber von außen ist durch ihre intrathorakale Lage erschwert. Nur beim *Rd.* läßt sich rechterseits hoch dorsal im 12. bzw. 11. Interkostalraum ein handbreiter Streifen der Leber durch Perkussion ermitteln; bei *Flfr.* und *Schw.* können extrathorakale Leberabschnitte palpiert werden.

Blutgefäße der Leber: Die Leber erhält nährstoffreiches Blut über die V. portae und sauerstoffreiches Blut über die A. hepatica. Beide Gefäße treten in die Leberpforte, Porta hepatis, ein.

Die *Pfortader, V. portae,* wird auch als das funktionelle Gefäß betrachtet, weil es in seinen P f o r t a d e r w u r z e l n das venöse, mit Betriebsstoffen angereicherte Blut aus den unpaaren Bauchorganen, Magen, Darm, Milz, Bauchspeicheldrüse, sammelt und nach Eintritt in die Leberpforte an ihre Pfortaderäste verteilt. Die Pfortaderwurzeln sind in Band III beschrieben. Die P f o r t a d e r ä s t e (157,158) verzweigen sich tierartlich unterschiedlich. Doch ist allgemeingültig festzustellen, daß sich die *V. portae (1)* nach Eintritt in die Leberpforte in einen *Ramus dexter (2)* und einen *Ramus sinister (3,4)* teilt. Während der Ramus dexter sich sehr bald in seine Lappen- bzw. Segmentäste aufspaltet, verläuft der

Ramus sinister zunächst in Höhe der Porta hepatis transversal nach links als *Pars transversa (3)*; auch aus diesem Venenstück werden Lappen- und Segmentäste abgegeben. Der Ramus sinister endet in einer ventral abbiegenden *Pars umbilicalis (4)*. Dieses Venenstück stellt in der fetalen Entwicklung den intrahepatischen Endabschnitt der *V. umbilicalis* dar. Auch aus der Pars umbilicalis werden Lappen- bzw. Segmentäste entlassen. Die Lappen- bzw. Segmentäste unterschiedlicher Ordnung verteilen das Blut bis zu den *Vv. interlobulares*, die, wie ihr Name sagt, zwischen den Leberläppchen, *Lobuli hepatis*, verlaufen. Aus ihnen wird unter Zwischenschaltung von Endästchen, *Rami terminales*, das sinusoidale Blutkapillarnetz der Leberläppchen selbst gespeist.

Die *Leberarterie, A. hepatica*, wird auch als das nutritive Gefäß bezeichnet, weil sie als eine der Endäste der A. coeliaca arterielles Blut an das Organ abgibt. Ihre Aufteilung in einen *Ramus dexter (Wdk., Pfd.)* bzw. in *Rami dextri lateralis* und *medialis (Flfr., Schw.)* sowie in einen *Ramus sinister* (alle *Hsgt.*) folgt danach weitestgehend der Verästelungsweise der Pfortader bis zu den *Aa. interlobulares*. Diese versorgen sowohl das interlobuläre Gewebe und ergießen sich auch in das intralobuläre Blutkapillarnetz.

Der Abfluß des Leberbluts erfolgt über die *Lebervenen, Vv. hepaticae* (157,158). Man kennt grundsätzlich drei Lebervenen, nämlich die *Vv. hepaticae dextra (5), media (6)* und *sinistra (7)*, die sich in die kaudale Hohlvene ergießen, wenn diese auf dem Wege vom Margo dorsalis hepatis bis zum Zwerchfelldurchtritt mit der Facies diaphragmatica hepatis fest verwachsen bzw. sogar in das Leber-

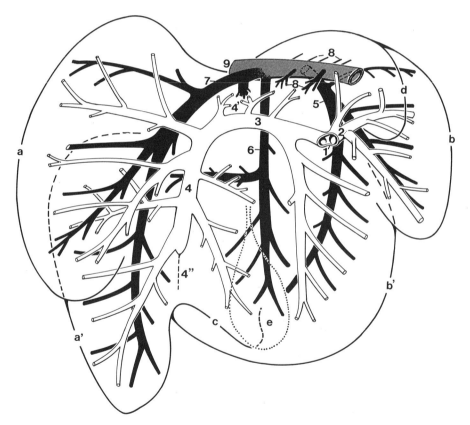

Abb. 157. Intrahepatische Venensysteme beim Ferkel. Facies visceralis, halbschematisch.
(Nach Untersuchungen von BRAGULLA, 1986.)

Pfortadersystem (*weiß*): *1* V. portae; *2* bis *4* Pfortaderäste, *2* Ramus dext., *3,4* Ramus sin., *3* Pars transversa, *4* Pars umbilicalis, *4'* Reste des umgebauten Ductus venosus, *4''* Reste der V. umbilicalis als Lig. teres hepatis. Lebervenensystem (*schwarz*): *5* V. hepatica dext., *6* V. hepatica media, *7* V. hepatica sin., *8* Rami hepatici zum Lobus caud.; *9* V. cava caud.

Die Lappen- und Segmentvenen beider Venensysteme verzweigen sich in der eingezeichneten Weise in *a* Lobus hepatis sin. lat., *a'* Lobus hepatis sin. med., *b* Lobus hepatis dext. lat., *b'* Lobus hepatis dext. med., *c* Lobus quadratus, *d* Lobus caudatus; mit *e* ist die Lage der Gallenblase einstrichliert

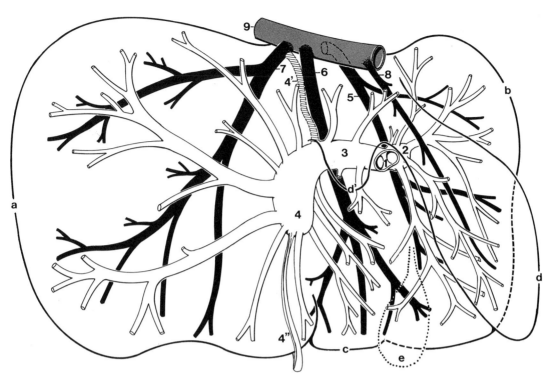

Abb. 158. Intrahepatische Venensysteme beim Kalb. Facies visceralis, halbschematisch.
(Nach Untersuchungen von KNEIDINGER, 1985.)

Pfortadersystem (*weiß*): *1* V. portae; *2* bis *4* Pfortaderäste, *2* Ramus dext., *3,4* Ramus sin., *3* Pars transversa, *4* Pars umbilicalis, *4'* obliterierender Ductus venosus, *4''* Reste der V. umbilicalis als Lig. teres hepatis. Lebervenensystem
(*schwarz*): *5* V. hepatica dext., *6* V. hepatica media, *7* V. hepatica sin., *8* Rami hepatici zum Dorsalrand des Lobus dext.;
9 V. cava caud.

Die Lappen- und Segmentvenen beider Venensysteme verzweigen sich in der eingezeichneten Weise in *a* Lobus hepatis
sin., *b* Lobus hepatis dext., *c* Lobus quadratus, *d,d'* Lobus caudatus mit *d* Proc. caudatus, *d'* Proc. papillaris; mit *e* ist
die Lage der Gallenblase einstrichliert

parenchym eingebaut ist. Die Verästelung der Vv. hepaticae ist wiederum tierartlich unterschiedlich
gestaltet. Für alle Tierarten trifft jedoch zu, daß das Kapillarblut der Leber von den Z e n t r a l v e n e n,
V v. c e n t r a l e s, inmitten der Leberläppchen aufgenommen und an Sammelvenen weitergeleitet
wird. Diese Sammelvenen fließen wiederum segment- und lappenweise zusammen und ergießen sich
schließlich in die drei genannten Lebervenen.

Die beiden beschriebenen Venensysteme der Leber, das zuleitende P f o r t a d e r s y s t e m und das
ableitende L e b e r v e n e n s y s t e m, stehen kurz nach der Geburt ausschließlich über die sinusoidalen
Kapillarnetze in Verbindung. In der fetalen Entwicklung dagegen besteht ein direkter Kurzschluß,
der *Ductus venosus (4')*, der beim *Rinderfetus* bis zur Geburt offen bleibt. Beim *Schweinefetus* wird
der Ductus venosus umgebaut, indem ein proximaler Teil obliteriert, während gleichzeitig neue Anastomosen aus der Pars transversa gebildet werden, die den Kurzschluß funktionell ersetzen, so daß
auch hier das sauerstofffreie Umbilikalvenenblut in die kaudale Hohlvene übertreten kann. Näheres
siehe in den Lehrbüchern der Entwicklungslehre.

Lymphknoten: An der Leberpforte sind die *Lnn. hepatici seu portales* stationiert. Beim *Rd.* kommen am Margo dorsalis noch *Lnn. hepatici accessorii* vor. In diese genannten Lymphknoten treten die
tiefen Lymphgefäße ein. Die oberflächlichen Lymphgefäße entsenden ihre Lymphe darüber hinaus
auch durch das Zwerchfell hindurch zu den *Lnn. mediastinales, sternales* und dem *Ln. phrenicus*.

Innervation: Die vegetativen Nerven der Leber gelangen über den *Plexus hepaticus* (siehe Band
IV) in Begleitung der A. hepatica zur Leberpforte. Die sympathischen Fasern stammen aus den Nn.
splanchnici unter Zwischenschaltung des Ganglion coeliacum bzw. Plexus coeliacus. Die parasympa-

thischen Fasern gehen aus der Pars abdominalis des N. vagus hervor. Dabei gibt der Truncus vagalis ventralis direkt *Rami hepatici* an den Plexus hepaticus ab, während der Truncus vagalis dorsalis seine Leberzweige über den Plexus coeliacus sendet, von wo sie mit den Arterien zu ihrem Erfolgsorgan finden. Der „Leistungsnerv" Sympathikus regelt u. a. den Glykogenabbau, der „Erholungsnerv" Parasympathikus ist in diesem Zusammenhang für den Glykogenaufbau zuständig. Schmerz- und Dehnungsreize des Bauchfellüberzugs der Leber werden über viszero-afferente Fasern gleichfalls dem Plexus hepaticus zugeführt.

Bau der Leber (159–161): Die vielfältigen Aufgaben der Leber werden von einer einzigen Zellart, den *Hepatozyten*, durchgeführt. Die Leberzellen entnehmen ihre Betriebsstoffe dem durch die *Leberkapillaren* herangetragenen Pfortaderblut. Das in ihnen gebildete Sekret, die Galle, fließt durch das System der *Gallenkapillaren* und *Gallengänge* ab, während andere für den Körper bestimmte, in den Leberzellen gebildete und hier vorübergehend niedergelegte Betriebsstoffe von der Leber nach Art einer Drüse mit innerer Sekretion wieder an das Blut zurückgereicht werden. So bestehen zwischen dem Blutgefäßsystem der Leber und den Leberzellen innigste Wechselbeziehungen, welche die Mikroarchitektur dieses Organes verständlich machen.

Die Bauelemente der Leber sind die *Leberläppchen, Lobuli hepatis* (159,160), die um eine Zentralvene organisierten prismen- bis faustkeilähnlichen Gebilde mit einer Höhe von ca. 2 mm und einem

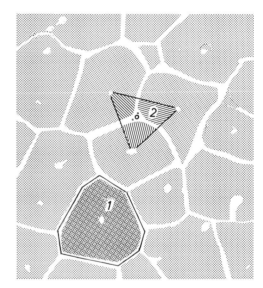

Abb. 159.   Ausschnitt aus der Leber des Schweines.

Links Mikrofoto. Die Lobuli hepatis sind bindegewebig abgegrenzt. Im Zentrum der Läppchen die Zentralvene (deshalb Zentralvenenläppchen). Im Interlobulargewebe die sog. Trias, bestehend aus Interlobulararterien, Interlobularästen der V. portae und interlobularen Gallengängen. Deren jeweiliges Versorgungsgebiet wird dementsprechend Pfortaderläppchen bzw. Gallenläppchen genannt.

Rechts vergleichbares Schema zur Verdeutlichung des Unterschiedes zwischen *1* Zentralvenenläppchen und *2* Pfortaderläppchen bzw. Gallenläppchen, die beide meistens identische Ausmaße haben

Durchmesser von ca. 1 mm; sie können auch zusammengesetzt sein oder gar Läppchentrauben bilden. Wir nennen sie auch *Zentralvenenläppchen* (159/1), womit wir sie eindeutig von dem *Pfortader-* (159/2) und den *Gallenläppchen* unterscheiden können. Letztere bezeichnen nämlich den Versorgungsbezirk einer V. interlobularis bzw. den Parenchymbezirk, dessen Galle zu einem Ductulus interlobularis bilifer gehört. Beobachtungen in der Pathologie machen diese Unterscheidung notwendig.

Das zwischen den Zentralvenenläppchen liegende i n t e r l o b u l ä r e   B i n d e g e w e b e stammt von der subserösen, bindegewebigen, dünnen *Leberkapsel, Capsula hepatis s. Capsula fibrosa perivascularis (Glissonsche Kapsel)*, die ihre Septen von der Porta hepatis aus als feines Bindegewebsgerüst in das Leberparenchym hineinschickt. Dieses kapselt beim *Schw.* jedes Leberläppchen makroskopisch sichtbar ein, während die Septen bei den übrigen *Hsgt.* nur an den Kontaktflächen mehrerer benachbarter

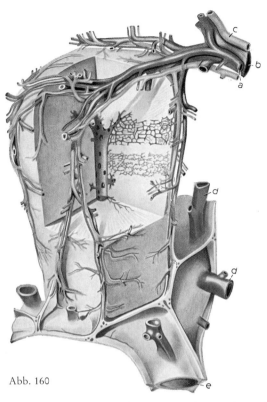
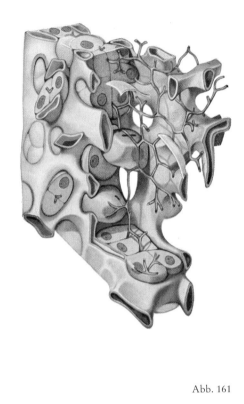

Abb. 160   Abb. 161

Abb. 160.   Leberläppchen (Zentralvenenläppchen) vom Schwein. (Nach VIERLINGER aus BRAUS, 1924.)

Ein Lobulus hepatis hat den Durchmesser von etwa 1 mm und die Höhe von etwa 2 mm.

a Äste der A. hepatica (rot); *b* Äste der V. portae (violett); *c* Gallengänge (grün); *d* Vv. centrales benachbarter Leberläppchen; *e* Sammelvene zu einer V. hepatica. Im keilförmigen Ausschnitt des Läppchens oben Leberkapillaren in Zentralvene einmündend, darunter Gallenkapillaren.

Man beachte, daß an den Läppchenkanten je eine V. interlobularis, A. interlobularis und Ductulus interlobularis, gemeinsam die sogen. Trias bildend, entlangziehen und daß rechtwinklig auf die Läppchenflächen die Rami terminales abzweigen

Abb. 161.   Ausschnitt aus einem Leberläppchen, gezeichnet nach einem Wachsplattenmodell.
(Nach VIERLINGER aus BRAUS, 1924.)

Blau : dreidimensionales Netz der sinusartigen Leberkapillaren; Gelb : Leberzellbalken bzw. -platten in das Maschenwerk der Kapillaren eingefügt; Grün : zwischenzellige Gallenkapillaren als Ausgüsse gedacht und zum Teil isoliert dargestellt; Weiß : vereinzelte Bindegewebssepten

Man beachte, wie durch diese Konstruktion ein inniger Kontakt zwischen den Leberzellen und dem Blutgefäßsystem herbeigeführt wird

Läppchen deutlich sind. Im Inneren der Läppchen bilden Gitterfasern ein zartes Raumnetz. Äste der Pfortader sowie kleine Zweige der A. hepatica und die kleinen Gallengänge (die sog. *Trias*) verlaufen an den Kontaktkanten benachbarter Leberläppchen, also interlobulär. Von den Pfortaderästen (160/ *b*) gespeist, streben die *Leberkapillaren (Sinusoide),* ein feinmaschiges dreidimensionales Kapillarnetz bildend (161), dem Zentrum des Leberläppchens zu, um hier zur *Zentralvene* (159,160) zusammenzufließen. Die Zentralvenen mehrerer gruppenweise zusammenliegender Leberläppchen vereinigen sich an deren Basis zu *Sammelvenen* (160/*e*), aus deren Zusammenfluß die weitklaffenden *Lebervenen* entstehen. Aus diesen starrwandigen Venen fließt das Blut unter dem fördernden Einfluß des Herzsoges der V. cava caudalis zu. In die Lücken des von den Läppchenkapillaren gebildeten feinmaschigen Raumnetzes sind die zu *Zellbalken* bzw. *-platten* vereinigten Leberzellen eingefügt (161). So entsteht ein Maximum an Kontaktfläche zwischen Leberzellen und Leberkapillaren. Die Versorgung der Läppchen mit arteriellem Blut erfolgt aus Ästen der A. hepatica (160/*a*). Die *Gallenkapillaren* besitzen keine eigene Wandung, sondern sind nach Art zwischenzelliger Sekretkapillaren zwischen die Kontaktflächen von zwei oder drei Leberzellen eingefügt und durchziehen die Leberzellbalken und -platten (160,161). In der Peripherie der Läppchen gehen sie in von einem einschichtigen Epithel ausgekleidete *Gallengänge* (160/*c*) über, die gemeinsam mit Zweigen der Pfortader und solchen der A. hepatica im interlobulären Bindegewebe verlaufen und der Leberpforte als intrahepatische kleinere und größere Gallengänge, *Ductuli biliferi* und *Ductus hepatici*, zustreben.

Die Wand der stellenweise und zeitweilig weiten, sinusartigen Blutkapillaren besteht aus einem verhältnismäßig kernarmen Endothelrohr, das von einem feinen Gitterfasernetz umsponnen wird. Interzelluläre Lücken bringen das Kapillarlumen mit dem perikapillaren Spalt, *Spatium perisinusoideum* (Dissescher Raum), in Verbindung. In ihn ragen die Mikrovilli der Leberzellen hinein. In das Lumen der Blutsinusoide stoßen die *von Kupfferschen Sternzellen, Macrophagocyti stellati*, mit ihren sternförmigen Zellfortsätzen vor. Sie sind zur Phagozytose befähigt. Insbesondere bei Infektionskrankheiten spielen sie eine wichtige Rolle.

Gallengangsystem: Die in den Leberzellen gebildete Galle wird, wie wir gesehen haben, an die zwischenzelligen Gallenkapillaren abgegeben. In den Randpartien der Leberläppchen übernehmen kleine Gallengänge die Galle, um sie an die Ductuli interlobulares weiterzuleiten. Durch fortschreitenden Zusammenfluß kleinerer zu größeren Gängen entstehen die *Ductuli biliferi* (Einzahl: Ductulus bilifer) und schließlich der *Ductus hepaticus sinister* und *Ductus hepaticus dexter*. Diese treten (exkl. *Hd.*) tierartlich variabel zum *Ductus hepaticus communis* zusammen, der die Leberpforte verläßt und in das Ligamentum hepatoduodenale übertritt. Nach Aufnahme des Ausführungsgangs der Gallenblase, des *Ductus cysticus*, wird er nunmehr *Ductus choledochus* genannt. Er mündet im Anfangsabschnitt des Duodenums auf der *Papilla duodeni major*.

Bei den *Hsgt.* bestehen in der Anordnung des Gallengangsystems folgende artspezifische Unterschiede (162): Am klarsten sind die Verhältnisse an der weitgehend unlobierten Leber des *Rd.*, die der allgemeinen Beschreibung entsprechen. An den Ductus hepaticus sinister sind die Ductuli biliferi des Lobus hepatis sinister, des Lobus quadratus und des Processus papillaris angeschlossen. In den Ductus hepaticus dexter münden die Gänge aus dem Lobus hepatis dexter und dem Processus caudatus. Beide, der Ductus hepaticus sinister und der Ductus hepaticus dexter, fließen zum Ductus hepaticus communis zusammen, der ab der Einmündungsstelle des Ductus cysticus sich als Ductus choledochus fortsetzt. Jedoch gibt es bei dieser Tierart auch Gänge, die direkt in den Gallenblasenhals als *Ductus hepatocystici* eintreten. Beim **Pfd.** sind die Verhältnisse gleichfalls übersichtlich. Bei ihm treten die Gallengänge aus dem Lobus hepatis sinister lateralis bzw. medialis und dem Lobus quadratus in dem Ductus hepaticus sinister, diejenigen aus dem Lobus hepatis dexter und Lobus caudatus in dem Ductus hepaticus dexter zusammen. Beide vereinigen sich zum Ductus hepaticus communis. Da jedoch dem *Pfd.* eine Gallenblase und somit auch ein Ductus cysticus fehlen, bezeichnet man herkömmlicherweise den erweiterten Endabschnitt des Ductus hepaticus communis als Ductus choledochus. In der weitgehend lobierten Leber des **Schw.** sind links die Verhältnisse übersichtlich, weil die Gallengänge aus den Lobi hepatis sinistri lateralis bzw. medialis und dem Lobus quadratus in dem Ductus hepaticus sinister zusammenlaufen. Dagegen bleiben die Ductus hepatici aus den rechtsseitigen Leberlappen und dem Lobus caudatus im allgemeinen isoliert und treten einzeln in den Ductus hepaticus communis ein, so daß es hier nicht zur Bildung eines Ductus hepaticus dexter kommt. In der mit den tiefsten Incisurae interlobares ausgestatteten Leber des **Hd.** ist die Variation des Verlaufs und des Zusammenflusses der Ductus hepatici am größten. Eine der vielen Möglichkeiten, die dazu noch am übersichtlichsten ist, wurde in Abb. 162 dargestellt. Die insgesamt ca. 3 bis 5 Ductus hepatici aus den einzelnen Lappen treten selbständig in den somit sehr langen Ductus cysticus ein. Sobald der letzte dieser Lappengänge den Ductus cysticus erreicht hat, beginnt der Ductus choledochus. Ein typischer Ductus hepaticus communis und seine beiden Aufzweigungen, die Ductus hepatici sinister und dexter, sind bei dieser Tierart in der Mehrzahl der Fälle nicht zu identifizieren. Bei der **Ktz.** gestaltet sich der Zusammenfluß der Ductus hepatici gleichfalls sehr variationsreich, wobei 1 bis 4 Ductus hepatici unterschiedlicher Größenordnung in den Ductus cysticus einmünden.

Bau: Ductus hepaticus communis, cysticus und choledochus zeigen die typische Dreischichtung in *Tunicae serosa, muscularis* und *mucosa*. Letztere trägt ein hohes, einschichtiges, beim *Wdk.* von Becherzellen durchsetztes, prismatisches Epithel und enthält muköse, z. T. auch seröse Drüsen, die beim *Rd.* besonders zahlreich, bei *Schw.* und *Pfd.* nur spärlich vorhanden sind.

Die birnenförmige **Gallenblase,** *Vesica fellea,* die dem *Pfd.* fehlt, ist bei den anderen *Hsgt.* im Gallenblasenbett, Fossa vesicae felleae, mit der Leber fest verwachsen. An der Gallenblase unterscheidet man *Fundus, Corpus* und *Collum.* Das blinde Ende, *Fundus vesicae felleae,* überragt beim *Wdk.* den Ventralrand der Leber. Beim *Flfr.* ist das *Corpus vesicae felleae* so tief in das Lebergewebe eingebettet, daß der Fundus auf der Facies diaphragmatica erscheint und das Zwerchfell berührt. Der Gallenblasenhals, *Collum vesicae felleae,* verjüngt sich zum Ductus cysticus. Beim *Wdk.* treten kleinere Gallengänge, *Ductus hepatocystici,* auch unmittelbar aus der Leber in den Gallenblasenhals ein. Bau: Sofern

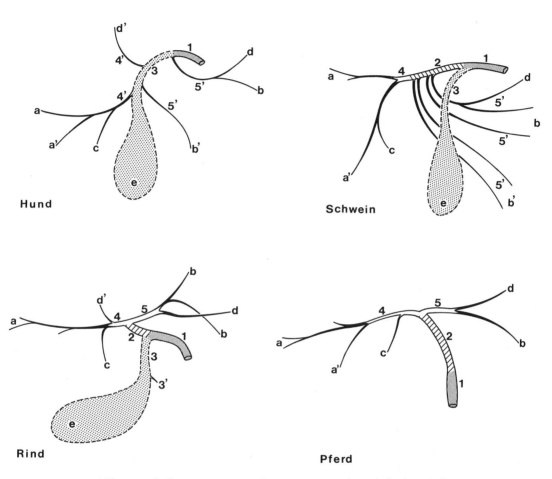

Abb. 162.   Gallengangsystem der Haussäugetiere, halbschematisch.

1 Ductus choledochus; *2* Ductus hepaticus communis (exkl. *Hd.*); *3* Ductus cysticus (exkl. *Pfd.*); *3* Ductus hepatocysticus (*Rd.*); *4* Ductus hepaticus sin. (exkl. *Hd.*); *4'* vergleichbare Ductus hepatici (*Hd.*); *5* Ductus hepaticus dext. (exkl. *Hd.* und *Schw.*); *5'* vergleichbare Ductus hepatici (*Hd.* und *Schw.*)

a bis *d* Lappengänge zu den in Abb. 153–156 dargestellten Leberlappen; *e* Gallenblase (exkl. *Pfd.*)

die Gallenblase mit der Leber nicht verwachsen ist, trägt sie einen *Bauchfellüberzug.* Zudem besteht ihre Wand aus einer dünnen *Muskelschicht* und einer faltigen *Schleimhaut.* Letztere trägt ein einschichtiges, beim *Rd.* mit Becherzellen ausgestattetes, hochprismatisches Epithel. Beim *Wdk.* enthält sie zahlreiche muköse und seröse Drüsen, bei *Flfr.* und *Schw.* sind diese nur spärlich vorhanden, oder sie fehlen. Ihren Zufluß an Galle erhält sie durch den mit dem Ductus hepaticus communis verbundenen Ductus cysticus, der also in beiden Richtungen von der Galle durchströmt werden kann.

Die Gallenblase dient zu Zeiten der Verdauungsruhe als Speicher für die Galle. In ihr erfolgt eine Eindickung der Galle unter Zusatz von Schleimstoffen.

Bauchspeicheldrüse, Pancreas

(163–168, 190, 210, 248, 439)

Die Bauchspeicheldrüse entwickelt sich aus den beiden seitlichen und dorsalen Bezirken des h e - p a t o p a n k r e a t i s c h e n R i n g e s. Aus der dorsalen Duodenumwand geht die sog. d o r s a l e P a n - k r e a s a n l a g e hervor. Aus den beiden seitlichen entstehen zwei v e n t r a l e A n l a g e n, von denen die linke zurückgebildet wird und die rechte ins dorsale Mesenterium einsproßt. Dabei wird sie auf den Endabschnitt des Ductus choledochus geschoben. Beide Anlagen bilden mit ihren Seitensprossen Drüsengewebe, während der primäre Epithelsproß zum Ausführungsgang wird. Die ventrale Anlage berührt schließlich die dorsale Anlage, und beide verschmelzen miteinander. Auch das Ausführungs- gangsystem kommuniziert. Dabei kann einer der Gänge von seinem darmseitigen Abschnitt her obli- terieren und der bleibende Gang das Sekret aus allen Teilen der vereinigten Drüse ableiten. Dieses Verhalten ist jedoch tierartlich unterschiedlich und variantenreich (siehe unten).

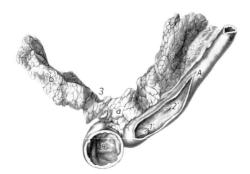

Abb. 163. P a n k r e a s e i n e s H u n d e s.

A Pars descendens duodeni; *B* Pylorus

a–c Pancreas: *a* Corpus pancreatis, *b* Lobus pancreatis sin.,
c Lobus pancreatis dext.

1' Papilla duodeni maj. mit Mündung des Ductus choledochus
und des Ductus pancreaticus; *2'* Papilla duodeni min. mit Mündung des Ductus pancreaticus acc.; *3* Inc. pancreatis

In der Bauchspeicheldrüse vereinigen sich eine e x o k r i n e und eine e n d o k r i n e Drüse. Der exo- krine Anteil sondert den fermenthaltigen Pankreassaft ab. Im endokrinen Anteil, der aus vielen klei- nen Teilorganen, den *Inseln,* besteht, werden die Hormone Insulin und Glukagon gebildet, die den Blutzuckerspiegel einstellen.

Die äußere Form der Bauchspeicheldrüse der *Hsgt.* kann n i c h t mit der für den *Msch.* gültigen No- menklatur (Caput mit Proc. uncinatus, Corpus und Cauda) beschrieben werden. Zwar liegt auch bei den *Hsgt.* ein Pankreaskomplex der Pars cranialis duodeni an; ihn nennen wir jedoch *Körper, Corpus pancreatis.* Von ihm streben zwei Schenkel oder Lappen ab. Der *Lobus pancreatis sinister* ist nach links gerichtet und erreicht die Milz, deshalb auch als *Milzschenkel* zu bezeichnen. Der *Lobus pan- creatis dexter* nimmt rechts gerichtet Lagebeziehungen zur Pars descendens duodeni auf und kann demnach als *Duodenalschenkel* bezeichnet werden. Der Körper ist fernerhin dadurch gekennzeichnet, daß über seinen Dorsalrand hinweg (*Incisura pancreatis*) die Pfortader der Leber zustrebt. Beim *Schw.* besitzt das Pankreas zusätzlich einen gabelförmigen Abschnitt, der sich mit je einem Gabelast mit dem rechten bzw. linken Lappen verbindet (164/*d*). Er umfaßt die Pfortader von kaudodorsal und bil- det so mit dem Körper den *Pfortaderring, Anulus pancreatis (3).* Auch beim Pankreas des *Pfd.* sind beide Lappen dorsal der V. portae durch eine Brücke von Drüsengewebe miteinander verbunden, so daß auch hier ein *Anulus pancreatis* entsteht (166/3).

Abb. 164. P a n k r e a s e i n e s S c h w e i n e s.

A, A' Pars descendens duodeni

a–d Pancreas: *a* Corpus pancreatis, *b* Lobus pancreatis sin., *c* Lobus pancreatis dext., *d* gabelförmiger
Abschnitt

2 Ductus pancreaticus acc., *2'* Mündung auf der
Papilla duodeni min.; *3* Anulus pancreatis

Das Pankreas des *Flfr.* (163,190) hat die Form einer U-förmigen Schleife mit dem *Corpus* und den beiden *Lobi.* Beim *Rd.* (165,210) ist der *Körper* verhältnismäßig klein und trägt einen breiten *linken* und einen langen nach kaudal gerichteten *rechten Lappen.* Das Pankreas des *Schw.* (164) entläßt aus seinem *Körper* nach *links* einen großen, nach *rechts* einen kleinen *Lappen.* An beide tritt je ein Ast des oben erwähnten gabelförmigen Abschnitts heran. Am wenigsten stark gegliedert ist die Bauchspeicheldrüse des *Pfd.* (166,248,439). Einem umfangreichen *Körper* sind der hier längere *linke* und der kürzere *rechte Lappen* angefügt.

Nach dem eingangs Gesagten sind zwei Ausführungsgänge der Bauchspeicheldrüse angelegt. Der Gang der ventralen Anlage ist der *Ductus pancreaticus* (WIRSUNGI), und er mündet entweder gemeinsam mit dem Ductus choledochus oder in seiner unmittelbaren Nähe. Der Gang der dorsalen Anlage ist der *Ductus pancreaticus accessorius* (SANTORINI). Nachdem sich das Gangsystem beider

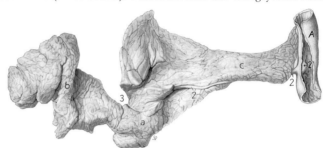

Abb. 165. Pankreas eines Rindes.

A Pars descendens duodeni

a–c Pancreas: *a* Corpus pancreatis, *b* Lobus pancreatis sin., *c* Lobus pancreatis dext.

2 Ductus pancreaticus acc., *2'* Mündung auf der Papilla duodeni min.; *3* Inc. pancreatis

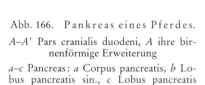

Abb. 166. Pankreas eines Pferdes.

A–A' Pars cranialis duodeni, *A* ihre birnenförmige Erweiterung

a–c Pancreas: *a* Corpus pancreatis, *b* Lobus pancreatis sin., *c* Lobus pancreatis dext.

1 Ductus pancreaticus; *1'* Papilla duodeni maj. mit Ampulla hepatopancreatica, Mündung des Ductus pancreaticus und Ductus choledochus; *2* Ductus pancreaticus acc.; *2'* Papilla duodeni min. mit Mündung des Ductus pancreaticus acc.; *3* Anulus pancreatis mit V. portae; *4* Ductus choledochus

Anlagen im Bereich des Corpus pancreatis vereinigte und somit der Abfluß des Bauchspeichels auch dann gesichert ist, wenn einer der Ausführungsgänge obliteriert, ergeben sich für die verschiedenen *Hsgt.* folgende Unterschiede: Bei **Pfd.** und **Hd.** bleiben auch nach der Vereinigung beider Drüsenanlagen beide Ausführungsgänge bestehen. Bei ihnen mündet der Ausführungsgang der ventralen Anlage als *Ductus pancreaticus* mit dem Gallengang gemeinsam auf der *Papilla duodeni major* in das Duodenum (163/*1'*;166/*1,1'*), jener der dorsalen Anlage als *Ductus pancreaticus accessorius,* beim *Pfd.* ersterem gegenüber antimesenterial (166/*2,2'*), beim *Hd.* fingerlang von ihm entfernt auf der *Papilla duodeni minor* (163/*2'*) in den Zwölffingerdarm. Dabei ist bemerkenswert, daß der Ductus pancreaticus accessorius des *Hd.* in seinem Kaliber den Ductus pancreaticus übertrifft. Gelegentlich ist bei dieser Tierart nur ein Gang ausgebildet, dann ist es immer der akzessorische Gang. Nicht selten

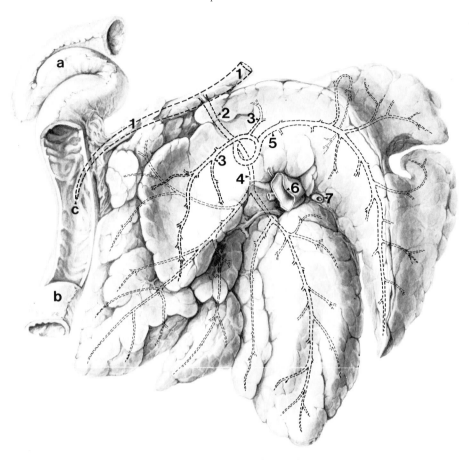

Abb. 167.   Pankreas einer Ziege. Ventralansicht. (Nach Amselgruber, 1986.)

Das System der Bauchspeicheldrüsengänge ist einstrichliert, wobei die am häufigsten gefundene Variante dargestellt wurde.

a Flexura duodeni cran., *b* Pars descendens duodeni, *c* Papilla duodeni maj.

1 Ductus choledochus; *2* Ductus pancreaticus; *3,4,5* Bauchspeicheldrüsensammelgänge für *3* das Corpus pancreatis, *4* den Lobus pancreatis dext. und *5* den Lobus pancreatis sin.; *6* V. portae in der Inc. pancreatis, *7* A. mesenterica cran., abgetrennt

gibt es aber auch mehr als zwei Gänge, nämlich drei bis fünf. Beim **Schw.** bleibt nur der Gang der d o r s a l e n   A n l a g e bestehen, der vergleichend als *Ductus pancreaticus accessorius* zu bezeichnen ist und daher selbständig in das Duodenum einmündet (164). Beim **Rd.** wurden bis vor kurzem die gleichen Verhältnisse beschrieben. Doch haben neuere Untersuchungen gezeigt, daß sehr häufig, wahrscheinlich in der überwiegenden Zahl der Fälle, auch ein kleiner, schwer auffindbarer Ductus pancreaticus vorhanden ist; er mündet in den Ductus choledochus. Beim **kl. Wdk.** (167) ist es der Gang der ventralen Anlage, Ductus pancreaticus, der erhalten bleibt. Er mündet in den Endabschnitt des Ductus choledochus, und zwar im Mittel 36 mm vor der gemeinsamen Mündung auf der Papilla duodeni major. Somit ist bei diesen Tierarten eine Durchmischung von Galle und Bauchspeichel denkbar. Während die *Zg.* keinen weiteren Ausführungsgang besitzt, wird dem *Schf.* von manchen Autoren ein nur histologisch nachweisbarer Ductus pancreaticus accessorius zugebilligt. Auch für die **Ktz.** liegen Untersuchungen vor, die feststellen, daß neben dem stets beschriebenen Ductus pancreaticus, der gemeinsam mit dem Ductus choledochus mündet, auch ein kleiner Ductus pancreaticus accessorius das Duodenum erreicht. Sehr selten findet man bei der *Ktz.* auch eine Pankreasblase, deren Größe mit der der Gallenblase verglichen werden kann.

Bau: Das Pankreas, dessen L ä p p c h e n durch Bindegewebe nur locker zusammengehalten werden (168), ist im frischen Zustand blaßrot. Es verfällt nach dem Tode durch Autolyse und durch vom

Darm aus einwandernde Keime sehr rasch der Fäulnis. Als Verdauungsdrüse bildet es Fermente bzw. deren Vorstufen, die die drei großen Stoffgruppen der Nahrung, Fette, Kohlenhydrate und Eiweißkörper, aufspalten. Neben diesen Sekreten liefert der sogenannte *Inselapparat* (168/c) des Pankreas die Hormone Insulin und Glukagon, die im Zuckerstoffwechsel des Körpers eine bedeutsame Rolle spielen. Dieser Inselapparat wird repräsentiert von Epithelzellhaufen, die den Ausführungsgängen der Drüse nicht angeschlossen sind. Sie werden von einem dichten Kapillarnetz durchsetzt und geben so

die erwähnten Hormone Insulin und Glukagon direkt an das Blut ab. Dysfunktion bzw. Afunktion des Inselapparats ruft Zuckerharnruhr, Diabetes, hervor. Die Bauchspeicheldrüsen der Schlachttiere sind Ausgangsmaterial für die Herstellung des therapeutisch verwendeten Insulins, obwohl die Zeit angebrochen ist, wo mit Hilfe der Gentechnologie menschliches Insulin herstellbar ist. Auch die fett-, eiweiß- und kohlenhydratspaltenden Fermente des Pankreas bilden die Grundlage chemisch-technischer Präparate.

Blut- und Lymphgefäße, Innervation: Die *Arterien* des Pankreas entstammen aus mehreren Seitenästen der A. coeliaca und A. mesenterica cranialis. Die *Venen* münden indirekt in die Pfortader. Die *Lymphgefäße* erhalten bei den verschiedenen Tieren in etwas unterschiedlicher Weise an benachbarte *Lymphknotengruppen* Anschluß. Die wichtigsten hiervon sind

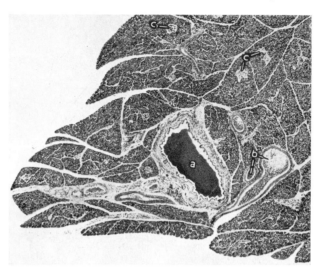

Abb. 168. Ausschnitt aus der Bauchspeicheldrüse der Katze. Mikrofoto.

Beachte den Läppchenbau der Drüse; *a* großer Ausführungsgang; *b* interlobuläre Blutgefäße; *c* Pankreasinseln (Langerhanssche Inseln)

die Lnn. pancreaticoduodenales und hepatici. Außerdem sind es beim *Schw.* die Lnn. lienales und gastrici, beim *Hd.* die Lnn. lienales und jejunales und beim *Pfd.* die Lnn. coeliaci, mesenterici craniales oder colici, in welche Lymphgefäße des Pankreas eintreten. *Nerven:* Äste des N. vagus (parasympathisch) fördern die Sekretion, solche des N. sympathicus hemmen sie.

Rumpfdarm der Fleischfresser
Vorderdarm
(11, 57, 58, 63, 64, 79, 80, 133–135, 169–180, 184–186)

Speiseröhre. Die Speiseröhre beginnt mit dem beim *Hd.* drüsenhaltigen, bei der *Ktz.* drüsenlosen *Limen pharyngooesophageum* (36,37/o;63/u;79/12';80/22') an der kaudalen Grenze der Schlundkopfschnürer und zugleich am kaudalen Rand des Ringknorpels. Beim *Hd.* liegt diese Stelle in Höhe der halben Länge des 2. Halswirbels, bei der *Ktz.* unter dem 3. Halswirbel (57,58). Die Wand des Oesophagus ist beim *Hd.* anfangs dünn, nimmt magenwärts an Dicke zu und ist die letzten 60 mm vor der Kardia am stärksten (Einschnürung des Lumens). Die Weite des Lumens steht im umgekehrten Verhältnis zur Wandstärke. Die Speiseröhre mündet trichterförmig mit verdickter Wandung rechts vom Fundus an der kleinen Krümmung des Magens in diesen ein (169–171/g). Bei der *Ktz.* ist das Lumen des Oesophagus unmittelbar nach seinem Ursprung und kurz vor seiner Einmündung in den Magen eingeengt. Hier und an der Kardia ist seine Muskulatur relativ dick. Auffallend ist beim *Hd.* der über die ganze Länge der Speiseröhre reichende Gehalt an submukösen Drüsen, *Glandulae oesophageae* (133/d), die sich bei der *Ktz.* nur auf den Anfangsabschnitt des Oesophagus beschränken. Das Abschlucken großer, auch Knochenstücke enthaltender Bissen sowie das Erbrechen derselben bereiten dem *Flfr.* keine Schwierigkeiten.

Der **Magen** der *Flfr.* (169–177,180,186) ist in seiner Form, Größe und Lage in hohem Grade von seinem jeweiligen Füllungszustand abhängig. Das mäßig gefüllte Organ (169) zeigt deutlich die G r u n d f o r m mit den im allgemeinen Teil beschriebenen Abschnitten: links das *Corpus ventriculi* (*c*) mit *Fundus ventriculi* (*Magenblase*) (*b*), ventral, nach rechts und kranial abbiegend und rechts dorsal ansteigend die *Pars pylorica* (*d,e*). Er ist U-förmig, wobei das *Corpus ventriculi* den einen, das *Antrum pyloricum* (*d*) den Bogen und der *Canalis pyloricus* (*e*) den anderen Schenkel des U ausmachen. Korpus und Antrum sind etwa gleich weit, während der Canalis pyloricus sich pförtnerwärts konisch verjüngt. Der leere Magen (170) gleicht einem hakenförmig gebogenen, engen Rohr, an dessen linkem Schenkel der Fundus (*b*) als Magenblase größere Weite besitzt. Am maximal gefüllten Magen (171) weiten sich vor allem Korpus (*c*) und Antrum (*d*), während der Canalis pyloricus verhältnismäßig eng bleibt; seine U-Form geht verloren, und es entsteht aus Korpus und Antrum ein einheitlicher Sack.

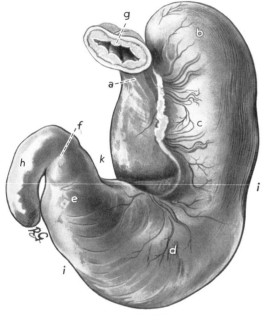

Abb. 169

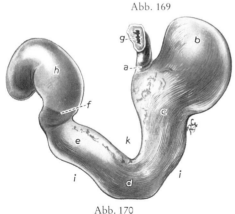

Abb. 170

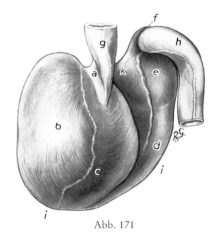

Abb. 171

Abb. 169–171. Magen des Hundes bei unterschiedlicher Füllung. (Nach ZIETZSCHMANN, 1938.)

Abb. 169. Mäßig gefüllter Magen (Grundform), Facies parietalis.

Abb. 170. Fast leerer Magen, Facies parietalis.

Abb. 171. Stark gefüllter Magen, Facies visceralis.

a Pars cardiaca; *b* Fundus ventriculi; *c* Corpus ventriculi; *d,e* Pars pylorica; *f* Pylorus; *g* Oesophagus; *h* Pars cranialis duodeni; *i* Curvatura major; *k* Curvatura minor

F o r m u n d L a g e d e s u n t e r s c h i e d l i c h g e f ü l l t e n M a g e n s b e i m *Hd.* (172–177): Mit der Formveränderung des Magens bei unterschiedlicher Füllung ändert sich auch seine Lage sowie jene der übrigen Baucheingeweide, insbesondere die der Milz und des Darmes. In l e e r e m Z u s t a n d liegt der Magen ganz intrathorakal (172,175/*c,c'*). Der Scheitel des U-förmigen Rohres liegt in Höhe der Horizontalebene durch die 10. Rippensymphyse. Der Fundus steht links etwa unter dem Winkel der 10., 11. und 12. Rippe und stößt an das Zwerchfell. Das Antrum pyloricum liegt auf einem im Be-

Abb. 172–174. Magen des Hundes in situ bei verschiedenem Füllungszustand. Linke Seitenansicht. (Nach ZIETZSCHMANN, 1938.)

Abb. 172. Fast leerer Magen.
Abb. 173. Mäßig gefüllter Magen.
Abb. 174. Sehr stark gefüllter Magen.

6,10,13 gleichzählige Brustwirbel;
6,8,11 gleichzählige linke Rippen

a Diaphragma, *a'* Ansatz an der Rippenwand gepunktet (Abb. 172); *b–b''* Leber, die Umrisse ihrer Lappen z.T. dick gestrichelt: *b* Lobus hepatis sin. lat., bei Abb. 172 und 173 abgetragen, *b'* Lobus hepatis sin. med., bei Abb. 174 nicht mehr sichtbar, *b''* Proc. papillaris, nur bei Abb. 172 sichtbar; *c* Magen, seine verdeckten Umrisse dünn gestrichelt; *c'* Pylorus, bei Abb. 174 nicht sichtbar; *d* Milz, z.T. dick gestrichelt; *e* linke Niere, ihre Umrisse z.T. gestrichelt; *f* großes Netz; *f'* Leerdarmschlingen (Abb. 174)

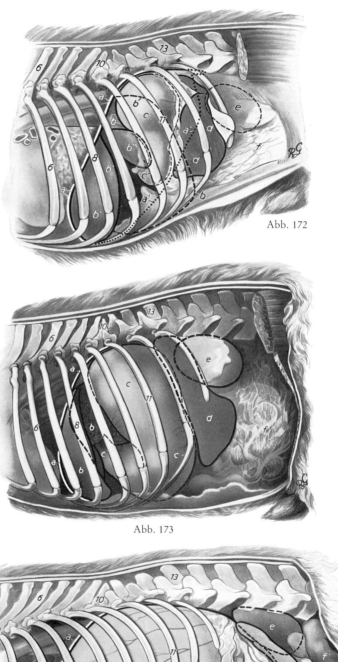

Abb. 172

Abb. 173

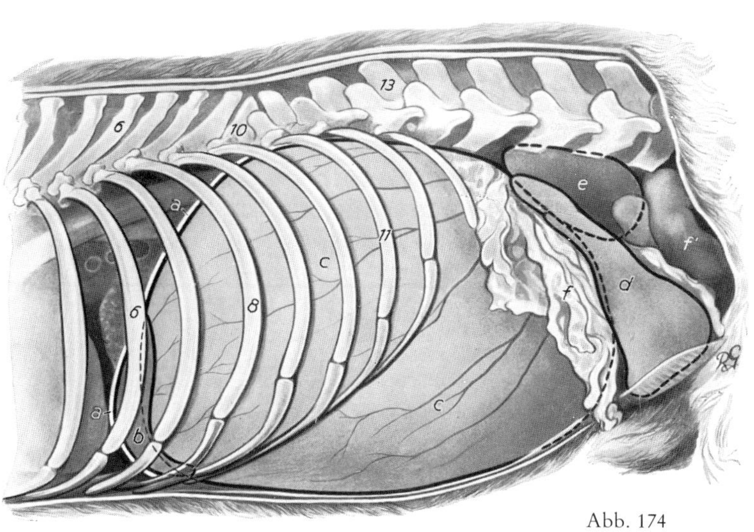

Abb. 174

reich des Nabels vorhandenen Fettgewebepolster, dem umbilikalen Fettkörper, und auf Leerdarmschlingen, während rechts der Canalis pyloricus unterhalb der Mitte der 10. Rippe sich der Porta hepatis anlehnt. Zwischen Magen und Zwerchfell schiebt sich die Leber ein. Nur der Fundus hat mit dem Zwerchfell Kontakt. In diesem Zustand ist der Magen des *Hd.* nicht palpabel. Die Milz (172/*d*) liegt der großen Krümmung des Magens in seinem Korpusteil eng an und folgt mit ihrem kaudalen Rand der Kontur des linken Rippenbogens. Am mäßig gefüllten Magen (173,176/*c,c'*) buchtet sich das Korpus nach kranial und kaudal aus, liegt zwischen den Querebenen durch die 9. und 12. Rippe (bzw. des 1.–2. Lendenwirbels) und wölbt das Zwerchfell kranial leicht vor. Das Antrum pyloricum tritt aus dem Intrathorakalraum ventral hervor und erreicht die Bauchwand. Die Lage des Pylorus zeigt wenig Änderung. Die Milz (173/*d*) befindet sich z. T. extrathorakal. Der hochgradig gefüllte Magen (174,177/*c,c'*)

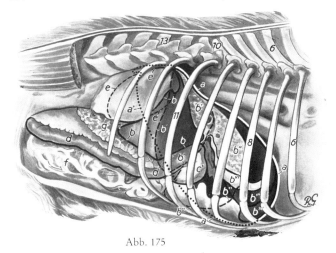

Abb. 175

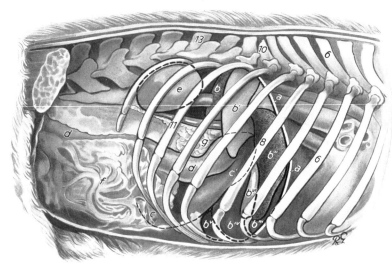

Abb. 176

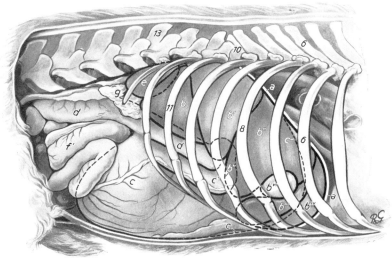

Abb. 177

Abb. 175–177. Magen des Hundes in situ bei verschiedenem Füllungszustand. Rechte Seitenansicht. (Nach ZIETZSCHMANN, 1938.)

Abb. 175. Fast leerer Magen.
Abb. 176. Mäßig gefüllter Magen.
Abb. 177. Sehr stark gefüllter Magen.

6,10,13 gleichzählige Brustwirbel; *6,8,11* gleichzählige rechte Rippen

a Diaphragma, *a'* Ansatz an der Rippenwand gepunktet (Abb. 175); *b–b^V* Leber, die Umrisse ihrer Lappen z.T. dick gestrichelt: *b* Proc. caudatus, bei Abb. 176 abgetragen, *b'* Lobus hepatis dext. lat., bei Abb. 175 abgetragen, *b''* Lobus hepatis dext. med., bei Abb. 175 und 176 abgetragen, *b'''* Lobus quadratus, *b^{IV}* Lobus hepatis sin. med., *b^V* Lobus hepatis sin. lat., nur bei Abb. 176 sichtbar, *b^{VI}* Vesica fellea; *c* Magen, seine nicht sichtbaren Umrisse dünn gestrichelt (Abb. 176 und 177); *c'* Pylorus; *d* Pars descendens duodeni; *e* rechte Niere, Umrisse z.T. gestrichelt; *f* großes Netz; *f'* Leerdarmschlingen (Abb. 177); *g* rechter Lappen des Pankreas

weitet sich stark nach ventral und kaudal. Korpus und Antrum ragen als einheitlicher Sack weit in die Regio abdominis media bzw. caudalis der Bauchhöhle hinein und erreichen die Querebene durch den 2.–3. Lebenwirbel, bei maximal gefülltem Magen jene durch den 3.–4. Lendenwirbel, wobei er mit breiter Fläche der ventralen Bauchwand, hier gut palpierbar, aufliegt. Milz (174/*d*) und linke Niere (*e*) sind hinter bzw. in die genannte Querebene verlagert. Der Dünndarm kann in diesen Fällen von der linken Bauchwand völlig abgedrängt sein. Ebenso wird auch die Leber nach rechts verschoben, und der mäßig geweitete Canalis pyloricus des Magens steigt von der 9. bis zur 12. Rippe zum rechten Rippenbogen auf. Das Zwerchfell kann mit seiner Kuppel bis zum 5. Interkostalraum (um einen Interkostalraum) nach vorne gewölbt sein. Sowohl die Form als auch die Lage des Magens betreffend, gibt es neben den geschilderten Stadien zahlreiche Übergänge.

Der Magen des *Flfr.* ist verhältnismäßig groß und nur von D r ü s e n s c h l e i m h a u t ausgekleidet. Sein Fassungsvermögen wird für den *Hd.* mit 1–9 l angegeben. Das Organ wiegt beim *Hd.* in leerem Zustand 0,621–1,385 % des Körpergewichts oder 65–270 g.

Seine vom Bauchfell überzogene M u s k e l h a u t verhält sich grundsätzlich so, wie dies im allgemeinen Teil für die einhöhligen Mägen bereits dargestellt wurde (143). Die äußere Längsmuskelschicht der Speiseröhre zieht in Form je eines schmalen Muskelbandes als *Stratum longitudinale* an der großen bzw. kleinen Krümmung des Magens pyloruswärts. Die auf die kaudale bzw. kraniale Fläche der Magenwand einstrahlenden Bündel dieser Muskelschicht streben jedoch von der großen Krümmung in schräg über die Magenwand konvergierendem Verlauf der kleinen Krümmung zu. Sie stellen die nur dem Magenkorpus zugehörenden sog. *Fibrae obliquae externae* dar. Der Pylorusteil des Magens hingegen wird von dem Stratum longitudinale allseitig umgeben. Die zweite Muskelschicht, das *Stratum circulare* der Magenwand, umfaßt, von der kleinen Krümmung divergierend zur großen Krümmung hinziehend, mit Ausnahme des Fundus, die übrigen Teile des Magens. Besonders kräftig ist die Ringmuskulatur im Bereich der Pars pylorica des Magens und bildet den kräftigen S c h l i e ß m u s - k e l , *M. sphincter pylori.* Die Grenze zwischen Antrum pyloricum und Canalis pyloricus wird durch eine seichte Ringfurche angedeutet. Die dritte Muskelschicht liefert zunächst die zweischenkelige *Kardiamuskelschleife,* welche das Ostium cardiacum umfassend an der kleinen Krümmung pylorus- wärts bis zur Incisura angularis hinab zieht. Die beiden Schenkel flankieren das Gebiet der M a g e n - r i n n e , deren muskulöser Boden von dem Stratum circulare in diesem Bereich gebildet wird. Von den beiden Schenkeln der Schleife strahlen in divergierendem Verlauf die zarten Muskelzüge der *Fibrae obliquae internae* in Richtung auf die große Krümmung des Magens aus.

Die drüsenhaltige S c h l e i m h a u t des Magens beginnt beim *Flfr.* an der Kardia mit der schmalen ringförmigen *Kardiadrüsenzone* (134,135/*2*). Die umfangreiche fast zwei Drittel bis drei Viertel der gesamten Magenschleimhaut ausmachende Zone der Fundus- oder Mageneigendrüsen läßt beim *Hd.* einen kardiaseitigen h e l l e n (134/*3'*) und einen pyloruswärtigen d u n k e l b r a u n r o t e n Abschnitt (*3''*) erkennen. Die Schleimhaut der helleren Zone ist dünner und trägt deutliche *Magengrübchen,* jene der dunklen Zone dagegen ist dicker und mit undeutlichen Grübchen versehen. Bei der *Ktz.* (135/ *3*) stellt diese R e g i o n ein einheitliches Schleimhautfeld dar. Die *Pylorusdrüsenzone* (134,135/*4*) klei- det den restlichen Teil des Magens bis zum Pylorus hin aus. Dieser Schleimhautabschnitt ist blaßrosa- rot mit einem leichten Stich ins Gelbliche. Er kann postmortal durch den Eintritt von Galle aus dem Duodenum grünlich verfärbt sein. In Übereinstimmung mit der starken Entfaltungsfähigkeit des Ma- gens ist die S u b m u k o s a mächtig entwickelt, so daß die Schleimhaut je nach Funktionszustand wechselnde Mengen verstreichbarer Schleimhautfalten unterschiedlicher Größe aufweist.

Das **große Netz, Omentum majus** (178–180,184–186), der *Flfr.* folgt in seiner Entstehung den Grundsätzen, die im allgemeinen Teil (Seite 13ff.) beschrieben sind. Nach Abschluß der Magendre- hung liegt es wie ein entleerter, ausgebreiteter Leinenbeutel mit spaltförmigem Hohlraum, *Recessus caudalis omentalis,* schürzenartig zwischen dem Darmkonvolut einerseits und der Bauchwand ande- rerseits (Abb. 179). Nicht bedeckt vom großen Netz sind kranial die Leber (*e*) und daran anschlie- ßend die Facies diaphragmatica des Magens (*g*), rechterseits die Pars descendens duodeni (*k*), kaudal die Harnblase (*h*), und linkerseits ist ihm die Milz (*f*) aufgelagert. Das große Netz hat als dorsales Ma- gengekröse seinen U r s p r u n g an der dorsalen Bauchwand und seinen A n s a t z am Magen; beide ziehen quer zur Körperachse von links nach rechts. Die U r s p r u n g s l i n i e reicht vom Hiatus oeso- phageus ausgehend über den linken Zwerchfellpfeiler nach rechts, schließt den linken Pankreaslappen ein und reicht bis zum Corpus pancreatis, um hier in die Ursprungslinie des Mesoduodenums überzu- gehen. Die A n s a t z l i n i e folgt vom Oesophagus kommend der großen Kurvatur des Magens

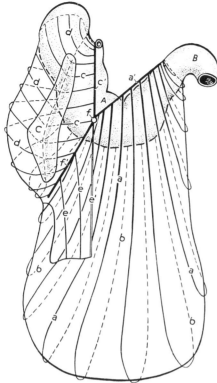

Abb. 178. Großes Netz des Hundes,
schematisiert. Dorsalansicht.
(Nach ZIETZSCHMANN, 1939.)

A Magen; *B* Pars cranialis duodeni; *C* Milz
a,c,d Paries profundus des großen Netzes, *a',c'*
Ursprungslinie; *b* Paries superficialis des großen
Netzes; *c* Lig. phrenicolienale; *d* Lig. gastrolienale; *e* Netzsegel, *e'* Ansatz am Mesocolon
descendens; *f* A. coeliaca; *f'* A. lienalis

bis zum Pylorus, um sich hier an der mesenterialen Seite des Duodenums als Darmgekröseansatz fortzusetzen. Durch die bei der Magendrehung erfolgte erhebliche Längenzunahme des dorsalen Magengekröses ergibt sich seine Beutelform mit einem beide Beutelwände U-förmig umlaufenden U m s c h l a g r a n d. Dieser
Umschlagrand schmiegt sich rechts der Pars descendens duodeni, links dem Colon descendens dicht an;
kaudal liegt er vor dem Beckenboden. Die dem Darmkonvolut direkt aufliegende Beutelwand heißt *Paries
profundus* und erstreckt sich von der Ursprungslinie
bis zum Umschlagrand; die der Bauchdecke unmittelbar anliegende Beutelwand wird als *Paries superficialis*
bezeichnet, und sie reicht vom Umschlagrand bis zur
Ansatzlinie. Dieser Paries superficialis tritt als erstes in
Erscheinung, wenn die Bauchdecke eröffnet wird. Erst
nach Vorziehen und Anheben des kaudalen Umschlagrands ist der Paries profundus zu demonstrieren; er
wird auch mit Durchschneiden des Paries superficialis
und damit erfolgter Öffnung des Recessus caudalis
omentalis sichtbar (180/*1*). Diesen großen, das Darmkonvolut abdeckenden Anteil des großen Netzes der
Flfr. hat ZIETZSCHMANN mit der Bezeichnung *Beutelnetz* belegt.

Teilabschnitte des großen Netzes haben eine besondere Tragefunktion. So ist jener Netzabschnitt, der
vom linken Zwerchfellpfeiler zum Magenfundus
zieht, als *Ligamentum gastrophrenicum* bekannt. An
ihn schließt sich ein Teilstück an, das als *Ligamentum
phrenicolienale* (178/*c*) den linken Zwerchfellpfeiler
mit dem Milzhilus verbindet. Schließlich wird jener
Abschnitt, der den Milzhilus mit Fundus und Corpus
ventriculi verbindet, als *Ligamentum gastrolienale* (*d*)
benannt. Dieser Abschnitt ist beim *Flfr.* im Gegensatz
zu den anderen Monogastriern, die keinen so außergewöhnlich entfaltungsfähigen Magen besitzen, beson

ders lang und umgibt den aus Teilbuchten bestehenden *Recessus lienalis.* ZIETZSCHMANN hat diesem
Netzabschnitt die Bezeichnung *Milznetz* gegeben.

Schließlich ist ein spezifischer Adnex des großen Netzes der *Flfr.* hervorzuheben, der sich in Form
einer sagittal gestellten, soliden, segelartigen Bauchfellplatte zwischen Milzhilus und der linken Fläche
des Mesocolon descendens ausspannt. Er wird *Netzsegel* oder mit ZIETZSCHMANN auch *Segelnetz*
genannt (184/*c*[IV]). Das Segelnetz verbindet beim *Hd.* als viereckiges, bei der *Ktz.* als dreieckiges Netz
den Paries profundus mit dem Mesocolon descendens. Es geht entlang der Milzarterie (178/*f'*) aus
dem Paries profundus hervor und inseriert linkerseits medial der linken Niere am Mesocolon descendens bis in Höhe des 4. Lendenwirbels. Das Segelnetz ist zu finden, wenn das Beutelnetz nach kranial
umgeschlagen, die Milz nach links gezogen und das Colon descendens zur rechten Seite hin angespannt werden. Das Netzsegel wird als Trageapparat für die Milz und das große Netz aufgefaßt.

Das **kleine Netz, Omentum minus,** des *Hd.* und der *Ktz.* ist aus dem Ventralgekröse des Vorderdarms hervorgegangen. Dieses Gekröse breitet sich zwischen Magen und Pars cranialis duodeni einerseits und der Leber andererseits aus, um dann mit einem freien Rand zu enden. Am kleinen Netz, wie
es nach Abschluß der Magendrehung vorzufinden ist, sind demnach die beiden Teilabschnitte, *Ligamentum hepatogastricum* und *Ligamentum hepatoduodenale*, zu unterscheiden. Sie bilden den ventralen Abschluß des Netzbeutelvorhofes, *Vestibulum bursae omentalis*, der ganz vom pyramidenförmigen
Processus papillaris der Leber ausgefüllt wird. Der freie Rand des Ligamentum hepatoduodenale ist zur
Ventrallippe des *Foramen epiploicum* (180/*a*) geworden; in ihr verläuft die V. portae aus dem Darmge-

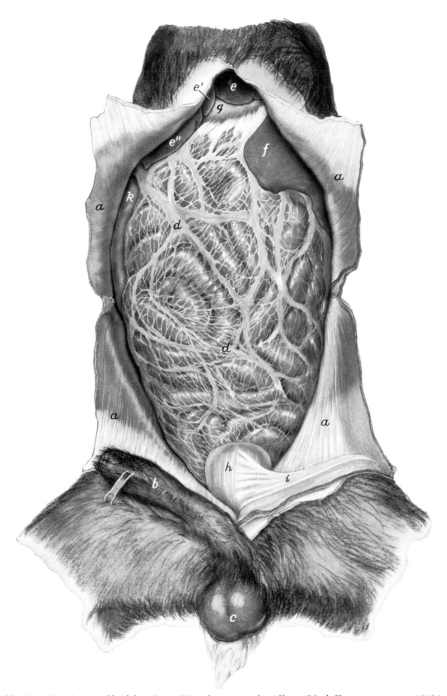

Abb. 179. Peritonäalhöhle eines Hundes, ventral eröffnet. (Nach Zietzschmann, 1943.)

a Bauchdecke, zurückgeklappt; *b* Penis im Präputium; *c* Scrotum; *d* großes Netz, das Leerdarmkonvolut schürzenartig bedeckend; *e,e',e''* Leber: *e* Lobus hepatis sin. med., *e'* Lobus quadratus, *e''* Lobus hepatis dext. med.; *f* Milz, ihr Ventralende; *g* Magen, große Kurvatur; *h* Harnblase; *i* Lig. vesicae medianum; *k* Pars descendens duodeni

kröse hinüber zur Porta hepatis. Das Foramen epiploicum läßt sich finden, wenn auf der rechten Körperseite eines rücklings liegenden Tieres die Pars descendens duodeni hochgehoben und nach links gezogen wird. Dann erscheint unter der Lendenwirbelsäule die meistens blutgefüllte V. cava caudalis; sie verläuft in der Dorsallippe des Foramen epiploicum zum Margo dorsalis der Leber. Aus dem Mesoduodenum tritt die V. portae in die Ventrallippe des Foramen epiploicum. Zwischen beiden Venen und direkt an der Basis des Processus caudatus der Leber liegt das schlitzförmige Foramen epiploicum (180/ *linker Pfeil*), das den natürlichen Zugang aus der Peritonäalhöhle in den Netzbeutelvorhof darstellt. Über die kleine Kurvatur des Magens hinweg geht der Netzbeutelvorhof in die Netzbeutelhöhle, den Recessus caudalis omentalis, und nach links in die Höhle des Milznetzes, Recessus lienalis, über.

Mittel- und Enddarm

(11, 17, 144, 179, 184–187, 471, 473, 526, 539, 541)

Der Darm des *Hd.* und der *Ktz.* zeigt in seiner Gliederung und Lage im Vergleich zu dem der übrigen *Hsgt.* einfache Verhältnisse, die denen des *Msch.* nicht unähnlich sind. Auffallend an ihm ist der geringe Unterschied in der Weite des Dünn- und Dickdarms.

Der **Dünndarm** mit seinen drei Abschnitten, *Duodenum, Jejunum* und *Ileum*, besitzt beim *Hd.* eine Gesamtlänge von 1,80–4,80 m, bei der *Ktz.* eine solche von etwa 1,30 m. Der weitaus größte Teil der Gesamtlänge entfällt auf das Jejunum.

Das **Duodenum** (144/*B*;179/*k*;184/*g–g'''*;185/*d,d'*) entspringt aus dem rechts von der Medianebene gelegenen Pylorus des Magens. Es zieht mit der Pars cranialis duodeni (144/*1*;184/*g*), mit der Leber durch das *Ligamentum hepatoduodenale* (Teil des kleinen Netzes) verbunden, dieser und der Bauchspeicheldrüse eng benachbart, in Höhe des 9. Interkostalraums nach rechts und dorsal und geht mittels der *Flexura duodeni cranialis* (144/*2*;184/*bei g*) in die Pars descendens duodeni (144/*3*;179/*k*; 184/*g'*;175–177;185/*d*) über. Diese besitzt ein verhältnismäßig langes Gekröse, in welchem der rechte Lappen der Bauchspeicheldrüse (175–177/*g*;184/*d*;185/*c'*) das Duodenum kaudal begleitet. Dieser beckenwärts verlaufende Teil des Zwölffingerdarms liegt außerhalb des großen Netzes frei der rechten dorsalen Bauchwand an, geht über den kaudalen Pol der rechten Niere hinaus bis auf die Höhe des 5.–6. Lendenwirbels, um hier mit einer zweiten Krümmung, der *Flexura duodeni caudalis* (144/*4*;184/*g''*; 185/*d'*), in einem weiten, nach kranial offenen Bogen von rechts nach links hinüberzukreuzen. Dieser Abschnitt des Duodenums biegt dabei um das Zäkum (184/*k*) bzw. den Anfangsabschnitt des Kolons und umfaßt zugleich von kaudal die Gekrösewurzel (*f*), die die A. mesenterica cranialis enthält. Seine wieder nach kranial ziehende Fortsetzung, die Pars ascendens duodeni (144/*5*;184/*g'''*), schiebt sich, an kurzem Gekröse befestigt, zwischen das rechts gelegene Zäkum (184/*k*), das Colon ascendens (*l*) und den Ursprung des Leerdarmgekröses (Gekrösewurzel) (*f*) einerseits sowie das links vorbeiziehende Colon descendens (*l''*) und die linke Niere andererseits ein. Die Pars ascendens ist mit dem Gekröse des Colon descendens durch die *Plica duodenocolica,* die sich auf das Rektum fortsetzt (144/*21*;184/*l*IV), verbunden und geht links von der kranialen Gekrösewurzel mit der als *Flexura duodenojejunalis* (144/*6*; 184/*h*) bezeichneten Krümmung in das Jejunum über, wo das Gekröse wieder länger wird.

Das **Jejunum** (144/*C*;179;185/*e*), der bei weitem längste Abschnitt des Dünndarms, besitzt eine breite und lange, an der dorsalen Bauchwand zur *Gekrösewurzel* zusammengeraffte Gekröseplatte. Mit 6–8 größeren Schlingen, die gemeinsam das für den *Flfr.* typische Leerdarmkonvolut bilden, beherrscht der Leerdarm den Bauchraum zwischen Magen und Leber einerseits und Beckeneingang andererseits. Er bettet sich von dorsal her in das muldenförmige große Netz ein und liegt mit diesem der ventralen sowie der rechten und linken seitlichen Bauchwand fast bilateral symmetrisch gelagert an (179). Der bei stärkerer Füllung links beckenwärts vordringende Magen kann allerdings das Leerdarmkonvolut zum Teil bzw. vollständig nach rechts und dorsal verdrängen (174,177/*f'*).

Als **Ileum** (144/*D*;184/*i*;185/*f*) bezeichnet man auch beim *Flfr.* jenen Endabschnitt des Dünndarms, der durch seine Verbindung über die *Plica ileocaecalis* (144/*18*;181/*a'*;184/*i'*;185/*f'*) mit dem Zäkum sowie durch seine Versorgung aus den Aa. ilei gekennzeichnet ist. Er vermittelt den Anschluß des Dünndarms an den Dickdarm, indem er als sehr kurzes Darmstück aus dem Jejunum hervorgeht und brustwärts ziehend auf der Grenze zwischen Zäkum und Colon ascendens in den Dickdarm einmündet. Diese als *Ostium ileale* (144/*7*;181/*1*;183) bezeichnete Öffnung ist von einem deutlichen Schleimhautringwall umgeben und liegt etwa in Höhe des 1.–2. Lendenwirbels.

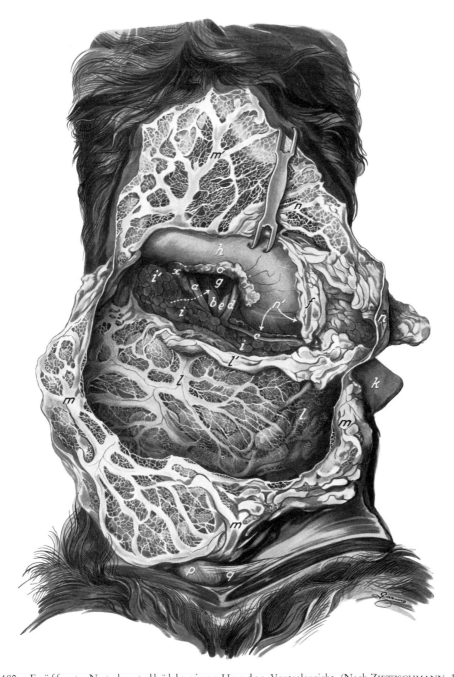

Abb. 180.   Eröffnete Netzbeutelhöhle eines Hundes. Ventralansicht. (Nach ZIETZSCHMANN, 1939.)

a V. portae, in der Ventrallippe des Netzbeutellochs; *b* V. cava caud., dorsal des Netzbeutellochs; *c* V. lienalis; *d* V. gastrica sin.; *e* linker Zwerchfellpfeiler; *f* V. gastroepiploica sin., im Lig. gastrolienale der großen Magenkurvatur entlang laufend; *g* Proc. papillaris der Leber; *h* Magen, Viszeralfläche; *i* Lobus pancreatis sin., im Ursprungsteil des Paries profundus des großen Netzes gelegen; *i'* Corpus pancreatis, am Duodenumanfang gelegen; *k* Milz, Ventralende; *l,l'* Paries profundus und *m,m',n* Paries superficialis des großen Netzes, letzteres bei *m'* hochgeklappt; *n'* Zugang zum Rec. lienalis; *o* kleines Netz; *p* Harnblase, leer; *q* Lig. vesicae medianum; *x* Stelle des Zusammenhangs zwischen Omentum majus und Omentum minus. Der linke Pfeil führt zwischen der V. portae und der V. cava caud. durch das For. epiploicum in den Netzbeutelvorhof

Der **Dickdarm** des *Flfr.* ist nur wenig weiter als der Dünndarm. Zudem ist er mit seinen drei Abschnitten, *Caecum, Colon* und *Rectum,* verhältnismäßig kurz. Die Länge des *Zäkums* beim *Hd.* wird mit 80–200 mm, bei der *Ktz.* mit 20–40 mm angegeben. *Kolon* und *Rektum* messen beim *Hd.* 0,2 bis 0,6 m; bei der *Ktz.* haben diese beiden Darmabschnitte eine Länge von etwa 0,3 m.

Das **Zäkum** des *Hd.* (144/*E*;181,182/*b*;184/*k*) ist durch das relativ kurze *Mesocaecum* zu einem typischen korkenzieherartigen bzw. schraubig gewundenen Darmabschnitt zusammengerafft. Rechts von der Wirbelsäule unter den Processus transversi der 2.–4. Lendenwirbel gelegen, ist das Zäkum beckenwärts gerichtet, wobei sein blindes Ende jedoch nach kranial umbiegt. Es hat enge nachbarliche Beziehungen nach ventral zum Hüftdarm und zu Leerdarmschlingen, nach dorsal zur rechten Niere, nach lateral zur Pars descendens duodeni (184/*g′*) sowie zum rechten Lappen des Pankreas. Von kaudal wird der Blinddarm von der Flexura duodeni caudalis (*g″*) umfaßt und nimmt nach medial Kontakt mit der Gekrösewurzel (*f*) auf, aus deren Bereich auch sein eigenes Gekröse, das bereits erwähnte Mesocaecum, herkommt.

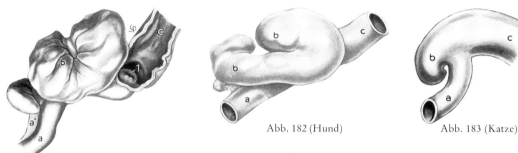

Abb. 181.
Ileummündung eines Hundes.

a Ileum; *a′* Plica ileocaecalis; *b* Caecum;
c Anfang des Colon ascendens, gefenstert
1 Ostium ileale, von Schleimhautringwall
umgeben

Abb. 182 (Hund)   Abb. 183 (Katze)

Abb. 182 und 183.   Blinddarm eines Hundes
und einer Katze.

a Ileum; *b* Caecum; *c* Anfang des Colon ascendens

Auffallend klein ist das *Zäkum* der *Ktz.* (183/*b*;185/*g*). Es stellt nur ein kommaförmiges, divertikelartiges Anhängsel des Dickdarms dar.

Die drei typischen Abschnitte des **Grimmdarms**, *Colon ascendens, Colon transversum* und *Colon descendens,* zeigen beim *Flfr.* einfachen, durch ihren Namen treffend gekennzeichneten Verlauf. Der bei weitem kürzeste Abschnitt des Grimmdarms, das Colon ascendens (144/*F,F′*;184/*l*;185/*h*), geht etwa in Höhe des 2. Lendenwirbels aus dem Zäkum an der Einmündung des Ileums hervor, liegt rechts von der Gekrösewurzel der dorsalen Bauchwand eng an und besitzt ein nur kurzes Gekröse. Das Colon ascendens wird nach lateral von der Pars descendens duodeni (184/*g′*), dem Mesoduodenum und dem rechten Lappen des Pankreas (*d*) flankiert und stößt dorsal an die rechte Niere. In nach links gerichtetem Bogen geht es in das Colon transversum (144/*G*;184/*l′*;186/*f*) über. Dieses überschreitet etwa in Höhe des 12. Brustwirbels zwischen Magen und kranialer Gekrösewurzel die Medianebene und läßt aus sich das beckenwärts ziehende Colon descendens (144/*H*;184/*l″*;186/*g*) hervorgehen. Es ist dieses der mit etwas längerem Gekröse ausgestattete längste Grimmdarmabschnitt, der ebenfalls dorsal, jedoch links von der Wirbelsäule liegt und der Medianebene zustrebend in den in gestrecktem Verlauf in die Beckenhöhle eintretenden Endabschnitt des Dickdarms, das Rektum, übergeht. Es begleitet dabei die Pars ascendens duodeni (184/*g‴*), mit ihr durch die *Plica duodenocolica* (*l*[IV]) verbunden. Aus dem für den Grimmdarm geschilderten Verlauf ist ersichtlich, daß er mit nach kaudal offenem Bogen die Gekrösewurzel (144;184/*f*) von v o r n e umfaßt, während das Duodenum, wie bereits dargestellt, das gleiche von k a u d a l vollzieht.

Das nur kurze **Rektum** (17/*a*;144/*J*;184/*l‴*;471/*23*;539,541/*21,24,24′*) beginnt etwa in Höhe des 7. Lendenwirbels, ist im peritonäalen Teil der Beckenhöhle unter dem kurzen Kreuzbein am *Mesorectum* befestigt, tritt dann leicht ampullenförmig erweitert (*Ampulla recti*) in den retroperitonäalen Teil der Beckenhöhle ein (539,541/*24′*) und findet in Höhe des 4. Schwanzwirbels sein Ende. Die äußere, verhältnismäßig kräftige Längsmuskulatur des Rektums entsendet den deutlichen *M. rectococcygeus,*

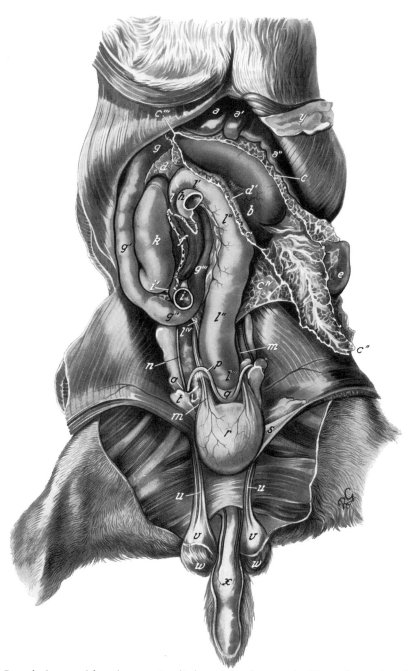

Abb. 184. Baucheingeweide eines männlichen Hundes nach Wegnahme des Leerdarm-konvoluts und Abtragung des großen Netzes. Ventralansicht. (Nach ZIETZSCHMANN, unveröffentlicht.)

a,a',a'' Ventralrand der Leber: *a* Lobus hepatis dext. med., *a'* Lobus quadratus, *a''* Lobus hepatis sin. med.; *b* Magen mäßig gefüllt; *c–c^{IV}* großes Netz, dicht hinter dem Magen abgeschnitten, so daß die Netzbeutelhöhle breit eröffnet ist: *c* Paries superficialis, *c'* Paries profundus, *c'',c'''* Umschlag beider ineinander, *c^{IV}* Netzsegel; *d,d'* Pankreas: *d* Corpus, *d'* linker Lappen, im Paries profundus des großen Netzes gelegen; *e* Milz, ventrales Ende zurückgeklappt; *f* Mesenterium cran., nahe der Wurzel abgeschnitten, mit Ästen der A. mesenterica cran.; *g–g'''* Duodenum: *g* Pars cranialis und Flexura duodeni cran., *g'* Pars descendens, *g''* Flexura duodeni caud. und *g'''* Pars ascendens; *h* Flexura duodeno-jejunalis; *i* Ileum; *i'* Plica ileocaecalis; *k* Caecum; *l,l',l''* Colon: *l* Colon ascendens, *l'* Colon transversum, *l''* Colon descendens; *l'''* Rectum; *l^{IV}* Plica duodenocolica; *m* Ligg. lateralia vesicae mit Ligg. teretia vesicae; *n* A. testicularis; *o* Anulus vaginalis; *p* Ductus deferens; *q* Plica urogenitalis; *r* Vesica urinaria; *s* Lig. vesicae medianum; *t* Teil des Lig. laterale vesicae dext. mit Fettgewebskörper; *u,v* Proc. vaginalis; *w* Scrotum; *x* zurückgeklappter Penis im Präputium; *y* umbilikaler Fettkörper

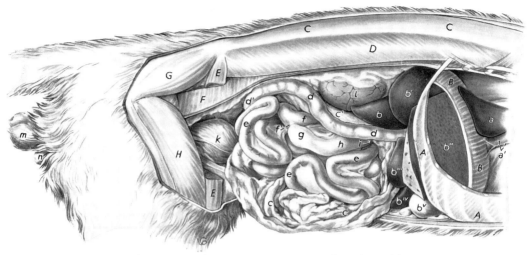

Abb. 185. Bauchsitus eines Katers. Rechte Seitenansicht.

A Arcus costarum und Mm. intercostales; *B* Diaphragma, gefenstert; *C* M. longissimus; *D* M. iliocostalis; *E* M. sartorius, Mittelstück entfernt; *F* M. transversus abdominis; *G* M. glutaeus medius; *H* M. quadriceps femoris

a Lobus accessorius der rechten Lunge; *a'* V. cava caud. mit Gekröse und N. phrenicus dext.; *b–b^{IV}* Leber: *b* Proc. caudatus, *b'* Lobus hepatis dext. med., *b''* Lobus hepatis dext. lat., *b'''* Lobus quadratus und *b^{IV}* Lobus hepatis sin. med.; *b^V* Vesica fellea; *c* Omentum majus, heruntergeklappt; *c'* Lobus dext. des Pankreas; *d,d'* Duodenum: *d* Pars descendens, *d'* Flexura duodeni caud.; *e* Jejunumschlingen; *f* Ileum; *f'* Plica ileocaecalis; *g* Caecum; *h* Colon ascendens; *i* Colon transversum; *k* Vesica urinaria; *l* rechte Niere; *m* Scrotum; *n* Präputium

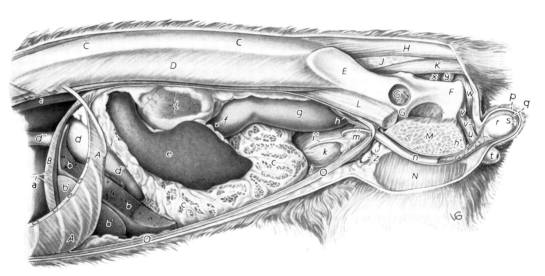

Abb. 186. Bauchsitus eines Katers. Linke Seitenansicht.

A Arcus costarum und Mm. intercostales; *B* Diaphragma, gefenstert; *C* M. longissimus; *D* M. iliocostalis; *E* Os ilium; *F* Os ischii; *G* Os pubis; *G'* Acetabulum; *H* M. sacrocaudalis dors. lat.; *J* Stumpf der Mm. intertransversarii caudae; *K* M. sacrococcygeus ventr. lat.; *L* M. iliopsoas; *M* Stumpf des M. adductor sin.; *N* M. gracilis dext.; *O* M. rectus abdominis in seiner Scheide

a Aorta thoracica; *a'* N. phrenicus sin.; *b,b'* Leber: *b* Lobus hepatis sin. lat. und *b'* Lobus hepatis sin. med.; *c* Omentum majus, Jejunumschlingen umhüllend; *d,d'* Magen: *d* Fundus ventriculi, *d'* Corpus ventriculi, *d''* Oesophagus; *e* Milz; *f* Colon transversum; *g* Colon descendens; *h* A. und V. testicularis in den Anulus vaginalis eintretend; *h'* A. testicularis und Plexus pampiniformis im Can. vaginalis; *i* Lig. vesicae medianum; *i'* Lig. vesicae lat. sin.; *k* Vesica urinaria; *l* linke Niere; *m* Ductus deferens, aus dem Anulus vaginalis austretend und zur Plica urogenitalis ziehend; *n* Proc. vaginalis, z.T. gefenstert; *p* Scrotum und *q* Lamina parietalis der Tunica vaginalis, gefenstert; *r* linker Hoden, *s* Cauda epididymidis im Cavum vaginale; *t* Praeputium; *u* Corpus penis; *v* M. ischiocavernosus sin.; *v'* M. retractor penis; *w* M. sphincter ani ext.; *x* Rectum; *y* Sinus paranalis; *z* Lnn. scrotales

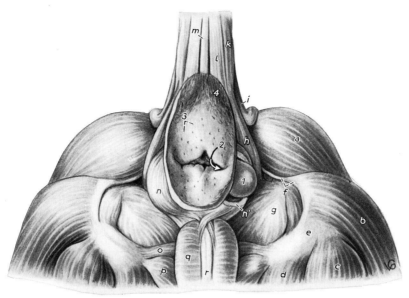

Abb. 187. Topographie des Afters eines Hundes.

a M. glutaeus med.; *b* M. biceps femoris; *c* M. semitendinosus; *d* M. semimembranosus; *e* Tuber ischiadicum; *f* Lig. sacrotuberale; *g* M. obturator int.; *h* M. levator ani; *i* M. sacrococcygeus dors. lat.; *k* M. intertransversarius caudae; *l* M. sacrococcygeus ventr. lat.; *m* M. sacrococcygeus ventr. med.; *n* M. sphincter ani ext., bei *n'* rechterseits gefenstert; *o* M. ischiourethralis; *p* M. ischiocavernosus; *q* M. bulbospongiosus; *r* M. retractor penis

1 rechter Sinus paranalis, Analbeutel, freipräpariert; *2* Mündung des Analbeutels in der Zona cutanea des Afters; *3* Mündungen von Talg- und Schweißdrüsen; *4* Übergang in die behaarte Haut

After-Schwanzband (471/24), an die Ventralfläche der ersten Schwanzwirbel. Ventral vom Mastdarm liegt die Harnblase (184/*r*), beim männlichen Tier außerdem in der Beckenhöhle die kleine Plica urogenitalis (*q*) mit den Samenleitern (*p*), ferner das Beckenstück der Harnröhre und die Prostata, beim Kater (471/15) auch die paarige Glandula bulbourethralis. Beim weiblichen Tier liegen ventral vom Rektum die Cervix uteri sowie die Vagina (17;539,541).

Der **Anus** (17/*a'*;187) geht mit dem kurzen *Canalis analis* aus dem Rektum hervor und endet mit der von Schließmuskeln umgebenen Afteröffnung. Die Schleimhaut des Analkanals läßt drei Zonen erkennen: von kranial nach kaudal die *Zona columnaris ani*, die *Zona intermedia* und die *Zona cutanea*. Die Z o n a c o l u m n a r i s, eine kutane Schleimhaut, ist dunkler als die Rektalschleimhaut. Sie beginnt mit der *Linea anorectalis* und ist beim *Hd.* 3–6 mm breit, bei der *Ktz.* kaum angedeutet. Sie trägt längsverlaufende Falten, *Columnae anales*, mit dazwischen gelegenen Schleimhautrinnen, *Sinus anales*, in die beim *Hd.* die eigentümlichen *Analdrüsen, Glandulae anales*, einmünden. Die Schleimhaut enthält Lymphknötchen. Die Z o n a i n t e r m e d i a endet bei einer Breite von 1–2 mm in der *Linea anocutanea*. Sie enthält einen Ring aus *Analkrypten*, die als vertiefte Enden der in der Zona columnaris vorkommenden Sinus anales anzusehen sind. Diese treten gleichfalls mit den *Glandulae anales* in Verbindung. Die Zona intermedia stellt den Übergang zur Z o n a c u t a n e a her. Diese ist blaurot, vermittelt den Übergang in die allgemeine Decke und ist beim *Hd.* bis zu 40 mm breit. Sie trägt verhorntes Plattenepithel, besitzt feine Härchen und enthält die *Zirkumanaldrüsen, Glandulae circumanales* (187/3). Diese besitzen keine Ausführungsgänge und müssen als endokrine Drüsen betrachtet werden. Sie sind an der Umwandlung von Steroiden beteiligt. Seitlich münden in dieser Zone bei *Hd.* und *Ktz.* jederseits ein Ausführungsgang der paarigen *Analbeutel, Sinus paranales* (1,2), drüsige Hautorgane, die ausführlich im Band III besprochen werden.

Muskeln des Afters: Der *M. sphincter ani internus* wird von der am Ende des Afters verstärkten Ringmuskulatur dargestellt. Am *M. sphincter ani externus* (187/*n*;471/22;539,541/26), der aus quergestreifter Muskulatur besteht, kann man drei Portionen unterscheiden. Der ringförmig den Anus umgreifende Teil ist in die kraniale *Pars profunda* und die kaudale *Pars cutanea* unterteilbar. Die *Pars superficialis* reicht bis an die Schwanzwurzel und zieht über den Analbeutel hinweg. Die bis in den Afterkegel hineinreichende *Pars cutanea* ist die kräftigste Portion. Aus der Schwanzfaszie entspringt beim Rüden der bandartige, paarige *M. retractor penis* (187/*r*), der, median in der Mittelfleischgegend gelegen, an die Ventralfläche des Penis tritt. Ihm vergleichbar findet sich beim weiblichen Tier der *M. constrictor vulvae* (539,541/*19*), der bei gleichem Ursprung in die Schamlippen hineinzieht.

Besonders auffallend durch seine große Ausdehnung ist der *M. levator ani* (187/*h*;539/*S*). Er bildet eine dünne Platte und läßt sich in den medialen stärkeren Schambeinteil, *M. pubocaudalis*, und den schwächeren lateralen Darmbeinteil, *M. iliocaudalis*, trennen. Letzterer entspringt an der Eminentia iliopubica der Darmbeinsäule, ersterer am Schambeinkamm sowie am Beckenboden. Beide verlaufen schräg dorsal und enden am 4.–7. Schwanzwirbel; einige Muskelfasern strahlen auch in den äußeren Schließmuskel des Afters ein.

Ergänzend zu den im allgemeinen Teil über den histologischen Bau des Magendarmkanals gemachten Angaben sei hier auf die Besonderheiten des **Lymphfollikelapparats** im Darmkanal der *Flfr.* hingewiesen. Während die im gesamten Dünndarm vorkommenden *Einzellymphknötchen* wegen ihrer meist submukösen Lage makroskopisch kaum erkennbar sind, lassen sie sich im Dickdarm als weißgraue, linsenförmige kleine Knötchen auffinden. Die *Lymphonoduli aggregati, Peyersche Platten*, finden sich im gesamten Dünndarm. Ihre Zahl beträgt beim *Hd.* 20–25. Sie liegen antimesenterial in der Darmwand. Man findet sie in der Schleimhaut als in plattenförmigem Verband auftretende kleine Grübchen oder weißgraue Knötchen. Die Platten sind rundlich, oval oder bandartig und überragen die Oberfläche der Schleimhaut geringfügig. Ihre Länge liegt zwischen 7 und 82 mm, ihr Durchmesser zwischen 3 und 11 mm. Die letzte Platte findet sich kurz vor dem Ostium ileale. Im Dickdarm fehlen Peyersche Platten.

Das von den Solitärfollikeln für Dünn- und Dickdarm des *Hd.* Gesagte trifft gleichermaßen auch für den Darmkanal der *Ktz.* zu. Dagegen besitzt die *Ktz.*, besonders auch im Vergleich zu den übrigen *Hsgt.*, eine auffallend geringe Zahl *Peyerscher Platten*. Es sind deren nur 4–6 vorhanden bei einer Länge von 4–30 mm. Wie beim *Hd.*, so findet sich auch bei der *Ktz.* in der Nähe des Ostium ileale eine bandartige Platte von 40–100 mm Länge. Die Schleimhaut der Spitze des bei der *Ktz.* sehr kurzen Blinddarms zeigt eine auffallende Häufung von Lymphfollikeln.

Anhangsdrüsen des Darmes
(153, 172–177, 179, 184–186, 188, 189 und 163, 168, 180, 190)

Die rotbraune **Leber** der *Flfr.* liegt fast vollständig im intrathorakalen Raum der Bauchhöhle und paßt sich in ihrer Form deutlich der kuppelförmigen Gestalt des Zwerchfells an. Ihre *Facies diaphragmatica* (189) ist demnach auffallend konvex, ihre *Facies visceralis* (188) entsprechend konkav gewölbt. Die Leber wiegt beim *Hd.* je nach Größe des Tieres 127–1350 g, bei der *Ktz.* 75–80 g.

Unter den *Hsgt.* zeigt die Leber des *Flfr.* infolge der tiefen *Incisurae interlobares* sehr deutliche G l i e d e r u n g . Auch beim *Flfr.* unterscheiden wir einen links von dem Sulcus venae umbilicalis liegenden L o b u s h e p a t i s s i n i s t e r mit dem *Lobus hepatis sinister lateralis* bzw. *medialis* (153,157,188,189/*a,a'*). Weiterhin rechts von der Gallenblase (*e*) den L o b u s h e p a t i s d e x t e r mit *Lobus hepatis dexter lateralis* bzw. *medialis* (*b,b'*), schließlich den *Lobus quadratus* (*c*) und den *Lobus caudatus* (*d,d'*) mit dem großen, nach rechts hinausragenden *Processus caudatus* (*d*) und dem deutlichen *Processus papillaris* (*d'*). Darüber hinaus können der Margo dexter und der Margo sinister kleinere Einschnitte zeigen. Oesophagus und V. cava caudalis liegen in ihren I m p r e s s i o n e n am *Margo dorsalis* der Leber (153/*6* bzw. *4*;188/*f* bzw. *4*;189/*1* bzw. *4*). Die V. cava caudalis kann hier ganz von Lebergewebe umgeben sein. Sie zieht über die Basis des Processus caudatus, ohne zwischen Leber und Zwerchfell herabzusteigen, unmittelbar zum Foramen venae cavae des Zwerchfells. Die Mündungen der Lebervenen in die V. cava caudalis liegen infolgedessen nahe dem Margo dorsalis der Leber (189/*3*). Die deutliche *Impressio renalis* (188/*13*) für den kranialen Pol der rechten Niere wird vom Dorsalrand des rechten Lappens und dem Processus caudatus gebildet.

Die **Befestigung** der Leber liefern das kräftige *Ligamentum triangulare sinistrum* (189/*5*) und das nur kurze und schwache *Ligamentum triangulare dextrum* (*6*). Ersteres befestigt den Lobus sinister lateralis mit seinem dorsalen Rand an dem linken Zwerchfellpfeiler bzw. an dem Zwerchfellspiegel in diesem Bereich. Letzteres geht vom Dorsalrand des rechten lateralen Lappens an den rechten Zwerchfellpfeiler. Das *Ligamentum falciforme hepatis* (153/*5*;189/*7*), welches Reste der o b l i t e r i e r t e n

Nabelvene als *Ligamentum teres hepatis* enthält, entspringt zwischen Lobus hepatis sinister media-lis und Lobus quadratus, ist nur sehr zart und endet am Zwerchfellspiegel unterhalb des Hohlvenen-lochs. Das *Ligamentum coronarium hepatis* (189/8) ist nur andeutungsweise vorhanden. Es befestigt als schmaler Gekrösestreifen die Leber am Zwerchfell, indem es zwischen den beiden Ligamenta triangularia im Bogen unter der Hohlvene hinzieht. Das *Ligamentum hepatorenale* verbindet Leber und Hohlvene mit dem kranialen Pol der rechten Niere. Die von der Leberpforte zur kleinen Krümmung des Magens und zur Pars cranialis duodeni hinziehenden *Ligamenta hepatogastricum* und *hepatoduodenale (kleines Netz)* wurden an anderer Stelle bereits beschrieben (s. S. 14ff). In letzterem nehmen der *Ductus pancreaticus* und der *Ductus choledochus* ihren Weg zum Duodenum.

Die **Gallenblase** (153,188,189/*e*;162) ist in Höhe des 8. Interkostalraums zwischen Lobus quadra-tus und Lobus hepatis dexter medialis in die Fossa vesicae felleae eingebettet und erreicht den ventra-len Rand der Leber nicht. Sie wird zwischen beiden Lappen auch an der Zwerchfellfläche der Leber sichtbar und tritt so mit dem Zwerchfell in Kontakt (189/*e*). Die aus der Leberpforte austretenden Gallenwege zeigen beim *Hd.* nach Anzahl und Verlauf große Unterschiede. In der Regel vereini-

Abb. 188. Leber eines Hundes in situ. Facies visceralis. (Nach BAUM, unveröffent-licht.)

A Querschnitt durch den 13. Brustwirbel

a Lobus hepatis sin. lat., den Lobus hepatis sin. med. verdeckend; *b* Lobus hepatis dext. lat. und *b'* Lobus hepatis dext. med.; *c* Lobus qua-dratus; *d* und *d'* Lobus caudatus: *d* Proc. cau-datus; *d'* Proc. papillaris; *e* Vesica fellea; *f* Oesophagus in der Impressio oesophagea; *g* medialer Anteil des rechten Zwerchfellpfeilers; *g'* linker Zwerchfellpfeiler; *g''* Pars costalis des Zwerchfells; *h* M. transversus abdominis; *i* Lenden- und *k* Rückenmuskulatur

1 A. hepatica; *1'* Aorta abdominalis; *2* V. por-tae, in die Leberpforte eintretend; *3* Ductus cy-sticus; *4* V. cava caud. in der Impressio venae cavae; *7* Lig. falciforme hepatis; *11* Impressio gastrica; *13* Impressio renalis

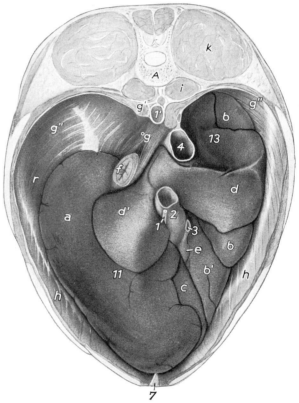

Abb. 188

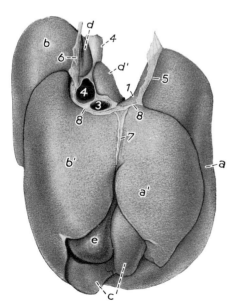

Abb. 189

Abb. 189. Leber eines Hundes, in situ fixiert. Facies diaphragmatica. (Nach BAUM, unveröffentlicht.)

a Lobus hepatis sin. lat., *a'* Lobus hepatis sin. med.; *b* Lobus hepa-tis dext. lat., *b'* Lobus hepatis dext. med.; *c* Lobus quadratus; *d* und *d'* Lobus caudatus: *d* Proc. caudatus; *d'* Proc. papillaris; *e* Vesica fellea

1 Impressio oesophagea; *3* Stamm der Vv. hepaticae; *4* V. cava caud. in der Impressio venae cavae; *5* Lig. triangulare sin.; *6* Lig. triangulare dext.; *7* Lig. falciforme hepatis; *8* Lig. coronarium hepatis

gen sich die *Ductuli biliferi* zunächst zu 3–5 *Ductus hepatici* (162), die getrennt in den *Ductus cysticus* einmünden. Die Fortsetzung des Ductus cysticus wird nach der Einmündung des letzten Ductus hepaticus als *Ductus choledochus* bezeichnet. Dieser mündet mit dem Ductus pancreaticus der Bauchspeicheldrüse gemeinsam etwa 25–60 mm vom Pylorus entfernt auf der undeutlichen *Papilla duodeni major* (164/1') in den Zwölffingerdarm ein.

Bei der *Ktz.* findet man nicht selten unvollständige bzw. vollständige Verdoppelung der Gallenblase. Die *Ductuli biliferi* der *Ktz.* vereinigen sich in sehr unterschiedlicher Weise zu 1–4 *Ductus hepatici*, die mit dem geschlängelt verlaufenden *Ductus cysticus* zusammenfließend den *Ductus choledochus* bilden. Dieser mündet etwa 30 mm vom Pylorus entfernt gemeinsam mit dem Ductus pancreaticus auf der *Papilla duodeni major*.

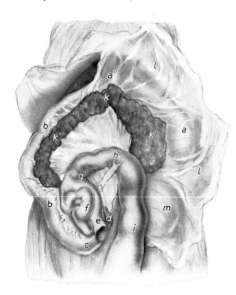

Abb. 190.   Pankreas eines Hundes in situ. Ventralansicht. (Nach BAUM, unveröffentlicht.)

a Curvatura major des Magens und *a'* Pylorus, durch das große Netz durchscheinend; *b–d* Duodenum: *b* Pars descendens, *c* Flexura duodeni caud., *d* Pars ascendens; *e* Ileum; *f* Caecum; *g* Colon ascendens; *h* Colon transversum, etwas nach kaudal gezogen; *i* Colon descendens; *k–k''* Pankreas: *k* Corpus pancreatis, *k'* Lobus pancreatis dext. im Mesoduodenum, *k''* Lobus pancreatis sin. im Ursprung des großen Netzes; *l* Omentum majus, hochgeschoben und nach vorn und links gelegt; *m* linke Niere durch das große Netz durchscheinend

Lage und **Nachbarschaft** der Leber: Die Leber fügt sich mit ihrer stark konvex geformten Zwerchfellfläche vollkommen in die Konkavität des Zwerchfells ein und bedeckt dieses fast vollständig (188). Der in seinem ventralen Abschnitt die Medianebene nach rechts überschreitende Lobus hepatis sinister (*a*) läßt die linke dorsale Zwerchfellnische im Bereich des 11.–12. Interkostalraums frei, in welche sich der Fundus des Magens einfügt (172,173). Lobus hepatis dexter lateralis und Processus caudatus (188/*b,d*) ragen nach dorsal hinauf und nehmen in Höhe der 13. Rippe in ihrer Impressio renalis (*13*) den kranialen Pol der rechten Niere auf (175,176). Die Leber tritt etwa in Höhe des 8. Interkostalraums, den Rippenbogen überschreitend, aus dem intrathorakalen Raum der Bauchhöhle heraus in die Regio xiphoidea über und reicht bis zur Nabelgegend (184/*a,a',a''*). Sie liegt hier dem früher schon erwähnten subserösen Fettgewebspolster (539/*28*) an der ventralen Bauchwand auf. Geringfügige Verschiebungen der Leber sind durch die Tätigkeit des Zwerchfells sowie bei Änderungen der Körperhaltung möglich. Die ventral gelagerten Abschnitte der Leber sind unter günstigen Verhältnissen (nicht zu großem Fettreichtum) durch die Bauchdecken abtastbar. Ihr dorsaler, stumpfer Rand hat enge nachbarliche Beziehungen zur Speiseröhre, zu dem rechten Zwerchfellpfeiler und zur kaudalen Hohlvene (188). An ihrer viszeralen konkaven Fläche findet sich die *Impressio gastrica* (*11*), in welche sich mit Ausnahme des Fundus (Magenblase) die parietale Fläche des Magens einfügt (186). Ferner stehen rechts das Corpus pancreatis, die Pars cranialis duodeni und der kraniale Pol der rechten Niere in engem Kontakt mit der Facies visceralis der Leber.

Das **Pankreas** ist je nach Funktionszustand und damit nach Blutfülle heller oder dunkler rot. Sowohl das absolute als auch das relative Gewicht der Bauchspeicheldrüse des *Hd.* zeigen auffallende Schwankungen. Das gleiche trifft auch für das Längenmaß zu. Immerhin ist festzustellen, daß leichte Rassen allgemein ein relativ höheres Pankreasgewicht aufweisen als schwere Tiere. Das absolute Gewicht der Bauchspeicheldrüse schwankt zwischen 13 und 108 g, das relative zwischen 0,135% und 0,356% des Körpergewichts. Wie bei den anderen Tieren hat die Bauchspeicheldrüse auch beim *Flfr.* enge nachbarliche Beziehungen zu Magen, Leber und Zwölffingerdarm (180/*i,i'*;184/*d*;190/*k,k',k''*). Entsprechend ihrer Entwicklung ist sie zwischen die beiden Serosalamellen des großen Netzes bzw. jene des Mesoduodenums eingeschoben. Sie hat beim *Hd.* die Gestalt einer Schleife, deren Scheitel, das kurze *Corpus pancreatis* darstellend, je einen *Lappen, Lobus pancreatis*, nach links und rechts kaudal entsendet. Das *Corpus pancreatis* (163/*a*;190/*k*) fügt sich in den Bogen der Pars cranialis duodeni ein. Der lange *rechte Lappen* begleitet im Mesoduodenum gelegen (163/*c*;175–177/*g*;190/*k'*) die Pars descendens duodeni nach kaudal, bis etwa zur Flexura duodeni caudalis und kann hier auch noch das Zäkum erreichen. Der etwas gedrungenere *linke Lappen* der Bauchspeicheldrüse (163/*b*;180/*i*;184/*d'*;190/*k''*) wird von den beiden Serosablättern des Paries profundus des großen Netzes eingeschlossen. Er begleitet den Pylorusteil des Magens, stößt an die Leber und das Colon transversum und erreicht meist die linke Niere. Dem Abfluß des Bauchspeichels in den Zwölffingerdarm dienen entweder zwei Ausführungsgänge oder nur einer; ausnahmsweise können drei bis fünf vorkommen. Im häufigsten Fall mündet der eine als *Ductus pancreaticus* mit dem Gallengang gemeinsam auf der *Papilla duodeni major* (163/*1'*). Der zweite Gang, *Ductus pancreaticus accessorius*, erreicht 23–80 mm davon entfernt mit der undeutlichen *Papilla duodeni minor* (*2'*) den Zwölffingerdarm. Übernimmt dagegen nur ein A u s f ü h r u n g s g a n g die Ableitung des Sekrets, so handelt es sich um den *Ductus pancreaticus accessorius*, der dann entsprechend auch auf der P a p i l l a d u o d e n i m i n o r mündet. Im übrigen gibt es ähnlich dem Gallengangsystem hier zahlreiche Varietäten. Zudem ist bemerkenswert, daß beim *Hd.* im Falle des Vorhandenseins beider Gänge der Ductus pancreaticus schwächer ist als der Ductus pancreaticus accessorius.

Die B a u c h s p e i c h e l d r ü s e der *Ktz.* wiegt 8–10 g bzw. 0,27% des Körpergewichts. Sie gleicht in Form und Lage weitgehend jener des *Hd.* So begleitet auch hier der *rechte Lappen* des Pankreas die Pars descendens duodeni (185/*c'*). Der kräftigere *linke Lappen* läuft im Ansatz des großen Netzes, hat nachbarliche Beziehung zum Colon transversum und erreicht die Milz. Eine Gekrösefalte verbindet den linken Lappen des Pankreas mit dem Mesocolon. Der *Ductus pancreaticus* mündet auf der *Papilla duodeni major*, der schwächere *Ductus pancreaticus accessorius* etwa 10 mm distal davon in die Pars descendens duodeni. Auf das sehr seltene Vorkommen einer *Pankreasblase*, die neben der Gallenblase liegen, ihre Größe erreichen und mit ihr kommunizieren kann, wurde bereits hingewiesen.

Rumpfdarm des Schweines
Vorderdarm
(59, 81, 82, 137, 191, 195–200)

Die **Speiseröhre** des *Schw.* geht aus dem Vestibulum oesophagi in Höhe des kaudalen Randes der kaudalen Schlundkopfschnürer über der Mitte der Ringknorpelplatte hervor (59/*41*;82/*22*). Ein Muskelzug, der am kaudalen Rand des Schildknorpels, z. T. auch am Ringknorpel entspringt und in die Speiseröhrenmuskulatur einstrahlt (*M. cricooesophageus*), verankert den Oesophagus am Kehlkopf. Anfang und Ende der Speiseröhre sind etwa gleich weit, während ihre engste Stelle sich im mittleren Abschnitt befindet. H a l s - und B r u s t t e i l des Oesophagus entsprechen in topographischer Hinsicht dem im allgemeinen Teil hierüber Ausgesagten.

Die T u n i c a m u s c u l a r i s der Speiseröhre besteht fast in ihrer ganzen Länge aus quergestreiften Muskelfasern, nur das kurze kardiale Endstück ist aus glatter Muskulatur aufgebaut. Die T e l a s u b m u c o s a enthält im Anfangsteil ein fast geschlossenes Lager von *Schleimdrüsen*, die kardiawärts jedoch an Zahl zusehends abnehmen. Auffallend ist ferner der große Gehalt der Schleimhaut an l y m p h o r e t i k u l ä r e m G e w e b e, das besonders im Anfangsabschnitt des Oesophagus in enger Anlehnung an die Drüsen in Form von *Einzelknötchen* bzw. *Schleimhautbälgen, Folliculi tonsillares,* auftritt. Letztere sind als etwa linsengroße Erhabenheiten mit grubig vertieftem Zentrum sichtbar. Magenwärts nimmt das lymphoretikuläre Gewebe allmählich ab.

Der **Magen** (137, 191) hat bei über drei Monate alten Tieren im Mittel ein Fassungsvermögen von 3,8 l, wobei beispielsweise in einer Untersuchung an 25 Schlachtschweinen der geringste Wert 1 l und der höchste Wert 6 l betrug. Nach der üblichen Einteilung gehört der Magen des *Schw.* dem e i n h ö h l i g - z u s a m m e n g e s e t z t e n T y p an. Er hat in mäßig gefülltem Zustand die Form eines einseitig enger werdenden, scharf abgeknickten Sackes und trägt als arttypisches Merkmal einen dem Fundus aufsitzenden *kapuzenförmigen Blindsack, Diverticulum ventriculi,* der an seiner Basis sich durch eine Ringfurche absetzt und mit der Spitze nach rechts und kaudal gerichtet ist.

Ähnlich wie beim *Flfr.* ändert der Magen des *Schw.* bei unterschiedlicher Füllung nicht nur seine Form, sondern zugleich seine Lage und bedingt schließlich Lageveränderungen der übrigen Bauchorgane. Im mäßig gefüllten Zustand liegt der Magen fast ganz im intrathorakalen Teil der Regio abdominis cranialis, mit seinem größten Teil links von der Medianebene und nur mit dem Pylorusabschnitt rechts von dieser. Er fügt sich mit seiner Parietalfläche in die Impressio gastrica der Viszeralfläche der Leber sowie nach links hin dorsal auch in die Zwerchfellkuppel ein. Dabei ist seine große Krümmung nach links und ventral, die kleine Krümmung nach rechts und dorsal gerichtet. Die Kardia liegt in einer Segmentalebene in Höhe des 11.–13., meist des 12. Brustwirbels. Während der kranialste Punkt des Magens sich in Höhe des 7., manchmal auch des 6. Interkostalraums befindet, erreicht er kaudal linkerseits mit seinem Divertikel die Segmentalebene durch den 12. bzw. 13. Brustwirbel. Der mäßig gefüllte Magen berührt die ventrale Bauchwand nicht; er ist von ihr durch Leerdarmschlingen getrennt. Ebenso erreicht er nach links die Bauchwand nicht, während dieses nach rechts hin im Bereich des 11.–12. Rippenknorpels der Fall sein kann. Seine kleine Krümmung hat Kontakt mit dem Pankreas sowie mit dem rechten Zwerchfellpfeiler, seine Viszeralfläche hingegen links mit der Milz und dem Grimmdarmkonvolut, rechts mit Leerdarmschlingen. Zwischen diese Organe schieben sich Teile des großen Netzes. Der leere Magen (195/f;197/i) liegt bei sonst gleichen Lagebeziehungen zu seiner Nachbarschaft völlig intrathorakal, wobei allerdings das Dickdarmkonvolut kranial nachrückt und Leerdarmschlingen Gelegenheit finden, sich auch linkerseits dem Magen anzulegen. Der stark gefüllte Magen (199/g;200/f) dehnt sich hauptsächlich im Bereich seiner großen Krümmung nach links kaudoventral aus, erreicht hier mit breiter Fläche den 9.–12. Rippenknorpel und kann, nach Verdrängung des Lobus hepatis sinister lateralis, sich dem gesamten linken Rippenbogen anlegen. Auch nach rechts hin erweitert er seine Kontaktfläche mit der Bauchwand ventral des 11.–13. oder des 12.–14. Rippenknorpels. Der ventralen Bauchwand liegt der stark gefüllte Magen großflächig an, indem er sich zwischen die Leber einerseits und den Darm andererseits einschiebt. Hierbei werden das ihm links benachbarte Grimmdarmkonvolut und die ihn rechts berührenden Leerdarmschlingen entsprechend kaudal verlagert.

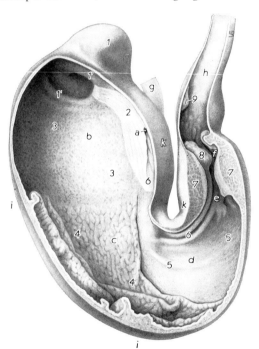

Abb. 191.   Magen eines Schweines.
Facies intestinalis gefenstert.

a Pars cardiaca; *b* Fundus ventriculi; *c* Corpus ventriculi; *d* Antrum pyloricum; *e* Can. pyloricus; *f* Pylorus; *g* Oesophagus; *h* Pars cranialis duodeni; *i* Curvatura major; *k* Curvatura minor

1 Diverticulum ventriculi, durch *1'* Spiralfalten gegen den Fundus abgegrenzt; *2* Schleimhaut der Pars nonglandularis; *3* Kardiadrüsenzone; *4* Zone der Mageneigen- oder Fundusdrüsen mit hohen Schleimhautfalten; *5* Pylorusdrüsenzone; *6* Magenrinne; *7* M. sphincter pylori; *8* Torus pyloricus; *9* Papilla duodeni maj. mit Mündung des Ductus choledochus

Das **große Netz** beginnt mit dem *Ligamentum gastrophrenicum* am Zwerchfell. Dieses Band schließt zwischen seinen beiden Blättern die kurze Pars abdominalis des Oesophagus am Hiatus oesophageus ein, steigt nach links zum Fundus des Magens auf und geht hier in die Ansatzlinie des großen Netzes über. Dieses heftet sich weiterlaufend an der großen Krümmung des Magens an, befestigt sich weiterhin am Duodenum (199/9;200/12), an der Ventralfläche des Pankreas, am Colon transversum und läuft über den linken Pankreasschenkel wieder in den Ansatz des Ligamentum gastrophrenicum ein. Es enthält in seiner Außenlamelle die dem Magen links benachbarte Milz (195/g;197/k;199/h). Der *Netzbeutel* schiebt sich unregelmäßig zwischen den Magen und den Kolonkegel sowie rechts auch zwischen Leerdarmschlingen ein (199,200). Das *Netzbeutelloch* findet man an der Basis des Processus caudatus der Leber. Es wird begrenzt ventral von der Pfortader, dorsal von der kaudalen Hohlvene und kaudal vom Körper der Bauchspeicheldrüse. Von hier aus führt der Weg über den *Aditus ad* *recessum caudalem* und das *Vestibulum bursae omentalis* in den *Recessus caudalis omentalis*. Das **kleine Netz** besteht auch beim *Schw.* aus *Ligamentum hepatogastricum* und *Ligamentum hepato-duodenale* (201/8,9).

Hinsichtlich des B a u e s d e r M a g e n w a n d sei erwähnt, daß die T u n i c a m u s c u l a r i s die für die einhöhligen Mägen im allgemeinen Kapitel geschilderte typische Dreischichtung aufweist. Die *Fibrae obliquae internae* liefern auch hier jene, die *Kardia* dorsal umfassende sowie die muskulöse Grundlage für den *Sulcus ventriculi* bildende, hufeisenförmige Muskelschleife. Die *Ringmuskulatur* in diesem Bereich überbrückt den Zwischenraum zwischen den beiden Schenkeln der Muskelschleife, so daß ein gut schließender *M. sphincter cardiae* entsteht. Der Zugang zum *Divertikel* des Magens wird von einer S p i r a l f a l t e eingerahmt, deren Grundlage ein zu den Fibrae obliquae internae gehöriger Muskelring liefert (191/1'). Am *Pylorus* ist die Ringmuskulatur sehr kräftig und liefert zudem den nicht ganz zu einem Ring geschlossenen *M. sphincter pylori* (7). Vervollständigt wird diese Verschluß-vorrichtung am Pförtner durch den zwischen die offene Stelle des Schließmuskels sich einfügenden *Pyloruswulst, Torus pyloricus* (8). Dieser stellt einen länglich-ovalen, schleimhautbedeckten, in das Lumen vorspringenden Wulst dar, dessen Grundlage aus spärlichen Muskelbündeln und reichlichem Fettgewebe besteht.

Bemerkenswert ist ferner das Verhalten der M a g e n s c h l e i m h a u t beim *Schw.* Ihre aus kutaner Schleimhaut bestehende *Pars nonglandularis* (137/*1*;192/2) bildet in der Umgebung der Kardia, von hier aus auch über die Spiralfalte hinweg einen kleinen Teil des Divertikels auskleidend, ein langgezogenes, ovales Schleimhautfeld von fast weißer Farbe. Auffallend groß ist die *Kardiadrüsenzone* des Magens (137/2;191/3). Sie umfaßt etwa ein Drittel der Drüsenschleimhaut des Magens und kleidet so einen Teil des Corpus ventriculi einschließlich des Fundus sowie des Divertikels aus. Sie hat blaßrote oder weiß-graue Farbe, ist glatt, von weicher Konsistenz und setzt sich scharf gegen die Pars non-glandularis sowie gegen die Zone der Mageneigen- oder Fundusdrüsen ab. Durch eine schmale Brük-ke steht sie an der kleinen Krümmung mit der Pylorusdrüsenzone in Verbindung. Die faltenreiche *Zone der Mageneigen- oder Fundusdrüsen* (137/3;191/4) macht ebenso etwa ein Drittel der Gesamt-fläche der Schleimhaut aus. Sie schiebt sich zwischen die Zone der Kardiadrüsen und die der Pylorus-drüsen ein und ist von braunroter Farbe. Ihre *Areae* und *Foveolae gastricae* sind sehr deutlich sicht-bar. Auf die den Pylorusteil des Magens auskleidende *Pylorusdrüsenschleimhaut* (137/4;191/5) ent-fällt ein weiteres Drittel der Gesamtschleimhautfläche. Sie ist nicht so stark gefaltet wie im Fundusteil und hat blaßrosarote Farbe mit leicht gelblicher Tönung.

Die Magenschleimhaut des *Schw.* ist sehr reich an **lymphoretikulärem Gewebe,** wobei die Kardia-drüsengegend an hervorragender Stelle steht (140). Neben mikroskopisch kleinen *Einzelknötchen* fin-den sich in der Submukosa auch makroskopisch sichtbare *Anhäufungen von Lymphknötchen,* die sich als kleine Hügel vorwölben und auf ihrer Kuppe eine kraterförmige Einsenkung besitzen. Diese Ge-bilde finden sich vornehmlich in der Grenzzone der Kardiadrüsenschleimhaut zu den benachbarten Schleimhautfeldern hin. Eine starke Anhäufung dieser Lymphkrater findet sich ferner in jener Schleimhautbrücke an der kleinen Krümmung des Magens, wo alle drei Drüsenzonen zusammentreffen.

Mittel- und Enddarm
(145, 192–200, 474, 545)

Der Darm des *Schw.* zeigt grundsätzlich die gleiche Gliederung wie jener der übrigen *Hsgt.* Als art-typisches Spezifikum fällt jedoch das Verhalten des C o l o n a s c e n d e n s auf, das beträchtliche Länge besitzt und zu einem kegel- bzw. turbanähnlichen Konvolut aufgerollt ist.

Der **Dünndarm** ist bei ausgewachsenen Tieren 16–21 m lang, wovon auf das *Duodenum* 0,70 bis 0,95 m, auf das *Jejunum* 14–19 m und auf das *Ileum* 0,7–1 m entfallen.

Das **Duodenum** (145/*B*;192/*a,a'*) entspringt rechterseits im Bereich des 11. bzw. 10. oder 12. Inter-kostalraums aus dem Pylorus des Magens (196/g;200/h). Die P a r s c r a n i a l i s d u o d e n i steigt an der Eingeweidefläche der Leber nach kaudodorsal auf, bildet kranial der rechten Niere eine horizon-tale S-förmige Krümmung und geht dann vermittels der *Flexura duodeni cranialis* (145/2) in die P a r s d e s c e n d e n s (145/3;192/a) über. Diese verläuft, an einem etwa 60–100 mm langen Gekröse befe-stigt, ventral der rechten Niere nach kaudal und biegt hier mit der *Flexura duodeni caudalis* (145/4) nach links und kranial um. Von hier aus zieht die P a r s a s c e n d e n s (145/5;192/a') dicht neben der

Medianen, vom Colon descendens begleitet und mit ihm durch die *Plica duodenocolica* (145/*21*) verbunden, nach links dorsal. In situ ist es mit der Basis des Kolonkegels verklebt und entzieht sich der direkten Betrachtung. In Höhe der A. mesenterica cranialis (145/*a*;192/*1*) wendet es sich, dem Colon transversum anliegend, nach rechts, um in einem scharfen Bogen in das Jejunum überzugehen (145/ *6*;192/*a''*). Das Duodenum nimmt 20–50 mm nach seinem Ursprung aus dem Pylorus den selbständig auf der kleinen *Papilla duodeni major* mündenden Ductus choledochus auf. Etwa 120–200 mm von dieser Stelle entfernt liegt die *Papilla duodeni minor* mit der Mündung des Ductus pancreaticus accessorius (165/*2*,*2'*).

Das **Jejunum** (145/*C*;192/*b*) hängt mit seinen zahlreichen engbogigen Schlingen an der *Gekröseplatte, Mesenterium craniale* (145/*17*), die an ihrem Ansatz zur *Gekrösewurzel* zusammengerafft ist. Es füllt einen beträchtlichen Teil der rechten Bauchhöhlenhälfte aus (196/*h*;198/*k*;200/*i*), wobei einzelne Schlingen sich jedoch auch in deren linkem ventralem Bereich finden können (195/*k*;197/*n*;199/ *k*). Seine Schlingen reichen von Magen und Leber einerseits bis zum Beckeneingang andererseits, indem sie in großer Ausdehnung der rechten Bauchwand an- bzw. aufliegen und so das Colon ascendens und vor dem Beckeneingang auch das Zäkum umlagern. Nach dorsal erreichen Jejunumschlingen zudem das Duodenum, das Pankreas, die rechte Niere, den Endabschnitt des Colon descendens, die Harnblase sowie bei weiblichen Tieren auch den Uterus.

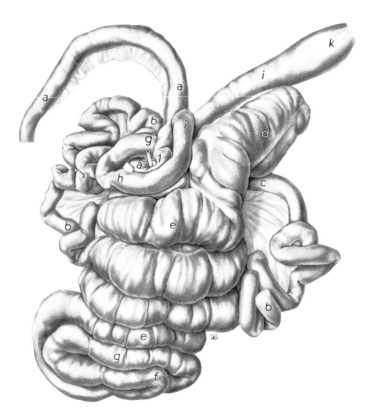

Bei leerem Magen finden Jejunumschlingen Gelegenheit, sich auch nach links kranial vor das Kolonkonvolut einzuschieben. Infolgedessen halten diese Leerdarmschlingen links mit größeren Abschnitten des Magens und dem Lobus hepatis sinister Kontakt (197/*n*). Der stark gefüllte Magen bewirkt eine leichte Kaudalverschiebung des Leerdarms (200).

Abb. 192. Darmkanal eines Schweines.

a,a' Duodenum: *a* Pars descendens, *a'* Pars ascendens; *a''* Flexura duodenojejunalis; *b* Anfang und Ende der Jejunumschlingen, die übrigen durch das Grimmdarmkonvolut verdeckt; *c* Ileum; *d* Caecum; *e–g* Colon ascendens mit: *e* Gyri centripetales (Außenwindungen), *f* Flexura centralis, *g,g'* Anfang und Ende der Gyri centrifugales (Innenwindungen); *h* Colon transversum; *i* Colon descendens; *k* Rectum; *l* A. mesenterica cran.

Das **Ileum** (145/*D*;192/*c*) ist beim *Schw.* durch die *Plica ileocaecalis* (145/*18*) und die etwas stärkere Muskulatur gekennzeichnet. Es geht in der linken Hälfte der Regio abdominis caudalis (195/*l*), hier der Harnblase benachbart, aus dem Jejunum hervor und strebt nach rechts kraniodorsal dem Dickdarm zu. Sein Ende (194/*a*) stülpt sich 20–30 mm weit als *Papilla ilealis* (*1*) auf der Grenze zwischen Blind- und Grimmdarm in das Lumen des Dickdarms vor. Dieses schleimhautbedeckte Mündungsstück des Ileum trägt das *Ostium ileale*, ist blinddarmwärts geneigt und durch zwei deutliche Schleimhautfalten, *Frenula papillae ilealis* (*3*), an der Schleimhaut des Dickdarms gleichsam aufgehängt. In dieser Vorstülpung des Hüftdarms ist die Ringmuskelschicht verdoppelt und liefert so einen *M. sphincter ilei*. Die hier vorhandene L y m p h k n ö t c h e n p l a t t e (*2*) ist weiter unten ausführlich besprochen.

Der **Dickdarm** des *Schw.* besitzt bei ausgewachsenen Tieren eine durchschnittliche Länge von 3,5 bis 6 m, wovon auf den Blinddarm 0,3–0,4 m, der Rest auf den Grimm- und Mastdarm entfallen.

Das **Zäkum** (145/*E*;192/*d*;193/*l*;195/*m*;199/*l*) mit einem Fassungsvermögen von 1,5–2,2 l stellt einen stumpf-kegelförmigen Sack dar und ist mit drei *Bandstreifen, Taeniae caeci,* und einer gleichen Anzahl von *Poschenreihen, Haustra,* ausgestattet (192/*d*;193). Die *ventrale Tänie* dient der *Plica ileocaecalis* als Ansatz. Der *laterale* und der *mediale Bandstreifen* hingegen sind frei und gehen an der Blinddarmspitze ineinander über. Die Basis des Blinddarms liegt ventral von der linken Niere (195/*m,i*). Von hier aus erstreckt sich sein Körper, der l i n k e n Bauchwand anliegend, in dorsal konvexem Bogen nach kaudoventral. Seine Spitze erreicht dabei die linke Leistengegend, kann sich aber auch über die Medianebene nach rechts verlagern. Dieses ist besonders bei leerem Magen der Fall, wobei Leerdarmschlingen nach links und kranial vorrücken und damit in der rechten Bauchhöhlenhälfte Raum freigeben.

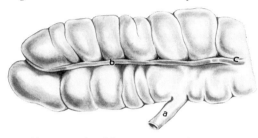

Abb. 193. B l i n d d a r m e i n e s S c h w e i n e s.

a Ileum; *b* Caecum; *c* Anfang des Colon ascendens mit Tänien und Poschen

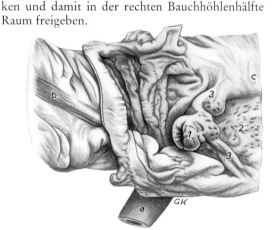

Abb. 194. I l e u m m ü n d u n g e i n e s S c h w e i n e s.

a Ileum; *b* Caecum mit Tänien und Poschen; *c* Anfang des Colon ascendens, aufgeschnitten

1 Papilla ilealis mit Ostium ileale; *2* Follikelplatte an der Hüftdarmmündung; *3* Frenula papillae ilealis

Am **Kolon** zeigt jener als C o l o n a s c e n d e n s (145/*F,F'*;192/*e,f,g*;195/*n*;197/*o*;199/*m*) bezeichnete Abschnitt, wie bereits erwähnt, besonders charakteristisches Verhalten. Die Schlingen dieses Grimmdarmabschnitts sind nämlich zu einer s t u m p f - k e g e l f ö r m i g e n S p i r a l e, *Ansa spiralis coli,* aufgerollt und durch das in der Achse des Kegels an die Spiralwindungen des Darmes herantretende *Mesocolon* an der kranialen *Gekrösewurzel* befestigt. Der typische Grimmdarmkegel des *Schw.* (145,192) kommt dadurch zustande, daß das Colon ascendens, welches linkerseits in Höhe des 3. Lendenwirbels aus dem etwas weiteren Blinddarm hervorgeht, von hier aus um das in der Achse des Kegels verlaufende Mesocolon mit den darin enthaltenen Blutgefäßen 2½–4½ flachgewickelte Spiralen, *Gyri centripetales,* beschreibt, die der Kuppe des Kegels zustreben (145/*12*;192/*e*). Hier angekommen, geht es mit einem scharfen Bogen, *Flexura centralis* (145/*13*;192/*f*), in die in etwas steiler-spiraligem Verlauf von der Kuppe des Kegels weg zu seiner Basis hinlaufenden 3½–5½ Windungen, *Gyri centrifugales* (145/*14*;192/*g*), über. Die letzte Windung (192/*g'*) erreicht, nachdem sie die Pars ascendens duodeni unterkreuzt hat, rechts an der Gekrösewurzel ihr Ende und geht hier in das Colon transversum (145/*G*;192/*h*) über. Die der Kegelkuppe zustrebenden *zentripetalen* Windungen verlaufen von der Basis des Darmkonvoluts gesehen im Sinne des Uhrzeigers an der Außenfläche des Kegels (145/*F*). Die in entgegengesetztem Sinne verlaufenden *zentrifugalen* Windungen sind nur an der Kuppe des Kegels und an den ersten 1–2 folgenden Windungen sichtbar und verschwinden in seinem Inneren (145/*F'*). Die Außenwindungen des Colon ascendens besitzen ein weiteres Lumen als die Innenwindungen und sind zudem mit z w e i deutlichen *Bandstreifen* und mit z w e i *Poschenreihen* ausgestattet. An den Innenwindungen sind Tänien nur in deren Anfangsabschnitt andeutungsweise vorhanden.

Der Kolonkegel ist mit seiner Basis durch breitflächige Verklebung fixiert. Seine Spitze hingegen macht je nach Raumangebot erhebliche Verlagerungen mit. Die Achse des Kolonkegels kann senkrecht nach unten gerichtet sein; sie kann aber auch entweder kranioventral oder kaudoventral ausweichen. Zudem kann die Achse des Kegels etwa in halber Höhe nach rechts oder links abknicken, so daß die Spitze des Kolonkegels an der rechten oder linken Bauchwand in unterschiedlicher Höhe anliegt. Neben dem in der Tragezeit sich vergrößernden Uterus und neben der unterschiedlich gefüllten Harnblase ist es vor allem der (beeinflußbare) Füllungszustand des Magens (Nüchternstellen eines Patienten vor einer Operation), der das Raumangebot für das Colon ascendens beeinflußt.

Bei m ä ß i g g e f ü l l t e m Magen liegt der Grimmdarmkegel im mittleren, zum geringen Teil auch im kranialen Drittel der l i n k e n Bauchhöhlenhälfte mit steil kranioventral gerichteter Achse (195/*n*). Kranial grenzt er an den Magen (*f*) und die Milz (*g*), wird rechtsseitig, kaudal und ventral von Leerdarmschlingen umlagert (196/*h*) und legt sich nach links in beträchtlicher Ausdehnung der l i n k e n seitlichen Bauchwand an (195). Schließlich hat er nach dorsal nachbarliche Beziehungen zum Pankreas, zur linken Niere (*i*), zur Pars ascendens duodeni, zum Colon transversum und zum Colon descendens. Die gleiche Lage kann der Grimmdarmkegel auch bei Tieren mit l e e r e m Magen aufweisen. Wenn jedoch bei leerem Magen Leerdarmschlingen in größerem Ausmaß sich nach links zwischen diesen und den Grimmdarmkegel eingeschoben haben und dadurch rechts kaudal Raum gewonnen wird, kann das Kolonkonvolut mit kaudoventral gerichteter Achse mit Teilen des Blinddarms sich auch in den k a u d a l e n Abschnitt der r e c h t e n Bauchhöhlenhälfte bis zum Beckeneingang hin einlagern und sich so an die r e c h t e Bauchwand in wechselndem Umfang anlehnen (197, 198).

Bei s t a r k e r Füllung des Magens zeigt die Achse des dann beckenwärts verlagerten Darmkegels kaudoventral (199). Gleichzeitig ist aber durch den Magen rechterseits auch das Leerdarmkonvolut kaudal verlagert (200), so daß der Kolonkegel in diesen Fällen keine Möglichkeit findet, in die rechte Bauchhöhlenhälfte überzutreten.

Mit einem nach rechts um die Gekrösewurzel ausholenden Bogen geht die letzte zentrifugale Windung des Colon ascendens in das kurze C o l o n t r a n s v e r s u m (145/*G*;192/*h*) über. Dieses verläuft vor der Gekrösewurzel von rechts nach links, um sich dort in den dritten Abschnitt des Grimmdarmes, in das C o l o n d e s c e n d e n s (145/*H*;192/*i*;196/*k*), fortzusetzen. Nahe der Medianen, an einem kurzen, fettgewebsreichen Gekröse angeheftet, zieht es geradlinig beckenwärts und geht in den ebenfalls in Fettgewebe eingebetteten Mastdarm über. Bei *Ferkeln* kommt es durch den Vorsprung im Längenwachstum einiger Darmstrecken zu Verbreiterungen des Mesocolon descendens direkt im Anschluß an das Colon transversum und vor dem Übergang in das Rektum. Dies führt zu einem zeitlich begrenzten Auftauchen u. a. eines *Colon sigmoideum.*

Der **Mastdarm, Rectum,** ist in Fettgewebe (Fettdarm) eingebettet (145/*J*;192/*k*;545/*24*), besitzt eine deutliche Erweiterung, *Ampulla recti,* und geht in den After über.

Anus: An der Innenauskleidung des kurzen Afterrohrs, *Canalis analis,* beteiligen sich die schmale, mit Krypten ausgestattete *Zona columnaris,* die *Zona intermedia* und die *Zona cutanea.* Bei der erstgenannten Zone handelt es sich um einen Streifen kutaner, blaßrosaroter Schleimhaut, deren längsverlaufende Schleimhautfalten, *Columnae anales,* mit den dazwischengelegenen Schleimhauttälern, *Sinus anales,* ihr das typische längssplissierte Relief verleihen. Diese Zone setzt sich einerseits durch die Linea anorectalis gegen die Rektumschleimhaut, andererseits durch die Zona intermedia und die Linea anocutanea gegen die Zona cutanea ab.

Von den **Aftermuskeln** sind beim *Schw.* vertreten: Der *M. sphincter ani internus,* ein Ring glatter Muskulatur, der das Afterrohr umschließt. Der *M. sphincter ani externus* (474/*g*) ist ein zweigeteilter, quergestreifter Ringmuskel. Sein kranialer Abschnitt entspringt aus der Schwanzfaszie, umgibt das Afterrohr und strahlt beim männlichen Tier in den *M. bulbospongiosus* (*i*) ein, während er beim weiblichen Tier den *M. constrictor vulvae* (545/*19'*) bilden hilft. Seine kaudale Portion umgibt den Rand der Afteröffnung und tritt beim weiblichen Tier auf die Seitenflächen des Vestibulum vaginae über. An der ventralen Fläche des 2. und 3. Schwanzwirbels setzt mit kräftigen Bündeln der *M. rectococcygeus* an und zieht an die Dorsalfläche der Mastdarmampulle. Der *M. levator ani* kommt jederseits von der Innenfläche des breiten Beckenbandes her und endet seitlich am After. Die aus glatter Muskulatur bestehende *ventrale Mastdarmschleife* (*26'*) ist nur schwach entwickelt und bleibt gegenüber dem paarigen *M. retractor penis (clitoridis)* (474/*h*) selbständig. Dieser befestigt sich beim männlichen Tier beiderseits am 2.–4. Kreuzwirbel. Die beiden drehrunden Muskelstränge begleiten dann den Penis und befestigen sich ab dem kaudalen Bogen seiner S-förmigen Krümmung (*n'*) asymmetrisch an der Tunica albuginea der Corpora cavernosa penis.

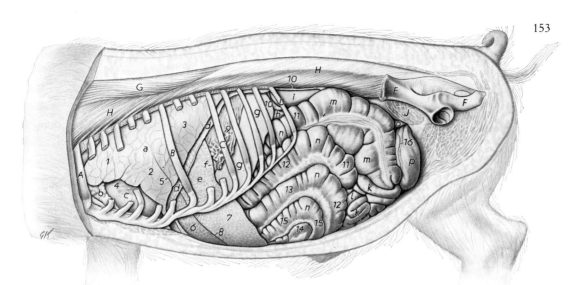

Abb. 195. Lage der Brust- und Bauchorgane eines kastrierten männlichen Schweines mit leerem Magen. Linke Ansicht. (Nach GRAEGER, 1957.)

A 1. Rippe; *B* 7. Rippe; *C* 10. Rippe; *D* 14. Rippe; *E* Darmbein; *F* Sitzbein; *G* M. spinalis; *H* M. longissimus; *J* M. iliopsoas (Schnittfläche)

a linke Lunge; *b* Thymus; *c* Herz im Herzbeutel; *d* Zwerchfell, Centrum tendineum, *d'* Pars costalis; *e* Leber; *f* Magen; *g* Milz; *h* Pankreas; *i* linke Niere (nach teilweiser Entfernung des Nierenfetts); *k* Jejunum; *l* Ileum; *m* Caecum; *n* Colon ascendens; *o* Colon descendens; *p* Harnblase

1–5 an der Lunge: *1,2* zweigeteilter Lobus cranialis pulmonis sin., *3* Lobus caudalis pulmonis sin., *4* Inc. cardiaca, *5* Fiss. interlobaris caud.; *6–8* an der Leber: *6* Lobus hepatis sin. med., *7* Lobus hepatis sin. lat., *8* Inc. interlobaris; *9* großes Netz (Lig. gastrolienale); *10* Nierenfett (Schnittfläche); *11–15* am Colon ascendens: *11* erste, *12* zweite, *13* dritte und *14* vierte zentripetale Windung, *15* erste zentrifugale Windung; *16* Lig. vesicae lat. sin.

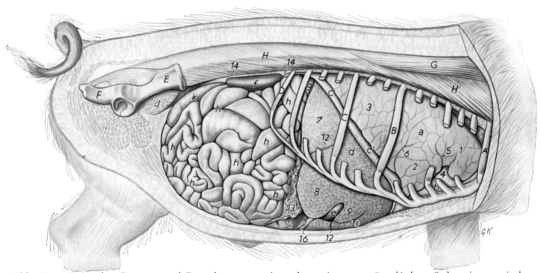

Abb. 196. Lage der Brust- und Bauchorgane eines kastrierten männlichen Schweines mit leerem Magen. Rechte Ansicht. (Nach GRAEGER, 1957.)

A 1. Rippe; *B* 7. Rippe; *C* 10. Rippe; *D* 14. Rippe; *E* Darmbein; *F* Sitzbein; *G* M. spinalis; *H* M. longissimus; *J* M. iliopsoas (Schnittfläche)

a rechte Lunge; *b* Herz im Herzbeutel; *c* Zwerchfell, Centrum tendineum, *c'* Pars costalis; *d* Leber; *e* Gallenblase; *f* rechte Niere (nach teilweiser Entfernung des Nierenfetts); *g* Duodenum, Pars cranialis; *h* Jejunum; *i* Colon ascendens; *k* Colon descendens

1–6 an der Lunge: *1* Lobus cranialis pulmonis dext., *2* Lobus medius pulmonis dext., *3* Lobus caudalis pulmonis dext., *4* Inc. cardiaca, *5* Fiss. interlobaris cran., *6* Fiss. interlobaris caud.; *7–12* an der Leber: *7* Lobus hepatis dext. lat., *8* Lobus hepatis dext. med., *9* Lobus quadratus, *10* Lobus hepatis sin. med., *11* Lobus hepatis sin. lat., *12* Incc. interlobares; *13* großes Netz; *14* Nierenfett (Schnittfläche); *15* und *16* am Colon ascendens: *15* dritte und *16* vierte zentripetale Windung

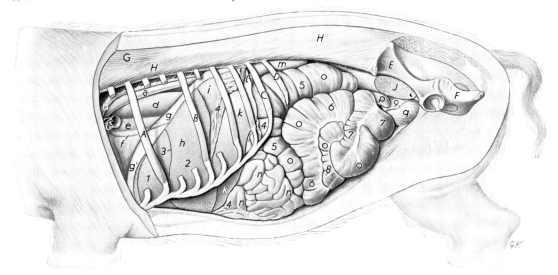

Abb. 197.   Lage der Brust- und Bauchorgane eines weiblichen Schweines mit leerem Magen.
Linke Ansicht. (Nach GRAEGER, 1957.)

A 7. Rippe; *B* 10. Rippe; *C* 14. Rippe; *D* 15. Rippe (Fleischrippe); *E* Darmbein; *F* Sitzbein; *G* M. spinalis; *H* M. longissimus; *J* M. iliopsoas (Schnittfläche)

a Aorta; *b* V. azygos sin.; *c* linke Lungenwurzel; *d* Oesophagus; *e* Mediastinum; *f* N. phrenicus sin.; *g* Zwerchfell, Centrum tendineum, *g'* Pars sternalis; *h* Leber; *i* Magen; *k* Milz; *l* Pankreas; *m* linke Niere (nach Entfernung des Nicren-
fetts); *n* Jejunum; *o* Colon ascendens; *p* linker Eierstock; *q* Harnblase

1–3 an der Leber: *1* Lobus hepatis sin. med., *2* Lobus hepatis sin. lat., *3* Inc. interlobaris; *4* großes Netz; *5–8* am Colon
ascendens: *5* erste, *6* zweite und *7* dritte zentripetale Windung, *8* erste zentrifugale Windung; *9* Lig. vesicae lat. sin.

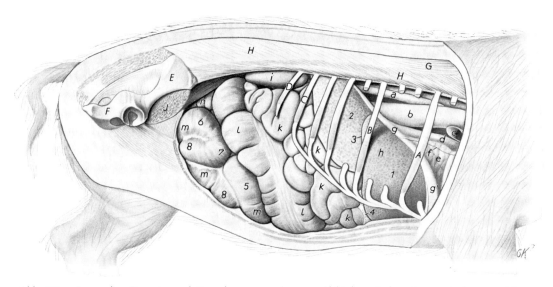

Abb. 198.   Lage der Brust- und Bauchorgane eines weiblichen Schweines mit leerem Magen.
Rechte Ansicht. (Nach GRAEGER, 1957.)

A 7. Rippe; *B* 10. Rippe; *C* 14. Rippe; *D* 15. Rippe (Fleischrippe); *E* Darmbein; *F* Sitzbein; *G* M. spinalis; *H* M. longissimus; *J* M. iliopsoas (Schnittfläche)

a Aorta; *b* Oesophagus; *c* rechter Bronchus principalis; *d* V. cava caud.; *e* Gekröse der V. cava caud., dahinter Lobus
accessorius der rechten Lunge; *f* N. phrenicus dext.; *g* Zwerchfell, Centrum tendineum, *g'* Pars sternalis; *h* Leber; *i*
rechte Niere (nach Entfernung des Nierenfetts); *k* Jejunum; *l* Caecum; *m* Colon ascendens; *n* Uterus

1–3 an der Leber: *1* Lobus hepatis dext. med., *2* Lobus hepatis dext. lat., *3* Inc. interlobaris; *4* großes Netz; *5–8* am Colon ascendens: *5* zweite und *6* dritte zentripetale Windung, *7* Flexura centralis, *8* erste zentrifugale Windung

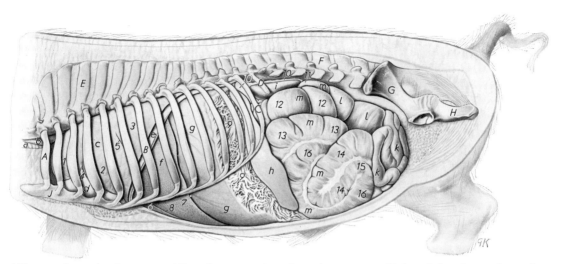

Abb. 199.   Lage der Brust- und Bauchorgane eines kastrierten männlichen Schweines mit stark
gefülltem Magen. Linke Ansicht. (Nach GRAEGER, 1957.)

A 1. Rippe; *B* 7. Rippe; *C* 14. Rippe; *D* 15. Rippe (Fleischrippe); *E* Dornfortsatz des 3. Brustwirbels; *F* Dornfortsatz
des 3. Lendenwirbels; *G* Darmbein; *H* Sitzbein; *J* Brustbein

a Trachea; *b* Oesophagus; *c* linke Lunge; *d* Herz im Herzbeutel; *e* Zwerchfell, Pars costalis; *f* Leber; *g* Magen; *h* Milz;
i linke Niere (nach teilweiser Entfernung des Nierenfetts); *k* Jejunum; *l* Caecum; *m* Colon ascendens

1–5 an der Lunge: *1,2* zweigeteilter Lobus cranialis pulmonis sin., *3* Lobus caudalis pulmonis sin., *4* Inc. cardiaca, *5* Fiss.
interlobaris caud.; *6–8* an der Leber: *6* Lobus hepatis sin. med., *7* Lobus hepatis sin. lat., *8* Inc. interlobaris; *9* großes
Netz (Lig. gastrolienale); *10* Nierenfett (Schnittfläche); *11–16* am Colon ascendens: *11* erste, *12* zweite, *13* dritte und *14*
vierte zentripetale Windung, *15* Flexura centralis, *16* erste zentrifugale Windung

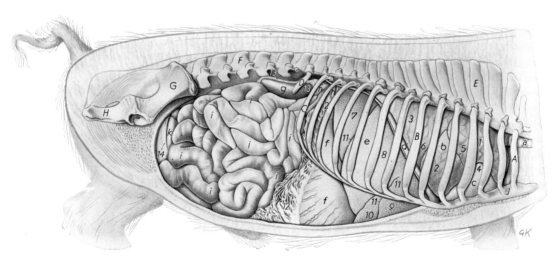

Abb. 200.   Lage der Brust- und Bauchorgane eines kastrierten männlichen Schweines mit stark
gefülltem Magen. Rechte Ansicht. (Nach GRAEGER,1957.)

A 1. Rippe; *B* 7. Rippe; *C* 14. Rippe; *D* 15. Rippe (Fleischrippe); *E* Dornfortsatz des 3. Brustwirbels; *F* Dornfortsatz
des 3. Lendenwirbels; *G* Darmbein; *H* Sitzbein; *J* Brustbein

a Trachea; *b* rechte Lunge; *c* Herz im Herzbeutel; *d* Zwerchfell, Pars costalis; *e* Leber; *f* Magen; *g* rechte Niere (nach
teilweiser Entfernung des Nierenfetts); *h* Duodenum, Pars cranialis und Pars descendens; *i* Jejunum; *k* Harnblase

1–6 an der Lunge: *1* Lobus cranialis pulmonis dext., *2* Lobus medius pulmonis dext., *3* Lobus caudalis pulmonis dext.,
4 Inc. cardiaca, *5* Fiss. interlobaris cran., *6* Fiss. interlobaris caud.; *7–11* an der Leber: *7* Lobus hepatis dext. lat., *8* Lobus
hepatis dext. med., *9* Lobus hepatis sin. med., *10* Lobus hepatis sin. lat., *11* Incc. interlobares; *12* großes Netz; *13* Nierenfett (Schnittfläche); *14* Lig. vesicae lat. dext.

Bezüglich der **lymphoretikulären Einrichtungen** in der Schleimhaut des Schweinedarms sei vermerkt, daß diese sowohl in Form der *Einzellymphknötchen, Lymphonoduli solitarii,* als auch in Gestalt der *Lymphknötchenplatten, Lymphonoduli aggregati (Peyersche Platten),* bei dieser Tierart besonders zahlreich sind. Die Solitärknötchen haben weißliche Farbe und sind hirsekorn- bis stecknadelkopfgroß. Sie finden sich in der Schleimhaut des gesamten Darmkanals. Mit Ausnahme des Blinddarms, wo ihre Zahl geringer ist, nehmen sie in den distalen Darmabschnitten an Menge zu. Die durch ihre tiefen, kryptenartigen Einsenkungen zerklüftet aussehenden Lymphknötchenplatten sind im Dünndarm außerordentlich zahlreich – im Durchschnitt 20–30 Platten – und haben im Mittel eine Länge von 100 mm (5–500 mm). Die l e t z t e L y m p h k n ö t c h e n p l a t t e des Dünndarms besitzt die erstaunliche Länge von 1,15–3,20 m. Sie erstreckt sich über das gesamte Ileum hinweg, tritt kontinuierlich auf dessen eigenartiges Mündungsstück, die früher schon erwähnte Papilla ilealis, über und setzt sich von hier aus, breiter werdend, bis zu 100 mm weit auf die benachbarte Schleimhaut des Kolons fort (194/2). Im Blinddarm finden sich keine Lymphknötchenplatten, desgleichen fehlen sie meist auch im Grimmdarm. Hier liegen nur gelegentlich einige kleinere Anhäufungen von Knötchen in unmittelbarer Nähe der Platte an der Einmündung des Ileums.

Anhangsdrüsen des Darmes
(154, 157, 159, 162, 165, 195–202)

Die **Leber** (154,195–202) hat je nach dem Alter und dem Ernährungszustand des betreffenden Tieres mehr hell- bzw. dunkel-braunrote Farbe und wiegt 1–2,5 kg bzw. 1,7% des Körpergewichts. Artspezifisch ist die makroskopische Sichtbarkeit ihrer Läppchen (159,201,202), denn das reichlich entwickelte i n t e r l o b u l ä r e B i n d e g e w e b e (*Glissonsche Kapsel*) grenzt die im Durchmesser etwa 1 bis 2 mm großen Leberläppchen deutlich gegeneinander ab. Durch tief einschneidende I n z i s u r e n ist die Leber des *Schw.* relativ stark gegliedert. Links von der Verbindungslinie zwischen der Incisura ligamenti teretis mit dem Ligamentum teres hepatis einerseits (154/5) sowie der Impressio oesophagea (154/6;201/f) am Margo dorsalis der Leber andererseits finden sich die *Lobi hepatis sinistri medialis* und *lateralis* (154,201/a,a'). Rechts von der Verbindungslinie zwischen der tiefen Gallenblasengrube mit der Gallenblase (*e*) einerseits sowie der V. cava caudalis (154/4;201/4) andererseits sieht man die *Lobi hepatis dextri medialis* und *lateralis* (154,201/b,b'). Der *Lobus quadratus* (c) ist klein, schiebt sich zwischen Ligamentum teres hepatis und Gallenblase ein und erreicht den ventralen Rand des Organs nicht. Der *Lobus caudatus* wird nur durch den nach rechts dorsal hinausragenden *Processus caudatus* repräsentiert. Ein Processus papillaris fehlt der Leber des *Schw.*

Die *Facies diaphragmatica* der Leber (202) fügt sich in die tiefgewölbte Fläche des Zwerchfells ein und zeigt infolgedessen selbst auffallend starke Konvexwölbung. Entsprechend ist die *Viszeralfläche* (201) im ganzen tief konkav und trägt zudem die Impressionen·der ihr benachbarten Organe. Da die rechte Niere, entgegen ihrem Verhalten bei den übrigen *Hsgt.,* beim *Schw.* wie bei der *Ktz.* die Leber nicht erreicht, fehlt dieser auch eine Impressio renalis.

Die kaudale Hohlvene ist bei ihrem Übertritt über den Margo dorsalis meist vollständig in das Lebergewebe eingeschlossen (201,202/4), nimmt hier die Lebervenen (202/3) auf und zieht dann auf kürzestem Wege zum Foramen venae cavae. Das *Ligamentum coronarium hepatis* (8,8',9) verbindet das kurze *Ligamentum triangulare sinistrum* (5) mit dem *Ligamentum triangulare dextrum* (6), indem es als schmaler Bandstreifen zwischen Leber und Zwerchfell im Halbbogen unter der kaudalen Hohlvene hinzieht.

Das *Ligamentum teres hepatis* kommt aus dem *Sulcus venae umbilicalis,* tritt, im freien Rand des nur unscheinbaren *Ligamentum falciforme hepatis* (7) gelegen, mit diesem an das Zwerchfell und verliert sich in der Medianlinie nabelwärts unter dem Bauchfell. An der Leber älterer Tiere findet man das Ligamentum falciforme hepatis nurmehr als schmalen Serosastreifen an der Zwerchfellfläche.

Lage und **Nachbarschaft** der Leber: Die Leber fügt sich fast vollständig in den intrathorakalen Teil der Bauchhöhle ein und ist durch den zur Hauptsache links liegenden Magen mehr nach rechts von der Medianen gelagert (195/e;196/d;197,198/h;199/f;200/e). Dabei liegt sie schräg von rechts kaudodorsal nach links ventral hinter dem Zwerchfell und läßt links dorsal den Magen an das Zwerchfell treten. Ihr kranialer Punkt erreicht im Scheitelpunkt des Zwerchfells, unmittelbar über dem Brustbein, die Querebene durch den 5. Interkostalraum. Die kaudale Grenze der Leber läuft links entlang der 8.–9. Rippe (195,197,199). Auf der rechten Seite bildet ihr Kaudalrand einen kaudal konvexen Bogen, der in Höhe des Proximalendes der 13.–14. Rippe beginnt, zur Symphyse der 10.–11. Rippe hinzieht und von hier aus, fast senkrecht gerichtet, die ventrale Bauchwand erreicht (196,198,200). Die beiden linken Leberlappen (195/6,7) und oft auch der mediale rechte legen sich der Regio xiphoidea und den Rippenknorpeln breitflächig auf. Infolge der tiefen Incisurae interlobares (8) verschieben sich die Leberlappen gegeneinander. Dieses trifft offenbar besonders für den Lobus sinister lateralis zu, der wohl unter dem Druck des Magens nach rechts ausweichen kann. In die konkave Viszeralfläche der Leber fügt sich der Magen (197/i;199/g) ein, und nur ein Teil der Lobi dextri medialis und lateralis steht mit Leerdarmschlingen in Berührung (196/h;198/k).

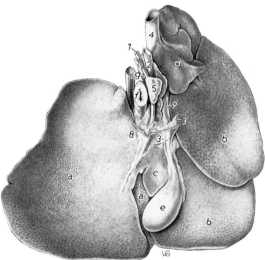

Abb. 201. Leber eines Schweines, in situ fixiert. Facies visceralis.

a Lobus hepatis sin. lat. und a′ Lobus hepatis sin. med.; b Lobus hepatis dext. lat. und b′ Lobus hepatis dext. med.; c Lobus quadratus; d Proc. caudatus; e Vesica fellea; f Oesophagus in der Impressio oesophagea; g medialer Abschnitt des rechten Zwerchfellpfeilers

1 A. hepatica; 2 V. portae; 3 Ductus choledochus; 3′ Ductus cysticus; 4 V. cava caud.; 5 Lnn. hepatici; 8,9 Ansatz des Omentum minus: 8 Lig. hepatogastricum, 9 Lig. hepatoduodenale

Abb. 201

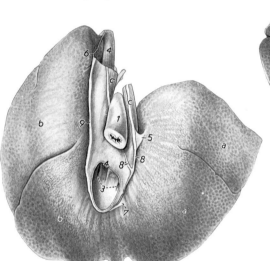

Abb. 202

Abb. 202. Leber eines Schweines, in situ fixiert. Facies diaphragmatica.

a Lobus hepatis sin. lat. und a′ Lobus hepatis sin. med.; b Lobus hepatis dext. lat. und b′ Lobus hepatis dext. med.; c mediale Abschnitte des rechten Zwerchfellpfeilers

1 Oesophagus in der Impressio oesophagea; 3 Mündungen der Vv. hepaticae; 4 V. cava caud.; 5–9 Bänder der Leber: 5 Lig. triangulare sin., 6 Lig. triangulare dext., 7 Lig. falciforme hepatis, 8 linker, 8′ mittlerer, 9 rechter Schenkel des Lig. coronarium hepatis

An der Porta hepatis verläßt der *Ductus hepaticus communis,* der sich aus dem Ductus hepaticus sinister und mehreren, von rechts einzeln einmündenden Ductus hepatici zusammengesetzt hat, die Leber (162). Der Ductus hepaticus communis nimmt den von der Gallenblase herkommenden *Ductus cysticus* (201/3′) auf und wird so zum auffallend langen *Ductus choledochus* (201/3). Im *Ligamentum hepatoduodenale* 201/9) zieht dieser zum Duodenum und mündet 20–50 mm von dessen Ursprung aus dem Pylorus auf der unscheinbaren *Papilla duodeni major* in den Zwölffingerdarm ein.

Die **Gallenblase** (154,158,201/e) bettet sich zwischen den Lobus quadratus und den Lobus dexter medialis in die tiefe *Fossa vesicae felleae* ein. Die Gallenblase hat länglich birnenförmige Gestalt und erreicht den Ventralrand der Leber nicht. Ihr langer *Ductus cysticus* zieht zur Leberpforte und vereinigt sich dort, wie bereits erwähnt, mit dem *Ductus hepaticus communis* zum *Ductus choledochus.* Direkt aus der Leber in die Gallenblase einmündende Ductus hepatocystici fehlen beim *Schw.*

Die **Bauchspeicheldrüse** (164) hat bei über 100 kg schweren Tieren ein mittleres Gewicht von 110 bis 150 g. Für das Zustandekommen des variablen Gewichts des Pankreas scheint nicht so sehr das Körpergewicht, sondern mehr der jeweilige Ernährungszustand der Tiere ausschlaggebend zu sein. Ähnlich der Bauchspeicheldrüse von *Flfr.* und *Wdk.* setzt sich das Pankreas auch beim *Schw.* aus

einem, hier kleineren *rechten* (*c*) und einem großen *linken Lappen* (*b*), sowie aus dem sie verbindenden *Corpus pancreatis* (*a*) zusammen. Über den Körper hinweg zieht die Pfortader zur Leber und
wird von kaudodorsal zusätzlich von einem g a b e l f ö r m i g e n Abschnitt des Pankreas (*d*) überbrückt, der den rechten mit dem linken Lappen der Drüse verbindet. Korpus und gabelförmiger Abschnitt bilden den die Pfortader hindurchlassenden *Anulus pancreatis* (*3*).

Das Corpus pancreatis ist der kleinen Krümmung des Magens und der Pars cranialis duodeni benachbart und entläßt nach links und dorsal den l i n k e n   L a p p e n , der sich in den Ursprung des großen Netzes an der dorsalen Bauchwand, hier bindegewebig verwachsen, einschiebt und zwischen dor-
sokaudalem Rand der Milz und dem kranialen Pol der linken Niere bis an die linke Bauchwand heranreicht. Hierbei bekommt der linke Lappen auch Kontakt mit dem Colon transversum und dem basa-
len Teil des Kolonkegels. Der r e c h t e   L a p p e n begleitet die Pars cranialis und Pars descendens duodeni bis zum kranialen Pol der rechten Niere und liegt dabei im *Ligamentum hepatoduodenale* bzw.
im *Mesoduodenum*. Ventral berührt er den Endabschnitt des Colon ascendens bzw. das Colon transversum in diesem Bereich. Das gabelförmige V e r b i n d u n g s s t ü c k reicht im Duodenumgekröse bis
zur Flexura duodeni caudalis und legt sich von ventral dem Processus caudatus der Leber an.

Von den beiden ursprünglich auch an der Bauchspeicheldrüse des *Schw.* angelegten A u s f ü h -
r u n g s g ä n g e n bleibt nur jener der d o r s a l e n Drüsenanlage bestehen. Dieser vergleichend als *Ductus pancreaticus accessorius* zu bezeichnende Gang entspringt aus dem rechten Lappen des Organs und
mündet 200–250 mm vom Pylorus entfernt auf der *Papilla duodeni minor* in die Pars descendens duodeni ein (164/*2,2′*).

Rumpfdarm der Wiederkäuer

Vorderdarm

Speiseröhre
(54, 60, 61, 83–85, 132, 207, 208, 213, 214, 216, 236–238, 243)

Die Speiseröhre der *Wdk.* zeigt manche Besonderheiten, die im Hinblick auch auf klinische Belange
namentlich für das *Rd.* ausführlicher dargestellt werden müssen.

Die Speiseröhre schließt an das Vestibulum oesophagi an und liegt dabei der Platte des Ringknorpels dorsal auf (60/*41*;84/*22*). Der in die Oesophagusmuskulatur einstrahlende *M. cricooesophageus*
sowie Züge des *M. cricoarytaenoideus dorsalis* sorgen für ihre Anheftung am Kehlkopf. Das gleiche
besorgt auch der paarige *M. oesophageus longitudinalis lateralis*. Bei der *Zg.* besitzt der Muskel außer
der lateralen noch eine ventrale, gelegentlich auch eine dorsale Portion, während beim *Schf.* nur sein
lateraler Teil nachweisbar ist.

Die Speiseröhre des *Rd.* mißt insgesamt 0,9–0,95 m, wovon 0,42–0,45 m auf den H a l s t e i l (132/
10), 0,48–0,5 m auf den B r u s t t e i l (*10′*) entfallen. Im ersten Halsdrittel liegt sie ventral vom M. longus colli (*r*) dorsal auf der Trachea (*19*). Am Übergang in das zweite Halsdrittel steigt die Speiseröhre
nach links neben die Luftröhre herab und behält diese Lage bis zum Brusteingang bei. Die nachbarlichen Beziehungen vom Halsteil des Oesophagus sind im vergleichenden Kapitel dargestellt.

Der Brustteil der Speiseröhre verläuft vom Brusteingang bis zum Hiatus oesophageus im Mittelfell.
Im präkardialen Bereich erreicht sie wieder die Dorsalfläche der Luftröhre (*19′*) und fügt sich wie ihr
Halsteil auch hier bis zum 6. Brustwirbel in die mediane Rinne des Brustabschnitts des M. longus colli
(*r′*) ein. Über die Luftröhrengabel und die Herzbasis hinwegziehend, kreuzt der Oesophagus auf der
Strecke zwischen dem 4.–7. Interkostalraum rechtsseits die Aorta (*27*), tritt in den kaudalen Teil des
Mittelfells ein und erreicht in Höhe des 8. Interkostalraums den Hiatus oesophageus (132/*bei w*;243/
m). Hier fügt sich ihm von dorsal ein auffallend langer *Lymphonodus mediastinalis caudalis* (132/
24;207/*h*;208,213,214,216/*i*) an, der gelegentlich durch krankhafte Veränderung unförmig groß werden und dadurch die Speiseröhre bzw. den sie begleitenden Truncus vagalis dorsalis (132/*43′*) in Mitleidenschaft ziehen kann.

Die aus roter, quergestreifter Muskulatur bestehende M u s k e l s c h i c h t ist in den verschiedenen
Abschnitten unterschiedlich dick, ebenso ist das L u m e n der Speiseröhre unterschiedlich weit. Die

Stärke der Muskelwand beträgt im Halsteil beim *Rd.* 4–5 mm, im Brustteil nur 2–3 mm. Das Lumen des Halsteiles der Speiseröhre bietet im Ruhezustand auf dem Querschnitt das Bild eines rosettenförmigen Spaltes. Nachdem der Halsteil der Speiseröhre am Übergang vom mittleren zum distalen Drittel eine deutliche Einengung erfahren hat, nimmt die Weite zwerchfellwärts stetig zu, um schließlich beim *Rd.* im kaudalen Mittelfell bei hochovalem Querschnitt 70–80 mm Höhen- und 40–50 mm Querdurchmesser zu erreichen (207/*n*;208/*m*). Gleiches Verhalten mit entsprechend kleineren Dimensionen zeigt auch der Oesophagus des *kl. Wdk.* (213/*k*;214/*h*;216/*k*). Diesem zwischen die Pleurasäcke eingebauten, a m p u l l e n f ö r m i g e r w e i t e r t e n, dabei aber dünnwandigen Abschnitt der Speiseröhre kommt nach den neuesten Feststellungen bei der Rejektion des Futters zum Zwecke des Wiederkäuens eine entscheidende Bedeutung zu.

Wegen der beim *Rd.* nicht allzu selten vorkommenden Verstopfung des Oesophagus (Schlundverstopfung) und der dann zur Entfernung der Fremdkörper notwendig werdenden Eingriffe sei darauf hingewiesen, daß der Speiseweg beim *Rd.* zwischen Mundhöhle und Magen d r e i K r ü m m u n g e n aufweist. Die e r s t e ist die dorsal konvexe *Kopf-Halsbiegung.* Sie wird von dem Pharynx und dem Anfang der Speiseröhre gebildet (60/*c,d,e,41*;132/7,8,9,10). Die z w e i t e ist die dorsal konkave *Hals-Brustbiegung* unter den letzten Hals- und den ersten Brustwirbeln (132,351). An der Lage dieser beiden Biegungen ist ersichtlich, daß ihr Krümmungsgrad weitgehend von der jeweiligen Haltung von Kopf und Hals abhängt. Die d r i t t e, dorsal leicht konvexe, in ihrer Form konstante Biegung betrifft den über der Herzbasis sowie über der Bifurkation der Trachea gelegenen Teil der Speiseröhre (132/über 20;351,352/*u*).

Auf Grund funktioneller Studien werden die beiden *kaudalen Schlundkopfschnürer, Mm. thyreopharyngeus* und *cricopharyngeus* (132/*l*), als k r a n i a l e r „O e s o p h a g u s s p h i n k t e r", die verstärkte Ringmuskulatur am Ende der Speiseröhre und die Kardiamuskelschleife als k a u d a l e r „O e s o p h a g u s s p h i n k t e r" bezeichnet. Zwischen beiden besteht insofern ein für *Rd.* und *Schf.* vermutetes Wechselspiel, als die Kontraktion des kranialen Sphinkters Erschlaffung des kaudalen und umgekehrt nach sich ziehen soll.

Magen der Wiederkäuer
(203–229, 234–238, 244)

Der Magen der *Wdk.* (203–229) weist nach Bau, Topographie und Funktion gegenüber dem Magen der übrigen *Hsgt.* so auffallende und grundsätzliche Unterschiede auf, daß er einer ausführlichen Darstellung bedarf.

Er besteht aus dem dreiteiligen, von einer d r ü s e n l o s e n, k u t a n e n S c h l e i m h a u t ausgekleideten V o r m a g e n, P r o v e n t r i c u l u s, mit *Pansen, Rumen* (203/1′,1′′;205,206/*A,A*′), *Haube* oder *Netzmagen, Reticulum* (203/1′′′;205,206/*B*), die funktionell als *Ruminoreticulum* zusammengefaßt werden, und *Psalter, Buch, Blättermagen, Omasum* (203/1′′′′;206/*C*), sowie aus einer vierten Abteilung, dem mit d r ü s e n h a l t i g e r S c h l e i m h a u t versehenen *Drüsen-* oder *Labmagen, Abomasum* (203/2,3,4;205,206/*D*). Er gehört somit zu den m e h r h ö h l i g - z u s a m m e n g e s e t z t e n M ä g e n.

Erwähnt sei zunächst, daß der im fertigen Zustand so auffallend gegliederte Wiederkäuermagen, dessen einzelne Abteilungen auch in funktioneller Hinsicht weitgehende Unterschiede zeigen, sich,

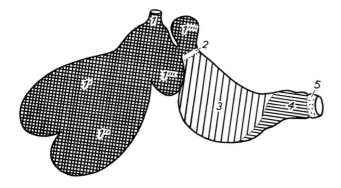

Abb. 203. S c h l e i m h a u t r e g i o n e n d e s W i e d e r k ä u e r m a g e n s, schematisiert.

1–1′′′′ Kutane, drüsenlose Schleimhaut des Oesophagus und der Vormägen: *1* Oesophagus, *1′* Saccus ruminis dors., *1′′* Saccus ruminis ventr., *1′′′* Reticulum, *1′′′′* Omasum (kariert); *2,3,4* Abomasum: *2* „Kardia"drüsenzone (weiß), *3* Region der Fundus- oder Eigendrüsen, *4* Pylorusdrüsenregion des Abomasums (vertikal bzw. horizontal liniert); *5* Duodenum

ebenso wie der einhöhlige Magen, aus einer einfachen spindelförmigen Magenanlage entwickelt. Es steht somit fest, daß der Vormagen nicht etwa spezialisierte Abschnitte der Speiseröhre darstellt und nur der Labmagen dem einhöhligen Organ der Nichtwiederkäuer gleichzusetzen ist. Beim *Wdk.* erreicht die Speiseröhre gleichfalls an der Kardia ihr Ende.

Das Fassungsvermögen des gesamten Magens beim erwachsenen *Rd.* schwankt je nach Größe und Rasse des Tieres zwischen 65–120 l. Von dem Gesamtinhalt entfallen auf Pansen und Haube im Durchschnitt 84%, auf den Pansen allein etwa 55–100 l. Der Labmagen als nächst dem Pansen größte Magenabteilung faßt zwischen 6–12 l, der Blättermagen 4–8 l.

Auch beim *kl. Wdk.* ist das Fassungsvermögen des Magens weitgehend von der Rasse der Tiere, aber auch von der Jahreszeit abhängig. Es schwankt bei *Schf.* und *Zg.* für den Pansen zwischen 5–18 l (bei der *Zg.* stets relativ geringere Werte als beim *Schf.*), für die Haube zwischen 0,6–1,7 l, für den Blättermagen zwischen 0,2–0,4 l und für den Labmagen zwischen 0,7–1,9 l. Somit folgen in der Größenordnung beim *Rd.*: Pansen, Labmagen, Blättermagen und Haube, beim *kl. Wdk.* jedoch Pansen, Labmagen, Haube und als kleinste Magenabteilung der Blättermagen. Die angeführten Maße sind postmortal vor Entleerung der Futtermassen durch Füllungsfixation mit Formalin (ohne Dehnung) des Organs ermittelt. Dennoch sei darauf hingewiesen, daß das so ermittelte absolute Fassungsvermögen des Wiederkäuermagens intra vitam nie voll ausgenutzt wird. Dies trifft hauptsächlich für den Pansen und hier besonders für die in der Futteraufnahme wählerische *Zg.* zu.

Bemerkenswerte Veränderungen sowohl in der Gestalt als auch vor allem im Fassungsvermögen durchlaufen die einzelnen Magenabteilungen beim *Wdk.* nach der Geburt in den ersten Lebenstagen bzw. -wochen, -monaten und -jahren. Besonders augenscheinliche Veränderungen in ihrem Größenverhältnis spielen sich dabei an Pansen und Labmagen ab. Sie sind bedingt durch die allmähliche Umstellung von der zunächst ausschließlichen Ernährung durch Milch auf die Aufnahme reiner Pflanzennahrung.

Am ersten Lebenstag beträgt das Fassungsvermögen des Labmagens beim Kalb etwa 2 l, das des Pansens und der Haube zusammen 0,75 l. Mit 8 Wochen ist es bei beiden etwa gleich groß. Bei allmählicher Umstellung auf Pflanzennahrung gewinnen Pansen und Haube im Wachstum erheblichen Vorsprung, so daß schließlich beim erwachsenen *Rd.* das Größenverhältnis zwischen Pansen und Haube einerseits und Labmagen andererseits 9 : 1 beträgt. Bei Weidetieren werden jahreszeitliche Schwankungen der Pansenkapazität in Anpassung an die Nahrungsqualität beobachtet. Je zellulosereicher die Nahrung, um so größer ist der Pansen (Verzögerungseffekt). Es ist selbstverständlich, daß sich an der absoluten Größenzunahme des Gesamtorgans auch der Blättermagen beteiligt. Am Magen des *kl. Wdk.* spielen sich analoge Vorgänge ab. Zur Erläuterung der Angaben über das Größenverhältnis der Magenabteilungen beim *Rd.* sei auf die Abb. 204 verwiesen.

Eingriffe des Menschen in das Futterangebot heranwachsender Kälber können weitergehende Veränderungen bewirken.

Form und Lage des Wiederkäuermagens: Die vier Magenabteilungen sind derart zueinander angeordnet, daß der Pansen links, die Haube kranial und der Blättermagen rechts liegen. Der Labmagen lagert auf der ventralen Bauchwand und schiebt sich mit dem Fundus nach links unter die Haube und den Pansen ein. Die Pars pylorica steigt rechterseits kaudal des Blättermagens dorsal auf (205 bis 208,213,214,216).

Der **Pansen, Rumen** (205,206/*A,A'*), ist ein gewaltiger, seitlich abgeflachter Sack, der den Bauchraum zu einem erheblichen Teil für sich in Anspruch nimmt. Er füllt, vom Zwerchfell bis zum Beckeneingang reichend, die linke Bauchhöhlenhälfte vollständig aus und nimmt mit seinem kaudoventralen Blindsack noch einen beträchtlichen Teil der rechten Bauchhöhlenhälfte ein (207,208,213,214,216;229/*a,b*).

Er besitzt eine der linken und ventralen Bauchwand anliegende Fläche, die *Facies parietalis* (205/*A,A'*;229), und eine vorwiegend dem Darm, aber auch der Leber, dem Blätter- und Labmagen benachbarte Fläche, die *Facies visceralis* (206/*A,A'*;207,214,229). Ferner zeigt er eine *dorsale Krümmung, Curvatura dorsalis* (205,206/*a*), und eine *ventrale, Curvatura ventralis* (*b*). Durch unterschiedlich tiefe Furchen wird der Pansen schon äußerlich sichtbar in verschiedene Abteilungen gegliedert. Zwei an den Seitenflächen entlanglaufende *Längsfurchen, Sulcus longitudinalis dexter* bzw. *sinister* (205,206/*c*), werden durch je eine von kranial und kaudal in den Pansen einschneidende tiefe Furche, *kraniale* bzw. *kaudale Furche, Sulcus cranialis* bzw. *caudalis* (*d* bzw. *e*), miteinander verbunden. Dadurch entsteht eine etwa horizontal gelagerte große Ringfurche, die den links von der Medianebene gelegenen Pansen in den *dorsalen Pansensack, Saccus dorsalis* (205,206/A ;229/a), und den mehr rechts liegenden *ventralen Pansensack, Saccus ventralis* (205,206/A' ;229/b), zerlegt, deren Lumina durch das weite *Ostium intraruminale* kommunizieren. Der ventrale Pansensack drängt mehr oder weniger nach rechts über die Medianebene hinaus. Die zunächst nach dorsal ansteigende und dann nach kaudal wegziehende linke Längsfurche entläßt eine zum dorsalen Pansensack emporstrebende *Nebenfurche, Sulcus accessorius sinister* (205/c'), die sich bald verliert. Die rechte Längsfurche (206/c) spaltet sich in zwei Schenkel, von denen der dorsale als *Sulcus accessorius dexter* (c') bezeichnet wird. Sie ver-

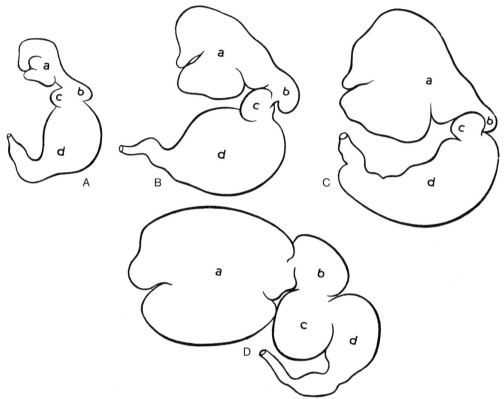

Abb. 204.   Größenverhältnisse der Magenabteilungen des Rindes in verschiedenem Alter. (Nach Auernheimer, 1909.)

A–C ¹/₁₀ natürliche Größe, *D* ¹/₃₀ natürliche Größe. *A* 3 Tage altes Kalb; *B* 4 Wochen altes Kalb; *C* 3 Monate altes Rind; *D* erwachsenes Rind

a Rumen; *b* Reticulum; *c* Omasum; *d* Abomasum

einigen sich jedoch bald wieder und begrenzen ein inselförmiges Feld, die *Panseninsel, Insula ruminis* (c''), an der rechten Seitenwand des Pansens. Vom dorsalen und ventralen Pansensack werden kaudal durch die *dorsale* und *ventrale Kranzfurche, Sulcus coronarius dorsalis* bzw. *ventralis* (205,206/f,g), je ein *Blindsack*, der *Saccus caecus caudodorsalis* bzw. *caudoventralis* (h,i), abgegrenzt. Die ventrale Kranzfurche stellt im Gegensatz zur dorsalen einen geschlossenen Ring dar und trennt den ventralen Blindsack sehr deutlich vom ventralen Pansensack ab. Der dorsale und ventrale Blindsack reichen beim *Rd.* gleich weit nach kaudal (205,206;207,208/5,8), während beim *kl. Wdk.* der ventrale Blindsack weiter beckenwärts hinausragt (213, 216/5,8;214/3,6). Die durch die kraniale Furche voneinander getrennten buchtigen Kranialenden des dorsalen und ventralen Pansensacks entbehren der echten Blindsacknatur, weil ihnen die für derartige Bildungen typische Anordnung der Muskulatur fehlt. Der dorsale dieser „Blindsäcke", *Saccus cranialis*, wird auch als *Pansenvorhof, Atrium ruminis*, bzw. seiner Funktion entsprechend als *Schleudermagen* bezeichnet (205,206/k;207/3,3' ;213,216/3). Er wird gegen den dorsalen Pansensack durch eine von der kranialen Furche beiderseits emporsteigende

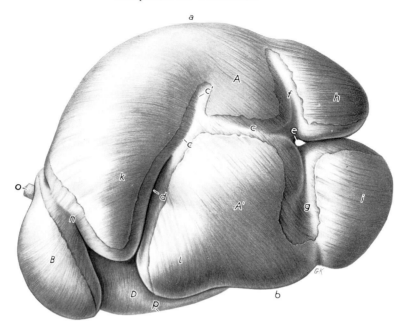

Abb. 205.   M a g e n   e i n e s   R i n d e s. Linke Seitenansicht.
Pansenfurchen durch Wegnahme des Bauchfells und Entfernung des Fettgewebes, der Blut- und Lymphgefäße sowie
der Lymphknoten und Nerven betont dargestellt.

A,A′ Pansen, Rumen, Facies parietalis: *A* Saccus dorsalis, *A′* Saccus ventralis; *B* Haube, Netzmagen, Reticulum; *D* Labmagen, Abomasum

a–n am Pansen: *a* Curvatura dorsalis, *b* Curvatura ventralis, *c* Sulcus longitudinalis sin., *c′* Sulcus accessorius sin., *d* Sulcus cranialis, *e* Sulcus caudalis, *f* Sulcus coronarius dors., *g* Sulcus coronarius ventr., *h* Saccus caecus caudodors., *i* Saccus
caecus caudoventr., *k* Atrium ruminis (Schleudermagen), *l* Rec. ruminis, *n* Sulcus ruminoreticularis; *o* Oesophagus; *p*
Curvatura major des Labmagens

seichte Furche (206/*m*) abgegrenzt. Die kraniale Ausbuchtung des ventralen Pansensacks (205/
l;207,213,216/6) besitzt selbst diese undeutliche Abgrenzung nicht; sie wird deshalb nicht als Blindsack, sondern als Pansenbucht, *Recessus ruminis,* bezeichnet. Der Pansenvorhof vermittelt den Übergang des Pansens in die Haube. Er nimmt von dieser Futtermassen entgegen und kann solche wieder
in die Haube befördern. Auch bei der Rejektion des Futters in die Mundhöhle, als notwendige Voraussetzung für den Vorgang des Wiederkäuens, spielt der Schleudermagen eine entscheidende Rolle.

Im Grenzgebiet zwischen Haube und Pansen mündet die Speiseröhre trichterförmig in den *Pansen-
vorhof, Atrium ruminis* (209,210/*bei d*;218,219/*b*). Von der kranial liegenden Haube setzt sich der
Pansen durch eine tiefe Furche, *Pansen-Haubenfurche, Sulcus ruminoreticularis* (205,206/*n*), ab. Die
Pansenfurchen erscheinen, da sie von dem Bauchfellüberzug des Pansens und zum Teil auch von
Muskulatur überbrückt werden, im allgemeinen nur flach. Zudem sind sie von Fettgewebe erfüllt und
beherbergen die Blut- und Lymphgefäße, Lymphknoten sowie Nerven des Pansens.

Mit Ausnahme der Sulci ruminoreticularis und atrioruminalis entsprechen allen übrigen Pansenfurchen in das Innere des Pansens hineinragende, zum Teil mächtige *Muskelbalken,* die *Pansenpfeiler,
Pilae ruminis,* die weiter unten ausführlich besprochen werden.

Die **Haube, Netzmagen, Reticulum** (205,206/*B*;207,208/*O*;212,213,214/*m*;215/*f*;216/*M*), schiebt
sich als kugeliges, in kraniokaudaler Richtung leicht abgeflachtes Organ zwischen das Zwerchfell und
das Kranialende des ventralen Pansensacks ein und liegt im Bereich des 6.–9. Interkostalraums im intrathorakalen Raum der Bauchhöhle vornehmlich links; die Medianebene wird von ihr geringgradig
nach rechts überschritten. Dorsal geht die Haube ohne sichtbare Grenze in den Pansenvorhof über,
während sie ventral und seitlich durch einen tiefen Einschnitt, die schon erwähnte Pansen-Haubenfurche (205,206/*n*), vom Pansen deutlich abgesetzt ist. Ihre konvexe Z w e r c h f e l l f l ä c h e lehnt sich
dicht der Viszeralfläche des Zwerchfells und ihre V i s z e r a l f l ä c h e dem Pansen an. Nach rechts

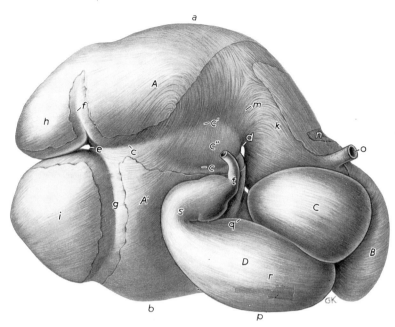

Abb. 206. Magen eines Rindes. Rechte Seitenansicht.

A,A' Pansen, Rumen, Facies visceralis: *A* Saccus dorsalis, *A'* Saccus ventralis; *B* Haube, Netzmagen, Reticulum; *C* Psalter, Buch, Blättermagen, Omasum; *D* Labmagen, Abomasum

a–n am Pansen: *a* Curvatura dorsalis, *b* Curvatura ventralis, *c* Sulcus longitudinalis dext., *c'* Sulcus accessorius dext., *c''* Panseninsel, *d* Sulcus cranialis, *e* Sulcus caudalis, *f* Sulcus coronarius dors., *g* Sulcus coronarius ventr., *h* Saccus caecus caudodors., *i* Saccus caecus caudoventr., *k* Atrium ruminis (Schleudermagen), *m* seichte Furche zwischen Atrium ruminis und Saccus dorsalis, *n* Sulcus ruminoreticularis; *o* Oesophagus, in das Atrium ruminis einmündend; *p–t* am Labmagen: *p* Curvatura major, *q* Curvatura minor, *r* Corpus abomasi, *s* Pars pylorica, *t* Pylorus mit Übergang in das Duodenum

stößt sie an den linken Leberlappen, den Blätter- und Labmagen, nach links an die Pars costalis des Zwerchfells, zuweilen auch an die Milz. Ventral liegt sie der Pars sternalis des Zwerchfells, dem Brustbeinende sowie dem Schaufelknorpel auf (207,208,212,213,214,216).

Der **Blättermagen, Omasum** (206/*C*;208/*q*;209,210/*g*;214/*o*;215/*g*;220–222), hat beim *Rd.* etwa kugelige Gestalt mit leicht angedeuteten Seitenflächen und besitzt eine *dorsale Krümmung, Curvatura omasi*. Sein ventraler Rand, *Basis omasi*, ist eben. Der Blättermagen setzt sich sowohl gegen die Haube durch das *Collum omasi* als auch gegen den Labmagen deutlich ab. Beim *kl. Wdk.* (240/*o*;215/*g*) ist er kleiner als die Haube und hat mehr ovale Form. Er liegt beim *Rd.* im ventralen intrathorakalen Abschnitt der Bauchhöhle und schiebt sich rechts von der Medianebene zwischen die links liegenden ventralen Pansensack und die Leber sowie die rechte Bauchwand ein. Mit seiner linken, etwas kaudal gerichteten Fläche lehnt er sich an den ventralen Pansensack, mit der nach rechts und kranial gewendeten Fläche an das Zwerchfell, die Leber und die Gallenblase. Zwischen dem 6.–11. Interkostalraum berührt er auch die rechte untere Bauchwand und ragt etwa handbreit ventral über den Rippenbogen hinaus. Ventral stößt er ferner an die Haube und den Labmagen. Von kaudal her lagern sich Dünndarmschlingen dem Blättermagen an (208–211).

Der Blättermagen der *kl. Wdk.* liegt im mittleren intrathorakalen Abschnitt der Bauchhöhle in Höhe der Querebene durch die 8. und 10. Rippe. Im Gegensatz zum *Rd.* berührt er jedoch rechterseits die Bauchwand nicht, hat aber sonst zu den Nachbarorganen die gleichen topographischen Beziehungen (214,215).

Der **Labmagen, Abomasum**, auch **Drüsenmagen** (205,206/*D*;207/*q*;208/*r*;209,210/*h*;211/*n*;212/*p*;213/*o*;214/*p*;215/*h*;216/*n*) genannt, schließt sich als vierte Abeilung den drei Vormagenabteilungen an. Gegen den Blättermagen ist er durch eine tiefe Ringfurche, *Sulcus omasoabomasicus*, abgesetzt (215/*g,h*). Er hat die Gestalt eines birnenförmigen Sackes bzw. die einer Retorte, besitzt eine nach links und ventral gerichtete *große Krümmung* (206/*p*;215/9) und eine entsprechend rechts und dorsal

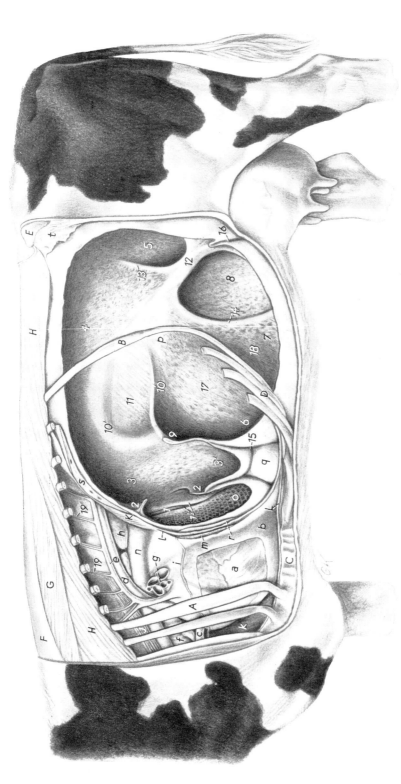

Abb. 207. Lage von Brust- und Bauchorganen nach Entfernung der Lunge und Eröffnung von Haube und Pansen eines erwachsenen Rindes. Linke Ansicht. (Nach WILKENS, 1955.)

A 4. Rippe; *B* 13. Rippe; *C* Brustbein; *D* Rippenbogen; *E* Hüfthöcker; *F* Nackenband; *G* M. semispinalis thoracis et cervicis; *H* M. longissimus; *J* M. longus colli; *K* Zwerchfell, Crus dextrum; *L* M. transversus thoracis

a Herz; *b* Herzbeutel, eröffnet; *c* Truncus brachiocephalicus; *d* Aorta; *e* V. azygos sin.; *f* Trachea; *g* Lungenwurzel mit Bronchen und Gefäßen; *h* Ln. mediastinalis caud.; *i* N. phrenicus sin.; *k* kraniales Mediastinum; *m* Lobus accessorius der rechten Lunge; *n* Oesophagus; *o* Haube, Reticulum; *p* Pansen, Rumen; *q* Labmagen, Abomasum; *r* Leber; *s* Milz, Schnittfläche; *t* Fettpolster

1 Sulcus reticuli, *1'* Lippen; *2* Hauben-Pansenfalte; *3–18* am Pansen: *3* Atrium ruminis, Schleudermagen, *3'* ventrale Bucht, *4* dorsaler Pansensack, *5* kaudodorsaler Blindsack, *6* Rec. ruminis, *7* ventraler Pansensack, *8* kaudoventraler Blindsack, *9* kranialer Pfeiler, *10* rechter Längspfeiler, *10'* rechter Hilfspfeiler, *11* Panseninsel, *12* kaudaler Pfeiler, *13* dorsaler Kranzpfeiler, *14* ventraler Kranzpfeiler, *15* kraniale Furche, *16* kaudale Furche, *17* Vorwölbung durch den Blättermagen, *18* Vorwölbung durch den Labmagen, *19* Aa. bzw. Vv. intercostales dorss.

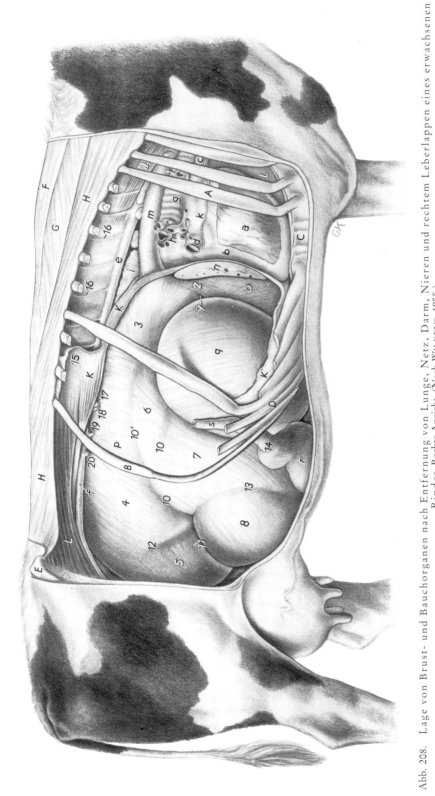

Abb. 208. Lage von Brust- und Bauchorganen nach Entfernnng von Lunge, Netz, Darm, Nieren und rechtem Leberlappen eines erwachsenen Rindes. Rechte Ansicht. (Nach WILKENS, 1955.)

A 4. Rippe; *B* 13. Rippe; *C* Brustbein; *D* Rippenbogen; *E* Hüfthöcker; *F* Nackenband; *G* M. semispinalis thoracis et cervicis; *H* M. longissimus; *J* M. longus colli; *K* Zwerchfell; Crus dextrum, *K'* Pars costalis; *L* M. iliopsoas

a Herz; *b* Herzbeutel, eröffnet; *c* V. cava cran.; *d* V. cava caud., ihr Gekröse entfernt; *e* Aorta thoracica; *f* Aorta abdominalis; *g* Trachea; *b* Lungenwurzel; *i* Ln. mediastinalis caud.; *k* N. phrenicus dext.; *l* kraniales Mediastinum; *m* Oesophagus; *n* Lobus sinister der Leber, Schnittfläche; *o* Haube; *p* Pansen; *q* Blättermagen; *r* Labmagen; *s* Duodenum *1* Bronchus trachealis; *2* Muskelfaserzüge im Bereich der Magenrinne; *3–13* am Pansen: *3* Atrium ruminis, Schleudermagen, *4* dorsaler Pansensack, *5* kaudodorsaler Blindsack, *6* Panseninsel, *7* ventraler Pansensack, *8* kaudoventraler Blindsack, *9* Hauben-Pansenfurche, *10* rechte Längsfurche, *10'* rechte Hilfsfurche, *11* kaudale Furche, *12* dorsale Kranzfurche, *13* ventrale Kranzfurche; *14* Pylorus; *15* vom Zwerchfell gebildete Bucht für den rechten Abschnitt der Leber; *16* Aa. intercostales dorss.; *17* A. coeliaca; *18* A. mesenterica cran.; *19* A. renalis dext.; *20* A. renalis sin.

gelegene *kleine Krümmung* (206/*q* ;215/*10*), in die sich der Blättermagen einfügt. Mit dem *Fundus* und dem *Corpus* lagert er kaudal von der Haube auf der ventralen Bauchwand zwischen den dem Brustbein zustrebenden beiden Rippenbögen und überschreitet von links kranial und rechts kaudal die Medianebene. Der stark verjüngte *Pylorusteil* des Labmagens biegt im Bereich des rechten Rippenbogens dorsal auf und geht in den Zwölffingerdarm über (208–212,214,215). Der Labmagen hat enge nachbarliche Beziehungen zum Kranialende des ventralen Pansensacks und kann sich bei starker Füllung unter dessen Rezessus zur linken Bauchwand hin vordrängen (207/*q* ;213/*o* ;216/*n*). Die engste Befestigung erfährt der Labmagen in Höhe seines Eingangs und seines Ausgangs durch feste Züge des klei-

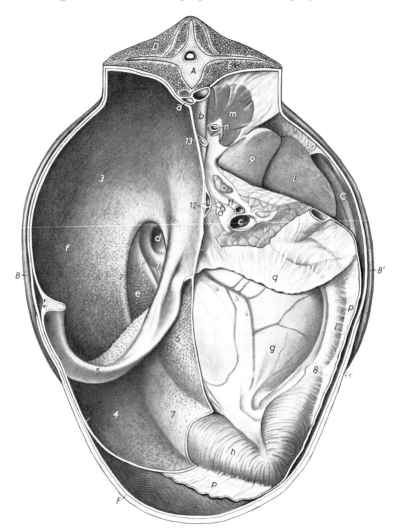

Abb. 209. Intrathorakal gelegene Bauchorgane eines erwachsenen Rindes. Kaudoventrale Ansicht. (Nach NICKEL/WILKENS, 1955.)

A 3. Lendenwirbel; *B,B'* linke bzw. rechte 13. Rippe; *C* rechte 12. Rippe; *D* Rückenmuskeln, Querschnitt; *E* Lendenmuskeln, Querschnitt; *F* Bauchwand

a Aorta; *b* V. cava caud.; *c* V. portae; *d* Oesophagusmündung; *e* Haube; *f* Pansen; *g* Blättermagen, Facies visceralis; *h* Labmagen; *i* Duodenum; *k* Pankreas; *l* Lobus hepatis dext.; *m* rechte Niere; *n* Harnleiter; *o* Mesenteriallymphknoten; *p* Paries superficialis des großen Netzes, von der linken Längsfurche des Pansens absteigender Abschnitt abgetrennt; *q* Paries profundus des großen Netzes, der zur rechten Längsfurche des Pansens verläuft

1 Sulcus reticuli; *1'* Labium sinistrum; *2* Hauben-Pansenfalte; *3–7* am Pansen: *3* Atrium ruminis, Schleudermagen, *4* Rec. ruminis, *5* kranialer Pfeiler, *6* Vorwölbung der linken Pansenwand durch den Blättermagen, *7* Vorwölbung durch den Labmagen; *8* Pylorus; *9* Proc. caudatus der Leber; *10* Lig. triangulare dext.; *11* A. mesenterica cran.; *12* A. und V. ruminalis dext.; *13* V. renalis sin.

nen Netzes mit der Leberpforte. In den übrigen Teilen ist er beweglicher, so daß er in besonderen Situationen nicht nur unter den Pansen vordrängen und sich zwischen Pansen und l i n k e r Bauchwand hochschieben, sondern sich auch entlang der r e c h t e n Bauchwand aufsteigend verlagern kann.

Bau und innere Einrichtungen des Wiederkäuermagens: Alle vier Magenabteilungen zeigen den typischen Aufbau aus den drei Schichten: *Serosa, Muskelhaut* und *Schleimhaut.* Bis auf die Stelle des

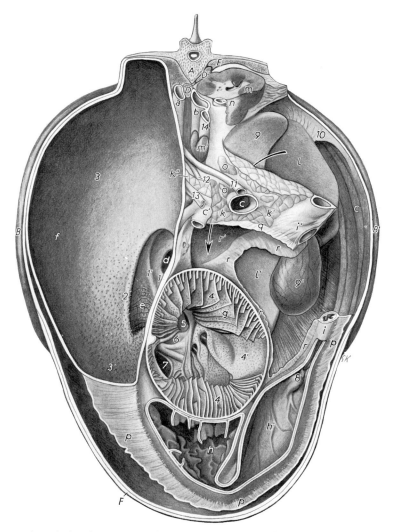

Abb. 210. I n t r a t h o r a k a l g e l e g e n e B a u c h o r g a n e e i n e s e r w a c h s e n e n R i n d e s. Kaudoventrale Ansicht.

A 2. Lendenwirbel; *B,B'* linke bzw. rechte 13. Rippe; *C* rechte 12. Rippe; *D,D'* linker bzw. rechter Zwerchfellpfeiler; *E* Lendenmuskulatur; *F* Bauchwand

a Aorta; *b* V. cava caud.; *c* V. portae; *c'* V. gastrolienalis; *d* Oesophagusmündung; *e* Reticulum; *f* Rumen; *g* Omasum; *h,h'* Abomasum: *h* Corpus abomasi mit Plicae spirales, *h'* Pars pylorica; *i* Duodenum, Ansa sigmoidea; *k,k',k''* Pankreas: *k* Körper, *k'* rechter, *k''* linker Lappen; *l* Lobus hepatis dext., *l'* Lobus hepatis sin.; *m* rechte Niere im Schnitt; *m'* rechte Nebenniere; *n* rechter Ureter; *o* Mesenteriallymphknoten; *p* Ansatz des Paries superficialis des großen Netzes an Pansen, großer Kurvatur des Labmagens und Duodenum; *q* Ansatz des Paries profundus des großen Netzes; *r* Ansatz des kleinen Netzes an Leber, Blättermagen, kleiner Kurvatur des Labmagens und Duodenum; *r'* Vestibulum bursae omentalis, Pfeil weist durch das For. epiploicum in das Vestibulum

1 Sulcus reticuli, *1'* Labium sinistrum; *2* Plica ruminoreticularis, das Ostium ruminoreticulare begrenzend; *3* Atrium ruminis (Schleudermagen), *3'* ventrale Bucht; *4* angeschnittene Lamm. omasi, zum Teil gekürzt; bei *4'* Flächenansicht eines großen Blattes; *5* Ostium reticulo-omasicum; *6* Sulcus und Basis omasi; *7* Ostium omasoabomasicum, von Vela abomasica seitlich besäumt; *8* Pylorus mit Torus pyloricus; *9* Proc. caudatus der Leber; *9'* Vesica fellea; *10* Lig. triangulare dext.; *11* A. mesenterica cran.; *12* A. hepatica; *13* A. und V. ruminalis dext.; *14* V. renalis sin.

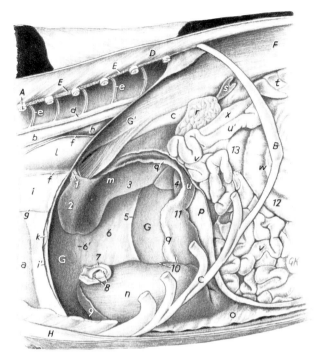

Abb. 211. Lage von Brust- und Bauch-
organen eines erwachsenen Rindes.
Ausschnitt aus Abb. 235 nach vollkom-
mener Entfernung von Haube und
Psalter. Linke Ansicht.
(Nach WILKENS, 1955.)

A Stumpf der 7. Rippe; *B* 13. Rippe; *C* Rippenbogen; *D* M. longissimus; *E* Mm. intercostales; *F*
Lendenmuskeln; *G,G'* Zwerchfell; *H* M. rectus
abdominis

a Herzbeutel; *b* Aorta; *c* V. cava caud.; *d* V. azygos sin.; *e* Aa. und Vv. intercostales dorss.; *f* N.
vagus; *g* N. phrenicus; *h* Ln. mediastinalis caud.;
i kaudales Mediastinum, *i'* Schnittkante; *k* Lobus
accessorius pulmonis dext.; *l* Oesophagus; *m* Leber; *n* Labmagen; *o* Paries superficialis, *p* Paries
profundus des großen Netzes; *q* kleines Netz; *r*
Pankreas; *s* linke Nebenniere; *t* linke Niere; *u*
Duodenum, Pars cranialis, *u'* Pars ascendens; *v*
Jejunum; *w* Colon ascendens; *x* Colon descendens

1 Lig. triangulare sin.; *2* Impressio reticularis hepatis; *3* Impressio omasica hepatis; *4* Gallenblase;
5 Lig. teres hepatis; *6* Lig. falciforme hepatis, *6'*
Ursprungslinie am Zwerchfell; *7* Blätter-Labmagenöffnung; *8–10* am Labmagen: *8* Vela abomasica, *9* große Kurvatur, *10* kleine Kurvatur;
11 Pylorus; *12* zentripetale Windungen, *13* zentrifugale Windungen des Colon ascendens

dorsalen Pansensacks, an der er mit der dorsalen Bauchwand bindegewebig verlötet ist, sind sowohl
der Pansen wie alle übrigen Magenabteilungen vom viszeralen Bauchfell überzogen. Die von
Fett- und Bindegewebe erfüllten Pansenfurchen, die zum Teil auch Blutgefäße, Lymphgefäße, Nerven und Lymphknoten beherbergen, werden vom Bauchfell überbrückt.

Die **Muskelhaut** besteht aus blasser glatter Muskulatur. Auf den Magenvorhof sowie die
Haube strahlen jedoch auch Züge roter quergestreifter Muskulatur als Fortsetzung der
Längsschicht der Speiseröhrenmuskulatur aus.

Die Muskelschichten der einzelnen Abteilungen des Wiederkäuermagens sind in ihrem komplizierten Verlauf nur unter Berücksichtigung der Ontogenese dieses Organs sowie durch die Homologisierung seiner Abteilungen mit entsprechenden Abschnitten einhöliger Mägen mit Blindsack zu verstehen. Ein solcher Vergleich ergibt, daß die sogenannte Hauben-Pansenbucht, also die Anlage
des späteren Ruminoretikulums, sich aus jenem an der großen Krümmung der spindelförmigen
Magenanlage gelegenen Abschnitt entwickelt, der den Fundus mit dem Blindsack des einhöligen
Magens liefert. Hingegen entspricht der Labmagen dem Korpus und dem Pylorusteil des einhöligen
Magens. Allein der Psalter entsteht als zusätzliche Aussackung an der kleinen Krümmung der Magen-
anlage. Der komplizierten Anordnung der Muskelfasern an Korpus und Blindsack des einhöligen
Magens entspricht das Verhalten der Muskulatur an Pansen und Haube. Dagegen sind der Blätter-
und Labmagen ebenso wie der Pylorusteil des einhöligen Magens nur mit einfacher Längs- und
Ringmuskelschicht ausgestattet.

Die Muskulatur des Wiederkäuermagens zeigt dementsprechend folgendes Verhalten (217): Die
Längsmuskulatur zieht zunächst mit ihren Bündeln entlang dem Magenrinnengebiet der Haube
(s. S.175) zum Blättermagen, bildet dessen Längsmuskelschicht, tritt auf den Labmagen über und
stellt, in Richtung auf den Pylorus kräftiger werdend, die Längsmuskulatur auch dieser Magenabteilung dar. Außerdem strahlt sie in die Wand des dorsalen Pansensacks ein und gibt so jene Muskellage
ab, die den *Fibrae obliquae externae* des einhöligen Magens gleichzusetzen ist. Die Ringmuskulatur umfaßt im Bereich der Haube den Boden der Magenrinne schleifenartig, umgibt von hier als
Ringmuskulatur die Wand der Haube und setzt sich an der Seitenwand des ventralen Pansensacks bis
zur Spitze seines Endblindsacks fort. Ferner bildet sie die Ringmuskulatur des Blätter- und Labmagens und liefert ebenfalls den *Schließmuskel des Pförtners*. Eine dritte, den *Fibrae obliquae internae*

der einhöhligen Mägen entsprechende Muskellage findet sich am Wiederkäuermagen ausschließlich an Haube und Pansen, jenen Abteilungen also, die dem Fundus und dem Blindsack des einhöhligen Magens entsprechen. Ihre Bündel umfassen von dorsal als *Kardiamuskelschleife* zunächst die Kardia, verlaufen als Schenkel der Schleife zum Ostium reticulo-omasicum und tauschen hier Muskelbündel aus. Die Kardiamuskelschleife stellt die muskulöse Grundlage der später zu besprechenden Magenrinnenlippen dar. Von den beiden Schenkeln der Kardiamuskelschleife strahlen die Fibrae obliquae internae in die Haubenwand ein und umfassen ringförmig alle Abteilungen des Pansens, besonders auch dessen beide Endblindsäcke. Zudem begeben sie sich in die Quer- und Längsfurchen und bilden so die muskulöse Grundlage der Pansenpfeiler.

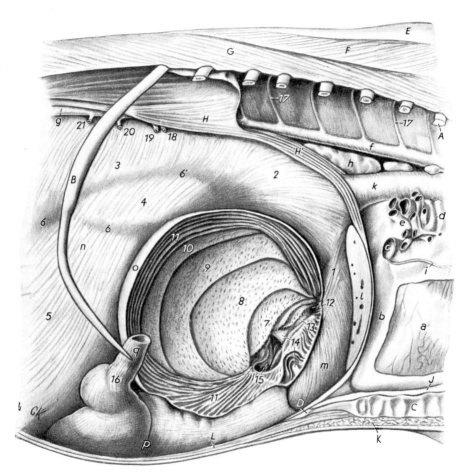

Abb. 212. Lage von Brust- und Bauchorganen eines erwachsenen Rindes. Ausschnitt aus Abb. 208 nach rechtsseitiger Eröffnung des Blättermagens und Entfernung des Rippenbogens. Rechte Ansicht.
(Nach WILKENS, 1955.)

A Stumpf der 6. Rippe; *B* 13. Rippe; *C* Brustbein; *D* Schaufelknorpel; *E* Nackenband; *F* M. semispinalis thoracis et cervicis; *G* M. longissimus; *H,H'* Zwerchfell, Crus dextrum; *J* M. transversus thoracis; *K* M. pectoralis prof.; *L* Bauchwand

a Herz; *b* Herzbeutel, eröffnet; *c* V. cava caud., Gekröse entfernt; *d* Trachea; *e* Lungenwurzel; *f* Aorta thoracica; *g* Aorta abdominalis; *h* Ln. mediastinalis caud.; *i* N. phrenicus dext.; *k* Oesophagus; *l* Lobus hepatis sin., Schnittfläche; *m* Haube; *n* Pansen; *o* Blättermagen, von rechts eröffnet; *p* Labmagen; *q* Duodenum

1 Muskelfaserzüge im Bereich der Magenrinne; *2–6'* am Pansen: *2* Atrium ruminis, *3* dorsaler Pansensack, *4* Panseninsel, *5* ventraler Pansensack, *6* rechte Längsfurche, *6'* rechte Hilfsfurche; *7–15* am Blättermagen: *7* großes, *8* mittleres, *9* kleines, *10* kleinstes Blatt, *11* Stümpfe abgetragener Blätter, *12* Hauben-Psalteröffnung, *13* Sulcus und Basis omasi, *14* Muskelwulst, *15* Labmagenöffnung mit Vela abomasica; *16* Pylorus; *17* Aa. intercostales dorss.; *18* A. coeliaca; *19* A. mesenterica cran.; *20* A. renalis dext.; *21* A. renalis sin.

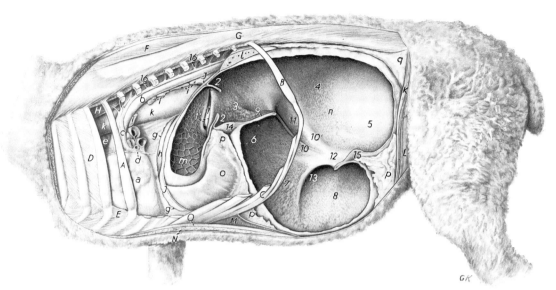

Abb. 213. Brust- und Bauchorgane eines Schafes nach Entfernung der linken Lunge, der linken Hälfte des Zwerchfells, eines Teiles der Milz und Eröffnung von Haube und Pansen. Linke Ansicht.
(Nach WILKENS, 1956.)

A 4. Rippe; *B* 13. Rippe; *C* Rippenbogen; *D* Mm. intercostales extt.; *E* Mm. intercostales intt.; *F* M. semispinalis thoracis et cervicis; *G* M. longissimus; *H* M. longus colli; *J* Zwerchfell; *K* M. obliquus int. abdominis; *L* M. obliquus ext. abdominis; *M* M. transversus abdominis; *N* Mm. pectorales; *O* M. rectus abdominis

a Herz im Herzbeutel; *b* Aorta thoracica; *c* V. azygos sin.; *d* N. phrenicus sin.; *e* Trachea; *f* Lungenwurzel; *g* Mediastinum caudale, Schnittkante; *h* Lobus accessorius pulmonis dext.; *i* Lnn. mediastinales; *k* Oesophagus; *l* Milz, Schnittfläche; *m* Haube; *n* Pansen; *o* Labmagen; *p* großes Netz, Paries superficialis; *q* Fettpolster

1 Sulcus reticuli; *1'* Lippen; *2* Hauben-Pansenfalte; *3–15* am Pansen: *3* Atrium ruminis, Schleudermagen, *4* dorsaler Pansensack, *5* kaudodorsaler Blindsack, *6* Rec. ruminis, *7* ventraler Pansensack, *8* kaudoventraler Blindsack, *9* kranialer Pfeiler, *10* rechter Längspfeiler, *10'* rechter Hilfspfeiler, *11* Panseninsel, *12* kaudaler Pfeiler, *13* ventraler Kranzpfeiler, *14* kraniale Furche, *15* kaudale Furche, vom Ansatz des großen Netzes bedeckt; *16* Aa. und Vv. intercostales dorss.

Zum Verständnis der **Inneneinrichtungen** der verschiedenen Abteilungen des Wiederkäuermagens ist es wichtig zu wissen, daß sich in den Vormägen mannigfaltige Vorgänge physikalischer und chemischer Art abspielen müssen, ehe der entsprechend vorbereitete Speisebrei in dem Drüsenmagen der Einwirkung der dort produzierten Fermente unterworfen wird. Zu diesen Vorgängen gehören u. a. die gründliche Einweichung und Durchmischung der groben, erstmalig gekauten Nahrung, ferner die unumgänglich notwendige Aufschließung der Zellulosemembranen der Pflanzenzellen durch die enzymatische Aktivität von Infusorien und Bakterien sowie deren Resorption. Weitere Aufgaben sind das Mitwirken beim Hinaufbefördern der Nahrung in die Mundhöhle zum Wiederkäuen derselben, ebenso wie das Sortieren des – beim zweiten-Mal feingekauten – Speisebreis und die Weiterbeförderung nur kleinster Futterteilchen zunächst in den Blättermagen und dann in den Labmagen sowie die Umleitung der flüssigen Nahrung, besonders der Milch bei Kälbern, unter Umgehung der Vormägen direkt in den Labmagen und schließlich die periodische Abgabe der infolge der Bakterientätigkeit in beträchtlicher Menge entstehenden Gase durch den Ruktus (Rülpsen). Alle diese Funktionen und Vorgänge erfordern exaktes Zusammenwirken sämtlicher Teile des Wiederkäuermagens, die insgesamt ein kompliziertes funktionelles System darstellen. Es ist daher nicht verwunderlich, daß infolge unsachgemäßer Fütterung und Haltung der *Hswdk.* häufig Störungen der Funktion und damit Erkrankungen des Magens auftreten.

Eingangs wurde schon erwähnt, daß den am **Pansen** äußerlich sichtbaren Furchen im Inneren gleichlaufende Pansenpfeiler, Pilae ruminis, entsprechen. Es sind dieses zum Teil mächtige Muskelbalken, die eine Duplikatur der inneren Schicht der Muskelwand des Pansens darstellen. Be-

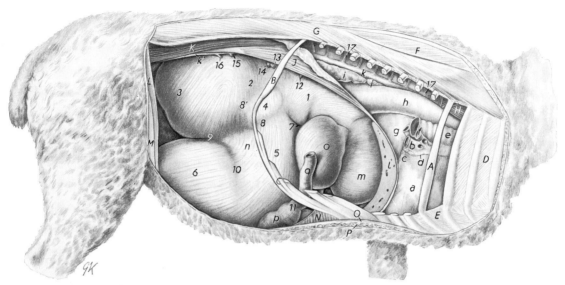

Abb. 214. Brust- und Bauchorgane eines Schafes nach Entfernung von rechter Lunge, rechter Hälfte des Zwerchfells, Netz, Darm, Nieren und rechtem Leberlappen. Rechte Ansicht. (Nach WILKENS, 1956.)

A 4. Rippe; *B* 13. Rippe; *C* Rippenbogen; *D* Mm. intercostales extt.; *E* Mm. intercostales intt.; *F* M. semispinalis thoracis et cervicis; *G* M. longissimus; *H* M. longus colli; *H* Zwerchfell, rechter Pfeiler; *K* M. iliopsoas; *L* M. obliquus int. abdominis; *M* M. obliquus ext. abdominis; *N* M. transversus abdominis; *O* M. rectus abdominis; *P* Mm. pectorales

a Herz im Herzbeutel; *b* V. cava caud.; *c* Gekröse; *d* N. phrenicus dext.; *e* Trachea; *f* Lungenwurzel; *g* Mediastinum caudale; *h* Oesophagus; *i* Ln. mediastinalis caud.; *k* Aorta thoracica; *k'* Aorta abdominalis; *l* Leber; *m* Haube; *n* Pansen; *o* Psalter; *p* Labmagen; *q* Duodenum

1–10 am Pansen: *1* Atrium ruminis, Schleudermagen, *2* dorsaler Pansensack, *3* kaudodorsaler Blindsack, *4* Panseninsel, *5* ventraler Pansensack, *6* kaudoventraler Blindsack, *7* kraniale Furche, *8* rechte Längsfurche, *8'* rechte Hilfsfurche, *9* kaudale Furche, *10* ventrale Kranzfurche; *11* Pylorus; *12* A. lienalis; *13* A. coeliaca; *14* A. mesenterica cran.; *15* A. renalis dext.; *16* A. renalis sin.; *17* Aa. und Vv. intercostales dorss.

sonders mächtig sind der *kraniale* und *kaudale Pfeiler* (207,213,216/9,12;209/5). Sie entsprechen der kranialen und kaudalen Furche. Der *kraniale Pfeiler, Pila cranialis,* ragt infolgedessen zwischen dem Pansenvorhof und der kranialen Bucht des ventralen Pansensacks weit in das Innere des Pansens vor. Der *kaudale Pfeiler, Pila caudalis,* springt als ebenfalls mächtiger Wulst zwischen den beiden Endblindsäcken von kaudal in das Pansenlumen vor. Der *rechte Längspfeiler, Pila longitudinalis dextra* (207,213,216/10), geht aus dem kranialen Pfeiler hervor und vereinigt sich beim *Schf.* meistens, bei *Rd.* und *Zg.* seltener mit dem kaudalen Pfeiler. Dorsal von ihm verläuft der *rechte Hilfspfeiler, Pila accessoria dextra* (207,213,216/10'), der den kranialen mit dem kaudalen Pfeiler verbindet und mit dem rechten Längspfeiler die Panseninsel begrenzt. Der *linke Längspfeiler, Pila longitudinalis sinistra* (229/d), geht aus dem kaudalen Pfeiler hervor. Er ist kurz und erreicht den kranialen Pfeiler nicht. Der *linke Hilfspfeiler, Pila accessoria sinistra,* entspringt dem kranialen Pfeiler. Er ist dorsal gerichtet und endet, ohne Verbindung mit dem linken Längspfeiler, an der linken Wand des dorsalen Pansensacks. Vom kaudalen Pfeiler zweigen die beiden *Kranzpfeiler, Pilae coronariae* (207/13,14;213,216/ 13), ab. Entsprechend dem Verlauf der Kranzfurchen umfaßt der *ventrale Kranzpfeiler* ringförmig die Basis des ventralen Blindsacks, während der *dorsale Kranzpfeiler* sich dorsal nicht zum Ring schließt, infolgedessen den dorsalen Blindsack gegen den dorsalen Pansensck hin nur unvollständig abgrenzt. Bei *kl. Wdk.* fehlt der dorsale Kranzpfeiler meistens.

Die Pansenschleimhaut ist drüsenfrei und trägt ein unterschiedlich hohes, mehrschichtiges, verhornendes Plattenepithel. Dieses ist bei Kälbern zunächst von heller Farbe, während es bei älteren Tieren infolge der Durchtränkung der Zellen des Stratum corneum mit pflanzlichen Farbstoffen bzw. Gerbsäure grüngelbe bis dunkelbraune Färbung annimmt. Auffallend ist der dichte Besatz der Schleimhaut mit spitzkegelförmigen blatt- oder flachzungenförmigen, zum Teil bis zu 10 mm hohen *Zotten, Papillae ruminis.* Diese sind nahe den Pfeilern, im ventralen Pansensack, in den kaudalen

Blindsäcken und besonders auch im Pansenvorhof dicht und groß. Gegen die Pansenpfeiler zu werden sie niedriger und fehlen auf diesen selbst vollständig. Ebenso ist ein Teil der Dorsalwand des dorsalen Pansensacks beim *Rd.* zottenfrei (223,224). In diesem Abschnitt lagert über dem gröberen Futter eine Gasblase, die als ein Produkt der von spezifischen Bakterien zum Zwecke des Nahrungsabbaus (Zellulolyse) unterhaltenen Pansengärung entsteht. Der dichte Besatz der Pansenschleimhaut mit Zotten dient in erster Linie der Vergrößerung ihrer resorptiven Oberfläche (bis 21fach). Zahl und Größe der Zotten sind von der Nahrungsqualität abhängig. Die Muskulatur der Pansenwand bzw. der Pfeiler dient der erforderlichen Durchmischung der Ingesta.

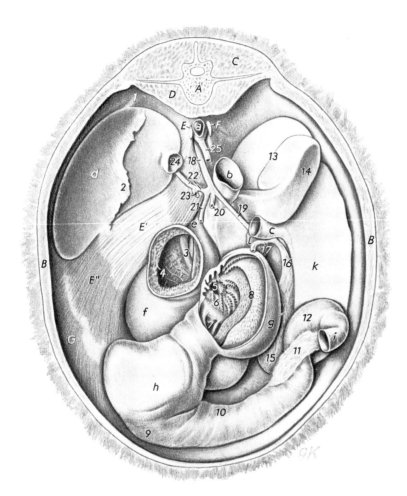

Abb. 215. Querschnitt durch den Rumpf eines Schafes in Höhe des 2. Lendenwirbels mit intrathorakal gelegenen Bauchorganen. Kaudale Ansicht.
(Nach WILKENS, 1956.)

A 2. Lendenwirbel; *B* Bauchwand; *C* Rückenmuskeln; *D* Lendenmuskeln; *E,F* Zwerchfell: *E* linker Pfeiler, *E'* Centrum tendineum, *E''* Pars costalis, *F* rechter Pfeiler; *G* M. transversus abdominis

a Aorta, *b* V. cava caud.; *c* V. portae; *d* Milz; *e* Oesophagus; *f* Haube; *g* Blättermagen; *h* Labmagen; *i* Duodenum; *k* Leber; *l* Ln. hepaticus

1 Milz-Zwerchfellband; *2* Milz-Magenband; *3* Sulcus reticuli; *4* Hauben-Pansenfalte; *5* Hauben-Psalteröffnung; *6* Sulcus und Basis omasi; *7* Blätter-Labmagenöffnung, mit Vela abomasica; *8* Lamm. omasi; *9* Curvatura major, *10* Curvatura minor des Labmagens; *11* kleines Netz, Stumpf; *12* Pylorus; *13–17* an der Leber: *13* Impressio renalis, *14* Proc. caudatus, *15* Gallenblase, *16* Ductus cysticus, *17* Ductus choledochus; *18* A. coeliaca; *19* A. hepatica; *20* A. gastrica sin.; *21* A. ruminalis sin.; *22* A. lienalis; *23* A. ruminalis dext.; *24* V. lienalis; *25* A. mesenterica cran.

Während der bei *Rd.* und *kl. Wdk.* in einem bestimmten Rhythmus sich vollziehenden Pansenkontraktionen (*Rd.* 10–14, *kl. Wdk.* 7–16 in 5 Minuten) ist das durch das Vorbeistreichen der Futtermassen an den Zotten sowie das Platzen der Schaumbläschen im Nahrungsbrei verursachte P a n s e n g e r ä u s c h , P a n s e n r a u s c h e n , als diagnostisch wichtige Erscheinung hörbar. Im übrigen ist die Pansenbewegung in der linken Hungergrube durch Auflegen der flachen Hand auch zu fühlen bzw. die rhythmische Vorwölbung dieses Teiles der Bauchwand sogar zu sehen.

Der ventrale Pansensack steht mit dem dorsalen durch das relativ weite *Ostium intraruminale* in Verbindung, das die Pansenpfeiler m. o. w. ringförmig umgeben. Der Pansen kommuniziert mit der Haube durch die *Pansen-Haubenöffnung, Ostium ruminoreticulare* (207,209,210,213,216,218). Diese Öffnung ist beim *Rd.* etwa 180 mm hoch und 130 mm breit und wird von der von ventral hoch zwischen den Saccus cranialis (Atrium ruminis) und die Haube hineinragenden *Pansen-Haubenfalte, Plica ruminoreticularis (2)*, begrenzt. Diese steigt links an der Grenze zwischen Pansen und Haube hoch, umgibt das Ostium ruminoreticulare auch von dorsal und verstreicht allmählich an der rechten Wand des Pansenvorhofs. Ihre pansenseitige Fläche ist von Pansenschleimhaut, die haubenseitige Fläche von Haubenschleimhaut bedeckt. Bei der Fremdkörperoperation kann, mit der Hand in den Pansen eingehend, durch die Pansen-Haubenöffnung die ventral ausgesackte Haubenwand abgetastet werden.

Die **Haube** zeichnet sich durch besonders starke Wandmuskulatur aus, die in der Lage ist, das Lumen fast völlig zum Verschwinden zu bringen. Hierdurch wird der Futterbrei aus der Haube in den Pansenvorhof hinüberbefördert.

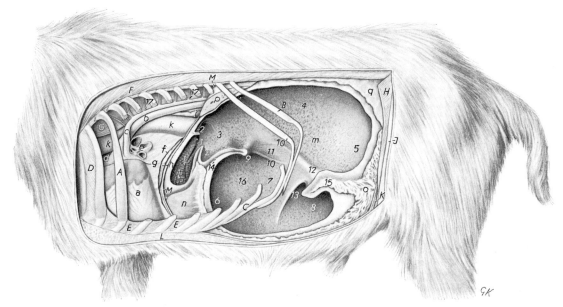

Abb. 216. Brust- und Bauchorgane eines Ziegenbocks nach Entfernung der Lunge und Eröffnung von Haube und Pansen. Linke Ansicht. (Nach WILKENS, 1956.)

A 4. Rippe; *B* 13. Rippe; *C* Rippenbogen; *D* Mm. intercostales extt.; *E* Mm. intercostales intt.; *F* M. longissimus; *G* M. longus colli; *H* M. obliquus int. abdominis; *J* Sehne des M. obliquus ext. abdominis; *K* M. rectus abdominis; *L* Mm. pectorales; *M* Zwerchfell.

a Herz im Herzbeutel; *b* Aorta; *c* V. azygos sin.; *d* Trachea; *e* Lungenwurzel mit Bronchen und Gefäßen; *f* Mediastinum caudale, Schnittkante; *g* N. phrenicus sin.; *h* Lobus accessorius pulmonis dext.; *i* Ln. mediastinalis caud.; *k* Oesophagus; *l* Haube; *m* Pansen; *n* Labmagen; *o* großes Netz; *p* Milz, Schnittfläche; *q* Fettpolster

1 Sulcus reticuli, *1'* Lippen; *2* Hauben-Pansenfalte; *3–16* am Pansen: *3* Atrium ruminis, Schleudermagen, *4* dorsaler Pansensack, *5* kaudodorsaler Blindsack, *6* Pansenbucht, *7* ventraler Pansensack, *8* kaudoventraler Blindsack, *9* kranialer Pfeiler, *10* rechter Längspfeiler, *10'* rechter Hilfspfeiler, *11* Panseninsel, *12* kaudaler Pfeiler, *13* ventraler Kranzpfeiler, *14* kraniale Furche, *15* kaudale Furche, vom Ansatz des großen Netzes bedeckt, *16* Vorwölbung durch den Blättermagen; *17* Aa. bzw. Vv. intercostales dorss.

Auffallend ist das Relief der kutanen, drüsenlosen Schleimhaut der Haube. Sie trägt beim *Rd.* 8–12 mm hohe Leisten, *Cristae reticuli,* die einander überkreuzend ein Wabenwerk von vier- bis sechseckigen Zellen, *Cellulae reticuli,* bilden (207,213,225,226). Die Ränder und Seitenwände der Haubenleisten sind mit kleinen Wärzchen, der Boden der Zellen mit sekundären Leistchen sowie ebenfalls mit kleinen Wärzchen ausgestattet. In ihrem freien Rand führen die Haubenleisten deutliche Muskelbalken.

Die Haube hat die Funktion eines Misch- und Separationsmagens. Das Wabenwerk der Haubenschleimhaut soll dazu dienen, die „psalterreifen" feingekauten Futtermassen von den groben Bestandteilen zu separieren, wobei letztere wieder dem Pansen zurückgegeben, erstere jedoch in den Blättermagen weiter befördert werden sollen.

Die **Magenrinne, Sulcus ventriculi** (207,209,210,213,216/*1,1'*;218–222,225;235/*2,2'*), stellt eine beim *Wdk.* physiologisch wichtige Einrichtung dar. Sie verbindet die Speiseröhrenmündung

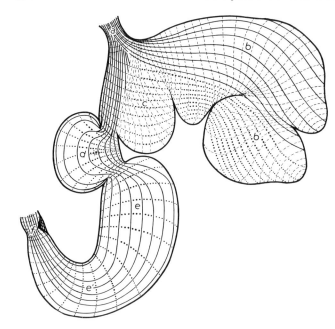

Abb. 217. Schema der Tunica muscularis eines mehrhöhligen Magens. (Nach PERNKOPF, 1930, umgezeichnet.)

a Cardia; *b,b'* Rumen: *b* Saccus dorsalis ruminis, *b'* Saccus ventralis ruminis; *c* Reticulum; *d* Omasum; *e,e'* Abomasum: *e* Corpus, *e'* Pars pylorica; *f* Pylorus. Ausgezogene Linien: Stratum longitudinale. Es geht, vom Oesophagus kommend, zum Teil in Form der Fibrae obliquae extt. auf den dorsalen Pansensack über und bildet zudem im Gebiet der Magenrinne, des Sulcus ventriculi, bis zum Pylorus deren Längsmuskulatur. Punktierte Linien: Stratum circulare. Es bildet den M. sphincter cardiae, die Ringmuskelschicht der Haube (die auch auf den ventralen Pansensack übergreift), weiterhin die Ringmuskelschicht von Blätter- und Labmagen und verstärkt sich am Pylorus zum M. sphincter pylori. Gestrichelte Linien: Fibrae obliquae intt.: Sie finden sich am dorsalen und ventralen Pansensack, umgeben die kaudalen Blindsäcke und bilden im Bereich des Sulcus reticuli die muskulöse Grundlage seiner Lippen. Zudem formen sie die Kardiamuskelschleife

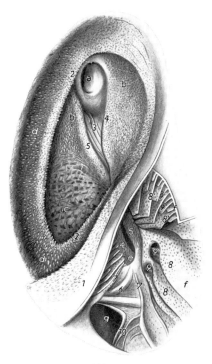

Abb. 218. Abb. 218. Magenrinne eines Rindes. Kaudoventrale Ansicht.

a Cardia; *b,d* Atrium ruminis; *c* Reticulum; *e* Ostium reticuloomasicum; *f* Omasum; *g* Ostium omasoabomasicum

1 Pila cranialis; *2* Plica ruminoreticularis, das Ostium ruminoreticulare begrenzend; *3* Sulcus reticuli (Haubenteil der Magenrinne), *4* Labium dextrum, *5* Labium sinistrum; *6* Sulcus omasi (Blättermagenteil der Magenrinne); *7* Basis omasi, von zwei Schleimhautfalten flankiert; *8* Lamm. omasi, bei *8'* auf dem Schnitt; *9,9'* Recc. interlaminares; *10* rechtes Velum abomasicum

Abb. 219. Schematische Darstellung des Sulcus reticuli eines Rindes. Kaudoventrale Ansicht.

a Cardia; *b* Atrium ruminis

1 Schleimhaut, Schnittkante; *3* Sulcus reticuli, *4* Labium dextrum, *5* Labium sinistrum; *6* Übergang zum Sulcus omasi

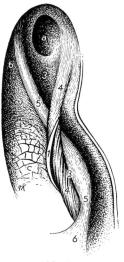

Abb. 219

mit dem Labmagen, so daß an ihr der *Haubenabschnitt, Sulcus reticuli* (210/*1*;215,218,219,225/ *3*;235/*2*), der *Buchabschnitt, Sulcus omasi (Buchrinne, Buchbrücke)* (210,215,218,219/*6*;220/*b*; 221,222/*c*), sowie der *Labmagenabschnitt, Sulcus abomasi,* unterschieden werden können.

Unmittelbar am Hiatus oesophageus des rechten Zwerchfellpfeilers mündet die Speiseröhre in Höhe des 8. Interkostalraums in das Ruminoretikulum ein (207;213;216;209,210/*d*;218,219/*a*;235/*1*).

Die Kardia steht dabei senkrecht über der Lichtung der Haube, so daß feste Futterbestandteile zunächst in diese gelangen. Flüssige Nahrung jedoch, insbesondere Milch bei Jungtieren, wird sogleich von dem Sulcus reticuli aufgenommen und dann über den Sulcus omasi dem Labmagen zugeleitet. Der Haubenteil der Magenrinne wird von der *rechten* und *linken Magenrinnenlippe, Labium dextrum* bzw. *sinistrum* von dorsal, seitlich und ventral umfaßt (207/1';218,219,225/4,5;235/2'). Die muskulöse Grundlage der von Schleimhaut überzogenen Lippen sowie jene des ebenfalls von Schleimhaut ausgekleideten Bodens der Rinne, *Fundus sulci reticuli,* wurden schon beschrieben (217). Dieser Teil der Magenrinne hat beim *Rd.* eine Länge von 150–200 mm, beim *kl. Wdk.* eine solche von 70–100 mm. Ihre beiden Lippen umfassen von dorsal die Kardia und ziehen an der rechten Haubenwand in s t e i l - s p i r a l i g e m V e r l a u f nach kaudoventral in Richtung auf die Hauben-Psalteröffnung. Hierbei dreht

Abb. 220. Schnitt durch den Blättermagen eines Rindes, schematisiert.

a Can. omasi; *b* Sulcus omasi; *c* Recc. interlaminares

1,2,3,4 Lamm. omasi unterschiedlicher Größe

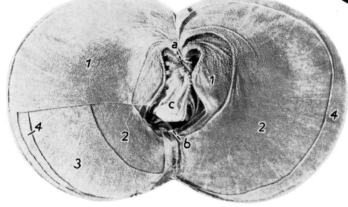

Abb. 221. Blättermagen vom Rind, an der großen Krümmung aufgeschnitten und auseinandergeklappt. Foto.

a Ostium reticulo-omasicum; *b* Ostium omasoabomasicum; *c* Sulcus omasi

1 große, *2* mittlere, *3* kleine, *4* kleinste Lamm. omasi

sich die rechte Lippe im Sinne des Uhrzeigers um die linke und umfaßt die Hauben-Psalteröffnung von links und ventral (218,219). Der Boden des Haubenteils der Magenrinne zeigt Längsfalten und trägt an der Stelle, wo er in den *Sulcus omasi* (Psalterrinne) übergeht, auffallend hohe, stark verhornte vogelkrallenähnliche Papillen, *Papillae unguiculiformes* (222,225). Der Haubenteil der Magenrinne kann, wie bereits erwähnt, zu einem Rohr geschlossen werden. Der hierzu notwendige Reflex wird u. a. bei der Aufnahme von Milch bereits im Schlundkopf bzw. im Anfangsteil des Oesophagus ausgelöst. Bei älteren Tieren ist dieser Reflex erhalten und läßt sich auch medikamentös wieder auslösen.

Ferner sei darauf hingewiesen, daß die beim *Rd.* häufig auftretende Fremdkörpererkrankung von der Haube ihren Ausgang nimmt. Das hängt damit zusammen, daß, wie bereits früher erwähnt, die Mündung der Speiseröhre senkrecht über dem Haubenlumen liegt. Daher fallen nicht nur die erstmalig grobgekauten Futtermassen, sondern gelegentlich auch mit diesen abgeschluckte Fremdkörper (Nägel, Drahtstücke usw.) in die Haube. Infolge der ausgiebigen zweiten Kontraktion der Haubenwand und des damit verbundenen fast völligen Verschwindens ihres Lumens können solche Fremdkörper die Haubenwand durchstechen und so benachbarte Organe mit verletzen. Zu diesen gehören insbesondere das Zwerchfell und anschließend durch die rechte Pleurahöhle hindurch der Herzbeutel (207,208) (traumatische Perikarditis). In der Bauchhöhle handelt es sich um Verletzungen der Leber, des Blätter- bzw. des Labmagens sowie um die Perforation der ventralen Bauchwand selbst. Solche Fremdkörper können, wenn ihr Vorhandensein rechtzeitig erkannt wird, durch Laparatomie mit Eröffnung des dorsalen Pansensacks und Eingehen durch die Hauben-Pansenöffnung aus der Haube entfernt werden, bevor sie unheilbaren Schaden anrichten. Vorbeugend können kunststoffummantelte Magnete (Käfigmagnete) eingegeben werden, die Fremdkörper anziehen und an der Perforation der Hauben- wand hindern.

Der **Blättermagen** verdankt seinen Namen der typischen Inneneinrichtung. Beim *Rd.* wesentlich größer als die Haube, beim *kl. Wdk.* jedoch kleiner als diese, steht er einerseits mit der Haube durch die *Hauben-Psalteröffnung, Ostium reticulo-omasicum* (210,215/5;218/e;221,222/a), andererseits mit dem Labmagen durch die *Psalter-Labmagenöffnung, Ostium omasoabomasicum* (210,215/7;218/ g;221,222/b), in Verbindung. Seine drüsenlose, k u t a n e S c h l e i m h a u t bildet zahlreiche, unter- schiedlich große, mondsichelförmige Schleimhautfalten, die als *Psalterblätter, Laminae omasi* (210/ 4,4';212/7–11;215/8;220/1–4;221;222,235/3–7), bezeichnet werden. Diese springen von dem Dach und den Seitenflächen des kugeligen, leicht seitlich abgeflachten Organs in sein Inneres vor. Man un- terscheidet g r o ß e , m i t t l e r e , k l e i n e und k l e i n s t e B l ä t t e r . Werden diese mit den Ziffern 1–4 belegt, dann kann man aus dem Ziffernschema 1-4-3-4-2-4-3-4-1 die Reihenfolge der unterschiedlich großen Buchblätter ersehen. Das Schema zeigt, daß jeweils eine Serie von mittleren, kleinen und kleinsten Blättern zwischen zwei großen Blättern angeordnet ist (220). Bei 12–16 beim *Rd.* vorhande- nen großen Blättern sind insgesamt 11–15 „Intervalle" bzw. Blattserien zu zählen. Die Blätter der gleichen Serie sind wegen ihres unterschiedlichen Ursprungs nicht gleich hoch. Dieses trifft besonders für die großen Blätter zu. Beim *Rd.* zählt man insgesamt 90–130, beim *Schf.* 72–80 und bei der *Zg.* 80 bis 88 Blätter. Sie vergrößern die resorbierende Oberfläche u. a. für Wasser und Mineralsalze. Zwi- schen den Buchblättern finden sich die unterschiedlich tiefen, der Anzahl der Blätter entsprechenden *Buchfächer, Recessus interlaminares* (218/9,9';220/c).

Die größeren Buchblätter haben eine d r e i s c h i c h t i g e m u s k u l ö s e G r u n d l a g e . Die mittlere Schicht entstammt dem S t r a t u m c i r c u l a r e der Tunica muscularis der Buchwand und erstreckt sich mit ihren Fasern von der Basis des Blattes zu dessen freiem Rand. Die ihr anliegenden beiden dünnen Muskelblätter stellen die L a m i n a m u s c u l a r i s m u c o s a e der beiden Schleimhautschich- ten der Buchblätter dar und kreuzen mit ihren Fasern die der mittleren Muskelschicht. An ihren freien Rändern zeigen die Blätter den aus Muskelbündeln bestehenden *Randwulst*, der an den großen Blät- tern im Bereich der Hauben-Buchöffnung auffallend dick ist (210,221,222). Die subepithelial stark vaskularisierte, resorbierende Schleimhaut der Buchblätter trägt zahlreiche *Papillen*, von denen die haubenwärts gelegenen hoch sind und stark verhornte Spitzen aufweisen (222). Die übrigen sind stumpf und niedrig und verleihen der Oberfläche der Psalterblätter das Aussehen eines Reibeisens; zu einer Zerreibung von Pflanzenteilen kommt es jedoch nicht.

Die in die Buchfächern gelangenden feingekauten, saftreichen Futtermassen werden durch Kon- traktion bzw. pressende Bewegungen der Buchblätter ausgedrückt, wobei die Flüssigkeit und das fein gekaute Futter über die Buchrinne in den Labmagen gelangen.

Der bereits früher erwähnte *Buchabschnitt der Magenrinne, Sulcus omasi* (210/b;212/13;215/ 6;220/b;221,222/c;235/8), verbindet, ventral an der B a s i s o m a s i , am Boden vom *Buchkanal, Ca- nalis omasi* (220/a), gelegen, auf kurzem Wege die Hauben-Buchöffnung mit der Buch-Labmagenöff- nung. Der Kanal wird von den freien Rändern der Buchblätter und von zwei papillenbesetzten, w u l - s t i g e n L e i s t e n , *Plicae omasi*, begrenzt (222/c';235/9). Sie ziehen über die muskulöse *Pila omasi* hinweg. Die *Buch-Labmagenöffnung* wird seitlich von zwei Schleimhautfalten, den *Labmagensegeln, Vela abomasica,* flankiert (210/7;212/15;215/7;222/b';235/12). Während diese beim *Rd.* auf der Buchseite kutane Schleimhaut, auf der Labmagenseite Drüsenschleimhaut aufweisen, werden sie beim *kl. Wdk.* auch buchmagenwärts z. T. von Drüsenschleimhaut gebildet. Sie haben vermutlich die Auf- gabe, die Buch-Labmagenöffnung passiv weitgehend zu verschließen.

Der **Labmagen** ist gegenüber dem Vormagen durch seine d r ü s e n h a l t i g e S c h l e i m h a u t cha- rakterisiert, an der, wie an der Schleimhaut des einhöhligen Magens, die *Region der Glandulae gastri- cae propriae* und der *Glandulae pyloricae* unterschieden werden kann. Die Region der G l a n d u l a e g a s t r i c a e p r o p r i a e (203/3;210/h;227) ist rötlichgrau, jene der P y l o r u s d r ü s e n (203/4;210/ h';228) rötlichgelb. Erstere hat erhebliche Ausdehnung und trägt Falten, die an der Buch-Labmagen- öffnung beginnen, zunächst an Höhe gewinnen und dann pyloruswärts allmählich auslaufen. Sie sind

Abb. 222. B u c h b r ü c k e n g e b i e t , vergrößerter Ausschnitt aus der Abb. 221. Foto.

a Ostium reticulo-omasicum, mit großen verhornten Papillen ausgestattet; *b* Ostium omasoabomasicum; *b'* Vela abomasica; *c* Sulcus omasi, von *c'* zwei Pilae omasi begrenzt;
d Recc. interlaminares; beachte die muskulösen Randwülste
der Buchblätter

blattartig, nicht verstreichbar, zeigen spiraligen
Verlauf und werden daher als *Plicae spirales abomasi* (210/*h*;227) bezeichnet. An der kleinen
Krümmung des Labmagens findet sich ein falten-
loser Bereich der Schleimhaut, *Sulcus abomasi.* Er
wird von zwei Plicae spirales begleitet, weist
zum Pylorus hin und kann als funktionelle Fortsetzung
der Magenrinne gedeutet werden. Die hellere Py-
lorusschleimhaut trägt unterschiedlich hohe, verstreichbare Falten. Ein schmaler Schleimhautstreifen an der Buch-Labmagenöffnung enthält Drüsen, die als „*Kardiadrüsen*" (203/2) bezeichnet
werden.

Durch einen schwachen *M. sphincter pylori* wird der Labmagen gegen das Duodenum verschlossen.
Eine Vervollständigung dieses Verschlusses stellt der *Torus pyloricus* (210/*8*;228) dar, ein aus Muskulatur und Fettgewebe bestehender, bis walnußgroßer Wulst, der in den Pförtnerkanal hineinragt und
den Schließmuskel unterstützt.

Befestigung des Wiederkäuermagens: Im Bereich des Ursprungs des anschließend zu schildernden Mesogastrium dorsale verklebt der dorsale Pansensack mit den Zwerchfellpfeilern und der linksseitigen Lendenmuskulatur. Diese f l ä c h e n h a f t e V e r k l e b u n g s z o n e (229/7) reicht vom Hiatus
oesophageus bis zur Höhe des 3.–4. Lendenwirbels. Auch das dorsale Ende der Milz wird in diese
Verklebungszone mit einbezogen (207/*s*;213/*l*;216/*p*), so daß ihre Facies visceralis in beträchtlichem
Ausmaß mit dem Atrium ruminis, ihre Facies parietalis aber in geringerem Umfang mit dem Zwerchfell verwachsen ist.

Großes und kleines Netz: Zum besseren Verständnis der endgültigen Verhältnisse des dorsalen
und ventralen Magengekröses seien einige entwicklungsgeschichtliche Bemerkungen vorausgeschickt:
Wie bereits früher erwähnt, entwickelt sich der Wiederkäuermagen aus einer einfachen spindelförmigen Anlage. Demzufolge findet sich hier, wie bei der Anlage des einhöhligen Magens, zunächst eine
von der dorsalen Bauchwand zum Dorsalrand (Curvatura major) der Magenanlage herabziehende
Gekröseplatte, D o r s a l g e k r ö s e , die später zum g r o ß e n N e t z wird. Ebenso entläßt der ventrale
Rand (Curvatura minor) der Magenanlage ein V e n t r a l g e k r ö s e , das späterhin teilweise zum
k l e i n e n N e t z ausgestaltet wird. Infolge der Umbildung dieser einfachen Magenanlage zum vier-
höhligen Organ erfährt auch die Ansatzlinie des Dorsalgekröses am Magen entsprechende Veränderungen. Aus dem kranialen Bereich der spindelförmigen Magenanlage, und zwar aus der großen
Krümmung entstehen Pansen und Haube, aus der kleinen Krümmung der Psalter. Der übrige größere
Abschnitt der Magenanlage wird zum Labmagen. Infolgedessen verläuft die A n s a t z l i n i e des Dorsalgekröses (großes Netz) vom Hiatus oesophageus zunächst entlang der rechten Pansenlängsfurche
über die kaudale Furche und die linke Pansenlängsfurche zum Fundus des Labmagens. Von hier aus
heftet sich das große Netz an der großen Krümmung des Labmagens und an der Pars cranialis des
Duodenums an. Weiter kaudal ist das große Netz mit der Pars descendens des Duodenums vereinigt.

Das **dorsale Magengekröse** entspringt mit dem *Paries profundus* (211,235/*p*;237/*q*) entlang des
rechten Zwerchfellpfeilers vom Hiatus oesophageus bis zur A. coeliaca und geht hier in das Mesente-

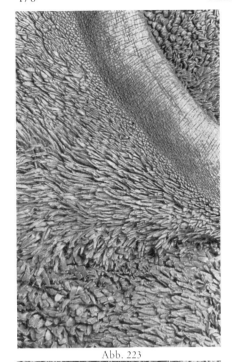

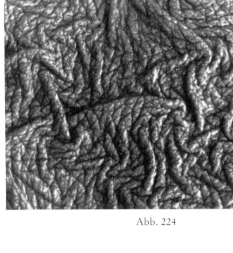

Abb. 224

Abb. 223

Abb. 223. Schleimhautrelief aus dem Ventralabschnitt des Pansens mit Pansenpfeiler. Foto. Beachte die unterschiedlichen Formen der Pansenzotten und den zottenfreien Pansenpfeiler

Abb. 224. Schleimhautrelief aus dem zottenfreien Dachbereich des dorsalen Pansensacks. Foto.

Abb. 225. Sulcus reticuli mit angrenzender Schleimhaut des Netzmagens. Foto.

1 Cardia; *2* Ostium reticulo-omasicum; *3* Boden des Sulcus reticuli, mit großen verhornten Papillen ausgestattet; *4* rechte, *5* linke Lippe des Sulcus reticuli

Abb. 226. Schleimhautrelief des Retikulums. Papillenbesetzte Cristae reticuli begrenzen Cellulae reticuli. Foto. Am Boden der Haubenzellen kleine Schleimhautfältchen und Papillen

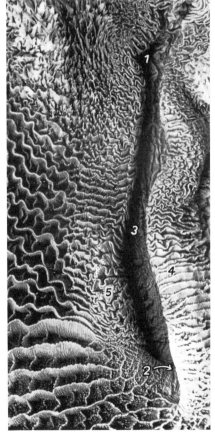

Abb. 225

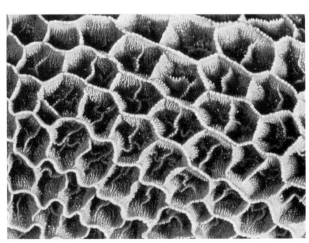

Abb. 226

rium dorsale über. Der Paries profundus (209/*q*) zieht zunächst auf kurzem Weg an die rechte Längsfurche des Pansens. Er umhüllt dabei die am weitesten kranial reichenden Jejunumschlingen und holt dann, je weiter das Netz nach kaudal reicht, rechtsseitig (lateral) um das Darmkonvolut herum nach ventral aus (211/*p*;229A,B/*3*;235/*u*;237/*q*). Er steigt linksseitig (medial) des Darmkonvoluts wieder zur rechten Längsfurche auf. Hier spalten sich die beiden Serosalamellen. Die eine überzieht den dorsalen und die andere den ventralen Pansensack. Beide Lamellen treffen in der linken Längsfurche zusammen und bilden nun den *Paries superficialis* (209,210,213/*p*;216/*o*;229A,B/*3*). Dieser nimmt kranial direkt mit der großen Kurvatur des Labmagens im Fundusbereich Verbindung auf. Des weiteren zieht der Paries superficialis

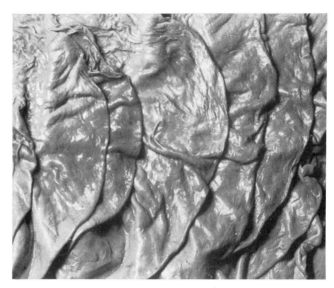

Abb. 227. Schleimhautrelief aus dem Körper des Labmagens. Foto. Beachte die Plicae spirales abomasi

von der linken Längsfurche des Pansens aus an der linken Bauchwand ventral, umhüllt den ventralen Pansensack und steigt lateral des Paries profundus an der rechten Bauchwand bis zur Pars descendens des Duodenums aufwärts (234/*x*;236/*v*;238/*q*;244/*p*). Paries profundus und Paries superficialis gehen kaudal linksseitig im Sulcus caudalis des Pansens ineinander über und von hieraus entlang der ventralen Bauchwand bis rechtsseitig in Höhe der Flexura duodeni caudalis (234/*z*). So kommt der ventrale Pansensack (209/*4*;213,216/*7*;229A,B/*b*) in die *Netzbeutelhöhle*, den *Recessus caudalis omentalis* (229A,B/▲), zu liegen, und der Paries profundus (229A,B/*2*;234/*y*;235/*u*;236/*w*;238/*r*;244/*q*) bildet die Innenwand des *Recessus supraomentalis* (229A,B/●). Der kaudal offene Zugang zum Recessus supraomentalis, der den größten Teil des Darmkonvoluts aufnimmt, liegt rechts vor dem Beckeneingang und wird von dem kaudalen Umschlagrand der beiden Parietes des großen Netzes begrenzt (234/*z*;236;238;244). Aus dieser Öffnung ragen kaudale Jejunumschlingen und die kaudal gerichtete Spitze des Blinddarms heraus (234/*q,r*;244/*k'*). Beim *trächtigen Wdk.* kann sich das gravide Uterushorn in den Recessus supraomentalis erstrecken. Rechterseits sind der Paries profundus und der Paries superficialis mit der Pars descendens des Duodenums bzw. mit dem Mesoduodenum descendens (229A,B/*4*;234/*7*;238/*9*;244/*i*) verwachsen. Der Paries superficialis inseriert auch an der Pars cranialis des Duodenums (234/*7*) und erreicht rechts und ventral die Curvatura major des Labmagens (234/*m*). Durch die Verklebung des dorsalen Pansensacks mit den Zwerchfellpfeilern und der dorsalen Bauchwand bis in Höhe des 2. oder 3. Lendenwirbels wird der Recessus supraomentalis kranial und auch linksseitig als blinde Bucht abgegrenzt. Dabei schiebt sich

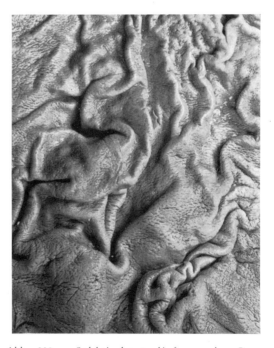

Abb. 228. Schleimhautrelief aus der Pars pylorica des Labmagens. Foto. Beachte die Foveolae und Areae gastricae sowie links unten im Bild den Pförtnerwulst, Torus pyloricus

in den Verklebungsbereich von links das dorsale Ende der Milz (215/*d*) ein, und von rechts lagert sich dem dorsalen Pansen der Lobus pancreatis sinister (210/*k''*) an.

Das **kleine Netz** (210/*r*;211/*q*;229A/6;234/*m*;239/8), als magenwärtiger Teil des ventralen Magengekröses, besteht aus dem *Ligamentum hepatogastricum* und dem *Ligamentum hepatoduodenale*. Das Ligamentum hepatogastricum zieht von der Curvatura minor des Labmagens und das Ligamentum hepatoduodenale von der Pars cranialis des Duodenums zur Leberpforte. Beide Bänder begrenzen den *Netzbeutelvorhof, Vestibulum bursae omentalis* (229A,B/■). Von der inneren Serosalamelle dieses Gekröses wird der Psalter überzogen. An der Psalterbasis vereinigt sich die innere mit der äußeren Serosalamelle zum kleinen Netz, das in seinem Verlauf zur Leberpforte rechterseits den Psalter bedeckt, so daß dieser in den Netzbeutelvorhof (209;210/*r'*) zu liegen kommt. Der Zugang zum Netzbeutelvorhof ist das *Foramen epiploicum* (210,229/*Pfeil*), das kaudal vom Processus caudatus der Leber als Spalt dorsal von der V. cava caudalis und ventral von der V. portae begrenzt wird. Über die Curvatura minor des Labmagens hinweg steht der Netzbeutelvorhof über den *Aditus ad recessum caudalem* mit dem Netzbeutelhohlraum, Recessus caudalis omentalis, in offener Verbindung.

Aus vorstehender Schilderung der Netzverhältnisse des *Wdk.* ergibt sich, daß nach Eröffnung der Peritonäalhöhle von der rechten Seite her zunächst der Paries superficialis des großen Netzes und die Pars descendens des Duodenums mit ihrem Gekröse sichtbar werden (234/*x,8,w*;236/*v,7,u*;238/*q,9,p*). Durchtrennt man den Paries superficialis, so eröffnet man damit den Recessus caudalis omentalis und legt zugleich den Paries profundus frei (234/*y*;236/*w*;238/*r*). Wird auch dieser durchtrennt, dann erblickt man das im Recessus supraomentalis liegende Darmkonvolut.

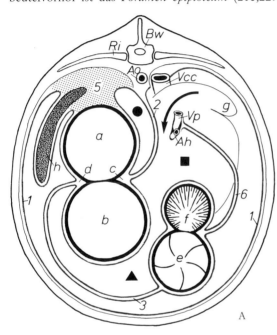

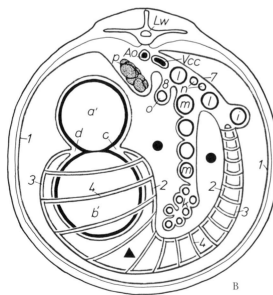

Abb. 229 A und B. Transversalschnitte durch den Rumpf eines Rindes zur Darstellung der Netzverhältnisse. A: Schnittebene in Höhe des 13. Brustwirbels, B: in Höhe des 4. Lendenwirbels. Schema. Kaudalansicht. Peritonäum rot.

Bw 13. Vertebra thoracica; *Ri* 13. Costa; *Lw* 4. Vertebra lumbalis

a–b' Rumen: *a* Atrium ruminis, *a'* Saccus caecus caudodors., *b* Rec. ruminis, *b'* Saccus caecus caudoventr.; *c* Sulcus longitudinalis dext.; *d* Sulcus longitudinalis sin.; *e* Abomasum; *f* Omasum; *g* Hepar, Proc. caudatus; *h* Lien; *i* Duodenum, Pars descendens; *k* Jejunumschlingen; *l* Ansa proximalis coli; *m* Ansa spiralis coli; *n* Ansa distalis coli; *o* Colon descendens; *p* Ren sinister

1 Peritonaeum parietale; *2,3* Mesogastrium dorsale = Omentum majus; *2* Paries profundus, *3* Paries superficialis; *4* Umschlagrand von *2* in *3*, links in Höhe des Sulcus caudalis ruminis, rechts in Höhe der Flexura duodeni caud.; *5* Verklebungsbereich des dorsalen Pansens mit der dorsalen Bauchwand; *6* Omentum minus, Lig. hepatogastricum; *7* Mesenterium craniale; *8* Mesenterium caudale

Ao Aorta abdominalis; *Ah* A. hepatica; *Vcc* V. cava caud.; *Vp* V. portae

↓ liegt im For. epiploicum; ■ Vestibulum bursae omentalis;
▲ Rec. caudalis omentalis; ● Rec. supraomentalis

Mittel- und Enddarm

(146, 211, 229–238, 244, 490, 548, 554, 555)

Während der sehr umfangreiche Magen der *Wdk.* einen erheblichen Teil des Bauchraums für sich in Anspruch nimmt, beschränken sich der Mittel- und Enddarm dieser Tiere in ihrer Lage trotz ihrer erheblichen Gesamtlänge nur auf einen Teil der rechten Bauchhöhlenhälfte. Sie sind durch eine gemeinsame Gekröseplatte zu einem scheibenförmigen D a r m k o n v o l u t , zur D a r m s c h e i b e , zusammengefaßt, die in der Hauptsache rechts zwischen Pansen und Paries profundus des großen Netzes in dem bereits beschriebenen *Recessus supraomentalis* Platz findet (229,234–238).

Die Gesamtlänge des Darmes schwankt beim *Rd.* zwischen 33–63 m, wovon etwa 27–49 m allein auf den Dünndarm entfallen. Für das *Schf.* wird seine Gesamtlänge mit 22–43 m und für die *Zg.* mit 33 m im Mittel angegeben. Hiervon beansprucht der Dünndarm etwa 18–35 m.

Der **Dünndarm** gliedert sich auch beim *Wdk.* in *Duodenum, Jejunum* und *Ileum.* Jeder dieser Abschnitte, besonders aber das Jejunum, zeigt bezüglich seines Verlaufs und seiner Anordnung für den *Wdk.* typisches Verhalten.

Das **Duodenum** (146/*B*;230/*1,1'*) entspringt mit seiner P a r s c r a n i a l i s rechterseits im intrathorakalen Teil der Bauchhöhle aus dem Pylorusteil des Labmagens (206/*t*;208/*s*;209,210/*i*;212,214/*q*;234/*7*) und steigt kaudomedial an der Viszeralfläche der Leber in Kontakt mit der Gallenblase zur Leberpforte auf. Hier bildet das Duodenum die für den *Wdk.* charakteristische S-förmige *Ansa*

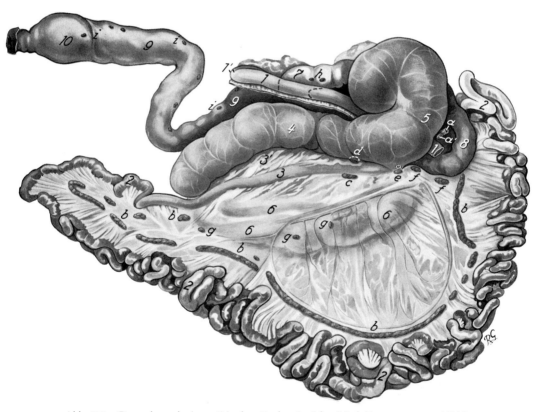

Abb. 230. D a r m k a n a l e i n e s R i n d e s . Rechte Ansicht. (Nach ZIETZSCHMANN, 1958.)

1 Duodenum, Pars descendens mit Ansatz der beiden Blätter des großen Netzes, *1'* Flexura duodeni caud., in die Pars ascendens übergehend; *2* Jejunum; *3* Ileum, *3'* Plica ileocaecalis; *4* Caecum; *5–7* Colon ascendens: *5* Ansa proximalis coli, *6* Ansa spiralis coli, durch die Gekröseplatte durchscheinend, *7* Ansa distalis coli; *8* Colon transversum; *9* Colon descendens; *10* Rectum

a A. mesenterica cran.; *a'* einer der Lnn. coeliaci an der A. mesenterica cran.; *b* Lnn. jejunales; *c* Ln. ilei; *d* Ln. caecalis; *e–h* Lnn. colici: *e* an der Ileummündung, *f* an der Ansa proximalis coli, *g* an der Ansa spiralis coli, *h* an der Ansa distalis coli des Colon ascendens; *i* Lnn. mesenterici caudd.

sigmoidea (146/*1'*;209) und geht anschließend vermittels der *Flexura duodeni cranialis* in die P a r s
d e s c e n d e n s (146/*3*;230/*1*;234/*8*;236/*7*;238/*9*) über. Diese zieht, zwischen die Serosalamellen der
gemeinsamen Gekröseplatte eingeschoben, jedoch von rechts her deutlich sichtbar, in horizontalem
Verlauf nach kaudal und wendet sich beim *Rd.* etwa in Höhe des Tuber coxae, beim *kl. Wdk.* schon
vorher, mit der *Flexura duodeni caudalis* (146/*4*;230/*1'*;234/*9*;236/*8*;238/*10*) in scharfem Bogen medial und dann kranial. Der nun folgende Abschnitt, die P a r s a s c e n d e n s (146/*5*;211/*u'*;234/
10;235/*v*;236/*9*;237/*r*;238/*11*), ist mit dem Colon descendens durch die *Plica duodenocolica* (146/
21;236/*x*) verbunden und zieht, hoch dorsal im Darmgekröse eingeschlossen, kranial. Unter der
Bauchspeicheldrüse geht die Pars ascendens mit der *Flexura duodenojejunalis* (146/*6*;235/*zwischen v
und w*;237/*2*) in das Jejunum über.

Das englumige, sehr lange **Jejunum** (146/*C*;211/*v*;230/*2*;234/*p*;235/*w*;236/*n*;237/*s*;238/*i*) ist am
freien Rand seiner an der dorsalen Bauchwand entspringenden Gekröseplatte befestigt. Es beschreibt
dabei zahlreiche enggelagerte Bögen und Schlingen, die insgesamt in einem großen Bogen von kranial,

Abb. 231. Blinddarm eines Rindes.

a Ileum; *b* Caecum; *c* Colon ascendens

**Abb. 232 und 233.   Ileummündungen
eines Rindes und einer Ziege.**

a Ileum; *b* Schleimhaut vom Caecum,
c vom Colon ascendens

1 Ostium ileale, von einem Schleimhautringwall umgeben; *2* Follikelplatte an der
Hüftdarmmündung

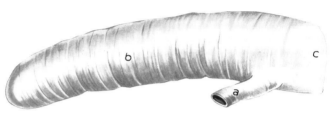

Abb. 231

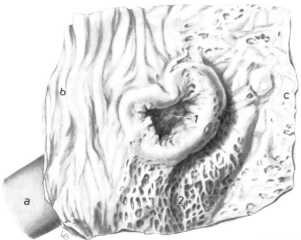

Abb. 232   Rind

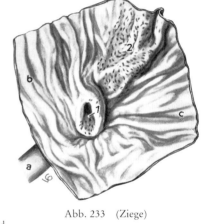

Abb. 233   (Ziege)

ventral und kaudal die der Gekröseplatte von links aufgelagerte Grimmdarmspirale girlandenartig
umfassen und deshalb als Kranzdarm bezeichnet werden. In situ lagern sie sich von rechts der
Grimmdarmspirale an. Die Leerdarmschlingen schieben sich zudem weit in den intrathorakalen Teil
des *Recessus supraomentalis* ein, bekommen hier, durch das große Netz von den benachbarten Organen getrennt, mittelbaren Kontakt mit Leber, Bauchspeicheldrüse, Blättermagen, Labmagen und Pansen (234–238). Ventral lagern sie am Boden des Recessus supraomentalis, auch hier durch die beiden
Netzblätter von der ventralen Bauchwand getrennt (229). Der k a u d a l e Abschnitt der Leerdarmgir-
lande (Kranzdarm) ist infolge des hier längeren Gekröses leichter beweglich, ragt aus dem Recessus
supraomentalis beckenwärts frei heraus und kann je nach Füllungszustand des Magens bzw. des Darmes auch in die Beckenhöhle eintreten oder aber um den kaudodorsalen Blindsack des Pansens herum
die Medianebene nach links überschreiten (146,230,234). Diese Darmschlingen sind es auch, die beim
sogenannten „Überwurf" des Ochsen sich zwischen den Rest des rechten Samenleiters und die
Bauchwand einschieben können, wodurch typische Krankheitserscheinungen entstehen.

Das **Ileum** (146/*D*;230/3;234/*q*) schließt sich als letzter Abschnitt des Dünndarms dem Jejunum an. Der Hüftdarm ist ein gerades Darmrohr und auch beim *Wdk.* an der *Plica ileocaecalis* (146/*18*;230/3';235/16) zu erkennen. Ventral vom beckenwärts gerichteten Blinddarm zieht er kranial und mündet ventromedial mit dem *Ostium ileale* (146/7;231,232,233/1) auf der Grenze zwischen Zäkum und Kolon in den Dickdarm ein. Diese Mündungsstelle liegt beim *Rd.* etwa in Höhe des 4. Lendenwirbels, beim *kl. Wdk.* in Höhe des kaudalsten Punktes des Rippenbogens.

Der **Dickdarm** läßt seine typischen Abschnitte *Caecum, Colon* und *Rectum* erkennen. Abgesehen von Zäkum und den Anfangsabschnitten des Kolons, die eine zweite („distale") Gärkammer bilden, ist der Dickdarm nicht viel weiter als der Dünndarm. Besonders eigentümlich sind die Anordnung und der Verlauf des Colon ascendens. Der Anteil des Dickdarms am Intestinum ist bei *Schf.* und *Rd.* geringer als bei der *Zg.*

Das **Zäkum** (146/*E*;230/4;231/*b*) ist leicht S-förmig gekrümmt und hat walzenförmige Gestalt. Es beginnt am *Ostium ileale*, dessen Lage oben beschrieben wurde, und ragt mit seinem gekrösefreien, stumpfen Ende beckenwärts aus dem Recessus supraomentalis heraus (229/*h*;234/*r*;236/*o*;238/*k*). In stärker gefülltem Zustand kann der Blinddarm selbst in die Beckenhöhle eintreten, oder er überschreitet mit kaudaler Konvexität vor der Beckenhöhle die Medianebene nach links (235/*x*). Sein kranialer Abschnitt ist in die Gekröseplatte fest eingefügt und somit lagekonstant (229/*h*;230/4). Zäkum und Ansa proximalis coli sind bei selektiven Wiederkäuerarten (*Zg.*) relativ größer als bei Grasfressern (*Schf., Rd.*).

Das **Kolon** geht an der durch das *Ostium ileale* gebildeten Grenze kontinuierlich mit gleicher Weite aus dem Zäkum hervor. Von seinen drei Abschnitten, *Colon ascendens, Colon transversum* und *Colon descendens*, ist auch beim *Wdk.* das C o l o n a s c e n d e n s (146/*F,F'*;229,230,234–238) der bei weitem längste. An ihm lassen sich wiederum drei Abschnitte unterscheiden: die *Anfangsschleife, Ansa proximalis coli*, die *Grimmdarmspirale, Ansa spiralis coli (Grimmdarmlabyrinth)*, und die *Endschleife, Ansa distalis coli.*

Die A n s a p r o x i m a l i s c o l i (146/*11*;230/5;234/*11*;236/10;237/3';238/12) setzt sich aus drei Schenkeln zusammen. Ihr *erster Schenkel* geht in unmittelbarer Fortsetzung des Blinddarms kranial und biegt unter der rechten Niere etwa in Höhe der 12. Rippe dorsolateral in den *zweiten Schenkel* um. Dieser verläuft entlang der rechten Bauchwand, gleich der dorsal von ihm gelegenen Pars descendens des Duodenums, kaudal und wendet sich mediodorsal in den *dritten Schenkel der Anfangsschleife* um. Dieser begibt sich in Nachbarschaft mit der Pars ascendens des Duodenums, dem Colon descendens und der linken Niere kranial und geht in den zweiten, nunmehr enger werdenden Teil des Colon ascendens, in die Grimmdarmspirale, A n s a s p i r a l i s c o l i (146/*12,13,14*;230/6;235/17,18, *19*;237/3,4,5), über. Diese lagert sich von links her der *Gekröseplatte, Mesenterium craniale*, auf und ist daher von dieser Seite aus besonders gut sichtbar (235,237). Die Grimmdarmspirale kann man sich als eine lange zweischenkelige Schleife vorstellen, deren beide parallel zueinander gelegene Schenkel beim *Rd.* (235) in einer Ebene, beim *kl. Wdk.* (237) in Form eines stumpfen Kegels spiralig aufgerollt sind, wobei der Scheitel der Schleife in das Zentrum der Spirale zu liegen kommt. Demnach gibt es dem Z e n t r u m z u l a u f e n d e W i n d u n g e n, *Gyri centripetales* (146/*12*;235/17;237/3), und vom Z e n t r u m w e g s t r e b e n d e W i n d u n g e n, *Gyri centrifugales* (146/*14*;235/19;237/5). Der die Umkehr der zentripetalen in die zentrifugalen Windungen vermittelnde, im Zentrum der Spirale gelegene Darmbogen wird als *Flexura centralis* (146/*13*;235/18;237/4) bezeichnet. Beim *Rd.* unterscheidet man 1½–2, beim *Schf.* 3 und bei der *Zg.* 4 zentripetale und ebenso viele zentrifugale Windungen. Die relative Länge der Ansa spiralis coli nimmt von der *Zg.* über das *Schf.* zum *Rd.* ab und steht in Beziehung zur Fähigkeit, Zellulose mikrobiell aufschließen zu können. Die Windungen beschreiben keine Kreise, sondern bilden in der Längsrichtung des Tieres gelegene flache Ovale. Beim *Rd.* liegen die Windungen dicht beieinander, und die letzte zentrifugale Windung geht in kaudalem Verlauf in Höhe des 1. Lendenwirbels in den letzten Abschnitt des Colon ascendens, in die E n d s c h l e i f e, A n s a d i s t a l i s c o l i, über. Beim *kl. Wdk.* liegen die Gyri auch dicht beisammen, nur die letzte halbe zentrifugale Windung entfernt sich von der Spirale und verläuft nahe dem Ansatz des Gekröses an den Leerdarmschlingen zur Ansa distalis coli hin. Die *Ansa distalis coli* (146/*15*;230/7;235/20), lateral vom Endschenkel der Ansa proximalis coli und der Pars ascendens des Duodenums gelegen, schließt sich mit einem oberen kaudal und einem unteren kranial laufenden Schenkel an die letzte zentrifugale Windung der Ansa spiralis coli an. Ihr kaudal ziehender Teil biegt in Höhe des 5. Lendenwirbels mit scharfem Bogen in den kranial ziehenden Schenkel um, der dann vor der kranialen Gekrösearterie in

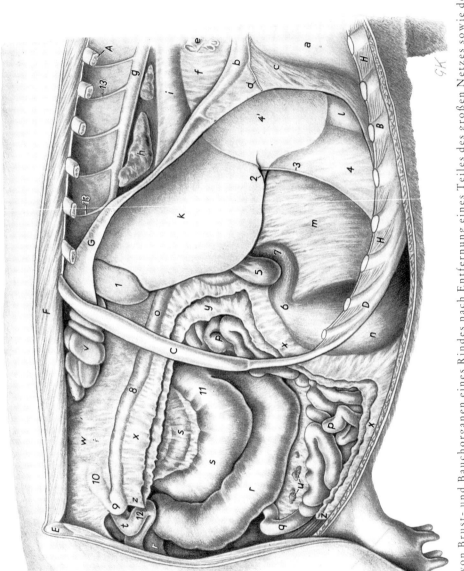

Abb. 234. Lage von Brust- und Bauchorganen eines Rindes nach Entfernung eines Teiles des großen Netzes sowie des Zwerchfells und der rechten Lunge. Rechte Ansicht. (Nach WILKENS, 1955.)

A Stumpf, B Knorpel der 7. Rippe; C 13. Rippe; D Rippenbogen; E Hüfthöcker; F M. longissimus; G Zwerchfell; H Mm. intercostales

a Herzbeutel; b V. cava caud., c Gekröse; d N. phrenicus dext.; e Lungenwurzel; f Mediastinum; g Aorta thoracica; b Ln. mediastinalis caud.; i Oesophagus; k Leber; l Haube; m kleines Netz, den Blättermagen bedeckend; n Labmagen; o Duodenum; p Jejunum; q Ileum; r Caecum; s Colon ascendens; t Colon descendens; u Lnn. jejunales; v rechte Niere; w Darmgekröse; x Paries superficialis, y Paries profundus des großen Netzes, zwischen beiden der Rec. caudalis omentalis, z freier Umschlagrand

1–5 an der Leber: 1 Proc. caudatus, 2 Inc. ligamenti teretis, 3 Lig. teres hepatis, 4 Lig. falciforme hepatis, bei 4' die Leber überziehend, 5 Gallenblase; 6 Pylorus; 7–10 am Duodenum: 7 Pars cranialis, 8 Pars descendens, 9 Flexura duodeni caud., 10 Pars ascendens; 11 Ansa proximalis coli; 12 Colon sigmoideum; 13 Aa. intercostales dorss.

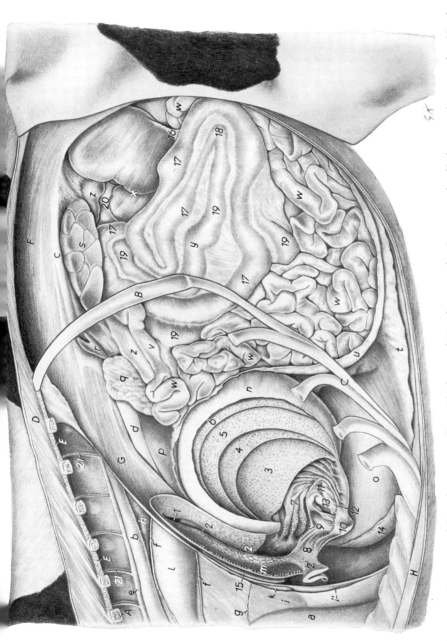

Abb. 235. Lage von Brust- und Bauchorganen eines Rindes nach Entfernung des Pansens, des linken sowie ventralen Haubenabschnitts und bei linksseiter Eröffnung des Psalters. Linke Ansicht. (Nach WILKENS, 1955.)

A Stumpf der 7. Rippe; *B* 13. Rippe; *C* Rippenbogen; *D* M. longissimus; *E* Mm. intercostales; *F* Lendenmuskeln; *G* Zwerchfell, Pars lumbalis; *H* M. rectus abdominis

a Herzbeutel; *b* Aorta thoracica; *c* Aorta abdominalis; *d* V. cava caud.; *e* V. azygos sin.; *f* N. vagus; *g* N. phrenicus sin.; *b* Ln. mediastinalis caud.; *i* kaudales Mediastinum, *l'* Schnittkante; *k* Lobus accessorius der rechten Lunge; *l* Oesophagus; *m* Haube, linker Teil und Ventralabschnitt abgesetzt; *n* Blättermagen, von links eröffnet, ein Teil der Blätter abgetragen; *o* Labmagen; *p* Leber; *q* Pankreas; *r* linke Nebenniere; *s* linke Niere; *t* Paries superficialis, *u* Paries profundus des großen Netzes; *v* Duodenum, Pars ascendens; *w* Jejunum; *x* Caecum; *y* Colon ascendens; *z* Colon descendens

1–2' an der Haube: *1* Oesophagusmündung, *2* Sulcus reticuli, *2'* rechte Lippe an der Hauben-Blättermagenöffnung durchschnitten; *3–12* am Blättermagen: *3–6* Lamm. omasi unterschiedlicher Größe, *7* weitere Lamm. omasi, *8,9* Sulcus omasi, *10* Pila omasi, *11* Blätter-Labmagenöffnung, *12* Velum abomasicum; *13* Spiralfalten, *14* Curvatura major des Labmagens; *15* Lobus hepatis sin.; *16* Plica ileocaecalis; *17–20* Colon ascendens: *17* zentripetale Windungen, *18* Flexura centralis, *19* zentrifugale Windungen, *20* Ansa distalis coli; *21* Aa. bzw. Vv. intercostales dorss.

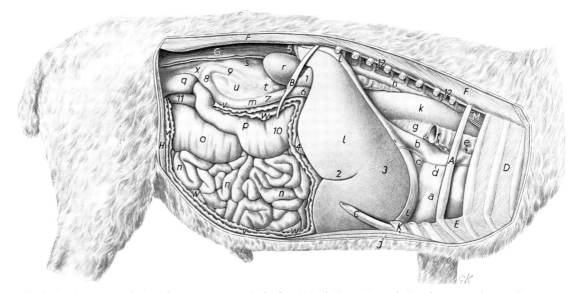

Abb. 236. Brust- und Bauchorgane eines Schafes (männl. Kastrat) nach Entfernung der rechten Lunge, der rechten Hälfte des Zwerchfells, des Rippenbogens und nach Fensterung des großen Netzes. Rechte Ansicht. (Nach WILKENS, 1956.)

A 4. Rippe; B 13. Rippe; C Knorpel der 8. Rippe; D Mm. intercostales extt.; E Mm. intercostales intt.; F M. longissimus; G Lendenmuskulatur; H Mm. obliqui int. und ext. abdominis; J Mm. pectorales; K M. rectus abdominis; L Zwerchfell; M M. longus colli

a Herz im Herzbeutel; b V. cava caud., c Gekröse; d N. phrenicus dext.; e Trachea mit Bronchus trachealis; f Lungenwurzel; g Mediastinum caudale; h Aorta thoracica; i Ln. mediastinalis caud.; k Oesophagus; l Leber; m Duodenum; n Jejunum; o Caecum; p Colon ascendens; q Colon descendens; r rechte Niere; s rechter Harnleiter; t Pankreas; u Mesenterium; v Paries superficialis, w Paries profundus des großen Netzes; x Plica duodenocolica

1–5 an der Leber: 1 Proc. caudatus, 2 Inc. ligamenti teretis, 3 Lig. falciforme hepatis, 4 Gallenblase, 5 Lig. triangulare dext.; 6–9 am Duodenum: 6 Flexura duodeni cran., 7 Pars descendens, 8 Flexura duodeni caud., 9 Pars ascendens; 10–11 am Colon ascendens: 10 ventrolateraler Schenkel der Ansa proximalis coli, 11 erste zentripetale Windung der Ansa spiralis coli; 12 Aa. und Vv. intercostales dorss.

Höhe des letzten Brustwirbels in den zweiten, sehr kurzen Abschnitt des Grimmdarms, in das Colon transversum (146/G;230/8), übergeht. Dieses besitzt ein eigenes kurzes Gekröse, hat dorsal enge nachbarliche Beziehungen zum Pankreas, umfaßt mit kaudal offenem Bogen von kranial her die vordere Gekrösearterie (146;230/a) und geht links von dieser in den letzten Abschnitt des Grimmdarms, das Colon descendens, über (146/H;230/9;234/t;235/z;236/q;238/m;554/21;555/15). In ein zunächst kurzes, meist sehr fettreiches, eigenes Gekröse eingebettet, verläuft dieses, von der Pars ascendens des Duodenums rechterseits begleitet und mit ihm durch die *Plica duodenocolica* (146/21) verbunden, dicht unter der dorsalen Bauchwand beckenwärts. In Höhe der letzten Lendenwirbel wird sein Gekröse länger, und es beschreibt, bevor es in das Rektum übergeht, unter dem Promon-

Abb. 238. Brust- und Bauchorgane einer Ziege nach Entfernung der rechten Lunge, der rechten Hälfte des Zwerchfells, nach Fensterung des großen Netzes und des Darmgekröses. Rechte Ansicht. (Nach WILKENS, 1956.)

A 6. Rippe; B 13. Rippe; C Rippenbogen; D Mm. intercostales extt.; E Mm. intercostales intt.; F M. longissimus; G M. obliquus int. abdominis; H Mm. pectorales; J, J' Zwerchfell

a Aorta; b V. cava caud.; c Ln. mediastinalis caud.; d Oesophagus; e Leber; f Labmagen; g Duodenum; h Pankreas; i Jejunum; k Caecum; l Ansa spiralis coli des Colon ascendens; m Colon descendens; n rechte Niere; o linke Niere, vom Mesenterium bedeckt; p Mesenterium, gefenstert; q Paries superficialis, r Paries profundus des großen Netzes, zwischen beiden der Rec. caudalis omentalis; s mesenteriales Fettgewebe

1–6 an der Leber: 1 Lobus hepatis sin., 2 Lobus hepatis dext., 3 Proc. caudatus, 4 Inc. ligamenti teretis, 5 Lig. falciforme hepatis, 6 Gallenblase; 7–11 am Duodenum: 7 Ansa sigmoidea, 8 Flexura duodeni cran., 9 Pars descendens, 10 Flexura duodeni caud., 11 Pars ascendens; 12–14 am Colon ascendens: 12,13 Ansa proximalis coli und zentripetale Windungen, 14 zentrifugale Windungen der Kolonscheibe; 15 Colon descendens; 16 Aa. intercostales dorss.

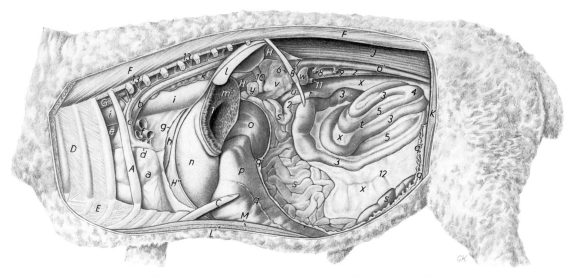

Abb. 237. Brust- und Bauchorgane eines Schafes (männl. Kastrat) nach Entfernung der linken Lunge, der linken Hälfte des Zwerchfells, des Rippenbogens, des größten Teiles vom Pansen und der linken Niere. Linke Ansicht. (Nach WILKENS, 1956.)

A 4. Rippe; *B* 13. Rippe; *C* Knorpel der 8. Rippe; *D* Mm. intercostales extt.; *E* Mm. intercostales intt.; *F* M. longissimus; *G* M. longus colli; *H* Zwerchfell, linker Pfeiler, *H'* medialer Teil des rechten Pfeilers, *H''* Pars sternalis; *J* Lendenmuskulatur; *K* Mm. obliqui int. und ext. abdominis; *L* Mm. pectorales; *M* M. rectus abdominis

a Herz im Herzbeutel; *b* Aorta thoracica, *b'* Aorta abdominalis; *c* V. azygos sin.; *d* N. phrenicus sin.; *e* Trachea; *f* Lungenwurzel; *g* Mediastinum caudale, Schnittkante; *h* Lobus accessorius pulmonis dext. im Rec. mediastini; *i* Oesophagus; *k* Ln. mediastinalis caud.; *l* Milz; *m* Pansen, Teil des Atrium ruminis; *n* Haube; *o* Blättermagen; *p* Labmagen; *q* Paries superficialis, *q'* Paries profundus des großen Netzes; *r* Duodenum, Pars ascendens; *s* Jejunum; *t* Colon ascendens (Kolonscheibe); *u* Colon descendens; *v* Pankreas; *w* linke Nebenniere; *x* Mesenterium; *y* Pansenlymphknoten; *z* V. cava caud.

1 Hauben-Pansenfalte; *2* Flexura duodenojejunalis; *3–5* am Colon ascendens: *3'* Endschenkel der Ansa proximalis coli, *3* zentripetale Windungen, *4* Flexura centralis, *5* zentrifugale Windungen; *6* A. coeliaca; *7* A. mesenterica cran.; *8* A. renalis dext.; *9* A. renalis sin.; *10* V. lienalis; *11* V. renalis sin.; *12* Mesenterialgefäße; *13* Aa. und Vv. intercostales dorss.

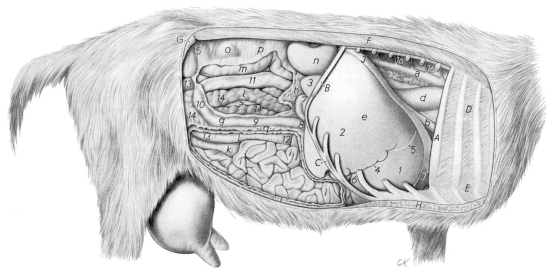

Abb. 238

torium ossis sacri einen S-förmigen Bogen, *Colon sigmoideum* (146/*16*;234/*12*;555/*16*). (Wichtig für die Bewegungsfreiheit bei rektaler Untersuchung des *Rd.*).

Das **Rektum** (146/*J*;230/*10*;548/*13*;554/*24,24'*), dessen größerer Teil im peritonäalen Abschnitt der Beckenhöhle untergebracht ist, besitzt ein kaudal kürzer werdendes *Mesorectum* und tritt in den kurzen retroperitonäalen Teil der Beckenhöhle über. Seine Muskulatur ist relativ kräftig, und es vermag durch Erweiterung beträchtliche Kotmassen zu speichern. Diese werden beim *kl. Wdk.* bereits in dem letzten Abschnitt der Grimmdarmspirale in die für diese Tiere charakteristischen bohnenförmigen Teilchen geformt und gelangen als solche in das Rektum. Am Rektum kommen beim *Wdk.* inkonstante, durch seine Ringmuskulatur bedingte Schnürringe vor (555/*17*).

Bandartige, aus der Längsmuskulatur des Rektums stammende derbe Muskelzüge formieren auch beim *Wdk.* das *After-Schwanzband, M. rectococcygeus* (490/*14*). Es inseriert an der Ventralfläche der ersten Schwanzwirbel (beim *Rd.* bis zum 3.). Ventrale Muskelzüge des Mastdarms verflechten sich beim *weiblichen Rd.* in der Dammgegend und bekommen Anschluß an die Muskulatur der Schamlippen.

Der **Anus** besteht beim *Wdk.* aus dem kurzen Canalis analis und der die Afteröffnung umschließenden *Afterscheibe* (528/*a*), die beim *Rd.* wulstige Beschaffenheit zeigt. Im Grenzgebiet zwischen Rektum- und Analschleimhaut findet sich die beim *Rd.* etwa 100 mm, beim *kl. Wdk.* etwa 10 mm breite *Zona columnaris ani*. Sie zeigt mehrere, durch Buchten voneinander getrennte Längsfalten und geht unmittelbar in die *Zona cutanea* und damit in die Haut der Afterscheibe über.

Auch die *Wdk.* besitzen zwei Afterschließmuskeln, den unwillkürlichen *M. sphincter ani internus* und den willkürlichen *M. sphincter ani externus* (554/*26*;490/*15*). Ebenso ist der zwischen der Spina ischiadica und dem breiten Beckenband einerseits sowie dem After andererseits verkehrende *M. levator ani* (490/*16*;554/*25*) vorhanden. Äußerer Schließmuskel und Heber des Afters zeigen beim *weiblichen Rd.* und der *M. retractor penis* (490/*10,10'*) beim *Bullen* Besonderheiten, die in dem Kapitel über die Geschlechtsorgane dargestellt werden.

Betrachten wir nochmals zusammenfassend die **Topographie** des *Darmkonvoluts* des *Wdk.* (211,229,234–238), so ergibt sich, daß es in Form einer vorwiegend s a g i t t a l g e s t e l l t e n S c h e i b e den von den Magenabteilungen und der Leber nicht in Anspruch genommenen Raum der r e c h t e n Bauchhöhlenhälfte kaudal der Leber bis zur Beckenhöhle hin, zum Teil noch in diese eintretend, ausfüllt. Von der Dorsalwand der Bauchhöhle herunterhängend, wird das Darmkonvolut größtenteils von dem den Recessus supraomentalis nach rechts begrenzenden Paries profundus des großen Netzes von ventral und rechts umfaßt (229/*4*;234/*y*;236/*w*;238/*r*). Nur die kaudalen Anteile ragen aus dem Recessus supraomentalis heraus. Die linke Fläche lagert sich dem dorsalen Pansensack und der von dem Paries profundus des großen Netzes bedeckten Fläche des ventralen Pansensacks auf (229,235,237). Kranial ragt das Darmkonvolut im Recessus supraomentalis weit intrathorakal in die rechte Zwerchfellnische hinein, stößt mittelbar an Blätter- und Labmagen, an die Viszeralfläche der Leber sowie dorsal im Gebiet des Zwerchfellpfeilers an das Pankreas (211,235,237). Dorsal nimmt es mit der rechten und linken Niere Kontakt auf (211,229,235). Es ist selbstverständlich, daß sich bei der funktionellen Eigenart des Magen-Darmkanals (erhebliche Volumenschwankungen und Peristaltik mit entsprechenden Form- und Lageveränderungen) bezüglich der topographischen Verhältnisse in der Bauchhöhle funktionsbedingte Unterschiede ergeben müssen. Beim weiblichen Tier entstehen während der Trächtigkeit durch den heranwachsenden Fetus an dem Darmkonvolut und am Pansen zusätzlich Lageveränderungen. Dabei werden das Darmkonvolut und der Pansen kraniodorsal und links verschoben. Daß es aber auch bei hochträchtigen Tieren infolge erstaunlicher Größenzunahme des graviden Uterus nicht etwa zu einer über die physiologischen Grenzen hinausgehenden funktionellen Beeinflussung der Baucheingeweide kommt, hängt damit zusammen, daß im Verlauf der Trächtigkeit zusätzlich neuer Raum durch Ausweitung der Bauchwände geschaffen wird.

Darmgekröse, Mesenterium: Mehrfach wurde schon erwähnt, daß beim *Wdk.* Dünn- und Dickdarm durch eine g e m e i n s a m e G e k r ö s e p l a t t e an der dorsalen Bauchwand befestigt sind (146,230,235,237). Die Windungen der Grimmdarmspirale legen sich während ihrer Entstehung von links her an die Platte des Leerdarmgekröses an und werden so durch Verwachsung mit dieser ihrer freien Beweglichkeit beraubt. An dem vom Grimmdarm nicht in Anspruch genommenen Teil der Gekröseplatte sind die Leerdarmschlingen befestigt (146/*17*;237/*x*). Die der Wirbelsäule benachbarten Teile des Darmkonvoluts, die ursprünglich durch ein eigenes Gekröse frei beweglich waren, werden durch Schwund ihres Gekröses an der gemeinsamen Gekröseplatte fixiert. Hierzu gehören zunächst die Pars descendens und Pars ascendens des Duodenums einschließlich ihrer Flexura duodeni caudalis (234/*w*;236/*u*;238/*p*), ferner die Ansae proximalis coli und distalis coli sowie der Anfangsteil des Colon descendens (230,234). Vom Blinddarm, der durch ein kurzes *Blind-Grimmdarmband* mit der Ansa proximalis coli verbunden ist, hat sich nur die Blinddarmspitze eine gewisse Bewegungsfreiheit bewahrt. Der Kaudalabschnitt der Gekröseplatte dient dem Colon descendens und dem Rektum zur Befestigung (554/*23*). Im übrigen enthält das Darmgekröse besonders in seinen, die dorsalen Darmteile miteinander verbindenden subserösen Gewebeanteilen bei gut genährten Tieren erhebliche Mengen an Fettgewebe, die die Übersicht über die einzelnen Darmabschnitte erschweren können.

Bezüglich der Ausstattung des Darmkanals mit **lymphoretikulärem Gewebe** in Form von L y m - p h o n o d u l i   s o l i t a r i i bzw. a g g r e g a t i sei darauf hingewiesen, daß die Darmschleimhaut der *Wdk.* auffallend reich an solchen Bildungen ist und in dieser Hinsicht unter den *Hsgt.* nur vom *Schw.* übertroffen wird. Zudem sind die lymphoretikulären Bildungen bei *Kalb* und *Schaf-* bzw. *Ziegenlamm* gegenüber jenen der erwachsenen Tiere in größerer Zahl vorhanden.

Die makroskopisch sichtbaren *Einzellymphknötchen* finden sich relativ häufig im gesamten Dünndarm, während sie in Blind- und Grimmdarm des *Rd.* sehr selten sind und bei den *kl. Wdk.* in den gleichen Darmabschnitten fehlen sollen. In der Zona columnaris des Afters bilden sie bei *Rd.* und *Schf.* einen lymphatischen Endring. Die *Lymphonoduli aggregati* des Dünndarms zeigen langgestreckte, bandartige Anordnung. Bei einer Breite bis zu 20 mm besitzen sie beim *Rd.* eine Länge bis zu 250 mm und beim *kl. Wdk.* eine solche bis zu 150 mm. Ihre Zahl beträgt beim *Rd.* 24–40, beim *Schf.* 18–40 und bei der *Zg.* 25–30. Besonderer Erwägung bedarf die l e t z t e   K n ö t c h e n p l a t t e   d e s H ü f t d a r m s. Sie erstreckt sich bei *Rd.*, *Schf.* und *Zg.* über das *Ostium ileale* (232,233/*1*) hinaus auch auf die den *Ileumzapfen* umgebende Schleimhaut des Blinddarms. Diese *Ileozäkalplatte* (*2*) setzt sich aus großen Follikeln zusammen, die z. T. sehr deutliche kryptenartige Vertiefungen aufweisen. Eine weitere, der Ileozäkalplatte gleichartige Bildung findet sich regelmäßig am Ende der Ansa prominalis coli. Sie besteht aus einer Reihe tiefer, mit wulstigen Rändern ausgestatteten Krypten und erreicht beim *Rd.* eine Länge von 70–200 mm, beim *kl. Wdk.* eine solche von 40–200 mm. Sonst besitzt das Kolon des *Wdk.* keine Follikelplatten.

Anhangsdrüsen des Darmes
(155, 158, 165, 167, 209, 210, 215, 234, 236, 238–244)

Die **Leber** der *Wdk.* ist wie bei den übrigen *Hsgt.* in ihrer F a r b e abhängig von Alter und Ernährungszustand des Tieres. Bei gutgenährten jüngeren Individuen ist sie hellbraun, bei weniger gut genährten und auch bei älteren Tieren jedoch von braunroter Farbe. Bei *Milchkälbern* kann sie eine leicht gelbliche Farbe haben.

Ihr G e w i c h t schwankt nach dem Alter, der Rasse, dem Ernährungszustand, ja sogar nach dem Geschlecht des Tieres. Bei Ochsen wiegt sie zwischen 4,5–10 kg, bei Bullen zwischen 4,2–8,5 kg, bei Kühen zwischen 3,4–9,2 kg. Auf das Schlachtgewicht bezogen, beträgt das relative Gewicht der Leber bei Ochsen 1,76–2,34%, bei Bullen 1,58–1,92% und bei Kühen 2,26–2,53%. Für das ausgewachsene *Schf.* wird das Durchschnittsgewicht der Leber mit 775 g angegeben. Bei Kälbern und Lämmern ist das relative Lebergewicht stets größer als beim erwachsenen Tier.

Form: Die Leber der *Wdk.* (155,239–243) ist auffallend wenig gegliedert. Von den *Incisurae interlobares* der anderen *Hsgt.* findet sich nur ein beim *kl. Wdk.* deutlicher, beim *Rd.* weniger tiefer Einschnitt, *Incisura ligamenti teretis,* am *Margo ventralis,* der auch auf die Zwerchfellfläche der Leber übertritt. In seinem Bereich liegt an der Eingeweidefläche der Leber der bei jungen Tieren tiefe *Sulcus venae umbilicalis,* aus welchem das bei älteren Tieren oft schwindende *Ligamentum teres hepatis* (155/*5*;239,241,242/*7*;243/*h*) seinen Ursprung nimmt. Die Verbindungslinie zwischen der Incisura ligamenti teretis und der Impressio oesophagea (155/*6*;239/*11*) grenzt nach links den ungegliederten L o b u s   h e p a t i s   s i n i s t e r (155,239–243/*a*) ab. Ebenfalls auf der Viszeralfläche findet sich die *Fossa vesicae felleae* zur Aufnahme der *Gallenblase* (*e*) und ihres Ausführungsgangs. Diese grenzt nach rechts hin den ebenfalls nicht weiter unterteilten L o b u s   h e p a t i s   d e x t e r (*b*) ab.

Zwischen den Lobi hepatis sinister und dexter findet sich ventral der Porta hepatis der *Lobus quadratus* (155,239,241–243/*c*) und dorsal der Pforte der *Lobus caudatus* (*d,d'*) mit dem gegen die Leberpforte vorstoßenden *Processus papillaris* (*d'*) und dem *Processus caudatus* (*d*). Letzter ist beim *Rd.* auffallend groß und stumpfrandig und überragt den freien Rand des Lobus hepatis dexter. Processus caudatus und Lobus hepatis dexter zeigen gemeinsam die deutliche *Impressio renalis* (215/*13*;243/*l*; 244/*s*) zur Aufnahme des kranialen Poles der rechten Niere. Diese für die Gliederung der Leber gegebene Darstellung trifft sowohl für das *Rd.* als auch für *Schf.* und *Zg.* zu. Die Leber des *Schf.* (241) unterscheidet sich von jener der *Zg.* (242) lediglich durch ihre etwas schlankere Form und den deutlich ausgebildeten Processus papillaris (*d'*).

Die **Lage** der Leber wird beim *Wdk.* maßgeblich und auffallend durch die Vormägen beeinflußt. Sie kommt fast vollständig r e c h t s   v o n   d e r   M e d i a n e b e n e zu liegen. Der bei anderen Tieren nahezu horizontale bzw. schräg von rechts dorsal nach links ventral ziehende s t u m p f e   M a r g o   d o r s a l i s

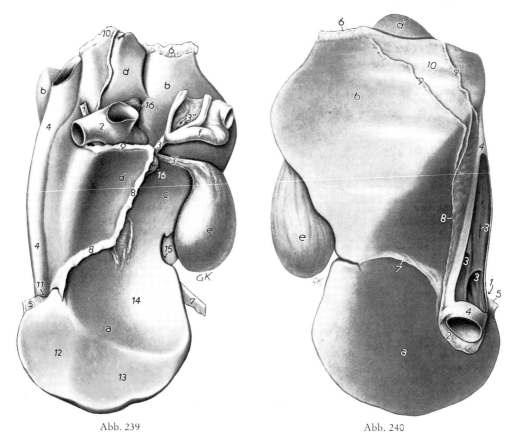

Abb. 239   Abb. 240

Abb. 239.   L e b e r   e i n e s   R i n d e s ,   i n   s i t u   f i x i e r t . Facies visceralis.

a Lobus hepatis sin.; *b* Lobus hepatis dext.; *c* Lobus quadratus; *d,d'* Lobus caudatus: *d* Proc. caudatus, *d'* Proc. papillaris; *e* Vesica fellea; *f* Ansa sigmoidea des Duodenums

1–3 Gallengänge und Blutgefäße im Bereich der Porta hepatis: *1* A. hepatica, *2* Eintritt der V. portae in die Leberpforte, *3* Ductus choledochus; *3'* Ductus cysticus; *3''* Papilla duodeni maj. mit Mündung des Ductus choledochus; *4* V. cava caud. im Sulcus venae cavae; *5–10* Bänder der Leber: *5* Lig. triangulare sin., *6* Lig. triangulare dext., *7* Lig. falciforme hepatis mit Lig. teres hepatis (obliterierte Nabelvene), *8,9* Ansatz des Omentum minus: *8* Lig. hepatogastricum, *9* Lig. hepatoduodenale; *10* Lig. hepatorenale; *11* Impressio oesophagea; *12* Impressio reticularis; *13* Impressio abomasica; *14* Impressio omasica; *15* Inc. ligamenti teretis hepatis; *16* Lnn. hepatici

Abb. 240.   L e b e r   e i n e s   R i n d e s ,   i n   s i t u   f i x i e r t . Facies diaphragmatica.

a Lobus hepatis sin.; *b* Lobus hepatis dext.; *d* Proc. caudatus; *e* Vesica fellea

1 Impressio oesophagea; *2* Teil vom Centrum tendineum des Zwerchfells; *3* Mündungen der Vv. hepaticae, in *4* die gefensterte V. cava caud.; *5* Lig. triangulare sin.; *6* Lig. triangulare dext.; *7* Lig. falciforme hepatis; *8* Lig. coronarium hepatis, bei *9* Serosalamellen des linken Schenkels des Lig. coronarium hepatis getrennt, dazwischen *10* serosafreies Verklebungsfeld, Area nuda

verläuft beim *Wdk.* f a s t m e d i a n; nur ein schmaler ventraler Randbezirk überschreitet die Medianebene nach links (243). An diesem Rand entlang zieht die von der dorsalen Bauchwand zum Hohlvenenloch hinstrebende Hohlvene (239–242/*4*;215/*b*;243/*10*), die auf diesem Weg zum Teil in das Lebergewebe eingebettet ist und vor dem Durchtritt durch das Zwerchfell die Lebervenen (240/*3*) aufnimmt. Mit ihrer konvexen *Zwerchfellfläche* fügt sich die Leber in die rechte Hälfte der Zwerchfellkuppel ein und reicht mit ihrer Längsachse, von dem am weitesten vorgeschobenen Teil der Zwerchfellkuppel in Höhe des 6. Interkostalraums aufsteigend, bis zum 12. Interkostalraum bzw. zum Proximalende der 13. Rippe (234,236,238,244). Gelegentlich können der rechte Lappen der Leber und der Processus caudatus unter der rechten Niere die 13. Rippe im Bereich ihres proximalen Drittels nach kaudal überragen. Der *stumpfe Rand* der Leber, dem auch die Speiseröhre anliegt, ist nach links und brustwärts, ihr freier *scharfer Rand* ventral sowie nach rechts und beckenwärts gerichtet (243). Letzterer folgt beim *Rd.* einer Verbindungslinie, die in kaudal leicht konvexem Bogen vom 6.Rippenknor-

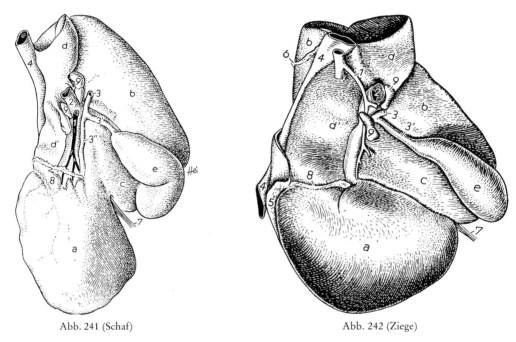

Abb. 241 (Schaf)	Abb. 242 (Ziege)

Abb. 241 und 242.   L e b e r e i n e s S c h a f e s u n d e i n e r Z i e g e, in situ fixiert. Facies visceralis.

a Lobus hepatis sin.; *b* Lobus hepatis dext.; *c* Lobus quadratus; *d,d'* Lobus caudatus: *d* Proc. caudatus, *d'* Proc. papillaris; *e* Vesica fellea

1–3'' Gallengänge und Blutgefäße im Bereich der Porta hepatis: *1* A. hepatica, *2* Eintritt der V. portae in die Leberpforte, *3* Ductus choledochus, *3'* Ductus cysticus, *3''* Ductus hepaticus com. (nur beim *Schf.* dargestellt); *4* V. cava caud. im Sulcus venae cavae; *5* Lig. triangulare sin., *6* Lig. triangulare dext. (nur in Abb. 242 dargestellt); *7* Lig. falciforme hepatis; *8* Ansatz des Omentum minus; *9* Lnn. hepatici

pel zur Grenze zwischen proximalem und mittlerem Drittel der 13. Rippe verläuft (234,244). Beim *kl. Wdk.* folgt der Kaudalrand der etwas steiler gestellten Leber zunächst in mäßigem Abstand der Kontur des Rippenbogens, kann diesen jedoch in Höhe des 9.–10. Interkostalraums ventral überschreiten. In solchem Fall liegt dieser Teil der Leber der rechten Bauchwand unmittelbar an (236,238). An die Viszeralfläche der Leber grenzen von links das Atrium ruminis sowie die Haube (208,212,214), die sich in die *Impressio reticularis* einfügt (239/*12*). Weiterhin nimmt von kaudal auch der Blättermagen mit seiner Kranialwölbung Kontakt mit der Leber auf (209,210,215,234) und verursacht so deren ausgeprägte *Impressio omasica* (239/*14*). Kaudodorsal davon liegen der Viszeralfläche der Leber die Pars cranialis des Duodenums, die Bauchspeicheldrüse und Leerdarmschlingen an (209–211). Schließlich bettet sich in die *Impressio renalis* der kraniale Pol der rechten Niere (209,210,234,236,238,243,244).

Die **Befestigung** der Leber an das Zwerchfell erfolgt in der Hauptsache durch Vermittlung der kaudalen Hohlvene, die sowohl mit dem Margo dorsalis der Leber als auch mit dem Zwerchfell bis zum

Hohlvenenloch hin straffbindegewebig verbunden ist und die Leber in diesem Bereich eng an das Zwerchfell bindet (243/*10*). Zudem findet sich zwischen Margo dorsalis der Leber und Zwerchfell dorsomedial ein V e r k l e b u n g s f e l d , *Area nuda* (240/*10*). Das *Ligamentum triangulare dextrum* (209,210/*10*;239,240,242/*6*;243/*g*) entspringt am Lobus hepatis dexter und heftet diesen Teil der Leber an die dorsale Bauchwand. Medial davon verbindet das *Ligamentum hepatorenale* den Processus caudatus mit der rechten Niere. Das *Ligamentum triangulare sinistrum* (239,240,242/*5*;243/*f*) heftet die Leber im Bereich des Hiatus oesophageus an das Zwerchfell. Eine dem *Ligamentum coronarium hepatis* entsprechende Serosalamelle (240/*8,9*) zieht in flachem Bogen an der Zwerchfellfläche der Leber in der Nähe ihres Margo dorsalis entlang, reicht von einem Ligamentum triangulare zum anderen und trägt auch zur Befestigung der Leber am Zwerchfell bei. Während das *Ligamentum teres hepatis* (155,159/*5*) bei älteren Tieren fehlen kann, ist doch das *Ligamentum falciforme hepatis* als eine auffallend dünne, segelartige Serosalamelle regelmäßig vorhanden (211/*5,6,6'*;234/*3,4*;236/*3*;238/*5*;239–242/ *7*;243/*h,h'*;244/*3*). Diese entspringt in der Incisura ligamenti teretis, legt sich schleierartig der Zwerchfellfläche der Leber an (234/*4'*) und befestigt sich brustbeinwärts am Centrum tendineum des Zwerchfells. Außerdem entläßt die Leber von der Porta hepatis aus das k l e i n e N e t z , das als *Ligamentum hepatogastricum* zum Blättermagen und zur kleinen Krümmung des Labmagens sowie als *Ligamentum hepatoduodenale* zum Zwölffingerdarm hinzieht (209/*g*;210/*r*;234/*m*;239,241,242/*8*;243/*i*).

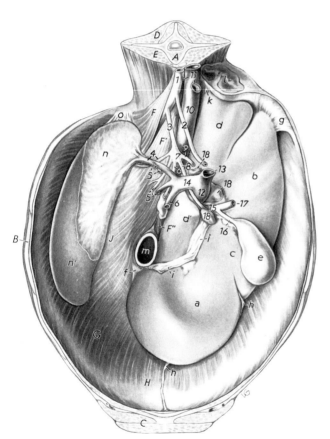

Abb. 243. L e b e r   e i n e s   R i n d e s   i n   s i t u . Kaudalansicht.

A 3. Lendenwirbel; *B* seitliche Bauchwand mit Arcus costarum; *C* M. rectus abdominis und Pektoralismuskulatur; *D* Rückenmuskulatur; *E* Lendenmuskulatur; *F–J* Diaphragma: *F* Pars lumbalis, Crus sinistrum, *F',F''* medialer Abschnitt des Crus dextrum, *G* Pars costalis, *H* Pars sternalis, *J* Centrum tendineum

a–d' an der Leber: *a* Lobus hepatis sin., *b* Lobus hepatis dext., *c* Lobus quadratus, *d* Proc. caudatus, *d'* Proc. papillaris; *e* Vesica fellea; *f–k* Bänder der Leber: *f* Lig. triangulare sin., *g* Lig. triangulare dext., *h* Lig. falciforme hepatis mit Lig. teres hepatis (obliterierte Nabelvene), *i* Ansatz des Omentum minus, Ligg. hepatogastricum und hepatoduodenale, *k* Lig. hepatorenale; *l* Ren dexter, im Schnitt; *m* Oesophagus, durch den Hiatus oesophageus tretend; *n,n'* Milz: *n* Verklebungsfeld mit dem dorsalen Pansensack, *n'* freier Teil; *o* Lig. phrenicolienale

1 Aorta abdominalis, aus dem Hiatus aorticus tretend; *2* A. mesenterica cran.; *3* A. coeliaca; *4* A. und V. lienalis; *5* A. und V. ruminalis dext.; *5'* A. und V. ruminalis sin.; *6* A. und V. gastrica sin.; *7,8* A. hepatica, in die Porta hepatis ziehend; *9* A. gastroduodenalis; *10* V. cava caud.; *11* A. und V. renalis sin.; *12* V. portae, in die Porta hepatis eintretend; *13* V. mesenterica; *14* V. lienalis; *15* Ductus hepaticus com., aus der Porta hepatis tretend; *16* Ductus cysticus; *17* Ductus choledochus; *18* Lnn. hepatici

Die **Gallenblase** (155,162,239,240,243/*e*;210/*9'*;234/*5*) hat beim *Rd.* eine gedrungen-birnenförmige Gestalt und kann Faustgröße erreichen, beim *kl. Wdk.* ist sie mehr schlank-birnenförmig (215/ *15*;241,242/*e*). Sie ist in die *Fossa vesicae felleae* an der Viszeralfläche der Leber eingebettet und hier bindegewebig mit der Leber verwachsen, im übrigen von Bauchfell überzogen und überragt ventral mit ihrem Scheitel den Margo ventralis der Leber. Im Bereich der Leberpforte vereinigen sich der

Ductus hepaticus sinister (162/4), der die *Ductuli biliferi* des Lobus hepatis sinister und des Lobus quadratus sowie des Processus papillaris aufnimmt, und der *Ductus hepaticus dexter* (162/5), der die Gänge aus dem Lobus hepatis dexter und dem Processus caudatus erhalten hat, zum *Ductus hepaticus communis* (159/3″;162/2;241/3″). Dieser nimmt den *Ductus cysticus* (159/3′;162/3;215/16;239–242/ 3′;243/16) der Gallenblase auf und wird damit zum kurzen, aber weiten *Ductus choledochus* (159/ 3;162/1;215/17;239–242/3;243/17). Kleinere Ausführungsgänge können im Verwachsungsbereich der Gallenblase auch direkt in ihren Hals als *Ductus hepatocystici* (162/3′) einmünden. Der *Ductus choledochus* erreicht beim *Rd.* die Pars cranialis des Duodenums an der Ansa sigmoidea, die, 500 bis 700 mm vom Pylorus entfernt, an der Porta hepatis liegt. Die Einmündung des Ductus choledochus in diesen Darmabschnitt ist durch eine nur undeutliche *Papilla duodeni major* markiert (239/3″). Beim *kl. Wdk.* nimmt der Ductus choledochus den Ductus pancreaticus auf und mündet ventral vom Lobus pancreatis dexter auf der Papilla duodeni major in den Anfangsabschnitt der Pars descendens des Duodenums.

Das **Pankreas** der *Wdk.* (165,167) hat eine bald heller, bald dunkler gelbbraune Farbe und wiegt beim erwachsenen *Rd.* durchschnittlich 550 g, beim erwachsenen *Schf.* 50–70 g. Es besitzt einen klei-

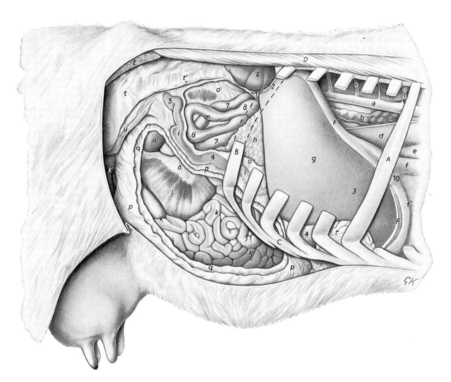

Abb. 244. Lage von Brust- und Bauchorganen eines Rindes nach Entfernung der rechten Lunge und eines Teiles des Zwerchfells sowie nach Fensterung des Außenblatts vom Mesenterium und des großen Netzes. Rechte Ansicht.

A 8. Rippe; *B* 13. Rippe, im mittleren Drittel des knöchernen Teiles gestrichelt; *C* Rippenbogen; *D* M. longissimus; *E* M. obliquus int. abdominis; *F* Zwerchfell, Pars sternalis, *F′* Centrum tendineum

a Aorta thoracica; *b* Ln. mediastinalis caud.; *c* Truncus vagalis dors.; *d* Oesophagus; *e* kaudales Mediastinum; *f* V. cava caud., *f′* Gekröse; *g* Leber; *h* Pankreas; *i* Duodenum, Pars descendens; *k* Jejunum, *k′* aus dem Rec. supraomentalis hervorragende Schlingen des Jejunums; *l* Caecum; *m* Colon ascendens; *n* Colon descendens; *o* Mesenterium, Außenblatt, *o′* Innenblatt; *p* Paries superficialis, *q* Paries profundus des großen Netzes, infolge Fensterung Eröffnung der Netzbeutelhöhle, Rec. caudalis omentalis (zwischen *p* und *q*), sowie seitliche Eröffnung des Rec. supraomentalis zur Darstellung der darin liegenden Darmteile; *r* kleines Netz; *s* rechte Niere; *t* retroperitonäales Fettgewebe, *t′* Schnittkante des Peritonäums an seinem Umschlag auf die seitliche Bauchwand; *u* Lig. latum uteri, kranialer Abschnitt

1–4 an der Leber: *1* Proc. caudatus, *2* Lig. triangulare dext., *3* Lig. falciforme hepatis, *4* Gallenblase; *5* Flexura duodeni caud.; *6* Plica ileocaecalis; *7–8* am Colon ascendens:· *7* Ansa proximalis coli, *8* Ansa distalis coli; *9* Aa. und Vv. intercostales dorss.; *10* V. phrenica sin.

neren *Lobus pancreatis sinister* (165/*b*) und einen größeren *Lobus pancreatis dexter* (*c*), die durch das nur schmale *Corpus pancreatis* (*a*) miteinander verbunden sind. Durch den Spalt, *Incisura pancreatis* (*3*), zwischen rechtem und linkem Lappen, dorsal vom Körper, zieht die Pfortader zur Leberpforte. Der Lobus pancreatis sinister schiebt sich zwischen den dorsalen Pansensack und linken Zwerchfellpfeiler ein (210/*k''*;211/*r*;235/*q*;237/*v*), erreicht so auch den Rand der Milz und ist mit Pansen und dem Crus sinistrum des Zwerchfells bindegewebig verbunden. Corpus pancreatis und Lobus pancreatis dexter legen sich der Viszeralfläche der Leber und dem Dorsalrand des Blättermagens an (209/*k*;210/*k,k'*). Kaudodorsal grenzt die Drüse an die rechte Niere und legt sich mit ihrer kaudoventralen Fläche den hierher vorstoßenden Leerdarmschlingen sowie dem Colon transversum auf. Der rechte Lappen entsendet nach rechts und kaudal einen schmaler werdenden Fortsatz, der im Gekröse dorsal der Pars descendens des Duodenums diesen Darmabschnitt bis zur Höhe des 2.–4. Lendenwirbels begleitet (210/*k'*;238,244/*h*).

Die Bauchspeicheldrüse des *Rd.* besitzt nur einen Ausführungsgang, und zwar den *Ductus pancreaticus accessorius*, der, aus dem Lobus pancreatis dexter hervortretend, etwa 300–400 mm von der *Papilla duodeni major* entfernt in die Pars descendens des Duodenums einmündet (165/*2,2'*). Häufig ist auch der *Ductus pancreaticus* als kleiner, schwer auffindbarer Gang vorhanden, der mit dem Gallengang gemeinsam das Duodenum erreicht. Beim *kl. Wdk.* ist meistens nur der *Ductus pancreaticus* ausgebildet. Er mündet in den Endabschnitt des Ductus choledochus etwa 30 mm vor der Papilla duodeni major. Während die *Zg.* (167) keinen weiteren Ausführungsgang besitzt, hat das *Schf.* einen nur histologisch nachweisbaren *Ductus pancreaticus accessorius*.

Rumpfdarm des Pferdes

Vorderdarm

(13, 46, 62, 66, 86–88, 136, 143, 245–248, 257)

Die **Speiseröhre** geht aus dem beim *Pfd.* nur sehr kurzen Vestibulum oesophagi des Pharynx dorsal vom Ringknorpel des Kehlkopfs hervor (62/*41*;86/*22*;87/*16*;88/*12,13*), liegt zunächst der Luftröhre dorsal auf, steigt im unteren Drittel des Halses nach links herab, so daß sie vom 5. Halswirbel ab der Seitenfläche der Trachea anliegt (131/*a,b*) (Operationsstelle für Oesophagotomie). Im Brusteingang tritt sie wieder auf die Dorsalfläche der Luftröhre, zieht mit dieser in das Mittelfell, begibt sich über die Lungenwurzel sowie die Herzbasis hinweg und erreicht in Höhe des 14. Brustwirbels, etwa 120 mm unter der Wirbelsäule etwas links von der Medianebene, den Hiatus oesophageus im Zwerchfell (257,258/*o*). Unmittelbar nach ihrem Eintritt in die Bauchhöhle mündet sie unter spitzem Winkel in den Magen (245/*g*). An ihrem Ursprung nimmt sie den von der Rhaphe pharyngis herkommenden paarigen *M. oesophageus longitudinalis lateralis* (87/*15*) auf und erhält zudem von Ring- und Gießkannenknorpel entspringende Muskelbündel. Bis zur Lungenwurzel hin besteht die Tunica muscularis der Speiseröhre aus roter, quergestreifter Muskulatur, von da ab bis zur Kardia aus blasser, glatter Muskulatur. Die Stärke der Muskelwand beträgt zunächst ca. 4–5 mm, magenwärts wird sie immer kräftiger und erreicht schließlich an der Kardia eine Mächtigkeit bis zu 12–15 mm. Weitere Einzelheiten über den Bau der Speiseröhre sind im allgemeinen Teil (S. 101) vermerkt.

Der **Magen** (136,143,245–248,257) ist auffallend klein und besitzt unter physiologischen Bedingungen ein Fassungsvermögen von nur 8–15 l. Eigentümlich an ihm ist weiterhin seine stark gekrümmte Form, wodurch die Kardia und der Pylorus an der kleinen Krümmung nahe beieinander liegen (245,246/*a,f,k*). Auch sein umfangreicher, die Kardia nach links weit überragender *Saccus caecus ventriculi* (*b*) ist ein Charakteristikum des Pferdemagens. Selbst in stärker gefülltem Zustand liegt der Magen zum weitaus größten Teil im linksseitigen intrathorakalen Teil der Regio abdominis cranialis. Er geht nur mit seinem Pylorusteil über die Medianebene nach rechts hinüber und erreicht die ventrale Bauchwand auch in stark gefülltem Zustand nicht (248/*d*;257/*r*). Seine *große Krümmung* ist, an der Kardia beginnend, zunächst nach rechts, dann dorsal, anschließend nach links und ventral und schließlich, den Pylorus erreichend, wieder nach rechts gerichtet (248/*bei p*). Die *kleine Krümmung* des Magens schaut nach rechts und dorsal (*bei e*). Mit seiner von kaudodorsal nach kranioventral geneigten *Facies parietalis* fügt er sich dorsal und links dem Zwerchfell, ventral dem Lobus hepatis sinister an und verursacht so an diesem die deutliche Impressio gastrica. Von links her grenzt an die große Krümmung des Magens die Milz mit ihrer Facies gastrica (248/*o* ;257/*s*). Seine *Facies visceralis* wendet er Schlingen des Leerdarms und des Colon descendens, der dorsalen Zwerchfellkrümmung (257/*t,x,w'*) und der rechten dorsalen Längslage des Colon ascendens (248/*h* ;258/*v'*) sowie dem linken Lappen des Pankreas (248/*k'*) zu. Der am weitesten dorsal und zugleich kaudal gelegene Teil des Magens ist der *Saccus caecus ventriculi*. Dieser findet sich im Gebiet des 14.–15. Interkostalraums, während das *Corpus ventriculi* nach kranioventral in den Bereich des 9.–12. Zwischenrippenraums vorstößt (257/*r*). Der s t ä r k e r g e f ü l l t e Magen entfaltet sich nach links und kaudal, kann zugleich aber auch bis in den 8. bzw. 7. Interkostalraum zwerchfellwärts vorrücken. Aus der geschilderten topographischen Situation des Magens ergibt sich, daß dieses Organ beim *Pfd.*, wenn man von der Möglichkeit, ihn mittels der Nasenschlundsonde bzw. der Magensonde von der Speiseröhre aus zu erreichen, absieht, sich klinischen Untersuchungen nahezu vollständig entzieht. Das Anstechen (Trokarieren) des Magens aus dem linken 14.–15. Interkostalraum, am Rande des M. iliocostalis thoracis, bei tiefer Exspiration durch die Pleurahöhle hindurch mit Perforation des Zwerchfells, ist ein gefährlicher Eingriff.

In **Form** und **Bau** entspricht der Magen des *Pfd.* der im allgemeinen Teil gegebenen Darstellung des e i n h ö h l i g - z u s a m m e n g e s e t z t e n M a g e n s. Seine unter dem Bauchfellüberzug folgende M u s k u l a t u r wurde in ihrer Schichtung und Anordnung im Text bereits auf Seite 107 erläutert. Besonderer Erwähnung bedarf jedoch die sehr starke *Kardiamuskelschleife*, die das *Ostium cardiacum* von dorsal her umfaßt und mit ihren Schenkeln die *Magenrinne* an der kleinen Krümmung flankiert (247/*f,f'*). Kräftige Bündel der Ringmuskulatur überqueren den Boden der Magenrinne und bilden mit ihren kardianahen Teilen (*g*) mit der Kardiamuskelschleife gemeinsam den sehr kräftigen, selbst postmortal den Magen verschließenden *M. sphincter cardiae*. Dieser sehr kräftige Verschluß der Kardia sowie die spitzwinkelige Einmündung der Speiseröhre in den Magen machen beim *Pfd.*, von ganz seltenen Ausnahmefällen abgesehen, den Rücktritt von Mageninhalt sowie von Gasen unmöglich. Das *Pfd.* ist somit auch bei extremer Füllung seines Magens nicht in der Lage, diesen durch Erbrechen zu entleeren, zumal sich das Organ der direkten Einwirkung der Bauchpresse entzieht. Magenrupturen sind daher beim *Pfd.* kein allzu seltenes Vorkommnis. Auffallend am Magen des *Pfd.* ist ferner, daß die Ringmuskulatur nicht nur den *M. sphincter pylori* (245,246/8) am Pförtner bildet, sondern zusätzlich am Übergang vom Antrum pyloricum zum Canalis pyloricus den *M. sphincter antri pylori* als zweiten Schließmuskel formt. Zwischen diesem und dem M. sphincter pylori befindet sich, durch zwei deutliche Ringwülste abgegrenzt, der als *Canalis pyloricus* (*e*) bezeichnete Abschnitt des Magens, der zugleich mit einer auffallend starken Längsmuskulatur ausgestattet ist.

Die den zusammengesetzten Magen des *Pfd.* charakterisierende kutane, drüsenlose S c h l e i m h a u t der umfangreichen *Pars nonglandularis* (136/1 ;245,246/2) ist von weißlicher Farbe. Sie kleidet nicht nur den großen Saccus caecus ventriculi vollständig aus, sondern greift auch auf das Korpus des Magens über. Eine wulstige, gezackte Linie, der *Margo plicatus* (245,246/3), bildet die deutliche Grenze der *Pars nonglandularis* zur *Pars glandularis*. Am nicht stark gefüllten Magen erkennt man den Verlauf des Margo plicatus auch äußerlich an einer seichten Ringfurche. Die mit deutlichen *Foveolae* und *Areae gastricae* ausgestattete, braunrote *Region der Glandulae gastricae propriae* (136/3 ;245,246/5) der Magenschleimhaut sowie ihre gelblich-blaßrote *Region der Pylorusdrüsen* (136/4 ;245,246/6) sind von typischer Beschaffenheit. Eine *Kardiadrüsenzone* (136/4' ;245,246/4) wird durch wenige, dem Margo plicatus entlang eingestreute Kardiadrüsen angedeutet.

Die **Befestigung des Magens** am Zwerchfell erfolgt zunächst durch die Speiseröhre sowie durch das dorsale und ventrale Magengekröse mit der Körperwand und den benachbarten Organen.

Das D o r s a l g e k r ö s e des Magens wird auch beim *Pfd.* durch das **große Netz** (13 ;248/*p*) dargestellt, dessen dünne, nur spärlich mit Fettgewebe ausgestattete Serosalamellen sich in Form des mitunter recht umfangreichen *Netzbeutels* unregelmäßig kaudoventral zwischen die verschiedenen Darmteile einschieben und so auch die Gegend des inneren Leistenrings erreichen. Teile des großen Netzes können in Ausnahmefällen bei männlichen Tieren sogar in den Scheidenhautfortsatz eintreten (Netzvorfall nach offener Kastration). Auch beim *Pfd.* entspringt das dorsale Magengekröse ventral an den Zwerchfellpfeilern vom Hiatus oesophageus bis über den Abgang der A. coeliaca aus der Aorta abdominalis im Bereich des Hiatus aorticus. Durch die Verwachsung des Colon transversum mit der dorsalen Bauchwand zwischen A. coeliaca und A. mesenterica cranialis wird der Ursprung des kaudalen Abschnitts vom Mesogastrium dorsale an die Ventralfläche des Colon transversum verlagert. Dabei kann sich der Ursprungsbereich des Netzes an dieser Stelle von der rechten dorsalen Längslage des Colon ascendens über das Colon transversum bis zum Anfangsabschnitt des Colon descendens erstrecken. Von der linken Seite her bildet der Ursprung des Mesogastrium dorsale folgende Bänder: das *Ligamentum gastrophrenicum* – vom linken Zwerchfellpfeiler zum Saccus caecus ventriculi – und

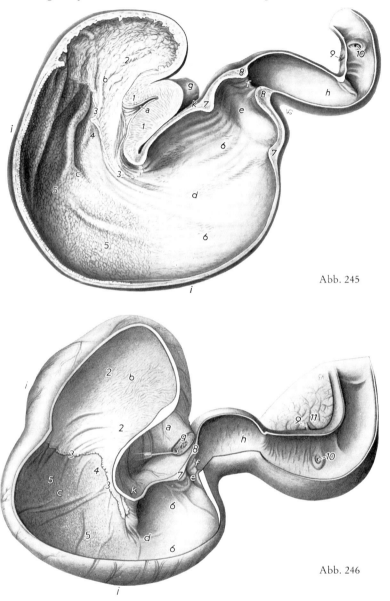

Abb. 245

Abb. 246

Abb. 245 und 246.   Magen eines Pferdes. Facies intestinalis gefenstert.
(Beachte den unterschiedlichen Kontraktionszustand des Saccus caecus ventriculi.)

a Cardia, bei Abb. 245 im Schrägschnitt; *b* Saccus caecus ventriculi; *c* Corpus ventriculi; *d* Antrum pyloricum; *e* Can. pyloricus; *f* Pylorus; *g* Oesophagus, in Abb. 246 kaudal hinter den Pylorus gelegt; *h* Pars cranialis des Duodenums, Ampulla duodeni; *i* Curvatura major; *k* Curvatura minor

1 M. sphincter cardiae (Abb. 245); *2* Pars nonglandularis; *3* Margo plicatus; *4* gemischte Drüsenzone mit Kardia- und Pylorusdrüsen; *5* Region der Fundus- oder Eigendrüsen; *6* Region der Gll. pyloricae; *7* M. sphincter antri pylori; *8* M. sphincter pylori; *9* Ductus pancreaticus acc.; *10* Papilla duodeni maj. mit Mündungen der Ductus choledochus und pancreaticus; *11* Corpus pancreatis (Abb. 246)

das *Ligamentum phrenicolienale* – vom linken Zwerchfellpfeiler zur Extremitas dorsalis der Milz –, das in das *Ligamentum lienorenale* übergeht, das wiederum die Extremitas dorsalis der Milz mit dem kranialen Pol der linken Niere verbindet. Somit ist beim *Pfd.* die Milz ebenfalls in das Mesogastrium dorsale eingelagert. Das große Netz inseriert von der Kardia über den Saccus caecus ventriculi entlang der Curvatura major bis zur Pars cranialis des Duodenums. Es begrenzt mit seinen Parietes profundus und superficialis den *Recessus caudalis omentalis,* dem auch beim *Pfd.* das Vestibulum bursae omentalis vorgeschaltet ist. Der natürliche Zugang von der Peritonäalhöhle erfolgt wie bei den anderen *Hsgt.* durch das *Foramen epiploicum.* Dieser 40–60 mm lange Spalt liegt zwischen der Basis des Processus caudatus der Leber (*d'*) und dem Lobus pancreatis dexter (*g*) und wird dorsal von der V. cava caudalis (*e*), ventral von der V. portae (*f*) flankiert. Von hier aus gelangt man zunächst in das *Vestibulum bursae omentalis* und über die kleine Krümmung des Magens hinweg durch den *Aditus ad recessum caudalem* (13/12;248/e) in den *Recessus caudalis omentalis* (248/p).

Das **kleine Netz,** das aus dem *Ligamentum hepatogastricum* (13/8;262/i) und dem *Ligamentum hepatoduodenale* (13/9;262/i') besteht, stellt die Verbindung zwischen Leber und Magen sowie Duodenum her und begrenzt den *Netzbeutelvorhof.* Dieser stellt einen zwischen dem mittleren Abschnitt der Leber und dem Magen gelegenen Raum dar, der kaudal über die kleine Kurvatur des Magens hinweg in die Netzbeutelhöhle übergeht.

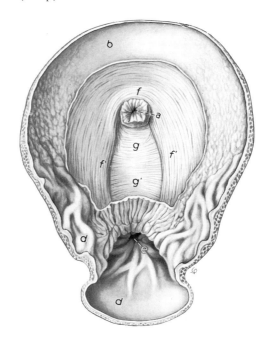

Abb. 247. Magenrinne eines Pferdes. Schleimhaut im Bereich der Kardia abgetragen.

a Cardia; *b* Saccus caecus ventriculi mit Pars nonglandularis der Magenschleimhaut; zwischen *b* und *d* Region der Fundus- oder Eigendrüsen, *d* Region der Gll. pyloricae der Magenschleimhaut; *e* Pylorus; *f* Kardiamuskelschleife, Ostium cardiacum umfassend und mit den Schenkeln (*f'*) das Magenrinnengebiet an der kleinen Krümmung des Magens flankierend; *g,g'* Bündel der Ringmuskulatur am Boden der Magenrinne: *g* kardianaher Teil, zusammen mit *f* den M. sphincter cardiae bildend

Mittel- und Enddarm
(15, 16, 147, 245, 246, 248–259, 494, 525, 529, 559)

Im Gegensatz zu seinem auffallend kleinen Magen besitzt das *Pfd.* einen sehr umfangreichen Darmkanal, der den weitaus größten Anteil des Bauchraums für sich beansprucht. In bezug auf Umfang und Fassungsvermögen nehmen der Blinddarm und das mächtige Colon ascendens eine beherrschende Stellung ein. Wie die Vormägen der *Wdk.* stellen beim *Pfd.* diese Darmabschnitte umfangreiche „Gärkammern" dar und bieten damit die für die Zelluloseverdauung notwendigen Voraussetzungen.

Dünn- und Dickdarm unterscheiden sich, abgesehen von ihrer sehr unterschiedlichen Weite, durch eine Reihe eigentümlicher Baumerkmale, die besonders am Dickdarm augenfällig sind und an gegebener Stelle ausführlich besprochen werden.

Von den drei Abschnitten des **Dünndarms** hat das *Duodenum* eine durchschnittliche Länge von 1 m, das *Jejunum* eine solche von etwa 25 m, während das *Ileum* ca. 0,7 m lang ist. Ebenso wie die Länge des Dünndarms individuellen sowie funktionellen Schwankungen unterworfen ist, trifft dies in auffallender Weise für seine Weite zu. Sein Lumen kann unter physiologischen Bedingungen einen Durchmesser von 50–70 mm haben, andererseits jedoch bis zum völligen Verschwinden eingeengt sein. Kontraktionswellen treten oft am noch überlebenden Leerdarm auf und verleihen ihm rosenkranzähnliches Aussehen.

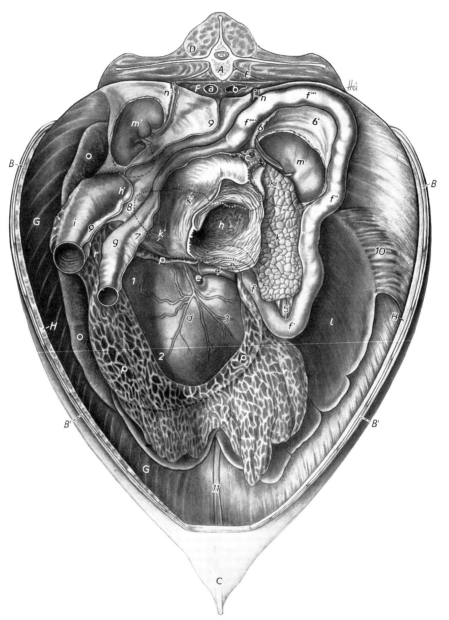

Abb. 248. Intrathorakal gelegene Bauchorgane eines Pferdes. Kaudoventrale Ansicht.

A 2. Lendenwirbel; *B* 18. rechte bzw. linke Rippe; *B'* Arcus costarum; *C* Sternum; *D* Rückenmuskulatur; *E* Lendenmuskulatur; *F,G* Diaphragma: *F* Pars lumbalis, *G* Pars costalis; *H* M. transversus abdominis im Schnitt

a Aorta abdominalis; *b* V. cava caud.; *c* Querschnitt der vorderen Gekrösewurzel; *d* Facies visceralis des Magens mit
Ramus visceralis der A. gastrica sin.; *e* Aditus ad recessum caudalem über der Curvatura minor des Magens; *f–f''''* am
Duodenum: *f* Pars cranialis, *f'* Flexura duodeni cran., *f''* Pars descendens, *f'''* Flexura duodeni caud., *f''''* Pars ascendens; *g* Jejunum; *h,h'* Colon transversum, bei *h* am Übergang aus der rechten dorsalen Längslage des Colon ascendens;
i Colon descendens; *k* Pankreas, Corpus pancreatis, *k'* Umrisse des Lobus pancreatis sin. punktiert, *k''* Lobus pancreatis dext.; *l* Lobus hepatis dext.; *m,m'* rechte bzw. linke Niere, Umrisse gestrichelt; *n,n'* rechter bzw. linker Ureter; *o*
Facies visceralis der Milz; *p* Omentum majus, Paries profundus gefenstert, mit Einblick in den Rec. caudalis omentalis;
r Ursprung des großen Netzes am Colon transversum

1–4 am Magen: *1* Saccus caecus ventriculi, *2* Corpus ventriculi, *3* Pars pylorica, *4* Pylorus; *5* Ductus choledochus und
pancreaticus; *6,6'* Mesoduodenum: *6* Ansatz am Caecum, *6'* an der rechten Niere; *7* Mesojejunum; *8* Plica duodenocolica; *9* Mesocolon descendens; *10* Lig. triangulare dext.; *11* Lig. falciforme hepatis mit Lig. teres hepatis (obliterierte
Nabelvene)

Das **Duodenum** (147/B;248/f–f''') geht rechts von der Medianebene aus dem Pylorusteil des Magens hervor (245,246/h). Die P a r s c r a n i a l i s (147/i;248/f) legt sich mit der *Ansa sigmoidea* der Viszeralfläche der Leber an. Der mit seiner Konvexität dorsal gerichtete Anfangsteil ist zur *Ampulla duodeni* erweitert (245,246). Von dorsal fügt sich in die Konkavität des zweiten Bogens das Korpus des Pankreas ein (248/k). An dieser Stelle erfolgt auch die Einmündung des Ductus choledochus und des Ductus pancreaticus auf der *Papilla duodeni major* und dieser gegenüber auf der *Papilla duodeni minor* jene des Ductus pancreaticus accessorius (166/1,1',2,2',4;245,246/9,10;248/5). Aus der Pars cranialis geht mittels der *Flexura duodeni cranialis* (147/2;248/f') die P a r s d e s c e n d e n s (147/3;248/f'';249/a;258/s) hervor. Diese steigt zwischen der Viszeralfläche des rechten Leberlappens und der rechten dorsalen Längslage des Colon ascendens kaudodorsal auf (258/q,v') und zieht, dem Zwerch-

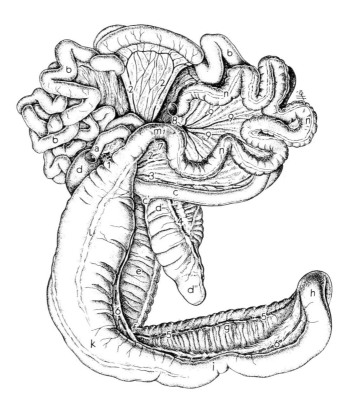

Abb. 249. D a r m k a n a l e i n e s P f e r d e s.

a Duodenum, Ende der Pars descendens und Flexura duodeni caud.; *b* Jejunum; *c* Ileum; *c'* Plica ileocaecalis; *d,d'd''* Caecum: *d* Basis caeci, *d'* Corpus caeci, *d''* Apex caeci; *e–l* Colon ascendens: *e* rechte ventrale Längslage, *f* ventrale Zwerchfellkrümmung, *g* linke ventrale Längslage, *h* Beckenflexur, *i* linke dorsale Längslage, *k* dorsale Zwerchfellkrümmung, *l* rechte dorsale Längslage; *m* Colon transversum; *n* Colon descendens

1 A. mesenterica cran.; *2* Aa. jejunales im Mesojejunum; *3* Aa. ilei; *4* A. caecalis med. an der medialen Blinddarmtänie; *5* Ramus colicus, *6* A. colica dext. im Mesocolon ascendens; *7* A. colica media; *8* A. mesenterica caud., *9* Äste zum Colon descendens (A. colica sin. und A. rectalis cran.) im Mesocolon descendens

fell anliegend, am lateralen Rand der rechten Niere und am Blinddarmkopf vorbei (r,t). Das Duodenum begibt sich anschließend mit der *Flexura duodeni caudalis* (147/4;248/f'''), den Blinddarmkopf von kaudal umfassend, beckenwärts von der Gekrösewurzel (147/a;248/c) in Höhe des 3. bis 4. Lendenwirbels über die Medianebene nach links. Der nun folgende kurze Endabschnitt, P a r s a s c e n d e n s (147/5;248/f''''), schiebt sich links zwischen die Gekrösewurzel und die Platte des hier beginnenden Mesocolon descendens (248/9) ein, verbindet sich auf diesem Weg durch die kurze *Plica duodenocolica* (147/21;248/8) mit dem Colon transversum und dem Anfangsteil des Colon descendens und geht mit dem Längerwerden des Gekröses in das Jejunum über. Somit zeigt das Duodenum auch beim *Pfd.* das für alle hier beschriebenen Tierarten typische Verhalten, indem es den bei der Darmdrehung entstandenen charakteristischen Bogen von rechts h i n t e r die vordere Gekrösewurzel bildet. Mit der Flexura duodenojejunalis geht das Duodenum in das Jejunum über.

Die Befestigungen des Zwölffingerdarms verleihen ihm unveränderliche Lage. Das G e k r ö s e besteht aus mehreren Abschnitten. Das bereits mehrfach erwähnte *Ligamentum hepatoduodenale* heftet die Pars cranialis an der Leberpforte fest und enthält den Ductus choledochus sowie den Ductus pancreaticus (248/5). Nach rechts folgt der Teil des Duodenalgekröses, der die Pars descendens an das Pankreas anheftet (zwischen *f'* und *f''*), die Verbindung zur rechten Niere (6') herstellt und den Zwölffingerdarm im Bereich der Flexura duodeni caudalis um den Blinddarmkopf ziehen läßt (6).

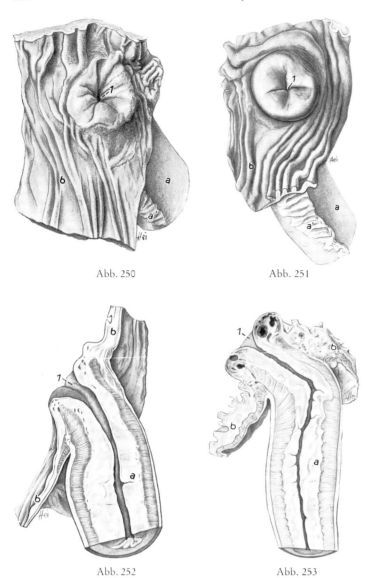

Abb. 250   Abb. 251

Abb. 252   Abb. 253

Abb. 250–253. Papilla ilealis mit Ostium ileale des Pferdes in der Aufsicht und im Schnitt. (Nach SCHUMMER, 1953.)

Abb. 250. Ostium ileale, von der nicht „erigierten" Papilla ilealis umschlossen

Abb. 251. Ostium ileale, von der „erigierten" Papilla ilealis umschlossen. Die Plica ileocaecalis (*a'*) ist an ihrem Ansatz am Ileum infolge starker Kontraktion der Muskulatur deutlich gefältelt

Abb. 252. Längsschnitt durch das Präparat der Abb. 250. Muskulatur des Ileums stark kontrahiert, hohe Schleimhautfalten, Darmlumen sehr eng. Venenplexus in der Papilla ilealis nicht gefüllt. Ringmuskulatur nimmt ostiumwärts an Stärke ab

Abb. 253. Längsschnitt durch das Präparat der Abb. 251. Ileummuskulatur, stark kontrahiert, hohe Schleimhautfalten, stark eingeengtes Darmlumen. Venenplexus der Papilla ilealis gefüllt. Ringmuskulatur nimmt ostiumwärts an Stärke ab.

a Ileum mit *a'* Plica ileocaecalis; *b* Schleimhaut vom Caecum

1 Ostium ileale der Papilla ilealis mit Venenplexus

Von hier aus heftet sich das Duodenalgekröse von kaudal an der Gekrösewurzel (*c*) an und spaltet sich links von dieser in zwei Falten. Die eine von ihnen wird zur bereits erwähnten *Plica duodenocolica* (*8*) und geht an den Anfang des Colon descendens sowie an das Colon transversum, die zweite setzt sich in das Leerdarmgekröse fort (*7*).

Das sehr lange **Jejunum** (147/*C*;249/*b*;257/*t*) ist an dem *Mesojejunum*, jener umfangreichen Gekröseplatte befestigt, die, zum **Mesenterium dorsale** (147/*17*;249/2) gehörend, im Bereich des letzten Brustwirbels und der beiden ersten Lendenwirbel von der dorsalen Bauchwand entspringt und somit wesentlichen Anteil an der Bildung der *kranialen Gekrösewurzel* (147/*a*;248/*c*;249/*1*) hat. Die Breite der Gekröseplatte, gemessen vom Ursprung zum Ansatz am Darm, beträgt im Durchschnitt 0,4–0,6 m. Ihre Länge, gemessen entlang der Insertion am Leerdarm, entspricht dessen Länge von etwa 25 m. Die zahlreichen flachen, arkadenartigen Schlingen des Leerdarms können infolge ihres langen Gekröses erhebliche Verschiebungen durchführen. Sie konzentrieren sich jedoch vornehmlich im linken dorsalen Quadranten des Bauchraums und vermengen sich hier mit den ebenfalls großen Schlingen des Colon descendens (257/*t,x*). Intrathorakal stoßen die Schlingen des Jejunums an Milz, Magen, Leber, Pankreas sowie an die hier gelagerten Grimmdarmteile. Kaudal reichen sie linkerseits über den Rippenbogen hinaus bis gegen den Hüfthöcker hin (257). Auch zwischen rechte und linke Lagen des Colon ascendens können sich Leerdarmschlingen bis an das Zäkum und auf die ventrale Bauchwand einschieben und die Leistengegend erreichen (259/a).

Das lange G e k r ö s e ist zugleich dafür verantwortlich, daß krankhafte Zustände am Jejunum entstehen können, durch die Koliken ausgelöst werden. Als solche sind zu erwähnen u. a. der Eintritt von Darmschlingen durch das Foramen epiploicum in den Netzbeutelvorhof, die Darmverschlingung, Volvulus, oder die Einschiebung eines Darmstücks in den anschließenden Abschnitt, als Invagination bezeichnet. Ferner können nach der Kastration männlicher Tiere Leerdarmschlingen aus der Kastrationswunde durch den eröffneten Scheidenhautfortsatz vorfallen oder intra vitam in diesen eintreten (Leistenbruch, Hernia inguinalis).

Das **Ileum** (147/*D*;249/*c*;250–253) stellt den in schwach kontrahiertem Zustand etwa 0,7 m langen, bei stärkerer Kontraktion jedoch nur ca. 0,2 m messenden Endabschnitt des Dünndarms dar. Er ist durch seine schon in mäßig kontrahiertem Zustand kräftiger erscheinende Muskelwand und sein enges Lumen gegenüber dem Jejunum charakterisiert. In erschlafftem Zustand fehlen diese Merkmale. Dann unterscheidet sich auch sein Durchmesser kaum von jenem des Leerdarms. Herkömmlicherweise gilt als Grenze des Leerdarms gegenüber dem Hüftdarm das Ende des Gekrösestreifens, der sich als Fortsetzung der *Plica ileocaecalis* (147/*18*;249/*c'*;250,251/*a'*) auf dem Hüftdarm vorfindet.

Das Ileum geht in der linken Flankengegend aus dem Leerdarm hervor, wendet sich nach rechts, überschreitet die Medianebene, steigt in Höhe des 3.–4. Lendenwirbels fast senkrecht auf und mündet von medial an der ventral gelegenen kleinen Krümmung des Blinddarmkopfs, *Basis caeci,* mit dem *Ostium ileale* in den Blinddarm. Wie die Ontogenese des Dickdarms des *Pfd.* zeigt, ist der als *Basis caeci* bezeichnete Darmabschnitt ursprünglich kein Bestandteil des Blinddarms. Die Basis caeci stellt vielmehr den blasenförmig erweiterten Anfangsabschnitt des Colon ascendens dar. Demzufolge ist nur das Korpus mit seiner Apex als das Homologon des Zäkums der übrigen *Hsgt.* aufzufassen, und die Mündung des Hüftdarms bestimmt damit auch beim *Pfd.* die Grenze zwischen Caecum und Colon ascendens. Da nun aber die Basis caeci mit dem Corpus caeci eine sowohl morphologische als auch vor allem funktionelle Einheit bildet, werden die beiden heterogenen Darmabschnitte in der deskriptiven Anatomie als Caecum zusammengefaßt. Folgerichtig muß dann die Verbindung der Basis caeci zum anschließenden Colon ascendens als *Ostium caecocolium* bezeichnet werden. Das *Ostium ileale* (147/*7'*;250–253/*1*;255/*1*) ist durch einen je nach F u n k t i o n s z u s t a n d unterschiedlich starken, mehr oder weniger wulstigen *Schleimhautringwall* gekennzeichnet. Die Submukosa des Schleimhautringwalls enthält nämlich ein V e n e n g e f l e c h t , von dessen Füllungszustand es abhängt, ob sich der Ringwall, schlaff und wenig prägnant (250,252) oder aber straff gespannt, halbkugelig in den Blinddarm vorwölbt (251,253). Im letzteren Fall wird das Ostium ileale eingeengt und damit der Rücktritt von Zäkuminhalt in den Hüftdarm verhindert. Ein oft beschriebener M. sphincter ilei ist jedoch nicht vorhanden. Zur F u n k t i o n d e s I l e u m s ist zu sagen, daß ihm die Aufgabe zukommt, die Verbindung zwischen dem Leerdarm auf der einen und dem oft mit Gasen gefüllten, bei seiner Kontraktion unter erhöhtem Druck stehenden Blinddarmkopf auf der anderen Seite herzustellen, ohne daß ein Druckausgleich zwischen Leerdarm und Blinddarm zustande kommt. Sowohl für den Transport des Darminhalts als auch für den erforderlichen aktiven Verschluß zwischen Leerdarm und Blinddarm sorgt die zu kraftvoller Kontraktion befähigte Längs- und Ringmuskulatur des gesamten Hüftdarms, wobei es zu der oben bereits erwähnten, auffallenden Verkürzung dieses Darmabschnitts unter erheblicher Dickenzunahme seiner Tunica muscularis und der eigenartigen Ausgestaltung des Schleimhautreliefs kommt (252,253). Störungen dieses fein abgestimmten Mechanismus mit den oft schwerwiegenden Folgeerscheinungen (Hüftdarmverstopfung) sind nicht selten.

Die B e f e s t i g u n g des Hüftdarms erfolgt am äußersten Rand der langen Gekröseplatte des Dünndarms (147,249). Die bereits vorher erwähnte *Plica ileocaecalis* (147/*18*;249/*c'*;250,251/*a'*) verbindet ihn zusätzlich mit dem dorsalen Bandstreifen des Blinddarms.

Der **Dickdarm** (248,249,254–259) zeichnet sich, außer durch seine gewaltigen Ausmaße, durch die sehr charakteristische Ausgestaltung seiner verschiedenen Abschnitte und deren typische Lagerung in der Bauchhöhle aus. Ein weiteres charakteristisches Merkmal dieses Darmabschnitts ist das Vorhandensein der aus einer Zusammenraffung seiner Längsmuskulatur entstehenden *Bandstreifen, Taeniae,* und der dazwischen gelegenen *Poschen, Haustra.* Diese verhalten sich an den verschiedenen Dickdarmabschnitten unterschiedlich und werden dort von Fall zu Fall beschrieben.

Das **Zäkum** (147/*E*;249/*d,d',d''*;254;255;256/*a,a',a''*;258/*t,t',t''*;259/*b,b'*) nimmt sowohl nach Größe als auch nach Form und Funktion eine Sonderstellung ein. Seine Länge beträgt im Durchschnitt 1 m, sein Fassungsvermögen wird mit 16–68 l, im Mittel mit 33 l angegeben. Man unterscheidet an ihm den, wie bereits ausgeführt, genetisch dem Grimmdarm zuzurechnenden, sehr großen, blasenförmigen *Blinddarmkopf* oder die *Basis caeci* (147/*8*;254/*b*;256/*a'*;258/*t*) mit einer *großen Krümmung, Curvatura caeci major*, und einer *kleinen Krümmung, Curvatura caeci minor*. Der daran anschließende, sich allmählich verjüngende Teil wird als *Blinddarmkörper, Corpus caeci* (147/*9*; 254/*b'*;256/*a*;258/*t'*), und sein spitz auslaufendes Ende als *Blinddarmspitze, Apex caeci* (147/*10*; 254/*b''*;256/*a''*;258/*t''*), bezeichnet. Er ist mit vier B a n d s t r e i f e n, *Taeniae caeci*, ausgestattet, von denen je einer dorsal, *Taenia dorsalis*, ventral, *Taenia ventralis*, lateral, *Taenia lateralis*, und medial, *Taenia medialis*, gelegen ist. Der dorsale und mediale Bandstreifen laufen bis zur Spitze durch (259/*2,1'*). Am dorsalen Bandstreifen entspringt die bereits erwähnte *Plica ileocaecalis*, am lateralen Bandstreifen die *Plica caecocolica* (147/*19*;256/*1*;259/*4*), die am lateralen freien Bandstreifen der rechten ventralen Längslage des Colon ascendens inseriert. Den medialen und lateralen Bandstreifen begleiten die B l u t g e f ä ß e des Blinddarms, zugleich liegen hier seine in Reihen angeordneten L y m p h k n o - t e n (256/*1*;258/*8*). Die dorsale Tänie endet frei an der Blinddarmspitze (259/*2*), und man findet von ihr aus leicht die weiter proximal ansetzende *Plica ileocaecalis* und damit den Hüftdarm. Der Vierzahl der Tänien entspricht eine gleiche Anzahl von P o s c h e n r e i h e n (254,256). Die einzelnen *Poschen, Haustra*, setzen sich gegeneinander durch querverlaufende, tief in das Lumen vorspringende sichelförmige Schleimhautfalten, *Plicae semilunares* (255), ab.

Das medial an der kleinen Krümmung des Blinddarmkopfs gelegene *Ostium ileale* wurde bereits beschrieben (255/*1*). Eine zweite Öffnung, das *Ostium caecocolicum*, verbindet den Blinddarmkopf mit dem Grimmdarm (*2*). Sie liegt im Scheitelpunkt des zur kleinen Krümmung hin eingerollten kuppelförmigen Kranialteils des Blinddarmkopfs (*a'*) und wird von zwei k r ä f t i g e n S c h l e i m h a u t - f a l t e n, *Valvae caecocolicae*, eingerahmt. Ein besonderer Schließmuskel ist auch hier nicht vorhanden.

Der Blinddarm nimmt einen beträchtlichen Teil der r e c h t e n Bauchhöhlenhälfte in Anspruch (258). Sein Kopf reicht vom Beckeneingang bis weit in die rechte Hälfte des intrathorakalen Teiles der Bauchhöhle hinein (*t*). Er füllt somit hoch dorsal die rechte Hungergrubengegend, Fossa paralumbalis, ganz aus, liegt der rechten Bauchwand direkt an, weiter kranial der Pars costalis des Zwerchfells sowie dem rechten Lappen der Leber (*q*) und der rechten dorsalen Lage des Colon ascendens (*v'*). Dorsal verwächst er an seiner großen Krümmung in breiter Ausdehnung mit der Ventralfläche der rechten Niere (*r*) bindegewebig, ebenso mit einem Teil des rechten Pankreaslappens. Nach links ist er an der k r a n i a l e n G e k r ö s e w u r z e l befestigt, und es treten an dieser Stelle die Blutgefäße an den Blinddarm heran. Weiter kaudal bekommt er Kontakt mit Schlingen des Leerdarms und denen des Colon descendens. Daß der Blinddarmkopf von rechts über kaudal nach links vom Duodenum (*s*) umlaufen wird, wurde bereits erwähnt. Der Blinddarmkörper (*t'*) folgt mit seiner kaudal gerichteten Konvexität der Kontur der ventralen Bauchwand, liegt zunächst auch der rechten Flankengegend an, schiebt sich dann aber nach links zwischen die beiden ventralen Kolonlagen ein, so daß seine Spitze (258/*t''*;259/*b'*) schließlich in die Schaufelknorpelgegend hineinragt.

Das **Kolon** ist durch die mächtige Ausgestaltung des *Colon ascendens* und die beträchtliche Länge des *Colon descendens* charakterisiert. Zwischen beide Abschnitte schaltet sich das auch hier nur kurze, vor der kranialen Gekrösewurzel verlaufende *Colon transversum* ein.

Das C o l o n a s c e n d e n s (147/*F,F'*;249/*e–l*;256/*c–f*;257/*u,u',v,w,w'*;258/*u,u',v,v'*;259/*c–f*) hat eine Länge von 3–4 m und ein Fassungsvermögen von 55–130 l, im Mittel ca. 80 l. Es wird wegen seiner Weite auch als g r o ß e s K o l o n, C o l o n c r a s s u m, bezeichnet und bildet eine große U-förmige Schleife. Anfang und Ende der beiden Schleifenschenkel sind der kranialen Gekrösewurzel benachbart und werden hier durch das zwischen die Schenkel hineinziehende *Mesocolon ascendens* (147/*20*) befestigt. Die umfangreiche, U-förmige Grimmdarmschleife findet in der Bauchhöhle dadurch Platz, daß sie sich von rechts über kranial am Zwerchfell vorbei nach links zu einer doppelhufeisenförmigen Schleife zusammenlegt, wobei ihr Scheitel als *Flexura pelvina* (147/*13*;249/*h*;257/*v*) links vor den Beckeneingang zu liegen kommt. Die eine der hufeisenförmigen Schleifen liegt ventral und besteht aus den v e n t r a l e n K o l o n l a g e n (147/*F*;249/*e–g*), die andere liegt dorsal und besteht aus den d o r s a - l e n K o l o n l a g e n (147/*F'*;249/*i–l*). Demgemäß sind nach Lage und Verlauf folgende Teile am C o - l o n a s c e n d e n s zu unterscheiden: 1. die *rechte ventrale Längslage, Colon ventrale dextrum*, 2. die

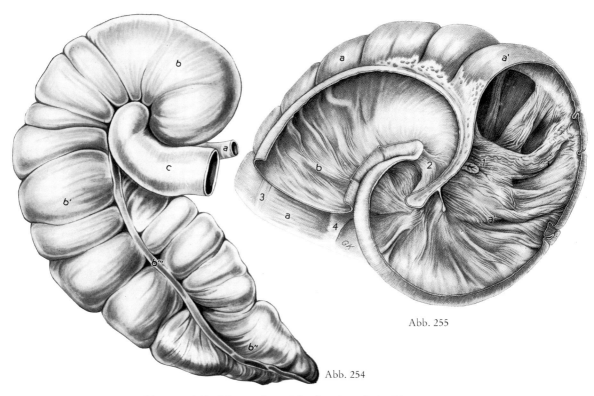

Abb. 255.

Abb. 254.

Abb. 254. Blinddarm eines Pferdes. Laterale Ansicht.

a Ileum, hochgezogen; *b–b''* Caecum: *b* Basis caeci (Blinddarmkopf), *b'* Corpus caeci, *b''* Apex caeci; *b'''* laterale Blinddarmtänie; *c* Anfang der rechten ventralen Längslage des Colon ascendens

Abb. 255. Basis caeci, Blinddarmkopf, und Anfangsabschnitt des Colon ascendens mit Ostium ileale und Ostium caecocolicum eines Pferdes. In situ fixiertes Präparat. Laterale Ansicht.

a Corpus caeci; *a'* Basis caeci, gefenstert; *b* Beginn des Colon ascendens (rechte ventrale Längslage), gefenstert

1 Ostium ileale mit Papilla ilealis; *2* Ostium caecocolicum; *3* laterale Blinddarmtänie; *4* dorsale Blinddarmtänie mit Plica ileocaecalis

Abb. 256. Blinddarm und rechte Längslagen des Colon ascendens vom Pferd. Rechte Seitenansicht.

a,a',a'' Caecum: *a* Corpus caeci, *a'* Basis caeci, *a''* Apex caeci; *b–f* Colon ascendens: *b* blasenförmiger Anfangsabschnitt, *c* rechte ventrale Längslage, *d* ventrale Zwerchfellkrümmung, *e* dorsale Zwerchfellkrümmung, *f* rechte dorsale Längslage, bei *g* in Colon transversum übergehend

1 laterale Blinddarmtänie mit A. und V. caecalis lat., Lnn. caecales und Ursprung der Plica caecocolica; *2* dorsale Blinddarmtänie; *3* laterale freie Grimmdarmtänie mit Ansatz der Plica caecocolica und einigen Lnn. colici; *4* ventrale und dorsale Längslage des Colon ascendens durch das Mesocolon verbunden

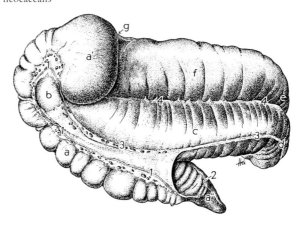

ventrale Zwerchfellkrümmung, *Flexura diaphragmatica ventralis s. sternalis,* 3. die *linke ventrale Längslage, Colon ventrale sinistrum,* 4. der *Beckenbogen, Flexura pelvina,* 5. die *linke dorsale Längslage, Colon dorsale sinistrum,* 6. die *dorsale Zwerchfellkrümmung, Flexura diaphragmatica dorsalis s. diaphragmatica,* und 7. die *rechte dorsale Längslage, Colon dorsale dextrum* (147/12–14;249/e–l).

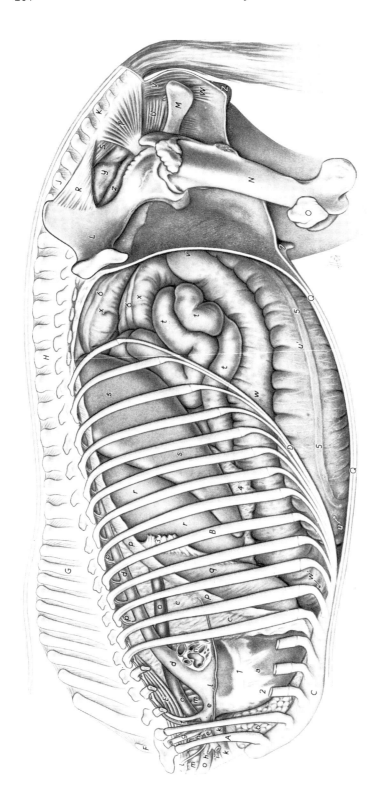

Abb. 257. Brust- und Bauchorgane eines Pferdes in situ. Linke Lunge und linke Hälfte des Zwerchfells entfernt. Linke Seitenansicht.

A 1. linke Rippe; *B* 10. linke Rippe; *C* Sternum; *D* Arcus costarum; *E* Brustteil des M. longus colli; *F* 1. Brustwirbel; *G* 10. Brustwirbel; *H* 1. Lendenwirbel; *J* Kreuzbein; *K* 1. Schwanzwirbel; *L* Os ilium; *M* Os ischii; *N* Os femoris; *O* Patella; *P* Rest des Diaphragmas; *Q* Bauchwand; *R* Lig. sacroiliacum dors.; *S* M. sacrocaudalis ventr. lat.; *T* M. coccygeus; *U* M. levator ani; *V* M. sphincter ani ext.; *W* M. constrictor vulvae; *Z* Vulva

a Herz; *b* kraniales Mediastinum mit Fettgewebe; *c* kaudales Mediastinum; *d* Aorta thoracica; *e* Truncus brachiocephalicus; *e'* A. subclavia sin; *f* A. und V. costocervicalis; *g* A. und V. cervicalis prof.; *b* A. vertebralis; *b'* A. cervicalis supf.; *i* A. carotis communis sin.; *k* V. jugularis ext. sin.; *l* N. phrenicus sin.; *m* Trachea; *n* Radix pulmonis mit Querschnitten durch Bronchen und Lungengefäße; *o* Oesophagus; *p* Aa. intercostales dorss.; *q* Lobus hepatis sin.; *r* Magen; *s* Milz; *t* Jejunumschlingen; *u–w* Colon ascendens: *u* ventrale Zwerchfellkrümmung, *u'* linke ventrale Längslage, *u''* linke dorsale Längslage, *w* linke dorsale Längslage, *w'* dorsale Zwerchfellkrümmung; *x* Schlingen des Colon descendens; *y* Rectum; *z* Vagina

1 Sulcus coronarius; *2* Sulcus interventricularis paraconalis; *3* Lig. triangulare sin.; *4* Omentum majus; *5* laterale freie Grimmdarmtänie; *6* freie Tänie des Colon descendens; *7* Milchdrüse mit Zitze

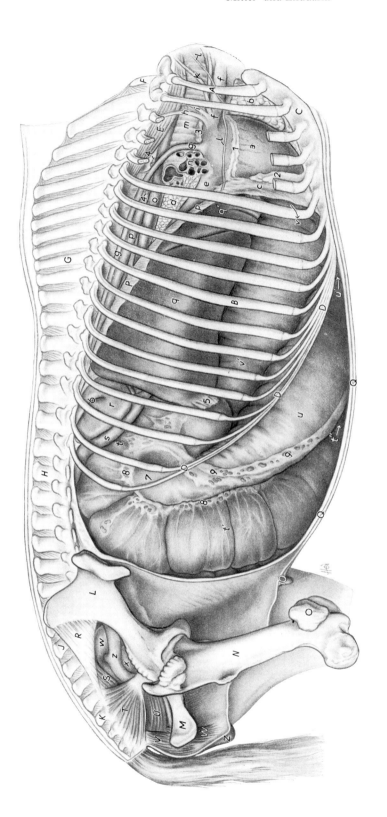

Abb. 258. Brust- und Bauchorgane eines Pferdes in situ. Rechte Lunge größtenteils und rechte Hälfte des Zwerchfells entfernt. Rechte Seitenansicht.

A 1. rechte Rippe; *B* 10. rechte Rippe; *C* Sternum; *D* Arcus costarum; *E* Brustteil des M. longus colli; *F* 1. Brustwirbel; *G* 10. Brustwirbel; *H* 1. Lendenwirbel; *J* Kreuzbein; *K* 1. Schwanzwirbel; *L* Os ilium; *M* Os ischii; *N* Os femoris; *O* Patella; *P* Rest des Diaphragmas; *Q* Bauchwand; *R* Lig. sacroiliacum dors.; *S* M. sacrocaudalis ventr. lat.; *T* M. coccygeus; *U* M. levator ani; *V* M. sphincter ani ext.; *W* M. constrictor vulvae; *Z* Vulva

a Herz; *b* kraniales Mediastinum mit Fettgewebe; *c* Gekröse der kaudalen Hohlvene; *d* Lobus accessorius und Rest des Lobus caudalis pulmonis dext.; *e* V. cava caud.; *f* V. cava cran.; *g* V. azygos; *h* V. costocervicalis; *i* V. cervicalis prof.; *k* V. vertebralis; *l* N. phrenicus; *m* Trachea; *n* Radix pulmonis mit Querschnitten durch Bronchen und Lungengefäße; *o* Oesophagus; *p* Aorta thoracica; *q* Lobus hepatis dext.; *q'* Lobus quadratus; *r* rechte Niere; *s* Pars descendens des Duodenums; *t,t',t''* Caecum: *t* Basis caeci, *t'* Corpus caeci, *t''* Apex caeci; *u–v'* Colon ascendens: *u* rechte ventrale Längslage, *u'* ventrale, *v* dorsale Zwerchfellkrümmung, *v'* rechte dorsale Längslage; *w* Rectum; *x* Vagina urinaria; *z* Vagina

1 Sulcus coronarius; *2* Sulcus interventricularis subsinuosus; *3* Lnn. mediastinales crann.; *4* Lnn. mediastinales dorss.; *5* Lig. triangulare dext.; *6* Hilus renalis; *7* blasenförmiger Anfangsabschnitt des Colon ascendens; *8* laterale Blinddarmtänie mit Lnn. caecales und Ursprung der Plica caecocolica; *9* laterale freie Tänie der rechten ventralen Längslage mit Lnn. colici und Ansatz der Plica caecocolica; *10* Milchdrüse mit Zitze

Die *rechte ventrale Längslage, Colon ventrale dextrum* (256/*c*;258/*u*;259/*c*), beginnt am *Ostium caecocolicum* mit einem kurzen, sehr engen und stark muskulösen Abschnitt. Es folgen ein blasenförmig erweiterter Teil, der an der kleinen Krümmung des Blinddarmkopfs liegt (258/*7*), hierauf wieder eine enge Stelle und dann erst der sehr weite Hauptteil dieser Lage. Sie ist mit dem Blinddarm an dessen lateraler Tänie durch die *Plica caecocolica* (256/*1*;258/*8,9*) verbunden, liegt dem Blinddarmkörper (256/*a*;258/*t'*) kraniodorsal an, folgt mit ihrer kranialen Kontur dem rechten Rippenbogen (258/*D*), grenzt lateral an die Bauchwand und geht über median nach links in die *ventrale Zwerchfellkrümmung, Flexura diaphragmatica ventralis* (256/*d*;258/*u'*;257/*u*;259/*d*), über. Sie liegt der ventralen Bauchwand in der Schaufelknorpelgegend auf, umrahmt von kranial her die Blinddarmspitze (259/*b'*) und geht nach links in die *linke ventrale Längslage, Colon ventrale sinistrum* (257/*u'*;259/*e*), über. Diese folgt der ventralen Bauchwand bis zum Beckeneingang und legt sich dabei auch der lateralen Bauchwand an. Vor dem Beckeneingang erfolgt mittels der *Flexura pelvina* (257/*v*) ihr Übergang in

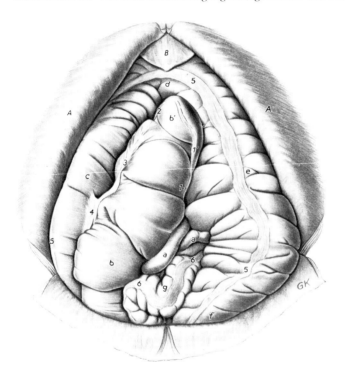

Abb. 259. Baucheingeweide eines Pferdes in situ. Ventralansicht.

A Bauchdecke, zurückgeschlagen; *B* Cartilago xiphoidea;

a Jejunumschlingen; *b,b'* Caecum: *b* Corpus caeci, *b'* Apex caeci; *c–f* ventrale Lagen des Colon ascendens: *c* rechte ventrale Längslage, *d* ventrale Zwerchfellkrümmung, *e* linke ventrale Längslage, *f* Übergang in die Beckenflexur; *g* Colon descendens

1 ventrale, *1'* vereinigte ventrale und mediale, *2* dorsale, *3* laterale Blinddarmtänie; *4* Lig. caecocolicum; *5* laterale freie Grimmdarmtänie; *6* freie Tänie des Colon descendens

die *linke dorsale Längslage, Colon dorsale sinistrum* (*w*). Die Beckenflexur kann die Medianebene beträchtlich nach rechts überschreiten und sich dabei vor den Beckeneingang und hinter den Blinddarmkopf, Basis caeci, legen, wie endoskopische Untersuchungen ergeben haben. Die linke dorsale Lage läuft auf der gleichseitigen ventralen Lage, entlang der linken Bauchwand, kranial und geht intrathorakal in die *dorsale Zwerchfellkrümmung, Flexura diaphragmatica dorsalis* (256/*e*;257/*w'*;258/*v*), über. Diese liegt kraniodorsal der ventralen Zwerchfellkrümmung und stößt von kaudal gegen das Zwerchfell, die Leber und den Magen. Aus ihr entsteht die *rechte dorsale Längslage, Colon dorsale dextrum* (256/*f*;258/*v'*). Sie fügt sich in die rechte Zwerchfellnische ein, legt sich großflächig dem Zwerchfell sowie dem Lobus hepatis dexter (258/*q*) an und überschreitet den Rippenbogen kaudal nicht oder nur geringfügig. Sie zeichnet sich durch erhebliche Weite aus und wird auch „magenähnliche Erweiterung", *Ampulla coli*, genannt.

Rechts von der Gekrösewurzel, also etwa in Höhe des 17.–18. Brustwirbels, erfolgt ihr Übergang in das sehr enge Colon transversum (147/*G*;248/*h,h'*;249/*m*), ein kurzes Darmstück, das vor der Gekrösewurzel (248/*c*) von rechts nach links hinüberzieht. Auf diesem Weg ist das Colon transversum mit dem dorsal gelegen Pankreas (*k,k'*) und der dorsalen Bauchwand verwachsen sowie durch ein kurzes Gekröse mit der Gekrösewurzel verbunden. Das Querkolon vermittelt die Verbindung des Colon ascendens zum links von der Gekrösewurzel beginnenden Colon descendens (248/*h,i*).

Das Colon descendens, kleines Kolon, Colon tenue (147/*H*;248/*i*;249/*n*;257/*x*;259/ *g*;559/*21*), erreicht die beträchtliche Länge von 2,5–4 m, ist im Vergleich zum Colon ascendens eng und hängt an einer langen *Gekröseplatte, Mesocolon descendens* (249/9;559/20). Seine dementsprechend großen Schlingen lagern, wie die Leerdarmschlingen, im linken dorsalen Quadranten der Bauchhöhle, in deren kranialem und mittlerem Bereich (257/*x*) und können auch bis in die Beckenhöhle hineinragen (16/*f*;259/*g*). Sie sind fast ebenso verschieblich wie die Leerdarmschlingen und damit zu beträchtlichen Ortsveränderungen befähigt.

Das Gekröse des Colon ascendens, *Mesocolon ascendens*, gehört mit den in ihm enthaltenen Blutgefäßen zum Bereich der kranialen Gekrösewurzel und heftet sich an den einander zugekehrten Tänien der dorsalen und ventralen Lagen des Kolons einschließlich dessen Beckenflexur an (147/ *20*;249/6;256/4). Seine Länge entspricht somit der Entfernung zwischen kranialer Gekrösewurzel und Beckenflexur. Da die dorsalen Kolonlagen den ventralen dicht aufliegen, verbindet sie das Mesocolon ascendens in Form eines nur schmalen Gekrösestreifens, der erst im Bereich der Beckenflexur in eine etwas breitere Gekröseplatte übergeht. Dieses Gekröse wird auch als Ligamentum intercolicum bezeichnet. Aus dem geschilderten Verhalten des Mesocolon ascendens ergibt sich, daß nur der Anfang und das Ende der Kolonschleife, das heißt die rechte ventrale und dorsale Längslage, durch das Mesokolon an der kranialen Gekrösewurzel fest verankert sind (258/*u,v'*), während die linken Längslagen einschließlich der Beckenflexur frei beweglich in der Bauchhöhle lagern (257/*u',v,w*). Gelegentlich vorkommende Verlagerungen bzw. Achsendrehungen im Bereich des Colon ascendens betreffen daher nur die frei beweglichen linken Längslagen einschließlich der Beckenflexur bis zu den Zwerchfellkrümmungen. Solche Verlagerungen mit ihren schwerwiegenden Folgen sind rektal palpierbar.

Das Gekröse des Colon descendens, *Mesocolon descendens*, enthält regelmäßig größere Mengen subserösen Fettgewebes, geht links aus der kranialen Gekrösewurzel hervor (248/9), heftet sich geradlinig an der dorsalen Bauchwand an und geht kaudal in das *Mesorectum* über.

Anschließend seien die baulichen Verhältnisse sowie die besonderen Einrichtungen des Grimmdarms zusammengefaßt dargestellt: Abgesehen von seinem sehr engen kurzen Anfangsabschnitt, ist das *Colon ascendens* in seinen ventralen Lagen zunächst sehr weit, ca. 0,25–0,3 m im Durchmesser (249/*e,f,g*;256/*b,c,d*;257/*u,u'*;258/7,*u,u'*). Der Übergang der linken ventralen Längslage (Colon ventrale sinistrum) in die Beckenflexur (Flexura pelvina), diese selbst und der anschließende Teil der linken dorsalen Längslage (Colon dorsale sinistrum) hingegen verengen sich auf etwa 60–100 mm (249/*h,i*;257/*v,w*). Von da ab wird das Kolon wieder weiter, erreicht schließlich in der rechten dorsalen Längslage (Colon dorsale dextrum) seine größte Mächtigkeit (0,3–0,5 m Durchmesser), um dann in das sehr enge Colon transversum überzugehen (249/*k,l,m*;256/*f,g*;258/*v,v'*). Der sackartig erweiterte Endabschnitt des Colon ascendens lagert hinter der Leber und dem Zwerchfell und kann daher bei starker Füllung die Atemtätigkeit beeinträchtigen, zugleich durch chronischen Druck den Schwund beträchtlicher Teile des Lobus hepatis dexter (258/*q*) herbeiführen.

Der sehr enge Anfangsabschnitt des Colon ascendens am Ursprung aus dem Blinddarm, Ostium caecocolicum, die enge Beckenflexur und das enge Colon transversum können durch Behinderung der Passage des Darminhalts Veranlassung zu Verstopfungen bzw. zur Anschoppung von Darminhalt in den proximal von diesen Stellen gelegenen Darmabschnitten geben (Verstopfungskolik).

Die *ventralen Lagen* des *Colon ascendens* besitzen wie der Blinddarm vier kräftige Bandstreifen (256/*3*;257/*5*;258/*9*;259/*5*). Zwei davon liegen dorsolateral bzw. dorsomedial; beide dienen bis nahe zur Beckenflexur dem Ansatz des Mesocolon ascendens, das sich anschließend nur an der dorsomedialen Tänie der linken ventralen Längslage anheftet. Diese Bandstreifen werden als Taenia mesocolica lateralis bzw. medialis bezeichnet. Die anderen beiden Bandstreifen befinden sich ventrolateral bzw. ventromedial und heißen Taenia libera lateralis bzw. medialis. Zwischen diesen vier Tänien finden sich entsprechend vier Poschenreihen. An der *Beckenflexur* und der anschließenden *linken dorsalen Längslage* ist nur eine *Taenia mesocolica* vorhanden. Es fehlen dieser Lage infolgedessen auch die Poschen. Die *dorsale Zwerchfellkrümmung* besitzt, indem sich allmählich erneut zwei freie Bandstreifen zugesellen, drei Bandstreifen, die auf der *rechten dorsalen Längslage* etwas deutlicher werden, jedoch die Entstehung nur undeutlicher Poschenreihen veranlassen (249). Bandstreifen und Poschen sind rektal, soweit erreichbar, zu fühlen.

Sehr charakteristisch ist das Aussehen des *Colon descendens* (147/*H*;249/*n*;257/*x*;259/*g*;559/*21*). Es besitzt zwei durchlaufende, außerordentlich kräftige Bandstreifen, von denen der eine als *Taenia mesocolica* dem Ansatz des eine breite Gekröseplatte darstellenden Mesocolon descendens dient (249/9;559/20). Zwei deutliche Poschenreihen mit ihren kleinen, fast halbkugeligen Haustra verleihen ihm das typische Aussehen. In ihm ist der Kotstrang in der Regel in die bekannten Kotballen zerlegt. Diese Merkmale lassen das Colon descendens bei rektaler Untersuchung leicht erkennen.

Das **Rektum** (15,16/*a*;147/*J*;494/*z*;559/*24*) hat eine Länge von 0,2–0,3 m und geht etwa in Höhe des Beckeneingangs aus dem Colon descendens hervor. Im peritonäalen Teil der Beckenhöhle hängt es am *Mesorectum* (15,16/4). In Höhe des 4.–5. Kreuzwirbels tritt der Mastdarm in den retroperitonäalen Teil der Beckenhöhle ein; von Bindegewebe umgeben, erweitert er sich flaschenförmig zur stark muskulösen, sehr geräumigen *Mastdarmampulle, Ampulla recti* (494/*z*;559/*24*), und geht in Höhe des 2.–3. Schwanzwirbels in den Afterkanal über. Der aus seiner kräftigen Längsmuskulatur entstehende *M. rectococcygeus* (559/*26''*) setzt als etwa fingerstarker Doppelstrang an der Ventralfläche des 4. Schwanzwirbels an. Ein Teil dieser Muskelbündel vereinigt sich jedoch mit denen der Gegenseite auf der Dorsalfläche des Rektums zur *dorsalen Mastdarmschleife*. Ventral vom Mastdarm liegen in der Beckenhöhle beim männlichen Tier (15;494) die Harnblase, das Beckenstück der Harnröhre, die Samenleiterampullen, Samenblasen, Vorsteherdrüse sowie die Harnröhrenzwiebeldrüsen, beim weiblichen Tier (16;559) der Scheidenvorhof, die Scheide, der Gebärmutterhals und Gebärmutterkörper. Ventral von letzteren folgen die Harnröhre und die Harnblase.

Der **Anus** (494/*z*; 529/*a*) bildet beim *Pfd.* unter der Schwanzwurzel einen stumpf kegelförmigen Vorsprung, den von stark pigmentierter, feinbehaarter Haut überzogenen *Afterkegel*. Der unwillkürliche *M. sphincter ani internus* und der willkürliche *M. sphincter ani externus* sorgen für den Verschluß der Afteröffnung (559/26). Letzterer tritt bei der Stute als *M. constrictor vulvae* in die Schamlippen ein (*19'*). Der *M. levator ani* entspringt als kräftige Muskelplatte an der Spina ischiadica und dem breiten Beckenband und setzt unter dem äußeren Schließmuskel an der Seitenfläche des Afters an (25). Der *M. retractor penis* bzw. *clitoridis* entspringt als paariges, grauweißes Muskelband an der Ventralfläche des zweiten Schwanzwirbels, wird seitlich von dem äußeren Schließmuskel und dem Heber des Afters abgedeckt und umgreift mit der *Pars rectalis* den After von ventral her gurtartig (*26'*). Ein Teil des Muskels (*Pars penina*) setzt sich beim männlichen Tier auf die ventrale Fläche (495/*11*) des Penis fort, bei der Stute tritt er als *Pars clitoridea* in die Schamlippen ein und kann auch das Corpus clitoridis erreichen.

Die äußere Haut des Afters geht in der Afteröffnung an der *Linea anocutanea* in die Schleimhaut des *Canalis analis* über. Dieser kutane, drüsenlose, 30–40 mm breite Schleimhautstreifen trägt ein mehrschichtiges Plattenepithel und setzt sich durch seine weiße Farbe in der *Linea anorectalis* gegenüber der anschließenden Mastdarmschleimhaut deutlich ab.

Die **lymphoretikulären Bildungen** des Darmes beim *Pfd.* zeigen folgende Besonderheiten: Die *Lymphonoduli solitarii* sind nur etwa hirsekorngroße Knötchen, die manchmal kraterartig vertieft sein können. Sie finden sich in der Schleimhaut aller Darmabschnitte in unterschiedlicher Menge und Verteilung. *Follikelplatten, Lymphonoduli aggregati*, kommen im Dünndarm in großer Zahl vor; als Grenzwerte werden 100–200 Stück angegeben. Sie sind z. T. sehr klein, von rundlicher Gestalt mit einem Durchmesser von 5–6 mm. Die schmalen, bandförmigen Platten jedoch sind 20–60 mm, manchmal auch 100–140 mm lang. Den Knötchenplatten des Dünndarms vergleichbare Bildungen finden sich im Dickdarm nur in der Blinddarmspitze sowie in der Beckenflexur. Anhäufungen lymphoretikulären Gewebes an der Hüftdarmmündung, wie sie für *Wdk.* und *Schw.* typisch sind, finden sich beim *Pfd.* nicht.

Anhangsdrüsen des Darmes
(156, 162, 166, 248, 257, 258, 260–262, 439)

Die **Leber** ist je nach Alter und Ernährungszustand sowie Blutgehalt des Organs heller oder dunkler braunrot. Ihr Gewicht ist ebenfalls variabel und beträgt im Mittel etwa 5 kg, bei älteren Tieren oft nur 2½–3½ kg. Das Größenverhältnis zwischen dem Lobus hepatis dexter und dem Lobus hepatis sinister ist oft recht unterschiedlich. Durch den Druck der rechten dorsalen Längslage des Kolons kann der Lobus hepatis dexter hochgradig atrophieren und dann sehr klein sein. Durch Druck des Magens können sich ähnliche Verhältnisse an dem Lobus hepatis sinister einstellen.

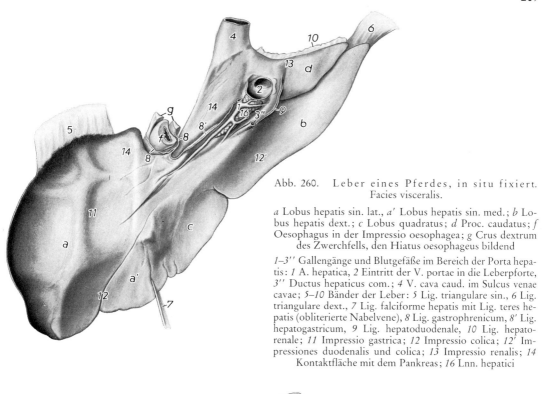

Abb. 260. Leber eines Pferdes, in situ fixiert. Facies visceralis.

a Lobus hepatis sin. lat., *a'* Lobus hepatis sin. med.; *b* Lobus hepatis dext.; *c* Lobus quadratus; *d* Proc. caudatus; *f* Oesophagus in der Impressio oesophagea; *g* Crus dextrum des Zwerchfells, den Hiatus oesophageus bildend

1–3'' Gallengänge und Blutgefäße im Bereich der Porta hepatis: *1* A. hepatica, *2* Eintritt der V. portae in die Leberpforte, *3''* Ductus hepaticus com.; *4* V. cava caud. im Sulcus venae cavae; *5–10* Bänder der Leber: *5* Lig. triangulare sin., *6* Lig. triangulare dext., *7* Lig. falciforme hepatis mit Lig. teres hepatis (obliterierte Nabelvene), *8* Lig. gastrophrenicum, *8'* Lig. hepatogastricum, *9* Lig. hepatoduodenale, *10* Lig. hepatorenale; *11* Impressio gastrica; *12* Impressio colica; *12'* Impressiones duodenalis und colica; *13* Impressio renalis; *14* Kontaktfläche mit dem Pankreas; *16* Lnn. hepatici

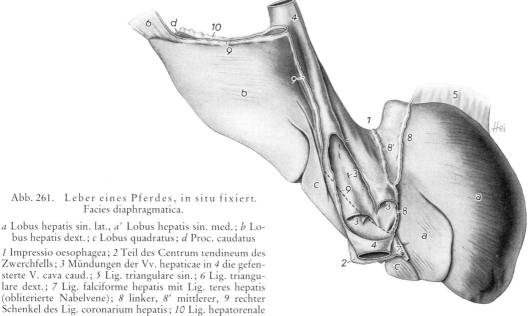

Abb. 261. Leber eines Pferdes, in situ fixiert. Facies diaphragmatica.

a Lobus hepatis sin. lat., *a'* Lobus hepatis sin. med.; *b* Lobus hepatis dext.; *c* Lobus quadratus; *d* Proc. caudatus

1 Impressio oesophagea; *2* Teil des Centrum tendineum des Zwerchfells; *3* Mündungen der Vv. hepaticae in *4* die gefensterte V. cava caud.; *5* Lig. triangulare sin.; *6* Lig. triangulare dext.; *7* Lig. falciforme hepatis mit Lig. teres hepatis (obliterierte Nabelvene); *8* linker, *8'* mittlerer, *9* rechter Schenkel des Lig. coronarium hepatis; *10* Lig. hepatorenale

Gliederung der Leber: Die Leber ist mäßig gegliedert; die Homologisierung der einzelnen Abschnitte der Leber des *Pfd.* bereitet insofern Schwierigkeiten, als dem *Pfd.* die Gallenblase fehlt, die bei den übrigen *Hsgt.* die Abgrenzung zwischen dem Lobus quadratus und dem Lobus hepatis dexter möglich macht. Immerhin kann man nach den im allgemeinen Teil aufgestellten Richtlinien auch an der Leber des *Pfd.* folgende Abschnitte unterscheiden: Links von der Incisura ligamenti teretis am

Ventralrand der Leber mit dem Ligamentum teres hepatis (156/5;260,261/7) findet sich der L o b u s
h e p a t i s   s i n i s t e r mit den *Lobi hepatis sinistri lateralis* und *medialis* (156,260,261,262/a,a'); ventral
der Leberpforte, rechts von der Incisura ligamenti teretis, der *Lobus quadratus* (c). Letzterer ist an seinem ventralen Rand oft mehrfach gekerbt. Als seine Grenze nach rechts kann man eine deutliche Furche auffassen, der sich der meist einheitliche L o b u s   h e p a t i s   d e x t e r (b) anschließt. An dem L o -
b u s   c a u d a t u s ist rechts von der V. cava caudalis ein deutlicher, schlanker *Processus caudatus* (d)
ausgebildet, während der Processus papillaris fehlt. Der Dorsalrand der Leber ist stumpf, *Margo dorsalis*, und es finden sich hier rechts die *Impressio renalis* (260/13) für die rechte Niere (248/m;258/
r;262/l;439/a), nach links anschließend der *Sulcus venae cavae* (156,260,261/4;262/7) und dann die
Impressio oesophagea (156/6;260/f;261/1;262/o). Die übrigen Ränder der Leber sind scharf.

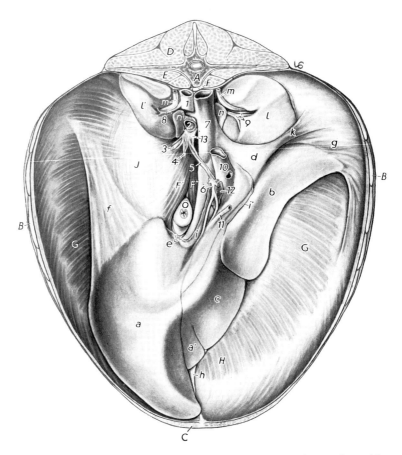

Abb. 262.   L e b e r   u n d   N i e r e n   e i n e s   P f e r d e s   i n   s i t u. Kaudoventrale Ansicht.

A 1. Lendenwirbel; *B* seitliche Bauchwand mit Arcus costarum; *C* ventrale Bauchwand mit M. rectus abdominis in der
Rektusscheide und Linea alba; *D* Rückenmuskulatur; *E* Lendenmuskulatur; *F–J* am Zwerchfell: *F* Ursprungssehnen der
Pars lumbalis, *F',F''* mediale Abschnitte des rechten Zwerchfellpfeilers, *G* Pars costalis, *H* Pars sternalis, *J* linker Ab-
schnitt des Centrum tendineum

a–d an der Leber: *a* Lobus hepatis sin. lat., *a'* Lobus hepatis sin. med., *b* Lobus hepatis dext., *c* Lobus quadratus, *d* Proc.
caudatus; *e* Lig. gastrophrenicum; *f* Lig. triangulare sin.; *g* Lig. triangulare dext.; *h* Lig. falciforme hepatis mit Lig. teres
hepatis (obliterierte Nabelvene); *i* Lig. hepatogastricum, *i'* Lig. hepatoduodenale (Omentum minus); *k* Lig. hepatorenale, zum Teil abgetragen; *l,l'* rechte bzw. angeschnittene linke Niere, Capsula adiposa entfernt; *m,m'* rechter bzw.
linker Ureter; *n,n'* rechte bzw. linke Nebenniere; *o* Oesophagus, aus dem Hiatus oesophageus tretend

1 Aorta abdominalis; *2* A. mesenterica cran.; *3* A. lienalis; *4* A. gastrica sin.; *5* A. hepatica; *6* Äste der A. hepatica; *7* V.
cava caud.; *8* A. und V. renalis sin.; *9* A. und V. renalis dext.; *10* V. portae, in die Porta hepatis eintretend; *11* Ductus
hepaticus com., aus der Porta hepatis tretend; *12* Lnn. hepatici; *13* Plexus coeliacus

Eine **Gallenblase** f e h l t d e r L e b e r des *Pfd.* Die Galle wird durch *Ductuli biliferi* (156/3′′′) den *Ductus hepatici dexter* und *sinister* (162/4,5) zugeleitet, die sich im Bereich der Leberpforte zum *Ductus hepaticus communis* (156/3′′;162/2;260/3′′;262/11) vereinigen. Sein erweiterter Endabschnitt wird als *Ductus choledochus* (162/1) bezeichnet. Dieser verläuft im *Ligamentum hepatoduodenale* (260/9;262/i′) zum Zwölffingerdarm und mündet, 120–150 mm vom Pylorus entfernt, zusammen mit dem Ductus pancreaticus auf der *Papilla duodeni major* in den Zwölffingerdarm (166/1′,4;439/e,e′).

Lagebeziehungen der Leber: Die Leber liegt vollständig im intrathorakalen Abschnitt der Regio abdominis cranialis (248,257,258,262), bei normaler Ausbildung ihrer Teile zu etwa drei Fünfteln rechts von der Medianebene. Ihre lange Achse verläuft schräg von rechts dorsal nach links ventral (262). Mit ihrer konvexen *Facies diaphragmatica* fügt sich die Leber dem Zwerchfell dicht an, nur die kaudale Hohlvene (261/4;262/7) schiebt sich zwischen beide ein, indem sie über den Margo dorsalis der Leber zum Foramen venae cavae des Zwerchfells zieht und dabei einerseits mit der Leber, andererseits mit dem Zwerchfell verwächst. Hier nimmt die kaudale Hohlvene auch die unterschiedlich großen Lebervenen auf (261/3).

Der ventrale Leberrand liegt in der Querebene durch die 6. bzw. 7. Rippe um etwa ein Drittel der Rumpfhöhe von Sternum entfernt. Von hier aus steigt er schräg kaudodorsal an. Er erreicht den 15. Interkostalraum, etwa handbreit von der Symphyse der 15. Rippe entfernt, und biegt dann fast rechtwinklig dorsal um. Im 15. Interkostalraum gelangt er an die Wirbelsäule und nimmt in der *Impressio renalis* den kranialen Pol der rechten Niere (*r*) auf. Der stumpfe dorsale Rand der Leber liegt dem rechten Zwerchfellpfeiler an (262/F,F′,F′′), läßt über seinen *Sulcus venae cavae* die hintere Hohlvene (7) und links davon über die *Impressio oesophagea* die Speiseröhre (*o*) hinwegtreten. Links von der Medianebene geht er in den scharfen ventralen Rand über. Dieser beginnt hoch dorsal in Höhe des 10. Interkostalraums und fällt steil zum Rippenknie der 6. bzw. 7. Rippe ab (257/q).

Die *Viszeralfläche* der Leber ist unregelmäßig konkav. Links bettet sich in die *Impressio gastrica* (248/d;260/11;262) der Magen, ventral davon in die *Impressio colica* (260/12;262) die dorsale Zwerchfellkrümmung und nach rechts anschließend die rechte dorsale Längslage des Kolons (260/12′;262). Rechts dorsal fügt sich in die *Impressio renalis* (248/m;260/13;262/l) die rechte Niere, in die *Impressio duodenalis* die Pars cranialis und ein Teil der Pars descendens des Duodenums (248/f′,f′′;260/12′;266), in die *Impressio caecalis* der kraniale Pol des Blinddarmkopfs (258/t) ein. Schließlich besteht auch noch eine Kontaktfläche mit dem Pankreas (248/k). Alle genannten Organe stoßen kaudoventral gegen die in der gleichen Richtung geneigte Viszeralfläche der Leber, so daß das massige Organ, der Stellung des Zwerchfells angepaßt, auf den Nachbarorganen ruht bzw. von diesen „getragen" wird (248,257,258).

In ihrer Stellung nur wenig verschieblich, wird die Leber zunächst durch ihre *Ligamenta triangularia* festgehalten. Das *Ligamentum triangulare sinistrum* (257/3;260,261/5;262/f) ist eine verhältnismäßig lange Serosaplatte, entspringt links am Centrum tendineum des Zwerchfells und inseriert links von der Impressio oesophagea am linken Leberlappen. Das *Ligamentum triangulare dextrum* (248/10; 258/5;260,261/6;262/g) ist kurz und verbindet die Pars costalis des Zwerchfells mit dem scharfen Rand des rechten Leberlappens. Medial zweigt es das *Ligamentum hepatorenale* (260,261/10; 262/k) ab. Das *Ligamentum coronarium hepatis* hat drei Schenkel (261/8,8′,9), die als schmale Bandstreifen Zwerchfell und Leber miteinander verbinden. Der r e c h t e der drei S c h e n k e l (9) geht hoch dorsal aus dem Ligamentum triangulare dextrum hervor und begleitet die hintere Hohlvene an der Zwerchfellfläche der Leber, der l i n k e (8) kommt aus dem Ligamentum triangulare sinistrum und verläuft in einigem Abstand von der Hohlvene in Richtung auf das Hohlvenenloch. Der dritte, nur kurze m i t t l e r e S c h e n k e l (8′) verläuft vom Hiatus oesophageus, wo er Anschluß an das *Ligamentum gastrophrenicum* (260/8) hat, zur hinteren Hohlvene und geht in den linken Schenkel über. Linker und rechter Schenkel laufen ventral unter spitzem Winkel aufeinander zu und entlassen unter dem Hohlvenenloch das *Ligamentum falciforme hepatis* (248/11;260,261/7;262/h) zur Pars sternalis des Zwerchfells. Zunächst im freien Rand des Ligamentum falciforme hepatis, dann retroperitonäal auf der ventralen Bauchwand zieht die o b l i t e r i e r t e N a b e l v e n e als *Ligamentum teres hepatis* von der *Fissura ligamenti teretis* zum Nabel. Die Verbindungen zwischen der Viszeralfläche der Leber und der kleinen Krümmung des Magens sowie der Pars cranialis des Duodenums in Form der *Ligamenta hepatogastricum* und *hepatoduodenale* (260/8′,9;262/i,i′) wurden an anderer Stelle (s. S. 197,199) beschrieben.

Die **Bauchspeicheldrüse** (166,248,439) hat je nach Funktionszustand eine heller oder dunkler rötlichgelbe Farbe. Das *Corpus pancreatis* der Drüse wird im *Anulus pancreatis* von der Pfortader (166/*3*) durchbohrt und gibt nach links den längeren *Lobus pancreatis sinister* (166/*b*;248/*k′*;439/*d′*) ab. Nach rechts ragt aus dem Korpus der nur kurze, stumpfe *Lobus pancreatis dexter* (166/*c*;248/*k′′*;439/*d′′*) heraus. Die Drüse liegt zum größten Teil rechts von der Medianebene im dorsalen Abschnitt des intrathorakalen Teiles der Regio abdominis cranialis ventral vom 17.–18. Brustwirbel und schiebt sich zwischen die Viszeralfläche von Magen und Leber einerseits und den Blinddarmkopf, die rechte dorsale Längslage des Kolons sowie das Colon transversum andererseits ein (248). Das Korpus (166/*a*; 248/*k*;439/*d*) liegt der Viszeralfläche der Leber an und fügt sich in die Konkavität des zweiten Bogens der Pars cranialis des Duodenums (166/*A,A′*;248/*f,f′*;439/*e*) ein. Der l i n k e   L a p p e n reicht nach links über die Viszeralfläche des Magenblindsacks bis zur Milz, während der r e c h t e   L a p p e n an der Leber, entlang der Pars descendens des Duodenums bis zur rechten Niere hochzieht (248/*f′′,m*). Die Dorsalfläche des Pankreas bekommt Kontakt mit den Zwerchfellpfeilern, der Aorta, der V. cava caudalis, der A. coeliaca und ihren Ästen, der Pfortader und deren Zweigen sowie mit dem Ganglion coeliacum bzw. dem Plexus coeliacus (439). Seine kaudoventrale Fläche ist rechts mit dem Blinddarmkopf, medial davon mit der rechten dorsalen Längslage des Kolons und nach links anschließend mit dem Colon transversum bindegewebig verklebt. Der Lobus pancreatis sinister ist mit dem Saccus caecus des Magens verwachsen (248).

Die Bauchspeicheldrüse des *Pfd.* besitzt z w e i   A u s f ü h r u n g s g ä n g e. Der *Ductus pancreaticus* mündet auf der konkaven Seite des zweiten Bogens der Pars cranialis des Duodenums zusammen mit dem Ductus choledochus auf der von einem Schleimhautringwall umgebenen *Papilla duodeni major* (166/*1,1′,4*;248/*5*;439/*e′*). Der *Ductus pancreaticus accessorius* findet sein Ende auf der *Papilla duodeni minor* gegenüber der Mündung des Hauptgangs (166/*2,2′*;439/*e′′*).

Milz, Lien, Splen

Allgemeine und vergleichende Betrachtung

(12,13,263–268; aber auch 172–174,178–180,186,195,197,199,207,213,215,216,243,248,257)

Die Milz entwickelt sich zwischen den beiden Serosalamellen des dorsalen Magengekröses, dem späteren großen Netz. Mit zunehmendem Wachstum buchtet sie die äußere Serosalamelle mehr und mehr vor, wird schließlich von dieser vollständig umhüllt und erhält so ihren Bauchfellüberzug, gleichzeitig aber auch enge nachbarliche Beziehungen und Verbindung zum Magen (12,13).

Ihre besonderen F u n k t i o n e n sind die Bildung roter Blutkörperchen im Embryonalleben, die Produktion von Lymphozyten und später der Abbau von roten Blutkörperchen mit gleichzeitiger Ablagerung von Eisen (Haemosiderin). Weiterhin vermag sie Blut zu speichern und dieses im Bedarfsfall wieder an den Kreislauf zurückzugeben. Und schließlich ist die Milz ein wichtiger Bestandteil des l y m p h a t i s c h e n S y s t e m s und stellt durch Abwehr und Beseitigung von Krankheitserregern eine bedeutsame Schutzeinrichtung des Körpers dar. Somit ist ersichtlich, daß die Milz zu dem K r e i s l a u f - bzw. A b w e h r s y s t e m des Organismus gehört*). Allein topographische Gegebenheiten sowie didaktische Gründe machen es erforderlich, dieses Organ im Anschluß an das Kapitel über die Verdauungsorgane zu besprechen.

Die Milz liegt vollständig oder doch zum größten Teil im intrathorakalen Abschnitt der Bauchhöhle in der linken Regio hypochondriaca. Sie ist vor allem bei *Flfr.* und *Schw.*, jedoch weniger beim *Pfd.* in ihrer Lage auch abhängig von dem jeweiligen Füllungszustand des Magens. So kann sie z. B. beim *Hd.* bei stark gefülltem Magen weit kaudal verlagert werden.

Man unterscheidet an der Milz eine *Wand-* oder *Zwerchfellfläche, Facies parietalis* seu *diaphragmatica,* eine *Eingeweidefläche, Facies visceralis,* einen *kranialen* und *kaudalen,* meist scharfen *Rand, Margo cranialis* und *Margo caudalis* sowie ein *dorsales* und ein *ventrales Ende, Extremitas dorsalis* und *Extremitas ventralis* (263–267). Beim *Flfr.* ist sie zungenförmig, mit ventral meist breiterem Ende (263), beim *Schw.* in ganzer Länge etwa gleichbreit und auf dem Querschnitt dreieckig (264). Beim *Rd.* hat sie die Form eines sehr langgestreckten Ovals (265), während sie beim *kl. Wdk.* eine gedrungen dreieckige (*Schf.*) bzw. mehr viereckige (*Zg.*) Gestalt aufweist (266). Beim *Pfd.* gleicht sie einem kurzen Sensenblatt mit breitem dorsalem Abschnitt und spitz zulaufendem ventralem Ende (267). An ihrer Facies visceralis findet sich bei *Flfr., Schw.* und *Pfd.* der durch den Verlauf der Gefäße und den Ansatz des *Ligamentum gastrolienale* gekennzeichnete rinnenförmige *Hilus lienis.* Durch den Hilus lienis wird die Facies visceralis in die der großen Krümmung des Magens anliegende *Facies gastrica* und die *Facies intestinalis* unterteilt. Beim *Wdk.* beschränkt sich der Hilus lienis auf eine unscheinbare Grube am Dorsalende des Organs (263–267/*a*).

F a r b e , K o n s i s t e n z , G r ö ß e und G e w i c h t der Milz sind selbst bei der gleichen Art weitgehend von dem Alter, dem Ernährungszustand, der Rasse und dem Geschlecht des Tieres, besonders aber auch von dem jeweiligen Funktionszustand des Organs selbst (Blutspeicher, Abwehrorgan) abhängig. So können z. B. beim *Hd.* bis zu 16% der gesamten Blutmenge in der Milz gespeichert werden.

Bau: Außer ihrem B a u c h f e l l ü b e r z u g besitzt die Milz eine aus kollagenen und elastischen Fasern bestehende *Kapsel, Capsula lienis* (268/*b*), die auch reichlich g l a t t e M u s k e l z e l l e n enthält. Zahlreiche von der Kapsel in das Innere eintretende *Milzbalken, Trabeculae lienis (c),* die Gefäße ent-

---

*) Siehe auch Bd. III, 2. Aufl., S. 290–292.

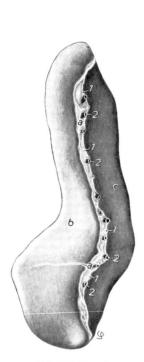

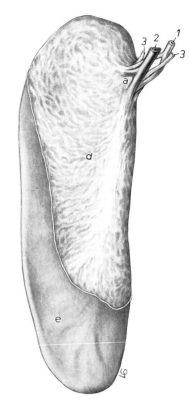

Abb. 263 (Hund)   Abb. 264 (Schwein)   Abb. 265 (Rind)

Abb. 263–267. Milz der Haussäugetiere. Viszeralfläche.

a Hilus lienis, mit (exkl. *Wdk.*) Ansatz des Omentum majus;
b Facies intestinalis und c Facies gastrica (exkl. *Wdk.*). Nur
beim *Wdk.*: d Verklebungszone mit dem dorsalen Pansensack, e von Peritonäum überzogener freier Teil. Nur in Abb.
267 bezeichnet: f Extremitas dors. und g Extremitas ventr.

1 A. lienalis bzw. deren Äste; 2 V. lienalis bzw. deren Äste;
3 Milznerven, in den Milzhilus eintretend; 4 Aa. und Vv.
gastricae breves im Lig. gastrolienale (*Schw., Pfd.*); 5 Lnn.
lienales (*Schw., Pfd.*). Nur beim *Pfd.*: 6 Lig. phrenicolienale
und 7 Lig. renolienale in Abb. 267

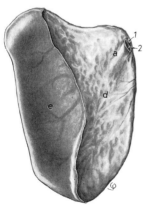

Abb. 266 (Ziege)

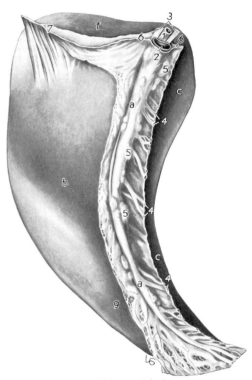

Abb. 267 (Pferd)

halten bzw. von diesen begleitet werden, bilden ein schwammartiges Gerüst. In dieses eingefügt findet sich ein feines Maschenwerk retikulären Bindegewebes, das zahlreiche Aufzweigungen von Blutgefäßen enthält, von breiartiger Konsistenz ist und als *Milzpulpa, Pulpa lienis (Parenchym)*, bezeichnet wird. Infolge des großen Blutgehalts ist der Milzbrei rot und heißt daher *rote Milzpulpa, Pulpa lienis rubra.* In ihr sind die besonders bei *Schw.* und *Rd.* schon mit freiem Auge sichtbaren *Milzkörperchen, Lymphonoduli [Noduli lymphatici] lienales (Malpighische Körperchen)*, eingelagert (*e*). Es handelt sich um knötchenförmige Gebilde von weißlicher Farbe, die in ihrer Gesamtheit als *weiße Milzpulpa, Pulpa lienis alba,* bezeichnet werden. Die Milzkörperchen kommen dadurch zustande, daß kleine Pulpaarterien streckenweise von Scheiden lymphoretikulären Gewebes umgeben sind, die stellenweise zu kleinen Knötchen anschwellen. Die Milzkörperchen sind Bildungsstätten von Lymphozyten. Auf verschiedene Reize hin, z. B. bei Infektionen, treten in ihnen *Sekundärknötchen, Reaktionszentren,* auf.

Die rote Milzpulpa besteht aus den sog. *Pulpasträngen,* jenem feinmaschigen, blutgefüllten Netzwerk der oben erwähnten Retikulumzellen und aus den sie begleitenden, wechselnd weiten *Blutsinus.* Die in der Längsrichtung und ringförmig angeordneten eigentümlichen Bauelemente der Sinuswandung (stäbchenförmig modifizierte Gefäßendothelien und von den Retikulumzellen abstammende Ringfasern) lassen zwischen sich in der Weite verstellbare Öffnungen frei, durch die das Blut aus dem Retikulum in die Sinus eintreten bzw. den umgekehrten Weg einschlagen kann. Das arterielle Blut wird der Pulpa durch die Pulpaarterien zugeführt. Diese lösen sich auf dem Weg über die Follikelarterien in die Pinselarteriolen und Hülsenkapillaren sowie in die Endkapillaren auf. Aus diesen strömt das Blut unter erheblicher Verbreiterung seiner Strombahn entweder direkt in die Milzsinus oder in den perisinualen Maschenmantel des Retikulums der roten Pulpa ein. Nachdem es der Einwirkung der Retikulumzellen unterworfen war, erfolgt der Abfluß des „gereinigten" und zugleich auch mit Lymphozyten angereicherten venösen Blutes aus den Milzsinus über die Pulpavenen zu den Trabekelvenen. Diese münden nach Tierart verschieden in die V. lienalis ein.

Blut- und Lymphgefäße, Innervation; Die *Blutversorgung* der Milz besorgen die aus der A. coeliaca herkommende A. lienalis und die V. lienalis, ein Ast der V. portae (263–267/1,2). Die *Lymphgefäße* der Milz münden bei *Flfr., Schw.* und *Pfd.* in die Lnn. lienales am Hilus lienis (264,267/5), diejenigen der *Wdk.* ziehen zu den Lnn. lienales seu atriales oder direkt zu den Lnn. coeliaci et mesenterici craniales. Beim *Rd.* treten Lymphgefäße der Milz auch durch das Zwerchfell hindurch und münden in die Lnn. mediastinales caudales der Brusthöhle. Die meist sehr starken *Milznerven* (264,265,267/3) entstammen dem vom N. sympathicus und N. vagus (Parasympathicus) gebildeten Plexus coeliacus.

Milz der Fleischfresser

Die Milz der *Flfr.* (263) ist in frischem Zustand hellrot, einige Zeit nach dem Tode blaurot bzw. schiefergrau. Beim *Hd.* ist sie platt und lang-zungenförmig, in der Mitte meist etwas schmaler und besitzt ein verbreitertes ventrales Ende, das meist kranial leicht abgewinkelt erscheint. Die Parietalfläche der Milz ist schwach konvex. Ihre Viszeralfläche trägt den über die ganze Länge des Organs hinziehenden kammartigen *Hilus* (*a*), an den durch das große Netz die Zweige der A. und V. lienalis herangetragen werden (*1,2*); hier finden sich auch die Lnn. lienales.

Die Milz der *Ktz.* weist sowohl in ihrer Farbe als auch in ihrer Form weitgehende Übereinstimmung mit jener des *Hd.* auf.

Die Milz der *Flfr.* ist relativ größer als jene der *Pflfr.* Beim *Hd.* besitzt sie eine durchschnittliche Länge von 97–240 mm, eine Breite von 25–46 mm und ein Gewicht von 8–147 g. Die großen Unterschiede in den Ausmaßen der Milz beim *Hd.* erklären sich aus den außerordentlichen Größenunterschieden der verschiedenen Rassen. Bei der *Ktz.* hat die Milz eine Länge von 114–185 mm, eine Breite von 14–31 mm und ein Gewicht von 5,5–32 g, wobei die unterschiedliche Blutspeicherung eine wesentliche Rolle spielt.

Die **Lage** der Milz bei den *Flfr.* ist weitgehend von dem jeweiligen Füllungszustand des Magens abhängig (172–174/*d*;186/*e*). Beim *Hd.* ist ihr Dorsalende bei mäßig gefülltem Magen (173/*d*) noch von den beiden letzten Rippen bedeckt, während ihr Ventralende, den Rippenbogen überschreitend, eine Horizontalebene durch die 7.–10. Rippensymphyse und die Querebene durch den

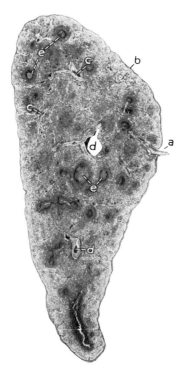

Abb. 268. Querschnitt durch die Milz des Hundes. Mikrofoto.

a Milzhilus; *b* Milzkapsel; *c* Trabekel; *d* Arterien- und Venenquerschnitte in Trabekeln; *e* Milzkörperchen (weiße Milzpulpa), das übrige Milzparenchym stellt die rote Milzpulpa dar

2.–4. Lendenwirbel erreicht. Mit ihrer Parietalfläche legt sie sich dem Crus sinistrum der Pars lumbalis bzw. der Pars costalis des Zwerchfells sowie der seitlichen Bauchwand unmittelbar an. Das vergrößerte Organ ist hier abtastbar. Der kranial vom Hilus gelegene Teil ihrer viszeralen Fläche, die Facies gastrica, grenzt an den Magen, während der kaudale Abschnitt, die Facies intestinalis, der linken Niere, dem Colon descendens sowie Schlingen des Leerdarms benachbart ist. Bei l e e r e m M a g e n (172/*d*) liegt die Milz vollständig intrathorakal, während sie durch den s t ä r k e r g e f ü l l t e n M a g e n (174/*d*) ganz in die Flankengegend, unter Umständen bis vor den Beckeneingang verlagert wird. Bei der *Ktz.* liegt die Milz auch bei leerem Magen niemals ganz intrathorakal.

Die Milz des *Flfr.* (178/*C*;179;180/*k*) wird vom großen Netz getragen. Ihr Dorsalende ist dabei relativ eng am Fundus des Magens befestigt, während der zwischen Milzhilus und großer Krümmung des Magens verkehrende Netzabschnitt das ausgedehnte *Ligamentum gastrolienale* (*d*) bildet. Die geschilderte Art der Befestigung der Milz beim *Flfr.* macht ihre große Verschieblichkeit in Anpassung an den jeweiligen Füllungszustand des Magens verständlich. Insbesondere ihr Ventralende ist nur locker befestigt, so daß bei maximaler Speicherung des Organs seine Ausdehnung über die ventrale Mittellinie nach rechts erfolgen kann. Je nach Größe ist die Milz bei *Hd.* und *Ktz.* im Röntgenbild gut zu erkennen und beim lebenden Tier gut tastbar.

Milz des Schweines

Die Milz des *Schw.* (264) ist hellrötlich, dunkelt bei Luftzutritt nach und läßt auf dem Schnitt die *Milzkörperchen* deutlich erkennen. Sie hat lang-zungenförmige (schmal-riemenförmige) Gestalt mit verschmälertem ventralen Ende. Der *Hilus lienis* (*a*) liegt auf einer kammartigen Erhebung an der v i s z e r a l e n F l ä c h e (Querschnitt der Milz dreieckig). Hier erreichen die zahlreichen Äste der A. und V. lienalis (*1,2*) das Organ, hier finden sich auch die Lnn. lienales (*5*).

Die Länge der Milz beträgt 240–450 mm, ihre Breite 35–125 mm; dabei ist sie 90–335 g schwer.

Lage: Bei l e e r e m bzw. m ä ß i g g e f ü l l t e m M a g e n (195/*g*;197/*k*) liegt sie in der linken Regio hypochondriaca und legt sich, fast senkrecht gestellt, der Pars costalis des Zwerchfells an. Ihr ventrales Ende kann hierbei den Rippenbogen überschreiten (197). Bei s t ä r k e r e r F ü l l u n g (199/*h*) des Magens erreicht sie mit ihrem Kaudalrand die letzte Rippe, wobei sie mit ihrem Ventralende, über den Rippenbogen hinausragend, in die Regio umbilicalis vorstößt. Ihr dorsales Ende erreicht den Fundus des Magens, die linke Niere und den linken Lappen des Pankreas. Ihre Facies gastrica steht mit der großen Krümmung des Magens, der andere Teil ihrer Facies visceralis mit Abschnitten des Leer- und des Grimmdarms in Kontakt. Durch das *Ligamentum gastrolienale* (197,199/*9*) ist die Milz nur lose mit dem Magen verbunden, wodurch sich beim *Schw.* nicht selten sog. Milztorsionen einstellen können.

Milz der Wiederkäuer

Die Milz des **Rd.** zeigt nach Alter und auch nach Geschlecht unterschiedliche Farbe. So ist sie bei *Kälbern* rotbraun bis bläulichrot, bei *Bullen* und *Ochsen* rotbraun oder dunkelbraun und bei *Kühen* graubläulich oder gräulich. Bei männlichen Tieren ist sie von derberer Konsistenz als bei Kühen. Die *Milzkörperchen* können Stecknadelkopfgröße erreichen.

Die Milz des *Rd.* (243,265) ist langgestreckt-oval, breit-riemenförmig, etwa gleichbreit und platt. Ihr *Hilus lienis* (265/a) beschränkt sich auf eine kleine Stelle an der Facies visceralis am Dorsalende des Organs in der Nähe seines Kranialrands.

Beim *Rd.* besitzt die Milz eine Länge von 0,4–0,5 m, eine Breite von 110–145 mm, eine Dicke von 20–30 mm und ein Gewicht von 665–1155 g. Das größere Milzgewicht findet man bei männlichen Tieren.

Lage: Infolge der Ausgestaltung der spindelförmigen Magenanlage zum mehrhöhligen Magen gelangt die Milz beim *Wdk.* links auf die dorsokraniale Fläche des Pansensacks (207/s) und besitzt somit keine unmittelbaren Beziehungen mehr zu dem großen Netz. Sie schiebt sich unter bzw. in den Serosaüberzug des dorsalen Pansensacks ein, liegt ihm mit ihrer V i s z e r a l f l ä c h e auf und lagert sich mit ihrer ganzen P a r i e t a l f l ä c h e dem Zwerchfell an. Mit dem Pansen ist sie auf einer serosafreien Fläche (265/d) in großer Ausdehnung, mit dem Zwerchfell in gleicher Weise, jedoch weniger umfangreich bindegewebig verwachsen, somit unverschieblich befestigt. Die im dorsalen Bereich der Milz auf das Zwerchfell übertretende Bauchfellfalte wird auch als *Ligamentum phrenicolienale,* die auf den Pansen übertretende Lamelle als *Ligamentum gastrolienale* bezeichnet. Die Milz liegt beim *Rd.* annähernd vertikal bzw. leicht lateral geneigt links auf dem kranialen Ende des dorsalen Pansensacks und der Kranialfläche der Haube an. Sie reicht vom oberen Ende der beiden letzten Rippen bis über die Rippenknorpelgelenke der 7.–8. Rippe. Dabei verläuft ihr Margo cranialis schräg vom Wirbelende der letzten Rippe zum ventralen Ende des 7. Interkostalraums (243/n,n'). Die Punktion der Milz (Probeexzision) kann in der Exspirationsphase links im 11. Interkostalraum in Höhe der Horizontalebene des Tuber coxae durchgeführt werden.

Die Milz des **Schf.** ist rotbraun, jene der **Zg.** graurötlich, mit auf dem Schnitt deutlich sichtbaren *Milzkörperchen.* Sie unterscheidet sich durch ihre handtellerförmige Gestalt auffallend von jener des *Rd.* Beim *Schf.* ist sie eine unregelmäßig dreieckige Scheibe mit etwas zugespitztem Ventralende (215/d). Ihre Facies parietalis ist konvex, die Facies visceralis konkav. Der kleine *Hilus* findet sich in der Nähe des dorsomedialen Randes des Organs an dessen viszeraler Fläche. Die Milz der *Zg.* ist mehr trapezförmig (266). Die sichere Unterscheidung zwischen der Milz des *Schf.* und jener der *Zg.* ist jedoch schwierig. Ihre Länge beträgt beim *Schf.* 85–140 mm, die Breite 60–110 mm und ihr Gewicht 46 bis 133 g. Bei der *Zg.* mißt die Milz in der Länge 94–124 mm, in der Breite 65–70 mm und wiegt um 70 g.

Bezüglich ihrer **Lage** bei den kl. *Wdk.* gilt sinngemäß das für das *Rd.* Gesagte. Auch hier schiebt sie sich links zwischen den dorsalen Pansensack und das Zwerchfell ein und ist mit beiden bindegewebig verwachsen. Entsprechend ihrer gedrungenen Form verbleibt sie jedoch noch dorsal der Wirbelsäule benachbart im Bereich der 10.–13. Rippe (213/l;215/d;216/p).

Milz des Pferdes

Die Milz des *Pfd.* (267) besitzt infolge ihrer dicken *Kapsel* stahlblaue Farbe, die post mortem durch Eintrocknung der Oberfläche dunkelbraunrot wird. Milzkörperchen sind auf dem Schnitt n i c h t sichtbar. Sie hat die Form eines kurzen Sensenblatts, mit dorsalem breitem (f) und zugespitztem ventralem Ende (g). An ihrer leicht konkaven *Facies visceralis* verläuft nahe dem kranialen Rand der *Hilus lienis* (a) über die ganze Länge des Organs und grenzt so die schmale *Facies gastrica* (c) von der breiten *Facies intestinalis* (b) ab.

Die Länge der Milz beträgt 0,4–0,7 m, ihre größte Breite 170–220 mm, ihre Dicke 20–60 mm und ihr Gewicht 950–1680 g. Bei Vollblutpferden wiegt die Milz im Durchschnitt 2000 g, bei Kaltblutpferden nur 1000 g.

Lage: Die Milz des *Pfd.* liegt in der linken Regio hypochondriaca (257/s). Ihre breite Extremitas dorsalis schiebt sich dorsal zwischen die linke Niere, hier eine deutliche Kontaktfläche, *Facies renalis*, bildend, und die linke Bauchwand ein. Sie erreicht mit ihrem kaudalen Winkel den Processus costalis des 1. Lendenwirbels. Die spitze Extremitas ventralis der kranioventral gerichteten Milz erreicht die untere Hälfte des 9.–11. Interkostalraums. Ihr konkaver Kranialrand folgt etwa der Grenzlinie zwischen der Pars costalis und dem Centrum tendineum des Zwerchfells. Ihr konvexer Kaudalrand läuft zunächst dem Rippenbogen parallel, um jedoch vom 16. Interkostalraum ab einer Verbindungslinie zwischen Hüfthöcker und Ellbogenhöcker zu folgen. Die Facies parietalis liegt dem Zwerchfell an, hingegen grenzt die Facies visceralis im Bereich ihres schmalen Kranialabschnitts (Facies gastrica) an den Magen, dorsal an die Niere (Facies renalis) und den linken Lappen des Pankreas sowie schließlich an Schlingen des Leerdarms, des Colon descendens und gelegentlich an die linke dorsale Längslage des Colon ascendens. Lageveränderungen in der Richtung nach kaudal werden durch den stärker gefüllten Magen, aber auch durch das große Kolon bedingt. Der rektalen Untersuchung ist nur ihre Extremitas dorsalis zugängig.

Die Extremitas dorsalis der Milz ist durch das *Ligamentum phrenicolienale* (13/6;267/6), das sich kranial in das *Ligamentum gastrophrenicum* (13/7) fortsetzt, am Zwerchfell befestigt. Zudem besteht durch das *Ligamentum renolienale* (13/5;267/7) auch eine Verbindung zur linken Niere. Der vom Hilus der Milz zur großen Krümmung des Magens ziehende Teil des großen Netzes verbindet als *Ligamentum gastrolienale* (13,267/4) beide Organe und enthält die A. und V. lienalis (267/1,2). Entlang dem Milzhilus finden sich die Lnn. lienales (5).

Atmungsapparat, Apparatus respiratorius

Allgemeine und vergleichende Betrachtung

Die Atmungsorgane ermöglichen den Gasaustausch zwischen Blut und Luft. Sie überprüfen und regeln zugleich den Luftstrom. Sie beginnen mit den beiderseitigen *Nasenlöchern, Nares* (269–276). Durch sie gelangt die Luft in die *Nasenhöhlen, Cava nasi* (57–62;283;287;288;290), und weiterhin durch den *Nasenrachen, Pars nasalis pharyngis* (57,58/c;59–62/b), den *Kehlkopf, Larynx* (57,58/g,59–62), sowie die *Luftröhre, Trachea* (132/19,19′;350), in die *Lunge, Pulmo* (357–363).

Der Gasaustausch erfolgt in den Alveolen der Lunge, wo deren Blutkapillaren, von der zarten Alveolenwand bedeckt, mit der Luft Kontakt haben. Auf dem Weg hierhin wird die Luft gereinigt, befeuchtet sowie erwärmt, und ihr Zustrom wird reguliert. Die mengenmäßige Zustromregulierung obliegt auf diesem Weg den Nasenlöchern und dem Kehlkopf, auch der Wechsel zwischen Nasen- und Mundatmung hat hieran teil (s. unten). Überdies bestimmen die Zwerchfellmuskulatur und die den Brustkorb erweiternden sowie verengenden Muskeln (Atmungsmuskeln, s. Bd I) das Atemvolumen. Zur Reinigung der Luft von Schwebeteilchen besitzt die Schleimhaut der Atmungswege dort, wo sie nicht wie am Nasen- und am Kehlkopfeingang sowie am Stimmorgan des Kehlkopfs infolge mechanischer Einwirkungen ein mehrschichtiges Plattenepithel trägt, an ihrer Oberfläche ein von Becherzellen durchsetztes, mehrreihiges hochprismatisches Epithel mit Flimmerbesatz. Durch den Flimmerstrom können feinste Fremdkörper aus der Nase herausbefördert werden, und zwar entweder zu den Nasenlöchern und so nach außen oder aber kaudal in den Atmungsrachen, wo Verdauungs- und Atmungsweg einander kreuzen und die zu eliminierenden Teilchen in den Verdauungsweg abgegeben werden. Der Befeuchtung der Luft dienen seromuköse Drüsen und der Erwärmung ein reich verzweigtes sowie stark erweiterungs- und drosselungsfähiges Blutgefäßnetz in der Atmungsschleimhaut der Nasenhöhlen. Die Blutwärme wird auch dazu benutzt, das Sekret der Drüsen abzudunsten und die Luft in der Nase mit Dampf zu sättigen, was ebenfalls für den Riechakt bedeutsam ist (Geruchsorgan, s. Bd IV). Der Luftstrom vermag außer dem meist benutzten Nasenweg (*Nasenatmung*) den Weg über die Mundhöhle (*Mundatmung*) zu nehmen. Da dem Mund jedoch die zur notwendigen Vorbereitung der Atemluft besonderen Einrichtungen fehlen, wird er nur bei forcierter Atmung benutzt. Allein der *Hd.* gebraucht oft die Mundatmung (sog. Hecheln), die hier auch besonders der Flüssigkeitsverdunstung dienen soll. Dem Grund der Nasenhöhle ist zudem das Geruchsorgan und dem Kehlkopf das Organ der Stimmerzeugung eingefügt. Das Geruchsorgan zeigt schädliche Beimengungen der Atemluft an und bewirkt dann reflektorisch den Verschluß des Luftwegs im Kehlkopf. Neben der Erzeugung der Stimme im Kehlkopf, vorwiegend mit Hilfe der Ausatmungsluft, dienen die nach außen folgenden Atmungswege samt der Mundhöhle als Ansatzrohr des Stimmapparats zur Förderung der Resonanz. Beim *Msch.* übernimmt die Mundhöhle zudem durch entsprechende Verformung die Modellierung der Laute. Sie vermag auch bei den *Hsgt.* bei der Stimmgestaltung mitzuwirken.

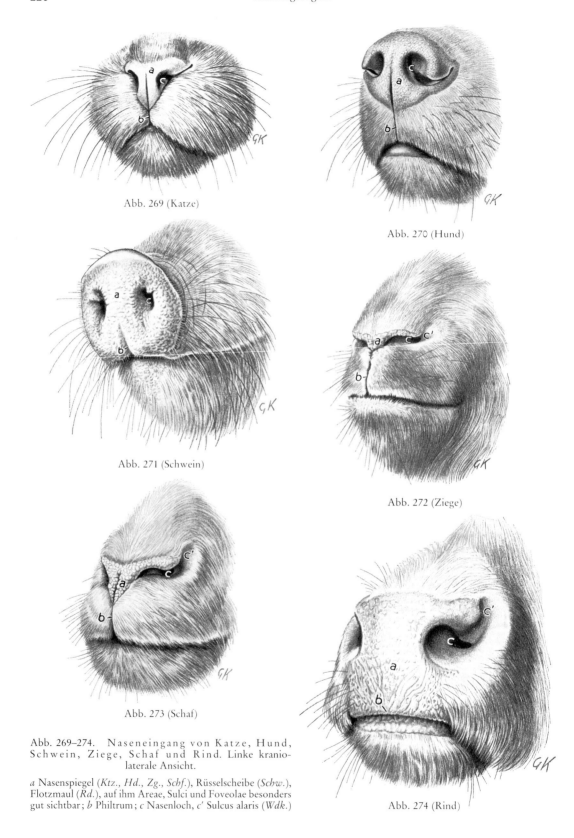

Abb. 269 (Katze)

Abb. 270 (Hund)

Abb. 271 (Schwein)

Abb. 272 (Ziege)

Abb. 273 (Schaf)

Abb. 269–274. Naseneingang von Katze, Hund, Schwein, Ziege, Schaf und Rind. Linke kranio-laterale Ansicht.

a Nasenspiegel (*Ktz., Hd., Zg., Schf.*), Rüsselscheibe (*Schw.*), Flotzmaul (*Rd.*), auf ihm Areae, Sulci und Foveolae besonders gut sichtbar; *b* Philtrum; *c* Nasenloch, *c'* Sulcus alaris (*Wdk.*)

Abb. 274 (Rind)

Nase, Nasus externus

(18–24, 57–62, 79, 81, 83, 85, 269–281, 283–288, 290, 291)

Die **äußere Nase** ragt beim *Msch.* frei aus dem Gesicht vor. Bei den *Hsgt.* hingegen ist sie in den Gesichtsschädel einbezogen und bildet dessen dorsalen und seitlichen Abschnitt. Bei *Flfr.* und *Schw.* überragt die Nasenspitze das Gesicht.

An der Nase sind zu unterscheiden dorsal der *Nasenrücken, Dorsum nasi,* jederseits die *Regiones laterales nasi* und vorn die *Nasenspitze, Apex nasi,* mit den beiden *Nasenlöchern, Nares* (269–274/ *c*;275,276/*a*), die in die entsprechenden *Nasenhöhlen, Cava nasi dextrum* und *sinistrum* (57,58/*a– a''*;59–62/*1–11*), führen. Den beiden Nasenhöhlen sind zudem jederseits *Nebenhöhlen, Sinus parana- sales,* angeschlossen. Die Scheidewand zwischen den beiden Nasenlöchern, *Pars mobilis septi nasi* (277–280;283,284/*9*;287,288/*A*;290/*B*), geht kaudal in die *Scheidewand der Nasenhöhlen, Septum na- si* (59–62/*7*;277–281/*a*;284/*10*;285/*D*), über und diese wiederum in die *Lamina perpendicularis* des *Os ethmoidale* (284/*G*;286/*F*). Dieses Scheidewandsystem ist im Siebbeinbereich knöchern, sonst aber knorpelig, und zwar ist es je weiter rostral um so biegsamer. Mit zunehmendem Alter setzt die Ver- knöcherung der *Cartilago septi nasi* ein.

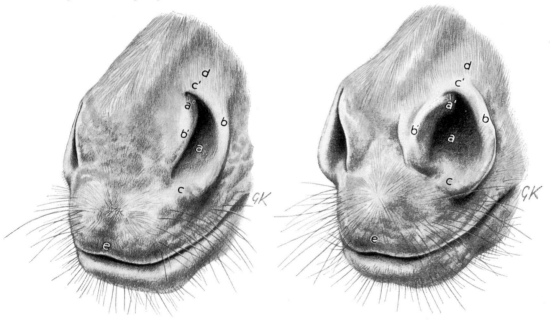

Abb. 275 mit engen Nüstern   Abb. 276 mit geblähten Nüstern

Abb. 275, 276.   N a s e n e i n g a n g   e i n e s   P f e r d e s. Linke kraniolaterale Ansicht.

a Nasenloch, *a'* Eingang in die Nasentrompete, Diverticulum nasi; *b* lateraler, *b'* medialer Nasenflügel; *c* unterer, *c'* oberer Winkel des Nasenlochs; *d* Nasentrompete; *e* Philtrum

Die **äußere Wand der Nase** besteht aus der *äußeren Haut,* aus einer *knöchernen* bzw. rostral *knor- peligen Stütze* als Mittelschicht und innen aus *Schleimhaut.* Unter der äußeren Haut befinden sich zu- dem vor allem im rostralen Bereich Muskeln, die die Weite der Nasenlöcher regulieren, was besonders auffällig bei angestrengter Atmung und beim Wittern in Erscheinung tritt. Die k n ö c h e r n e G r u n d l a g e dieser äußeren Wand liefern das Os nasale, die Maxilla, die Ossa incisivum, frontale, la- crimale, zygomaticum sowie die Lamina perpendicularis des Os palatinum (Bd I, Abb. 218–224). Die freien Ränder des Os nasale und des Os incisivum begrenzen den *knöchernen Naseneingang, Aper- tura nasi ossea,* an die sich das nachfolgend beim Naseneingang besprochene, insbesondere auch die Nasenlöcher stützende Knorpelgerüst rostral anschließt.

Der **Boden der Nasenhöhle** bildet zugleich das Dach der Mundhöhle, wobei dorsal die Nasen- schleimhaut und ventral die Mundhöhlenschleimhaut die knöcherne Grundlage bedecken. Diese besteht beiderseits aus dem Os incisivum, dem Processus palatinus der Maxilla und der Lamina horizontalis des Os palatinum. Nasenhöhlenwärts ist diesen Knochen in der Medianen das Pflugscharbein, Vomer, zur Aufnahme der Nasenscheidewand angefügt (59–61/*E*;283,284/*C*;287,290,291/*H*).

An der Grenze von Nasen- und Schädelhöhle stehen das Os ethmoidale, die Pars nasalis der Ossa frontalia und das Rostrum sphenoidale des Os praesphenoidale.

Naseneingang, Apertura nasi
(62, 269–281)

Die **Nasenknorpel, Cartilagines nasi externi** (277–281), stützen die Nasenlöcher und den rostralen Abschnitt der Nase. Sie sind bei den einzelnen *Hsgt.* unterschiedlich gestaltet. Die *Nasenscheide-*

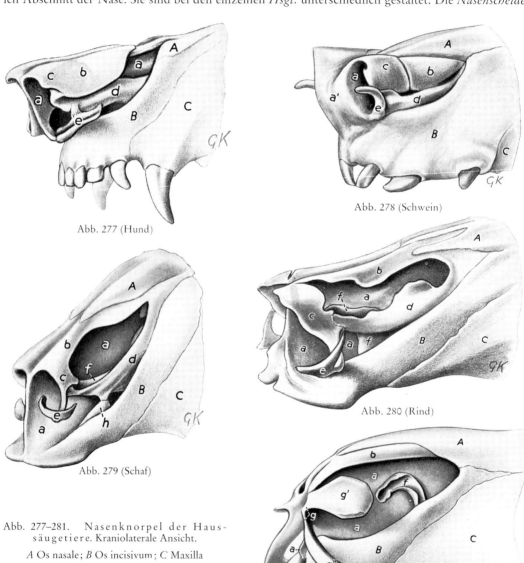

Abb. 277 (Hund)

Abb. 278 (Schwein)

Abb. 279 (Schaf)

Abb. 280 (Rind)

Abb. 281 (Pferd)

Abb. 277–281. Nasenknorpel der Haussäugetiere. Kraniolaterale Ansicht.

A Os nasale; *B* Os incisivum; *C* Maxilla

a Septum nasi, *a'* Os rostrale (*Schw.*); *b,c* Cartilago nasi lat. dors., *c* Nasenlochteil (*Flfr., Schw., Schf., Rd.*); *d* (*Schf.: d,h*) Cartilago nasi lat. ventr. (exkl. *Pfd.*); *e* Cartilago nasalis acc. lat. (exkl. *Pfd.*); *f* Cartilago nasalis acc. med. (bei *Hd.* und *Schw.* nicht sichtbar); *g* Cartilago alaris, *g'* Lamina, *g''* Cornu (*Pfd.*)

wand, *Septum nasi* (277–281/a), die im Bereich der *Nasenlöcher, Nares,* zur *Pars mobilis septi nasi* (277–280;283,284/9;287,288/A;290/B) wird, ist an ihrem dorsalen und an ihrem ventralen Rand nach den Seiten hin verbreitert und liefert so die *dorsalen Seitenwandknorpel, Cartilagines nasi laterales dorsales* (277–281/b), und die *ventralen Seitenwandknorpel, Cartilagines nasi laterales ventrales* (277–280/d). Diese die laterale Nasenwand rostral stützenden Knorpel berühren sich bei *Flfr., Schw.* und *Wdk.* so, wie es aus den Abb. 277–280 ersichtlich ist. Beim *Pfd.* (281/b) hingegen ladet der dorsale Knorpel nur wenig in die Seitenwand aus, und der unbedeutende ventrale Knorpel bedeckt lediglich die Sutura palatina mediana. Mit dieser eigenartigen Gestaltung der Seitenwandknorpel ist beim *Pfd.* gegenüber den anderen *Hsgt.* zugleich ein wesentlicher Unterschied in der Ausbildung des Knorpelgerüsts im Nasenlochbereich verbunden. So trägt beim *Pfd.* die Nasenscheidewand rostral jederseits in bindegewebiger und manchmal gelenkiger Verbindung den *Flügelknorpel, Cartilago alaris* (281/g–g''), der dorsal aus der *Platte, Lamina* (g'), und ventral aus dem *Horn, Cornu* (g''), besteht. Dieser Knorpel stützt die Nasenlöcher dorsal, medial und ventral (275,276/a',b',c). Die anderen *Hsgt.* hingegen besitzen zur Stütze ihrer Nasenlöcher median das *Septum nasi* (277–280/a) und beim *Schw.* zudem das diesem und dem Os incisivum aufsitzende *Rüsselbein, Os rostrale* (Bd I, Abb. 221, und Bd II, Abb. 278/a';287B). Als deren dorsale Stütze dient bei ihnen der Nasenlochteil, *Pars mobilis septi nasi* (277–280/c), des dorsalen Seitenwandknorpels, der beim *Schw.* durch eine nicht vollkommen durchgehende Spalte und bei den *Wdk.* durch eine unterschiedlich tiefe Inzisur vom Hauptteil des dorsalen Seitenwandknorpels abgesetzt ist. In das ventrale Nasenlochgebiet ragt bei diesen *Hsgt.* ferner der das Nasenloch insbesondere lateral begrenzende *laterale Ansatzknorpel, Cartilago nasalis accessoria lateralis* (277–280/e), der beim *Schw.* pfriemförmig, bei *Flfr.* und *Wdk.* hingegen ankerförmig ausgebildet ist. Sein Ursprung ist bei den *Flfr.* am ventra-

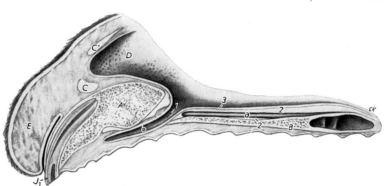

Abb. 282. Linkes Organum vomeronasale eines Pferdes nach Paramedianschnitt durch den Schädel. Linke Seitenansicht.

A Os incisivum; *B* Palatum durum; *C,C'* Cartilago alaris: *C* Cornu, *C'* Lamina; *D* Septum nasi; *E* Labium superius; *J1* Dens incisivus 1

a Organum vomeronasale; *b* Ductus incisivus

1 Mündung des Organum vomeronasale; *2* Knorpelröhre gefenstert; *3* Nasenschleimhaut, Schnittkante

len und bei den *Wdk.* am dorsalen Seitenwandknorpel verankert, und beim *Schw.* lagert er sich dem Rüsselbein ventral an. Dem *Pfd.* fehlt in der lateralen Naseneingangsbegrenzung die knorpelige Stütze, weshalb diese häutig-muskulöse Seitenpartie der Nase als *weiche Nase* bezeichnet wird. Neben diesen Knorpeln besteht jederseits noch der *mediale Ansatzknorpel, Cartilago nasalis accessoria medialis* (279–281/f), der in der Flügelfalte, einer bei der Nasenhöhle (s. 227) zu besprechenden Schleimhautfalte, gelegen ist und mit seiner Basis von der ventralen Nasenmuschel sowie (exkl. *Pfd.*) vom ventralen Seitenwandknorpel ausgeht. Beim *Pfd.* ist er S-förmig und groß, bei den übrigen *Hsgt.* aber klein.

Die **Nasenlöcher, Nares** (269–274/c;275,276/a), werden seitlich durch die *Nasenflügel, Ala nasi lateralis* bzw. *medialis* (275,276/b,b'), begrenzt. Diese gehen im *dorsalen* bzw. *ventralen Nasenwinkel* (275,276/c,c') ineinander über. Die, wie bereits dargelegt wurde, tierartlich so verschieden gestalteten Knorpel sowie die eigenartig modifizierte Haut am Naseneingang bedingen bei den verschiedenen Tierarten auch eine unterschiedliche Form der Nasenlöcher.

Das zwischen den Nasenlöchern sowie ihrer Umgebung gelegene Hautfeld (vgl. Abb. 269–276) ist beim *Pfd.* behaart; bei den übrigen *Hsgt.* zeigt es auffallende Besonderheiten, die teilweise auch auf die Oberlippe übergreifen. Bei *Flfr.* und *kl. Wdk.* bezeichnet man dieses spezialisierte Hautgebiet als *Nasenspiegel, Planum nasale,* beim *Schw.* als *Rüsselscheibe, Planum rostrale,* und beim *Rd.* als *Flotzmaul, Pla-*

num nasolabiale. Der Nasenspiegel ist völlig unbehaart, die Rüsselscheibe besitzt kurzstoppelige, plumpe Sinushaare, und das Flotzmaul ist, abgesehen von seinem Sinushaarbesatz in der lateralen Berandung, unbehaart. Beim *Pfd.* endlich finden sich in diesem feinbehaarten Gebiet Sinushaare eingestreut.

Während die Oberfläche des Nasenspiegels bei der *Ktz.* kleine Höcker trägt, ist sie bei *Hd.* und *kl. Wdk.* durch *Rinnen, Sulci,* in *Felder, Areae,* unterteilt. Das gleiche trifft auch für die Rüsselscheibe des *Schw.* und das Flotzmaul des *Rd.* zu. Dieses Oberflächenrelief bleibt bei *Hd., Schw.* und *Wdk.* in allen Altersstufen unverändert und individuell charakteristisch, so daß Abdrücke zum Identitätsnachweis herangezogen werden können. Bei *Schw.* und *Wdk.* benetzen auf der Höhe der Felder in sichtbare *Foveolae* mündende *Drüsen* diese Hautbildung. Bei den *Flfr.,* denen solche Hautdrüsen fehlen, übernehmen seröse Drüsen der Septumschleimhaut, die *lateralen Nasendrüsen, Glandulae nasales laterales,* sowie die Tränendrüsen die Befeuchtung.

Die bei *Flfr.* und *kl. Wdk.* tiefe *Lippenrinne, Philtrum* (269,270,272,273/*b*), greift auf die Nase über. Bei *Schw.* (271/*b*), *Rd.* (274/*b*) und *Pfd.* (275,276/*e*) hingegen ist diese Rinne seicht und beschränkt sich auf die Lippen.

Die Gestalt der Nasenlöcher: Die kreisrunden Nasenlöcher der *Flfr.* sind in der lateralen Berandung durch eine Schleimhauteinfaltung zwischen dorsalem Seitenwand- und lateralem Ansatzknorpel geschlitzt. Beim *Schw.* besitzen sie, der Gestalt der stützenden Knorpel entsprechend, rundovale Form. Bei den *kl. Wdk.* sind die Nasenlöcher schlitzförmig, beim *Rd.* aber oval, und es besteht hier dorsolateral zwischen den schleimhautüberzogenen dorsalen Seitenwandknorpeln und den hautbekleideten lateralen Ansatzknorpeln die *dorsale Flügelrinne, Sulcus alaris* (272–274/*c'*). Dieser Rinne der *Wdk.* entspricht der erwähnte Schlitz am Nasenloch der *Flfr.* Beim *Pfd.* ragt die von der Platte der Cartilago alaris und von der Cartilago nasalis accessoria medialis gestützte *Flügelfalte, Plica alaris* (62/2;275;276), von medial her in den dorsalen Winkel der bei ruhiger Atmung mondsichelförmigen, bei verstärkter Atmung aber lateral entfalteten und dann kreisrunden Nasenlöcher. Diese Flügelfalte

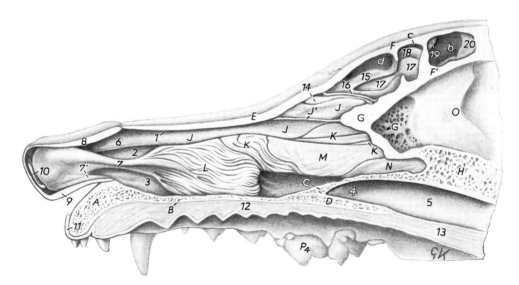

Abb. 283.   Nasenhöhle eines Hundes nach Entfernung des Septum nasi. Paramedianschnitt. Medialansicht der rechten Hälfte. (Nach GRAEGER, 1958.)

A Os incisivum; *B* Maxilla; *C* Vomer; *D* Os palatinum; *E* Os nasale; *F,F'* Os frontale: *F* Außen-, *F'* Innenlamelle; *G,G'* Os ethmoidale: *G* Lam. perpendicularis, *G'* Lam. cribrosa; *H* Os praesphenoidale, Corpus; *J* Concha nasalis dors., *J'* Schnittkante des kaudalen Teiles ihrer Basallamelle; *K* Concha nasalis media; *L* Concha nasalis ventr.; *M* Endoturbinale III; *N* Endoturbinale IV; *O* Cavum cranii; *P₄* Dens praemolaris 4 (Reißzahn)

b Sinus frontalis lat.; *c* Sinus frontalis med.; *d* Sinus frontalis rostr.

1 Meatus nasi dors.; *2* Meatus nasi medius; *3* Meatus nasi ventr.; *4* Meatus nasopharyngeus; *5* Pars nasalis pharyngis; *6* gerade Falte; *7* Flügelfalte; *7'* Bodenfalte; *8* Cartilago nasi lat. dors.; *9* Septum nasi, Schnittkante; *10* Nasenloch; *11* Mundhöhlenschleimhaut; *12* Palatum durum; *13* Velum palatinum; *14* Ectoturbinale 1; *15–18* Ectoturbinale 2: *15* Basallamelle (gefenstert), *16* dorsomediale Spirallamelle (Schnittkante), *17* medialer Teil, *18* lateraler Teil der ventrolateralen Spirallamelle; *19* Ectoturbinale 3, dorsale Spirallamelle; *20* knöchernes Septum im Sinus frontalis lat.

grenzt das dorsale sog. *falsche Nasenloch* (275,276/*a'*), das in die *Nasentrompete, Diverticulum nasi*, einen blind endenden Hautsack, führt, von dem ventralen, in die Nasenhöhle einleitenden *Nasenloch* ab (275,276/*a*).

Die N a s e n m u s k e l n dienen im Zusammenwirken mit den Lippenmuskeln der Erweiterung der Nasenlöcher sowie des Eingangsgebiets der vorderen Luftwege und bedingen beim *Pfd.* das sog. Blähen der Nüstern bei verstärkter Atmung. Bei *Schw.* und *Flfr.* sind die entsprechenden Muskeln nur schwach entwickelt (s. Bd I).

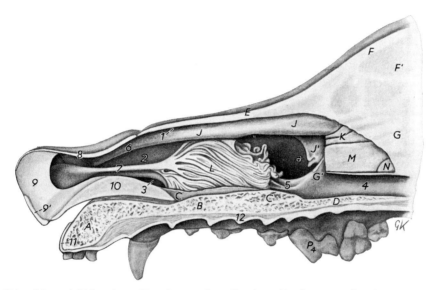

Abb. 284.   N a s e n h ö h l e e i n e s H u n d e s nach teilweiser Entfernung des Septum nasi sowie von T e i l e n d e r C o n c h a n a s a l i s m e d i a , des E n d o t u r b i n a l e III und der L a m i n a p e r p e n d i c u l a r i s z u r S i c h t b a r m a c h u n g d e r A p e r t u r a n a s o m a x i l l a r i s . P a r a m e d i a n s c h n i t t. Medialansicht der rechten Hälfte. (Nach GRAEGER, 1958.)

A Os incisivum; *B* Maxilla; *C* Vomer; *D* Os palatinum; *E* Os nasale; *F* Os frontale; *F'* Septum sinuum frontalium; *G,G'* Os ethmoidale: *G* Lam. perpendicularis, *G'* Lam. orbitalis; *J* Concha nasalis dors., *J'* Proc. uncinatus; *K* Concha nasalis media; *L* Concha nasalis ventr.; *M* Endoturbinale IV; *N* Endoturbinale III; *P4* Dens praemolaris 4 (Reißzahn)

a Rec. maxillaris

1 Meatus nasi dors.; *2* Meatus nasi medius; *3* Meatus nasi ventr.; *4* Meatus nasopharyngeus; *5* Rand der Apertura naso-maxillaris, in die der Proc. uncinatus (*J'*) hineinragt; *6* gerade Falte; *7* Flügelfalte; *8* Cartilago nasi lat. dors.; *9,9',10* Septum nasi; *11* Mundhöhlenschleimhaut; *12* Palatum durum

Nasenhöhle, Cavum nasi
(25, 57–62, 283–291, 388, 400, 401)

Der *Anfangsteil, Vestibulum nasi* (62/*1'*), ist von kutaner Schleimhaut (beim *Pfd.* auch von feinbehaarter äußerer Haut) ausgekleidet. In ihren *Hauptteil, Cavum nasi*, ragen die *Nasenmuscheln, Conchae nasales* (283,284/*J,K,L*;287/*O,P,Q*;288/*N,O,P*;290/*O,P,Q*;400/*K,L,M*), hinein, und die *Siebbeinmuscheln, Conchae ethmoidales* (283,284/*M,N*;287/*R*;288/*Q,R*;290/*R,S*;400/*N*), erfüllen den kaudodorsal gelegenen *Nasengrund* (283;287–291;400). Kaudoventral leitet der *Nasenrachengang, Meatus nasopharyngeus*, über die *Choane* (59–62/*13*;283,284,287,288,290/*4*;400/*19*), in den *Nasenrachen, Pars nasalis pharyngis* (57,58/*c*;59–62/*b*), über. Der Hauptteil der Nasenhöhle sowie das Septum nasi tragen *Atmungsschleimhaut* und werden deshalb als *Regio respiratoria* bezeichnet. Diese ist mit mehrreihigem, flimmertragendem, hochprismatischem Epithel, von Becherzellen durchsetzt, und mit vorwiegend serösen Drüsen ausgestattet. Im Nasengrund findet sich *Riechschleimhaut*, weshalb dieser Abschnitt auch *Regio olfactoria* genannt wird. Die A t m u n g s s c h l e i m h a u t enthält in der Tiefe ihrer Tela submucosa zahlreiche Blutgefäße (25/*bei 1,2,3*), insbesondere zur Drosselung und zur Erweiterung befähigte Venen vom muskulösen Typ, die der Erwärmung und durch Abdunstung des

Drüsensekrets der Dampfsättigung der eingeatmeten Luft dienen. Durch ihre Füllung können die Venengeflechte die Schleimhaut zu beträchtlicher Dicke anschwellen lassen und zur Hemmung des Luftstroms führen.

Durch die einragenden Nasenmuscheln (25/2,3;283,284/J,K,L;287/O,P,Q;288/N,O,P;290/ O,P,Q;400/K,L,M) entstehen in der Nasenhöhle drei Nasengänge, Meatus nasi: Der *dorsale Nasengang, Meatus nasi dorsalis* (25/b; 283,284,287,288,290/1;400/8), führt zwischen Nasendach und dorsaler Muschel zum Riechorgan und wird deshalb auch als *Riechgang* bezeichnet. Der *mittlere Nasengang, Meatus nasi medius* (25/c; 283,284,287,288,290/2;400/9), liegt zwischen der dorsalen und der ventralen Nasenmuschel und endet auch im Nasengrund. Er wird bei *Flfr.* und *Wdk.* infolge der hier weit vorragenden mittleren Nasenmuschel kaudal in einen *dorsalen* und in einen *ventralen Schenkel* unterteilt. Ihm sind die *Nebenhöhlen der Nase, Sinus paranasales,* angeschlossen, deshalb wird er *Sinusgang* genannt. Der *ventrale Nasengang, Meatus nasi ventralis* (25/d;283,284,287,288,290/3; 400/ 10), ist der geräumigste. Er liegt zwischen der ventralen Nasenmuschel und dem Nasenhöhlenboden und geht kaudal über den Meatus nasopharyngeus und die Choane (283,284,287,288,290/4;400/19) in den Nasenrachen (57,58/c;59–62/b) über. Ihn durchstreicht die Hauptmasse der Atemluft, weshalb er auch *Atmungsgang* heißt. Als *medialer Nasenraum, Meatus nasi communis* (25/a), wird der vom Nasendach bis zum Nasenboden durchgehende paramediane Spalt zwischen der Nasenscheidewand und den Nasenmuscheln bezeichnet.

Die Schleimhaut der Nase bildet rostral mit den Nasenmuscheln verbundene Falten: An der dorsalen Muschel ist es die *gerade Falte, Plica recta* (283,284/6;287,288,290/5), die beim *Pfd.*

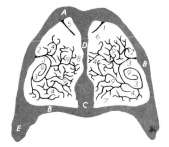

Abb. 285. Transversalschnitt durch die Nasenhöhle eines Hundes, etwa 20 mm apikal des Foramen infraorbitale. Rostralansicht. Etwas schematisiert. (Nach GRAEGER, 1958.)

A Os nasale; *B* Maxilla; *C* Vomer; *D* Septum nasi; *E* Dens praemolaris 2

1 Concha nasalis dors.; *2–4* an der Concha nasalis ventr.: *2* Basallamelle, *3* Spirallamelle, *4* Sekundärlamellen; *5* Meatus nasi dors.; *6* Meatus nasi medius; *7* Meatus nasi ventr.; *8* Meatus nasi com.; *9* Rec. conchae ventr.

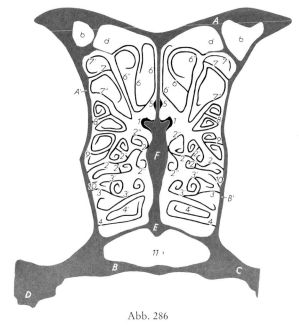

Abb. 286

Abb. 286. Transversalschnitt durch die Nasenhöhle eines Hundes an der Spitze der Siebplatte. Rostralansicht. Etwas schematisiert. (Nach GRAEGER, 1958.)

A,A' Os frontale, *A'* Pars orbitalis, mit der Lam. orbitalis des Os ethmoidale verschmolzen; *B,B'* Os palatinum: *B* Lam. horizontalis, *B'* Lam. perpendicularis, mit der Lam. orbitalis des Os ethmoidale verschmolzen; *C* Maxilla; *D* Dens molaris 2; *E* Vomer; *F* Os ethmoidale, Lam. perpendicularis

b Sinus frontalis lat.; *d* Sinus frontalis rostr.

1 Concha nasalis dors.; *2* Concha nasalis media, Basallamelle, *2'* Sekundärlamellen mit Spiralblättchen, die vom peripheren Teil der Lam. cribrosa ihren Ausgang nehmen, *2''* Spirallamellen, die vom zentralen Teil der Lam. cribrosa entspringen; *3* Endoturbinale III, Basallamelle, *3'* doppelte Spirallamellen; *4* Endoturbinale IV, Basallamelle, *4'* dorsale Spirallamelle (ventrale Spirallamelle in dieser Schnittebene nicht vorhanden); *5* Ectoturbinale 1; *6* Ectoturbinale 2, Basallamelle, *6'* dorsomediale, *6''* ventrolaterale Spirallamelle; *7* Ectoturbinale 3, Basallamelle, *7'* dorsale, *7''* ventrale Spirallamelle; *8* Ectoturbinale 4, Basallamelle mit dorsolateraler und ventromedialer Spirallamelle; *9* Ectoturbinale 5, Basallamelle mit dorsaler und ventraler Spirallamelle; *10* Ectoturbinale 6; *11* Meatus nasopharyngeus

an ihrem muschelwärtigen Ursprung in einen dorsalen und einen ventralen Schenkel unterteilt ist. An der ventralen Muschel bestehen dorsal die *Flügelfalte, Plica alaris* (60–62/2;283,284/7;287,288,290/6), die vom medialen Ansatzknorpel (beim *Pfd.* von der Platte des Flügelknorpels) gestützt wird, und die *Bodenfalte, Plica basalis* (61,62/3;283/7';287,288,290/7). Diese zieht beim *Pfd.* (62/3) von der ventralen Muschel rostral. Bei *Flfr., Schw.* sowie *Wdk.* (283/7';287,288,290/7) ist sie hingegen ventral von der Concha nasalis ventralis gelegen und hat nur rostral mit der Flügelfalte Verbindung.

Die **Nasenmuscheln, Conchae nasales** (283,284/*J,K,L*;287/*O,P,Q*;288/*N,O,P*;290/*O,P,Q*;400/*K,L,M*), haben ebenso wie die vorwiegend im Nasengrund befindlichen **Siebbeinmuscheln, Conchae ethmoidales** (283,284/*M,N*;287/*R*;288/*Q,R*;290/*R,S*;400/*N*), als knöcherne Grundlage die *Muschelbeine*, die beidseitig von Schleimhaut bekleidet sind. Die Muschelbeine besitzen die an den Schädelknochen befestigte *Basallamelle* (388/*A*;401/*a,b*), von der aus sich innen eine oder zwei und selten mehr *Spirallamellen* (388/*B,C*;401/*a',b'*), den sog. Muschelwulst bildend, aufrollen (s. Bd I). Durch diese Aufrollung grenzen die Nasenmuscheln *Buchten, Recessus* (288/*a,b*;290/*m,p*;388/*b,c*;400/*h,k*;401/4,5), ab, die mit der Nasenhöhle in weiter Verbindung stehen. An ihrem freien Rand bilden die Spirallamellen mancherorts *Blasen, Bullae* (388/*b',c'*;401/*a'',b''*), die durch quergestellte Wände noch in *Cellulae* (288/*c*;290/*n–n''*, *q–q''*;400/*i,l*) unterteilt sein können. Der freie Rand der Spirallamellen kann aber auch mit der Basallamelle oder mit benachbarten Kopfknochen verwachsen sein, so daß dann Höhlen, *Sinus conchae* (287/*c*;288/*d,e,e'*;290/*d,l,o*;400/*b,c'',e*), entstehen, die, sofern sie nicht anderen Höhlen hintergeschaltet sind, nur einen engen Zugang von der Nasenhöhle her besitzen. Neben diesen Höhlen in den Nasenmuscheln bestehen in den Schädelknochen Höhlen, die zusammen mit den Muschelhöhlen die *Nebenhöhlen der Nase, Sinus paranasales*, darstellen. Diese entstehen dadurch, daß Epithelsprosse in die entsprechenden Knochen vordringen und unter Hohlraumbildung jene luftführenden, schleimhautausgekleideten Höhlen entstehen lassen, die erst nach der Geburt und zum Teil auch viel später ihre volle Ausbildung finden.

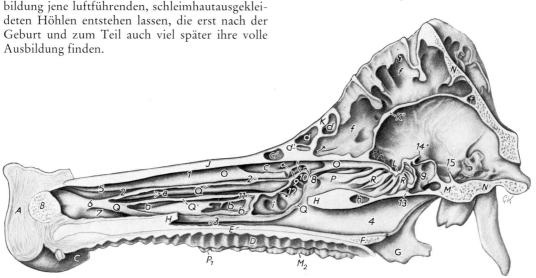

Abb. 287. Nasenhöhle eines Schweines mit eröffneten Nasenmuscheln nach Entfernung der Nasenscheidewand und der Lamina perpendicularis des Siebbeins. Medianschnitt. Medialansicht der rechten Hälfte. (Nach LOEFFLER, 1959.)

A Rostrales Ende des Septum nasi; *B* Os rostrale; *C* Labium superius; *D* Palatum durum mit Rugae palatinae; *E* Proc. palatinus der Maxilla; *F* Pars horizontalis, *G* Proc. pterygoideus des Os palatinum; *H* Vomer (teilweise entfernt); *J* Os nasale; *K,K'* Os frontale; *L* Os ethmoidale; *M* Os basisphenoidale; *N* Os occipitale; *O* Concha nasalis dors.; *P* Concha nasalis media; *Q* Concha nasalis ventr., *Q'* Basallamelle; *R* weitere Endoturbinalia; *P1* Dens praemolaris 1; *M2* Dens molaris 2

a,b Recc. dorsalis und ventralis conchae ventr.; *c,c'* Sinus conchae dors.; *d* Sinus frontalis rostr. med., *d'* Rest des Sinus frontalis rostr. med. der linken Schädelhälfte; *f* Sinus frontalis caud.; *g* Sinus sphenoidalis; *h* Cellulae ethmoidales; *i* Sinus conchae ventr.

1 Meatus nasi dors.; *2* Meatus nasi medius; *3* Meatus nasi ventr.; *4* Meatus nasopharyngeus; *5* gerade Falte; *6* Flügelfalte; *7* Bodenfalte; *8* Apertura nasomaxillaris; *9* Zugang zum Sinus conchae dors., *10* zum Sinus frontalis caud., *11* zum Sinus conchae ventr., *12* zu der vor der Kieferhöhle gelegenen Bucht der ventralen Muschelhöhle, *13* zum Sinus sphenoidalis; *14* Crista orbitosphenoidalis; *15* Dorsum sellae turcicae

Der *dorsalen Nasenmuschel, Concha nasalis dorsalis* (283,284/*J*;287/*O*;288/*N*;290/*O*;400/*K*), dient das weit in die Nasenhöhle rostral vorragende und im Nasenbereich an der Crista ethmoidalis des Os nasale befestigte Endoturbinale I (Bd I, Abb. 257–260/*I*) als knöcherne Grundlage. Das *Os conchae nasalis ventralis* entspringt als knöcherne Grundlage der *ventralen Nasenmuschel, Concha nasalis ventralis* (283,284/*L*;287/*Q*;288/*P*;290/*Q*;400/*M*), an der Crista conchalis der Maxilla und gehört nicht zum Siebbein. Der *mittleren Nasenmuschel, Concha nasalis media* (283,284/*K*;287/*P*;288/*O*;290/*P*;400/*L*), die bei *Schw.* und *Pfd.* nur klein ist, dient das Endoturbinale II (Bd I, Abb. 257–260/*II*) als knöcherne Stütze. Die übrigen Muscheln, die den Nasengrund ausfüllen, sind sog. *Siebbeinmuscheln, Conchae ethmoidales* (283,284/*M,N*;287/*R*;288/*Q,R*;290/*R,S*;400/*N*).

Die Nasenmuscheln sind ebenso wie die Nebenhöhlen der Nase tierartlich und auch nach Alter verschieden ausgebildet, so daß manche Besonderheit deshalb nur bei der entsprechenden Tierart dargelegt werden kann oder gar Spezialpublikationen vorbehalten bleiben muß. Die Zugänge zu den von den Nasenmuscheln begrenzten Höhlen (Sinus) bzw. Buchten (Recessus) und auch zu den in Zellen unterteilten Blasen kennzeichnen die Abb. 287–291,400,401.

Die **dorsale Nasenmuschel** (283,284/*J*;287/*O*;288/*N*;290/*O*;400/*K*) besitzt bei allen *Hsgt.* die größte Länge. Sie reicht von der den Nasengrund gegen die Schädelhöhle abgrenzenden Lamina cribrosa des Siebbeins rostral bis in die Gegend des Nasenvorhofs. Bei den *Flfr.* ist nur ihr m i t t l e r e r

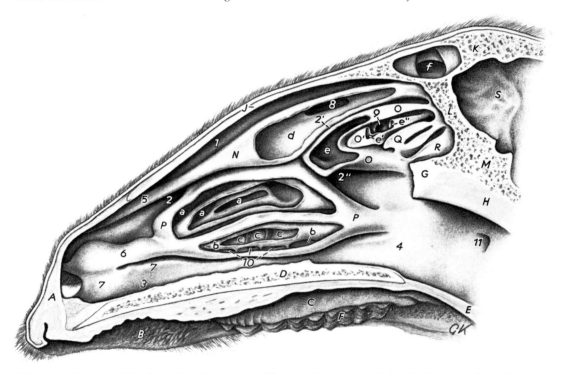

Abb. 288.   N a s e n h ö h l e e i n e s S c h a f e s m i t e r ö f f n e t e n N a s e n m u s c h e l n. M e d i a n s c h n i t t m i t e n t-
f e r n t e r N a s e n s c h e i d e w a n d u n d L a m i n a p e r p e n d i c u l a r i s d e s S i e b b e i n s.
Medialansicht der rechten Hälfte. (Nach LOEFFLER, 1959.)

A Rostrales Ende des Septum nasi; *B* Labium superius; *C* Palatum durum; *D* Proc. palatinus der Maxilla und Pars horizontalis des Os palatinum, dorsal daran Schnittkante durch den Vomer (die Gaumenhöhle ist nicht eröffnet, da sie mit ihrem rostralen Abschnitt 5 mm und mit ihrem kaudalen Abschnitt 10 mm von der Medianen entfernt bleibt); *E* Palatum molle; *F* Dens molaris 2; *G* Rest des Vomers; *H* Septum pharyngis; *J* Os nasale; *K* Os frontale; *L* Os ethmoidale; *M* Os praesphenoidale; *N* Concha nasalis dors. (Endoturbinale I); *O* Concha nasalis media (Endoturbinale II), *O′* ventrale Spirallamelle; *P* Concha nasalis ventr.; *Q* Endoturbinale III; *R* Endoturbinale IV; *S* Cavum cranii

a Rec. dorsalis conchae ventr.; *b* Rec. ventralis conchae ventr.; *c* Bulla conchalis ventr. mit Cellulae; *d* Sinus conchae dors.; *e* Sinus dorsalis conchae mediae, *e′* Sinus conchae ventr., *e″* Rec. conchae mediae; *f* Sinus frontalis lat.

1 Meatus nasi dors.; *2* Meatus nasi medius, *2′* dorsaler, *2″* ventraler Endschenkel; *3* Meatus nasi ventr.; *4* Meatus nasopharyngeus; *5* gerade Falte; *6* Flügelfalte; *7* Bodenfalte; *8* Eingang des Sinus conchae dors.; *9* Zugang zum Sinus conchae mediae; *10* Zugänge zu den Cellulae conchae ventr.; *11* Ostium pharyngeum der Tuba auditiva

Abschnitt, einen *Recessus* bergend, muschelförmig ausgebildet, während ihr r o s t r a l e r und ihr nur 10 mm langer k a u d a l e r Abschnitt, die lediglich von der Basallamelle gestützt werden, eine *Platte* (285/*1*) bzw. einen *Wulst* (286/*1*) darstellen. Beim *Schw.* und bei den *Wdk.* umschließt die Spirallamelle in den k a u d a l e n z w e i D r i t t e l n den *Sinus conchae dorsalis* (287/*c*;288,290/*d*;294,295/*c,c'*;296–300/*d,d'*), während r o s t r a l nur eine von der Basallamelle unterlagerte *Platte* besteht. Beim *Pfd.* beherbergt die sinusgangwärts eingerollte Spirallamelle im r o s t r a l e n Teil den *Recessus conchae dorsalis* (400/*h*;401/*4*) und, von diesem aus zugängig, die in einzelne *Zellen* (400/*i*) unterteilte *Blase* (401/*a''*). Im k a u d a l e n Teil aber umschließt sie mit Nachbarknochen den *Sinus conchae dorsalis* (302,303,400/*e*), der wegen seiner weiten Verbindung mit der Stirnhöhle (400/*d*) mit dieser gemeinsam als *Sinus conchofrontalis* zusammengefaßt wird.

Abb. 289. Z u g ä n g e z u d e n N a s e n n e - b e n h ö h l e n e i n e s S c h a f e s. A u s s c h n i t t a u s A b b. 288, n a c h d e m d i e d o r s a l e N a s e n m u s c h e l g e f e n s t e r t u n d d i e a n - d e r e n E t h m o t u r b i n a l i e n b i s a u f i h r e n k a u d a l e n A n s a t z u n d i h r e B a s a l l a m e l - l e n a b g e t r a g e n w u r d e n. (Nach LOEFFLER, 1959.)

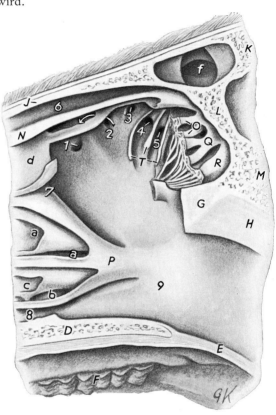

D Proc. palatinus der Maxilla und Pars horizontalis des Os palatinum; *E* Palatum molle; *F* Dens molaris 2; *G* Rest des Vomers; *H* Septum pharyngis; *J* Os nasale; *K* Os frontale; *L* Os ethmoidale; *M* Os praesphenoidale; *N* Concha nasalis dors. (Endoturbinale I); *O* Concha nasalis media (Endoturbinale II); *P* Concha nasalis ventr.; *Q* Endoturbinale III; *R* Endoturbinale IV; *T* Basallamellen von Ektoturbinalien

a Rec. dorsalis, *b* Rec. ventralis conchae ventr.; *c* Bulla conchalis ventr. mit Cellulae; *d* Sinus conchae dors.; *f* Sinus frontalis lat.

1 Apertura nasomaxillaris; *2* Zugang zum Sinus conchae dors., *3* zum Sinus frontalis med., *4* zum Sinus frontalis lat., *5* zum Sinus lacrimalis; *6* Meatus nasi dors.; *7* Meatus nasi medius; *8* Meatus nasi ventr.; *9* Meatus nasopharyngeus

Die **ventrale Nasenmuschel** (283,284/*L*;287,290/*Q*;288/*P*;400/*M*). Ihre Lage beim *Hd.* kennzeichnet Abb. 284, während auf dem Transversalschnitt (285) sichtbar wird, daß die Spirallamelle (*3*) noch reich verzweigte Sekundärlamellen (*4*) trägt und daß der von ihr umschlossene *Recessus conchae ventralis* (*9*) reich gegliedert ist. Bei der *Ktz.* ist die ventrale Nasenmuschel sehr klein. Beim *Schw.* trägt die Basallamelle eine nach dorsal und eine nach ventral aufgerollte Spirallamelle. Die dorsale umschließt den *Recessus dorsalis conchae ventralis* (287/*a*) und die ventrale r o s t r a l den *Recessus ventralis conchae ventralis* (*b*), k a u d a l aber bildet sie den *Sinus conchae ventralis* (*i*). Auch bei den *Wdk.* finden sich eine nach dorsal und eine nach ventral aufgerollte Spirallamelle, die bei den *kl. Wdk.* in ihrer ganzen Länge den *Recessus dorsalis* (288/*a*) bzw. *ventralis conchae ventralis* (288/*b*) enthalten. Bei der *Zg.* besitzen zudem beide Lamellen, beim *Schf.* hingegen nur die ventrale in *Cellulae* (*c*) unterkammerte *Bullae*. Beim *Rd.* bestehen nur im r o s t r a l e n Bereich der ventralen Nasenmuschel Verhältnisse, wie sie bei der *Zg.* in der ganzen Muschellänge vorhanden sind. Im k a u d a l e n Abschnitt hingegen (s. S. 281) vereinigen sich die beiden Spirallamellen (388/*B',C'*) und umschließen den *Sinus conchae ventralis* (290/*o*;388/*a*). Beim *Pfd.* (s. S. 291) bilden die in Richtung zum mittleren Nasengang eingerollte ventrale Nasenmuschel wie auch die dorsale Nasenmuschel zwei Abschnitte. Der rostrale Abschnitt beherbergt den *Recessus conchae ventralis* (400/*k*;401/*5*) und die in *Zellen* (400/*l*) unterteilte *Bulla* (401/*b''*), der kaudale Abschnitt enthält den *Sinus conchae ventralis* (302,303,400/*b*).

Die **mittlere Nasenmuschel** (283,284/*K*;287,290/*P*;288/*O*;400/*L*) ist bei den *Flfr.* (283/*K*) außerordentlich lang und besitzt reiche Faltenbildungen (s. S. 267). Beim *Schw.* bestehen eine dorsale und eine ventrale Spirallamelle, die den *Recessus dorsalis* bzw. *ventralis conchae mediae* abgrenzen. Beim *Rd.* bildet die dorsale Spirallamelle den *Sinus conchae mediae* (290/*l*), und die ventrale Lamelle beherbergt den *Recessus conchae mediae*. Bei den *kl. Wdk.* bestehen bei gleichem Verhalten der Dorsallamelle im Gegensatz zum *Rd.*, von der ventralen Spirallamelle gestützt, r o s t r a l der kurze *Sinus ventralis conchae mediae* (288/*e'*) und k a u d a l der *Recessus ventralis conchae mediae* (288/*e''*). Beim *Pfd.* endlich enthält diese besonders kleine Muschel den *Sinus conchae mediae* (302,400/*c''*).

Besondere Einrichtungen der Nasenhöhle

Der **Ductus incisivus** (282/*b*) liegt, beiderseits ausgebildet und rostroventral gerichtet, im Nasenhöhlenboden und verbindet Nasen- und Mundhöhle. Seine rostrale Öffnung befindet sich verborgen im ventralen Nasengang in Höhe des Eckzahns. Er mündet auf der *Papilla incisiva* (26/*1*) in die Mundhöhle. Beim *Pfd.* erreicht er diese allerdings nicht, sondern endet schon vorher blind.

Das **Nasenbodenorgan, Organum vomeronasale** (JAKOBSONI) (282/*a*), stellt, jederseits ausgebildet, ein bei den *großen Hsgt.* etwa gänsefederkielstarkes, mit Sinnesepithel ausgestattetes Schleimhautrohr dar, das von einem dünnwandigen Knorpelrohr, dem *Nasenbodenknorpel, Cartilago vomeronasalis* (282/*2*), bzw. einer dem Vomer zugehörigen knöchernen Hülle gestützt wird und kaudal blind endet. Es mündet in den Ductus incisivus (282/*1*) und reicht von der Gegend des Eckzahns bis in die Höhe des 2.–4. Backenzahns. Bei den *großen Hsgt.* ist es 150–200 mm, bei den *kleinen*

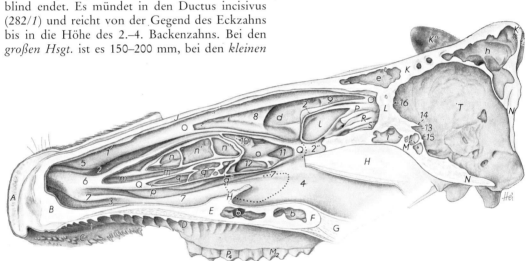

Abb. 290. Nasenhöhle eines Rindes mit eröffneten Nasenmuscheln. Medianschnitt nach Entfernung der Nasenscheidewand sowie der Lamina perpendicularis des Siebbeins. Medialansicht der rechten Hälfte. (Nach WILKENS, 1958.)

A Planum nasolabiale; *B* Septum nasi, rostraler Abschnitt; *C* Labium superius; *D* Palatum durum mit Rugae palatinae; *E* Proc. palatinus der Maxilla; *F* Pars horizontalis des Os palatinum; *G* Palatum molle; *H* Vomer; *J* Os nasale; *K* Os frontale, *K'* Protuberantia intercornualis, *K''* rechtes Horn; *L* Os ethmoidale; *M* Os praesphenoidale; *N* Os occipitale; *O* Concha nasalis dors.; *P* Concha nasalis media; *Q* Concha nasalis ventr.; *R* Endoturbinale III; *S* Endoturbinale IV; *T* Cavum cranii; *P4* Dens praemolaris 4; *M2* Dens molaris 2

b Sinus palatinus; *d* Sinus conchae dors.; *e,h* Sinus frontalis: *e* rostrale mediale, *h* kaudale Stirnhöhle; *i* Sinus sphenoidalis; *l* Sinus conchae mediae; *m* Rec. dorsalis conchae ventr.; *n–n''* Bulla dorsalis mit Cellulae der Concha nasalis ventr.; *o* Sinus conchae ventr.; *p* Rec. ventralis conchae ventr.; *q–q'''* Bulla ventralis mit Cellulae der Concha nasalis ventr.

1 Meatus nasi dors.; *2* Meatus nasi medius, *2'* dorsaler, *2''* ventraler Endschenkel; *3* Meatus nasi ventr.; *4* Meatus nasopharyngeus; *5* gerade Falte; *6* Flügelfalte; *7* Bodenfalte; *8* schleimhautüberzogene Knochenlamelle im rostralen, *9* im kaudalen Bereich der dorsalen Muschelhöhle; *10* dorsale, *11* mittlere, *12* ventrale lateral gerichtete Bucht der ventralen Muschelhöhle; *13* Sulcus chiasmatis; *14* Crista orbitosphenoidalis; *15* Nervenrinne zum For. orbitorotundum; *16* Fossa ethmoidalis. (Die punktierten Linien kennzeichnen die durch Schleimhaut verschlossenen Knochenöffnungen im Dach der Gaumenhöhle.)

Hsgt. 20–70 mm lang. Das Nasenbodenorgan dient als Mundgeruchs- und Witterungsorgan. Beim *Pfd.*, bei dem der Ductus incisivus blind endet, ist es jedoch nur ein Witterungsorgan.

Die in beiden Nasenhöhlen vorhandene **laterale Nasendrüse, Glandula nasalis lateralis**, die dem *Rd.* fehlt, besitzt einen Drüsenkörper von mikroskopischem Ausmaß, der bei *Flfr.* und *Schw.* ganz in der Kieferhöhle (-bucht, *Flfr.*), bei *Pfd.* und *kl. Wdk.* aber am Zugang zu dieser Höhle, der Apertura nasomaxillaris, liegt. Ihr im mittleren Nasengang verlaufender *Ausführungsgang* mündet am Nasenloch in der Umgebung oder auch am Ende der geraden Falte. Nur beim *Pfd.* liegt diese Öffnung weiter kaudal, und zwar in einer Querebene zwischen dem 1. und 2. Backenzahn. Ihr Sekret gelangt am Boden der Nasenhöhle in den Ductus incisivus und durch diesen (exkl. *Pfd.*) in die Mundhöhle. Es befeuchtet die Inspirationsluft, beim *Hd.* auch den Nasenspiegel, und spielt eine wichtige Rolle für die Funktion des Nasenbodenorgans.

Im ventralen Winkel des Nasenlochs befindet sich an der Haut-Schleimhautgrenze die M ü n d u n g d e s T r ä n e n - N a s e n g a n g s, *Ductus nasolacrimalis*. Neben dieser besteht beim *Schw.* und oft auch beim *Hd.* eine zweite Mündung, die an der lateralen Fläche des kaudalen Endes der ventralen Muschel liegt.

Nasenrachen, Pars nasalis pharyngis
(59–62,283,284,287,288,290,400)

Aus der Nasenhöhle führt der Luftweg über den *Meatus nasopharyngeus* durch die *Choanen*, zwei durch den Vomer unvollständig geteilte Öffnungen, in den Nasenrachen (Abb. 284,287,288,290,400),

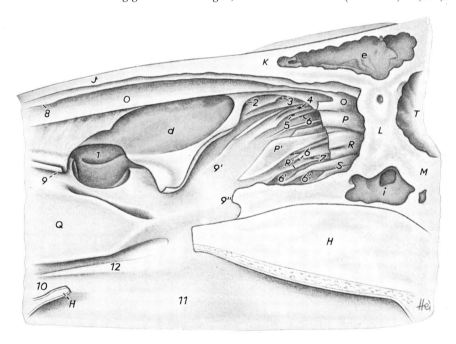

Abb. 291. V e r g r ö ß e r t e r A u s s c h n i t t a u s d e r A b b. 290 nach F e n s t e r u n g d e r d o r s a l e n u n d d e r v e n t r a l e n N a s e n m u s c h e l s o w i e n a c h E n t f e r n u n g d e r o r a l e n A b s c h n i t t e d e r E t h m o t u r b i n a l i e n b i s a u f i h r e B a s a l l a m e l l e n z u r D a r s t e l l u n g d e r Z u g ä n g e d e r N a s e n n e b e n h ö h l e n.
(Nach WILKENS, 1958.)

H Vomer; *J* Os nasale; *K* Os frontale; *L* Os ethmoidale; *M* Os praesphenoidale; *O* Concha nasalis dors. (Endoturbinale I); *P* Concha nasalis media (Endoturbinale II), *P'* Basallamelle; *Q* Concha nasalis ventr.; *R* Endoturbinale III, *R'* Basallamelle; *S* Endoturbinale IV; *T* Cavum cranii

d Sinus conchae dors.; *e* Sinus frontalis rostr. med.; *i* Sinus sphenoidalis

1 Apertura nasomaxillaris; *2* Zugang zum Sinus conchae dors., *3* zur rostralen medialen, *4* zur kaudalen, *5* zur rostralen lateralen Stirnhöhle; *6* Zugänge zu den Cellulae ethmoidales, *6'* Buchten in der lateralen Siebbeinwand; *7* Zugang zum Sinus sphenoidalis; *8* Meatus nasi dors.; *9* Meatus nasi medius, *9'* dorsaler, *9''* ventraler Endschenkel; *10* Meatus nasi ventr.; *11* Meatus nasopharyngeus; *12* Bodenfalte

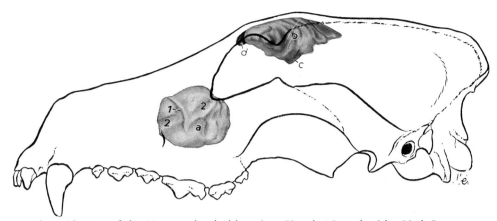

Abb. 292. Plastoid-Ausguß der Nasennebenhöhlen eines Hundes. Lateralansicht. (Nach GRAEGER, 1958.)

a Rec. maxillaris; *b* Sinus frontalis lat.; *c* Sinus frontalis med.; *d* Sinus frontalis rostr.

1–2 am Rec. maxillaris: *1* Rinne für den Proc. uncinatus, *2* für den Can. lacrimalis osseus

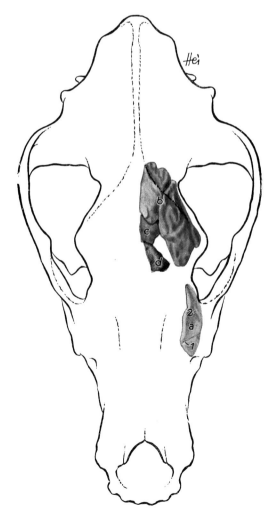

der tierartlich unterschiedlich durch die horizontale, von Sieb-, Gaumen- sowie Pflugscharbein gebildete Knochenplatte von dem Nasengrund getrennt wird. Beim *Schw.* wird der rostrale Abschnitt des Nasenrachens durch eine mediane Schleimhautfalte, das *Septum pharyngis* (59/12), zweigeteilt. Bei den *Wdk.* (60,61/12) ragt dieses Septum von dorsal in den Nasenrachen hinein, während sich bei *Flfr.* und *Pfd.* lediglich eine schwache, vom Vomer gestützte Erhabenheit in der Dachwand vorfindet.

Der Nasenrachen, *Pars nasalis pharyngis*, stellt die dorsale Etage des Schlundkopfs, Pharynx, dar und ist, wie S. 45 beschrieben, von der ventralen Etage, dem Schlingrachen, *Pars oralis pharyngis* (57,58/*d,e,e'*;59–62/*c,d,e*;80,82,84,86/*b,c,d*), durch das Gaumensegel getrennt. Über das *Ostium intrapharyngeum* (80/*4,5,5'*;82,84,86/*4,5*;87/*4–6*), in dem sich Atmungs- und Verdauungsweg kreuzen, besteht zwischen beiden Abteilungen eine Verbindung. Diese im Dach der *Pars laryngea pharyngis* gelegene Öffnung wird vom *Arcus palatopharyngeus* (80/*4,5'*;82,84,86/*4,5*;87/*4,5,6*) jederseits begrenzt.

Abb. 293.   Plastoid-Ausguß der Nasennebenhöhlen eines Hundes. Dorsalansicht. (Nach GRAEGER, 1958.)

a Rec. maxillaris; *b* Sinus frontalis lat.; *c* Sinus frontalis med.; *d* Sinus frontalis rostr.

1–2 am Rec. maxillaris: *1* Rinne für den Proc. uncinatus, *2* für den Can. lacrimalis osseus

Der Nasenrachen steht durch die **Tuba auditiva** (EUSTACHII) (304,305/*a,a'*) mit dem Mittelohr in Verbindung. Dieses Rohr besitzt in der Seitenwand des Nasenrachens eine Zugangsöffnung, *Ostium pharyngeum tubae auditivae* (57,58/*v*;59–62/*14*;80,84,86/*6*). In deren Nachbarschaft befinden sich die tierartlich unterschiedlich ausgebildete Rachenmandel, *Tonsilla pharyngea* (58/*w'*;59,60,61/*15*), und die Tubenmandel, *Tonsilla tubaria* (siehe Tierarten). Bei *Pfd.* und anderen Equiden überhaupt bildet die Schleimhaut der Tuba auditiva den *Luftsack, Diverticulum tubae auditivae* (304,305/*A,A',B,B'*).

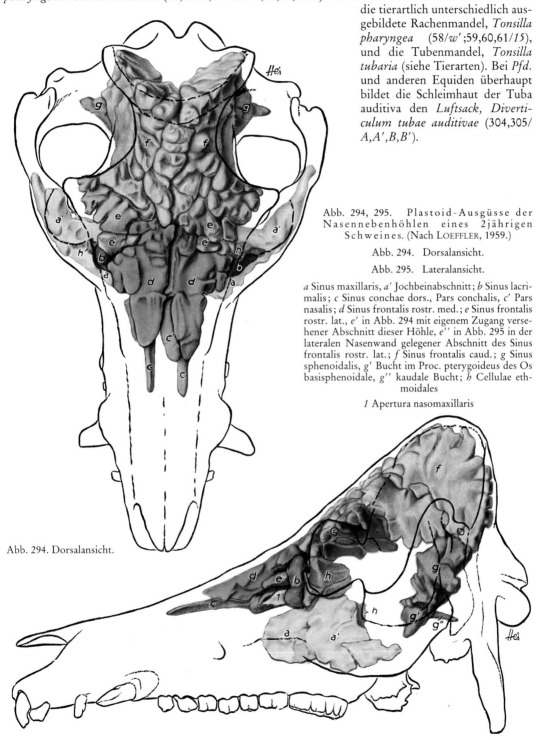

Abb. 294, 295. Plastoid-Ausgüsse der Nasennebenhöhlen eines 2jährigen Schweines. (Nach LOEFFLER, 1959.)

Abb. 294. Dorsalansicht.

Abb. 295. Lateralansicht.

a Sinus maxillaris, *a'* Jochbeinabschnitt; *b* Sinus lacrimalis; *c* Sinus conchae dors., Pars conchalis; *c'* Pars nasalis; *d* Sinus frontalis rostr. med.; *e* Sinus frontalis rostr. lat., *e'* in Abb. 294 mit eigenem Zugang versehener Abschnitt dieser Höhle, *e''* in Abb. 295 in der lateralen Nasenwand gelegener Abschnitt des Sinus frontalis rostr. lat.; *f* Sinus frontalis caud.; *g* Sinus sphenoidalis, *g'* Bucht im Proc. pterygoideus des Os basisphenoidale, *g''* kaudale Bucht; *h* Cellulae ethmoidales

1 Apertura nasomaxillaris

Abb. 294. Dorsalansicht.

Abb. 295. Lateralansicht.

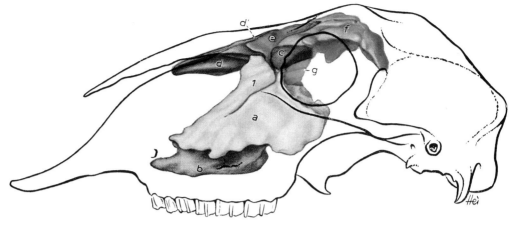

Abb. 296 (Schaf)

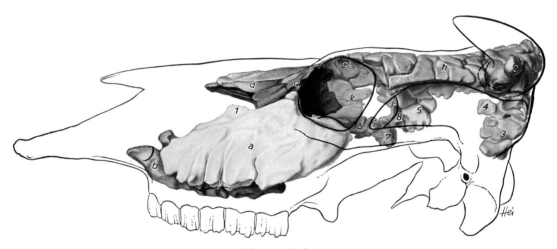

Abb. 297 (Rind)

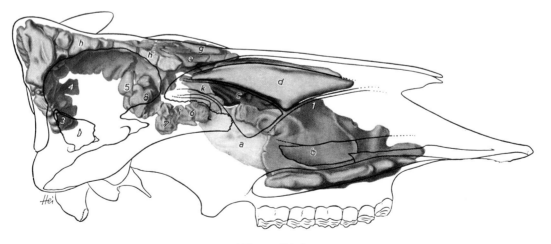

Abb. 298 (Rind)

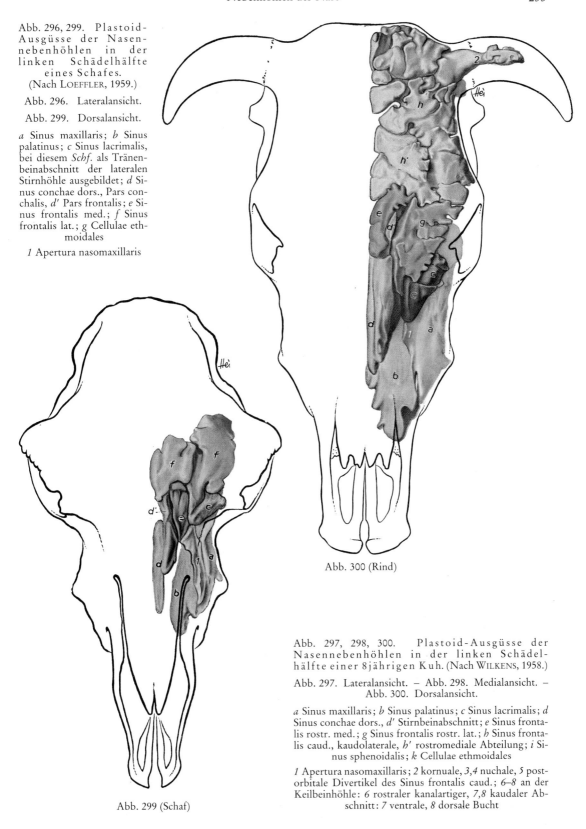

Abb. 296, 299. Plastoid-Ausgüsse der Nasennebenhöhlen in der linken Schädelhälfte eines Schafes. (Nach LOEFFLER, 1959.)

Abb. 296. Lateralansicht.

Abb. 299. Dorsalansicht.

a Sinus maxillaris; *b* Sinus palatinus; *c* Sinus lacrimalis, bei diesem *Schf.* als Tränenbeinabschnitt der lateralen Stirnhöhle ausgebildet; *d* Sinus conchae dors., Pars conchalis, *d'* Pars frontalis; *e* Sinus frontalis med.; *f* Sinus frontalis lat.; *g* Cellulae ethmoidales

1 Apertura nasomaxillaris

Abb. 300 (Rind)

Abb. 297, 298, 300. Plastoid-Ausgüsse der Nasennebenhöhlen in der linken Schädelhälfte einer 8jährigen Kuh. (Nach WILKENS, 1958.)

Abb. 297. Lateralansicht. – Abb. 298. Medialansicht. – Abb. 300. Dorsalansicht.

a Sinus maxillaris; *b* Sinus palatinus; *c* Sinus lacrimalis; *d* Sinus conchae dors., *d'* Stirnbeinabschnitt; *e* Sinus frontalis rostr. med.; *g* Sinus frontalis rostr. lat.; *h* Sinus frontalis caud., kaudolaterale, *h'* rostromediale Abteilung; *i* Sinus sphenoidalis; *k* Cellulae ethmoidales

1 Apertura nasomaxillaris; *2* kornuale, *3,4* nuchale, *5* postorbitale Divertikel des Sinus frontalis caud.; *6–8* an der Keilbeinhöhle: *6* rostraler kanalartiger, *7,8* kaudaler Abschnitt: *7* ventrale, *8* dorsale Bucht

Abb. 299 (Schaf)

Nebenhöhlen der Nase, Sinus paranasales

(292–303,364–366,377,378,385–387,389,400,402)

Die Nasennebenhöhlen stellen schleimhautausgekleidete, lufterfüllte Höhlen dar, die derart entstehen, daß bereits embryonal Epithelsprosse der Nasenschleimhaut zwischen die Platten mancher Schädelknochen und auch in einige Muschelbeine einwachsen. In diesen Sprossen bilden sich dann Hohlräume, die Nebenhöhlen der Nase, die erst nach der Geburt mit der weiteren Entwicklung des Kopfes ihre endgültige Form und Größe erhalten. Durch diese Pneumatisation der Knochen des Kopfes wird sein spezifisches Gewicht bei groß bleibenden Ansatzflächen für die Muskeln und bei ausreichendem Raum für die Unterbringung der Zähne verringert. Darüber hinaus dürfte den Nebenhöhlen weitere Bedeutung zukommen, zumal die sie auskleidende Schleimhaut regionär unterschiedlich ausgebildet ist. Die tierartlich außerordentlich verschiedene Ausdehnung und Topographie bei erwachsenen *Hsgt.* geben die Abb. 292–303 wieder.

Neben den bereits S. 227 dargestellten, von den Nasenmuscheln gebildeten Höhlen bestehen bei den *Hsgt.* in den Schädelknochen jederseits folgende Sinus paranasales: die *Kieferhöhle, Sinus maxillaris,* die *Stirnhöhle, Sinus frontalis,* die *Gaumenhöhle, Sinus palatinus,* die *Keilbeinhöhle, Sinus sphenoidalis,* die *Tränenbeinhöhle, Sinus lacrimalis,* sowie bei *Schw.* und *Wdk.* die Siebbeinzellen, Cellulae ethmoidales.

Die **Verbindungen der Nebenhöhlen der Nase mit der Nasenhöhle und untereinander** sind tierartlich differenziert ausgebildet. Es gibt z w e i v e r s c h i e d e n e H ö h l e n s y s t e m e : Das eine ist dem *mittleren Nasengang* der Nasenhöhle angeschlossen, und das andere umfaßt Höhlen, die den *Meatus ethmoidales* im Nasengrund, jede mit einem eigenen Zugang, angefügt sind. Letztere Höhlen sind also nicht hintereinander geschaltet, sondern stehen nebeneinander. Beim **Pfd.** sind alle Höhlen dem Meatus nasi medius angeschlossen. Die beiden Kieferhöhlen besitzen in der Apertura nasomaxillaris (400,402/*1*) einen gemeinsamen Zugang, wobei der kaudalen Kieferhöhle dorsal die Stirn-Muschelhöhle und kaudoventral die Gaumenhöhle hintergeschaltet sind, während die rostrale Kieferhöhle medial mit der ventralen Muschelhöhle in Verbindung steht. Beim **Rd.** stehen mit dem mittleren Nasengang die Gaumenhöhle und die Kieferhöhle sowie, dieser angehängt, die Tränenbeinhöhle in Verbindung. Abweichend hiervon, besitzt bei den **kl. Wdk.** die Tränenbeinhöhle einen eigenen Zugang von den Siebbeingängen aus, oder sie ist als Ausbuchtung der lateralen Stirnhöhle ausgebildet. Die übrigen Höhlen der *Wdk.,* nämlich die Stirnhöhlen, die Keilbeinhöhle und die Nasenmuschelhöhlen, ausgenommen die ventrale, haben hingegen im Nasengrund je einen eigenen Zugang. Beim **Schw.** ist allein die Kieferhöhle mit dem mittleren Nasengang verbunden, während die Tränenbeinhöhle und die Stirnhöhlen von den Siebbeingängen, eine jede getrennt, ihren Zugang erhalten. Die Tränenbeinhöhle ist manchmal der lateralen rostralen Stirnhöhle angeschlossen. Bei den **Flfr.** besteht an Stelle der Kieferhöhle nur eine Kieferbucht, *Recessus maxillaris,* die mit dem mittleren Nasengang verbunden ist. Mit den Siebbeingängen stehen die beim *Hd.* unterteilte, bei der *Ktz.* einheitliche Stirnhöhle, ferner die nur bei der *Ktz.* ausgebildete Keilbeinhöhle in Verbindung.

Die **Kieferhöhle, Sinus maxillaris** (377,378/*a,a'*;385–387,389/*a*;400,402/*a,c,c'*), ist bei den **Flfr.** lediglich als Kieferbucht, *Recessus maxillaris* (364/*a*;365/*a,a'*), ausgebildet, denn sie liegt nicht wie bei den übrigen *Hsgt.* zwischen Außen- und Innenplatte von Schädelknochen. Sie wird vielmehr außen von der Maxilla, den Ossa lacrimale und palatinum sowie innen von der Orbitalplatte des Siebbeins begrenzt. Ihr Zugang von der Nasenhöhle, *Apertura nasomaxillaris* (364/*3*;377,387,400,402/*1*), wird bei den *Flfr.* durch den vom Endoturbinale I gebildeten *Processus uncinatus* (364,365/*J'*) eingeengt und ebenso wie die Kieferbucht in einen *rostralen* und einen *kaudalen Abschnitt* unterteilt. Beim **Schw.** besteht in der *Kieferhöhle* (377,378/*a,a'*), die sich in Maxilla und Os zygomaticum erstreckt, ein einheitlicher *rostraler Abschnitt* (*a*), während der *kaudale Teil* durch eine von ventral hochragende Knochenlamelle in eine *mediale* und eine *laterale Bucht* (Jochbeinabschnitt) (*a'*) unterteilt ist. Die *Apertura nasomaxillaris* (377/*1*) liegt im mittleren Nasengang. Bei den **Wdk.** pneumatisiert die *Kieferhöhle* (385–387, 389/*a*) Maxilla, Os zygomaticum sowie die Bulla lacrimalis des Tränenbeins. Sie besitzt mit der Gaumenhöhle einen gemeinsamen Zugang von der Nasenhöhle her, *Apertura nasomaxillaris* (289,291,385,387/*1*), die sich im mittleren Nasengang befindet. Beim **Pfd.** ist die *Kieferhöhle* durch das *Septum sinuum maxillarium* (402/*9*) unterteilt in den *Sinus maxillaris rostralis* (400,402/*a*) und den *Sinus maxillaris caudalis* (400,402/*c,c'*). Beide Höhlen besitzen in der *Apertura nasomaxillaris* (*1*) einen gemeinsamen Zugang von der Nasenhöhle her (s. auch S. 294). Die kaudale Kieferhöhle wird durch eine von ventral hochragende Leiste in eine größere *ventrolaterale* (*c*) und eine kleinere *dorso-*

Abb. 301. Plastoid-Ausguß der Nasennebenhöhlen in der linken Schädelhälfte eines 18jährigen Pferdes. Lateralansicht. (Nach NICKEL/WILKENS, 1958.)

a Sinus maxillaris rostr.; *b* Sinus conchae ventr.; *c* Sinus maxillaris caud., ventrolaterale, *c'* dorsomediale Abteilung; *d* Sinus frontalis, rostrale, *d'* mediale, *d''* kaudale Abteilung; *e* Sinus conchae dors.; *f* Sinus palatinus; *g* Sinus sphenoidalis

1 For. infraorbitale; *2* Crista facialis; *3* Tuber maxillae; *4* Proc. pterygoideus des Os basisphenoidale; *5* Septum sinuum maxillarium; *6* Can. nasolacrimalis

Abb. 302. Plastoid-Ausguß der Nasennebenhöhlen in der linken Schädelhälfte eines 18jährigen Pferdes. Medialansicht. (Nach NICKEL/WILKENS, 1958.)

a Sinus maxillaris rostr.; *b* Sinus conchae ventr.; *c* Sinus maxillaris caud., ventrolaterale, *c'* dorsomediale Abteilung, *c''* Sinus conchae mediae; *d* Sinus frontalis, rostrale, *d'* mediale, *d''* kaudale Abteilung; *e* Sinus conchae dors.; *f* Sinus palatinus; *g* Sinus sphenoidalis; *i* Bulla conchalis dors. mit Cellulae; *l* Bulla conchalis ventr. mit Cellulae

1 Lage der Concha nasalis dors., *2* der Concha nasalis ventr.; *3* rostroventrale Begrenzung des Siebbeinlabyrinths; *4* Os basisphenoidale; *5* Os occipitale, Pars basilaris; *6* For. sphenopalatinum; *7* Can. palatinus

Abb. 303. Plastoid-Ausguß der Nasennebenhöhlen in den beiden Schädelhälften eines 18jährigen Pferdes. Dorsalansicht. (Nach NICKEL/WILKENS, 1958.)

a Sinus maxillaris rostr.; *b* Sinus conchae ventr.; *c* Sinus maxillaris caud., ventrolaterale Abteilung; *d* Sinus frontalis, rostrale, *d'* mediale, *d''* kaudale Abteilung; *e* Sinus conchae dors.; *f* Sinus palatinus

1 For. infraorbitale, *1'* Can. infraorbitalis; *2* Crista facialis; *3* Septum sinuum maxillarium; *4* Can. lacrimalis; *5* For. supraorbitale; *6* Orbita

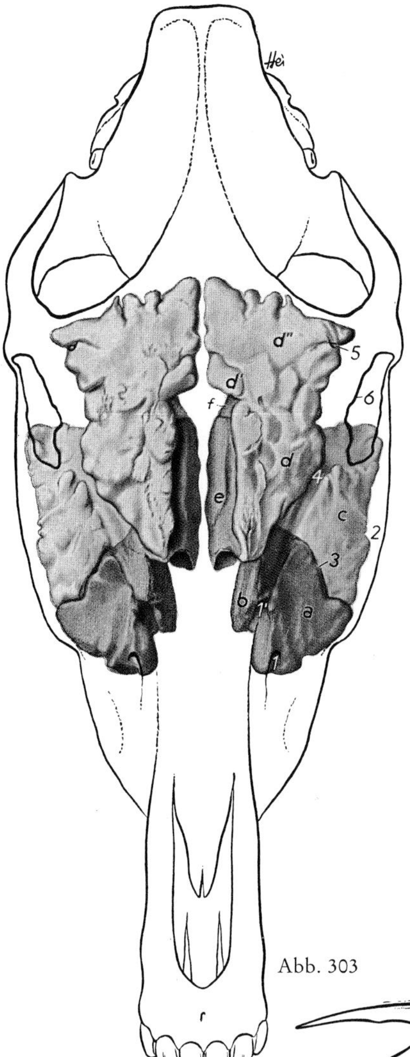

Abb. 303

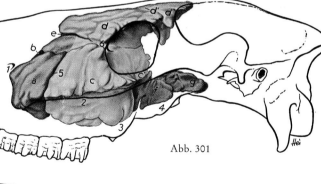

Abb. 301

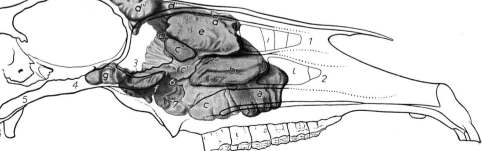

Abb. 302

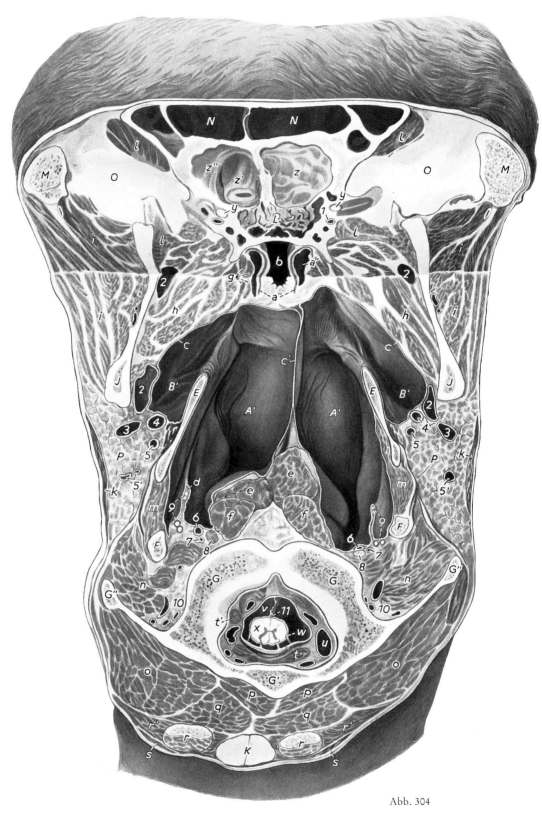

Abb. 304

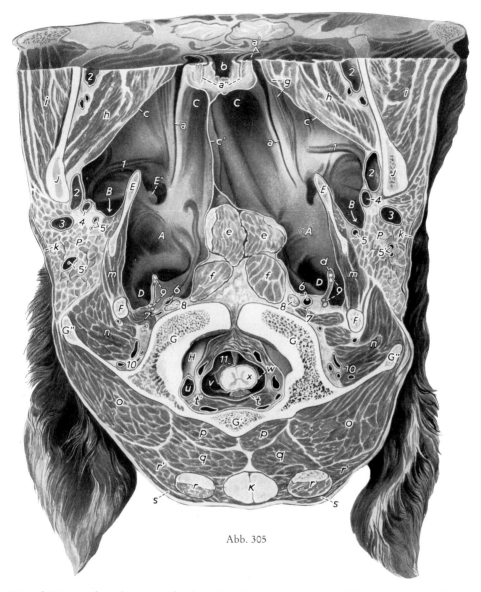

Abb. 305

Abb. 304 und 305. Luftsack eines Pferdes, durch Transversal- und Horizontalschnitt eröffnet. (Nach ZIETZSCHMANN, 1943.)

Abb. 304. Kaudodorsale Ansicht. Abb. 305. Kranioventrale Ansicht.

A mediale, *B* laterale Bucht des Luftsacks; *A'* Bodenwand der medialen Bucht, dem Schlundkopf aufliegend; *B'* Boden der weniger weit ventral vorstoßenden lateralen Bucht; *C* rostraler, *D* kaudaler Rezessus am Dach des Luftsacks; *E* Stylohyoideum, *E'* Tympanohyoideum; *F* Proc. paracondylaris ossis occipitalis; *G* Atlas (ventraler Teil der kranialen Gelenkfortsätze), *G'* Tuberculum dorsale, *G''* Atlasflügelrand; *H* Condylus occipitalis; *J* Ramus mandibulae; *K* Nackenstrang; *L* Os ethmoidale; *M* Arcus zygomaticus; *N* Ossa frontalia mit Stirnhöhlen; *O* extraorbitaler Fettkörper; *P* Parotis

a geschlitzter Teil der Tuba auditiva; *a'* Ostium pharyngeum tubae auditivae; *a''* Pars cartilaginea tubae auditivae; *b* Rec. pharyngeus; *c* Luftsackschleimhaut, *c'* aneinander stoßende Medialwände beider Luftsäcke; *d* Schleimhautfalte mit 9.–12. Gehirnnerven; *e* M. longus capitis; *f* M. rectus capitis ventr.; *g* Mm. levator und tensor veli palatini; *h* M. pterygoideus; *i* M. masseter; *k* M. parotidoauricularis; *l* M. temporalis; *m* Mm. occipitohyoideus und digastricus; *n,o* M. obliquus capitis cran. bzw. caud.; *p,q* M. rectus capitis dors. maj., tiefe bzw. oberflächliche Portion; *r,r'* M. semispinalis capitis: *r* M. biventer cervicis, *r'* M. complexus; *s* M. splenius; *t* Dura, *t'* Endost; *u* Blutleiter im Epiduralraum; *v* Subarachnoidealraum mit durchtretenden Nervenwurzeln; *w* N. accessorius, spinaler Anteil; *y* N. opticus; *z* Telencephalon, *z'* Bulbus olfactorius, in seiner Querschnittfläche das Rostralhorn der Seitenkammer, *z''* Falx rhinencephali

1 A. maxillaris, am Dach des Luftsacks den M. pterygoideus unterquerend; *2* V. maxillaris; *3* Vv. temporalis supf., cerebralis dors. und transversa faciei; *4* A. carotis ext.; *5,5'* A. und V. auricularis caud.; *6* A. carotis int.; *7* V. cerebralis ventr.; *8* Ggl. cervicale cran. trunci sympathici; *9* 9.–12. Gehirnnerv; *10* Äste der A. und V. occipitalis in der Atlasflügelgrube; *11* A. spinalis ventr.

mediale Abteilung (*c'*) gegliedert. Dorsal steht sie mit der Stirn-Muschelhöhle (400,402/*d–d'''*,*e*) und kaudomedial mit der Gaumenhöhle, der meist auch die Keilbeinhöhle angeschlossen ist, in weiter Verbindung.

Die **Stirnhöhle, Sinus frontalis,** umlagert bei *Flfr.* (283,365/*b,c,d*;366/*c,d*), kl. Wdk. (288/*f*;385,386/*e,f*) und *Pfd.* (400,402/*d–d'''*) kaudal die Nasenhöhle, dorsal und medial die Orbita und auch den rostralen Abschnitt der Schädelhöhle. *Schw.* (287/*d,f*;377,378/*d–f*) und *Rd.* (290/*e,h*;387,389/*e–h*) zeigen besondere Verhältnisse: Ihre Stirnhöhlen greifen bei erwachsenen Tieren, außer im Os frontale, auch in den Ossa parietale, interparietale, occipitale sowie temporale gelegen, über das Dach der Schädelhöhle in dessen Genick- und Seitenflächen über und pneumatisieren bei den horntragenden *Wdk.* ebenfalls den Hornfortsatz des Stirnbeins. Die Höhlen der beiden Schädelhälften werden durch das von der Medianen mehr oder weniger abweichende *Septum sinuum frontalium* (387,389/*6*) getrennt. Beim *Rd.* kann dieses Septum im kaudalen Gebiet fehlen, so daß das linke bzw. rechte Höhlensystem im Nackenbereich dann nur mit der kaudalen Stirnhöhle der einen oder der anderen Seite verbunden ist. Die Stirnhöhlen kommunizieren bei *Flfr.* (366/*1–3*), *Schw.* (378/*2,3*) und *Wdk.* (289/*3,4*;291/*3–5*;386/*5,6*;389/*2–5*) mit den Meatus ethmoidales. Beim *Pfd.* hingegen steht die Stirnhöhle, der die dorsale Muschelhöhle angeschlossen ist, mit der kaudalen Kieferhöhle durch die *Apertura frontomaxillaris* (400,402/*1*) in Verbindung. Bei den **Flfr.** besitzt die *Ktz.* einen einheitlichen *Sinus frontalis* (58/*a'''*), während beim *Hd.* ein *Sinus frontalis lateralis* (283,365/*b*), ein *Sinus frontalis medialis* (283,365,366/*c*) und ein *Sinus frontalis rostralis* (283,365,366/*d*) ausgebildet sind, die voneinander getrennt je einen eigenen Zugang von den Siebbeineingängen besitzen. Beim **Schw.** finden sich, ebenfalls einzeln mit den Siebbeineingängen verbunden, der geräumige *Sinus frontalis caudalis* (287,377,378/*f*) und der kleinere *Sinus frontalis rostralis medialis* (287,378/*d*) sowie der *Sinus frontalis rostralis lateralis* (377,378/*e*). Durch zahlreiche Lamellen sind die sehr unterschiedlich ausgebildeten Stirnhöhlen des *Schw.* reich gekammert. Bei den **Wdk.** bestehen an den Stirnhöhlen des erwachsenen *Rd.* wesentliche Unterschiede gegenüber jenen der *kl. Wdk.* Die bereits dargelegte unterschiedliche Ausdehnung der Stirnhöhlen kennzeichnen für die *kl. Wdk.* Abb. 296 und 299 sowie beim *Rd.* die Abb. 297,298 und 300. Ein transversales Septum (387,389/*7*) unterteilt beim **Rd.** die Stirnhöhlen in ein rostrales und ein kaudales System. Das rostrale System umfaßt, durch mehr längsverlaufende Lamellen abgegrenzt, drei selbständige Höhlen: den *Sinus frontalis rostralis lateralis* (387,389/*g*), den *Sinus frontalis rostralis medialis* (389/*e*) und den nicht immer ausgebildeten *Sinus frontalis rostralis intermedius* (389/*f*). Der *Sinus frontalis caudalis* wird durch die Gewölbescheidewand (387,389/*8*) in eine rostromediale (*h'*) und eine *kaudolaterale* (*h*) Abteilung, die beide miteinander in Verbindung stehen, unterteilt. Die kaudolaterale Abteilung pneumatisiert auch den Processus cornualis des Stirnbeins. Bei den **kl. Wdk.** hingegen bestehen nur der kleine *Sinus frontalis medialis* (385,386/*e*) und der große *Sinus frontalis lateralis* (*f*). Diese Höhlen reichen im Os frontale kaudal nur bis in Höhe des kaudalen Randes des Processus zygomaticus des Stirnbeins. Der mediale Sinus ist beim *Schf.* in den beiden Schädelseiten sehr verschieden, bei der *Zg.* aber konstanter ausgebildet. Bei horntragenden Tieren dringen die lateralen Stirnhöhlen auch in den Processus cornualis des Os frontale vor. Beim **Pfd.** pneumatisiert die *Stirnhöhle* (400,402/*d–d'''*) das Stirnbein. Durch quergestellte Leisten wird die Stirnhöhle in eine *rostrale* (*d*), eine *mediale* (*d'*) und eine *kaudale Abteilung* (*d''*) gegliedert. Alle Abteilungen stehen aber miteinander in Verbindung. Manchmal reicht eine Bucht in das Os nasale (*d'''*). Die Verbindung der Stirnhöhle mit der kaudalen Kieferhöhle besteht über die Apertura frontomaxillaris (*2*) und über deren Apertura nasomaxillaris (*1*) mit der Nasenhöhle.

Die **Tränenbeinhöhle, Sinus lacrimalis** (377,378/*b*;385–387,389/*c*), gibt es nur beim *Schw.* und bei den *Wdk.* Sie pneumatisiert das Os lacrimale und ist beim **Schw.** in der Regel als selbständige Höhle den Siebbeineingängen angeschlossen. Manchmal ist sie als Anhang der lateralen rostralen Stirnhöhle (378/*e'*, *rechts*) ausgebildet. Beim *Rd.* ist sie mit der Kieferhöhle verbunden (387/*3*;389/*1*). Bei den **kl. Wdk.** hingegen besteht sie entweder als selbständige Höhle und ist dann mit den Siebbeineingängen verbunden (289/*5*;386/*4*), oder sie stellt nur eine laterale Ausbuchtung der lateralen Stirnhöhle (296,299/*c,f*) dar.

Die **Gaumenhöhle, Sinus palatinus** (385–387/*b*;400,402/*f*), fehlt den *Flfr.* und dem *Schw.* Bei den **Wdk.** pneumatisiert sie von den Knochen am Gaumen die Lamina horizontalis des Os palatinum und den Processus palatinus der Maxilla. In diesen Knochen dringen die Höhlen der beiden Seiten beim *Rd.* bis dicht an die Mediane heran, wo sie durch das *Septum sinuum palatinorum* voneinander getrennt sind. Bei den *kl. Wdk.* reichen sie nicht so weit median. *Lücken in der knöchernen Grundlage* *des Gaumenhöhlendachs* (290/*punktierte Linien*) haben zur Folge, daß Gaumen- und Nasenhöhle an diesen Stellen nur durch ihre hier aneinanderstoßenden Schleimhäute voneinander getrennt sind. Über den Canalis infraorbitalis hinweg sind Gaumen- und Kieferhöhle durch die weite *Apertura maxillopalatina* (387/*2*) verbunden. Ihren gemeinsamen Zugang mit der Kieferhöhle zur Nasenhöhle vermittelt die Apertura nasomaxillaris (387/*1*). Beim **Pfd.** erfüllt die Gaumenhöhle (301–303,300,402/*f*) die Pars perpendicularis des Gaumenbeins, aber auch das Os ethmoidale und der Vomer beteiligen sich dorsal an der Begrenzung. Sie ist der kaudalen Kieferhöhle über die Apertura maxillopalatina (400,402/*4*) hintergeschaltet.

Die **Keilbeinhöhle, Sinus sphenoidalis** (287/*g*;377/*g,g'*;387/*i*;400,402/*g*), ist durch das von der Medianen abweichende *Septum* in die ungleich große linke und rechte Höhle unterteilt. Bei *Hd.* und *kl. Wdk.* fehlt die Keilbeinhöhle. Bei der **Ktz.** liegt sie im Os praesphenoidale, und ein Teil des Endoturbinale IV ragt in diese Höhle hinein. Beim **Schw.** ist sie den Siebbeingängen angeschlossen (287) und im Vergleich mit jener der übrigen *Hsgt.* besonders groß. Sie pneumatisiert bei erwachsenen Tieren insbesondere das Os prae- wie auch das Os basisphenoidale und besitzt im Körper dieser Knochen ihren Zentralraum, von dem drei Buchten ausgehen: eine *kaudale* in die Pars basilaris des Os occipitale (295/*g''*), eine *rostrale* in den Processus pterygoideus des Keil- und des Gaumenbeins (*g'*) und eine *laterale* (*g*) in die Schläfenbeinschuppe. Beim **Rd.** ist sie in gut der Hälfte der Fälle ausgebildet, und zwar mit einem *kaudalen Abschnitt* (297,298/*7,8*) im Körper sowie in den Flügeln des Os praesphenoidale und mit dem kanalartigen *rostralen Abschnitt* (*6*), der auch die Verbindung zu den Siebbeingängen herstellt (291/*7*;387/*5*), ventrolateral vom Siebbeinlabyrinth. Beim **Pfd.** kann die *Keilbeinhöhle* (400,402/*g*), die im Os praesphenoidale liegt, manchmal fehlen. Sie ist in der Regel der Gaumenhöhle angeschlossen und wird dann mit dieser als *Sinus sphenopalatinus* bezeichnet. Seltener besitzt die Keilbeinhöhle eine eigene Verbindung mit den Siebbeingängen. Bei allen diesen Tierarten (*Ktz., Schw., Rd.* und *Pfd.*) hat der im Körper des Os praesphenoidale gelegene Abschnitt enge Lagebeziehung zum N. opticus und zum Chiasma opticum. Erkrankungen der Keilbeinhöhle können diese deshalb in Mitleidenschaft ziehen.

Als **Cellulae ethmoidales** (296/*g*;387/*k*) bezeichnet man bei den **Wdk.** Nebenhöhlen in der medialen Orbitawand, die tierartlich und individuell nach Zahl, Größe und Form sehr unterschiedlich ausgebildet sind und in den Meatus ethmoidales ihre Zugänge (291/*6*) besitzen. Beim **Schw.** reichen diese Nebenhöhlen der Nase weiter in rostrale Schädelpartien (287,377/*h*) hinein.

Kehlkopf, Larynx
(306–340,367–370,379,380,390,391,403–405)

Der Kehlkopf stellt eine Röhre dar, deren rachenwärtige Eingangsöffnung zum Schutz des nachfolgenden Atmungsweges vor allem beim Schluckakt verschließbar ist, den Stimmapparat enthält und kaudal sich weit in die Luftröhre öffnet. Der Kehlkopf liegt in Höhe der Schädelbasis bzw. am Halsanfang ventral des kaudalen Schlundkopfabschnitts und der Speiseröhre, bei *Pfd.* und *Wdk.* im Kehlgang, Regio intermandibularis, bei *Flfr.* und *Schw.* jedoch im Halsbereich.

Er ist von *Schleimhaut* ausgekleidet und wird von dem nach außen folgenden *Kehlkopfskelett* gestützt. Die in der Jugend knorpeligen, später teilweise verknöchernden Elemente sind durch Bänder untereinander sowie mit Zungenbein und Luftröhre verbunden und können durch Muskeln bewegt werden.

Die Entwicklung des Kehlkopfs vollzieht sich derart, daß Bestandteile des ursprünglichen Kiemenapparats sein Knorpelskelett, die Bänder, Muskeln, Nerven und Blutgefäße liefern, während seine Schleimhaut als ventraler Sproß des Darmrohrs entsteht. Aus dem anschließenden Anteil dieses Sprosses entwickelt sich die Luftröhre und aus seinem distalen Ende die Lunge. Dieser Ursprung des Atmungsrohrs aus der Ventralseite des Kopfdarms führt zu der bekannten Überkreuzung des Luft- und Speisewegs im Schlundkopf. Aus dem im Kopf dorsal gelegenen Atmungsweg, der Nasenhöhle und dem Nasenrachen, muß die Luft auf die Ventralseite des Pharynx hinüberwechseln, um in Kehlkopf und Luftröhre zu gelangen.

Die Herkunft der Kehlkopfnerven von denen der Kiemenbögen findet sichtbar Ausdruck. Die an der Entwicklung des Kehlkopfs beteiligten Kiemenbögen erhalten nämlich vom N. vagus beiderseits Äste, die späteren Nn. laryngei craniales und, als Endäste der N. laryngei recurrentes, die Nn.

laryngei caudales. Letztere erreichen die Kehlkopfanlage kaudal des letzten (VI.) Kiemenbogenarterienpaars. Diese Gefäße und die Nn. laryngei recurrentes gelangen während der Entwicklung mit dem Herzen in den Brustkorb. Links bleibt der VI. Arterienbogen zuerst als Ductus arteriosus und später als Ligamentum arteriosum (BOTALLI) bestehen, so daß der linke N. laryngeus recurrens postnatal von kaudal um dieses eine Schleife bildet und anschließend wieder kopfwärts zieht. Der rechte N. laryngeus recurrens gelangt durch Schwund der V. und VI. Kiemenbogenarterien an den Ursprungsteil der A. subclavia dextra, umschlingt diese ebenfalls von kaudal und nimmt wie der linke seinen Weg zum Kehlkopf.

Während die Nn. laryngei craniales die sensible Innervation der Kehlkopfschleimhaut besorgen, innervieren die Nn. laryngei caudales die Kehlkopfmuskeln mit Ausnahme des M. cricothyreoideus, der vom N. laryngeus cranialis innerviert wird.

Kehlkopfknorpel, Cartilagines laryngis
(306–329,367,368,379,390,403)

Das Skelett des Kehlkopfs setzt sich aus folgenden Knorpeln zusammen: kaudal dem *Ringknorpel, Cartilago cricoidea*, ventral und seitlich dem *Schildknorpel, Cartilago thyreoidea*, und dorsal den beiden *Stellknorpeln, Cartilagines arytaenoideae*, die auch Gießkannenknorpel genannt werden. Am Eingang steht der *Kehldeckel, Epiglottis*, der den Verschluß des Kehlkopfs beim Schlucken übernimmt und dessen Knorpel, *Cartilago epiglottica*, deshalb *Schließknorpel* heißt. Zu diesen Knorpeln gesellen sich neben inkonstanten Knorpeleinlagerungen, den sog. „Sesamknorpeln", *Cartilagines sesamoideae*, noch (außer *Ktz.*) die beiden, den Stellknorpeln unmittelbar angefügten *Spitzenknorpel, Processus corniculati*, sowie bei *Pfd.* und *Hd.* die beiden *Keilknorpel, Processus cuneiformes*. Ring- und Schildknorpel sowie Hauptteil der Stellknorpel bestehen aus hyalinem, Kehldeckelknorpel, Processus cuneiformis, corniculatus und vocalis der Stellknorpel aber aus elastischem Knorpelgewebe.

Der **Schildknorpel, Cartilago thyreoidea** (306–313), umschließt mit Ausnahme des Kehldeckels, der ihm rostral angefügt ist, die anderen Knorpel größtenteils ventral und seitlich wie ein Schild. Er besteht ventromedian aus dem Körper und aus den beiden Seitenplatten. Die schwach gewölbte Außenfläche jeder Seitenplatte, Laminae dextra und sinistra (306–313/2), wird durch die schräge, beim *Schw.* unvollständige *Linea obliqua* (306–309/3) in zwei Flächen, die Muskeln Anheftung gewähren, unterteilt. Im dorsalen Bereich besitzen die Seitenplatten rostral und kaudal herausragende Hörner, Cornua. Das *Cornu caudale* (306–309/6;310–313/4) übernimmt die Artikulation mit dem Ringknorpel und das *Cornu rostrale* (306,308,309/4;310,312,313/3), das beim *Schw.* fehlt, die Gelenkverbindung mit dem Kehlkopfast des Zungenbeins. Am rostralen Rand liegt (exkl. *Schw.*) unmittelbar ventral vom Rostralhorn die *Schildknorpelspalte, Fissura thyreoidea* (306,308,309/5). Diese ist (außer *Flfr.*) rostral derart durch Bandmassen überbrückt, daß am Grund der Spalte nunmehr das *Schildknorpelloch, Foramen thyreoideum*, freibleibt, das den sensiblen Fasern des N. laryngeus cranialis Durchtritt zur Schleimhaut des Kehlkopfs gewährt. Der Schildknorpel, Cartilago thyreoidea (306–313/1), besitzt bei den *Wdk.* eine seichte *Incisura thyreoidea rostralis* (312/6), die den übrigen *Hsgt.* fehlt. Beim *Pfd.* ist eine außerordentlich tiefe *Incisura thyreoidea caudalis* (313/5) ausgebildet, die für die Ausführung der „Kehlkopfpfeifer-Operation" bedeutsam ist (s. S. 245). Auch bei der *Ktz.* ist dieser Einschnitt tief. Beim *Schw.* fehlt er, und bei *Hd.* (310/5) sowie *Wdk.* (312/5) ist er nur schwach angedeutet. Die konvexe Außenfläche des Schildknorpelkörpers trägt beim Mann eine wulstartige Verdickung, den *Adamsapfel, Pomum Adami* s. *Prominentia laryngea*. Diese ist mit dem nur bei *Hd., Wdk.* und älteren *Schw.* deutlicher ausgebildeten *Kehlkopfwulst* (310,312/7) nicht homolog.

Der **Ringknorpel, Cartilago cricoidea** (314–317), schließt sich, vom Schildknorpel zum Teil seitlich bedeckt, diesem kaudal an. Er besitzt die Gestalt eines Siegelrings. Dementsprechend werden an ihm der breite, dorsale Teil als Platte und der schmale, seitliche und ventrale Teil als Reif bezeichnet. Die Ringknorpelplatte, Lamina cartilaginis cricoideae (314–317/2), trägt median einen *Muskelkamm, Crista mediana* (314–317/3), und am Rostralrand jederseits eine Fläche zur Artikulation mit den Stellknorpeln, *Facies articularis arytaenoidea* (314–317/4). Am Übergang von der Platte zum Reif findet sich zur Verbindung mit den Kaudalhörnern des Schildknorpels jederseits eine *Facies articularis thyreoidea* (314,315,317/5), an deren Stelle bei den *Wdk.* allerdings nur eine *angerauhte Fläche* (316/5') ausgebildet ist, da beim *Wdk.* diese Verbindung nicht in Form eines Gelenks, sondern bindegewebig erfolgt. Der Ringknorpelreif, Arcus cartilaginis cricoideae (314–317/1),

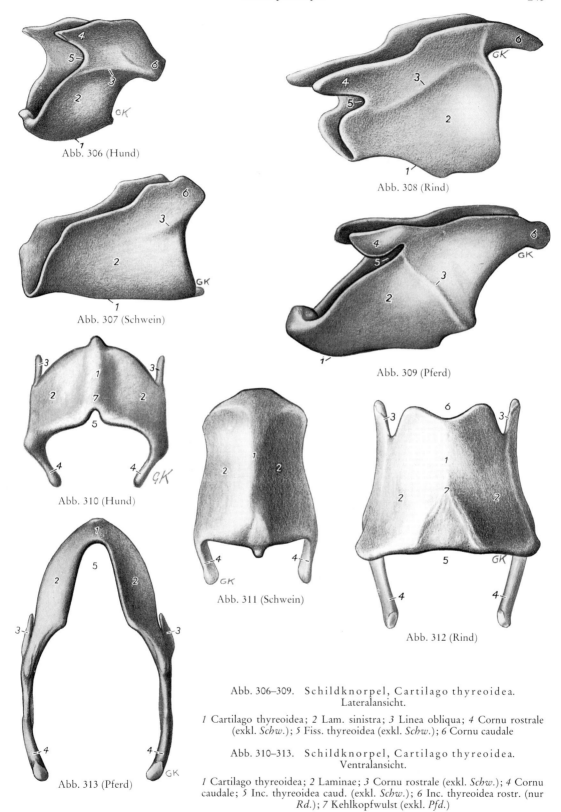

Abb. 306 (Hund)

Abb. 308 (Rind)

Abb. 307 (Schwein)

Abb. 309 (Pferd)

Abb. 310 (Hund)

Abb. 311 (Schwein)

Abb. 312 (Rind)

Abb. 313 (Pferd)

Abb. 306–309. Schildknorpel, Cartilago thyreoidea.
Lateralansicht.

1 Cartilago thyreoidea; *2* Lam. sinistra; *3* Linea obliqua; *4* Cornu rostrale
(exkl. *Schw.*); *5* Fiss. thyreoidea (exkl. *Schw.*); *6* Cornu caudale

Abb. 310–313. Schildknorpel, Cartilago thyreoidea.
Ventralansicht.

1 Cartilago thyreoidea; *2* Laminae; *3* Cornu rostrale (exkl. *Schw.*); *4* Cornu
caudale; *5* Inc. thyreoidea caud. (exkl. *Schw.*); *6* Inc. thyreoidea rostr. (nur
Rd.); *7* Kehlkopfwulst (exkl. *Pfd.*)

verschmälert sich ventral von rostral her, und an den Seiten sind seine Außenflächen flachgrubig für den M. cricothyreoideus vertieft.

Die **Aryknorpel, Cartilagines arytaenoideae** (318–325), werden durch Muskeln bei der Stimmbildung und Atmung in der Stellung verändert. Sie heißen auch S t e l l k n o r p e l. Der Aryknorpel hat die Gestalt einer dreiseitigen Pyramide, deren Basis dem Ringknorpel zugekehrt ist. An der kaudodorsalen Ecke ihrer Basis liegt medial die Gelenkfläche zum Ringknorpel, *Facies articularis* (319,321,323,325/4), und an der ventralen Ecke der *Stimmbandfortsatz, Processus vocalis* (318–325/2), der im Gegensatz zum sonst hyalinen Stellknorpel aus elastischem Knorpel besteht. Die rostrodorsal gekehrte *Spitze, Apex cartilaginis arytaenoideae,* trägt den elastischen, beim *Schw.* mit einem mond-

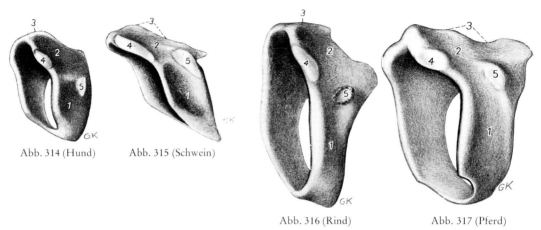

Abb. 314 (Hund)   Abb. 315 (Schwein)   Abb. 316 (Rind)   Abb. 317 (Pferd)

Abb. 314–317.   R i n g k n o r p e l, C a r t i l a g o   c r i c o i d e a. Kraniolateralansicht.

1 Arcus, *2* Lam. cartilaginis cricoideae; *3* Crista mediana; *4* Facies articularis arytaenoidea; *5* Facies articularis thyreoidea, *5′* beim *Rd.* als angerauhte Fläche

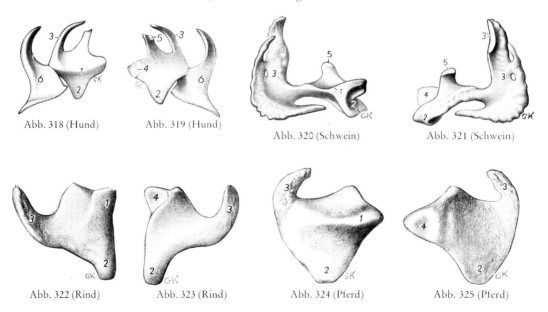

Abb. 318 (Hund)   Abb. 319 (Hund)   Abb. 320 (Schwein)   Abb. 321 (Schwein)

Abb. 322 (Rind)   Abb. 323 (Rind)   Abb. 324 (Pferd)   Abb. 325 (Pferd)

Abb. 318–325.   L i n k e r   S t e l l k n o r p e l,   A r y k n o r p e l,   C a r t i l a g o   a r y t a e n o i d e a.

Abb. 318, 320, 322, 324. Lateralansicht. Abb. 319, 321, 323, 325. Medialansicht.
(Beim *Schw.* nach Trennung der median verwachsenen Knorpel.)

1 Proc. muscularis; *2* Proc. vocalis; *3* Proc. corniculatus, *3′* Schnittfläche; *4* Facies articularis; *5* Cartilago interarytaenoidea (nur *Hd.* und *Schw.*); *6* Proc. cuneiformis (*Hd.*)

sichelförmigen lateralen Ansatz versehenen *Processus corniculatus* (318–325/*3*). Der *Ktz.* fehlt letzter. Auf der Lateralfläche der Stellknorpel erhebt sich der kammförmige *Processus muscularis* (318,320,322,324/*1*). Bei *Hd.* und *Schw.* schiebt sich median zwischen die Aryknorpel ein kleiner *Zwischenknorpel, Cartilago interarytaenoidea* (319–321/*5*), ein.

  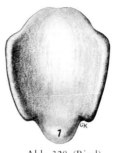 

Abb. 326 (Hund)   Abb. 327 (Schwein)   Abb. 328 (Rind)   Abb. 329 (Pferd)

Abb. 326–329.   Kehldeckel- oder Schließknorpel, Cartilago epiglottica. Dorsalansicht.

1 Petiolus; *2* Proc. cuneiformis (*Pfd.*)

Der elastische **Kehldeckel- oder Schließknorpel, Cartilago epiglottica** (326–329), bildet mit seinem Schleimhautüberzug den *Kehldeckel, Epiglottis* (334–338/*b*), der die Eingangsöffnung zum Kehlkopf beim Schluckakt verschließen kann. An seiner schildknorpelwärts gelegenen *Basis* ragt bei den einzelnen *Hsgt.* ein unterschiedlich ausgebildeter Fortsatz heraus, der *Stiel, Petiolus epiglottidis* (326 bis 329/*1*). Er dient der Verbindung der Epiglottis mit dem Schildknorpel bzw. dem Ligamentum thyreoepiglotticum zum Ansatz. Die Unterfläche der Basis trägt (exkl. *Hd.*) einen kräftigen, mit dem Knorpel innig verbundenen *Fettkörper* (336–338), der sich bei der Bewegung des Kehldeckels wie ein plastisches Kissen verformt. Die rostrale *Apex* der Epiglottis ist bei *Flfr., kl. Wdk.* und *Pfd.* zugespitzt, bei *Schw.* und *Rd.* aber abgerundet. Die weiteren Formunterschiede werden durch die Abbildungen gekennzeichnet. Aus der Basis des Kehldeckels geht beim *Pfd.* jederseits ein elastischer, dorsal gerichteter Fortsatz hervor, der als **Keilknorpel, Processus cuneiformis** (329/*2*), bezeichnet wird. Beim *Hd.* ist jederseits dem Aryknorpel ein Keilknorpel (WRISBERGscher Knorpel) (318,319/*6*) rostral angelagert. Der *Ktz.*, dem *Schw.* und den *Wdk.* fehlt dieses Knorpelpaar.

Verbindungen der Kehlkopfknorpel
(330–333,404)

Straffe und elastische Bänder sowie Gelenke zwischen Ringknorpel- und Schildknorpel (exkl. *Wdk.*), Ring- und Stellknorpel sowie Schildknorpel und Zungenbein (exkl. *Flfr.* und *Schw.*) übernehmen neben Muskeln, die später betrachtet werden sollen, die Verbindungen der Kehlkopfknorpel untereinander, mit der Luftröhre und mit dem Zungenbein.

Die **Ringknorpel-Luftröhrenverbindung** übernimmt das elastische *Ligamentum cricotracheale* (330–333/*10*;404/*4*), das rundum zwischen Ringknorpel und erster Luftröhrenspange verkehrt.

Für die gelenkige **Ringknorpel-Schildknorpelverbindung** liefert (außer bei den *Wdk.*, bei denen hier eine Syndesmose besteht) der Ringknorpel eine flache Grube, in der das Cornu caudale des Schildknorpels in der *Articulatio cricothyreoidea* (404/*n*) derart artikuliert, daß Dorsal- und Ventralbewegungen der beiden Knorpel gegeneinander stattfinden können. Bei dieser Kippbewegung ändern sich u. a. auch die Spannung und Länge der Stimmbänder. Seitlich und ventral verkehrt zwischen Ring- und Schildknorpel das elastische *Ligamentum cricothyreoideum* (330–333/*9*;404/*3*), dessen ventraler Teil besonders kräftig ausgebildet ist und noch auf die Innenfläche des Schildknorpelkörpers vorgreift. Beim *Pfd.* verschließt das Ligamentum cricothyreoideum auch die tiefe Incisura thyreoidea caudalis in Form einer Platte (404/*3'*). Bei medianem Durchschneiden dieser Platte kann man beim *Pfd.* deshalb von ventral ohne Durchtrennung des Schildknorpels in die Kehlkopfhöhle gelangen. Bei der „Kehlkopfpfeifer-Operation" wird hiervon Gebrauch gemacht. Aus den seitlich gelegenen Abschnitten des elastischen Ligamentum cricothyreoideum spalten sich sogleich an dessen Ursprung vom Ringknorpel nach innen elastische Fasern ab, die in der Tela submucosa der Kehlkopfschleimhaut eine elastische Membran, *Membrana fibroelastica laryngis* (330/9'), bilden, welche sich am Stimmband anheftet und dem Conus elasticus des *Msch.* entspricht.

Der **Ringknorpel-Stellknorpelverbindung** dient die *Articulatio cricoarytaenoidea* (404/o), für die der Ringknorpel die flache, dem Rostralrand seiner Platte parallel angeordnete, walzenförmige *Gelenkerhöhung* und der Stellknorpel die entsprechende *Vertiefung* liefern. Ventromedial an der Kapsel dieses Gelenks liegt das *Ligamentum cricoarytaenoideum* (330–333/8). Da Seitenbänder fehlen, bestehen für dieses von einer lockeren *Kapsel* umschlossene Gelenk d r e i B e w e g u n g s m ö g l i c h k e i t e n : 1. dorsoventrale *Kippbewegungen* um die Walzenachse, 2. *Gleitbewegungen* parallel zur Walzenachse und 3. *Drehbewegungen* um die Höhenachse des pyramidenförmigen Stellknorpels bei Aufhebung des Schlusses der Gelenkflächen. Beim *Schw.*, dessen Spitzenknorpel rostromedian zu einem unpaaren Knorpel verschmolzen sind, bestehen diese Möglichkeiten allerdings nicht in vollem Maße. Es dürfte insbesondere die dritte Bewegungsart unmöglich sein.

Die **Verbindung der beiden Stellknorpel** miteinander übernimmt das *Ligamentum arytaenoideum transversum,* das zwischen den kaudalen Winkeln dieser Knorpel verkehrt und feine Verbindungsfasern zum Rostralrand der Ringknorpelplatte besitzt. Bei *Hd.* und *Schw.* ist dorsomedian ein *Zwischenknorpel, Cartilago interarytaenoidea,* zwischen die beiden Aryknorpel eingefügt.

Die **Schildknorpel-Zungenbeinverbindung** erfolgt durch das vom Rostralhorn der Cartilago thyreoidea und vom Kehlkopfast des Zungenbeins, Thyreohyoideum, gebildete Gelenk, *Articulatio thyreohyoidea* (404/m), und durch die *Membrana thyreohyoidea* (330–332,404/2), die zwischen dem rostralen Rand der Platten einerseits und den Kehlkopfästen sowie dem Basihyoideum andererseits ausgespannt ist. An Stelle des Gelenks ist bei den *Flfr.* eine Synchondrose ausgebildet, und beim *Schw.* lagern sich die Kehlkopfäste des Zungenbeins den Seitenplatten des Schildknorpels in deren rostralem Bereich seitlich in bindegewebiger Verbindung an.

An der **Kehldeckel-Schildknorpelverbindung** findet sich das zwischen Kehldeckelbasis und Schildknorpel ausgespannte elastische *Ligamentum thyreoepiglotticum* (331–333/3). Die Abb. 330 bis 333 kennzeichnen zugleich die tierartlich typische Lagerung dieser beiden Knorpel zueinander und die dadurch bedingte verschiedene Ausbildung des Schildknorpel-Kehldeckelbands. Sie weisen vor allem aber darauf hin, daß sich die Bewegungsvorgänge am Kehlkopf und insbesondere die des Kehldeckels tierartlich unterscheiden.

Der **Kehldeckel-Zungenbeinverbindung** dient das elastische, mit dem M. hyoepiglotticus (380,391,405/2) verbundene *Ligamentum hyoepiglotticum* (330–332,404/1).

Als **Stellknorpelbänder,** die sich bei den einzelnen *Hsgt.* unterschiedlich verhalten, was wiederum auf die tierartliche Besonderheit der Bewegungsmechanik am Kehlkopf hinweist, finden sich jederseits zwei Bänder: rostral das *Vorhofband, Ligamentum vestibulare* (330,331,333/6;332/6';404/5), und kaudal das *Stimmband, Ligamentum vocale* (330–333/7;404/6). Zwischen diesen beiden Bändern liegt bei *Hd.* und *Pfd.* der S. 250 beschriebene Zugang zur *seitlichen Kehlkopftasche, Ventriculus laryngis* (335,336,338/1;404/q;405/f), während er sich beim *Schw.* zwischen den beiden Schenkeln des zweigeteilten Stimmbands befindet. Den *Wdk.* und der *Ktz.* fehlt die seitliche Kehlkopftasche.

Das V o r h o f b a n d Ligamentum vestibulare, das der *Ktz.* fehlt, entspringt beim *Hd.* (330/6) am Schildknorpelkörper und endet am Keilknorpel. Beim *Schw.* (331/6) sind seine Fasern zwischen der Basis der Epiglottis und der Außenfläche des Aryknorpels bzw. dessen Processus corniculatus ausgespannt und haben keine Beziehung zur Vorhoffalte. Die *Wdk.* (332/6') besitzen an Stelle des Bandes fächerförmig ausgebreitete Fasern in der Tela submucosa, die zwischen Basis der Epiglottis sowie Schildknorpel und Seitenfläche des Stellknorpels verkehren und bei den *kl. Wdk.* relativ stärker als beim *Rd.* ausgebildet sind. Beim *Pfd.* (333/6;404/5) endlich zieht das Ligamentum vestibulare von dem bei ihm jederseits von der Epiglottis abgehenden Keilknorpel zur Lateralfläche des Stellknorpels.

Das elastische S t i m m b a n d , Ligamentum v o c a l e (330–333/7;404/6), spannt sich jederseits mit tierartlichen Unterschieden, die aus den Abb. 330–333 zu ersehen sind, zwischen dem Schildknorpel bzw. dem Ligamentum cricothyreoideum und dem Processus vocalis des Aryknorpels aus. Beim *Schw.* ist es aber in einen rostralen und einen kaudalen Schenkel, zwischen denen der Zugang zur seitlichen Kehlkopftasche liegt, unterteilt. Zudem ist beim *Schw.* zwischen den Ligamenta vestibulare und vocale noch eine breite Bandmasse (331/6′) ausgebildet, deren Fasern zwischen Schildknorpelplatte und Ventralrand des Stellknorpels verkehren und lateral der seitlichen Kehlkopftasche liegen.

Muskeln des Kehlkopfs
(340,369,370,380,391,405)

Neben Muskeln, die allein zwischen den Kehlkopfknorpeln verkehren, den Eigenmuskeln des Kehlkopfs, bestehen auch solche, die ihn mit seiner Umgebung, nämlich mit dem Zungenbein, mit dem Schlundkopf sowie mit dem Brustbein, verbinden und die bereits früher (s. S. 33) besprochen wurden. Während bei den *Hsgt.* erstere, die Eigenmuskeln des Kehlkopfs, allein der Bewegung bei der Atmung sowie der Stimmerzeugung dienen, stellen letztere den Kehlkopf auch in das Ge-

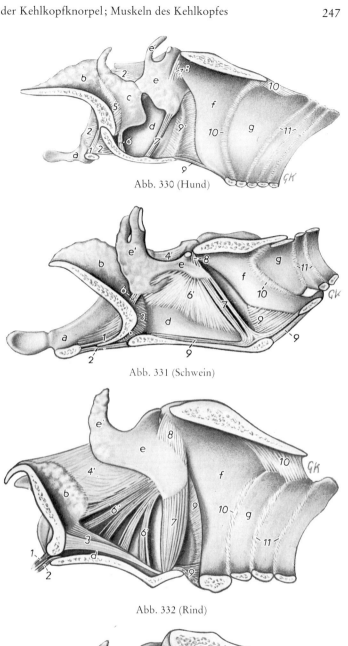

Abb. 330 (Hund)

Abb. 331 (Schwein)

Abb. 332 (Rind)

Abb. 330–333. Bänder des Kehlkopfs der Haussäugetiere. Medianschnitt. Medialansicht.

a Os hyoideum (nur bei *Hd.* und *Schw.* dargestellt); *b* Cartilago epiglottica; *c* Proc. cuneiformis (*Hd., Pfd.*); *d* Cartilago thyreoidea; *e* Cartilago arytaenoidea; *e′* Proc. corniculatus; *f* Cartilago cricoidea; *g* 1. Trachealknorpel

1 Lig. hyoepiglotticum (beim *Pfd.* nicht dargestellt); *2* Membrana thyreohyoidea (beim *Pfd.* nicht dargestellt); *3* Lig. thyreoepiglotticum (beim *Hd.* nicht sichtbar); *4,4′* Plica aryepiglottica (*Schw., Rd., Pfd.*); *5* zur Plica aryepiglottica gehörige Fasern (*Hd.*); *6* Lig. vestibulare (exkl. *Rd.*), *6′* Fasern zur Stützung des Ventriculus laryngis (*Schw.*) bzw. Fasern, die dem Lig. vestibulare entsprechen (*Rd.*); *7* Lig. vocale (beim *Schw.* zweigeteilt); *8* Lig. cricoarytaenoideum; *9* Lig. cricothyreoideum, *9′* Membrana fibroelastica laryngis (nur beim *Hd.* dargestellt); *10* Lig. cricotracheale; *11* Ligg. anularia

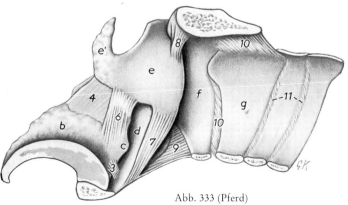

Abb. 333 (Pferd)

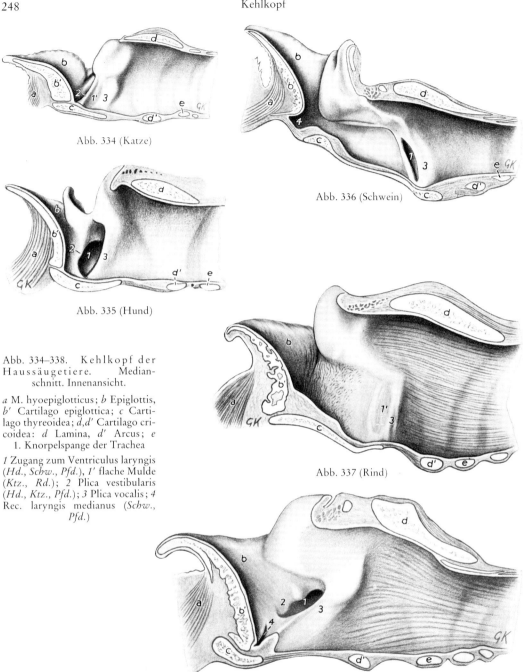

Abb. 334 (Katze)

Abb. 335 (Hund)

Abb. 336 (Schwein)

Abb. 337 (Rind)

Abb. 338 (Pferd)

Abb. 334–338. Kehlkopf der Haussäugetiere. Medianschnitt. Innenansicht.

a M. hyoepiglotticus; *b* Epiglottis, *b′* Cartilago epiglottica; *c* Cartilago thyreoidea; *d,d′* Cartilago cricoidea: *d* Lamina, *d′* Arcus; *e* 1. Knorpelspange der Trachea

1 Zugang zum Ventriculus laryngis (*Hd., Schw., Pfd.*), *1′* flache Mulde (*Ktz., Rd.*); *2* Plica vestibularis (*Hd., Ktz., Pfd.*); *3* Plica vocalis; *4* Rec. laryngis medianus (*Schw., Pfd.*)

schehen beim Schluckakt. Bei den *Hsgt.* findet der Kehlkopf mit seinem Eingang unmittelbaren Anschluß an den Nasenrachen und ist gegen diesen nur wenig ventral abgebogen. Beim *Msch.* hingegen ist er vom Gaumen weg in die Tiefe gerückt und zugleich gegen das Gaumendach fast rechtwinkelig abgeknickt. Hierdurch ist beim *Msch.* erreicht, daß der Exspirationsstrom gegen den Gaumen gelenkt wird, was der Sprachbildung dienlich ist.

Die **Eigenmuskeln des Kehlkopfs**, die aus quergestreifter Muskulatur bestehen, dienen der Atmung, der Stimmerzeugung sowie der reflektorischen Stimmritzenverengung bei bestimmten Reizen. Sie seien hier zunächst nur kurz hinsichtlich ihrer tierartlichen Ausbildung und Anordnung besprochen, um dann später in ihrer Bedeutung für den Bewegungsmechanismus am Kehlkopf betrachtet zu werden (s. S. 251). Der *M. cricothyreoideus* (369,370,380,391,405/5) entspringt ventral von der Lateralfläche des Ringknorpelreifs und heftet sich, unterschiedlich weit dorsal reichend und rostrodorsal gerichtet, am Kaudalrand bzw. auch an der Außenfläche der Schildknorpelplatte und an deren Cornu caudale an. Der *M. cricoarytaenoideus dorsalis* (369,370,380,391,405/6) entspringt auf der Ringknorpelplatte, die er ganz bedeckt und bis an deren medianen Muskelkamm er heranreicht. Bei rostrolateralem Verlauf seiner Fasern endet er am Processus muscularis des Aryknorpels. Der *M. arytaenoideus transversus* (369,370,380,391,405/7) liegt dorsal locker auf dem Stellknorpel, entspringt an dessen Processus muscularis und trifft sich median unter Einschaltung einer Zwischensehne mit dem der anderen Seite. Der *M. cricoarytaenoideus lateralis* (369,370,380,391,405/8) schiebt sich zwischen die Schildknorpelplatte und die Membrana fibroelastica laryngis ein und zieht vom Ringknorpelreif rostrodorsal an den Kaudalabschnitt des Muskelkamms des Aryknorpels. Der *M. thyreoarytaenoideus* (369,380,391/9) ist bei *Hd.* und *Pfd.* in zwei Muskeln gegliedert: rostral den *M. ventricularis* (370,405/9') und kaudal den *M. vocalis* (370,405/9''). Bei *Ktz.*, *Schw.* und *Wdk.* ist dieser Muskel jedoch einheitlich und stellt eine fächerförmige Platte dar, die bei der *Ktz.* und den *Wdk.* an der Basis der Epiglottis, dem Schildknorpel und am Ligamentum cricothyreoideum, beim *Schw.* jedoch nur am Schildknorpel ventral verankert ist. Er verjüngt sich dorsal bei allen drei Tierarten und heftet sich am Muskelfortsatz und mit einigen rostralen Fasern auch am Stimmfortsatz des Stellknorpels an. Bei der *Ktz.* und den *Wdk.* ist diese Muskelplatte in jenem Bereich, in dem bei *Hd.* und *Pfd.* der Zugang zur seitlichen Kehlkopftasche (335,338/1) liegt, die der *Ktz.* und den *Wdk.* fehlt, dünn, und die Kehlkopfschleimhaut bildet hier nur eine *flache Mulde* (334,337/1'). Der *M. ventricularis* (340/1;370,405/9') von *Hd.* und *Pfd.* wird zusammen mit dem Ligamentum vestibulare von einer Schleimhautfalte, der Plica vestibularis (335,338/2;340/8), aufgenommen. Er entspringt ventral an der Schildknorpelplatte sowie beim *Pfd.* am Ligamentum cricothyreoideum und heftet sich bei dorsal gerichtetem Verlauf (beim *Pfd.* auch dem Keilknorpel (340/c) lateral anliegend) rostral am Processus muscularis des Stellknorpels an. Beim *Pfd.* verbindet sich zudem ein rostraler Teil über den Stellknorpel und den M. arytaenoideus transversus hinweg mit dem der anderen Seite. Der *M. vocalis* (340/2;370,405/9'') von *Hd.* und *Pfd.* liegt lateral sowie kaudal vom Ligamentum vocale (340/5) in der Stimmfalte, Plica vocalis (334–338/3;340/9). Er entspringt ventral am Schildknorpel und inseriert dorsal am Processus muscularis des Aryknorpels, an dessen Processus vocalis sich auch einige rostrale Fasern des Muskels anheften.

Kehlkopfhöhle und ihre Schleimhautbildungen
(334–340,357–362)

Die S c h l e i m h a u t, die den Kehlkopf auskleidet und seinen Eingang auch außen bedeckt, trägt ein mehrschichtiges Epithel. Es handelt sich dabei um ein meist nicht verhorntes *Plattenepithel* fast im gesamten Kehlkopfvorhof, an der rostralen Berandung der Stimmfalten, wo in besonderem Maße mechanische Insulte einwirken, sowie bei *Hd.* und *Schw.* auch in den seitlichen Kehlkopftaschen. Die übrigen Bezirke des Kehlkopfs, einschließlich der seitlichen Kehlkopftaschen des *Pfd.*, aber besitzen ebenso wie die anschließende Luftröhre und die großen Bronchen eine Schleimhaut mit hochprismatischem, flimmertragendem Epithel, das von Becherzellen durchsetzt ist. Der Flimmerstrom ist pharyngeal gerichtet. Das Epithel auf der laryngealen Epiglottisfläche enthält (exkl. *Pfd.*) auch *Geschmacksknospen*. Vielerorts finden sich vornehmlich in der Tela submucosa gelegene *Lymphfollikel* sowie seröse, muköse und gemischte *Drüsen*.

Die *lymphoretikulären Bildungen in der Kehlkopfschleimhaut* sind bei den einzelnen *Hsgt.* in Form von Solitärfollikeln, *Lymphonoduli laryngei*, und Tonsillen, *Tonsillae paraepiglottica* und *glottica*, unterschiedlich ausgebildet und werden bei den Tierarten besonders besprochen (s. S. 270, 277, 287, 297).

Drüsenfrei ist die Schleimhaut am freien Rand der Stimmfalten und an deren näherer Umgebung, während sonst Drüsen – tierartlich mehr oder weniger stark ausgebildet und verteilt – vorkommen. Bei allen *Hsgt.* aber liegen Drüsen in der Schleimhaut der Epiglottis, der seitlichen Kehldeckelfalte, um die Spitzenknorpel und in den Vestibularfalten. Durch diese Drüsen werden die drüsenfreien Stimmfalten befeuchtet.

Das **Relief der Kehlkopfhöhle**: Aus der Seitenwand der Kehlkopfhöhle stülpt sich bei *Hd.*, *Schw.* und *Pfd.* die Schleimhaut gegen die Medialfläche der Schildknorpelplatten als *seitliche Kehlkopftasche, Ventriculus laryngis* (MORGAGNI) (335,336,338/1;340/13), lateral aus. Die Ausdehnung dieser Ta-

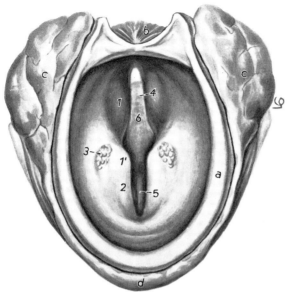

Abb. 339. Kehlkopf eines Rindes. Kaudalansicht. (Nach VOLLMERHAUS, 1957.)

a 3. Trachealspange; *b* M. cricoarytaenoideus dors.; *c* Gl. thyreoidea, Lobi, *d* Isthmus glandularis

1 schleimhautüberzogene Cartilago arytaenoidea sin., *1'* Proc. vocalis; *2* Plica vocalis; *3* Tonsilla glottica; *4,5* Rima glottidis: *4* Pars intercartilaginea, *5* Pars intermembranacea; *6* laryngeale Fläche der Epiglottis

schen bei den einzelnen *Hsgt.* wird durch die oben angegebenen Abbildungen gekennzeichnet. Bei der *Ktz.* und bei den *Wdk.* finden sich an Stelle der beidseitigen Kehlkopftasche lediglich je eine flache *Mulde* (334,337/*1'*), die bei den *Wdk.* dadurch entsteht, daß an dieser Stelle der lateral von der Schleimhaut gelegene und mit ihr verbundene M. thyreoarytaenoideus dünner ist. Der Zugang zu der seitlichen Kehlkopftasche ist bei *Hd.* und *Pfd.* von zwei Schleimhautfalten besäumt: rostral von der Vorhoffalte (335,338/*2*;340/*8*) und kaudal von der Stimmfalte (335,338/*3*;340/*9*), wobei letztere weiter in die Kehlkopfhöhle vorragt. Die *Plica vestibularis* (335,338/*2*;340/*8*) umschließt das Ligamentum vestibulare und den M. ventricularis sowie den beim *Hd.* dorsal, beim *Pfd.* aber ventral gelegenen Keilknorpel, während die *Stimmfalte, Plica vocalis* (335,338/*3*;340/*9*), das Ligamentum vocale und den M. vocalis enthält. Beim *Schw.*, dessen M. thyreoarytaenoideus nicht in die Mm. ventricularis und vocalis unterteilt ist, zieht auch das Ligamentum vestibulare keine Plica vestibularis aus. Bei ihm enthält die rostral vom Zugang zur seitlichen Kehlkopftasche gelegene Falte vielmehr den rostralen Schenkel des zweigeteilten Ligamentum vocale, dessen kaudaler Schenkel die Stimmfalte bil-

den hilft. Bei der *Ktz.* und bei den *Wdk.*, deren M. thyreoarytaenoideus ebenfalls einheitlich ist, besitzt die Stimmfalte infolge des Fehlens der seitlichen Kehlkopftaschen nicht wie bei den übrigen *Hsgt.* auch lateral, sondern nur rostral und medial einen Schleimhautüberzug; sie ragt also nicht faltenförmig, sondern als Erhabenheit in die Kehlkopfhöhle vor (334,337/*3*;339/*2*). Während den *Wdk.* auch die Plica vestibularis fehlt, besteht jedoch eine solche bei der *Ktz.* (334/*2*), allerdings ohne den Einschluß eines Bandes oder Muskels. Als *mittlere Kehlkopftasche, Recessus laryngis medianus* (336,338/*4*;340/*10*), buchtet sich weiterhin die Schleimhaut bei *Schw.* und *Pfd.* an der Basis der Epiglottis ventral aus. Bei den übrigen *Hsgt.* fehlt diese Tasche. Jederseits am Kehlkopfeingang steht die *seitliche Kehldeckelfalte, Plica aryepiglottica.* Bei *Hd.* und *Pfd.* (80,86/*8*;88/*10*) zieht sie zum Aryknorpel, bei der *Ktz.* (58/*o'*) zur Cartilago cricoidea, und bei *Schw.* und *Wdk.* setzt sie dorsal von Stell- und Ringknorpel an (82/*8*). Diese beidseitigen Falten ragen zusammen mit den Spitzenknorpeln und dem Kehldeckel aus dem Boden des Kehlrachens nasenrachenwärts empor und begrenzen den Zugang zur Kehlkopfhöhle, den *Aditus laryngis* (88/*8–11*). Jederseits des Aditus laryngis bildet die lateral vom Zungenbein und von den Schildknorpelplatten gestützte Rachenschleimhaut eine Bucht, *Recessus piriformis* (88/*7*), die beim Pharynx (s. S. 49) beschrieben wurde. Im Kehlrachen leitet die Epiglottis wie ein Eisbrecher weiche Nahrung beidseitig durch den Recessus piriformis. Festere Nahrung geht zum Teil auch über den Kehldeckel hinweg.

Die **Kehlkopfhöhle, Cavum laryngis,** wird ihrer Form gemäß in drei Abschnitte unterteilt: in den rostral gelegenen weiten *Vorhof, Vestibulum laryngis,* den engen *mittleren Kehlkopfraum, Glottis,* und den wiederum weiten *Ausgangsraum, Cavum infraglotticum.*

Der V o r h o f , V e s t i b u l u m l a r y n g i s , beginnt weit mit dem Aditus laryngis und verjüngt sich zu seinem kaudalen Ende hin, wo zwischen den Vorhoffalten bzw. den diesen Falten entsprechenden Bildungen die *Vorhofenge, Rima vestibuli,* liegt. Bei *Schw.* und *Pfd.* findet sich ventral im Vorhof die *mittlere Kehlkopftasche, Recessus laryngis medianus* (336,338/*4*;340/*10*), die den *Flfr.* und den *Wdk.* fehlt. Zwischen den *seitlichen Kehldeckelfalten* und den schleimhautbedeckten Aryknorpeln besteht bei *Ktz., Schw.* und *Wdk.* eine schmale Schleimhauttasche.

An das Vestibulum schließt kaudal der mittlere Kehlkopfraum, die Glottis, an. Er besitzt bei *Hd., Schw.* und *Pfd.* die *seitlichen Kehlkopftaschen, Ventriculi laryngis* (335,336,338/1;340/13), als laterale Anhänge, bei *Ktz.* und *Wdk.* an deren Stelle aber nur *muldenförmige Gruben* (334,337/1'). Die Glottis reicht bis zum kaudalen Rand der Stimmfalten, zwischen denen die engste Stelle des Kehlkopfs liegt, und beherbergt den Apparat der Stimmbildung, den Teil des Stimmapparats, der aus den beiden Stimmfalten, den Stellknorpeln mit ihrem Stimmfortsatz samt Schleimhautüberzug und aus dem Raum zwischen diesen Gebilden, der *Stimmritze, Rima glottidis,* besteht. Die tierartlich unterschiedliche Anordnung und Stellung dieser Teile im Kehlkopf sind aus den Abb. 334–340 ersichtlich. Der ventrale Abschnitt der *Stimmritze* (87/11;88/11';339/4,5) liegt als *Pars intermembranacea* (339/5;340/11) zwischen den Stimmfalten, Plicae vocales, ihr dorsaler Teil hingegen befindet sich zwischen den Stellknorpeln, *Pars intercartilaginea* (339/4).

An die Glottis schließt der weite Ausgangsraum des Kehlkopfs, Cavum infraglotticum (340/14), an, der rundum vom Ringknorpel gestützt wird und an dessen Kaudalrand in die Luftröhre übergeht.

Betrachtet man nochmals die Gesamtgestalt der Kehlkopfhöhle, so läßt sie sich mit einer Sanduhr (340) vergleichen. Den oberen Trichter liefert das *Vestibulum* und den unteren Trichter das *Cavum infraglotticum,* während zwischen beiden Trichtern die sehr enge *Glottis* steht. Der Vorhof beherbergt bei *Hd., Schw.* und *Pfd.,* die seitlichen Kehlkopftaschen als laterale Anhänge, wobei die Stimmfalten mit ihrem freien rostralen Rand weit in die Kehlkopfhöhle vorragen, was u. a. bei Einführung des Katheters bei der Intubationsnarkose berücksichtigt werden muß. Beim *Pfd.,* bei dem öfter infolge meist linksseitiger Lähmung des N. laryngeus caudalis eine Lähmung der Eigenmuskeln des Kehlkopfs (exkl. M. cricothyreoideus) besteht, hängt dann die Stimmfalte schlaff in die Kehlkopfhöhle, und der Inspirationsluftstrom fängt sich hier, wodurch ein pfeifender Ton (Kehlkopfpfeifen oder Röhren) entsteht. Diese Lähmung kann zu starker Atemnot führen.

Bewegungsmechanismus des Kehlkopfs

Bei den Bewegungen des Kehlkopfs ist zwischen denen zu unterscheiden, die das Gesamtorgan betreffen und zu dessen Lageveränderung führen, und solchen, bei denen die einzelnen Kehlkopfknorpel derart gegeneinander verschoben werden, daß Verengungen und Erweiterungen der Kehlkopfhöhle, insbesondere aber der Rima glottidis, resultieren, wobei zugleich Länge, Spannung und Dicke der Stimmfalten Veränderung erfahren.

Die **Lageveränderungen des Gesamtkehlkopfs** vollziehen jene Muskeln, die, aus der Umgebung kommend (nämlich von der an der Schädelbasis verankerten Pharynxwand, vom Zungenbein sowie vom Sternum), sich am Kehlkopf anheften, sowie die Zungen- und Zungenbeinmuskeln. Sie bewirken jene Verlagerung des Kehlkopfs, die beim Wechsel von Atmung und Schlucken notwendig ist (s. S. 57, 58).

Stellung des Kehlkopfs bei der Atmung (65/A). Die unterschiedliche Lage des Kehlkopfs zum Atmungsweg des Kopfes bei *Msch.* und *Hsgt.* wurde S. 248 besprochen. Es seien hier nunmehr lediglich die Verhältnisse bei den *Hsgt.* dargelegt. Beim *Atmen durch die Nase,* wobei der Nasenrachen (4) dadurch entfaltet ist, daß das Gaumensegel (*a*) unter Verschluß der Pars oralis

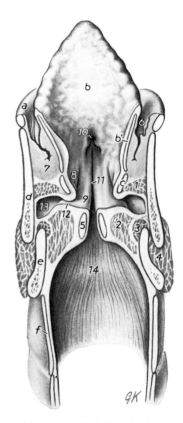

Abb. 340. Kehlkopf eines Pferdes. Horizontalschnitt.

a Thyreohyoideum; *b* Epiglottis, *b'* Cartilago epiglottica; *c* Proc. cuneiformis; *d* Cartilago thyreoidea, Lamina; *e* Cartilago cricoidea, Arcus; *f* Trachea, 1. Knorpelspange

1 M. ventricularis; *2* M. vocalis; *3* M. cricoarytaenoideus lat.; *4* M. cricothyreoideus; *5* Lig. vocale; *6* Rec. piriformis; *7* Tonsilla palatina; *8* Plica vestibularis; *9* Plica vocalis; *10* Rec. laryngis medianus; *11* Rima glottidis; *12* Eingang zum Ventriculus laryngis; *13* Ventriculus laryngis; *14* Cavum infraglotticum

pharyngis (*1*) dem Zungengrund (*b*) anliegt, ragt der Aditus laryngis bei rostral gerichteter Epiglottis (*c*) durch das Ostium intrapharyngeum (*a'–a'''*) in den Nasenrachen (*4*) hinein. Die Luft strömt also bei der Inspiration direkt von der Nasenhöhle über den Nasenrachen in den Kehlkopf (*5*) und weiter in den anschließenden Atmungsweg (*g*) und bei der Exspiration in umgekehrter Richtung. Bei der *Mundatmung* hingegen wird der Nasenrachen durch Heben des Gaumensegels verschlossen, und die Luft nimmt den Weg aus der Mundhöhle durch die entfaltete Pars oralis pharyngis in den wie bei der Nasenatmung geöffneten Kehlkopfeingang. Beim *Pfd.* jedoch ist eine Mundatmung nur im Notfall möglich, weil bei ihm das lange Gaumensegel nur unvollkommen aktiv gehoben werden kann (s. S. 76).

Auf die S t e l l u n g d e s K e h l k o p f s b e i m S c h l u c k a k t (65/*B*) wurde bereits bei den Verdauungsorganen (s. S. 58) hingewiesen. Es wurde u. a. gezeigt, wie bei entfaltetem Schlingweg (*2,3*) und abgeschlossenem Nasenrachen (*4*) Zungen- und Zungenbeinmuskeln den Kehlkopf unter den Zungengrund (*b*) verbringen, wobei der Kehldeckel (*c*), dem die zur Durchführung dieser Bewegung erforderliche Muskulatur fehlt, passiv über den Kehlkopfzugang gelegt wird. Bei der Rückführung des Kehlkopfs schnellt der elastische Kehldeckel teils passiv, teils unter Mitwirkung des den *Hsgt.* eigenen, dem *Msch.* aber fehlenden M. hyoepiglotticus in seine Ausgangsstellung zurück. Auf die Bedeutung der Mm. omohyoideus, sternohyoideus und sternothyreoideus für die Rückführung des Kehlkopfs wurde bereits auf S. 33 und im Bd I hingewiesen. Hier wurde zugleich die Gefahr aufgezeigt, die beim Verabreichen von flüssigen Medikamenten besteht, wenn den Tieren Kopf und Hals passiv gestreckt werden und so durch das unnatürliche Anspannen dieser Muskeln der Ablauf des Schluckmechanismus gestört wird. Eine derartige Störung des Schluckmechanismus kann aber auch durch Abfluß von Speichel in die Atmungswege (z. B. bei Operationen am Kopf oder bei der Behandlung der Schlundverstopfung) zu Lungenerkrankungen führen.

Die **Lageveränderungen der Kehlkopfknorpel gegeneinander** vollziehen die Eigenmuskeln des Kehlkopfs. Hierbei wird, abgesehen von der Wirkung des M. hyoepiglotticus, der bei den Bewegungen des Kehldeckels eine Rolle spielt, die Stimmritze erweitert oder verengt, wobei sich Länge, Spannung sowie Dicke der Stimmfalten verändern. Außer dem Verschluß der Glottis zur Abwehr gegen das Eindringen von Fremdstoffen dienen diese Bewegungen der Regulation der Atmung und der Stimmbildung.

Für die S t i m m b i l d u n g werden die Stimmfalten wie die Lippen eines Trompetenbläsers in Schwingungen versetzt, und zwar vornehmlich durch den mehr oder weniger starken Exspirations-, seltener durch den Inspirationsluftstrom. Die Höhe des Tones ist abhängig von der Schwingungszahl der Stimmfalten. Diese wiederum wird wie bei den Saiten einer Violine bestimmt durch die Dicke, Länge und Anspannung der Stimmfalten. Die Töne sind um so höher, je dünner, je kürzer und je stärker angespannt die Stimmfalten sind. Umgekehrt verhält es sich bei den tiefen Tönen. Das A n s a t z - r o h r d e s S t i m m a p p a r a t s, das von dem Kehlkopfvorhof, dem Schlundkopf sowie der Nasen- und Mundhöhle gebildet wird, beeinflußt die Stimme als Resonator und verleiht ihr eine bestimmte Klangfarbe. Dem S p r e c h v e r m ö g e n des *Msch.*, das den *Hsgt.* fehlt, steht im Nervensystem ein reich entwickeltes Sprachzentrum vor. Hinzu kommen die besonders mannigfaltigen Änderungen von Form und Länge des Ansatzrohrs. Den Exspirationsluftstrom liefert die Lunge, die – von den Bauchmuskeln unterstützt – als „Blasebalg" die Luft stoßweise austreibt, und die Luftröhre bildet zusammen mit dem Ausgangsraum des Kehlkopfs das „*Anblasrohr*".

Die Kehlkopfeigenmuskeln wirken auf ein elastisches System, dessen Gestalt durch die Aktion dieser Muskeln verändert wird. Es besteht aus den Kehlkopfknorpeln und den sie verbindenden Bändern, zu denen insbesondere die Ligamenta cricothyreoideae, cricoarytaenoideae, vocalia und vestibularia gehören. Solange der Kehlkopf in seiner Ruhelage, in der Intermediärstellung verharrt, befindet sich das elastische System bei halbgeöffneter Stimmritze im Zustand des „Gleichgewichts". Durch die Tätigkeit einzelner Muskeln oder Muskelgruppen werden die Kehlkopfknorpel einander genähert bzw. voneinander entfernt, wodurch die Stimmritze abwechselnd erweitert bzw. verengt wird. Da die Muskeln in beiden Fällen das elastische System in Spannung versetzen, kehrt es nach deren Erschlaffen stets wieder passiv in den Zustand des Gleichgewichts mit halbgeöffneter Stimmritze zurück.

Als S t i m m r i t z e n e r w e i t e r e r funktioniert der *M. cricoarytaenoideus dorsalis,* indem er nämlich den Processus muscularis des Stellknorpels dorsolateral verlagert und so den Processus vocalis des Stellknorpels nach lateral anhebt.

Als Stimmritzenverenger wirken die übrigen kehlkopfeigenen Muskeln. Der *M. cricoarytaenoideus lateralis* zieht den Processus muscularis des Stellknorpels nach ventral und lateral und bewirkt dadurch bei gleichzeitiger Erschlaffung der Stimmlippen eine Annäherung der Processus vocales und damit die Verengung der Pars intermembranacea der Stimmritze. Der *M. arytaenoideus transversus* nähert die Aryknorpel einander und unterstützt den vorigen bei der Verengung der Rima glottidis, indem er deren Pars intercartilaginea verengen hilft. Bei der Stimmritzenerweiterung soll er auch den M. cricoarytaenoideus dorsalis unterstützen können. Der *M. cricothyreoideus* wirkt vom festgestellten Schildknorpel aus auf den beweglichen Ringknorpel und verlagert hierbei dessen Reif rostral und seine Platte kaudal. Dadurch wird die Entfernung zwischen Rostralrand der Ringknorpelplatte und dem Schildknorpel größer, und die Stimmfalten werden infolge der damit verbundenen Kaudodorsalverlagerung der Stellknorpel in die Länge gezogen und angespannt. In der auf diese Weise an Ursprung und Ansatz fixierten Stimmfalten vermag der *M. vocalis* deren Spannung und Dicke für die Stimmbildung zu erhöhen. Der *M. ventricularis* von *Hd.* und *Pfd.* verengt die Rima vestibuli unter gleichzeitiger Spannung der Stimmlippe und unterstützt somit den M. vocalis, mit dem er bei *Ktz., Schw.* und *Wdk.* eine Einheit bildet. Die für die Bewegung der übrigen Kehlkopfknorpel erforderliche Feststellung des Schildknorpels übernehmen neben den auf S. 31 ff. beschriebenen Zungenbeinmuskeln der M. sternothyreoideus und der M. thyreohyoideus.

Beim ruhigen Atmen wird die Stimmritze der Intermediärstellung gegenüber nur wenig verändert, während bei lebhaftem und angestrengtem Atmen die Rima glottidis stärker erweitert werden muß. Diese Respirationsbewegungen obliegen vorwiegend dem M. cricoarytaenoideus dorsalis im Wechselspiel mit dem elastischen Bandsystem, wobei die Stellknorpel um ihre Gelenkachse auf- und abkippen und sich auch gelenkflächenparallel verschieben. Für die Stimmbildung wird die Rima glottidis durch die genannten Muskeln verengt, wobei die Stellknorpel sogar unter Drehung um ihre Längsachse, nämlich unter Aufhebung des Gelenkflächenschlusses, einwärts gedreht werden können.

Jene bei der Phonationsstellung der Aryknorpel tätigen Stimmritzenverenger bilden im Stimmorgan den aktiven Anteil des *Stellapparats*, dessen passiven Anteil die Stellknorpel mit ihrem Bandapparat liefern. Hierneben besteht der *Spannungsapparat*, dessen Tätigkeit der Phonationsbewegung des Stellapparats folgt und dem die Aufgabe zufällt, nunmehr den Stimmfalten die richtige Dicke und Spannung zu geben, welche die Schwingungsweise bestimmen. Diese Aufgabe fällt aktiv dem M. vocalis zu. Er ist bei der Kontraktion an seinen Enden fixiert, so daß sich wohl Spannung und Dicke, aber nicht die Länge der Stimmfalten ändern können.

Luftröhre, Trachea
(131,132,341–352,357–363)

Die Luftröhre schließt an den Ringknorpel des Kehlkopfs an und setzt den Atmungsweg bis zur Lungenwurzel fort, wo sie sich in der *Luftröhrengabelung, Bifurcatio tracheae* (132/20;351,352/*w*), in die beidseitigen *Hauptbronchen, Bronchi principales* (357–363/3), aufteilt.

Ihrer **Lage** gemäß wird zwischen dem Hals- und dem Brustteil unterschieden. Der Halsteil (131/*a*;132/19) liegt ventral von den die Halswirbelsäule bedeckenden Mm. longus colli und capitis und wird ventral sowie lateral von den Mm. sternohyoidei, sternothyreoidei, omohyoidei, sternomandibulares und brachiocephalici bedeckt, wobei die beidseitigen Mm. sternohyoidei median aneinanderstoßen. Bei der Ausführung des Luftröhrenschnitts (Tracheotomie) müssen diese beiden Muskeln nach der Hautdurchtrennung in ihrer bindegewebigen medianen Verbindung voneinander getrennt werden. Im kranialen Halsabschnitt schiebt sich die Speiseröhre, Oesophagus (132/10), zwischen die muskelbedeckte Wirbelsäule und die Trachea ein. Die Luftröhre ist hier jederseits dorsal von der Halsschlagader, A. carotis communis (31), und in deren Nachbarschaft von dem Truncus vagosympathicus (38), der inneren Drosselvene, V. jugularis interna (37), die dem *Pfd.* meist, der *Zg.* und dem *Schf.* stets fehlt, dem N. laryngeus recurrens (44) sowie dem Truncus trachealis begleitet. Weiter kaudal tritt die Speiseröhre (131/*b*;132/10) allmählich mit den linksseitigen Gefäßen und Nerven auf die linke Seite der Trachea. Der Brustteil: Schon vor dem Brusteingang, Apertura thoracis cranialis, verlagern sich die genannten Gefäße und Nerven in der aus Abb. 132 ersichtlichen Weise, und die Speiseröhre (132/10';351,352/*u*) gelangt in der Brusthöhle wieder auf die Dorsalfläche der Luftröhre (132/19';351,352/*v*). Sie verläuft dann zwischen den beiden Pleurasäcken im Mediastinum dorsal der

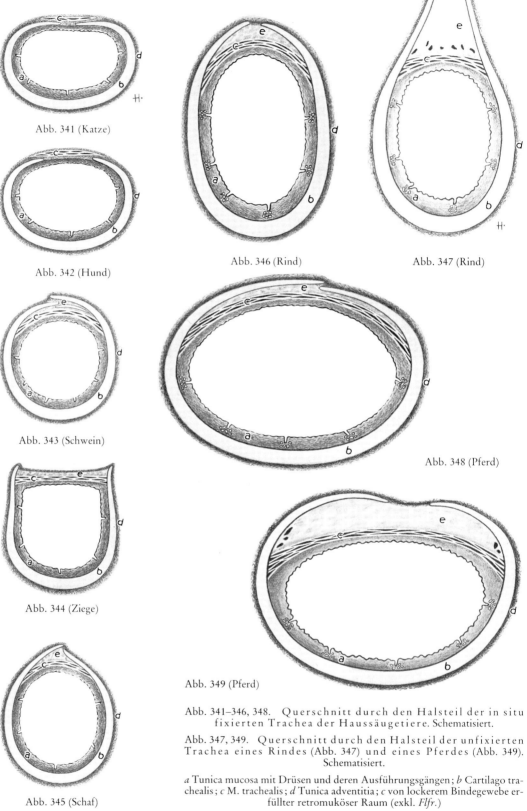

Abb. 341 (Katze)

Abb. 342 (Hund)

Abb. 343 (Schwein)

Abb. 344 (Ziege)

Abb. 345 (Schaf)

Abb. 346 (Rind)

Abb. 347 (Rind)

Abb. 348 (Pferd)

Abb. 349 (Pferd)

Abb. 341–346, 348. Querschnitt durch den Halsteil der in situ fixierten Trachea der Haussäugetiere. Schematisiert.

Abb. 347, 349. Querschnitt durch den Halsteil der unfixierten Trachea eines Rindes (Abb. 347) und eines Pferdes (Abb. 349). Schematisiert.

a Tunica mucosa mit Drüsen und deren Ausführungsgängen; *b* Cartilago trachealis; *c* M. trachealis; *d* Tunica adventitia; *e* von lockerem Bindegewebe erfüllter retromuköser Raum (exkl. *Flfr.*)

vorderen Hohlvene (352/20), kreuzt anschließend den Aortenbogen (351/2) auf seiner rechten Seite und gabelt sich endlich dorsal der Herzbasis in Höhe des 4.–6. Interkostalraums in die beiden Hauptbronchen (132/20;351,352/w). Diese verzweigen sich sogleich in der Lunge. Bei *Schw.* und *Wdk.* entläßt die Trachea kurz vor ihrer Bifurkation nach rechts zusätzlich den *Bronchus trachealis* (352/v′;359–362/4) zum Lobus cranialis der rechten Lunge.

Bau: Die Luftröhre besteht aus zahlreichen als Stützelemente dienenden, dorsal offenen, hyalinen *Knorpelspangen, Cartilagines tracheales* (330–333/g;341–349/b). Während sie außen von einer *Tunica adventitia* (341–349/d) umgeben ist, wird ihre Lichtung von einer *Schleimhaut, Tunica mucosa* (341–349/a), ausgekleidet, deren Tela submucosa im dorsalen Bereich im Gegensatz zu den übrigen Abschnitten gut ausgebildet ist. Dieser von lockerem Bindegewebe erfüllte Raum (343–349/e) enthält lymphoretikuläre Bildungen. Die *Cartilagines tracheales* sind untereinander durch aus ihrem Perichondrium hervorgehende *Ringbänder, Ligamenta anularia*, verbunden (330–333/11). Sie bestehen teils aus fibrösen, teils aus elastischen Fasern. Auch der bei den einzelnen *Hsgt.* mehr oder weniger weite Zwischenraum zwischen den Enden der Knorpelspangen wird von einer Bindegewebsmembran überbrückt. Dieser Abschnitt der Dorsalwand der Luftröhre wird daher als *Paries membranaceus* bezeichnet. Im gleichen Bereich findet sich eine zwischen den Knorpelenden verkehrende Muskelplatte, *M. trachealis* (341–349/c). Bei *Schw.*, *Wdk.* und *Pfd.* liegt sie in der Tela submucosa, beim *Flfr.* auf den Trachealspangen.

Die **Schleimhaut** trägt das für den Atmungsweg charakteristische, von Becherzellen durchsetzte, mehrreihige hochprismatische Epithel mit Flimmerhärchen, deren wirksamer Schlag zum Kehlkopf hin gerichtet ist. In der Tiefe der Lamina propria mucosae und insbesondere auch submukös finden sich seromuköse Drüsen, die vor allem ventral und lateral vorkommen (341–349/a) und den Luftröhrenschleim liefern. Dieser tritt bei einem Katarrh in verstärktem Maße auf und bedingt dann Rasselgeräusche. Zahlreiche längsverlaufende elastische Fasern in der Schleimhaut unterstützen die Rückführung der Trachea nach ihrer Dehnung in die Ruhelage.

Die **Trachealspangen** schwanken in ihrer Anzahl tierartlich und individuell. Einander benachbarte Spangen verschmelzen mitunter stellenweise oder vollständig miteinander, und zwar am häufigsten beim *Schw.* und am seltensten beim *Wdk.* Die Knorpelspangen halten die Lichtung der Luftröhre offen und bedingen infolge ihrer verschiedenen Ausbildung die tierartlichen Formvariationen der Luftröhre. Darüber hinaus können durch Unterschiede in den Spannungsverhältnissen des Bindegewebssystems der Trachea und in den Kontraktionszuständen des M. trachealis funktionelle Formunterschiede in der Trachea zustande kommen, wie sie durch die Abb. 346–349 gekennzeichnet werden. Zwischen den abgebildeten Extremen dürften die Verhältnisse auch intra vitam schwanken. Abweichend von den übrigen *Hsgt.*, besteht bei den *Flfr.* und der *Zg.* dorsal, also zwischenden Enden der Knorpelspangen, eine weite Lücke, so daß bei diesen Tierarten wie auch beim *Msch.* die von Knorpel gestützte und die h ä u t i g e W a n d , P a r i e s m e m b r a n a c e u s , unterschieden werden können. Die intravitalen Formverhältnisse kennzeichnen die Abb. 341–346 und 348. Aus diesen Abbildungen ist zugleich ersichtlich, daß der aus glatter Muskulatur mit vorwiegend querverlaufenden Fasern bestehende *M. trachealis* (341–349/c) bei den *Flfr.* den Knorpelspangen außen, bei den übrigen *Hsgt.* aber innen ansitzt. Zudem sei erwähnt, daß beim *Pfd.* vor der Luftröhrengabelung dorsal dünne Knorpelplatten zwischen die Knorpelspangenenden eingeschoben sind (363/2′) und daß beim *Schf.* im kranialen Abschnitt der Trachea die Enden der Knorpelspangen einander etwas überlappen (345), im mittleren Drittel der Luftröhre Verhältnisse wie bei der *Zg.* (344) bestehen und im kaudalen Drittel das linke Ende der Spangen allein weiter dorsal reicht.

Lunge, Pulmo

(350–363,371–376,381–384,392–399,406–409)

Die Lunge entsteht als unpaare Knospung aus der Ventralwand des Vorderdarms. Diese Knospe teilt sich und bildet die rechte und linke Lunge.

Wie bei der Besprechung der Brusthöhle (s. S. 4) dargelegt wurde, enthält diese die beiden B r u s t f e l l s ä c k e , die in der Mitte der Brusthöhle, das *Mediastinum* bildend, aneinander stoßen, seitlich der Rippenwand als *Pleura costalis* und kaudal dem Zwerchfell als *Pleura diaphragmatica* fest angeheftet sind. Die im Mediastinum zwischen der beidseitigen *Pleura mediastinalis* enthaltenen Organe sind aus den Abb. 351 und 352 ersichtlich. Von der rechten Pleurahöhle wird kaudal des Herzens durch die hintere Hohlvene, V. cava caudalis (352/22), ihr von ventral ausgezogenes Gekröse und das Zwerchfell eine Bucht, der *Recessus mediastini,* abgegrenzt. In dieser Bucht liegt der größte Teil des Anhangslappens der rechten Lunge (352/x). Die Lunge ist von *Lungenfell, Pleura pulmonalis,* bekleidet und mit dem Mediastinum durch das *Ligamentum pulmonale* (356/14) verbunden. Soweit die im Mediastinum gelegenen Organe und rechts auch die hintere Hohlvene Raum lassen, werden die Pleurahöhlen von der Lunge derart eingenommen, daß sie in der Tat nur kapillare Spalten darstellen. Diese Spalten sind mit einer serösen Flüssigkeit, der *Pleuraflüssigkeit,* angefüllt. Sie ermöglicht u. a. der Lunge eine reibungslose Bewegung.

Gemäß der Topographie der pleurabekleideten Lunge zu den Pleurahöhlen werden an ihr folgende **Flächen** unterschieden: die der Rippenwand anliegende *Facies costalis* (354), die auf dem Zwerchfell ruhende *Facies diaphragmatica, Basis pulmonis* (356/8), die dem Mediastinum zugekehrte *Facies medialis* (356/7) und zudem die am Brusteingang in der Cupula pleurae gelegene *Lungenspitze, Apex pulmonis* (354–356). Es bestehen außerdem folgende **Ränder**: der stumpfe *Dorsalrand, Margo dorsalis s. obtusus* (354,356/4), der scharfe *Rand, Margo acutus* (354–356/5), mit dem *Margo ventralis* und dem *Margo basalis.*

Am stärksten modelliert ist die F a c i e s   m e d i a l i s (356/7), an der man eine *Pars vertebralis* und eine *Pars mediastinalis* unterscheidet. An dieser Fläche fällt vor allem die tiefe *Herzbucht, Impressio cardiaca* (356/*unterhalb von 9*) auf, in die das Herz mit dem Herzbeutel eingebettet ist (354,355/7). Da das Herz zum größeren Teil links liegt, ist die Bucht der linken Lunge tiefer als die der rechten. Aber auch die anderen Organe im Mediastinum prägen die Oberfläche der Facies medialis, und zwar vor allem im dorsalen Bereich die *Impressio aortica* und *Impressio oesophagea* (356/10,13) sowie der *Sulcus venae cavae caudalis* (355/4). Eine wichtige Stelle an dieser Fläche ist der *Lungenhilus, Hilus pulmonis*

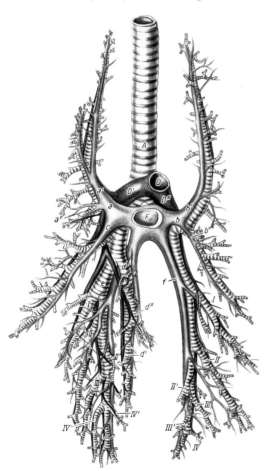

(356/9), den die Bronchen, Gefäße und Nerven zum Übertritt in die Lunge benutzen. Alle diese Stämme bilden die *Lungenwurzel, Radix pulmonis* (356/15 bis 17). Die F a c i e s   d i a p h r a g m a t i c a (356/8) ist der Zwerchfellwölbung entsprechend ausgehöhlt, und der scharfe Ventralrand, der im Herzbereich zur *Incisura cardiaca* (354–356/3) eingezogen ist, fügt sich in den zwischen Zwerchfell und der äußeren Brustwand befindlichen Pleuraspalt, den *Recessus costodiaphragmaticus,* ein. Dieser Rand verschiebt sich bei der Atmung, ohne daß der Pleuraspalt bei der Inspiration aber voll entfaltet wird (s. S. 6). Die F a c i e s   c o s t a l i s (354) hat mit der Brustwand innigen Kontakt, so daß deren Relief sich auch an in situ fixierten Lungen einprägt.

Die **Farbe** der Lunge ist von ihrem Blutgehalt abhängig. Bei ausgebluteten Tieren ist sie blaß rosarot, bei nicht ausgebluteten dunkler rot. Beim

Abb. 350.   B r o n c h a l b a u m   u n d   B l u t g e f ä ß e   i n   d e r
L u n g e   e i n e r   K a t z e . Ventralansicht. .
(Nach ADRIAN, 1964.)

A Trachea; *D* Truncus pulmonalis, *D'* A. pulmonalis dext., *D''* A. pulmonalis sin.; *F* Teil der linken Herzvorkammer

a rechter Bronchus cranialis und Gefäße, *a'* kranialer, *a''* kaudaler Segmentbronchus und Gefäße; *b* linker Bronchus cranialis und Gefäße, *b'* kranialer, *b''* kaudaler Segmentbronchus und Gefäße; *c* rechter Bronchus medius und Gefäße; *d* Bronchus accessorius und Gefäße, *d'* dorsaler, *d''* ventraler Segmentbronchus und Gefäße; *e,f* rechter bzw. linker Bronchus caudalis und Gefäße

I,II,III,IV ventrale Segmentbronchen der Lobi caudales mit Gefäßen, vom II. (links) bzw. III. Ventralsegment an ist die entsprechende Vene an die Segmentgrenze getreten; *II',III',
IV'* mediale Segmentbronchen der Lobi caudales

Msch. erscheint sie infolge der Einlagerung von Staub- und insbesondere Kohlepartikelchen grau bis graublau oder gar schwarz. Dieses findet man auch oft bei *Hd.* und *Ktz.*, die überwiegend im Zimmer gehalten wurden.

Das **Gewicht** der Lunge: Wegen ihres großen Luftgehalts schwimmt die Lunge im Wasser. Bei Neugeborenen, die nicht geatmet haben, also tot geboren sind, sinkt sie im Wasser unter. Diese

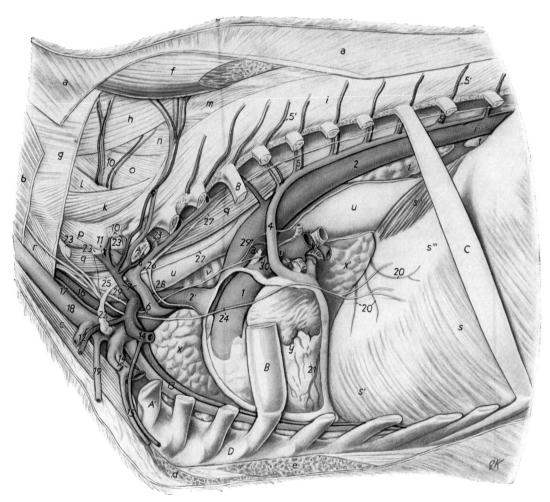

Abb. 351. Topographie der Brusthöhle eines Rindes. Linke Lunge und Pleura mediastinalis entfernt. Linke Ansicht. (Arterien rot, Venen blau, Nerven gelb.)

A 1. Rippe, proximaler Stumpf, *A'* Knorpel; *B* 4. Rippe; *C* 9. Rippe; *D* Brustbein

a M. trapezius; *b* M. cleidocephalicus; *c* M. sternocephalicus; *d* Mm. pectorales supff.; *e* M. pectoralis prof.; *f* M. rhomboideus cervicis; *g* M. serratus ventr. cervicis; *h* M. splenius; *i* M. longissimus thoracis; *k* M. longissimus cervicis; *l* M. longissimus capitis et atlantis; *m* M. semispinalis cervicis; *n* M. biventer cervicis, *o* M. complexus des M. semispinalis capitis; *p* M. intertransversarius zwischen 6. und 7. Halswirbel; *q* M. longus colli; *r* M. scalenus; *s* Zwerchfell, Pars costalis, *s'* Pars sternalis, *s''* Pars lumbalis, Crus dextrum, *s'''* Centrum tendineum; *t* Ln. mediastinalis caud. (paarig); *u* Oesophagus; *v* Trachea; *w* Lungenwurzel; *x* Lobus cranialis, *x'* Lobus accessorius pulmonis dext; *y* Herz im gefensterten Herzbeutel

1 A. pulmonalis; *2* Aorta thoracica, *2'* Truncus brachiocephalicus; *3* Lig. arteriosum; *4* V. azygos sin.; *5* Aa. bzw. Vv. intercostales dorss., *5'* Rami dorsales; *6* A. bzw. V. subclavia sin.; *7* Truncus bzw. V. costocervicalis; *8* A. bzw. V. intercostalis suprema; *9* A. bzw. V. scapularis dors.; *10* A. bzw. V. cervicalis prof.; *11* A. bzw. V. vertebralis; *12* A. bzw. V. cervicalis supf.; *13* A. bzw. V. thoracica int.; *14* A. axillaris (nach dorsal verlagert gezeichnet); *14'* Vv. axillares; *15* A. bzw. V. thoracica ext.; *16* A. carotis com.; *17* V. jugularis int.; *18* V. jugularis ext.; *19* V. cephalica; *20* V. phrenica cran. sin.; *21* Ramus intermedius der V. cordis magna; *22* Ductus thoracicus; *23* 6., 7., 8. Halswirbel, *23* Halsnerv sowie 1. Brustnerv, Stümpfe ihrer Ventraläste; *24* N. phrenicus sin. (beachte halswärts seine Ursprünge); *25* Halsteil des Truncus sympathicus; *26* Ggl. cervicothoracicum s. stellatum; *27* Truncus sympathicus; *28* Herzzweige des Truncus sympathicus; *29* N. vagus, *29'* Aufteilung in die Trunci vagales dors. und ventr.; *30* N. laryngeus recurrens

Schwimmprobe zeigt somit an, ob das Junge nach der Geburt geatmet hat, was forensisch von Bedeutung sein kann. Auch krankhaft veränderte Lungen können untersinken, wenn ihre Alveolen z. B. mit Exsudat gefüllt sind, wie bei der Lungenentzündung. Das absolute Gewicht der Lunge ist tierartlich unterschiedlich. Es beträgt im Durchschnitt 1–1,5% des Körpergewichts.

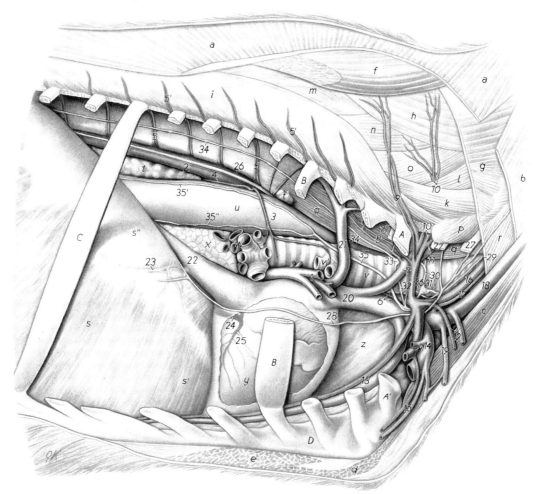

Abb. 352. Topographie der Brusthöhle eines Rindes. Rechte Lunge (exkl. Anhangslappen) und Pleura mediastinalis entfernt.
Rechte Ansicht. (Arterien rot, Venen blau, Nerven gelb.) (Nach WILKENS/ROSENBERGER, 1957.)

A 1. Rippe, proximaler Stumpf, *A'* Knorpel; *B* 4. Rippe; *C* 9. Rippe; *D* Brustbein

a M. trapezius; *b* M. cleidocephalicus; *c* M. sternocephalicus; *d* Mm. pectorales supff.; *e* M. pectoralis prof.; *f* M. rhomboideus cervicis; *g* M. serratus ventr. cervicis; *h* M. splenius; *i* M. longissimus thoracis; *k* M. longissimus cervicis; *l* M. longissimus capitis et atlantis; *m* M. semispinalis cervicis; *n* M. biventer cervicis; *o* M. complexus des M. semispinalis capitis; *p* M. intertransversarius; *q* M. longus colli; *r* M. scalenus; *s* Zwerchfell, Pars costalis, *s'* Pars sternalis, *s''* Centrum tendineum; *t* Ln. mediastinalis caud., *t'* Ln. mediastinalis medius; *u* Oesophagus; *v* Trachea, *v'* Bronchus trachealis; *w* Lungenwurzel; *x* Lobus accessorius pulmonis dext.; *y* Herz im gefensterten Herzbeutel; *z* kraniales Mediastinum

1 A. bzw. V. pulmonalis, Zweige für den Lobus cranialis pulmonis dext.; *2* Aorta thoracica; *3* Ramus bronchalis; *4* Ramus oesophageus der A. broncho-oesophagea; *5* Aa. bzw. Vv. intercostales dorss., *5'* Rami dorsales; *6* A. bzw. V. subclavia dext.; *7* Truncus bzw. V. costocervicalis; *8* A. bzw. V. intercostalis suprema; *9* A. bzw. V. scapularis dors.; *10* A. bzw. V. cervicalis prof.; *11* A. bzw. V. vertebralis; *12* A. bzw. V. cervicalis supf.; *13* A. bzw. V. thoracica int.; *14* A. axillaris bzw. Vv. axillares; *15* A. bzw. V. thoracica ext.; *16* A. carotis com.; *17* V. jugularis int.; *18* V. jugularis ext.; *19* V. cephalica; *20* V. cava cran.; *21* V. azygos dext.; *22* V. cava caud.; *23* V. phrenica cran. dext.; *24* Sinus coronarius; *25* V. cordis media; *26* Ductus thoracicus; *27* 6. Halsnerv sowie 1. Brustnerv, Stümpfe ihrer Ventraläste; *28* N. phrenicus (beachte halswärts seine Ursprünge); *29* Truncus vagosympathicus; *30* Halsteil des Truncus sympathicus; *31* Ggl. cervicale medium; *32* Ansa subclavia; *33* Ggl. cervicothoracicum s. stellatum; *34* Truncus sympathicus; *35* N. vagus, *35'* Truncus vagalis dors., *35''* Truncus vagalis ventr.; *36* N. laryngeus recurrens

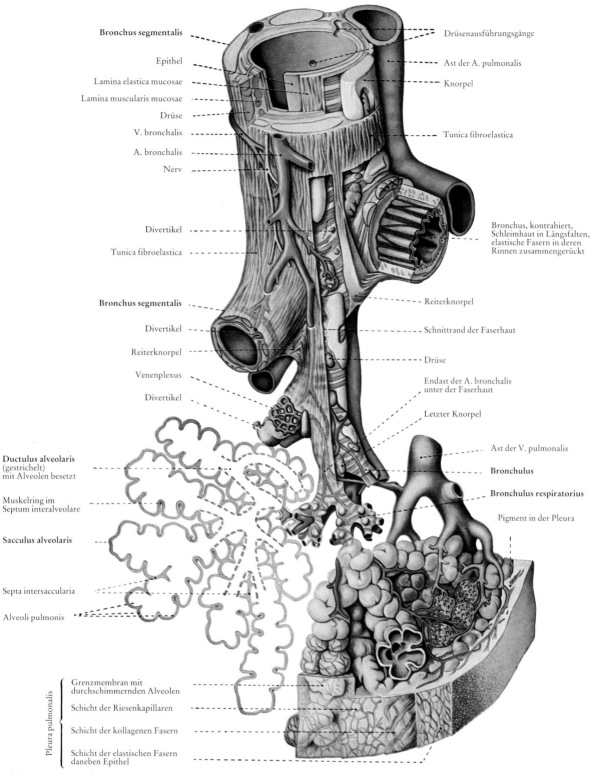

Bronchus segmentalis

Epithel

Lamina elastica mucosae

Lamina muscularis mucosae

Drüse

V. bronchalis

A. bronchalis

Nerv

Divertikel

Tunica fibroelastica

Bronchus segmentalis

Divertikel

Reiterknorpel

Venenplexus

Divertikel

Ductulus alveolaris
(gestrichelt)
mit Alveolen besetzt

Muskelring im
Septum interalveolare

Sacculus alveolaris

Septa intersaccularia

Alveoli pulmonis

Drüsenausführungsgänge

Ast der A. pulmonalis

Knorpel

Tunica fibroelastica

Bronchus, kontrahiert,
Schleimhaut in Längsfalten,
elastische Fasern in deren
Rinnen zusammengerückt

Reiterknorpel

Schnittrand der Faserhaut

Drüse

Endast der A. bronchalis
unter der Faserhaut

Letzter Knorpel

Ast der V. pulmonalis

Bronchulus

Bronchulus respiratorius

Pigment in der Pleura

Pleura pulmonalis
{
Grenzmembran mit
durchschimmernden Alveolen

Schicht der Riesenkapillaren

Schicht der kollagenen Fasern

Schicht der elastischen Fasern
daneben Epithel
}

Abb. 353. Bronchus segmentalis mit seinen Verzweigungen sowie mit den zugehörigen Gefäßen und Nerven. Schematisiert. (Nach BRAUS, 1956.)

An einigen der plastisch gezeichneten Alveolen wurde das Kapillarnetz, an einigen anderen das Netz der elastischen Fasern und links die an einen Bronchulus respiratorius angeschlossenen Sacculi alveolares im schematischen Längsschnitt dargestellt.

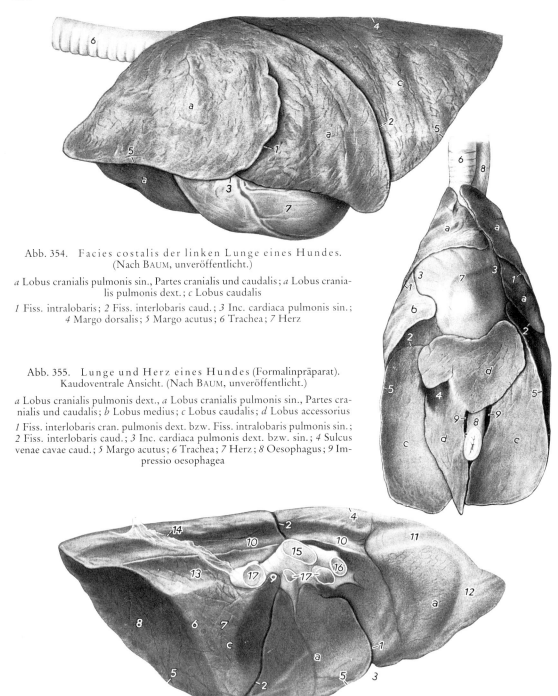

Abb. 354.　Facies costalis der linken Lunge eines Hundes.
(Nach BAUM, unveröffentlicht.)

a Lobus cranialis pulmonis sin., Partes cranialis und caudalis; *a* Lobus cranialis pulmonis dext.; *c* Lobus caudalis

1 Fiss. intralobaris; *2* Fiss. interlobaris caud.; *3* Inc. cardiaca pulmonis sin.;
4 Margo dorsalis; *5* Margo acutus; *6* Trachea; *7* Herz

Abb. 355.　Lunge und Herz eines Hundes (Formalinpräparat).
Kaudoventrale Ansicht. (Nach BAUM, unveröffentlicht.)

a Lobus cranialis pulmonis dext., *a* Lobus cranialis pulmonis sin., Partes cranialis und caudalis; *b* Lobus medius; *c* Lobus caudalis; *d* Lobus accessorius

1 Fiss. interlobaris cran. pulmonis dext. bzw. Fiss. intralobaris pulmonis sin.;
2 Fiss. interlobaris caud.; *3* Inc. cardiaca pulmonis dext. bzw. sin.; *4* Sulcus
venae cavae caud.; *5* Margo acutus; *6* Trachea; *7* Herz; *8* Oesophagus; *9* Impressio oesophagea

Abb. 356.　Linke Lunge eines Hundes, in situ fixiert. Medialansicht. (Nach BAUM, 1943.)

a Lobus cranialis pulmonis sin., Partes cranialis und caudalis; *c* Lobus caudalis

1 Fiss. intralobaris; *2* Fiss. interlobaris caud.; *3* Inc. cardiaca pulmonis sin.; *4,7* Facies medialis: *4* Pars vertebralis mit
Hinweisstrich auf Margo dorsalis, *7* Pars mediastinalis; *5* Margo acutus mit Margines ventralis und basalis (*6*); *8* Facies
diaphragmatica; *9* Hilus pulmonis; *10* Impressio aortica; *11* Impression durch die A. subclavia sin.; *12* Apex pulmonis
mit Impression durch die A. thoracica int.; *13* Impressio oesophagea; *14* Lig. pulmonale; *15* Bronchus principalis; *16*
A. pulmonalis; *17* Vv. pulmonales

Von dem Gehalt an Luft ist auch die **Größe** der Lunge abhängig. Sie ist bei der Inspiration wesentlich größer als bei der Exspiration. In beiden Funktionsstadien füllt sie den ihr in den Pleurahöhlen zur Verfügung stehenden Raum bis auf kapillare Spalten vollständig aus. Beim Eintritt von Luft in die Pleurasäcke intra vitam (Pneumothorax) und ebenso postmortal nach Eröffnung der Brustfellsäcke retrahiert sich bzw. kollabiert die elastische Lunge. Die rechte Lunge ist stets größer als die linke (4:3).

Die **Gliederung der Lunge** in Lappen ist tierartlich charakteristisch und entsprechend auch die Aufzweigung des Bronchalbaums.

Der **Bronchalbaum, Arbor bronchalis** (350,353,357–363): Aus der *Luftröhrengabelung, Bifurcatio tracheae*, gehen die beiden kräftigen, aber kurzen *Hauptbronchen, Bronchi principales* (357–363/3), hervor. Diese teilen sich sogleich nach ihrem Eintritt in die Lunge rechterseits und linkerseits sowie tierartlich unterschiedlich in die mehr dorsal verlaufenden *Lappenbronchen, Bronchi lobares* (350/a–f;357–363/4–8). Ein solcher Lappenbronchus ist auch der bei *Schw.* und *Wdk.* rechts ausgebildete, selbständig aus der Trachea entspringende *Bronchus trachealis* (359–362/4). Das jeweils von einem dieser Bronchen belüftete Gebiet wird als *Lungenlappen, Lobus pulmonis* (357–363/a–d), bezeichnet. Die einzelnen Lungenlappen werden später genauer betrachtet. Aus den Lappenbronchen gehen die *Segmentbronchen, Bronchi segmentales* (350/a',a'',b',b'',d',d'';353;357–363/10,11), hervor, die je ein umgrenztes und in sich abgeschlossenes, kegelförmiges Lungengebiet, *Segmentum bronchopulmonale*, innerhalb der Lungenlappen belüften. Die Basis dieser *Lungensegmente* liegt peripher unter der Pleura, ihre Spitze hiluswärts. Sie können durch Aufblasen oder an Ausgußpräparaten sichtbar gemacht werden. Die Segmentbronchen zweigen sich in *Bronchuli* auf (353), denen im Gegensatz zu den zuvor genannten größeren Bronchen die knorpelige Stütze und Drüsen fehlen. Aus mehreren Teilungen der Bronchuli gehen endlich die letzten luftleitenden Äste des Bronchalbaums, die *Bronchuli respiratorii* (353), hervor. Sie besitzen schon bläschenförmige Ausbuchtungen ihrer Wand, Alveolen (353). Kurz hintereinander teilen sie sich noch ein- bis zweimal, um dann erst in die rundum mit Alveolen besetzten *Alveolengänge, Ductuli alveolares* (353), und deren endständige Teilungsgebilde, die *Alveolensäckchen, Sacculi alveolares* (353), zu führen. In den *Alveoli pulmonis* erfolgt der Gasaustausch. Demgemäß ist zu unterscheiden zwischen dem luftleitenden Bronchalsystem und dem gaswechselnden Alveolarsystem.

Die **Lungenlappen, Lobi pulmonis,** sind tierartlich unterschiedlich ausgebildet. Zur gegenseitigen Abgrenzung der Lappen bediente man sich der deutlich ausgeprägten und unterschiedlich tief einschneidenden *Spalten, Fissurae interlobares.* Wie aus den Abb. 363 und 406–409 ersichtlich ist, fehlen dem *Pfd.* solche Spalten, während sie bei den *Flfr.*, als dem gegensätzlichen Extrem, besonders tief ausgebildet sind (357,358,371–376). Hieraus ergaben sich Inkonsequenzen bei der Homologisierung und Benennung der Lungenlappen. Aus diesem Grunde legt man der Benennung der Lungenlappen die Aufteilungsart des Bronchalbaums zugrunde. Man unterscheidet, wie auch aus den Abbildungen ersichtlich ist, gemäß der Ausbildung der Lappenbronchen an jeder Lunge den vom *Bronchus cranialis* (bei *Schw.* und *Wdk.* rechts *Bronchus trachealis*) (357–363/4,5) belüfteten *Lobus cranialis* (357–363/a), und den vom *Bronchus caudalis* (357–363/8) bedienten *Lobus caudalis* (357–363/c). Hinzu kommen an der rechten Lunge der vom *Bronchus medius* (357–362/6) versorgte *Lobus medius* (357–362/b) sowie der mit dem rechten Lobus caudalis verbundene *Lobus accessorius* (357–363/d) mit dem ihm zugehörigen *Bronchus accessorius* (357–363/7).

Der **Feinbau** der Lunge soll hier nur so weit berücksichtigt werden, wie dieses im Hinblick auf die makroskopische Darstellung notwendig ist. Die Lunge besteht aus Parenchym und Interstitium.

Betrachtet man zunächst das Interstitium, so ist die Lunge an ihrer Oberfläche von der *Pleura pulmonalis* bekleidet, die wie alle serösen Häute aus dem oberflächlichen einschichtigen Plattenepithel und der Lamina propria mucosae besteht. Die Fasern dieser fibroelastischen Eigenschicht der Lungenkapsel dringen in das Organ ein und stellen als inter- und intralobuläres sowie als peribronchales und perivaskuläres Bindegewebe das Interstitium der Lunge dar. Es gibt dem Lungengewebe die große Ausdehnungs- und Retraktionsfähigkeit für den Atmungsvorgang. Bei der Inspiration werden die elastischen Fasern gedehnt, da die in die luftleeren Pleurahöhlen (s. S. 256) eingefügten und in ihrem Bronchalbaum unter dem Druck der atmosphärischen Luft stehenden Lungen mit den Höhlen gleichzeitig passiv ausgedehnt werden. Bei der Exspiration, bei der die anspannenden Kräfte nachlassen und der Brustraum sich wieder verkleinert, retrahieren sich die elastischen Elemente der Lunge und bringen

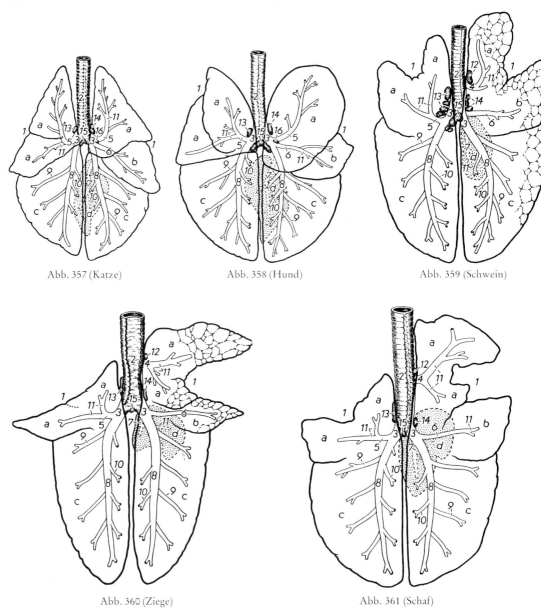

Abb. 357 (Katze)   Abb. 358 (Hund)   Abb. 359 (Schwein)

Abb. 360 (Ziege)   Abb. 361 (Schaf)

Abb. 357–363. Lappung, Bronchalbaum und Lymphknoten der Lungen der Haussäugetiere.
Schema. Dorsalansicht. (Nach FR. MÜLLER, 1938; umgezeichnet.)

a Lobus cranialis; *b* Lobus medius (exkl. *Pfd.*); *c* Lobus caudalis; *d* Lobus accessorius (in der Tiefe gelegen und punktiert dargestellt)

1 Inc. cardiaca pulmonis dext. bzw. sin.; *2* Trachea, *2′* knorpelige Deckplatten (*Pfd.*); *3* Bronchus principalis; *4–8* Bronchi lobares: *4* Bronchus trachealis (*Schw., Wdk.*), *5* Bronchus cranialis, *6* Bronchus medius (exkl. *Pfd.*), *7* Bronchus accessorius, *8* Bronchus caudalis; *9* 1. bzw. 3. ventraler, *10* 2. dorsaler Bronchus segmentalis des Lobus caudalis; *11* weitere Bronchi segmentales; *12* Ln. tracheobronchalis cran. (*Wdk.*), Lnn. tracheobronchales crann. (*Schw.*); *13* Ln. tracheobronchalis sin. (*Flfr., Wdk.*), Lnn. tracheobronchales sinn. (*Schw., Pfd.*); *14* Ln. tracheobronchalis dext. (*Flfr., Wdk.*), Lnn. tracheobronchales dextt. (*Schw., Pfd.*); *15* Ln. tracheobronchalis medius (*Flfr., Wdk.*), Lnn. tracheobronchales medii (*Schw., Pfd.*); *16* Lnn. pulmonales (*Flfr., Rd.*)

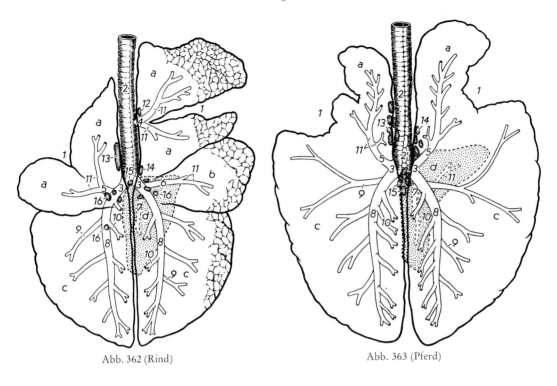

Abb. 362 (Rind)   Abb. 363 (Pferd)

	Linke Lunge	Rechte Lunge
Flfr.	Lobus cranialis	Lobus cranialis
	Pars cranialis	Lobus medius
	Pars caudalis	Lobus caudalis
	Lobus caudalis	Lobus accessorius
Schw.	Lobus cranialis	Lobus cranialis
	Pars cranialis	Lobus medius
	Pars caudalis	Lobus caudalis
	Lobus caudalis	Lobus accessorius
Wdk.	Lobus cranialis	Lobus cranialis
	Pars cranialis	Pars cranialis
	Pars caudalis	Pars caudalis
	Lobus caudalis	Lobus medius
		Lobus caudalis
		Lobus accessorius
Pfd.	Lobus cranialis	Lobus cranialis
	Lobus caudalis	Lobus caudalis
		Lobus accessorius

so die Luft zum Entweichen. Dieser Vorgang wird bei angestrengter Atmung durch die Bauchmuskulatur (s. Bd I) unterstützt. Das interstitielle Bindegewebe ist tierartlich verschieden ausgebildet. Bei den *Flfr.*, beim *Schf.* und beim *Pfd.* findet es sich ziemlich gleichmäßig verteilt, während es beim *Rd.* und beim *Schw.* sowie an den Lobi cranialis und medius bei der *Zg.* durch örtliche Vermehrung als interlobuläres Bindegewebe eine sehr deutliche L ä p p c h e n z e i c h n u n g bedingt, die bei der *Zg.* allerdings erst nach dem Erkalten an der Leichenlunge deutlicher in Erscheinung tritt. Als *Lungenläppchen*, L o b u l i p u l m o n i s , bezeichnet man durch *Bindegewebssepten, Septa interlobularia,* gegeneinander abgegrenzte Organbezirke, deren Gestalt und Größe tierartlich und an den einzelnen Lungenlappen sehr unterschiedlich sind. In einem solchen Läppchen kann sich ein größerer Bronchus, aber auch nur ein Bronchulus respiratorius verzweigen. Deshalb wird insbesondere bei der Darstellung pathologischer Prozesse berücksichtigt, daß die W e r t i g k e i t d e r e i n z e l n e n L ä p p c h e n verschieden ist. Die Verformung der Lunge wird durch ihre Gliederung in architektonische Einheiten begünstigt. Nicht nur die grobe Gliederung durch die Fissurae interlobares, sondern auch die gegeneinander durch die Septa interlobularia abgegrenzten Läppchen sollen eine Anpassung an den durch die Thoraxverformung bedingten Gestaltwechsel darstellen.

Die Gliederung des L u n g e n p a r e n c h y m s (353) gleicht der einer tubulo-alveolären Drüse. Dem Ausführungsgangsystem entspricht das luftleitende Bronchalsystem, den sezernierenden Endstücken der Drüse sind die dem Gaswechsel dienenden Alveolen vergleichbar. Im *Feinbau der Bronchen und Alveolen* spiegelt sich deren unterschiedliche Aufgabe beim Atmungsvorgang; erstere dienen der Luftleitung und letztere dem Gaswechsel. Zum Offenhalten besitzen die Bronchen ähnlich der Trachea anfänglich hyaline (in der Peripherie elastische) Knorpelspangen, die mit fortschreitender Aufzweigung zu Knorpelplatten und -inseln werden und schließlich in Form der „Reiterknorpel", die die Teilungsstellen in die Bronchuli stützen, enden. Von hier ab fehlt den kleinen Bronchen ein Knorpelgerüst. Es gibt demnach *knorpelführende Bronchi* und *knorpelfreie Bronchuli.* Die Innenauskleidung der Bronchen liefert die dem Atmungsweg eigene *Schleimhaut,* deren von Becherzellen durchsetztes mehrreihiges hochprismatisches Epithel Zilien trägt und deren Lamina propria mucosae gemischte Drüsen sowie Lymphozytenansammlungen enthält. Ihr kräftiges, elastisches Längsfasernetz wird bei der Inspiration angespannt, bei der Exspiration bewirkt es die elastische Rückführung. Das Epithel verliert distal an Schichten, auch die Becherzellen und die Zilien, so daß in den Bronchuli respiratorii nur noch ein einschichtiges Epithel besteht. In der Lamina propria mucosae schwinden allmählich die Drüsen, die dann in den Bronchuli fehlen. Die zwischen Schleimhaut und Faserhaut eingefügte *Muskulatur* besteht aus anfänglich zirkulär, später schraubig verlaufenden Muskelfasern, die mit den Bronchuli respiratorii auslaufen. Im Bereich der Alveolen finden sich nur einzelne Muskelfasern an den Rändern der Alveolarsepten.

Die enorme Zahl der *Lungenalveolen,* deren Durchmesser im Wechsel von Inspiration und Exspiration zwischen 0,1 und 0,3 mm beträgt, garantiert die für den Austausch von O_2 und CO_2 erforderliche Größe der respiratorischen Oberfläche der Lunge, während die reversible Dehnbarkeit der Alveolen den während der Atmung sich vollziehenden Luftaustausch sicherstellt.

Die Innenauskleidung der Alveolen besteht aus einer geschlossenen Tapete von Epithelzellen. Das mit Mitochondrien und Granula unterschiedlicher Art ausgestattete Zytoplasma umgibt den rundlichen Zellkern, breitet sich als hauchdünne Lamelle von nur 0,1–0,2 μm Stärke aus und grenzt an die Plasmalamellen benachbarter Zellen. Dieses lückenlos geschlossene Epithel lagert auf einer Basalmembran. Ihr folgt ein feinmaschiges Netz von Kapillaren, deren Endothelien, durch ihr Grundhäutchen getrennt, sich der Basalmembran einander benachbarter Alveolen anlegen. Die für den Luftwechsel in den Alveolen erforderliche Elastizität ihrer Wand wird durch die in der Basalmembran enthaltenen elastischen Fasernetze sowie ein die Kapillaren umspinnendes argyrophiles Gitterwerk gewährleistet. In Nischen, die dadurch entstehen, daß die Kapillaren die Wand der Alveolen lumenwärts vorbuchten, liegen mit phagozytären Fähigkeiten ausgestattete Zellen, die sog. Nischenzellen, über deren Herkunft unterschiedliche Auffassungen bestehen.

An den **Blutgefäßen** der Lunge unterscheidet man ein funktionelles und ein nutritives System (350–353). Bei dem f u n k t i o n e l l e n System handelt es sich um den L u n g e n k r e i s l a u f . Er beginnt mit dem aus dem rechten Herzen entspringenden *Truncus pulmonalis.* Seine Äste folgen der Verzweigung des Bronchalbaums und führen das mit CO_2 angereicherte venöse Blut dem respiratorischen Kapillarnetz der Lungenalveolen zu. Hier erfolgt der Austausch des Kohlendioxids gegen Sauerstoff, worauf das arterialisierte Blut über die *Vv. pulmonales* der linken Vorkammer des Herzens zugeführt wird. Zugleich obliegt diesem System die nutritive Versorgung des distal an die Bronchuli sich anschließenden Lungengewebes und damit des Hauptanteils des Lungenparenchyms.

Das nutritive System besteht aus dem nur schwachen, der *A. broncho-oesophagea* entstammenden *Ramus bronchalis* sowie aus den *Vv. bronchales*, die ihr Blut an die *V. azygos* abgeben. Das Versorgungsgebiet dieses Systems beschränkt sich auf den durch den Übergang der Bronchi in die Bronchuli begrenzten Anteil der Lunge. Eine große Zahl von *speziellen baulichen Einrichtungen an diesen Gefäßen* reguliert den Blutkreislauf der Lunge, der unterschiedlichen Anforderungen unterworfen ist. Die Notwendigkeit solcher Einrichtungen wird deutlich, wenn man bedenkt, daß die gesamte Blutmenge, die aus dem Herzen zum Kreislauf in den Körper gelangt, zuvor zum Gasaustausch den Lungenkreislauf passieren muß. Hieraus wird verständlich, daß jede Erkrankung der Lunge, die mit einer Verengung ihrer Strombahn einhergeht, eine wesentliche Belastung des gesamten Blutkreislaufs des Körpers bedeutet. Die Verzweigungsart der Pulmonalgefäße ist innerhalb der Lungensegmente tierartlich verschieden. Während sich bei *Pfd.* und *Schf.*, ähnlich wie beim *Msch.*, die Arterien mit dem Bronchalbaum verzweigen, die Venen hingegen intersegmental verlaufen und so das Blut aus zwei benachbarten Segmenten abführen, folgen beim *Rd.* sowohl Arterien als auch die Venen den Aufteilungen des Bronchalbaums. Bei *Schw.* und *Flfr.* bestehen in den Lobi craniales und medius Aufzweigungsverhältnisse wie beim *Rd.*, in den Lobi caudales aber wie bei *Pfd.* und *Schf.*

Die **Lymphgefäße** der Lunge treten als oberflächliche und tiefe auf, die sich jedoch nicht scharf voneinander abgrenzen lassen. Sie stellen das Zuflußgebiet für die Lymphonodi tracheobronchales s. bifurcationis, pulmonales und mediastinales (132/*23,24*;351,352/*t,t'*;357–363/*12–16*) dar.

Die **Nerven** der Lungen entstammen dem N. vagus und dem Truncus sympathicus und verlaufen mit den Bronchen und den Blutgefäßen.

Atmungsorgane der Fleischfresser

Die **Nase** (18,19,269,270,283–286) überragt mit ihrer Spitze etwas den Gesichtsschädel und bildet, mit der Oberlippe verschmelzend, die bewegliche *Schnauze*. Sie wird median durch die von der Lippe auf die Nase übergreifende *Lippenrinne, Philtrum* (269,270/*b*), unterteilt. Da diese bei manchen Hunderassen sehr tief ist, spricht man hier auch von der sog. Doppelnase.

Das **Knorpelgerüst des Naseneingangs** (277): Die *Nasenscheidewand, Septum nasi* (277/*a*;284/*10*;285/*D*), ragt im Nasenlochbereich (277/*a*;284/9) über das Os incisivum hinaus und ist hier ventral gespalten. Der *dorsale* und der *ventrale Seitenwandknorpel* (277/*b,d*) laden weit in die Seitenwand der Nase aus, wo sie sich auf einer größeren Strecke röhrenförmig miteinander verbinden. Dem ventralen Seitenwandknorpel sitzt der ankerförmige *laterale Ansatzknorpel* (277/*e*) mit seinem *Stiel* an, während seine *Flügel*, den lateralen Nasenflügel ventral stützend, dorsal eine Rinne bilden und so die ventrale Begrenzung des Nasenlochschlitzes (270/*c*) in der lateralen Nasenlochberandung liefern. Der *mediale Ansatzknorpel* zieht von der ventralen Nasenmuschel und vom ventralen Seitenwandknorpel aus nasenlochwärts, indem er die Flügelfalte (283,284/*7*) stützt.

Die runden **Nasenlöcher** (269, 270/*c*) erhalten demnach medial und ventral ihre Stütze vom rostralen Abschnitt des Septum nasi und dorsal vom dorsalen Seitenwandknorpel. Den lateralen Nasenflügel stützt unter Bildung des *Nasenlochschlitzes* (s. S. 224) der dorsale Seitenwandknorpel gemeinsam mit dem lateralen Ansatzknorpel, der auch noch zusammen mit dem Septum nasi an der ventralen Berandung des Nasenlochs teilhat.

Die **Haut des Naseneingangs** ist zwischen den Nasenlöchern als *Nasenspiegel, Planum nasale* (269,270/*a*), modifiziert. Sie ist hier unbehaart. Ihre Oberfläche ist bei der *Ktz.* höckerig, beim *Hd.* aber durch *Rinnen, Sulci*, in *Felder, Areae*, unterteilt. Da den *Flfr.* Nasenspiegeldrüsen fehlen, erfolgt die Benetzung des Nasenspiegels durch das Sekret der Drüsen der Septumschleimhaut, der lateralen Nasendrüsen sowie durch das der Tränendrüsen, da der *Tränen-Nasengang* regelmäßig im ventralen Winkel des Nasenlochs mündet. Eine zweite Öffnung besitzt dieser Gang beim *Hd.* (88%) in Höhe des Hakenzahns lateral der ventralen Nasenmuschel (s. Bd III).

Die **Nasenhöhle** (57,58,283–286) enthält große und reich gegliederte Nasenmuscheln (57,58/ *a,a'*;283,284/*J,K,L*;285,286/*1,2*). Im kaudalen Abschnitt der Nasenhöhle trennt eine von Os ethmoidale, Vomer, Os praesphenoidale und Os palatinum gestützte horizontale Knochenplatte (284/*oberhalb von 4 und 5*) die dorsal von ihr im Grund der beiden Nasenhöhlen befindliche *Regio olfactoria* von den ventral von ihr gelegenen Meatus nasopharyngei (283,284/*4*). In der Riechgegend besteht beim *Hd.* ventral eine vom Endoturbinale IV (283,284/*N*;286/*4*) ausgefüllte Bucht der Nasenhöhle, die bis an das Os praesphenoidale (283/*H*) reicht, jedoch nicht einer Keilbeinhöhle entspricht.

Die d o r s a l e N a s e n m u s c h e l (283,284/*J*;285,286/*1*;366/*J*) besteht aus einem rostralen, einem mittleren und einem kaudalen Abschnitt. Ihr langer *rostraler Abschnitt* stellt eine nur von der Basallamelle gestützte, von lateral nach medial einragende Platte (285/*1*) dar, während ihr nur etwa 10 mm langer *kaudaler Abschnitt* lediglich einen von der niedrigen Basallamelle unterlagerten Schleimhautwulst (286/*1*) repräsentiert. Am muschelförmigen *mittleren Abschnitt* bestehen eine Basallamelle (366/*J'*), die an der Lamina perpendicularis des Os ethmoidale (366/*G*) sowie am Septum nasi entspringt, und eine Spirallamelle. Diese Spirallamelle ist unter Bildung von Sekundärlamellen und des *Processus uncinatus* (284,364,365/*J'*) über ventral und lateral nach dorsal aufgerollt und umschließt den *Recessus conchae dorsalis.*

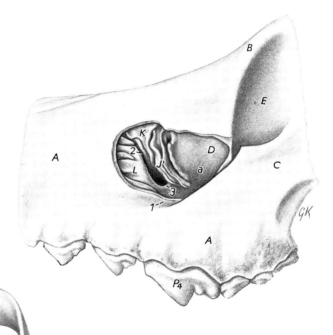

Abb. 364. A d i t u s n a s o m a x i l l a r i s e i n e s H u n d e s m i t P r o c e s s u s u n c i n a t u s. Lateralansicht. (Nach GRAEGER, 1958.)

A Maxilla; *B* Os frontale; *C* Os zygomaticum; *D* Os ethmoidale, Lam. orbitalis; *E* Orbita; *J'* Proc. uncinatus; *K* Concha nasalis media; *L* Concha nasalis ventr.; *P4* Dens praemolaris 4 (Reißzahn)

a Rec. maxillaris

1 Can. infraorbitalis (eröffnet); *2* Meatus nasi medius, ventraler Schenkel; *3* Schleimhautfalte, darüber die Apertura nasomaxillaris, in die der Proc. uncinatus (*J'*) hineinragt

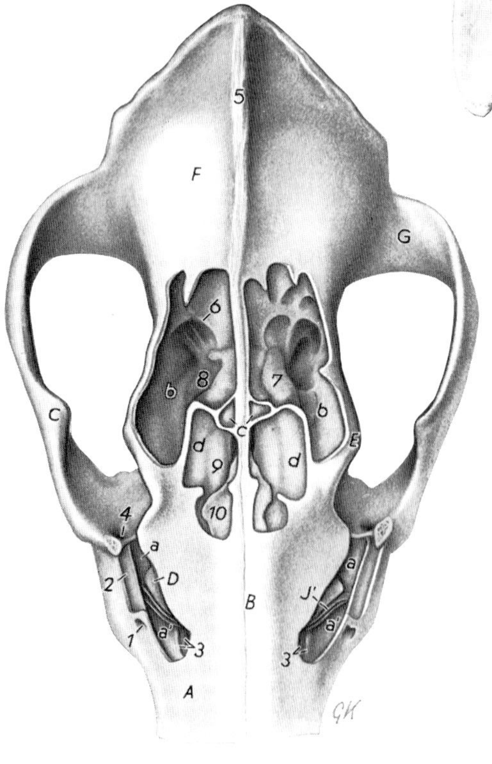

Abb. 365. N a s e n n e b e n h ö h l e n e i n e s H u n d e s. Dorsalansicht. (Nach GRAEGER, 1958.)

A Maxilla; *B* Os nasale; *C* Os zygomaticum, Proc. frontalis; *D* Os ethmoidale, Lam. orbitalis; *E* Os frontale, Proc. zygomaticus; *F* Os parietale; *G* Os temporale, Proc. zygomaticus; *J'* Proc. uncinatus (Schnittkante)

a,a' Rec. maxillaris: *a* kaudaler, *a'* rostraler Teil (beide Teile getrennt durch den Proc. uncinatus (*J'*)); *b* Sinus frontalis lat.; *c* Sinus frontalis med. mit ventrolateraler Spirallamelle des Ectoturbinale 2; *d* Sinus frontalis rostr.

1 For. infraorbitale; *2* Can. infraorbitalis (eröffnet); *3* Schleimhautfalte; *4* For. maxillare; *5* Crista sagittalis ext.; *6* knöchernes Septum; *7* dorsale, *8* ventrale Spirallamelle des Ectoturbinale 3; *9* Basallamelle, *10* dorsomediale Spirallamelle des Ectoturbinale 2

Die ventrale Nasenmuschel (283,284/*L*;285/2;364/*L*) ist beim *Hd.* am stärksten ausgebildet. Sie beschränkt sich allerdings nur auf die rostrale Hälfte der Nasenhöhle. In ihrem kaudalen Teil füllt sie fast den gesamten Querschnitt der Nasenhöhle aus und weist in diesem Bereich sehr starke Falten auf, die sich rostral in der Flügelfalte (283,284/7) vereinigen. Die Gestalt der knöchernen Grundlage der ventralen Nasenmuschel und die Faltenbildungen kennzeichnen die Abb. 283–285. Bei der *Ktz.* ist die ventrale Nasenmuschel (58/*a*) der des *Hd.* ähnlich, aber viel kleiner.

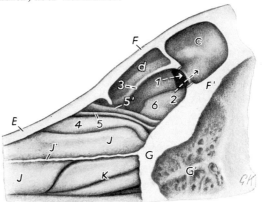

Abb. 366. Aperturae sinuum frontalium eines Hundes nach Entfernung des Septum nasi und von Teilen des Ectoturbinale 2 und des Ectoturbinale 3. Paramedianschnitt. Medialansicht der rechten Hälfte. (Nach GRAEGER, 1958.)

E Os nasale; *F,F′* Os frontale; *G,G′* Os ethmoidale: *G* Lam. perpendicularis, *G′* Lam. cribrosa; *J* Concha nasalis dors., *J′* Schnittkante des kaudalen Teiles ihrer Basallamelle; *K* Concha nasalis media

c Sinus frontalis med.; *d* Sinus frontalis rostr.

1 Zugang zum Sinus frontalis lat., *2* zum Sinus frontalis med.; *3* ventrale Begrenzung des Zugangs zum Sinus frontalis rostr.; *4* Ectoturbinale 1; *5,5′* Ectoturbinale 2: *5* dorsomediale, *5′* ventrolaterale Spirallamelle (Schnittkante); *6* Ectoturbinale 3, ventrale Spirallamelle

Die mittlere Nasenmuschel (283,284/*K*;286/2;366/*K*), die, wie aus den Abb. 283 und 286 ersichtlich ist, zahlreiche Sekundärlamellen und Spiralblättchen ausbildet, schiebt sich beim *Hd.* mit ihrem rostralen Ende zwischen die ventrale Nasenmuschel (283/*L*) und das Endoturbinale III (283/*M*). Bei der *Ktz.* reicht sie weit rostral (58/*a″*).

Die Siebbeinmuscheln, Ethmoturbinalia (283/*M,N*;286), ragen bei den *Flfr.* weit in die Nasenhöhle vor, wölben sich weiterhin aber noch in die Stirnhöhle (283,365,366) hinein.

Der Nasen-Gaumenkanal, *Ductus incisivus*, verbindet Nasen- und Mundhöhle und nimmt, wie bereits auf S. 230 erwähnt, das Nasenbodenorgan, *Organum vomeronasale*, auf. Die laterale Nasendrüse liegt in der Kieferbucht (284,364/*a*). Ihr im mittleren Nasengang verlaufender Ausführungsgang mündet am Nasenloch unweit der geraden Falte, und ihr Sekret befeuchtet auch den Nasenspiegel. Betreffs der mit den Nasenmuscheln verbundenen Falten (83,284/6,7,7′) s. S. 226,227.

Der **Nasenrachen** (283,284/4) ist relativ lang, und ihm fehlt ein Septum pharyngis (57,58/*c*;283/5). In ihn öffnet sich jederseits die *Tuba auditiva* mit dem *Ostium pharyngeum tubae auditivae* (57,58/*v*). In der Dachwand des Nasenrachens liegt median die plattenförmige *Tonsilla pharyngea* (58/*w*).

Als **Nebenhöhlen der Nase** bestehen bei *Hd.* und *Ktz.* das *System der Stirnhöhlen* (292,293,365/*b–d*), bei der *Ktz.* die *Keilbeinhöhle* und bei beiden Tieren außerdem die *Kieferbucht*. Letztere muß als **Recessus maxillaris** (284,292,293,364,365/*a,a′*) und nicht als Sinus maxillaris angesprochen werden, da sie, wie bereits dargelegt wurde, nicht zwischen der Innen- und Außenplatte von Schädelknochen liegt, vielmehr außen von der kompakten Maxilla, den Ossa lacrimale sowie palatinum und innen von der Lamina orbitalis des Siebbeins begrenzt wird. Ihr *Zugang von der Nasenhöhle, Apertura nasomaxillaris* (284/5;364/3), wird dadurch verengt und unterteilt, daß von dorsal der *Processus uncinatus* des Endoturbinale I (284,364,365/*J′*) durch die Öffnung in die Kieferbucht hineinreicht und sie zugleich in einen größeren *rostralen* (365/*a′*) und einen kleineren *kaudalen Abschnitt* (365/*a*) unterteilt. Altersmäßige und auch individuelle Unterschiede sind sehr gering. Bei der *Ktz.* ist die Kieferbucht relativ klein. Das **System der Stirnhöhlen** besteht beim *Hd.* jederseits aus einer lateralen, einer medialen und einer rostralen Abteilung, die durch die *Septa sinuum frontalium* (284/*F′*) voneinander getrennt werden. Die drei Höhlen der beiden Schädelhälften kommunizieren nicht miteinander; jede von ihnen besitzt jedoch einen eigenen Zugang von der Nasenhöhle. Den weitaus größten Raum nimmt der *Sinus frontalis lateralis* (292,293,365/*b*) ein. Durch die *Apertura sinus frontalis lateralis* (366/1) stülpt sich das Ectoturbinale 3 (283/19;365/7,8;366/6) in die laterale Stirnhöhle vor, die zudem noch durch Knochenlamellen in Buchten gegliedert ist. Der *Sinus frontalis medialis* (293,365/*c*) ist meist klein. Er kann sich gelegentlich entlang dem medianen Septum bis zur kaudalen Grenze der lateralen Stirnhöhle, diese vom Septum verdrängend, ausdehnen. Die *Apertura sinus frontalis medialis* (366/2) wird vom Ectoturbinale 2 (283/*15*;365/*c*), das sich hier zugleich in die mediale Stirnhöhle vorwölbt, eingeengt. An der Grenze von Os frontale, Maxilla sowie Os nasale liegt der *Sinus frontalis rostralis* (283,292,293,365,366/*d*), seine spaltförmige *Apertura sinus frontalis rostralis* (366/3) an der medialen Wand der Höhle, deren Bodenwand das Ectoturbinale 2 (286/6;365/*9,10*) bilden hilft. Altersmäßig bestehen keine Unterschiede in der Ausbildung der Stirnhöhlen, sie finden sich aber individuell und auch bei demselben Tier auf den beiden Schädelseiten. Die *Ktz.* besitzt nur einen einheitlichen *Sinus frontalis* (58/*a'''*), der das Os frontale pneumatisiert und rostral mit der Nasenhöhle Verbindung hat. Die beidseitige **Keilbeinhöhle**, die nur bei der *Ktz.*, nicht aber beim *Hd.* ausgebildet ist, pneumatisiert das Os praesphenoidale. Dadurch, daß das längsstehende *Septum* paramedian ausgebildet ist, wechselt die Größe der beidseitigen Höhlen. In die *Apertura sinus sphenoidalis* stülpt sich das Endoturbinale IV.

Der **Kehlkopf:** Seine **Knorpel** (367,368) sind bei *Ktz.* und *Hd.* unterschiedlich gestaltet. Der S c h i l d k n o r p e l (306,310,330/*d*;367,368/*b,b'*) ist bei der *Ktz.* länger als hoch, beim *Hd.* aber höher als lang. Auf den *Laminae* (367,368/*b'*) erhebt sich die bei der *Ktz.* niedrige, beim *Hd.* hingegen markante *Linea obliqua* (367,368/3). Das *Cornu rostrale* (367,368/1) der *Ktz.* ist lang und gerade, das des *Hd.* jedoch kurz und hakenförmig gebogen. Bei beiden Tierarten wird die ventral dieses Hornes befindliche *Fissura thyreoidea* (306/5) meist nicht durch Bandmassen überbrückt, so daß ein Foramen thyreoideum fehlt. Das basal breite *Cornu caudale* (367,368/2) springt bei der *Ktz.* nur wenig, beim *Hd.* aber weit kaudal vor. Der Knorpel (367,368/*b*) ist bei der *Ktz.* durch die tiefe, beim *Hd.* jedoch nur seichte *Incisura thyreoidea caudalis* (310/5) gekennzeichnet, und der beim *Hd.* ausgebildete Kehlkopfwulst (310/7) fehlt bei der *Ktz.* Am R i n g k n o r p e l (314;330/*f*;367/*d,d'*;368/*e,e'*) trägt die *Lamina* (314/2;367/*d'*;368/*e'*) bei beiden Tierarten die flache, abgerundete *Crista mediana* (314/3;367/ *4*;368/5). Die *Facies articularis arytaenoidea* (314/4) und die *Facies articularis thyreoidea* (314/5) sind typisch ausgebildet (s. S. 242). Der *Arcus* (314/*1*;367/*d*;368/*e*) ist bei der *Ktz.* im ventralen Bereich kaudal, beim *Hd.* hingegen rostral verjüngt. Die S t e l l k n o r p e l beider Tierarten (318,319;330/ *e*;367/*c*;368/*d*) unterscheiden sich vor allem dadurch voneinander, daß der beim *Hd.* als kaudal abgebogener Haken hochragende *Processus corniculatus* (318,319/3;330/*e'*;368/4) bei der *Ktz.* fehlt. *Processus muscularis* (318/1) und *Processus vocalis* (318,319/2) sowie *Facies articularis* (319/4) bilden bei den *Flfr.* keine Besonderheiten. Zwischen den beiden Aryknorpeln befindet sich beim *Hd.* ein kleiner *Zwischenknorpel* (319/5), der der *Ktz.* fehlt. Bei ihr vermißt man außerdem den paarigen K e i l k n o r p e l, P r o c e s s u s c u n e i f o r m i s (318,319/6;330,368/*c*), der beim *Hd.* rostral des Aryknorpels in der Plica aryepiglottica (80/8) gelegen ist. Gelegentlich kommt eine in den M. arytaenoideus transversus eingelagerte paarige *Cartilago sesamoidea* vor. Der K e h l d e c k e l - oder S c h l i e ß k n o r p e l (326;330/*b*;367,368/*a*) ist bei den *Flfr.* rostral zugespitzt, und kaudal besitzt er beim *Hd.* den zweizackigen *Stiel, Petiolus* (326/1), der bei der *Ktz.* fehlt.

Die **Verbindungen der Kehlkopfknorpel** (330): Ring- und Schildknorpel sind in der *Articulatio cricothyreoidea* gelenkig miteinander verbunden. Das *Ligamentum cricothyreoideum* (9), das bei der *Ktz.* als *Membrana cricothyreoidea* die tiefe Incisura thyreoidea caudalis verschließt, entläßt die *Membrana fibroelastica laryngis* (9'), die durch den M. vocalis eingedellt wird, zum Stimmband. Die Gelenkkapsel der *Articulatio cricoarytaenoidea* ist ventromedial durch das kurze *Ligamentum cricoarytaenoideum* (8) verstärkt. Zwischen den beiden Stellknorpeln, die durch das *Ligamentum arytaenoideum transversum* miteinander verbunden sind, befindet sich der bereits erwähnte kleine *Zwischenknorpel*. Der Kehlkopfast des Os hyoideum bildet mit dem Rostralhorn vom Schildknorpel kein Gelenk. Die Verbindung wird hier vielmehr durch eine *Synchondrose* hergestellt, und die *Membrana thyreohyoidea* (2) ist breit zwischen Zungenbein und Schildknorpel aufgespannt. Die Epiglottis sitzt dem Rostralrand vom Schildknorpel, mit ihrem Petiolus durch das *Ligamentum thyreoepiglotticum* verbunden, auf. Die Seitenränder der Epiglottis verbinden sich beim *Hd.* durch Fasern der *Plica aryepiglottica* mit den Seitenflächen des Keil- und des Stellknorpels, während bei der *Ktz.*, der die Keilknorpel sowie an den Stellknorpeln die Spitzenknorpel fehlen, Fasern, die zum Ringknorpel ziehen, hierzu dienen. Das *Ligamentum hyoepiglotticum* (1) verkehrt zwischen Basihyoideum und Rostralrand der Epiglottisbasis. Von den v e n t r a l e n S t e l l k n o r p e l b ä n d e r n fehlt der *Ktz.* das *Ligamentum vestibulare*, das beim *Hd.* (6) zwischen Schildknorpel und Keilknorpel ausgespannt ist. Das *Ligamentum vocale* (7) zieht bei rostroventralem Verlauf zum Schildknorpel. Den Ringknorpel und die erste Trachealspange verbindet das *Ligamentum cricotracheale* (10).

Die **Muskeln des Kehlkopfs** (369,370): Während die auf S. 249 besprochenen Verhältnisse für *M. cricothyreoideus* (369,370/5), *M. cricoarytaenoideus dorsalis* (369,370/6), *M. arytaenoideus transversus* (396,370/7) und *M. cricoarytaenoideus lateralis* (396–370/8) auch für *Hd.* und *Ktz.* zutreffen, macht der M. thyreoarytaenoideus bei den *Flfr.* eine Ausnahme. So stellt er bei der *Ktz.* einen einheitlichen, sich fächerförmig ausbreitenden Muskel (369/9) dar, der zwischen Basis der Epiglottis, Schildknorpel sowie Ligamentum cricothyreoideum einerseits und, sich dorsal verjüngend, Muskel- sowie Stimmfortsatz des Stellknorpels andererseits ausgespannt ist. Beim *Hd.* ist dieser Muskel (370/9',9'') jedoch zweigeteilt. Der *M. ventricularis* (370/9'), der mit dem Ligamentum vestibulare in der Plica ve-

Abb. 367. Kehlkopfknorpel einer Katze. Linke Seitenansicht.

a Cartilago epiglottica; *b* Cartilago thyreoidea, *b'* Laminae; *c* linke Cartilago arytaenoidea; *d* Cartilago cricoidea, Arcus, *d'* Lamina; *e* Trachea

1 Cornua rostralia; *2* Cornu caudale, *3* Linea obliqua der Cartilago thyreoidea; *4* Crista mediana der Cartilago cricoidea

Abb. 367

Abb. 368. Kehlkopfknorpel eines Hundes. Linke Seitenansicht.

a Cartilago epiglottica; *b* Cartilago thyreoidea, *b'* Lamina; *c* Proc. cuneiformis; *d* Cartilago arytaenoidea; *e* Cartilago cricoidea, Arcus, *e'* Lamina; *f* Trachea

1 Cornu rostrale, *2* Cornu caudale, *3* Linea obliqua der Cartilago thyreoidea; *4* Proc. corniculatus; *5* Crista mediana der Cartilago cricoidea

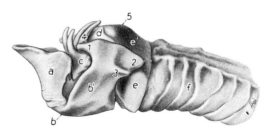

Abb. 368

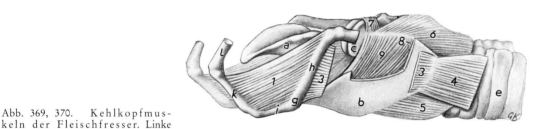

Abb. 369, 370. Kehlkopfmuskeln der Fleischfresser. Linke Seitenansicht.

a Cartilago epiglottica; *b* Cartilago thyreoidea; *c* Proc. corniculatus, *c'* Proc. cuneiformis (*Hd.*); *d* Cartilago cricoidea (bei der *Ktz.* nicht sichtbar); *e* Trachea; *f* Ventriculus laryngis (exkl. *Ktz.*); *g–l* am Zungenbein: *g* Basihyoideum, *h* Thyreohyoideum, *i* Ceratohyoideum, *k* Epihyoideum, *l* Stylohyoideum (beim *Hd.* nicht dargestellt)

1 M. ceratohyoideus; *3* M. thyreohyoideus; *4* M. sternothyreoideus; *5* M. cricothyreoideus; *6* M. cricoarytaenoideus dors.; *7* M. arytaenoideus transv.; *8* M. cricoarytaenoideus lat.; *9* M. thyreoarytaenoideus (*Ktz.*); *9'* M. ventricularis (*Hd.*); *9''* M. vocalis (*Hd.*)

Abb. 369 (Katze)

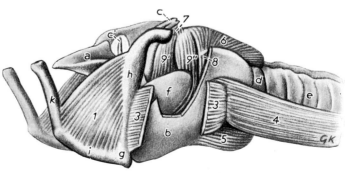

Abb. 370 (Hund)

stibularis (335/2) gelegen ist, entspringt ventral an der Schildknorpelplatte und heftet sich am Muskelkamm des Stellknorpels rostral an. Der *M. vocalis* (370/9'') zieht, lateral und kaudal vom Stimmband in der Stimmfalte (335/3) gelegen, vom Schildknorpel zum Processus muscularis des Stellknorpels, an dessen Processus vocalis sich auch einige rostrale Fasern des Muskels anheften.

Die **Kehlkopfhöhle und ihre Schleimhautbildungen**, die auf S. 249 für alle *Hsgt.* allgemein dargestellt sind, zeigen bei *Ktz.* und *Hd.* mancherlei artspezifische Unterschiede. Die am Kehlkopfeingang die Epiglottisseitenränder nach dorsal verankernde Schleimhautfalte, *Plica aryepiglottica* (80/8), zieht bei der *Ktz.* zum Ringknorpel (58/o'), beim *Hd.* zum Stellknorpel. An ihrer Bildung hat beim *Hd.* auch der der *Ktz.* fehlende Keilknorpel teil. Während sich beim *Hd.* die Kehlkopfschleimhaut zwischen Plicae vestibularis und vocalis als *seitliche Kehlkopftasche* (335/1) lateral ausstülpt, findet sich bei der *Ktz.* an dieser Stelle nur eine flache *Mulde* (334/1'). Die *Plica vestibularis* (334,335/2) enthält beim *Hd.* außer dem ventralen Abschnitt des Keilknorpels das Ligamentum vestibulare und den M. ventricularis. Bei der *Ktz.*, welcher der Keilknorpel fehlt, handelt es sich um eine reine Schleimhautfalte ohne Einschluß des Bandes und Muskels, die dorsal am Stellknorpel befestigt ist. Die *Stimmfalte* (334,335/3) umschließt bei beiden *Flfr.* das Ligamentum vocale und beim *Hd.* den M. vocalis, bei der *Ktz.* hingegen einen aus Anteilen der Mm. ventricularis und vocalis bestehenden Muskel und bildet so mit dieser unterschiedlichen Grundlage die bei beiden *Flfr.* rostroventral gerichtete *Stimmfalte, Plica vocalis.*

Lymphoretikuläre Bildungen in der Kehlkopfschleimhaut finden sich beim *Hd.* regelmäßig in Form von *Solitärfollikeln* im Ventriculus laryngis und hin und wieder in der laryngealen Epiglottisschleimhaut, wo sie bei der *Ktz.* stets ausgebildet sind. Bei ihr besteht zudem als *Tonsilla paraepiglottica* eine Lymphozytenansammlung am Rand der Kehldeckelfalte (37/8), die mohnsamengroß und gelegentlich traubenartig angeordnet sein kann.

Die **Luftröhre** (341,342,350,357,358) ist dadurch besonders gekennzeichnet, daß ihre *Knorpelspangen,* deren *Anzahl* bei der *Ktz.* 38–43 und beim *Hd.* 42–46 beträgt, sich an den dorsalen freien Enden nicht berühren und daß der in diesem häutigen Bezirk gelegene *M. trachealis* (341,342/c) den Trachealknorpeln a u ß e n angeheftet ist.

Die **Lunge** (354–358,371–376) besitzt sowohl beim *Hd.* als auch bei der *Ktz.* sehr tiefe *Fissurae interlobares* (354–356,371–376/1,2), die fast bis auf die Bronchen einschneiden. Nur die linke interlobare Fissur ist nicht ganz so tief. An der l i n k e n L u n g e (371,373,375) sind ein zweigeteilter *Lobus cranialis* (a) und ein *Lobus caudalis* (c) ausgebildet, und an der r e c h t e n L u n g e (372,374,376) bestehen der ungeteilte *Lobus cranialis* (a), der *Lobus medius* (b) und der *Lobus caudalis* (c) mit dem ihm medial angefügten *Lobus accessorius* (d). In der **Form** unterscheidet sich bei beiden Tierarten insbesondere der rechte kraniale Lappen (357,358/a), der bei der *Ktz.* spitzbogig, beim *Hd.* aber rundbogig ist. Bei Tieren, die vorwiegend im Zimmer gehalten werden, finden sich u.a. Einlagerungen von Kohlepartikelchen, wodurch die Lunge stellenweise ein graues, grau-blaues oder gar schwarzes Aussehen bekommt (Anthracosis). Eine L ä p p c h e n z e i c h n u n g besteht makroskopisch nicht oder höchstens ab und zu geringgradig. Die **Lage** der in situ fixierten Lunge im Exspirationszustand ist aus den Abb. 375 und 376 ersichtlich.

Bronchalbaum (350,357,358): Der *linke Bronchus cranialis* (350/b;357,358/5) teilt sich in einen kranialen und einen kaudalen Segmentbronchus für die Partes cranialis und caudalis des Lobus cranialis pulmonis sinistri, und der *linke Bronchus caudalis* (350/f;357,358/8) entläßt dorsale und ventrale Segmentbronchen (350/I–IV;357,358/9,10). Der *rechte Bronchus cranialis* (350/a;357,358/5) versorgt mit dorsalen und ventralen Segmentbronchen den einheitlichen Lobus cranialis pulmonis dextri. Kurz hinter ihm entspringt der *Bronchus medius* (350/c;357,358/6), der den Lobus medius belüftet, und dann tritt rechts der *Bronchus caudalis* (350/e;357,358/8) in den rechten Lobus caudalis ein, den er mit dorsalen und ventralen Segmentbronchen (350/I–IV;357,358/9,10) bedient. Am kranialen Ende des Lobus accessorius entspringt zu dessen Versorgung aus dem rechten Bronchus caudalis der *Bronchus accessorius* (350/d;357,358/7). Bei den *Flfr.* bestehen tierartlich und individuell einige Aufzweigungsunterschiede des Bronchalbaums, deren Darlegung den Spezialwerken überlassen bleiben muß.

Die **Blutgefäße** (350): Beim *Flfr.* versorgen die *Aa. bronchales sinistra* und *dextra* den linken bzw. rechten Bronchalbaum. Die rechte Bronchalarterie des *Hd.* entstammt der 6. A. intercostalis dorsalis dextra und die linke der Aorta am Ursprung der 6. Interkostalarterie. Entsprechend finden sich die *Vv. bronchales sinistra* und *dextra*, die in die V. azygos dextra einmünden. Die *Pulmonalarterien* und *-venen* verzweigen sich bei den *Flfr.* in den Lobi craniales und medius gemeinsam mit den Bronchen.

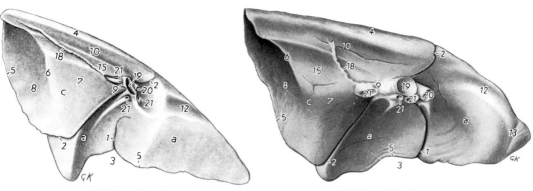

Abb. 371 (Katze)   Abb. 373 (Hund)

Abb. 371, 373. Linke Lunge der Fleischfresser, in situ fixiert. Medialansicht.

a Lobus cranialis, Partes cranialis und caudalis; *c*
Lobus caudalis

1 Fiss. intralobaris; *2* Fiss. interlobaris caud.; *3* Inc.
cardiaca pulmonis sin.; *4,7* Facies medialis: *4* Pars
vertebralis, *7* Pars mediastinalis; *5* Margo acutus mit
Margines ventralis und basalis (*6*); *8* Facies diaphragmatica; *9* Hilus pulmonis; *10* Impressionen
durch die Aorta, *12* durch die A. subclavia sin., *13*
durch die A. thoracica int. (*Hd.*), *15* durch den
Oesophagus; *18* Lig. pulmonale; *19* Bronchus principalis; *20* A. pulmonalis; *21* Vv. pulmonales

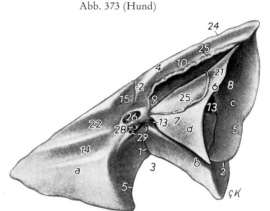

Abb. 372 (Katze)

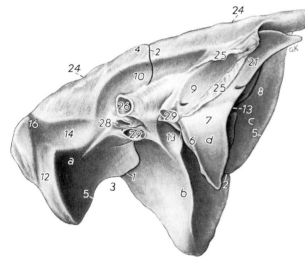

Abb. 372, 374. Rechte Lunge der Fleischfresser, in situ fixiert. Medialansicht.

a Lobus cranialis; *b* Lobus medius; *c* Lobus caudalis; *d* Lobus accessorius

1 Fiss. interlobaris cran.; *2* Fiss. interlobaris caud.; *3*
Inc. cardiaca pulmonis dext.; *4,7* Facies medialis: *4*
Pars vertebralis, *7* Pars mediastinalis; *5* Margo acutus mit Margines ventralis und basalis (*6*); *8* Facies
diaphragmatica; *9* Hilus pulmonis; *10* Impressio
aortae; *12* Impressionen durch die A. und V. thoracica int. (*Hd.*), *13* durch die V. cava caud., *14* durch
die V. cava cran., *15* durch die V. azygos dext.
(*Ktz.*), *16* durch die V. costocervicalis (*Hd.*), *21*
durch den Oesophagus, *22* durch die Trachea (*Ktz.*),
24 durch die Rippen; *25* Lig. pulmonale; *26* Bronchus principalis; *28* A. pulmonalis; *29* Vv. pulmonales

Abb. 374 (Hund)

Im Lobus caudalis hingegen folgen die Arterien dem Bronchalbaum, während die Venen intersegmental verlaufen. Im Gebiet der Bronchal- und Pulmonalgefäße bestehen folgende Anastomosen: zwischen Ästen der A. bronchalis und solchen der A. pulmonalis bei Ausbildung von Intimakissen in
letzteren, zwischen Zweigen der V. bronchalis und der V. pulmonalis im Hilusgebiet sowie zwischen
Ästen der A. bronchalis und der V. pulmonalis und endlich auch Verbindungen zwischen den Kapillaren der A. bronchalis und dem respiratorischen Kapillarnetz der Pulmonalgefäße.

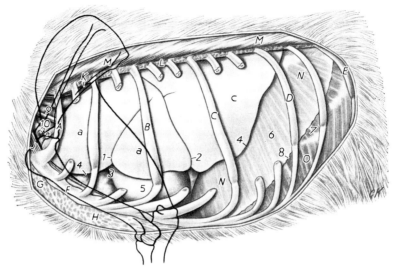

Abb. 375.　Brustorgane eines Hundes. Linke Ansicht.

A 1. Rippe; *B* 5. Rippe; *C* 8. Rippe; *D* 11. Rippe; *E* 13. Rippe; *F* Sternum; *G* Mm. pectorales supff.; *H* M. pectoralis prof.; *J* M. sternocephalicus; *K* M. longus colli; *L* Mm. intercostales; *M* M. longissimus thoracis; *N* Diaphragma; *O* M. transversus abdominis

a Lobus cranialis, Partes cranialis und caudalis; *c* Lobus caudalis

1–4 an der Lunge: *1* Fiss. intralobaris, *2* Fiss. interlobaris caud., *3* Inc. cardiaca pulmonis sin., *4* Margo acutus; *5* Herz im Herzbeutel; *6–8* am Diaphragma: *6* pleurabedeckter, *7* pleurafreier Teil, *8* Rand am Umschlag der Pleura diaphragmatica in die Pleura costalis; *9* Trachea (dorsal von ihr Oesophagus, ventral von ihr A. carotis com.); *10* A. und V. axillaris

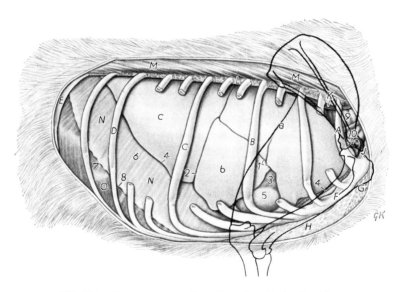

Abb. 376.　Brustorgane eines Hundes. Rechte Ansicht.

A 1. Rippe; *B* 5. Rippe; *C* 8. Rippe; *D* 11. Rippe; *E* 13. Rippe; *F* Sternum; *G* Mm. pectorales supff.; *H* M. pectoralis prof.; *J* M. sternocephalicus; *K* M. longus colli; *L* Mm. intercostales; *M* M. longissimus thoracis; *N* Diaphragma; *O* M. transversus abdominis

a Lobus cranialis; *b* Lobus medius; *c* Lobus caudalis

1–4 an der Lunge: *1* Fiss. interlobaris cran., *2* Fiss. interlobaris caud., *3* Inc. cardiaca pulmonis dext., *4* Margo acutus; *5* Herz im Herzbeutel; *6–8* am Diaphragma: *6* pleurabedeckter, *7* pleurafreier Teil, *8* Rand am Umschlag der Pleura diaphragmatica in die Pleura costalis; *9* Trachea (unmittelbar ventral davon A. carotis com.); *10* A. und V. axillaris

Atmungsorgane des Schweines

Die **Nase** (20,271,287) ist apikal im scheibenförmigen und beweglichen *Rüssel, Rostrum,* mit der Oberlippe vereinigt und hierdurch gegenüber den anderen *Hsgt.* gekennzeichnet.

Das **Knorpelgerüst des Naseneingangs** (278): Der *Nasenscheidewand* (278/*a*) sitzt im Nasenlochbereich (287/*A*) das *Rüsselbein, Os rostrale* (278/*a'*;287/*B*), als quergestellte Platte auf. Es unterstützt die Wühlfunktion der Rüsselscheibe. Der *dorsale* und der *ventrale Seitenwandknorpel* (278/*b,d*) ragen derart in die Seitenwand des Nasenanfangs, daß sie sich fast in ihrer ganzen Länge miteinander verbinden. Am dorsalen Seitenwandknorpel ist ein rostraler Abschnitt durch einen tiefen Einschnitt abgetrennt. Dieser *Nasenlochteil* (278/*c*) ist der Platte des Flügelknorpels des *Pfd.* vergleichbar. Der *laterale Ansatzknorpel* (278/*e*) ragt pfriemenförmig vom Rüsselknochen aus in die laterale Nasenwand, der *mediale Ansatzknorpel,* der aus der ventralen Nasenmuschel und dem ventralen Seitenwandknorpel hervorgeht, dient der Flügelfalte (287/6) als Grundlage.

Die **Nasenlöcher** (271/*c*) sind rund und, wie aus Abb. 278 ersichtlich, durch Knorpel und durch das Rüsselbein gestützt.

Die **Haut des Naseneingangs** und zugleich der Oberlippe ist als *Rüsselscheibe, Planum rostrale* (271/*a*), besonders ausgebildet und trägt kurze, borstenartige Sinushaare. Die O b e r f l ä c h e d e r R ü s s e l s c h e i b e ist durch *Sulci* in *Areae* unterteilt und wird durch *Rüsselscheibendrüsen* befeuchtet, die auf der Höhe der Areae münden. Der dem Abfluß der Tränenflüssigkeit dienende *Tränen-Nasengang* mündet im ventralen Winkel eines jeden Nasenlochs am Übergang der äußeren Haut in die kutane Schleimhaut. Eine zweite Mündung des Ganges besteht lateral am kaudalen Ende der ventralen Nasenmuschel. Bei älteren Tieren ist nur diese erst postfetal entstehende Öffnung vorhanden, während der rostrale Teil des Kanals verödet.

Die **Nasenhöhle** (59,287) ist relativ lang, aber niedrig und eng und führt über den Meatus nasopharyngeus (59/*13*;287/*4*) in den mit einem *Septum pharyngis* (59/*12*) ausgestatteten *Nasenrachen*.

Die d o r s a l e N a s e n m u s c h e l (59/*8*;287/*O*) wird *rostral* (bis zum 3.–4. Backenzahn zurückreichend) und *kaudal* (in den letzten 20 mm) nur von der vom Nasendach ventral ragenden Basallamelle gestützt, stellt also in diesem Bereich eine Platte dar. Im *mittleren Abschnitt* hingegen windet sich von der Basallamelle aus über lateral nach dorsal eine Spirallamelle auf, die mit dem Nasenbein verwächst und so den *Sinus conchae dorsalis* (287,294,295/*c,c'*) bildet. Dorsal dringt diese Höhle auch zwischen die Lamellen des Nasenbeins ein (287/*c'*).

Die v e n t r a l e N a s e n m u s c h e l (59/*9*;287/*Q*), deren Basallamelle von lateral nach medial einragt, besitzt eine dorsal und eine ventral aufgerollte Spirallamelle. Die dorsale Spirallamelle umschließt einen *Recessus* (287/*a*), ebenso die ventrale in ihrem rostralen Bereich. Letzterer ist durch Transversalsepten in kleinere Buchten unterteilt (287/*b*). Im kaudalen Abschnitt der ventralen Spirallamelle hingegen besteht infolge ihrer Verwachsung mit der Basallamelle und mit Nachbarknochen der *Sinus conchae ventralis* (287/*i*).

Die m i t t l e r e N a s e n m u s c h e l (59/*10*;287/*P*) ist klein und ragt nur wenig über das Siebbeingebiet in die Nasenhöhle vor. Auf ihrer Basallamelle sitzen eine dorsale und eine ventrale Spirallamelle, die kleine *Recessus* beherbergen.

Der Ductus incisivus sowie der Knorpel des O r g a n u m v o m e r o n a s a l e sind manchmal gespalten. Die l a t e r a l e N a s e n d r ü s e liegt im Sinus maxillaris. Betreffs der m i t d e n N a s e n m u s c h e l n v e r b u n d e n e n F a l t e n (287/*5,6,7*) s. S. 226, 227.

Die **Meatus nasopharyngei** (59/*13*;287/*4*) wie auch der Anfang des **Nasenrachens** (59/*b*) sind durch das *Septum pharyngis* (59/*12*) zweigeteilt. Das *Ostium pharyngeum tubae auditivae* (59/*14*) hat die Form eines senkrechten Schlitzes und liegt an der Lateralwand des Nasenrachens, an dessen Dachwand sich die wulstartige, unebene *Tonsilla pharyngea* (59/*15*) befindet.

Als **Nebenhöhlen der Nase** sind jederseits außer den bereits zuvor besprochenen Muschelhöhlen, dem *Sinus conchae dorsalis* und dem *Sinus conchae ventralis,* folgende Höhlen ausgebildet: die *Kieferhöhle* (294,295,377,387/*a,a'*), die *Stirnhöhlen* (287,294,295/*d–f*;377/*e,f*;378/*d–f*), die *Tränenbeinhöhle* (294,295,377,378/*b*), die *Keilbeinhöhle* (287/*g*;294,295/*g–g''*;377/*g,g'*) und *Siebbeinzellen* (287,294, 295,377/*h*).

Die **Kieferhöhle** (294,295,377,378/*a,a'*) pneumatisiert den kaudalen Teil der Maxilla und den Körper des Os zygomaticum, und bei ausgewachsenen Tieren dringt sie noch weit in den Jochbogen kaudal vor. Ihr r o s t r a l e r Abschnitt ist einheitlich, während im k a u d a l e n Gebiet eine von ventral hochragende, wulstige Knochenlamelle, die eine Siebbeinzelle und den Canalis infraorbitalis enthält, die Höhle in eine *mediale* und eine *laterale Bucht* unterteilt. Die *Apertura nasomaxillaris* (287/ *8*;295,377/*1*) liegt in Höhe des 6. Backenzahns im mittleren Nasengang, medial von der dorsalen Nasenmuschel überdeckt. Beim Neugeborenen ist die Kieferhöhle etwa erbsengroß. Mit der Schädelentwicklung erlangt sie dann beim ausgewachsenen Tier jenen Umfang, wie er aus den Abb. 294,295,377 und 378 zu ersehen ist.

Die **Stirnhöhlen** (287,294,295/*d–f*;377/*e,f*;378/*d–f*) fehlen beim Neugeborenen in der Regel noch. Sie stellen beim ausgewachsenen Tier, dessen Verhältnisse hier geschildert und durch die Abbildungen wiedergegeben werden, ausgedehnte Lufträume dar, die verschiedene Knochen des Schädeldachs und der Seitenwand pneumatisieren. Man unterscheidet jederseits r o s t r a l e und k a u d a l e Stirnhöhlen. Rostral bestehen je eine mediale und eine laterale Höhle, während die kaudale Höhle nur einfach ausgebildet ist. Die Höhlen der beiden Schädelhälften sind durch ein sagittales Septum (378/*6*) voneinander getrennt. Dieses Septum weicht bei den einzelnen Tieren in seinem Verlauf sehr variabel von den Medianen nach links oder rechts ab, wodurch eine große Asymmetrie der Höhlen bedingt ist. Das auch individuell unterschiedlich verlaufende *Septum sinuum frontalium* (377/*11*;378/*7*) grenzt das rostrale System gegen die kaudale Stirnhöhle ab. Der *Sinus frontalis caudalis* (287,294,295,377,378/*f*) ist die geräumigste Nasennebenhöhle des *Schw.* Sie erstreckt sich in die Ossa frontale und occipitale und bei älteren Tieren auch in das Os temporale; sie reicht also von der Dachwand aus in die Nacken- und Seitenwand der Schädelhöhle. Von der Keilbeinhöhle ist sie nur durch eine dünne Knochenlamelle getrennt. Die *Apertur* zum *Sinus frontalis caudalis* (287/*10*) liegt zusammen mit dem Zugang zur dorsalen Muschelhöhle im mittleren Nasengang. Die beiden rostralen Stirnhöhlen, *Sinus frontales rostrales* (287,294,295,378/*d,e*), pneumatisieren das Stirnbein im Bereich von Stirn und Nase und medial sowie dorsal die Wand der Orbita. Sie sind bei einzelnen Tieren sehr unterschiedlich ausgebildet und stehen über dorsale Siebbeingänge im Nasengrund mit der Nasenhöhle in Verbindung (378/*2,3*). Alle Stirnhöhlen sind durch Knochenlamellen reich gekammert und individuell unterschiedlich ausgebildet, worüber Spezialarbeiten nähere Auskunft geben.

Die **Tränenbeinhöhle** (294,295,377,378/*b*), die bei 6 Monate alten Tieren nur in der Anlage feststellbar ist, ist meist eine selbständige Höhle. Selten ist sie als Anhang der lateralen rostralen Stirnhöhle ausgebildet. Sie grenzt ventral an die Kieferhöhle, medial und dorsal an die mediale, teilweise auch an die laterale rostrale Stirnhöhle und kaudal an die Orbita. Sie hat ebenfalls zu Siebbeinzellen Beziehung. Ihre Apertur (377/*5*) führt in einen Meatus ethmoidalis, wenn die Höhle nicht, was selten der Fall ist, der r o s t r a l e n l a t e r a l e n Stirnhöhle angeschlossen ist.

Die **Keilbeinhöhle** (287/*g*;294,295/*g–g''*;377/*g,g'*) ist beim ausgewachsenen *Schw.* im Vergleich mit jener der übrigen *Hsgt.* besonders groß. Bei 8 Monate alten Tieren besitzt sie allerdings erst die Größe einer Haselnuß. Die *Apertura sinus sphenoidalis* (287/*13*) liegt im untersten Siebbeingang. In den Körpern der Ossa praesphenoidale und basisphenoidale bildet die Keilbeinhöhle eine geräumige Kammer, die als *Zentralraum* den Sulcus chiasmatis und die mittlere Schädelgrube unterlagert. Von diesem Zentralraum gehen d r e i B u c h t e n aus: eine *kaudale* in die Pars basilaris des Os occipitale (295/*g''*), eine *rostrale* in den Flügelfortsatz des Keil- und des Gaumenbeins (295,377/*g'*) und eine *laterale* (294,295,377/*g*), die die größte darstellt und auch die Schläfenbeinschuppe, bei alten Tieren bis an die kaudale Stirnhöhle reichend, pneumatisiert.

Als **Cellulae ethmoidales** (287,294,295,377/*h*) ist ein System von meist kleineren Nasennebenhöhlen vorhanden, die, von verschiedenen Siebbeingängen ausgehend, den Nasengrund umgeben. Sie beschränken sich nicht wie bei den *Wdk.* auf die Orbitawand, sondern greifen vielmehr auf weiter rostral gelegene Schädelpartien über.

Der **Kehlkopf**: Der S c h i l d k n o r p e l (307,311;331/*d*;379/*b,b'*) ist sehr lang. Seine breiten und relativ hohen *Laminae* (379/*b'*) tragen lediglich kaudal, und hier auch nur schwach ausgebildet, die *Linea obliqua* (379/*2*). Das Cornu rostrale (übrige *Hsgt.*) fehlt und mit ihm die Fissura thyreoidea und auch das Foramen thyreoideum. Das plumpe *Cornu caudale* (379/*1*) ragt nur wenig aus den Seitenplatten kaudal hervor. Der rostrale Rand des Schildknorpels ist konvex, sein Kaudalrand springt median zapfenförmig vor, und ventral kann der Schildknorpel bei älteren Tieren zum Kehlkopfwulst verdickt sein. Am R i n g k n o r p e l (315;331/*f*;379/*d,d'*) trägt die lange *Lamina* (315/*2*;379/*d'*) die scharfe *Crista mediana* (315/*3*;379/*4*), und kaudal sind ihr 1–2 dünne Knorpelplättchen angelagert, die, manchmal auch mit der Platte vereinigt, diese dünnflächig fortsetzen. Die *Facies articularis arytaenoidea* (315/4) ist konvex, die *Facies articularis thyreoidea* (315/5) ausgehöhlt. Der ventral schmale *Arcus* (315/1;379/d) ist schräg kaudoventral gerichtet und kaudal zu einer Spitze ausgezogen. Die S t e l l k n o r p e l (320,321;331/e;379/c) sind vor allem durch die eigentümliche Ausbildung des ihnen angebauten *Spitzenknorpels, Processus corniculatus* (320,321/3;331/e';379/3), gekennzeichnet. Dieser Spitzenknorpel, der dorsomedian mit jenem der anderen Seite zu einem unpaaren Gebilde verschmolzen ist (321/3'), trägt lateral einen breit aufsitzenden, mondsichelförmigen Anhang (320,321). Der hohe *Processus muscularis* (320/1), die ausgehöhlte *Facies articularis* (321/4) und der kräftige *Processus vocalis* (320,321/2) bedingen eine markante Profilierung der Stellknorpel, zwischen die sich median der *Zwischenknorpel* (320,321/5) einschiebt. Der an den Seiten stark aufgebogene K e h l d e k - k e l - o d e r S c h l i e ß k n o r p e l (327;331/b;379/a) besitzt einen abgerundeten freien Rand, und seine Basis ist in ganzer Breite rostral umgebogen, wodurch er enge Nachbarschaft zum Zungenbeinkörper gewinnt.

Die **Verbindungen der Kehlkopfknorpel** (331): Zwischen Ring- und Schildknorpel, die in der *Articulatio cricothyreoidea* miteinander gelenkig verbunden sind, verkehrt das *Ligamentum cricothyreoideum* (9), das ventral die große Lücke zwischen dem schräg kaudal gerichteten Ringknorpelreif und dem Schildknorpel überbrückt und noch weit auf die Innenfläche des Schildknorpels vorreicht. Die *Membrana fibroelastica laryngis* ist nur kurz. Das schwache *Ligamentum cricoarytaenoideum* (8) verdickt ventromedial die Kapsel der *Articulatio cricoarytaenoidea*. In diesem Gelenk besteht beim *Schw.*

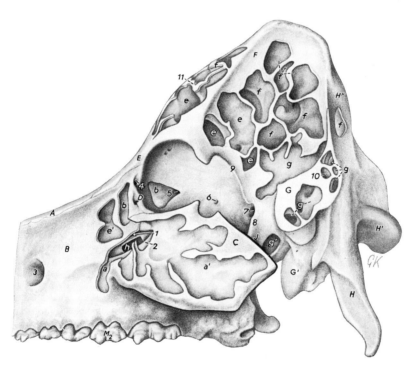

Abb. 377.   S c h ä d e l e i n e s S c h w e i n e s m i t e r ö f f n e t e n N a s e n n e b e n h ö h l e n. Linke Seitenansicht.
(Nach LOEFFLER, 1959.)

A Os nasale; *B* Maxilla; *C* Os zygomaticum; *D* Os lacrimale; *E* Os frontale; *F* Os parietale; *G* Os temporale, Schnittfläche durch den Proc. zygomaticus, *G'* Bulla tympanica; *H* Os occipitale, Proc. paracondylaris, *H'* Condylus occipitalis, *H''* Squama occipitalis; *J* Os praesphenoidale, Proc. pterygoideus; *M*2 Dens molaris 2

a Sinus maxillaris, *a'* Jochbeinabschnitt; *b* Sinus lacrimalis; *e* Sinus frontalis rostr. lat., *e'* rostrale Bucht in der lateralen Nasenwand; *f* Sinus frontalis caud.; *g* Sinus sphenoidalis, *g'* Bucht im Proc. pterygoideus des Os praesphenoidale; *h* Siebbeinzelle (lateral gefenstert)

1 Pfeil zeigt auf Mündung der Apertura nasomaxillaris; *2* Knochenwulst zwischen lateraler und medialer Abteilung der Kieferhöhle; *3* For. infraorbitale; *4* For. lacrimale; *5* Zugang zum Sinus lacrimalis; *6* For. ethmoidale; *7* Can. opticus; *8* Crista pterygoidea; *9* Crista orbitotemporalis; *10* Meatus acusticus ext. osseus, eröffnet; *11* Septum sinuum frontalium

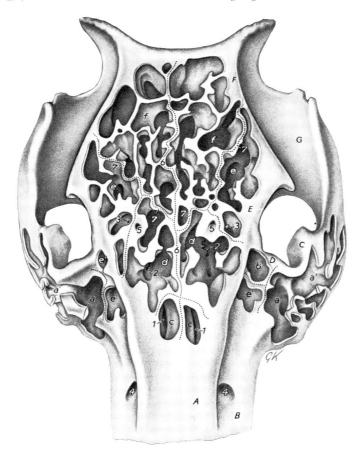

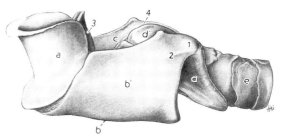

Abb. 379. Kehlkopfknorpel eines
Schweines.
Linke Seitenansicht.

a Cartilago epiglottica; *b* Cartilago thyreoidea, *b'*
Lamina; *c* linke Cartilago arytaenoidea; *d* Cartilago cricoidea, Arcus, *d'* Lamina; *e* Trachea

1 Cornu caudale, *2* Linea obliqua; *3* Proc. corniculatus; *4* Crista mediana der Cartilago cricoidea

infolge der rostromedianen Verschmelzung seiner Processus corniculati den anderen *Hsgt.* gegenüber
eine starke Bewegungseinschränkung. Das *Ligamentum arytaenoideum transversum* verbindet die
Stellknorpel, zwischen die der kleine *Zwischenknorpel* eingefügt ist, miteinander. Der Kehlkopfast
des Os hyoideum ist mit dem Schildknorpel, dem ein Rostralhorn fehlt, syndesmotisch verbunden.
Die Epiglottis ruht basal mit ihrem rostral abgeknickten, breiten Fortsatz auf der *Membrana thyreohyoidea* (2) und ist fest durch das *Ligamentum hyoepiglotticum* (1) mit dem Zungenbein und locker
durch das *Ligamentum thyreoepiglottium* (3) mit dem Schildknorpel verbunden. Die v e n t r a l e n
S t e l l k n o r p e l b ä n d e r haben eine eigenartige Ausbildung. Das *Ligamentum vestibulare* (6) ist zwischen Epiglottisbasis und der Außenfläche der Spitzen- bzw. der der Stellknorpel ausgespannt. Das
kaudoventral gerichtete und zweigeteilte *Ligamentum vocale* (7) verkehrt zwischen Processus vocalis
und dem Kaudalteil des Schildknorpels, hier in das Ligamentum cricothyreoideum einstrahlend. Zudem ist beim *Schw.* zwischen den Ligamenta vestibulare und vocale noch eine *breite Bandmasse* (6')
ausgebildet, deren Fasern zwischen Schildknorpelplatte und Rostralrand des Stellknorpels verkehren

und lateral der seitlichen Kehlkopftaschen liegen. Das *Ligamentum cricotracheale* (10) verbindet den Ringknorpel mit der 1. Luftröhrenspange (g).

Die **Muskeln des Kehlkopfs** (380): Während die auf S. 249 dargelegten allgemeinen Verhältnisse für *M. cricothyreoideus* (5), *M. cricoarytaenoideus dorsalis* (6), *M. arytaenoideus transversus* (7) und *M. cricoarytaenoideus lateralis* (8) auch hier zutreffen, bedarf es jedoch des Hinweises, daß der M . t h y -r e o a r y t a e n o i d e u s (9) beim *Schw.* nicht in einen M. ventricularis und M. vocalis wie bei *Hd.* und *Pfd.* unterteilt ist. Vielmehr liegt hier eine einheitliche, fächerförmige Muskelplatte vor, die, vom Schildknorpel sich dorsal verjüngend, zum Processus muscularis und mit einigen rostralen Fasern auch zum Stimmfortsatz des Stellknorpels zieht.

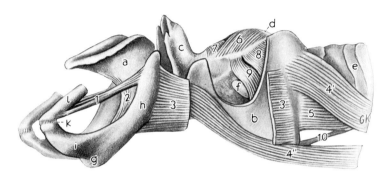

Abb. 380. K e h l k o p f m u s k e l n e i n e s S c h w e i n e s. Linke Seitenansicht.

a–d am Kehlkopf: *a* Cartilago epiglottica, *b* Cartilago thyreoidea, *c* Proc. corniculatus, *d* Cartilago cricoidea; *e* Trachea; *f* Ventriculus laryngis; *g–l* am Zungenbein: *g* Basihyoideum, *h* Thyreohyoideum, *i* Ceratohyoideum, *k* Lig. epihyoideum, *l* Stylohyoideum

1 M. ceratohyoideus, zweischenkelig; *2* M. hyoepiglotticus; *3* M. thyreohyoideus; *4* M. sternothyreoideus, *4'* dorsaler, *4''* ventraler Ast; *5* M. cricothyreoideus; *6* M. cricoarytaenoideus dors.; *7* M. arytaenoideus transv.; *8* M. cricoarytaenoideus lat.; *9* M. thyreoarytaenoideus; *10* Lig. cricothyreoideum

Die **Kehlkopfhöhle und ihre Schleimhautbildungen** sind für alle *Hsgt.* auf S. 249 allgemein dargestellt. Beim *Schw.* finden sich aber folgende Eigenheiten: Die von den Seitenrändern der Epiglottis dorsal strebenden *Plicae aryepiglotticae* (82/8) ziehen an den Aryknorpeln vorbei und strahlen in die dorsale Kehlkopfwand ein. Am Boden des K e h l k o p f v o r h o f s findet sich die *mittlere Kehlkopftasche, Recessus laryngis medianus* (336/4). Der eigentümlich geformte *Spitzenknorpel* ragt, schleimhautüberzogen, weit in die Kehlkopfhöhle vor. Eine Plica vestibularis fehlt. Das V e s t i b u l u m l a -r y n g i s ist außerordentlich lang und besitzt jederseits an seinem Ende den *Ventriculus laryngis* (380/*f*). Der Zugang zu dieser seitlichen Kehlkopftasche (336/*1*) liegt zwischen den beiden schleimhautüberzogenen Schenkeln des Ligamentum vocale, dessen kaudaler Schenkel mit dem M. thyreoarytaenoideus die Grundlage für die *Stimmfalte, Plica vocalis,* bildet.

Lymphoretikuläre Bildungen in der Kehlkopfschleimhaut sind in der Jugend nur gering entwickelt. Bei älteren Tieren finden sie sich jedoch regelmäßig als *Solitärfollikel* in der Schleimhaut der Epiglottis, in den Ventriculi laryngis sowie an der Epiglottisbasis. Letztere werden unter der Bezeichnung *Tonsilla paraepiglottica* zusammengefaßt.

Die **Luftröhre** (343,359) ist auf dem Querschnitt kreisrund. Über die S. 253 dargelegten allgemeinen Verhältnisse hinaus ist zu bemerken, daß die freien Dorsalenden der 32–36 *Trachealspangen* einander stets überdecken und daß der *M. trachealis* (343/*c*) lumenwärts zwischen den Knorpelenden ausgespannt ist.

Die bläulich-rosafarbene **Lunge** (359,381–384) besitzt im Vergleich mit der der anderen *Hsgt.* mittelmäßig tief ausgebildete *Fissurae interlobares* (381–384/*1,2*). An der l i n k e n L u n g e (381,383) bestehen ein Lobus cranialis mit den Partes cranialis und caudalis (*a*) sowie ein Lobus caudalis (*c*). An der r e c h t e n L u n g e (382,384) findet man den vom Bronchus trachealis (359/*4*;382/*27*) versorgten einheitlichen Lobus cranialis (359,382,284/*a*), den Lobus medius (382,384/*b*), den Lobus caudalis (*c*) sowie den Lobus accessorius (*d*). Die **Lage** der im Exspirationszustand in situ fixierten Lunge ist aus

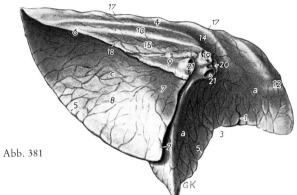

Abb. 381

Abb. 381. Linke Lunge eines Schweines, in situ fixiert. Medialansicht.

a Lobus cranialis, Partes cranialis und caudalis; *c* Lobus caudalis

1 Fiss. intralobaris; *2* Fiss. interlobaris caud.; *3* Inc. cardiaca pulmonis sin.; *4,7* Facies medialis: *4* Pars vertebralis, *7* Pars mediastinalis; *5* Margo acutus mit Margines ventralis und basalis (*6*); *8* Facies diaphragmatica; *9* Hilus pulmonis; *10* Impression durch die Aorta, *12* durch die A. subclavia sin., *14* durch die V. azygos sin., *15* durch den Oesophagus, *17* durch die Rippen; *18* Lig. pulmonale; *19* Bronchus principalis; *20* A. pulmonalis; *21* Vv. pulmonales

Abb. 382. Rechte Lunge eines Schweines, in situ fixiert. Medialansicht.

a Lobus cranialis; *b* Lobus medius; *c* Lobus caudalis; *d* Lobus accessorius

1 Fiss. interlobaris cran.; *2* Fiss. interlobaris caud.; *3* Inc. cardiaca pulmonis dext.; *4,7* Facies medialis: *4* Pars vertebralis, *7* Pars mediastinalis; *5* Margo acutus mit Margines ventralis und basalis (*6*); *8* Facies diaphragmatica; *9* Hilus pulmonis; *10* Impression durch die Aorta, *12* durch die A. und V. thoracica int., *13* durch die V. cava caud., *14* durch die V. cava cran., *16* durch die V. costocervicalis, *21* durch den Oesophagus, *24* durch die Rippen; *25* Lig. pulmonale; *26* Bronchus principalis; *27* Bronchus trachealis; *28* A. pulmonalis, *28'* Seitenast; *29* Vv. pulmonales

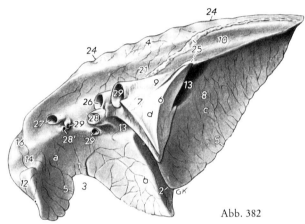

Abb. 382

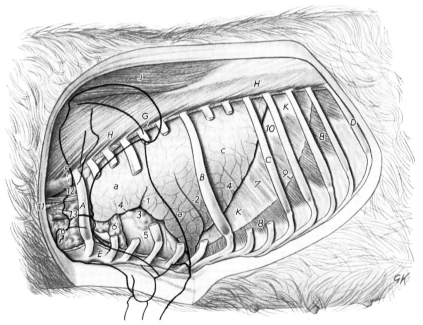

Abb. 383

den Abb. 383 und 384 ersichtlich. Die Läppchenzeichnung ist nicht ganz so markant wie beim *Rd.,* aber doch in allen Abschnitten vollkommen und gut sichtbar ausgebildet.

Bronchalbaum (359): Der l i n k e *Hauptbronchus (3)* entläßt den *Bronchus cranialis sinister (5),* der mit einem kranialen und einem kaudalen Segmentbronchus *(11)* die beiden Teile des Lobus cranialis pulmonis sinistri bedient. Es folgt dann weiter der *Bronchus caudalis sinister (8),* der mit je 4 ventralen und dorsalen Ästen *(9,10)* den Lobus caudalis versorgt. An der rechten Lunge dient der selbständig aus der Trachea entspringende *Bronchus trachealis (4)* der Versorgung des Lobus cranialis. Sogleich hinter der Bifurcatio tracheae entläßt der r e c h t e *Hauptbronchus* den *Bronchus medius (6),* der den Lobus medius belüftet. Ausnahmsweise kann auch ein Ast des Bronchus cranialis den kranialen Abschnitt des Lobus medius bedienen. Unweit vom Bronchus medius entspringt der *Bronchus accesso-*

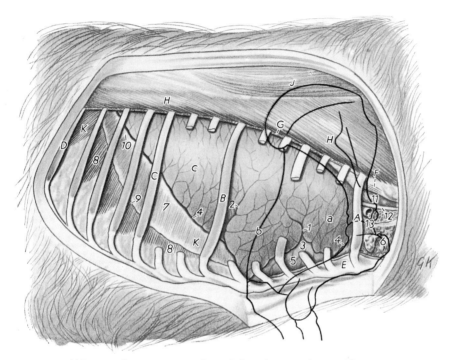

Abb. 384. B r u s t o r g a n e e i n e s S c h w e i n e s. Rechte Ansicht.

A 1. Rippe; *B* 7. Rippe; *C* 10. Rippe; *D* 14. Rippe; *E* Sternum; *F* M. longus colli; *G* Mm. intercostales; *H* M. longissimus thoracis; *J* M. spinalis thoracis et cervicis; *K* Diaphragma

a Lobus cranialis pulmonis dext.; *b* Lobus medius; *c* Lobus caudalis

1–4 an der Lunge: *1* Fiss. interlobaris cran., *2* Fiss. interlobaris caud., *3* Inc. cardiaca pulmonis dext., *4* Margo acutus; *5* Herz im Herzbeutel; *6* Thymus, Halsteil; *7–10* am Diaphragma: *7* pleurabedeckter, *8* pleurafreier Teil, *9* Rand am Umschlag der Pleura diaphragmatica in die Pleura costalis, *10* Centrum tendineum; *11* Trachea; *12* A. carotis com.; *13* V. jugularis ext.

Abb. 383. B r u s t o r g a n e e i n e s S c h w e i n e s. Linke Ansicht.

A 1. Rippe; *B* 7. Rippe; *C* 10. Rippe; *D* 14. Rippe; *E* Sternum; *F* M. longus colli; *G* Mm. intercostales; *H* M. longissimus thoracis; *J* M. spinalis thoracis et cervicis; *K* Diaphragma

a Lobus cranialis pulmonis sin., Partes cranialis und caudalis; *c* Lobus caudalis

1–4 an der Lunge: *1* Fiss. intralobaris, *2* Fiss. interlobaris caud., *3* Inc. cardiaca pulmonis sin., *4* Margo acutus; *5* Herz im Herzbeutel; *6* Halsteil; *6′* Brustteil des Thymus (ventral vom Brustteil Lobus cranialis pulmonis dext.); *7–10* am Diaphragma: *7* pleurabedeckter Teil, *8* pleurafreier Teil, *9* Rand am Umschlag der Pleura diaphragmatica in die Pleura costalis, *10* Centrum tendineum; *11* Trachea, *12* Oesophagus (zwischen beiden die vom Truncus vagosympathicus begleitete A. carotis com.); *13* V. jugularis ext.

rius (7), der – ventral gerichtet – den kleinen Lobus accessorius versorgt. Der *Bronchus caudalis dexter (8)* verhält sich in seiner Aufteilung im Lobus caudalis so wie jener der linken Seite, indem er je 4 dorsale und ventrale Segmentbronchen *(9,10)* besitzt.

Blutgefäße: Die *Pulmonalgefäße* verzweigen sich in den einzelnen Lungenlappen unterschiedlich. In den Lobi craniales und medius folgen Arterien und Venen gemeinsam den Bronchen. In den Lobi caudales hingegen verlaufen nur die Arterien mit den Bronchen, während die Venen intersegmental liegen und das Blut aus 2 benachbarten Segmenten abführen. Die *A. bronchalis* entspringt unpaar, gemeinsam mit den kranialen Oesophagusgefäßen, aus der A. broncho-oesophagea, einem Ast der Aorta. Die *V. bronchalis* entstammt der V. azygos sinistra. An der Luftröhrengabelung teilen sich die beiden Gefäßsysteme für die beiden Lungen auf. Zwischen Pulmonal- und Bronchalgefäßen bestehen zahlreiche Anastomosen.

Atmungsorgane der Wiederkäuer

Die **Nase** (21–23,272–274,288–291): Das **Knorpelgerüst des Naseneingangs** (279,280) besitzt bei den *kl. Wdk.* und beim *Rd.* weitgehende Übereinstimmung. Die *Nasenscheidewand* (279,280/*a*) reicht bis an den Rand des Os incisivum. Beim älteren *Rd.* findet sich rostral manchmal in Form einer quergestellten Platte eine Knocheneinlagerung, der *Flotzmaulknochen*. Der *dorsale Seitenwandknorpel* (279,280/*b*) reicht mit seinem *Nasenlochteil* (279,280/*c*) besonders weit in die Seitenwand und vertritt hier die Platte des Flügelknorpels des *Pfd*. Der *ventrale Seitenwandknorpel* (279,280/*d*) verbindet sich hinten und vorn mit dem dorsalen Seitenwandknorpel; der zwischen beiden freibleibende Spalt wird bindegewebig verschlossen. Der ankerförmige *laterale Ansatzknorpel* (279,280/*e*) geht mit seinem *Stiel* aus dem Nasenlochteil des dorsalen Seitenwandknorpels hervor, und die rostral sowie kaudal gekehrten Schenkel seines *Flügels* dienen dem lateralen Nasenflügel als Stütze. Der beim *Rd.* mächtige *mediale Ansatzknorpel* (279,280/*f*) wurzelt an der ventralen Nasenmuschel sowie im ventralen Seitenwandknorpel und stützt, bindegewebig mit dem Nasenlochteil des dorsalen Seitenwandknorpels verbunden, die *Flügelfalte* (288,290/6) (s.S. 227).

Die bei den *kl. Wdk.* schlitzförmigen, beim *Rd.* aber ovalen **Nasenlöcher** (272–274/*c*) werden demnach medial vom Septum nasi, dorsal vom dorsalen Seitenwandknorpel und lateral sowie ventral vom lateralen Ansatzknorpel gestützt, wobei dorsolateral zwischen dem dorsalen Seitenwandknorpel und dem lateralen Ansatzknorpel die *Flügelrinne, Sulcus alaris* (272–274/*c'*), besteht (s.S. 224).

Die **Haut des Naseneingangs** ist bei den *kl. Wdk.* als *Nasenspiegel, Planum nasale* (272,273/*a*), artspezifisch ausgebildet. Beim *Rd.* bildet sie zusammen mit der Haut der Oberlippe das *Flotzmaul, Planum nasolabiale* (274/*a*;290/*A*). Diese Hautpartie ist unbehaart. Ihre Oberfläche wird durch *Rinnen, Sulci*, in *Felder, Areae*, unterteilt. Dieses Oberflächenrelief bleibt in allen Altersstufen unverändert und ist individuell charakteristisch. *Flotzmauldrüsen* bzw. solche des Nasenspiegels der *kl. Wdk.* halten die äußere Nase feucht. Der *Tränen-Nasengang* mündet nahe dem Nasenloch am lateralen Nasenflügel, und zwar an der medialen Fläche der Flügelfalte.

Die **Nasenhöhle** (60,61,288–291) ist verhältnismäßig lang, und ihre Seitenwand wird beim *Rd.* und auch bei den *kl. Wdk.* am Dach der Gaumenhöhle in einem kleinen Bezirk (290/*punktierte Linien*) nicht von Knochen, sondern allein von Schleimhaut gebildet.

Die **dorsale Nasenmuschel** (60,61/8;288/*N*;290/*O*) stellt im *rostralen* Drittel einen Wulst dar, der beim *Rd.* durch die poröse, bei den *kl. Wdk.* aber kompakte Basallamelle der Nasenmuschel gestützt wird. In den *kaudalen* zwei Dritteln umschließt die über ventral und lateral dorsal aufgewundene Spirallamelle den *Sinus conchae dorsalis* (288–291,296–300/*d*), der beim *Rd.* im Gegensatz zu den *kl. Wdk.* durch sagittal stehende Lamellen (290/8,9) in *Buchten* unterteilt ist. Die dorsale Muschelhöhle erstreckt sich auch in das rostrale Ende des Stirnbeins und pneumatisiert dieses.

Die **ventrale Nasenmuschel** (60,61/9;288/*P*;290/*Q*;388) ist beim *Rd.* unterschiedlich von jener der *kl. Wdk.* ausgebildet. Es seien zuerst die einfacheren Verhältnisse, wie sie bei den *kl. Wdk.* bestehen, dargelegt. Die von lateral nach medial einragende Basallamelle der Concha nasalis ventralis (388/*A*) trägt zwei Spirallamellen (388/*B,C*) (s. Bd I, Abb. 266/*Mt,3,4*), von denen die dorsale in Richtung zum Meatus nasi medius, die ventrale aber zum Meatus nasi ventralis aufgerollt ist. Dadurch werden Buchten in der Nasenhöhle abgegrenzt (288/*a,b*;388/*b,c*). Bei der *Zg.* bildet der freie Rand der beiden Spirallamellen ähnlich wie beim *Rd.* (290,388) zudem je eine *Blase, Bulla* (388/*b',c'*), die durch variabel ausgebildete, quergestellte Wände in *Cellulae* (290/*n–n'',q–q''*) untergliedert sind. Diese Blasen und ihre Zellen sind von den entsprechenden Recessus aus zugängig (288/*10*;290/*m*). Beim *Schf.* bestehen nur am freien Rand der ventralen Spirallamelle solche Bullae und Cellulae (288/*c*). Beim *Rd.* endlich gliedert sich die ventrale Nasenmuschel in einen *rostralen* (388/*I*) und einen *kaudalen Abschnitt* (388/*II*). Rostral entläßt die einheitliche Basallamelle (388/*A*) eine dorsale und eine ventrale Spirallamelle (388/*B,C*), die wie bei der *Zg.* dorsal und ventral unterteilte *Bullae* bilden (290/*n–n'',q–q''*;388/*b',c'*). Im kaudalen Abschnitt hingegen ist, wie aus Abb. 388/*II* ersichtlich, die Basallamelle in einen dorsalen und einen ventralen Schenkel (388/*A',A''*) gespalten, die beide durch eine poröse Knochenplatte (388/*D*) miteinander verbunden sind. Jeder Schenkel entläßt eine Spirallamelle (388/*B',C'*), die medial miteinander verschmelzen und so gemeinsam den *Sinus conchae ventralis* (290/*o*;388/*a*) umschließen. Diese ventrale Muschelhöhle besitzt eine *dorsale* (290/*10*;388/*a'*), eine *mittlere* (290/*11*;388/*a''*) und eine *ventrale Bucht* (290/*12*;388/*a'''*).

Die mittlere Nasenmuschel (60,61/*10*;288/*O*;290/*P*), die vom Endoturbinale II knöchern gestützt wird, enthält beim *Rd.* in der langen, weit rostral reichenden dorsalen Spirallamelle den *Sinus conchae mediae* (290/*l*), während die ventrale Spirallamelle einen *Recessus* begrenzt. Bei den *kl. Wdk.* beherbergt die dorsale Spirallamelle den *Sinus conchae mediae* (288/*e*), die ventrale Lamelle hingegen umschließt rostral einen kurzen *Sinus* (*e'*) und kaudal einen *Recessus* (*e''*).

Der beim *Rd.* 60 mm und bei den *kl. Wdk.* 10 mm lange Ductus incisivus verbindet, schräg rostroventral gerichtet, den ventralen Nasengang mit der Mundhöhle. In ihn mündet nahe der Mundhöhle das vom Nasenbodenknorpel gestützte Organum vomeronasale (s. auch S. 230). Betreffs der mit den Nasenmuscheln verbundenen Falten (288,290/*5–7*) s.S. 226. Die laterale Nasendrüse fehlt dem *Rd.* Bei den *kl. Wdk.* liegt sie in der Nähe der Apertura nasomaxillaris.

Der **Nasenrachen** (60,61/*b*) wird durch die in der Medianen von dorsal einragende Schleimhautfalte, *Septum pharyngis* (60,61/*12*), im dorsalen Bereich unterteilt. Am kaudalen Ende enthält dieses Rachenseptum die *Tonsilla pharyngea* (60,61/*15*), und an den Seitenwänden des Nasenrachens münden dorsal die Tubae auditivae mit dem *Ostium pharyngeum tubae auditivae* (60,61/*14*;288/*11*).

Die **Nebenhöhlen der Nase.** Außer den bereits besprochenen, von den dorsalen, mittleren und ventralen Nasenmuscheln umschlossenen Sinus besitzen die *Wdk.* zwei in den Schädelknochen untergebrachte Systeme von Nebenhöhlen der Nase, die bei den *kl. Wdk.* die Nasenhöhle und rostral sowie dorsal die Orbita umlagern, beim *Rd.* aber auch die Schädelhöhle weitgehend umfassen (296–298).

Das eine System steht mit dem mittleren Nasengang, das andere mit Siebbeingängen im Nasengrund in Verbindung. Zu den dem mittleren Nasengang über die *Apertura nasomaxillaris* (289,291,296–300,385–387/*1*) angeschlossenen Höhlen gehören die *Kieferhöhle* (296–300,385–387,389/*a*), die *Gaumenhöhle* (296–300,385–387/*b*) sowie die *Tränenbeinhöhle* (297,298,300,387,389/*c*) exkl. *kl. Wdk.* Die dem Nasengrund angefügten Höhlen haben je einen eigenen Zugang von den Siebbeingängen aus, die sich zwischen den Basallamellen der Siebbeinmuscheln befinden. Es sind dieses die bereits besprochenen *Muschelhöhlen* (exkl. Sinus conchae ventralis des *Rd.*), die *Stirnhöhlen* (296,299/*e,f*;297,298,300/*e,g,h*;387,389/*e–h*), die *Keilbeinhöhle* (297,298,387/*i*), die den *kl. Wdk.* fehlt, sowie die in der medialen Orbitawand gelegenen *Cellulae ethmoidales* (296/*g*;297,298,387/*k*).

Die **Kieferhöhle** (296–300,385–387,389/*a*), deren Begrenzung bei erwachsenen Tieren aus den Abb. 296, 297, 385 und 387 ersichtlich ist, erfüllt das Oberkiefer- und das Jochbein sowie die Bulla lacrimalis des Tränenbeins (385,387/*D'*). Ihr Zugang, *Apertura nasomaxillaris* (289,291,296–300,385–387/*1*), liegt bei den *kl. Wdk.* und beim *Rd.* unterschiedlich geformt (289,291/*1*) im kaudalen Abschnitt des mittleren Nasengangs. Die Kieferhöhle, die schon bei jungen Tieren die Orbita rostral und ventral umlagert, dehnt sich mit dem Wachstum des Schädels bei älteren *Rd.* weiter rostral und ventral aus. Mit der Gaumenhöhle ist die Kieferhöhle über den Canalis infraorbitalis (385/*2*;387/*16*) hinweg verbunden.

Die **Gaumenhöhle** (296–300,385–387/*b*) pneumatisiert vor allem den Gaumenfortsatz der Maxilla (290/*E*) und die Horizontalplatte des Os palatinum (290/*F*), also das knöcherne Gaumendach. Die Höhlen der beiden Seiten werden beim *Rd.* durch ein knöchern gestütztes *Septum* voneinander getrennt. Bei den *kl. Wdk.* dringen sie nicht so weit zur Medianen vor. Im Dach der Gaumenhöhle bestehen in der knöchernen Grundlage Lücken (290/*punktierte Linien*), so daß hier Nasenhöhle und

Gaumenhöhle nur durch ihre aneinanderstoßenden Schleimhäute voneinander getrennt sind. Knöchern gestützte Leisten am Boden der Gaumenhöhle bedingen beim *Rd.* ihre Gliederung in Buchten.

Die wenig geräumige **Tränenbeinhöhle** (296–300,385–387,389/*c*) ist beim *Rd.* der Kieferhöhle kaudodorsal angeschlossen. Sie liegt rostromedial der Orbita in den Ossa lacrimale und frontale. Durch Leisten ist sie reich in Buchten gegliedert. Bei den *kl. Wdk.* ist die Tränenbeinhöhle nicht mit der Kieferhöhle verbunden. Sie besitzt vielmehr über einen Siebbeingang, *Apertura sinus lacrimalis*, Zugang zu der Nasenhöhle (289/5). Sie kann aber auch als Ausbuchtung der lateralen Stirnhöhle ausgebildet sein.

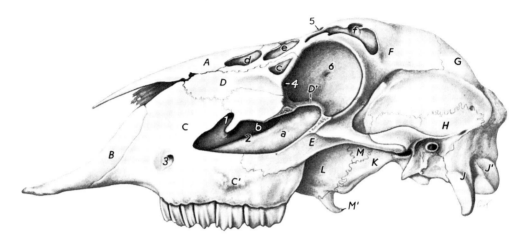

Abb. 385. Schädel eines Schafes mit eröffneten Nasennebenhöhlen. Linke Seitenansicht. (Nach LOEFFLER, 1959.)

A Os nasale; *B* Os incisivum; *C* Maxilla, *C'* Tuber faciale; *D* Os lacrimale, *D'* Bulla lacrimalis; *E* Os zygomaticum; *F* Os frontale; *G* Os parietale; *H* Os temporale; *J* Os occipitale, Proc. paracondylaris, *J'* Condylus occipitalis; *K* Os basisphenoidale; *L* Os palatinum; *M* Os pterygoideum, *M'* Hamulus pterygoideus

a Sinus maxillaris; *b* Sinus palatinus; *c* Sinus lacrimalis; *d* Sinus conchae dors.; *e* Sinus frontalis med.; *f* Sinus frontalis lat.

1 Apertura nasomaxillaris; *2* Can. infraorbitalis; *3* For. infraorbitale; *4* For. lacrimale; *5* For. supraorbitale; *6* For. ethmoidale

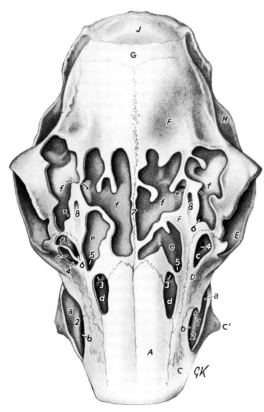

Abb. 386

Abb. 386. Schädel eines Schafes mit eröffneten Nasennebenhöhlen. Dorsalansicht. (Nach LOEFFLER, 1959).

A Os nasale; *C* Maxilla, *C'* Tuber faciale; *D* Os lacrimale; *E* Os zygomaticum; *F* Os frontale; *G* Os parietale; *H* Os temporale; *J* Os occipitale

a Sinus maxillaris; *b* Sinus palatinus; *c* Sinus lacrimalis; *d* Sinus conchae dors.; *e* Sinus frontalis med.; *f* Sinus frontalis lat. (die Pfeile zeigen Kommunikationen unter Knochenstegen hindurch an)

1 Pfeil zeigt auf die·Apertura nasomaxillaris; *2* Can. infraorbitalis; *3* Zugang zum Sinus conchae dors., *4* zum Sinus lacrimalis; *5* zum Sinus frontalis med., *6* zum Sinus frontalis lat.; *7* Septum sinuum frontalium; *8* eröffneter Can. supraorbitalis

Die **Stirnhöhlen** (297,298,300/*e,g,h*;387,389/*e–h*) pneumatisieren beim erwachsenen *Rd.* das Stirnbein (387,389/*F–F''*), das Scheitelbein (387/*G*), das Zwischenscheitelbein und zum Teil auch das
Schläfenbein (387/*H*) sowie das Hinterhauptsbein (290/*N*). Sie umschließen somit dorsal, rostral, lateral und kaudal die Schädelhöhle (s. Abb. 290 und 298). Die Stirnhöhlen der beiden Seiten werden
durch das *Septum sinuum frontalium* (387,389/*6*) getrennt. Seine variable Ausbildung im Nacken-
gebiet wird weiter unten beschrieben. Ein querver-
laufendes Septum (387,389/*7*) grenzt jederseits das
rostrale von dem kaudalen System ab. Das rostrale
System ist zudem durch mehr längs verlaufende

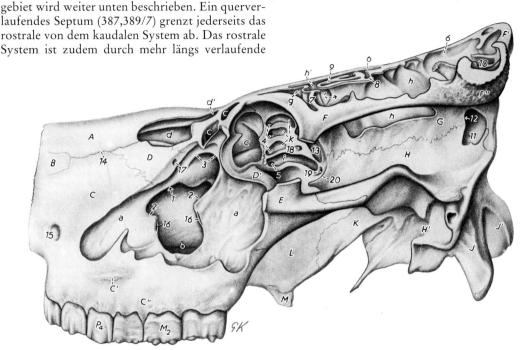

Abb. 387. Nasennebenhöhlen eines Rindes nach Eröffnung von lateral. Linke Seitenansicht.
(Nach WILKENS, 1958).

A Os nasale; *B* Os incisivum; *C* Maxilla, *C'* Tuber faciale, *C''* Proc. alveolaris; *D* Os lacrimale, *D'* Bulla lacrimalis; *E*
Os zygomaticum; *F* Os frontale, *F'* Protuberantia intercornualis, *F''* Proc. cornualis, Stumpf; *G* Os parietale; *H* Os
temporale, Pars squamosa, *H'* Pars petrosa; *J* Os occipitale, Proc. paracondylaris, *J'* Condylus occipitalis; *K* Os basisphenoidale; *L* Os palatinum; *M* Hamulus pterygoideus; *P₄* Dens praemolaris 4; *M₂* Dens molaris 2

a Sinus maxillaris, mediale Wand gefenstert; *b* Sinus palatinus; *c* Sinus lacrimalis; *d* Sinus conchae dors., *d'* Stirnbeinabschnitt; *g–h'* Sinus frontales: *g* rostrale laterale, *h* kaudale Stirnhöhle, kaudolaterale, *h'* rostromediale Abteilung (der
Pfeil zeigt die Kommunikation beider Abteilungen an); *i* Sinus sphenoidalis, kanalartiger rostraler Abschnitt; *k* Cellulae
ethmoidales

1 Pfeil zeigt auf die weiter dorsal gelegene Apertura nasomaxillaris; *2* Apertura maxillopalatina; *3* Zugang zum Sinus lacrimalis; *4* Zugänge zu den Siebbeinzellen; *5* Zugang zum Sinus sphenoidalis; *6,7* Septum sinuum frontalium; *8* Gewölbescheidewand; *9* Sulcus supraorbitalis; *10* kornuale, *11,12* nuchale, *13* postorbitale Nebenbuchten des Sinus frontalis
caud.; *14* Fiss. nasomaxillaris; *15* For. infraorbitale; *16* Can. infraorbitalis; *17* Can. lacrimalis; *18* For. ethmoidale; *19*
Can. opticus; *20* Crista pterygoidea

Abb. 388. Ventrale Nasenmuschel eines Rindes.
Querschnitt durch den rostralen (links) und durch
den kaudalen Abschnitt (rechts). Schema.
(Nach WILKENS, 1958).

A rostraler, *A',A''* kaudaler Abschnitt der Basallamelle: *A'* dorsaler, *A''* ventraler Schenkel; *B,B'* dorsale, *C,C'* ventrale Spirallamelle; *D* poröse Knochenlamelle zwischen den Schenkeln der Basallamelle (*A',A''*)

a Sinus conchae ventr., *a'* dorsale, *a''* mittlere, *a'''* ventrale Bucht;
b Rec. dorsalis, *b'* Bulla; *c* Rec. ventralis, *c'* Bulla

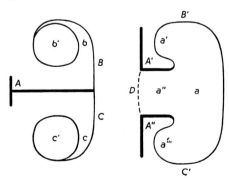

Lamellen in selbständige, eigene Zugänge zu der Nasenhöhle besitzende Höhlen zerlegt, nämlich in den *Sinus frontalis rostralis lateralis* (297,298,300,387,389/*g*), in den *Sinus frontalis rostralis medialis* (289,300,387,389/*e*) und in den gelegentlich ausgebildeten *Sinus frontalis rostralis intermedius* (389/*f*). Der *Sinus frontalis caudalis* (297,298,300,387,389/*h,h'*) wird durch die sog. *Gewölbescheidewand* (387,389/*8*) in eine *rostromediale* (298,300,387,389/*h'*) und eine *kaudolaterale Abteilung* (297,298,300, 387,389/*h'*) gegliedert, die aber beide miteinander in Verbindung stehen. Die kaudolaterale Abteilung erstreckt sich in den Processus cornualis des Stirnbeins (387,389/*F''*). Die Lage der Zugänge der zwei bis drei rostralen Stirnhöhlen und der kaudalen Stirnhöhle im Nasengrund sind aus der Abb. 291 zu ersehen. Zahlreiche Leisten gliedern die Stirnhöhlen in kleinere miteinander verbundene Buchten. Die Höhlen der beiden Schädelseiten sind in der Nackenwand meist durch die nuchale Fortsetzung des medianen Septums voneinander getrennt und stehen nur mit der kaudolateralen Abteilung der kaudalen Stirnhöhle derselben Schädelhälfte in Verbindung. Dieses Septum kann aber auch fehlen, so daß alle Buchten der Nackenwand miteinander kommunizieren. Sie sind dann entweder dem rechten oder, wie in Abb. 389 dargestellt, dem linken Sinus frontalis caudalis allein ange-

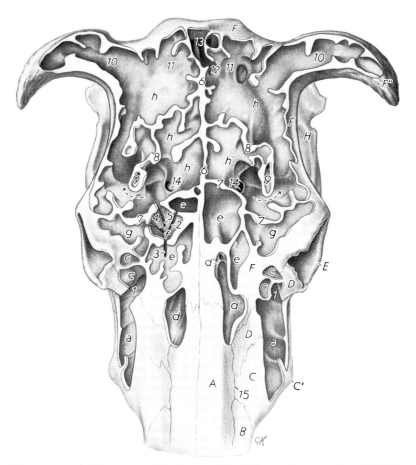

Abb. 389. Nasennebenhöhlen eines Rindes nach Eröffnung. Dorsalansicht. (Nach WILKENS, 1958.)

A Os nasale; *B* Os incisivum; *C* Maxilla, *C'* Tuber faciale; *D* Os lacrimale; *E* Os zygomaticum; *F* Os frontale, *F'* Protuberantia intercornualis; *F''* Proc. cornualis; *H* Os temporale

a Sinus maxillaris; *c* Sinus lacrimalis; *d* Sinus conchae dors., *d'* Stirnbeinabschnitt; *e–h'* Sinus frontales: *e* rostrale mediale, *f* rostrale mittlere (nur auf der linken Seite ausgebildet), *g* rostrale laterale, *h* kaudale Stirnhöhle, kaudolaterale, *h'* rostromediale Abteilung (der gestrichelte Pfeil zeigt die Kommunikation beider Abteilungen an)

1 Zugang zum Sinus lacrimalis, *2* zur rostralen medialen (*e*), *3* zur rostralen mittleren (*f*), *4* zur rostralen lateralen (*g*), *5* zur kaudalen Stirnhöhle (*h*); *6,7* Septum sinuum frontalium; *8* Gewölbescheidewand; *9* eröffneter Can. supraorbitalis; *10–14* Sinus frontalis caud.: *10* kornuale Nebenbucht, *11* Boden, *12,13* nuchale, *14* postorbitale Nebenbucht; *15* Fiss. nasomaxillaris

schlossen. Die unterschiedliche H ö h e d e r S t i r n h ö h l e n ist insbesondere aus der Abb. 298 ersichtlich und bei Trepanationen zu berücksichtigen. Bei *jungen Tieren* bestehen hinsichtlich der Ausdehnung der Stirnhöhlen Verhältnisse, die denen der *kl. Wdk.* entsprechen. Erst mit dem Wachstum des Schädels dringen sie über das Schädeldach in dessen Seiten- und Nackenwand vor. Bei den *kl. Wdk.* unterscheidet man zwischen dem kleineren *Sinus frontalis medialis* (296,299,385,386/*e*) und dem größeren *Sinus frontalis lateralis* (296,299,385,386/*f*). Sie pneumatisieren das Os frontale bis in Höhe des kaudalen Randes seines Jochfortsatzes. Beim *Schf.* sind die *medialen Stirnhöhlen* (296,299,385,386/*e*) auffallend asymmetrisch und erreichen oft nicht die Mediane (s. Abb. 386), während sie bei der *Zg.* der Medianen breit anliegen. Die *lateralen Stirnhöhlen* (296,299,385,386/*f*) dringen bei gehörnten Tieren auch in den Processus cornualis des Os frontale ein. Die Z u g ä n g e dieser Sinus in dorsale Siebbeineingänge sind aus der Abb. 289 ersichtlich. Es wurde bereits darauf hingewiesen, daß der *Sinus lacrimalis* der *kl. Wdk.* als Ausbuchtung der lateralen Stirnhöhle oder als selbständige Höhle mit einem eigenen Zugang ausgebildet sein kann.

Die **Keilbeinhöhle** (297,298,387/*i*) fehlt den *kl. Wdk.* Beim *Rd.* ist sie in gut der Hälfte der Fälle ausgebildet. Eine Scheidewand, die selten in der Medianen liegt, trennt im Keilbeinkörper die linke von der rechten Höhle. Jede Keilbeinhöhle gliedert sich in einen rostralen und kaudalen Abschnitt. Beide Teile stehen miteinander in weiter Verbindung. Der kanalartige *rostrale Abschnitt* (297,298/*6*) liegt ventrolateral vom Siebbeinlabyrinth, und mündet in einen der lateralen Siebbeingänge (291/*7*). Der *kaudale Abschnitt* (297,298/*7,8*) pneumatisiert den Körper und die Orbitalflügel des Os praesphenoidale, unterlagert die Fossa cranii rostralis (s. Abb. 290 und 298) und umfaßt weitgehend den Canalis opticus.

Die **Cellulae ethmoidales** (296/*g*;297,298,387/*k*) pneumatisieren von den Siebbeineingängen aus (291/*6*) die mediale Orbitawand. *Zahl* (2–3 bei *kl. Wdk.*, bis zu 10 beim *Rd.*), *Größe* und *Form* dieser Höhlen sind variabel. Ihre medialen Wände werden vom Os ethmoidale gebildet, die lateralen hingegen von Os frontale, Os palatinum und dem Orbitaflügel des Os praesphenoidale.

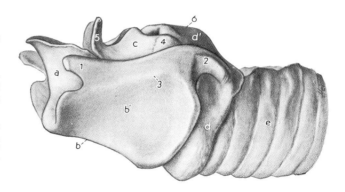

Abb. 390.   K e h l k o p f k n o r p e l e i n e s
R i n d e s.
Linke Seitenansicht.

a Cartilago epiglottica; *b* Cartilago thyreoidea, *b′* Lamina; *c* Cartilago arytaenoidea; *d* Cartilago cricoidea, Arcus, *d′* Lamina; *e* Trachea

1 Cornu rostrale, *2* Cornu caudale, *3* Linea obliqua der Cartilago thyreoidea; *4* Proc. muscularis der Cartilago arytaenoidea; *5* Proc. corniculatus; *6* Crista mediana der Cartilago cricoidea

Der **Kehlkopf:** Der S c h i l d k n o r p e l (308,312;332/*d*;390/*b,b′*) besitzt lange und hohe *Laminae* (390/*b′*), die in ganzer Länge die rostroventral geneigte *Linea obliqua* (390/*3*) tragen und das kurze und gerade *Cornu rostrale* (390/*1*) sowie das lange und hakenförmig abwärts gebogene *Cornu caudale* (390/*2*) entlassen. Die ventral vom Rostralhorn gelegene *Fissura thyreoidea* (308/*5*) wird rostral durch Bandmassen zum *Foramen thyreoideum* eingeengt. Basal (390/*b*) finden sich die seichte *Incisura thyreoidea rostralis* (312/*6*), die gleichfalls schwache *Incisura thyreoidea caudalis* (312/*5*) und kaudoventral der Kehlkopfwulst (312/*7*). Auf der *Lamina* (316/*2*;390/*d′*) des R i n g k n o r p e l s (316;332/*f*;390/ *d,d′*) erhebt sich die *Crista mediana* (316/*3*;390/*6*) als hoher und scharfer Kamm. Kaudoventral der *Facies articularis arytaenoidea* (316/*4*) findet sich an Stelle der Facies articularis thyreoidea der anderen *Hsgt.* eine *angerauhte Fläche* (316/*5′*) zur bindegewebigen Befestigung des kaudalen Schildknorpelhorns. Der *Arcus* (316/*1*;390/*d*) ist leicht kaudal abgebogen. Die schlanken S t e l l k n o r p e l (322,323;332/*e*;390/*c*) besitzen ventral den langen und schmalen *Processus vocalis* (322,323/*2*), lateral den kräftigen *Processus muscularis* (322/*1*;390/*4*), rostrodorsal den kaudal abgebogenen S p i t z e n -

knorpel, Processus corniculatus (322,323/3;332/e';390/5), und kaudodorsal die ausgehöhlte *Facies articularis cricoidea* (323/4). Der Kehldeckel- oder Schließknorpel (328;332/b;390/a) ist an seinem freien Rand abgerundet; seine Seitenflächen sind stark aufgebogen, und an der *Basis* (328/1) ragt ein abgerundeter und leicht rostral umgebogener Fortsatz zur Verbindung mit dem Schildknorpel bzw. mit dem Ligamentum thyreohyoideum vor.

Die **Verbindungen der Kehlkopfknorpel** (332): Ring- und Schildknorpel, die nicht gelenkig, sondern in der *Syndesmosis cricothyreoidea* miteinander verbunden sind, lassen zwischen sich nur eine enge Spalte, die vom *Ligamentum cricothyreoideum* (9) überbrückt wird. Median tritt dieses Band nur wenig auf die Innenfläche des Schildknorpels über, und seitlich entläßt es die kurze *Membrana fibroelastica laryngis* zum Stimmband. Die Gelenkkapsel der *Articulatio cricoarytaenoidea* ist ventromedial durch das kräftige *Ligamentum cricoarytaenoideum* (8) verstärkt. Die beiden Stellknorpel sind durch das *Ligamentum arytaenoideum transversum* miteinander verbunden. Kehlkopfast des Os hyoideum und Rostralhorn des Schildknorpels bilden die *Articulatio thyreohyoidea*. Auf der zwischen den Rändern des Zungenbeins und des Schildknorpels verkehrenden und seitlich verstärkten *Membrana thyreohyoidea* (2) ruht median die kolbig verdickte Basis der Epiglottis. Von dieser zieht das *Ligamentum hyoepiglotticum* (1) zum Basihyoideum rostral und über den ganzen Schildknorpel hinweg kaudal das *Ligamentum thyreoepiglotticum* (3). Von den ventralen Stellknorpelbändern ist nur das *Ligamentum vocale* (7), das senkrecht gestellt vom Processus vocalis zum Schildknorpel zieht, ausgebildet. An Stelle des Ligamentum vestibulare (*Hd., Schw., Pfd.*) finden sich in der Tela submucosa der Schleimhaut *fächerförmig ausgebreitete Fasern* (6'), die zwischen Epiglottis einerseits sowie Schildknorpel und der Seitenfläche des Stellknorpels andererseits verkehren. Kehlkopf und Luftröhre sind durch das *Ligamentum cricotracheale* (10) miteinander verbunden.

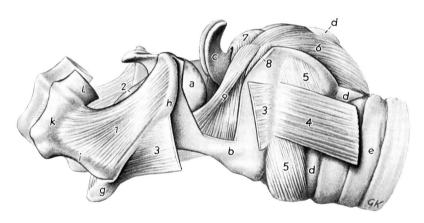

Abb. 391. Kehlkopfmuskeln eines Rindes. Linke Seitenansicht.

a Epiglottis; *b* Cartilago thyreoidea; *c* Proc. corniculatus; *d* Cartilago cricoidea; *e* Trachea; *g–l* am Zungenbein: *g* Basihyoideum, Proc. lingualis, *h* Thyreohyoideum, *i* Ceratohyoideum, *k* Epihyoideum, *l* Stylohyoideum

1 M. ceratohyoideus; *2* M. hyoepiglotticus; *3* M. thyreohyoideus; *4* M. sternothyreoideus; *5* M. cricothyreoideus; *6* M. cricoarytaenoideus dors.; *7* M. arytaenoideus transv.; *8* M. cricoarytaenoideus lat.; *9* M. thyreoarytaenoideus

Die **Muskeln des Kehlkopfs** (391): Für den *M. cricothyreoideus* (5), *M. cricoarytaenoideus dorsalis* (6), *M. arytaenoideus transversus* (7) und *M. cricoarytaenoideus lateralis* (8) gelten die auf S. 249 allgemein dargelegten Verhältnisse. Der M. thyreoarytaenoideus (9) hingegen ist nicht wie bei Hd. und Pfd. in den rostralen M. ventricularis und den kaudalen M. vocalis unterteilt. Er stellt vielmehr einen einheitlichen, fächerförmig ausgebreiteten Muskel dar, der zwischen Basis der Epiglottis, Schildknorpel sowie Ligamentum thyreoepiglotticum einerseits und – sich dorsal verjüngend – Muskel- sowie Stimmfortsatz des Stellknorpels andererseits verkehrt. Dieser Muskel ist dort, wo bei Hd., Schw. und Pfd. die seitliche Kehlkopftasche liegt, muldenförmig vertieft.

Die **Kehlkopfhöhle und ihre Schleimhautbildungen** (337): Nach der vergleichenden Darstellung auf S. 249 seien noch die Besonderheiten bei den Wdk. aufgezeigt. Am Kehlkopfeingang zieht von den Seitenrändern der Epiglottis die Schleimhaut jederseits als *Plica aryepiglottica* (322/4'), die Stellknorpel und den Ringknorpel überdeckend, in die dorsale Kehlkopfwand. Es fehlen die Plicae vestibulares (*Flfr., Pfd.*) und ebenso die seitlichen Kehlkopftaschen. An deren Stelle findet sich nur eine *Mulde* (337/1'), da hier der nicht unterteilte M. thyreoarytaenoideus auch muldenförmig vertieft ist. Die nahezu senkrecht stehende *Stimmfalte* (337/3;339/2) besitzt infolge des Fehlens der seitlichen Kehlkopftasche nicht wie bei *Hd., Schw.* und *Pfd.* auch lateral, sondern nur medial und rostral einen Schleimhautüberzug; sie ragt also nicht als Falte, vielmehr nur als Leiste in die Kehlkopfhöhle vor.

Lymphoretikuläre Bildungen in der Kehlkopfschleimhaut sind beim *Rd.* in besonderer Weise ausgebildet. *Noduli lymphatici laryngei* finden sich regelmäßig in der Schleimhaut der Epiglottis, der Plicae aryepiglotticae und jederseits am Boden des Vestibulum laryngis als linsengroße Platte. Darüber hinaus ist eine als *Tonsilla glottica* (339/3) bezeichnete Mandel in der Schleimhaut auf den Processus vocales (8–40 Knötchen enthalten kann, zu erwähnen. Je älter die Tiere sind und je häufiger diese Mandeln reagierten, um so zahlreicher sind die Follikel. Bei *Schf.* und *Zg.* finden sich Solitärfollikel ähnlich wie beim *Schw.* als *Tonsilla paraepiglottica* in der Seitenwand des Vestibulum laryngis. *Einzelne Knötchen* sitzen zudem der Epiglottis auf und oft auch in der Schleimhaut der Stimmfalten.

Die **Luftröhre** (132;344–347;360–362) besitzt insbesondere beim *Rd.* wesentliche F o r m u n t e rs c h i e d e zwischen den Verhältnissen im Leben und im Tode, was vor allem durch die unterschiedlichen Spannungsverhältnisse des den 48–60 Trachealspangen innen angehefteten *M. trachealis* (344–347/c) sowie ihres Bindegewebssystems bedingt ist. Postmortal findet man beim *Rd.* meist die „Säbelscheidenform" (347) und intra vitam die in Abb. 346 wiedergegebene Form. Bei der *Zg.* ist die Trachea auf dem Querschnitt U-förmig (344), wobei die freien Enden der Knorpelspangen einander mehr oder weniger genähert sein können. Beim *Schf.* hingegen überdecken die freien Enden der Spangen im laryngealen Tracheaabschnitt einander etwas (345), im mittleren Drittel bestehen Verhältnisse wie bei der *Zg.*, und im kaudalen Drittel reicht das linke freie Ende der Spange weiter dorsal.

Die **Lunge** (360–362;392–399) der *Wdk.* zeigt sowohl gegenüber den anderen *Hsgt.* als auch innerhalb dieser Tiergruppe selbst mancherlei charakteristische Besonderheiten. Die grobe Gliederung in Lappen trifft für *Rd.* und *kl. Wdk.* gleichermaßen zu. An der l i n k e n L u n g e (360–362;392,394, 396,398) sind ein *Lobus cranialis* (a) mit den Partes cranialis und caudalis sowie ein *Lobus caudalis* (c) ausgebildet. An der r e c h t e n L u n g e (360–362;393,395,397,399) findet man neben dem vom Bronchus trachealis (360–362/4;393,395,397/27) allein versorgten *Lobus cranialis* (360–362,393,395, 397,399/a) mit den Partes cranialis und caudalis einen *Lobus medius* (b), einen *Lobus caudalis* (c) und einen *Lobus accessorius* (360–362,393,395,397/d), der entgegen dem Verhalten bei den anderen *Hsgt.* hier vor allem mit dem Lobus medius verbunden ist. Die beiden Teile der Lobi craniales sind beim *Rd.* (362) durch Einschnitte äußerlich deutlicher voneinander geschieden als bei den *kl. Wdk.* (360,361), bei denen insbesondere am linken Lobus cranialis eine markante Trennung fehlt. Während der Lunge des *Rd.* eine besonders deutliche L ä p p c h e n z e i c h n u n g (396,397) eigen ist, fehlt diese dem *Schf.* fast vollkommen, und bei der *Zg.* (360) finden sich makroskopisch Läppchen nur an den Lobi craniales und medius, die erst nach dem Erkalten der Lunge post mortem deutlicher sichtbar sind. An der Lunge des *Schf.* sind Läppchen im Bereich des Margo acutus nach Formalinfixierung zu erkennen. Die Lungen der beiden *kl. Wdk.* lassen sich vor allem dadurch voneinander unterscheiden, daß die Pars caudalis des Lobus cranialis pulmonis sinistri und rechterseits der Lobus medius an der bei Schlachttieren helleren, orangefarbenen Lunge des *Schf.* breit, an der rosafarbenen Lunge der *Zg.* aber schmal sind. Die **Lage** der in situ fixierten Exspirationslunge beim *Rd.* kennzeichnen die Abb. 398 und 399.

Bronchalbaum (360–362): Der *Bronchus cranialis sinister* (5) entspringt aus dem linken Bronchus principalis (3) und teilt sich sogleich in einen kranialen und einen kaudalen Bronchus segmentalis für die beiden Teile des Lobus cranialis (11). Den *Bronchus cranialis dexter* (4) entläßt die Trachea schon weit vor ihrer Bifurkation, weshalb er *Bronchus trachealis* benannt ist. Auch er gabelt sich wie der linke in einen kranialen und einen kaudalen Bronchus segmentalis für den Lobus cranialis (11), der beim *Rd.* durch einen tiefen, bei den *kl. Wdk.* aber seichten Einschnitt in seine beiden Teile zerlegt ist. Wie in der linken, so auch in der rechten Lunge entläßt der *Bronchus caudalis* (8) 4 kräftige Ventral- und in der Regel 5 kleinere Dorsalbronchen (9,10), und sein kaudaler Endast versorgt die Basis des Lobus caudalis. Aus dem rechten Bronchus principalis entspringt kurz hinter der Bifurkation der Trachea der *Bronchus medius* (6), der den Lobus medius mit einem kleineren dorsalen und einem kräftigeren ventralen Bronchus segmentalis belüftet. Ventromedial vom Bronchus medius entläßt der Bronchus

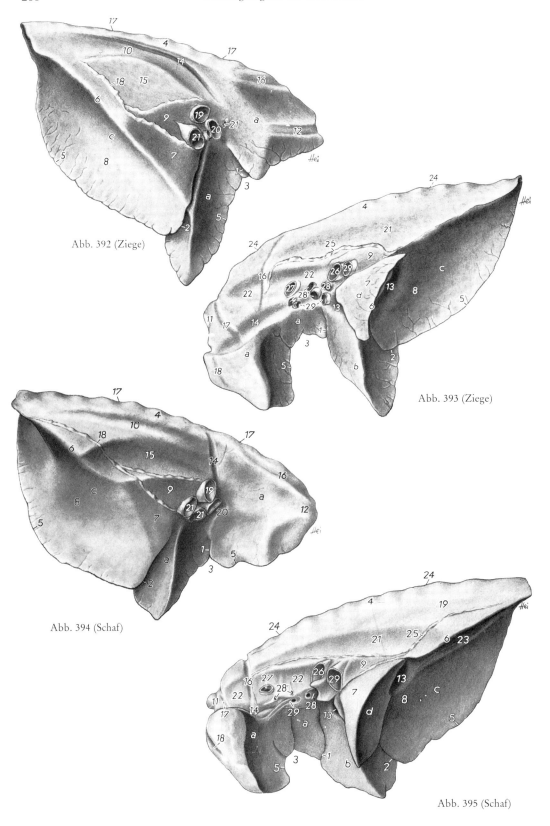

Abb. 392 (Ziege)

Abb. 393 (Ziege)

Abb. 394 (Schaf)

Abb. 395 (Schaf)

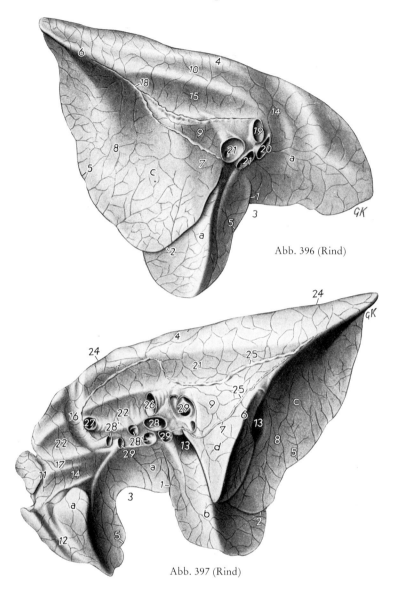

Abb. 396 (Rind)

Abb. 397 (Rind)

Abb. 392, 394, 396.   Linke Lunge vom Wiederkäuer, in situ fixiert. Medialansicht.

a Lobus cranialis, Partes cranialis und caudalis; *c* Lobus caudalis

1 Fiss. intralobaris; *2* Fiss. interlobaris caud.; *3* Inc. cardiaca pulmonis sin.; *4,7* Facies medialis: *4* Pars vertebralis, *7* Pars mediastinalis; *5* Margo acutus mit Margines ventralis und basalis (*6*); *8* Facies diaphragmatica; *9* Hilus pulmonis; *10* Impression durch die Aorta, *12* durch die A. subclavia sin. (*Schf., Zg.*), *14* durch die V. azygos sin., *15* durch den Oesophagus, *16* durch den M. longus colli (*Schf., Zg.*), *17* durch die Rippen (*Schf., Zg.*); *18* Lig. pulmonale; *19* Bronchus principalis; *20* A. pulmonalis; *21* Vv. pulmonales

Abb. 393, 395, 397.   Rechte Lunge vom Wiederkäuer, in situ fixiert. Medialansicht.

a Lobus cranialis, Partes cranialis und caudalis; *b* Lobus medius; *c* Lobus caudalis; *d* Lobus accessorius

1 Fiss. interlobaris cran.; *2* Fiss. interlobaris caud.; *3* Inc. cardiaca pulmonis dext.; *4,7* Facies medialis: *4* Pars vertebralis, *7* Pars mediastinalis; *5* Margo acutus mit Margines ventralis und basalis (*6*); *8* Facies diaphragmatica; *9* Hilus pulmonis; *11* Impression durch die A. costocervicalis, *12* durch die A. und V. thoracica int. (*Rd.*), *13* durch die V. cava caud., *14* durch die V. cava cran., *16* durch die V. costocervicalis, *17* durch die V. cervicalis prof., *18* durch die V. thoracica int. (*Schf., Zg.*), *19* durch den Ductus thoracicus (*Schf.*), *21* durch den Oesophagus, *22* durch die Trachea, *23* durch den rechten Zwerchfellpfeiler (*Schf.*), *24* durch die Rippen; *25* Lig. pulmonale; *26* Bronchus principalis; *27* Bronchus trachealis; *28* A. pulmonalis, *28'* Seitenäste; *29* Vv. pulmonales

principalis den *Bronchus accessorius* (7), der sich in einen dorsalen und einen ventralen Ast für den Lobus accessorius gabelt. Neben dieser bei allen *Wdk.* gleichermaßen bestehenden Aufzweigung des Bronchalbaums kommen Variationen vor, die in speziellen Publikationen niedergelegt sind.

Blutgefäße: Die *Pulmonalgefäße* verzweigen sich beim *Rd.* gemeinsam mit den Bronchen. Beim *Schf.* hingegen folgen nur die Arterien den Bronchen, während die Venen intersegmental verlaufen. Die unpaare *A. bronchalis* entspringt bei den *kl. Wdk.* mit der A. oesophagea gemeinsam, beim *Rd.*

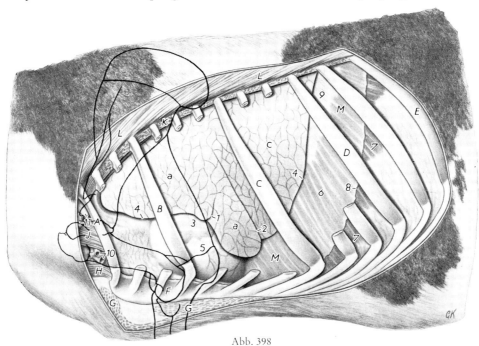

Abb. 398

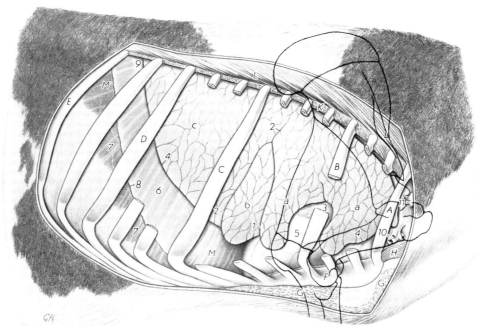

Abb. 399

hingegen meist gesondert aus der Aorta. An der Bifurkation teilt sie sich für die beiden Lungen auf. Eine *V. bronchalis* fehlt; es wird vielmehr das Blut der Bronchalarterie über das respiratorische Kapillarnetz durch die Vv. pulmonales abgeführt. Zudem bestehen präkapillare Anastomosen zwischen der Bronchal- und der Pulmonalarterie.

Atmungsorgane des Pferdes

Die **Nase** (24,62,275,276): Das **Knorpelgerüst des Naseneingangs** (281) ist gegenüber dem der anderen *Hsgt.* dadurch ausgezeichnet, daß den Nasenlöchern durch das Fehlen eines lateralen Ansatzknorpels lateral die Stütze fehlt, weshalb dieser nur häutig-muskulöse Seitenabschnitt des Naseneingangs auch als *weiche Nase* bezeichnet wird. Dem rostralen Abschnitt der *Nasenscheidewand* (62/7;281/a) sitzt jederseits der *Flügelknorpel, Cartilago alaris* (281/g–g''), auf. Er besteht aus der *Platte, Lamina* (281/g'), und dem *Horn, Cornu* (281/g''). Der *dorsale Seitenwandknorpel* (281/b) ist nur schmal, und der *ventrale Seitenwandknorpel* fehlt entweder, oder er bedeckt, schwach ausgebildet, lediglich die Sutura palatina mediana. Der *mediale Ansatzknorpel* (281/f), der sich basal mit der ventralen Nasenmuschel verbindet, ist S-förmig. Er dient, wie auch bei den anderen *Hsgt.*, der von der ventralen Nasenmuschel aus nasenlochwärts ziehenden *Flügelfalte* (62/2) als stützende Grundlage.

Die **Nasenlöcher, Nüstern** (275,276), sind bei ruhiger Atmung sichelförmig. Bei verstärkter Atmung, vom Blähen der Nüstern begleitet, werden sie lateral, wo ihnen eine Knorpelstütze fehlt, entfaltet und damit rund. In ihren dorsalen Winkel ragt von medial her die von der Platte des Flügelknorpels und vom S-förmigen Knorpel gestützte *Flügelfalte, Plica alaris* (62/2), ein. Diese unterteilt das Nasenloch in einen ventralen, in die Nasenhöhle leitenden Abschnitt, „wahres Nasenloch" (275,276/a), und in einen dorsalen Teil, „falsches Nasenloch" (275,276/a'), der in einen blind endenden Hautsack, die *Nasentrompete, Diverticulum nasi*, führt. Da das Horn des Flügelknorpels unterhalb der Berandung des ventralen Nasenwinkels lateral vorstößt, entbehrt auch dieser ventrale Abschnitt des Nasenlochs der unmittelbaren Stütze durch Knorpel.

Die **Haut des Naseneingangs** ist überall fein behaart und trägt zudem Sinushaare. Solche finden sich auch in der Haut der Oberlippe und können hier mit Schnurrbarthaaren vergesellschaftet sein. Der *Tränen-Nasengang* mündet gut sichtbar mit linsengroßer Öffnung im Vestibulum nasi am Übergang der äußeren Haut in die Schleimhaut. Zuweilen hat er mehrere Mündungen.

Aus der **Nasenhöhle** (62,400,401), von deren Muscheln die mittlere im Vergleich mit der der anderen *Hsgt.* besonders klein ist, leiten die nur kurzen, nicht unterteilten *Meatus nasopharyngei* (62/13;400/19) in den Nasenrachen über. Betreffs der *geraden Falte*, der *Flügelfalte* (62/2) und der *Bodenfalte* (62/3) siehe S. 226,227.

Die **dorsale** und die **ventrale Nasenmuschel** (62/8,9;400/K,M;401/A,B) bestehen aus einer rostralen und einer kaudalen Abteilung, deren Grenzen das *Septum conchae dorsalis* (400/⁎) bzw. *ventralis* (400/☉) liefern. Die Basallamellen (401/a,b) beider Muscheln ragen von lateral nach medial

---

Abb. 398. Brustorgane eines Rindes. Linke Ansicht.

A 1. Rippe; *B* 4. Rippe; *C* 8. Rippe; *D* 11. Rippe; *E* 13. Rippe; *F* Sternum; *G* Mm. pectorales; *H* M. sternocephalicus; *J* M. scalenus ventr.; *K* Mm. intercostales; *L* M. longissimus thoracis; *M* Diaphragma

a Lobus cranialis pulmonis sin.; *c* Lobus caudalis

1–4 an der Lunge: *1* Fiss. intralobaris, *2* Fiss. interlobaris caud., *3* Inc. cardiaca pulmonis sin., *4* Margo acutus; *5* Herz im Herzbeutel (kraniodorsal kranialer Teil des Lobus cranialis pulmonis dext.); *6* pleurabedeckter, *7* pleurafreier Teil des Diaphragmas, *8* Rand am Umschlag der Pleura diaphragmatica in die Pleura costalis; *9* Centrum tendineum; *10* A. und V. axillaris; *11* Stümpfe der Ventraläste der letzten Halsnerven

Abb. 399. Brustorgane eines Rindes. Rechte Ansicht.

A 1. Rippe; *B* 4. Rippe; *C* 8. Rippe; *D* 11. Rippe; *E* 13. Rippe; *F* Sternum; *G* Mm. pectorales; *H* M. sternocephalicus; *K* Mm. intercostales; *L* M. longissimus thoracis; *M* Diaphragma

a Lobus cranialis pulmonis dext.; *b* Lobus medius; *c* Lobus caudalis

1–4 an der Lunge: *1* Fiss. interlobaris cran., *2* Fiss. interlobaris caud., *3* Inc. cardiaca pulmonis dext., *4* Margo acutus; *5* Herz im Herzbeutel; *6* pleurabedeckter, *7* pleurafreier Teil des Diaphragmas, *8* Rand am Umschlag der Pleura diaphragmatica in die Pleura costalis; *9* Centrum tendineum; *10* A. und V. axillaris; *11* Stümpfe der Ventraläste der letzten Halsnerven

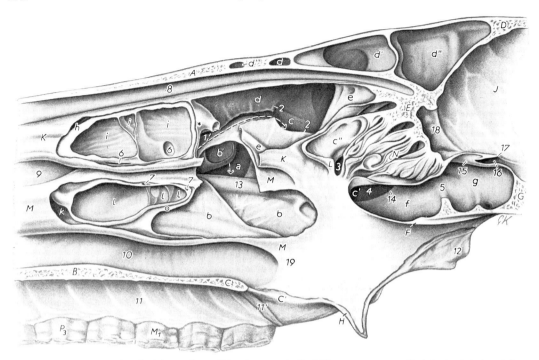

Abb. 400.   Nasennebenhöhlen eines Pferdes nach Eröffnung von medial bei gleichzeitiger Eröffnung der Nasenmuscheln zur Darstellung ihrer Recessus sowie ihrer Bullae conchales und Cellulae. Linke Ansicht nach Medianschnitt des Schädels. (Nach NICKEL/WILKENS, 1958.)

A Os nasale; *B* Proc. palatinus der Maxilla; *C* Os palatinum, Lam. horizontalis, *C'* Lam. perpendicularis; *D* Os frontale; *E* Os ethmoidale; *F* Vomer; *G* Os basisphenoidale; *H* Hamulus pterygoideus; *J* Cavum cranii; *K* Concha nasalis dors.; *L* Concha nasalis media; *M* Concha nasalis ventr.; *N* Conchae ethmoidales; *P3* Dens praemolaris 3; *M1* Dens molaris 1

a Sinus maxillaris rostr.; *b* Sinus conchae ventr.; *b'* Bulla im kaudolateralen freien Rand der Concha nasalis ventr.; *c,c'* Sinus maxillaris caud.; *c''* Sinus conchae mediae; *d–d'''* Sinus frontalis; *e* Sinus conchae dors.; *f* Sinus palatinus; *g* Sinus sphenoidalis; *h* Rec. conchae dors.; *i* Bulla conchalis dors. mit Cellulae; *k* Rec. conchae ventr.; *l* Bulla conchalis ventr. mit Cellulae; *** Septum conchae nasalis dors.; *ө* Septum conchae nasalis ventr.

1 Apertura nasomaxillaris, linker Pfeil im lateralen Schenkel zum Sinus maxillaris rostr. (*a*), rechter Pfeil im kaudalen Schenkel zum Sinus maxillaris caud. (*c,c'*); *2* Berandung der Apertura frontomaxillaris; *3* Zugang des Sinus conchae mediae, *4* des Sinus palatinus in den Sinus maxillaris caud. (*c,c'*), *5* des Sinus sphenoidalis; *6,7* Zugänge der unterteilten Bullae in die Rec. conchales; *8* Meatus nasi dors.; *9* Meatus nasi medius; *10* Meatus nasi ventr.; *11* Schleimhaut des Palatum durum, *11'* Schnittkante; *12* Proc. pterygoideus des Os palatinum; *13* Can. infraorbitalis; *14* Wulst des For. nasale caud. (laterale Begrenzung von *4*); *15* Can. opticus; *16* Sulcus chiasmatis; *17* Crista orbitosphenoidalis; *18* Fossa ethmoidalis; *19* laterale Wand des Meatus nasopharyngeus

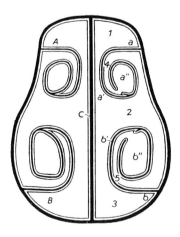

Abb. 401.   Querschnitt durch die Nasenhöhle eines Pferdes in Höhe des rostralen Abschnitts der Nasenmuscheln. Schema. Dünne schwarze Linien = Schleimhaut der Nasenmuscheln. (Nach NICKEL/WILKENS, 1958.)

A Concha nasalis dors.; *B* Concha nasalis ventr.; *C* Septum nasi

a Lam. basalis, *a'* Lam. spiralis, *a''* Bulla der Concha nasalis dors.; *b* Lam. basalis, *b'* Lam. spiralis, *b''* Bulla der Concha nasalis ventr.

1 Meatus nasi dors.; *2* Meatus nasi medius; *3* Meatus nasi ventr.; *4* Recessus der Concha nasalis dors., *5* der Concha nasalis ventr.; rechts ist in der dorsalen und ventralen Nasenmuschel der Zugang zur Bulla vom Rezessus aus dargestellt

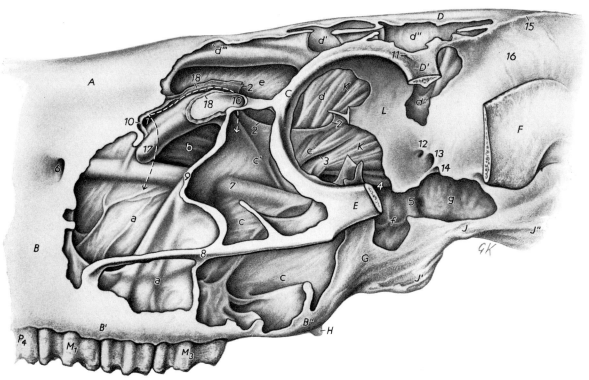

Abb. 402. Nasennebenhöhlen eines Pferdes nach Eröffnung von lateral. Linke Seitenansicht.
(Nach NICKEL/WILKENS, 1958.)

A Os nasale; *B* Maxilla, *B'* Proc. alveolaris, *B''* Tuber maxillae; *C* Os lacrimale; *D* Os frontale, *D'* Proc. zygomaticus; *E* Proc. temporalis des Os zygomaticum; *F* Proc. zygomaticus des Os temporale; *G* Lam. perpendicularis des Os palatinum; *H* Hamulus pterygoideus; *J* Os praesphenoidale; *J'* Proc. pterygoideus; *J''* Os basisphenoidale; *K* Lam. interna des Os frontale, die mit der Lam. orbitalis des Siebbeins verschmolzen ist; *L* Orbita, Teil der medialen Wand; *P4* Dens praemolaris 4; *M1* Dens molaris 1; *M3* Dens molaris 3

a Sinus maxillaris rostr.; *b* Sinus conchae ventr.; *c,c'* Sinus maxillaris caud.; *d–d'''* Sinus frontalis; *f* Sinus palatinus; *g* Sinus sphenoidalis

1 Apertura nasomaxillaris, linker Pfeil im lateralen Schenkel zum Sinus maxillaris rostr. (*a*), rechter Pfeil im kaudalen Schenkel zum Sinus maxillaris caud. (*c,c'*); *2* Berandung der Apertura frontomaxillaris; *3* Zugang des Sinus conchae mediae, *4* des Sinus palatinus in den Sinus maxillaris caud. (*c,c'*), *5* des Sinus sphenoidalis; *6* For. infraorbitale; *7* Can. infraorbitalis; *8* Crista facialis; *9* Septum sinuum maxillarium; *10* Can. lacrimalis, lateral eröffnet und unterbrochen; *11* For. supraorbitale; *12* For. ethmoidale; *13* Can. opticus; *14* Fiss. orbitalis, dorsale Begrenzung; *15* Linea temporalis; *16* Fossa temporalis; *17* Bulla im kaudolateralen freien Rand der Concha nasalis ventr., der Hohlraum steht über medial mit dem Sinus conchae ventr. in Verbindung; *18* Schleimhaut, Schnittkante

ein, und ihre Spirallamellen (401/*a'*,*b'*) sind zum mittleren Nasengang hin eingerollt. In der rostralen Abteilung begrenzen sie *Recessus* (400/*h*,*k*;401/*4*,*5*) und beherbergen an ihrem freien Rand *Bullae* (401/*a''*,*b''*), die durch Querwände (62/*8'*;400/*i*,*l*) unterteilt sind. Gelegentlich finden sich in den Septen beider Nasenmuscheln kleine Höhlen. In der kaudalen Abteilung verschmelzen die Spirallamellen mit Nachbarknochen und bilden so in der dorsalen Muschel den *Sinus conchae dorsalis* (62/*H''*;302,303,400/*e*) und in der ventralen Muschel den *Sinus conchae ventralis* (62/*9'*;302,303,400/ *b*) sowie eine *Bulla* (400/*b'*). Die dorsale Muschelhöhle hat lateral weite Kommunikation mit der Stirnhöhle (400/*d*), weshalb sie mit dieser zusammen auch als *Stirn-Muschelhöhle, Sinus conchofrontalis*, bezeichnet wird. Sie kommuniziert mit der kaudalen Kieferhöhle (400/*c*) und auf diesem Umweg ebenfalls mit der Nasenhöhle (400/*1, rechter Pfeil*). Die ventrale Muschelhöhle (302,303,400/*b*) steht über den Canalis infraorbitalis (400/*13*) hinweg mit der rostralen Kieferhöhle (400/*a*) und damit ebenfalls mit der Nasenhöhle (400/*1, linker Pfeil*) in Verbindung.

Die mittlere Nasenmuschel (62/*10*;400/*L*) enthält den *Sinus conchae mediae* (302,400/*c''*). Auch er ist über die kaudale Kieferhöhle mit der Nasenhöhle verbunden (400/*3*).

Die Siebbeinmuscheln (62/*11*;400/*N*) sind zahlreich ausgebildet. Sie beschränken sich in ihrer Lage auf den Nasengrund.

Der Ductus incisivus (282/*b*) ist rostral verödet und erreicht im Gegensatz zu dem der anderen *Hsgt.* die Mundhöhle nicht. Betreffs des Organum vomeronasale (282/*a*) und seines Nasenbodenknorpels (282/*2*) sowie der lateralen Nasendrüse siehe S. 230,231.

Die kurzen *Meatus nasopharyngei* (62/*13*;400/*19*) führen in den **Nasenrachen**, dem, im Gegensatz zu *Schw.* und *Wdk.*, ein Septum pharyngis fehlt. Die *Tuba auditiva* mündet in Höhe des lateralen Augenwinkels an der Seitenwand des Nasenrachens mit dem *Ostium pharyngeum tubae auditivae* (62/*14*). Anstelle einer Tonsilla tubaria enthält die Tubenschleimhaut nur unregelmäßig verteiltes lymphoretikuläres Gewebe.

Die beidseitig ausgebildete **Ohrtrompete, Tuba auditiva** (304,305/*a–a''*), zeigt beim *Pfd.* – wie bei allen *Equiden* – insofern eine Besonderheit, als sich bei diesen Tieren aus der kaudoventral geöffneten, rinnenförmigen knorpeligen Stütze der Ohrtrompete die Schleimhaut zum Luftsack, Diverticulum tubae auditivae (*A,A',B,B'*), ausbuchtet. Die beiden Luftsäcke liegen zwischen Schädelbasis sowie Atlas (*G–G''*) einerseits und dem Pharynx (*b*) andererseits und nehmen die Kopfbeuger (s. Bd I) zwischen sich. Vom großen Zungenbeinast (*E*) werden die Luftsäcke von ventral her eingestülpt, wodurch an jedem Sack eine kleine *laterale* (*B,B'*) und eine große, weit halswärts ragende *mediale Abteilung* (*A,A'*) entstehen (s. auch S. 233 und Bd IV).

Die **Nasennebenhöhlen** sind beim *Pfd.* sämtlich dem mittleren Nasengang der Nasenhöhle über die *Apertura nasomaxillaris* (400,402/*1*) angeschlossen, und zwar: 1. die große oder kaudale Kieferhöhle (301–303,400,402/*c,c'*), der dorsal die *Stirn-Muschelhöhle* (301–303,400,402/*d–d''',e*), kaudoventral die *Gaumen-Keilbeinhöhle* (301,302,400,402/*f,g*;303/*f*) und medial die *mittlere Muschelhöhle* (302,400/*c''*) hintergeschaltet sind, und 2. die kleine oder rostrale Kieferhöhle (301–303,400,402/*a*), der medial die *ventrale Muschelhöhle* (301–303,400,402/*b*) anhängt.

Die **Kieferhöhle** (301–303,400,402/*a,c*) umfaßt beim *Pfd.* im Gegensatz zu den anderen *Hsgt.* zwei Höhlen, die durch das individuell unterschiedlich gelagerte *Septum sinuum maxillarium* (301/*5*;303/*3*;402/*9*) voneinander getrennt werden. Diese zweigeteilte Höhle ist beim *Pfd.* die geräumigste Nebenhöhle der Nase. Sie wird von Maxilla, Ossa lacrimale, zygomaticum und ethmoidale begrenzt. Beim alten *Pfd.* ragt sie über das rostrale Ende der Angesichtsleiste (301,303/*2*;402/*8*) hinaus, gelegentlich bis in die Höhe des Foramen infraorbitale (301,303/*1*;402/*6*) vor, und kaudal erstreckt sie sich bis zu einer Querebene in Höhe des lateralen Augenwinkels. Die beiden Höhlen besitzen einen gemeinsamen Zugang, die *Apertura nasomaxillaris* (400,402/*1*), die einen dorsoventral abgeplatteten, zwischen dorsaler und ventraler Nasenmuschel gelegenen Spalt darstellt, dessen *kaudaler Schenkel* (400,402/*rechter Pfeil*) in die kaudale und dessen *lateraler Schenkel* (400,402/*linker Pfeil*) in die rostrale Kieferhöhle führen. Der *Sinus maxillaris rostralis* (301–303,400,402/*a*) liegt im Oberkieferbein, und sein Dach hilft die ventrale Nasenmuschel bilden. Über den Canalis infraorbitalis (400/*13*;402/*7*) hinweg steht er mit dem Sinus conchae ventralis (301–303,400,402/*b*) in Verbindung. Der *Sinus maxillaris caudalis* (301–303,400,402/*c,c'*) liegt in Maxilla, den Ossa lacrimale sowie zygomaticum, und auch das Os ethmoidale beteiligt sich kaudodorsal an seiner Begrenzung. Seine Wand liegt kranial und medial der Orbita an. Durch die von ventral hochragende Leiste, die an ihrem freien Rand den Canalis infraorbitalis enthält, wird die große Kieferhöhle in eine große *ventrolaterale* (301–303,400,402/*c*) und eine kleine *dorsomediale* (301,302,400,402/*c'*) *Abteilung* gegliedert. Während die beiden Kieferhöhlen bei jungen Tieren noch hoch über der Crista facialis und kaudal des Foramen infraorbitale ihre Begrenzung finden, greifen sie, wie aus Abb. 301 ersichtlich, bei älteren Tieren weiter ventral und rostral vor.

Die **Stirnhöhle** (301–303,400,402/*d–d'''*) liegt vorwiegend zwischen den Platten des Stirnbeins. Bei *Saugfohlen* endet sie an der Orbita und reicht bei *ausgewachsenen Pfd.* über diese kaudal hinweg (301,303;402/*L*). Die Höhlen der beiden Seiten sind durch ein nicht immer ganz in der Medianen gelegenes *Septum sinuum frontalium* getrennt. Durch quere, knöchern gestützte Lamellen wird die Stirnhöhle in eine *rostrale* (301–303,400,402/*d*), eine *mediale* (301–303,400,402/*d'*) und eine *kaudale Abteilung* (301–303,400,402/*d''*), die aber alle miteinander Verbindung haben, gegliedert. Rostral reicht die Stirnhöhle manchmal in das Os nasale (400,402/*d'''*). Rostromedial verbindet sich die Stirnhöhle mit der dorsalen Muschelhöhle (301–303,400,402/*e*), mit der sie als Stirn-Muschelhöhle, Sinus conchofrontalis, zusammengefaßt wird. Die Stirn-Muschelhöhle kommuniziert

durch die weite *Apertura frontomaxillaris* (400,402/2) mit der kaudalen Kieferhöhle, die, wie dargelegt, die Verbindung mit der Nasenhöhle durch die *Apertura nasomaxillaris* herstellt.

Die **Gaumenhöhle** (301–303,400,402/*f*) liegt vorwiegend in der Lamina perpendicularis des Gaumenbeins, ebenso im Os ethmoidale und im Vomer. Lateral von ihr befindet sich die Fossa pterygo-
palatina, durch deren Öffnungen Nerven und Gefäße zur Nasenhöhle, zum harten Gaumen und
durch den Canalis infraorbitalis zu den Zähnen und zum Angesicht ziehen, welche bei Erkrankung
der Gaumenhöhle in Mitleidenschaft gezogen werden können. Die Gaumenhöhle kommuniziert mit
der kaudalen Kieferhöhle, die ihre Verbindung mit der Nasenhöhle vermittelt. Kaudal ist der Gaumenhöhle meist die **Keilbeinhöhle** (301,302,400,402/*g*) angeschlossen, weshalb beide auch unter dem
Namen Gaumen-Keilbeinhöhle, Sinus sphenopalatinus, zusammengefaßt werden. Es
kommt jedoch seltener vor, daß die Keilbeinhöhle einen eigenen Zugang zu Siebbeingängen im Grund
der Nasenhöhle besitzt. Manchmal fehlt sie auch. Sie pneumatisiert das Os praesphenoidale (402/*J*),
das in seiner Dachwand den Canalis opticus (400/*15*) mit dem N. opticus enthält, der bei
Keilbeinhöhlenerkrankungen in Mitleidenschaft gezogen werden kann. Das zwischen den beiden ungleich großen Keilbeinhöhlen vorhandene Septum ist unregelmäßig gestaltet.

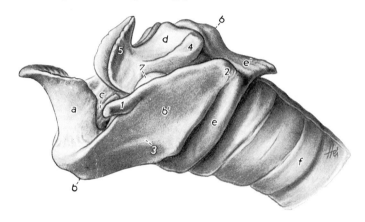

Abb. 403. Kehlkopfknorpel
eines Pferdes.
Linke Seitenansicht.

a Cartilago epiglottica; *b* Cartilago
thyreoidea, *b′* Lamina; *c* rechter
Proc. cuneiformis; *d* linke Cartilago
arytaenoidea; *e* Cartilago cricoidea,
Arcus, *e′* Lamina; *f* Trachea

1 Cornu rostrale, *2* Cornu caudale, *3*
Linea obliqua der Cartilago thyreoidea; *4* Proc. muscularis der Cartilago
arytaenoidea; *5* Proc. corniculatus; *6*
Crista mediana der Cartilago cricoidea; *7* Ventriculus laryngis

Der **Kehlkopf**: Der Schildknorpel (309,313;333/*d*;403/*b,b′*) ist vor allem durch die tiefe *Inci-
sura thyreoidea caudalis* (313/5) gekennzeichnet, wodurch hier bei der Kehlkopfpfeiferoperation die
Kehlkopfhöhle von ventral her zugänglich ist. Auf den langen und hohen *Laminae* (309,313/2;403/*b′*)
erhebt sich die kaudoventral geneigte *Linea obliqua* (309,403/3). Das *Cornu rostrale* (403/1) sowie das
Cornu caudale (403/2) ragen weit aus den Platten heraus, und die ventral vom Rostralhorn befindliche
Fissura thyreoidea (309/5) ist rostral durch Bandmassen verschlossen, wodurch kaudal das *Foramen
thyreoideum* für den Durchtritt des N. laryngeus cranialis freibleibt. Der Ringknorpel (317;333/
f;403/*e,e′*) besitzt eine breite *Lamina* (317/2;403/*e′*), die median die kammförmige *Crista mediana*
(317/3;403/6) und am kranialen Rand die flach gewölbte *Facies articularis arytaenoidea* (317/4) trägt.
Der kräftige *Reif, Arcus* (317/1;403/*e*), ist an seinem ventralen Ende von rostral her ausgeschnitten,
und an seinem Übergang zur Platte befindet sich die *Facies articularis thyreoidea* (317/5). Aus dem
Stellknorpel (324,325;333/*e*;403/*d*) ragt rostrodorsal der Spitzenknorpel (324,325/3;333/
e′;403/5), kaudal abgebogen, heraus. Der *Processus vocalis* (324,325/2) ist plump, der *Processus muscularis* (324/1;403/4) kräftig ausgebildet. Die *Facies articularis cricoidea* (325/4) ist flachgrubig vertieft. Der rostral lanzettförmig zugespitzte Kehldeckel- oder Schließknorpel (329,333/*b*;403/
a) besitzt an seiner Basis einen medianen Fortsatz (329/1), und seinen beiden Seiten sind je ein dorsal
aufgebogener, in der Vorhoffalte gelegener Keilknorpel, Processus cuneiformis (329/
2;403/*c*), angefügt.

Die **Verbindungen der Kehlkopfknorpel** (333,404): Die Facies articularis thyreoidea der Cartilago
cricoidea und das Cornu caudale der Cartilago thyreoidea bilden miteinander die *Articulatio cricothyreoidea* (404/*n*). Das *Ligamentum cricothyreoideum* (333/9;404/3) füllt mit seinem medianen Anteil
(404/3′) die tiefe Incisura thyreoidea caudalis aus (s. auch S. 245) und spaltet von den seitlichen Abschnitten die *Membrana fibroelastica laryngis* zum Stimmband hin ab. Das lange und kräftige *Ligamentum cricoarytaenoideum* (333/8) verstärkt ventromedial die Kapsel der *Articulatio cricoarytaeno-*

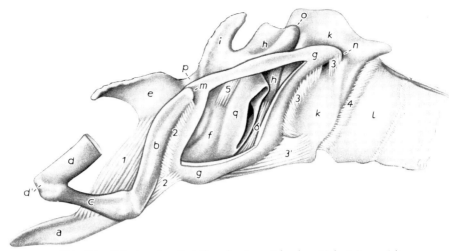

Abb. 404. Bänder des Kehlkopfs eines Pferdes. Linke Seitenansicht.

a–d am Os hyoideum: *a* Proc. lingualis, *b* Thyreohyoideum, *c* Ceratohyoideum, *d* Stylohyoideum, *d'* mit diesem verwachsenes Epihyoideum; *e* Cartilago epiglottica; *f* Proc. cuneiformis; *g* Cartilago thyreoidea, Platte (gefenstert); *h* Cartilago arytaenoidea; *i* Proc. corniculatus; *k* Cartilago cricoidea; *l* 1. Knorpelspange der Trachea; *m* Art. thyreohyoidea; *n* Art. cricothyreoidea; *o* Art. cricoarytaenoidea; *p* Plica aryepiglottica; *q* Ventriculus laryngis (geöffnet)

1 Lig. hyoepiglotticum; *2* Membrana thyreohyoidea; *3,3'* Lig. cricothyreoideum; *4* Lig. cricotracheale; *5* Lig. vestibulare; *6* Lig. vocale

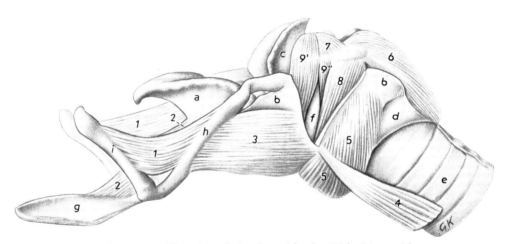

Abb. 405. Kehlkopfmuskeln eines Pferdes. Linke Seitenansicht.

a–d am Kehlkopf: *a* Cartilago epiglottica, *b* Cartilago thyreoidea, *c* Proc. corniculatus, *d* Cartilago cricoidea; *e* Trachea; *f* Ventriculus laryngis; *g–i* am Zungenbein: *g* Basihyoideum, Proc. lingualis, *h* Thyreohyoideum, *i* Ceratohyoideum

1 M. ceratohyoideus; *2* M. hyoepiglotticus; *3* M. thyreohyoideus; *4* M. sternothyreoideus; *5* M. cricothyreoideus; *6* M. cricoarytaenoideus dors.; *7* M. arytaenoideus transv.; *8* M. cricoarytaenoideus lat.; *9'* M. ventricularis; *9''* M. vocalis

idea (404/*o*). Die Stellknorpel verbindet das *Ligamentum arytaenoideum transversum*. Zwischen den einander zugekehrten Rändern des Zungenbeins und des Schildknorpels verkehrt die *Membrana thyreohyoidea* (404/*2*), und Kehlkopfast des Os hyoideum sowie Rostralhorn des Schildknorpels bilden miteinander die *Articulatio thyreohyoidea* (404/*m*). Die Kehldeckelbasis sitzt dem Schildknorpel unmittelbar auf. Sie ist durch das schmale *Ligamentum thyreoepiglotticum* (333/*3*) mit dem Schildknorpel und durch das lange, den gleichnamigen Muskel umgurtende *Ligamentum hyoepiglotticum* (404/*1*) mit dem Processus lingualis des Zungenbeins verbunden. Die Seitenflächen der Epiglottis werden durch die *Plicae aryepiglotticae* (404/*p*) mit den Stellknorpeln verbunden. Das *Ligamentum vestibulare* (333/6;404/5) zieht jederseits von dem Keilknorpel zur Lateralfläche des Stellknorpels. Das rostroventral gerichtete *Ligamentum vocale* (333/7;404/6) hingegen entspringt an der Basis des Processus vocalis und heftet sich ventral am Ligamentum cricothyreoideum an. Das *Ligamentum cricotracheale* (333/10;404/4) verbindet den Ringknorpel mit der ersten Spange der Luftröhre (333/*g*;404/*l*).

Die **Muskeln des Kehlkopfs** (340,405): Die auf S. 247 beschriebenen allgemeinen Verhältnisse für den *M. cricothyreoideus* (340/4;405/5), *M. cricoarytaenoideus dorsalis* (405/6), *M. arytaenoideus transversus* (405/7) und *M. cricoarytaenoideus lateralis* (340/3;405/8) treffen auch für die entsprechenden Muskeln des *Pfd.* zu. Der M. thyreoarytaenoideus aber ist hier zweigeteilt. Der *M. ventricularis* (340/1;405/9′), der mit dem Ligamentum vestibulare in die Plica vestibularis (340/8) eingeschlossen ist, entspringt ventral an der Schildknorpelplatte sowie am Ligamentum cricothyreoideum und heftet sich bei dorsal gerichtetem Verlauf, dem Keilknorpel (340/*c*) lateral anliegend, rostral am Processus muscularis des Stellknorpels an, zieht aber zum Teil noch über diesen hinaus und über den M. arytaenoideus transversus (405/7) hinweg und verbindet sich so mit dem gleichen Muskel der anderen Seite. Der *M. vocalis* (340/2;405/9′′) liegt lateral und kaudal vom Ligamentum vocale (340/5), mit dem zusammen er von der Stimmfalte, Plica vocalis (340/9), umschlossen ist, und zudem rostromedial des M. cricoarytaenoideus lateralis (340/3;405/8). Er ist ventral am Schildknorpel befestigt und inseriert dorsal am Processus muscularis des Stellknorpels, an dessen Processus vocalis sich auch einige rostrale Fasern anheften.

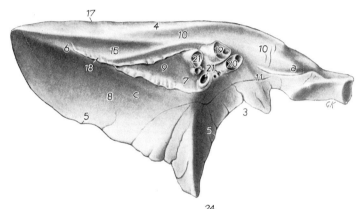

Abb. 406. Linke Lunge eines Pferdes, in situ fixiert. Medialansicht.

a Lobus cranialis; *c* Lobus caudalis

3 Inc. cardiaca pulmonis sin.; *4,7* Facies medialis: *4* Pars vertebralis, *7* Pars mediastinalis; *5* Margo acutus mit Margines ventralis und basalis (*6*); *8* Facies diaphragmatica; *9* Hilus pulmonis; *10,11,15,17* Impressionen: *10* durch die Aorta, *11* durch die A. pulmonalis, *15* durch den Oesophagus, *17* durch die Rippen; *18* Lig. pulmonale; *19* Bronchus principalis; *20* A. pulmonalis; *21* Vv. pulmonales

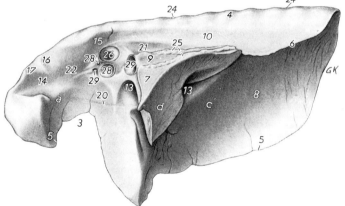

Abb. 407. Rechte Lunge eines Pferdes, in situ fixiert. Medialansicht.

a Lobus cranialis; *c* Lobus caudalis; *d* Lobus accessorius

3 Inc. cardiaca pulmonis dext.; *4,7* Facies medialis: *4* Pars vertebralis, *7* Pars mediastinalis; *5* Margo acutus mit Margines ventralis und basalis (*6*); *8* Facies diaphragmatica; *9* Hilus pulmonis; *10–24* Impressionen: *10* durch die Aorta, *13* durch die V. cava caud., *14* durch die V. cava cran., *15* durch die V. azygos dext., *16* durch die V. costocervicalis, *17* durch die V. cervicalis prof., *20* durch den N. phrenicus dext., *21* durch den Oesophagus, *22* durch die Trachea, *24* durch die Rippen; *25* Lig. pulmonale; *26* Bronchus principalis; *28* A. pulmonalis, *28′* Seitenast, *29* Vv. pulmonales

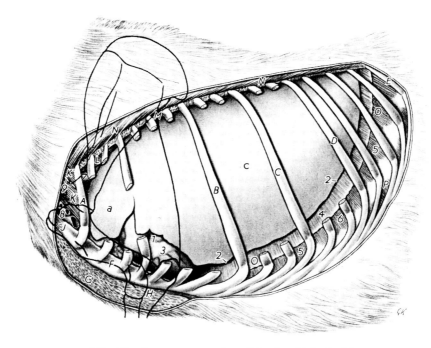

Abb. 408. Brustorgane eines Pferdes. Linke Ansicht.

A 1. Rippe; *B* 8. Rippe; *C* 11. Rippe; *D* 14. Rippe; *E* 18. Rippe; *F* Sternum; *G* Mm. pectorales supff.; *H* M. pectoralis prof.; *J* M. sternomandibularis; *K,K'* M. scalenus ventr.; *L* M. longus colli; *M* Mm. intercostales; *N* M. longissimus thoracis; *O* Diaphragma; *P* M. transversus abdominis

a Lobus cranialis; *c* Lobus caudalis

1 Inc. cardiaca pulmonis sin.; *2* Margo acutus; *3* Herz im Herzbeutel; *4–6* am Diaphragma: *4* pleurabedeckter, *5* pleurafreier Teil, *6* Rand am Umschlag der Pleura diaphragmatica in die Pleura costalis; *7* Oesophagus; *8* A. und V. axillaris; *9* Stümpfe der Ventraläste der letzten Halsnerven

Die **Kehlkopfhöhle und ihre Schleimhautbildungen** (86,338,340) wurden bereits auf S. 249 allgemein und vergleichend besprochen. Für das *Pfd.* bestehen folgende B e s o n d e r h e i t e n : Die am Kehlkopfeingang von jedem Seitenrand der Epiglottis dorsal ziehenden Falten der Schleimhaut gehen als *Plicae aryepiglotticae* auf die Stellknorpel über (86/8). Am Boden des *Vestibulum laryngis* findet sich die mittlere *Kehlkopftasche, Recessus laryngis medianus* (86/11;338/4;340/10). Die *Plica vestibularis* (338/2;340/8) umschließt das Ligamentum vestibulare und den M. ventricularis (340/1) sowie ventral den Keilknorpel, Processus cuneiformis (340/c). Zwischen Vorhoffalte und Stimmfalte stülpt sich die *seitliche Kehlkopftasche* (338/1;340/13) aus. Die *Stimmfalte (338/3;340/9)* umschließt medial und lateral das Ligamentum vocale (340/5) sowie den M. vocalis (340/2) und springt rostroventral weit in die Kehlkopfhöhle vor.

Lymphoretikuläre Bildungen in der Kehlkopfschleimhaut finden sich im Gebiet der Spitzen- und der Aryknorpel schon in jugendlichem Alter und zudem in vielen Fällen am Grunde des Vestibulum laryngis sowie in den Ventriculi laryngis und über dem Eingang zu dieser Tasche.

Die **Luftröhre** (131,348,349,363) ist gegenüber den für die anderen *Hsgt.* auf S. 253 dargelegten Verhältnissen dadurch gekennzeichnet, daß sie eine querovale **Form** besitzt. Der *M. trachealis* (348,349/c) inseriert innen an den 48–60 *Knorpelspangen*, die sich intra vitam mit ihren freien Enden überdecken. Vor der Luftröhrengabelung sind in dachziegelartiger Anordnung noch Knorpelplatten zwischen die freien Dorsalenden der Spangen eingeschoben (363/2').

Die **Lunge** (363;406–409) ist äußerlich nicht stark gegliedert, da E i n s c h n i t t e f e h l e n . Lediglich im Bereich des ventralen Lungenrands ist die seichte *Incisura cardiaca pulmonis dextri bzw. sinistri*

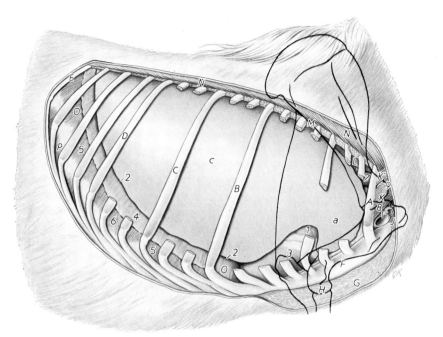

Abb. 409. Brustorgane eines Pferdes. Rechte Ansicht.

A 1. Rippe; *B* 8. Rippe; *C* 11. Rippe; *D* 14. Rippe; *E* 18. Rippe; *F* Sternum; *G* Mm. pectorales supff.; *H* M. pectoralis prof.; *J* M. sternomandibularis; *K,K'* M. scalenus ventr.; *L* M. longus colli; *M* Mm. intercostales; *N* M. longissimus thoracis; *O* Diaphragma; *P* M. transversus abdominis

a Lobus cranialis; *c* Lobus caudalis

1 Inc. cardiaca pulmonis dext.; *2* Margo acutus; *3* Herz im Herzbeutel; *4–6* am Diaphragma: *4* pleurabedeckter, *5* pleurafreier Teil, *6* Rand am Umschlag der Pleura diaphragmatica in die Pleura costalis; *7* Trachea; *8* A. und V. axillaris; *9* Stümpfe der Ventraläste der letzten Halsnerven

(363/*1*;406,407/*3*;408,409/*1*) vorhanden. Beide Lungen haben je einen *Lobus cranialis* und einen *Lobus caudalis* (363;406–409/*a,c*), wobei dem Lobus caudalis pulmonis dextri der *Lobus accessorius* (363,407/*d*) medial angefügt ist. Die **Lage** der Lunge, im Exspirationszustand in situ fixiert, ist aus den Abb. 408 und 409 ersichtlich.

Die Läppchenzeichnung tritt nur wenig hervor; immerhin schimmern kleine, unregelmäßig polygonale Felder schwach durch die Pleura und sind auch auf Schnittflächen wahrzunehmen.

Bronchalbaum (363): Der *Bronchus cranialis* (363/*5*) teilt sich in beiden Lungen in einen dorsalen und einen kranialen Bronchus segmentalis (*11*). Der Bronchus segmentalis cranialis, der 4–5 dorsale sowie ventrale Abzweigungen besitzt, welche bronchopulmonale Segmente belüften, ist bedeutend größer als der dorsale. Der rechts wie links den Lobus caudalis bedienende *Bronchus caudalis* (8) entläßt 4 kräftige ventrale sowie 5–7 kurze dorsale Bronchi segmentales (*9,10*) und läuft als Bronchus segmentalis caudalis aus. Der an der rechten Lunge für den Anhangslappen bestimmte *Bronchus accessorius* (7) gabelt sich in einen dorsalen und einen ventralen Bronchus segmentalis.

Blutgefäße: Für die *Pulmonalgefäße* ist typisch, daß die Arterien mit ihren Verzweigungen innerhalb der Segmente dem Bronchalbaum folgen, während die Venen intersegmental verlaufen und das Blut aus zwei benachbarten Segmenten abführen. Die Lungensegmente stellen also bronchoarterielle Einheiten dar. Als *Bronchalarterien* findet man drei aus der A. broncho-oesophagea hervorgehende Gefäße. Die *Aa. bronchales craniales dextra* und *sinistra* versorgen die Lobi craniales sowie die rechten und linken Lymphonodi tracheobronchales. Die unpaare *A. bronchalis media* teilt sich an der Luftröhrenbifurkation auf und bedient die beiden Lobi caudales. Eine *Bronchalvene* fehlt. Der Abfluß des durch die Bronchalarterien zugeführten Blutes erfolgt über die Kapillaren der Bronchen und der Alveolen durch die Vv. pulmonales. Zudem bestehen zwischen den Zweigen der Aa. bronchales und schwachen Ästen der Aa. pulmonales zahlreiche präkapillare Anastomosen.

Harn- und Geschlechtsapparat, Apparatus urogenitalis

Harn- und Geschlechtsorgane haben enge genetische und zeitlebens bestehenbleibende morphologische Beziehungen zueinander. Sie entwickeln sich in enger Nachbarschaft aus dem mittleren, kurze Endabschnitte ihres Gangsystems auch aus dem äußeren Keimblatt. Während die **Harnorgane** im Dienste der Exkretion stehen, obliegt es den nach Geschlechtern unterschiedlich gebauten **Geschlechtsorganen**, für die Fortpflanzung und damit für die Erhaltung bzw. Vermehrung der Art zu sorgen.

Harnorgane, Organa urinaria

Allgemeine und vergleichende Betrachtung

Zu den Harnorganen gehören die harnbereitenden bzw. harnabsondernden **Nieren, Renes,** und die harnableitenden Wege, bestehend aus dem **Nierenbecken, Pelvis renalis,** dem **Harnleiter, Ureter,** der **Harnblase, Vesica urinaria,** und der **Harnröhre, Urethra.** Die Urethra weist geschlechtliche Unterschiede auf, besitzt bei den männlichen Tieren enge Beziehungen zu den Geschlechtsorganen und wird gemeinsam mit diesen besprochen.

Harnbereitende Organe

Niere, Ren, Nephros
(410–414; 417–442)

Die Nieren haben als exkretorische Drüsen die Aufgabe, ununterbrochen für die Beseitigung der harnpflichtigen Stoffe aus dem Blut zu sorgen. Sie regulieren den Wasser- und Elektrolythaushalt des Körpers und sorgen so auch für die Aufrechterhaltung des normalen osmotischen Druckes im Blut und in den Geweben (Osmoregulation). Zudem entfernen sie auch körperfremde Substanzen aus dem Blut, das ständig ihrer Kontrolle unterliegt. Gewaltig ist die Blutmenge, die mit gewissen Schwankungen ohne Unterbrechung die Nieren durchströmt; etwa 20% des vom Herzen in die Aorta abgegebenen Blutes gelangen in die Nieren. Für den Menschen hat man errechnet, daß bei einer Harnproduktion von täglich 1500 ml im gleichen Zeitraum 1500 l Blut durch seine Nieren fließen. Die Nieren produzieren nicht nur den Harn. Sie bereiten in ihrem juxtaglomerulären Apparat auch Wirkstoffe, die den Blutdruck und damit den Filtrationsdruck beeinflussen.

Die Nieren sind je nach ihrem Blutgehalt heller oder mehr dunkler braunrot, bei starker Blutfülle dunkel blaurot gefärbt.

Ihre Grundform ist die einer Bohne. Abweichung von dieser Gestalt zeigen die rechte Niere des *Pfd.,* die mehr herzförmig ist (437,440), sowie die unregelmäßig oval geformten Nieren des *Rd.* (431). Bei *Flfr.* (417,419) und *kl. Wdk.* (435) sind sie dick-, beim *Schw.* (427) flachbohnenförmig.

Man unterscheidet an der Niere eine dorsale und eine ventrale Fläche, *Facies dorsalis* und *Facies ventralis*, einen lateralen konvexen und einen medialen, nabelartig eingezogenen, konkaven Rand, *Margo lateralis* und *Margo medialis*, sowie einen kranialen und einen kaudalen Pol, *Extremitas cranialis* und *Extremitas caudalis*. An den nabelartig eingezogenen *Hilus renalis* treten die A. und V. renalis (*1,2*) sowie die Nerven heran, hier verlassen auch der Harnleiter (*3*) und Lymphgefäße das Organ. Zugleich führt der Hilus in eine buchtige Höhle, in den *Sinus renalis* (410/*3*;423; 424/*2*;432/*f*). Diese Höhle ist von Nierenparenchym umgeben und beherbergt das *Nierenbecken, Pelvis renalis* (410/*b*;421,422/*d*;424,428,440/*b*), bzw. den *Anfangsabschnitt des Harnleiters, Ureter* (432/*b*), und die von mehr oder weniger Fettgewebe umbauten Äste der genannten Blutgefäße.

Die Nieren liegen in der Lendengegend rechts und links von der Medianebene (439/*a,a′*), die rechte mit ihrem Hilusrand der kaudalen Hohlvene (*2*), die linke der Bauchaorta (*1*) unmittelbar benachbart. Aus diesen beiden großen Gefäßen entspringen jeweils die erwähnten Aa. und Vv. renales (*11,12*) und erreichen auf kurzem Weg die Nieren. Beim *Schw.* (545/*1,2*) und häufig bei der *Ktz.* (541/*1,2*) liegen die beiden Nieren fast auf gleicher Höhe. Bei *Hd.* (1/*12,12′*;539/*1,2*) und *Pfd.* (248/*m,m′*;439/*a,a′*) ist die rechte Niere gegenüber der linken etwas weiter kranial gelagert. Beim *Wdk.* ergibt sich insofern eine Abweichung, als die linke Niere in ihrem gut ausgebildeten Gekröse durch den dorsalen Pansensack nach rechts über die Medianebene zum Teil hinter die rechte verschoben ist und sich dabei dem Darmkonvolut von links her anlegt (physiologische Wanderniere) (229/*m*;235/*s*;238/*o*;485/*n*;554/*2*). Beim *Flfr.* kann die linke Niere ein längeres Gekröse und damit größere Verschiebbarkeit haben. Im übrigen lagern sich die Nieren mit ihrer Dorsalfläche den Zwerchfellpfeilern und der Lendenmuskulatur bzw. der Fascia iliaca an und verwachsen hier bindegewebig. Sie liegen somit retroperitonäal und werden nur an den dem Peritonäalsack

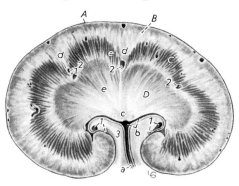

Abb. 410. Flächenschnitt durch die Mitte der Niere einer Katze.

A Capsula fibrosa; *B* Cortex; *C,D* Medulla: *C* Zona externa, *D* Zona interna

a Ureter, in den Hilus renalis einziehend; *b* Pelvis renalis; *c* Crista renalis; *d* Columnae renales; *e* Lobus renalis

1 Äste der A. und V. renalis; *2* Aa. und Vv. interlobares, je zwei von diesen einen Lobus renalis begrenzend; *3* Fettgewebe im Sinus renalis

zugewendeten Flächen von Bauchfell überzogen. Je nach Tierart und Ernährungszustand ist ein unterschiedlich starkes *retroperitonäales Fettgewebslager* ausgebildet, in welches je nach Umfang die Niere noch sichtbar eingebettet oder sogar unsichtbar eingebaut ist. Dieses gegenüber seiner Umgebung gut abgesetzte Fettlager, *Nierenfett, Fettkapsel, Capsula adiposa* (439,539,541,545,554), ist teils Baufett (Fixationsapparat der Niere), teils aber auch Speicherfett. Bei *Wdk.* und *Schw.* ist die Fettkapsel sehr gut, beim *Flfr.* mäßiger und am schwächsten beim *Pfd.* ausgebildet. Durch übermäßigen Abbau der Fettkapsel kann besonders die linke Niere an Halt verlieren, sich ventral absenken und damit ihren Peritonäalüberzug zu einer gekröseartigen Falte ausziehen. Beim *Msch.* ist infolge seiner aufrechten Haltung eine Senkung der Niere in beckenwärtiger Richtung möglich (Wanderniere).

Bevor auf die wichtigen, tierartlich verschiedenen Baumerkmale der Nieren eingegangen werden kann, müssen die makroskopisch sichtbare Gliederung sowie der Bau des Organs näher erläutert werden:

Die Niere besitzt eine eigene bindegewebige *Kapsel, Capsula fibrosa* (410,411,412,423,424,428,432, 440/*A*). Diese besteht in ihrer Außenschicht aus sich durchflechtenden kollagenen Faserbündeln, denen geringe Mengen elastischer Elemente beigegeben sind. Durch eine locker gefügte Subfibrosa, in der glatte Muskelzellen enthalten sind, ist die Kapsel leicht abziehbar, locker mit dem Nierenparenchym verbunden. Nur aus der Niere austretende, zur Capsula fibrosa bzw. in die Capsula adiposa hinziehende Blutgefäße (438/*4*) bewirken stellenweise eine intensivere Verankerung der Nierenkapsel mit dem Nierengewebe. Am Hilus geht sie ohne Grenze in die Adventitia des Nierenbeckens, des Harnleiters und der Blutgefäße über. Die Nierenkapsel ist nur wenig nachgiebig, so daß Nierenschwellungen z. B. bei arteriellem Überdruck notwendigerweise eine entsprechende Erhöhung des Binnendrucks in dem Organ zur Folge haben.

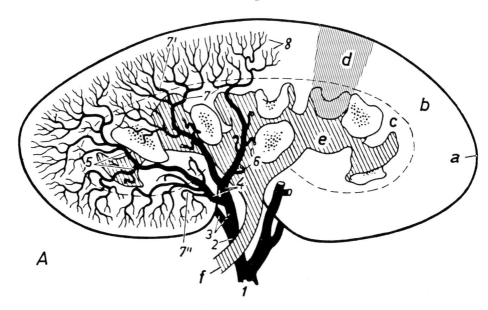

Abb. 411 A.   Nierenbecken und Arteriae renis eines Schweines. (Nach Wrobel, 1961.)

a Capsula fibrosa; *b* Cortex renis; *c* Medulla renis; *d* Lobus renis; *e* Pelvis renalis mit Calices; *f* Ureter
1–4 A. renalis 1. bis 4. Ordnung; *5, 6* verschiedene Formen der Aa. interlobares; *7–7''* verschiedene Formen der Aa. arcuatae; *8* Aa. interlobulares

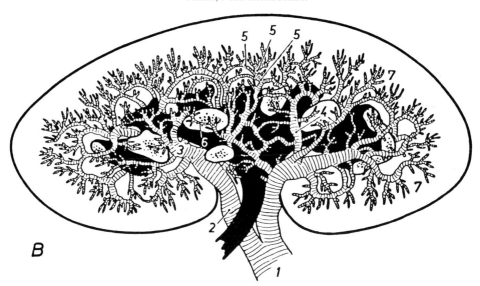

Abb. 411 B.   Nierenbecken und Venae renis eines Schweines. (Nach Wrobel, 1961.)
Nierenbecken und Harnleiter = *schwarz*
1–3 V. renalis 1. bis 3. Ordnung; *4* Vv. interlobares; *5,6* Vv. arcuatae; *7* Vv. interlobulares

Die **Organisation der Nierensubstanz** läßt sich am besten an einem von Pol zu Pol geführten, die Niere halbierenden Flachschnitt (Äquatorialschnitt) erkennen. Hier sieht man die meist dunkelbraunrot gefärbte, feingekörnte, im frischen Zustand mit nadelstichgroßen, roten Pünktchen ausgestattete, randständige *Nierenrinde, Cortex renis.* In ihr unterscheidet man eine außen gelegene *Zona peripherica* (412/*B*) und eine marknah gelegene *Zona juxtamedullaris* (*B'*). Ihr folgt das *Nierenmark, Medulla*

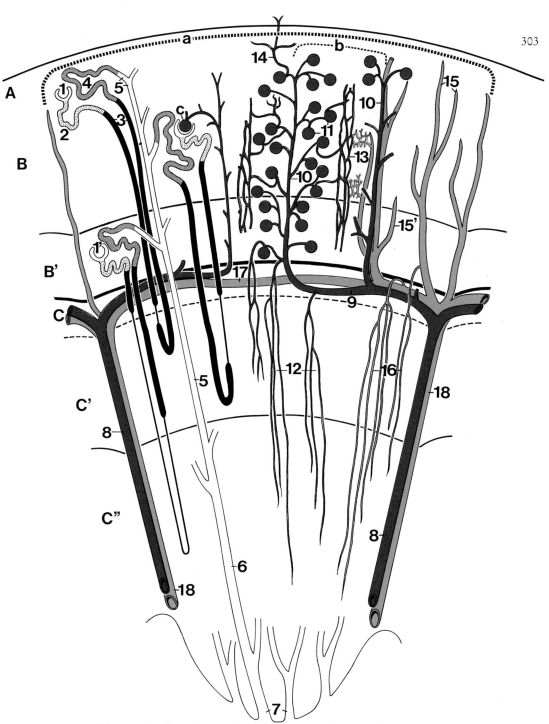

Abb. 412.   Aufbau eines Nierenlappens, Lobus renalis, schematisch.

A Capsula fibrosa; *B,B'* Cortex renis: *B* Zona peripherica, *B'* Zona juxtamedullaris; *C,C',C''* Medulla renis: *C,C'* Zona externa mit *C* Außenstreifen und *C'* Innenstreifen, *C''* Zona interna

Links: Röhrchensystem der Niere: *1–4* Nephron: *1,1'* Capsula glomeruli, *1* periphere, *1'* juxtamedulläre Bowmansche Kapsel, *2–4* Tubulus renalis mit *2* Tubulus contortus prox., *3* Ansa nephroni, *4* Tubulus contortus dist.; *5* Verbindungs-stück und Sammelrohr; *6* Ductus papillaris, *7* Mündung auf der Area cribrosa der Papilla renalis

Mitte: Arteriensystem der Niere; *8* A. interlobaris; *9* A. arcuata; *10* A. interlobularis; *11* Glomerula; *12* Arteriolae rec-tae; *13* Kapillaren der Rinde; *14* Ramus capsularis

Rechts: Venensystem der Niere (Typ einer Schweineniere): *15,15'* Vv. interlobulares: *15* V. interlobularis longa, *15'* V. interlobularis brevis; *16* Vv. rectae; *17* V. arcuata; *18* V. interlobaris

a Lobus renalis, Nierenparenchym zwischen zwei Aa. interlobares (*8*); *b* Lobulus renalis, als Rindengewebe zwischen zwei Aa. interlobulares (*10*); *c* Corpusculum renis, Nierenkörperchen, als Vereinigung von Capsula glomeruli (*1*) und Glomerulum (*11*) *renis*, das sich durch einen schmalen, dunkelroten bzw. rotvioletten Außenstreifen gegenüber der Rinde absetzt. Der dem Sinus zugewandte Abschnitt der Markzone ist blasser, graurötlich und weist eine feine radiäre Streifung auf. Auf Grund ihres histologischen Baues lassen sich an dem M a r k die *Zona externa* (Außenzone, C,C') mit Außenstreifen (C) und Innenstreifen (C') und sinuswärts die *Zona interna* (Innenzone, C'') unterscheiden (410,423,424,428,432,440/C,D).

Außer dieser zum Teil makroskopisch erkennbaren Schichtung der Nierensubstanz ist die Niere der *Hsgt.* in eine wechselnde Anzahl von Nierenlappen, *Lobi renales* (410/e), gegliedert. Leichter verständlich wird dieser Aufbau der Niere der *Hsgt.*, wenn man weiß, daß die Niere mancher Meeressäuger (Wale, Robben, jedoch auch Eisbär und Fischotter) aus einer größeren Anzahl völlig g e t r e n n t e r L o b i r e n a l e s oder R e n c u l i besteht (bei einem Bartenwal z. B. können es bis zu 3000 kleine Renculi in einer Niere sein). Jeder dieser L o b i r e n a l e s besteht aus einer Kalotte von *Rindensubstanz*, die die pyramidenförmig gestaltete *Marksubstanz* einhüllt, wobei die Spitze der Pyramide, die *Papilla renalis*, in das kelchförmige Ende eines Harnleiterzweigs, *Calix renalis*, eingefügt ist. Traubenartig ist demnach das Aussehen eines solchen Organs, und man spricht von einer **gelappten** oder **zusammengesetzten Niere.**

Bei den *Hsgt.* hingegen verschmilzt sowohl die Rinden- als auch die Marksubstanz benachbarter Lobi renales in tierartlich etwas unterschiedlicher Weise, so daß ein e i n h e i t l i c h e s , k o m p a k t e s O r g a n entsteht, **einfache Niere.** Unabhängig vom Grad der Verschmelzung läßt sich aber bei diesen Tieren auch weiterhin der Aufbau des Gesamtorgans aus einzelnen Lappen erkennen. I m m e r d e u t e n z . B . d i e s p ä t e r z u b e s p r e c h e n d e n *Aa.* und *Vv. interlobares* d u r c h i h r e n t y p i s c h e n V e r l a u f d i e G r e n z e b e n a c h b a r t e r *Lobi renales* a n (410/2,e).

V o l l s t ä n d i g e V e r s c h m e l z u n g der Rindenschicht benachbarter Nierenlappen erzeugt eine an der Oberfläche **glatte** (417,419,427,435,437), u n v o l l s t ä n d i g e V e r s c h m e l z u n g eine **gefurchte Niere** (431–432). Letztere findet sich nur beim *Rd.*, alle anderen *Hsgt.* haben glatte Nieren. Vermerkt sei jedoch, daß auch bei der glatten Niere die Rinde nicht etwa in Form einer ungegliederten Schale die Marksubstanz von außen umgibt. Sie zeigt vielmehr an ihrer, der Marksubstanz zugewandten Innenfläche B u c h t e n (424/d), die in ihrer Zahl der Anzahl der Lobi renales entsprechen. Sie sind durch leistenförmige Vorsprünge (c) gegeneinander abgegrenzt und umschließen jeweils die Basis einer Markpyramide. Diese leistenförmigen Bildungen der Rindensubstanz erscheinen auf einem Schnitt durch die Niere als K e i l e , die zwischen die Basis zweier benachbarter Markpyramiden vordringen. Sie werden als *Nierensäulchen, Columnae renales* (410/d ;424/c'), bezeichnet. Jeder Nierenlappen trägt demnach eine periphere, kuppelförmig gewölbte *Rindenkappe*, in welche sich die *Markpyramide* mit ihrer konvexen Basis einfügt und ihre Spitze als *Papilla renalis* dem Hilus zuwendet (410). Die Verschmelzung der benachbarten Renculi beschränkt sich aber nicht nur auf die Rindenzone, sondern greift regelmäßig auf die Marksubstanz über. Bleiben dabei die S p i t z e n d e r M a r k p y r a m i d e n s e l b s t ä n d i g und ragen w a r z e n f ö r m i g in den Sinus der Niere hinein, wo sie von kelchartigen Ausstülpungen des Nierenbeckens bzw. solchen des verzweigten Harnleiters umschlossen werden, dann spricht man von einer **mehrwarzigen Niere** (428,432). V e r s c h m e l z e n jedoch auch die S p i t z e n d e r M a r k p y r a m i d e n zu einer mehr oder weniger e i n h e i t l i c h e n W a r z e , dann handelt es sich um eine **einwarzige Niere** (410,421,440). *Flfr., kl. Wdk.* und *Pfd.* besitzen eine *glatte, einwarzige*, das *Schw.* eine *glatte, mehrwarzige* (428) und das *Rd.* eine *gefurchte, mehrwarzige* Niere (432).

Bau der Niere : In der Niere stehen das epitheliale Röhrchensystem und die besondere Anordnung der Blutgefäße in einer funktionellen Abhängigkeit, so daß sich der Aufbau und die Funktion des einen ohne die Kenntnis des anderen nicht verstehen lassen.

Am **Röhrchensystem der Niere** sind zu unterscheiden: das System der *harnbereitenden Kanälchen* mit den dazugehörigen *Nierenkörperchen* – jede solche Einheit als ein **Nephron** bezeichnet – und das System der nur *leitenden Sammelrohre*.

Das *Nierenkörperchen, Corpusculum renis, Malpighisches Körperchen* (412/e ;413), in welchem sich die Ausscheidung des sog. P r i m ä r h a r n s vollzieht, besteht aus einem *Gefäßknäuel*, dem *Glomerulum* (412/11 ;413/a), das von einer doppelwandigen *Kapsel, Capsula glomeruli, Bowmansche Kapsel* (412/1 ;413/b,c), umschlossen wird. Es besitzt einen Durchmesser von 0,1–0,3 mm. Das Glomerulum wird von einer kleinen Arterie gespeist und stellt ein a r t e r i e l l e s W u n d e r n e t z mit großer Oberfläche dar. Dem Gefäßknäuel schmiegt sich das I n n e n b l a t t d e r B o w m a n s c h e n K a p s e l (b) mit seinen eigenartig verzweigten Deckzellen, *Podozyten,* an. Am Gefäßpol (*d*) geht das Innenblatt in das aus einer geschlossenen Tapete einschichtiger, flacher Epithelzellen bestehende Außenblatt (*c*) über.

Der von der Bowmanschen Kapsel begrenzte Spaltraum öffnet sich am Harnpol (413/*e*) in den folgenden Abschnitt des Nephrons, den *Tubulus renalis.* Rein nach der äußeren Form (Schlingenbildung und Verlauf) beschrieben, sind dies der *Tubulus contortus proximalis* (412/2), dann die Henlesche Schleife (*Ansa nephroni*) (3) mit ab- und aufsteigendem Schenkel und schließlich der *Tubulus contortus distalis* (4). Eine weitergehende Unterteilung und die Beschreibung nach histologischen Kriterien sollen den Lehrbüchern der Histologie vorbehalten bleiben. Ein kurzes *Verbindungsstück* besorgt den Anschluß des Nephrons an das System der *Sammelrohre* (5). Diese sind verzweigte, epithelausgekleidete Kanälchen, deren Kaliber durch Zusammenfluß immer größer wird. Sie münden schließlich als *Ductus papillares* (6) mit makroskopisch erkennbaren, schlitzförmigen Öffnungen auf dem *Porenfeld, Area cribrosa* (7), der Nierenpapille in das Nierenbecken.

Bezüglich der Lokalisation und der Zusammenlagerung der einzelnen Abschnitte der Nephrone, von denen man z. B. in beiden Nieren des *Hd.* verschiedener Rassen zusammen 186 000 bis 373 000, bei der *Ktz.* in einer Niere mindestens 216 000 bis höchstens 500 000 berechnet hat, sowie der Topographie des Sammelrohrsystems in den verschiedenen Schichten der Niere ist folgendes festzustellen:

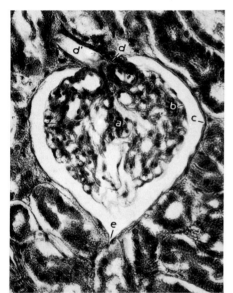

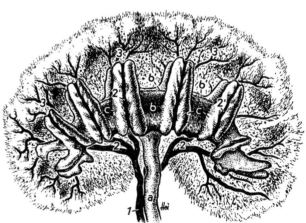

Abb. 413. Nierenkörperchen, Corpusculum renis (MALPIGHII), aus der Niere des Hundes.
Mikrofoto.

a Glomerulum (Gefäßknäuel); *b,c* Capsula glomeruli (Bowmansche Kapsel): *b* Innenblatt, *c* Außenblatt; *d* Gefäßpol mit *d'* Vas afferens und *e* Harnpol der Kapsel

Abb. 414. Plastoidausguß des Nierenbeckens und der Nierenarterien eines Hundes.

a Ureter; *b* Pelvis renalis mit *b'* zum Teil injizierten Ductus papillares in der Area cribrosa; *c* Rec. pelvis

1 A. renalis; *2* Aa. interlobares, bei *2'* in der Gefäßrinne eines doppelbuchtigen Rec. pelvis verlaufend; *3* Aa. arcuatae mit von ihnen ausgehenden Aa. interlobulares und vereinzelt injizierten Glomerula

1. In der **Rinde** finden sich: a) die Nierenkörperchen, die Tubuli contorti proximales und die Tubuli contorti distales. Daher werden diese Abschnitte der Rinde auch *Pars convoluta* genannt; b) die radiär in die Rinde hineinziehenden *Markstrahlen,* die aus Gruppen der Ansae nephroni sowie aus initialen Sammelröhren bestehen. Sie verleihen diesem Teil der Rinde den Namen *Pars radiata.* Als *Rindenläppchen, Lobulus corticalis,* (412/*b*), bezeichnet man Rindenbezirke, die sich um einen Markstrahl als Achse gruppieren und von den Aa. und Vv. interlobulares begrenzt werden.

2. Die **Markschicht** beherbergt die aus der Rinde hierher vorstoßenden Teile der Henleschen Schleifen sowie alle Größenordnungen von Sammelrohren einschließlich der Ductus papillares.

Das **Gefäßsystem der Niere** folgt in seiner Gliederung dem komplizierten Verhalten ihres Röhrchensystems.

Das System der Arterien der Niere, A r t e r i a e   r e n i s (411/A), ist so gegliedert, daß alle Äste ihr eigenes Gebiet versorgen, keine Anastomosen untereinander besitzen und deshalb Endarterien genannt werden. Die *A. renalis* (414/1) entspringt als auffallend starkes Gefäß direkt aus der Aorta und erreicht den Hilus der gleichseitigen Niere auf kürzestem Weg. Am Hilus oder bereits eine kurze Strecke vorher (*Pfd.*) teilt sie sich in mehrere Zweige. Im paravasalen Bindegewebe des Sinus renalis treten die Äste zwischen die Lobi renales ein und ziehen als *Aa. interlobares* (412/8;414/2,2') rindenwärts. An der Grenze zwischen Nierenrinde und Nierenmark verzweigen sich die Arterien in mehrere, parallel oder spitzwinklig zur Nierenoberfläche orientierte Zweige, die wegen ihres bogigen Verlaufs *Aa. arcuatae* (412/9;414/3) benannt werden. Aus diesen gehen wiederum in radiärem Verlauf in die Rinde eintretende kleine Arterien, die *Aa. interlobulares* (412/10), hervor. Von den Aa. interlobulares gehen allseitig die *Vasa afferentia* zu den *Glomerula* der Nierenkörperchen. Unter diesen nehmen die marknahen (juxtamedullären) Glomerula eine besondere Stellung ein, weil die aus ihnen ableitenden *Vasa efferentia* als *Arteriolae rectae* (412/12) das Nierenmark versorgen. Solche Arteriolae rectae können aus den Aa. arcuatae abgezweigt werden. Die übrigen Glomerula entlassen ihre Vasa efferentia in das Kapillargebiet der Nierenrinde. Die Aa. interlobulares können zudem mit radiär zur Nierenkapsel fortlaufenden *Rami capsulares* die Capsulae fibrosa und adiposa versorgen. Außerdem gehen gelegentlich Äste aus den Aa. interlobulares hervor, die kein Glomerulum tragen und unmittelbar in das Kapillarnetz des Nierenparenchyms einmünden.

Im Unterschied zu den Arterien gibt es unter den Venen der Niere, V e n a e   r e n i s (411/B), keine dem arteriellen Glomerulum und seinen Vasa afferens und efferens vergleichbaren Gefäßabschnitte. Im übrigen verlaufen jedoch die Venen zusammen mit den gleichnamigen Arterien. Sie bilden darüber hinaus in bestimmten Nierenabschnitten Anastomosen untereinander. Das Blut wird aus der Nierenrinde über *Vv. interlobulares* (412/15), aus dem Nierenmark über *Vv. rectae* (16) gesammelt. Der weitere Abfluß erfolgt über einen aus den *Vv. arcuatae* (17) gebildeten Venenplexus, aus dem das Blut über die *Vv. interlobares* (18) schließlich zur *V. renalis* und durch diese in die kaudale Hohlvene gelangt. Bemerkenswert sind die bei manchen Tierarten, besonders deutlich und z. T. mit bloßem Auge sichtbar beim *Pfd.*, unter der Nierenkapsel verlaufende Venensterne, die strahlenförmig als *Vv. stellatae* (438/13) zusammenfließen und in Vv. interlobulares einmünden. Unter der Nierenkapsel der *Ktz.* verlaufen auffällige, radiär verzweigte Venen, *Vv. capsulares* (419/4;420/10), in Richtung auf den Hilus zu, die direkt in die V. renalis münden.

Über weitere beachtliche tierartliche Unterschiede in der Anordnung der Nierenblutgefäße und deren feinere Struktur wird bei den Tierarten berichtet und geben die Abb. 418,420,430,434,438 sowie die Spezialarbeiten der dort genannten Autoren Auskunft.

Betrachtet man die Anordnung des Röhrchensytems und der Blutgefäße in der Niere gemeinsam, dann wird ihre Funktion verständlich. Im Nierenkörperchen wird aus dem Glomerulum ein U l t r a - f i l t r a t des Blutplasmas, der *Primärharn*, ausgepreßt. Nur Eiweißmoleküle können den Filter nicht passieren. Die Nierenröhrchen verlaufen gebündelt mit langgestreckten Arteriolen, Kapillaren und Venolen in den Markstrahlen und im Nierenmark und bilden dabei sog. G e g e n s t r o m - L e i - t u n g s b ü n d e l. In ihnen werden Wasser und gelöste Stoffe, die nicht ausgeschieden werden sollen, zurückgeholt, andere Stoffe, die noch nicht im Primärharn waren, aber auch beigegeben. Der *Intermediärharn* ist gebildet. Schließlich wird im Nierenmark unter hohem osmotischen Druck Wasser aus dem Sammelrohr entzogen, so daß nun der stark konzentrierte *Sekundärharn* entstanden ist, der in seiner Menge nur 1–2% des ursprünglichen Primärharns ausmacht. Näheres siehe in den Lehrbüchern der Physiologie.

Harnableitende Organe

Nierenbecken, Pelvis renalis

(410, 414, 421–426, 428, 429, 432, 433, 436, 440–442)

Das Nierenbecken ist in den S i n u s   r e n a l i s eingebaut und kann als dilatierter Anfangsabschnitt des Harnleiters aufgefaßt werden. Es besitzt bei den einzelnen *Hsgt.* recht unterschiedliche und damit arttypische Form. Beim *Rd.* f e h l t ein einheitliches Nierenbecken. Hier teilt sich der Anfangsabschnitt des Harnleiters in zwei Hauptzweige, die in den Sinus eingefügt, die Rolle des Nierenbeckens der anderen Tiere übernehmen.

Das Nierenbecken hat die Aufgabe, den Harn, der ihm durch die Ductus papillares der Niere zugeführt wird, aufzufangen und ihn sofort dem Harnleiter weiterzugeben.

Die dreischichtige Wand des Nierenbeckens besteht von außen nach innen aus der bindegewebigen *Adventitia*, aus einer schwachen *Muskelschicht* und der *Schleimhaut*. Diese ist wie jene aller nachfolgenden harnabführenden Wege mit einem mehrreihigen polygonalen Epithel, dem Übergangsepithel, ausgestattet und besitzt beim *Pfd.*, wie auch der anschließende Teil des Harnleiters, auffallend große Schleimdrüsen, *Glandulae pelvis renalis*. Die Wandung des Nierenbeckens reicht an die Basis der tierartlich unterschiedlich gestalteten Markpyramiden heran und läßt nur ihr Epithel kontinuierlich auf die Papillae renales übergehen. Diese Papillae renales sind bei *Flfr., Schf., Zg.* und *Pfd.* zu einer Leiste, *Crista renalis*, verschmolzen. Beim *Pfd.* münden in das im Vergleich zur Größe des Organs kleine Nierenbecken zwei röhrenförmige, in die beiden Pole der Niere hineinziehende Schläuche, *Recessus terminales* (440–442/*b'*), ein. Die Nierenbecken des *Hd.* (414,421–425) sowie der *Ktz.* (426) und jenes der *kl. Wdk.* (436) sind einander sehr ähnlich. Einem gemeinsamen Hohlraum (421,422/*d*;414,424,425,436/*b*), in den die leistenförmige *Crista renalis* hineinragt, sind seitliche Doppelbuchten, *Recessus pelvis* (414/*c*;425,436/*b''*), paarweise angeschlossen. In diese stoßen die der Crista renalis seitlich angefügten *Pseudopapillen* (422/*e*;423/*3*) vor. Zwischen je zwei Blätter dieser Recessus pelvis steigen je eine A. und V. interlobaris zur Oberfläche der Niere auf (414/*2'*;422/*f*). Die mehrwarzige Niere vom *Schw.* (428,429) besitzt ein Nierenbecken, das kelchartige, meist kurzgestielte Ausstülpungen, *Calices renales* (428/*d*;429/*c*), trägt. Diese umfassen einfache (428/*c*) oder durch Verschmelzung aus mehreren entstandene Nierenwarzen (*c'*). Das *Rd.* (432,433) besitzt, wie bereits erwähnt, kein Nierenbecken. Sein Harnleiter (*a*) verzweigt sich zunächst in zwei große (432/*b*;433/*a'*), dann in weitere, bis zu 22 kleinere Äste (432/*e*;433/*a''*). Letztere tragen *Nierenkelche, Calices renales* (432/*d*;433/*c*), in die einfache oder aus mehreren zusammengesetzte Nierenwarzen eingefügt sind.

Harnleiter, Ureter
(15, 16, 439, 456, 471, 493, 494, 548, 554, 559)

Der Harnleiter übernimmt den ihm kontinuierlich zugeleiteten Harn vom Nierenbecken und leitet ihn ohne Unterbrechung der Harnblase zu. Er ist ein häutig-muskulöser Schlauch, der in Fortsetzung des Nierenbeckens bzw. beim *Rd.* nach Vereinigung seiner Äste am Hilus der Niere zum Vorschein kommt und sich in mehr oder weniger scharfem Bogen kaudal wendet. Er verläuft retroperitonäal in einem nach der Medianen leicht konvexem Bogen. Seine *Pars abdominalis* liegt der inneren Lendenmuskulatur an und kreuzt die großen Äste der Bauchaorta und der hinteren Hohlvene ventral; als *Pars pelvina* tritt er in die Plica urogenitalis ein (15,16/*b,5*;415/*d,e,e'*;496/*d,e*). Hierbei zieht er beim männlichen Tier über den Samenleiter seiner Seite hinweg (471/*3*;490/*2*;493/*h,h'*). Von dorsal tritt er an die Harnblase heran und durchbohrt in schrägem Verlauf deren Wand auf der Grenze zwischen Korpus und Zervix.

Der Harnleiter besteht aus einer bindegewebigen *Adventitia*, aus einer meist dreischichtig erscheinenden *Muskulatur* – äußere und innere Längsschicht und mittlere Kreisschicht – und der längsgefalteten *Schleimhaut*, die mit einem mehrreihigen polygonalen Epithel ausgestattet ist. Beim *Pfd.* finden sich, wie bereits erwähnt, im proximalen Teil des Harnleiters Schleimdrüsen, *Glandulae uretericae*.

Harnblase, Vesica urinaria
(415, 416)

Die Harnblase ist ein außerordentlich entfaltungsfähiges Organ, das so seiner Aufgabe, unter Umständen erhebliche Mengen Harn speichern zu müssen, gerecht wird. Während sie sich in leerem bzw. mäßig gefülltem Zustand mehr oder weniger weit in die Beckenhöhle zurückziehen kann, am auffälligsten beim *Pfd.* (494/*l*;525/*g*), überragt sie stärker gefüllt den Schambeinkamm und lagert sich der ventralen Bauchwand auf (179/*h*;471/*1*). Zwischen Rektum und Harnblase schiebt sich beim weib-

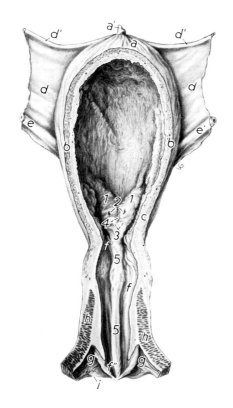

Abb. 415.   Harnblase und Harnröhre eines weiblichen Rindes, eröffnet. Ventralansicht.

a–c Vesica urinaria, bei mäßiger Füllung fixiert und ventral eröffnet: *a* Vertex vesicae, *a'* Urachusnabel, obliterierter Rest des
Allantoisgangs oder Urachus; *b* Corpus vesicae; *c* Cervix vesicae;
d Ligg. vesicae latt.; *d'* Ligg. teretia vesicae, Rest der Nabelarterien; *e,e'* rechter bzw. linker Ureter; *f* Urethra, ventral gespalten
und auseinandergeklappt; *f'* Ostium urethrae int.; *f''* Ostium urethrae ext., von zwei Schleimhautfalten flankiert; *g* Diverticulum
suburethrale; *h* M. urethralis; *i* Schleimhautfalte auf der Grenze
zwischen Vestibulum vaginae und Vagina

1 Columnae uretericae; *2* Ostia ureterum; *3* Plicae uretericae; *4*
Trigonum vesicae; *5* Crista urethralis

lichen Tier die große Plica urogenitalis mit dem Uterus
ein (16), während beim männlichen Tier diese Falte nur
im kaudalen Bereich zwischen beide Organe vorstößt
(15). Aus diesem Grunde ist bei dem männlichen Tier
die Harnblase vom Rektum aus unmittelbarer abzutasten, als dies beim weiblichen Tier möglich ist.

Über die Lagebeziehungen der Harnblase
der *Hsgt.* geben folgende Abbildungen Aufschluß: **Hd.:**
Abb. 17/*c*; 179/*h*; 184/*r*; 465/*1* und 539/*5*; **Ktz.:** Abb.
185, 186/*k*; 471/*1* und 541/*5*; **Schw.:** Abb. 195/*p*; 197/
q; 200/*k*; 475, 476/*1* und 545/*5*; **Rd.:** Abb. 483/*1*; 490/
1; 548/*11*; 554/*5* und 555/*8*; **Pfd.:** Abb. 15, 16/*d*; 494/*l*;
495/*1*; 496/*a,b,c*; 525/*g* und 559/*5*.

An der Harnblase kann man den *Scheitel, Vertex vesicae* (415,496/*a*), den *Körper, Corpus vesicae*
(*b*), und den *Hals, Cervix vesicae* (*c*), unterscheiden. Der kranial sehende Scheitel trägt eine besonders
bei jungen Tieren sehr deutliche Narbe, auch als U r a c h u s n a b e l bezeichnet (415/*a'*). Es ist dies der
obliterierte Rest, die Verschlußstelle des *Urachus* oder *Harnganges*, auch *Allantoisgang* genannt. Dieser verkehrt beim Fetus auf dem Weg über den Nabelstrang zwischen Harnblase und dem außerhalb
des Fetus liegenden H a r n s a c k , A l l a n t o i s . Nach der Geburt reißt er mit dem Nabelstrang durch,
verödet und liefert jene Narbe am Blasenscheitel.

Die Harnblase ist, soweit sie sich in den Peritonäalsack einstülpt, von *Bauchfell*, sonst von *Bindegewebe* umgeben. Diesem folgt die *Muskelhaut.* Sie besteht aus groben, vorwiegend S-förmigen Muskelbündeln, die den d r e i s c h i c h t i g e n M u s k e l m a n t e l der Blase bilden. Die einzelnen Abschnitte dieser S-förmigen Muskelbündel liefern eine stellenweise unvollständige, bei *Pfd.* (416/*1,2*) und
Schw. z. T. fehlende, ä u ß e r e   l o n g i t u d i n a l e   o d e r   s c h r ä g e , eine mittlere transversale
und eine i n n e r e   l o n g i t u d i n a l e   S c h i c h t . Die Bündel der äußeren und inneren Muskellage verflechten sich in der mittleren Schicht miteinander. Blasenscheitel und Blasenhals werden von bogen-
förmigen Muskelschleifen umgeben; am Blasenhals sind sie für den Verschluß der Harnblase wichtig.
Man kann hier eine *dorsale* (3) und eine *ventrale Muskelschleife* (4) unterscheiden, die der äußeren
und inneren Längsmuskelschicht der Blasenwand entstammen und das *Ostium urethrae internum* von
dorsal und ventral umfassen. Sie stellen zugleich den Abschluß der Harnblasenmuskulatur dar.

Dem gesamten Muskelmantel kommt nicht allein die aktive Funktion des Harnauspressens zu, er
hat vielmehr bei der Speicherung des Harnes auch „statische" Funktionen zu erfüllen.

Die *Schleimhaut* der Harnblase hat als notwendige Voraussetzung für ihre erhebliche Entfaltungsfähigkeit ein mächtiges Lager von *Submukosa* und aus denselben funktionellen Gründen eine Decke
von *Übergangsepithel* wechselnder Höhe.

Von d o r s a l treten die *Harnleiter* unter s p i t z e m   W i n k e l durch die Harnblasenwand hindurch
(465/*2*;471/*3*;476,483/*2*;496,559/*4*), wölben die Schleimhaut in Form zweier aufeinander zulaufender
Wülste, *Columnae uretericae* (415/*1*;416/*f*), vor und münden mit je einer schlitzförmigen Öffnung,
Ostium ureteris (415/*2*;416/*g*;494/*k'*;496/*2*;525/*g'*), in die Harnblase. Von den Ostien ziehen jeder-

seits in konvergierendem Verlauf eine Schleimhautfalte, *Plica ureterica* (415,496/*3*), harnröhrenwärts. Durch ihre Vereinigung entsteht eine mediane, in die Harnröhre hineinragende Falte, *Crista urethralis* (*5*), die beim männlichen Tier an einem Schleimhauthügel, *Samenhügel, Colliculus seminalis* (416/*n*; 496/*6*), ihr Ende findet. Als *Harnblasendreieck, Trigonum vesicae* (415,496/*4*), bezeichnet man jenes kleine Schleimhautfeld, das zwischen den Plicae uretericae und der Verbindungslinie zwischen den beiden Harnleitermündungen gelegen ist.

Die **Bänder der Harnblase** hatten im Fetalleben eine zum Teil andere Zweckbestimmung und werden nach der Geburt von der Harnblase als „Halte-bänder" übernommen. Hierher gehören die beiden *Seiten-bänder* der Harnblase, *Liga-menta vesicae lateralia* (15,16/*6*; 184/*m*;186/*i'*;539,541,545,554, 559/*6*). Diese stellen im Fetal-leben die Gefäßfalten für beide zum Nabel hinziehenden Nabel-arterien dar. Nach der Geburt bleiben die Arterien nur in ih-rem proximalen Teil erhalten, und ihre Gekröse werden zu den Seitenbändern der Harnblase. Sie entspringen seitlich aus dem Peritonäum der Beckenhöhle und treten an die Seitenwand der Harnblase heran. In ihrem freien Rand enthalten sie die Nabel-arterie, die beiderseits aus der A. iliaca interna, beim *Pfd.* aus der A. pudenda interna, ent-

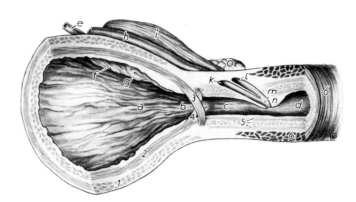

Abb. 416. Harnblasenhals und Anfangsabschnitt der männlichen Harnröhre eines Pferdes, leicht schematisiert. (In Anlehnung an GRÄNING, 1936.)

a Harnblasenhals; *b* Ostium urethrae int.; *c,d* Beckenstück der Harnröh-re: *c* Pars praeprostatica urethrae, *d* Pars prostatica; *e* Ureter; *f* Columna ureterica; *g* Ostium ureteris; *h* Ampulla ductus deferentis; *i* Vesicula se-minalis; *k* Endabschnitt des Ductus deferens; *l* Ductus excretorius; *m* Ductus ejaculatorius mit Ostium ejaculatorium; *n* Colliculus seminalis; *o* Prostata

1,2 zweischichtige Harnblasenmuskulatur; *3* dorsale, *4* ventrale Muskel-schleife am Blasenhals; *5* dreischichtige Muskulatur der Urethra; *6* M. urethralis

springt und am Scheitel der Harnblase blind endet. Dieser Rest der Nabelarterie wird auch als *rundes Band* der Harnblase, *Ligamentum teres vesicae* (415/*d'*;465,475,476/*3'*;496/*d''*;539/*6'*;545,554,559/ *6*), bezeichnet. Das *Ligamentum vesicae medianum* (15,16/*7*;17/*h*;179/*i*;184/*s*;471/*2*;494/*l'*;525/ *g''*;539/*6''*) dient im Fetalleben dem Urachus als Gekröse und reicht vom Beckenboden bis zum Nabel. In dieser Ausdehnung trifft man die Gekrösefalte z. B. beim *Flfr.* zeitlebens an. Sie zieht hier von der Ventralfläche der Harnblase aus an der ventralen Bauchwand entlang sichelförmig bis zum Nabel hin. Bei den anderen Tieren überschreitet sie postnatal den Scheitel der Harnblase kranial nicht.

Harnröhre, Urethra
(17, 415, 416, 465, 471, 475, 476, 483, 490, 494, 496, 525, 539, 541, 545, 554, 559)

Die Harnröhre weist geschlechtsgebundene Unterschiede sowie enge morphologische und funktio-nelle Beziehungen zu den Geschlechtsorganen, namentlich beim männlichen Tier, auf. Dieser Ab-schnitt der harnableitenden Wege wird daher ausführlicher mit den Geschlechtsorganen zu bespre-chen sein. Hier seien nur einige allgemeine Bemerkungen über die Urethra angefügt.

Beim **weiblichen Tier** ist die **Harnröhre,** *Urethra feminina* (17/*c'*;415,525/*f*;539,541,545,554, 559/*7*;559/*9*), relativ kurz. Sie beginnt am Harnblasenhals mit dem *Ostium urethrae internum* (415/*f'*) und mündet auf der Grenze zwischen Vagina und dem Vestibulum vaginae mit dem *Ostium urethrae externum* (415/*f''*;525/*f*;538,543,547 B,558/*g*), das bei *Schw.* und *Rd.* von einer Schleimhautbucht, *Diverticulum suburethrale* (415/*g*;555/*10*), unterlagert wird. Sie schiebt sich dabei zwischen die dorsal gelegene Vagina und den Beckenboden ein. Die *Urethra feminina* hat bei *Hd., Schw.* und *Pfd.* die Länge von 60–80 mm, beim *Rd.* mißt sie 100–120 mm. Ihre Muskulatur schließt an jene des Bla-

senhalses an und zeigt l ä n g s - und r i n g f ö r m i g e A n o r d n u n g . D i e R i n g m u s k u l a t u r bildet
mit dem quergestreiften *M. urethralis* (415/*h*;525/*r*;559/7′) gemeinsam den *M. sphincter urethrae*.
Ihre S c h l e i m h a u t a u s k l e i d u n g zeigt die gleichen Merkmale wie jene der Harnblase. In ihrer
Submukosa findet sich v e n ö s e s S c h w e l l g e w e b e (525), das am Ostium urethrae externum besonders reichlich vorhanden ist und wohl den temporären Verschluß der Harnröhre mit unterstützt.

An der langen **Harnröhre des männlichen Tieres**, *Urethra masculina* (416,465,471,475,476,483,
490,494,496), kann man in bezug auf ihre Lage zwei Abschnitte unterscheiden: Der erste Teil liegt in
der Beckenhöhle und heißt *Pars pelvina*. Der zweite Teil tritt mit dem Harnröhrenschwellkörper des
Penis in Verbindung, deshalb *Pars spongiosa*. Auch beim männlichen Tier nennen wir den Harnröh-
renbeginn das *Ostium urethrae internum*. Es folgt eine kurze Strecke, die ausschließlich als Harnweg
fungiert und bis zur äußerlich sichtbaren Prostata reicht, *Pars praeprostatica*. Damit findet die oben
erwähnte *Crista urethralis* mit dem Samenhügel, *Colliculus seminalis*, ihr Ende. Auf dem Colliculus
münden die paarigen Samenleiter und evtl. die Samenblasendrüsen, seitlich des Samenhügels finden
sich die Ausführungsgänge des Prostatakörpers. Somit beginnt ab hier der Harn- und Samenweg, dessen Beckenabschnitt als *Pars prostatica* benannt wird. In Höhe des Beckenausschnitts verläßt die
Harnröhre die Beckenhöhle und verläuft, vom Mantel des Harnröhrenschwellkörpers umgeben, als
Pars spongiosa im Sulcus urethralis des Penisschafts. Das Ende der Urethra masculina findet sich mit
dem *Ostium urethrae externum* auf dem die Eichel m. o. w. deutlich überragenden *Processus urethrae*. Die baulichen und funktionellen Eigenheiten der männlichen Harnröhre sind nur im Zusammenhang mit der Kenntnis der männlichen Geschlechtsorgane besser verständlich und werden deshalb dort erneut aufgegriffen.

Harnorgane der Fleischfresser

Die **Nieren des Hd.** (414,417,418,421–425) sind dunkelbraunrot oder auch blaurot und haben ausgesprochen regelmäßige Bohnenform (417). Ihre G r ö ß e und ihr G e w i c h t schwanken bei den verschiedenen Rassen innerhalb weiter Grenzen. Das Durchschnittsgewicht wird mit 40–60 g angegeben,
wobei in zwei Dritteln der Fälle die linke Niere schwerer ist als die rechte.

Die **Nieren der Ktz.** (410,419,420) sind verhältnismäßig groß und je nach Blutgehalt von heller
oder dunkler gelbroter Farbe. Sie haben dickbohnenförmige Gestalt, wobei ihre Dorsalflächen leicht
abgeplattet sind. Ihre Länge beträgt im Durchschnitt 32–48 mm, die Breite 17–35 mm und die Dicke
19–27 mm. Bei etwa gleichem Einzelgewicht wiegen beide Nieren zusammen 15–30 g. Das Nierengewicht steigt mit zunehmendem Alter.

Beim *Hd.* liegt die rechte Niere (1/*12*′;175–177/*e*) mit ihrem kranialen Pol intrathorakal – bis zur
12. Rippe –, ihr kaudaler Pol erreicht die Höhe des 2.–3. Lendenwirbels, während die linke (1/*12*;539/
2) etwas weiter kaudal gelagert ist. Die rechte Niere liegt mit ihrer Dorsalfläche dem Zwerchfellpfeiler
sowie der Lendenmuskulatur an, fügt sich mit ihrem kranialen Pol in die Impressio renalis der Leber
ein, wird medial von der hinteren Hohlvene begleitet und stößt ventral an die Pars descendens duodeni und das Pankreas, kranial an das Colon ascendens, unter Umständen auch an den stark gefüllten
Magen. Mit ihrem lateralen Rand berührt sie die Bauchwand. Die linke Niere (172–174/*e*) ist etwas
leichter verschieblich, hat lateral nachbarliche Beziehungen zur Milz und zur Bauchwand, ventromedial zum Colon descendens, kranial zum stärker gefüllten Magen und zum Lobus pancreatis sinister.
Beide Nieren können durch die Bauchwand palpiert werden.

Ganz ähnliche topographische Verhältnisse zeigen auch die Nieren der *Ktz*. Beide liegen jedoch extrathorakal (185,186/*l*;541/*1,2*), die rechte Niere ist durch ein Ligamentum hepatorenale am Processus
caudatus der Leber fixiert und somit weniger verschieblich als die mit einem langen Gekröse ausgestattete linke Niere. Häufig, jedoch nicht immer, liegen beide Nieren annähernd auf gleicher Höhe.
Auch bei der *Ktz*. lassen sich beide Nieren abtasten.

Bei beiden Tierarten ist die Ausbildung der *Capsula adiposa* vom Ernährungszustand abhängig.
Während die Fettkapsel an der Ventralfläche der Nieren nur sehr schwach ist bzw. fehlt, ist sie an dem
Hilus und dem Kaudalpol der Nieren besonders gut ausgebildet.

Auf dem Ä q u a t o r i a l s c h n i t t durch die Niere des *Flfr.* sind *Cortex* und *Medulla* stets gut zu erkennen (410,423,424/*B,C,D*;421,422/*a,b*). Die Rinde hat beim *Hd.* eine Breite von 3–8 mm, bei der

Ktz. eine solche von 2–5 mm. Ihre *Pars convoluta* und die *Markstrahlen* treten auffallend deutlich hervor (410,421,422).

Die Niere des *Hd.* besitzt eine scharfkantig leistenförmige Warze, *Crista renalis* (421/*c*;423/*1*). Von ihren Seitenflächen gehen zudem 12–16 wulstige Fortsätze (*Pseudopapillen*) (422/*e*;423/*3*) quer zur Längsachse des *Sinus renalis* (421,422/*h*;424/*2*) ab. Sie stellen den zentralen Abschnitt je einer *Markpyramide* dar. In ihnen nehmen die *Sammelröhren* aus der Dorsal- und Ventralfläche der Niere ihren Weg zu den *Ductus papillares*, deren Mündungen auf der *Area cribrosa* (423/*1*) der Crista renalis lie-

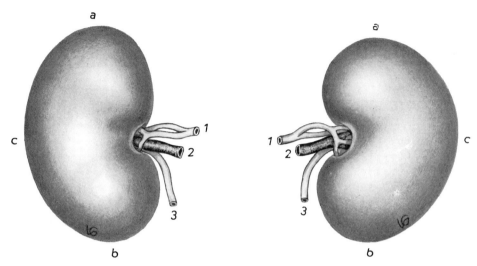

Abb. 417. Rechte und linke Niere eines Hundes. Ventrale Fläche.

a kranialer, *b* kaudaler Nierenpol; *c* lateraler Rand

1,2 A. und V. renalis; *3* Ureter, aus dem Hilus renalis austretend

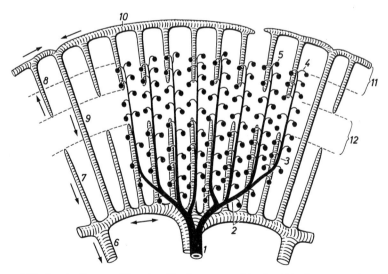

Abb. 418. Blutgefäße im Außenstreifen der Markzone und in der Rindenzone einer Hundeniere.
(Nach von KÜGELGEN et al., aus HABERMEHL / TUOR-ZIMMERMANN, 1972.)

1 A. interlobaris; *2* A. und V. arcuata; *3* A. interlobularis; *4* Vas afferens; *5* Glomerulum; *6* V. interlobaris; *7,8,9* Vv. interlobulares: *7* V. interlobularis prof., *8* V. interlobularis supf., *9* V. interlobularis als Abfluß der *10* V. stellata; *11* arterienfreie Zone der Nierenrinde; *12* venenfreie Zone der Nierenrinde

gen. Ähnlich geformt ist die P a p i l l e der *Ktz.* (410/*c*). Sie ist leistenförmig und besitzt die ihr seitlich angebauten *Pseudopapillen.* Sie ist in ihrer Mitte zu einem K e g e l ausgezogen, der eine kleine Mulde mit der *Area cribrosa* trägt.

Während die Arterien in der Niere der *Flfr.* (414) sich grundsätzlich so verhalten, wie im allgemeinen Teil geschildert wurde, unterscheidet sich der venöse Abfluß zwischen *Hd.* und *Ktz.* und auch im Verhältnis zu allen anderen Tierarten erheblich (418,420). Beim *Hd.* wird das subkapsuläre Rindengebiet durch Venen (418/*8*) entsorgt, die in die Vv. stellatae (*10*) münden. Diese Venensterne sind über die ganze Oberfläche der Niere verteilt und regelmäßig sichtbar. Sie geben ihr Blut über die V. interlobularis (*9*) an die V. arcuata (*2*) ab, die auch die übrigen, aus der tiefen Rindenschicht stammenden

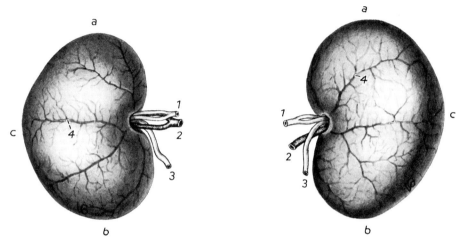

Abb. 419.   R e c h t e u n d l i n k e N i e r e e i n e r K a t z e. Ventrale Fläche.

a kranialer, *b* kaudaler Nierenpol; *c* lateraler Rand

1,2 A. und V. renalis; *3* Ureter, aus dem Hilus renalis austretend; *4* Vv. capsulares

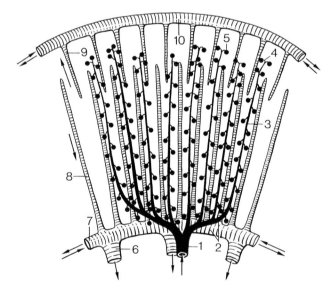

Abb. 420.   B l u t g e f ä ß e i m A u ß e n s t r e i f e n d e r M a r k z o n e u n d i n d e r R i n d e n z o n e b e i e i n e r K a t z e n n i e r e. (Nach HABERMEHL / TUOR-ZIMMERMANN, 1972.)

1 A. interlobaris; *2* A. und V. arcuata; *3* A. interlobularis; *4* Vas afferens; *5* Glomerulum; *6* V. interlobaris; *7* V. arcuata; *8,9* Vv. interlobulares: *8* V. interlobularis prof. mit Abfluß in die V. arcuata, *9* V. interlobularis supf. mit Abfluß in die *10* V. capsularis

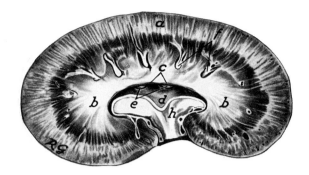

Abb. 421. Flächenschnitt durch die Mitte
der Niere eines Hundes.
(Nach ZIETZSCHMANN, unveröffentlicht.)

a Cortex mit Markstrahlen; *b* Medulla; *c* leistenförmige Crista renalis; *d* Pelvis renalis; *e* Pseudopapillen; *f* Aa. und Vv. interlobares, in Aa. und
Vv. arcuatae übergehend; *h* Fettgewebe im Sinus
renalis

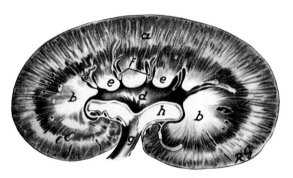

Abb. 422. Paramedianer Flächenschnitt
durch die Niere eines Hundes.
(Nach ZIETZSCHMANN, unveröffentlicht.)

a Cortex; *b* Medulla; *d* Pelvis renalis; *e* Pseudopapillen, jeweils in einen Rec. pelvis hineinragend; *f*
Aa. interlobares, in der Furche eines doppelbuchtigen Rec. pelvis verlaufend; *g* Ureter; *h* Fettgewebe im Sinus renalis

Vv. interlobulares (*7*) empfängt. Auffällig ist, daß zwischen den beiden Entsorgungsgebieten eine venenfreie Zone (*12*) besteht. Auch die Arterienbäumchen der Aa. interlobulares dringen bei der Niere
des *Hd.* nicht bis an die Capsula fibrosa heran (*11*). Bei der *Ktz.* wird der subkapsuläre Venenabfluß
(*420/12*) über die Vv. capsulares (*419/4*; *420/10*) vorgenommen. Diese Vv. capsulares sind bäum-
chenartig verzweigte Venen, die von dem konvexen Rand der Niere, in seichte Furchen eingebettet,
über beide Flächen der Niere hinweg konvergierend dem Hilus und damit der V. renalis zustreben
(*420/4*). Untereinander haben sie zahlreiche Anastomosen und verleihen der Niere der *Ktz.* ein überaus typisches Aussehen. Bemerkenswert ist, daß dieses oberflächliche Venensammelsystem der *Ktz.*
nicht mit dem inneren Venensystem (*420/8*) in Verbindung tritt.

Das **Nierenbecken** des *Hd.* (*414/b*; *421,422/d*; *424/b*; *425*) stellt gewissermaßen das Negativ des geschilderten, von den Markpyramiden und ihren Nebenbildungen gelieferten Innenreliefs im Sinus renalis dar. Demgemäß finden wir einen länglichen z e n t r a l e n H o h l r a u m, in den die Crista renalis
hineinragt. Diesem zentralen Teil des Nierenbeckens sind 10–12 taschenförmige Ausstülpungen, *Recessus pelvis* (*414/c*; *422,423/2*; *425/b''*), angefügt, die zwischen je zwei benachbarte *Pseudopapillen*
(*422/e*; *423/3*) hineinragen. In den Furchen der doppelbuchtigen Recessus nehmen jeweils die Aa. und
Vv. interlobares ihren Weg zur Mark-Rindengrenze.

Bei der *Ktz.* ist der z e n t r a l e H o h l r a u m des Nierenbeckens klein und trichterförmig (*410/b*).
Die *Recessus pelvis* sind in einer Zahl von 8–10 vorhanden (*426/c*).

Der **Harnleiter** (*456/b,b'*) bietet weder nach Bau noch nach seinem Verlauf Besonderheiten. Es gilt
für ihn die im allgemeinen Teil gegebene Darstellung.

Die **Harnblase** liegt, unabhängig von ihrem Füllungszustand, beim *Flfr.* i m m e r i n d e r B a u c h -
h ö h l e vor dem Schambeinkamm auf der ventralen Bauchwand (*1/16*; *17/c*; *179/h*; *184/r*; *185,186/k*;
465,471/1; *539,541/5*). Nur der Blasenhals tritt in die Beckenhöhle ein. Sie ist infolgedessen, bis auf
den Blasenhals, vollständig von Bauchfell überzogen. Die Harnblase des *Flfr.* gehört zu den wenigen
Organen der Bauchhöhle, die vom großen Netz n i c h t bedeckt sind (*179/h*; *186/k*). Sie liegt demnach
mit ihrer Ventralfläche der Bauchwand direkt auf, ist kranial den vom großen Netz bedeckten Dünndarmschlingen benachbart und kann bei bemerkenswertem Speichervermögen mit ihrem Scheitel bis
zum Nabel reichen. In solchem Zustand ist sie durch die Bauchwand abzutasten und operativen Eingriffen bequem zugängig.

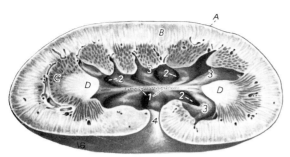

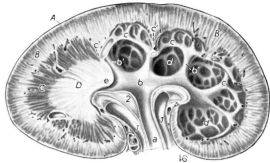

Abb. 423.   Sagittalschnitt durch die Niere eines Hundes in Hilusnähe. Nierenbecken aus dem Sinus renalis herauspräpariert.

A Capsula fibrosa; *B* Cortex; *C,D* Medulla: *C* Zona externa, *D* Zona interna

1 Crista renalis mit Area cribrosa und seitlich zwei schlitzförmigen Mündungen weiterer Ductus papillares; *2* Nischen, aus denen die Schleimhautauskleidung der Recc. pelvis des Nierenbeckens sowie die Aa. und Vv. interlobares herauspräpariert sind; *3* von der Crista renalis ausgehende Pseudopapillen; *4* Hilus renalis im Anschnitt

Abb. 424.   Flächenschnitt durch die Mitte der Niere eines Hundes.

In der Abbildung rechts Markschicht herausgeschält.

A Capsula fibrosa; *B* Cortex mit Pars convoluta (grau) und Pars radiata (helle Streifen); *C,D* Medulla: *C* Zona externa, *D* Zona interna

a Ureter, aus dem Hilus renalis austretend; *b* Pelvis renalis; *b'* blattartige Ausstülpungen der Wand des Nierenbeckens, die Recc. pelvis begrenzend; *c* Columnae renales, die Aa. und Vv. arcuatae führend; *c'* Columnae renales im Schnitt; *d* Buchten unter der Rindenschicht (Rindenkappen), aus denen die konvexe Basis der Markpyramiden herausgelöst wurde, mit den hier verlaufenden Aa. und Vv. arcuatae; *e* Teil der Crista renalis

1 Zweige der A. und V. renalis; *2* Fettgewebe im Sinus renalis

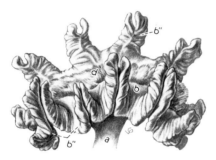

Abb. 425.   Plastoidausguß des Nierenbeckens eines Hundes.

a Ureter; *b* Pelvis renalis mit *b''* Recc. pelvis; *d* injizierte Ductus papillares

Abb. 426.   Plastoidausguß des Nierenbeckens einer Katze.
(Nach Tuor-Zimmermann, 1972.)

a Ureter; *b* Pelvis renalis; *c* Rec. pelvis; *d* Gefäßrinne für die A. und V. interlobaris

Die *Ligamenta vesicae lateralia* (184/*m*;186/*i'*;465/3;539/6) sind typisch ausgebildet; das *Ligamentum vesicae medianum* (179/*i*;184/*s*;471/2;539/6'';541/6') läßt sich als dünne sichelförmige Gröseplatte vom Beckeneingang bis zum Nabel hin verfolgen.

Die weibliche **Harnröhre** (17/*c'*;539/7) hat eine nur unvollständige äußere und innere Längsmuskulatur, jedoch eine kräftige Ringmuskellage, die mit dem quergestreiften, willkürlichen *M. urethralis* den *M. sphincter urethrae* bilden hilft.

Die **männliche Harnröhre** wird bei den Geschlechtsorganen besprochen.

Harnorgane des Schweines

Die **Nieren** (411,427–430) sind *glatt* und *mehrwarzig*. Sie sind bohnenförmig, dorsoventral deutlich abgeplattet und können polwärts ein- oder beidseitig spitz auslaufen. Mitunter zeigen sie Andeutungen von Furchen oder Lappenbildung. Ihr *Hilus* ist unterschiedlich weit.

Die Nieren sind braun, bei ausgebluteten Tieren oft graubraun. Sie haben ein Durchschnittsgewicht von je 200–280 g, wobei ein nennenswerter Unterschied zwischen rechter und linker Niere nicht besteht.

In ihre bei gut genährten Tieren recht umfangreiche *Fettkapsel* eingebettet, liegen beide Nieren extrathorakal unter dem 1.–4. Lendenwirbel (545/*1,2*), entweder auf gleicher Höhe oder die rechte etwas kranialer als die linke, der Lendenmuskulatur flach an. Die rechte Niere erreicht, zum Unterschied gegenüber allen anderen *Hsgt.*, die Leber nicht (196/*f*;198/*i*;200/*g*). Die linke steht mit der Milz (195/*i*;197/*m*;199/*i*) und ebenso wie die rechte auch mit der Bauchspeicheldrüse in Kontakt. A. und V. renalis entspringen aus der dem medialen Rand der Nieren benachbarten Aorta bzw. aus der hinteren Hohlvene.

Die *Rinde* der Niere (428/*B*) ist 5–25 mm dick, während ihr *Mark* (*C,D*) häufig nur die Hälfte bis zwei Drittel der Stärke der Rindenschicht erreicht. *Tubuli contorti* und *Glomerula* verleihen ihr auf dem Schnitt stumpfes und körneliges Aussehen; ebenso sind auch die *Markstrahlen* gut sichtbar, die *Columnae renales* jedoch kaum angedeutet.

Die Spitzen der *Markpyramiden* stoßen einzeln oder zu 2–5 miteinander verschmolzen als *Papillae renales* (*c,c'*) in den Sinus renalis vor. Die einfachen Nierenwarzen (*c*) haben kegelförmige Gestalt, die verschmolzenen (*c'*) sind wulstartig oder mehrhöckerig gestaltet. Insgesamt zählt

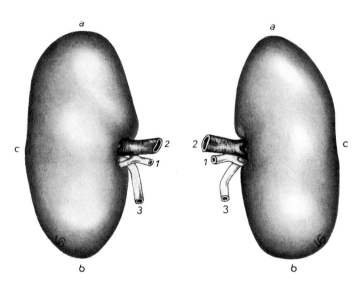

Abb. 427. Rechte und linke Niere eines Schweines. Ventrale Fläche.
a kranialer, *b* kaudaler Nierenpol; *c* lateraler Rand
1,2 A. und V. renalis; *3* Ureter, aus dem Hilus renalis austretend

man 8–12 Papillen, die ein im Umriß unterschiedlich geformtes *Porenfeld, Area cribrosa,* mit den Mündungen der *Ductus papillares* tragen.

Die bei anderen Tierarten, z. B. *Hd., Wdk.* und *Pfd.,* als V e n u l a e   s t e l l a t a e vorhandenen subkapsulären Venen f e h l e n dem *Schw.* Seine Nieren besitzen nur das innere Venensammelsystem (430), bei dem jedoch die Länge der Vv. interlobulares sehr unterschiedlich weit ins Rindenparenchym hineinreicht, so daß sowohl Vv. interlobulares longae (*8*) als auch Vv. interlobulares breves (*8'*) auftreten.

Das **Nierenbecken** (428,429/*b*) paßt sich in seiner Form dem von den Nierenwarzen ausgestalteten Innenrelief des *Sinus renalis* an. Es besitzt einen mit dem Harnleiter in Verbindung stehenden z e n - t r a l e n   R a u m, der zwei nach den beiden Polen der Niere hinziehende, umfangreiche *Nebenbuchten* besitzt. Diese tragen, wie der zentrale Teil des Beckens, gestielte, aber auch ungestielte *Calices renales* (429/*c*), die bei unterschiedlicher Größe und Form die 8–12 einfachen oder zusammengesetzten Nierenwarzen trichterförmig umschließen.

Die **Harnleiter** verlassen den *Hilus* der Nieren, indem sie in scharfem Bogen kaudal umbiegen (426/*3*), und erreichen auf dem im allgemeinen Teil dargestellten Weg die Harnblase (475,476/*2*;545/ *4*). Sie treten erst gegen Ende des Blasenhalses an die Blase heran und durchstoßen deren Tunica muscularis fast senkrecht. Durch ihren anschließend schrägen Verlauf in der Submukosa der Harnblase erzeugen sie aber auch hier die *Columnae uretericae,* die in die anschließenden, das *Blasendreieck* begrenzenden *Plicae uretericae* übergehen.

Die **Harnblase** besitzt ein beträchtliches Fassungsvermögen und zeigt damit auch erhebliche Volumenschwankungen. Im leeren und mäßig gefüllten Zustand ist sie eiförmig und wird mit zunehmender Füllung annähernd kugelig (475,476/*1*). Außer dem Blasenhals, der auf dem Beckenboden liegt, ragt die Harnblase in die Bauchhöhle hinein und liegt dabei der ventralen Bauchwand auf (195/*p*;197/ *q*;200/*k*;545/*5*).

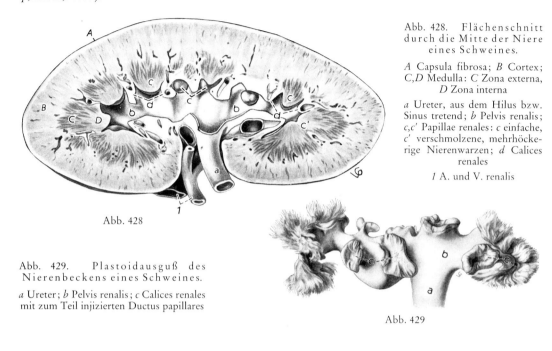

Abb. 428

Abb. 428. Flächenschnitt durch die Mitte der Niere eines Schweines.

A Capsula fibrosa; *B* Cortex; *C,D* Medulla: *C* Zona externa, *D* Zona interna

a Ureter, aus dem Hilus bzw. Sinus tretend; *b* Pelvis renalis; *c,c'* Papillae renales: *c* einfache, *c'* verschmolzene, mehrhöckerige Nierenwarzen; *d* Calices renales

1 A. und V. renalis

Abb. 429. Plastoidausguß des Nierenbeckens eines Schweines.

a Ureter; *b* Pelvis renalis; *c* Calices renales mit zum Teil injizierten Ductus papillares

Abb. 429

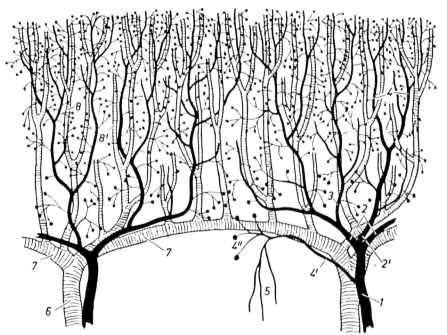

Abb. 430. Blutgefäße im Außenstreifen der Markzone und in der Rindenzone der Niere eines Schweines. (Nach WROBEL, 1961.)

1 A. interlobaris; *2,2'* A. arcuata; *3,4* A. interlobularis; *4',4''* A. interlobularis und Vasa afferentia von juxtamedullären Glomerula; *5* Arteriolae rectae; *6* V. interlobaris; *7* V. arcuata; *8,8'* Vv. interlobulares: *8* V. interlobularis longa, *8'* V. interlobularis brevis

Die *Harnblasenbänder* (475,476/3,3';545/6) verhalten sich so, wie dies im allgemeinen Teil dargestellt wurde.

Die weibliche **Harnröhre** (545/7) besitzt außer einer nur schwachen äußeren und inneren Längsmuskelschicht eine kräftige mittlere Ringmuskellage, die in ihrer Wirkung als Schließmuskel der Harnröhre den quergestreiften *M. urethralis* unterstützt. Am Boden des *Ostium urethrae externum* der Urethra feminina findet sich eine kleine Schleimhautbucht, das *Diverticulum suburethrale*. Die Pars praeprostatica der Urethra des männlichen Tieres zeigt bezüglich ihrer glatten Muskulatur ähnliches Verhalten. Der anschließende Abschnitt der Harnröhre des *Ebers* ist bei den männlichen Geschlechtsorganen dargestellt.

Harnorgane der Wiederkäuer

Die **Nieren des Rd.** (430–434) sind *gefurcht, mehrwarzig* und von braunroter Farbe. Die rechte Niere (431) ist platt und hat unregelmäßig ovale Form. Die linke Niere (431) weicht von dieser Gestalt insofern ab, als sie einen verdickten kaudalen, jedoch einen spitzen kranialen Pol besitzt und so gelegentlich geradezu pyramidenförmig sein kann. Sie erinnert in ihrer Form an einen länglich-eiförmigen Körper, dessen beide Pole gegenläufig auf den Hilus zu verdreht wurden. Zudem ist ihre laterale, dem dorsalen Pansensack anliegende Fläche (*Facies ruminalis*) meist deutlich abgeflacht (235/s;485/n). Beide Nieren haben einen weiten *Hilus,* der in den buchtigen *Sinus* (432/f) hineinführt, so daß man hier wohl auch von einer Nierengrube sprechen kann.

Die linke Niere ist 190–250 mm, die rechte 180–240 mm lang. Bei meist etwas höherem Gewicht der linken Niere wiegen beide Organe bei erwachsenen Tieren 1,2–1,5 kg, wobei das größere Nierengewicht den männlichen Tieren zukommt.

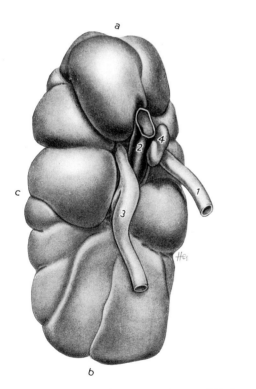

Abb. 431. Rechte und linke Niere eines Rindes. Hilusfläche.

a kranialer, *b* kaudaler Nierenpol; *c* lateraler Rand der rechten Niere bzw. ventraler Rand der linken Niere

1,2 A. und V. renalis; *3* Ureter, aus dem Hilus renalis austretend; *4* Ln. renalis

Die r e c h t e N i e r e (209/*m*;234/*v*;244/*s*;554/*1*) liegt sagittal, mit dem Hilus medial und reicht von der 13. Rippe bis zum 3. Lendenwirbel. Ihr kranialer Pol fügt sich in die Impressio renalis der Leber. Dorsal ist sie mit dem Zwerchfellpfeiler sowie der Lendenmuskulatur verbunden. Ventral bekommt sie Kontakt mit dem Pankreas, dem Grimm- und Blinddarm. Die l i n k e N i e r e (229/*m*;235/*s*;485/*n*; 554/*2*) hängt an ihrem fettreichen Gekröse, von der *Capsula adiposa* umhüllt, frei in die Bauchhöhle hinein und wird vom dorsalen Pansensack nach r e c h t s über die Medianebene geschoben, wobei sie sich an das Darmkonvolut anlegt. Sie reicht vom 2. oder 3. bis zum 5. Lendenwirbel und liegt damit größtenteils k a u d a l der rechten Niere. Gleichzeitig mit ihrer Verschiebung nach rechts erfolgt auch eine Drehung um ihre Längsachse um 45° und mehr, so daß ihr Hilus dorsal verlagert wird.

Eine B a u c h f e l l f a l t e (554/*2''*) stellt die Fortsetzung des Bauchfellüberzugs der Fettkapsel der linken Niere nach kaudal dar. Diese Bauchfellfalte erreicht eine beträchtliche Höhe und geht kaudolateral und links in das Peritonäum der Flankengegend über, verbindet sich jedoch zugleich auch mit dem breiten Gebärmutterband des linken Uterushorns. So entsteht zwischen dieser Bauchfellfalte und der lateralen Bauchwand eine Nische, in die sich von kranial der kaudodorsale Blindsack des Pansens einschiebt. Im übrigen erreicht die *Fettkapsel* (229,485,554) der Niere beim gutgenährten *Rd.* beträchtliches Ausmaß; das Fett selbst besitzt feste Konsistenz (Rindertalg).

Die Niere besteht, wie schon äußerlich sichtbar, aus 12–25 unterschiedlich großen *Renculi* (431,432), die ihrerseits entweder nur e i n e n Lobus renalis repräsentieren oder aber das V e r - s c h m e l z u n g s p r o d u k t aus 2–5 Nierenlappen darstellen. *Rinden-* und *Marksubstanz* (432/*B,C,D*) benachbarter Renculi sind an ihren Kontaktflächen miteinander verschmolzen. Die *Spitzen der Markpyramiden* ragen jedoch einzeln spitzkegelförmig oder zu mehreren (2–5) vereinigt, dann mehr wulstartig, als *Nierenwarzen* (*c*) in den *Sinus renalis* (*f*) hinein. Man zählt 18–22 solcher Papillen, die je ein entsprechendes *Porenfeld, Area cribrosa,* mit den Mündungen der *Ductus papillares* tragen.

Ein **Nierenbecken** f e h l t dem *Rd.* Die harnableitenden Wege beginnen mit den *Calices renales* (432/*d*;433/*c*), jenen kelchförmigen Gebilden, die in ihrer Anzahl der Zahl der Nierenwarzen entsprechen und diese an ihrer Basis umfassen. Sie sitzen unterschiedlich langen Röhren, den *Kelchstielen* (432/*e*;433/*a''*), auf. Diese fließen zu je einem kranialen und kaudalen größeren *Sammelrohr* (432/*b*;433/*a'*) zusammen. Aus dem Zusammenfluß dieser beiden *Hauptgänge* entsteht schließlich der

Abb. 432. R e c h t e N i e r e e i n e s R i n d e s. Ein Teil der Renculi angeschnitten.

A Capsula fibrosa; *B* Cortex; *C,D* Medulla: *C* Zona externa, *D* Zona interna

a Ureter, aus dem Sinus renalis austretend, mit *b* dem kranialen bzw. kaudalen Sammelrohr; *c* Papillae renales; *d* Calices renales; *e* Kelchstiele; *f* Sinus renalis, durch Entfernung des Fettgewebes freigelegt

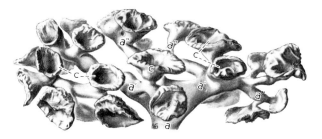

Abb. 433. P l a s t o i d a u s g u ß d e s H a r n l e i t e r s, s e i n e r Ä s t e u n d d e r N i e r e n k e l c h e e i n e s R i n d e s.

a Ureter, *a'* Sammelrohre; *a''* Kelchstiele; *c* Calices renales

Abb. 434. Blutgefäße im Außenstreifen der Markzone und in der Rindenzone der Niere eines Rindes. (Nach WILLE, 1966.)

1 A. arcuata; *2* A. interlobularis; *3* Vas afferens; *4* Glomerulum; *5* Vas efferens; *6* engmaschiges periglomeruläres Kapillarnetz; *7* langmaschiges peritubuläres Kapillarnetz; *8* subkapsulärer Kapillarmantel; *9,10* Arteriolae rectae; *11* V. arcuata; *12–15* Vv. interlobulares: *12* Stammgefäß, *13* lange Interlobularvene, die die V. stellata entsorgt, *14,15* längere und kürzere Venen für das tiefe Rindenparenchym; *16* V. stellata; *17* Venen für das subkapsuläre Rindenparenchym, die in die V. stellata münden; *18* Kapillaren und Venolen aus dem Parenchym; *19* perivaskuläre Kapillaren und Venolen; *20* Sammelvenen der *21* Venulae rectae

Harnleiter. Dieses das Nierenbecken anderer Tiere ersetzende Röhrensystem ist im Sinus renalis in stets reichlich vorhandenes Fettgewebe eingebaut.

Der rechte **Harnleiter** (548/*15*;554/*3*) nimmt den auch bei anderen Tieren üblichen Verlauf zur Harnblase. Der linke Harnleiter (548/*15*;554/*4*) hingegen verläuft zunächst rechts der Medianebene neben seiner Niere, danach ventral vom rechten Harnleiter, um dann, die Mediane nach links kreuzend, auf der linken Seite beckenwärts die Harnblase zu erreichen (483/*2*;490/*2*).

Die **Nieren von Schf. und Zg.** (435,436) sind im Gegensatz zu jenen des *Rd. glatt* und *einwarzig.* Sie besitzen bei diesen beiden Tierarten w e i t g e h e n d e Ä h n l i c h k e i t und sind mit Sicherheit nicht voneinander zu unterscheiden, was bei der nahen Verwandtschaft und der übereinstimmenden Größe dieser Tierarten nicht weiter verwunderlich ist. Bemerkenswerter aber ist, daß zwischen dem Ausse-hen der Nieren dieser Tiere und jenen des Hd. ebenfalls so hochgradige Übereinstimmung besteht, daß die Unterscheidung der Nieren von *kl. Wdk.* und *Hd.* erhebliche Schwierigkeiten bereitet.

Die Nieren der *kl. Wdk.* haben gedrungene Bohnenform mit rundlichem Querschnitt und deutli-chem, wenn auch nicht sehr tiefen *Hilus.* Sie sind rotbraun, bei gutgenährten Tieren jedoch hellbraun. Ihre durchschnittliche Länge beträgt bei beiden Tierarten 55–70 mm. Ebenso stimmt das absolute Ge-wicht beider Nieren, das zwischen 100 und 160 g beträgt, bei *Schf.* und *Zg.* weitgehend überein. Die *Fettkapsel,* besonders jene der linken Niere, ist bei beiden Tierarten sehr umfangreich.

Die r e c h t e N i e r e (236/*r*;238/*n*) erreicht die 13. Rippe, ihr kaudaler Pol die Höhe des 2. Lenden-wirbels, während die l i n k e N i e r e (238/*o*) ebenso wie beim *Rd.* r e c h t s von der Medianebene und vom dorsalen Pansensack, jedoch auffallend weiter k a u d a l unter dem 4. und 5. Lendenwirbel gele-gen ist. Der kraniale Pol der rechten Niere bettet sich in die Impressio renalis der Leber. Medial und

ventral steht sie mit dem Pan-kreas sowie mit dorsalen Ab-schnitten des Darmkonvoluts in Verbindung. Die linke Niere unterhält, außer zum Pansen, nachbarliche Beziehungen auch zur Pars ascendens duodeni und zum Colon descendens.

Die *Nierenpapille* des *kl. Wdk.* zeigt, wie das Gesamtor-gan, weitgehende Ähnlichkeit mit jener des *Hd.* Von einer leistenförmigen Crista renalis zweigen seitlich wulstige Pseu-dopapillen ab. Beim *Schf.* zählt man deren 10–16, bei der *Zg.* 10. Übereinstimmend mit der Gestalt der *Crista renalis* und den ihr angefügten Pseudopa-pillen, gleicht das **Nierenbek-ken** (436) dieser Tiere jenem des *Hd.* auffallend. Auch hier ist ein z e n t r a l e r T e i l (*b*) vorhanden, der die leistenför-

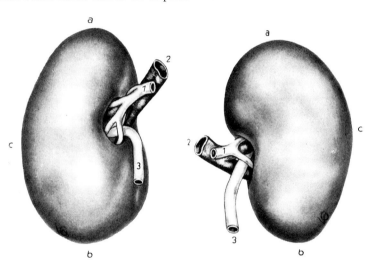

Abb. 435.   R e c h t e u n d l i n k e N i e r e e i n e r Z i e g e. Ventrale Fläche.

a kranialer, *b* kaudaler Nierenpol; *c* lateraler Rand

1,2 A. und V. renalis; *3* Ureter, aus dem Hilus renalis austretend

mige Crista renalis aufnimmt. Diesem fügen sich die *Recessus pelvis* (*b''*) an. Sie umschließen jeweils eine der Pseudopapillen und sind somit in gleicher Zahl wie jene vorhanden.

Der rechte **Harnleiter** läuft, wie beim *Rd.,* auch beim *kl. Wdk.* entlang der hinteren Hohlvene über der linken Niere beckenwärts. Der linke Harnleiter liegt wie die zugehörige Niere zunächst rechts der Medianebene, unterkreuzt beckenwärts jedoch den rechten Ureter und zieht dann links von der Me-dianen zur Harnblase.

Die **Blutversorgung** der Niere des *Rd.* (434) weicht in mancher Beziehung von der der anderen *Hsgt.* ab. So ist grundsätzlich zu diskutieren, ob die bei den anderen *Hsgt.* als Aa. interlobares be-zeichneten Gefäßstrecken beim *Rd.* nicht besser als Aa. renculares zu benennen sind. Diese Arterien laufen entweder zwischen zwei benachbarten Renculi und versorgen beide mit Aa. arcuatae, oder sie treten in das Zentrum eines Renculus ein und bilden unter weiterer Aufteilung eine kuppelförmige Gefäßformation in diesem einen Renculus. Für die Vv. interlobares würde eine gleichlautende Umbe-nennung sinnvoll sein. Darüber hinaus zeichnen sich die Venen der Rinde dadurch aus, daß zahlreiche Vv. stellatae (*16*) das Blut aus den subkapsulären Bezirken abführen, während die tiefen Rindenbezir-ke über kürzere (*15*) und längere Vv. interlobulares (*14*) entsorgt werden.

Die Blutgefäßarchitektur der Nieren von *Schf.* und *Zg.* ähnelt dagegen in den Grundzügen derjenigen des *Hd.*, doch ist zu beachten, daß die Vv. stellatae des *Schf.*, in ihrer Anzahl erheblich schwankend, regellos über die Nierenoberfläche verstreut auftreten. Die Sternform ist nicht so deutlich, weil das Zentrum des Venensterns in das Rindenparenchym abgesenkt ist. Im Hilusgebiet treten Vv. corticales auf, deren Blut direkt in die Äste der V. renalis mündet. Bei der *Zg.* sind Vv. stellatae noch undeutlicher, weil hier nur kürzeste subkapsuläre Strecken der Vv. interlobulares oberflächenparallel verlaufen. Dieses unterschiedliche Erscheinungsbild der Kapselgefäße kann zur Artdiagnose verwendet werden.

Die **Harnblase des Rd.** (415,483/*1*;490/*1*;548/*11*;554/*5*;555/*8*) ist verhältnismäßig groß. Sie ist langgestreckt-eiförmig und überragt schon bei mäßiger Füllung den Schambeinkamm, legt sich dabei auf die ventrale Bauchwand und ist mit Ausnahme des Blasenhalses von Bauchfell überzogen. Ihre B e f e s t i g u n g erfolgt durch je ein *seitliches* (415/*d*;548/*12*;554/*6*) sowie durch das *mittlere Harnblasenband*, deren Verhalten im allgemeinen Teil dieses Kapitels dargestellt ist. Die *Cervix vesicae* ist, wie auch die **Harnröhre** des w e i b l i c h e n *Rd.* (415/*f*;554/*7*;555/*9*), durch derbes Bindegewebe mit der Ventralwand der Vagina verbunden. Die *Mündungen der Harnleiter* (415/*2*), die sich etwa in der Mitte des Blasenhalses befinden, liegen nahe beisammen, so daß die wulstigen *Plicae uretericae* (*3*) ein nur kleines *Blasendreieck* (*4*) begrenzen. Hingegen erhebt sich die *Crista urethralis* (*5*) beim *Rd.* zu einer bis 5 mm hohen Falte, die beim weiblichen Tier an der Dorsalwand der etwa 100–130 mm langen *Urethra* bis zum *Ostium urethrae externum* (415/*f''*;547 B/*g*;555) hinreicht. Das Ostium ist schlitzförmig und wird von zwei S c h l e i m h a u t f a l t e n flankiert. Ein unter dem vestibulumseitigen Ende der Harnröhre des weiblichen *Rd.* gelegener, s c h l e i m h a u t a u s g e k l e i d e t e r B l i n d s a c k von einer Tiefe und Breite bis zu 20 mm wird als *Diverticulum suburethrale* (415/*g*;547/*g*;555/*10*) bezeichnet. Der Zugang in das Divertikel vom Vestibulum vaginae aus und die dorsal davon gelegene Mündung der Harnröhre in den Scheidenvorhof liegen auf gleicher Höhe, was beim Einführen eines Katheters in die Harnblase beachtet werden muß. Zu einer i n n e r e n und ä u ß e r e n L ä n g s - sowie einer m i t t l e r e n R i n g l a g e ist die *glatte Muskulatur* der Harnröhre angeordnet. Ebenso findet sich in ihrem kaudalen Drittel der *quergestreifte M. urethralis* (415/*h*), der auch das Diverticulum suburethrale einschließt. Das k a v e r n ö s e S c h w e l l g e w e b e in der Submukosa der weiblichen Urethra des *Rd.* erstreckt sich bis zum Ostium urethrae externum und ist hier am stärksten ausgebildet.

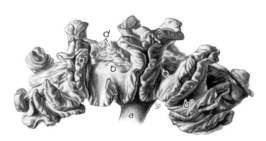

Abb. 436.   P l a s t o i d a u s g u ß des N i e r e n b e c k e n s e i n e s S c h a f e s.

a Ureter; *b* Pelvis renalis mit *b''* Recc. pelvis; *d* injizierte Ductus papillares

Die **Harnblase von Schf. und Zg.** zeigt bezüglich ihrer Form, Lage und Befestigung weitgehende Übereinstimmung mit jener des *Rd.* Die weibliche *Harnröhre* des *Schf.* besitzt eine Länge von 40 bis 50 mm, jene der *Zg.* eine solche von 50–60 mm und führt in ihrer Submukosa v e n ö s e s S c h w e l l - g e w e b e. Die aus der Vereinigung der beiden *Plicae uretericae* hervorgehende *Crista urethralis* reicht bis etwa zur Mitte der Harnröhre. Beide Tierarten besitzen auch ein *Diverticulum suburethrale* mit einer Tiefe von 10–15 mm.

Der Bau der m ä n n l i c h e n H a r n r ö h r e weist beim *Bullen* sowie beim *Schaf-* und *Ziegenbock* erhebliche Besonderheiten auf und wird im Abschnitt über die männlichen Geschlechtsorgane besprochen.

Harnorgane des Pferdes

Die **Nieren** (437–442) sind *glatt* und *einwarzig*, von dunkel gelbrotbrauner Farbe. Rechte und linke Niere unterscheiden sich in ihrer Form stets deutlich. Die l i n k e N i e r e (262/*l*;437,439/*a'*) ist b o h - n e n f ö r m i g, 150–200 mm lang und 110–150 mm breit. Ihr kaudales Ende ist meist breiter als ihr kranialer Abschnitt und ihre ventrale Fläche stärker gewölbt als die dorsale. Von dem mehr ventral verlagerten tiefen *Hilus* gehen mehrere Furchen aus, in denen starke Zweige der A. renalis verlaufen.

Die rechte Niere (437,439/*a*;440) hat Herzform; ihr transversaler Durchmesser ist größer als der longitudinale. In longitudinaler Richtung mißt sie 130–150 mm, in transversaler 150–180 mm. Ihre Dorsalfläche ist konvex, ihre ventrale leicht konkav. Am medialen Rand findet sich der auffallend tiefe Hilus, während ihr kranialer konvexer und kaudaler gerader Rand lateral in scharfem Bogen ineinander übergehen.

Das Gewicht der stets schwereren rechten Niere beträgt im Mittel 625 (480–840) g und jenes der linken Niere nur 602 (425–780) g.

Die rechte Niere (248/*m*;258/*r*;262/*l*;559/*1*) liegt fast ganz intrathorakal. Kranial erreicht sie die 16. (17. oder 15., selten 14.) Rippe und überragt kaudal den 1. Lendenwirbel nicht. Die linke Niere (248/*m'*;262/*l'*;559/*2*) hingegen erstreckt sich von der 17. (18. oder 16.) Rippe bis zum 2.–3. Lendenwirbel. Sie kann aber auch nur unter dem 1.–3. Lendenwirbel liegen.

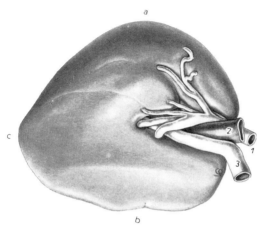
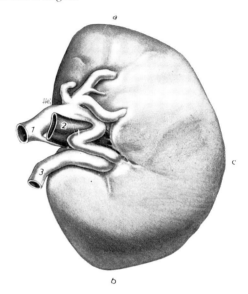

Abb. 437.   Rechte und linke Niere eines Pferdes. Ventrale Fläche.

a kranialer, *b* kaudaler Nierenpol; *c* lateraler Rand

1,2 A. und V. renalis; *3* Ureter, aus dem Hilus renalis austretend

Nachbarliche Beziehungen unterhält die rechte Niere mit der Leber (262/*l*;439*a*), in deren Impressio renalis sich ihr kranialer Teil einfügt, desgleichen dorsal mit dem Zwerchfellpfeiler, der Lendenmuskulatur und mit der Fascia iliaca. Ihre Ventralfläche ist in großer Ausdehnung mit dem Blinddarmkopf bindegewebig verwachsen und daher rektaler Untersuchung nicht zugängig (258/*r,t*). Medial bekommt sie Kontakt mit dem Pankreas (248/*m,k''*) und der rechten Nebenniere (439/*a,c*), manchmal auch mit der Hohlvene (*2*), während ihr kaudales Ende die Pars descendens duodeni berührt. Die linke Niere hat dorsal die gleiche Nachbarschaft wie die rechte. An ihre Ventralfläche stoßen Jejunumschlingen, das Colon descendens und die Pars ascendens duodeni. Ferner ist sie nach medial der linken Nebenniere sowie dem Lobus pancreatis sinister benachbart (439/*a',c',d'*). Zwischen Bauchwand und ihren lateralen Rand schiebt sich die Extremitas dorsalis der Milz ein (248/*o*;439/*h*), und beide Organe stehen hier durch das *Ligamentum renolienale* (439/*k*) miteinander in Verbindung. Die linke Niere ist etwas leichter beweglich in die beim *Pfd.* im allgemeinen nur mäßig gut entwickelte *Fettkapsel* eingefügt und ventral von Bauchfell überzogen, während die rechte Niere wegen ihrer bindegewebigen Verwachsung mit dem Blinddarmkopf peritonäalen Überzug nur an ihren Seitenrändern besitzt.

Auf dem Schnitt sind *Cortex* und *Medulla* deutlich zu unterscheiden, ebenso in der Rindenzone die *Pars convoluta* und *Pars radiata*. Hingegen sind die *Columnae renales* der Rinde nur wenig deutlich (440/*B,C,D*).

Die 40–64 Nierenlappen sind beim *Pfd.* derart miteinander verschmolzen, daß daraus eine *glatte, einwarzige Niere* resultiert. Das Verschmelzungsprodukt der zentral gelegenen *Markpyramiden* ist die im Vergleich zur Größe des Gesamtorgans wenig umfangreiche, leistenförmige, dickwulstige

Crista renalis (440/c), die in den relativ engräumigen *Sinus renalis* hineinragt. Auf ihrem freien Rand trägt sie die *Area cribrosa* in wechselnder Größe, auf der die *Ductus papillares* der zentral gelegenen Nierenlappen münden. Die den beiden polseitigen Abschnitten der Niere zugehörenden Nierenlappen entsenden ihre Ductus papillares in zwei r ö h r e n f ö r m i g e A n h ä n g e, die, vom zentralen Teil (440–442/*b*) des Nierenbeckens ausgehend, in die polseitigen Abschnitte der Niere eintreten und als *Nierengänge, Recessus terminales,* bezeichnet werden (440–442/*b'*). Sie stellen keine Ausstülpungen des Nierenbeckens dar, sondern sind als g r o ß e S a m m e l g ä n g e der Nieren zu bezeichnen, die die Ductus papillares ihres Bereichs aufnehmen und bei einer durchschnittlichen Weite von 5 mm eine Länge von über 60 mm aufweisen.

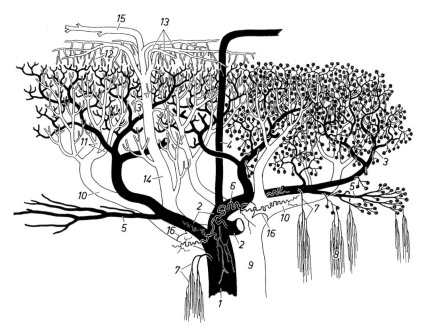

Abb. 438. M a r k -, R i n d e n - und K a p s e l g e f ä ß e in der N i e r e eines P f e r d e s. (Nach WELLER, 1964.)

1 A. interlobaris; *2* A. arcuata; *3* A. interlobularis; *4* die Capsula fibrosa perforierende Arterie für die Capsula adiposa; *5* juxtamedulläre Arterien; *6* perivaskuläre Arterie; *7,8* Arteriolae rectae; *9* V. interlobaris; *10* V. arcuata; *11* V. interlobularis; *12* subkapsuläre Venen, die zur *13* V. stellata fließen; *14* kräftige V. interlobularis, die eine V. stellata entsorgt; *15* Kapselvene für die Capsula adiposa; *16* Venenklappe

Die **Blutgefäße** der Niere des *Pfd.* zeigen folgende Besonderheiten (437,438): Die A. renalis verzweigt sich fast regelmäßig vor Erreichen des Hilus in mehrere Äste (437), von denen ein Teil direkt in den Sinus renalis einzieht, während andere unter Umgehung der Nierenpforte zwischen Capsula fibrosa und Capsula adiposa ihr Versorgungsgebiet erreichen. Hier durchbohren sie die Nierenrinde und lösen sich vor dem oder im Außenstreifen umkehrend in die Rindengefäße auf; demzufolge nennen wir diese Äste die *invadierenden* (einfallenden) Rindengefäße. Besonders auffällig sind die *perforierenden* Kapselgefäße (438/4), die die Capsula fibrosa, aus der Rinde kommend, durchbohren und die Fettkapsel versorgen. In gleicher Weise treten Fettkapselvenen (*15*) auf, deren Abfluß (*14*) derselbe ist, den auch die zahlreichen, auf der Nierenoberfläche auftretenden Vv. stellatae (*13*) benutzen.

Das **Nierenbecken** (440–442) erstreckt sich, dem Umfang und der Lage der Papilla communis entsprechend, nur in den zentral gelegenen, verhältnismäßig kleinen *Sinus renalis* hinein. Es umfaßt die Basis der Crista renalis, greift jedoch auf die röhrenförmigen, in das Nierenbecken einmündenden Recessus terminales n i c h t über.

Die S c h l e i m h a u t des Nierenbeckens trägt hohe, wulstige Falten und enthält tubulöse, ein zähschleimiges Sekret liefernde D r ü s e n, *Glandulae pelvis renalis.* Dieser Schleim wird durch den Harnfarbstoff gelblich gefärbt und findet sich ständig in wechselnder Menge im Nierenbecken.

Der **Harnleiter** (15,16/*b*;248/*n,n'*;439/*b,b'*;493/*h,h'*;494/*k*;495/*2*;496/*e*;559/*4*) besitzt eine Länge von etwa 0,7 m und nimmt jederseits in retroperitonäaler Lage seinen Verlauf zur Harnblase. Im übrigen verhält er sich auch beim *Pfd.* so, wie er im allgemeinen Teil dargestellt wurde. Bemerkenswert jedoch ist, daß die Schleimhaut des Harnleiters beim *Pfd.* im Anschluß an das Nierenbecken eine kurze Strecke weit mit Schleimdrüsen, *Glandulae uretericae,* ausgestattet ist.

Die **Harnblase** zeigt je nach Füllungsgrad sehr unterschiedliche Lage. In leerem Zustand (15,16/*d*;494/*l*;496/*a,b,c*;525/*g*) stellt sie einen etwa faustgroßen, derben Körper dar und zieht sich so weit in die Beckenhöhle zurück, daß nur ihr Scheitel und ein Teil ihres Körpers in den peritonäalen Teil der Beckenhöhle hineinragen. Mit zunehmender Füllung (559/*5*) dehnt sie sich kranial weit in die Bauchhöhle hinein. Bei extremer Füllung soll sie sogar die Nabelgegend erreichen können. Während die Seitenbänder der Harnblase (15,16/*6*;496/*d'*;559/*6*) mit den obliterierten Nabel-

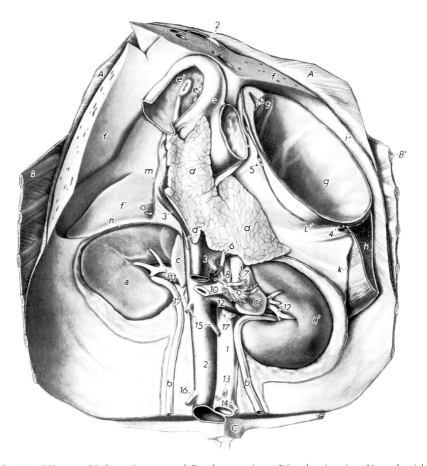

Abb. 439.   Nieren, Nebennieren und Pankreas eines Pferdes in situ. Ventralansicht.

A Centrum tendineum des Zwerchfells; *B,B'* 13. rechte bzw. linke Rippe; *C* 3. Lendenwirbel

a,a' rechte bzw. linke Niere, durch Entfernung des Peritonäums und der Capsula adiposa freigelegt; *b,b'* rechter bzw. linker Ureter; *c,c'* rechte bzw. linke Nebenniere; *d,d',d''* Pankreas: *d* Körper, *d'* linker Schenkel, *d''* Rest des rechten Schenkels, im Anulus pancreatis abgetrennt; *e* Duodenum, Pars cranialis, zum Teil gefenstert, darin *e'* Papilla duodeni major mit Mündungen des Ductus choledochus und Ductus pancreaticus, *e''* Papilla duodeni minor mit Mündung des Ductus pancreaticus acc.; *f,f'* Leber, zum Teil entfernt, *f'* Proc. caudatus; *g* Magen, Saccus caecus, *g'* Kardia; *h* Milz im Schnitt; *i* Lig. triangulare sin.; *k* Lig. renolienale; *l* Lig. gastrolienale; *m* Mesoduodenum, am Ansatz abgetrennt; *n* Lig. hepatorenale; *o* Foramen epiploicum, Zugang zum Vestibulum bursae omentalis

1 Aorta abdominalis; *2* V. cava caud.; *3* V. portae, *3'* Zusammenfluß ihrer Äste aus dem Darmkanal; *4* A. und V. lienalis; *5* Äste der A. und V. gastrica sin.; *6* A. pancreaticoduodenalis; *7* A. colica media; *8* A. colica dext.; *9* Aa. jejunales; *10* A. ileocolica; *11* A. und V. renalis dext.; *12* A. und V. renalis sin.; *13* Stumpf der A. mesenterica caud.; *14* Stümpfe der Aa. testiculares; *15* Vv. testiculares; *16* V. circumflexa ilium prof.; *17* Lnn. renales arterien das im allgemeinen Teil geschilderte Verhalten zeigen, lassen sich beim *Pfd.* am mittleren Harnblasenband (525/*g''*) deutlich ein kaudaler, zum Beckenboden ziehender Abschnitt (15,16/7) und ein kranialer, die ventrale Bauchwand erreichender Teil (494/*l'*) unterscheiden. Im kaudalen Abschnitt sind Züge glatter Muskulatur nachweisbar, die mit dem M. pubovesicalis des *Msch.* verglichen werden können.

Die **Harnröhre** der *Stute* (525/*f*;559/7) ist etwa 60–80 mm lang und zeigt die übliche Dreischichtung der Tunica muscularis, die durch den quergestreiften ringförmigen *M. urethralis* (525/*r*;559/7') vervollständigt wird. Der submuköse Schwellkörper beginnt schon in der Nähe des *Ostium urethrae internum* und wird vaginawärts immer kräftiger. Die aus der Vereinigung der *Plicae uretericae* hervorgehende *Crista urethralis* reicht bis etwa zur Mitte der Harnröhre.

Die männliche Harnröhre wird zusammen mit den Geschlechtsorganen des *Hengstes* besprochen.

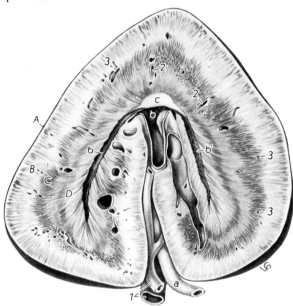

Abb. 440. Flächenschnitt durch die Mitte der rechten Niere eines Pferdes.

A Capsula fibrosa; *B* Cortex; *C,D* Medulla: *C* Zona externa, *D* Zona interna

a Ureter, aus dem Hilus bzw. Sinus renalis austretend; *b* Pelvis renalis; *b'* Recc. terminales, in das Nierenbecken einmündend; *c* Crista renalis

1 A. und V. renalis, sich verzweigend und in den Sinus renalis einziehend; *2* Aa. und Vv. interlobares; *3* Aa. und Vv. arcuatae

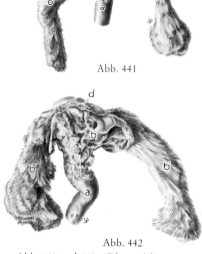

Abb. 441

Abb. 442

Abb. 441 und 442. Plastoidausgüsse des Nierenbeckens der rechten und linken Niere eines Pferdes.

a Ureter; *b* Pelvis renalis; *b'* Recc. terminales mit injizierten Ductus papillares; *d* injizierte Ductus papillares über dem Nierenbecken

Artdiagnostische Merkmale der Nieren

Im folgenden sollen zusammenfassend diejenigen Merkmale der Nieren der *Hsgt.* aufgeführt werden, die uns die Möglichkeit geben, die Nieren nach ihrer tierartlichen Herkunft zu identifizieren. Die hierfür verwertbaren Anhaltspunkte liefern die Farbe, Form und Größe, die Ausgestaltung der Oberfläche der Nieren sowie die Beschaffenheit der Nierenpapillen und des mit diesen in enger Beziehung stehenden Nierenbeckens. Einen weiteren Hinweis kann das unterschiedliche Schnittbild des Nierenparenchyms in seinen einzelnen Schichten geben.

Die Nieren von *Pfd., Rd., Schw.* und *Ktz.* besitzen die aufgezeigten Merkmale in so charakteristischer Form, daß ihre Identifizierung nach Herkunft keine Schwierigkeiten bereitet. Zudem ist es bei

Pfd. und *Rd.* auch möglich, die l i n k e v o n d e r r e c h t e n N i e r e zu unterscheiden. Daß die Artdiagnose der Niere zwischen *Schf.* und *Zg.* bei der nahen Verwandtschaft dieser Tiere Schwierigkeiten bereitet, ja sogar unmöglich ist, erscheint nicht weiter verwunderlich. Bemerkenswert und bedeutsam jedoch ist, daß die Unterscheidung der Niere auch des *Hd.* von jener der *kl. Wdk.* sehr schwer, wenn nicht gar unmöglich ist.

Tierartliche Merkmale der Nieren

Pfd. (437,438,440–442): Nieren glatt und einwarzig. Linke Niere bohnenförmig (438), rechte herzförmig (437,440). Auffallend tiefer Hilus. Ventral große Zweige der A. renalis sichtbar, die erst in seichten, vom Hilus ausgehenden Furchen verlaufen und dann im Parenchym verschwinden. Relativ kleine, nur etwa 50 mm lange, wulstige Crista renalis (440/*c*), von nur mäßig großem Nierenbecken (*b*) umschlossen. In dieses münden zwei etwa 60–100 mm lange, ungefähr 5 mm starke Sammelröhren, Recessus terminales (440–442/*b'*). Das Nierenbecken enthält stets gelblichen Schleim, der aus den Drüsen der Nierenbeckenschleimhaut stammt. Vv. stellatae sind vielfach verästelt, über die gesamte Oberfläche verteilt.

Rd. (430–433): Gefurchte, mehrwarzige Niere, sehr groß. Rechte (430) unregelmäßig oval, dorsoventral abgeflacht, linke (431) kranial meist zugespitzt, kaudal kolbig verdickt, daher pyramidenförmig. Kein Nierenbecken, sondern nur verzweigter Harnleiter (432,433) mit gestielten Nierenkelchen, die einzeln 18–22 Nierenwarzen umfassen.

Schf. und **Zg.** (434–436): Glatte, einwarzige Niere von gedrungener Bohnenform. Die Niere der *Zg.* soll etwas „schlanker" und im Umriß „gestreckter" als jene des *Schf.*, der Hilus der Niere vom *Schf.* „steiler" und doppelt so tief wie jener bei der *Zg.* sein. Die linke Niere ist durch Pansendruck seitlich oft abgeflacht. Auch die leistenförmige Crista renalis mit den ihr angefügten Pseudopapillen zeigt keine für *Schf.* oder *Zg.* charakteristischen bzw. zuverlässigen Unterschiede. Das gleiche gilt auch für das Nierenbecken (436). Von praktischem Nutzen ist es, das anhaftende Fettgewebe zu prüfen, das beim *Wdk.* talgartig ist. Zudem kann an der frischen Niere der typische Geruch die Tierart anzeigen.

Schw. (426–429): Glatte, mehrwarzige Niere dorsoventral deutlich abgeplattet, bohnenförmig. Sie hat bei ausgebluteten Tieren häufig graubraune Farbe. Auffallend breite Rinde. Mark nur ½ bis ⅔ so breit wie Rinde (428/*B,C,D*). Columnae renales meist nur angedeutet bzw. fehlend. 8–12 Nierenwarzen (*c*) ragen in den Sinus renalis hinein. Das Nierenbecken (428,429/*b*) ist langgestreckt und trägt gestielte und ungestielte Nierenkelche (428/*d*;429/*c*), die der Anzahl der Nierenwarzen entsprechen.

Hd. (417,418,421–425): Glatte, einwarzige Niere von oft blauroter Farbe. In der Form sehr ähnlich jener bei *kl. Wdk.*, auf dem Querschnitt jedoch weniger rundlich und im ganzen etwas schlanker als die Niere des *Schf.* Auch die Form des Hilus zeigt keine zuverlässigen Unterschiede gegenüber den *kl. Wdk.* Die beiden Nierenpole sind zum Hilus hin stärker eingebogen als bei *kl. Wdk.*, was auf dem Äquatorialschnitt erkennbar ist. Die leistenförmige Crista renalis (421/*c*) soll beim *Hd.* scharfkantiger als jene bei *kl. Wdk.* sein. Auch die der Crista renalis angefügten Pseudopapillen (422/*e*;423/*3*) lassen gegenüber jenen bei *Schf.* und *Zg.* keine sicheren Unterscheidungsmerkmale erkennen. Hingegen trägt die Papille beim *Hd.* außer jenen zahlreichen punktförmigen Öffnungen auf dem Porenfeld (423/*1*) je eine endständige, größere, schlitzförmige Öffnung, die den *kl. Wdk.* fehlt. Das Nierenbekken zeigt wiederum große Ähnlichkeit mit jenem der *kl. Wdk.* (425). Die Vv. stellatae sind regellos über die Oberfläche der Niere verteilt. Bei der frischen Niere könnte der typische Geruch den *Flfr.* gegenüber dem *Pflfr.* verraten. Außerdem liegt der Schmelzpunkt evtl. anhaftenden Fettgewebes bei Körpertemperatur.

Ktz. (410,419,420): Glatte, einwarzige Niere von oft gelbbrauner Farbe. Dickbohnenförmig. Außerordentlich typischer Verlauf der kapsulären Venen (419,420/*4*). Sie verlaufen vom Hilus, in seichte Rinnen eingebettet, divergierend zum Äquator der Niere und sind strauchartig verästelt. Leistenförmige Crista renalis (410/*c*), mit seitlich angebauten Pseudopapillen; Nierenbecken entsprechend mit zentralem Raum und seitlich angeschlossenen Recessus pelvis.

Aus dem Gesagten ist ersichtlich, worauf eingangs bereits hingewiesen wurde, daß die Artdiagnose der Niere von *Schf.* und *Zg.* einerseits und der Niere dieser beiden Tiere gegenüber jener des *Hd.* andererseits außerordentlich schwierig ist und bei entsprechenden Untersuchungen äußerste Vorsicht in der Schlußfolgerung geboten erscheint.

Geschlechtsorgane, Organa genitalia

Die Geschlechtsorgane umfassen bei beiden Geschlechtern die **Keimdrüsen** als Bildungsstätten der männlichen bzw. weiblichen *Keimzellen* (*Samenfäden* bzw. *Eizellen*), die **Ausführwege** für die Keimprodukte, die besonders dem männlichen Tier eigentümlichen **akzessorischen Geschlechtsdrüsen** und schließlich die **Begattungsorgane.** Während man die der Begattung dienenden Teile ä u ß e r e G e s c h l e c h t s o r g a n e nennt, bezeichnet man alle übrigen Abschnitte des Geschlechtsapparats als i n n e r e G e s c h l e c h t s o r g a n e.

Die im Dienste der Fortpflanzung stehenden Organe haben bei beiden Geschlechtern verschiedene Aufgaben zu lösen und unterscheiden sich demgemäß weitgehend in ihrem äußeren Bau und ihrer inneren Organisation. Aus diesem Grunde bedarf dieses Organsystem einer nach Geschlechtern getrennten Darstellung.

Männliche Geschlechtsorgane, Organa genitalia masculina

Allgemeine und vergleichende Betrachtung

Es folgt zunächst ein kurzer Überblick über die Organisation der männlichen Geschlechtsorgane:

Die Bildung der männlichen S a m e n z e l l e n, S p e r m i e n, übernimmt die **Keimdrüse, Hoden, Testis.** Sie besitzt besondere **Hüllen** und ist bei den *Hsgt.* im *Hodensack, Scrotum,* untergebracht. Das gleiche gilt für den dem Hoden eng angelagerten, der Speicherung und dem Transport der Samenzellen dienenden **Nebenhoden, Epididymis.** Der Nebenhoden entläßt den *Samenleiter, Ductus deferens,* der in das Beckenstück der **Harnröhre** einmündet und diese so zum *Harn-Samenleiter, Canalis urogenitalis,* macht. Um den Beckenabschnitt der Harnröhre, *Pars pelvina,* gruppieren sich die **akzessorischen Geschlechtsdrüsen,** die *Samenblasendrüsen, Glandulae vesiculares* (*Vesiculae seminales*), die *Vorsteherdrüse, Glandula prostatica* s. *Prostata,* und die *Harnröhrenzwiebeldrüsen, Glandulae bulbourethrales.* Zu den akzessorischen Geschlechtsdrüsen sind weiterhin auch der drüsenhaltige Teil der Samenleiter bzw. die Samenleiterampullen zu rechnen. Alle münden in das Beckenstück der Harnröhre ein. Ihr S e k r e t mischt sich bei der Austreibung der S a m e n z e l l e n diesen bei, und es entsteht so die *Samenflüssigkeit, Sperma, Ejakulat.* Die Harn-Samenröhre wird nach ihrem Austritt aus der Beckenhöhle von dem **männlichen Glied, Rute, Penis,** getragen. Der Penis dient bei der Kopulation als Überträger der Samenflüssigkeit in das weibliche Genitale und ist zu diesem Zweck mit besonderen Einrichtungen ausgestattet.

Keimbereitende und keimleitende Organe sowie ihre Hüllen

Hoden, Testis, Orchis
(443–447, 454, 455, 457, 464, 471–474, 479–482, 485, 491–494)

Der *Hoden, Testis, Orchis,* stellt als paariges Organ die Bildungsstätte der männlichen Samenzellen dar und ist mit dem als Samenspeicher dienenden *Nebenhoden, Epididymis,* in seinen anschließend zu besprechenden H ü l l e n untergebracht.

Er besitzt eiförmige oder kugelige Gestalt und hat bei den verschiedenen *Hsgt.* unterschiedliche Größe. Ein bestimmtes Größenverhältnis des Hodens zu der Größe des Tieres besteht offenbar nicht. So besitzen z. B. *Schaf-* und *Ziegenbock* und ebenso auch der *Eber* relativ große, der *Flfr.* dagegen auffallend kleine Hoden. Im Gegensatz zu den wildlebenden Arten ist bei den männlichen *Hsgt.* ein jahreszeitlicher Rhythmus im Fortpflanzungsgeschehen nicht zu beobachten. Infolge domestikatorischer Einflüsse sind sie vielmehr mit Eintritt der Geschlechtsreife ständig begattungsbereit. Daher ist bei ihnen eine periodische Schwankung der Hodengröße nicht vorhanden.

Unabhängig von der nach Tierart unterschiedlichen Lagerung des **Hodens** (443) im Hodensack be-
nennt man an ihm, entsprechend der L a g e d e s N e b e n h o d e n k o p f s (*b*) u n d -s c h w a n z e s
(*b''*) z u m H o d e n, ein *Kopfende, Extremitas capitata* (*a*), und ein *Schwanzende, Extremitas caudata*
(*a'*), ferner den mit dem Nebenhodenkörper verwachsenen *Nebenhodenrand, Margo epididymalis*
(*a''*), an dem auch das Hodengekröse, *Mesorchium*, inseriert, und den *freien Rand, Margo liber* (*a'''*),
sowie schließlich eine *laterale* und *mediale Fläche, Facies lateralis* und *Facies medialis*. Über die bei
den *Hsgt.* auffallend unterschiedliche Lage und Stellung der Hoden wird bei der Besprechung des
Hodensacks berichtet.

Bau des Hodens: Als Organ der Leibeshöhle besitzt der Hoden einen *Bauchfellüberzug.* Dieser ist
fest mit der *Organkapsel, Tunica albuginea testis,* verwachsen (444/1;446/c). Es ist dies eine derbe fibröse Haut von beträchtlicher Stärke, in der die Zweige der A. und V. testicularis in zum Teil arttypi-
schem Verlauf ihren Weg nehmen. Die Organkapsel hält das *Hodenparenchym* (444,446/a) unter einem gewissen Druck, so daß das gelbbraune Gewebe des Hodens beim Anschneiden der Kapsel über
die Schnittfläche vorquillt. Von der Tunica albuginea strahlen unterschiedlich starke *Bindegewebssepten, Septula testis* (444/2), in das Innere des Organs ein und liefern so, außer beim *Hengst*, einen in
der Längsachse des Organs verlaufenden *Bindegewebskörper, Mediastinum testis* (444/3;446/b), der
von feinen K a n ä l c h e n durchsetzt ist. Beim *Hengst* beschränkt sich diese Bildung lediglich auf die
Extremitas capitata des Hodens. In den Septen verlaufen Blutgefäße und Nerven. Durch die Septula
testis wird das Hodenparenchym in eine große Zahl kleiner *Läppchen, Lobuli testis,* zerlegt. Diese bestehen aus den gruppenweise geschlängelt verlaufenden, *gewundenen Samenkanälchen, Tubuli seminiferi contorti* (445/a), die z. B. beim *Msch.* eine Länge von je 300–600 mm, die auf eine Strecke von
20–30 mm zusammengedrängt sind, besitzen und in gerade Endabschnitte, *Tubuli recti* (*b*), auslaufen.
An diesen lassen sich zwei Abschnitte erkennen: Konvergierend verlaufende *septale Tubuli* verbinden
die Tubuli seminiferi mehrerer Läppchen miteinander, und radiär verlaufende *mediastinale Tubuli*
stellen den Anschluß an das Hodennetz, *Rete testis* (*c*), her. Das Rete schließlich vermittelt den Abtransport der Samenfäden zu den *Ductuli efferentes testis* (*d*).

Die *Samenkanälchen* des Hodens sind die Bildungsstätten der Samenfäden; hier spielt sich mit dem
Eintritt der Geschlechtsreife bis zum Stillstand der Fortpflanzungsfähigkeit ohne Unterbrechung die
Samenbildung, Spermatogenese, ab. Über die einzelnen Schritte der Vermehrung, Reifung und Differenzierung der Samenzellen sowie über ihren Feinbau siehe Lehrbücher der Histologie und der Embryologie.

Bau der Samenkanälchen (447): Die Wand der Samenkanälchen, die einen Durchmesser von 130
bis 300 μm besitzen, wird einerseits durch eine bindegewebige Hülle (*1*) und andererseits durch *Sertoli-Zellen* (Fußzellen) (*7*), die der Ernährung der Samenzellen dienen, sowie verschiedene Stadien der
heranwachsenden und reifenden *Samenzellen* (*2–6*) gebildet. Tubuli seminiferi, in denen, wie bei
Kryptorchiden, keine Samenbildung stattfindet, bestehen nur aus Sertoli-Zellen. Näheres in den
Lehrbüchern der Histologie.

Es ist bekannt, daß die Hoden neben der Aufgabe, Samenzellen zu bilden, auch männliche Sexual-
hormone, Androgene (in geringen Mengen auch weibliche Geschlechtshormone, Östrogene), liefern,
die im Zusammenwirken mit anderen Hormonen die Gesamterscheinung (primäre und sekundäre
Geschlechtsmerkmale) und das Verhalten des männlichen Individuums prägen. Den Beweis hierfür
erbringt z. B. die operative Entfernung der Hoden, ein Verfahren das unter dem Namen K a s t r a -
t i o n allgemein bekannt ist. Dieser Eingriff verhindert, bei jungen Tieren vorgenommen, nicht nur
den Eintritt der Begattungsfähigkeit bzw. -bereitschaft, sondern auch die Ausbildung der für die be-
treffende Tierart typischen sekundären Geschlechtsmerkmale und beeinflußt damit sowohl den Kör-
perbau als auch die Psyche und das Temperament des Kastraten.

Als B i l d u n g s s t ä t t e n d i e s e r H o r m o n e sind Zellgruppen anzusehen, die nach ihrer Lage im
interlobulären Bindegewebe des Hodens als *Zwischenzellen (Leydig-Zellen)* (447/8) bezeichnet werden. Es handelt sich um Verbände polygonaler, epithelähnlicher Zellen, die durch ihren Gehalt an
Fett- und Lipoidtröpfchen sowie an Eiweißkristallen auffallen.

Auf die Verbindung der gewundenen Samenkanälchen mit dem im *Mediastinum testis* (444/3) eingebauten, aus einem dichten Netzwerk feiner Kanälchen bestehenden *Hodennetz, Rete testis* (445/c),
mittels der geraden Endstücke der Hodenkanälchen, *Tubuli recti* (*b*), wurde bereits hingewiesen.
Ebenso wie die Tubuli recti sind auch die Kanälchen des Rete testis von einem einfachen flachen Epi-

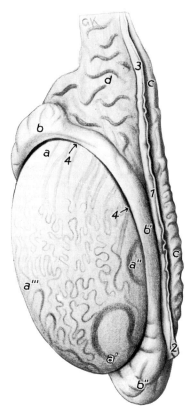

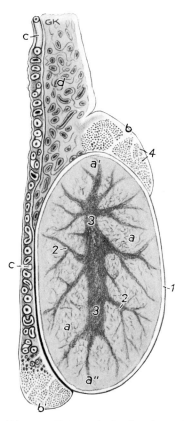

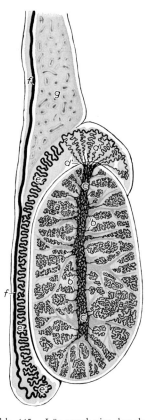

Abb. 443. Linker Hoden, Nebenhoden und Samenstrang eines Bullen. Kaudomediale Ansicht.

a–a''' Testis (die in der Tunica albuginea testis verlaufenden Hodengefäße durchscheinend) mit *a* Extremitas capitata, *a'* Extremitas caudata, *a''* Margo epididymalis, *a'''* Margo liber; *b–b''* Epididymis mit *b* Caput, *b'* Corpus, *b''* Cauda; *c,d* Funiculus spermaticus: *c* Ductus deferens in seinem Gekröse, *d* Gefäßteil des Samenstrangs, die A. und V. testicularis

1 Mesorchium, am Ansatz abgetrennt; *2* Lig. caudae epididymidis auf dem Schnitt; *3* Mesofuniculus, am Ansatz abgetrennt; *4* Zugang zur Bursa testicularis

Abb. 444. Längsschnitt durch den Hoden, Nebenhoden und Samenstrang eines Bullen.

a Testis mit *a'* Extremitas capitata und *a''* Extremitas caudata; *b,b'* Epididymis: *b* Caput, *b'* Cauda; *c,d* Funiculus spermaticus: *c* Ductus deferens, *d* Gefäßteil des Samenstrangs mit Schnitten durch die A. und V. testicularis

1 Lam. visceralis der Tunica vaginalis und Tunica albuginea testis; *2* Septula testis, dazwischen die Lobuli testis; *3* Mediastinum testis, das Rete testis enthaltend; *4* Lobuli epididymidis s. Coni epididymidis

Abb. 445. Längsschnitt durch den Hoden, Nebenhoden und Samenstrang eines Bullen, schematisch.

a Tubuli seminiferi contorti, in den Lobuli testis gelegen; *b* Tubuli recti; *c* Rete testis; *d* Ductuli efferentes, im Caput epididymidis die Coni epididymidis bildend, bei *d'* aus dem Rete durch die Tunica albuginea testis tretend; *e, e'* Ductus epididymidis, bei *e* Corpus, bei *e'* Cauda epididymidis darstellend; *f* Ductus deferens; *g* Gefäßteil des Samenstrangs mit A. testicularis, eingehüllt von den kleinen Venen des Plexus pampiniformis

thel ausgekleidet. Durch die zahlreichen Kanälchen erhält das Mediastinum die Beschaffenheit eines feinporigen Schwammes. Das Rete testis vermittelt seinerseits den Übertritt der Samenfäden zum Nebenhoden.

Blutgefäße des Hodens (456): Die arterielle Versorgung des Hodens wird von der A. testicularis (*1*) besorgt, die im Samenstrang (siehe dort) zu einem Rankenkonvolut aufgeknäuelt ist. Sie tritt an der Extremitas capitata auf den Margo epididymalis über und erreicht als Marginalarterie, teilweise vom Nebenhoden bedeckt, die Extremitas caudata. Hier teilt sie sich in einen lateralen und einen medialen Ast auf. Unter starker Schlängelung und weiterer Gabelung werden beide Hodenflächen von den Zweigen (*2*) der A. testicularis bedeckt. Aus diesen Zweigen gehen Zentripetalarterien (*3*) hervor, die in den Hodensepten auf die Hodenachse vorstoßen. Im Mediastinum testis angekommen, bilden sie knäuelartige Windungen (*4*) und kehren dann als Zentrifugalarterien (*5*) in Richtung auf die

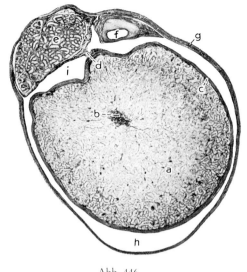

Abb. 446. Transversalschnitt durch den Processus vaginalis mit Hoden, Nebenhoden und Ductus deferens eines Hundes. Mikrofoto.

a Hodenparenchym; *b* Mediastinum testis mit Rete testis; *c* Tunica albuginea, von der Lam. visceralis der Tunica vaginalis überzogen; *d* Mesorchium; *e* Nebenhodenkörper mit Schnitten durch die Schlingen des Ductus epididymidis; *f* Ductus deferens; *g* Proc. vaginalis, bestehend aus der Fascia spermatica int. und der Lam. parietalis tunicae vaginalis; *h* Cavum vaginale, erweitert; *i* Bursa testicularis

Abb. 447. Ausschnitt aus einem Samenkanälchen des Hengstes.

1 Bindegewebige Hülle und Basalmembran des Hodenkanälchens; *2* Spermatogonien; *3* Spermatozyten I.; *4* Spermatozyten II.; *5* Spermatiden; *6* Spermien; *7* Sertolische Fußzellen; *8* Zwischenzellen (Leydigsche Zellen) im interlobulären Bindegewebe

Abb. 446

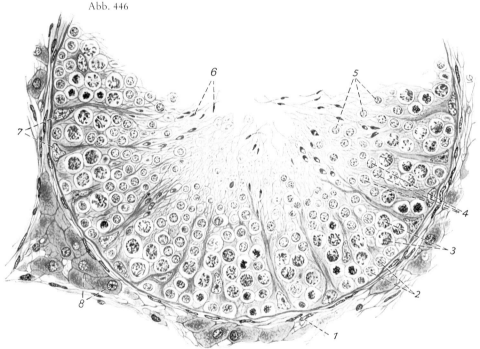

Abb. 447

Hodenkapsel um. Diese Zentrifugalarterien sind von unterschiedlicher Länge. Sie entlassen in allen Lagen des Parenchyms Arteriolen und dann Kapillaren (*6*), die auf tierartlich charakteristische Weise die Samenkanälchen (*Tsc*) umspinnen. Der venöse Abfluß erfolgt zum geringen Teil über Venen, die über die Extremitas capitata gemeinsam mit den Ductuli efferentes den Hoden verlassen. Zum überwiegenden Teil verlaufen die Parenchymvenen (*7*) radiär und intertubulär zur Organkapsel. Auf der Hodenoberfläche organisieren sich die Venen zu einer Gefäßtapete (*8*). An der Basis des Samenstrangs fließen alle Venen in ein Wundernetz ein, das Rankengeflecht oder Plexus pampiniformis (*9*) genannt wird, und das bei der Beschreibung des Samenstrangs erneut dargestellt werden wird. Insgesamt ist in der Gefäßarchitektur des Hodens eine Einrichtung zu sehen, die der Temperatur- und Blutdruckregulierung dient und im Abschnitt des Samenstrangs wohl auch die Möglichkeit des Androgenaustausches bietet.

Nebenhoden, Epididymis, und Samenleiter, Ductus deferens

(416, 443–446, 448–454, 457, 464, 465, 471, 474–476, 483–485, 491, 493–496)

Der **Nebenhoden, Epididymis,** besteht aus *Kopf, Caput epididymidis* (443,444,454/*b*), *Körper, Corpus epididymidis* (443,454/*b'*), und *Schwanz, Cauda epididymidis* (443/*b''*;444/*b'*;454/*b''*). Er lagert sich dem Hoden in der Längsrichtung dicht an und ist an dessen Kontaktfläche, dem Margo epididymalis, mit ihm verwachsen bzw. durch das Gekröse, Mesepididymis, eng verbunden. Sein Schwanzende ist durch ein derbsehniges Band, *Ligamentum testis proprium* (454/*11*;491/*2'*), an der Extremitas caudata des Hodens fest verankert. Zwischen dem Hoden und dem Nebenhodenkörper befindet sich lateral eine von Bauchfell ausgekleidete längliche Bucht, die *Nebenhodentasche, Bursa testicularis* (443/*4*;446/*i*;454/*12*;491/*4*). Die unterschiedliche Lagerung des Nebenhodens zum Hoden wird bei den betreffenden Tierarten besprochen.

Der Nebenhodenkopf besteht aus einer wechselnden Anzahl (*Hd.* 15–16, *Ktz.* 15–18, *Schw.* 14–21, *Rd.* 13–15, *Schf.* 15–19 und *Pfd.* 12–23) enger Kanälchen, *Ductuli efferentes* (445/*d*). Es sind umgebildete Urnierenkanälchen, die aus dem Rete testis hervorgehen, am Kopfende des Hodens dessen Tunica albuginea durchbrechen (*d''*) und sich im Nebenhodenkopf stark geschlängelt zu den keilförmigen, durch Bindegewebe zusammengehaltenen Läppchen, *Lobuli* s. *Coni epididymidis* (444/*4*;445/*d*), zusammenlegen. Durch Zusammenfluß der Ductuli efferentes entsteht der

Nebenhodenkanal, Ductus epididymidis (445/*e*) (ursprünglich der Urnierenoder Wolffsche Gang), der in den *Samenleiter, Ductus deferens* (443,444/*c*;445/*f*), übergeht. Der Nebenhodenkanal legt sich in zahlreiche enge Schlingen und bildet, distal weiter werdend, die Grundlage

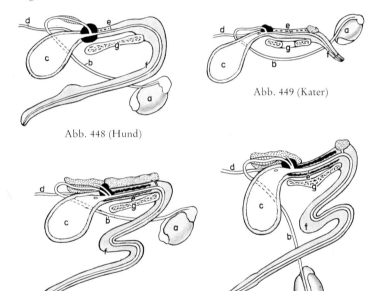

Abb. 448 (Hund)

Abb. 449 (Kater)

Abb. 450 (Schwein)

Abb. 451 (Rind)

Abb. 448–452. Schema der männlichen Geschlechtsorgane der Haussäugetiere zur Darstellung der arttypischen Merkmale der akzessorischen Geschlechtsdrüsen.

a rechter Hoden und Nebenhoden; *b* Samenleiter; *c* Harnblase; *d* Harnleiter; *e* Beckenstück der Harnröhre mit Mündungen der akzessorischen Geschlechtsdrüsen (beachte die tierartlich unterschiedliche Mündungsart des Ductus deferens und des Ductus excretorius); *f* Penis mit Penisstück der Harnröhre; *g* Beckenboden

Strichliert: Samenleiterampulle bzw. Bereich der Gll. ampullae; *Schwarz:* Corpus bzw. Pars disseminata (exkl. *Pfd.*) der Prostata; *Punktiert:* Gl. vesicularis (*Schw.,* *Wdk.*) bzw. Vesicula seminalis (*Pfd.*); *Hellgrau:* Gl. bulbourethralis (exkl. *Hd.*)

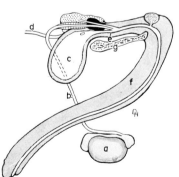

Abb. 452 (Pferd)

des Nebenhodenkörpers und
-schwanzes. Er besitzt eine beträchtliche Länge und mißt beim *Hd.* 5–8 m,
bei der *Ktz.* 1,5–3 m, beim *Schw.* 17–
18 m, bei *kl. Wdk.* 47–52 m, beim *Rd.*
40–50 m und beim *Pfd.* 72–81 m.

Am Kopfende des Hodens kann als
Rest des Kranialendes des Müllerschen Ganges (weiblicher Geschlechtsgang) ein bläschenförmiges
Anhängsel, *Appendix testis,* am Nebenhodenkopf als Rest des Kranialendes
des Wolffschen Ganges ein eben-
solches als *Appendix epididymidis* vorkommen. Dem Nebenhodenkanal benachbart finden sich gelegentlich blind

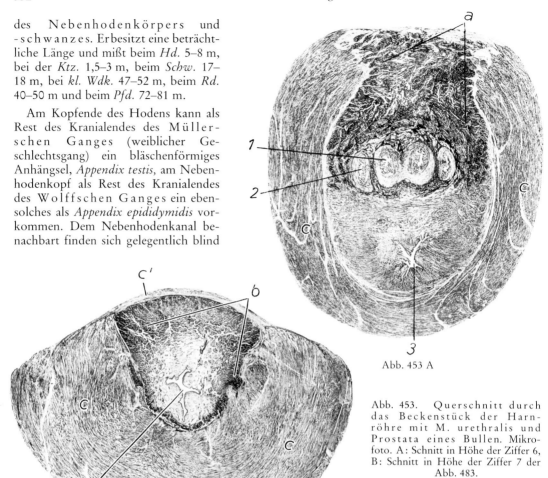

Abb. 453 A

Abb. 453 B

Abb. 453. Querschnitt durch
das Beckenstück der Harn-
röhre mit M. urethralis und
Prostata eines Bullen. Mikrofoto. A: Schnitt in Höhe der Ziffer 6,
B: Schnitt in Höhe der Ziffer 7 der
Abb. 483.

a Corpus, *b* Pars disseminata der
Prostata; *c* M. urethralis, *c'* dorsale
Sehnenplatte

1 Ductus deferens; *2* Ductus excretorius; *3* Urethra, Pars praeprostatica; *4*
Urethra (Canalis urogenitalis), von
kavernösem Gewebe umgeben

endende Reste von Urnierenkanälchen, *Ductuli aberrantes.* Als *Paradidymis* wird das unbedeutende
Rudiment der Urniere bezeichnet, das zwischen Nebenhodenkopf und Ductus deferens liegt.

Die *Ductuli efferentes* sind in den Lobuli epididymidis in gefäßreiches Bindegewebe eingebettete,
von glatten Muskelzellen und einer Basalmembran umgebene Epithelschläuche, deren Zellen hoch-
prismatisch, stellenweise mehrreihig und mit Kinozilien ausgestattet sind. Neben diesen finden sich
zilienfreie Zellen, die Sekretionserscheinungen aufweisen.

Der *Nebenhodenkanal,* dessen zahlreiche Schlingen durch Bindegewebe zusammengehalten werden, besitzt eine aus glatten Muskelzellen bestehende Wand und ist von einer zweireihigen Lage sehr
hoher, prismatischer Zellen ausgekleidet, die zu Büscheln verklebte Stereozilien tragen. Hier findet
unter der Einwirkung des Nebenhodensekrets die Ausreifung der zu dieser Zeit noch unbewegli-
chen Samenfäden statt. Während die Samenfäden infolge des zum Nebenhoden hin herrschenden
Stromgefälles auf dem geschilderten Weg aus dem Hoden kontinuierlich in den Nebenhodenkanal
hinüberbefördert werden, kommt es hier zu einer Aufstauung und Vorratshaltung der nach Mil-
liarden zählenden Spermien. Bei der Ejakulation werden diese durch peristaltische Kontraktionen des
Nebenhodenkanals in den Samenleiter weitergeschoben.

Der **Samenleiter, Ductus deferens** (448–452/*b*), stellt die unmittelbare Fortsetzung des Nebenhodengangs dar und verbindet diesen mit dem Beckenstück der Harnröhre. Er kommt am Nebenhodenschwanz zum Vorschein, läuft zunächst noch leicht geschlängelt über die ganze Länge des Hodens an der m e d i a l e n S e i t e des Hodengekröses bauchhöhlenwärts und bildet zusammen mit den Gefäßen und Nerven des Hodens den *Samenstrang, Funiculus spermaticus* (434,444,454/*c,d*;457/*b,c*;471/ *9*;474/*c,c'*;491/*c,i*). Der *Samenleiter* liegt hier in einer eigenen Bauchfellfalte, *Samenleitergekröse, Mesoductus deferens* (454/*c''*), und wendet sich, in der Bauchhöhle angelangt, im Bogen der Beckenhöhle zu (184/*p*;471/*12*;485/*e*;493/*f,g*). Die beidseitigen Samenleiterfalten fließen im peritonäalen Teil der Beckenhöhle zur *Plica urogenitalis* (15/*5*;184/*q*;465,483,495/*3*) zusammen, die sich zwischen Mastdarm und Harnblase einschiebt und neben den konvergierend aufeinander zulaufenden Endabschnitten der Samenleiter auch die Harnleiter enthält. In ihr können sich R e s t e d e r w e i b l i c h e n G e - s c h l e c h t s g ä n g e (Müllersche Gänge) als sogenannter *Uterus masculinus* (495/*21*) erhalten. Der E n d a b s c h n i t t d e s S a m e n l e i t e r s schwillt spindelförmig an und bildet so die *Samenleiterampulle, Ampulla ductus deferentis*. Diese ist beim *Pfd.* (15/*c*;452;494/*i'*,*i''*;495/*4*;496/*g*) fingerstark, bei *Wdk.* (451;483/*4*;484/*5*) und *Hd.* (448;465/*4*) weniger auffallend, während sie bei *Ktz.* (449) und *Schw.* (450) fehlt. Unabhängig davon, ob eine Samenleiterampulle vorhanden ist oder nicht, ist dieser Endabschnitt des Ductus deferens immer mit D r ü s e n, Glandulae ampullae, versehen. Der enge M ü n d u n g s a b s c h n i t t d e s S a m e n l e i t e r s vereinigt sich bei **Pfd.** (416,452) und **Wdk.** (451) mit dem Ausführungsgang der Samenblasendrüse, dem *Ductus excretorius* (416/*l*), zu einer kurzen gemeinsamen Wegstrecke, dem *Ductus ejaculatorius*, der mit dem weiten *Ostium ejaculatorium* (*m*) auf einem Schleimhautwulst, dem *Samenhügel, Colliculus seminalis* (416/*n*;496/*6*), von dorsal in das Beckenstück der Harnröhre einmündet. Der Samenhügel schließt an die als *Crista urethralis* (496/*5*) früher schon beschriebene, mediane Schleimhautfalte in der Harnröhre an. Beim **Schw.** münden *Ductus deferens* und *Ductus excretorius* meist getrennt (450), seltener gemeinsam in einer Schleimhautnische. Den **Flfr.** fehlt die Samenblase, so daß die Mündung des Samenleiters hier selbständig bleibt (448,449).

Der *Samenleiter* besitzt eine derb-muskulöse Wand mit oft dreifacher Schichtung der Muskulatur. Er wird von einer Schleimhaut ausgekleidet, die ein einfaches oder zweistufiges, prismatisches Epithel trägt. Sein drüsenhaltiger Teil führt in der dicken Schleimhaut blasig erweiterte, verästelte S c h l a u c h d r ü s e n, deren zähschleimiges Sekret sich direkt in den Samenleiter ergießt. Durch seine sekretorische Tätigkeit reiht sich dieser Teil des Samenleiters in die akzessorischen Geschlechtsdrüsen ein.

Hüllen des Hodens und des Samenstrangs
(454, 457, 464, 471, 474, 479–481, 492, 494)

Die *Hodenhüllen* passen sich in ihrer Form und ihrem Umfang den von ihnen eingeschlossenen Organen, H o d e n, N e b e n h o d e n und T e i l e n d e s S a m e n s t r a n g s, an und sind als Ausbuchtungen der verschiedenen Schichten der Bauchwand aufzufassen. Als solche sind bekannt: 1. die Haut, 2. die oberflächliche und tiefe Rumpffaszie, 3. die Muskelschicht, 4. die innere Rumpffaszie, Fascia transversalis abdominis, und 5. das parietale Blatt des Bauchfells.

Demzufolge setzen sich die H o d e n h ü l l e n aus folgenden Schichten zusammen: 1. aus der *Haut* mit der hier zu einer muskulös-elastischen Schicht, *Muskelhaut, Tunica dartos*, differenzierten Unterhaut (454/*1*), 2. aus der zweischichtigen *Fascia spermatica externa* (*3,3'*), Abkömmling der oberflächlichen bzw. tiefen Rumpffaszie, mit dazwischen gelegenen Schichten lockeren Bindegewebes, 3. aus dem *M. cremaster*, einer Abspaltung des inneren schiefen und/oder des queren Bauchmuskels mit der ihn deckenden *Fascia cremasterica* (*F,4*), 4. aus der *Fascia spermatica interna* (*5'*) und 5. aus der *Lamina parietalis* der *Tunica vaginalis* (*6'*). Die beiden letzten bilden gemeinsam eine sackartige Ausstülpung, die als *Scheidenhautfortsatz, Processus vaginalis* (*5',6'*), bezeichnet wird.

Es erscheint unzweckmäßig, wie es zum Teil geschieht, alle die genannten Schichten unter dem Namen H o d e n s a c k, S c r o t u m, zusammenzufassen. Es sollen hier vielmehr, wie es in der Veterinär-Anatomie gebräuchlich und im Hinblick auf die klinischen Belange auch zweckmäßig ist, nur die H a u t, die T u n i c a d a r t o s sowie die F a s c i a s p e r m a t i c a e x t e r n a als **Hodensack, Scrotum,** bezeichnet werden (*1–3'*). In ein Bindegewebslager des durch das *Septum scroti* (*1'*) in eine linke und rechte Bucht geteilten Hodensacks fügen sich die beiden oben erwähnten S c h e i d e n h a u t f o r t s ä t - z e (*5',6'*) mit ihrem Inhalt ein. Ihnen lagert sich der *M. cremaster* auf (*F*).

Die *Haut des Hodensacks* ist verhältnismäßig dünn und je nach Tierart und Rasse mehr oder weniger stark behaart. Auch ihre Pigmentierung zeigt tierartliche, rassische und individuelle Unterschiede. Schweiß- und Talgdrüsen sind reichlich vorhanden.

Mit der Haut untrennbar verbunden ist die zweite Schicht des Hodensacks, die muskulös-elastische *Tunica dartos.* Sie ersetzt die Unterhaut und besteht aus glatter Muskulatur, deren Elemente sich zu einem elastisch-muskulösen System zusammenfügen. Es wird durch feine Muskelzüge, die in das Korium eindringen (Dermadartos), ergänzt. Die Tunica dartos liefert auch die m e d i a n e   S c h e i d e w a n d , *Septum scroti* (454/*1'* ;464/*f'* ;479–481/*2'* ;492/*f'*), im Hodensack. Das Septum enthält ebenfalls glatte Muskulatur und strahlt bauchwärts in die tiefe Penisfaszie ein, während außen am Skrotum seine Lage durch die Hodensacknaht, *Rhaphe scroti* (479–481/*1'* ;492/*n*), markiert wird. Die Muskelhaut

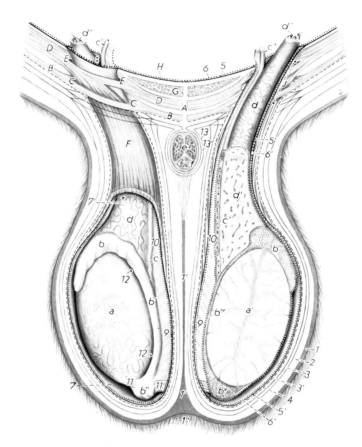

Abb. 454.   H o d e n   u n d   H o d e n h ü l l e n   e i n e s   B u l l e n ,   s c h e m a t i s c h . Kaudalansicht. Skrotum, rechter Processus vaginalis mit Inhalt und Penis im Transversalschnitt; linker Processus vaginalis gefenstert.

A Linea alba; *B* M. obliquus ext. abdominis, *C* der von ihm gebildete Anulus inguinalis supf., schematisiert; *D* M. obliquus int. abdominis; *E* Anulus inguinalis prof., schematisiert; *F* M. cremaster, Ansatz gefenstert; *G* M. rectus abdominis; *H* Aponeurose des M. transv. abdominis mit der Fascia transversalis verschmolzen; *J* Spatium inguinale

a linker Hoden mit durchscheinenden Hodengefäßen; *a'* rechter Hoden im Transversalschnitt, Tunica albuginea testis, Septula testis und Mediastinum testis sichtbar; *b–b*^V Nebenhoden, links in Aufsicht, rechts im Schnitt, mit *b,b'''* Caput, *b',b*^VI Corpus und *b'',b*^V Cauda; *c,d* Funiculus spermaticus, in Aufsicht und *c',d'* im Schnitt; *c* Ductus deferens, *c'* angeschnitten; *c''* Ductus deferens aus dem Anulus vaginalis ausgetreten und in der Plica ductus deferentis verlaufend; *d* Gefäßteil des Samenstrangs, A. und V. testicularis, bei *d'* im Schnitt, bei *d''* durch den Anulus vaginalis getreten und in der Plica vasculosa verlaufend; *e* Corpus cavernosum penis; *f* Urethra mit Corpus spongiosum penis

1–3' Skrotum: *1* Haut und Tunica dartos, *1'* Septum scroti, *1''* Rhaphe scroti, *2* Stratum subdartoicum, *3,3'* zweischichtige Fascia spermatica ext.; *4* Fascia cremasterica; *5* Fascia transversalis; *6* Peritonaeum parietale; *5',6'* Proc. vaginalis mit *5'* Fascia spermatica int., *6'* Lam. parietalis der Tunica vaginalis; *7* Cavum vaginale, *7'* Canalis vaginalis; *8* Anulus vaginalis; *9* Mesorchium; *10* Mesofuniculus; *11,11'* Gubernaculum testis, bestehend aus *11* Lig. testis propr. und *11'* Lig. caudae epididymidis; *12* Zugang zur Bursa testicularis; *13,13'* Fascia supf. bzw. prof. penis

Abb. 455. Linksseitiger abdominaler Kryptorchismus bei einem Hund. Ventrale Ansicht.

a,a' linke bzw. rechte Niere; *b,b'* linker bzw. rechter Harnleiter; *c* Vesica urinaria; *c'* Lig. vesicae laterale mit Ligg. teretia (obliterierte Nabelarterien); *c''* Lig. vesicae medianum; *d* Colon descendens; *e* in der Bauchhöhle verbliebener linker Hoden und *e'* linker Nebenhoden; *f,f'* linker bzw. rechter Ductus deferens in der Plica ductus deferentis; *g* Lig. testis propr.; *g'* Lig. caudae epididymidis; *h,h'* linker bzw. rechter Anulus vaginalis; *i* rudimentärer Proc. vaginalis sin.; *k* Glans penis; *l* Präputium; *m* Skrotum, nur den rechten Hoden und Nebenhoden enthaltend

1,1' linke bzw. rechte A. und V. testicularis in der Plica vasculosa; *2,2'* linke bzw. rechte A. iliaca ext.

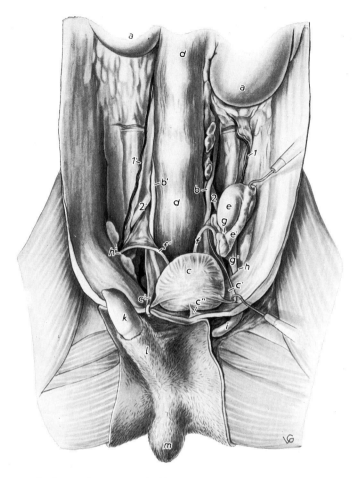

des Hodensacks reagiert auf verschiedene Reize (mechanische, thermische) durch Kontraktion, bewirkt dadurch Runzelung der Haut des Skrotums und damit die Anpassung seiner Form an den jeweiligen Stand des Hodens; gleichzeitig wird die Wärmeabgabe reguliert.

Mit der Tunica dartos durch eine Lage locker gefügten, aus kollagenen und elastischen Elementen bestehenden Bindegewebes, *Stratum subdartoicum (454/2)*, verbunden, folgt die zarte, zweischichtige *Fascia spermatica externa (3,3')*. Interfasziales, lockeres Gewebe verbindet beide Schichten miteinander. Die Fascia spermatica externa umschließt den *Processus vaginalis* sowie den *M. cremaster* und ist durch perivaginales Bindegewebe an beiden leicht verschieblich angeheftet.

Der *M. cremaster* ist Abkömmling des inneren schiefen Bauchmuskels mit Muskelfasern aus dem Querbauchmuskel *(454/D,F;493/F,b)* und besteht somit aus quergestreiften Muskelfasern. Der sehr kräftige Muskel wird von seiner dünnen Faszie, *Fascia cremasterica*, bedeckt, befestigt sich an der lateralen bzw. dorsalen Fläche des Processus vaginalis *(464/e;471/10;474/e;479–481/d;494/e)* und wird seiner Funktion nach als H e b e r d e s H o d e n s bezeichnet. Aus seiner Lage und seinem Ansatz ist jedoch ersichtlich, daß er den P r o c e s s u s v a g i n a l i s m i t s e i n e m I n h a l t insgesamt anzuheben vermag und dieses auf bestimmte Reize hin in ausgiebiger Weise tut. Für die hierzu notwendige Bewegungsfreiheit des Scheidenhautfortsatzes sorgen die oben dargestellten, als Verschiebeschicht dienenden Bindegewebslager des Skrotums.

Der **Scheidenhautfortsatz, Processus vaginalis,** besteht aus der *Fascia spermatica interna (454/5')* und aus der *Lamina parietalis* der *Tunica vaginalis* (6'). Er kann in seiner endgültigen Gestalt und Lage, seinem Bau und seiner Funktion nur aus seiner Entstehung gedeutet werden. Deshalb sei hier ausführlicher auf diesen Vorgang sowie auf den eng damit in Zusammenhang stehenden A b s t i e g d e s H o d e n s eingegangen, an dem sich allerdings auch der Nebenhoden, die Hodengefäße sowie der Samenleiter beteiligen.

Hodenabstieg, Descensus testis (455): Der Hoden entwickelt sich bekanntlich aus dem mittleren Teil der Keimdrüsenanlage. Ihr kranialer Teil wird zum *kranialen Keimdrüsenband*, das späterhin verstreicht. Ihr kaudaler Teil bleibt erhalten. Zunächst nennen wir es das *kaudale Keimdrüsenband,* das auf seinem Weg vom kaudalen Hodenpol zum Leistenspalt den Wolffschen Gang von medial nach lateral kreuzt. Die dadurch entstehenden zwei Teilstrecken des kaudalen Keimdrüsenbands werden wir späterhin, nämlich nach erfolgtem Hodenabstieg, als zwei kurze Bänder wiederfinden, das *Ligamentum testis proprium* und das *Ligamentum caudae epididymidis.* Während des Hodenabstiegs jedoch bilden beide das Hodenleitband, *Gubernaculum testis.* Als mesenchymaler Strang zieht es, wie bereits oben gesagt, vom Hoden kommend quer über den Wolffschen Gang zum Leistenspalt. Es wächst durch den Spalt hindurch bis in das Bindegewebslager der Skrotalwülste aus. Sein *intraabdominaler* Teil ist von Bauchfell überzogen. In der Gegend des inneren Leistenrings stülpt sich nunmehr das Bauchfell als manschettenförmige Bucht, und mit ihm auch die innere Rumpffaszie, über den *extraabdominalen* Teil des Gubernakulums: Der *Processus vaginalis* ist gebildet. Im Mittelpunkt auch des weiteren Geschehens steht offensichtlich das Gubernakulum. Denn nach neueren Untersuchungen bei *Hd.* und *Schw.* vollziehen sich an ihm infolge hormoneller Steuerung strukturelle Veränderungen, die das Gubernakulum verkürzen und somit dafür verantwortlich sein könnten, daß Hoden und Nebenhoden selbst in den Processus vaginalis nachgleiten. Ob auch andere Kräfte wie etwa die Zunahme des intraabdominalen Druckes ausreichen, den Hodenabstieg zu beenden, muß vorerst als ungeklärt gelten. Der Descensus testis ist demnach ein Prozeß, bei dem der Hoden den Ort seiner Entstehung verläßt, abdominal bis zum inneren Leistenring gelangt, inguinal durch den Leistenspalt zum und durch den äußeren Leistenring gleitet, um schließlich eingehüllt vom Processus vaginalis im Skrotum anzukommen. Nebenhoden und Ductus deferens nehmen an dem Deszensus teil. Sinn und Zweck des Hodenabstiegs sind trotz mancher Erklärungsversuche unbekannt.

Während bei einigen wildlebenden *Sgt.* der Descensus testis p e r i o d i s c h , dann allerdings durch Muskelzug eingeleitet, stattfindet, „wandert" der Hoden bei den *Hsgt.* nur einmal. Bei *Wdk.* vollzieht sich der Vorgang schon sehr früh intrauterin, nämlich im 3. Fetalmonat; beim *Schw.* und meist auch beim *Pfd.* ist der Hoden zur Zeit der Geburt abgestiegen; bei *Flfr.* dagegen befindet sich der Hoden zur Zeit der Geburt noch in der Bauchhöhle und beginnt beim *Hd.* gut eine Woche vor der Geburt, sich aus der Lendengegend abzulösen, um am 3.–4. Lebenstag in den Leistenspalt einzutreten und mit etwa 35 Lebenstagen seine endgültige Lage im Hodensack zu erreichen.

Bleibt nun der Hodenabstieg aus oder vollzieht er sich nur unvollständig, spricht man von **Kryptorchismus** (455), der einseitig oder beidseitig sein kann. Dabei kann der Hoden einschließlich seiner Nebenorgane in der Bauchhöhle liegen bleiben (*e,e'*), oder es tritt nur ein Teil des Nebenhodens in den rudimentären Processus vaginalis (*i*) ein (vollständiger bzw. unvollständiger abdominaler Kryptorchismus). In anderen Fällen verbleiben Hoden und Nebenhoden mit dem Processus vaginalis im Leistenspalt (inguinaler Kryptorchismus). Nichtabgestiegene Hoden bleiben in ihrer Entwicklung zurück, sie liefern auch keine Samenzellen.

Der S c h e i d e n h a u t f o r t s a t z (446/*g*;454/5',6';457/*d,d'*;464/*d,d'*;471/7;472/*g*;473/2;474/*d,d'*; 479–481;492/*d,d'*;493/*a,a'*) besteht, wie schon mehrfach dargestellt, aus einem äußeren fibrösen (Fascia spermatica int.) (454/5') und einem inneren serösen (Lamina parietalis der Tunica vaginalis) (6'), seinen Binnenraum auskleidenden Blatt. Im ausgebildeten Zustand hat er die Form einer Flasche und läßt sich nach Durchtrennung der Hodensackwand aus seinem Bindegewebslager unschwer herausschälen. Der weite Hohlraum des Processus vaginalis, das *Cavum vaginale,* nimmt Hoden, Nebenhoden und Anfangsteil des Samenleiters (446/*h*;454/7) auf. Sein enger Abschnitt, *Canalis vaginalis* (454/7'), enthält den *Samenstrang, Funiculus spermaticus* (*c,d*), der sich aus den Blut- und Lymphgefäßen, Nerven und dem Samenleiter zusammensetzt. Sowohl das Cavum vaginale als auch der Canalis vaginalis werden von den genannten Organen so weit ausgefüllt, daß nur kapillare Spalten übrigbleiben. Auch hier herrschen somit die gleichen Verhältnisse, wie wir sie in allen serösen Körperhöhlen finden.

Aus der Art der Entstehung des Processus vaginalis ist ersichtlich, daß er als eine paarige Nische der Peritonäalhöhle aufgefaßt werden muß. Seine kapillaren Binnenräume stehen bei den *Hsgt.* mit der Peritonäalhöhle zeitlebens in offener Verbindung. Die schlitzförmige Öffnung, die den Zugang von der Peritonäalhöhle in den Canalis vaginalis und das Cavum vaginale freigibt, liegt über dem tiefen Leistenring, ist vom *Scheidenhautring, Anulus vaginalis* (184/*o*;454/8;471/11;485/*c*;493/*d*;494/*g*), dem Umschlagrand des Bauchfells in die seröse Auskleidung des Canalis vaginalis, umrahmt. (Früher war für die Öffnung, die vom Anulus vaginalis umgeben wird, der Terminus *Ostium vaginale* gebräuchlich; die derzeitige Nomenklatur führt ihn bedauerlicherweise nicht mehr.) Durch den Anulus

vaginalis finden die Gefäße und Nerven der intra-
vaginalen Organe ihren Zutritt; hier verläßt der
Samenleiter den Canalis vaginalis. Da diese Öffnung namentlich bei älteren *Hengsten* (493,494) einen bis zu 45 mm langen Schlitz darstellt, können
sich hier Organe der Peritonäalhöhle, z. B. Dünndarmschlingen oder Teile des Netzes, in den Scheidenhautfortsatz hineinschieben bzw. nach der Kastration aus der Operationswunde vorfallen.

Samenstrang, Funiculus spermaticus: Nicht
nur im Hinblick auf klinische Belange, sondern
auch unter Berücksichtigung der anatomischen
Gegebenheiten soll als *Samenstrang, Funiculus
spermaticus,* der I n h a l t des flaschenhalsförmigen
Teiles des Scheidenhautfortsatzes bezeichnet werden (443/454/*c,d*;457/*b,c*;464/*c,c'*;471/9;474/*c,c'*;
485/*b*;494/*c,i*). Es handelt sich um ein strangförmi-
ges Gebilde von konischer Gestalt, dessen breitere
Basis der Extremitas capitata des Hodens aufsitzt
und mit seinem schlanken Ende die Gegend des
Anulus vaginalis erreicht. Dieser Strang ist von Serosa (Lamina visceralis der Tunica vaginalis) überzogen und wird durch ein *Gekröse, Mesofuniculus*
(443/3;454/10), an der serösen Innenauskleidung
des Canalis vaginalis angeheftet. Er besteht aus der
A. und V. testicularis, aus L y m p h g e f ä -
ß e n , dem P l e x u s t e s t i c u l a r i s sowie dem früher bereits erwähnten S a m e n l e i t e r , der in einem eigenen *Samenleitergekröse, Mesoductus deferens* (184/*p*;471/12;485/*e*; 493/*f*;494/*i*), verläuft.
Zudem enthält er glatte Muskelfasern.

A. und V. testicularis gelangen, aus der Bauchaorta bzw. der V. cava caudalis entspringend, in
die *Gefäßfalte, Plica vasculosa* (184/*n*;485/*d*;493/
e,e';494/*h*), eingeschlossen, in gestrecktem Verlauf
zum Anulus vaginalis und treten in den Samenstrang ein. Die Arterie bildet in ihrem Verlauf zum
Hoden im Samenstrang ein aus dicht beieinander
liegenden Schlingen bestehendes konisches Rankenkonvolut. Die Vene hingegen löst sich in ein
dichtes Geflecht kleinerer Zweige auf, die die groben Schlingen der Arterie allseitig umspinnen. Die
Gesamtheit dieses Venengeflechts wird als Rankengeflecht, *Plexus pampiniformis* (444/*d*;445/
g;454/*d'*), bezeichnet. Am Hoden angelangt, vereinigt sich das Geflecht wieder zu größeren Venen; diese treten an die Extremitas capitata des
Hodens heran.

Das Gefäßkonvolut der A. und V. testicularis
(456/*1,9*) stellt den größten Teil des Samenstrangs
dar. Hinzu kommen die Lymphgefäße; sie führen
die Lymphe aus Hoden, Nebenhoden und der
Scheidenhaut den Lnn. iliaci mediales und lumbales aortici zu. Der Samenleiter zieht in seiner

Abb. 456. B l u t g e f ä ß e
d e s H o d e n s e i n e s
B u l l e n .
(Nach AMSELGRUBER/
SINOWATZ, 1987.)

1 A. testicularis als Rankenkonvolut; *2* Zweige der
A. testicularis auf der
Organoberfläche; *3* Zentripetalarterien; *4* Knäuelbil-
dung im Mediastinum te-
stis; *5* Zentrifugalarterien;
6 Kapillargebiet der Tubuli
seminiferi contorti; *7* Zen-
trifugalvenen; *8* Venen-
tapete an der Organober-
fläche; *9* Plexus pampiniformis

Tsc Tubuli seminiferi
contorti; *Rt* Rete te-
stis, beachte auch sei-
ne Vaskularisation

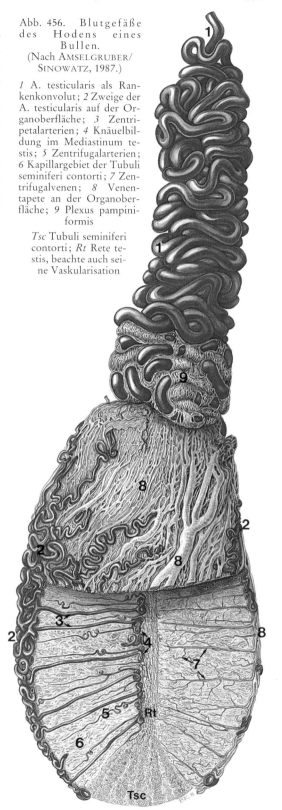

Samenleiterfalte am kaudomedialen bzw. dorsomedialen Rand des Gefäßteils des Samenstrangs zum Anulus vaginalis, trennt sich hier von den Blutgefäßen und verfolgt, wie früher schon beschrieben, in der Plica ductus deferentis seinen Weg zum Beckenstück der Harnröhre.

Die Länge des Samenstrangs und damit auch jene der ihn umschließenden Hüllen ist abhängig von der jeweiligen Lage der Hoden zum äußeren Leistenring. So ist der Funiculus spermaticus beim *Hengst* (493,494) wegen der engen nachbarlichen Beziehung der Hoden zum äußeren Leistenring relativ kurz, beim *Wdk.* (454,485) mit den pendelnd herabhängenden Hoden länger. Sehr lang ist der Samenstrang beim *Eber* (474), beim *Rüden* (184) und beim *Kater* (186;471). Hier muß er von den anal liegenden Hoden absteigend erst den Zwischenschenkelspalt passieren, um den Leistenspalt zu erreichen.

Der **Bandapparat des Hodens** und seiner Nebenorgane erfordert bei der Kastration entsprechende Beachtung. Auch aus diesem Grunde sei er hier nochmals zusammengefaßt dargestellt:

An anderer Stelle war von jenem Band die Rede, das als *Leitband des Hodens, Gubernaculum testis* (455/*d,d'*), am kaudalen Pol der Keimdrüse ansetzt und zum tiefen Leistenring hinstrebt. Es wird vom Geschlechtsgang, dem späteren Nebenhodengang (und zwar des Teiles, der den Nebenhodenschwanz liefert), überkreuzt und dadurch in einen proximalen und einen distalen Teil zerlegt. Beide Abschnitte stellen nach Abschluß des Descensus testis derbsehnige, kurze Bandzüge dar, von denen der proximale, das *Ligamentum testis proprium* (454/*11*;491/*2'*), die Extremitas caudata des Hodens mit dem Schwanz des Nebenhodens eng verbindet. Der kaudale Abschnitt, *Ligamentum caudae epididymidis* (454/*11'*;491/*2*), befestigt den Schwanz des Nebenhodens am Fundus des Processus vaginalis.

Als *Hodengekröse, Mesorchium* (443/*1*;454/*9*;491/*1*), bezeichnet man jene Serosadoppellamelle, die die Verbindung zwischen dem parietalen, das Cavum vaginale auskleidenden Bauchfellblatt (*Lamina parietalis* der *Tunica vaginalis*) (454/*6'*), und jenem, den Hoden überziehenden viszeralen Blatt des Bauchfells (*Lamina visceralis* der *Tunica vaginalis*) (441/*1*;454) herstellt. Von dem *Mesorchium* spaltet sich ein schmaler Serosastreifen ab, der als *Mesepididymis* an den Nebenhoden herantritt. Dadurch wird das *Mesorchium* in einen proximalen und einen distalen Abschnitt, *Mesorchium proximale* und *Mesorchium distale*, zerlegt. Zwischen Mesorchium und Mesepididymis einschließlich Nebenhoden findet sich eine von lateral zugängliche Bucht, die *Bursa testicularis seu Sinus epididymidis* (443/*4*;454/*12*;491/*4*). Das Gekröse beschränkt sich jedoch nicht nur auf Hoden und Nebenhoden, sondern strebt dem Canalis vaginalis zu und stellt hier die Verbindung zwischen der serösen Auskleidung des Canalis vaginalis und dem Bauchfellüberzug des Samenstrangs her. Sinngemäß kann man daher in diesem Bereich vom *Mesofuniculus* (443/*3*;454/*10*;491/*3*) sprechen. Schließlich sei nochmals erwähnt, daß der Samenleiter im Bereich des Samenstrangs eine eigene Gekrösefalte, *Mesoductus deferens*, besitzt, die vom Anulus vaginalis ab auch als *Plica ductus deferentis* (184/*p*;471/*12*;485/*e*;493/*f*;494/*i*) bezeichnet wird und sich in der Beckenhöhle mit jener der Gegenseite zur *Plica urogenitalis* (15/*5*;184/*q*;465,483,495/*3*) vereinigt, während das Gekröse des Samenstrangs vom Anulus vaginalis ab zur *Gefäßfalte, Plica vasculosa* (184/*n*;485/*d*;493/*e,e'*;494/*h*), wird.

Die **Lage des Hodensacks** weist tierartliche Unterschiede auf. Das gleiche gilt auch für seine Form, die ihrerseits durch die **Form und Stellung der Hoden und Nebenhoden** bestimmt wird.

Beim *Kater* (185,186,471) liegt der Hodensack unmittelbar zwischen dem After und dem ventral von ihm kaudal hinausragenden Penis. Er verbleibt somit nahezu am Orte seiner Entstehung, an der Stelle, wo bei allen *Sgt.* während der Entwicklung sich die Anlage des Hodensacks in Form der Skrotalwülste findet. Er ist von unscheinbarer Größe und entzieht sich in dem dichten Haarkleid der Sicht. Die kleinen, fast kugelförmigen Hoden sind mit ihrer Extremitas caudata, ebenso wie der Nebenhodenschwanz, kaudal gerichtet. Der Nebenhoden lagert sich dem Hoden dorsolateral auf. Der sehr lange Samenstrang zieht am Penis vorbei durch die ganze Länge des Zwischenschenkelspalts zur Regio inguinalis und erreicht dort den oberflächlichen Leistenring.

Beim *Rüden* (179,184,464,473) ist der Hodensack etwas mehr vom After weg bis zum kaudalen Bereich des Zwischenschenkelspalts gerückt und setzt sich deutlicher von seiner Unterlage ab. Er zeigt eine mediane Furche mit ausgeprägter *Rhaphe*. Die relativ kleinen Hoden haben die gleiche Lage wie jene des *Katers*; das gilt ebenso auch für das Verhalten des Samenstrangs.

Beim *Eber* (474) sitzt das Skrotum breitbasig der Mittelfleischgegend auf und wird durch die Last der sehr großen Hoden distal ausgebuchtet. Die Extremitas caudata des Hodens, ebenso auch der

Nebenhodenschwanz, sind afterwärts gerichtet. Der Margo liber zeigt kaudal, während der Margo epididymalis des Hodens mit dem Nebenhoden der Gesäßgegend anliegt. Der lange Samenstrang nimmt seinen Verlauf durch den Zwischenschenkelspalt zum oberflächlichen Leistenring.

Bei *Bulle* (454;479,482/*A*;485), *Schaf-* (480;482/*B*) und *Ziegenbock* (481;482/*C*) ist der Hodensack weit nabelwärts in die Regio pubica vorgerückt. Er setzt sich durch einen deutlichen *Halsteil* von der ventralen Bauchwand ab und hängt beutelartig herab (Bocksbeutel). Der Hodensack der *kl. Wdk.* ist verhältnismäßig groß und hat eine kraniale sowie eine kaudale Fläche mit deutlicher Medianfurche. Die Hoden hängen senkrecht, mit ihrer Extremitas caudata distal gerichtet, herab. Der Nebenhodenkopf liegt der Extremitas capitata des Hodens kaudolateral an. Während der Nebenhodenkörper medial am Margo epididymalis des Hodens herabsteigt, buchtet der Nebenhodenschwanz den Fundus des Skrotums deutlich sichtbar kaudodistal aus. Die Samenstränge sind im Halsteil des Hodensacks untergebracht und hier leicht durch die Haut hindurch zu umfassen. Infolgedessen besteht die Möglichkeit, bei den *Wdk.* die Kastration auf unblutigem Wege durch Zerquetschen der Samenstränge durchzuführen.

Beim *Hengst* (457,492–494) liegt der Hodensack zwischen den beiden Schenkeln in der Regio pubica. Er hat etwa halbkugelige Gestalt mit median verlaufender Furche und der Rhaphe scroti. Der Hoden hat kraniokaudale Neigung. Sein Margo liber sieht kranioventral, sein Margo epididymalis kaudodorsal. Ihm liegt der Nebenhoden, leicht lateral verschoben, an. Sein Schwanz bettet sich mit der Extremitas caudata des Hodens, kaudal gerichtet, in den Fundus des Hodensacks. Der Samenstrang steigt steil zum oberflächlichen Leistenring auf, liegt lateral dem Peniskörper an und ist gut tastbar.

Akzessorische Geschlechtsdrüsen, Glandulae genitales accessoriae
(416, 448–452, 453, 465, 471, 472, 475, 476, 483, 484, 490, 494–496)

Die akzessorischen Geschlechtsdrüsen gruppieren sich, bei den *Hsgt.* recht unterschiedlich ausgebildet, um das Beckenstück der Harnröhre. Ihr Wachstum und ihre Funktion werden von den Geschlechtshormonen gesteuert. Bei frühkastrierten Tieren entwickeln sie sich nur unvollkommen, während sie bei Spätkastraten atrophieren und ihre Sekretion einstellen.

Auf die **Samenleiterampulle, Ampulla ductus deferentis**, die bei *Hd.*, *Wdk.* und *Pfd.* an ihrer Auftreibung erkennbar ist, wurde schon hingewiesen. Obwohl bei *Ktz.* und *Schw.* eine solche spindelförmige Auftreibung der Endstrecke des Samenleiters fehlt, kommen auch bei ihnen in diesem Abschnitt *Glandulae ampullae* vor, deren Sekret dem Ejakulat beigemischt wird. Somit ist die Ampulla ductus deferentis bei allen *Hsgt.* funktionell zu den akzessorischen Geschlechtsdrüsen zu rechnen.

Die **Samenblasendrüse, Glandula vesicularis** (450–452), liegt als paariges Organ seitlich vom Harnblasenhals, ragt kranial in die Plica urogenitalis hinein und flankiert lateral die Samenleiterampullen. Beim *Pfd.* (15/*c'*;452;494/*m*;495/5;496/*h*) hat sie die Form einer dickwandigen Blase, *Vesicula seminalis*, ist 100–150 mm lang und hat einen Durchmesser von 30–60 mm. Beim *Wdk.* (451;483/5;484/4;490/4) ist sie eine derbe, höckerige Drüse von mäßiger Größe, beim *Rd.* 70–120 mm, beim *kl. Wdk.* 30–40 mm lang. Ebenfalls kompaktdrüsigen und grobhöckerigen Aufbau besitzt sie beim *Schw.* (450;475,476/5) und zeichnet sich durch auffallende Größe aus. Sie hat hier die Form einer dreiseitigen Pyramide mit kaudal gerichteter Spitze und ist 70–120 mm lang. Dem *Flfr.* fehlt die Samenblasendrüse.

Bau: Die Samenblasendrüse weist beim *Wdk.*, besonders aber beim *Schw.* sehr deutlichen Läppchenbau auf. Sie gehört zum Typ der verästelten tubulo-alveolären Drüsen. Auffallend sind weite, intralobulär gelegene Sekretsammelräume, die der Vorratshaltung größerer Sekretmassen dienen. Die während der Ejakulation sich rasch vollziehende Abgabe größerer Sekretmengen erfolgt unter Mitwirkung der im interstitiellen Bindegewebe sowie im Überzug der Drüse reichlich vorhandenen glatten Muskulatur. Das blasenförmige Organ des *Pfd.* besitzt eine derbmuskulöse Wand und eine mit zahlreichen Fältchen und Krypten ausgestattete Schleimhaut. Zahlreiche verästelte, teilweise stark alveolär erweiterte Drüsenschläuche stellen die sekretorische Funktion dieses Organs sicher. Wie bereits erwähnt, mündet die Samenblase bei *Pfd.* (416,452) und *Wdk.* (451), deren *Ductus excretorius* (416/*l*) mit dem Endabschnitt des Ductus deferens zu einer kurzen gemeinsamen Wegstrecke, dem *Ductus ejaculatorius*, vereinigt ist, am *Ostium ejaculatorium* (*m*) auf dem *Samenhügel* (*n*) der

Harnröhre. Beim *Schw.* (450) mündet er meist selbständig oder mit dem Samenleiter in einer Schleimhautnische.

Die **Vorsteherdrüse, Glandula prostatica, Prostata** (448–452), ist bei allen *Hsgt.* vorhanden. Sie unterhält engste, nach Tierart jedoch unterschiedlich gestaltete Lagebeziehungen zum Beckenstück der Harnröhre. Die relativ größte Prostata besitzt der *Flfr.*, es folgen *Pfd.*, *Rd.*, *Schw.* und die *kl. Wdk.* Man kann an ihr im allgemeinen ein *Corpus prostatae* und die *Pars disseminata* unterscheiden (453). Das *Corpus prostatae* liegt dem Beckenstück der Harnröhre außen auf, während die *Pars disseminata*, sofern vorhanden, mit ihren Drüsenläppchen in die Harnröhre eingebaut ist und diese mantelartig umgibt.

Das große *Corpus prostatae* des **Hd.** (448;465/5;472/*a*) umfaßt mit seinem halbkugeligen rechten und linken Lappen die Harnröhre allseitig, während sie bei der **Ktz.** (449;471/*14*) deren ventrale Wand frei läßt. Bei beiden finden sich zudem spärliche Drüsenläppchen als *Pars disseminata* in der Wand der Harnröhre. Bei **Rd.** (451;483/6;490/5) und **Schw.** (450;475,476/6) besitzt die Drüse auf der Dorsalfläche der Harnröhre einen kleinen plattenförmigen Körper. Der übrige Teil des Organs ist bei ihnen als *Pars disseminata* in die Wand der Harnröhre eingebaut und vom M. urethralis manschettenartig umhüllt. Die **kl. Wdk.** besitzen nur die *Pars disseminata*, die beim *Schf.* die Ventralseite der Harnröhre freiläßt. Der Körper der Prostata des **Pfd.** (452;494/*o*;495/6,6′;496/*i*) besteht aus zwei 50 bis 90 mm langen und 30–60 mm breiten, derben Drüsenlappen, *Lobi prostatae* (495/6′). Sie liegen der Harnröhre seitlich an und sind durch eine dorsale Brücke, *Isthmus prostatae* (6), miteinander verbunden. Zahlreiche kleine, seitlich vom Colliculus seminalis angeordnete A u s f ü h r u n g s g ä n g e (496/7) vermitteln den Abfluß des Prostatasekrets in das Beckenstück der Harnröhre. Eine Pars disseminata fehlt dem *Pfd.*

Bau: Der Körper der Vorsteherdrüse wird von einer derben Kapsel, *Capsula prostatae*, umhüllt, die ebenso wie ihr interstitielles Gewebe Muskulatur enthält. Bei den Tieren mit einer Pars disseminata wird dieser Teil mantelartig von dem M. urethralis umhüllt. Verästelte Drüsentubuli liefern das Prostatasekret. Größere Sekretsammelräume besitzt nur die Drüse der *Flfr.* und des *Pfd.* Die Pars disseminata des *Schw.* und *Wdk.* besteht aus radiär um das Lumen der Harnröhre angeordneten Läppchen, die aus langgestreckten Drüsentubuli zusammengesetzt sind.

Die **Harnröhrenzwiebeldrüse, Glandula bulbourethralis** (449–452), liegt paarig der Harnröhre kurz vor deren Austritt aus der Beckenhöhle auf und ist dem *Bulbus penis*, einem Teil des Harnröhrenschwellkörpers, dicht benachbart. Diese Drüse fehlt dem **Hd.** und ist bei der **Ktz.** (449;471/*15*) sehr klein. Beim **Schw.** (450;475,476/8) ist sie sehr groß (170–180 mm lang, 50 mm dick), vom M. bulboglandularis vollständig bedeckt und liegt als langer, walzenförmiger, derber Körper beiderseits der Harnröhre dem Beckenboden auf. Bei **Rd.** (451;483/8;490/7) und **Pfd.** (452;494/*p*;495/8;496/*k*) liegen beide Hälften der Harnröhrenzwiebeldrüse dorsal auf der Harnröhre. Sie haben kugelige bzw. kolbige Gestalt und sind etwa walnußgroß. Beim **kl. Wdk.** (484/3) haben sie bei gleicher Form die Größe einer Haselnuß. Jede Drüsenhälfte besitzt nur einen A u s f ü h r u n g s g a n g, beim *Pfd.* (496/8) jedoch deren 3–4.

Die Läppchen der verästelten tubulösen Drüse sind mit Sammelräumen ausgestattet. Das interlobuläre Gewebe enthält (exkl. *Rd.*) ebenso wie die Kapsel der Drüse reichlich Muskulatur.

Aus der in Vorstehendem geschilderten T o p o g r a p h i e der akzessorischen Geschlechtsdrüsen ist ersichtlich, daß diese beiden großen *Hsgt.* der rektalen Untersuchung zugänglich sind. Selbst bei den übrigen *Hsgt.* können durch digitale Palpation vom Rektum aus wichtige klinische Befunde an der Prostata bzw. Glandula bulbourethralis erhoben werden.

Samenflüssigkeit, Sperma. Das gelegentlich der Ejakulation aus Samenfäden und dem Sekret der akzessorischen Geschlechtsdrüsen entstehende Gemisch wird als Samenflüssigkeit, Sperma, bezeichnet. Die Samenflüssigkeit wird bei Tierarten mit länger dauerndem Koitus in Fraktionen abgegeben, deren anteilige Zusammensetzung aus dem Sekret der akzessorischen Geschlechtsdrüsen in bekannter Weise wechselt. Das Sekret der akzessorischen Geschlechtsdrüsen stellt das Substrat dar, das die Samenfäden zu lebhaften Bewegungen anregt, ihnen die Möglichkeit gibt, sich frei und zielstrebig fortzubewegen und ihren Stoffwechsel zu bestreiten. Hierdurch erlangen die Samenzellen die zur Erreichung der Eizelle notwendige Lebensdauer. Farbe und Viskosität des Spermas zeigen tierartliche Unterschiede, ebenso auch die M e n g e des unter physiologischen Bedingungen abgegebenen Ejakulats. Es beträgt beim *Rüden* 7–15, beim *Eber* 200–250 (500), beim *Bullen* 2–8, beim *Schafbock* 1, beim *Ziegenbock* 0,5–1 und beim *Hengst* 50–150 ml.

Die Z a h l der Samenfäden im Ejakulat zeigt ebenfall zum Teil erhebliche tierartliche Unterschiede. Bei der gleichen Tierart sind die Zahlen bei normaler Beanspruchung des Spenders ziemlich konstant. Im Mittel enthält 1 ml Sperma beim *Rüden* 100 000, beim *Eber* 100 000, beim *Bullen* 1 Million, beim *Schafbock* 3 Millionen, beim *Ziegenbock* 2,5 Millionen und beim *Hengst* 120 000 Samenfäden. Die Beurteilung der Zuchttiere auf ihre Zuchttauglichkeit nach der Qualität ihres Spermas spielt besonders im Hinblick auf die künstliche Besamung eine außerordentlich wichtige Rolle. Hierbei kommt es jedoch nicht nur auf die absolute Zahl der Samenfäden im Ejakulat, vielmehr auf ihre Vitalität und normale Ausbildung an.

Begattungsorgan und Harnröhre
(179, 184, 186, 448–454, 457–472, 474–478, 483–490, 492–500)

Das **männliche Begattungsorgan, Glied, Rute, Penis,** ist aus zwei S c h w e l l k ö r p e r s y s t e m e n aufgebaut, die in der Längsrichtung des Organs übereinander liegen und die wesentlichen funktionellen Baubestandteile darstellen (457). Der obere, der Rumpfwand zugewandte (exkl. Ktz.), paarig angelegte *Penisschwellkörper, Corpus cavernosum penis* (*a–a''*), bewirkt allein die Versteifung des Penis während der Erektion und wird damit zur Stütze für die samenübertragende, männliche Urethra. Der untere, durch die Haut palpierbare, unpaare *Harnröhrenschwellkörper, Corpus spongiosum penis* (*b–b'*), umhüllt das Penisstück der Urethra, Pars spongiosa urethrae (*d'*), direkt und steht mit dem gleichfalls unpaaren *Eichelschwellkörper, Corpus spongiosum glandis* (*Flfr., Pfd., c–c''*), oder einer vergleichbaren Bildung (*Wdk., c'''*) in Verbindung.

Am **Begattungsorgan, Penis,** unterscheidet man von proximal nach distal die *Radix penis,* das *Corpus penis* und die *Glans penis.* Seine der Rumpfwand (exkl. *Ktz.*) zugewendete Oberseite heißt Penisrücken, *Dorsum penis* (457/1). Seine Unterseite ist die *Facies urethralis* (2). Der Penis beginnt mit der P e n i s w u r z e l, *Radix penis* (*a,b*), unter dem Beckenausgang und setzt dort auch mit den Schenkeln seines paarigen Schwellkörpers am Arcus ischiadicus an. Der P e n i s s c h a f t, *Corpus penis* (*a',b'*), schiebt sich, abgesehen von jenem des *Katers,* dessen kurzes Glied kaudoventral gerichtet ist, unter den Beckenboden in ein Bindegewebslager im Zwischenschenkelspalt ein, wird hier von den Samensträngen flankiert, von den Fasciae penis superficialis und profunda, Abkömmlingen der äußeren Rumpffaszie, umhüllt und von der Haut abgedeckt. Der Peniskörper des **Hd.** ist zylindrisch rund und leicht dorsal konkav durchgebogen. Beim **Schw.** bildet er eine mehr kaudal, beim **Wdk.** mehr kranial im Zwischenschenkelspalt gelegene enge S-förmige Schleife, *Flexura sigmoidea penis* (3). Beim **Pfd.** schließlich ist der Peniskörper seitlich komprimiert und in seiner Längsrichtung zunächst leicht dorsal konkav, dann mäßig dorsal konvex gekrümmt. Die E i c h e l, **Glans penis** (*a'',c*) erreicht die Gegend des Nabels (exkl. *Ktz., a''',c*), und hier ruht der freie Teil des Penis, Spitzenteil, *Pars libera penis,* in einer von der Haut gebildeten Röhre, der *Vorhaut, Praeputium,* die eine für die Verlängerung (Ausschachten) des Penis bei der Erektion notwendige Reservefalte darstellt.

In der äußeren Gestalt des präparatorisch isolierten **Penisschwellkörpers, Corpora cavernosa penis** (457/*a–a''*), ist seine paarige Anlage gut abzulesen. Die Corpora cavernosa befestigen sich durch ihre zwei kurzen, verjüngten *Penisschenkel, Crura penis* (*a*), mittels derber Sehnenbündel jederseits am Arcus ischiadicus. Nur wenig distal, noch im Bereich der Radix penis, kommt es zwischen beiden Corpora cavernosa penis zu einem engen Kontakt mit medianer Verschmelzung ihrer Tunica albuginea und damit zur Entstehung einer Scheidewand, dem *Septum penis,* innerhalb des vereinigten Stammes. (Den früher gebräuchlichen Terminus *Truncus penis* für diesen Teil des Penisschwellkörpers führt die derzeitige Nomenklaturliste nicht mehr.) Die Scheidewand bleibt beim *Hd.* bestehen, und die beiden Corpora cavernosa behalten bei dieser Tierart ihre innere Selbständigkeit, soweit sie nicht zum *Os penis* umgeformt werden (s.u.). Bei den anderen *Hsgt.* hingegen wird das Septum penis durch zahlreiche schlitzförmige Öffnungen durchbrochen, die Kavernen treten in Verbindung, und die Corpora cavernosa büßen so, ausgenommen in den Schenkeln, ihre ursprüngliche Paarigkeit ein. Doch findet sich als Andeutung ursprünglicher Paarigkeit bei allen Tieren am Dorsum penis die seichte mediane Rinne, der *Sulcus dorsalis penis,* in dem Blutgefäße und Nerven verlaufen. Ebenso trägt die Unterfläche der Corpora cavernosa eine tiefe Rinne, in die sich der Penisteil der Harnröhre mit ihrem Schwellkörper einfügt; diese Rinne wird daher als *Sulcus urethralis* bezeichnet. Die Tunica albuginea

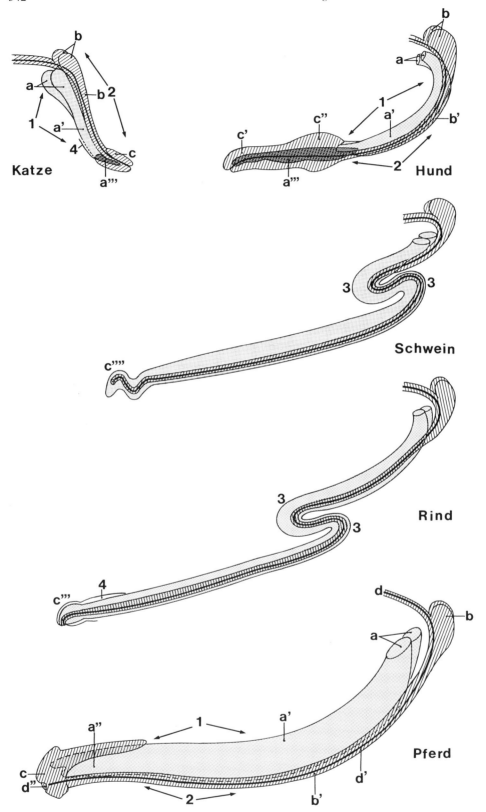

Katze

Hund

Schwein

Rind

Pferd

Abb. 457

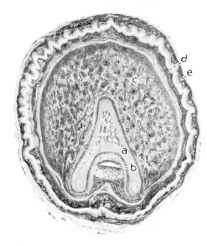

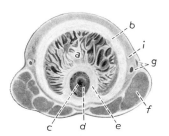

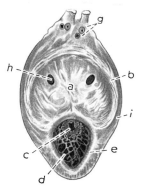

Abb. 458. Querschnitt durch die Pars longa glandis und das Parietalblatt des Präputiums eines Hundes. Mikrofoto.

a Os penis; *b* Urethra im Sulcus urethralis, umgeben vom Corpus spongiosum penis; *c* Schwellgewebe der Pars longa glandis; *d* Penisblatt der Vorhaut, Lam. penis praeputii; *e* Lam. interna praeputii

Abb. 459. Querschnitt durch den Penisschaft eines Ebers (apikal der S-förmigen Schleife). (Nach GRABOWSKI, 1937.)

a Corpus cavernosum penis; *b* Tunica albuginea corporum cavernosorum; *c* Urethra; *d* Corpus spongiosum penis; *e* Tunica albuginea corporis spongiosi; *f* M. retractor penis; *g* A. und V. dorsalis penis

Abb. 460. Querschnitt durch den Penisschaft eines Bullen. (Nach GRABOWSKI, 1937.)

a Corpus cavernosum penis; *b* Tunica albuginea corporum cavernosorum; *c* Urethra; *d* Corpus spongiosum penis; *e* Tunica albuginea corporis spongiosi; *g* Aa. und Vv. dorsales penis; *h* Arterien des Schwellkörpers; *i* Bindegewebshülle des Penis

corporum cavernosorum entläßt im Zwischenschenkelspalt zum Beckenboden hin ein kurzes, paariges Aufhängeband, das *Ligamentum suspensorium penis*. Selbstverständlich formen auch die Corpora cavernosa penis bei *Wdk.* und *Schw.* jene S-förmige Schleife, die am nichterigierten Penisschaft beschrieben wurde. Andererseits wird durch die Erektion das Verstreichen der S-förmigen Schleife bewirkt, wodurch es zur Verlängerung des männlichen Begattungsorgans kommt. Schließlich ist bemerkenswert, daß bei *Hd.* und *Ktz.* der distale Teil der Corpora cavernosa penis verknöchert, indem zunächst jederseits ein langgestreckter Organknochen entsteht, der sich mit dem der Gegenseite in der Medianen zu einem einheitlichen *Os penis* (*a'''*) vereinigt. Beim *Hd.* ist er je nach Größe des Tieres bis zu 120 mm lang und trägt auf seiner Unterseite einen tiefen Sulcus urethralis und läuft in eine fibroelastische Spitze aus. Beim *Kater* ist der Penisknochen 3–5 mm lang und lilienblattförmig gestaltet; an seiner Basis finden wir die Andeutung eines Sulcus urethralis. Mit der Tunica albuginea des Penisschwellkörpers ist er über ein funktionell bedeutsames Band, das *Lig. apicale penis* (*4*), verbunden. Im Zustand der Erektion wird dadurch die Glans penis kranioventral umgelegt. Das *distale Ende* der

---

Abb. 457. Männliches Begattungsorgan der Haussäugetiere. Linke Seitenansicht, schematisiert. (In Anlehnung an PREUSS, 1954, *Pfd.* und *Rd.*, sowie HESS, 1962, *Hd.*)

a–a'' Penisschwellkörper, Corpus cavernosum penis, bestehend aus *a* den paarigen Crura penis, *a'* dem gemeinsamen Stamm und *a''* dem Spitzenteil bzw. beim *Flfr.* *a'''* dem Os penis;

b–b' Harnröhrenschwellkörper, Corpus spongiosum penis, bestehend aus *b* dem Bulbus penis, *b'* dem mantelförmigen Abschnitt, der die Pars spongiosa urethrae umhüllt;

c–c'' Eichelschwellkörper, Corpus spongiosum glandis, beim *Pfd.* *c* mit langem Proc. dorsalis ausgestattet, bei der *Ktz.* *c* mit verhornten Penisstacheln besetzt; beim *Hd.* unterteilt in *c'* Pars longa glandis und *c''* Bulbus glandis; beim *Wdk.* *c'''* als fibröse Eichel ausgebildet; beim *Schw.* *c''''* nur eine Spitzenkappe;

d–d'' Urethra masculina (nur beim *Pfd.* bezeichnet) mit *d* Pars pelvina urethrae, vom Stratum spongiosum umhüllt: *d'* Pars spongiosa urethrae, vom Harnröhrenschwellkörper ummantelt; *d''* Proc. urethrae mit Ostium urethrae externum

Merke: Radix penis wird gebildet aus *a* und *b*; Corpus penis wird gebildet aus *a'* und *b'*; Glans penis wird gebildet beim *Pfd.* aus *a''* und *c*, bei der *Ktz.* aus *a'''* und *c*, beim *Hd.* aus *a'''*, *c'* und *c''*

1 Dorsum penis (bei der *Ktz.* ventral gerichtet); *2* Facies urethralis (nur bei *Flfr.* und *Pfd.* bezeichnet); *3* Flexura sigmoidea (*Schw., Rd.*); *4* Lig. apicale penis (*Ktz., Rd.*)

Corpora cavernosa penis ist beim *Pfd.* (*a''*) in drei Spitzen aufgeteilt, von denen die längere dorso-median, die beiden kürzeren ventrolateral liegen; sie stützen den Eichelschwellkörper (*c*) bzw. flan-kieren das Ende des Sulcus urethralis. Beim *Rd.* entwickelt sich im distalen Drittel des Penisschwell-körpers aus der Tunica albuginea ein kollagenes Faserbündel, das *Lig. apicale penis* (*4*), das die leichte Linksdrehung des Spitzenteils des Schwellkörpers mitmacht; im übrigen läuft der Penisschwellkörper spitzkegelig aus. Beim *Schw.* besitzt die Spitze des Penisschwellkörpers korkenzieherartige Gestalt mit deutlicher Linksdrehung und einer Kantenbildung, unter der sich das schlitzförmige Ostium ure-thrae externum öffnet.

Der **paarige Schwellkörper,** die beiden **Corpora cavernosa penis*,** besteht aus drei Anteilen, die eine funktionelle Einheit bilden, nämlich der *Tunica albuginea,* den *Trabeculae* und den *Cavernae.*

Die zwei- bis dreischichtige, derbsehnige Umhüllung, *Tunica albuginea corporum cavernosorum,* ist nur beschränkt dehnbar und leistet einer Anschwellung des von ihr umhüllten Schwellgewebes (Erektion) fühlbaren Widerstand, wodurch eine Versteifung bei gleichzeitig mehr oder weniger aus-geprägter Vergrößerung des Gliedes erfolgt. Die von ihr ins Innere ziehenden Bindegewebsbalken,

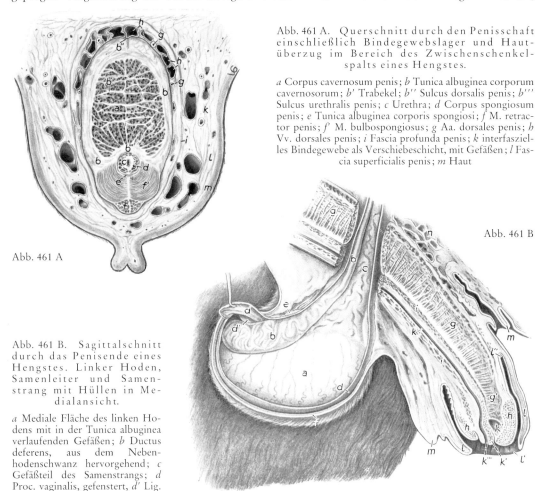

Abb. 461 A

Abb. 461 A. Querschnitt durch den Penisschaft einschließlich Bindegewebslager und Haut-überzug im Bereich des Zwischenschenkel-spalts eines Hengstes.

a Corpus cavernosum penis; *b* Tunica albuginea corporum cavernosorum; *b'* Trabekel; *b''* Sulcus dorsalis penis; *b'''* Sulcus urethralis penis; *c* Urethra; *d* Corpus spongiosum penis; *e* Tunica albuginea corporis spongiosi; *f* M. retractor penis; *f'* M. bulbospongiosus; *g* Aa. dorsales penis; *h* Vv. dorsales penis; *i* Fascia profunda penis; *k* interfasziel-les Bindegewebe als Verschiebeschicht, mit Gefäßen; *l* Fas-cia superficialis penis; *m* Haut

Abb. 461 B

Abb. 461 B. Sagittalschnitt durch das Penisende eines Hengstes. Linker Hoden, Samenleiter und Samen-strang mit Hüllen in Me-dialansicht.

a Mediale Fläche des linken Ho-dens mit in der Tunica albuginea verlaufenden Gefäßen; *b* Ductus deferens, aus dem Neben-hodenschwanz hervorgehend; *c* Gefäßteil des Samenstrangs; *d* Proc. vaginalis, gefenstert, *d'* Lig. caudae epididymidis; *e* M. cremaster; *f* Scrotum, in der Rhaphe scroti halbiert; *g* Corpus cavernosum penis, sagittal geschnitten und ein Teilstück zur Sichtbarmachung des Samenstrangs entfernt; *g'* dorsomedianer Fortsatz der Peniskörperspitze; *h* Corpus spongio-sum glandis; *i* Corpus spongiosum penis; *k* Urethra mit *k'* dem Proc. urethrae in *k''* der Fossa glandis, *k'''* Ostium ure-thrae ext.; *l* Plica praeputialis; *l'* Ostium praeputiale; *l''* Cavum praeputiale; *m* Praeputium; *n* Venenplexus zwischen Dorsum penis und Bauchwand

---

*   Einzahl: Corpus cavernosum penis

Trabeculae corporum cavernosorum, lassen ein tierartlich und abschnittsweise sehr unterschiedliches Gerüstwerk entstehen. In den intertrabekulären Räumen findet sich das eigentliche Schwellgewebe, die endothelausgekleideten Kavernen, *Cavernae corporum cavernosorum.* Diese Bluträume stellen groß- oder kleinkalibrige Hohlraumsysteme dar, die teils in der Längsrichtung des Organs, vor allem aber quer und radiär angeordnet sind. In den Kavernenwänden finden sich tierartlich wechselnde Mengen glatter Muskelbündel (exkl. *Wdk.*) und, wie schon in der Tunica albuginea und den Trabekeln, reichlich elastische Fasern. Die unterschiedliche Massenverteilung zwischen Bindegewebstrabekeln einerseits und Schwellkavernen andererseits gibt uns die Möglichkeit, bei den *Hsgt.* zwei grundlegende P e n i s t y p e n zu unterscheiden. Überwiegt das bindegewebige Trabekelgerüst gegenüber dem kavernösen Gewebe, dann liegt der *fibroelastische Typ* vor. Bei dieser Bauart hat der paarige Schwellkörper auch im nicht erigierten Zustand derbsehnige Konsistenz. Er findet sich ausgeprägt beim *Rd.* Macht hingegen das Bindegewebsgerüst vorwiegend dem mächtig entwickelten und mit Muskulatur reich ausgestatteten, weiträumigen kavernösen Gewebe Platz, dann spricht man vom *muskulokavernösen Typ.* Er ist dem *Pfd.* und auch dem *Msch.* eigen. Hier ist der paarige Schwellkörper im Ruhezustand schlaff und kompressibel. Die Penes der anderen *Hsgt.* haben nach jüngeren Untersuchungen wechselnde Typenzuordnungen erfahren, wohl auch, weil man die Massenverteilung der o.a. Gewebskomponenten sowohl im erigierten als auch im nicht erigierten Zustand bewerten kann und dabei zu unterschiedlichen Ergebnissen kommt. Derzeit herrscht die Anschauung vor, die Penes von *Hd.* und *Zg.* dem fibroelastischen, die von *Schw.* und *Ktz.* dem kavernösen Typ zuzuordnen. Einzelheiten hierzu siehe in der tierartlichen Darstellung.

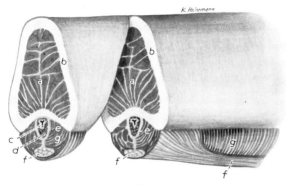

Abb. 462

Abb. 462. Abschnitt aus dem Penisschaft eines Hengstes. (Nach HEINEMANN, 1937.)

a Corpus cavernosum penis; *b* Tunica albuginea corporum cavernosorum; *c* Urethra; *d* Corpus spongiosum penis; *e* Tunica albuginea corporis spongiosi; *f* M. retractor penis; *g* M. bulbospongiosus

Abb. 463. Tunica albuginea und Binnengerüst des Corpus penis, Hengst. Schematisiert. (Nach BUCHHOLZ/PREUSS, 1951.)

a Tunica albuginea mit *1* innerer, *2* mittlerer *3* äußerer Faserschicht; *a'* Sulcus urethralis; *b,c,d* Trabekelgerüst mit *b* Vertikal- oder Mediantrabekel (Septumtrabekeln), *c* Horizontaltrabekel und *d* Schräg- oder Fächertrabekel

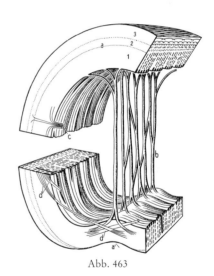

Abb. 463

Die **männliche Harnröhre, Urethra masculina** (457/*d–d''*), dient in ihrer gesamten Länge als H a r n w e g und ab dem Colliculus seminalis zugleich auch als S a m e n w e g, *Canalis urogenitalis.* Sie geht mit dem *Ostium urethrae internum* aus dem Harnblasenhals hervor und endet nach einem relativ langen Verlauf über den Beckenboden und durch den Sulcus urethralis mit dem *Ostium urethrae externum* auf dem *Processus urethrae* (*d''*) der Eichel. Der dem Beckenboden aufliegende Teil, B e c k e n s t ü c k, *Pars pelvina,* kann wiederum in zwei Abschnitte unterteilt werden, wobei die allen *Hsgt.* eigene und äußerlich (exkl. *kl. Wdk.*) gut definierbare Glandula prostatica als Unterteilungsmerkpunkt hilft. Der Anfangsabschnitt vom Harnblasenhals bis zum Samenhügel liegt somit vor der Prostata, *Pars praeprostatica.* Ihr enges Lumen wird durch die von dorsal hineinragende relativ kurze Crista urethralis gekennzeichnet. In den anschließenden Abschnitt des Beckenstücks der Harnröhre, die

Pars prostatica, münden neben dem Samenleiter alle bereits geschilderten akzessorischen Geschlechtsdrüsen ein. Auf dem Colliculus seminalis, mit dem die Crista urethralis ihr Ende findet, münden der Samenleiter und (exkl. *Flfr.*) der Samenblasengang im Ostium ejaculatorium. Seitlich vom Samenhügel, im *Sinus prostaticus,* finden sich die Mündungen der Prostataausführungsgänge. Bis zum Beckenausgang ist die Urethra manschettenartig vom quergestreiften *M. urethralis* umhüllt. Nach innen zu folgen eine dünne Schicht glatter Muskulatur, evtl. die Drüsenpakete der Pars disseminata prostatae und ein nach Tierarten unterschiedlich deutliches *Stratum spongiosum* (d), das mit dem nachfolgend beschriebenen Harnröhrenschwellkörper in Verbindung steht. Die Innenauskleidung durch eine gefältete Schleimhaut trägt hier, wie in den übrigen Abschnitten der Harnröhre, ein mehrreihiges, polygonales Epithel. Nachdem am Beckenausgang auch die Glandula bulbourethralis ihr Sekret an die Harnröhre abgegeben hat, schlägt sie sich in einem kranial offenen Bogen um den Sitzbeinausschnitt und tritt in Höhe der Radix penis in den *Sulcus urethralis* des Penisschwellkörpers ein. Der bis zur Eichel reichende Teil der Harnröhre wird vom Corpus spongiosum penis mantelartig umhüllt und folglich als Penisstück, Harnröhrenschwellkörperteil, Pars spongiosa urethrae, bezeichnet. Die Schleimhaut trägt Längsfalten, daher zeigt der Querschnitt an dem nicht entfalteten Organ Rosettenform. Die dünne Lamina propria mucosae ist von einem mehrreihigen, polygonalen Epithel bedeckt, das jedoch im Endabschnitt der Harnröhre vom mehrschichtigen Plattenepithel abgelöst wird. Beim *Rd.* enthält sie zudem Lymphknötchen, bei *Pfd.* und *Schw.* kleine Drüsen, Glandulae urethrales.

Der unpaare **Harnröhrenschwellkörper, Corpus spongiosum penis** (457/*b,b'*), beginnt mit einem in der Radix penis gelegenen, kolbig verdickten Abschnitt, der *Bulbus penis* (b) genannt wird. Dieser ist durch ein medianes Septum in zwei funktionell gleichwertige Teile geschieden. Der Bulbus penis ragt in die Beckenhöhle hinein und erreicht hier (exkl. *Hd.*) die Harnröhrenzwiebeldrüse. Die Harnröhre nimmt bei ihrem Übertritt vom Beckenstück in das Penisstück unmittelbaren Kontakt mit dem Bulbus penis auf. Der fortlaufende mantelförmige Abschnitt (*b'*) des *Corpus spongiosum penis* hüllt im weiteren die Pars spongiosa urethrae vollkommen ein. Erwähnt sei, daß das oben beschriebene Stratum spongiosum der Pars pelvina urethrae mit dem Corpus spongiosum penis in kontinuierlicher Verbindung steht. Harnröhre und Harnröhrenschwellkörper laufen in der Auskehlung des Sulcus urethralis distal und machen dabei am nicht erigierten Penis der *Wdk.* und des *Schw.* den S-förmigen Verlauf mit, der durch die Flexura sigmoidea penis vorgegeben ist.

Auch der Harnröhrenschwellkörper besitzt die drei funktionell wichtigen B a u t e i l e, die beim Penisschwellkörper erwähnt worden sind. Jedoch ist die *Tunica albuginea corporis spongiosi* wesentlich schwächer, und damit bleibt der von ihr umhüllte Schwellkörper auch bei maximaler Erektion kompressibel. Die *Trabeculae corporis spongiosi* enthalten bei *Pfd.* und *Hd.* glatte Muskelbündel. Die *Cavernae corporis spongiosi* gleichen längsverlaufenden Venengeflechten.

Am distalen, freien Ende des Penis geht der Harnröhrenschwellkörper in den **Eichelschwellkörper, Corpus spongiosum glandis** (457/*c–c''*), über, der bei *Pfd.* und *Hd.*, aber auch bei der *Ktz.* die Grundlage der vorwiegend v a s k u l ä r e n E i c h e l bildet. Beim *Wdk.* trägt das freie Penisende eine vorwiegend f i b r ö s e E i c h e l (*c'''*), deren spärliches spongiöses Gewebe jedoch ebenfalls mit jenem der Harnröhre in Verbindung steht. Demgegenüber kommt beim *Eber* eine Eichel praktisch nicht vor. Bei dieser Tierart kommt es zu einer stärkeren Verästelung der Blutgefäße im Schleimhautüberzug der Penisspitze, allgemein auch als Spitzenkappe bekannt (*c''''*).

Der *Eichelschwellkörper, Corpus spongiosum glandis,* bestimmt durch seine Eigenform die Gestalt der Eichel. Beim **Hengst** ist der Eichelschwellkörper (*c*) den drei Spitzen des Penisschwellkörpers kapuzenartig aufgestülpt. Die scheibenförmige, konvexe Distalfläche der Glans trägt eine tiefe Grube, *Fossa glandis,* in der das Ende der männlichen Urethra auf dem *Processus urethrae* untergebracht ist. Der äußere Rand springt deutlich vor und wird als *Corona glandis* bezeichnet. Hinter ihr liegt als Eichelhals, *Collum glandis,* eine ringförmige Rinne. Der Eichelschwellkörper entsendet auf das Dorsum penis einen langen Kapuzenfortsatz, den *Processus dorsalis glandis.* Der Eichelschwellkörper des **Rüden** sitzt dem langen Os penis auf. Er ist durch ein vorwiegend transversal gestelltes Septum unterteilt in eine distale *Pars longa glandis* (*c'*) und den proximal anschließenden *Bulbus glandis* (*c''*). Beide Anteile entsprechen in ihrer Länge der des Penisknochens (*a'''*). Beim **Kater** sitzt ebenfalls der Eichelschwellkörper (*c*) dem Os penis (*a'''*) auf und hat die Form einer dorsal geschlitzten Haube. Allen drei genannten Tierarten ist gemeinsam, daß ihr Eichelschwellkörper vornehmlich durch kavernöse Räume gebildet wird, die Venengeflechten gleichen. Die Größe der Eichel ist damit vom jeweiligen Füllungszustand der Schwellräume abhängig. Beim **Bullen** besteht die Eichel vornehmlich aus einem bindegewebigen Polster (*c'''*), das von einem dünnen Venengeflecht ergänzt wird. Auch die Glans des **Schaf-** und **Ziegenbocks** wird von einem mächtigen bindegewebigen Polster gebildet, das von starkwandigen Venen durchzogen wird. Beim kl. Wdk. wird die Glans durch das sog. Fädchen, den langen *Processus urethrae*, überragt.

Der in der Vorhaut ruhende Teil des Penis wird als sein freier Teil, *Pars libera penis*, bezeichnet. Nach dem oben Gesagten macht beim *Pfd.* die Glans den Hauptteil der Pars libera aus. Beim *Hd.* schlägt sich der Vorhautgrund in Höhe des weitesten Umfangs des Bulbus glandis um, somit ist die Glans länger als der freie Teil des Penis. Bei der *Ktz.* ist die Länge von Glans und Pars libera identisch. Bei den *Wdk.* dagegen macht die Glans nur einen kleinen Teil der Pars libera penis aus.

Der geschilderte Aufbau des Penis aus Schwellkörpern bedingt seine **Funktion** als Begattungsorgan. Die Kavernen des Penisschwellkörpers sind im erschlafften Zustand des Gliedes spaltförmig und blutleer. Die *A. profunda penis* und Äste der *A. dorsalis penis* treten durch die Tunica albuginea und ziehen durch die Trabekel. Mit muskelstarken Endästen, den *Rankenarterien, Aa. helicinae*, treten sie in die Kavernen ein. Diese rankenförmig gewellten Gefäßstrecken sind zudem durch Intimapolster reversibel geschlossen (Sperrarterien). Die abführenden Venen müssen die Tunica albuginea durchbrechen, um Anschluß an die gleichnamigen größeren Penisvenen zu finden. Durch vegetativ gesteuerte Impulse (*Nn. erigentes*) kommt es zur E r e k t i o n. Dabei werden die Aa. helicinae geöffnet, und das einschießende Blut füllt die Kavernen, die sich dabei erheblich vergrößern. Die Tunica albuginea gerät unter Spannung und komprimiert gleichzeitig die ableitenden Venen, so daß der Blutabfluß verringert wird. Weil die Tunica albuginea nur begrenzt dehnungsfähig ist, führt die vermehrte Blutfülle zur Vergrößerung sowie Versteifung und/oder zur Verlängerung des Penisschwellkörpers. Die Erektion kommt demnach bei vermehrter Blutzufuhr und gedrosseltem Abfluß zustande. Demgegenüber werden bei der Erschlaffung des Gliedes durch Verschluß der Aa. helicinae die Blutzufuhr gestoppt und durch abklingende Spannung in der Tunica albuginea der Blutabfluß wieder freigegeben.

Die Erektion des Harnröhren- und Eichelschwellkörpers tritt zeitlich versetzt später auf (*Flfr., Pfd.*). Hier werden die Venengeflechte, die auch im erschlafften Zustand durchströmt werden, vermehrt mit Blut aus der A. bulbi penis und Ästen der A. dorsalis penis gefüllt. Die Anschwellung bleibt jedoch kompressibel, und das Lumen der Urethra stellt sich durch Radiärflucht weit. Der Transport von Samenflüssigkeit wird nicht behindert.

Die bei der Erektion auftretenden tierartlichen Besonderheiten werden an entsprechender Stelle geschildert.

Vorhaut, Praeputium: Die Eichel und das distale Ende des Penis liegen im Ruhezustand in einer von der allgemeinen Decke gebildeten Röhre, die als *Vorhaut, Praeputium* (457/*l,m*;464/*m*;471/ *18*;474/*o*;485/*l*;489/*b,b'*;494/*u,v*), bezeichnet wird. Im Gegensatz zum *Msch.*, dessen freihängender Penisschaft von Haut allseitig umgeben ist, die eichelwärts das Präputium liefert, liegt der Penis der *Hsgt.* (exkl. *Kater*) in einem Bindegewebslager der ventralen Bauchwand eng an. Er wird daher nur ventral und seitlich, beim *Rüden* allerdings in seinem distalen Abschnitt auch dorsal, von der Haut bedeckt. Am vorderen Ende des Penis stülpt sich die Haut zu jener Röhre ein, die als Vorhaut das Penisende hülsenartig umgibt. Die Vorhaut besteht somit aus dem *Außenblatt, Lamina externa*, das sich am *Ostium praeputiale* (464/*m''*;474/*o'*;489/*d*) in das *Innenblatt, Lamina interna* (458/*e*), der Vorhaut umschlägt. Der so entstehende Schlauch, *Cavum praeputiale*, besitzt besonders bei *Wdk.* und *Schw.* eine beträchtliche Tiefe. Hier tritt das Innenblatt der Vorhaut auf das freie Ende des Penis und auf die Eichel über und bildet als *Penisblatt, Lamina penis praeputii* (458/*d*;464/*l*;474/*n''*;485/*k*;489/ *a*), deren Überzug. Beim *Hengst* (457,492,494,497) besteht insofern eine Besonderheit, als das Präputium eine verstreichbare Reservefalte, *Plica praeputialis*, bildet, und man daher hier wohl auch von einer „ i n n e r e n " (457,492/*l*;494/*u*) und einer „ ä u ß e r e n " V o r h a u t (457,492/*m*;494/*v*) sprechen kann.

Das Außenblatt des Präputiums gleicht in seinem Bau der behaarten Haut und trägt in Fortsetzung der *Rhaphe scroti* (492/*n*) eine mediane, unterschiedlich deutliche Epithelleiste, die *Rhaphe praeputii* (*n'*). Am Ostium praeputiale finden sich besonders bei *Wdk.* und *Schw.* borstenartige, lange Haare (474,478,485,489). Bei *Hd., Schw.* und *Wdk.* trägt auch das Innenblatt des Präputiums eine kurze Strecke weit, beim *Pfd.* bis in den Fundus reichend, feine Härchen. Bei *Hd., Schw.* und *Wdk.* enthält es L y m p h k n ö t c h e n, die bei *Hd.* und *Rd.* auch im Penisblatt des Präputiums vorhanden sind, das bei allen *Hsgt.* zudem mit einer größeren Anzahl spezifischer sensibler Endorgane (Genitalkörperchen) ausgestattet ist. Beim *Eber* findet man über dem Ostium praeputiale eine bis faustgroße N e b e n b u c h t d e s P r ä p u t i a l s c h l a u c h s, den *Präputialbeutel, Diverticulum praeputiale* (474/ *p,p'* ;478/*d*). Der Beutel ist durch ein S e p t u m unvollständig zweigeteilt und steht durch eine Öffnung (474/*p''* ;478/*e*) mit dem Präputialschlauch in Verbindung.

Muskulatur des männlichen Begattungsorgans
(453,461,462,464,465,471,473–476,483–485,487,489,490,495,499)

Hd., Schw. und *Wdk.* besitzen einen paarigen, vom Rumpfhautmuskel abstammenden *M. praeputialis cranialis.* Er entspringt beiderseits in der Schaufelknorpelgegend, verbindet sich mit dem Innenblatt des Präputiums und umfaßt mit jenem der Gegenseite das Ostium praeputiale schleifenartig von kaudal. Er zieht die Vorhaut kranial. Der ebenfalls paarige *M. praeputialis caudalis* fehlt dem *Flfr.* immer und dem *Schw.* gelegentlich, während er beim *Wdk.* (489/*e*) regelmäßig vorhanden ist. Er entspringt seitlich vom Processus vaginalis aus den Faszien und strahlt mit kranialem Verlauf in der Umgebung des Ostium praeputiale in das Außenblatt der Vorhaut ein. Er wirkt als Rückzieher des Präputiums. (Näheres siehe Bd. I unter Hautmuskulatur.)

Auch am Penis und an der Harnröhre finden sich Muskeln, die in ihrer Anzahl und Ausbildung zum Teil auffallende Artspezifität zeigen. Aus diesem Grunde werden sie an dieser Stelle mehr allgemein abgehandelt, während die tierartlichen Besonderheiten in den entsprechenden Kapiteln Erwähnung finden: Der **M. urethralis** umgibt bei *Flfr.* (465/6;471/4), *Ziegenbock* (484/*d*) und *Pfd.* (495/7) als willkürlicher Schließmuskel manschettenförmig die Pars prostatica der Harnröhre; bei *Schw.* (475,476/7), *Rd.* (453/*c*;483/7;490/6) und *Schafbock* läßt er deren dorsale Wand frei. Kleinere a r t s p e z i f i s c h e M u s k e l n, die Beziehungen zum Beckenstück der Harnröhre bzw. zu den akzessorischen Geschlechtsdrüsen haben, sind hier vorhanden; sie werden bei den betreffenden Tierarten besprochen. Der meist sehr kräftige **M. bulbospongiosus** (465/7;471/20;473/*a*;474/*i*;475,476/9;483/ 9;484/*a*;490/8;495/9;499/*b*) beginnt an der Glandula bulbourethralis als Fortsetzung des M. urethralis, umgibt den Bulbus penis und reicht über die Radix penis hinweg, um an der Tunica albuginea des Penisschwellkörpers zu inserieren. Nur beim *Pfd.* bedeckt er von ventral mit querem Faserverlauf das ganze Penisstück der Harnröhre und reicht somit bis nahe an die Eichel (461/*f* ;462/*g*). Der paarige **M. ischiocavernosus** (471/19;472/*e*;473/*b*;474/*k*;475,476/10;483/10;484/*b*;485/*f*;490/9;495/10;499/ *c*) entspringt jederseits am Arcus ischiadicus, schließt die Crura penis ein und reicht bis zur Radix penis. Er ist sehr kräftig und vermag den erigierten Penis in die zur Immissio notwendige Stellung zu bringen. Der glatte **M. retractor penis** (461,462/*f*;464/*g*;465/9;471/21;473/*c*;474/*h*;475,476/12;483/ 11;484/*c*;490/10;495/11;499/*a–a''*) ist paarig, entspringt an der Ventralfläche der ersten Schwanzwirbel, bildet beim *Pfd.* als *Pars rectalis* die *ventrale Mastdarmschleife* – beim *Schw.* kommt er vom Kreuzbein, ohne eine Mastdarmschleife zu bilden – und tritt dann als *Pars penis* zwischen die Crura penis an die Harnröhrenfläche des Penis. Beim *Hd.* reicht er bis zum Schwellknoten, beim *Wdk.* inseriert er an der kaudalen Konvexität der S-förmigen Peniskrümmung, beim *Schw.* zieht er weiter distal an die Tunica albuginea corporum cavernosorum, während er beim *Pfd.* eichelwärts in den M. bulbospongiosus einstrahlt.

Blut- und Lymphgefäße, Innervation. Die *arterielle Blutversorgung* der männlichen Geschlechtsorgane: Das Beckenstück der Harnröhre und die akzessorischen Geschlechtsdrüsen beziehen ihre Gefäße aus der A. prostatica und A. pudenda interna. Hodensack, Processus vaginalis und Vorhaut werden von Zweigen der A. pudenda externa und der A. cremasterica versorgt. Hoden und Nebenhoden sowie der Samenleiter erhalten ihr Blut aus der A. testicularis und aus der A. ductus deferentis. Die unterschiedliche Anordnung der in der Tunica albuginea verlaufenden Hodengefäße hat artdiagnostische Bedeutung. Der Penis des *Schw.* und *Wdk.* wird von der A. penis (ihre Aufteilung in A. bulbi penis, A. profunda penis und A. dorsalis penis siehe Bd. III), die aus der A. pudenda interna stammt, beim *Flfr.* und evtl. bei der *Zg.* von dieser und der A. penis cranialis aus der A. pudenda externa und beim *Pfd.* von beiden sowie zusätzlich von der A. penis media, einem Ast der A. obturatoria, gespeist. Die genannten Arterien werden von gleichnamigen *Venen* begleitet, die unter teilweise starker Plexusbildung für den Abfluß des Blutes sorgen.

Die *Lymphgefäße* der akzessorischen Geschlechtsdrüsen münden in die Lnn. iliaci mediales und in die Lnn. sacrales, jene des Penis und des Präputiums in die Lnn. scrotales, während die Lymphgefäße des Hodens und jene des Nebenhodens zu den Lnn. iliaci mediales und zu den Lnn. lumbales aortici hinziehen.

Die *Innervation* der männlichen Geschlechtsorgane erfolgt durch Rückenmarksnerven und durch Anteile des vegetativen Nervensystems. Von den Lendennerven sind es die Nn. iliohypogastricus, ilioinguinalis und genitofemoralis, die das Skrotum und das Präputium, der letztgenannte auch den Scheidenhautfortsatz und den M. cremaster, versorgen. Der vom Kreuzgeflecht herkommende N. pudendus innerviert den M. retractor penis motorisch, wird zum N. dorsalis penis und versorgt als sog. Wollustnerv den Penis einschließlich der Eichel und des Präputiums.

Die vegetativen Nerven ziehen vom Truncus sympathicus und aus dem parasympathischen Truncus vagalis dorsalis als Plexus testicularis an die Hoden. Weiterhin werden die Organe der Beckenhöhle sowie der Penis vom sympathischen Plexus pelvinus und von den parasympathischen Nn. pelvini innerviert (Nn. erigentes).

Die F r ü h k a s t r a t i o n der männlichen *Hsgt.* hemmt durch die Störung des neurohormonalen Geschehens die Weiterentwicklung auch der männlichen Begattungsorgane in morphologischer und funktioneller Hinsicht. Unterentwicklung aller Abschnitte der Kopulationsorgane ist mit der Unfähigkeit des Zustandekommens einer Erektion gekoppelt. Bemerkenswert ist, daß bei *kl. Wdk.* und beim *Schw.* in solchen Fällen selbst die Loslösung des parietalen Blattes des Präputiums vom Penisblatt unterbleibt und damit bei diesen Kastraten der Penis nicht aus der Vorhaut hervortreten kann.

Männliche Geschlechtsorgane der Fleischfresser

(1,179,184–187,446,448,449,456,458,464–473,484)

Hodenhüllen, Hoden, Nebenhoden, Samenleiter

Der **Hodensack** des *Hd.* (1/*18*;179/*c*;473/*2*) liegt, von kaudal sichtbar, deutlich abgesetzt im Zwischenschenkelspalt. Beim *Kater* (185/*m*;186/*p*;471/*8*) findet er sich unter dem After und lagert sich dem kurzen, kaudal gerichteten Penis dorsal auf.

Die Haut des Hodensacks ist dünn, beim *Hd.* meist dunkel pigmentiert und nur spärlich behaart. Beim *Kater* ist das Skrotum in lange Wollhaare eingebettet. Eine mediane Furche mit der *Rhaphe scroti* entspricht in ihrem Verlauf der Lage des *Septum scroti* (473/*2'*) im Innern des Hodensacks.

Die annähernd kugeligen **Hoden** sind beim *Hd.* relativ klein und ruhen im *Processus vaginalis* (446;464/*a*;472/*g*;473/*2*). Das bindegewebige *Stratum subdartoicum* verbindet in dünner Schicht den Processus vaginalis mit der *Tunica dartos* (464/*f*) des Hodensacks. Zwischen beide schiebt sich der beim *Kater* nur sehr schwache *M. cremaster* ein (464/*e*;471/*10*). Die Hoden sind mit ihrer Extremitas capitata kranioventral, mit der Extremitas caudata kaudodorsal gerichtet, wobei sich der Margo liber kaudoventral und der Margo epididymidis kraniodorsal wenden (464,471).

Der **Nebenhoden** (446/*e*) lagert sich dem Hoden dorsolateral auf und entläßt aus seinem Schwanzende den **Ductus deferens** (446/*f*;464/*c*), der medial vom Nebenhoden zum schlank kegelförmig gestalteten G e f ä ß t e i l des *Samenstrangs* (464/*c'*) hinzieht. Das *Ligamentum testis proprium* verbindet den Hoden mit dem Nebenhodenschwanz und das *Ligamentum caudae epididymidis* diesen mit dem Fundus des Processus vaginalis. Der beträchtlichen Entfernung, die zwischen dem äußeren Leistenring und dem Hodensack besonders beim *Kater* besteht, entspricht ein auffallend langer, schlauchförmiger, den **Samenstrang** einschließender Abschnitt des Processus vaginalis (184/*u*;186/*n*;471/*7'*,*7''*,*9*). Der Samenstrang zieht durch die ganze Länge des Zwischenschenkelspalts, erreicht durch den *Anulus vaginalis* (1/*b''*;184/*o*;471/*11*) die Peritonäalhöhle, worauf die A. und V. testicularis in der zarten *Gefäßfalte* (1/*14*;184/*n*;186/*h*;471/*13*) zur Aorta bzw. zur V. cava caudalis hinziehen, und der *Ductus deferens* in seiner Falte (1/*15*;184/*p*;186/*m*;465/*4*;471/*12*) sich in scharfem Bogen der Beckenhöhle zuwendet. Eine *Samenleiterampulle* ist nur beim *Hd.* andeutungsweise ausgebildet (448;465/*4*). Da beim *Flfr.* die Glandula vesicularis fehlt, mündet der Ductus deferens, nachdem er von kranial die Prostata durchstoßen hat, selbständig von dorsal auf dem unscheinbaren, kegelförmigen *Colliculus seminalis* in das Beckenstück der Harnröhre ein. Die *Plica urogenitalis* (184/*q*;465) ist

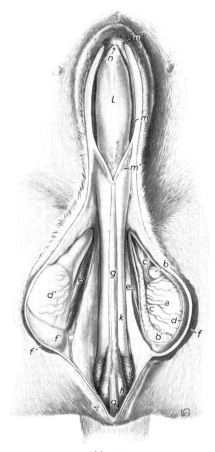

sehr klein und kann beim *Hd.* neben den Endabschnitten der Samenleiter den Vaginalabschnitt der **Müllerschen Gänge** (Ductus paramesonephrici) in Form eines kleinen Bläschens, *Vagina masculina*, enthalten, das von der Prostata bedeckt wird.

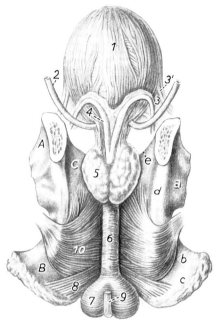

Abb. 464   Abb. 465

Abb. 464.   **Männliche Geschlechtsorgane eines Hundes in situ.** Ventralansicht. Scrotum und Praeputium median gespalten und aufgeklappt.

a Mediale Fläche des linken Hodens; *b* Kopf, *b'* Schwanz des linken Nebenhodens; *c* Ductus deferens; *c'* Samenstrang; *d* linker Proc. vaginalis, gefenstert; *d'* rechter Proc. vaginalis, nicht eröffnet, mit Inhalt; *e* M. cremaster; *f* Scrotum, paramedian gespalten; *f'* Teil des Septum scroti; *g* M. retractor penis; *h* M. bulbospongiosus; *i* M. ischiocavernosus; *k* Corpus penis, im Zwischenschenkelspalt liegend; *l* Pars libera penis, vom Penisblatt der Vorhaut überzogen und mit Lymphknötchen besetzt; *m* Präputialschlauch, ventral gespalten; *m'* Cavum praeputiale; *m''* Ostium praeputiale; *n* Ostium urethrae ext.

Abb. 465.   **Männliche Harn- und Geschlechtsorgane im Bereich des Beckenbodens eines Hundes.** Dorsale Ansicht.

A Darmbein, Säule abgesägt; *B* Sitzbeinplatte; *C* Schambein, Fugenast

a Acetabulum; *b* Inc. ischiadica min.; *c* Tuber ischiadicum; *d* Spina ischiadica; *e* Pecten ossis pubis

1 Vesica urinaria; *2* Ureter; *3* Lig. vesicae lat. mit *3'* Lig. teres vesicae; *4* Ductus deferens, Ampulle; *5* Corpus prostatae; *6* Pars pelvina der Urethra, vom M. urethralis umgeben; *7* Bulbus penis, vom M. bulbospongiosus bedeckt; *8* M. ischiourethralis; *9* M. retractor penis; *10* M. obturator int.

Akzessorische Geschlechtsdrüsen

Das *Beckenstück der Harnröhre* besitzt einen dünnen Mantel kavernösen Gewebes und trägt von akzessorischen Geschlechtsdrüsen (448,449,465,471,472) beim *Hd.* allein die **Prostata** (465/*5*;472/*a*), beim *Kater* jedoch diese und die **Glandula bulbourethralis** (471/*14,15*). Die Prostata bildet beim *Hd.* einen kugeligen Drüsenkörper, der mit seinem rechten und linken Lappen die Harnröhre allseitig umfaßt. Die Drüse ist von derber Konsistenz, besitzt je nach Rasse und Alter des Tieres Haselnuß- bis Kastaniengröße und ist bei digitaler Untersuchung vom Rektum aus abzutasten.

Spärliche Drüsenläppchen in der Wand der Harnröhre können als *Pars disseminata* bezeichnet werden (448). Zahlreiche Ausführungsgänge der Drüse finden sich seitlich vom *Samenhügel*.

Beim *Kater* liegt der höckerige *Körper* der Prostata der Harnröhre dorsal und seitlich auf (471/*14*). Ihre *Pars disseminata* (449) erreicht mit kleinen Läppchen die Glandula bulbourethralis. Diese besteht aus zwei hanfsamenkorngroßen Drüsen, die der Harnröhre kurz vor deren Austritt aus der Beckenhöhle dorsal aufgelagert sind (449;471/*15*). Der von dem Körper der Prostata freie Teil des Beckenstücks der Harnröhre wird bei *Hd.* und *Ktz.* von dem willkürlichen *M. urethralis* umschlossen (465/6;471/*4*).

Begattungsorgan

Der **Penis des Rüden** (184/*x*;464/*k,l*;468;469) hat annähernd zylindrische Form und schiebt sich vom Arcus ischiadicus aus in den Zwischenschenkelspalt nabelwärts ein.

Abb. 466, 467. Os penis eines Hundes in linker Seiten- (466) bzw. Ventralansicht (467).

Rechts: Basis; links: Spitze; ventral: Sulcus urethralis

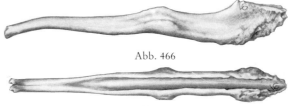

Abb. 466

Abb. 467

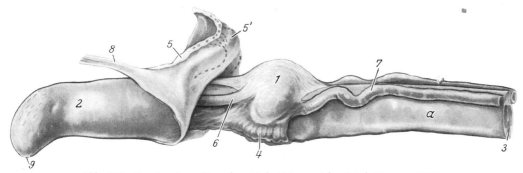

Abb. 468. Penis eines Hundes. Linke Seitenansicht. (Nach Vaerst, 1938.)

a Corpus penis

1 Bulbus glandis; *2* Pars longa glandis, vom Penisblatt des Präputiums bedeckt; *3* Corpus spongiosum penis; *4* Anastomosen zwischen Corpus spongiosum penis und Bulbus glandis; *5* Innenblatt des Präputiums mit Vv. glandis (gestrichelt); *5'* Umschlagrand auf das Penisblatt hochgezogen; *6* Verbindungsvene zwischen Bulbus glandis und Pars longa glandis; *7* Vv. dorsales penis; *8* Ansatz des M. retractor penis, vorgeklappt; *9* Ostium urethrae ext.

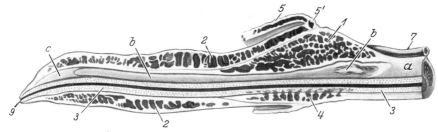

Abb. 469. Medianschnitt durch den Spitzenteil des Penis eines Hundes. (Nach Vaerst, 1938.)
Schwellräume etwas schematisiert.

a Corpora cavernosa penis; *b* Os penis; *c* fibröse Spitze am Penisknochen

1 Bulbus glandis; *2* Pars longa glandis; *3* Corpus spongiosum penis; *4* Anastomosen zwischen Corpus spongiosum penis und Bulbus glandis; *5* Innenblatt des Präputiums; *5'* Umschlagrand auf das Penisblatt; *7* V. dorsalis penis; *9* Ostium urethrae ext.

Am **Corpus cavernosum penis** des *Hd.* lassen sich zwei Abschnitte unterscheiden: der p r o x i -
m a l e   k a v e r n ö s e (464/*k*;468,469/*a*) und der d i s t a l e   k n ö c h e r n e   T e i l (469/*b*). Der proximale
Abschnitt ist bei großen *Hd.* 70–120 mm lang. Nur in diesem Teil kann eine Erektion stattfinden, die
jedoch weniger zur Verlängerung, sondern vornehmlich zur Versteifung des Gliedes beiträgt. Dieser
kavernöse Abschnitt entsteht durch den Zusammentritt der durch ein v o l l s t ä n d i g e s   S e p t u m getrennt bleibenden *Corpora cavernosa penis*, die mit ihren *Crura* (472/*e*) beiderseits am Arcus ischiadicus entspringen und in Höhe der *Radix penis* äußerlich verschmelzen. Der distale Abschnitt des Corpus penis wird von dem in derbes, periostales Gewebe eingehüllten *Penisknochen, Os penis* (458/
a;466;467;469/*b*), dargestellt. Der Penisknochen entwickelt sich aus einer paarigen Anlage erst nach
der Geburt, ist als verknöcherter Teil der Corpora cavernosa aufzufassen und erreicht beim großen
Hd. eine Länge von 110–160 mm. Mit seiner verdickten Basis steht er mit dem kavernösen Teil des
Corpus penis in fester Verbindung, verjüngt sich distal und läuft hier schließlich in eine derbe f i b r ö s e
S p i t z e (469/*c*) aus. An seiner Ventralseite läuft in Fortsetzung des *Sulcus urethralis* des kavernösen
Abschnitts des Peniskörpers eine gleichnamige t i e f e   R i n n e entlang, die spitzenwärts allmählich
verstreicht. In diese, einem Engpaß gleichende Rinne ist die Harnröhre mit ihrem Schwellkörper ein-
gelassen.

Am Übergang des B e c k e n s t ü c k s der **Harnröhre** in deren P e n i s t e i l (472/*b,d*) beginnt der
Harnröhrenschwellkörper, *Corpus spongiosum penis* (469/*3*), mit seinem paarigen kavernösen *Bul-*

Abb. 470.
P e n i s e n d e
e i n e s   K a t e r s.
Dorsalansicht.

a Glans; *b* pa-
pillentragendes
Penisblatt der
Vorhaut, den
freien Teil des
Penis überzie-
hend; *c* Um-
schlagrand vom
Penisblatt zum
Innenblatt, zu-
rückgestreift; *d*
Innenblatt der
Vorhaut, hier
den Penis-
schaft umgrei-
fend

1 Frenulum
praeputii

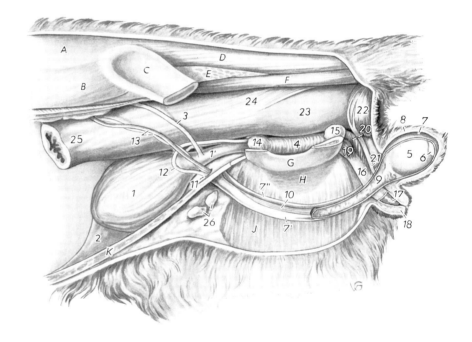

Abb. 471.   G e s c h l e c h t s o r g a n e   e i n e s   K a t e r s   i n   s i t u. Linke Seitenansicht.

A M. longissimus; *B* M. iliocostalis; *C* Darmbeinflügel; *D* M. sacrococcygeus dors. lat.;
E M. gluteaus supf. propr.; *F* M. sacrococcygeus ventr. lat.; *G* Beckenboden; *H* Mm. adductores, Ursprung; *J* rechter M. gracilis; *K* ventrale Bauchwand

1 Vesica urinaria, *1'* Cervix vesicae; *2* Lig. vesicae medianum; *3* linker Ureter; *4* Urethra,
Beckenstück, vom M. urethralis umgeben; *5* linker Hoden; *6* Nebenhodenschwanz; *7* linker
Proc. vaginalis, gefenstert, *7',7''* linker bzw. rechter Proc. vaginalis; *8* Scrotum; *9* Funiculus
spermaticus; *10* M. cremaster; *11* Anulus vaginalis; *12* linker Ductus deferens; *13* A. und V.
testicularis; *14* Prostata, Corpus; *15* Gl. bulbourethralis; *16* Corpus penis; *17* Glans penis;
18 Praeputium; *19* M. ischiocavernosus; *20* M. bulbospongiosus; *21* M. retractor penis; *22*
M. sphincter ani ext.; *23* Rectum; *24* M. rectococcygeus; *25* Colon descendens; *26* Lnn. in-
guinales supff.

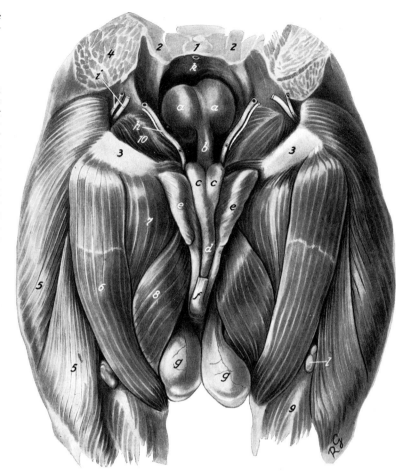

Abb. 472. Männliche Geschlechtsorgane eines Hundes in situ. Kaudalansicht. (Nach GRABOWSKI, 1937.) Beckenausgang freigelegt.

a Rechter und linker Lappen der Prostata; *b* Kaudalteil des Beckenstücks der Urethra; *c* durch Wegnahme des M. bulbospongiosus freigelegter Bulbus penis; *d* Corpus spongiosum penis; *e* vom M. ischiocavernosus umschlossene Crura penis; *f* M. retractor penis, das Corpus penis mit der Harnröhre ventral deckend; *g* Proc. vaginalis mit Inhalt; *h* A. pudenda int. und N. pudendus; *i* A. glutaea caud. und N. ischiadicus; *k* Aorta im Querschnitt; *l* Lnn. poplitei

1 Kreuzbein; *2* Darmbein; *3* Sitzbeinhöcker; *4* Mm. glutaei; *5* M. biceps femoris; *6* M. semitendinosus; *7* M. semimembranosus; *8* M. gracilis; *9* M. gastrocnemius; *10* M. obturator int.

bus penis (465/*7*;472/*c*), der sich zwischen die beiden Crura penis einschiebt und bis in Höhe der Radix penis heranreicht. Anschließend geht er in den röhrenförmigen Abschnitt des *Corpus spongiosum penis* über.

Die **Glans penis** (458,464,468,469) des *Hd.* ist in z w e i A b s c h n i t t e gegliedert, die beide dem Penisknochen aufsitzen. Ihr langmaschigen, dichten Venengeflechten gleichender Schwellraum, das Corpus spongiosum glandis, steht mit jenen der Harnröhre in Verbindung. Der distale Abschnitt der Eichel umschließt als *Pars longa glandis* (458/*c*;468,469/*2*) den längsten Abschnitt des Penisknochens manschettenartig. Der proximale, gedrungene, als *Schwellknoten, Bulbus glandis* (468,469/*1*), bezeichnete Teil umfaßt den Penisknochen an seiner Basis, wobei die Masse seines Schwellgewebes dorsal zu liegen kommt. Infolge der Elastizität ihres Bindegewebsgerüsts ist die Eichel des *Hd.*, und hier wiederum besonders deren Bulbus, durch Füllung der kavernösen Räume zu umfangreicher Schwellung fähig. Diese tritt während der Kopulation ein und bedingt das sog. Hängen während des Begattungsaktes, der bei den Kaniden bis zu 30 Minuten dauern kann.

Das **Präputium** des *Hd.* (179/*b*;458/*e*;464/*m*;468,469/*5*) setzt sich nabelwärts gegen die Bauchwand deutlich ab. Penis und Präputium hängen hier an einer längeren Hautfalte. Der nabelwärts spitz auslaufende Teil der Vorhaut ist sogar allseitig frei. Dies ist deshalb bedeutsam, weil sich der Penis unter der Erektion nur unwesentlich verlängert und somit die intravaginale Einführung des Gliedes bei gleichzeitigem Zurückstreifen des Präputiums stattfindet. Das enge *Ostium praeputiale* (464/*m''*) führt in den langen *Präputialschlauch*, dessen *Innenblatt* sich in Höhe des Schwellknotens in das *Penisblatt* (458/*d*;464/*l*;468/*2*) umschlägt. Innen- und Penisblatt sind beim *Hd.* mit zahlreichen, makroskopisch sichtbaren L y m p h k n ö t c h e n ausgestattet; im Penisblatt werden arterio-venöse Anastomosen beschrieben.

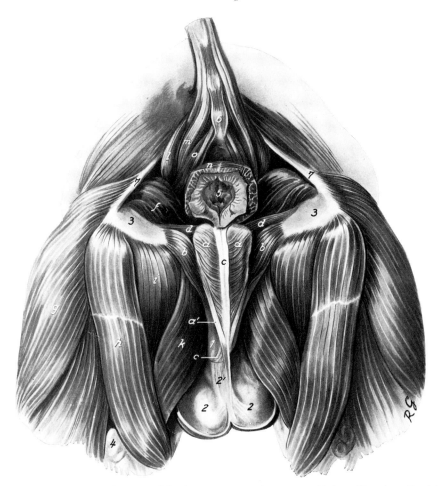

Abb. 473. Muskulatur des Geschlechtsapparats eines männlichen Hundes. Kaudalansicht.
(Nach HEINEMANN, 1937.)

a M. bulbospongiosus, *a'* Ast zum Septum scroti; *b* M. ischiocavernosus; *c* M. retractor penis; *d* M. ischiourethralis; *f* M. obturator int.; *g* M. biceps femoris; *h* M. semitendinosus; *i* M. semimembranosus; *k* M. gracilis; *l* M. intertransversarius dors. caudae; *m* M. sacrococcygeus ventr. lat.; *n* M. sphincter ani ext.; *o* M. sacrococcygeus ventr. med.
1 Corpus penis; *2* Scrotum bzw. Proc. vaginalis mit Inhalt; *2'* dorsale Ausstrahlung des Septum scroti; *3* Tuber ischiadicum; *4* Lnn. poplitei; *5* After; *6* Schwanzwirbel; *7* Lig. sacrotuberale

Der relativ kurze **Penis des Katers** (186/*u*;471/*16,17*) behält im nicht erigierten Zustand seine ursprüngliche Stellung bei, indem er vom Sitzbeinausschnitt kaudoventral absteigt und seine freie intrapraeputial gelegene Spitze kaudal richtet. Dadurch zeigt das *Dorsum penis* kranioventral und die *Facies urethralis* kaudodorsal.

Auch beim *Kater* bestehen die *Corpora cavernosa penis* aus zwei Abschnitten. Der proximale, k a v e r n ö s e Abschnitt entspringt mit den beiden großen *Crura penis* am Arcus ischiadicus. Die *Kavernen* beider Seiten stehen durch ein unvollständiges Septum miteinander in Verbindung. Die Kavernen werden distal immer mehr von Fettgewebe verdrängt, so daß gleichsam ein *Gelenkstück* entsteht, innerhalb dessen der distale Abschnitt gegenüber dem proximalen abgewinkelt werden kann. Der distale, k n ö c h e r n e Abschnitt besteht aus dem 3–5,5 mm langen, lilienblattförmigen *Os penis,* das die Glans trägt. Am Dorsum penis entwickelt sich aus der Tunica albuginea corporum cavernosorum ein kollagenes Faserbündel, das *Ligamentum apicale penis,* das an der Basis des Os penis ansetzt. Mit seiner Hilfe wird die freie, ausgeschachtete Eichel unter der Erektion passiv kranial umgelegt.

Das *Corpus spongiosum penis* beginnt mit dem paarigen *Bulbus penis,* der beim *Kater* in unmittelbarem Kontakt zur Glandula bulbourethralis steht. Der anschließende Harnröhrenschwellkörper, der die relativ kurze Pars spongiosa urethrae ummantelt, steht mit dem Eichelschwellkörper, *Corpus spongiosum glandis*, in Verbindung. Dieser hat die Gestalt einer dorsal geschlitzten Haube und ist aus 2 – 3 Lagen grober Schwellvenen aufgebaut. Die Eichel ist vom Penisblatt überzogen, und hier finden sich beim geschlechtsreifen *Kater* als sekundäres Geschlechtsmerkmal etwa 120 reihenförmig angeordnete, verhornte *Penisstacheln*. An der Basis der Stacheln liegen spezifische Nervenendkörperchen. Die Stacheln sind am nicht erigierten Penis proximal gerichtet. Unter der Erektion werden sie durch Volumenzunahme der Glans radiär gestellt. Die Stacheln bilden sich nach erfolgter Kastration zurück.

Das dickwulstige *Präputium* liegt unter dem analständigen Skrotum, und das Ostium praeputiale zeigt nach kaudal. Beim Ausschachten der Eichel überzieht sich das Corpus penis mit dem Innenblatt des Präputiums (470).

Die **Muskeln des Penis** verhalten sich beim *Hd.* und bei der *Ktz.* abgesehen von dem natürlichen Größenunterschied weitgehend gleichartig.

Der **M. bulbospongiosus** (187/*q*;464/*h*;473/*a*) ist durch ein Septum zweigeteilt. Der birnenförmige willkürliche Muskel geht noch in der Beckenhöhle aus dem *M. urethralis* hervor, bedeckt zwischen den beiden Crura penis den Bulbus penis und erreicht die Radix penis. Beim *Hd.* kann der Muskel einige Bündel in das Septum scroti einstrahlen lassen. Beim *Kater* (471/20) bedeckt er an seinem Ursprung auch die Glandula bulbourethralis. Der **M. ischiocavernosus** (186/*v*;187/*p*;464/*i*;471/*19*;472/*e*;473/*b*) ist ebenfalls willkürlich. Er ist paarig, entspringt jederseits am Tuber ischiadicum, umfaßt die Crura penis und reicht bis zu deren Vereinigung an der Radix penis. Der **M. ischiourethralis** (465/*8*;473/*d*) entspringt an der Innenfläche des Tuber ischiadicum zwischen dem M. obturator internus und dem M. ischiocavernosus. Seine Sehne strahlt in das *Ligamentum transversum perinei* ein, so daß er dadurch Einfluß auf die V. dorsalis penis gewinnt. Durch Kompression dieser ableitenden Vene wird die Füllung der Penisschwellräume wesentlich gefördert. Der **M. retractor penis** (186/*v'*;187/*r*;464/*g*;471/*21*;472/*f*;473/*c*) besteht aus glatten Muskelfasern und entspringt am Kreuzbein oder an den beiden ersten Schwanzwirbeln (187/*n*). Seine beiden Schenkel verbinden sich unter dem After (*ventrale Mastdarmschleife*), ziehen aber von hier doch als paarige Muskelstränge weiter über den M. bulbospongiosus hinweg auf die Ventralfläche der Harnröhre und strahlen in das Penisblatt des Präputiums ein. Das schwächliche Muskelpaar ist als Residual einzustufen und wird funktionell seinem Namen nicht gerecht.

Männliche Geschlechtsorgane des Schweines

(450,459,474–478)

Hodenhüllen, Hoden, Nebenhoden, Samenleiter

Der **Hodensack** des *Ebers* (474/*f*) ist in Anpassung an die sehr großen Hoden umfangreich, durch eine tiefe Furche zweigeteilt und liegt der Kaudalfläche der Hinterschenkel dicht unter dem After mit breiter Basis an. Zum Zwischenschenkelspalt hin wird er durch das Gewicht der Hoden ausgebuchtet. Die Skrotalhaut erscheint spärlich behaart, bei älteren Tieren stark gerunzelt und borkig. Die nur schwach ausgebildete *Tunica dartos* ist durch das *Stratum subdartoicum* gut verschieblich mit dem derbsehnigen *Processus vaginalis* (*d,d'*) verbunden. Der *M. cremaster* (*e*) zieht als flaches, langes Muskelband zur lateralen Fläche des Scheidenhautfortsatzes, ohne bei der eigentümlichen Lage der Hoden des *Schw.* seine Funktion als „Hodenheber" ausführen zu können.

Die **Hoden** (474/*a*) haben bei hochgezüchteten Schweinerassen bemerkenswerte Größe. Für ausgewachsene Zuchteber solcher Rassen wurden für den Einzelhoden Gewichte von 400 g im Durchschnitt ermittelt. Das aus der Literatur bekannte Höchstgewicht betrug 800 g je Hoden, und wurde bei einem 5jährigen Eber der Rasse Deutsches Edelschwein ermittelt. Die Hoden sind eiförmig und zeigen auf dem Schnitt sehr deutliche *Septula testis*, die sich zu dem strangförmigen, die ganze Länge des Organs axial durchziehenden *Mediastinum testis* verbinden. In Übereinstimmung mit der Größe des Hodens, der mit seiner Extremitas caudata analwärts gerichtet ist und dessen Margo epididymalis sich dem Mittelfleisch zuwendet, ist auch der **Nebenhoden** groß. Sein umfangreicher, kolbiger *Schwanz* (*b'*) ist durch das *Ligamentum testis proprium* mit dem Hoden, durch das *Ligamentum cau-*

dae epididymidis mit dem Fundus des *Processus vaginalis* verbunden. Das *Mesorchium* ist besonders bei jungen *Ebern* lang. Der **Samenleiter** (*c*) zieht medial am Nebenhoden entlang zur Extremitas capitata des Hodens und vereinigt sich dort mit der A. testicularis und dem Plexus pampiniformis der V. testicularis zum **Samenstrang**. Dieser besitzt eine beträchtliche Länge, ist von dem k a n a l f ö r m i - g e n A b s c h n i t t d e s S c h e i d e n h a u t f o r t s a t z e s (*d′′*) umhüllt, zieht seitlich des Penis durch den Zwischenschenkelspalt zum äußeren Leistenring, passiert den Leistenspalt und erreicht am *Anulus vaginalis* sein Ende. Von hier aus begeben sich die A. bzw. V. testicularis zur Aorta bzw. zur V. cava caudalis, während der *Samenleiter* in seiner *Falte* in scharfem Bogen zur Beckenhöhle hin abbiegt (475,476/4). Ohne eine ampulläre Auftreibung zu zeigen, tritt er in die Plica urogenitalis ein, unterkreuzt auf diesem Weg den Harnleiter (2), schiebt sich unter die mächtige, kranial ausladende Glandula vesicularis und mündet, nachdem er den Körper der Prostata durchstoßen hat, selbständig auf dem kleinen *Colliculus seminalis* von dorsal in die Harnröhre (450). Sein Endabschnitt enthält wenige kleine D r ü s e n , die trotzdem Glandulae ampullae genannt werden.

Akzessorische Geschlechtsdrüsen

Von den a k z e s s o r i s c h e n G e s c h l e c h t s d r ü s e n (450,475,476) sind die *Samenblasendrüsen* und die *Harnröhrenzwiebeldrüsen* beim *Eber* sehr umfangreich, während die *Vorsteherdrüse* an Größe zurücktritt. Die **Glandula vesicularis** (450;475,476/5) besteht aus zwei bindegewebig verbundenen, pyramidenförmigen Lappen, die mit der Basis kranial, mit der Spitze kaudal gerichtet sind. Sie haben eine Länge von 120–170 mm, eine Breite von 60–80 mm und sind 30–50 mm dick. Die rosarote Drüse ist derb und stark gelappt. Sie ragt noch in die Bauchhöhle vor, schiebt sich dabei zwischen die beiden Blätter der Plica urogenitalis ein und bedeckt zum Teil die Harnblase, deren Hals, den Körper der Vorsteherdrüse sowie die Pars praeprostatica der Harnröhre. Auf dem Schnitt zeigt sie große S a m m e l r ä u m e , die beträchtliche Mengen ihres Sekrets vorrätig halten können. Ihre A u s f ü h - r u n g s g ä n g e sammeln sich jederseits im *Ductus excretorius*, der nahe der Mündung des Samenleiters in die Harnröhre einmündet (450).

Die **Prostata** besitzt ein nur kleines *Corpus prostatae* (450;475,476/6). Dieses lagert der Urethra plattenförmig dorsal auf. Es ist 30–40 mm lang, 20–30 mm breit und 10 mm dick. Ihre *Pars dissemina-ta* (450) stellt den Hauptteil der Drüse dar, umschließt mit ihren Läppchen manschettenförmig die Harnröhre und ist vom *M. urethralis* (475,476/7) bedeckt. Die zahlreichen A u s f ü h r u n g s g ä n g e beider Abschnitte münden direkt in die Harnröhre.

Die **Glandula bulbourethralis** (450;475/8,8′;476/8) fällt durch ihre gewaltige Größe auf. Es handelt sich um zwei walzenförmige, derbe Drüsenkörper, die den weitaus größten Abschnitt der Pars prostatica urethrae dorsal abdecken und kaudal den Beckenausgang erreichen. Ihre Länge beträgt 170–180 mm, ihre Dicke 50 mm. Sie besitzt einen als *M. bulboglandularis* bezeichneten selbständigen Muskelmantel. Ebenso wie die Samenblasendrüse enthält auch die Harnröhrenzwiebeldrüse große zystöse S a m m e l r ä u m e , die ein glasiges, zähschleimiges Sekret enthalten. Ihre paarigen A u s f ü h - r u n g s g ä n g e treten am kaudalen Ende des Drüsenkörpers aus und münden unter dem Bulbus penis (475,476/9) in die Harnröhre. Die Harnröhrenzwiebeldrüse ist entsprechend ihrer Lage rektal abzutasten.

Da besonders die *Glandula vesicularis* und die *Glandula bulbourethralis* beim Z u c h t e b e r erhebliche Ausmaße erreichen, so daß sie einen beträchtlichen Teil des Beckenraums für sich in Anspruch nehmen, ist ihre nur sehr mäßige Ausbildung beim F r ü h k a s t r a t e n besonders augenscheinlich. Ein Vergleich der beiden Abb. 475 und 476 zeigt dieses deutlich. Erwähnt sei jedoch, daß bei S p ä t k a - s t r a t e n , die nach kurzer Mast zur Schlachtung kommen, die Größenverhältnisse der akzessorischen Geschlechtsdrüsen durchaus noch jenen nichtkastrierter Tiere gleichen.

Begattungsorgan

Der **Penis des Ebers** (474,477,478) wird nunmehr dem kavernösen Typ zugeordnet. Er besitzt das Aussehen einer Rute und mißt beim ausgewachsenen *Zuchteber* durchschnittlich 620 mm im nicht erigierten Zustand. Davon entfallen auf die *Radix penis* etwa 30 mm, auf die anschließende *Flexura* *sigmoidea* 190 mm und den gestreckt im Bindegewebslager des Zwischenschenkelspalts gelegenen *Penisschaft* weitere 210 mm. Das restliche Drittel liegt als *Pars libera penis* intrapräputial, wovon etwa 110 mm noch zum Penisschaft gehören, während die letzte Strecke von 80 mm von einer *Spitzenkappe*, d.h. einer durch stärkere Verästelung ihrer Blutgefäße gekennzeichneten Schleimhaut, bedeckt ist und somit der Eichel der anderen *Hsgt.* gegenübergestellt werden kann. Von dieser Penisspitze verläuft wiederum die distale Hälfte in einer linksläufigen korkenzieherartigen Windung um eine gedachte Mittelachse.

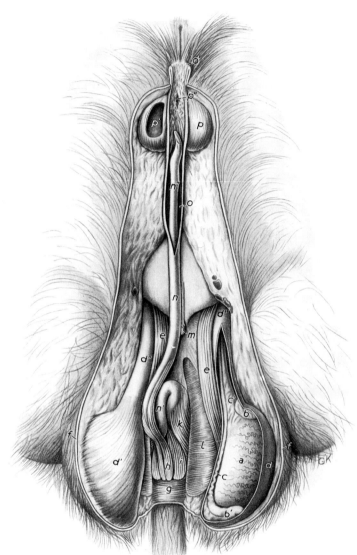

Abb. 474. Männliche Geschlechtsorgane eines Schweines. Ventralansicht. Scrotum und Praeputium median gespalten und aufgeklappt.

a Mediale Fläche des linken Hodens; *b* Kopf und *b'* Schwanz des linken Nebenhodens; *c* Ductus deferens; *c'* Gefäßteil des Samenstrangs; *d* linker Processus vaginalis, gefenstert; *d'* rechter Processus vaginalis, uneröffnet; *d''* schlauchförmiger Abschnitt des Processus vaginalis; *e* M. cremaster; *f* Scrotum, median gespalten; *g* M. sphincter ani ext.; *h* M. retractor penis; *i* M. bulbospongiosus; *k* M. ischiocavernosus; *l* M. gracilis; *m* Stumpf des M. praeputialis caudalis; *n,n'* Corpus penis, im Zwischenschenkelspalt liegend, *n'* Flexura sigmoidea; *n''* Pars libera penis, vom Penisblatt der Vorhaut überzogen; *o* Präputialschlauch, ventral gespalten; *o'* Ostium praeputiale; *p,p'* Diverticulum praeputiale, *p'* rechte Bucht, gefenstert; *p''* Ostium diverticuli

Die *Corpora cavernosa penis* zeigen von proximal nach distal wechselnde Querschnittsformen von zunächst hochovaler über dick-bohnenförmiger – weil durch den Sulcus urethralis tief eingebuchtet – bis zur querovalen und dreikantigen Gestalt. Spitzenwärts ab der Flexura sigmoidea ist der Penisschwellkörper im nicht erigierten Zustand 1¼fach um seine eigene Achse nach links gedreht. Hier ist auch eine Asymmetrie der Corpora cavernosa penis festzustellen, indem die rechte Schwellkörperhälfte zur stärkeren, die linke zur schwächeren wird. Die Pars pelvina urethrae und ihr Schwellmantel sowie die *Rhaphe penis* (477/1) machen diese Linksdrehung sichtbar mit. Das Ende der Urethra, die unmittelbar vor dem Ostium urethrae externum eine Erweiterung, Fossa navicularis urethrae, erfährt, wird von der dreikantigen Spitze des Penisschwellkörpers getragen; dabei flankieren zwei ungleiche Kanten die Urethra, während die dritte Kante lippenförmig vorspringt und unter dieser freien Lippe das schlitzförmige Ostium urethrae externum geschützt liegt.

Bei der Erektion des Penisschwellkörpers wird mit zunehmender Blutfülle und erhöhtem Binnendruck die Flexura sigmoidea verstreichen, so daß schon dadurch der Penis verlängert und ausgeschachtet wird. Darüber hinaus kommt es zu einer Zunahme in der Dicke und Länge des Schwellkörpers; diese Eigenverlängerung beträgt nach Erektionsexperimenten etwa 160 mm oder 25% der Ausgangslänge. Weil die beiden Hälften des Penisschwellkörpers asymmetrisch sind (s.o.), wirkt sich die Erektion in der rechten Hälfte stärker aus. Dies hat zur Folge, daß sich die im erschlafften Zustand bereits vorhandene Linkstorsion auf 5¹/₂ bis 6¹/₂ Drehungen steigert, von denen 2 Drehungen auf die korkenzieherartige Penisspitze entfallen. Diese eigenwillige Form und Funktion des Eberpenis steht im Zusammenhang mit dem Begattungsakt, bei dem die Penisspitze sich wie ein Korkenzieher zwischen die gegeneinander versetzten Verschlußkissen des Zervikalkanals des weiblichen Tieres ein-

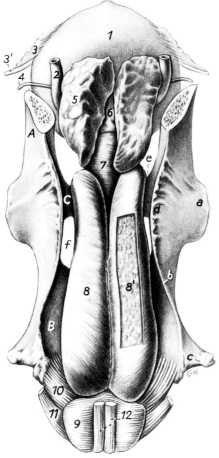

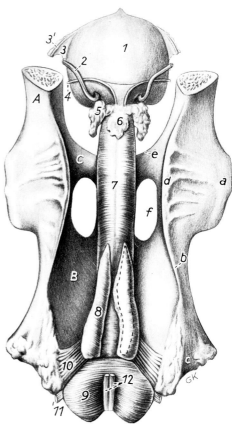

Abb. 475   Abb. 476

Männliche Harn- und Geschlechtsorgane im Bereich des Beckenbodens zweier männlicher Schweine; Abb. 475: geschlechtsreifer Eber; Abb. 476: Frühkastrat. Dorsale Ansicht.

A Darmbeinsäule; *B* Sitzbeinplatte; *C* Schambeinfugenast

a Acetabulum; *b* Incisura ischiadica minor; *c* Tuber ischiadicum; *d* Spina ischiadica; *e* Pecten ossis pubis; *f* Foramen obturatum

1 Vesica urinaria; *2* Ureter; *3* Lig. vesicae lat.; *3′* Lig. teres vesicae; *4* Ductus deferens; *5* Gl. vesicularis; *6* Corpus prostatae; *7* Pars pelvina der Urethra, vom M. urethralis umgeben; *8* vom M. bulboglandularis bedeckte Gl. bulbourethralis, *8′* nach Fensterung des Muskels sichtbar; *9* Bulbus penis, vom M. bulbospongiosus bedeckt; *10* M. ischiocavernosus; *11* M. sphincter ani ext.; *12* M. retractor penis

drehen kann. Auch die Friktionsbewegungen (s.u.) während der Kopulation erfolgen in drehender Weise.

Die **Harnröhre** ist bereits in ihrem B e c k e n a b s c h n i t t von spongiösem Gewebe umgegeben. Ihr P e n i s t e i l (459) beginnt über dem Arcus ischiadicus mit einem stark erweiterten Abschnitt. Diesem Teil der Harnröhre lagert sich kaudal der zum Beckeneingang hochstrebende, umfangreiche *Bulbus penis* (475,476/9) auf. Er ist durch ein Septum zweigeteilt und in eine derbe Bindegewebskapsel eingehüllt. Seine Fortsetzung findet er distal im *Corpus spongiosum penis* (459/d), das eichelwärts allmählich schwächer wird.

Der **Präputialschlauch** (474/o;478/b) ist ein beträchtliches Stück länger als der intrapräputiale Teil des Penis, Pars libera penis. Die *Präputialöffnung* (474/o';478/c) wird von einem wulstigen Hautring umgeben, der mit langen Borsten besetzt ist. Im nicht erigierten Zustand ruht der distale Teil des Penis im kaudalen Bereich des sehr tiefen (ca. 200–250 mm) Präputialschlauchs. Hier ist der Schlauch sehr eng, und es legt sich das leicht gefältelte Innenblatt der Vorhaut dem Penis dicht an. Der nabel-

Abb. 477. Pars libera penis eines Ebers. Ventralansicht.

a Spitzenkappe; *b* intrapräputialer Teil des Penis, bedeckt von der Lamina penis praeputii, *c* Umschlagrand der Schleimhaut, zurückgestreift; *d* Lamina interna praeputii, am hier ausgeschachteten Penis dessen Schaft umhüllend

1 Rhaphe penis

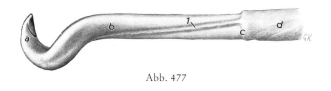

Abb. 477

Abb. 478. Sagittalschnitt durch den Präputialschlauch eines Ebers.

a Pars libera penis, vom Penisblatt der Vorhaut überzogen und mit Lymphknötchen besetzt; *b* Präputialschlauch, sagittal halbiert, vom Innenblatt der Vorhaut, Lamina interna praeputii, ausgekleidet; *c* Ostium praeputiale, mit Borsten besetzt; *d* Diverticulum praeputiale, Einblick in dessen linke Bucht; *e* Ostium diverticuli

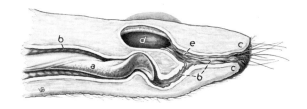

Abb. 478

wärtige Abschnitt hingegen ist geräumiger, trägt gröbere Schleimhautfalten und ist wie auch der kaudale Abschnitt mit L y m p h k n ö t c h e n ausgestattet. Beide Abschnitte sind durch eine Querfalte gegeneinander abgegrenzt. Aus dem bauchwärts gelegenen Gewölbe des kranialen Abschnitts des Präputialschlauchs führt eine durch Schleimhautfalten verlegte, jedoch für zwei Finger passierbare Öffnung, *Ostium diverticuli* (474/p'';478/e), in den *Präputialbeutel, Diverticulum praeputiale* (474/p,p';478/d), der eine bauchwärts gerichtete Ausbuchtung der Vorhaut darstellt. Er ist etwa faustgroß (Fassungsvermögen etwa 135 ml), durch eine Ringfurche äußerlich abgegrenzt und durch eine sichelförmige Innenfalte unvollständig in zwei eiförmige Buchten zerlegt, die sich von dorsolateral dem Präputialschlauch anlegen und nach kaudal noch über die Penisspitze hinausragen. Wie jene des Präputiums, so besteht auch die Innenauskleidung des Präputialbeutels aus kutaner Schleimhaut, die eine feine Fältelung aufweist. Inselförmig entstehende Hornmassen lösen sich von der Epitheldecke ab, mischen sich dem stets im Beutel vorhandenen Harn bei und liefern so einen schmierigen, übelriechenden Inhalt (Ebergeruch). Die *kranialen Präputialmuskeln* schließen sich von kaudal her um den Präputialbeutel zu einer Schlaufe zusammen und vermögen so dessen Inhalt in den Präputialschlauch zu entleeren. Nach Frühkastration bildet sich der Präputialbeutel nicht voll aus; zudem bleibt in diesen Fällen auch das innere Blatt des Präputiums mit dem Penisblatt verwachsen.

Penismuskeln: Der **M. bulbospongiosus** (474/i;475,476/9) ist ein sehr kräftiger, willkürlicher, durch ein Längsseptum zweigeteilter Muskel. Er reicht vom Kaudalende der Harnröhrenzwiebeldrüsen bis zur Vereinigung der beiden Penisschenkel und bedeckt dabei den Bulbus penis, mit dessen bindegewebiger Hülle er fest verbunden ist. Der **M. ischiocavernosus** (474/k;475,476/10) ist paarig und flankiert den vorher genannten Muskel. Er entspringt innen am Tuber ischiadicum, ist breit und umfaßt das Crus penis seiner Seite. Sein Ende erreicht dieser willkürliche Muskel mit breitem Ansatz an der Seitenfläche des Peniskörpers etwas kranial von der Peniswurzel. Der **M. retractor penis** (459/

f;474/*h*;475,476/*12*) hat beim *Schw.* keine Beziehungen zum Rektum. Er entspringt als glatter Muskel mit zwei kräftigen Strängen an der Ventralfläche des Kreuzbeins, zieht am After vorbei über den M. bulbospongiosus hinweg zur Harnröhrenfläche des Penis, befestigt sich an dem kaudalen Bogen der S-förmigen Peniskrümmung und läßt sich von hier aus noch eine Strecke, der rechte weniger weit als der linke, kranial verfolgen. Beide Muskeln wirken gemeinsam als Retraktoren. Weil sie die Erektions-Linksdrehung mitmachen, wird durch sie ein Rückdreheffekt ausgeübt, der sich bei intermittierender Kontraktion als drehende Friktionsbewegung, die für den *Eber* typisch ist, auswirkt.

Männliche Geschlechtsorgane der Wiederkäuer

(443,444,451,454,460,479–490)

Hodenhüllen, Hoden, Nebenhoden, Samenleiter

Das **Skrotum** weist vor allem bei *Schaf-* (480/*1,2*) und *Ziegenbock* (481/*1,2*), aber auch beim *Bullen* (454/*1–3'*;479/*1,2*;485/*a*) beträchtliche Größe auf. Es hängt beutelartig in der Leistengegend, von kaudal gut sichtbar, in dem Zwischenschenkelspalt herab. Der Hodensack ist bauchwärts durch eine h a l s f ö r m i g e E i n s c h n ü r u n g gut abgesetzt und mit einer medianen Furche ausgestattet. Bei dem *Rd.* ist das Skrotum schwach, beim *kl. Wdk.*, insbesondere beim *Schafbock*, sehr stark behaart. Die Beutelform des Hodensacks rührt daher, daß die im *Processus vaginalis* (454/*5',6'*;479,480,481) untergebrachten Hoden mit ihrer Längsachse senkrecht stehen und ihre Samenstränge durch den *Hodensackhals* zu den Leistenringen hinschicken. Die zwischen der kräftigen *Tunica dartos* (454/*1*;479, 480,481/*2*) und dem *Processus vaginalis* reichlich vorhandene bindegewebige Verschiebeschicht gibt dem starken *M. cremaster* (454/*F*;479,480,481/*d*) die Möglichkeit, auf verschiedene Reize hin den Scheidenhautfortsatz mit Inhalt in auffallender Weise in die Leistengegend hochzuziehen, wobei durch die Wirkung der Tunica dartos zugleich auch eine ausgiebige Runzelung der Skrotalhaut erfolgt.

Die **Hoden** des *Rd.* (443;454,479/*a*) haben beim selben Tier meist verschiedene Größe bei unterschiedlich hoher Lage im Hodensack. Sie sind von gestreckt eiförmiger Gestalt, beim *kl. Wdk.* (480,481/*a*) mehr gedrungen eiförmig. Sie wiegen beim *Bullen* je 250–300 g, beim *Schafbock* 200 bis 300 g und beim *Ziegenbock* 145–150 g. Wie bereits oben beschrieben, ist die Längsachse des Hodens senkrecht gestellt. Demzufolge ist bei männlichen *Wdk.* die Extremitas capitata (443/*a*) der ventralen Körperwand zugewendet, also proximal gelegen, die Extremitas caudata (*a'*) bodenwärts, vom Körper weg, also distal gerichtet. Der Margo epididymalis ist beim *Rd.* (*a''*) medial, bei *Schf.* und *Zg.* mehr mediokaudal orientiert. Der *Kopf* des **Nebenhodens** lagert sich beim *Rd.* der Extremitas capitata des Hodens in einem Bogen von kaudal auf, geht in den medial am Hoden herabsteigenden *Nebenhodenkörper* und dieser in den kolbigen, die Extremitas caudata des Hodens überragenden *Nebenhodenschwanz* über (479/*b,b',b''*;482 A/*b,c,d*). Beim *kl. Wdk.* schiebt sich der Nebenhodenkopf etwas kraniolateral auf dem Hoden vor; sein Körper steigt kaudomedial am Hoden herab und geht in den kolbenförmigen, distal gerichteten Nebenhodenschwanz über, der sich durch das Skrotum hindurch deutlich abhebt (480,481/*b,b',b''*;482 B,C/*b,c,d*). *Ligamentum testis proprium* (454/*11*) sowie *Ligamentum caudae epididymidis* (*11'*) sind auch beim *Wdk.* wohl ausgebildet.

Der **Samenleiter** (443,444,454/*c*) steigt medial am Hoden empor und begibt sich in seiner eigenen Falte zum Gefäßteil des **Samenstrangs** (*d*). Dieser besitzt beim *Wdk.* einen b e d e u t e n d e n U m f a n g und b e t r ä c h t l i c h e L ä n g e und strebt im Canalis vaginalis durch den Halsteil des Skrotums s e n k r e c h t dem Leistenspalt zu (454).

Dieses Verhalten der Samenstränge und die Möglichkeit, sie im Hodensackhals einzeln umfassen zu können, machen es möglich, bei den *Wdk.* die sog. unblutige Kastration – weil die Hoden nicht entfernt werden, sondern lediglich der Ductus deferens dauerhaft verschlossen wird, handelt es sich um eine S t e r i l i s a t i o n – durch perkutanes Zerquetschen der Samenstränge durchzuführen.

Die *Samenleiter* (454/*c''*;485/*e*) streben in der *Samenleiterfalte* der Beckenhöhle zu und schwellen schon vor Eintritt in die *Plica urogenitalis* (483/*3*) zu den *Samenleiterampullen* (451;483/*4*;490/*3'*) an, die beim *Bullen* eine Länge von 130–150 mm und einen Durchmesser von 12–15 mm haben; bei *Schaf-* und *Ziegenbock* (484/*5*) sind sie 60–80 mm lang und 4–8 mm dick. Anschließend verengt sich

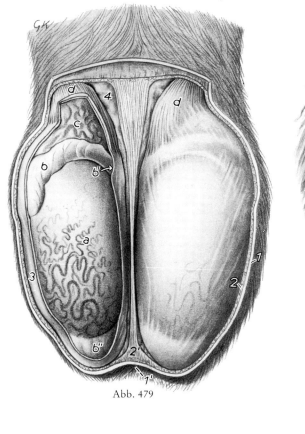

Abb. 479

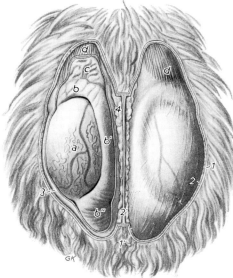

Abb. 480

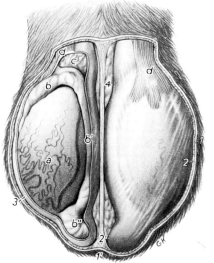

Abb. 481

Abb. 479 bis 481. Hoden und Nebenhoden im Hodensack, Bulle (479), Schafbock (480) und Ziegenbock (481). Kaudalansicht. Scrotum und linker Processus vaginalis gefenstert. Rechter Hoden, Nebenhoden und Samenstrang im geschlossenen Processus vaginalis.

a Testis sin., Facies caudalis, mit Hodengefäßen; *b–b''* Epididymis sin. mit *b* Caput, *b'* Corpus und *b''* Cauda; *c* Funiculus spermaticus, Basis; *d* M. cremaster

1,2 Scrotum: *1* Haut, *1'* Rhaphe scroti, *2* Tunica dartos, *2'* Septum scroti; *3* Wand des linken Processus vaginalis; *4* Fettgewebe

der Samenleiter wieder zum kurzen Isthmus, tritt unter den Körper der Prostata und mündet gemeinsam mit dem Ausführungsgang der Samenblasendrüse mittels des *Ostium ejaculatorium* auf dem *Colliculus seminalis* in die Harnröhre (451).

Akzessorische Geschlechtsdrüsen

Von den akzessorischen Geschlechtsdrüsen (451,483,484,490) ist die paarige **Samenblasendrüse, Glandula vesicularis,** bei den *Wdk.* die größte. Sie ist derb-höckerig und hat beim *Bullen* (451;483/5;490/4) längliche, unregelmäßige, oft S-förmige Gestalt. Beim *kl. Wdk.* hat sie mehr gedrungene, rundliche Form. Beim *Bullen* erreicht sie eine Länge von 100–120 mm und ist 15–35 mm dick. Das Gewicht beider Drüsen beträgt 45–80 g. Beim *kl. Wdk.* (484/4) sind sie 25–40 mm lang, 20 bis 25 mm breit und 10–15 mm dick. Die kranial divergierenden beiden Drüsen schieben sich zwischen

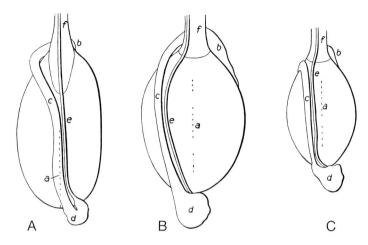

Abb. 482. Linker Hoden und Nebenhoden von Rind (A), Schaf (B) und Ziege (C). Schema zur Darstellung der unterschiedlichen Lagebeziehung beider Organe zueinander. Mediale Ansicht. (Nach v. SCHLUMPERGER, 1954.)

a Gestrichelte Orientierungslinie, die Medialfläche des Hodens halbierend; *b* Nebenhodenkopf; *c* Nebenhodenkörper; *d* Nebenhodenschwanz; *e* Ductus deferens; *f* Gefäßteil des Samenstrangs

die Blätter der *Plica urogenitalis* (483/3) ein. Sie liegen dem Blasenhals und der Harnblase dorsal auf und nehmen die Endabschnitte der Harnleiter sowie die medial davon gelegenen Samenleiterampullen zwischen sich. Infolgedessen ist die Samenblasendrüse beim *Bullen* rektal gut abzutasten. Ihre A u s f ü h r u n g s g ä n g e (451) gehen auf dem Weg zur Harnröhre durch Prostatagewebe hindurch.

Die **Prostata** (451) besteht auch beim *Bullen* aus zwei Abschnitten. Das *Corpus prostatae* (483/6;490/5) ist zweilappig und liegt der Harnröhre unmittelbar im Anschluß an die Samenblasendrüse dorsal spangenartig auf. Es ist etwa 10–15 mm dick und mißt in der Längsrichtung etwa 10 mm, in der Querrichtung etwa 30 mm. Die *Pars disseminata prostatae* umschließt auf einer Länge von etwa 120 mm die Harnröhre mantelartig und steckt selbst in dem manschettenartigen *M. urethralis* (483/7;484/d;490/6), dessen rhythmische Bewegungen bei der rektalen Untersuchung zu fühlen sind. *Schaf*- und *Ziegenbock* haben nur eine *Pars disseminata prostatae*. Während diese

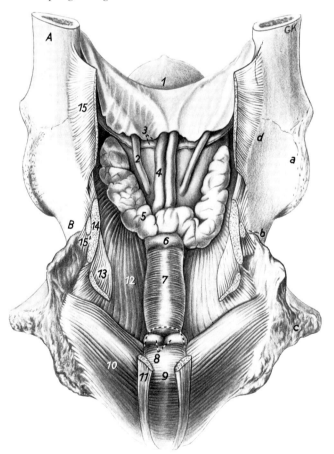

Abb. 483. Harn- und Geschlechtsorgane im Bereich des Beckenbodens eines Bullen. Dorsalansicht.

A Darmbeinsäule; *B* Sitzbeinpfannenast

a Acetabulum; *b* Inc. ischiadica min.; *c* Tuber ischiadicum; *d* Spina ischiadica

1 Vesica urinaria, mäßig gefüllt; *2* Ureter; *3* Lamellen der Plica urogenitalis, deren Kaudalteil abpräpariert ist; *4* Ductus deferens, Ampulle; *5* Gl. vesicularis; *6* Corpus prostatae; *7* Pars prostatica urethrae, vom M. urethralis umgeben; *8* Gl. bulbourethralis, der abpräparierte Teil des M. bulbospongiosus gestrichelt; *9* Bulbus penis, vom M. bulbospongiosus bedeckt; *10* M. ischiocavernosus; *11* M. retractor penis; *12* M. obturator ext., Pars intrapelvina; *13* M. levator ani; *14* M. coccygeus; *15,15'* Pfannenkamm- bzw. Sitzhöckerteil des breiten Beckenbands

beim *Ziegenbock* die Urethra allseitig einschließt, läßt sie beim *Schafbock* deren Ventralseite frei. Zahlreiche kleine A u s f ü h r u n g s g ä n g e bringen das Sekret unmittelbar in die Harnröhre.

Die **Glandula bulbourethralis** besteht aus zwei keulenförmigen, selbständigen Lappen und ist beim *Bullen* (451;483/*8*;490/*7*) etwa 28 mm lang und 18 mm dick. Sie liegt der Harnröhre in Höhe des Arcus ischiadicus auf, wird vom Anfangsteil des sehr kräftigen, etwa 50 mm dicken *M. bulbospongiosus* abgedeckt und ist daher im Normalzustand rektal nicht zu ertasten. Beide Drüsenhälften besitzen je einen A u s f ü h r u n g s g a n g, der von dorsal in die Harnröhre einmündet. Bei *Schaf-* und *Ziegenbock* (484/*3*) ist die Drüse etwa haselnußgroß, verhält sich sonst aber ebenso wie beim *Bullen*.

Begattungsorgan

Der **Penis des Bullen** (454;460;484/ *1*;485/*h*;490/*12*) gehört dem f i b r o - e l a s t i s c h e n T y p an. Er besitzt annähernd zylindrische Form und gleicht in seiner derben Beschaffenheit einer am Ende zugespitzten Rute. Beim *Bullen* ist er im gestreckten Zustand etwa 0,9–1 m, beim *kl. Wdk.* etwa 0,3–0,5 m lang. In seiner Ruhelage weist der Penis des *Wdk.* im Bereich des Zwischenschenkelspalts in unmittelbarer Nachbarschaft zu den Samensträngen eine ausgeprägte *S-förmige Krümmung* (484;485/*h*;490/ *12'*) auf, wobei ihr dorsaler Bogen kra-

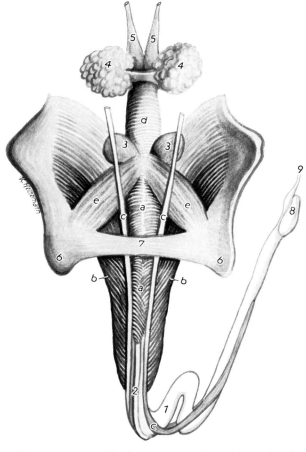

Abb. 484. G e s c h l e c h t s a p p a r a t e i n e s Z i e g e n b o c k s. Kaudodorsale Ansicht. (Nach HEINEMANN, 1937.)

1 Corpus penis; *2* Urethra; *3* Gl. bulbourethralis; *4* Gl. vesicularis; *5* Ampulla ductus deferentis; *6* Tuber ischiadicum; *7* Lig. transversum perinei; *8* Eichel; *9* Proc. urethrae

a M. bulbospongiosus; *b* M. ischiocavernosus; *c* M. retractor penis; *d* M. urethralis; *e* M. ischiourethralis

nial, der ventrale aber kaudal sieht. Somit folgen von proximal nach distal aufeinander die Radix penis, ein proximaler Schaftabschnitt, die Flexura sigmoidea, ein distaler Schaftabschnitt und die intrapräputial gelegene Pars libera penis, deren letzter Abschnitt zur fibrösen Eichel gestaltet ist.

Die *Tunica albuginea corporum cavernosorum* (460/*b*) des *Bullen* ist im Vergleich zum Umfang des Organs außerordentlich dick. Das von ihr gebildete Rohr wird von einem dichten T r a b e k e l s y - s t e m ausgefüllt. Die Trabekel durchziehen radspeichenartig das Lumen des Albuginearohrs, überkreuzen und durchflechten sich zentral und lassen so einen a x i a l e n B i n d e g e w e b s s t r a n g entstehen. Die Zwischenräume des Trabekelsystems werden von einem f e i n p o r i g e n k a v e r n ö s e n G e w e b e (*a*) erfüllt, das sich über die ganze Länge des Organs erstreckt und das *Corpus cavernosum penis* repräsentiert (454/*e*). Das kavernöse Gewebe ist auch bei diesem Penistyp für das Zustandekommen der Erektion verantwortlich, wobei es zu einem Verstreichen der S-förmigen Krümmung kommt. Da der Penisschwellkörper durch seine sehnigen *Ligamenta suspensoria* an der Beckenfuge verankert ist, wirkt sich das Verstreichen seiner S-förmigen Krümmung bei der Erektion nabelwärts aus, so daß die *Penisspitze* aus dem *Präputialschlauch* herausgeschoben wird. Obwohl die Tunica albuginea sowie das Trabekelwerk neben elastischen Anteilen fast ausschließlich aus derben kollagenen

Faserbündeln bestehen und muskulöse Elemente vollständig fehlen, kann der Penis auf Grund besonderer struktureller Eigentümlichkeiten seiner Bauelemente auch über das Verstreichen der S-förmigen Krümmung hinaus eine geringe absolute Verlängerung bei der Erektion erfahren, die bei etwa 10% der Ausgangslänge liegt. Bemerkenswert ist ferner, daß die Rückkehr des Penis in seine Ruhestellung nicht allein auf die Wirkung des *M. retractor penis* zurückzuführen ist. Sie erfolgt vielmehr, mechanisch bedingt, durch die besondere Anordnung der Bindegewebselemente im proximalen Bogen der S-förmigen Schleife.

Bereits die Pars prostatica urethrae der *Wdk.* (453;483/7;484) ist von einem Mantel spongiösen Gewebes umgeben, das in Richtung auf den Beckenausgang an Stärke abnimmt. Hier wird auch die Harnröhre enger (*Isthmus urethrae*) und geht mit einem Bogen über dem Sitzbeinausschnitt in die Pars spongiosa urethrae (454/f;460/c) über. Kaudodorsal liegt ihr an dieser Stelle der *Bulbus penis* (483/9) auf. Er erreicht die Bulbourethraldrüse und geht an der Stelle der Vereinigung beider *Crura penis* in den röhrenförmigen Teil des *Harnröhrenschwellkörpers* (460/d) über, der sich mit der Harn-

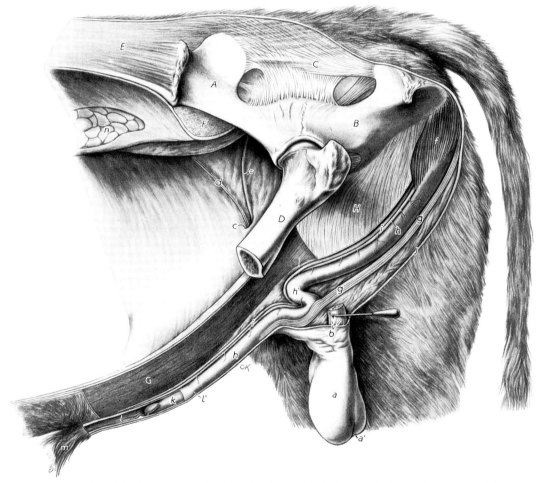

Abb. 485. Geschlechtsorgane eines in situ formalinfixierten Bullen. Linke Seitenansicht.

A Os ilium; *B* Os ischii; *C* Lig. sacrotuberale latum; *D* Os femoris; *E* Rückenmuskulatur; *F* Lendenmuskulatur; *G* ventrale Bauchwand, Tunica flava freigelegt; *H* Tendo symphysialis; *J* Perineum

a Scrotum mit *a′* Rhaphe scroti; *b* Proc. vaginalis, den Samenstrang umhüllend, und M. cremaster, quergeschnitten; *c* Anulus vaginalis; *d* A. und V. testicularis in der Plica vasculosa; *e* Ductus deferens in der Plica ductus deferentis; *f* M. ischiocavernosus; *g* M. retractor penis; *h* Penis, im Zwischenschenkelspalt liegend, *h′* S-förmige Schleife in unmittelbarer Nachbarschaft zu den Samensträngen; *i* A. und V. dorsalis penis; *k* Pars libera penis, vom Penisblatt der Vorhaut überzogen; *l* Präputialschlauch, gefenstert; *l′* Umschlagrand der Schleimhaut im Cavum praeputiale; *m* Ostium praeputiale, mit langen Haaren (Pinsel) ausgestattet; *n* laterale Fläche der linken Niere, in der Capsula adiposa

röhre gemeinsam in den seichten *Sulcus urethralis* einfügt. Derbe Bindegewebslamellen überbrücken die flache Harnröhrenrinne des Penis und schließen diese unter der Harnröhre mit ihrem Schwellkörper zu einem Rohr. Der anfangs sehr starke Harnröhrenschwellkörper wird spitzenwärts immer schwächer.

Dem spitzkegelförmig auslaufenden **Ende des Peniskörpers** des *Bullen* (485/*k*;486/*b*;489/*a*), der in diesem Bereich eine leichte Linksdrehung aufweist, sitzt eine vorwiegend fibröse Eichel (486/*a*) auf. Die Grundlage dieser wulstigen Verdickung des Penisendes bildet ein locker gefügtes Bindegewebspolster, das durch eine dünne Lage von Venengeflechten ergänzt wird. Diese stehen mit dem Schwellkörper der Harnröhre in Verbindung, ohne jedoch echtes Schwellgewebe darzustellen. Die Harnröhre läuft mit ihrem distalen Ende rechterseits in einer Rinne an der leicht nach oben gekrümmten Penisspitze entlang. Eine kleine papillenartige Erhebung trägt das schlitzförmige *Ostium urethrae externum* (486/*2'*). Da diese Öffnung sehr eng ist, dauert der Harnabsatz beim *Bullen* bzw. beim *Ochsen* lange und erfolgt zudem ruckweise.

Das **Praeputium** des *Bullen* liefert einen leicht dehnbaren, 250–400 mm langen *Präputialschlauch* (485/*l*;489/*b,b'*). Das i n t r a p r ä p u t i a l e P e n i s e n d e nimmt in Ruhestellung nur etwa das kaudale Drittel des Schlauches für sich in Anspruch. Das von einem wulstigen Hautring begrenzte *Ostium praeputiale* (489/*d*) ist von langen Haaren (*Pinsel*) (485/*m*) umgeben, die in Ostiumnähe zum Teil schon auf dem *Innenblatt der Vorhaut* wurzeln. Abgesehen von diesem behaarten Teil des Innenblatts der Vorhaut, lassen sich an der kutanen, mit L y m p h k n ö t c h e n ausgestatteten Schleimhaut

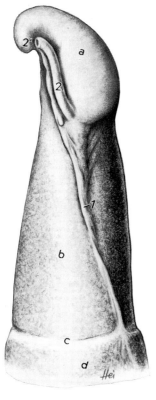

Abb. 486. P e n i s e n d e e i n e s B u l l e n.
Ansicht von rechts und ventral.

a Eichel; *b* intrapräputialer Teil des Penis, von der Lam. penis praeputii bedeckt; *c* Umschlagrand des Penisblatts in das Innenblatt, zurückgestreift; *d* Lam. interna praeputii

1 Rhaphe penis; *2* Proc. urethrae mit *2'* Ostium urethrae ext.

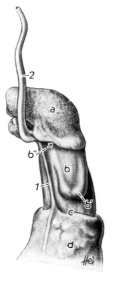

Abb. 487. P e n i s -
e n d e e i n e s S c h a f -
b o c k s. Ansicht von
links und ventral.

a Eichel; *b* intrapräputialer Teil des Penis, von der Lamina penis praeputii bedeckt, *b'* linksseitiger spongiöser Höcker, *b''* Taschenbildung unter der Spitzenkappe; *c* Umschlagrand des Penisblatts in das Innenblatt, zurückgestreift; *d* Lam. interna praeputii

1 Rhaphe penis; *2* Proc. urethrae

Abb. 488. P e n i s -
e n d e e i n e s Z i e -
g e n b o c k s. Ventral-
ansicht.

a Eichel; *b* intrapräputialer Teil des Penis, von der Lam. penis praeputii bedeckt; *c* Umschlagrand des Penisblatts in das Innenblatt, zurückgestreift; *d* Lam. interna praeputii

1 Rhaphe penis; *2* Proc. urethrae

noch z w e i weitere Z o n e n unterscheiden. Die *kraniale Zone* (489/*b'*) ist die weitaus längere, hat dunkelgraue Farbe und weist gröbere Längs- und Ringfalten auf. Der *kaudale,* kürzere *Abschnitt* (*b*) ist hell gefärbt, ebenfalls gefältelt, beherbergt den intrapräputialen Teil des Penis, geht in der Tiefe des Präputialschlauchs (485/*l'*;489/*c*) als *Penisblatt* (486/*b*) auf die Pars libera penis über und enthält auch L y m p h k n ö t c h e n. Ferner fällt eine ventral aus dem Präputium herkommende kleine S c h l e i m - h a u t f a l t e bzw. Epithelleiste auf, die in leicht spiraligem Verlauf auf der rechten Seite der Penisspitze zur Harnröhrenmündung hinzieht. Es handelt sich um die *Rhaphe penis* (486/*1*), deren spiraliger Verlauf aus der bereits erwähnten Drehung des Penisendes erklärlich ist.

Für den **Penis des Schaf- und Ziegenbocks** (487,488) trifft im Grundsätzlichen die für den Bau des Bullenpenis gegebene Darstellung zu. Als absolute Werte für die Länge des Penis eines ausgewachsenen *Ziegenbocks* können vergleichsweise gelten: Radix penis 15 mm, proximaler Teil des Schaftes 70 mm, Flexura sigmoidea 80 mm, distaler Teil des Schaftes 160 mm und Pars libera penis einschließlich Processus urethralis 35 mm. Eine recht beträchtliche und eigentümliche Abweichung zeigt der i n - t r a p r ä p u t i a l e A b s c h n i t t des Organs. So stellt die vorwiegend fibröse Eichel des Penis beim *Zie-genbock* (488/*a*) einen länglich-runden, gut abgesetzten W u l s t dar, dessen V e n e n g e f l e c h t e durch den dünnen Hautüberzug durchscheinen und so die Spitzenkappe rot erscheinen lassen. Außerordentlich typisch ist das E n d e d e r H a r n r ö h r e ausgebildet. Diese überragt nämlich als *Processus urethrae* (2) mit einer Länge von 25 mm in Form eines leicht geschlängelten, wurmartigen Fortsatzes das Penisende und trägt an seinem verjüngten Ende das enge *Ostium urethrae externum*. Ähnlich verhält sich das P e n i s e n d e des *Schafbocks*. Auch hier trägt es die wulstige Eichel (487/*a*). Sie ist gegenüber dem Peniskörper sehr deutlich abgesetzt und läßt linkerseits zwischen sich und dem Peniskörper eine tiefe t a s c h e n a r t i g e B u c h t (*b''*) entstehen. Ein weiteres Charakteristikum des Penisendes beim *Schafbock* ist ein links zwischen der Spitzenkappe und der Umschlagstelle der Vor-haut in das Penisblatt dem Peniskörper aufsitzender H ö c k e r (*b'*), dessen Grundlage aus spongiösem Gewebe besteht und einen seitlichen Auswuchs des Harnröhrenschwellkörpers darstellt. Der wurm-ähnliche *Processus urethrae* (2) ist auch beim *Schafbock* vorhanden und besitzt hier eine Länge von etwa 40 mm. Sein proximaler Teil ist leicht gewunden, während der sich verjüngende distale Ab-schnitt gestreckt verläuft. Dieser sehr auffällige *Processus urethrae* von *Schaf-* und *Ziegenbock* enthält eine eigene großlumige Vene; ein Blutrückstau in ihr bewirkt eine Erektion des Fädchens, so daß er beim Deckakt in den Gebärmutterhals eingeführt werden könnte. Erwähnt sei schließlich, daß der *Präputialschlauch* des *kl. Wdk.* eine nur geringe Tiefe besitzt und sein Innenblatt mit L y m p h k n ö t - c h e n versehen ist.

Die E r e k t i o n des Penis der *Wdk.* wird gleichfalls durch nervös gesteuerte Vasodilatation einge-leitet. Sowohl die *Aa. helicinae* in den Crura penis als auch jene im Bulbus penis öffnen sich und ver-vielfachen so die Blutzufuhr. Aber auch die A. dorsalis penis trägt über ihr Kapillargebiet zur Blutzu-fuhr bei. Zur venösen Stauung kommt es, weil einerseits die ableitenden Venen durch die unter Span-nung geratene Tunica albuginea ziehen, weil der Venenquerschnitt verhältnismäßig gering ist und weil schließlich die V. dorsalis penis *durch* den M. bulbospongiosus verläuft und durch dessen Tonusstei-gerung abgeschnürt wird. Die Flexura sigmoidea beginnt zu verstreichen, und die Glans penis schiebt sich aus dem Präputium hervor. Nunmehr setzt eine intensive intermittierende Kontraktion der Mm. bulbospongiosus und ischiocavernosus ein, die aus den relativ großlumigen Kavernen des Bulbus pe-nis und der Crura penis das Blut aktiv in die Schwellräume distal drücken. In Abhängigkeit von den pumpenden Kontraktionen erfolgt eine „ruckweise" Erektion, die auch äußerlich sichtbar wird. Wäh-rend der Kontraktionsintervalle kann wieder Blut in die leeren Kavernen des Bulbus und der Crura nachfließen. Unmittelbar nach vollzogenem Nachstoß klingt die Kontraktion der beiden Muskeln ab, und der Penis verkürzt sich durch R e p o s i t i o n der Flexura sigmoidea. Dabei spielt der M. retractor penis nur in zweiter Linie eine Rolle; die Wiedereinnahme der S-Form ist vielmehr in erster Linie in der Anordnung der Trabekel und der Architektur der Tunica albuginea des ersten Bogens der Flexura sigmoidea begründet (siehe hierzu Spezialarbeiten).

Die **Penismuskeln** stimmen in ihrem Verhalten, abgesehen von den natürlichen Größenunterschie-den, bei den *Wdk.* weitgehend überein.

Der **M. bulbospongiosus** (483/*9*;484/*a*;490/*8*) ist ein sehr kräftiger, durch ein Bindegewebsseptum zweigeteilter Muskel. Er bedeckt den Bulbus penis, schiebt sich noch über die Bulbourethraldrüsen vor und reicht distal bis zur Vereinigungsstelle der beiden Crura penis. Beim *Bullen* hat er eine Länge von etwa 170 mm, beim *kl. Wdk.* eine solche von 90 mm. Der **M. ischiourethralis** des *Bullen* entspringt am Arcus ischiadicus und endet an der Ventralfläche des M. urethralis. Beim *Ziegenbock* (484/ *e*) entspringt er an der Innenfläche des Tuber ischiadicum, zieht schräg kranial und strahlt mit seiner Sehne auf der Höhe der Bulbourethraldrüsen in das bindegewebige Septum des M. bulbospongiosus ein. Der **M. ischiocavernosus** (483/*10*;484/*b*;485/*f*;490/*9*) ist ein breiter, paariger, willkürlicher Muskel. Er entspringt an der Innenfläche des Tuber ischiadicum, schließt die Crura penis vollständig ein und setzt flächenhaft breit an der Tunica albuginea corporum cavernosorum an. Der **M. retractor penis** (483/*11*;484/*c*;485/*g*;490/*10*) ist ein glatter, langer, paariger Muskelstrang, der an der Ventralfläche der beiden ersten Schwanzwirbel entspringt. Die beiden Stränge ziehen beiderseits am After vorbei, erhalten hier, nur beim *Bullen*, Zuschüsse glatter Muskelfasern aus dem *Schließmuskel des Afters* (490/*10′*, *15*) und legen sich in einer Bindegewebsscheide zwischen den Mm. ischiocavernosi zunächst dem M. bulbospongiosus und dann dem Penis kaudal an. An dieser Stelle sind die beiden

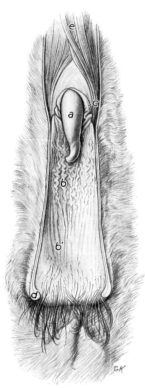

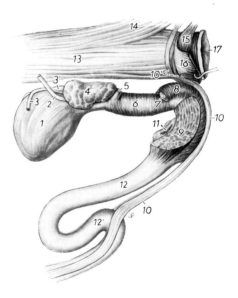

Abb. 489. Präputialschlauch mit Penisspitze eines Bullen. Ventralansicht.

a Glans penis, von der Lam. penis praeputii überzogen; *b,b′* Innenblatt des ventral eröffneten Präputiums mit *b* kaudaler heller und *b′* kranialer dunkler Schleimhautzone; *c* Cavum praeputiale; *d* Ostium praeputiale, mit langen Haaren (Pinsel) besetzt; *e* Mm. praeputiales caudd. (die Mm. praeputiales crann. sind nicht freipräpariert)

Abb. 490. Geschlechtsorgane eines Bullen. Linke Seitenansicht.

1 Vesica urinaria; *2* linker Ureter; *3* linker Ductus deferens mit *3′* Ampulle; *4* Gl. vesicularis; *5* Corpus prostatae,; *6* Urethra, Beckenstück mit M. urethralis; *7* Gl. bulbourethralis; *8* M. bulbospongiosus; *9* linker M. ischiocavernosus; *10* M. retractor penis mit *10′* Ursprungsästen; *11* linkes Crus penis; *12* Corpus penis, *12′* S-förmige Krümmung; *13* Rectum; *14* M. rectococcygeus; *15* M. sphincter ani ext.; *16* M. levator ani, zurückgelegt; *17* Afteröffnung

Muskelstränge operativ leicht erreichbar und ebenso wie die Harnröhre unter der *Rhaphe perinei* (485/*J*) leicht abzutasten. Der S-förmigen Krümmung des Penis folgen die beiden Muskelstränge nicht, sondern treten erst an den kaudal gerichteten Bogen der *Penisschleife* heran. Von hier aus lassen sich die Muskelzüge bis zum Präputialschlauch hin verfolgen, wo sie unter dessen Penisblatt einstrahlen. Über die Wirkung der beschriebenen Muskeln ist im Absatz über die Erektion und Reposition des Penis berichtet worden.

Männliche Geschlechtsorgane des Pferdes

(15,416,452,457,461–463,491–500)

Hodenhüllen, Hoden, Nebenhoden, Samenleiter

Das **Skrotum** (457,492,494/*f*) liegt in der Leistengegend hoch im Zwischenschenkelspalt. Es hat halbkugelige Form, setzt sich durch eine seichte Ringfurche von der ventralen Bauchwand ab und zeigt eine längsverlaufende Skrotalfurche, die *Rhaphe scroti* (492/*n*). Die Haut des Hodensacks ist zart, wenig behaart, meist dunkel pigmentiert und durch die Tätigkeit ihrer Talg- und Schweißdrüsen fettig glänzend. Die *Tunica dartos* (492,494/*f'*) bildet das sehr deutliche *Septum scroti* und kann den Hodensack ausgiebig zum Schrumpfen bringen. Dieses tritt ein, wenn die Hoden mit ihrem Processus vaginalis gemeinsam durch den sehr kräftigen *M. cremaster* (457;492/*e*;493/*b*;494/*e*) hoch in die Leistengegend, bei jungen Hengsten sogar in den Leistenspalt, hinaufgehoben werden. Der Vorgang kann sich auf verschiedene Reize hin um so vollkommener vollziehen, als die hierfür erforderliche Verschiebeschicht zwischen Tunica dartos und dem Processus vaginalis in Form des *Stratum subdartoicum* (494/*f'*) sehr gut ausgebildet ist.

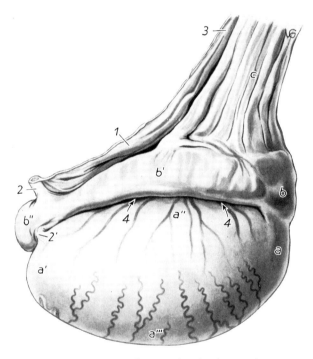

Abb. 491. Rechter Hoden, Nebenhoden und Samenstrang eines Hengstes. Lateralansicht.

a–a''' Testis (die in der Tunica albuginea testis verlaufenden Hodengefäße durchscheinend): *a* Extremitas capitata, *a'* Extremitas caudata, *a''* Margo epididymalis, *a'''* Margo liber; *b–b''* Epididymis: *b* Caput, *b'* Corpus, *b''* Cauda; *c* Funiculus spermaticus

1 Mesorchium, an seinem Ansatz abgetrennt; *2* Lig. caudae epididymidis auf dem Schnitt; *2'* Lig. testis propr.; *3* Mesofuniculus, an seinem Ansatz abgetrennt; *4* Zugang zur Bursa testicularis

Die **Hoden** (457/*a*;491/*a–a'''*;492, 494/*a*) sind gedrungen eiförmig und wiegen je nach Alter und Rasse des Tieres zwischen 150–300 g. Während bei allen anderen *Hsgt.* das *Mediastinum testis* mit dem darin enthaltenen *Rete testis* als wohlausgebildeter axialer Strang die Längsachse des Hodens durchzieht, beschränkt es sich im Hoden des *Hengstes* nur auf dessen Extremitas capitata, somit nur auf jene Stelle, wo die *Ductuli efferentes* durch die *Tunica albuginea* hindurch das Rete testis verlassen. Mit ihrer Längsachse liegen die Hoden nahezu horizontal, so daß ihre Extremitas capitata kranial, ihr Margo epididymalis kaudodorsal und der Margo liber kranioventral sehen.

Kopf (491/*b*) und *Körper* (*b'*) des **Nebenhodens** lagern dem Hoden dorsolateral auf. Lateral findet sich die tiefe *Bursa testicularis* (*4*). Der umfangreiche kolbenförmige *Nebenhodenschwanz* (491/*b''*;492/*b'*) deckt die Extremitas caudata des Hodens dorsal ab und greift auf die mediale Seite über, wo er den *Samenleiter* entläßt (457/*b*;492/*c*;494/*b*). Durch das *Ligamentum testis proprium* (491/*2'*) ist der Nebenhodenschwanz mit der Extremitas caudata des Hodens verbunden und durch das *Ligamentum caudae epididymidis* (457/*d'*;491/*2*) am Grund des Processus vaginalis verankert.

Der **Samenleiter** (457/*b*;494/*i*) zieht zunächst noch leicht geschlängelt an der medialen Seite des Margo epididymalis des Hodens entlang kranial und vereinigt sich mit dem strangförmigen Konvolut der A. testicularis und dem Plexus pampiniformis (457,494/*c*) zu dem vom *Processus vaginalis* umscheideten **Samenstrang** (491/*c*;494/*d'*). Dieser flankiert auf seiner Seite den Penis, steigt dann fast senkrecht zum *oberflächlichen Leistenring* auf (493/*c*), zieht durch den *Leistenspalt*, erreicht den *tie-*

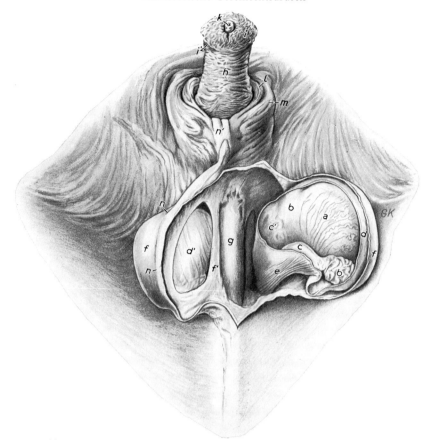

Abb. 492. Geschlechtsorgane eines Hengstes in situ. Ventralansicht.

a Mediale Fläche des linken Hodens; *b* Kopf und *b'* Schwanz des linken Nebenhodens; *c* Ductus deferens; *c'* Basis des Gefäßteils des Samenstrangs; *d* linker Proc. vaginalis, gefenstert; *d'* rechter Proc. vaginalis, nicht eröffnet, mit Inhalt; *e* M. cremaster; *f* Scrotum, paramedian gespalten; *f'* Septum scroti der Tunica dartos, gefenstert; *g* Corpus penis, im Zwischenschenkelspalt liegend; *h* Pars libera penis, etwas ausgeschachtet; *i* Glans penis, *i'* Collum und Corona glandis; *k* Proc. urethrae in der Fossa glandis; *l* Anulus praeputialis; *m* Ostium praeputiale; *n* Rhaphe scroti; *n'* Rhaphe praeputii

fen Leistenring und schließlich den *Anulus vaginalis* (493/*d*;494/*g*) des Processus vaginalis. Diese Öffnung ist ein bis zu 45 mm breiter Schlitz. Von hier aus streben die A. und V. testicularis in gestrecktem Verlauf in der *Plica vasculosa* (493/*e'*;494/*h*) der Aorta bzw. der V. cava caudalis zu. Der Samenleiter hingegen erreicht in der *Plica ductus deferentis* (493/*f*) mit kaudal gerichtetem Bogen die Beckenhöhle. Auf dem Wege dahin schwillt er zu der mächtigen *Samenleiterampulle* (15/*c*;416/*h*;494/*i',i''*;495/4;496/*g*) an, die etwa 200–250 mm lang ist und einen Durchmesser von etwa 20–25 mm aufweist. Ihr längster Abschnitt schiebt sich dorsal von Harnblase und dem Blasenhals zwischen die beiden Blätter der recht umfangreichen *Plica urogenitalis* (15/5;493/*g*;495/3;496/*d*) ein. Unter spitzem Winkel laufen die Samenleiterampullen hier aufeinander zu, treten dabei unter die beiden Samenblasen und nehmen den *Uterus masculinus* (495/12) zwischen sich. Ihr kurzer Endabschnitt wird eng und mündet gemeinsam mit dem *Ductus excretorius* der Samenblase, mittels des *Ostium ejaculatorium*, auf dem Colliculus seminalis in die Pars prostatica urethrae (416/*k,n,l,m*;452;496/6).

Akzessorische Geschlechtsdrüsen

Die akzessorischen Geschlechtsdrüsen (452) sind vollzählig vorhanden.

Die paarige **Vesicula seminalis** (15/*c'*;494/*m*;495/5;496/*h*) ist beim *Pfd.* ein Hohlorgan von blasenförmiger Gestalt. Ihre dicke Wand besteht aus Muskulatur und einer starken Drüsenschleimhaut. Beim *Hengst* ist sie 100–150 mm lang, bei einem Durchmesser von 30–60 mm. Das langgestreckt bir-

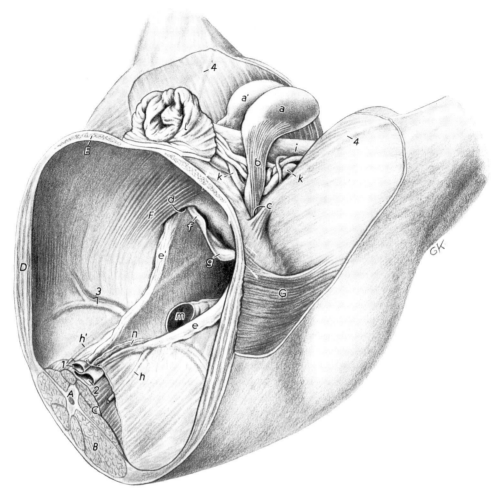

Abb. 493. Männliche Geschlechtsorgane eines Pferdes in situ, mit Einblick in Peritonäalhöhle und Leistengegend.

A 3. Lendenwirbel; *B* Rückenmuskulatur; *C* Lendenmuskulatur; *D* seitliche Bauchwand; *E* ventrale Bauchwand mit M. rectus abdominis in seiner Scheide; *F* Kaudalrand des M. obliquus int. abdominis, durch Faszien und Peritonäum durchscheinend; *G* M. cutaneus trunci, in die Kniefalte einstrahlend

a,a' rechter bzw. linker Proc. vaginalis, durch Entfernung des Skrotums freigelegt; *b* M. cremaster, den Proc. vaginalis bedeckend; *c* Anulus inguinalis supf., Zugang zum Leistenspalt; *d* Anulus vaginalis; *e,e'* rechte bzw. linke A. und V. testicularis in der Plica vasculosa; *f* Ductus deferens in der Plica ductus deferentis; *g* Plica urogenitalis; *h,h'* rechter bzw. linker Ureter; *i* Corpus penis, im Zwischenschenkelspalt verlaufend, freipräpariert; *k* Venengeflecht, hauptsächlich aus der V. pudenda ext. stammend; *l* Praeputium; *m* Rectum; *n* Ansatz des Mesocolon descendens

1 Aorta abdominalis; *2* V. cava caud.; *3* A. und V. circumflexa ilium prof.; *4* V. saphena magna

nenförmige Organ schiebt sich zwischen die Blätter der Urogenitalfalte ein und flankiert dabei den Endabschnitt des Harnleiters und die Samenleiterampulle. Der Körper verjüngt sich kaudal zum *Ductus excretorius*, der sich unter den Isthmus der Prostata einschiebt und, wie schon erwähnt, mit dem Samenleiter seiner Seite im *Ostium ejaculatorium* auf dem *Colliculus seminalis* sein Ende erreicht (416/*l,m,n*;496/6).

Die **Prostata** (494/*o*;495/6,6';496/*i*) liegt retroperitonäal mit zwei derben, höckerigen D r ü s e n - l a p p e n seitlich der Harnröhre. Ihre *Lobi dexter* und *sinister* (495/6') sind durch ein Drüsenquerstück, den *Isthmus prostatae* (6), miteinander verbunden. Die beiden Seitenlappen sind je 50–90 mm lang, 30–60 mm breit und etwa 10 mm dick. Der Isthmus mißt in der Querrichtung etwa 30 mm. Die Prostata des *Pfd.* entspricht in der vorliegenden Form dem Corpus prostatae, während eine Pars dis-

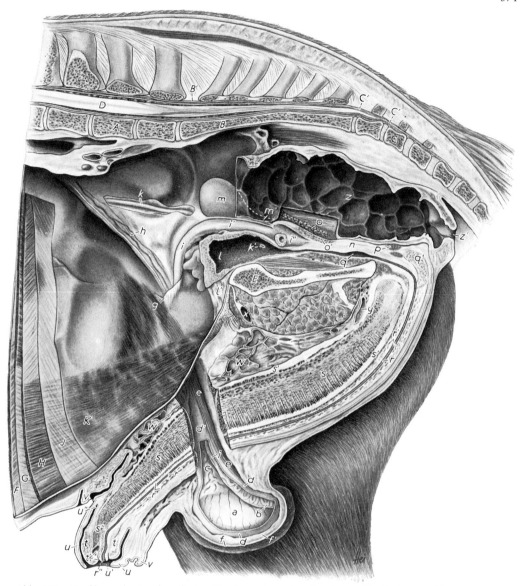

Abb. 494. Medianschnitt durch das Becken eines in situ formalinfixierten Hengstes.
Rechte Hälfte. Einblick von links.

A 5. Lendenwirbel; *B* Kreuzbein; *B'* Spatium interarcuale lumbosacrale; *C* 2. Schwanzwirbel; *C'* Spatia interarcualia zwischen Kreuzbein und 1. Schwanzwirbel bzw. 1. und 2. Schwanzwirbel; *D* Wirbelkanal mit Rückenmark und Häuten; *E* Beckensymphyse; *F* M. obliquus ext. abdominis; *G* M. obliquus int. abdominis; *H* M. rectus abdominis; *J* M. transversus abdominis; *K* Fascia transversalis und Peritonaeum parietale

a mediale Fläche des rechten Hodens; *b* Ductus deferens, am Übergang aus dem Nebenhodenschwanz; *c* Gefäßteil des Samenstrangs; *d* rechter Proc. vaginalis, gefenstert, *d',e* M. cremaster; *f* Scrotum, in der Rhaphe scroti halbiert; *f'* Tunica dartos und Stratum subdartoicum; *g* Anulus vaginalis; *h* A. und V. testicularis in der Plica vasculosa; *i* rechter Ductus deferens in der Plica ductus deferentis; *i'* rechte Ampulla ductus deferentis; *i''* linke Ampulla ductus deferentis, quergeschnitten; *k* rechter Ureter; *k'* Ostium ureteris; *l* Vesica urinaria, mäßig gefüllt; *l'* Lig. vesicae medianum; *m* rechte Vesicula seminalis; *m'* Ductus excretorius; *n* Colliculus seminalis; *o* Lobus dext. der Prostata, *o'* M. urethralis im Schnitt; *p* Gl. bulbourethralis im Schnitt; *q* Beckenstück der Harnröhre, vom M. urethralis umgeben; *q'* Bulbus penis; *r* Penisstück der Harnröhre; *r'* Corpus spongiosum penis; *r''* Processus urethrae mit Ostium urethrae ext.; *s,s'* Medianschnitt durch das Corpus cavernosum penis mit *s* Schwellgewebe und *s'* Tunica albuginea, letztere die Vertikaltrabekel aussendend; *s''* dorsomedianer Fortsatz der Penisspitze; *t* Corpus spongiosum glandis; *t'* Fossa glandis; *u* Plica praeputialis; *u'* Anulus praeputialis; *u''* Fundus des Cavum praeputiale; *v* Ostium praeputiale; *w* Venenplexus am Dorsum penis; *x* V. pudenda ext., durch den Kranialteil des M. gracilis durchtretend; *y* Anastomose zwischen V. obturatoria und V. pudenda int.; *z* Rectum, durch Medianschnitt eröffnet; *z'* Anus

seminata fehlt. Zahlreiche A u s f ü h r u n g s g ä n g e der Prostata münden mit schlitzförmigen Öffnungen seitlich des Colliculus seminalis in den Sinus prostaticus der Harnröhre (496/7).

Da die Prostata und die Samenblasen bindegewebig miteinander verbunden sind, können sie rektal kaum als Einzelgebilde ermittelt werden. Von den Samenblasen kann mit Sicherheit nur jener Teil ertastet werden, der den Kranialrand der Plica urogenitalis kuppelförmig überragt.

Die **Glandula bulbourethralis** (494/*p*;495/8;496/*k*) besteht aus einem selbständigen rechten und linken Drüsenlappen. Diese sind kolbenförmig, liegen nahe dem Beckenausgang der Harnröhre seit-

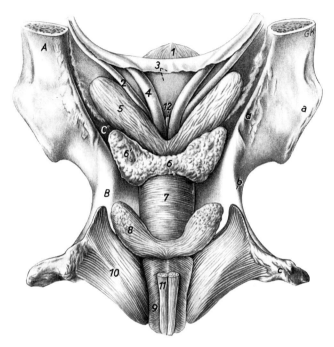

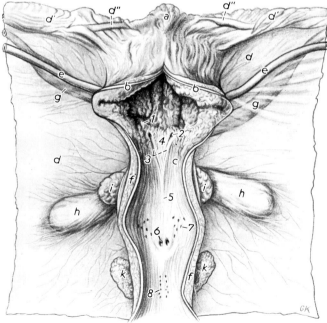

Abb. 495. Harn- und Geschlechtsorgane im Bereich des Beckenbodens eines Hengstes. Dorsalansicht.

A Darmbeinsäule; *B* Sitzbeinpfannenast; *C* Schambeinfugenast

a Acetabulum; *b* Inc. ischiadica minor; *c* Tuber ischiadicum; *d* Spina ischiadica

1 Vesica urinaria; *2* Ureter; *3* Lamellen der Plica urogenitalis, Kaudalteil der dorsalen Lamelle abgetragen; *4* Ampulla ductus deferentis; *5* Vesicula seminalis; *6,6'* Corpus prostatae: 6 Isthmus, 6' Lobus sin.; *7* Pars prostatica urethrae, vom M. urethralis umgeben; *8* vom M. bulboglandularis kaudal bedeckte Gl. bulbourethralis; *9* Bulbus penis, vom M. bulbospongiosus bedeckt; *10* M. ischiocavernosus; *11* M. retractor penis; *12* Uterus masculinus

Abb. 496. Harnblase und Beckenstück der Harnröhre mit Plica urogenitalis eines jungen Hengstes. Ventralansicht.

a–c Vesica urinaria, stark kontrahiert und teilweise ventral eröffnet: *a* Vertex vesicae, *b* Corpus vesicae, *c* Cervix vesicae; *d* Plica urogenitalis; *d'* Ligg. vesicae latt. mit *d''* Ligg. teretia vesicae, Resten der Nabelarterien; *e* rechter bzw. linker Ureter; *f* Urethra, ventral gespalten, auseinandergeklappt, und auf dem Schnitt der M. urethralis sichtbar; *g* rechte bzw. linke Ampulla ductus deferentis; *h* rechte bzw. linke Vesicula seminalis; *i* Lobus dext. bzw. sin. der Prostata; *k* rechter bzw. linker Drüsenlappen der Gl. bulbourethralis

1 Columna ureterica; *2* Ostium ureteris; *3* Plicae uretericae; *4* Trigonum vesicae; *5* Crista urethralis; *6* Ostium ejaculatorium auf dem Colliculus seminalis mit Mündungen der Samenleiter und Samenblasen; *7* Mündungen der Ausführungsgänge der Prostata im Sinus prostaticus; *8* Mündungen der Ausführungsgänge der Gl. bulbourethralis

lich an und besitzen eine Länge von 40–50 mm und eine Breite von 25 mm. Beide Drüsenhälften entlassen zahlreiche kleine A u s f ü h r u n g s g ä n g e, die in zwei Längsreihen angeordnet sind und von dorsal in die Harnröhre einmünden (496/8).

Das B e c k e n s t ü c k der **Harnröhre** (416/c,d;494/q;495/7;496) ist von *Schwellgewebe* und vom *M. urethralis* umgeben. Letzterer bedeckt zum Teil auch noch die Prostata und verbindet sich kaudal mit dem *M. bulboglandularis*. Dieser ist ein Teil des *M. ischiourethralis*, entspringt am Arcus ischiadicus und bedeckt die Bulbourethraldrüse. Der andere Teil des *M. ischiourethralis*, entspringt außen median am Sitzbein, tritt in die Beckenhöhle und strahlt von ventral in den M. urethralis ein.

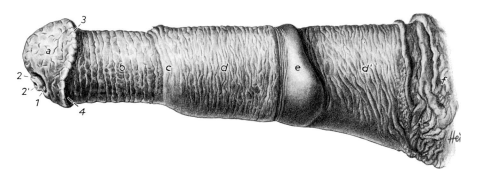

Abb. 497. A u s g e s c h a c h t e t e s P e n i s e n d e e i n e s H e n g s t e s. Linke Seitenansicht.

a Glans penis mit *1* Fossa glandis, *2* Proc. urethrae und *2'* Ostium urethrae ext., *3* Corona glandis, *4* Collum glandis; *b* Pars libera penis; *c* Fundus des Cavum praeputiale; *d* Innenblatt und *d'* Außenblatt der inneren Vorhaut, Plica praeputialis; *e* distaler Umschlagsrand der Plica praeputialis; *f* Innenblatt der äußeren Vorhaut, Praeputium

Begattungsorgan

Der **Penis des Hengstes** (457;492;494;497,498;499;500) ist ein umfangreiches Organ, das seiner Organisation entsprechend dem k a v e r n ö s e n P e n i s t y p angehört. Im Ruhezustand ist er etwa 0,5 m lang, bei einem größten Umfang von 160 mm. Der bei der Erektion sichtbar werdende Teil mißt etwa 0,3–0,5 m, bei 50–60 mm Durchmesser. Die aus der Vereinigung der kräftigen *Crura penis* (499/1,2,3) hervorgehenden *Corpora cavernosa penis* (494/s,s';499/4) sind durch die kurzen, aber sehr kräftigen *Ligamenta suspensoria penis*, die außen an der Beckenfuge entspringen, im Zwischenschenkelspalt aufgehängt. Der Penisschwellkörper ist leicht S-förmig geschwungen, seitlich komprimiert und läuft nabelwärts in drei zugespitzte Fortsätze (500/a'–a''') aus. Die beiden v e n t r o l a t e r a l e n sind kurz und stützen die Harnröhre, der d o r s o m e d i a n e hingegen ist lang und trägt die Eichel. Der *Sulcus dorsalis* (461/b'') des Penisrückens ist nur flach, während der *Sulcus urethralis* (461/b''';463/a';500/a^{IV}) eine zur Aufnahme der Urethra ausreichende Tiefe besitzt.

Die **Corpora cavernosa penis** besitzen eine sehr dicke *Tunica albuginea* (461,462/b;463/a;494/s'). Sie setzt sich aus drei nicht scharf getrennten Schichten zusammen, deren feingewellte kollagene Faserbündel sich zu Lamellen verschiedener Verlaufsrichtung zusammenlagern. Die in das Innere des Albugineaschlauchs eintretenden *Trabekel* können in solche mit vertikalem, horizontalem und schrägem Verlauf eingeteilt werden (463/b,c,d). Die Summe der median und vertikal verlaufenden Trabekel bildet das u n v o l l s t ä n d i g e *Septum penis*. In das von den genannten Trabekeln erzeugte Maschenwerk sind dicke, in der Längsrichtung des Organs verlaufende M u s k e l b ü n d e l eingelagert. Diese glatten Muskelzüge verankern sich sowohl an den Trabekeln als auch an den Blutgefäßen bzw. den Wandungen der außerordentlich zahlreichen weiträumigen Kavernen. Die Binnenmuskulatur ist befähigt, durch ihren Tonus den Penis in Ruhelage so kurz zu halten, daß er im Präputialschlauch verharrt. Beim Nachlassen des Tonus tritt das Penisende aus dem Präputium hervor – Ausschachten genannt –, ein Vorgang, der sich mit ziemlicher Regelmäßigkeit beim Harnabsatz vollzieht. Auch bei der Erektion des Penis muß notwendigerweise seine glatte Binnenmuskulatur erschlaffen, so daß nunmehr durch vollständige Füllung der kavernösen Räume der Penis sich verlängert, zugleich aber, dank des Widerstands, den die durch das Trabekelwerk verspannte Tunica albuginea dem Binnendruck entgegensetzt, auch versteift wird, wodurch er einen hohen Grad von Druck- und Knickfestigkeit erhält.

Abb. 498. E i c h e l e i n e s ä l t e r e n H e n g s t e s. Kranioventrale Ansicht.

Corona glandis mit deutlich ausgebildeten Papillen; Proc. urethrae in der Fossa glandis

Das Penisstück der Harnröhre, Pars spongiosa urethrae (457/*k*;461,462/*c*;494/*r*;499/*5*), geht über dem Arcus ischiadicus mit einem engen Isthmusteil aus dem Beckenstück der Harnröhre hervor. Der hier im Bogen verlaufenden Harnröhre ist kaudodorsal der etwa 75 mm lange, zweigeteilte, kolbige *Bulbus penis* (494/*q′*;495/*9*) aufgelagert. Er reicht beckenwärts bis an die Harnröhrenzwiebeldrüse heran und geht distal in den umfangreichen, röhrenförmigen Schwellkörper der Harnröhre über. Diese bettet sich in den Sulcus urethralis des Penisschwellkörpers und endet mit dem zylindrischen, etwa 15–30 mm langen

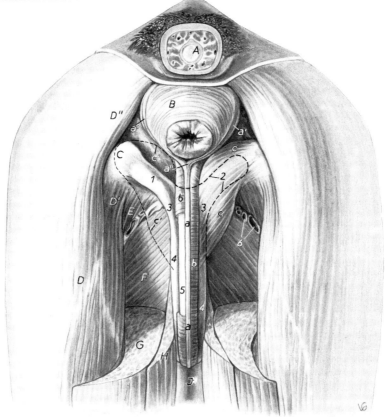

Abb. 499. P e n i s e i n e s H e n g s t e s i n s i t u. Kaudalansicht.

A Querschnitt durch die Schwanzwurzel; *B* M. sphincter ani ext.; *C* medialer Winkel des Tuber ischiadicum; *D* M. semitendinosus mit *D′* Becken- und *D″* Wirbelkopf; *E* M. obturator ext.; *F* M. adductor; *G* M. semimembranosus, Becken- und Wirbelkopf vollständig entfernt; *H* M. gracilis; *J* Scrotum

a,a′,a″ M. retractor penis: *a′* Ursprungsschenkel, *a″* ventrale Mastdarmschleife; *b* M. bulbospongiosus, links ein Teilstück zur Sichtbarmachung der Urethra entfernt; *c* rechter M. ischiocavernosus, das rechte Crus penis (strichliert) umhüllend; *c′* Umrisse des abpräparierten linken M. ischiocavernosus einstrichliert

1 linkes Crus penis; *2* Umrisse des vom M. ischiocavernosus umgebenen rechten Crus penis strichliert; *3* Vereinigung der beiden Schenkel zum *4* Stamm der Corpora cavernosa penis; *5* Penisstück der von Schwellgewebe umgebenen Urethra; *6* Muskeläste der A. und V. obturatoria

Processus urethrae (457/*k'*;494/*r''*;497/*2*;498;500/*b'*), der das weite *Ostium urethrae externum* (457/*k'''*;494/*r''*;497/*2'*) trägt und selbst von der geräumigen *Fossa glandis* beherbergt wird.

Die **Eichel** (497/*a*;498;500/*c–c^{IV}*) ist beim *Pfd.* in ihrer Form und ihrem Aufbau sehr charakteristisch. Das umfangreiche, elastisch ausdehnungsfähige *Corpus spongiosum glandis* (457/*h*;494/*t*) stülpt sich der medianen Spitze des Penisschwellkörpers mützenförmig auf und greift dabei mit seinem langen und flachen *Processus dorsalis* (500/*c'''*) weit auf den Peniskörper über. Durch eine Ringfurche, *Collum glandis* (497/*4*;500/*c''*), setzt sich die Eichel gegenüber dem Peniskörper ab, verbreitert sich von hier ab stempelartig und trägt einen vorspringenden Rand, der als *Corona glandis* (497/*3*;500/*c'*) bezeichnet wird und mit kegelförmigen P a p i l l e n besetzt ist (498). Ihre breite, schräggestellte Vorderfläche ist zur tiefen *Eichelgrube, Fossa glandis* (457/*k''*;494/*t'*;497/*1*;500/*c*), eingedellt, die zudem eine dorsale und zwei ventrolaterale Buchten besitzt. Die Eichelgrube enthält, wie bereits erwähnt, den Processus urethrae; ihre Buchten sind von der weichen oder auch krümeligen Vorhautschmiere erfüllt. Die Eichel wie auch der intrapräputiale Teil des Penis sind von dem drüsenlosen, pigmentierten oder pigmentfreien *Penisblatt der Vorhaut* überzogen (497/*b*). Das Corpus spongiosum glandis besteht aus weitmaschigen Venenplexus, die mit dem Corpus spongiosum penis in direkter Verbindung stehen. Ihr Gerüstwerk und ihre Hülle sind hochgradig elastisch, so daß die Eichel gegen

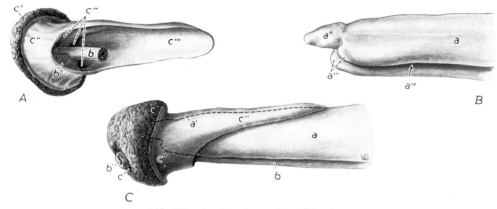

Abb. 500. P e n i s s p i t z e e i n e s P f e r d e s.

A Kaudoventrale Ansicht der Glans penis und des Endabschnitts der Urethra mit ihrem Schwellkörper; *B* ventrolaterale Ansicht der Spitze des Penisschwellkörpers; *C* laterale Ansicht der Penisspitze, Penisblatt des Präputiums bis zur Corona glandis abpräpariert

a Corpora cavernosa penis, *a'* sein in drei Spitzen auslaufendes distales Ende, in Abb. C strichliert dargestellt; *a''* dorsomedianer Fortsatz und *a'''* ventrolaterale Fortsätze der Peniskörperspitze; *a^{IV}* Sulcus urethralis; *b* Urethra, von Schwellkörper umgeben, *b'* Proc. urethrae mit Ostium urethrae ext., *b''* Stumpf des M. bulbospongiosus; *c–c^{IV}* Glans penis mit *c* Fossa glandis, *c'* Corona glandis, *c''* Collum glandis, *c'''* Proc. dorsalis glandis, *c^{IV}* Buchten zur Aufnahme der dreigeteilten Spitze des Penisschwellkörpers

Ende des Begattungsaktes auf das 2–3fache ihres vorherigen Volumens anschwellen kann und der Durchmesser ihres Koronarrands dann 130–160 mm beträgt.

Die **Vorhaut** des *Pfd.* zeigt einige Arteigentümlichkeiten. Das auffallendste Merkmal ist die Ausbildung einer D o p p e l m a n s c h e t t e (457/*l,m*;492/*l,m*;493/*l*;494/*u,v*), deren eine Manschette als **äußere** oder **eigentliche Vorhaut**, *Praeputium* (457,492/*m*), die zweite, ringfaltenförmige als **innere Vorhaut**, *Plica praeputialis* (*l*), bezeichnet wird. Jede dieser Hüllen besitzt ein A u ß e n - und ein I n n e n b l a t t, wobei das *Innenblatt der inneren Vorhaut* im *Fundus* des Cavum praeputiale in das *Penisblatt* übergeht und den intrapräputialen Teil des Penis, *Pars libera penis* (497/*d,c,b*), überzieht. Die Außenmanschette der Vorhaut entspricht dem einfachen Präputium anderer Tiere und wird auch als *Schlauch* bezeichnet. Eine weite Öffnung führt in ihren geräumigen Binnenraum, in dem die Innenmanschette mit dem von ihr eng umhüllten Penisende untergebracht ist. Die Zugangsöffnung in die äußere Vorhaut wäre daher als *Ostium praeputiale* (457/*l'*;494/*u'*) zu bezeichnen. Die innere Vorhaut stellt die sehr dehnbare, für die Verlängerung des Penis notwendige R e s e r v e f a l t e dar. Sie wird kranial durch den *Anulus praeputialis* begrenzt. Die Falte verstreicht bei der Erektion und legt sich dem verlängerten Penis glatt auf.

Beide Blätter der äußeren Vorhaut sowie das Außenblatt der inneren Vorhaut zeigen die Baueigentümlichkeiten der allgemeinen Decke. Neben Haaren, die jedoch auf dem Außenblatt der inneren Vorhaut nur vereinzelt vorkommen, sind auch reichlich Schweiß- und Talgdrüsen vorhanden, deren Sekret, mit abgestoßenen Epithelmassen vermischt, die schmutziggraue Vorhautschmiere, *Smegma praeputii*, liefert, die sich besonders bei Kastraten in größerer Menge ansammeln kann. Das Innenblatt des inneren Präputiums, wie auch das Penisblatt sind nach Art einer drüsenlosen Schleimhaut gebaut.

Die **Muskulatur des Penis** bietet beim *Hengst* einige Besonderheiten. So weicht der **M. bulbospongiosus** (461/*f'*;462/*g*;495/9;499/*b*) auffallend von jenem der anderen *Hsgt.* ab, denn er reicht hier, an der Bulbourethraldrüse beginnend, über die ganze Länge des Penis hinweg. Er bedeckt als willkürlicher, durch ein Septum zweigeteilter Muskel in direkter Fortsetzung des *M. urethralis* (495/7) den Bulbus penis und überbrückt in seinem weiteren Verlauf den Sulcus urethralis. Seine querverlaufenden Muskelfasern entspringen dabei an der Tunica albuginea corporum cavernosorum seitlich des Sulcus urethralis, vereinigen sich median zu einem Sehnenstreifen und umscheiden so die Harnröhre mit ihrem Schwellkörper. Am Grunde des Präputialschlauchs angelangt, verlieren sich seine Bündel unter dem Penisblatt der Vorhaut. Der sehr kräftige, paarige, rote **M. ischiocavernosus** (495/10;499/*c*) entspringt flächenhaft an der Innenseite des Tuber ischiadicum sowie am Kaudalrand des breiten Beckenbands, umgibt die Crura penis, indem er sich fest mit deren Tunica albuginea verbindet, und erreicht sein Ende in Höhe der Radix penis. Der **M. retractor penis** (461,462/*f*;495/11;499/*a–a''*) entspringt paarig an der Ventralfläche der beiden ersten Schwanzwirbel, flankiert den Mastdarm und vereinigt sich unter ihm zur *ventralen Mastdarmschleife*. Von hier aus legen sich die beiden bindegewebig miteinander verbundenen, glatten Muskelstränge der Kaudal- bzw. Ventralfläche des M. bulbospongiosus an, schieben sich mit ihren Bündeln in der halben Penislänge zwischen jene des M. bulbospongiosus ein und lassen sich bis zum Grunde des Präputialschlauchs verfolgen, wo sie an der Hülle des Corpus spongiosum glandis enden.

Weibliche Geschlechtsorgane, Organa genitalia feminina

Allgemeine und vergleichende Betrachtung

Der Bau und die innere Organisation der weiblichen Geschlechtsorgane der *Sgt.* werden maßgeblich durch das diesen Tieren eigentümliche Fortpflanzungsgeschehen bestimmt. Den weiblichen Geschlechtsorganen der v i v i p a r e n A r t e n erwächst nämlich außer der Funktion, die weiblichen Keimzellen zu liefern, noch die Aufgabe, dem durch die Befruchtung der Eizelle entstandenen Keimling die Voraussetzungen für die Weiterentwicklung bis zur Geburtsreife zu bieten. Diese „ i n n e r e “ B r u t p f l e g e dauert bei den verschiedenen Tieren unterschiedlich lange Zeit. Der Grad der Selbständigkeit der Jungen weist bei ihrer Geburt große Unterschiede auf. Unter den *Hsgt.* z.B. bringen die *Wdk.*, das *Schw.* und das *Pfd.* Junge zur Welt, die schon bei der Geburt alle Voraussetzungen zur N e s t f l u c h t haben, während die *Flfr.* Junge gebären, die in ihrer Entwicklung noch so unvollkommen sind, daß sie als „ N e s t h o c k e r “ längere Zeit intensiver „ ä u ß e r e r “ B r u t p f l e g e bedürfen.

Weiterhin sei vermerkt, daß man zwischen Tieren zu unterscheiden hat, die normalerweise nur je ein Junges zur Welt bringen, *unipare Tiere*, und solchen, die regelmäßig mehrere Junge gebären, *multipare Tiere*. Zu den ersteren gehören die *Wdk.* und das *Pfd.*, zu den letzteren *Schw.* und *Flfr.*.

Entsprechend ihren Aufgaben lassen sich die weiblichen Geschlechtsorgane nach f u n k t i o n e l l e n u n d m o r p h o l o g i s c h e n G e s i c h t s p u n k t e n in verschiedene Abschnitte gliedern. Die **keimbereitenden Organe** sind die weiblichen *Keimdrüsen, die Eierstöcke, Ovarien* (538,543,547,558/*a*). Die von ihnen gebildeten und nach Eintritt der Geschlechtsreife abgegebenen *Eizellen* werden von den **keimleitenden und keimbewahrenden Organen** übernommen. In ihnen vollzieht sich die endgültige

A u s r e i f u n g der Eizellen und gegebenenfalls auch deren B e f r u c h t u n g. Aus den *Eileitern, Tubae uterīnae* (b), gelangen die Eizellen in die *Gebärmutter, Uterus* (c,c'). Dieses bei den verschiedenen Tierarten recht variabel gestaltete Organ hat die Aufgabe, das eventuell befruchtete Ei aufzunehmen und zu bewahren. Infolge hochgradiger Anpassungsfähigkeit des Uterus ist er in der Lage, sich im Verlauf der zwischen 2 (*Flfr.*) bis 11 (*Pfd.*) Monate dauernden Schwangerschaft in einen B r u t - r a u m zu verwandeln, dessen baulich und funktionell je nach Tierart spezifisch differenzierte Schleimhaut, als *Mutterkuchen, Placenta materna* oder *Pars uterina* der *Plazenta*, bezeichnet, der Kontaktaufnahme mit den vom Keimling gelieferten E i h ü l l e n dient. Durch die Plazenta wird der Stoffaustausch in beiden Richtungen, also von der Mutter zum Keimling und umgekehrt, ermöglicht und damit auch das Heranreifen des Jungen bis zur Geburt sichergestellt. Durch den *Gebärmutter-hals, Cervix uteri* (d), der gleichzeitig als V e r s c h l u ß v o r r i c h t u n g dient, ist die Gebärmutter mit den anschließenden **Begattungsorganen** verbunden. Sie bestehen aus der *Scheide, Vagina* (e), und dem folgenden *Scheidenvorhof, Vestibulum vaginae* (f). In ihn mündet die H a r n r ö h r e ein, so daß dieser Abschnitt des weiblichen Genitaltrakts auch als *Sinus urogenitalis* bezeichnet wird. Die *Scham, Vulva* (538,543,547,558/*i*; auch 526–529), mit den *Schamlippen, Labia vulvae*, bildet schließlich den kaudalen Abschluß.

Eierstöcke, Gebärmutter sowie der Gebärmutterhals sind in eine umfangreiche Gekröseplatte, die als *Plica urogenitalis* oder als *Ligamentum latum uteri* (538,543,547,558/1,2) bezeichnet wird, einge-schlossen und werden so von ihr getragen. Über die Abschnitte der Plica urogenitalis wird bei Bespre-chung der einzelnen Organe berichtet.

Der Darstelllung der Morphologie der Teilabschnitte der weiblichen Geschlechtsorgane sei zu-nächst folgende grundsätzliche Feststellung vorausgeschickt: Wie an den männlichen, so spielen sich auch an den weiblichen Geschlechtsorganen p o s t n a t a l e, zunächst bis zum Eintritt der Pubertät an-dauernde A u f - und U m b a u v o r g ä n g e ab. Während beim m ä n n l i c h e n T i e r mit dem Eintritt in die Pubertät die volle Funktionsfähigkeit der Geschlechtsorgane erreicht ist und danach, abgesehen von den Vorgängen der später eintretenden normalen Altersinvolution, sich keine tiefergreifenden morphologischen und auch physiologischen Veränderungen mehr vollziehen, findet sich bei den weiblichen Geschlechtsorganen ein völlig anderes Verhalten. Hier spielt sich nämlich n a c h Errei-chung der Geschlechtsreife eine Abfolge tiefgreifender Vorgänge an den Geschlechtsorganen ab, die hormonell gesteuert werden und zudem eine strenge Periodizität in ihrem Verlauf aufweisen. Diese Vorgänge sind von reversiblen, aber auch irreversiblen Veränderungen an den Einzelorganen des weiblichen Geschlechtsapparats begleitet. Man spricht in diesem Zusammenhang von dem **Sexualzy-klus** und unterscheidet den *ovariellen* und den *uterinen Zyklus*.

Bei den Tieren machen sich im Verlaufe eines solchen Zyklus die vielgestaltigen Erscheinungen der *Brunst, Oestrus*, bemerkbar. Tritt die Brunst in kurzen Zeitabständen m e h r f a c h i m J a h r e auf, dann sind solche Tiere *polyöstrisch* (*Schw., Wdk., Pfd.*), zeigt sich dagegen die Brunst mit einem grö-ßeren anöstrischen Intervall nur z w e i m a l i m J a h r, so sind diese Tiere *diöstrisch* (*Hd.*). Die *Ktz.* ist saisonell polyöstrisch, weil nur zweimal im Jahr, im Frühjahr und Herbst, mehrere Zyklen ablaufen. Zahlreiche wildlebende Säuger gehören dem *monöstrischen Typ* an, sind also nur e i n m a l i m J a h r brünstig. Bemerkt sei schließlich, daß die weiblichen Tiere nur in brünstigem Zustand begattungs- und empfängnisbereit sind.

Aber selbst mit dem Eintritt der Geschlechtsreife haben die weiblichen Geschlechtsorgane noch nicht den möglichen und von der Natur angestrebten Höchststand ihrer Entwicklung erreicht. Dieser tritt im Ablauf der ersten Schwangerschaft oder Trächtigkeit ein. Erst wenn der Uterus seine ihm von der Natur zugedachte Funktion als Brutraum in morphologischer und physiologischer Hinsicht er-füllt hat, wenn auch die Geburtswege tatsächlich als „Wege" bei der Geburt gebraucht worden sind, haben die weiblichen Geschlechtsorgane insgesamt die „Hochform" ihrer Entwicklung eingenom-men.

D i e n a c h f o l g e n d e n B e s c h r e i b u n g e n b e z i e h e n s i c h d a h e r a u f d i e G e s c h l e c h t s - o r g a n e s c h o n t r ä c h t i g g e w e s e n e r T i e r e. Am Schluß dieses allgemeinen und vergleichenden Kapitels wird dann über die wichtigen Unterschiede an den Organen infantiler, geschlechtsreifer und trächtig gewesener Tiere berichtet.

Keimbereitende Organe

Keimdrüse, Eierstock, Ovarium

(519–522,535–537,542,546,557)

Die *Eierstöcke, Ovarien,* haben ovale oder mehr kugelige Gestalt und sind von derber Konsistenz. Beim *Flfr.* (535,536,538/*a*) besitzen sie eine k l e i n h ö c k e r i g e O b e r f l ä c h e, haben länglich ovale Gestalt und sind bei mittelgroßen *Hündinnen* etwa 20 mm lang und 15 mm dick. Bei der *Katze* haben sie ähnliche Form bei einer Länge von 8–9 mm. Beim *Schw.* (542/*1*;543/*a*) ist das Ovarium g r o b - h ö c k e r i g, walzenförmig, ca. 50 mm lang und wiegt bei etwa 150 kg schweren *Mutterschweinen* im Durchschnitt 8–14 g. Beim *Rd.* (505–512; 546/*1*;547/*a*) sind die Eierstöcke im Vergleich zur Größe des Tieres relativ klein. Bei der *Kuh* wiegt der Eierstock 15–19 g bei einer durchschnittlichen Länge von 30 mm, einer Breite von 20 mm und einer fast ebensolchen Dicke. Die kugeligen, etwas abgeplatteten Ovarien der *kl. Wdk.* wiegen 1–2 g und sind 15 mm lang. Die *Stute* (557/*1*;558/*a*) besitzt die größten Ovarien. Sie sind b o h n e n f ö r m i g, 50–80 mm lang, 20–40 mm dick und 40–80 g schwer. Sie zeigen gegenüber den Eierstöcken der anderen *Hsgt.* mancherlei Besonderheiten, auf die im speziellen Teil besonders hingewiesen wird. Da die Eierstöcke geschlechtsreifer Tiere in bestimmten arttypischen Zeitabständen tiefgreifenden, die Form, Größe und auch das Gewicht des Organs beeinflussenden F u n k t i o n s w e c h s e l n unterworfen sind, haben die angegebenen Zahlen nur als ungefähre Durchschnittswerte zu gelten.

Entsprechend dem Orte ihrer Entstehung behalten die Ovarien beim *Flfr.* (539,541) ihre Lage in der Lendengegend kaudal der Nieren. Beim *Pfd.* (559) senken sie sich gut handbreit an einem ebenso langen Gekröse in die Peritonäalhöhle ab. Nur bei *Schw.* (545) und *Wdk.* (548,554,555) vollzieht sich embryonal eine Lageveränderung der Eierstöcke, die, dem Hodenabstieg beim männlichen Tier vergleichbar, die Ovarien bis in halbe Höhe des Beckeneingangs kaudal wandern läßt (Descensus ovarii).

Der k r a n i a l e A b s c h n i t t jener großen Bauchfelldoppelfalte, die vorher schon als Ligamentum latum uteri (539,541,545,554,559/*11,11′*) beschrieben wurde, stellt den Aufhängeapparat des Eierstocks dar und wird dementsprechend als *Eierstocksgekröse, Mesovarium* (519–522/*a*;536,537/ *a′*;542,546,557/*a*;538,547,558/*1*), bezeichnet. Durch dieses Band finden die Blut- und Lymphgefäße sowie die Nerven ihren Weg zum Eierstock, an dessen *Margo mesovaricus* sie in das Organ eintreten (*Hilus ovarii*). Seinem Gekröserand gegenüber findet sich der freie Rand, *Margo liber.* Der *Extremitas tubaria* des Eierstocks benachbart liegt der Anfangsabschnitt des Eileiters, während seine *Extremitas uterina* durch das *Eierstocksband, Ligamentum ovarii proprium* (520–522/*4*;536,537/*e*;542,546,557/ *4*), mit der Spitze (bei *Schw.* und *Rd.* in deren Nähe) des gleichseitigen Uterushorns verbunden ist. Schließlich unterscheidet man am Eierstock eine *Facies medialis* und eine *Facies lateralis.*

Reste des sog. S e x u a l t e i l s d e r U r n i e r e (Ductus mesonephricus und Urnierenkanälchen) können sich in Gestalt kleiner, bläschenförmiger Anhängsel im Mesovarium als *Epoophoron,* Rudimente des kaudalen Abschnittes der Urniere als *Paroophoron* erhalten.

Bau und Funktion des Eierstocks geschlechtsreifer Tiere: Abgesehen vom Ovarium des *Pfd.,* kann man bei den anderen *Hsgt.* am Eierstock außen die dichter gefügte *Rindensubstanz, Zona parenchymatosa* (501/*a*), und die zentrale, mehr locker gebaute, gefäßreiche *Marksubstanz, Zona vasculosa* (*b*), unterscheiden. Die äußere Hülle des Ovariums entstammt dem Z ö l o m e p i t h e l und besteht bei jüngeren Tieren aus einer einschichtigen Lage kuboiden Epithels (502/*a*), *Keimdrüsenepithel, Epithelium superficiale,* das jedoch bei älteren Tieren abflacht. Unter dem Epithel findet sich eine derbe Bindegewebslage, die *Tunica albuginea* (*b*). Die Grundlage der Zona parenchymatosa bildet das *Rindenstroma,* dessen Bauelemente die Stromafibrozyten sind. In dem Stroma der Zona parenchymatosa eingebettet finden sich die *Eizellen, Oozyten* (502/*c*), die schon vor, zum Teil auch nach der Geburt durch mitotische Teilung aus den *Oogonien* entstanden sind. Die weitaus überwiegende Zahl der Oozyten verfällt der D e g e n e r a t i o n, ein Vorgang, der als *Follikelatresie* bezeichnet wird. Die Oozyten sind von einer einschichtigen Lage epithelartiger Zellen umgeben. Eizelle und Epithelhülle bilden zusammen einen *Primärfollikel, Folliculus ovaricus primarius* (502/*d,d′*).

Follikelreifung: Nur ein Bruchteil der Follikel wird nach Eintritt der Geschlechtsreife bis zum Verlust der Fortpflanzungsfähigkeit (Klimakterium) unter der Einwirkung der gonadotropen Hormone der Adenohypophyse (Vorderlappen) in bestimmten Zeitabständen (ovarieller Zyklus) in einen W a c h s t u m s - u n d R e i f u n g s p r o z e ß einbezogen. Dieser Vorgang ist daran zu erkennen, daß das zunächst einschichtige *Follikelepithel* mehrschichtig wird, die Eizelle an Größe zunimmt und eine vom Follikelepithel ausgesonderte Hülle, die *Zona pellucida*, das *Oolemma*, aufgelagert erhält, wobei das nunmehr als *Sekundärfollikel* (503) zu bezeichnende Gebilde mehr in die tiefere Rindenschicht verlagert wird. Die nächstfolgende Entwicklungsphase führt zu der Entstehung der makroskopisch erkennbaren *Tertiärfollikel, Folliculi ovarici vesiculosi, Graafsche Follikel* (504). Über seine Bauelemente berichten die Lehrbücher der Histologie und Embryologie.

Reifung der Eizelle: Noch im Tertiärfollikel durchläuft die Eizelle die *erste Reifeteilung.* Hierbei handelt es sich um eine Reduktionsteilung, wonach beide Tochterkerne nurmehr den halben Chromosomensatz enthalten. Dem einen dieser Kerne wird jedoch nur eine ganz geringe Menge an Ooplasma zugeteilt. Das Produkt ist die sehr kleine sogenannte *erste Polzelle*, die nach Art einer Knospung von der nunmehr als *Oozyte zweiter Ordnung* zu bezeichnenden Eizelle abgetrennt wird

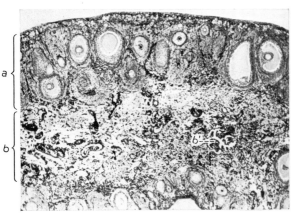

Abb. 501. Schnitt aus dem Eierstock einer Katze. Mikrofoto.

a Zona parenchymatosa mit Primär-, Sekundär- und Tertiärfollikeln, Gelbkörpern und Zwischenzellen; *b* Zona vasculosa mit Gefäßen, Nerven, Marksträngen, *b'* Reste des Rete ovarii

Abb. 502. Zona parenchymatosa aus dem Eierstock einer Katze mit Primärfollikeln, Folliculi ovarici primarii. Mikrofoto.

a Keimdrüsenepithel; *b* Tunica albuginea; *c* Oozytenlager; *d,d'* Primärfollikel: *d* Follikelepithel, *d'* Eizelle; *e* Zwischenzellen

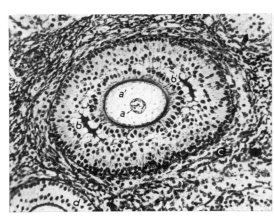

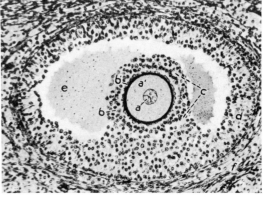

Abb. 503. Sekundärfollikel aus dem Eierstock einer Katze. Mikrofoto.

a,a' Eizelle: *a* Kern und Kernkörperchen, *a'* Zelleib; *b* Follikelepithel, *b'* Zona pellucida; *c* Theca interna; *d* weiterer typischer Sekundärfollikel

Abb. 504. Tertiärfollikel, Folliculus ovaricus vesiculosus ("Bläschenfollikel"), aus dem Eierstock einer Katze. Mikrofoto.

a Kern mit Kernkörperchen, *a'* Zelleib der Eizelle; *b* Corona radiata, *b'* Zona pellucida; *c* Epithel des Eihügels, Cumulus oophorus; *d* wandständiges Follikelepithel, Stratum granulosum; *e* Liquor follicularis; *f* Tunica interna

und so in den hypolemmalen Raum gelangt. Die *zweite Reifeteilung* der Eizelle, die eine Äquationsteilung darstellt, vollzieht sich erst n a c h der Ausstoßung der Eizelle aus dem Tertiärfollikel im Eileiter. Hiernach enthalten auch diese beiden Tochterkerne nur den h a p l o i d e n (h a l b e n) C h r o m o s o m e n s a t z (*Halbkern, Vorkern*), und der eine der beiden Kerne wird ebenfalls mit einer wiederum nur geringen Menge an Ooplasma zusammen als *zweite Polzelle* von dem *Reifei, Ovum,* abgeschnürt. Dieser Vorgang vollzieht sich meist erst beim Eindringen der befruchtenden Samenzelle. Die Vereinigung der Eizelle mit der Samenzelle ergibt das *Spermovium*, Zygote. Die Polzellen, die bei ihrer Entstehung dem Reifei nur eine minimale Menge für die Weiterentwicklung wertvollen Nährmaterials entzogen haben, gehen zugrunde und werden daher auch *Abortiveier* genannt.

Der Vorgang, der zur Ausstoßung der Eizelle mit den ihr anhaftenden Zellen des Cumulus oophorus und des Liquor folliculi aus dem Tertiärfollikel führt, wird als *Ovulation* bezeichnet. Er stellt die wichtigste Teilerscheinung der Brunst dar, erfolgt jedoch erst, wenn diese ihren Höhepunkt überschritten hat und bereits wieder abzuklingen beginnt. Bei der *Ktz.* wird die Ovulation durch den Deckakt ausgelöst.

Durch die erhebliche Größenzunahme des Tertiärfollikels, der z.B. beim *Rd.* einen Durchmesser von 10–17 mm erreichen kann, rückt dieser dicht an die Oberfläche des Eierstocks heran und wölbt sie als prall gefülltes, durchscheinendes Bläschen mit dünner Wandung buckelförmig empor (505). Nach dem sog. *Follikelsprung* sinkt die Rißstelle des Follikels ein, und in der zusammenfallenden Follikelhöhle sammelt sich ein Blutgerinnsel bzw. seröse Flüssigkeit an (506).

Unabhängig von dem weiteren Schicksal der ausgestoßenen Eizelle wird durch Wucherung besonders der Follikelepithelzellen (504/*d*), aber auch der Zellen der Theca interna (504/*f*), die Entstehung des *Gelbkörpers, Corpus luteum* (508–512), eingeleitet. Unter Mitbeteiligung des umgebenden Bindegewebes sowie der Blutgefäße, bei gleichzeitiger Einlagerung lipoider Stoffe von gelblicher Färbung wird unter der Einwirkung des L u t e i n i s i e r u n g s h o r m o n s (G e l b k ö r p e r r e i f u n g s h o r m o n) der Hypophyse der Gelbkörper aufgebaut. Er übertrifft die Größe des Graafschen Follikels bei weitem, kann z.B. beim *Rd.* einen Längendurchmesser bis zu 30 mm erreichen und wölbt sich so, abgesehen von dem Verhalten bei der *Stute,* weit über die Oberfläche des Eierstocks vor. Er durchläuft vier Entwicklungsstadien: 1. das *Stadium der Proliferation* (506,507), 2. das *Stadium der Vaskularisation* (508,509), 3. das *Stadium der Blüte* (510) und 4. das *Stadium der Rückbildung* (511,512).

Das Corpus luteum hat die Funktion einer i n k r e t o r i s c h e n D r ü s e, sein Produkt ist das *Corpus-luteum-Hormon, Progesteron.* Dieses Hormon schafft im Uterus die Voraussetzungen für die I m p l a n t a t i o n des eventuell befruchteten Eies und v e r h i n d e r t gleichzeitig die Heranreifung neuer Follikel im Eierstock. Das Stadium seiner Blüte und damit auch jenes der wirksamen Hormonproduktion dauert jedoch beim Ausbleiben der Trächtigkeit (*steriler Zyklus*) nur kurze Zeit; darauf tritt der Gelbkörper in das Stadium der Rückbildung ein, womit dann auch der Weg für das Heranreifen neuer Follikel freigegeben ist und sich im Uterus gleichzeitig Abbauvorgänge vollziehen können. Ein solcher Gelbkörper, der periodisch, also während der Dauer eines Zyklus auftritt, sein Blütestadium erreicht und sich dann wieder zurückbildet, wird als *Corpus luteum cyclicum* (früher auch *C.l.periodicum*) bezeichnet. Bei polyöstrischen Tieren mit einem Sexualzyklus von nur kurzer Dauer enthalten die Ovarien in der Regel mehrere aus den voraufgegangenen Zyklen stammende, unterschiedlich weit zurückgebildete Gelbkörper bzw. deren Reste, die als Corpus luteum regressum und bei Verlust der Gelbfärbung als Corpus albicans zu benennen sind.

Tritt hingegen nach Befruchtung des Eies Trächtigkeit ein, dann funktioniert der Gelbkörper weiter, er wird zum *Corpus luteum graviditatis* und sorgt so für den normalen Ablauf der Trächtigkeit. In späteren Stadien der Gravidität übernimmt aber auch die Plazenta die Bildung des Progesterons, womit zugleich eine gewisse Entpflichtung des Gelbkörpers verbunden ist. Nach der Geburt bildet sich das Corpus luteum graviditatis alsbald zurück und gibt damit den Weg für den Beginn und den Ablauf eines neuen Zyklus frei.

Erfahrungsgemäß kann, besonders beim *Rd.,* ein Corpus luteum periodicum über Gebühr lange bestehen bleiben und so zu einem *Corpus luteum persistens* werden. Damit wird der normale Ablauf des Zyklus gestört, das Heranreifen von Follikeln verhindert, so daß die betroffenen Tiere unfruchtbar werden.

Die **Blutversorgung** der Eierstöcke erfolgt durch die aus der Aorta herkommende A. ovarica (536,537/*h*;559/*b*) und die aus der V. cava caudalis bzw. aus der gleichseitigen V. renalis entspringende

V. ovarica (531/*1*). Auch Zweige der A. uterina können sich mit beteiligen. Vor Eintritt in den Hilus bzw. im Eierstock selbst erfolgt eine starke Verästelung der genannten Gefäße. Der Gefäßbaum unterliegt einem zyklusabhängigen Umbau, so daß die Funktionsgebilde, Follikel und Gelbkörper, stets optimal in die Versorgung einbezogen sind. Weitere Einzelheiten siehe S. 391. Die **Lymphgefäße** der Ovarien werden von den Lymphonodi iliaci mediales sowie von den Lymphonodi lumbales aortici

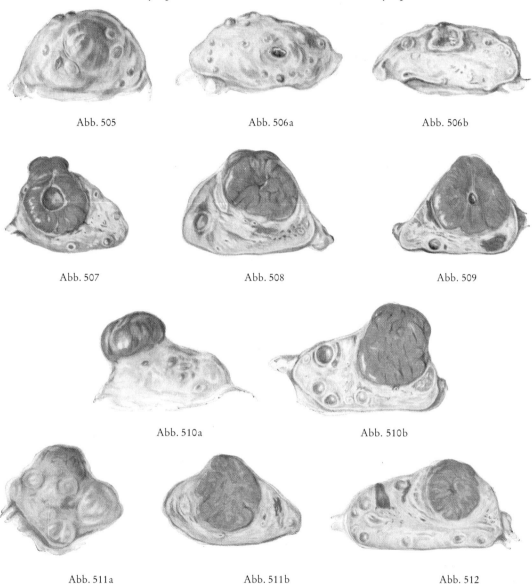

Abb. 505   Abb. 506a   Abb. 506b

Abb. 507   Abb. 508   Abb. 509

Abb. 510a   Abb. 510b

Abb. 511a   Abb. 511b   Abb. 512

Abb. 505–512. Eierstöcke des Rindes in verschiedenen Stadien des ovariellen Zyklus.

505: Eierstock mit sprungreifem Graafschen Follikel, 1. Zyklustag; 506 a und b: Eierstock in Aufsicht bzw. im Schnitt mit frisch gesprungenem Follikel, 3. Zyklustag; 507: Eierstock mit wachsendem Corpus luteum cyclicum auf dem Schnitt, 7. Zyklustag; 508: Eierstock mit Corpus luteum cyclicum am 9. Zyklustag, Schnitt; 509: Eierstock mit Corpus luteum cyclicum am 11. Zyklustag, daneben in Rückbildung befindliche Corpora lutea voraufgegangener Zyklen, Schnittbild; 510 a und b: Eierstock mit Corpus luteum cyclicum in Blüte in Aufsicht bzw. auf dem Schnitt, daneben in Rückbildung befindliche Corpora lutea und heranreifende Follikel, 13. Zyklustag; 511 a und b: Eierstock mit sich rückbildendem Corpus luteum cyclicum in Aufsicht bzw. im Schnitt, 16. Zyklustag (in Abb. 511a ein heranreifender großer und mehrere kleinere Follikel); 512: Eierstock mit in Rückbildung befindlichem Corpus luteum cyclicum im Schnitt, 19. Zyklustag, daneben ältere Corpora lutea und heranreifende Follikel

aufgenommen. Die **Innervation** erfolgt durch den Plexus ovaricus des Truncus sympathicus und des N. vagus.

Keimleitende und keimbewahrende Organe

Der Besprechung der keimleitenden bzw. keimbewahrenden Abschnitte der weiblichen Geschlechtsorgane, bestehend aus dem *Eileiter, Tuba uterina,* der *Gebärmutter, Uterus,* der *Scheide, Vagina,* und dem *Scheidenvorhof, Vestibulum vaginae,* mit der *Scham, Vulva,* seien einige entwicklungsgeschichtliche Bemerkungen vorausgeschickt (513–518): Abgesehen vom Vestibulum vaginae, auch S i n u s u r o g e n i t a l i s genannt, das sich aus der ventralen Etage der Kloake entwickelt, entstehen alle weiteren Abschnitte des weiblichen Genitaltrakts aus den paarigen *Geschlechtsgängen, Müllersche Gänge (Ductus paramesonephrici)* genannt. Diese beiden Gänge m e s e n c h y m a l e r H e r k u n f t begleiten im frühen indifferenten Entwicklungsstadium des Geschlechtsapparats medial die später zu den männlichen Geschlechtsgängen werdenden Urnieren- bzw. Wolffschen Gänge (*Ductus mesonephrici*). Sie beginnen kaudal von der Anlage der Keimdrüsen und brechen mit ihren distalen Enden in den von der Beckenhöhle beherbergten Sinus urogènitalis ein. In diesem Zustand vollständiger Paarigkeit verharren die beiden weiblichen Geschlechtsgänge bei primitiven *Sgt.* (Monotremen und Marsupialiern), und es liegen hier somit eine **Vagina duplex** und ein **Uterus duplex** vor (513). Bei höheren *Sgt.* hingegen kommt es zu einer schrittweisen, von kaudal nach kranial fortschreitenden V e r s c h m e l z u n g der paarigen Gänge und zugleich auch zu einer D i f f e r e n z i e r u n g ihrer einzelnen Abschnitte. So verschmilzt zunächst ihr kaudaler Teil zu dem g e m e i n s a m e n R o h r, der *Vagina,* während die übrigen Abschnitte paarig bleiben. Ein solcher **Uterus duplex** mit einer **Vagina simplex** findet sich z.B. beim *Kaninchen* (514). Anschließend werden kranial der Vagina die beiden Gänge zum gemeinsamen *Uterushals* und dem unterschiedlich geräumigen *Uteruskörper* vereinigt, dem dann die beiden Gänge als *Uterushörner, Cornua uteri,* aufsitzen. Seiner Form entsprechend pflegt man ihn infolgedessen als **zweihörnigen Uterus, Uterus bicornis,** zu bezeichnen (515–518). Die *Hsgt.* haben alle einen solchen Uterus bicornis, wenn auch die Ausbildung des Uteruskörpers zum Teil nicht unerhebliche Größenunterschiede aufweist. Auf die artspezifischen Unterschiede wird weiter unten bzw. ausführlich im speziellen Teil zurückzukommen sein. Schließlich sei noch erwähnt, daß der Uterus zu einem einheitlichen Organ verschmelzen kann, so daß nur noch die Anfangsabschnitte der Müllerschen Gänge als die paarigen Eileiter bestehenbleiben. Hier spricht man vom **Uterus simplex** und findet ihn z.B. bei *Msch.* und *Primaten.*

Eileiter, Muttertrompete, Tuba uterina, Salpinx
(519–522,533–538,542,543,546,547,557,558)

Der *Eileiter* ist ein enger, häutig-muskulöser Schlauch, der die Aufgabe hat, die ausgestoßene Eizelle bzw. die Eizellen aufzunehmen und sie dem Uterus zuzuleiten. In ihm vollzieht sich auch die zweite Reifeteilung der Eizelle, die über eine nur wenige Stunden umfassende Lebensdauer bzw. Befruchtungsfähigkeit verfügt. Nur hier im Eileiter kann normalerweise die Befruchtung der Eizelle durch die entgegen dem Flimmer- und Sekretstrom aktiv hochgewanderten Samenzellen stattfinden. Das *befruchtete Ei, Spermovum,* verweilt jedoch anschließend auf dem Transport zum Uterus längere Zeit (tierartlich variabel zwischen 3–8 Tagen) im Eileiter und durchläuft bereits mehrere Stadien der Furchung. Bei Unwegsamkeit des Eileiters kann die befruchtete Eizelle sich hier weiterentwickeln und so zur Eileiterschwangerschaft führen.

Am Eileiter unterscheidet man sein eierstockseitiges, trichterförmig erweitertes Ende, das *Infundibulum tubae uterinae* (519/*2′*;533,535/*b*;538/*b′*;542/*2′*;543/*b′*;546/*2′*;547/*b′*;557/*2′*;558/*b′*), in dessen Tiefe das *Ostium abdominale tubae uterinae* in den erweiterten Anfangsteil, *Ampulla tubae uterinae,* führt. Der anschließende engere, für die Eizelle eben passierbare Abschnitt, *Isthmus tubae uterinae,* ist viel länger, als es dem Abstand zwischen Eierstock und der Spitze des Uterushorns entspricht, da dieser Teil des Eileiters auf dem Weg dahin zahlreiche größere oder kleinere Windungen beschreibt, bevor er mit dem *Ostium uterinum tubae* (558/*b′′*) in das Uterushorn einmündet. Diese Stelle ist bei *Hd.* und *Pfd.* durch eine kleine *Papille* besonders markiert.

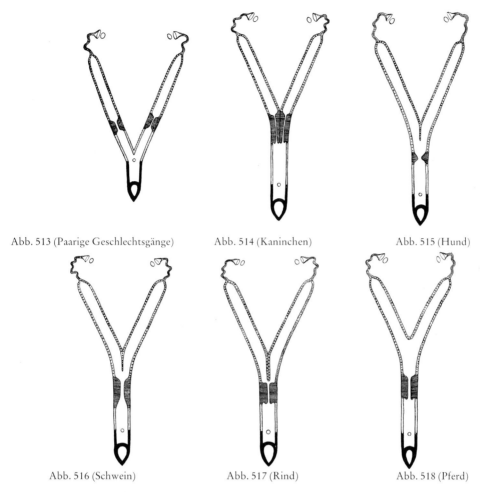

Abb. 513 (Paarige Geschlechtsgänge)   Abb. 514 (Kaninchen)   Abb. 515 (Hund)

Abb. 516 (Schwein)   Abb. 517 (Rind)   Abb. 518 (Pferd)

Abb. 513–518. Schemata der Uterusformen der Haussäugetiere. (Nach Seiferle, 1933.)

Abb. 513: Uterus duplex – Vagina duplex (Ursprüngliche Form der weiblichen Geschlechtsorgane mit vollständig getrennten Müllerschen Gängen); Abb. 514: Uterus duplex – Vagina simplex (Kaninchen); Abb. 515–518: Uterus bicornis (Hund, Schwein, Rind, Pferd); *schwarz*: Vulva und Vestibulum vaginae, dazu durch Kreis dargestellt die Mündung der Urethra; *dunkelgrau*: Vagina; *schraffiert*: Cervix uteri; *punktiert*: Uteruskörper und Uterushörner; *hellgrau*: Tuba uterina; Eierstöcke durch Kreise angedeutet

Abb. 519. Schnitt durch Ovarium und Bursa ovarica eines Hundes. Schematisch. (Nach v. Bönninghausen, 1936.)

1 Ovarium; *2′* Infundibulum mit Ostium abdominale tubae uterinae

a Mesovarium; *b′* Mesosalpinx; *x* Zugang zur Bursa ovarica; *y* Innenraum der Bursa ovarica

Abb. 520. Linkes Ovarium, Tuba uterina und Uterushornspitze eines Schweines. Schematisch. Medialansicht. (Nach v. Bönninghausen, 1936.)

1 Ovarium; *2* Tuba uterina; *2′* Infundibulum tubae uterinae; *3* Uterushorn, *3′* Spitze; *4* Lig. ovarii propr.

a Mesovarium; *a′* Gekröse des Lig. ovarii propr.; *b* Mesosalpinx; *c* Mesometrium; *x* Zugang zur Bursa ovarica

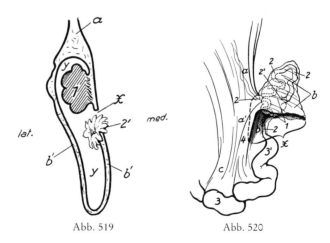

Abb. 519   Abb. 520

Die Ränder des *Infundibulum tubae* tragen unregelmäßige Fortsätze, die *Eileiterfransen, Fimbriae tubae,* von denen einige mit dem Eierstock verwachsen sind und als *Fimbriae ovaricae* bezeichnet werden.

Der gesamte Eileiter wird von einer Serosafalte, dem *Eileitergekröse, Mesosalpinx* (519/*b'*;520–522/*b*;533–535/*d*;537/*b'*;542,546,557/*b*), getragen. Diese hebt sich als Sonderfalte aus der lateralen Fläche des Mesovariums ab und zeigt nach Ausdehnung und Größe Arteigentümlichkeiten. In jedem Fall jedoch bildet die M e s o s a l p i n x mit dem L i g a m e n t u m o v a r i i p r o p r i u m , dem M e s o v a r i u m und dem E i e r s t o c k gemeinsam die *Eierstockstasche, Bursa ovarica* (519–522;533–537;542;546;557). Bei der *Stute* (522,557) ist sie spaltförmig, von geringer Tiefe und beherbergt das hier große Ovarium nur teilweise. Bei *Wdk.* (521,546,547) und *Schw.* (520,542,543) erreicht die schleierartig zarte Mesosalpinx auffallende Größe, so daß sie von lateral her das Ovarium der *Wdk.* beutelartig bzw. beim *Schw.* kapuzenförmig einhüllt und dieses in die Tiefe der Bursa ovarica zu liegen kommt. Noch auf-

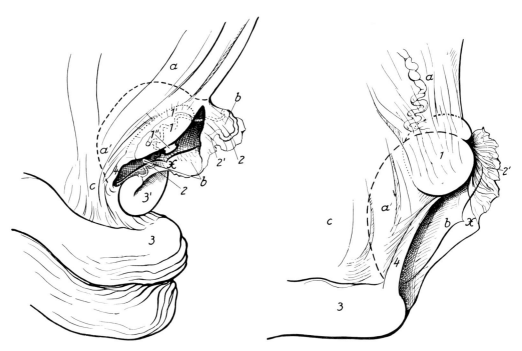

Abb. 521.   L i n k e s O v a r i u m , T u b a u t e r i n a u n d
U t e r u s h o r n e i n e s R i n d e s . S c h e m a t i s c h .
Medialansicht. (Nach v. BÖNNINGHAUSEN, 1936.)

1 Ovarium; *1'* Grenze zwischen Serosaepithel und Keimdrüsenepithel; *1''* Corpus luteum; *2* Tuba uterina; *2'* Infundibulum tubae uterinae; *3* Uterushorn; *3'* Spitze; *4*
Lig. ovarii proprium

a Mesovarium; *a'* Gekröse des Lig. ovarii propr.; *b* Mesosalpinx; *c* Mesometrium; *x* Zugang zur Bursa ovarica

Abb. 522.   L i n k e s O v a r i u m , T u b a u t e r i n a u n d
U t e r u s h o r n s p i t z e m i t B ä n d e r n , s c h e m a t i s c h ,
P f e r d . Medialansicht.
(Nach v. BÖNNINGHAUSEN, 1936.)

1 Ovarium; *2'* Infundibulum tubae uterinae mit Fimbrien;
3 Uterushorn; *4* Lig. ovarii proprium

a Mesovarium mit A. ovarica; *a'* Gekröse für das Lig. ovarii proprium; *b* Mesosalpinx; *c* Mesometrium; *x* Zugang
zur Bursa ovarica

fallender stellt sich die Mesosalpinx der *Flfr.* (519,533–538) dar. Sie umschließt die spaltförmige, sehr tiefe Eierstockstasche, in die, der Sicht fast völlig entzogen, der Eierstock eingefügt ist. Vor und in ihrer von medial zu erreichenden schlitzförmigen kleinen Zugangsöffnung (519/*x*;533/*a*;539/8'') sind die Eileiterfransen zu sehen. Bemerkenswert ist beim *Hd.* ferner der Reichtum der Mesosalpinx an Fettgewebe. Dieser „F e t t k ö r p e r" von beträchtlichem Umfang hängt kranial der Uterushornspitze von der dorsalen Bauchwand herab (539/8,8',9).

Die Wand des Eileiters besteht aus *Serosa, Muskularis* und *Mukosa.* Die S c h l e i m h a u t trägt ein einschichtiges prismatisches Epithel, das stellenweise mehrstufig sein kann und zum Teil mit K i n o - z i l i e n ausgestattet ist. Zur Zeit der Brunst zeigt es deutliche Sekretionserscheinungen. Auch die besonders in der Ampulle hohen Längsfältchen, Plicae tubariae, lassen zyklische Veränderungen erkennen (Hyperaemie). Besonders hohe, in Richtung auf das Ostium abdominale tubae uterinae gerichtete Schleimhautfalten weist der Eileitertrichter auf. Bei der aus glatten Muskelzellen bestehenden Tunica muscularis handelt es sich vorwiegend um zirkuläre, aber auch longitudinale und schräge Faserbündel. Ihr kommt beim Transport der Eizelle, neben dem Flimmerstrom des Epithels, besondere Bedeutung zu. Als äußere Hülle folgt die Serosa, deren Subserosa auffallend viele Blutgefäße enthält.

Wenn auch der Eiauffangmechanismus noch nicht restlos geklärt ist, so haben doch Beobachtungen an *Versuchstieren* und beim *Msch.* gezeigt, daß sich das zur Zeit der Brunst bzw. der Ovulation hochgradig hyperämisierte Infundibulum aktiv an dem Auffangen der befreiten Eizelle beteiligt. Hierbei lagert es sich mit seinen Fimbrien der Stelle des sprungbereiten Follikels direkt auf und saugt die Eizelle durch lebhafte Bewegungen in das Ostium abdominale tubae uterinae ein. Gelangen die Eizellen jedoch in die entsprechend ausgestaltete, seröse Flüssigkeit enthaltende Bursa ovarica, dann werden sie durch den vor dem Zugang zur Eierstockstasche angebrachten Eileitertrichter aufgesaugt. Der Weitertransport zum Uterus hin wird durch peristaltische Kontraktion der Eileitermuskulatur, unterstützt von dem Flimmerstrom des Epithels, bewerkstelligt.

Gebärmutter, Uterus, Metra
(515–518,523–525,538–541,543–545,547–555,558,559)

Die *Gebärmutter, Uterus, Metra,* hat die Aufgabe, die Keimblase aufzunehmen, mit ihren Hüllen eine Verbindung einzugehen und so den heranwachsenden Embryo bzw. Fetus zu ernähren. Schließlich soll sie das geburtsreife Junge unter der Geburt austreiben. Alle diese Vorgänge unterliegen der hormonellen Steuerung und sind bei den verschiedenen *Hsgt.* an eine artspezifische Form und Organisation der Gebärmutter geknüpft, über die im speziellen Teil berichtet wird.

Da die Gebärmutter der *Hsgt.,* abgesehen von einem einheitlichen *Gebärmutterhals, Cervix uteri,* einen wenn auch unterschiedlich geräumigen *Uteruskörper, Corpus uteri,* besitzt, dem die bis zu den Eileitern hin reichenden *Uterushörner, Cornua uteri,* angefügt sind, spricht man von einem **Uterus bicornis** (515–518).

Der *Gebärmutterhals, Cervix uteri* (524;538/*d*;543/*d*;544;547/*d*;549–553;558/*d*), ist zwischen Uteruskörper und Scheide eingeschaltet. Mit seiner sehr kräftigen, aus glatter Muskulatur sowie dichtgefügtem und derbem Bindegewebe bestehenden Wand hat er die Aufgabe eines Schließmuskels. Er enthält den *Gebärmutterhalskanal, Canalis cervicis uteri* (544,549,551–553/*b*), der kranial mit dem *inneren Muttermund, Ostium uteri internum* (547/*d*';549/*b*';558/*d*'), beginnt und mit dem *äußeren Muttermund, Ostium uteri externum* (547/*d*'';549/*b*'';558/*d*''), in die Vagina mündet.

Die Zervix ragt kaudal (exkl. *Schw.*) als *Gebärmutterzapfen, Portio vaginalis cervicis* (525,549/*d*'), in die Vagina vor. Das Schleimhautrelief des Zervikalkanals ist bei den einzelnen *Hsgt.* arttypisch ausgebildet. Muskulatur, Schleimhautbildungen sowie ein schleimiges, glasklares Sekret machen den Kanal im geschlossenen Zustand unpassierbar. Nur während der Brunst und des Ablaufs der Geburt sowie einige Zeit danach ist der Kanal der Zervix eröffnet. Die Ausweitung des Kanals während der Fruchtaustreibung ist ein komplizierter, neurohormonal gesteuerter, zum Teil passiv, teils aber auch aktiv durchgeführter Vorgang, auf dessen Mechanismus hier nicht näher eingegangen werden soll.

Der Uteruskörper, Corpus uteri, ist beim **Hd.** (515;538/*c*') nur ca. 10–30 mm, bei der **Ktz.** etwa 15 mm lang. Hingegen sind die beiden schlanken, federkiel- bis bleistiftstarken *Uterushörner, Cornua uteri* (538/*c*), sehr lang und streben, in Höhe des 6.–7. Lendenwirbels divergierend, bis zu den Nieren hin (539,541/*12,13*). Ihr Kaudalabschnitt ist eine kurze Strecke weit in den Außenschichten zu einem Doppelrohr vereinigt, das mit getrennten Mündungen in den kurzen Uteruskörper führt. Der *Gebärmutterhals* (515;538/*d*) ist auffallend kurz, so daß *äußerer* und *innerer Muttermund* dicht beieinander liegen.

Beim **Schw.** mißt der *Uteruskörper* (516;543/*c*') nur etwa 50 mm. Ihm folgen kranial, die Nierengegend erreichend, die dünndarmschlingenähnlich gewundenen, dickwandigen, sehr langen *Uterushörner* (543/*c*;545/*12,13*). Die *Cervix uteri* (543/*d*;544) hat die beträchtliche Länge von 150–200 mm und eine Wanddicke bis zu 8 mm. Sie ist gegen den Uteruskörper nicht abgesetzt und geht auch, ohne eine Portio vaginalis zu bilden, kontinuierlich in die Scheide über. Auffallend sind an der Cervix uteri die auf niedrigen Längsfalten stehenden, sehr starken *Querwülste, Pulvini cervicales* (*Verschlußkissen*) (544/*d*), die wie die Zähne zweier Zahnstangen ineinandergreifen und so den *Zervikalkanal* (*b*) fest verriegeln.

Der Uterus bicornis der **Wdk.** besitzt einen kurzen *Uteruskörper* (517;547/*c'*), der sich in die überaus typisch gestalteten *Uterushörner* (547/*c*;548/6;554/*12,13*;555/*4,4'*) fortsetzt. Es sind dies zwei sich verjüngende Rohre, die zunächst parallel nebeneinander liegen, jedoch unter widderhornartiger Einrollung, die über kranial nach ventrokaudal und anschließend dorsal erfolgt, seitlich auseinanderstreben. Ihre äußere, konvexe Krümmung ist die große, die innere, konkave die kleine Krümmung. Die dicht nebeneinander parallel verlaufenden Anfangsabschnitte der Uterushörner sind durch die dorsal und ventral über beide Hörner hinwegziehende Serosadecke und einen Teil des S t r a t u m l o n g i t u d i n a l e der Muskulatur äußerlich zu einem einheitlichen Komplex zusammengefaßt, dergestalt, daß ein großer Uteruskörper vorgetäuscht wird (547). In der Tat behalten aber b e i d e *Uterushörner* an den einander zugewendeten Flächen mit den Schichten ihrer Wand ihre Selbständigkeit. Sie sind lediglich in der beschriebenen Weise zu einem D o p p e l r o h r vereinigt, das mit z w e i Ö f f n u n g e n in den zwar kurzen (10–30 mm), aber doch in jedem Fall vorhandenen u n g e t e i l t e n *Uteruskörper* einmündet. Die *Schleimhaut* der etwa 150–180 mm langen *Cervix uteri* trägt neben zahlreichen L ä n g s f a l t e n, *Plicae longitudinales*, beim **Rd.** in der Regel vier hohe Q u e r f a l t e n, *Plicae circulares* (547,549–551), an deren Bildung sich die Muskulatur beteiligt, daher auch M u s k e l f a l t e n genannt. Bei der **Zg.** (553) ist die Zervix mit bis zu 5–8 Ringfalten, *Plicae circulares*, ausgestattet, während die Zervix des **Schf.** (552) neben zwei solchen Ringfalten 5–6 knorpelharte, hintereinander liegende *Verschlußzapfen, Pulvini cervicales*, besitzt.

An dem Uterus des **Pfd.** fällt vor allem der g e r ä u m i g e *Körper* (518;558/*c'*) auf, dessen Längenausdehnung etwa jener der *Uterushörner* (220–250 mm) (558/*c*;559/*12,13*) entspricht. Diese sind auffallend weit und erreichen mit kranioventral konvexem Bogen die kaudal der Nieren liegenden Eierstöcke. Die 60–70 mm lange, dickwandige *Cervix uteri* (558/*d*) hat einen geradlinig verlaufenden *Canalis cervicis*, dessen Schleimhaut nur l ä n g s v e r l a u f e n d e S c h l e i m h a u t f a l t e n aufweist. Somit f e h l e n hier besondere Verschlußvorrichtungen. Das *Ostium uteri internum* (*d'*) ist trichterförmig, während der *äußere Muttermund* auf der deutlich in die Vagina vorspringenden *Portio vaginalis* (*d''*) seinen Sitz hat.

Lage und Befestigung: Der Uterus aller *Hsgt.* liegt fast vollständig in der Bauchhöhle, nur die Cervix uteri erstreckt sich auch noch in den peritonäalen Teil der Beckenhöhle (539,541,545, 548,554,555,559). Er lagert sich bei allen Tieren von dorsal den Schlingen des Darmkanals auf oder schiebt sich infolge seiner beweglichen Aufhängung zwischen diese ein und kann so beim *Schw.* auch die ventrale Bauchwand erreichen. Bei *Pfd.* und *Rd.* ist er in seiner ganzen Ausdehnung vom Rektum aus abzutasten. Er besitzt einen umfangreichen Aufhängeapparat, das *breite Gebärmutterband, Ligamentum latum uteri* oder *Mesometrium* (538,543,547,558/2;539,541,545,554,559/*11*;548/10). Diese große Bauchfelldoppelplatte enthält reichlich g l a t t e M u s k u l a t u r in Form von Strängen, Bündeln oder Platten, entspringt aus dem dorsalen Teil der Seitenwand der Beckenhöhle bzw. aus der Lendengegend und tritt an den Uterus heran. Am mesometralen Rand finden auch die durch das Mesometrium (523/*e*) herangetragenen Blutgefäße und Nerven den Eintritt in das Organ, während die beiden Serosafalten auseinanderweichend den Uterus als *Perimetrium* (*d*) überziehen. Als *Parametrium* (*f*) bezeichnet man jenes Lager an subserösem, lockeren Bindegewebe, *Tela subserosa*, welches die neben Uterus und Scheide verlaufenden Blut- und Lymphgefäße sowie Nerven einhüllt und sich auch zwischen den Lamellen des Mesometriums vorfindet. Die erwähnte Muskulatur liefert das *Stratum longitudinale* der Uterusmuskulatur (*c''*). Mit Hilfe dieser muskulösen Beschaffenheit stellt das Mesometrium einen aktiven Trageapparat des Uterus dar und ist am trächtigen Organ an dessen lagegerechter Einstellung bei der Geburt mitbeteiligt. Aus der lateralen Fläche des Mesometriums hebt sich eine unterschiedlich hohe N e b e n f a l t e ab, in deren freiem Rand ein dünner Strang, das *Ligamentum teres uteri* (539/*11'''*;540/*f*;559/*11''*), eingeschlossen ist. Es beginnt am Übergang des Eileiters in das Uterushorn bzw. dieser Stelle benachbart und erreicht die Gegend des tiefen Leistenrings. Bei der *Hündin* tritt es oft mit einem in solchen Fällen recht deutlich entwickelten *Processus vaginalis* a u c h i n d e n L e i s t e n s p a l t ein (540). Das Ligamentum teres uteri ist nach Anlage und Verlauf dem Liga-

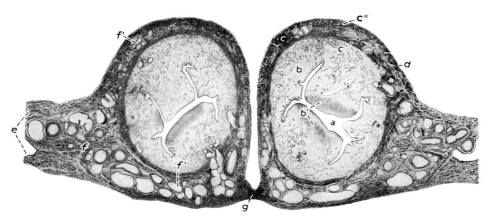

Abb. 523. Schnitt durch die Uterushörner einer Ziege. Mikrofoto.

a Uteruslumen; *b* Endometrium, vom Epithel bedeckt und mit Uterindrüsen ausgestattet; *b'* Karunkelanlagen; *c* Myometrium: *c'* Stratum circulare, *c''* Stratum longitudinale; *d* Perimetrium; *e* Mesometrium; *f* Parametrium, die Gefäße umhüllend, die sich in *f'* das Stratum vasculare fortsetzen; *g* Lig. intercornuale

mentum caudae epididymidis des männlichen Tieres homolog. Auf jene in die Beckenhöhle sich erstreckenden blindsackartigen Einstülpungen, *Excavationes* (16), an deren Bildung die Plica urogenitalis mit ihren Einschlüssen maßgeblich beteiligt ist, wurde bereits auf S. 18 hingewiesen. Erwähnt sei schließlich, daß dieser während der Trächtigkeit außerordentlich entfaltungsfähige Bandapparat insgesamt für die Aufrechterhaltung der normalen Lage der Organe gute Voraussetzungen schafft. In besonderen Ausnahmefällen ist er jedoch anfällig für die verschiedensten abnormen Lageveränderungen des Uterus.

Der **Bau der Wandung** des ruhenden Uterus stellt sich folgendermaßen dar: Das zu engen Spalten zusammengefallene Lumen wird von der *Uterusschleimhaut, Tunica mucosa, Endometrium* (523/*b*), ausgekleidet. Diese trägt ein unterschiedlich hohes, zur Sekretion befähigtes ein- bzw. auch mehrschichtiges Epithel. Die Propria enthält zahlreiche verästelte tubulöse Einzeldrüsen, *Uterindrüsen, Glandulae uterinae*, genannt, die im Anschluß an die Brunst gesteigerte Aktivität zeigen und während der Trächtigkeit die *Uterinmilch* in großer Menge ausscheiden. Sie sind in ein sehr zellreiches, dem retikulären Bindegewebe ähnliches, reich kapillarisiertes Gewebe eingebaut. Über das nach Tierart unterschiedliche Oberflächenrelief des Endometriums wird bei den einzelnen Tierarten berichtet. Das Endometrium liegt ohne Submukosa der *Muskelschicht, Tunica muscularis, Myometrium* (*c*), des Uterus an. Diese glatte Muskulatur besteht aus einer inneren, sehr kräftigen zirkulären Lage, *Stratum circulare* (*c'*), und aus dem äußeren, meist schwächeren *Stratum longitudinale* (*c''*), welches kontinuierlich aus der Muskularis des Mesometriums hervorgeht. Zwischen diese beiden Muskellagen schiebt sich (exkl. *Schw.*) ein mächtiges Lager von Blutgefäßen, das *Stratum vasculare* (*f'*), vom mesometralen Rand her ein. Schließlich folgt als *Perimetrium* (*d*)

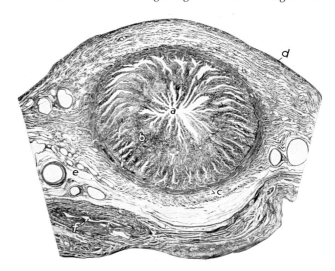

Abb. 524. Schnitt durch die Cervix uteri einer Ziege. Mikrofoto.

a Canalis cervicis; *b* Tunica mucosa mit Längsplissierung und Zervikaldrüsen; *c* Tunica muscularis; *d* Tunica serosa; *e* Stratum vasculare; *f* Urethra

der vom Mesometrium auf den Uterus übertretende Bauchfellüberzug des Uterus. Als *Parametrium* (*f*) bezeichnet man das Gefäße und Nerven umschließende subseröse Bindegewebe des Ligamentum latum uteri.

Die Cervix uteri besitzt eine aus *Schleimhaut* (524/*b*), einer kräftigen *Ring*- (550/*r*) und einer schwächeren *Längsmuskulatur* (*l*) sowie aus der *Serosa* bestehende Wand. Die *Lamina propria mucosae* ist von einem einschichtigen, prismatischen Epithel bedeckt, das analog dem Verhalten des Uterus-epithels auch zyklusbedingte Funktionsstadien durchläuft, die ihren Ausdruck in gesteigerter oder herabgesetzter Produktion eines schleimigen Sekrets finden. Gleiche Erscheinungen zeigen auch die allerdings nur bei *Ktz.* und *Zg.* in der Propria vorhandenen schlauchförmigen *Zervikaldrüsen, Glandulae cervicales* (524). Beim *Rd.* findet man zwischen den Falten mit Schleim erfüllte Buchten (Reserveschleimkammern), bei *Schw.* und *Schf.* hohlzapfenartige Einstülpungen sezernierender Drüsenzell-gruppen. Die Propria besteht aus dem zell- und faserreichen „Z e r v i x g e w e b e" von fast sehnenartiger Konsistenz, das sich in größerer Menge auch zwischen den Bündeln der kräftigen Ringmuskulatur der Zervix vorfindet und auf Grund seines strukturellen Verhaltens wie durch seine Quellfähigkeit bei der Erweiterung des Zervikalkanals sicherlich eine wichtige Rolle spielt. An der Zervix findet sich ein in das parametrale Bindegewebe eingebettetes *Stratum vasculare* (*e*) von zum Teil mächtiger Ausbildung.

Begattungsorgan

Scheide, Vagina, Colpos

(16,17,525,538,539,541,543,545,547,554,555,558,559)

Die *Scheide, Vagina* (17/*b''*;525,538,543,547,558/*e*), ist als die Vereinigung des distalen Endes der beiden Müllerschen Gänge aufzufassen. Sie stellt mit dem anschließenden *Vestibulum vaginae* das weibliche Begattungsorgan dar, dient der Aufnahme des männlichen Gliedes und während des Deck-akts der Deponierung der Samenflüssigkeit (Scheidenbesamung beim *Wdk.*), sofern diese nicht in die Zervix oder gar in den Uteruskörper eingespritzt wird (Uterusbesamung bei *Flfr., Schw.* und *Pfd.*). Zudem ist die Scheide ein wichtiger Abschnitt des G e b u r t s w e g s. Als relativ dünnwandiger Kanal schiebt sie sich in der Beckenhöhle zwischen den dorsal gelegenen Mastdarm und die ventral von ihr befindliche Harnblase und Harnröhre ein. Dabei reicht sie kranial noch in den peritonäalen Teil der Beckenhöhle hinein und ist hier somit von Bauchfell bedeckt, während ihr größter Abschnitt deren retroperitonäalem Raum eingefügt ist (16/*c*;17/*b''*;525;539,541,545,554,559/*15*;555/*7*). Der kraniale Abschnitt der Vagina, der die Portio vaginalis cervicis bzw. den äußeren Muttermund umgreift, wird als *Scheidengewölbe, Fornix vaginae* (525,547/*e'*;549/*c'*;554,555;558/*e'*;559), bezeichnet. Ihre Wand besteht aus glatter Muskulatur, ihr spaltförmiges Lumen ist von einer faltigen, leicht verschieblichen, drüsenlosen, kutanen Schleimhaut ausgekleidet, deren geschichtetes Epithel vom Geschlechtszyklus abhängige Funktionszustände aufweist. Während der Vorbrunst und in der Brunst verdickt sich die Epitheldecke unter Verhornung der oberen Zellschichten. Nach der Brunst wird das verhornte Epi-thel wieder abgebaut. Das reichlich vorhandene, adventitielle lockere Bindegewebe der Scheide enthält zahlreiche Blutgefäße, von denen die Venen umfangreiche Plexus bilden können.

Die Grenze zwischen Vagina und Vestibulum vaginae, die Stelle also, an der der Einbruch der Mül-lerschen Gänge in den *Sinus urogenitalis* erfolgte, wird beim *Msch.* durch das gut entwickelte *Jung-fernhäutchen, Hymen,* gekennzeichnet. Es findet sich über der Einmündung der Harnröhre, stellt je-doch bei *Fohlen* und juvenilen *Schw.* nur eine r i n g f ö r m i g e F a l t e dar. Bei den anderen *Hsgt.* ist das Hymen allenfalls durch kleine Querfältchen bzw. Spangen angedeutet.

Scheidenvorhof, Vestibulum vaginae

(17, 515–518, 525, 538, 539, 543, 547, 554, 555, 558, 559)

Der *Scheidenvorhof, Vestibulum vaginae* (17/*b'''*;525/*h*;538,543,547,558/*f*), ist, wie bereits ver-merkt, aus dem ventralen Abschnitt der Kloakenanlage entstanden. Dadurch, daß er die unmittelbare Fortsetzung der Scheide darstellt, zugleich aber auch die Harnröhre in ihn einmündet, wird er zum gemeinsamen *Harn-Geschlechtsgang, Sinus urogenitalis* (515–518). Außer den bereits erwähnten, bei einigen *Hsgt.* vorkommenden Schleimhautbildungen, die dem Hymen des *Msch.* vergleichbar sind, ist die Grenze zwischen Vagina und dem Vestibulum vaginae eindeutig durch das *Ostium urethrae externum* (17;525/*f*';538,543,547,558/*g*) festgelegt. An dieser Stelle sei nochmals auf das bei *Wdk.* und *Schw.* vorhandene *Diverticulum suburethrale* (547/*g*;555/10) hingewiesen, ein Schleimhautblindsäckchen, das ventral der Harnröhrenmündung liegt und von hier aus seinen Zugang hat. Das Vestibulum vaginae ist von einer kutanen Schleimhaut ausgekleidet, die eine rötliche Farbe unterschiedlicher Intensität aufweist. Sie enthält S c h l e i m d r ü s e n in verschiedener Größe und Zahl, die *Vorhofdrüsen, Glandulae vestibulares* (exkl. Zg.) (538,547,558/*h*;554/17). Man unterscheidet meist reihenweise angeordnete Einzeldrüsen, *Glandulae vestibulares minores,* und solche, die eine kompakte Gruppe bilden, die *Glandula vestibularis major.* Bei *Hd.* (538), *Schw., Rd., Schf.* und *Pfd.* (558) finden sich jederseits in der Seiten- bzw. Ventralwand des Vestibulums Drüsenreihen als *Glandulae vestibulares mino-*

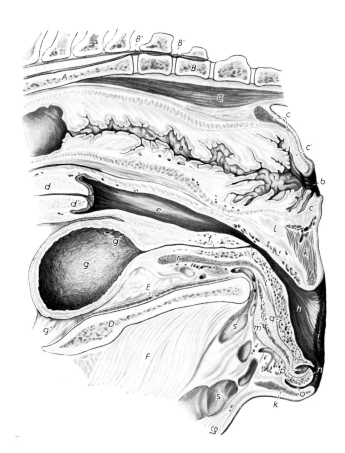

Abb. 525. M e d i a n s c h n i t t d u r c h d i e B e c k e n h ö h l e e i n e r i n s i t u f o r m a l i n f i x i e r t e n S t u t e.

A Kreuzbein; *B* 2. Schwanzwirbel; *B'* Spatia interarcualia zwischen Kreuzbein und 1. Schwanzwirbel bzw. 1. und 2. Schwanzwirbel; *C* M. sacrococcygeus ventr. med.; *D* Symphysis pelvina; *E* M. obturator int.; *F* Tendo symphysialis des M. gracilis

a Ampulla recti, entleert; *b* Anus; *c* M. sphincter ani ext.; *c'* M. sphincter ani int.; *d* Cervix uteri; *d'* Portio vaginalis cervicis mit Ostium uteri ext.; *e* Vagina; *f* Urethra, *f'* Ostium urethrae ext.; *g* Vesica urinaria; *g'* Ostium ureteris; *g''* Lig. vesicae medianum; *h* Vestibulum vaginae; *i* Labium vulvae dext.; *k* M. constrictor vulvae; *l* M. constrictor vestibuli; *m* Corpus clitoridis mit Corpus cavernosum clitoridis; *n* Glans clitoridis; *o* Fossa clitoridis; *p* Sinus clitoridis; *q* Schwellgewebe am Boden des Vestibulum vaginae; *r* M. urethralis; *s* Venenplexus im Bereich der Klitoris, Anastomosen zwischen V. pudenda int. und V. obturatoria

res mit porenförmigen Öffnungen ihrer kurzen Ausführungsgänge. Beim *Rd.* (547,554) und bei der *Ktz.,* gelegentlich auch beim *Schf.,* ist die *Glandula vestibularis major* ausgebildet, die einen entsprechend großen A u s f ü h r u n g s g a n g hat. Das zähschleimige Sekret der Glandulae vestibulares macht die Schleimhaut des Vestibulums für den Begattungsakt und für die Geburt schlüpfrig, wird zur Zeit der Brunst in größerer Menge abgesondert und enthält vermutlich auch Brunstduftstoffe. Die Wand des Vestibulums enthält regelmäßig mehr oder weniger stark ausgebildete V e n e n g e f l e c h t e. Bei *Hd.* und *Pfd.* sind diese beiderseits zu einem umschriebenen Komplex von Schwellgewebe organisiert und bilden so den *Bulbus vestibuli* (539,559/17'). Zu beiden Seiten der Harnröhrenmündung können die Reste der Urnieren- oder Wolffschen Gänge, Ductus mesonephrici, hier als *Gartnersche Gänge, Ductus epoophori longitudinales* (547/*f*'), bezeichnet, angetroffen werden. Sie können mit einer kleinen Öffnung in das Vestibulum münden. Bei *Ktz., Schw.* und *Schf.* sind die *Ductus paraurethrales* nachgewiesen. Den Gartnerschen Gängen benachbart, werden diese kurzen Epithelschläuche mit der Anlage der Prostata der männlichen Tiere verglichen.

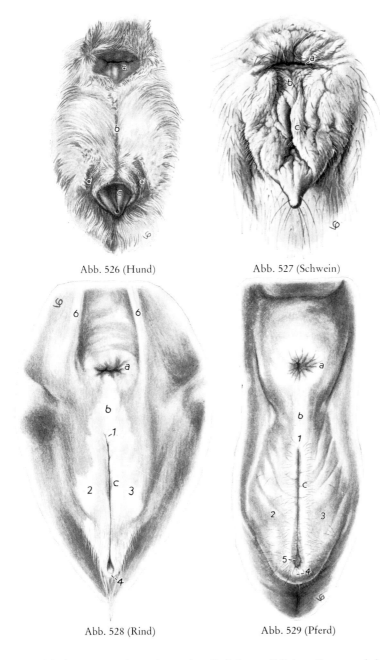

Abb. 526 bis 529. Anus und
Vulva der Haussäugetiere.

a Anus; *b* Damm; *c* Vulva mit Rima vulvae; *d* Labialwülste (*Hd.*).
Bei *Rd.* und *Pfd.* besonders bezeichnet:
1 Commissura labiorum dors.; *2*
Labium vulvae sin.; *3* Labium
vulvae dext.; *4* Commissura labiorum ventr.; *5* Glans clitoridis
(*Pfd.*); *6* seitliche Schwanzfalten
(*Rd.*)

Abb. 526 (Hund)

Abb. 527 (Schwein)

Scham, Vulva, Pudendum femininum, Cunnus, und Kitzler, Clitoris

(525, 526–529, 538, 539, 543, 545, 547, 555, 556, 558, 559)

Die *Scham, Vulva, Pu-dendum femininum* (526–529/*c*;556), stellt den äuße-ren Verschluß der weibli-chen Begattungsorgane dar. Sie umschließt mit den bei-den *Schamlippen, Labia vul-vae, Labia pudendi* (528, 529/*2,3*), die sich in dem *oberen* bzw. *unteren Scham-winkel, Commissura labio-rum dorsalis* bzw. *ventralis* (*1,4*), vereinigen, die *Scham-spalte, Rima vulvae, Rima pudendi*. Der dorsale Scham-winkel ist abgerundet, der ventrale hingegen spitz. Bei der *Stute* (529) verhalten sie sich jedoch umgekehrt. Die Schamlippen der *Hsgt.* ent-sprechen den kleinen Schamlippen des *Msch.* Die großen Schamlip-pen des *Msch.* entwickeln sich aus den Genitalwül-sten, die beim männlichen

Abb. 528 (Rind)

Abb. 529 (Pferd)

Geschlecht zum Hodensack werden. Bei der *weiblichen Katze* und der *Hündin* können die Genital-wülste als *Labialwülste* (526/*d*) bestehenbleiben.

Die Schamlippen sind feinbehaarte, je nach Tierart und Individuum vollständig, teilweise oder nichtpigmentierte, muskulöse Hautwülste, in deren Subkutis neben Muskulatur auch reichlich Fettgewebe eingelagert ist. Ihr Integument enthält zahlreiche Talg - und Schweißdrüsen und geht an der Innenfläche allmählich in eine kutane Schleimhaut über, die sich dann in jene des Vestibu-lum vaginae fortsetzt. Zwischen die dorsale Kommissur der Scham und den After ist eine aus Haut, Bindegewebe und Muskulatur bestehende, relativ schmale Brücke, der *Damm, Perineum* (526–529/*b*), eingeschaltet. Dieser kann, besonders bei Schwergeburten, verletzt werden (Dammriß). Der ven-trale Schamwinkel hängt mehr oder weniger über den Sitzbeinausschnitt herab und beherbergt das weibliche Wollustorgan, den *Kitzler, Clitoris* (525/*m,n*). Sein Aufbau und die Art seiner Unterbringung machen deutlich, daß er das H o m o l o g o n des männlichen Gliedes darstellt. Nur die Harnröhre und deren Schwellkörper zeigen hier geschlechtsspezifisches Verhalten. Grundsätzlich besteht die Klitoris, unter Berücksichtigung der nach Tierart charakteristischen Ausgestaltung des Gesamtorgans, aus den beiden *Crura clitoridis*, die sich am Arcus ischiadicus befestigen, dem *Corpus clitoridis* (*m*) mit dem *Corpus cavernosum clitoridis* und der *Spitzenkappe*, die auch zu einer richtigen *Glans clitoridis (n)* ausgebildet sein kann. Dabei ist das freie Ende der Klitoris von dem *Praeputium clitoridis* umgeben. Sein p a r i e t a l e s B l a t t kleidet die *Fossa clitoridis* (*o*) aus, während das v i s z e r a l e B l a t t den freien Teil der Klitoris überzieht. Der *Hd.* (538/*k*;539/*18'*,*18''*) besitzt ein gut ausgebildetes *Corpus clitoridis* mit einer umfangreichen *Glans*, während sich bei der *Ktz.* an deren Stelle eine nur unscheinbare *Spitzenkappe* findet. Der Kitzler des *Schw.* (543/*k*;545/*18'*) hat einen langen, *geschlängelten Körper*. Seine kegelförmige *Spitze* ragt in die enge, wenig tiefe *Fossa clitoridis* vor. Auch beim *Rd.* (547/*k*;555/14) ist das *Corpus clitoridis* lang korkzieherartig gewunden. Der *Spitzenteil* der Klitoris findet sich hier in einer flachen Schleimhautgrube, ohne daß es, im Gegensatz zu den Verhältnissen bei den *kl. Wdk.* (556/5), zur Ausbildung einer *Fossa clitoridis* kommt. Die bei der *Stute* (525/*m,n,o,p*;558/*k*;559/*18'*) auffallend große Klitoris trägt eine ebenfalls umfangreiche *Eichel, Glans clitoridis,* deren Oberfläche stark gerunzelt erscheint, und die sichtbar in das *Praeputium clitoridis* eingebettet ist.

Muskulatur des weiblichen Begattungsorgans

Über den Abschluß des retroperitonäalen Raumes sowie des Ausgangs der Beckenhöhle wurde S. 11 berichtet. Zu den dort beschriebenen Einrichtungen gehören auch die *Muskeln* der weiblichen Begattungsorgane, die mit geschlechtsspezifischen Besonderheiten jenen der männlichen Geschlechtsorgane entsprechen. Da die Muskulatur des weiblichen Geschlechtsapparats bei den einzelnen Tierarten in ihrem Verhalten weitgehend übereinstimmt, wird sie nur an dieser Stelle beschrieben. Auf eine erneute Besprechung bei den einzelnen *Hsgt.* kann verzichtet werden.

Der **M. ischiocavernosus** ist nur schwach, entspringt am Sitzbein und umgibt die Crura clitoridis. Er kann den ventralen Schamwinkel umstülpen und so den Kitzler freilegen. Der zweiteilige **M. constrictor vestibuli** umfaßt das Vestibulum vaginae und dessen Schwellkörper (525/*l*;539,545,554,559/*19*). Der **M. constrictor vulvae** (541/*19*;545,554,559/*19'*;525/*k*;538,543,547,558/*l*) bildet die muskulöse Grundlage der Schamlippen, steht mit dem *M. sphincter ani* in Verbindung und kann ventral auch die Klitoris umfassen. Die Funktion ist durch den Namen der Muskeln charakterisiert. Beide Muskeln entsprechen zusammen dem M. bulbospongiosus des männlichen Tieres. Der **M. ischiourethralis** entspringt am Kaudalende der Beckenfuge und zieht zur Harnröhrenmündung; er unterstützt den Harnabfluß.

Die **Blutversorgung** des weiblichen Genitaltrakts ist durch eine Reihe von Gefäßen, die untereinander Anastomosen eingehen, sichergestellt (531). Die *A. ovarica (1)* stammt aus der Aorta. Sie teilt sich in mehrere Äste für den Eierstock (*3*), in Zweige für den Eileiter, Rami tubarii (*2*), und in einen Ast für die Uterushornspitze, Ramus uterinus (*4*). Die gleichnamigen Venen verlaufen parallel, nur beim *Rd.* sammelt die *V. ovarica* das Blut auch aus fast dem gesamten Uterus. Bei dieser Tierart verläuft die A. ovarica in Mäanderform und ist mit der großkalibrigen V. ovarica durch eine gemeinsame Muskelschicht verwachsen. Diese arterio-venöse Gefäßkoppelung gilt als möglicher Austauschort von Wirkstoffen zwischen Uterus und Eierstock.

Die *A. uterina (6)* entspringt aus der von der A. iliaca interna herkommenden A. umbilicalis (*Schw., Wdk*), beim *Pfd.* jedoch aus der A. iliaca externa. Dem *Flfr.* fehlt ein Gefäß vergleichbaren Ursprungs; die abweichenden Verhältnisse sind unten dargestellt. Die A. uterina (*6*) teilt sich tierartlich unterschiedlich fächer- oder arkadenförmig auf. Am Beispiel des *Rd.* sei gezeigt, daß zunächst ein kranialer und ein kaudaler Ast (*7*) weiterlaufen, aus denen jeweils laterale und mediale Zweige (*8*) abgehen. Diese Zweige einer Seite stehen an der kleinen Krümmung über Arkaden in Verbindung, aus denen die radiär zur großen Krümmung verlaufenden Eigengefäße, Ramuli uterini (*9,9'*), hervorgehen, um die jeweiligen Flächen der Uterushörner und des Uteruskörpers, beim *Rd.* auch die Karunkelbezirke, zu versorgen. Die Endausläufer der Ramuli uterini anastomosieren mit den gleichartigen Zweigen der Gegenfläche, so daß sie beim Kaiserschnitt zu durchtrennen sind. Bedeutsam ist, daß sich der Grad

der Schlängelung der Uterusgefäße sowie der Verlauf der Arkaden und die Winkelung der Gefäßauf-
fächerung mit fortschreitender Gravidität ändern. Die Venen des Uterus verhalten sich bei *Schw.* und
Pfd. wie die Arterien; beim *Rd.* gilt dies auch für die peripheren Gefäßstrecken, dagegen ist die *V.
uterina (6)* außerordentlich schwach entwickelt oder fehlt bisweilen völlig.

Die *A. vaginalis* entspringt bei *Flfr.* und *Pfd.* aus der A. pudenda interna, bei *Schw.* und *Wdk. (15)*
aus der langen A. iliaca interna *(14)*. Aus ihr gehen bei den Ungulaten der Ramus uterinus *(12)*, beim
Flfr. die A. uterina zur Versorgung von Zervix und den kaudalen Uterusabschnitten hervor. Bei *Hd.*
(538) und *Ktz.* sind im Gegensatz zu den anderen *Hsgt.* nur zwei Gefäßpaare an der Vaskularisation
der Gebärmutter beteiligt. Jederseits bilden der Ramus uterinus der A. ovarica *(5,5')* und die aus der
A. vaginalis entspringende A. uterina *(6)* einen langgezogenen Gefäßbogen. Aus dieser Anastomose
entspringen die Uteruseigengefäße, die den Uteruskörper und die Uterushörner zwingenartig umgreifen. Die Venen zeigen auch hier das gleiche Verhalten.

Die Begattungsorgane werden von Ästen der A. vaginalis bzw. solchen der A. pudenda interna versorgt (siehe auch Bd. III). Die Venen verlaufen gleichartig.

Es sei an dieser Stelle hervorgehoben, daß bei nulliparen (noch nicht trächtig gewesenen) Tieren die
Uterusarterien recht dünnwandig und ungeschlängelt auftreten. Unter der Trächtigkeit nehmen ihr
Kaliber und ihre Wandstärke zu. Der vermehrte Blutdurchfluß löst bei Berührung ein Gefäßschwir-
ren aus, weshalb insbesondere beim *Rd.* die rektale Untersuchung der A. uterina und später auch der
A. vaginalis zur Trächtigkeitsdiagnose herangezogen wird. Da beim uniparen *Rd.* meist nur eine
Frucht ausgetragen wird, ist die A. uterina des sog. trächtigen Hornes stärker ausgebildet als die des
nichtträchtigen Hornes, obwohl auch in ihm Anteile der Eihäute eingenistet sind. Nach stattgehabter
Trächtigkeit gehen die vornehmlich elastischen Zubildungen der Gefäßwände nicht mehr zurück;
dies ist der Grund für die Graviditätssklerose der Uterusarterien bei trächtig gewesenen Tieren.

Die **Lymphgefäße** des Uterus werden von den Lnn. iliaci mediales und lumbales aortici aufgenommen. Aus der Scheide und Scham gelangen sie in die Lnn. iliaci mediales, sacrales und anorectales.
Lymphgefäße des ventralen Schamwinkels münden auch in die Lnn. mammarii ein.

Die **Innervation** der Organe erfolgt durch die dem sakralparasympathischen System entstammenden Nn. pelvini und durch sympathische Nerven, die vom Plexus mesentericus caudalis als N. hypo-
gastricus herkommen und das Beckengeflecht, den Plexus pelvinus, bilden. Aus dem Rückenmark
bzw. dem Plexus sacralis kommen der N. pudendus sowie der N. rectalis caudalis und sorgen für die
Sensibilität bzw. die Motorik der willkürlichen Muskulatur der weiblichen Geschlechtsorgane.

Altersveränderungen an den weiblichen Geschlechtsorganen

Es wurde schon darauf hingewiesen, daß sich p o s t n a t a l an den weiblichen Geschlechtsorganen
unter neurohormonaler Steuerung funktionsbedingte Veränderungen vollziehen, die man auch unter
dem Begriff „**Altersmerkmale**" zusammenfassen kann. An Hand dieser Merkmale ist es im allgemeinen möglich, festzustellen, ob die vorliegenden Organe von einem juvenilen, d. h. noch nicht geschlechtsreifen Tier stammen, ob das Tier zwar geschlechtsreif, aber noch nicht tragend gewesen ist
oder ob das Tier schon ein oder mehrere Male trächtig war und geboren hat.

Die Geschlechtsorgane **juveniler Tiere** zeigen zwar schon den arttypischen Bau, haben aber geringe
Größenmaße, sind im ganzen zart und zierlich und lassen erkennen, daß sie ihre spezifische Funktion
noch nicht aufgenommen haben. Das *juvenile Ovarium* ist klein und zeigt noch keine normale Follikelreifung. Es enthält zwar größere und kleinere Bläschen, die darin nachweisbaren Eizellen zeigen jedoch Degenerationserscheinungen, ähnlich wie sie an den atretischen Follikeln erwachsener Tiere gefunden werden. Diese Follikel platzen nicht, es gibt infolgedessen keine Narben und keine Gelbkörper. *Mesometrium* und *Mesovarium* sind zart und durchscheinend. Der *Uterus* weist neben geringer
Größe vollkommene Symmetrie seiner Teile auf. Seine Wand ist glatt, dünn und fühlt sich weich an.
Die Schichten sind wenig deutlich abgegrenzt, das schmächtige Stratum vasculare enthält nur enge,
dünnwandige Gefäße, die Uterindrüsen sind spärlich, und es fehlt jede Pigmentierung der Schleimhaut, die bei älteren Tieren als Residuen voraufgegangener Brunstblutungen aufzutreten pflegt. Vor
allem aber sind es die Blutgefäße, insbesondere die Arterien, die durch geringe Wanddicke, geringgra-
dige Schlängelung und kleines Kaliber auffallen. Auch das Gewebe der *Zervix* läßt jene für ge-

schlechtsreife Tiere so auffallende Derbheit und Rigidität vermissen, sie fühlt sich schlaff bzw. weich an. Abgesehen von ihrer geringen Größe und der zarten blaßgelblich getönten Schleimhaut, bieten *Scheide* und *Scham* keine von den gleichen Organen erwachsener Tiere abweichenden Merkmale. Allenfalls können dem Hymen des *Msch.* vergleichbare, weiter oben bereits beschriebene Bildungen bei juvenilen Tieren der entsprechenden Arten noch unversehrt angetroffen werden.

Fortpflanzungsfähige Tiere: Nach Eintritt der Fortpflanzungsfähigkeit, die sowohl nach Tierart als auch nach Rasse in recht unterschiedlichem Lebensalter erreicht wird, nimmt der Geschlechtsapparat unter den äußeren Erscheinungen der Brunst die ihm obliegenden Funktionen auf. Kcimdrüsen und Genitaltrakt werden allmählich größer. Die *Eierstöcke* sind von derb-elastischer Beschaffenheit; man findet Follikel in den verschiedensten Entwicklungsstadien, und es sind Gelbkörper bzw. deren Reste vorhanden. Die Wandung aller Abschnitte des *Genitaltrakts* ist dicker und von derberer Konsistenz. Das Oberflächenrelief der Schleimhaut ist deutlicher modelliert, sie selbst weist graurote, gelblichbraune oder gar braunrote Färbung auf. Die Arterien sind kräftiger, jedoch in ihrem Verlauf immer noch wenig geschlängelt.

Bei **trächtig gewesenen Tieren** läßt die derbe, dicke *Uteruswand* schon makroskopisch ein starkes Stratum vasculare erkennen. Nicht selten ist beim *Wdk.* eine mehr oder weniger ausgeprägte Asymmetrie der Uterushörner zu beobachten. Beim *Rd.* findet man ferner in diesen Stadien eine auffallende gelbe bzw. gelbbraune Färbung des Uterus und seiner Schleimhaut. Die *Zervix* ist besonders beim *Rd.* sehr derb, die Falten der Zervixschleimhaut sind erheblich vergrößert, und die Portio vaginalis cervicis erhält ein eigenartig gelapptes Aussehen. Die erhöhten Anforderungen während der Trächtigkeit führen zu einer Verstärkung des *Mesometriums,* die vor allem auf die Zunahme der muskulösen, aber auch der bindegewebigen Elemente zurückzuführen ist. Von den Blutgefäßen ist es vornehmlich die *A. uterina,* die mit den übrigen Gefäßen eine erhebliche Zunahme ihres Kalibers, der Wandstärke sowie auffallend stark geschlängelten Verlauf zeigt. Diese Merkmale beziehen sich auch auf die in dem starken Stratum vasculare verlaufenden Gefäße. Die *Vagina* ist geräumiger bei stärkerer Wand, und die *Vulva* zeigt Umfangsvermehrung.

Die für diese letzte „Altersgruppe" genannten Merkmale am Genitaltrakt sind die natürlichen Folgen der voraufgegangenen Gravidität. Im Verlaufe dieser kommt es zu einer z. T. erstaunlichen Größenzunahme besonders des Uterus, die notwendigerweise mit einer erheblichen Hypertrophie und Hyperplasie aller Gewebselemente in allen Schichten verbunden ist. In diesen Vorgang sind die übrigen Abschnitte, der Bandapparat, die Zervix, die Vagina, das Vestibulum und die Vulva sowie schließlich der gesamte Gefäßapparat mit einbezogen. Zwar bildet sich der Genitalapparat durch einen als **Involution** bezeichneten Vorgang innerhalb eines für die verschiedenen Arten typischen Zeitraums zurück. Diese Involution hält sich immer nur in solchen Grenzen, daß die Organe der trächtig gewesenen Tiere die aufgezeigten Merkmale voraufgegangener Gravidität deutlich erkennen lassen.

Plazentation

Mit Ausnahme der eierlegenden *Sgt.* (Monotremen) sind alle zu der Gruppe der Mammalia gehörenden Vertreter und damit auch die *Hsgt.* **„Plazentatiere", Placentalia.** Unter der Einwirkung gonadotroper Hormone der Adenohypophyse spielen sich in einem artspezifischen Rhythmus nicht nur an den Ovarien, sondern auch an dem Uterus zyklisch ablaufende, morphologisch erfaßbare Veränderungen ab. Im Ovarium finden diese ihren Ausdruck in der Heranreifung und Ausstoßung eines oder mehrerer Eier und der anschließenden Heranbildung einer entsprechenden Anzahl von Gelbkörpern (505–512). Die Veränderungen, die sich, gesteuert durch das Follikelhormon (Östrogen) und anschließend durch das Gelbkörperhormon (Progesteron), am Uterus, vornehmlich an dessen Endometrium vollziehen, zielen darauf ab, hier jene für die Entwicklung des Säugerkeimlings, also für dessen Stoffaustausch in beiden Richtungen, notwendigen Voraussetzungen zu schaffen.

Damit nun aber die **Eieinpflanzung, Implantation,** die Aufnahme des Kontakts zwischen dem so vorbereiteten Endometrium und dem Keimling zustande kommen kann, bildet dieser besondere Organe aus, die *Embryonalanhänge,* auch *Ei-* oder *Fruchthüllen* genannt werden, deren Anheftung an die Gebärmutterschleimhaut bei den einzelnen Vertretern in unterschiedlicher Weise erfolgt.

Die Veränderungen am Uterus setzen schon vor der Ovulation und auch vor dem Auftreten äußerer Brunsterscheinungen ein, erstrecken sich somit über die Gesamtdauer eines **Zyklus** und nehmen ihren Verlauf unabhängig davon, ob möglicherweise eine Befruchtung des Eies bzw. der Eier eintreten wird oder unterbleibt.

Kurz zusammengefaßt bestehen diese *progestativen Veränderungen* des Endometriums in einer allmählich zunehmenden Aktivierung und dem In-Funktion-Setzen aller seiner Bauelemente, des Oberflächenepithels, der Uterindrüsen, der Blutgefäße sowie auch des zellreichen Bindegewebes der Lamina propria mucosae. Vermerkt sei, daß auch die übrigen Abschnitte des Genitaltrakts mehr oder weniger auffällig in diesen Prozeß mit einbezogen werden, worauf hier aber nicht näher eingegangen werden soll. Die Anbildungsvorgänge am Endometrium sind, abgesehen von graduellen Unterschieden und der unterschiedlichen Intensität ihres Ablaufs, grundsätzlich bei allen Vertretern der *Hsgt.* die gleichen. Bleibt die Befruchtung aus, dann kehrt die Schleimhaut des Uterus in ihr Ausgangsstadium zurück. Wird das Tier jedoch trächtig, dann implantiert sich der Keimling auf der Uterusschleimhaut; sie wird zu dem den „B r u t r a u m " auskleidenden Ernährungsorgan des Keimes, zum *Mutterkuchen, Placenta materna* (Pars uterina der Plazenta).

Mit der so vorbereiteten Gebärmutterschleimhaut treten die *Fruchthüllen, Plazenta fetalis* (Pars fetalis der Plazenta), des Keimlings in Verbindung. Hierbei spielt der *Trophoblast* der Keimblase die entscheidende Rolle. Seine vom Ektoblasten abstammenden Zellen (Keimblasenektoblast) besitzen die Fähigkeit, die von der Placenta materna angebotenen Stoffe, das Sekret der Drüsen, Uterinmilch genannt, gegebenenfalls abgebaute Gewebselemente der Uterusschleimhaut, Sauerstoff, kurz alle zum Aufbau des Keimlings nötigen Substanzen (*Embryotrophe*) auszuwählen, vorzubereiten und sie dem Keimling zuzuleiten. Ebenso übergibt er auch die Dissimilationsprodukte dem mütterlichen Kreislauf. Der Stofftransport geschieht auf dem Weg über Blutgefäße des Keimlings, nachdem der Trophoblast, in einem hier nicht näher zu schildernden Vorgang (s. Lehrbuch der Entwicklungsgeschichte) unter Mitbeteiligung von Gewebselementen, die dem mittleren und auch dem inneren Keimblatt entstammen, engsten Kontakt mit embryonalen Blutgefäßkapillaren aufgenommen hat. Die so entstandene, reich vaskularisierte äußere Fruchthülle wird zum Zwecke der Oberflächenvergrößerung und damit auch gleichzeitig zur Herstellung eines möglichst innigen Kontakts mit der Placenta materna in einer nach Tierart unterschiedlichen Form mit Zotten ausgestattet, und man bezeichnet das so entstandene Organ als *Chorion* bzw. im Hinblick auf seine Funktion als *Placenta fetalis*. Sind seine Zotten gleichmäßig oder doch annähernd gleichmäßig über seine gesamte Oberfläche verteilt, dann spricht man von einer *Placenta diffusa* (*Pfd., Schw.*). Beschränken sich die Zotten zwar auf zahlreiche, jedoch nur eng umschriebene Stellen des Chorions, dann handelt es sich um eine *Placenta multiplex seu cotylica* – die zottentragenden Stellen nennt man *Kotyledonen* – (*Wdk.*). Finden sich Zotten nur auf einem gürtelförmigen Streifen des Chorions, dann handelt es sich um eine *Gürtelplazenta, Placenta zonaria* (*Flfr.*). Sind die Zotten schließlich auf einen scheibenförmigen Bezirk des Chorions beschränkt, dann liegt eine *Scheibenplazenta, Placenta discoidalis,* vor (*Primaten, Nager* u. a.).

Hand in Hand mit der Entstehung der Chorionzotten kommt es in der *Placenta materna* zur Ausbildung k r y p t e n a r t i g e r V e r t i e f u n g e n , die nach Anordnung, Form und Größe jener der Zotten entsprechen und diese in sich aufnehmen. Im Verlauf der Trächtigkeit findet fernerhin durch die spezifische Tätigkeit des Trophoblasten ein Abbau mütterlichen Gewebes statt, dessen Bestandteile als *Histiotrophe* dem Keimling zugeführt werden. Diese Vorgänge spielen sich bei *Pfd., Wdk.* und besonders beim *Flfr.* ab und bieten die Möglichkeit, für die *Sgt.* ganz allgemein h i s t o p h y s i o l o g i s c h e T y p e n d e r P l a z e n t a zu unterscheiden.

Fernerhin spricht man je nachdem, ob nach der Geburt mit den *Eihäuten*, der *Nachgeburt*, auch Bestandteile der Placenta materna mit abgestoßen werden oder ob die mütterliche Schleimhaut vollkommen oder doch annähernd vollkommen intakt zurückbleibt, in letzterem Fall von einer *Halbplazenta, Semiplacenta* (a d e z i d u a t e T i e r e), in ersterem Fall von einer *Vollplazenta, Placenta vera* (d e z i d u a t e T i e r e). Zu den **adeziduaten Semiplazentaliern** gehören *Pfd., Schw., Wdk.,* zu den **deziduaten Vollplazentaliern** die *Flfr.*

Evolution des trächtigen Uterus

Die weiblichen Geschlechtsorgane stellen ein neurohormonal gesteuertes funktionelles System dar. Infolgedessen beeinflussen die im Brutraum während der Schwangerschaft sich vollziehenden Vorgänge nicht allein den hiervon unmittelbar betroffenen Uterus, dessen Veränderungen nach Form

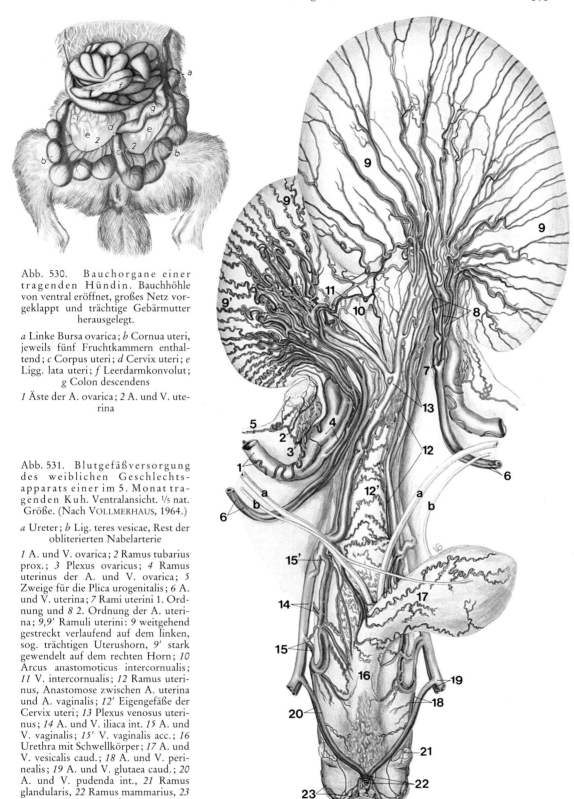

Abb. 530. Bauchorgane einer tragenden Hündin. Bauchhöhle von ventral eröffnet, großes Netz vorgeklappt und trächtige Gebärmutter herausgelegt.

a Linke Bursa ovarica; *b* Cornua uteri, jeweils fünf Fruchtkammern enthaltend; *c* Corpus uteri; *d* Cervix uteri; *e* Ligg. lata uteri; *f* Leerdarmkonvolut; *g* Colon descendens

1 Äste der A. ovarica; *2* A. und V. uterina

Abb. 531. Blutgefäßversorgung des weiblichen Geschlechtsapparats einer im 5. Monat tragenden Kuh. Ventralansicht. ⅕ nat. Größe. (Nach VOLLMERHAUS, 1964.)

a Ureter; *b* Lig. teres vesicae, Rest der obliterierten Nabelarterie

1 A. und V. ovarica; *2* Ramus tubarius prox.; *3* Plexus ovaricus; *4* Ramus uterinus der A. und V. ovarica; *5* Zweige für die Plica urogenitalis; *6* A. und V. uterina; *7* Rami uterini 1. Ordnung und *8* 2. Ordnung der A. uterina; *9,9'* Ramuli uterini: *9* weitgehend gestreckt verlaufend auf dem linken, sog. trächtigen Uterushorn, *9'* stark gewendelt auf dem rechten Horn; *10* Arcus anastomoticus intercornualis; *11* V. intercornualis; *12* Ramus uterinus, Anastomose zwischen A. uterina und A. vaginalis; *12'* Eigengefäße der Cervix uteri; *13* Plexus venosus uterinus; *14* A. und V. iliaca int. *15* A. und V. vaginalis; *15'* V. vaginalis acc.; *16* Urethra mit Schwellkörper; *17* A. und V. vesicalis caud.; *18* A. und V. perinealis; *19* A. und V. glutaea caud.; *20* A. und V. pudenda int., *21* Ramus glandularis, *22* Ramus mammarius, *23* Ramus vulvae

und Größe besonders augenscheinlich sind, sie beziehen sich vielmehr auf alle übrigen Abschnitte der Fortpflanzungsorgane und zudem auf die der Aufzucht der Jungen dienende Milchdrüse. Abgesehen davon, bringt die Schwangerschaft eine Umstellung des gesamten Organismus des Muttertiers mit sich, die darauf abzielt, den Ablauf der Trächtigkeit, den anschließenden Geburtsvorgang sowie die mehr oder weniger intensive Brutpflege sicherzustellen.

Hier sollen nur die am **Uterus** auftretenden G r ö ß e n -, F o r m - u n d L a g e v e r ä n d e r u n g e n Erwähnung finden: Bei den *multiparen Tieren* (*Flfr.* und *Schw.*) implantieren sich die Früchte mit ihren Eihüllen in b e i d e n U t e r u s h ö r n e r n mit etwa gleichen Abständen voneinander. Die ursprünglich schlauchförmigen Hörner nehmen da, wo die Früchte liegen, an Weite zu, bilden so die „F r u c h t k a m m e r n" (530/*b*;541/*12,13,13'*) und bekommen perlschnurartiges Aussehen. Bei hochträchtigen Tieren werden die jetzt erheblich vergrößerten Uterushörner mehr schlauchförmig. Bei den *uniparen Tieren* implantiert sich die Frucht in einem der beiden Uterushörner. Die Eihüllen reichen beim *Pfd.* jedoch über den sich stark erweiternden Uteruskörper hinweg weit in das nichtträchtige Horn hinein. Das gleiche gilt, weniger ausgeprägt, auch für den Uterus des *Wdk.* (531). Infolge der überwiegenden Größe des „trächtigen" Hornes bekommt die Gebärmutter dieser Tiere eine ausgesprochen a s y m m e t r i s c h e G e s t a l t (531/*9,9'*), wenn nicht ausnahmsweise bzw. bei den *kl. Wdk.* sehr oft, Zwillingsträchtigkeit mit der Lage je einer Frucht in je einem Uterushorn vorliegt.

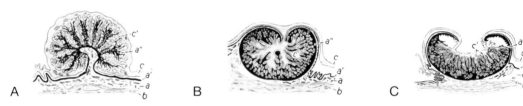

Abb. 532.　Plazentome bei fortgeschrittener Trächtigkeit von Rind (A), Schaf (B) und Ziege (C). (Nach Andresen, 1927.)

a Endometrium mit Uterindrüsen und *a'* Epithel; *a''* Karunkelgewebe; *b* Myometrium; *c* Allantochorion; *c'* Chorionzotten. Beachte die unterschiedliche Form der Plazentome: knopfförmig beim *Rd.*, napfförmig bei *Schf.* und *Zg.*

Das fortschreitende Wachstum der Jungen, begleitet von der Umfangsvermehrung ihrer mit Flüssigkeit (F r u c h t w a s s e r) gefüllten Fruchtblase, veranlaßt eine entsprechende Ausweitung des Uterus. Diese kommt jedoch nicht allein durch passive Dehnung seiner Wand zustande. Sie ist vielmehr auf eine erhebliche V e r l ä n g e r u n g d e r M u s k e l z e l l e n u n d d e r B i n d e g e w e b s e l e m e n t e (*Hypertrophie*), aber auch auf die V e r m e h r u n g i h r e r M u s k e l z e l l e n u n d d e r B i n d e g e w e b s e l e m e n t e, auf echtes W a c h s t u m (*Hyperplasie*) zurückzuführen. Dieser Vorgang bedingt eine erhebliche Gewichtszunahme des Uterus, die gegenüber dem nicht trächtig gewesenen Organ z. B. beim *Rd.* das 12–16fache ausmachen kann.

Der **gravide Uterus** ist seiner Größe entsprechend weit in die Bauchhöhle vorgerückt. Bei *Flfr.*, *Schw.* und *Pfd.* sinkt er infolge seines Gewichts unter Verdrängung des Darmes auf die ventrale Bauchwand herab, rückt über die Regio umbilicalis bis in die Schaufelknorpelgegend vor und erreicht hier das Zwerchfell. Dabei bleibt er beim *Flfr.* in der Regel ventral von dem großen Netz bedeckt. Beim *Wdk.* veranlaßt der links gelegene Pansen den trächtigen Uterus, bei dessen Vordringen in den Bauchraum nach rechts auszuweichen. Hierbei kommt er zusammen mit dem Darm in den von den beiden Blättern des großen Netzes gebildeten *Recessus supraomentalis* zu liegen und lagert schließlich der ventralen Bauchwand auf, indem er dabei den Pansen nach links verschiebt. Gelegentlich kann sich der trächtige Uterus beim *Rd.* auch nach links, also zwischen die linke Bauchwand und den Pansen einschieben, „linksseitige Trächtigkeit".

Eine derart, in allen ihren Schichten und einschließlich ihres Bandapparats sowie des dazugehörenden Gefäßsystems während der Trächtigkeit zu einem förmlichen „Tragsack" umgestaltete Gebärmutter kann sich nach der Geburt nicht mehr in den ursprünglichen Zustand, wie er sich bei zwar geschlechtsreifen, aber noch nicht trächtig gewesenen Tieren vorfindet, zurückbilden. Darüber wurde bereits bei der Besprechung der Altersunterschiede an dem Genitalapparat berichtet.

Weibliche Geschlechtsorgane der Fleischfresser
(17, 515, 519, 526, 531, 533–541)

Die *Flfr.* gehören zu den multiparen Tieren. Die *Hündin* ist diöstrisch, sie ist also zweimal im Jahr „läufig" oder „hitzig". Die Brunst erstreckt sich bei ihr über etwa 6-8 Tage, und sie bringt nach einer im Mittel 63 (58–66) Tage dauernden Schwangerschaft je nach Größe der Rasse zwischen 4–8 Welpen zur Welt. Die *Katze* ist saisonell polyöstrisch, d. h. im Frühjahr und Herbst treten mehrere Zyklen auf. Da bei der *Ktz.* die *Ovulation* durch den Deckakt ausgelöst wird, kann bei ausbleibender Kopulation ein *anovulatorischer Zyklus* von 2–4 Wochen bis zu einer erneuten Brunst ablaufen. Erfolgt eine Kopulation, ohne daß eine Befruchtung stattfindet, kommt es zu einem *pseudograviden Zyklus* mit einer Dauer von 6–7 Wochen. Sind Begattung und Befruchtung erfolgt, dann beträgt die *Gravidität* 60 – 61 (63) Tage, und es werden 3–8 Katzenwelpen geboren.

Keimdrüsen

Die **Eierstöcke, Ovarien** (519/*1*;535–538/*a*), sind länglich, abgeplattet und beim **Hd.** nach Rasse verschieden etwa 20 mm lang und 15 mm dick, während sie bei der **Ktz.** 8–9 mm in der Länge messen. Sie hängen etwa in Höhe des 3.–4. Lendenwirbels kaudal der Nieren am *Mesovarium* (538/*1*;541/*11′*)

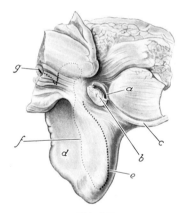

Abb. 533

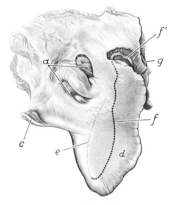

Abb. 534

Abb. 533. Linkes Ovarium und Tuba uterina mit Bändern, Hund. Medialansicht. (Nach v. BÖNNINGHAUSEN, 1936.)

a Zugang zur Bursa ovarica; *b* Teil des Infundibulum tubae uterinae; *c* kraniales Keimdrüsenband; *d* Fettkörper (in die Mesosalpinx eingelagertes Fettgewebe); *e,f* Verlauf der Tuba uterina, punktiert eingezeichnet; *g* Uterushornspitze

Abb. 534. Linkes Ovarium und Tuba uterina mit Bändern, Hund. Lateralansicht. (Nach v. BÖNNINGHAUSEN, 1936.)

a Ovarium, durch die fettfreie Stelle der Mesosalpinx durchschimmernd; *c* kraniales Keimdrüsenband; *d* Fettkörper der Mesosalpinx; *e,f* Verlauf der Tuba uterina, punktiert eingezeichnet; *f′* Tuba uterina am Übergang in *g* Uterushornspitze

Abb. 535. Linkes Ovarium und Tuba uterina mit Bändern, Hund. Lateralansicht. Bursa ovarica aufgeschnitten und zur Hälfte hochgeklappt. (Nach v. BÖNNINGHAUSEN, 1936.)

a Ovarium; *b* Ostium abdominale tubae uterinae mit Teilen des Infundibulums; *c* kraniales Keimdrüsenband; *d* mediale und *d′* laterale Bursawand (Mesosalpinx); *d′′* Schnittkante; *e,e′,f,f′,f′′* Tuba uterina: bei *e′,f′′* auf dem Schnitt am ventralen Scheitel der Bursa, *e* in der medialen, *f* in der lateralen Bursawand und *f′* am Übergang in die Uterushornspitze; *g* Uterushorn

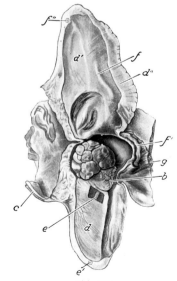

Abb. 535

und sind beim *Hd.* von der *Bursa ovarica* (519,533–535,538) völlig, bei der *Ktz.* zum Teil eingehüllt (536,537). Ihre Oberfläche ist infolge der bei diesen multiparen Tieren gleichzeitig in größerer Zahl heranreifenden bzw. reifen Graafschen Follikel (*Folliculi ovarici vesiculosi*) oder der ebenfalls in Mehrzahl vorhandenen Gelbkörper höckerig.

Das strangförmige *kraniale Keimdrüsenband* (533–535/*c*;536,537/*d*;539,541/*11'*), der Rest des Zwerchfellbands der Urniere, heftet den Eierstock, an der Niere vorbeiziehend, am Zwerchfell an, während das nur sehr kurze *Ligamentum ovarii proprium* (536,537/*e*) seinen kaudalen Pol mit der Spitze des Uterushorns verbindet. Das straffe *Mesovarium* geht aus dem *Mesometrium* hervor und steht kranial mit dem Zwerchfellband des Eierstocks in Verbindung. Überaus typisch ist die *Mesosalpinx* (519/*b'*;533–535/*d'*;537/*b'*;538/*3,4*) ausgebildet. Sie stellt beim **Hd.** eine laterale Sonderfalte des Mesovariums dar, liefert den Hauptanteil der Wandung der *Bursa ovarica*, enthält eine große Menge von Fettgewebe (*Fettkörper*) (533 bis 535/*d*;538/*3,4*;539/*8',9'*) und buchtet sich ventral

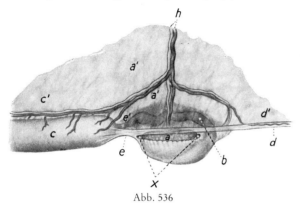

Abb. 536

Abb. 536. Linkes Ovarium, Tuba uterina und Uterushornspitze mit Bändern, Katze. Mediale Ansicht. (Nach MERKT, 1948.)

a Ovarium; *a'* Mesovarium; *b* Tuba uterina; *c* Uterushornspitze; *c'* Mesometrium; *d* kraniales Keimdrüsenband; *d'* Gekröse des kranialen Keimdrüsenbands; *e* Lig. ovarii propr.; *e'* Gekröse des Lig. ovarii propr.; *h* A. und V. ovarica; *x* Zugang zur Bursa ovarica

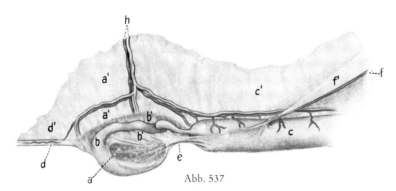

Abb. 537

Abb. 537. Linkes Ovarium, Tuba uterina und Uterushornspitze mit Bändern, Katze. Lateralansicht. (Nach MERKT, 1948.)

a Ovarium; *a'* Mesovarium; *b* Tuba uterina; *b'* Mesosalpinx; *c* Uterushornspitze; *c'* Mesometrium; *d* kraniales Keimdrüsenband; *d'* Gekröse des kranialen Keimdrüsenbands; *e* Lig. ovarii propr.; *f* Lig. teres uteri; *f'* Gekröse des Lig. teres uteri; *h* A. und V. ovarica

zu einem flachen Beutel aus, dessen spaltförmiger Hohlraum den Eierstock enthält und ihn so der Sicht entzieht. Die enge, schlitzförmige Zugangsöffnung (519/*x*;533/*a*;539/*8''*) zur Eierstockstasche liegt auf der medialen Seite. Die Länge des Schlitzes schwankt zwischen 2–18 mm. Dicht dorsal von diesem hängt der infolge seiner derben Beschaffenheit durchtastbare Eierstock in den spaltförmigen Raum der Bursa ovarica hinein. Dieser hat eine durchschnittliche Tiefe von 25 bis 50 mm und eine Breite von 5–35 mm. An der lateralen Fläche der Mesosalpinx findet sich regelmäßig eine rundliche, fettgewebsfreie Stelle (534/*a*;539/*9''*), durch welche man das Ovarium, wie durch ein Fenster, hindurchschimmern sieht. Der beschriebene „Fettkörper" hat zusammen mit den Eierstöcken enge nachbarliche Beziehungen zu dem kaudalen Pol der gleichseitigen Niere und spielt für das Auffinden der Eierstöcke zwecks Kastration eine wichtige Rolle. Die Ovarien sind, wie bereits betont, als relativ kleine, derbe Körper hoch dorsal in der Bursa ovarica enthalten. Bei der **Ktz.** verhält sich der Bandapparat des Eierstocks ähnlich dem des *Hd.* Allerdings ist die *Mesosalpinx* hier frei von Fettgewebe (537/*b'*), ist weniger umfangreich und bedeckt nur die laterale Seite des Eierstocks, während seine mediale Fläche ventral und kranial von dem *Infundibulum des Eileiters* umfaßt wird. Die schlitzförmige Zugangsöffnung (536/*x*) in die *Bursa ovarica* wird dorsal vom *Liga-*

mentum ovarii proprium und dem *kranialen Keimdrüsenband* (536,537/*e*), ventral von den *Fimbriae tubae* begrenzt.

Keimleitende und keimbewahrende Organe

Der **Eileiter, Tuba uterina** (533–535/*e,f*;536,537,538/*b*), besitzt beim **Hd.** eine Länge von 60 bis 100 mm. Er beginnt mit den plattenförmig ausgebreiteten *Fimbrien* seines *Infundibulums* (519/*2'* ;533,535/*b* ;538/*b'*) an der ventralen Begrenzung der schlitzförmigen Zugangsöffnung der *Bursa ovarica*. Ein Teil der rötlich gefärbten Fimbrien quillt aus dem Schlitz hervor. Im übrigen ist die *Fimbrienplatte,* in deren Mitte sich auch das *Ostium abdominale tubae* (519) findet, dem Eierstock dicht

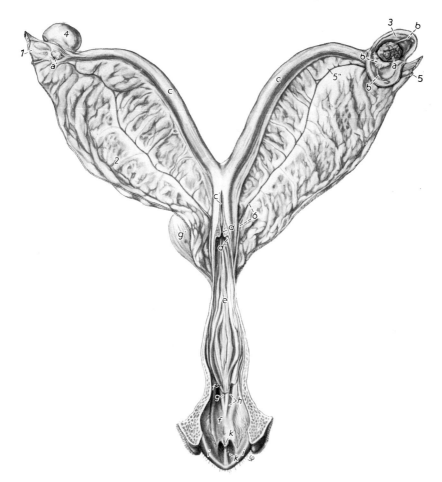

Abb. 538.   Weibliche Geschlechtsorgane eines Hundes. Dorsalansicht. Genitaltrakt zum Teil dorsal gespalten und aufgeklappt.

a Rechter Eierstock mit zahlreichen Follikeln, in der gespaltenen und aufgeklappten Bursa ovarica; *a'* Eingang in die Bursa ovarica mit Fimbrien des Infundibulum tubae uterinae; *b* rechte Tuba uterina, in der Mesosalpinx; *b'* rechtes Infundibulum tubae mit Fimbrien und Ostium abdominale tubae uterinae; *c* Cornua uteri; *c'* Corpus uteri, eröffnet; *d* Cervix uteri mit nahe beieinander liegendem inneren und äußeren Muttermund; *d''* Schleimhautfalte, die vom Scheidendach zum Ostium uteri ext. zieht; *e* Vagina und *f* Vestibulum vaginae, dorsal eröffnet; *f'* Schleimhautfalten (Hymen); *g* Ostium urethrae ext.; *h* Mündungen der Ausführungsgänge der Gll. vestibulares minores; *i* Labia vulvae; *k* Fossa clitoridis, *k'* Abdeckfalte; *l* Mm. constrictores vulvae und vestibuli

1,2 dorsomediale Fläche der Plica urogenitalis, Lig. latum uteri: *1* Mesovarium, *2* Mesometrium; *3* rechte Mesosalpinx, hier durch Einlagerung subserösen Fettgewebes den „Fettkörper" darstellend, Einblick in die gespaltene und aufgeklappte Bursa ovarica; *4* linke Bursa ovarica, uneröffnet (Fettkörper); *5* A. und V. ovarica, *5''* Ramus uterinus; *6* A. uterina

angelagert. *Ampulle* und *Isthmus* des Eileiters liegen zunächst in der medialen Wand der Bursa ovarica (533–535/*e*). Der Eileiter wechselt dann im Bogen in die Lateralwand der Bursa hinüber (*f*) und mündet schließlich auf der Höhe einer kleinen, in das Uterushorn vorspringenden P a p i l l e mittels des *Ostium uterinum tubae* in das Gebärmutterhorn (534,535/*f'*,*g*).

Der *Eileiter* der **Ktz.** (536,537/*b*) ist 40–50 mm lang, beginnt an der kraniomedialen Fläche des Ovariums mit dem *Infundibulum,* gelangt in der *Mesosalpinx* mit einem kranialen Bogen auf die laterale Seite und zieht hier geschlängelt zur Spitze des Uterushorns.

Der **Uterus** der **Flfr.** ist z w e i h ö r n i g (515,538). Die beiden *Uterushörner* (515;538/*c*;539/ *12,13*;540/*c*;541/*12,13*) sind bei diesen multiparen Tieren sehr lang und durchgehend gleichweit schlauchförmig. Bei mittelgroßen *Hündinnen* sind sie etwa bleistiftstark. Bei der *Ktz.* haben sie einen

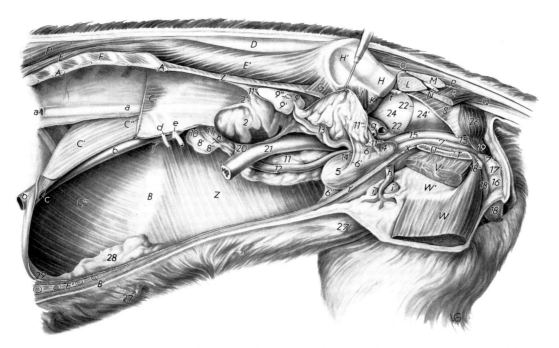

Abb. 539. W e i b l i c h e H a r n - u n d G e s c h l e c h t s o r g a n e e i n e s H u n d e s in situ. Linke Seitenansicht.

A 10. und *A'* 13. linke Rippe; *B* rechter Arcus costalis; *B'* 10. linker Rippenknorpel; *C* linker Zwerchfellpfeiler; *C',C''* rechter Zwerchfellpfeiler; *C'''* Pars costalis der Zwerchfellmuskulatur; *D* M. longissimus; *E,E'* M. iliocostalis thoracis; *F,F'* Mm. intercostales extt.; *G* M. obliquus int. abdominis; *H* Corpus ossis ilii, *H'* Ala ossis ilii; *J* kaudaler Bauch des M. sartorius; *K* M. iliopsoas; *L* tiefer Bauch des M. glutaeus medius; *M* M. glutaeus supf.; *N* Lig. sacrotuberale; *O* M. sacrococcygeus dors. lat.; *P* Mm. intertransversarii dorsales caudae; *Q* M. sacrococcygeus ventr. lat; *R* M. coccygeus; *S* M. levator ani; *T* M. obturator int.; *U* Beckenboden; *V* Mm. adductores magnus et brevis; *W* M. gracilis; *W'* Tendo symphysialis; *X* Lig. pubicum cran.; *Y* M. rectus abdominis in seiner Scheide; *Z* M. transversus abdominis dext., von Fascia transversalis und Peritonaeum bedeckt; *Z'* Ursprung des M. transversus abdominis sin.

1–7 Harnorgane: 1 rechte Niere; *2* linke Niere, *2'* Hilus renalis; *4* Ureter sin. an seiner Mündung, durchscheinend; *5* Vesica urinaria; *6* Lig. vesicae lat. sin. mit *6'* Lig. teres vesicae (obliterierte Nabelarterie), *6''* Lig. vesicae medianum; *7* Urethra, *7'* Übergang in den Sinus urogenitalis; *8–19 Geschlechtsorgane: 8* rechtes Ovar in der Bursa ovarica, durchscheinend, *8'* Mesosalpinx mit Fettkörper, *8''* Zugang in die Bursa ovarica; *9* linkes Ovar in der Bursa ovarica, durchscheinend, *9'* Mesosalpinx mit Fettkörper, *9''* fettfreie Stelle der Mesosalpinx; *10* Tuba uterina dextra; *11* Mesometrium, *11'* Mesovarium, *11''* kraniales Keimdrüsenband, *11'''* Lig. teres uteri, in einer Seitenfalte des Lig. latum uteri, in den *11''''* Anulus vaginalis eintretend; *12* Cornu uteri dext.; *13* Cornu uteri sin.; *14* Corpus uteri, in Cervix übergehend; *15* Vagina; *16* Vestibulum vaginae; *17'* Bulbus vestibuli (venöser Schwellkörper); *18* Vulva, *18'* Corpus clitoridis, *18''* Crus clitoridis sin., quergeschnitten; *19* M. constrictor vestibuli; *20* Mesocolon; *21* Colon descendens; *22* Fascia pelvina und Peritonaeum, gefenstert, damit Einblick in den peritonäalen Teil der Beckenhöhle (Excavatio rectogenitalis); *24* Rectum, bei *24'* im retroperitonäalen Teil der Beckenhöhle liegend; *26* M. sphincter ani ext.; *27* Gesäuge mit Zitzen; *28* umbilikaler Fettkörper im Lig. falciforme; *29* Lig. falciforme

a Aorta; *b* V. cava caud.; *c* Stamm der Vv. hepaticae, abgeschnitten; *d* A. coeliaca; *e* A. mesenterica cran.; *f* N. ischiadicus; *g* A. und V. femoralis; *h* V. pudenda ext.; *i* Lnn. mammarii

Durchmesser von 3–4 mm und eine Länge von 90–100 mm. Sie beginnen dicht kaudal von den Eierstöcken (beim *Hd.* 5–10 mm entfernt) und verlaufen in flachem, ventral konvexem Bogen konvergierend beckenwärts. Da, wo sie zusammentreffen, sind sie äußerlich eine kurze Strecke weit zu einem Doppelrohr verbunden, um sich dann zum unpaaren *Uteruskörper* (17/*b*;515;538/*c'*;539/*14*;540/*d*;541/*14*) zu vereinigen. Dieser ist beim *Hd.* 20–30 mm, bei der *Ktz.* 20 mm lang und beherbergt in seinem *Fundus* die Öffnungen der beiden Uterushörner (515). Die U t e r u s s c h l e i m h a u t ist graurot oder rötlich gelbbraun gefärbt. Sie ist glatt oder besitzt beim *Hd.* niedrige Längs-, seltener auch Querfalten, während sie bei der *Ktz.* wulstige, radiäre bzw. spiralige Längsfalten trägt. Sie kann pigmentierte Stellen aufweisen.

Kaudal findet der Uteruskörper seine Fortsetzung in dem *Gebärmutterhals* (17/*b'*;515;538/*d*). Dieser ist auffallend kurz, beim *Hd.* nur etwa 10 mm lang. Infolgedessen fallen hier der *innere* und der *äußere Muttermund* fast zusammen. Die *Portio vaginalis* springt n u r v e n t r a l halbzylindrisch frei in die *Vagina* vor. Dorsal ist sie nicht abgesetzt, sondern geht hier in eine wulstige Schleimhautlängsfalte (538/*d''*) über. Die *Zervix* der *Katze* markiert sich nur als ein derber, länglicher Knoten am Übergang des *Uteruskörpers* in die *Vagina.* Sie ist sehr kurz und zeigt als einziges prägnanteres Merkmal die papillenförmige *Portio vaginalis* mit dem *Ostium uteri externum.* Ein deutlich abgesetztes O s t i u m u t e r i i n t e r n u m f e h l t dem *Flfr.*, denn das *Uteruslumen* geht unter allmählicher Verengung direkt in den *Zervikalkanal* über. Seine Schleimhaut trägt einige radiär gestellte, längsverlaufende Schleimhautfalten und enthält bei der *Ktz.* auch D r ü s e n.

Die *Mesometrien* (536,537/*c'*;538/*2*;539/*11*;540/*e*;541/*11*) sind zwei auffallend breite Bauchfellplatten, die auch beim weniger gut genährten *Hd.*, seltener bei der *Ktz.*, Fettgewebe enthalten und den langen Uterushörnern, die in nichtträchtigem Zustand dem Darmkonvolut dorsal aufliegen, entsprechende Bewegungsfreiheit lassen. Das dem Mesometrium mittels einer breiten S e r o s a l a m e l l e lateral angeheftete *Ligamentum teres uteri* (537/*f,f'*;539/*11'''*;540/*f*) beginnt an der Spitze des Uterushorns, zieht zum t i e f e n L e i s t e n r i n g (539/*11''''*), läßt sich bei der *Hündin* durch den L e i s t e n s p a l t hindurch verfolgen und findet in einer seitlich der Schamlippe gelegenen Hautfalte (*Labialwulst*) sein Ende. Somit kann man am *Ligamentum teres uteri* der *Hündin* einen a b d o m i n a l e n und einen e x t r a a b d o m i n a l e n A b s c h n i t t unterscheiden (540/*f,h,h'*). Letzterer ist in der Regel in einem Fettgewebsstrang (*inguinaler Fettkörper*) eingeschlossen. In diesen Fettkörper stülpt sich in über 50% der Fälle das Bauchfell mit der Fascia transversalis zu einem regelrechten *Scheidenhautfortsatz, Processus vaginalis,* ein, der in extremen Fällen bis unter die Haut seitlich der Vulva reicht. In diesen Fällen verläuft der extraabdominale Teil des Ligamentum teres uteri im Processus vaginalis.

Der **gravide Uterus** der *Flfr.* (530,541) ist dadurch gekennzeichnet, daß bei der *Ktz.* ab dem 15.–18. Tag, beim *Hd.* ab dem 18.–20. Tag der Trächtigkeit sich ampulläre Fruchtkammern bilden, deren Anzahl mit der der Früchte übereinstimmt. Sie sind auf beide Uterushörner relativ gleichmäßig verteilt. Die zwischen den Fruchtkammern befindliche Uterusmuskulatur verharrt in Dauerkontraktion, und diese Stellen werden Internodien genannt. Infolge dieser Untertrennung werden die Fruchtkammern durch die Bauchdecken palpierbar. In der 6. Trächtigkeitswoche verschwinden bei gleichzeitigem Größerwerden der Früchte die Einschnürungen zwischen den Fruchtkammern, und die Uterushörner nehmen Zylinderform an. Die Gebärmutter senkt sich nunmehr auf die Bauchdecke herab, und diese übernimmt das Tragen des graviden Uterus. Werden nur 1–2 Früchte ausgetragen, dann ist die Umfangsvermehrung des Bauches unbedeutend; ist die Anzahl der Früchte größer, weitet sich die Bauchdecke deutlich. In der 7. Trächtigkeitswoche wachsen die Welpen auffällig schnell; sie sind im kaudalen Bauchraum als länglich-derbe Gebilde zu palpieren. Ab diesem Zeitpunkt ist auch die röntgenologische Untersuchung positiv.

Begattungsorgan

Die **Vagina** (17/*b''*;538/*e*;539/*15*) der **Hündin** ist sehr lang und ragt kranial noch in den p e r i t o n ä a l e n T e i l d e r B e c k e n h ö h l e hinein. Zwischen Beckenboden und Ventralfläche der Vagina schiebt sich die lange *Harnröhre* (17/*c'*;539/*7*) ein und wölbt den Boden der Scheide als Längswulst vor, der zum *Vestibulum* hin bzw. zum *Ostium urethrae externum* (538/*g*) flach ausläuft. Das *Scheidengewölbe* umfaßt in Gestalt einer kleinen Bucht nur ventral die halbzylindrische *Portio vaginalis cervicis.* Die kutane Schleimhaut der Vagina ist teils längs oder auch zirkulär gefaltet.

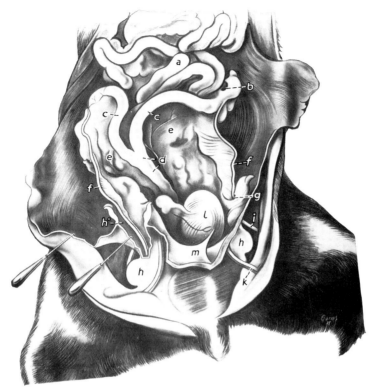

Abb. 540. Geschlechtsorgane einer Hündin in situ mit deutlich ausgebildetem Processus vaginalis. Ventralansicht. (Nach ZIETZSCHMANN, unveröffentlicht.)

a Jejunumschlingen; *b* Ovarium in der Bursa ovarica; *c* Cornua uteri; *d* Corpus und Cervix uteri; *e* Lig. latum uteri; *f* Lig. teres uteri, in *g* Anulus vaginalis eintretend; *h* Proc. vaginalis, bei *h'* teilweise gespalten; *i* A. und V. femoralis; *k* A. und V. ligamenti teretis uteri; *l* Vesica urinaria; *m* Lig. vesicae medianum

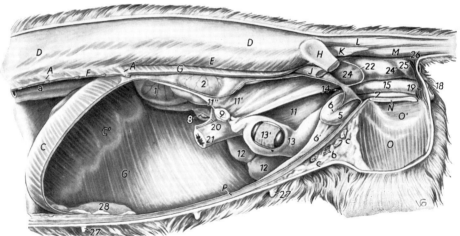

Abb. 541. Weibliche Harn- und Geschlechtsorgane einer trächtigen Katze in situ. Linke Seitenansicht.

A 10. und *A'* 13. linke Rippe; *C* Pars costalis sin. bzw. *C'* Pars costalis dext. der Zwerchfellmuskulatur; *D* M. longissimus; *E* M. iliocostalis; *F* Mm. intercostales; *G* Ansatz des linken M. transversus abdominis; *G'* rechter M. transversus abdominis, von Fascia transversalis und Peritonaeum bedeckt; *H* Ala ossis ilii; *J* M. iliopsoas; *K* M. glutaeus supf.; *L* M. sacrococcygeus dors. lat.; *M* M. sacrococcygeus ventr. lat.; *N* Beckenboden; *O* M. gracilis, *O'* Tendo symphysialis; *P* M. rectus abdominis in seiner Scheide

1–7 Harnorgane: *1* rechte Niere; *2* linke Niere; *5* Vesica urinaria; *6* Lig. vesicae lat. sin., *6'* Lig. vesicae medianum; *7* Urethra; *8–19* Geschlechtsorgane: *8* rechtes Ovarium in der Bursa ovarica; *9* linkes Ovarium, durch die Mesosalpinx durchscheinend; *11* Mesometrium, *11'* Mesovarium, *11''* kraniales Keimdrüsenband; *12* zwei Fruchtkammern des rechten Uterushorns; *13* linkes Uterushorn mit eröffneter Fruchtkammer; *13'* Fruchtkammer mit Gürtelplazenta; *14* Corpus uteri, in Cervix übergehend; *15* Vagina; *18* Vulva; *19* M. constrictor vulvae; *20* Mesocolon; *21* Colon descendens; *22* Fascia pelvina und Peritonaeum parietale, gefenstert; *24* Rectum, bei *24'* im retroperitonäalen Teil der Beckenhöhle liegend; *25* Sinus paranalis; *26* M. sphincter ani ext.; *27* Zitzen; *28* umbilikaler Fettkörper im Lig. falciforme

a Aorta thoracica; *b* A. und V. pudenda ext.; *c* Lnn. mammarii

Das **Vestibulum vaginae** (17/*b'''*;538/*f*;539/*16*) wird seitlich von je einem bis haselnußgroßen, knolligen, kavernösen Körper, dem *Bulbus vestibuli* (539/*17'*), flankiert. Auch sonst enthält die Wand des Vestibulums reichlich schwellfähige Venengeflechte. Die *Glandulae vestibulares minores* finden sich in zwei Reihen am Boden des Vestibulums (538/*h*). Die kutane Schleimhaut ist blaurot gefärbt, gefaltet und enthält Lymphfollikel.

Die **Schamlippen** sind wulstig, meist pigmentiert und verschieden dicht behaart. Der *ventrale Schamwinkel* läuft spitz aus, während der *dorsale* von einer wulstigen Hautfalte überbrückt wird (526/*c*;538/*i*;539/*18*). *Crura* und *Corpus clitoridis* (539/*18',18''*) sind auffallend groß und unterlagern die Ventralfläche des Vestibulums. Das Korpus besteht aus derbem Fettgewebe und trägt eine kavernöse *Eichel*, die jedoch unsichtbar in den Boden der tiefen *Fossa clitoridis* (538/*k*) eingebaut ist. Diese ist von gitterartig angeordneten Fältchen bedeckt, die zwischen sich kleine Grübchen beherbergen. Die Grube selbst wird zum Teil von einer klappenartigen Schleimhautfalte (*k'*) überdeckt und darf beim Katheterisieren nicht mit der weiter kranial im Vestibulum liegenden Harnröhrenmündung verwechselt werden.

Bei der **Ktz.** ist die *Vagina* (541/*15*) einschließlich des *Vestibulums* etwa 40 mm lang. Auf der Grenze zwischen beiden mündet die *Urethra* (*7*) in einer tiefen Schleimhautrinne. Ein Bulbus vestibuli fehlt, und an der Wand des Vestibulums findet sich nur diffus angeordnetes Schwellgewebe. Hingegen liegen die hanfsamengroßen *Glandulae vestibulares majores* in der Seitenwand des Scheidenvorhofs. Ihre kleinen Mündungen sind am Boden des Vestibulums sichtbar. Die *Vulva* (*18*) ist dicht behaart, und die *Schamlippen* laufen dorsal in dem spitzen, ventral mehr stumpfen *Schamwinkel* zusammen. Das *Corpus clitoridis* ist 10–15 mm lang und trägt eine nur unscheinbare *Spitzenkappe*. Diese liegt als kleines Höckerchen in einem flachen Grübchen der Schleimhaut.

Weibliche Geschlechtsorgane des Schweines
(516, 520, 527, 542–545)

Das *Schw.* ist multipar und polyöstrisch, mit einer Zyklusdauer von 21 Tagen. Die Brunst währt bei ihm 1–3 Tage, die Schwangerschaft im Mittel 114 Tage, wonach 9–12, seltener nur 6–8 oder 13–20 Junge geboren werden.

Keimdrüsen

Das **Ovarium** (520,542/*1*;543/*a*;545/*8*) des **Schw.** ist walzenförmig, etwa 50 mm lang und erhält durch die kugelig vorgewölbten Graafschen Follikel, *Folliculi vesiculosi*, bzw. durch die in größerer Zahl vorhandenen Gelbkörper traubige Gestalt. Die *Gelbkörper* sind entweder kirschrot, hell graurot bzw. mattgelb. Bei trächtig gewesenen Tieren ist das *Mesovarium* (520,542/*a*;545/*11'*) sehr lang, so daß die Ovarien kaudal der Nieren weit in die Bauchhöhle herunterhängen können. Das muskulöse *Ligamentum ovarii proprium* (520,542/*4*) entspringt am Kaudalpol des Eierstocks und strahlt in das *Mesometrium* ein. Aus der lateralen Fläche des Mesovariums spaltet sich das schleierartig zarte, aber sehr ausgedehnte und gefäßreiche *Eileitergekröse, Mesosalpinx* (520,542/*b*;543/*3*;545/*10*), ab. Es enthält den *Eileiter*, buchtet sich zu einem kapuzenförmigen Sack aus und hüllt den ganzen Eierstock ein, so die sehr tiefe und geräumige *Bursa ovarica* (520,542;543/*3*) bildend, deren weite Zugangsöffnung (520/*x*) ventral liegt.

Keimleitende und keimbewahrende Organe

Eileiter (520,542/*2*;543/*b*;545/*10*): Der sehr zartwandige *Eileitertrichter* mit dem *Ostium abdominale tubae uterinae* (542/*2'*;543/*b'*) liegt dem Eierstock zugewendet und diesen umfassend an der Innenfläche der Mesosalpinx. *Ampulle* und *Isthmus* des Eileiters sind zusammen 190–220 mm lang. Der Eileiter nimmt seinen Weg stark geschlängelt in der Medialwand der Bursa ovarica über die Kapuzenspitze hinweg in die laterale Fläche der Mesosalpinx und mündet mit dem *Ostium uterinum tubae* in die Spitze des Uterushorns (520,542/*3'*), die vom Ovarium nur etwa 30 mm entfernt ist.

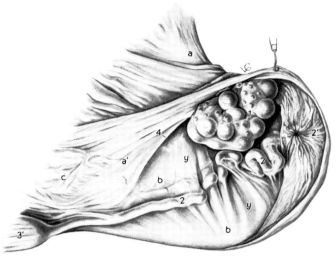

Abb. 542. Linkes Ovarium, Tuba uterina und Uterushornspitze mit Bändern, Schwein. Medialansicht.

1 Ovarium mit mehreren Corpora lutea und kleinen Tertiärfollikeln, Folliculi ovarici vesiculosi; *2* Tuba uterina; *2′* Infundibulum mit Fimbrien und Ostium abdominale tubae; *3* Uterushornspitze; *4* Lig. ovarii propr.

a Mesovarium; *a′* Gekröse des Lig. ovarii propr.; *b* Mesosalpinx; *c* Mesometrium; *y* Bursa ovarica

Abb. 543. Weibliche Geschlechtsorgane eines Schweines. Dorsalansicht. Genitaltrakt zum Teil dorsal gespalten und aufgeklappt.

a Rechtes Ovarium mit Corpora lutea und kleinen Follikeln, *a′* linkes Ovarium in der Bursa ovarica, durchscheinend; *b* Tuba uterina in der Mesosalpinx; *b′* Infundibulum tubae uterinae mit Fimbrien und Ostium abdominale tubae uterinae; *c* Cornua uteri; *c′* Corpus uteri, eröffnet; *d* Cervix uteri, eröffnet, mit Verschlußkissen; *e* Vagina; *f* Vestibulum vaginae; *g* Ostium urethrae ext.; *g′* Vesica urinara; *i* Labia vulvae; *k* Fossa clitoridis, die Klitorisspitze enthaltend; *l* M. constrictor vulvae

2 Mesometrium; *3* Mesosalpinx, links den Eierstock umhüllend, rechts zurückgeklappt mit Einblick in die Bursa ovarica

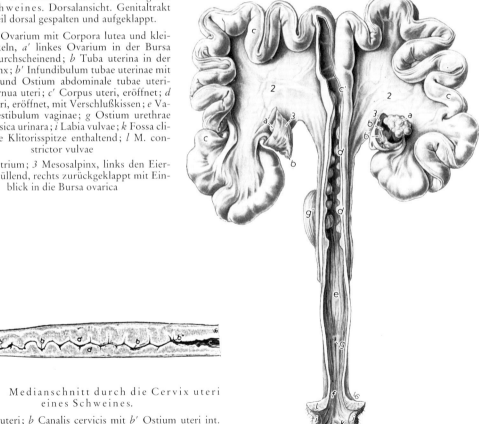

Abb. 544. Medianschnitt durch die Cervix uteri eines Schweines.

a Cavum uteri; *b* Canalis cervicis mit *b′* Ostium uteri int. und *b″* Grenze zwischen Cervix uteri und Vagina; *c* Cavum vaginae; *d* Verschlußkissen der Cervix

Der **Uterus** (516,543,545) des **Schw.** ist durch seine außerordentlich langen *Uterushörner* (543/ *c*;545/*12,13*) (bei trächtig gewesenen Tieren 1,2–1,4 m lang) ausgezeichnet, die zu dünndarmähnlichen Windungen zusammengerafft sind. Sie schieben sich infolge ihrer Länge und der ebenfalls sehr ausgedehnten, darmgekröseähnlichen, jedoch muskulösen *Mesometrien* (543/2;545/*11*), denen lateral das *Ligamentum teres uteri* angefügt ist, zwischen die Darmschlingen ein und können so auch die ventrale Bauchwand erreichen. In konvergierendem, beckenwärts gerichtetem Verlauf sind die Enden der Ute-

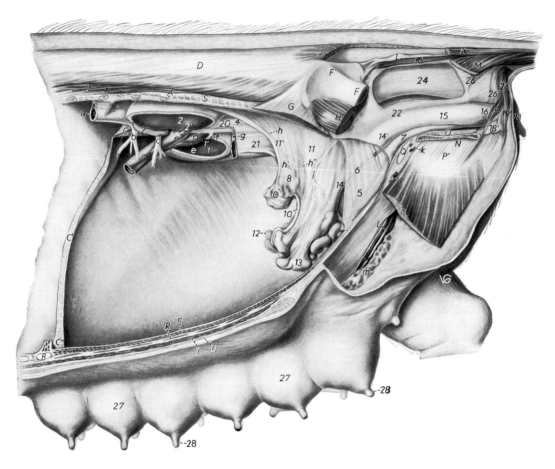

Abb. 545. Weiblicher Harn- und Geschlechtsapparat eines trächtig gewesenen Schweines in situ. Linke Seitenansicht.

A 12. und *A'* 14. linke Rippe; *B* Cartilago costalis; *C* Teil des rechten Zwerchfellpfeilers; *C'* Pars costalis und *C'* Pars sternalis des Zwerchfells; *D* M. longissimus; *E* M. iliocostalis; *F* Corpus ossis ilii, *F'* Ala ossis ilii mit Tuber coxae und Tuber sacrale; *G* M. obliquus int. abdominis; *H* M. iliopsoas; *J* M. glutaeus medius; *K* Mm. sacrococcygei dorss.; *K'* Mm. intertransversarii caudae; *L* Os sacrum; *M* M. coccygeus lat.; *N* Symphysis pelvis; *O* M. obturator int.; *P* M. gracilis, *P'* Tendo symphysialis; *Q,R* M. rectus abdominis; *S* M. transversus abdominis, *S'* Ursprung an den Procc. costarii der Lendenwirbel; *T* M. obliquus ext. abdominis und Endaponeurose des M. obliquus int. abdominis; *U* M. cutaneus trunci

1–7 Harnorgane: *1* rechte Niere; *2* linke Niere, durch Entfernung der Capsula adiposa sichtbar gemacht; *1'* und *2'* Hilus renalis; *2''* linke Nebenniere; *4* Ureter sin.; *5* Vesica urinaria; *6* Lig. vesicae lat. sin. mit Lig. teres vesicae (obliterierte Nabelarterie); *7* Urethra; *8–19* Geschlechtsorgane: *8* linkes Ovar, in der Bursa ovarica, durch Mesosalpinx verdeckt; *10* Tuba uterina sin. in der Mesosalpinx; *11* Mesometrium, *11'* Mesovarium; *12* Cornu uteri dext.; *13* Cornu uteri sin.; *14* Corpus uteri, *14'* Cervix uteri; *15* Vagina; *16* Vestibulum vaginae; *18* Vulva, *18'* Crus clitoridis; *19* M. constrictor vestibuli, *19'* M. constrictor vulvae; *20* Mesocolon; *21* Colon descendens; *22* Fascia pelvina und Peritonaeum parietale, gefenstert, damit Einblick in den peritonäalen Teil der Beckenhöhle (Excavatio rectogenitalis); *24* Rectum; *26* M. sphincter ani ext.; *26'* ventrale Mastdarmschleife; *26''* M. rectococcygeus; *27* Gesäuge; *28* Zitzen

a Aorta abdominalis; *b* A. coeliaca; *c* A. mesenterica cran.; *d* V. cava caud.; *e* Vv. renales; *f* A. renalis; *g* A. colica sin.; *h,h'* A. ovarica, *h''* Ramus uterinus; *i* A. uterina; *k* A. und V. prof. femoris; *l* A. und V. pudenda ext.; *m* Lnn. mammarii

rushörner eine kurze Strecke weit äußerlich miteinander verwachsen und münden dann getrennt in das buchtig erweiterte, etwa 50 mm lange *Corpus uteri* (516;543/*c'*;545/*14*) ein.

Die Uterusschleimhaut ist grau- bzw. blaurot gefärbt, sehr gefäßreich und trägt unterschiedlich hohe, verstreichbare Falten, die im Bereich des Uteruskörpers besonders hoch sein können.

Sehr auffallend ist die *Cervix uteri* (516;543/*d*;544;545/*14'*) des *Schw.* gestaltet. Sie fühlt sich besonders derb und knotig an und stellt einen etwa 150–250 mm langen, drehrunden Strang dar. Infolge ihrer beträchtlichen Länge überragt sie kranial den Schambeinkamm. Die Vorrichtungen für den Verschluß des von einer zartrosa gefärbten Schleimhaut ausgekleideten *Zervikalkanals* (543,544) sind als nahezu vollkommen zu bezeichnen. Die längsgefaltete Schleimhaut trägt nämlich eine größere Anzahl einander gegenüberstehender, alternierend angeordneter, polsterartiger Erhebungen von derber Beschaffenheit, die wie die Zähne zweier Zahnstangen ineinandergreifen. Diese sog. *Verschlußkissen, Pulvini cervicales* (544/*d*), sind im mittleren Abschnitt der Zervix am höchsten und machen den Zervikalkanal unter Mitwirkung der Ringmuskulatur im verschlossenen Zustand unpassierbar. Eine *Portio vaginalis cervicis* und ebenso auch eine deutliche Begrenzung des *Ostium uteri externum* fehlen der Zervix des *Schw.* Ihre Grenze zur Scheide ist da zu suchen, wo die letzten niedrigen Schlußkissen in längsgerichtete Schleimhautwülste bzw. -falten übergehen (*b''*).

Der **gravide Uterus** des *Schw.* mißt bei durchschnittlicher Anzahl von Früchten bis zu 2 m in der Länge. In diesem Zustand sinkt der Uterus auf die Bauchdecke und legt sich in größere Arkaden um. Das Darmkonvolut wird kraniodorsal verdrängt, und der gravide Uterus beansprucht die ventrale Hälfte des Bauchraums. Er berührt kranial den Magen und den linken Lappen der Leber. Schon relativ frühzeitig kann durch rektale Untersuchung (bei schlanker Hand des Untersuchers) die Stärke der A. iliaca externa mit der der A. uterina verglichen werden; im nichtgraviden Zustand ist die A. uterina strohhalmstark, während der Gravidität nimmt sie bis zur Stärke der A. iliaca externa zu. Ab dem 20.–23. Tag der Trächtigkeit ist an ihr das Schwirrphänomen nachweisbar. Am Ende der Trächtigkeit sind rektal die Früchte zu palpieren. Unter der Geburt sorgt die Uterusringmuskulatur dafür, daß immer nur ein Horn eine Frucht in den Geburtsweg entläßt, während das andere Horn vorübergehend sphinkterartig verschlossen gehalten wird.

Begattungsorgan

Die muskelstarke **Vagina** (543/*e*;545/*15*) ist 100–120 mm lang. Ihre kutane Schleimhaut trägt hohe Längsfalten. Auf der Grenze zum *Vestibulum* findet sich bei jungfräulichen Tieren als Hymenrest eine 1–3 mm hohe Ringfalte. Hier mündet auch die lange *Urethra* (545/*7*) mit ihrem *Ostium urethrae externum* (543/*g*), das von einem kleinen *Diverticulum suburethrale* unterlagert ist, in den Scheidenvorhof ein.

Die blaurote Schleimhaut des **Vestibulum vaginae** (543/*f*;545/*16*) ist längsgefaltet. Am Boden des Vorhofs enthält sie zwei Reihen von *Glandulae vestibulares minores*, deren Ausführungsgänge mit porenförmigen Öffnungen in das Vestibulum münden. Auch einzelne Lymphknötchen sind in der Schleimhaut enthalten.

Die wulstigen und runzeligen **Schamlippen** sind nur wenig behaart. Der *ventrale Schamwinkel* trägt einen unterschiedlich langen zapfenförmigen Hautanhang (527/*c*;543/*i*;545/*18*). Das *Corpus clitoridis* (545/*18'*) ist bis 80 mm lang, verläuft geschlängelt unter dem Vestibulum und verschwindet in dessen Boden in der *Fossa clitoridis* (543/*k*), deren epitheliale Auskleidung mit der Epitheldecke des Spitzenteils der Klitoris verklebt ist. Nur das unscheinbare, kegelförmige Ende der Spitze ragt frei aus dem *Praeputium* hervor.

Weibliche Geschlechtsorgane der Wiederkäuer
(415, 505–512, 517, 521, 523, 524, 528, 532, 546–556)

Die *Wdk.* gehören zu den uniparen Tieren. Beim *Rd.* wird in der Regel ein *Kalb* geboren, jedoch kommen Zwillingsgeburten nicht selten vor. Es können aber auch Drillinge oder gar Vierlinge geboren werden. Beim *Schf.* sind Zwillingsgeburten sehr häufig. Bei manchen Rassen machen sie über die Hälfte der Geburten aus, während Drillinge seltener geboren werden. Noch mehr als das *Schf.* neigt die *Zg.* zu Zwillingsgeburten (bis zu 75%). Auch Drillinge sind bei dieser Tierart nicht außergewöhnlich.

Die *Hauswiederkäuer* sind p o l y ö s t r i s c h. Ihr Sexualzyklus erstreckt sich über jeweils 3 Wochen. Die Brunst, die in den gleichen Zeitintervallen auftritt, dauert beim *Rd.* 1 Tag, beim *Schf.* und bei der *Zg.* 1–2 Tage. Die Trächtigkeitsdauer beträgt beim *Rd.* 9 Monate (im Mittel 280 Tage,) beim *Schf.* und bei der *Zg.* 5 Monate (150 Tage).

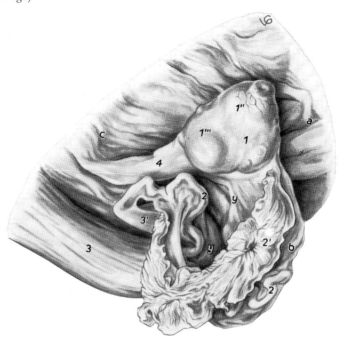

Abb. 546. Linkes Ovarium, Tuba uterina und Uterushorn mit Bändern, Rind. Medialansicht bei heruntergeklapptem Uterushorn und hochgelegtem Ovar.

1 Ovarium, aus der Bursa hervorgeholt und hochgelegt; *1″* Corpus luteum; *1‴* sich anbildender Graafscher Follikel; *2* Tuba uterina; *2′* Infundibulum mit Fimbrien und Ostium abdominale tubae uterinae; *3* Uterushorn, *3′* Spitze; *4* Lig. ovarii propr.

a Mesovarium; *b* Mesosalpinx; *c* Mesometrium; *y* Bursa ovarica

Keimdrüsen

Das **Ovarium** des **Rd.** (505–512;546/*1*;547/*a*;548/*1*;554/*8,9*;555/*1*) ist auffallend klein, oval und seitlich abgeplattet sowie etwa 40 mm lang, 20 mm hoch und 10–20 mm dick. Diese Maße können jedoch auch weitgehend variieren. Im Bereich des *Margo mesovaricus* ist der Eierstock von S e r o s a bedeckt und daher glatt. Der weitaus größte Teil seiner Oberfläche trägt K e i m d r ü s e n e p i t h e l, Epithelium superficiale (521/*1′*), erscheint mattglänzend und durch heranreifende bzw. reife Follikel und Gelbkörper verschiedener Entwicklungsstadien uneben, höckerig oder stellenweise kuppenförmig vorgebuchtet. Sprungreife, prallgefüllte Graafsche Follikel mit einem Durchmesser bis zu 20 mm sowie reife Gelbkörper mit einem Längsdurchmesser bis zu 30 mm buchten die Oberfläche des Ovariums so weit vor, daß diese Gebilde r e k t a l mit Sicherheit festgestellt werden können (505–512,546/*1″,1‴*). Bei dem kurzen Sexualzyklus von nur 21 Tagen kann man im Ovarium gesunder Kühe regelmäßig Gelbkörper verschiedener Zyklen antreffen. Das *Corpus luteum cyclicum* hat intensiv ocker- oder orangegelbe Farbe (507–512), während die in Rückbildung (*Corpus luteum regressum*) befindlichen eine mehr rostrote, späterhin auch weißliche Färbung (*Corpus albicans*) aufweisen. Die Ovarien hängen bei älteren Tieren an den derben, muskelstarken *Mesovarien* (521,546/*a*;547/*1*;548/*9*;554/*11*;555/*3*) über der Spitze des eingerollten Uterushorns, etwa in halber Höhe des Beckeneingangs bzw. in der Querschnittsebene durch die medialen Darmbeinwinkel. In dieser Lage werden sie weiterhin durch das *Ligamentum ovarii proprium* (521,546,547/*4*;548/*5*) gehalten, das an ihrem uterusseitigen Pol als kurzer, aber kräftiger Strang entspringt und in das *Mesometrium* einstrahlt.

Die schleierartig dünne *Mesosalpinx* (521,546/*b*;547/*3*;548/*4*) stellt eine aus der lateralen Fläche des Mesovariums entspringende, umfangreiche S o n d e r f a l t e dar. Sie umhüllt den Eierstock von kranial und lateral und läßt ihn so in der geräumigen *Bursa ovarica* (521;546/*y*;547/*a′*;554/*8,9*) verschwinden, die jedoch eine weite ventrale Z u g a n g s ö f f n u n g (521/*x*) besitzt. An der Innenfläche der Mesosalpinx, in der Nähe ihres freien Randes, setzt die *Fimbrienplatte* des *Eileitertrichters* an, wendet ihre gefaltete Schleimhautfläche und damit auch das trichterförmige *Ostium abdominale tubae uterinae* (521,546/*2'*;547/*b'*;548/*2*) dem Eierstock zu. Infolge seiner Großflächigkeit vermag das Infundibulum den Eierstock ganz zu umfassen.

Keimleitende und keimbewahrende Organe

Der **Eileiter** des **Rd.** (521,546/*2*;547/*b*;554/*10*) ist 200–280 mm lang. Er verläuft in wenigen Windungen zunächst in dem medialen Teil der Mesosalpinx, wechselt in kranialem Bogen in die laterale Wand der Bursa ovarica hinüber und findet in kaudalem Verlauf Anschluß an die Spitze des Uterushorns, ohne daß seine Mündung hier besonders markiert ist.

Der **Uterus** des **Rd.** (517;547;548;554;555) ist z w e i h ö r n i g (*Uterus bicornis*). Die beiden *Hörner* (547/*c*;548/*6*;554/*12,13*;555/*4*) sind zwei allmählich sich verjüngende und schließlich spitz auslaufende Rohre von je 350–450 mm Gesamtlänge. Kaudal beginnend, sind sie zunächst eine Strecke weit eng aneinander geschmiegt und in diesem Bereich durch den gemeinsamen Bauchfellüberzug, *Perimetrium*, und dessen M u s k u l a t u r zu einem D o p p e l r o h r vereinigt, nach außen hier einen einheitlichen „K ö r p e r" vortäuschend (517;547;548). Anschließend divergieren die beiden Uterushörner kranial und leicht lateral und werden hier durch je eine dorsale und ventrale muskulöse Serosafalte, *Ligamenta intercornualia* (547/*7*;548/*7,7'*), die quer von einem Horn zum anderen überspringen, zusammengehalten. Zwischen diesen beiden Bändern entsteht eine kranial offene kleine Tasche. Von dieser Stelle aus rollen sich die beiden Uterushörner über kranioventral nach kaudodorsal widderhornartig ein. Ihre S p i t z e läuft meist in eine S - f ö r m i g e K r ü m m u n g aus (546/*3'*;547/*c''*;555/*4'*) und geht ohne deutliche Grenze in den Eileiter über. Die Außenkontur der Spirale kann als *große*, ihre Innenkontur als *kleine Krümmung* der Uterushörner bezeichnet werden. Letztere stellt auch zugleich den *mesometralen Rand* für den Ansatz des *breiten Mutterbands* (547/*2*;548/*10*;554/*11*;555/*3,3''*) dar. Erwähnt sei, daß die Spirale der Uterushörner bei häufig trächtig gewesenen Tieren einen mehr flachbogigen Verlauf annimmt. Die kaudal zu einem Doppelrohr vereinigten Uterushörner münden getrennt in den etwa 30 mm langen *Uteruskörper* (517;547/*c'*;548/*8*;555/*5*) ein.

Die Gebärmuttter fühlt sich infolge ihrer namentlich bei älteren Tieren dicken Wand derb und rigid an. Ihre grau- oder blaurote S c h l e i m h a u t trägt Längs- und Querfalten (547/*c,c'*), denen die unterschiedlich gestalteten und verschieden großen, in meist vier unregelmäßigen Reihen angeordneten *Karunkeln* aufsitzen. Diese haben je nach Funktionszustand, aber auch vom Alter des Tieres abhängend, unterschiedliche Größe und Form. Meist sind sie kuppenförmig von mehr rundlicher oder ovaler Gestalt und können gelegentlich leicht napfförmig sein. Im trächtigen Uterus des *Rd.* können sie bis zu Faustgröße anwachsen und gleichen in ihrem Aussehen einem feinporigen Schwamm. In ihre zum Teil sehr tiefen Krypten dringen die reich verästelten Zotten der Kotyledonen ein und stellen so engsten Kontakt zwischen Placenta materna und Placenta fetalis her. Ein solches, aus m ü t t e r l i c h e m und f e t a l e m G e w e b e bestehendes Gebilde wird als ein *Plazentom* (532/*A*) bezeichnet.

Der Uterus hat enge nachbarliche Beziehungen zu den kaudalen Abschnitten des dorsalen Pansensacks, zu den vor bzw. in der Beckenhöhle lagernden Darmteilen und der ventral von ihm befindlichen Harnblase. Je nachdem, ob es sich um ein juveniles, geschlechtsreifes oder bereits trächtig gewesenes Tier handelt, tritt der Uterus unterschiedlich weit über den Schambeinkamm hinweg in die Bauchhöhle ein. In jedem Fall ist er in seiner ganzen Größe rektal abzutasten (548,554,555).

Die namentlich bei öfter trächtig gewesenen Tieren stark muskulösen *breiten Gebärmutterbänder* (548/*10*;554/*11*;555/*3',3''*), an deren lateraler Fläche sich je ein *Ligamentum teres uteri* findet, entspringen aus der seitlichen Beckenwand und auch etwas weiter kranial und treten an den *mesometralen Rand* (kleine Krümmung) der Uterushörner heran. Je nach ihrem Kontraktionszustand halten sie den Uterus dem Rektum genähert oder lassen ihn ventral herabsinken.

Die *Cervix uteri* (517;547/*d*;549;550;551;554/*14'*;555/*6*) läßt sich schon äußerlich durch ihre derbe Beschaffenheit auch rektal gegenüber dem Uteruskörper und der Scheide abgrenzen. Bei jungen Tieren ist sie 60–70 mm, bei älteren Kühen 100–150 mm lang. Ihre Wand besteht aus einer äußeren Längsmuskelschicht (550/*l*), dem Stratum vasculare und der inneren Kreismuskelschicht (*r*) mit dem sehr derben, dichtgefügten Z e r v i x g e w e b e. Hinzu kommt die den *Zervikalkanal* auskleidende blasse Schleimhaut mit ihrem charakteristischen Oberflächenrelief. An diesem fallen, in der Vierzahl vorhandene *Querwülste*, *Plicae circulares* (547/*d*;549/*d,d'*;550/*a,b,c,d*;551/*b*), auf – oft sind es auch

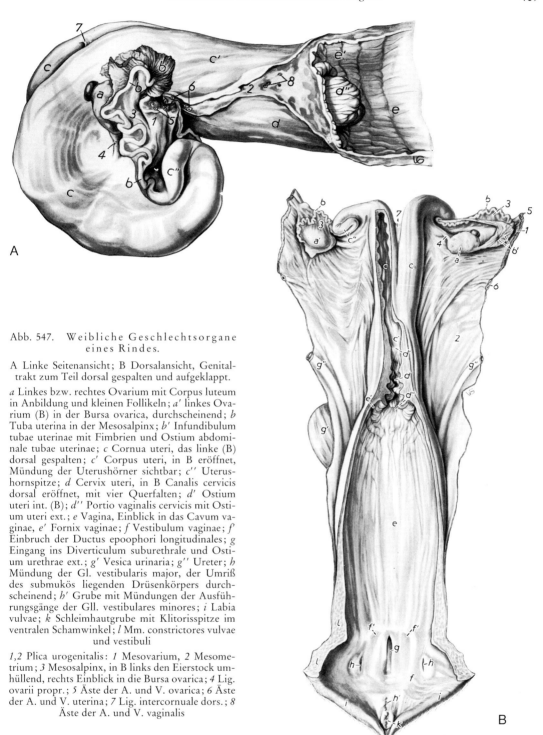

Abb. 547. Weibliche Geschlechtsorgane eines Rindes.

A Linke Seitenansicht; B Dorsalansicht, Genitaltrakt zum Teil dorsal gespalten und aufgeklappt.

a Linkes bzw. rechtes Ovarium mit Corpus luteum in Anbildung und kleinen Follikeln; *a'* linkes Ovarium (B) in der Bursa ovarica, durchscheinend; *b* Tuba uterina in der Mesosalpinx; *b'* Infundibulum tubae uterinae mit Fimbrien und Ostium abdominale tubae uterinae; *c* Cornua uteri, das linke (B) dorsal gespalten; *c'* Corpus uteri, in B eröffnet, Mündung der Uterushörner sichtbar; *c''* Uterushornspitze; *d* Cervix uteri, in B Canalis cervicis dorsal eröffnet, mit vier Querfalten; *d'* Ostium uteri int. (B); *d''* Portio vaginalis cervicis mit Ostium uteri ext.; *e* Vagina, Einblick in das Cavum vaginae, *e'* Fornix vaginae; *f* Vestibulum vaginae; *f'* Einbruch der Ductus epoophori longitudinales; *g* Eingang ins Diverticulum suburethrale und Ostium urethrae ext.; *g'* Vesica urinaria; *g''* Ureter; *h* Mündung der Gl. vestibularis major, der Umriß des submukös liegenden Drüsenkörpers durchscheinend; *h'* Grube mit Mündungen der Ausführungsgänge der Gll. vestibulares minores; *i* Labia vulvae; *k* Schleimhautgrube mit Klitorisspitze im ventralen Schamwinkel; *l* Mm. constrictores vulvae und vestibuli

1,2 Plica urogenitalis: *1* Mesovarium, *2* Mesometrium; *3* Mesosalpinx, in B links den Eierstock umhüllend, rechts Einblick in die Bursa ovarica; *4* Lig. ovarii propr.; *5* Äste der A. und V. ovarica; *6* Äste der A. und V. uterina; *7* Lig. intercornuale dors.; *8* Äste der A. und V. vaginalis

nur drei –, an deren Entstehung außer der Schleimhaut die Ringmuskulatur Anteil hat. Sie stehen quer zur Längsachse der Zervix und ragen unterschiedlich weit in ihr Lumen vor. Die erste F a l t e (550/*a*) springt etwas in den Uteruskörper vor und umschließt das *Ostium uteri internum* (547/*d'*;549/*b'*;550/O). Ihr folgen zwei mittelständige Falten (550/*b,c*). Die letzte der vier Falten (549/

d′;550/*d*) ragt zapfenartig in die Vagina hinein, liefert so die *Portio vaginalis cervicis* und umringt das *Ostium uteri externum* (547/*d′′*;549/*b′′*;550/*P*;551/*b′′*;554/*15*;555/*6′′*). Bei den vier bzw. drei Plicae circulares handelt es sich entweder um reine Ringfalten, um solche mit schraubigem Verlauf oder aber um sog. Sichelfalten. Außer diesen Querfalten besitzt die Schleimhaut der Zervix zahlreiche unterschiedlich hohe Längsfalten (550,551). Sie ziehen auch über die hohen Muskelquerfalten hinweg, kerben deren freie Ränder ein, so daß diese rosettenartiges Aussehen erhalten, und setzen sich noch über die Portio hinweg auf die Schleimhaut des *Fornix vaginae* (547/*e′*;549/*c′*;550/*V*;554/*15*) fort. Der *Zervikalkanal* ist durch die geschilderten Querfalten mehrfach geknickt (547/*d*;549/*b*) und beschreibt einen komplizierten, von Fall zu Fall unterschiedlich verlaufenden Zickzackweg, so daß er in verschlossenem Zustand unpassierbar wird. Dieser vollkommene Verschlußmechanismus wird durch einen, besonders in der Gravidität zähen, glasigen S c h l e i m vervollständigt, der alle Lücken und Spalten des Kanals erfüllt und mit einem von der Scheide tastbaren Pfropf auch das *Ostium uteri externum* wirksam verschließt.

Der **gravide Uterus** des *Rd.* (351) zeichnet sich durch eine zunehmende Asymmetrie aus, weil diese Tierart im allgemeinen nur eine Frucht, zu 60% im rechten, zu 40% im linken Uterushorn, austrägt. Nur selten, bis 3%, kommen Zwillingsträchtigkeiten vor; dann tragen meistens beide Uterushörner je eine Frucht.

Im ersten Trächtigkeitsmonat zeigt das sog. trächtige Horn über der Fruchtblase eine Auftreibung. Die Fruchtblase ist noch nicht mit der Schleimhaut verbunden, sondern schwimmt in der Uterin-

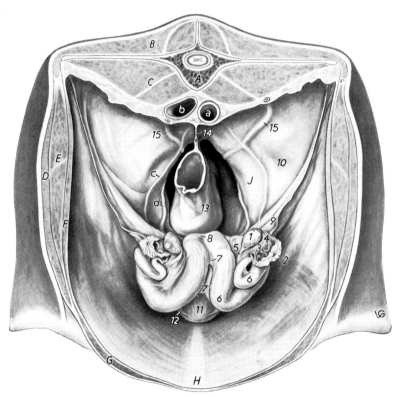

Abb. 548. B e c k e n o r g a n e e i n e s R i n d e s in situ. Kranialansicht.

A 5. Lendenwirbel; *B* Rückenmuskulatur; *C* Lendenmuskulatur; *D* M. obliquus ext. abdominis; *E* M. obliquus int. abdominis; *F* M. transversus abdominis; *G* M. rectus abdominis in der Rektusscheide; *H* Linea alba; *J* Kontur der Darmbeinsäule mit M. psoas minor und M. iliopsoas

1 linker Eierstock; *2* Infundibulum tubae uterinae mit Ostium abdominale; *3* Isthmus tubae uterinae; *4* Mesosalpinx mit *5* Lig. ovarii propr., die Bursa ovarica bildend; *6* linkes Cornu uteri; *7,7′* Lig. intercornuale dors. bzw. ventr.; *8* Corpus uteri; *9,10* Plica urogenitalis: *9* Mesovarium, *10* Mesometrium; *11* Vesica urinaria; *12* rechtes Lig. vesicae lat.; *13* Colon descendens; *14* Mesocolon descendens mit A. und V. rectalis cran.; *15* linker bzw. rechter Ureter

a Aorta abdominalis; *b* V. cava caud.; *c* A. ovarica; *d* A. uterina

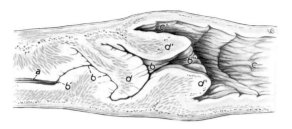

Abb. 549. Medianschnitt durch die Cervix uteri eines Rindes.

a Cavum uteri; *b* Canalis cervicis mit *b'* Ostium uteri int. und *b''* Ostium uteri ext.; *c* Cavum vaginae; *c'* Fornix vaginae; *d,d'* Querfalten der Cervix; *d'* Portio vaginalis cervicis

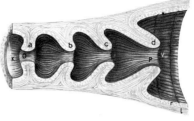

Abb. 550. Cervix uteri eines Kalbes. Medianschnitt, schematisiert. (Nach PREUSS, 1952.)

K Corpus uteri; *O* Ostium uteri int.; *P* Ostium uteri ext. in der Portio vaginalis; *V* Vagina

a–d Querfalten der Cervix: *a,d* umgeben das Ostium uteri int. bzw. ext.; *b,c* mittelständige Falten; *l* Längsmuskulatur; *r* Ringmuskulatur

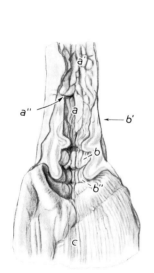

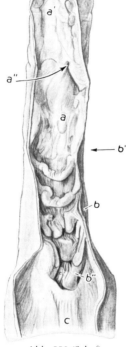

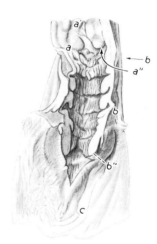

Abb. 551 (Kalb)   Abb. 552 (Schaf)   Abb. 553 (Ziege)

Abb. 551–553. Cervix uteri von Kalb, Schaf und Ziege, dorsal gespalten. (Nach SEIFERLE, 1933.)

a Corpus uteri; *a'* Cornu uteri sin. (*Schf., Zg.*) bzw. dext. (*Kalb*), eröffnet; *a''* Eingang des rechten (*Schf., Zg.*) bzw. linken (*Kalb*) Uterushorns in den Uteruskörper, durch Pfeil markiert; *b* Cervix uteri, Zervikalschleimhaut mit tierartlich typischen Verschlußeinrichtungen; *b'* Ostium uteri int.; *b''* Ostium uteri ext.; *c* Vagina

milch; sie gleitet durch die palpierenden Finger. Am Ende des 2. Trächtigkeitsmonats ist die Asymmetrie deutlicher. Die Wand des Uterushorns wird über der Frucht dünner und weicher; somit sind die Fluktuation und die Eihäute zu fühlen. Im 3. Trächtigkeitsmonat setzt an der A. uterina das Gefäßschwirren ein. Vom 4. Monat ab sind die Karunkeln nachweisbar. Sie sind zunächst kirschkerngroße derbe Knoten, wachsen im 6. Monat bis zu Walnußgröße und bis zum 8. Monat zu Kinderfaustgröße heran. Ab dem 5.-6. Monat senkt sich der Uterus infolge seines Gewichts in die Bauchhöhle hinein, so daß er bei der rektalen Untersuchung nicht mehr zu umfassen ist. Man erkennt nur den

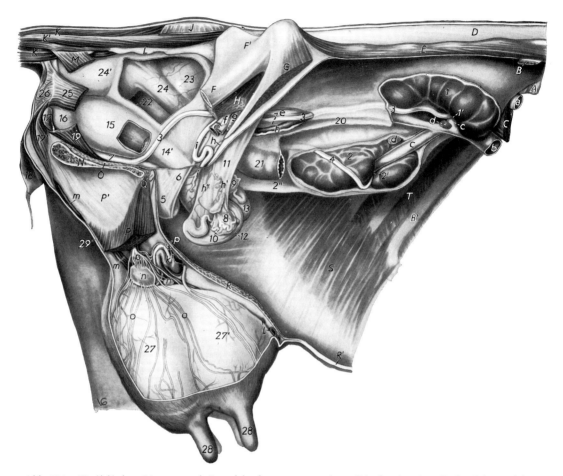

Abb. 554.   Weiblicher Harn- und Geschlechtsapparat eines Rindes in situ. Rechte Seitenansicht.

A 13. Brustwirbel; *B* 13. rechte Rippe; *B'* 11. linke Rippe; *C* rechter Zwerchfellpfeiler; *D* M. longissimus; *E* M. iliocostalis lumborum mit durchschimmernden Procc. transversi der Lendenwirbel; *F* Corpus ossis ilii, *F'* Ala ossis ilii mit Tuber coxae und Tuber sacrale; *G* M. obliquus int. abdominis; *H* M. iliopsoas; *J* M. glutaeobiceps; *K* Mm. sacrococcygei dorss.; *K'* Mm. intertransversarii caudae; *K''* Mm. sacrococcygei ventrr.; *L* Pars lateralis ossis sacri; *M* M. coccygeus lat.; *N* Symphysis pelvis; *O* M. obturator int.; *P* M. gracilis, *P'* Tendo symphysialis; *Q* Lig. pubicum cran.; *R* M. rectus abdominis; *R'* Linea alba; *S* M. transversus abdominis, von Fascia transversalis und Peritonaeum bedeckt; *T* Mm. intercostales intt.

1 bis *7* Harnorgane: *1* rechte Niere und *2* linke Niere, durch Entfernung ihrer Capsula adiposa sichtbar gemacht; *1'* und *2'* Hilus renalis; *2''* „Pansennierenband"; *3* Ureter dext.; *4* Ureter sin.; *5* Vesica urinaria; *6* Lig. vesicae lat. dext. mit Lig. teres vesicae (obliterierte Nabelarterie); *7* Urethra; *8* bis *19'* Geschlechtsorgane: *8* rechtes Ovar in der Bursa ovarica; *9* linke Bursa ovarica; *10* Tuba uterina dext.; *11* Mesometrium und Mesovarium; *12* Cornu uteri dext.; *13* Cornu uteri sin.; *14'* Cervix uteri; *15* Vagina, kranialer Teil gefenstert, dadurch Fornix vaginae und Portio vaginalis cervicis mit Ostium uteri ext. sichtbar gemacht; *16* Vestibulum vaginae; *17* Gl. vestibularis major; *18* Vulva; *19* M. constrictor vestibuli; *19'* M. constrictor vulvae; *20* bis *26* Verdauungsorgane: *20* Mesocolon; *21* Colon descendens; *22* Fascia pelvis und Peritonaeum parietale, gefenstert, damit Einblick in den peritonäalen Teil der Beckenhöhle (Excavatio rectogenitalis); *23* Mesorectum; *24* Rektum mit *24'* ampullenförmiger Erweiterung; *25* M. levator ani; *26* M. sphincter ani ext.; *27* bis *28* Milchdrüse, Drüsenkörper durch Abziehen der Haut zum Teil freigelegt; *27* Schenkelviertel und *27'* Bauchviertel der Milchdrüse; *28* Zitzen; *29* Milchspiegel

a Aorta abdominalis; *b* V. cava caud.; *c* Vv. renales; *d* Lnn. renales; *e* A. und V. iliaca ext.; *f* N. femoralis; *g* Ln. iliofemoralis; *h,h'* A. und V. ovarica, *h''* Ramus uterinus; *i* A. uterina; *k* A. und V. pudenda ext.; *l* V. epigastrica caudalis supf.; *m* V. labialis ventr.; *n* Lnn. mammarii mit *o* zuführenden und *p* abführenden Lymphgefäßen

unter Spannung gehaltenen Strang der Cervix uteri. Mit fortschreitender Gravidität wächst jedoch die Frucht, und sie wird wieder rektal palpierbar. Auch die äußere Adspektion der Bauchdecke läßt durch die rechtsseitige Ausweitung leicht auf Trächtigkeit schließen. Der Uterus hat sich in der Bauchhöhle um etwa 90 Grad gedreht, so daß das gravide auf dem nichtgraviden Horn liegt. Dadurch wird ein gleichmäßiger Zug auf beide Gebärmutterbänder verteilt.

Am Ende der Trächtigkeit wiegt der trächtige Uterus etwa 40–80 kg, sein Umfang mißt im Durchschnitt 1,2 m und seine Länge knapp 1 m. Das Volumen ist im Mittel auf ca. 55 l angewachsen.

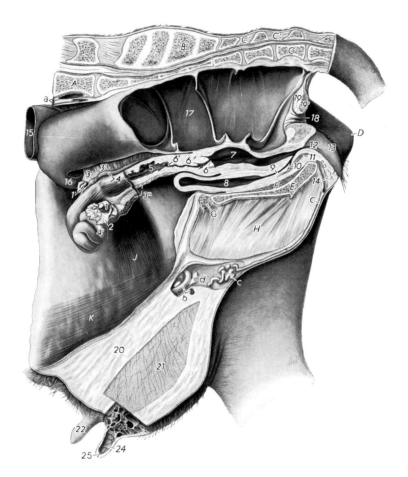

Abb. 555. Weibliche Geschlechtsorgane einer in situ formalinfixierten Kuh. Medianschnitt, linke Ansicht.

A 6. Lendenwirbel; *B* Kreuzbein; *C* 2. Schwanzwirbel; *C'* Spatia interarcualia zwischen Kreuzbein und 1. Schwanzwirbel bzw. zwischen 1. und 2. Schwanzwirbel; *D* Sitzbeinhöcker; *E* Symphysis pelvis; *F* M. obturator ext.; *G* Lig. pubicum cran.; *H* Tendo symphysialis des M. gracilis; *J* M. transversus abdominis und *K* M. rectus abdominis, durch Fascia transversalis und Peritonaeum durchscheinend

1 Linkes Ovarium mit Gelbkörper; *1'* rechtes Ovarium; *2* Infundibulum tubae uterinae; *3,3'* rechte Plica urogenitalis: *3* Mesovarium, *3'* Mesometrium; *3''* Ansatz des abgetragenen linken Mesometriums mit Gefäßquerschnitten; *4* Cornua uteri; *4'* Spitze des linken Uterushornes; *5* Corpus uteri; *6* Cervix uteri, Canalis cervicis eröffnet, mit *6'* Ostium uteri int. und *6''* Ostium uteri ext.; *7* Vagina; *8* Harnblase, entleert; *9* Urethra; *10* Diverticulum suburethrale; *11* M. urethralis und M. constrictor vestibuli; *12* Vestibulum vaginae; *13* Labium vulvae dext.; *14* Corpus clitoridis; *15* Colon descendens mit *16* Colon sigmoideum; *17* Rectum, gefenstert, mit Plicae circulares; *18* Anus; *19,19'* M. sphincter ani int. bzw. ext.; *20* bis *25* an der Milchdrüse: *20* Lig. suspensorium mammae, gefenstert; *21* Drüsenkörper der rechten Euterhälfte mit Blut- und Lymphgefäßen; *22* Zitze des rechten Vorderviertels; *23* Drüsenteil und *24* Zitzenteil der Milchzisterne des rechten Hinterviertels; *25* Strichkanal

a Aorta abdominalis und V. cava caud.; *b* A. und V. pudenda ext.; *c* V. labialis ventr.; *d* Lnn. mammarii

Begattungsorgan

Die sehr dickwandige, muskelstarke **Vagina** (547/*e*;554/*15*;55/*7*) ist etwa 300 mm lang und sehr dehnungsfähig; in situ fällt ihr Lumen zu einem schmalen Spalt zusammen. Ihr *Fornix* (547/*e'*) überwölbt die *Portio vaginalis cervicis* (*d''*) dorsal, so daß sie hier zapfenartig in die Vagina vorspringt, während dies ventral nur andeutungsweise der Fall ist. Wichtig ist zu wissen, daß der *Fornix vaginae* ebenso wie die gesamte *Zervix* in den peritonäalen Teil der Beckenhöhle hineinragt und hier von dem die Excavatio rectogenitalis auskleidenden Bauchfell bedeckt ist (548;554/*22*;555). Durch Perforation des Scheidengewölbes kann man daher in die Peritonäalhöhle gelangen und so die Kastration vornehmen.

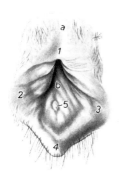

Abb. 556. Vestibulum vaginae einer Ziege. Schamlippen leicht gespreizt.

a Perineum; *b* Vestibulum vaginae

1 Commissura labiorum dors.; *2* Labium vulvae sin.; *3* Labium vulvae dext.; *4* Commissura labiorum ventr.; *5* Klitorisspitze

Die kutane Schleimhaut der Vagina ist quer- und längsgefaltet (547/*e*). Kaudal von einer niedrigen S c h l e i m h a u t f a l t e (Hymenrest) mündet die *Urethra* (415/*f*;554/*7*;555/*9*) in das *Vestibulum vaginae*. Das *Ostium urethrae externum* ist von dem *Diverticulum suburethrale* unterlagert (415/*g*;547/*g*;555/*10*), was beim Katheterisieren beachtet werden muß.

Das **Vestibulum vaginae** (547/*f*;554/*16*;555/*12*) ist kurz und hängt zum Teil mit der *Vulva* über den beim Rd. tief ausgeschnittenen Arcus ischiadicus herab. Infolgedessen ist die Harnröhrenmündung auf diesem Weg unschwer zu erreichen bzw. schon durch Auseinanderspreizen der Schamlippen sichtbar zu machen. Seitlich der *Harnröhrenmündung* finden sich die muldenförmigen Einbruchstellen der *Gartnerschen Gänge* (*Ductus epoophori longitudinales*) (547/*f'*). Kaudal davon ist jederseits die walnußgroße *Glandula vestibularis major* gelegen, deren A u s f ü h r u n g s g a n g mit kraterförmiger Öffnung mündet (547/*h*;554/*17*). In der Ventralwand der Vagina finden sich *Glandulae vestibulares minores*, deren Ausführungsgänge zum Teil in einer rinnenförmigen Vertiefung kranial vor der Klitoris münden. Zahlreiche L y m p h f o l l i k e l sind als glasige Knötchen auf der gelblichbraunen Schleimhaut zu finden.

Die wulstigen, leicht gerunzelten *Schamlippen* (528/*2,3*;547/*i*;554/*18*;555/*13*) umschließen die *Schamspalte* und laufen v e n t r a l in den mehr spitzen *Schamwinkel* aus. Sie sind fein behaart; nur am ventralen Schamwinkel findet sich ein Büschel langer Haare (528/*4*;554/*18*).

Die *Klitoris* (555/*14*) entspringt mit den beiden *Crura clitoridis* am tief ausgeschnittenen Arcus ischiadicus. Sie vereinigen sich zu dem etwa 120 mm langen *Corpus clitoridis*, das an der Außenfläche des Vestibulums geschlängelt dem ventralen Schamwinkel zustrebt. Der S p i t z e n t e i l der Klitoris tritt in die *Fossa clitoridis* (547/*k*) ein, deren epitheliale Auskleidung mit dem Epithelüberzug des Spitzenteils verklebt ist und so eine geschlossene „ E p i t h e l g l o c k e " bildet. Stellenweise können die beiden Epithelblätter sich jedoch voneinander lösen, wodurch eine offene *Fossa clitoridis* angedeutet wird. Nur das unscheinbare, meist kegelförmige Ende der *Klitorisspitze* ragt aus einer flachen Schleimhautmulde hervor.

Die weiblichen Geschlechtsorgane von Schf. und Zg. (523,524,552,553,556) gleichen nach Form und Organisation, abgesehen von der geringeren Größe, im allgemeinen weitgehend jenen des *Rd.* Immerhin sind an diesen Organen zwischen *Schf.* und *Zg.* einerseits, wie andererseits auch gegenüber jenen des *Rd.*, artspezifische Besonderheiten vorhanden, die nachfolgend betrachtet werden sollen.

Die **Ovarien** von **Schf.** und **Zg.** haben, ähnlich wie beim *Rd.*, ovale bis rundliche Gestalt; sie sind etwa 15 mm lang und 10–18 mm hoch. Ihre Oberfläche ist höckerig, und es können entweder beide Eierstöcke Gelbkörper desselben Zyklus enthalten, oder sie finden sich zu zweien in einem der beiden Organe (häufige Zwillingsträchtigkeit). Bei ihrer Größe können sie das Ovarium auf den fast doppelten Umfang anwachsen lassen. Auf dem Schnitt erscheinen die Gelbkörper graurot, im Rückbildungsstadium mattgelb. Das *Mesovarium* befestigt die Eierstöcke seitlich der aufgerollten *Uterushörner* etwa in Höhe des 5. Lendenwirbels. Das muskulöse *Ligamentum ovarii proprium* entspringt an der

Extremitas uterina des Eierstocks und strahlt uteruswärts in das *Mesometrium* ein. Ein *kraniales Keimdrüsenband* läßt sich bei beiden Tierarten nachweisen. Die *Mesosalpinx* hat auch bei den *kl. Wdk.* beträchtliche Ausdehnung und umhüllt von lateral her kapuzenartig das Ovarium. Die *Bursa ovarica* ist tief und hat eine weite Zugangsöffnung. Der *Eileiter* ist auffallend lang (140–150 mm). Der *Tubentrichter* ist an der Extremitas tubaria des Eierstocks und an der Mesosalpinx befestigt. Er wendet seine Fimbrienplatte mit dem *Ostium abdominale tubae uterinae* dem Ovarium zu. Ähnlich wie beim *Rd.*, jedoch stärker geschlängelt, zieht der Eileiter aus der medialen Wand der Bursa ovarica in großem Bogen um den kranialen Pol des Eierstocks und gelangt in der lateralen Wand der Bursa ovarica zum Uterushorn.

Der **Uterus** weist bei **Schf.** und **Zg.** weitgehende Ähnlichkeit auf. Nur an seiner *Zervix* finden sich artdiagnostisch verwertbare Unterschiede. Die spiralige Aufrollung der relativ längeren Uterushörner ist noch ausgeprägter als am Uterus des *Rd.* Die kaudalen Abschnitte der *Hörner* sind eine kurze Strecke weit äußerlich zu einem Doppelrohr vereinigt. An der Bifurkation der Uterushörner findet sich das nur einfache *Ligamentum intercornuale* (523/g). Der *Uteruskörper* besitzt eine Länge von etwa 30 mm. Das graurosa gefärbte, bei älteren Tieren auch bräunlichgelbe *Endometrium* (b) trägt auf Schleimhautfalten die für die *kl. Wdk.* charakteristischen *Karunkeln* (b'); bei beiden Arten haben sie meist ausgesprochen konvexe Knopfform, nur bei häufiger trächtig gewesenen Tieren können sie mehr oder weniger ausgeprägte Napfform haben (532B,C/a''). Typisch für das *Schf.* ist die Pigmentierung seiner Uterusschleimhaut, die durch Einlagerung eines schwarzen, Melanin genannten Farbstoffs zustande kommt. In allen Phasen des Sexualzyklus sind bei juvenilen, bei geschlechtsreifen und bei trächtig gewesenen Tieren in mehr oder weniger großem Umfang besonders die Karunkeln, aber auch das interkarunkuläre Endometrium hellgrau bis tiefschwarz pigmentiert. Während der Gravidität verschwindet die Pigmentation wieder. Bei der *Zg.* scheint sie nur äußerst selten aufzutreten.

Als arttypisch in dem Verhalten ihres Schleimhautreliefs wird die *Zervix* der *kl. Wdk.* bezeichnet. Ein ausgeprägter *innerer Muttermund* fehlt beiden Arten (552,553/b'). Das *Ostium uteri externum* bzw. die *Portio vaginalis cervicis* des **Schf.** ist vielgestaltig (552/b''). Das *Ostium uteri externum* liegt auf dem Boden der Scheide, deren Schleimhaut hier eine wallartige Querfalte bildet. In die so entstehende Mulde bettet sich die Portio vaginalis, die das quer-, schräg- oder senkrechtgestellte schlitzförmige Ostium uteri externum umschließt, in dessen Umgebung sich mannigfaltig gestaltete Schleimhautbildungen finden. Der *Zervikalkanal* des *Schf.* besitzt neben 2 Ringfalten 5–6 hintereinander liegende *Pulvini cervicales* (552/b). Es sind dies knorpelharte, wulstige Wandverdickungen, die der Dorsal-, Seiten- oder Ventralwand aufsitzen und die Funktion von Verschlußkissen haben. Infolge dieser Einrichtung ist auch der Verlauf des Zervikalkanals kompliziert und variabel. Bei der **Zg.** hingegen wird diese Verschlußeinrichtung der Zervix von 5–8 aufeinander folgenden, längsgerillten (524/b), regelmäßig gestalteten, konzentrischen Faltenkränzen dargestellt (553/b), von denen der kaudale als *Portio vaginalis* den dem Scheidenboden nahegelegenen *äußeren Muttermund* umfaßt (553/b''). Auch ihm ist, wie beim *Schf.*, eine querstehende Schleimhautfalte der Vagina vorgelagert.

Die **Vagina** der *kl. Wdk.* (556) bietet keine artdiagnostisch verwertbaren Merkmale. Auch das *Vestibulum vaginae* (b) zeigt, abgesehen von dem gelegentlichen Vorkommen von *Glandulae vestibulares majores* und *minores* beim **Schf.**, die der **Zg.** immer fehlen, keine Besonderheiten. Die *Schamlippen* (2,3) treten nur wenig hervor, tragen aber beim *Schf.* einen längeren, kegelförmigen Hautanhang, der bei der *Zg.* plumper und kürzer geformt ist (4). Das *Corpus clitoridis* ist bei beiden Arten kurz. Die *Spitzenkappe* ragt nur wenig aus der *Fossa clitoridis* hervor (5).

Weibliche Geschlechtsorgane des Pferdes
(16, 518, 522, 525, 529, 557–559)

Das *Pfd.* ist unipar und polyöstrisch. Der Sexualzyklus der *Stute* zeigt in seinem jahreszeitlichen Ablauf große Unregelmäßigkeiten. Nach den vorliegenden Feststellungen beträgt die Zyklusdauer der *Stute* im Mittel 21 Tage, bei Schwankungen zwischen 19 und 23 Tagen, mit einer Brunstdauer von 5–7 Tagen. Nach einer Trächtigkeitsdauer von durchschnittlich 336, in extremen Fällen 310–410 Tagen bringt die *Stute* ein Junges zur Welt. Zwillingsträchtigkeit ist bei der Stute sehr selten. Ganz vereinzelt kommen Drillinge oder gar Vierlinge vor, die dann meist tot bzw. lebensunfähig geboren werden.

Keimdrüsen

Die **Ovarien** (522,557/*1*;558/*a*;559/*8,9*) der geschlechtsreifen **Stute** sind sehr groß und haben b o h n e n f ö r m i g e G e s t a l t. Sie sind im Durchschnitt 50–80 mm lang und 20–40 mm dick. Der weitaus größte Teil ihrer Oberfläche ist von B a u c h f e l l überzogen, während die K e i m d r ü s e n - e p i t h e l tragende *Ovulationsfläche* am *Margo liber* in die Tiefe einer *Grube, Ovulationsgrube, Fossa ovarii* (557/*1'*;558/*a'*), verlegt ist.

Dieser für das *Pfd.* typische Zustand stellt sich an dem Ovarium erst nach der Geburt allmählich ein. Bei N e u g e b o r e n e n ist der Eierstock zunächst noch e i f ö r m i g. Seine Gefäßschicht enthält eine große Menge gelblicher P i g m e n t z e l l e n, die das sog. *Pigmentzellager* bilden, welches in diesem Stadium den Hauptteil des Ovariums für sich in Anspruch nimmt. Das die Follikel enthaltende Parenchym des Eierstocks hingegen beschränkt sich als sog. *Keimplatte* auf den hier noch konvexen freien Rand des Ovariums. Im Laufe der Weiterentwicklung schwindet das Pigmentzellager mehr und mehr, und die Keimplatte wird zunächst zu einer flachen Grube, bis schließlich bei 2–3jährigen *Stuten*

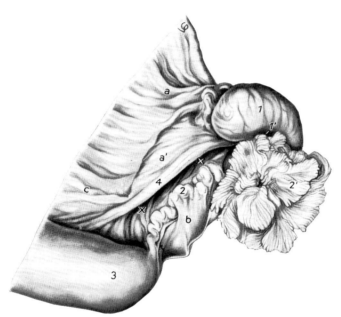

an dieser Stelle eine trichterförmige Vertiefung, die bereits erwähnte Ovulationsgrube, entsteht, um welche sich die Zona parenchymatosa anordnet, während die Zona vasculosa mehr oberflächlich liegt. Nunmehr ist der größte Teil des Ovariums von Bauchfell überzogen, und die Ovulation vollzieht sich nur im Bereich der Keimplatte in der Ovulationsgrube.

Abb. 557. L i n k e s O v a r i u m, T u b a u t e - r i n a u n d U t e r u s h o r n s p i t z e m i t B ä n - d e r n, P f e r d. Medialansicht.

1 Ovarium, aus der Bursa hervorgeholt, *1'* Ovulationsgrube; *2* Tuba uterina; *2'* Infundibulum mit Fimbrien und Ostium abdominale tubae uterinae; *3* Uterushorn; *4* Lig. ovarii propr.

a Mesovarium; *a'* Gekröse für das Lig. ovarii propr.; *b* Mesosalpinx; *c* Mesometrium; *x* Zugang zur Bursa ovarica

Die Ovarien sind an den etwa 150 mm langen *Mesovarien* (522,557/*a*;558/*1*;559/*11'*), ungefähr handbreit kaudal der Nieren, in der Lendengegend befestigt und hier als derbe Körper auch rektal aufzufinden. Das derbe, strangförmige *Ligamentum ovarii proprium* (522,557,558/*4*) verbindet die Extremitas uterina des Eierstocks mit dem Uterushorn. Aus der lateralen Fläche des *Mesovariums* spaltet sich mit bogenförmiger Ursprungslinie die *Mesosalpinx* (522,557/*b*;558/*3*;559/*10*) ab. Sie ist nicht sehr ausgedehnt und bildet gemeinsam mit dem Mesovarium, dem Eierstock und dem Ligamentum ovarii proprium die spaltartige, wenig tiefe *Bursa ovarica* (558/*3,4),* in deren weiter Z u - g a n g s ö f f n u n g (522,557/*x*) der große Eierstock gut sichtbar gelegen ist. An ihrem freien Rand sowie am kranialen Pol des Eierstocks befestigt sich das plattenförmige *Infundibulum* und ist mit seinem *Ostium abdominale tubae uterinae* (522,557/*2'*;558/*b'*;559/*9'*) dem Taschenraum und zugleich der Ovulationsgrube des Eierstocks zugewendet.

Keimleitende und keimbewahrende Organe

Der **Eileiter** (522;557/*2*;558/*b*;559/*10*) hat eine Länge von 200–300 mm. Mit dem *Infundibulum* beginnend, etwas vom freien Rand der Mesosalpinx entfernt, verläuft er in engen mäanderförmigen Windungen zu dem kuppelförmigen Kranialende des Uterushorns. Das *Ostium uterinum tubae* liegt auf einer kleinen, mit einem S c h l i e ß m u s k e l ausgestatteten papillenförmig ins Uteruslumen hineinragenden *Pars uterina* (558/*b''*).

Der **Uterus** (518,558,559) des **Pfd.** ist durch einen sehr geräumigen *Uteruskörper* (518;558/*c'* ;559/*14*) ausgezeichnet, dem die beiden relativ kurzen, schlauchförmigen *Uterushörner* (518;558/*c*;559/*12,13*)

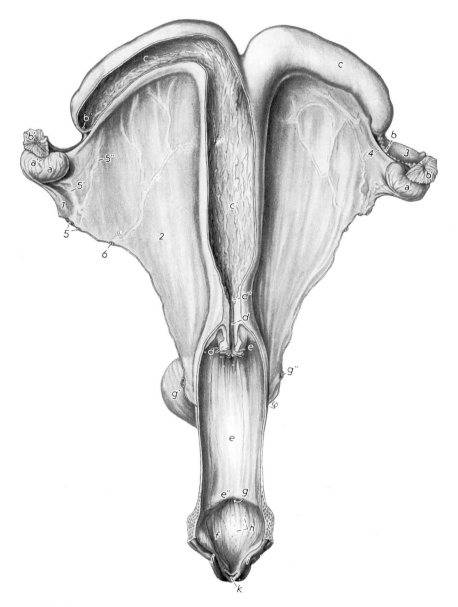

Abb. 558. W e i b l i c h e G e s c h l e c h t s o r g a n e e i n e s P f e r d e s. Dorsalansicht. Genitaltrakt zum Teil dorsal eröffnet.

a Ovarium, *a'* Ovulationsgrube; *b* rechte Tuba uterina in der Mesosalpinx; *b'* Infundibulum tubae mit Fimbrien und Ostium abdominale tubae uterinae; *b''* Ostium uterinum tubae auf der Pars uterina des Eileiters; *c* Cornua uteri, linkes Horn eröffnet, Endometrium mit nicht verstreichbaren Schleimhautfalten sichtbar; *c'* Corpus uteri, dorsal eröffnet; *d* Cervix uteri, Canalis cervicis eröffnet; *d'* Ostium uteri int.; *d''* Portio vaginalis cervicis mit Ostium uteri ext.; *e* Vagina, durch Eröffnung Einblick in *e'* den Fornix vaginae; *e''* Scheidenklappe; *f* Vestibulum vaginae; *g* Ostium urethrae ext.; *g'* Vesica urinaria; *g''* Ureter; *h* Mündungen der Ausführungsgänge der Gll. vestibulares minores; *i* Labia vulvae; *k* Fossa clitoridis mit Glans clitoridis im ventralen Schamwinkel; *l* Mm. constrictores vulvae und vestibuli

1,2 dorsomediale Fläche der Plica urogenitalis: *1* Mesovarium, *2* Mesometrium; *3* Mesosalpinx, mit *4* Lig. ovarii propr. gemeinsam die Bursa ovarica bildend; *5,5'* A. und V. ovarica, *5''* Rami uterini; *6* A. uterina

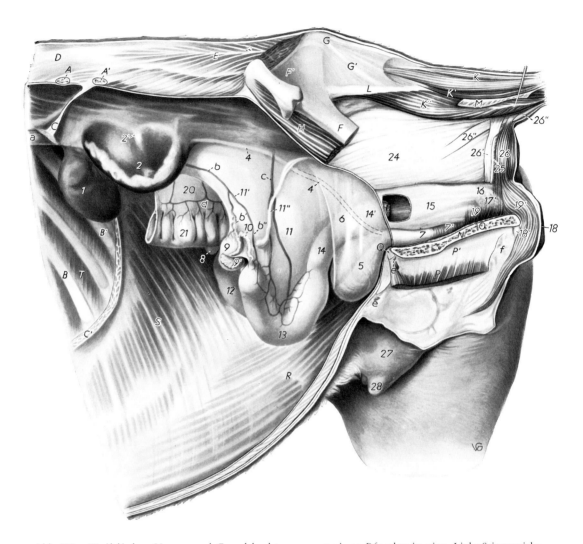

Abb. 559. Weiblicher Harn- und Geschlechtsapparat eines Pferdes in situ. Linke Seitenansicht.

A 17. und *A'* 18. linke Rippe; *B* 14. und *B'* 16. rechte Rippe; *C* Teil des linken Zwerchfellpfeilers; *C'* Pars costalis des Zwerchfells; *D* M. longissimus; *E* Lendenzacke des M. glutaeus medius; *F* Corpus ossis ilii, *F'* Ala ossis ilii mit Tuber coxae und Tuber sacrale; *G* Ligg. sacroiliaca dorss. breve und *G'* longum; *H* M. iliacus lat.; *K* Mm. sacrococcygei dorss., *K'* Mm. intertransversarii caudae; *K''* Mm. sacrococcygei ventrr.; *L* Pars lateralis ossis sacri; *M* M. coccygeus lat.; *N* Symphysis pelvis; *O* M. obturator int.; *P* M. gracilis mit *P'* Tendo symphysialis; *Q* Lig. pubicum cran.; *R* M. rectus abdominis; *S* M. transversus abdominis, von Fascia transversalis und Peritonaeum bedeckt; *T* Mm. intercostales intt.

1–7 Harnorgane: *1* rechte Niere; *2* linke Niere, *2'* Hilus renalis; *4* Ureter sin.; *5* Vesica urinaria; *6* Lig. vesicae lat. sin. mit Lig. teres vesicae (obliterierte Nabelarterie); *7* Urethra, *7'* M. urethralis; *8–19* Geschlechtsorgane: *8* rechtes Ovar; *9* linkes Ovar mit *9'* Ovulationsgrube und Infundibulum tubae uterinae mit Fimbrien und Ostium abdominale tubae uterinae; *10* Tuba uterina sin. in der Mesosalpinx; *11* Mesometrium, *11'* Mesovarium; *11''* Lig. teres uteri; *12* Cornu uteri dext.; *13* Cornu uteri sin.; *14* Corpus uteri; *14'* Cervix uteri; *15* Vagina, ihr kranialer Teil gefenstert, dadurch Fornix vaginae und Portio vaginalis cervicis mit Ostium uteri ext. sichtbar gemacht; *16* Vestibulum vaginae; *17'* Bulbus vestibuli (venöser Schwellkörper); *18* Vulva, Labium sin.; *18'* Crus clitoridis; *19* M. constrictor vestibuli; *19'* M. constrictor vulvae; *20* Mesocolon; *21* Colon descendens; *24* Ampulla recti; *25* M. levator ani; *26* M. sphincter ani ext.; *26'* ventrale Mastdarmschleife; *26''* M. rectococcygeus; *27* Milchdrüse; *28* linke Zitze

a Aorta abdominalis; *b,b'* A. ovarica, *b''* Ramus uterinus; *c* A. uterina; *d* Äste der A. mesenterica caud. zum Colon descendens; *e* Äste der V. pudenda ext.; *f* Venen im Bereich der Klitoris, Anastomosen zwischen V. pudenda int. und V. obturatoria

aufgesetzt sind. Die Uterushörner sind wenig länger als der Uteruskörper und messen 220–250 mm. Sie streben vom *Fundus* des Uteruskörpers aus, ventral konvex durchgebogen, divergierend kranial und erreichen mit ihren stumpfen Enden fast unmittelbar die Eierstöcke. Ebenso wie die Uterushörner ragt auch der große Uteruskörper in die Bauchhöhle hinein (559). Das sehr breitflächige, mit Muskulatur reichlich ausgestattete *Mesometrium* (558/2;559/11) entspringt an der Seitenwand der Beckenhöhle und in der Lendengegend auf einer Linie, die vom 3.–4. Lendenwirbel bis etwa zum 4. Wirbel des Kreuzbeins reicht, und befestigt sich am konkaven, *mesometralen Rand* der Uterushörner und am Corpus uteri bis zur Zervix hin. Lateral ist ihm das *Ligamentum teres uteri* (559/11'') angeheftet, das mit einem isolierten Zipfel kaudal der Spitze des Uterushorns beginnt und vor dem tiefen Leistenring endet. Der nichtträchtige Uterus ruht dorsal auf Darmschlingen des Jejunums und des Colon descendens, ist aber auch Teilen des Colon ascendens, insbesondere dessen Beckenflexur und dem Blinddarmkopf benachbart. Dabei können die Uterushörner sich zwischen die Darmschlingen einschieben.

Sowohl die Hörner als auch der Uteruskörper haben ein auffallend weites Lumen. Ihr *Endometrium* (558/c,c') zeigt hohe, zum Teil blattförmige, nicht verstreichbare Falten, und die gesamte Schleimhaut ist gelblichbraun oder braunrot gefärbt.

Die *Cervix uteri* (518;525,558/d;559/14') ist infolge ihrer derben Konsistenz rektal gut zu palpieren. Ihre Schleimhaut ist blaß und mit blattartigen, hohen radiär gestellten L ä n g s f a l t e n dicht besetzt. Der *Zervikalkanal* durchläuft infolgedessen die Zervix vom *Ostium uteri internum* (558/d') zum *Ostium uteri externum* (525/d';558/d'';559/15) auf g e r a d e m W e g e und ist daher auch in verschlossenem Zustand für geeignete Instrumente passierbar. Der innere Muttermund ist leicht trichterförmig, während das Ostium uteri externum von der deutlich in die *Vagina* vorspringenden, gelappten *Portio vaginalis cervicis* (525/d';558/d'';559/15) aufgenommen wird.

Der **gravide Uterus** des *Pfd.* zeigt am Ende des ersten Trächtigkeitsmonats eine über 20 mm große, knollenförmige Auswölbung, die sog. Eiausbuchtung, im graviden Horn nahe der Bifurkation. Im 2. Monat der Trächtigkeit wächst die Eiausbuchtung auf 50–80 mm Durchmesser an und verlagert sich auch auf den Uteruskörper. Am Ende des 3. Monats ist der Brutraum 200–400 mm im Durchmesser, und der Uterus senkt sich in die Bauchhöhle ab, so daß die Frucht nicht mehr rektal zu umfassen ist. Im 5. Monat liegt die Cervix uteri über dem Schambeinkamm und senkt sich, wie die Gebärmutterbänder, fast senkrecht in den Bauchraum ab. Der Uterus und oft auch die Eierstöcke sind rektal nicht mehr zu fühlen. Das Gefäßschwirren der A. uterina ist dagegen deutlich spürbar. Ab dem 7. Trächtigkeitsmonat hat sich die Frucht so stark vergrößert, daß Teile vor dem Schambeinkamm erscheinen, am Ende der Trächtigkeit können sie sogar über den Beckeneingang in den Beckenraum eingetreten sein. Die Umfangsvermehrung des Bauches kann in der zweiten Trächtigkeitshälfte wahrgenommen werden, doch tritt im allgemeinen keine Asymmetrie auf. Der Bauch wird vielmehr beidseitig gleichmäßig tonnenförmig.

Begattungsorgan

Die **Vagina** (525,558/e;559/15) ist ein sehr langes, dehnbares Rohr. Mit ihrem geräumigen *Gewölbe* umfaßt sie die *Portio vaginalis* allseitig und ragt in den peritonäalen Teil der Beckenhöhle hinein (16/c;525;559). Infolgedessen ist sie hier von B a u c h f e l l bedeckt und wendet ihre dorsale Fläche der Excavatio rectogenitalis (16/1) bzw. dem Rektum zu, während ihre Ventralfläche zur Excavatio vesicogenitalis (2) hingewendet ist und daher enge Nachbarschaft zur Harnblase hat. Wie beim *Rd.*, so kann man zum Zwecke der Kastration bei der *Stute* das *Scheidengewölbe* (525;558/e') dorsal oder ventral perforieren und die Eierstöcke unmittelbar erreichen.

Die kutane Schleimhaut der *Vagina* ist längsgefaltet und läßt unmittelbar kranial von der weiten *Mündung der Harnröhre* (525/f,f';558/g;559/7) eine meist sehr starke Querfalte erkennen (*Scheidenklappe*) (558/e''), die als ein Rest des Hymens angesehen werden kann.

Hier setzt sich die Vagina in das **Vestibulum vaginae** (525/h;558/f;559/16) fort, das mit der Vulva über den Arcus ischiadicus ventral herabhängt. Ihre von sichtbaren V e n e n n e t z e n unterlegte Schleimhaut ist rostbraun und längsgefältet. Kleine, reihenweise angeordnete, kraterförmige Öffnungen stellen die Mündungen der Ausführungsgänge der *Glandulae vestibulares minores* (558/h) dar, von denen jederseits eine mehr v e n t r a l e und eine zweite, mehr d o r s a l e G r u p p e unterschieden werden. In der Seitenwand des Vorhofs findet sich der recht umfangreiche kavernöse *Schwellknoten, Bulbus vestibuli* (559/*17'*).

Die **Vulva** (525/*i*;529/*c*;558/*i*;559/*18*) wird von den beiden wulstigen *Schamlippen* (529/*2,3*) gebildet, die in den d o r s a l e n spitzen und in den v e n t r a l e n abgerundeten *Schamwinkel* (*1,4*) auslaufen. Das Integument der Schamlippen ist meist dunkel pigmentiert, in seltenen Fällen marmoriert, nur sehr zart behaart und enthält zahlreiche S c h w e i ß - und T a l g d r ü s e n. Auch ihre der *Rima vulvae* zugewendeten Schleimhautflächen sind meist pigmentiert. Die *Klitoris* (525/*m,n*) ist bei der *Stute* in allen ihren Teilen vollkommen ausgebildet. Die beiden kräftigen *Crura clitoridis* entspringen am Sitzbein und vereinigen sich in dem 60–80 mm langen *Corpus clitoridis* (*m*), das an der Unterseite des

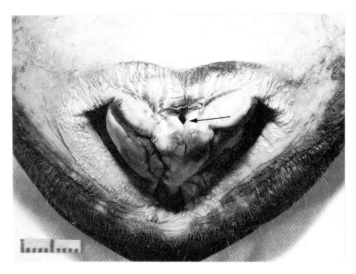

Abb. 560. K l i t o r i s e i n e r S t u t e. Ventraler Schamwinkel gespreizt und ventral gezogen. Damit Blick auf die dorsale Fläche der Klitoris. Pfeil zeigt auf den Zugang zum Sinus clitoridis

Vestibulums gelegen ist. Seiner Schwellfähigkeit dienen die paarig angelegten, durch ein medianes *Septum corporum cavernosorum* unterteilten *Corpora cavernosa clitoridis*. Die große *Glans clitoridis* (525/*n*;529/*5*) liegt sichtbar in der entsprechend tiefen *Fossa clitoridis* (525/*o*;558/*k*). Die *Glans clitoridis* ist von dreieckiger Gestalt, enthält einen eigenen S c h w e l l k ö r p e r und ist vom schwarz oder fleckig pigmentierten v i s z e r a l e n B l a t t des *Präputiums* überzogen. Ihre runzelige Oberfläche trägt den bis zu 10 mm tiefen *Sinus clitoridis* (525/*p*), dessen 1 mm enger Zugang etwas versteckt auf der Dorsalseite der Klitoris liegt (560). In der Tiefe weitet sich der Sinus säckchenartig. In ihr und in weiteren Schleimhautgrübchen auf der symmetrisch zerklüfteten Glansoberfläche können sich Erreger der Genitalinfektion CEM '77 (die Contagious Equine Metritis wurde 1977 in England entdeckt) finden. Deshalb werden neuerdings beim grenzüberschreitenden Verkehr mit Zuchtpferden insbesondere nach Nordamerika nicht nur die Keimfreiheit, sondern auch die chirurgische Entfernung aller Schleimhauttaschen und -nischen der Klitoris gefordert.

Literaturverzeichnis[*]

Körperhöhlen, Topographie und Gekröse

ACKERKNECHT, E.: Über Höhlen und Spalten des Säugetierkörpers. Schweiz. Arch. Tierheilk. **62**, 367 bis 385 (1920).

—: Über den Begriff und das Vorkommen der Spatien im Säugetierkörper. Anat. Anz. **54**, 465–490 (1921).

AGDUHR, E.: Kommen intravitale Kommunikationen zwischen den Pleurahöhlen der Pleurasäckchen bei den Haustieren vor? Svensk Veterinärtidskr., H. 10, 314–322 (1922).

BADOUX, D. M., C. J. G. WENSING: De bursa omentalis en adnexa bij herkauwers en vleeseters. Tijdschr. Dierg. **90**, 687–697 (1965).

BÖKER, H.: „Omentum lienale". Anat. Anz. **78** (Erg. H.), 1934; Verh. Anat. Ges. **42**, 142–148 (1934).

BROMAN, I.: Die Entwicklungsgeschichte der Bursa omentalis und ähnlicher Rezeßbildungen bei den Wirbeltieren. Wiesbaden, 1904.

—: Warum wird die Entwicklung der Bursa omentalis in Lehrbüchern fortwährend unrichtig beschrieben? Anat. Anz. **86**, 195–202 (1938).

BRUMMER, G.: Zur Entwicklung der Bursa omentalis. Acta anat. **113**, 281–295 (1982).

BUCHER, H.: Topographische Anatomie der Brusthöhlenorgane des Hundes mit besonderer Berücksichtigung der tierärztlichen Praxis. Diss. med. vet. Leipzig, 1909.

CILIGA, T., S. RAPIC, U. BEGO, I. HUBER: A contribution to the anatomy of the mediastinum in domestic equines. Vet. Archiv **36**, 17–24 (1966).

DUMONT, H. A.: Contribution iconographique à la connaissance de la topographie viscerale des ovins. Diss. med. vet. Toulouse, 1972.

EICHBAUM, F.: Die Brusthöhle des Pferdes vom topographisch-anatomischen Standpunkte und mit besonderer Berücksichtigung der physikalischen Diagnostik. Vorträge für Tierärzte, II. Serie, H. 1, 1–46 (1879).

FRANSEN, J. W. P.: Über Form und funktionelle Bedeutung des großen Netzes. Zschr. ges. Anat. II. 1, 258–268 (1914).

GOLDSCHMIDT, W., W. SCHLOSS: Studien über die Funktion des großen Netzes und des Bauchfells. Arch. klin. Chir. **160**, 348–354 (1930).

GOUFFÉ, D., J. MICHEL: Contribution iconographique à la connaissance de la topographie viscerale des bovins. Diss. École Nat. Vét. Toulouse, Fac. Méd. Pharmac. 1968.

GRÄPER, L.: Zwerchfell, Lunge und Pleurahöhlen in der Tierreihe. Anat. Anz. **66**, Erg. H., 71–77 (1928).

—: Lungen, Pleurahöhlen und Zwerchfell bei den Amphibien und Warmblütern. Morph. Jb. **60**, 78–105 (1928).

HELLER, O.: Über Appendices epiploicae und sonstige Fettanhängsel in der Bauchhöhle bei Pferd und Hund. Zschr. Anat. Entw.gesch. **98**, 1–31 (1932).

IWANOFF, ST.: Die Topographie der Brustkorbwände und der Brustorgane beim Schafe. Zschr. Anat. Entw.gesch. **109**, 544–585 (1939).

—: Über die Lage der Cupula pleurae beim Schaf und beim Schwein. (Russ.; dtsch. Zus.fassung). Jb. Univ. Sofia, Vet.-med. Fak. **16**, 178–187 (1939/40).

—: Über die Topographie der Brustkorbwände und Brustorgane beim Schaf. (Russ.; dtsch. Zus.fassung). Jb. Univ. Sofia, Vet.-med. Fak. **14**, 173–266 (1937/38).

—: Die Stellung des Zwerchfells und die kaudalen Grenzen der Pleurahöhlen bei einigen Haussäugern (Wiederkäuer und Schwein). (Russ.; dtsch. Zus.fassung). Jb. Univ. Sofia, Vet.-med. Fak. **15**, 201–238 (1938/39).

JACOBI, W.: Zur Topographie der Brusthöhlenorgane des Hausschweines (Sus scrofa domestica). Diss. med. vet. Berlin (Humboldt-Univ.), 1962.

KOCH, T., H. SAJONSKI: Beitrag zur vergleichend-topographischen Anatomie des Mediastinums und der Serosabekleidung des Oesophagus bei Mensch und Hund. Zbl. Vet.-med. **1**, 469–478 (1954).

KRÜGER, W.: Allgemeines zur Frage der Homologisierung der Darmgekröseabschnitte bei den Säugetieren. Dtsch. Tierärztl. Wschr. **36**, 23–24 (1928).

—: Zur vergleichenden Anatomie des Darmgekröses bei den Säugetieren. Anat. Anz. **67** Erg. H., 109–121 (1929).

—: Die vergleichende Entwicklungsgeschichte im Dienste der Lösung des Homologisierungsproblems an den Darm- und Gekröseabschnitten des Menschen und einiger Haussäugetiere (Hund, Katze, Pferd, Schwein und Wiederkäuer). Zschr. Anat. Entw.gesch. **90**, 458–548 (1929).

LAW, M. E.: Histology of omental reactivity. Nature **194**, 585 (1962).

—: Zur Entwicklung der Bursa omentalis und der Mägen beim Rinde. Österr. Mschr. Tierheilk. **15**, 49–61 (1890).

MARTIN, P.: Zur Entwicklung des Netzbeutels der Wiederkäuer. Österr. Mschr. Tierheilk. **19**, 145–154 (1895).

—: Die Gekröseverhältnisse und Lageveränderungen des Hüft-Blind-Grimmdarmgebietes bei Pferdeembryonen. Festschrift Zschokke, Zürich, 39–57 (1925).

MIERSWA, K.: Beziehungen zwischen äußeren und inneren Maßen des Brustkorbes und seinen Organen beim Rinde. Arch. Tierernährung Tierzucht **7**, 143 bis 189 (1932).

[*] Die Titel der englischen und französischen Arbeiten sind in der Originalsprache wiedergegeben, während die Überschriften der anderssprachigen Veröffentlichungen zur besseren Orientierung aus dem *Landwirtschaftlichen Zentralblatt, Abt. IV Veterinärmedizin*, in deutscher Übersetzung übernommen wurden.

PALMGREN, A.: Zur Anatomie und Entwicklungsgeschichte des Mittelfelles (Mediastinum) der Haussäugetiere. Zschr. Anat. Entw.gesch. 85, 367–409
(1928).

PREUSS, F., G. FABIAN, E. HENSCHEL: Zur Nomenklatur des Brustfells und seiner angewandten Anatomie beim Hund. Berl.Münch. Tierärztl. Wschr. 77,
134–138 (1964).

RAWE, B.: Verhalten und Entwicklung des Netzes
(Omentum majus) beim Wiederkäuer. Diss. Hannover, 1921.

RICHTER, H.: Einiges über die Entstehung und Bedeutung der serösen Räume im Säugetierkörper und
über die Lappenbildung an gewissen Organen, mit
einem Beitrage zur Erklärung der eigenartigen Pleu-
raverhältnisse beim Elefanten. Festschr. Baum. Schaper, Hannover, 1929.

SCHMALTZ, R.: Topographische Anatomie der Körperhöhlen des Rindes. Enslin (Schoetz), Berlin,
1890.

—: Über die Plica gastropancreatica oder das Ligamentum gastro-duodenale und das Foramen epiploicum
beim Pferde. Berl. Tierärztl. Wschr. H. 33, 385–389
(1897).

SCHRAUTH, O.: Beiträge zur Entwicklung des Netzbeutels, der Milz und des Pankreas beim Wiederkäuer und beim Schwein. Diss. med. vet. Gießen, 1909.

SIMON, PH.: Die Appendices epiploicae am Colon des
Menschen und der Säugetiere. Diss. med. vet. Berlin,
1922.

SUSSDORF, M. v.: Gibt es ein wirkliches Cavum mediastini? Ein Beitrag zur Anatomie des Mittelfelles
der Fleischfresser. Dtsch. Zschr. Tiermed. vergl.
Path. 18, 180–187 (1892).

—: Das Netz in seinem Verhältnis zum Bauchfell und
zu den Baucheingeweiden bei den Haussäugetieren.
Arch. wiss. prakt. Tierhkd. 63, 189–200 (1931).

TENSCHERT, H.: Zur Anatomie und Physiologie der
Zwerchfellkuppel bei Hund und Katze. Diss. med.
vet. München, 1952.

VERINE, H.: La relation droite-gauche de quelques organes pairs du chien. Bull. Soc. Sci. vét. Lyon 74,
237–244 (1972).

WALKER, F. C., A. W. ROGERS: The greater omentum
as a site of antibody synthesis. Brit. J. Exp. Path. 42,
222–231 (1961).

WIETHÖLTER, G.: Topographische Anatomie der
Bauch- und Beckenorgane von Hund und Katze im
Röntgenbild. Diss. med. vet. Leipzig, 1964.

WILKENS, H.: Mesogastrium dorsale der Katze. Diss.
med. vet. Hannover, 1951.

ZIETZSCHMANN, O.: In: BAUM, H., O. ZIETZSCH-
MANN: Handbuch der Anatomie des Hundes, 1. Bd.
2. Aufl. Parey, Berlin 1936.

—: Das Mesogastrium dorsale des Hundes mit einer
schematischen Darstellung seiner Blätter. Morph. Jb.
83, 327–358 (1939).

—: In: ZIETZSCHMANN, O., O. KRÖLLING: Lehrbuch der Entwicklungsgeschichte der Haustiere. 2.
Aufl. Parey, Berlin, Hamburg, 1955.

ZIMMERMANN, G.: Das Netz des Schafes. Dtsch.
Tierärztl. Wschr. 47, 89–91 (1939).

—: Die Ausbildung der kaudalen Grenze des Peritonaeum in der Beckenhöhle. Acta Vet. Acad. Sci.
Hung. 7, 459–464 (1957).

—: Eine Revision der Beschreibung der Bauchfelldu-
plikaturen des Beckens. Acta Vet. Acad. Sci. Hung.
13, 255–260 (1963).

ZSCHOKKE, M.: Cavum mediastini serosum s. bursa

infracardiaca. (Kritisches über das kaudale Mittelfell.) Anat. Anz. 53, 332–345 (1920).

Verdauungsapparat
Mundhöhle und Schlundkopf

ACKERKNECHT, E.: Ein eigenartiges Organ im Mundhöhlenboden der Säugetiere. Anat. Anz. 41, 434 bis
449 (1912).

—: Zur Topographie des präfrenularen Mundhöhlenbodens vom Pferde; zugleich Feststellungen über
das regelrechte Vorkommen parakarunkulären Ton-
sillengewebes (Tonsilla sublingualis) und einer Glandula paracaruncularis beim Pferde. Arch. Anat. Physiol., 93–156 (1913).

ACKERMANN, O.: Neues über das Vorkommen des
Ackerknecht'schen Organs in der Säugetierreihe.
Anat. Anz. 57, 449–472 (1923).

BÄRNER, M.: Über die Backendrüsen der Haussäugetiere. Arch. wiss. prakt. Tierheilk. 19, 149
(1893).

BEHRENDT, E.: Beitrag zur topographischen Anatomie des Schweinekopfes. Diss. med. vet. Berlin,
1966.

BOCK, E., A. TRAUTMANN: Die Glandula parotis bei
Ovis aries. Anat. Anz. 47, 433–447 (1914).

BOSMA, J. F.: Myology of the pharynx (dog, cat, mon-
key). Ann. Otol. Rhin. Laryng. 65 (1956).

BRÄTER, H.: Funktionelles vom Zungenbein des Pferdes. Diss. med. vet. Leipzig, 1940.

CILIGA, T.: Prilog pozuavanju mišica mekog nepca.
(Zur Anatomie der Gaumensegelmuskeln des Pferdes.) (Jugoslav.; dtsch. Zus.fassung) Veterinarski ar-
kiv, Zagreb, 12, 217–243 (1942).

DABELOW, G.: Vorstudie zu einer Betrachtung der
Zunge als funktionelles System. I. Die Gefäßversorgung der Papillen der Hundezunge und die vorge-
schalteten arterio-venösen Anastomosen. Morph. Jb.
91, 1 (Benninghoff-Festschr.) (1950).

DAVIES, R., M. KARE, R. CAGAN: Distribution of taste
buds in fungiform and circum-vallate papillae of bovine tongue. Anat. Rec. 195, 443–446 (1979).

DORAN, G. A.: Review of the evolution and phylogeny
of the mammalian tongue. Acta anat. 91, 118–129
(1975).

—, H. BAGGETT: A structural and functional classification of mammalian tongues. J. Mammal. 52, 427–429
(1971).

DOUGHERTY, R. W., K. J. HILL, F. L. CAMPETI, R.
C. MCCLURE, R. E. HABEL: Studies of pharyngeal
and laryngeal activity during eructation in ruminants. Am. J. Vet. Res. 23, 213–219 (1962).

DYCE, K. M.: The muscles of the pharynx and palate
of the dog. Anat. Rec. 127, 497–508 (1957).

EBERLE, W.: Zur Entwicklung des Ackerknecht'schen
Organs. Untersuchungen bei Katze, Hund und
Mensch. Anat. Anz. 60, 263–279 (1925).

FERNANDES FILHO, A. A. D'ERRICO, V. BORELLI:
Topographie der Austrittsstelle des Ductus paroti-
deus beim Büffel (Bubalus bubalis Linnaeus, 1758).
Rev. Fac. Med. Vet., São Paulo, 8, 389–393 (1970).

FREUND, L.: Zur Morphologie des harten Gaumens
der Säugetiere. Zschr. Morph. Anthrop. 13, 377 bis
394 (1911).

FREWEIN, J.: Die Ursprünge der Mm. tensor und levator veli palatini bei Haussäugetieren. Anat. Anz. 112,
Erg. H., 313–318 (1963).

GHETIE, V.: La musculature de la base de la langue
chez le cheval. Anat. Anz. 87, 386–390 (1938/39).

GLEN, J. B.: Salivary cysts in the dog: Identification of sublingual duct defects by saliography. Vet. Rec. 78, 488–492 (1966).

HABERMEHL, K.-H.: Über besondere Randpapillen an der Zunge neugeborener Säugetiere. Zschr. Anat. Entw.gesch. 116, 355–372 (1952).

HALLER, B.: Die phylogenetische Entfaltung der Sinnesorgane der Säugetierzunge. Arch. mikrosk. Anat. 74, 368–467 (1910).

HAMECHER, H.: Vergleichende Untersuchungen über die kleinen Mundhöhlendrüsen unserer Haussäugetiere. Diss. phil. Leipzig, 1905.

HARTIG, R.: Vergleichende Untersuchungen über die Lippen- und Backendrüsen der Haussäugetiere und des Affen. Diss. med. vet. Zürich, 1907.

HAUSER, H.: Über Bau und Funktion der Wiederkäuerparotis. Zschr. mikrosk.-anat. Forsch. 41, 177–228 (1937).

HELBER, K.: Die motorische Innervation der Gaumensegelmuskeln des Hundes. Diss. Berlin, 1967.

HERRE, W., H. METZDORFF: Über das Ackerknecht'sche Organ einiger Primaten. Zool. Anz. 124, 103 bis 111 (1938).

HIMMELREICH, H.: Zur vergleichenden Anatomie der Schlundmuskeln der Haussäugetiere. I. Zur Anatomie der Schlundwandmuskeln des Pferdes. Anat. Anz. 81, 105–114 (1935).

HIMMELREICH, H. A.: Der M. tensor veli palatini der Säugetiere unter Berücksichtigung seines Aufbaus, seiner Funktion und seiner Entstehungsgeschichte. Anat. Anz. 115, 1–26 (1964).

HOFMANN, R. R.: Zur adaptiven Differenzierung der Wiederkäuer; Untersuchungsergebnisse auf der Basis der vergleichenden funktionellen Anatomie des Verdauungstraktes. Prakt. Tierarzt 57/6, 351–358 (1976).

HOTESCHECK, H. J.: Die topographische Anatomie des Übergangsgebietes Kopf-Hals und die des Halses als vergleichende Literaturstudie bei Pferd, Wiederkäuer, Schwein und Hund. Diss. med. vet. Berlin, 1968.

ILLING, G.: Vergleichende makroskopische und mikroskopische Untersuchungen über die submaxillären Speicheldrüsen der Haustiere. Diss. phil. Zürich, 1904.

IMMISCH, K. B.: Untersuchungen über die mechanisch wirkenden Papillen der Mundhöhle der Haussäugetiere. Diss. med. vet. Gießen, 1908.

IWANOFF, ST.: Das Relief des harten Gaumens beim Schwein mit Berücksichtigung der Variabilität der Plicae palatinae transversae (Dtsch. Zus.fassung). Jb. Univ. Sofia, Vet. med. Fak. 16, 341–359 (1940).

—: Das Relief des harten Gaumens beim Rind unter Berücksichtigung der Variabilität der Gaumenstaffeln. (Dtsch. Zus.fassung). Jb. Univ. Sofia, Vet. med. Fak. 17, 555–572 (1940/41).

JAENICKE, H.: Vergleichende anatomische und histologische Untersuchungen über den Gaumen der Haussäugetiere. Diss. med. vet. Zürich, 1908.

KELLER, E.: Über ein rudimentäres Epithelialorgan im präfrenularen Mundboden der Säugetiere. Anat. Anz. 55, 265–285 (1922).

KRAFT, H.: Vergleichende Betrachtungen über den harten Gaumen der Haussäugetiere. Tierärztl. Umsch. 11, 129–140 (1956).

KÜNZEL, E., G. LUCKHAUS, P. SCHOLZ: Vergleichend-anatomische Untersuchungen der Gaumensegelmuskulatur. Zschr. Anat. Entw.gesch. 125, 276 bis 293 (1966).

MICHEL, G.: Beitrag zur Topographie der Ausführungsgänge der Gl. mandibularis und der Gl. sublingualis major des Hundes. Berl. Münch. Tierärztl. Wschr. 69, 132–134 (1956).

NAGY, F.: Kopf- und Vorderdarm der Katze (Felis domestica). (Dtsch. Zus.fassung). Diss. med. vet. Budapest, 1932.

NIKOLOV, D.: Über den Bau des organinneren Blutkreislaufes in den großen Speicheldrüsen des Hundes. Anat. Anz. 125, Erg. H., 705–711 (1969).

PETERS, J.: Untersuchungen über die Kopfspeicheldrüsen bei Pferd, Rind und Schwein. Diss. med. vet. Gießen, 1904.

PINTO E SILVA, P., A. F. FILHO, A. A. D'ERRICO: Topographie der Austrittsstelle des Ductus parotideus bei Vollblutpferden. Rev. Fac. Med. Vet., São Paulo, 8, 403–409 (1970).

RACH, A.: Rasterelektronenmikroskopische Untersuchungen an den Blutgefäßen der Zungenpapillen der kleinen Hauswiederkäuer. Diss. med. vet. Gießen, 1978.

RAMISCH, W.: Topographie und funktionelle Anatomie der Kaumuskeln und der Speicheldrüsen des Rehes, Capreolus capreolus (Linné, 1758). Diss. med. vet. Gießen, 1978.

RISBERG, A. R.: Ein Beitrag zur Frage des Baues der Lyssa bei Säugetieren. Diss. med. vet. Zürich, 1918.

SCHEUERER, E.: Die Unterzungendrüsen des Hundes. Anat. Anz. 77, 105–112 (1933).

SCHMUCK, U.: Die Zunge der Wiederkäuer. Vergleichend-anatomische und histologische Untersuchungen an 42 Haus- und Wildwiederkäuerarten (RUMINANTIA SCOPDI 1777). Diss. med. vet. Gießen, 1986.

SCHRÖDER, D.: Ein Beitrag zur topographischen Anatomie des Schafkopfes. Diss. med. vet. Berlin, 1970.

SONNTAG, F.: The comparative anatomy of the tongue of the mammalia. XII. Summary, classification, and phylogeny. Proc. Zool. Soc. London, 701–762 (1925).

STARK, D.: Vergleichende Anatomie der Wirbeltiere. 3. Bd. Springer, Berlin, Heidelberg, New York. 1982.

TEHVER, J.: Über die vordere Zungendrüse der Hauswiederkäuer. Anat. Anz. 90, 113–123 (1940).

TRAUTMANN, A.: Der Zungenrückenknorpel von Equus caballus. Morph. Jb. 51, 279–289 (1921).

VITUMS, A.: Über den Schlingrachen bei Haussäugetieren. Veröff. Univ. Riga, 241–283 (1940); ref. Jber. Vet. Med. 70 (1942).

VOLLMERHAUS, B.: Zur vergleichenden Nomenklatur des lymphoepithelialen Rachenringes der Haussäugetiere und des Menschen. Zbl. Vet. Med. 6, 82–89 (1959).

WEHNER, G.: Zur Anatomie der Backen-, Masseter- und Parotisgegend des Hausschafes (Ovis aries L.). Diss. med. vet. Leipzig, 1936. Anat. Anz. 83, 65–160 (1936).

ZIEGLER, H.: Beiträge zum Bau der Unterkieferdrüse der Hauswiederkäuer: Rind, Ziege und Schaf. Zschr. Anat. 82, 73–121 (1927).

—: Lassen sich die Unterkieferdrüsen unserer Hauswiederkäuer morphologisch voneinander unterscheiden? Zschr. Anat. Entw.gesch. 85, 790–792 (1928).

—: Zur Morphologie gemischter Hauptstücke in sublingualen Speicheldrüsen von Haustieren. Zschr. mikr.-anat. Forsch. 39, 100–104 (1936).

ZIETZSCHMANN, O.: Betrachtungen über den Schlundkopf. Dtsch. Tierärztl. Wschr. 47, 418–421 (1939).

ZIMMERMANN, G.: Über den Waldeyer'schen lymphatischen Rachenring. Arch. wiss. prakt. Tierheilk. **67**, 141–153 (1933).

Zähne und Gebiß

ADLOFF, P.: Zur Frage nach der Entstehung der heutigen Säugetierzahnformeln. Zschr. Morph. Anthrop. **5**, 357–382 (1902).

—: Zur Entwicklung des Säugetiergebisses. Anat. Anz. **26**, 333–343 (1905).

ANDRES, J.: Hat die Hauskatze im Unterkiefer Molaren? Anat. Anz. **61**, 244–247 (1926).

BARNICOAT, C. R., D. M. HALL: Attrition of incisors of grazing sheep. Nature, London, **185**, 179 (1960).

BAUM, H.: Anatomische Betrachtungen über die Zähne der Säugetiere. Anat. Anz. **53**, Erg. H., 17–27 (1920).

BENZIE, D., E. CRESSWELL: Studies of the dentition of sheep. II. Radiographic illustrations of stages in the development and shedding of the permanent dentition of Scottish Blackface sheep. Res. Vet. Sci. **3**, 231–235 (1962).

BODUROV, N., K. BINEV: Altersveränderungen bei der Entwicklung der Unterkieferzähne beim Rind. Naučni trudove. Viss. vet. med. inst., Sofija, **19**, 229 bis 240 (1968).

BROWN, W. A. B., P. V. CHRISTOFFERSON, M. MASSLER, M. B. WEISS: Postnatal tooth development in cattle. Am. J. Vet. Res. **21**, 7–34 (1960).

BUTLER, P.: Studies of the mammalian dentition. 2. Differentiation of the postcanine dentition. Proc. Roy. Soc. London **109** (1939).

DREYHAUPT, R.: Das Lageverhältnis der Oberkieferbackzähne zu der Kieferhöhle beim Pferd. Diss. med. vet. Leipzig, 1934.

DUCKWORTH, J., R. HILL, D. BENZIE, A. C. DALGARNO: Studies of the dentition of sheep. I. Clinical observations from investigations into the shedding of permanent incisor teeth by hill sheep. Res. Vet. Sci. **3**, 1–17 (1962).

FINGER, H.: Beitrag zur Kenntnis der postembryonalen Entwicklung der Backzähne des Pferdes. Diss. med. vet. Leipzig, 1920.

GARLICK, N. L.: The teeth of the ox in clinical diagnosis. II. Gross anatomy and physiology. Am. J. Vet. Res. **15**, 385–395 (1954).

GREDIG, M.: Der Prämolarenverlust beim deutschen Schäferhund. Schweizer Hundesport, **71** (1955).

HABEL, R. E.: Applied Anatomy. A laboratory guide for veterinary students. 5th ed. Published by the author, Ithaca, New York, 1965.

—: Guide to the dissection of the ruminants. 2nd. ed. Published by the author, Ithaca, New York, 1970.

HABERMEHL, K.-H.: Der Einfluß der Oberkieferspalten auf den Milchzahndurchbruch beim Schwein. Anat. Anz. **103**, 57–65 (1956).

—: Über das Gebiß des Hausschweines (Sus scrofa dom. L.) mit besonderer Berücksichtigung der Backzahnwurzeln. Zbl. Vet. Med. **4**, 794–810 (1957).

—: Besitzt das weibliche Hausschwein permanent wachsende Hakenzähne? Berl. Münch. Tierärztl. Wschr. **75**, 441–444 (1962).

—: Altersbestimmung bei Haus- und Labortieren. 2. Aufl. Parey, Berlin, Hamburg, 1975.

—, G. GEIGER, M. WEHNER: Zur Technik der Darstellung und zur Bewertung der altersabhängigen Wurzelzementschichtung an den Zangen (J1) des europäischen wiederkauenden Schalenwildes. Säugetierkdl. Mitt. **28**, 301–309 (1980).

HAUCK, E.: Untersuchungen über die Form und Abänderungsbreite des Hundegebisses. Wien. Tierärztl. Mschr. **29**, 249 u. 273 (1942).

HELMCKE, H.-J.: Ergebnisse und Probleme aus der vergleichenden Anatomie der Wirbeltierzähne. Studium Generale **18** (1965).

HILZHEIMER, M.: Variationen des Canidengebisses mit Berücksichtigung des Haushundes. Zschr. Morph. Anthrop. **9**, 1–40 (1906).

HIRSCH, M.: Der Lückenzahn von Sus domesticus, ein Beitrag zur Entwicklungsgeschichte des Gebisses von Sus domesticus und zur Kenntnis des Wesens der Dentitionen. Anat. Anz. **54**, 321–330 (1921).

HORNICKEL, E.: Über die Lageverhältnisse der Unterkieferbackzähne beim Pferd. Diss. med. vet. Leipzig, 1934.

JOEST, E.: Odontologische Notizen. Berl. Tierärztl. Wschr. **31**, 61–66, 73–76 (1915).

—: Studien über das Backzahngebiß des Pferdes mit besonderer Berücksichtigung seiner postembryonalen Entwicklung und seines Einflusses auf den Gesichtsschädel und die Kieferhöhle. Schoetz, Berlin, 1922.

KEIL, A.: Grundzüge der Odontologie. Allgemeine und vergleichende Zahnkunde als Organwissenschaft. Borntraeger, Berlin, 1966.

KRETZER, H.: Prämolarverlust bei Caniden. Diss. med. vet. Gießen, 1951.

KROON, H. M.: Die Lehre der Altersbestimmung bei den Haustieren. 3. Aufl. Schaper, Hannover, 1929.

KÜKENTHAL, W.: Über den Ursprung und die Entwicklung der Säugetierzähne. Jen. Zschr. Naturwiss. **26**, 469–489 (1892).

KÜPFER, M.: Über die Bildung der Backenzähne am Kiefer des großen und kleinen Wiederkäuers, bei Rind und Schaf. Schweiz. Landw. Mhefte **13**, 1–38 (1935).

—: Beiträge zur Erforschung der baulichen Struktur der Backenzähne des Hausrindes (Bos taurus L.). Die Prämolar- und Molarentwicklung auf Grund röntgenologischer, histogenetischer und morphologischer Untersuchungen. Die gegenseitigen Beziehungen der einzelnen Gebißkonstituenten und ihre Heranziehung zur physiologischen Leistung. Denkschr. Schweiz. Naturforsch. Ges. LXX, Abh. 1 (1935).

—: Backenzahnstruktur und Molarentwicklung bei Esel und Pferd. Schweiz. Landw. Mhefte **14**, 231 bis 248 (1936).

LAWSON, D. D., G. S. NIXON, H. W. NOBLE, W. L. WEIPERS: Development and eruption of the canine dentition. Brit. Vet. J. **123**, 26–30 (1967).

MEYER, L.: Das Gebiß des deutschen Schäferhundes mit besonderer Berücksichtigung der Zahnaltersbestimmung und der Zahnanomalien. Diss. med. vet. Zürich, 1942.

MOHR, E.: Normalgebiß und richtige Benennung der Zähne des Haushundes. Der Terrier, **47**, 8 (1954).

—: Hundegebiß und -biß. Schweiz. Hundesport 71, H. 16, 225–226 (1955).

—: Der Zahnschluß im Gebiß der Wildraubtiere und des Haushundes. Zschr. Säugetierk. **26**, 50–56 (1961).

PEYER, B.: Comparative Odontology. Translated and edited by R. ZANGERL. University of Chicago Press, Chicago, 1968.

PIRILÄ, H.: Untersuchungen an 16 Pferdeschädeln über die Formveränderungen der Zähne und ihre Lage im Kiefer in den verschiedenen Altersstadien. Zschr. Anat. Entw.gesch. **102**, 107–168 (1933).

RIPKE, E.: Beitrag zur Kenntnis des Schweinegebisses. Anat. Anz. **114**, 181–211 (1964).

SCHLAAK, W.: Beitrag zur Mechanik der Backzähne des Unterkiefers des Pferdes. Diss. med. vet. Leipzig, 1938.

SCHLOSSER, M.: Die Differenzierung des Säugetiergebisses. Biol. Cbl. **10**, 238–264 (1890–91).

SCHWALBE, G.: Über Theorien der Dentition. Anat. Anz. **9**, Erg. H., 5–45 (1894).

SEIFERLE, E.: Zum Gebißproblem des Hundes. Schweiz. Hundesport **72**, 11, 242–246 (1956).

—, L. MEYER: Das Normalgebiß des deutschen Schäferhundes in den verschiedenen Altersstufen. Vjschr. Naturforsch. Ges. Zürich **87**, 205–252 (1942).

SIMON, CH.: Untersuchungen über den Bau der Zähne beim Rind und Altersbestimmungen unter besonderer Berücksichtigung der Gebißanomalien. Kühn-Arch. **22**, 59–135 (1929).

ST. CLAIR, L. E., N. D. JONES: Observations on the cheek teeth of the dog. J. Amer. Vet. Med. Ass. **130** (1957).

STEENKAMP,. J. D. G.: Wear in bovine teeth. Proc. Symp. Animal Prod., Salisbury, **2**, 11–23 (1969).

TERRA, P. DE: Vergleichende Anatomie des menschlichen Gebisses und der Zähne der Vertebraten. Fischer, Jena, 1911.

VIRCHOW, H.: Über das Schweinegebiß mit Ausblicken auf die Gebisse anderer Säugetiere. Sitzgsber. Ges. Naturforsch. Freunde, Berlin, 12–54, 1954.

WEAVER, M. E., E. B. JUMP, C. F. McKEAN: The eruption pattern of deciduous teeth in miniature swine. Anat. Rec. **154**, 81–86 (1966).

WEBER, M.: Die Säugetiere. I. Bd., 2. Aufl. Fischer, Jena, 1927.

WEINREB, M. M., Y. SHARAV: Tooth development in sheep. Am. J. Vet. Res. **25**, 891–908 (1964).

WEISS, H.: Vergleichende Untersuchungen über die Zähne der Haussäugetiere. Diss. med. vet. Zürich, 1911.

WELLER, J. M.: Evolution of mammalian teeth. J. Paleontol. **42**, 268–290 (1968).

WESTIN, R.: Zahndurchbruch und Zahnwechsel. Zschr. mikrosk.-anat. Forsch. **51**, 393–470 (1942).

WOLF, F.: Untersuchungen an der Pulpahöhle der maxillaren Backzähne des Pferdes. Diss. med. vet. Leipzig, 1939.

Speiseröhre und Magen

ALEXANDER, F., D. BENZIE: A radiological study of the digestive tract of the foal. Quart. J. Exp. Physiol. **36** (1951).

ANDERSON, W. D., A. F. WEBER: Normal arterial supply to the ruminant (ovine) stomach. J. Anim. Sci. **28**, 379–382 (1969).

ANDRES, J.: Über den Magen der Wiederkäuer. Schweiz. Arch. Tierheilk. **70**, 225–239 (1928). Ref.: Anat. Ber. **18** (1930).

ASHDOWN, R. R., ST. BONE: Colour atlas of veterinary anatomy. Vol. 1: The ruminants. Baillière Tindall, London; Gower Med. Publ. Ltd., London, New York, 1984.

AUERNHEIMER, O.: Größen- und Formveränderungen der Baucheingeweide der Wiederkäuer nach der Geburt bis zum erwachsenen Zustand. Diss. med. vet. Zürich, 1909.

BAIER, U.: Über Venennetze am Speiseröhreneingang bei den Haussäugetieren. Berl. Tierärztl. Wschr. **45**, 625–626 (1929).

BARONE, R.: Topographie des viscères du porc et de la truie. Rev. Méd. Vét. **103**, 688–697 (1952).

—: La topographie des viscères abdominaux, chez les équidés domestiques. Bull. Soc. Sci. Vét. Lyon, 3–26 (1952/1953).

—: La topographie des viscères abdominaux, chez la jument gravide. Rev. Méd. Vét. **113**, 672–684 (1962).

BARTHOL, A.: Beiträge zur Anatomie und Histologie der Magenschleimhaut von Sus scrofa domesticus. Diss. med. vet. Leipzig, 1914.

BAUER, K. H.: Über das Wesen der Magenstraße. Arch. Klin. Chirurg. **124**, 565–629 (1923).

BECKER, R. B., S. P. MARSHALL, P. T. DIX ARNOLD: Anatomy, development, and functions of the bovine omasum. J. Dairy Sci. **46**, 835–839 (1963).

BENZIE, D., A. T. PHILLIPSON: The alimentary tract of the ruminant. Oliver and Boyd, Edinburgh, 1957.

BIEDERMANN, F.: Metrische Untersuchungen am Pferdemagen. Diss. med. vet. Berlin, 1921.

BOTHA, G. S. M.: The gastro-esophageal junction. Boston: Little, Brown and Co., 1962.

BREMNER, C. G., R. G. SHORTER, F. H. ELLIS: Anatomy of feline esophagus with special reference to its muscular wall and phrenoesophageal membrane. J. Surg. Res. **10**, 327–331 (1970).

BROWNLEE, A., J. ELLIOT: Studies on the normal and abnormal structure and function of the omasum of domestic cattle. Brit. Vet. J. **116**, 467–473 (1960).

BUSCH, CH.: Zur Struktur der Speiseröhre des Hundes. Acta anat. **107**, 339–360 (1980).

CARLIN, J.: Studien über den Hundemagen im Röntgenbilde unter normalen Verhältnissen. Diss. Berlin, 1928.

CHURCH, D. C., JESSUP jun., L. GORDON, R. BOGART: Stomach development in the suckling lamb. Am. J. Vet. Res. **23**, 220–225 (1962).

CORDIEZ, E., J. M. BIENFAIT, J. MIGNON: Alimentation et développement volumétrique des estomacs du jeune bovin. Ann. Méd. Vét., Bruxelles, **107**, 293 bis 316 (1963).

CZEPA, A., R. STIGLER: Der Wiederkäuermagen im Röntgenbild. I. Mitt. Pflügers Arch. **212**, 300–356 (1926).

—: Der Verdauungstrakt des Wiederkäuers im Röntgenbilde. II. Mitt. Abderhaldens Fortschr. naturwiss. Forsch. H. 6, 1–71 (1929).

DELANEY, J., E. GRIM: A note on the weight of the dog stomach. Am. J. Vet. Res. **25**, 1560–1561 (1964).

DOUGHERTY, W. R.: Physiology of eructation in ruminants. In Handbook of Physiology, Section 6, Vol. 5, Am. Physiol. Soc., Washington, 1968.

DYCE, K. M.: Observations upon the gastro-intestinal tract of the living foal. Brit. Vet. J. **116**, 241–246 (1960).

—: Some remarks upon the functional anatomy of the ruminant stomach. Tijdschr. Diergeneesk. **93**, 1334 bis 1344 (1968).

ELLENBERGER, W.: Ein Beitrag zur Lehre von der Lage und Funktion der Schlundrinne der Wiederkäuer. Arch. wiss. prakt. Tierheilk. **21**, 62–77 (1900).

—: Über die Schlundrinne der Wiederkäuer und ein Modell der Wiederkäuermägen. Arch. wiss. prakt. Tierheilk. **24**, 390–396 (1903).

FLORENTIN, P.: Anatomie topographique des viscères abdominaux du boeuf et du veau. Rev. Méd. Vét. **104**, 464–478; 545–560 (1953).

FREWEIN, J.: Der Anteil des Sympathicus an der autonomen Innervation des Rindermagens. Wiener Tierärztl. Mschr. 398–412 (1963).

FRÖHLICH, A.: Untersuchungen über die Übergangszonen und einige Eigentümlichkeiten des feineren Baues der Magenschleimhaut der Haussäugetiere. Diss. med. vet. Leipzig, 1907.

GRAU, H.: Zur Funktion der Vormägen, besonders des Netzmagens, der Wiederkäuer. Berl. Münch. Tierärztl. Wschr. **15**, 271–278 (1955).

GROSS, F.: Untersuchungen über die zwischen der Fundusdrüsen- und Pylorusdrüsenzone des Pferdemagens befindliche Intermediärzone. Diss. med. vet. Leipzig, 1920.

GRUZDEV, P. V., V. A. NIKODIMOVA: Die Blutversorgung des Magens beim Schwein. Ref. Z. Moskva, Zivotnovodsto i Veter., 31–36 (1971).

HAANE, G.: Über die Drüsen des Oesophagus und des Übergangsgebietes zwischen Pharynx und Oesophagus. Arch. wiss. prakt. Tierheilk. **31**, 466–483 (1905).

—: Über die Cardiadrüsen und die Cardiadrüsenzone des Magens der Haussäugetiere. Diss. med. vet. Gießen, 1905.

HABEL, R. E.: Applied anatomy. A laboratory guide for veterinary students. 5th ed. Published by the author, Ithaca, New York, 1965.

HÁJOVSKÁ, B.: Veränderungen in der Topographie der Vormägen und des Labmagens bei Schafen während der Gravidität. Folia Vet., Košice, 9, 147–156 (1965).

—: Postnatale Entwicklung des Pansenbandes bei Schafen. Folia Vet., Košice, 14, 11–17 (1970).

—: Veränderungen in der Lage des Pansens beim Schaf und ihre Ursachen. Folia Vet., Košice, 14, 17–23 (1970).

HÄNLEIN, G., B. BAUMGARDT: Die morphologischen und physiologischen Veränderungen des Kälbermagens bei der Frühentwöhnung. Zschr. Tierphysiol., Tierernähr. Futtermittelk. **21**, 327–337 (1966).

HAUSER, H.: Über interessante Erscheinungen am Epithel der Wiederkäuervormägen. Zschr. mikr. anat. Forsch. 17, 533–612 (1929).

HELLFORS, J. A.: Die Verbreitung und Anordnung des elastischen Gewebes in den einzelnen Wandschichten des Ösophagus einiger Haustiere. Diss. med. vet. Leipzig, 1913.

HELM, R.: Vergleichend anatomische und histologische Untersuchungen über den Oesophagus der Haussäugetiere. Diss. med. vet. Zürich, 1907.

HOFMANN, R. R.: Zur Topographie und Morphologie des Wiederkäuermagens im Hinblick auf seine Funktion. Nach vergleichenden Untersuchungen an Material ostafrikanischer Wildarten. Parey, Berlin, Hamburg, 1969.

—, B. SCHNORR: Die funktionelle Morphologie des Wiederkäuer-Magens. Schleimhaut und Versorgungsbahnen. Enke, Stuttgart, 1982.

—, D. R. M. STEWART: Grazer or Browser: a classification based on the stomach structure and feeding habits of East African ruminants. Mammalia (Paris) **36**/2, 226–240 (1972).

JONES, R. S.: The position of the bovine abomasum. An abattoir survey. Vet. Rec. **74**, 159–163 (1962).

KÜNZEL, E.: Die Speiseröhre des Schafes in funktioneller Betrachtung. Zbl. Vet. Med. A **8**, 573–602; 605–647 (1961).

LAGERLÖF, N.: Investigations of the topography of the abdominal organs in cattle, and some clinical observations and remarks in connection with the subject. Skand. Veterinärtidskr. **19**, 253–365 (1929).

LAMBERT, P. S.: The development of stomach in the ruminant. Vet. J. **104**, 302–310 (1948).

LAUWERS, H., N. R. DE VOS, M. SEBRUYNS: The volumes and the anatomical development of the stomachs of calves at slaughter weight. Vlaams Dierg. Tijdschr. **38**, 305–323 (1969).

MANGOLD, E., W. KLEIN: Bewegungen und Innervation des Wiederkäuermagens. Thieme, Leipzig, 1927.

MANN, C. V., R. G. SHORTER: Structure of the canine esophagus and its sphincters. J. Surg. Res. **4**, 160–163 (1964).

MARSCHALL, A.: Über den Einfluß des N. vagus auf die Bewegungen des Magens der Wiederkäuer. Diss. med. vet. Bern, 1910.

MARTIN, M., M. PREVOTEL, V. POEY, C. RIVERA: The length of the borders of the omental veil of dogs in correlation with the body length and weight. Anat. Histol. Embryol. **14**, 215–220 (1985).

MARTIN, P.: Die Entwicklung des Wiederkäuermagens. Österr. Mschr. Tierheilk. **21**, 385–400, 433–444 (1896).

MASSIG, P.: Über die Verbreitung des Muskel- und elastischen Gewebes und speziell über den Verlauf der Muskelfasern in der Wand der Wiederkäuermägen. Diss. med. vet. Zürich, 1907.

MILLER, M. E., G. C. CHRISTENSEN, H. E. EVANS: Anatomy of the dog. Saunders, Philadelphia, 1964.

MÜLLER, K.: Untersuchungen über die cardiale Übergangszone des Pferdemagens. Diss. med. vet. Leipzig, 1914.

NEUMANN-KLEINPAUL, K., G. SCHÜTZLER: Untersuchungen über Druckmessungen, Ruptur, Fassungsvermögen und Gewicht am Magen des Pferdes. Arch. wiss. prakt. Tierheilk. **75**, 370–386 (1940).

NICKEL, R., H. WILKENS: Zur Topographie des Rindermagens. Berl. Münch. Tierärztl. Wschr. **68**, 264 bis 271 (1955).

PAVAUX, CL.: Atlas en couleurs d'anatomie des bovins. Splanchnologie. Maloine s.a.ed., Paris, 1982.

PERNKOPF, E.: Beiträge zur vergleichenden Anatomie des Vertebratenmagens. Zschr. Anat. Entw.gesch. **91**, 329–390 (1930).

—: Die Entwicklung des Vorderdarmes, insbesondere des Magens der Wiederkäuer. Zschr. Anat. **94**, 490 bis 622 (1931).

—, J. LEHNER: III. Vorderdarm. In: BOLK, L., E. GÖPPERT; E. KALLIUS, W. LUBOSCH: Handbuch der vergleichenden Anatomie der Wirbeltiere III, 349–476. Urban & Schwarzenberg, Berlin, Wien, 1937. Neudruck Asher & Co., Amsterdam, 1967.

REETZ, G.: Beiträge zur Anatomie und Histologie des dritten Magens der Wiederkäuer. Diss. med. vet. Leipzig, 1911.

SACK, W. O., P. SVENDSEN: Size and position of the abomasum in ten cows fed high-roughage or high-concentrate rations. Amer. J. Vet. Res. **31**, 1539 bis 1543 (1970).

SCHELS, H.: Untersuchungen über Wandbau und Funktion des Netzmagens des Rindes. Diss. med. vet. München, 1956.

SCHMALTZ, R.: Topographische Anatomie der Körperhöhlen des Rindes. Schoetz, Berlin, 1895.

SCHMIDT, H.: Der funktionelle Bau der Schleimhautmuskulatur des Magens (Schwein). Morph. Jb. **86**, 495–516 (1939).

SCHNORR, B., B. VOLLMERHAUS: Das Oberflächenrelief der Pansenschleimhaut bei Rind und Ziege. (I. Mitteilung zur funktionellen Morphologie der Vormägen der Hauswiederkäuer.) Zbl. Vet. Med. A **14**, 93–104 (1967).

—, —: Das Blutgefäßsystem des Pansens von Rind und Ziege. IV. Mitt. zur funktionellen Morphologie der Vormägen der Hauswiederkäuer. Zbl. Vet. Med. A **15**, 799–828 (1968).

SCHUMMER, A.: Zur Formbildung und Lageveränderung des embryonalen Wiederkäuermagens. Diss. med. vet. Gießen, 1932; Zschr. Anat. Entw.gesch. **99**, 265–303 (1932).

SCHWABE, F.: Anatomische und histologische Untersuchungen über den Labmagen der Wiederkäuer, insbesondere über das Muskel- und elastische Gewebe desselben. Diss. med. vet. Leipzig, 1910.

SCHWARZ, E.: Zur Anatomie und Histologie des Psalters der Wiederkäuer. Diss. med. vet. Bern, 1910.

SELLERS, A. F., C. E. STEVENS: Motor functions of the ruminant stomach. Physiol. Rev. **46**, 634–661 (1966).

SISSON, S., J. D. GROSSMAN: The anatomy of the domestic animals. 4th ed. Saunders, Philadelphia, 1953.

SPÖRRI, H.: Physiologie der Wiederkäuer-Vormägen. Schweiz. Arch. Tierheilk. **93**, 1–28, Sonderheft April 1 (1951).

STEVENS, C. E., A. F. SELLERS, F. A. SPURRELL: Function of the bovine omasum in ingesta transfer. Am. J. Physiol. **198**, 449–455 (1960).

STIGLER, R.: Die Verdauungsorgane des Wiederkäuers im Röntgenbild. Tierärztl. Umsch. **33** (1929).

STILINOVIĆ, Z., J. RAC, Z. ROBIĆ: Lineare Dimensionen von Pansen und Haube, gemessen „in vivo". Vet. Arh. Zagreb **35**, 204–212 (1965).

STOJANOV, I.: Untersuchung der afferenten Innervation des Wiederkäuermagens. Bulgarska akademija na naukite, Sofija, **12**, 247–265 (1967).

SUSSDORFF, M. v.: Die Lagerung des Schlundes der Haussäugetiere im hinteren Mittelfell. Dtsch. Tierärztl. Wschr. **4**, 1–2 (1896).

TAMATE, H.: The anatomical studies of the stomach of the goat. J. Agric. Res., Tohoku (Japan). I. **7**, 209 bis 229. II. **8**, 65–77 (1957).

—, A. D. McGILLIARD, N. L. JACKSON, R. GETTY: Effects of various dietaries on the anatomical development of the stomach of the calf. J. Dairy Sci. **45**, 408–420 (1962).

TRAUTMANN, A.: Beitrag zur Physiologie des Wiederkäuermagens. I. Mitt. Einfluß der Nahrung auf die Ausbildung der Vormägen bei jugendlichen Wiederkäuern. Arch. Tierernährg. Tierzucht. **7**, 400–420 (1932).

WARNER, E. D.: The organogenesis and early histogenesis of the bovine stomach. Am. J. Anat. **102**, 33 bis 63 (1958).

WARNER, R. G., W. P. FLATT: Anatomical development of the ruminant stomach. In: Physiology of digestion in the ruminant. Butterworth Inc., Washington, D. C., 1965.

WEAVER, A. D.: A post-mortem survey of some features of the bovine abomasum. Brit. Vet. J. **120**, 539–546 (1964).

WENSING, C. J. G.: Die Innervation des Wiederkäuermagens. Tijdschr. Diergeneesk. **93**, 1352–1360 (1968).

WESTER, J.: Der Schlundrinnenreflex beim Rind. Berl. Tierärztl. Wschr. **46**, 397–402 (1930).

—: Das Erbrechen bei Wiederkäuern. Berl. Tierärztl. Wschr. **47**, 337–340 (1931).

WILD, H.: Über den Vorgang des Rülpsens (Ructus) beim Wiederkäuer. Diss. med. vet. Gießen, 1913.

WILKENS, H.: Zur Topographie der Verdauungsorgane der Ziege. Dtsch. Tierärztl. Wschr. **63**, 1–24 (1956).

—: Zur Topographie der Verdauungsorgane des Schafes unter besonderer Berücksichtigung von Funktionszuständen. Zbl. Vet. Med. **3**, 813–816 (1956).

—, G. ROSENBERGER: Betrachtungen zur Topographie und Funktion des Oesophagus hinsichtlich der Schlundverstopfung des Rindes. Dtsch. Tierärztl. Wschr. **64**, 393–396 (1957).

ZIEGLER, H.: Anatomie für die Praxis. I. Von den Vormägen des Rindes. Schweiz. Arch. Tierheilk. **76**, 449–461 (1934).

ZIETZSCHMANN, O.: Der Darmkanal der Säugetiere, ein vergleichend anatomisches und entwicklungsgeschichtliches Problem. Anat. Anz., Erg.-H., **60**, 155–172 (1925).

—: Über die Form und Lage des Hundemagens. Berl. Tierärztl. Wschr. **50**, 138–141 (1938).

—: Das Mesogastrium dorsale des Hundes mit einer schematischen Darstellung seiner Blätter. Morph. Jb. **83**, 327–358 (1939).

Darmkanal

ALEXANDER, F., D. BENZIE: A radiological study of the digestive tract of the foal. Quart. J. exp. Physiol. **36** (1951).

BARONE, R.: Topographie des viscères du porc et de la truie. Rev. Méd. Vét. **103**, 688–697 (1952).

—: La topographie des viscères abdominaux, chez les équidés domestiques. Bull. Soc. Sci. Vét. Lyon, 3–26 (1952/1953).

—: La topographie des viscères abdominaux, chez la jument gravide. Rev. Méd. Vét. **113**, 672–684 (1962).

BASSETT, E. G.: The anatomy of the pelvic and perineal region in the ewe. Austral. J. Zool. **13**, 201–241 (1965).

BENZIE, D., A. I. PHILLIPSON: The alimentary tract of the ruminant. Oliver and Boyd, Edinburgh, 1957.

BORELLI, V., A. FERNANDES FILHO: Unregelmäßigkeiten in der Ansa spiralis des Kolons von Ziegen. Rev. Fac. Med. Vet., São Paulo, **7**, 319–323 (1965).

—, I. L. DE SANTIS PRADA: Unregelmäßigkeiten im Muster der Ansa spiralis des Kolons bei Schafen. Rev. Fac. Med. Vet., São Paulo, **7**, 521–526 (1966/67).

—, J. G. LOPES PEREIRA, O. MIGUEL: Veränderungen im Verhalten der Taenia libera im Colon fluctuans der Equiden. Rev. Fac. Med. Vet., São Paulo, **8**, 379–384 (1970).

BUDSBERG, S. C., T. L. SPURGEON: Microscopic anatomy and enzyme histochemistry of the canine anal canal. Zbl. Vet. Med. C Anat. Histol. Embryol. **12**, 295–316 (1983).

CARLENS, O.: Studien über das lymphatische Gewebe des Darmkanales bei einigen Haustieren mit besonderer Berücksichtigung der embryonalen Entwicklung, der Mengenverhältnisse und der Altersinvolution dieses Gewebes im Dünndarm des Rindes. Zschr. Anat. Entw.gesch. **86**, 393–493 (1928).

DYCE, K. M.: The ileocecocolic region of the horse. Anat. Anz. **103**, 344–349 (1956).

—: Observations upon the gastro-intestinal tract of the living foal. Brit. Vet. J. **116**, 241–246 (1960).

ENGELMANN, K.: Beitrag zur Anatomie der Baucheingeweide des Göttinger Zwergschweines unter besonderer Berücksichtigung ihrer Blutgefäßversorgung. Diss. med. vet. München, 1971.

FEUSTEL, G.: Vergleichende Untersuchungen am Verdauungstrakt von Rothirsch (Cervus elaphus) und

Reh (Capreolus capreolus) post mortem unter besonderer Berücksichtigung der Gerüstkohlenhydrate und des Ligningehaltes der Ingesta. Diss. med. vet. München, 1967.

FLORENTIN, P.: Anatomie topographique des viscères abdominaux du boeuf et du veau. Rev. Méd. Vét. **104**, 464–493 (1953).

—: Anatomie topographique des viscères abdominaux du mouton et de la chèvre. Rev. Méd. Vét. **106**, 657 bis 681 (1955).

GOMERČIĆ, H., K. BABIC: A contribution to the knowledge to the variations of the arterial supply of the duodenum and the pancreas in the dog (Canis familiaris). Anat. Anz., **132**, 281–288 (1972).

GRAEGER, K.: Zur Topographie der Bauchorgane des Schweines unter besonderer Berücksichtigung verschiedener Füllungszustände des Magens. Zbl. Vet. Med. **4**, 1005–1016 (1957).

GRAU; H.: Der After von Hund und Katze unter biologischen und praktischen Gesichtspunkten. Tierärztl. Rdsch. **41**, 351–354 (1935).

—, J. SCHLÜNS: Experimentelle Untersuchungen zum zentralen Chylusraum der Darmzotten. Anat. Anz. **111**, 241–249 (1962).

GREER, M. B., M. L. CALHOUN: Anal sacs of the cat (Felis domesticus). Am. J. Vet. Res. **27**, 773–781 (1966).

HABEL, R. E.: The perineum of the mare. Cornell Vet. **43**, 250–278 (1953).

—: Applied anatomy. A laboratory guide for veterinary students. 5th ed. Published by the author, Ithaca, New York, 1965.

—: The topographic anatomy of the muscles, nerves, and arteries of the bovine female perineum. Am. J. Anat. **119**, 79–95 (1966).

HABERMEHL, K. H.: Die Verlagerung der Bauch- und Brustorgane des Hundes bei verschiedenen Körperstellungen. Zbl. Vet. Med. **3**, 1–43, 172–204 (1956).

HAESLER, K.: Der Einfluß verschiedener Ernährung auf die Größenverhältnisse des Magen-Darmkanals bei Säugetieren. Zschr. Züchtg. **17**, 339–412 (1930).

HAGEMEIER, K.: Röntgenologische Beobachtungen am Darmkanal, insbesondere am Blinddarm der Ziege. Diss. med. vet. Hannover, 1937.

HAPPICH, A.: Blutgefäßversorgung der Verdauungsorgane in Bauch- und Beckenhöhle einschließlich Leber, Milz und Bauchspeicheldrüse beim Schaf. Diss. med. vet. Hannover, 1961.

HEBEL, R.: Untersuchungen über das Vorkommen von lymphatischen Darmkrypten in der Tunica submucosa des Darmes von Schwein, Rind, Schaf, Hund und Katze. Anat. Anz. **109**, 7–27 (1960).

HEIDENHAIN, M.: Über Zwillings-, Drillings- und Vierlingsbildungen der Dünndarmzotten, ein Beitrag zur Teilkörpertheorie. Anat. Anz. **40**, 102 bis 147 (1912).

HOFMANN, R. R., G. GEIGER: Topographical and functional anatomy of the abdominal viscera of the roe (Capreolus capreolus L.) Zbl. Vet. Med. C Anat. Histol. Embryol. **3**, 63–84 (1974).

JAKOBSHAGEN, E.: Grundzüge des Innenreliefs vom Rumpfdarm der Wirbeltiere. Anat. Anz. **83**, 241–261 (1936).

KIENITZ, M.: Über die Größenverhältnisse des Magens und Darmkanals bei verschiedenen Hunderassen nebst einem Beitrag zur Morphologie des Blinddarms der Hunde. Diss. med. vet. Berlin, 1921.

KLESTY, C.: Lage und Lageveränderungen der Bauchhöhlenorgane der Katze bei verschiedenen Körperstellungen im Hinblick auf die klinische Untersuchung. Diss. med. vet. Gießen, 1984.

KLIMMECK, K.: Beiträge zur Anatomie des Darmes vom Schweine. Diss. med. vet. Berlin, 1922.

KOLDA, J.: Zur Topographie des Darmes beim Schaf und bei der Ziege. Zschr. Anat. Entw.gesch. **95**, 243 bis 269 (1931).

KÖNIG, M.: Mikromorphologie der Glandulae circumanales des Hundes. Diss. med. vet. Bern, 1984.

LACKHOFF, M.: Vergleichende histologische und morphometrische Untersuchungen am Darm vom Rehwild (Capreolus capreolus, Linné, 1758) und Buschschliefer (Heterohyrax syriacus). Diss. med. vet. Gießen, 1984.

LAGERLÖF, N.: Investigations of the topography of the abdominal organs in cattle, and some clinical observations and remarks in connection with the subject. Skand. Veterinärtidskr. **19**, 253–365 (1929).

LIEBLER, E.: Untersuchungen zur Anzahl, Verteilung und Ausdehnung der schleimhauteigenen Solitärfollikel und Peyerschen Platten im Dünndarm des Kalbes unter besonderer Berücksichtigung ihrer Oberflächenstruktur. Diss. med. vet. Hannover, 1985.

MAALA, C. P., W. O. SACK: The arterial supply to the ileum, cecum and proximal loop of the ascending colon in the ox. Zbl. Vet. Med. C Anat. Histol. Embryol. **10**, 130–146 (1981).

—, —: The venous supply of the cecum, ileum and the proximal loop of the ascending colon in the ox. Zbl. Vet. Med. C Anat. Histol. Embryol. **12**, 154–166 (1983).

MARTIN, P.: Zur Blind- und Grimmdarmentwicklung beim Pferd. Beitr. path. Anat. allg. Path. (Festschr. E. Bostroem) **69**, 512–516 (1921).

MAY, H.: Vergleichend-anatomische Untersuchungen der Lymphfollikelapparate des Darmes der Haussäugetiere. Diss. med. vet. Gießen, 1903.

MLADENOWITSCH, L.: Vergleichende anatomische und histologische Untersuchungen über die Regio analis und das Rectum der Haussäugetiere. Diss. med. vet. Leipzig, 1907.

MOUWEN, J. M. V. M.: Structure of the mucosa of the small intestine as it relates to intestinal function in pigs. Netherl. J. vet. Sci. **3**, 34–37 (1970).

MÜLLER, L. F.: Die Bewegungserscheinungen am Darme des Pferdes nach Röntgenuntersuchungen beim Pony. Wiss. Zschr. Univ. Leipzig, H. 5, 259 bis 266 (1952/53).

MUTHMANN, E.: Beiträge zur vergleichenden Anatomie des Blinddarmes und der lymphoiden Organe des Darmkanals bei Säugetieren und Vögeln. Anat. Hefte **48**, 65–114 (1913).

NAJBRT, R.: Sacculations and bands on the caecum of the horse. Acta vet., Brno, **31**, 377–384 (1970).

NEIMEIER, K.: Röntgenologische Beobachtungen am Magen-Darmkanal des Schweines. Diss. med. vet. Hannover, 1939.

NICKEL, R.: Über die Ermittlung der Länge und Lage des Verdauungskanals. Zschr. exp. Med. **91**, 193–243 (1933).

PREUSS, F., H. LANGE: Die Colon-Doppelwendel des Schweines. Zbl. Vet. Med. A **17**, 803–817 (1970).

SANTIS PRADA, I. L. DE, V. BORELLI, J. PEDUTI NETO: Die Anordnung der Ansa spiralis des Corriedale-Schaf-Colons. Rev. Fac. Med. Vet., São Paulo, **8**, 639–646 (1971).

—, J. PEDUTI NETO, V. BORELLI: Gesamtlänge des Darmes bei Schafen der Rasse Corriedale. Rev. Fac. Med. Vet., Saõ Paulo, **8**, 651–656 (1971).

SCHALLER, O.: Gibt es beim Hund einen „Musculus sphincter ani tertius"? Wien. Tierärztl. Mschr. 48, 614–631 (1961).

SCHIFFMANN-WYTTENBACH, E., W. MOSIMANN, M. KÖNIG: Nachweis verschiedener Hydroxysteroid-Dehydrogenasen in Circumanaldrüsen adulter Hunde. Zbl. Vet. Med. C Anat. Histol. Embryol. 12, 317–324 (1983).

SCHMALTZ, R.: Topographische Anatomie der Körperhöhlen des Rindes, Schoetz, Berlin, 1895.

SCHRÖDER, L.: Über die Lage des Dickdarmes bei einer hochgraviden Stute. Mhefte Vet. Med. 11, 504 bis 505 (1956).

SCHUMMER, A.: Morphologische Untersuchungen über die Funktionszustände des Ileums. Tierärztl. Umsch., 8, 244–247 (1953).

SMITH, R. N.: The arrangement of the ansa spiralis of the sheep colon. J. Anat. (Lond.) 89, 246–249 (1955).

—: The pattern of the ansa spiralis of the sheep colon. Brit. Vet. J. 113, 501–503 (1957).

—: Irregular patterns of the ansa spiralis of the sheep colon. Brit. Vet. J. 114, 285–288 (1958).

—: The arrangement of the ansa spiralis of the goat colon. Anat. Anz. 106, 101–103 (1959).

—, G. W. MEADOWS: The arrangement of the ansa spiralis of the ox colon. J. Anat. (Lond.) 90, 523–526 (1956).

SRNETZ, A.: Beitrag zur Topographie der Bauchorgane des Schweines. Jber. Vet. med. 56 (1935); Prag. Tierärztl. Arch. 14, 81–92, 103–110, 129–139 (1934).

STEMPEL, M.: Beiträge zur Anatomie des Schafdarmes. Diss. med. vet. Berlin, 1925.

TIEDEMANN, K.: Die Angioarchitektur der Schleimhaut des Anorektalgebietes bei Hund und Schwein. Diss. med. vet. Berlin, 1968.

TROTT ZU SOLZ, W. von: Vergleichend-anatomische Untersuchungen des Darmes von Rotwild (Cervus elaphus, L. 1758), Damwild (Cervus dama, L. 1758) und Muffelwild (Ovis ammon musimon, Pallas, 1811) und der assoziierten Strukturen. Diss. med. vet. Gießen, 1984.

VODOVAR, N., J. FLANZY, A. C. FRANÇOIS: Intestin grêle du porc. I. Dimensions en fonction de l'age et du poids, étude de la jonction du canal cholédoque et du canal pancréatique a celui-ci. Ann. Biol. 4, 27–34 (1964).

WESTERLUND, A.: Om Hästens Ileo-Ceco-Kolska Tormoneråde. Lunds Universitäts Arskr. N. F. Acad. 15/5 Kungl. fysiolografiska Sällskapets Handlingen N. F. 30/5, 1918.

WETZEL, W.: Weitere Veränderungen des Darmkanals bei pflanzlicher und tierischer Nahrung. Anat. Anz. 72, Erg.H., 275–278 (1931).

WIETHÖLTER, G.: Topographische Anatomie der Bauch- und Beckenorgane von Hund und Katze im Röntgenbild. Diss. med. vet. Leipzig, 1964.

WILKENS, H.: Zur Topographie der Verdauungsorgane des Schafes unter besonderer Berücksichtigung von Funktionszuständen. Zbl. Vet. Med. 3, 803–816 (1956).

—: Zur Topographie der Verdauungsorgane der Ziege. Dtsch. Tierärztl. Wschr. 63, 434–441 (1957).

ZIETZSCHMANN, O.: In: Ellenberger, W., H. Baum: Handbuch der vergleichenden Anatomie der Haustiere. 18. Aufl. Springer, Berlin, 1943.

—: In: SCHÖNBERG, F., O. ZIETZSCHMANN: Die Ausführung der tierärztlichen Fleischuntersuchung, 5. Aufl. Parey, Berlin, Hamburg, 1958.

ZIMMERMANN, A.: Zur vergleichenden Anatomie des Wurmfortsatzes am Blinddarm. Berl. Tierärztl. Wschr. 38, 85–88 (1922).

Leber und Bauchspeicheldrüse

ABDALLA, O., W. O. SACK: The occurrence of an accessory pancreatic duct in the sheep. Am. J. Vet. Res. 44, 1182–1186 (1983).

—, —: The choledochoduodenal junction in sheep and goat. Zbl. Vet. Med. C Anat. Histol. Embryol. 14, 6–14 (1985).

AMSELGRUBER, W.: Verlauf und Mündung des Ductus pancreaticus und seiner Lappenäste bei der Ziege. Anat. Histol. Embryol. 15, 193–204 (1986).

ANNUNZIATA, M.: Beitrag zum Studium der intra- und extrahepatischen Gallengänge bei der Ziege. Systematisierung des Ramus principalis sinister. Rev. Fac. Med. Vet., São Paulo, 8, 119–138 (1969).

ARNAUTOVIĆ, I., M. BEVANDIĆ: Die Restriktion der Schafsleber im Lichte neuer anatomischer Angaben. Acta anat. 69, 292–310 (1968).

BECKER, G.: Zur Frage des Vorkommens eines Oddi'schen Sphinkter im Mündungsgebiet des Ductus choledochus der Haussäugetiere. Diss. med. vet. Hannover, 1933.

BERENGER, A.: Segmentation hepatique chez les carnivores. Thesis, Paris (Alfort), 1966.

BEVANDIĆ, M., I. ARNAUTOVIĆ, I. KRČMAR, J. LORGER: Vergleichende Übersicht über die Gallenwege der Haustiere. Vet., Sarajevo, 16, 301–315 (1967).

BOCKMAN, D. E.: Anastomosing tubular arrangement of dog exocrine pancreas. Cell Tiss. Res. 189, 497 bis 500 (1978).

—: Architecture of normal pancreas as revealed by retrograde injection. Cell Tiss. Res. 205, 445–451 (1980).

BORELLI, V., J. PEDUTI NETO, I. L. DE SANTIS PRADA: Die Entfernung zwischen der Papilla duodeni hepatica und der Papilla duodeni pancreatica beim Büffel (Bubalus bubalus Linnaeus, 1758). Rev. Fac. Med. Vet., São Paulo, 8, 375–378 (1970).

BOYDEN, E. A.: A typical pancreatic bladder developed from an accessory pancreas. Anat. Rec. 23, 195 (1922).

—: The accessory gallbladder. An embryological and comparative study of aberrant biliary vesicles occuring in man and the domestic animals. Am. J. Anat. 38, 177 (1926).

—: The choledochoduodenal junction in the cat. Surgery, 41, 773–786 (1957).

BRAGULLA, H.: Zur Topographie der Venen in der Leber des fetalen und neugeborenen Schweines. Diss. med. vet. München, 1986.

BRIKAS, P., CH. TSIAMITAS: Anatomic arrangement of the hepatic veins in the goat. Am. J. Vet. Res. 41, 796–797 (1980).

BUTLER, H. C., D. C. BRINKMAN, P. A. KLAVANO: Canalization of the bovine pancreatic duct. Am. J. Vet. Res. 21, 205–211 (1960).

ČALYJ, A. S.: Die Gewichts- und Größenveränderungen der Leber in Abhängigkeit vom Alter des Schweines. Veterynarija, Kyïv, 50–53 (1965).

CAMPRODON, R., J. SOLSONA, J. A. GUERRERO: Intrahepatic vascular division in the pig. Arch. Surg. 112, 38–40 (1977).

CUQ, P.: Topographic de la vein porte intrahepatique du chien. Rec. Méd. Vét. 141, 5–17 (1965).

—: La segmentation hépatique des carnivores. Rec. Méd. Vét. 141, 233–268 (1965).

DARANY, J.: Zur vergleichenden Anatomie der Gallenblase. Diss. med. vet. Budapest, 1931.

DICKSON, A. D.: The ductus venosus of the pig. J. Anat. 90, 143–152 (1956).

—: The development of the ductus venosus in man and the goat. Acta anat. 91, 358–368 (1957).

DI DIO, L. J. A., E. A. BOYDEN: The choledochoduodenal junction in the horse – a study of the musculature around the ends of the bile and pancreatic ducts in a species without a gall bladder. Anat. Rec. 143, 61–69 (1962).

EGGELING, H. v.: Leber und ventrales Magengekröse. Morph. Jb. 66, 231–243 (1931).

EICHEL, J.: Maße, Formen und Gewichte der Lebern von Rindern und Schafen. Diss. med. vet. Berlin, 1925.

EICHHORN, E. P., E. A. BOYDEN: The choledochoduodenal junction in the dog – a restudy of Oddi's sphincter. Am. J. Anat. 97, 431–459 (1955).

ELIAS, H.: Beobachtungen über den Bau der Säugerleber. Anat. Nachr. 1, 8–20 (1949).

ENGELMANN, K.: Beitrag zur Anatomie der Baucheingeweide des Göttinger Zwergschweines unter besonderer Berücksichtigung ihrer Blutgefäßversorgung. Diss. med. vet. München, 1971.

FERNER, H.: Das Inselsystem des Pankreas. Thieme, Stuttgart, 1952.

GEYER, H., G. ABERGER, H. WISSDORF: Beitrag zur Anatomie der Leber beim neugeborenen Kalb. Topographische Untersuchungen mit Darstellung der Gallenwege und der intrahepatischen Venen. Schweiz. Arch. Tierheilk. 113, 577–586 (1971).

GROSSENBACHER, M.: Étude comparative de la structure de la portion terminale des voies biliaires et pancréatiques chez les animaux domestique. These, Paris, 1951.

HABEL, R. E.: Applied anatomy. A laboratory guide for veterinary students. 5th ed. Published by the author, Ithaca, New York, 1965.

HARLE, H. F. C.: Anatomy of the portal system of the cats. Thesis, Paris (Alfort), 1964.

HEATH, T.: Origin and distribution of portal blood in the sheep. Am. J. Anat. 122, 95–106 (1968).

HESS, O.: Die Ausführungsgänge des Hundepankreas. Arch. Anat. Physiol. 118, 536–538 (1907).

HEUER, G. J.: Pancreatic ducts in the cat. Johns Hopkins Hosp. Bull. 17, 106–111 (1906).

HÖCKE, M.: Beiträge zur vergleichenden Histologie des Pankreas der wichtigsten Haussäugetiere (Hund, Katze, Schwein, Schaf, Ziege, Rind, Pferd) mit besonderer Berücksichtigung des „Ausführenden Apparates" und der „Pankreasinseln". Diss. med. vet. Bern, 1907.

HOLZAPFEL, R.: Die Mündung von Gallen- und Pankreasgang beim Menschen. Anat. Anz. 69, 449–453 (1930).

JABLAN-PANTIĆ, O.: Merkmale und Vergleich der intrahepatischen Gallengänge bei Haustieren. Acta vet., Beograd, 13, 3–14 (1964).

JANKOWICZ, Z.: Ein Beitrag zur Kenntnis der Lebervenen bei den Hunden. Acta vet. 4, 69–81 (1954).

JOHNSON, CH. E.: An additional case of pancreatic bladder in the domestic cat. Anat. Rec. 8, 267–270 (1914).

JULIAN, L. M.: Studies on the subgross anatomy of the bovine liver. III: Comparative arrangement of the blood vessels of the livers of bovine and equine fetuses. Am. J. Vet. Res. 13, 201–203 (1952).

—, K. B. DE OME: Studies on the subgross anatomy of the bovine liver. I: The distribution of the blood vessels and bile ducts as revealed by the vinylite-corrosion technique. Am. J. Res. 10, 331–335 (1949).

KAHN, D., R. VAN HOORN-HICKMAN: Liver blood flow after partial hepatectomy in the pig. J. Surg. Res. 37, 290–294 (1984).

KAMAN, J.: Die Grobramifikation der Leberblutgefäße des Schweines. Zbl. Vet. Med. A 13, 719–745 (1966).

—: Die Mikroarchitektonik des venösen Kreislaufes der Schweineleber. Anat. Anz. 118, 142–156 (1966).

—: Der Umbau des Ductus venosus des Schweines: 1. Pränatales Stadium. Anat. Anz. 122, 252–268 (1968).

—: Der Umbau des Ductus venosus des Schweines: 2. Postnatales Stadium. Anat. Anz. 122, 476–486 (1968).

KLAGES, C.: Anatomische Untersuchungen des Gefäßverlaufes der Leber neugeborener Schafe und geburtsreifer Rinder. Morph. Jb. 68, 301–324 (1931).

KLÖPPING, E.: De vaatconfiguraties van het vena portaen het venae hepaticae-system in de levers van enige huisdieren. Tijdschr. Diergeneesk. 93, 1113 bis 1120 (1968).

KNEIDINGER, L.: Zur Topographie der Venen in der Leber des fetalen und neugeborenen Rindes. Diss. med. vet. München, 1985.

KRASTIN, L.: Lobierung und Vaskularisation der Leber der Säuger. Latvijas Biol. Biedribus Raksti, 1 (1929); Bull. Soc. Biol. Lettonie, 1 (1929).

KRETSCHMAR, S.: Untersuchungen über die Leberzellen und Leberläppchen des Schweines während des Wachstums. Diss. med. vet. Dresden, 1914.

KÜHN, H., R. ROTHKEGEL: Beitrag zur makroskopischen Anatomie der Vena portae des Schafes. Anat. Anz. 110, 312–316 (1962).

LANZ, A.: Wägungen und Messungen an der Pferdeleber. Arch. wiss. prakt. Tierheilk. 76, 248–255 (1941).

LÖHNER, L.: Über die extrahepatischen Gallenwege der Säuger in vergleichend-physiologischer Betrachtung. Biol. gen. 5, 587–604 (1929); Ref. Anat. Ber. 20 (1930/31).

LOHSE, C. L., P. F. SUTER: Functional closure of the ductus venosus during early postnatal life in dog. Am. J. Vet. Res. 38, 839–844 (1977).

LOZANO, RIO I. DEL, W. H. H. ANDREWS: A study by means of vascular casts of small vessels related to the mammalian portal vein. J. Anat. 100, 665–673 (1966).

MAMEDOV, JU. A.: Ähnlichkeiten und Unterschiede des Pankreas von Mensch und Tier. Doklady Akademii nauk Azerbajdžanskoj SSR, Baku, 21, 68–71 (1965).

MANN, F. C., S. D. BRIMHALL, J. P. FOSTER: The extrahepatic biliary duct in common domestic and laboratory animals. Anat. Rec. 18, 47–66 (1920).

MEYER, F.: Terminologie und Morphologie der Säugetierleber nebst Bemerkungen über die Homologie ihrer Lappen. (Eine vergleichend-anatomische, entwicklungsgeschichtliche Untersuchung.) Diss. med. vet. Zürich, 1911.

MINTZLAFF, M.: Leber, Milz, Magen, Pankreas des Hundes. Diss. med. vet. Leipzig, 1909.

MURAKAMI, T., J. SAITO, H. ASHIZOWA: The pancreatic duct systems of the domestic animals. Bull. Fac. Agric. Miyazaki Univ. (Japan) 17, 177 (1970).

NETTELBLAD, S. C.: Die Lobierung und innere Topographie der Säugerleber. Acta anat. 20, Suppl. (1954).

NIELSEN, S. W., E. J. BISHOP: The duct system of the canine pancreas. Am. J. Vet. Res. 15, 266–271 (1954).

OLIVEIRA, M. C., P. PINTO, E. SILVA, A. M. ORSI, R. M. DEFINE: Anatomical observations about the closure of the ductus venosus in the dog. Anat. Anz. **145**, 353–358 (1979).

PAIVA, O. M., A. FERNANDES FILHO, I. L. DE SANTIS PRADA: Beitrag zur Untersuchung der Gallengänge bei Felis catus domestica. Systematisierung des Ramus principalis sinister. Rev. Fac. Med. Vet., São Paulo, **8**, 603–624 (1971).

PEDUTI NETO, J., I. L. DE SANTIS PRADA, V. BORELLI: Der Abstand vom Torus pyloricus zur Papilla duodeni major bei Schafen. Rev. Fac. Med. Vet., São Paulo, **8**, 635–637 (1971).

PFUHL, W.: Die Gallenblase und die extrahepatischen Gallengänge. In: v. MÖLLENDORFF, W.: Handbuch der mikroskopischen Anatomie des Menschen, Bd. V/2. Springer, Berlin, 1932.

POPPER, H., F. SCHAFFNER: Die Leber. Struktur und Funktion. Thieme, Stuttgart, 1961.

PREUSS, F.: Comprehensive schemata on the histology of the liver with consequences in terminology. J. Morph. **162**, 211–219 (1979).

RÖHRL, S.: Die Pfortader der Katze unter besonderer Berücksichtigung der Verhältnisse beim neugeborenen Tier. Diss. med. vet. München, 1981.

SAJONSKI, H., M. DZIADEK: Form, Lage, Maße und Gewicht der Bauchspeicheldrüse des Schweines. Zbl. Vet. Med. **2**, 641–655 (1955).

SANTIS PRADA, I. L. DE, V. BORELLI, A. FERNANDES FILHO: Über die Verbindung des Ausführungsgangsystems der Bauchspeicheldrüse mit dem Zwölffingerdarm bei Pferden. Rev. Fac. Med. Vet., São Paulo, **8**, 411–416 (1970).

—, H. HIGASHI: Über das Auftreten des Anulus pancreatis beim Rind. Rev. Fac. Med. Vet., São Paulo, **7**, 535–540 (1966/67).

SCHREIBER, H.: Zum Bau und Entleerungsmechanismus der Gallenblase (Vorläufige Mitteilung). Anat. Anz. **87**, 257–275 (1939).

—: Das Muskellager der menschlichen Gallenblasenwand im Vergleich zu der vierfüßiger Säuger. Zschr. Anat. Entw.gesch. **111**, 91–150 (1941).

SIWE, ST. A.: Über Onto- und Phylogenese des Pankreas. Gegenbaurs Morph. Jb. **68**, 375–390 (1931).

SMALL, E., R. OLSEN, TH. FRITZ: The canine pancreas. Vet. Med. Small Anim. Clin. **59**, 627–642 (1964).

SZUBA, Z., ST. NOGALSKI: Der morphometrische Zusammenhang zwischen der Leber und der Milz bei der Hauskatze. Zeszyty nauk, wyzszej Szkoly rolniczej. Szczecin, 205–211 (1971).

TAHER, EL-S., T. M. IBRAHIM: Obliteration of the intraabdominal umbilical vessels in the puppies. Zbl. Vet. Med. A **16**, 185–192 (1969).

VODOVAR, N., J. FLANZY, A. C. FRANÇOIS: Intestin grêle du porc. I. Dimensions en fonction de l'âge et du poids, étude de la jonction du canal cholédoque et du canal pancréatique à celui-ci. Ann. Biol. Anim., Biochim. Biophys. **4**, 27–34 (1964).

WASS, W. M.: The duct systems of the bovine and porcine pancreas. Am. J. Vet. Res. **26**, 267–272 (1965).

WENDELIN, H.: Microangiography of the liver. An experimental study of sheep from the prenatal to fullgram period. Acta Paed. Scand. **233**, 9–35 (1972).

WILLIAMSON, M. E.: The venous and biliary systems of the bovine liver. M. S., Thesis, Cornell Univ., Ithaca, 1967.

WÜNSCHE, Anita: Zur Lupenanatomie der klassischen Leberläppchen des Schweines. Zbl. Vet. Med. C Anat. Histol. Embryol. **10**, 342–350 (1981).

—: Zum Vergleich der Leberläppchen einschließlich des RAPPAPORTschen Acinus beim Schwein. Zbl. Vet. Med. C Anat. Histol. Embryol. **14**, 15–32 (1985).

ZIMMERMANN, A.: Zur vergleichenden Anatomie der extrahepatischen Gallenwege. Arch. wiss. prakt. Tierheilk. **68**, 112–125 (1934).

ZINK, J., G. VAN PETTEN: Time course of closure of the ductus venosus in the newborn lamb. Paediat. Res. **14**, 1–3 (1980).

Milz
(Siehe auch Band III, 612–613).

BARCROFT, J.: Weitere Forschungen über die Milzfunktion. Naturwiss. **14**, 797–801 (1926).

CURSON, H. H.: Accessory spleens in a horse. 16th Rep. Dir. Vet. Serv. South Africa, 875, 1930.

DORFMAN, R. F.: Nature of the sinus lining cells of the spleen. Nature, **190**, 1021–1022 (1961).

DREYER, B. J.VAN: The segmental nature of the spleen. Blood, **18**, 468–476 (1961).

FILLENZ, Marianne: The innervation of the cat spleen. Proc. Roy. Soc. London, B. **174**, 459–468 (1970).

GODINHO, H. P.: Anatomical studies about blood circulation of the dog's spleen. I. Venous drainage: venous lienal zones. Arq. Esc. Vet. **15**, 63–72 (1963).

—: Anatomical studies on the termination and anastomoses of the a. lienalis and arterial lienal segments in the dog. Arq. Esc. Vet. **16**, 163–196 (1964).

HARTMANN, A.: Die Milz. In: v. MÖLLENDORFF, W.: Handbuch der mikroskopischen Anatomie des Menschen. VI/1. 397–563. Springer, Berlin, 1930.

HARTWIG, H.: Die makroskopischen und mikroskopischen Merkmale und die Funktion der Pferdemilz in verschiedenen Lebensaltern und bei verschiedenen Rassen. Zschr. mikrosk.-anat. Forsch. **55**, 287–410 (1949).

HERRATH, E. v.: Über einige Beobachtungen bei der Durchspülung verschiedener Säugermilzen. Anat. Anz. **80**, 38–44 (1935).

—: Bau und Funktion der Milz. Zschr. Zellforsch. **23**, 375–430 (1935).

—: Vergleichend-quantitative Untersuchungen an acht verschiedenen Säugermilzen. Zschr. mikrosk.-anat. Forsch. **37**, 389–406 (1935).

—: Einiges über die Beziehungen zwischen Bau und Funktion der Säugermilz. Anat. Anz. **81**, Erg. H., 182–186 (1936).

—: Experimentelle Untersuchungen über die Beziehungen zwischen Bau und Funktion der Säugermilz. 1. Der Einfluß des Lauftrainings auf die Differenzierung der Milz heranwachsender Tiere. a) Hunde. Zschr. mikrosk.-anat. Forsch. **42**, 1–32 (1937).

—: Experimentelle Ergebnisse zur Frage der Beziehungen zwischen Bau und Funktion der Säugermilz. Anat. Anz. **85**, Erg.H., 196–207 (1938).

—: Zur vergleichenden Anatomie der Säugermilz und ihrer Speicher- und Abwehraufgaben. Zugleich ein Beitrag zur Typologie der Milz und zum Problem der artlichen und individuellen Milzgröße. Med. Klin. **34**, 1355–1359 (1938).

—: Die Milztypen beim Säuger. Anat. Anz. **87**, Erg.H., 247–254 (1939).

—: Zur Frage der Typisierung der Milz. Anat. Anz. **112**, 140–149 (1963).

KRZYWANEK, FR. W.: Neue Ansichten über die Funktion der Milz im Blutkreislauf. Berl. Tierärztl. Wschr. **43**, 393–396 (1927).

—: Weiteres über die neuerkannte Milzfunktion. Berl. Tierärztl. Wschr. **45,** 69–71 (1929).

LANGER, P.: Die Altersveränderungen der Milz beim Pferd mit besonderer Berücksichtigung der Gitterfasern. 5. Beitrag zur Altersanatomie des Pferdes. Diss. med. vet. Hannover, 1941.

MOORE, R. D., V. R. MUMAW, M. D. SCHOENBERG: The structure of the spleen and its functional implications. Exp. Molec. Path. **3,** 31–50 (1964).

OBIGER, L.: Untersuchungen über die Altersveränderungen der Milz bei Hunden. (2. Beitrag zur Altersanatomie des Hundes.) Diss. med. vet. Hannover, 1940.

POPESCU, P.: Beitrag zum Studium der Topographie und der Punktionstechnik der Milz beim Rinde. Diss. med. vet. Bukarest, 1937.

REISSNER, H.: Untersuchungen über die Form des Balkengerüstwerks der Milz bei einigen Haussäugetieren, sowie über die Verteilung von elastischem und kollagenem Bindegewebe und glatter Muskulatur in Kapsel und Trabekel. Zschr. mikr.-anat. Forsch. **16,** 598–626 (1929).

RIEDEL, H.: Das Gefäßsystem der Katzenmilz. Zschr. Zellforsch. **15,** 459–529 (1932).

SCHULZ, P.: Maße und Gewichte der Milzen unserer Schlachttiere. Dtsch. Schlacht- Viehhof-Ztg. **56,** 86 bis 88 (1956).

SCHWARZE, E.: Über Bau und Leistung der Milzkapsel unserer Haussäugetiere. Berl. Tierärztl. Wschr. 521–522 (1937).

SKRAMLIK, E. v.: Die Milz. Mit besonderer Berücksichtigung des vergleichenden Standpunktes. Erg. Biol. **2,** 505–554 (1927).

SNOOK, T.: A comparative study of the vascular arrangements in mammalian spleens. Am. J. Anat. **87,** 31–78 (1950).

STEGER, G.: II. Beitrag zur „Anatomie für den Tierarzt". Zur Biologie der Milz der Haussäugetiere. Dtsch. Tierärztl. Wschr. **46,** 609–614 (1938).

—: Die Artmerkmale der Milz der Haussäugetiere (Pferd, Rind, Schaf, Ziege, Schwein, Hund, Katze, Kaninchen und Meerschweinchen). Diss. med. vet. Leipzig, 1939; Morph. Jb. **83,** 125–157 (1939).

—: IV. Beitrag zur „Anatomie für den Tierarzt". Die tierartlichen Merkmale der Haussäugermilzen bezüglich Form, Hilus und Gefäßen. Dtsch. Tierärztl. Wschr. **47,** 325–327 (1939).

TISCHENDORF, F.: Beobachtungen über die feinere Innervation der Säugermilz. Klin. Wschr. **26,** 125 (1948).

—: Milz. In: KÜKENTHAL, W.: Handbuch der Zoologie (hrsg. v. J.-G. HELMCKE und H. v. LENGERKEN), VIII/5 (2), 1–32. De Gruyter & Co., Berlin, 1956.

—: Die Milz. In: v. MÖLLENDORFF, W., W. BARGMANN: Handbuch der mikroskopischen Anatomie des Menschen, VI/6, Erg. VI/I. Springer, Berlin, Heidelberg, New York, 1969.

VEREBY, K.: Vergleichende Untersuchungen über die Kapsel, Trabekel und Gefäße der Milz. I. Die Milz des Schafes und Rindes. Zschr. Anat. Entw.gesch. **112,** 634–652 (1943).

WAGEMEYER, M.: Über den Einbau des Gefäßsystems der Milz in die Trabekelarchitektur und dessen funktionelle Bedeutung. Diss. med. Mainz, 1956.

Atmungsapparat

ADRIAN, R. W. Segmental anatomy of the cat's lung. Am. J. Vet. Res. **25,** 1724–1733 (1964).

ALEXANDER, A. F., R. JENSEN: Normal structure of bovine pulmonary vasculature. Am. J. Vet. Res. **24,** 1083–1093 (1963).

BAKKER, TJ.: Het orgaan van Jacobson bij onze huisdieren. Diss. med. vet. Utrecht, 1939.

BARONE, R.: Arbre bronchique et vaisseaux sanguins des poumons chez les équidés domestiques. Rec. Méd. Vét. **129,** 545–564 (1953).

—: La projection pariétale des plèvres et des poumons chez les équidés domestiques. Rev. Méd. Vét. **105,** 399–402 (1954).

—: Bronches et vaisseaux pulmonaires chez le boeuf (Bos taurus). C. R. Assoc. Anat. Lisbonne, 1956.

—: Arbre bronchique et vaisseaux pulmonaires chez le chien. C. R. Assoc. Anat. Leiden, 132–144 (1957).

—: La projection pariétale des plèvres et des poumons, chez les bovins. Rev. Méd. Vét. **112,** 691–698 (1961).

—: Les images radiologiques normales des poumons et de leur arbre broncho-vasculaire chez le chien. Rev. Méd. Vét. **121** (1970).

—, M. LOMBARD, M. MORAND: Organe de Jacobson, nerf vomero-nasal et nerf terminal du chien. Bull. Soc. Sci. Vét. Méd. comp. **68,** 257–270 (1966).

BAUM, H.: In: ELLENBERGER, W., H. BAUM: Handbuch der vergleichenden Anatomie der Haustiere, 18. Aufl. Springer, Berlin, 1943.

BLANTON, P. L., N. L. BIGGS: Eighteen hundred years of controversy: The paranasal sinuses. Am. J. Anat. **124,** 135–147 (1969).

BÖLCK, G.: Ein Beitrag zur Topographie des Rinderhalses. Diss. med. vet. Berlin, 1961.

BOYDEN, E. A., D. H. TOMPSETT: The postnatal growth of the lung in the dog. Acta anat. **47,** 185–215 (1961).

BONFERT, W.: Untersuchungen über den Lobus intermedius der Hundelunge. Anat. Anz. **103,** 109–112 (1956).

BRAUS, H.: Anatomie des Menschen, Bd. II, 3. Aufl. Springer, Berlin, 1956.

BROMAN, I.: Das Organon vomeronasale Jacobsoni – ein Wassergeruchsorgan. Anat. Hefte **58,** 137–191 (1920).

—: Über die Ursache der Asymmetrie der Lungen und der Herzlage bei den Säugetieren. Anat. Anz. **57,** 95 bis 101 (1923).

—: Zur Kenntnis der Lungenentwicklung. Anat. Anz. **57,** Erg.H., 83–96 (1923).

BUCHER, O: Beitrag zum funktionellen Bau des menschlichen Kehlkopfgerüstes. Gegenbaurs Morph. Jb. **87,** 116–168 (1942).

BÜRGI, J.: Das grobe Bindegewebsgerüst in der Lunge einiger Haussäuger (Rind, Schwein, Pferd, Ziege, Schaf, Hund und Katze) mit besonderer Berücksichtigung der Begrenzung des Lungenläppchens. Diss. med. vet. Zürich, 1953.

BUROW, W.: Beiträge zur Anatomie und Histologie des Kehlkopfes einiger Haussäugetiere. Diss. phil. nat. Berlin, 1902.

CALHOUN, M. L., K. KARTAWIRIA: The gross and microscopic anatomy of the postnatal epiglottis of seven domestic animals. Anat. Rec. **151,** 445–446 (1965).

CALKA, W.: Präkapilläre Anastomosen zwischen der A. bronchalis und der A. pulmonalis in den Lungen von Hausrindern. Folia morphol., Warszawa, **28,** 65–74 (1969).

COOK, W. R.: Clinical observations on the anatomy and physiology of the equine upper respiratory tract. Vet. Rec. **79,** 440–446 (1966).

CORONDAN, GH., C. RADU, L. BEJAN, L. RADU: Beziehungen zwischen dem bronchovaskulären Apparat der höheren Wirbeltiere und Menschen und das Problem der Gleichartigkeit ihrer Nomenklatur. Inst. agron. Timişoara, Lucrări stiint. Ser. Med. Vet. 10, 101–110 (1967).

DIACONESCU, N., C. VELEANU: Die Rolle der Brustwirbelsäulendynamik bei der Lobierung des Lungenparenchyms. Anat. Anz. 117, 96–108 (1965).

DSCHEROV, D.: Über die Struktur des Terminalgefäßnetzes der Lunge beim Hund. Anat. Anz. 127, 450 bis 456 (1970).

EHRSAM, H.: Die Lappen und Segmente der Pferdelunge und ihre Vaskularisation. Diss. med. vet. Zürich, 1957.

ERNSTMEYER, D.: Beitrag zur topographischen Anatomie des Halses des Schweines. Diss. med. vet. Berlin, 1962.

ESPERSEN, G.: Cellulae conchales hos hest og aesel. Nord. Vet. Med. 5, 573–608 (1953).

FELDER, G.: Beitrag zur Segmentanatomie der Hundelunge. Diss. med. vet. Zürich, 1962.

FRANKE, H.-R.: Zur Anatomie des Organum vomeronasale des Hundes. Diss. med. vet. Berlin, 1970.

FREWEIN, J.: Röntgenanatomie des Organum vomeronasale bei den Haussäugetieren. Zbl. Vet. Med. C 1, 55–63 (1972).

GEHLEN, H. v.: Neuere Auffassungen über die Retraktionskraft der Lunge und ihre anatomischen Grundlagen. Anat. Anz. 87, Erg.-H., 394–401 (1938).

—: Der Acinus der menschlichen Lunge als elastisch-muskulöses System. Gegenbaurs Morph. Jb. 85, 186–215 (1940).

GHETIE, V.: Die Lufthöhlen des Schweinekopfes. Anat. Anz. 92, 169–180 (1941).

GIGOV, Z., W. WASSILIV: Die Topographie des Zwerchfells, der Pleurasäcke und einiger Brustkorborgane bei neugeborenen Kälbern. Berl. Münch. Tierärztl. Wschr. 84, 286–290 (1971).

GRAEGER, K.: Die Nasenhöhle und die Nasennebenhöhlen beim Hund unter besonderer Berücksichtigung der Siebbeinmuscheln. Dtsch. Tierärztl. Wschr. 65, 425–429, 468–472 (1958).

GRÄPER, L.: Zwerchfell, Lunge und Pleurahöhlen in der Tierreihe. Anat. Anz., 66, Erg.-H., 71–77 (1928).

—: Lungen, Pleurahöhlen und Zwerchfell bei den Amphibien und Warmblütern. Morph. Jb. 60, 78–105 (1928).

GRAUBMANN, H.-D.: Zur topographischen Anatomie des Brustkorbes beim Rinde. Diss. med. vet. Berlin (Humboldt-Univ.), 1961.

GUZSAL, E.: Contributions to the comparative anatomy of the bronchial tree of domestic animals. The pulmonary segments. (Engl. Zus.fassung.). Acta Vet., Budapest, 2, 201–223 (1952).

—: The topography of blood vessels and of the bronchial tree of domestic animals. Acta Vet., Budapest, 5, 333–365 (1955).

HARE, W. C. D.: The broncho-pulmonary segments in the sheep. J. Anat. 89, 387 (1955).

HEGNER, D.: Das Blutgefäßsystem der Nasenhöhle und ihrer Organe von Canis familiaris, gleichzeitig ein Versuch der funktionellen Deutung der Venenplexus. Diss. med. vet. Gießen, 1962.

HORNING, J. G., A. J. MCKEE, H. E. KELLER, K. K. SMITH: Nose printing your cat and dog patients. Vet. Med. 21, 432–435 (1926).

JACOBI, W.: Zur Topographie der Brusthöhlenorgane des Hausschweines (Sus scrofa domestica). Diss. med. vet. Berlin (Humboldt-Univ.), 1962.

KAUP, F.-J.: Licht- und elektronenmikroskopische Untersuchungen zur Normalstruktur der Rattenlunge und ihre Veränderungen im protrahierten Schockgeschehen. Diss. med. vet. Hannover, 1982

KEILBACH, R.: Das knorpelige Nasenskelett einiger Säugergruppen. Zschr. Säugetierk. 21, 44–48 (1956).

KOCH, T., R. BERG: Die mediastinalen Pleuraumschlaglinien am Sternum und das Lig. sterno- bzw. phrenicopericardiacum bei einigen Säugetieren. Anat. Anz. 110, 116–126 (1961).

KORMANN, B.: Vergleichende makroskopische Untersuchungen über das Nasenloch und den Nasenvorhof der Haussäugetiere. Arch. wiss. prakt. Tierheilk. 34, 390–411 (1908).

KRAUSE, R.: Vergleichende anatomisch-histologische Untersuchungen über den Bau der Schaf- und Ziegenlunge. Diss. med. vet. Hannover, 1921.

KÜNZEL, E., G. LUCKHAUS, P. SCHOLZ: Vergleichend-anatomische Untersuchungen der Gaumensegelmuskulatur. Zschr. Anat. Entw.gesch. 125, 276 bis 293 (1966).

LASSOIE, L.: Les sinus osseux de la tête, chez la bête bovine. Ann. Méd. Vét. 96, 300–322 (1952).

LECHNER, W.: Über die Nasenhöhle und deren Nebenhöhlen bei der Katze. Morph. Jb. 71, 266–283 (1932).

—: Über die ventralen Kehlkopfventrikel bei Pferd und Tapir. Morph. Jb. 73, 289–299 (1933).

LEPPERT, F.: Beitrag zur funktionellen Struktur der Trachea und des Kehlkopfes des Pferdes. Morph. Jb. 74, 581–624 (1934).

LODGE, D.: A survey of tracheal dimensions in horses and cattle in relation to endotracheal tube size. Vet. Rec. 85, 300–303 (1969).

LOEFFLER, K.: Zur Topographie der Nasenhöhle und der Nasennebenhöhlen bei den kleinen Wiederkäuern. Berl. Münch. Tierärztl. Wschr. 71, 457–465 (1958).

—: Zur Topographie der Nasenhöhle und der Nasennebenhöhlen beim Schwein. Dtsch. Tierärztl. Wschr. 66, 237–242, 270–273 (1959).

—: Zur Topographie der Nasenhöhle und der Nasennebenhöhlen bei der Katze. Berl. Münch. Tierärztl. Wschr. 72, 325–328 (1959).

MATHEA, KL.: Beitrag zur makroskopischen Anatomie der Lunge von Schaf und Ziege. Diss. med. vet. Berlin, 1963.

MATTAY, B.: Das Organum vomeronasale des Schweines. Diss. med. vet. Berlin, 1968.

MCLAUGHLIN, R. F., W. S. TYLER, R. O. CANADA: A study of the subgross pulmonary anatomy in various mammals. Am. J. Anat. 108, 149–158 (1961).

MILLER, M. E., G. C. CHRISTENSEN, H. E. EVANS: Anatomy of the dog. W. B. Saunders Co., Philadelphia, 1964.

MOORHEAD, P. D., R. F. CROSS: The subgross vascular anatomy of the feline lung. Am. J. Vet. Res. 26, 740–743 (1965).

MOSKOFF, M.: Beitrag zur Mechanik des Trachealskeletts des Pferdes. Beobachtungen an Frakturen der Trachealknorpel. Zschr. Anat. Entw.gesch. 99, 312 bis 323 (1932).

MÜLLER, F.: Die Eigenform der Lunge als Artdiagnostikum bei Katze und Hund. Anat. Anz. 83, 337–400 (1937).

—: Von der Lunge. I. Beitrag „Anatomie für den Tierarzt". Dtsch. Tierärztl. Wschr. **46**, 5–26 (1938).

MURATORI, G.: Peribronchiale Mikroparaganglien und arteriovenöse sowie pulmo-bronchiale Anastomosen bei der Katze. Arch. ital. Anat. Embriol. **73**, 133–154 (1968).

NANDA, B. S., M. R. MALIK: Bronchial tree in buffalo. Indian. Vet. J. **45**, 127–130 (1968).

—, M. R. PATEL: Normal pattern of the bronchopulmonary segments in goat. Indian Vet. J. **45**, 124–127 (1968).

—, —, J. S. MAKHANI: Bronchial tree and bronchopulmonary segments in goats. Indian Vet. J. **44**, 926 bis 933 (1967).

NEGUS, V. E.: The organ of Jacobson. J. Anat. **90**, 515–519 (1956).

NICKEL, R., H. WILKENS: Zur Topographie der Nasenhöhle und der Nasennebenhöhlen beim Pferd. Dtsch. Tierärztl. Wschr. **65**, 173–180 (1958).

NIETZ, K.: Zur Anatomie der Tuba pharyngotympanica beim Rind, Schaf, bei der Ziege, beim Schwein, Hund und Sumpfbiber. Diss. med. vet. Berlin, 1961.

PAULLI, S.: Ein Os rostri bei Bos taurus. Anat. Anz. **56**, 249–252 (1923).

—: Pneumatizität des Säugetierschädels. Festschr. Bernhard Bang, 1928.

PICCO, G.: Beitrag zur Segmentanatomie der Lungen. Diss. med. vet. Zürich, 1956.

PICHLER, F.: Über die Gaumenkeilbeinhöhle des Rindes. Wien. Tierärztl. Mschr. **28**, 413–414 (1941).

PIÉRARD, J.: Anatomie comparée du larynx du chien et d'autres carnivores. Can. Vet. J. **6**, 11–15 (1965).

POPOVIĆ, S.: Eine Darstellung der morphologischen Eigentümlichkeiten des knorpeligen Nasengerüstes bei Haussäugetieren. Anat. Anz. **114**, 379–388 (1964).

POPOVIĆ, S. A.: Anatomische und radiologische Untersuchungen der Vaskularisation der Nasenschleimhaut des Schweines. Acta Vet., Beograd, **17**, 445–458 (1967).

PRODINGER, F.: Die Artmerkmale des Kehlkopfes der Haussäugetiere (Pferd, Rind, kleine Wiederkäuer, Schwein, Hund, Katze, Kaninchen). Zschr. Anat. Entw.gesch. **110**, 726–739 (1940).

RAMSER, R.: Zur Anatomie des Jakobson'schen Organs beim Hund. Diss. med. vet. Berlin, 1935.

RUOSS, E.: Zur Kenntnis der Segmentanatomie der Lunge. Diss. med. vet. Zürich, 1955.

SACK, W. O.: The early development of the embryonic pharynx of the dog. Anat. Anz. **115**, 59–80 (1964).

SALOMON, S.: Untersuchungen über das Nasolabiogramm des Rindes. Diss. med. vet. Hannover, 1930.

SCHOLZ, O.: Identifizierung vom Hund durch Nasenspiegelabdruck. Tierärztl. Rdsch. **36**, 813–816, 835 bis 841 (1930).

SCHORNO, E.: Die Lappen und Segmente der Rinderlunge und deren Vaskularisation. Diss. med. vet. Zürich, 1955.

SCHWIELER, G. H., S. SKOGLUND: Individual variations in the bronchial tree in cats of different ages. Acta anat. **56**, 70–78 (1964).

SEIFERLE, E.: Grundsätzliches zu Bau und Benennung der Haussäugerlunge. Okajimas Folia Anat. Japonica (Festschr. Nishi), **28**, 71–81 (1956).

SEKI, M.: Über den Bau und die Durchlässigkeit der Siebbeinplatte. Gegenbaurs Morph. Jb. **86**, 462 bis 476 (1941).

SIS, R. F., J. T. YODER, C. J. STARCH: Devocalization of cats by median laryngotomy and dissection of the vocal folds. Vet. Med.-SAC. **62**, 975–980 (1967).

SPERANSKIJ, V. S.: Bronchopulmonale Segmente und Lungenblutgefäße der Haustiere. Českoslov. Morfol. **12**, 373–388 (1964).

STAHL, U.: Das knorpelige Nasenskelett des Hundes unter Berücksichtigung der rassenbedingten morphologischen Unterschiede. Diss. med. vet. Berlin, 1961.

STAMP, J. T.: The distribution of the bronchial tree in the bovine lung. J. Comp. Path. **58**, 1–8 (1948).

TALANTI, S.: Studies on the lungs in the pig. Anat. Anz. **106**, 68–75 (1959).

TOMPSETT, D. H.: Marco resin cast of the upper respiratory tract, paranasal sinuses and guttural pouches of a horse. Proc. Anat. Soc. Gr. Brit. and Ireland, Nov., 1963.

TÖNDURY, G.: Zur Segment-Anatomie der Lungenlappen. Schweiz. Zschr. Tuberkulose, **11**, 227–236 (1954).

—, G. PICCO: zur Anatomie der Schweinelunge. Acta anat. **16**, 436 (1952).

TUCKER, J. L., E. T. KREMENTZ: Anatomical corrosion specimens; II. Bronchopulmonary anatomy in the dog. Anat. Rec. **127**, 667–676 (1957).

VOLLMERHAUS, B.: Über tonsilläre Bildungen in der Kehlkopfschleimhaut des Rindes. Berl. Münch. Tierärztl. Wschr. **70**, 288–290 (1957).

WEBER, H. W.: Zur Frage der Segmenteinteilung der Lungen. Verh. Deutsch. Ges. Path. **33**, 1949.

—: Die anatomischen Grundlagen und die Bedeutung der Lungensegmente. Der Tuberkulosearzt, **4**, 254 bis 260 (1950).

WILKENS, H.: Zur Topographie der Nasenhöhle und der Nasennebenhöhlen beim Rind. Dtsch. Tierärztl. Wschr. **65**, 580–585, 632–637 (1958).

WILKENS, H., G. ROSENBERGER: Betrachtungen zur Topographie und Funktion des Oesophagus hinsichtlich der Schlundverstopfung des Rindes. Tierärztl. Wschr. **64**, 393–396 (1957).

WOOD, A. K. W.: Radiological observations of the thorax abdomen of the piglet. Zbl. Vet. Med. C Anat. Histol. Embryol. **14**, 193–214 (1985).

ZIEGLER, H.: Die Entwicklung des Jakobson'schen Organs beim Schäferhunde nach der Geburt. Diss. med. vet. Berlin, 1936.

ZIETZSCHMANN, O.: In: ELLENBERGER, W., H. BAUM: Handbuch der vergleichenden Anatomie der Haustiere, 18. Aufl. Springer, Berlin, 1943.

ZIMMERMANN, A:: Der Stimmbandfortsatz des Gießkannenknorpels des Pferdes. Zschr. ges. Anat. **100**, 277–280 (1932).

ZSEBÖK, Z., A. SZÉKELY, E. NAGY: Beiträge zur Anatomie des Bronchialsystems und der Lungenangioarchitektur des Rindes. Acta. vet. acad. sci. Hung. **5**, 307–332 (1955).

Harn- und Geschlechtsapparat
Harnorgane

ACKERKNECHT, E.: Die Harnorgane. In: ELLENBERGER, W., H. BAUM: Handbuch der vergleichenden Anatomie der Haustiere. 18. Aufl. Springer, Berlin, 1943.

BADAWI, A., E. SCHENK: Innervation of the abdomino-pelvic ureter in the cat. Am. J. Anat. **126**, 103–120 (1969).

BARONE, R.: Les vaisseaux des reins chez les équidés. Bull. Soc. Sci. Vét., Lyon, **58**, 237–245 (1956).

—, B. BLAVIGNAC: Les vaisseaux sanguins des reins chez le boeuf. Bull. Soc. Sci. Vét., Lyon, **66**, 114–130 (1964).

BAUM, M.: Vergleichende anatomische und histologische Untersuchungen über die Harnblase der Haustiere. Diss. med. vet. Leipzig, 1911.

BECHER, H.: Über besondere Zellengruppen und das Polkissen am Vas afferens in der Niere des Menschen. Zschr. wiss. Mikrosk. mikrosk. Techn. **53**, 205–214 (1936).

BLAVIGNAC, M.: Recherche sur la vascularisation et l'innervation des reins chez le boeuf. Thèse doct. vet. Lyon, 1964.

BRASCH, E.: Über die Papilla renalis der Haussäugetiere. Österr. Mschr. Tierheilk. 1–77 (1909).

BROGER, J. B. A.: Über das Epithel des Harnleiters, der Harnblase und der Harnröhre von Pferd, Rind und Hund mit besonderer Berücksichtigung seiner Zellformen bei der künstlichen Trennung von der Propria mucosae. Diss. med. vet. Bern, 1925.

CHOMIAK, M., S. SZTEYN, Z. MILART: Concerning the innervation of the kidney of the sheep. Zbl. Vet. Med. A **16**, 754–756 (1969).

CHRISTENSEN, G. C.: Circulation of blood through the canine kidney. Am. J. Vet. Res. **12**, 236–245 (1952).

CLARA, M.: Anatomie und Biologie des Blutkreislaufes in der Niere. Arch. Kreisl.forsch. **3**, 42–94 (1938).

COLLIN, B.: Les vaisseaux sanguins du rein chez le chien. Ann. Méd. Vét., Bruxelles, **116**, 631–646 (1972).

DIANOVA, E. V.: Structure, vascularisation et innervation des organes internes des animaux domestiques (Stalingrad 1957). Rec. Méd. Vét. **136**, 407 (1960).

DORN, F. K.: Untersuchungen über den Bau der Urethra feminina von Canis familiaris, Felis domestica, und Equus caballus. Diss. med. vet. Leipzig, 1923.

DUMONT, A.: Vergleichende Untersuchungen über das Nierenbecken der Haustiere. Diss. med. vet. Berlin, 1909.

ELIŠKA, O.: The perforating arteries and their role in the collateral circulation of the kidneys. Acta anat. **70**, 184–201 (1968).

FERKE, F.: Nieren, Harnleiter und Harnblase der Hauskatze (Felis domestica Briss.) Dtsche Zus.fassung. Diss. med. vet. Budapest, 1933.

FLETCHER, T. F., W. F. BRADLEY: Comparative morphologic features of urinary bladder innervation. Am. J. Vet. Res. **30**, 1655–1662 (1969).

FULLER, P. M., D. F. HUELKE: Kidney vascular supply in the rat, cat and dog. Acta anat. **84**, 516–522 (1973).

GORDON, N.: Surgical anatomy of the bladder, prostate gland, and urethra of the dog. J. Amer. Vet. Med. Assoc. **136**, 215–221 (1960).

GRAHAME, T.: The pelvis and calyces of the kidneys of some mammals. Brit. Vet. J. **109**, 51–55 (1953).

GRÄNING, W.: Zum Bau der Harnblase des Hundes. Zschr. Anat. Entw.gesch. **103**, 106–130 (1934).

—: Beitrag zur vergleichenden Anatomie der Muskulatur von Harnblase und Harnröhre. Zschr. Anat. Entw.gesch. **106**, 226–250 (1936).

GRUNDMANN, R.: Vergleichende anatomische Untersuchungen über die Nieren von Schaf und Ziege. Diss. med. vet. Hannover, 1922.

GUZSAL, E.: Über die Nierenbecken von Pferd, Hund, Schaf und Katze. Acta vet. acad. sci. Hung. **8**, 53–67 (1958).

HABERMEHL, K.-H., ESTHER TUOR-ZIMMERMANN: Die Blutgefäßversorgung der Katzenniere unter besonderer Berücksichtigung der Rindenvenen. Berl. Münch. Tierärztl. Wschr. **85**, 466–469 (1972).

HAVLICEK, H.: Vasa privata und Vasa publica. Neue Kreislaufprobleme. Hippokrates, **2**, 105–127 (1929/30).

HOLLE, Ute: Das Blutgefäßsystem der Niere von Schaf (Ovis aries) und Ziege (Capra hircus). Diss. med. vet. Gießen, 1964.

HYRTL, J.: Das Nierenbecken der Säugethiere und des Menschen. Denkschr. Wiener Acad. **31**, 107–137 (1872).

KAINER, R. A., L. C. FAULKNER, R. M. ABDEL-RAOUF: Glands associated with the urethra of the bull. Am. J. Vet. Res. **30**, 963–974 (1969).

KRIZ, W.: Der architektonische und funktionelle Aufbau der Rattenniere. Zschr. Zellforsch. **82**, 495–535 (1967).

KÜGELGEN, A. v., B. KUHLO, W. KUHLO, KL.-J. OTTO: Die Gefäßarchitektur der Niere. – Untersuchungen an der Hundeniere. Zwangl. Abh. Geb. norm. path. Anat. (Hrsg. BARGMANN, W., W. H. DOERR). Thieme, Stuttgart, 1959.

LANGE, W.: Über die Abhängigkeit der Glomerulusgröße der Niere bei verschiedenen großen Hunderassen. Anat. Anz. **117**, 483–490 (1965).

LANTZSCH, F.: Vergleichende Untersuchungen über den Bau der Urethra feminina bei Bos taurus, Ovis aries, Capra hircus und Sus scrofa. Diss. med. vet. Leipzig, 1922.

LENK, H. J.: Zur Anatomie und Histologie der Harnblase und der Pars pelvina der Harnröhre der Säugetiere. Diss. med. vet. Leipzig 1913.

MARSCHNER, H.: Art- und Altersmerkmale der Nieren der Haussäugetiere (Pferd, Rind, Schwein, Schaf, Ziege, Hund, Katze, Kaninchen, Meerschweinchen). Zschr. Anat. Entw.gesch. **107**, 353 bis 377 (1937).

MEINERTZ, TH.: Eine vergleichende Untersuchung über die Säugetiere, besonders im Hinblick auf die Nierentypen, das Nierenbecken und die Verzweigungen der größeren Gefäße. Gegenb. Morph. Jb. **113**, 78–146 (1969).

MEYER, O.: Das Verhalten der einzelnen Schichten des Pelvis renalis, speziell bei ihrem Ansatz an die Nierensubstanz bei Schwein, Schaf, Hund und Katze. Diss. med. vet. Bern, 1922.

MÖLLENDORFF, W. v.: Der Exkretionsapparat. In: v. MÖLLENDORFF, W.: Handbuch der mikroskopischen Anatomie des Menschen, VII/1, 1–328. Springer, Berlin, 1930.

NEGREA, A., H. E. KÖNIG: Beiträge zur Untersuchung der Vaskularisation der Niere bei einigen Haussäugetieren. Iaşi Lucrări ştiinştifice, II, 159–164 (1970).

PETRY, G., H. AMON: Licht- und elektronenmikroskopische Studien über Struktur und Dynamik des Übergangsepithels. Zschr. Zellforsch. **69**, 587–612 (1966).

PFEIFFER, E. W.: Comparative anatomical observations of the mammalian renal pelvis and medulla. J. Anat. **102**, 321–331 (1968).

RAMCHANDRA, P. Y., M. L. CALHOUN: Comparative histology of the kidney of domestic animals. Am. J. Res. **19**, 958–968 (1958).

ROOST, W.: Über Nierengefäße unserer Haussäugetiere mit spezieller Berücksichtigung der Nierenglomeruli. Diss. med. vet. Bern, 1912.

SCHILLING, E.: Vergleichend morphologische Betrachtungen an den Nieren von Wild- und Haustieren. (Ein Beitrag zur Phylogenie der Säugernieren.) Zool. Anz. 147, 1–13 (1951).

—: Metrische Untersuchungen an den Nieren von Wild- und Haustieren. Zschr. Anat. Entw.gesch. 116, 67–95 (1951).

SCHMEER, K.: Die Berechnung der Nierenkörperchenzahl beim Hunde. Anat. Anz. 89, 353–364 (1940).

SCHWARZE, E.: V. Beitrag zur „Anatomie für den Tierarzt". Von den Nieren. Dtsch. Tierärztl. Wschr. 47, 709–715 (1939).

SIMIĆ, V., S. POPOVIĆ: Morphologische Grundmerkmale und Verschiedenheiten der Nieren bei den kleinen Wiederkäuern und Fleischfressern (Ovis aries, Canis familiaris et Felis domestica). Anat. Anz. 113, 224–231 (1963).

SOBOCINSKI, M.: Veränderungen in der Topographie der Seitenbänder der Harnblase in den ersten Lebenswochen der Kälber. Zeszyty naukowe wyższej Szkoly rolniczej we Wroclawiu, Weteryn. 71–75 (1964).

STEIGLEDER, G. KL.: Konstruktionsanalytische Untersuchungen an den ableitenden Harnwegen. Bruns' Beitr. Klin. Chir. 178, 623–638 (1949).

TENNILLE, N. B., G. W. THORNTON: Intravenous urography studies in the unanesthetized dog. Vet. Med. 53, 29–40 (1958).

TUOR-ZIMMERMANN, Esther: Das Blutgefäßsystem der Niere der Katze (Felis catus L.). Diss. med. vet. Zürich, 1972.

WELLER, U.; Das Blutgefäßsystem der Niere des Pferdes (Equus caballus). Diss. med. vet. Gießen, 1964.

WILLE, K.-H.: Das Blutgefäßsystem der Niere des Hausrindes (Bos primigenius f. taurus, L., 1758). Diss. med. vet. Gießen, 1966.

—: Gefäßarchitektonische Untersuchungen an der Nierenkapsel des Rindes. (Bos primigenius f. taurus, L.). Zbl. Vet. Med. A 15, 372–381 (1968).

WITTMANN, E.: Das absolute und relative Gewicht der Nieren von Pferd, Rind, Kalb, Schwein, Schaf und Ziege. Diss. med. vet. Berlin (Humboldt-Univ.), 1959.

WOODBURNE, R. T.: The sphincter mechanism of the urinary bladder and the urethra. Anat. Rec. 141, 11–20 (1961).

WROBEL, K.-H.: Das Blutgefäßsystem der Niere von Sus scrofa dom. unter besonderer Berücksichtigung des für die menschliche Niere beschriebenen Abkürzungskreislaufes. Diss. med. vet. Gießen, 1961.

ZIEGLER, H.: Über den Ansatz des Nierenbeckens bzw. der Nierenkelche an die Niere bei Pferd und Rind, sowie die Auskleidung der Recessus renales beim Pferd. Diss. med. vet. Bern, 1921.

ZIMMERMANN, A.: Über die Niere der Hauskatze (Felis domestica Briss.). Dtsch. Tierärztl. Wschr. 43, 689–691 (1935).

ZIMMERMANN, G.: Neuere Angaben über die regionale Anatomie des Harnleiters. Magyar Állatorvosok Lapja (Ung. Vet. Med. Bl.) 13, 236–237 (1958).

ZIMMERMANN, K. W.: Über den Bau des Glomerulus der Säugerniere. Weitere Mitteilungen. Zschr. mikrosk. anat. Forsch. 32, 176–278 (1933).

ZINGEL, S.: Untersuchungen über die renkulare Zusammensetzung der Rinderniere. Zool. Anz. 162, 83–99 (1959).

—: Metrische Untersuchungen an Rindernieren. Zool. Anz. 163, 68–76 (1959).

Männliche Geschlechtsorgane

ALMEIDA, M. DE, O. S. GARCIA, J. BIONDINI: Anatomical study of the terminal parts of the excretory ducts of the vesicula seminalis in Sus domesticus. Arq. Esc. Vet. 17, 83–91 (1965).

AMSELGRUBER, W., F.-H. FEDER: Licht- und elektronenmikroskopische Untersuchungen der Samenblasendrüse (Glandula vesicularis) des Bullen. Anat. Histol. Embryol. 15, 361–379 (1986).

—, F. SINOWATZ: Zur Beziehung zwischen der Arteria testicularis und den Venen des Plexus pampiniformis beim Bullen. Anat. Histol. Embryol. 16, im Druck (1987).

ARCHIBALD, J., E. J. BISHOP: Radiographic visualization of the canine prostate gland. J. Amer. Vet. Med. Ass. 128, 337–342 (1956).

ARMINGAUD, A.: L'os pénien des carnivores domestiques. Rev. Méd. Vét. 84 (1932).

ARONSON, L. R., M. L. COOPER: Penile spines of the domestic cat: Their endocrine-behavior relations. Anat. Rec. 157, 71–78 (1967).

ASHDOWN, R. R.: The arteries and veins of the sheath of the bovine penis. Anat. Anz. 105, 222–230 (1958).

—: Development of penis and sheath in the bull calf. J. Agr. Sci. 54, 348–352 (1960).

—: Persistence of the penile frenulum in young bulls. Vet. Rec. 74, 1464–1468 (1962).

—: Angioarchitecture of the sigmoid flexure of the bovine corpus cavernosum penis and its significance in erection. J. Anat. 106, 403–404 (1971).

—, M. A. COOMBS: Experimental studies on spiral deviation of the bovine penis. Vet. Rec. 82, 126–129 (1968).

—, S. W. RICKETTS, R. C. WARDLEY: The fibrous architecture of the integumentary covering of the bovine penis. J. Anat. 103, 567–572 (1968).

—, J. A. SMITH: The anatomy of the corpus cavernosum penis of the bull and its relationship to spiral deviation of the penis. J. Anat. 104, 153–160 (1969).

BACKHOUSE, K. M., H. BUTLER: The gubernaculum testis of the pig (Sus scropha). J. Anat. 94, 107–120 (1960).

BASCOM, K. F., H. L. OSTERUD: Quantitative studies of the testicle. II. Pattern and total tubal length in the testicles of certain common mammals. Anat. Rec. 31, 159–169 (1925).

BASSETT, E. G.: Observations on the retractor clitoridis and retractor penis muscles of mammals, with special reference to the ewe. J. Anat. 95, 61–77 (1961).

BASTROP, H.: Form, Gewicht, Maße, Mediastinum testis und die oberflächliche Gefäßzeichnung des Hodens von Schwein und Pferd. Diss. med. vet. Berlin (Humboldt-Univ.), 1958.

BAUMANS, V., G. DIJKSTRA, C. J. G. WENSING: Testicular descent in the dog. Zbl. Vet. Med. C Anat. Histol. Embryol. 10, 97–110 (1981).

BERGIN, W. C., H. T. GIER, G. B. MARION, J. R. COFFMAN: A developmental concept of equine cryptorchidism. Biol. Reprod. 3, 82–92 (1970).

BHARADWA, M. B., M. L. CALHOUN: Mode of formation of the preputial cavity in domestic animals. Am. J. Vet. Res. 22, 764–769 (1961).

—: Histology of the bulbourethral gland of the domestic animals. Anat. Rec. 142, 216 (1962).

BIBORSKI, J.: Morphology of ram epididymis with special regard to the terminal part of the cauda epididymal duct. Acta biol. cracoviensia, Zool. 10, 195 bis 203 (1967).

BLECHSCHMIDT, E.: Wachstumsfaktoren des Descensus testis. Zschr. Anat. Entw.gesch. 118, 175–182, (1955).

BÖHM, A.: Zur Innervation der Glans penis beim Rind. Diss. med. vet. München, 1969.

BUCHHOLZ, O.: Zum Bau des Peniskörpers beim Pferde und seine funktionelle Bedeutung. Diss. med. vet. Hannover, 1951.

BUDRAS, K.-D.: Leistenband, Leistenkanal und M. cremaster ext. der Katze. Anat. Anz. 121, 148–165 (1967).

—, F. PREUSS, W. TRAEDER, E. HENSCHEL: Der Leistenspalt und die Leistenringe unserer Haussäugetiere in neuer Sicht. Berl. Münch. Tierärztl. Wschr. 85, 427–431 (1972).

CELIŠČEV, L. I.: Das Präputium des Bullen und Schafbockes. Anatomisch-physiologische Angaben. Veterinarija, Moskva, 44, 79–80 (1968).

CHRISTENSEN, G. C.: Angioarchitecture of the canine penis and the process of erection. Am. J. Anat. 95, 227–261 (1954).

DROTHLER, G.: Makroskopisch-morphologische Grundlagen des Descensus testiculorum beim Rind (Fotografischer Atlas des bovinen Hodenabstiegs). Diss. med. vet. Gießen, 1977.

EGLI, A.: Zur funktionellen Anatomie der Bläschendrüse (Glandula vesiculosa) des Rindes. Acta anat. 28, 359–381 (1956).

ELLENBERGER, W., H. BAUM: Handbuch der vergleichenden Anatomie der Haustiere. 18. Aufl. Springer, Berlin, 1943.

ESSER, P. H.: Über Funktion und Bau des Scrotums. Zschr. mikrosk.-anat. Forsch. 31, 108–174 (1932).

FEHÉR, G., A. HARASZTI: Beiträge zur Morphologie und zu den altersbedingten Veränderungen der akzessorischen Geschlechtsdrüsen von Stieren. Acta Vet., Budapest, 14, 141–145 (1964).

FITZGERALD, T. C.: A study of the deviated penis of the bull. Vet. Med. 58, 130–138 (1963).

FORD, L.: Testicular maturation in dogs. Am. J. Vet. Res. 30, 331–336 (1969).

GARCIA, O. S., M. DE ALMEIDA, J. BIONDINI: Anatomical study of the terminal parts of the excretory ducts of the vesicula seminalis and the ductus deferens in cattle. Arq. Esc. Vet. 17, 76–82 (1965).

GEIGER, G.: Die Hodenhüllen des Pferdes, ein ergänzender Beitrag zum Prinzip des Schichtenaufbaues der Skrotalwand. Berl. Münch. Tierärztl. Wschr. 69, 330–333 (1956).

GERBER, H.: Zur funktionellen Anatomie der Prostata des Hundes unter Berücksichtigung verschiedener Altersstufen. Schweiz. Arch. Tierheilk. 103, 537–561 (1961).

GERSTENBERGER, F.: Die Analbeutel des Hundes und ihre Beziehungen zum Geschlechtsapparat. Diss. med. vet. Leipzig, 1919.

GHETIE, V.: Präparation und Länge des Ductus epididymidis beim Pferd und Schwein. Anat. Anz. 87, 369–374 (1939).

GORDON, N.: Surgical anatomy of the bladder, prostate gland, and urethra in the male dog. J. Amer. Vet. Med. Ass. 136, 215–221 (1960).

—: The position of the canine prostate gland. Am. J. Vet. Res. 22, 142–146 (1961).

GRABOWSKI, K.: Über die Schwellräume der Harnröhre der männlichen Haussäugetiere unter besonderer Berücksichtigung ihres Bulbusstückes. Diss. med. vet. Hannover, 1937.

GRAU, H., A. KARPF: Das innere Lymphgefäßsystem des Hodens. Zbl. Vet. Med. A 10, 553–558 (1963).

GUTZSCHEBAUCH, A.: Der Hoden der Haussäugetiere und seine Hüllen in biologischer und artdiagnostischer Hinsicht. (Pferd, Rind, Schaf, Ziege, Schwein, Hund, Katze, Kaninchen, Meerschweinchen). Zschr. Anat. Entw.gesch. 105, 434–458 (1936).

HABEL, R. E.: Guide to the dissection of domestic ruminants. 2nd. ed. Published by the author, Ithaca, New York, 1970.

HARRISON, R. G.: The comparative anatomy of the blood-supply of the mammalian testis. Proc. Zool. Soc. London 119, 1949.

HART, B. L., R. L. KITCHELL: External morphology of the erect glans penis of the dog. Anat. Rec. 152, 193–198 (1965).

HARTIG, F.: Ein Beitrag zur Anatomie der Hodenhüllen. Zbl. Vet. Med. 2, 739–763 (1955).

—: Das Stratum perivaginale im Bereich des Scrotum und der Inguinalgegend und seine chirurgische Bedeutung. Zbl. Vet. Med. A 12, 881–887 (1965).

HARTL, B. L.: The action of extrinsic muscles during copulation in the male dog. Anat. Rec. 173, 1–6 (1972).

HEINEMANN, K.: Einige Muskeln des männlichen Geschlechtsapparates der Haussäugetiere (M. bulbocavernosus, M. ischiocavernosus, M. retractor penis). Diss. med. vet. Hannover, 1937.

HEINZE, W., W. LANGE: Beitrag zum artifiziellen Penisprolaps unter besonderer Berücksichtigung der anatomischen Verhältnisse beim Bullen. Mhefte Vet. Med. 20, 402–412 (1965).

HENNING, Christa: Zur Kenntnis des M. retractor ani et penis s. clitoridis et constrictor recti (M. retractor cloacae) beim Hund. Diss. med. vet. Berlin, 1964.

HOFMANN, R. R.: Die Gefäßarchitektur des Bullenhodens, zugleich ein Versuch ihrer funktionellen Deutung. Zbl. Vet. Med. A 7, 59–93 (1960).

HOLÝ, L.: The relation of the size of the cauda epididymis to the production and quality of the ejaculate in bulls. Acta. vet., Brno, 40, 405–413 (1971).

—, F. BARBA: Entwicklung und Größe der Hoden von Bullen der Rassen Schweizer Braunvieh und Holstein unter subtropischem Klima. Rev. Cubana Cienc. Vet., La Habana, 3, 31–43 (1972).

IPPENSEN, E., CH. KLUG-SIMON, E. KLUG: Der Verlauf der Blutgefäße vom Hoden des Pferdes im Hinblick auf eine Biopsiemöglichkeit. Zuchthygiene, Berlin, 7, 35–45 (1972).

JACKSON, C. M.: On the structure of the corpora cavernosa in the domestic cat. Am. J. Anat. 2, 73–80 (1902).

JOHNSON, A. D., W. R. GOMES, N. L. VANDEMARK, editors: The Testis. Vol. I.: Development, Anatomy and Physiology. Academic Press, London, 1970.

KAINER, R. A., L. C. FAULKNER, M. ABDEL-RAOUF: Glands associated with the urethra of the bull. Am. J. Vet. Res. 30, 963–974 (1969).

KIRCHER, A.: Zur Struktur der männlichen Genitalorgane von Pferd und Rind. Z. Säugetierk. 4, 90–121 (1929).

KÖNIG, H. E., J. KLAWITER-POMMER, B. VOLLMERHAUS: Korrosionsanatomische Untersuchungen an der Harnröhre und den Penisschwellkörpern des Katers. Kleintierprax. 24, 351–362 (1979).

KÜNZEL, E., A. TANYOLAC: Die Fettzellen des Samenblasenepithels des Bullen im elektronenmikroskopischen Bild. Berl. Münch. Tierärztl. Wschr. **81**, 169–171 (1968).

—, —: Histochemische Untersuchungen von Lipiden im Samenblasenepithel des Bullen. Summary Rep. 3rd. Int. Congr. Histochem. Cytochem., New York (1968).

LANZ, T. v.: Über die Biologie des Säugetiernebenhodens. Klin. Wschr. **6**, 909–912 (1927).

LARSON, L. L., R. L. KITCHELL: Neural mechanisms in sexual behavior. II. Gross neuroanatomical and correlative neurophysiological studies of the external genitalia of the bull and the ram. Am. J. Vet. Res. **19**, 853–865 (1958).

LENNOX, B., D. N. LOGUE: Tubule length and Leydig cell volume in the normal bull testis. Vet. Rec. **104**, 431–433 (1979).

LEWIS, J. E., D. F. WALKER, S. D. BECKETT, R. I. VACHON: Blood pressure within the corpus cavernosum penis of the bull. J. Reprod. Fertil. **17**, 155 bis 156 (1968).

LONG, S. E.: Comparison of some anatomical features of bulls which evert preputial epithelium and those which do not. Intern. Kongr. tier. Fortpflanz. Haustierbes., München, Kongr. Ber. **7**, 757–760 (1972).

LUERSSEN, D.: Adspektorische und palpatorische Befunde zum Descensus testis. Diss. med. vet. Hannover, 1986.

MACMILLAN, K. L., H. D. HAFS: Reproductive tract of Holstein bulls from birth through puberty. J. Anim. Sci. **28**, 233–239 (1969).

MAGILTON, J. H., R. GETTY: Blood supply to the genitalia and accessory genital organs of the goat. Iowa State J. Sci. **43**, 285–305 (1969).

MARSCHNER, F.: Größe und Wachstum der Hoden beim Ziegenbock. Diss. med. vet. Leipzig, 1923.

MCKENZIE, F. F., J. C. MILLER, L. C. BAUGUESS: The reproductive organs and semen of the boar. Missouri Agr. Exp. Sta. Bull. No. 279, 1938.

METZDORFF, H.: Untersuchungen an Hoden von Wild- und Hausschweinen. Zschr. Anat. Entw. gesch. **110**, 489–532 (1940).

MEYEN, I.: Neue Untersuchungen zur Funktion des Präputialbeutels des Schweines. Zbl. Vet. Med. **5**, 475–492 (1958).

MEYER, P.: Palpatorische Befunde zum Descensus testis beim Deutsch Kurzhaar. Dtsch. Tierärztl. Wschr. **79**, 590, 595–597 (1972).

MOLLERUS, F. W.: Zur funktionellen Anatomie des Eberpenis. Diss. med. vet. Berlin, 1967.

NICKEL, R.: Zur Topographie der akzessorischen Geschlechtsdrüsen bei Schwein, Rind und Pferd. Tierärztl. Umsch. **9**, 386–388 (1954).

NINOMIYA, H., T. NAKAMURA: Vascular architecture of the canine prepuce. Zbl. Vet. Med. C Anat. Histol. Embryol. **10**, 351–360 (1981).

—, —: The capillary circulation in the penile skin of the dog. Zbl. Vet. Med. C Anat. Histol. Embryol. **10**, 361–369 (1981).

NITSCHKE, T.: Zur Frage der Vena profunda glandis des Rüden. Anat. Anz. **118**, 474–476 (1965).

OEHMKE, P.: Anatomisch-physiologische Untersuchungen über den Nabelbeutel des Schweines. Arch. wiss. prakt. Tierheilk. **23**, 146–191 (1897).

OKÓLSKI, A.: Über Bau und Funktion des Penis beim Schafbock. Med. Weteryn. **26**, 48–50 (1970).

OSMAN, A. M., K. ZAKI: Die Wachstumsrate der Fortpflanzungsorgane schwarzbunter Bullen. Dtsch. Tierärztl. Wschr. **72**, 34–38 (1965).

—, —: Clinical and anatomical studies on the scrotum and its contents in Buffaloes. Fortpflanz., Besam., Aufzucht Haustiere, **7**, 57–81 (1971).

PERK, K.: Über den Bau und das Sekret der Glandula bulbourethralis (Cowperi) von Rind und Katze. Diss. med. vet. Bern, 1957.

PODANÝ, J.: Vergleichende testimetrische Untersuchungen bei Bullen verschiedener Rassen. Vet. Med. **14** (42), 561–574 (1969).

—, V. KRAL: Testimetrische Untersuchungen bei Ebern verschiedener Rassen. Vet. Med. **14** (42), 511 bis 521 (1969).

—, P. SZTWIERTNA: Testikuläre Biometrie bei Schafböcken. Vet. Med. **14** (42), 505–510 (1969).

PREUSS, F.: Die Tunica albuginea penis und ihre Trabekel bei Pferd und Rind. Anat. Anz. **101**, 64–83 (1954).

—: Seröse Hodenhüllen und Leistenkanal. Berl. Münch. Tierärztl. Wschr. **70**, 267–268 (1957).

—, K. D. BUDRAS: Die Mm. supramammarius und praeputialis der Katze. Anat. Anz. **122**, 315–323 (1968).

REDENZ, E.: Versuch einer biologischen Morphologie des Nebenhodens. Arch. mikr. Anat. Entw.gesch. **103**, 593–628 (1924); ref. Anat. Ber. **5** (1926).

REDLICH, G.: Das Corpus penis des Katers und seine Erektionsveränderung, eine funktionell-anatomische Studie. Gegenbaurs Morph. Jb. **104**, 561–584 (1963).

ROTH, E., D. SMID: Untersuchungen zur Keimdrüsenentwicklung bei männlichen Veredelten Landschweinen. Züchtungsk. **42**, 144–160 (1970).

SCHAUDER, W.: Über Gekröse und Bänder des Hodens vom Pferd, nach ontogenetischen Gesichtspunkten. Arch. wiss. prakt. Tierheilk. **40**, 459–471 (1914).

—: Über Ursachen des Ortswechsels der Hoden (Descensus testiculorum) und des Kryptorchismus, unter besonderer Berücksichtigung des Pferdes. Arch. wiss. prakt. Tierheilk. **40**, 472–502 (1914).

SCHENK, A.: Topographie, makroskopische Anatomie, Maße, Gewichte, Gefäße und Nerven der Prostata des Hundes. Diss. med. vet. Berlin (Humboldt-Univ.), 1960.

SCHENKER, J.: Zur funktionellen Anatomie der Prostata des Rindes. Acta anat. **9**, 69–102 (1950).

SCHLUMPERGER, O.-R. v.: Der Nebenhoden und seine Lage zum Hoden bei Rind, Schaf und Ziege. Diss. med. vet. Hannover, 1954.

SCHMALTZ, R.: Die Struktur der Geschlechtsorgane der Haussäugetiere mit anatomischen Bemerkungen. In: ELLENBERGER, W.: Handbuch der vergleichenden mikroskopischen Anatomie der Haustiere. Parey, Berlin, 1911.

SCHWARZE, E.: III. Beitrag zur „Anatomie für den Tierarzt". Hoden und Nebenhoden. Dtsch. Tierärztl. Wschr. **47**, 291–298 (1939).

SEIDEL, G. E., R. H. FOOTE: Motion picture analysis of bovine ejaculation. J. Dairy Sci. **50**, 970–971 (1967).

SEIFERLE, E.: Über die Leistengegend der Haussäugetiere. Schweiz. Arch. Tierheilk. **75**, 281–301 (1933).

SHIODA, T., K. MOCHIZUKI, S. NISHIDA: Nerve terminations in the Vas deferens of large domestic animals. Jap. J. Vet. Sci. **30**, 323–330 (1968).

SIEG, E.: Hodenmessungen an lebenden Schafböcken. Diss. med. vet. Hannover, 1966.

SLIJPER, E. J.: Vergleichend anatomische Untersuchungen über den Penis der Säugetiere. Acta Neerl. Morph. norm. Path. **1**, 375–418 (1938).

STEGER, G.: Penisknochen bei einigen Tierarten. Tierärztl. Umsch. **14**, 123–125 (1959).

STOLLA, R., W. LEIDL: Quantitative, histologische Untersuchungen des Hodenwachstums bei Bullen nach der Pubertät. Zbl. Vet. Med. A **18**, 563–574 (1971).

STOSS, A. O.: Die Begriffsbestimmung „Samenstrang". Berl. Münch. Tierärztl. Wschr. 136–138 (1939).

TAKAHATA, K., N. KUDO, K. FURUHATA, M. SUGIMURA, T. TAMURA: Fine angioarchitectures in the penis of the dog. Jap. J. Vet. Res. **10**, 203–214 (1962).

THON, H.: Zur Struktur der Hodensackwand des Rindes unter besonderer Berücksichtigung der Tunica dartos. Diss. med. vet. München, 1954.

TONUTTI, E., O. WELLER, E. SCHUCHARDT, E. HEINKE: Die männliche Keimdrüse. Struktur – Funktion – Klinik. Grundzüge der Andrologie. Thieme, Stuttgart, 1960.

TRAEDER, W.: Zur Anatomie der Leistengegend des Rindes. Diss. med. vet. Berlin, 1968.

VAERST, L.: Über die Blutversorgung des Hundepenis. Gegenbaurs Morph. Jb. **81**, 307–352 (1938).

VLOTEN, J. G. C. van: Die Entwicklung des Testikels und der Urogenitalverbindung beim Rind. Zschr. Anat. Entw.gesch. **98**, 578–648 (1932).

WAGNER, R.: Die männlichen Geschlechtsorgane von Felis domestica. Diss. med. vet. Leipzig, 1909.

WATSON, J. W.: Mechanism of erection and ejaculation in the bull and ram. Nature, **204**, 95–96 (1964).

WENSING, C. J. G.: Testicular descent in some domestic mammals. I. Anatomical aspect of testicular descent. Proc. K. ned. Akad. C **71**, 423–434 (1968).

—: Testicular descent in some domestic mammals. II. The nature of the gubernaculum change during the process of testicular descent in the pig. Proc. K. ned. Akad. C **76**, 190–195 (1973).

—: Testicular descent in some domestic mammals. III. Search for the factors that regulate the gubernacular reaction. Proc. K. ned. Akad. C **76**, 196–202 (1973).

WIDENMAYER, H.: Über die Dermadartos bei Rind und Schwein. Diss. med. vet. München, 1958.

WOUK, A. F. P., J. Y. SAUTET, P. CABANIE, G. van HAVERBEKE: Le muscle urétral (Musculus urethralis) du veau mâle, données anatomiques, histologiques et morphométriques. Anat. Histol. Embryol. **15**, 259–268 (1986).

WROBEL, K.-H.: Morphologische Untersuchungen an der Glandula bulbourethralis der Katze. Zschr. Zellforsch. **101**, 607–620 (1969).

—: Über die Samenleiterampulle der Ziege. Zbl. Vet. Med. A **18**, 250–263 (1971).

—, F. SINOWATZ: Vergleichende Studien an den Anhangsdrüsen der männlichen Urethra. Acta histochem., Suppl. Bd. **31**, 193–200 (1985).

—, —, P. KUGLER: Zur funktionellen Morphologie des Rete testis, der Tubuli recti und der Terminalsegmente der Tubuli seminiferi des geschlechtsreifen Rindes. Zbl. Vet. Med. C Anat. Histol. Embryol. **7**, 320–335 (1978).

ZIEGLER, H.: Zur vergleichenden Morphologie der Prostata. Urol. internat. **3**, 251–260 (1956).

ZIETZSCHMANN, O.: Über die Hodenhüllen im weiteren Sinne, mit Vorschlägen zur Vereinheitlichung der Namen. Arch. wiss. prakt. Tierheilk. **73**, 253 bis 265 (1938).

ZIMMERMANN, A.: Zur Anatomie der Glans penis des Pferdes. Anat. Anz. **74**, 25–29 (1932).

Weibliche Geschlechtsorgane

ABUSINEINA, M. E.: Effect of parity and pregnancy on the dimensions and weight of the cervix uteri of cattle. Brit. Vet. J. **125**, 12–20 (1969).

—: Effect of pregnancy on the dimensions and weight of the cervix uteri of sheep. Brit. Vet. J. **125**, 21–24 (1969).

AFANASÉV, L., JA. UZULENŠ: Morphologie des Uterus und der Eierstöcke in verschiedenen Phasen des Sexualzyklus bei braunen lettischen Kühen. Trudy Latvijskoj sel'schochoz-jajstvenne akademii. Elgava, **30**, 130–138 (1970).

AFIEFY, M. M., W. ABUL-FADLE, K. ZAKI: The oviducts of the Egyptian cow in health and disease. Zbl. Vet. Med. B **20**, 256–264 (1973).

AKINS, E. L., M. C. MORRISSETTE: Gross ovarian changes during estrous cycle of swine. Am. J. Vet. Res. **29**, 1953–1957 (1968).

AMMANN, K.: Histologie des Schweine-Eierstockes unter besonderer Berücksichtigung des Ovarialzyklus. Diss. med. vet. Zürich, 1936.

ANDERSON, J. W.: Ultrastructure of the placenta and fetal membranes of the dog. I. The placental labyrinth. Anat. Rec. **165**, 15–36 (1969).

ANDRESEN, A.: Die Placentome der Wiederkäuer. Gegenbaurs Morph. Jb. **57**, 410–485 (1927).

BARONE, R.: L'ovaire de la jument. Rev. Méd. Vét. **106**, 599–623 (1955).

—: La topographie des viscères abdominaux, chez la jument gravide. Rev. Méd. Vét. **113**, 672–684 (1962).

—, H. MASSOT: Le muscle utérin, chez la jument. Rev. Méd. Vét. **107**, 688–698 (1956).

—, CL. PAVAUX, P. FRAPART: Les vaisseaux sanguins de l'appareil génital chez la truie. Bull. Soc. Sci. Vét. Méd. comp., Lyon, **64**, 337–346 (1962).

BASSETT, E. G.: Observations on the retractor clitoridis and retractor penis muscles of mammals, with special reference to the ewe. J. Anat. **95**, 61–77 (1961).

—: The anatomy of the pelvic and perineal region in the ewe. Aust. J. Zool. **13**, 201–241 (1965).

BECHER, H.: Über ein standortmäßiges, reaktives Wachstum im Bindegewebe des Ovariums. Ein Beitrag zur kausalen Genese und Histomechanik des Follikelepithels und der Theca interna. Zschr. wiss. mikrosk. Techn. **51**, 188–202 (1934).

BECK, W.: Anatomische und histologische Untersuchungen des Eierstockes und Eileiters der Ziege. Diss. med. vet. Berlin, 1912.

BEDE, ST.: Die weiblichen Geschlechtsorgane der Hauskatze (Felis domestica Briss.). (Dtsch. Zus.fassung). Diss. med. vet. Budapest, 1935.

BERGIN, W. C., W. D. SHIPLEY: Observations concerning the ovulation fossa. Vet. Med. **63**, 362 bis 365 (1968).

BJOERKMAN, N., G. BLOOM: On the fine structure of the fetal-maternal junction in the bovine placentome. Zschr. Zellforsch. **45**, 649–659 (1957).

—, T. H. SCHIEBLER: Introduction. In: Structural and functional organization of the placenta. Hrsg. KAUFMANN, P., B. F. KING. 1–3. Karger, Basel, New York, 1982.

BÖNNINGHAUSEN, H. v.: Die Bänder des weiblichen Geschlechtsapparates des Hundes. Mit einer vergleichenden Betrachtung der Eierstocksbänder von Pferd, Rind, Schwein und Hund. Diss. med. vet. Hannover, 1936.

BORELL, H.: Untersuchungen über die Bildung des Corpus luteum und der Follikelatresie bei Tieren mit

Hilfe der vitalen Färbungen. Beitr. path. Anat. **65**, 108 (1919).

BRAMBELL, C. E.: Allantochorionic differentiation of pig. Am. J. Anat. **52**, 397–459 (1933).

BRENDECKE, W.: Beiträge zur Kenntnis der Morphologie des Pferdeovars mit besonderer Berücksichtigung der Ovulationsgrube. Diss. med. vet. Hannover, 1926.

BRUYN-OUBOTER, E. DE: Über die Strukturverhältnisse des juvenilen und gravid gewesenen Uterus der Karnivoren, Canis familiaris und Felis domestica, und von Lepus cunniculus mit spezieller Berücksichtigung der bleibenden, für den Nachweis einer bereits vorhanden gewesenen Trächtigkeit wichtigen anatomischen Merkmale. Diss. med. vet. Bern, 1911.

CORNER, G. W.: Cyclic changes in the ovaries and uterus of the sow, and their relation to the mechanism of implantation. Contrib. Embryol. **13**, 119 (1921).

COWAN, F. T., J. W. MACPHERSON: The reproductive tract of the porcine female. (A biometrical study.) Canad. J. Comp. Med. Vet. Sci. **30**, 107–108 (1966).

DAVYDENKO, V. M.: Besonderheiten des Baues der Cervix uteri bei Askanischen und Zigajaschafen. Ref. Ž. Moskva, Životnovodstvo i Veter. 1971.

DEL CAMPO, C. H., O. J. GINTHER: Arteries and veins of uterus and ovaries in dogs and cats. Am. J. Vet. Res. **35**, 409–415 (1974).

DELLBRÜGGE, K. F.-W.: Die Arterien des weiblichen Geschlechtsapparates vom Hunde. Morph. Jb. **85**, 30–48 (1940).

DELLMANN, H. D., R. W. CARITHERS: Glands in the cervix uteri of the domestic goat (Capra hircus L.). Am. J. Vet. Res. **29**, 1509–1511 (1968).

DEMPSEY, E. W., G. B. WISLOCKI, E. C. AMOROSO: Electron microscopy of the pigs placenta, with especial reference to the cell membranes of the endometrium and chorion. Am. J. Anat. **96**, 65–102 (1955).

DESJARDINS, C., H. D. HAFS: Maturation of bovine female genitalia from birth through puberty. J. Anim. Sci. **28**, 502–507 (1969).

DOBROWOLSKI, W., E. S. E. HAFEZ: Ovariouterine vasculature in sheep. Am. J. Vet. Res. **31**, 2121–2126 (1970).

DOHM, H.: Anatomische Unterschiede an den Geschlechtsorganen von Kalb und Kuh. Diss. med. vet. Leipzig, 1936.

EDGAR, D. G., S. A. ASDELL: The valve-like action of the uterotubal junction of the ewe. J. Endocrin. **21**, 315–320 (1960).

EDWARDS, M. J.: Observations on the anatomy of the reproductive organs of cows. With special reference to those features sought during examination per rectum. New Zealand. Vet. J. **13**, 25–37 (1965).

ENDERS, A. C.: A comparative study of the fine structure of the trophoblast in several hemochorial placentas. Am. J. Anat. **116**, 29–68 (1965).

ERICKSON, B. H.: Development and senescence of the postnatal bovine ovary. J. Anim. Sci. **25**, 800–805 (1966).

FLÖSSNER, O.: Untersuchungen über Ovarien. Zschr. Biol. **86**, 269–300 (1927).

FORBES, J. M.: The physical relationships of the abdominal organs in the pregnant ewe. J. Agric. Sci. **70**, 171–177 (1968).

FRENI, S. C., J. H. G. WILSON. Do bovine caruncles contain muscle cells? Vet. Rec. **77**, 400 (1965).

FRICKE, E.: Topographische Anatomie der Beckenorgane bei Haussäugetieren (Pferd, Rind, Schaf, Ziege, Schwein, Hund, Katze). Diss. med. vet. Berlin, 1968.

FRIEMANN, F. KL.: Zur klinisch-anatomischen Unterscheidung juveniler und gravid gewesener Schweineuteri. Diss. med. vet. Hannover, 1939, Jber. Vet. med. **66**, 1940.

FRIES, A. E., F. SINOWATZ, R. SKOLEK-WINNISCH, W. TRÄUTNER: The placenta of the pig. I. Fine-structural changes of the placental barrier during pregnancy. Anat. Embryol. **158**, 179–191 (1980).

—, —, —, —: Structure of the epithelio-chorial placenta. In: Structural and functional organization of the placenta. Hrsg. KAUFMANN, P., B. F. KING. 140 bis 143. Karger, Basel, New York, 1982.

GADEV, CHRISTA: Untersuchungen über die Pigmente in der Gebärmutter und der Plazenta beim Schaf. Zbl. Vet. Med. A **18**, 521–529 (1971).

GAPP, R.: Die Muskelschichtung und der Muskelfaserverlauf im Pferdeuterus. Wien. Tierärztl. Mschr. **25**, 517–518 (1938).

GEIGER, G.: Die anatomischen Grundlagen des „Hymenalringes" beim Rinde. Tierärztl. Umsch. **9**, 398 bis 403 (1954).

—: Die anatomische Struktur des Beckenausganges der kleinen Wiederkäuer. Anat. Anz. **103**, 321–339 (1956).

GIMÉNEZ, R. L.: Die Arteria ovarica im Eierstock mit Corpus luteum graviditatis beim Rind. Gac. vet., Buenos Aires, **33**, 293–302 (1971).

GINTHER, O. J., C. H. DEL CAMPO: Vascular anatomy of the uterus and ovaries and the unilateral luteolytic effect of the uterus: Cattle. Am. J. Vet. Res. **35**, 193–203 (1974).

—, —, C. A. RAWLINGS: Vascular anatomy of the uterus and ovaries and the unilateral luteolytic effect of the uterus: a local venoarterial pathway between uterus and ovaries in sheep. Am. J. Vet. Res. **34**, 723 bis 728 (1973).

—, M. C. GARCIA, E. L. SQUIREYS, W. P. STEFFENHAGEN: Anatomy of vasculature of uterus and ovaries in the mare. Am. J. Vet. Res. **33**, 1561–1568 (1972).

GOLDSTEIN, S. R.: A note of the vascular relations and areolae in the placenta of the pig. Anat. Rec. **34**, 25 bis 36 (1926).

GRAU, H., P. WALTER: Zu Feinbau und Schleimsekretion der Cervix uteri der Wiederkäuer. Berl. Münch. Tierärztl. Wschr. **71**, 423–426 (1958).

GROSSER, O.: Frühentwicklung, Eihautbildung und Placentation des Menschen und der Säugetiere. Hrsg. R. T. VON JASCHKE, 1–454, BERGMANN, München, 1927.

HABEL, R. E.: The perineum of the mare. Cornell Vet. **43**, 249–278 (1953).

—: The topographic anatomy of the muscles, nerves, and arteries of the bovine female perineum. Am. J. Anat. **119**, 79–95 (1966).

HADEK, R., R. GETTY: The changing morphology in the uterus of the growing pig. Am. J. Vet. Res. **20**, 573–577 (1959).

—, —: Age change studies of the ovary of the domesticated pig. Am. J. Vet. Res. **20**, 578–584 (1959).

HAEFRIED, O.: Der Eierstock der Stute in den verschiedenen Altersstadien. Diss. med. vet. Leipzig, 1923.

HAFEZ, E. S. E.: Mammalian oviduct: International symposium. Science, **158**, 1967.

—: Functional anatomy of the Cervix uteri in domestic animals and primates. Intern. Kongr. tier. Fortpflanz. Haustierbesam., München, Kongr. Ber. 7, 2303–2307 (1972).

—, R. J. BLANDAU, eds.: The mammalian oviduct. Comparative biology and methodology. Chicago, University of Chicago Press, 1969.

HANCOCK, J. L.: The clinical features of the reproductive organs of pregnant and nonpregnant cattle. Vet. Rec. 74, 646–652 (1962).

HELM, F.-CHR.: Über das Corpus luteum des Hundes. Anat. Anz. 109. Erg. H., 362–365 (1960/61).

HENNEBERG, B.: Anatomie und Entwicklung der äußeren Genitalorgane des Schweines und vergleichend-anatomische Bemerkungen. Erster Teil: weibliches Schwein. Zschr. ges. Anat. 63, 431–493 (1922).

—: Beitrag zur ontogenetischen Entwicklung des Skrotums und der Labia majora. Zschr. Anat. Entw. gesch. 81, 198–219 (1926).

HETT, J.: Morphologische und experimentelle Untersuchungen am Eierstock. Handb. biol. Arb. method., 679–778 (1928).

HÖFLIGER, H.: Die Follikelatresie im Ovar des Kalbes. Festschr. Bürgi, Zürich, 189–218 (1943).

—: Das Ovar des Rindes in den verschiedenen Lebensperioden unter besonderer Berücksichtigung seiner funktionellen Feinstruktur. Acta anat., Suppl. 5, 1 bis 196 (1948).

HÖLSCHER, F. C. A.: Anatomische und histologische Untersuchungen der Uterusschleimhaut des Rindes in ihren Phasen. Diss. med. vet. Berlin, 1921.

HOOK, S. J., E. S. E. HAFEZ: A comparative anatomical study of the mammalian uterotubal junction. J. Morph. 125, 159–184 (1968).

HUCHZERMEYER, F., H. PLONAIT: Trächtigkeitsdiagnose und Rectaluntersuchung beim Schwein. Tierärztl. Umsch. 15, 399–401 (1960).

HULET, C. V.: A rectal-abdominal palpation technique for diagnosing pregnancy in the ewe. J. Anim. Sci. 35, 814 (1972).

KANAGAWA, H., E. S. E. HAFEZ: Morphology of Cervix uteri of Rodentia, Carnivora, and Artiodactyla. Acta anat. 84, 118–128 (1973).

KELLER, L.: Das Bindegewebsgerüst des Eierstockes und seine funktionelle Bedeutung (1. der Säugereierstock). Gegenbaurs Morph. Jb. 88, 351–376 (1943).

KIESCHKE, S.: Anatomische und histologische Untersuchungen über die Cervix uteri von Bos taurus. Diss. med. vet. Leipzig, 1919.

KIND, H. S.: Über die Pigmentation der Gebärmutter-Schleimhaut beim Schaf. Diss. med. vet. Zürich, 1943.

KING, B. F.: Comparative anatomy of the placental barrier. In: Structural and functional organization of the placenta. Hrsg. KAUFMANN, P., B. F. KING. 13 bis 28. Karger, Basel, New York, 1982.

KLINGE, A.: Zum zyklischen Verhalten vornehmlich der Höhe des Endometriums beim Rind. Zbl. Vet. Med. 6, 742–780 (1959).

KOCH, F.: Vergleichende anatomische und histologische Untersuchungen über den Bau der Vulva und Clitoris der Haustiere. Diss. med. vet. Bern, 1909.

KOCH, T.: Über das Ovarium des Hundes. Zschr. Anat. Entw. gesch. 108, 245–259 (1938).

KOLEWE, H.: Anatomische und histologische Untersuchungen der Gebärmutter und des weiblichen Begattungsorganes der Ziege. Diss. med. vet. Berlin, 1913.

KRAFFT, H.: Histologische Untersuchungen über die Involution des normalen Uterus des Rindes mit besonderer Berücksichtigung des elastischen Gewebes. Diss. med. vet. Leipzig, 1923.

KÜHN, I.: Makroskopisch-anatomische Untersuchungen am Blutgefäßsystem der weiblichen Geschlechtsorgane der Hauskatze. Diss. med. vet., München 1980.

KÜPFER, M.: Beiträge zur Morphologie der weiblichen Geschlechtsorgane bei den Säugetieren. Vjschr. Naturforsch. Ges. Zürich 65, 377–433 (1920); 68, 477 bis 549 (1923).

KVAČADZE, I. S.: Zur Frage der Innervation der Geschlechtsorgane der Kuh. Ref. Ž. Moskva, Životnovodstvo i Vet. 17–18 (1971).

LAMOND, D. R., M. DROST: Blood supply to the bovine ovary. J. Anim. Sci. 38, 106–112 (1974).

LANGE, H.: Neue Untersuchungen zur Vaskularisation des Schweineuterus. Diss. med. vet. Berlin, 1959.

LANZ, A.: Beiträge zur Kenntnis über die Entwicklung des Epoophorons und Paroophorons bei Schweine-, Hunde- und Katzenföten. Diss. med. vet. Berlin, 1938.

LAWN, A. M., A. D. CHIQUIONE, E. C. AMOROSO: The development of the placenta in the sheep and goat: an electron microscope study. J. Anat., London, 105, 557–578 (1969).

LEISER, R.: Development of the trophoblast in the early carnivore placenta of the cat. In: Structural and functional organization of the placenta. Hrsg. KAUFMANN, P., B. F. KING. 93–107. Karger, Basel, New York, 1982.

LÜNING, I., E. KLUG, R. GAUS, R. MATTOS: Exportvorbereitung von Pferden nach Nordamerika gemäß den CEM-Bestimmungen der Importländer. Prakt. Tierarzt, 6, 485–492 (1983).

LYNGSET, O.: Studies on reproduction in the goat. I. The normal genital organs of the nonpregnant goat. Acta Vet. Scand. 9, 208–222 (1968).

—: Studies on reproduction in the goat. II. The genital organs of the pregnant goat. Acta Vet. Scand. 9, 242–252 (1968).

MERKT, H.: Die Bursa ovarica der Katze. Mit einer vergleichenden Betrachtung der Bursa ovarica des Hundes, Schweines, Rindes und Pferdes sowie des Menschen. Diss. med. vet. Hannover, 1948.

MICHEL, G.: Kompendium der Embryologie der Haustiere. Fischer, Stuttgart, New York, 1983.

MIYAGI, M.: Changes in the arteria uterina media of cows caused by pregnancy. Jap. J. Vet. Res. 13, 137 bis 138 (1966).

MOSSMAN, W.: The rabbit placenta and the problem of placental transmission. Am. J. Anat. 37, 433–497 (1926).

MÜLLER, F.: Schwangerschaftsveränderungen am Uterus des Rindes. Diss. med. vet. Leipzig, 1933.

NAGLER, M.: Untersuchungen über Struktur und Funktion des Schweineuterus. Diss. med. vet. München, 1956.

NEIDER, C.: Zur Gefäßversorgung des Hundeuterus nebst Angioarchitektur seiner Wandabschnitte. Diss. med. vet. Berlin, 1957.

NITSCHKE, TH.: Diaphragma pelvis, Clitoris und Vestibulum vaginae der Hündin. 1. Teil. Das Diaphragma pelvis. 2. Teil. Clitoris und Vestibulum vaginae. Anat. Anz. 127, 76–125 (1970).

OSBORNE, V. E.: An analysis of the pattern of ovulation as it occurs in the annual reproductive cycle of the mare in Australia. Aust. Vet. J. 42, 149–154 (1966).

OTTO, A.: Beiträge zur Anatomie der Cervix uteri des trächtigen Rindes. Diss. med. vet. Hannover, 1930.

PETER, A.: Die Arterienversorgung von Eierstock und Eileiter. Untersuchungen bei Hund und Katze. Zschr. Anat. Entw.gesch. 89, 763 (1929).

PETRY, G.: Das elastisch-muskulöse System der Plica lata uteri und seine Bedeutung für den Lymphabfluß des Uterus. Gegenbaurs Morph. Jb. 87, 85–115 (1942).

PIVKO, J., P. MAJERČIAK, D. SMIDT: Histomorphologische Untersuchungen der Eileiterstruktur bei Jungsauen verschiedenen Alters. Pol'nohospodarstvo, Bratislava, 18, 392–399 (1972).

POPP, E.: Beitrag zur Kenntnis des juvenilen und des gravid gewesenen Uterus des Pferdes. Diss. med. vet. Leipzig, 1940 (Abstr. Jber. Vet. med. 68, 1941).

PORTHAN, L.: Morphologische Untersuchungen über die Cervix uteri des Rindes mit besonderer Berücksichtigung der Querfaltenbildung und des Kanalverlaufs. Diss. med. vet. Leipzig, 1928.

PREUSS, F.: Beschreibung und Einteilung des Rinderuterus nach funktionellen Gesichtspunkten. Anat. Anz. 100, 46–64 (1953).

—: Untersuchungen zu einer funktionellen Betrachtung des Myometriums vom Rind. Gegenbaurs Morph. Jb. 93, 193–319 (1953).

—: Geschlechtszyklus und Brunst beim Hunde. Schweizer Hundesport, 12, 285–290 (1959).

—: Die A. vaginalis der Haussäugetiere. Berl. Münch. Tierärztl. Wschr. 72, 403–406 (1959).

RAUTMANN, H.: Zur Anatomie und Morphologie der Glandula vestibularis major (Bartholini) bei den Säugetieren. Arch. mikrosk. Anat. Entw.gesch. 63, 461–511 (1903).

REUBER, H. W., M. A. EMERSON: Arteriography of the internal genitalia of the cow. J. Am. Vet. Med. Assoc. 134, 101–109 (1959).

REUTNER, T. F., B. B. MORGAN: A study of the bovine vestibular gland. Anat. Rec. 101, 193–212 (1948).

RICHARDSON, C.: Pregnancy diagnosis of the ewe: a review. Vet. Rec. 90, 264 (1972).

RICHTER, J., H. TILLMANN: Die Schwangerschaftsdiagnose beim Rind. Parey, Berlin, Hamburg, 1956.

RICHTER, R.: Beitrag zur Kenntnis des juvenilen und des gravid gewesenen Uterus des Schweines. Diss. med. vet. Leipzig, 1936 (Abstr. Jber. Vet. med. 61, 1937).

RIGBY, J. P.: The structure of the uterotubal junction of the sow. J. Anat. 99, 416 (1965).

ROYAL, L., D. TAINTURIER, J. FERNEY: Mise au point sur les possibilités actuelles de diagnostic de la gestation chez la vache. Rev. Méd. Vét. 132, 413–432 (1981).

RUCKEBUSCH, Y., V. BABAPOUR: La motricite utéro-tubaire au cours du cycle oestral chez les ruminants. Rev. Méd. Vét. 127, 431–445 (1976).

SAMUEL, C. A., W. R. ALLEN, D. H. STEVEN: Studies on the equine placenta. II. Ultrastructure of the placental barrier. J. Reprod. Fert. 48, 257–265 (1976).

SCHNORR, B.: Embryologie der Haustiere. 1–244. Enke, Stuttgart 1985.

SCHULZ, L.-CL., E. GRUNERT: Kritische Betrachtungen unserer Kenntnisse über den uterinen und ovariellen Geschlechtszyklus des Rindes. Zbl. Vet. med. 11, 77–94 (1964).

SCHUMMER, A., B. VOLLMERHAUS: Die Venen des trächtigen und nichtträchtigen Rinderuterus als Blutstrom regulierendes funktionelles System. Wien. tierärztl. Mschr. 47, 114–138 (1960).

SEIFERLE, E.: Über Art- und Altersmerkmale der weiblichen Geschlechtsorgane unserer Haussäugetiere: Pferd. Rind, Kalb, Schaf, Ziege, Kaninchen, Meerschweinchen, Schwein, Hund und Katze. Zschr. ges. Anat. 101, 1–80 (1933).

—: Die sog. interstitiellen Zellen des Eierstockes und ihre Beziehungen zu Stroma und Ovarialzyklus, im besonderen beim Schwein. Zschr. Zellforsch. 25, 421–475 (1936).

—: Ovarialstroma und Ovarialzyklus. Schweiz. Arch. Tierheilk. 80, 59–70 (1938).

—: Bauplan und Arbeitsweise des Säuger-Eierstockes. Dtsch. Tierärztl. Wschr. 50, 201–205 (1942).

SILVER, M., D. H. STEVEN, R. S. COMLINE: Placental exchange and morphology in ruminants and the mare. In: Foetal and neonatal physiology. Hrsg. R. S. COMLINE, K. W. CROSS, G. S. DAWES, P. W. NATHANIELSZ. 245–271. Cambridge University Press, London 1973.

SIMIĆ, V.: Anatomisch-radiologische Untersuchungen über die Arterien und ihre funktionelle Rolle in der Eierstock-, Eileiter- und Cornua uteri-Vaskularisation bei einigen Hausequiden (Equus caballus, Equus asinus, Equus mulus und Equus hinnus). Rev. Méd. Vét. N. S. 32 (120), 45–61 (1969).

—, R. ANDRIC: Anatomische und röntgenologische Untersuchungen der Vaskularisation des Eierstokkes, des Eileiters, der Eierstockstasche und der kranialen Teile der Gebärmutterhörner bei der Katze, im Vergleich mit der Hündin. Tierärztl. Umsch., 23, 280–286 (1968).

—, H. GADEV: Röntgenanatomische Untersuchungen über die Arterien und deren funktionelle Rolle bei der Vaskularisation des Ovars, Eileiters und der kranialen Abschnitte der Cornua uteri bei einigen Hausequiden (Equus caballus, Equus asinus, Equus mulus und Equus hinnus). Acta. Vet., Beograd 18, 101–118 (1968).

STEGMANN, F.: Messungen und Wägungen am Uterus des Schweines. Diss. Berlin, 1923.

STEVEN, D. H.: Anatomy of the placental barrier. In: Comparative placentation. Hrsg. STEVEN, D. H., 25–57. Academic Press, London, New York, 1975.

—, G. J. BURTON, C. A. SAMUEL: Histology and electron microscopy of sheep placental membranes. Placenta Suppl. 2, 11–34 (1981).

TILLMANN, H.: Die Diagnose der Gravidität. In: RICHTER, J., R. GÖTZE: Tiergeburtshilfe, 3. Aufl.; Hrsg. TILLMANN, H., G. ROSENBERGER. Parey, Berlin, Hamburg, 1978.

TORNOW, U.: Zur „Septumfrage" und Nomenklatur des Uterus. Anat. Anz. 106, 104–129 (1959).

ÜBERSCHÄR, S.: Zur makroskopischen und mikroskopischen Altersbestimmung am Corpus luteum des Rindes. Diss. med. vet. Hannover, 1961.

VOLLMERHAUS, B.: Untersuchungen über die normalen zyklischen Veränderungen der Uterusschleimhaut des Rindes. Zbl. Vet. Med. 4, 18–50 (1957).

—: Die Arteria und Vena ovarica des Hausrindes als Beispiel einer funktionellen Koppelung viszeraler Gefäße. Anat. Anz. 112, Erg. H., 258–264 (1963).

—: Gefäßarchitektonische Untersuchungen am Geschlechtsapparat des weiblichen Hausrindes (Bos primigenius f. taurus, L., 1758). Teil I. Zbl. Vet. Med. A 11, 538–596 (1964).

—: Gefäßarchitektonische Untersuchungen am Geschlechtsapparat des weiblichen Hausrindes (Bos primigenius f. taurus, L., 1758). Teil II. Zbl. Vet. Med. A 11, 597–646 (1964).

WACHSMUTH, U.: Längenveränderungen der Uterindrüsen des Rindes auf Grund graphischer Rekonstruktionen. Zbl. Vet. Med. A **15**, 185–203 (1968).

WALKER, D.: Pregnancy diagnosis in pigs. Vet. Rec. **90**, 143 (1972).

WALL, G. v. d.: Bursa ovarica des Schafes, der Ziege und des Kaninchens. Diss. med. vet. Hannover, 1951.

WETLI, W.: Die Entwicklung des Schweine-Eierstokkes von der Geburt bis zur Geschlechtsreife. Diss. med. vet. Zürich, 1942.

WISLOCKI, G. B., E. W. DEMPSEY: Histochemical reactions in the placenta of the cat. Am. J. Anat. **78**, 1–45 (1946).

WOODING, F. B. P., A. P. F. FLINT, R. B. HEAP, T. HOBBS: Autoradiographic evidence for migration and fusion of cells in the sheep placenta: Resolution of the problem in placental classification. Cell. Biol. Int. Rep. **5**, 821–827 (1981).

WYNN, R. M., N. BJOERKMAN: Ultrastructure of the feline placental membrane. Am. J. Obstet. Gynec. **102**, 34–43 (1968).

YAMAUCHI, S.: A histological study on ovaries of aged cows. Jap. J. Vet. Sci. **25**, 315–322 (1963).

—: A histological study on oviducts and uteri of aged cows. Jap. J. Vet. Sci. **26**, 107–114 (1964).

—, F. SASAKI: Studies on the vascular supply to the uterus of the cow. I. Morphological studies of arteries in a broad ligament. Bull. Univ. Osaka Prefect., Ser. B, **20**, 30–47 (1968).

—, —: Studies on the vascular supply to the uterus of a cow. II. Morphological investigation of arteries on the uterine wall with special reference to those in the caruncular region. Jap. J. Vet. Sci. **30**, 207–217 (1968).

—, —: Studies on the vascular supply to the uterus of the cow. III. Morphological studies of veins in the broad ligament. Jap. J. Vet. Sci. **31**, 9–22 (1969).

—, —: Studies on the vascular supply of the uterus of a cow. IV. Morphology of veins in the uterine wall, especially in the caruncular region. Jap. J. Vet. Sci. **31**, 253–264 (1969).

—, —: Studies on the vascular supply of the uterus of a cow. Jap. J. Vet. Sci. **32**, 59–67 (1970).

ZAKI, S., M. A. HADI, S. L. MANJREKAR: A study on certain biometrical norms of porcine uteri. Indian Vet. J. **44**, 500–504 (1967).

ZIETLOW, D.: Zum zyklischen Verhalten der Gefäße des Katzenuterus. Diss. med. vet. Berlin, 1969.

ZIETZSCHMANN, O.: Über Funktionen des weiblichen Genitale bei Säugetier und Mensch. Vergleichendes über die cyclischen Prozesse der Brunst und Menstruation. Arch. Gynäk. **115**, 201–252 (1921).

—: Über den Processus vaginalis der Hündin. Dtsch. Tierärztl. Wschr. **36**, 20–22 (1928), Festschr.

ZINNBAUER, M.: Untersuchungen über den Hymen bei Pferd, Ziege, Schwein und Hund. Diss. med. vet. Wien, 1927.

Sachverzeichnis

Die Buchstaben bezeichnen die Tierarten: F = Fleischfresser, H = Hund, K = Katze, P = Pferd, R = Rind, S = Schwein, Sf = Schaf, W = Wiederkäuer, Z = Ziege. Sie sind den Ziffern bei tierartlichen Darstellungen vorangestellt, während sie bei den allgemeinen und vergleichenden Schilderungen fehlen.

Abdomen 7
Abomasum 103; W 159, 163, 176
Adamantoblasten 77
Adeziduate Semiplazentalier 394
Adeziduate Tiere 394
Aditus ad recessum caudalem 14;
  S 148; W 180; P 197
– laryngis 45, 250
– pharyngis 45
After 11, 118; F 143; S 152; W 188;
  P 208
–, Muskeln 118; F 143; S 152; W 188;
  P 208
Afterkanal 11, 19, 109, 110, 118;
  F 143; S 152; W 188; P 208
Afterkegel P 208
Afterscheibe W 188
After-Schwanzband F 143; S 152;
  W 188; P 208
Akzessorische Geschlechtsdrüsen
  327, 339; F 350; S 356; W 361;
  P 369
Alae nasi 223
Allantoisgang 17
Altersveränderungen,
  weibl. Geschlechtsorgane 392
Alveolarwand 77
Alveole, Alveolen der Zähne 77
– der Lunge 261, 263
Alveoli pulmonis 261, 263
Ampulla coli P 206
– ductus deferentis 333, 339; W 360;
  P 369
– duodeni P 199
– recti 115; F 140; S 152; P 208
– tubae uterinae 382
Analbeutel F 143
Analdrüsen H 143
Analkrypten F 143
Angulus oris 21; H 58; S 62; R 66;
  P 72
Anisognathie 82; H 84; K 88; W 93,
  96; P 99
Ansa cardiaca 108; F 135; W 169;
  P 195
– distalis coli 114; W 183
– nephroni 305
– proximalis coli 114; W 183
– sigmoidea 111; W 181; P 199
– spiralis coli 114; S 151; W 183
Ansatzknorpel, lateraler 223; F 265;
  S 273; W 280
–, medialer 223; F 265; S 273; W 280;
  P 291
Antrum pyloricum 106; F 132; P 195

Anulus pancreatis 128; S 158; P 212
– vaginalis 336
Anus 11, 118; F 143; S 152; W 188;
  P 208
Aortenschlitz 7
Apertura, Aperturae
– frontomaxillaris 240; P 295
– maxillopalatina 241
– nasi 222
– – ossea 221
– nasomaxillaris 236; F 267; S 274;
  W 281; P 294
– pelvis caudalis 10, 11
– – cranialis 10
– sinus lacrimalis S 274; W 281
– – frontalis lateralis H 267
– – – medialis H 268
– – – rostralis H 268
– – sphenoidalis K 268; S 274
– sinuum frontalium 240
– thoracis caudalis 4
– – cranialis 4
Apex caeci P 202
– linguae 26
– nasi 221
– pulmonis 256
Apparatus digestorius 1, 19
– respiratorius 1, 219
– urogenitalis 1, 300
Appendix, Appendices
– epiploicae 14, 16
– epididymidis 332
– testis 332
Arbor bronchalis 261; F 270; S 279;
  W 287; P 299
Arcus dentalis 21, 82
– – inferior 82
– – superior 82
– ischiadicus 10
– palatoglossus 27, 29, 47, 51; S 63;
  P 72
– palatopharyngeus 45, 48, 51, 232;
  F 61; S 64; W 70; P 76
Area, Areae
– cribrosa 305
– gastricae 106
– nuda 121; W 192
Arteria, Arteriae
– bronchales F 270; S 280; W 290;
  P 299
– broncho-oesophagea 265
– bulbi penis 347
– coeliaca 109
– dorsalis penis 347
– helicinae 347

Arteria, Arteriae
  (Fortsetzung)
– hepatica 122
– interlobares, Niere 306
– interlobulares, Leber 122
– –, Niere 306
– mesenterica caudalis 12, 16
– – cranialis 12, 16
– ovarica 391
– pulmonalis F 270; S 280; W 290;
  P 299
– profunda penis 347
– renalis 306
– renis 306
– testicularis 337
– uterina 391
– vaginalis 392
Arteriolae rectae, Niere 306
Articulatio cricoarytaenoidea 246;
  F 268; S 275; W 286; P 295
– cricothyreoidea 245; F 268; S 275;
  P 295
– thyreohyoidea 246; W 286;
  P 296
Aryknorpel 242, 244; F 268; S 275;
  W 285; P 295
Atmungsapparat 1, 219
Atmungsgang 226
Atmungsorgane 1; F 265; S 273;
  W 280; P 291
Atmungsrachen 45
Atmungsritze 251
Atmungsschleimhaut 225
Atrium ruminis W 161, 162

Backen 21, 23
Backendrüsen 21, 23, 35; F 59; S 62;
  W 66; P 72
–, dorsale 24; F 59; W 66; P 72
–, mittlere W 66
–, ventrale F 59; S 62; W 66; P 72
Backenvorhof 21, 23, 43; F 58; S 62;
  W 66
Backenzähne 79, 80, 81; H 85; K 87;
  S 88; W 92; P 97
Bandstreifen, Darm 114, 117; S 151;
  P 201, 202, 207, 208
Basis caeci P 201, 202
– omasi W 163, 176
– pulmonis 256
Bauch 7
Bauchfell 2, 7, 19
Bauchfellhöhle 2, 7
Bauchhöhle 2, 7
–, intrathorakaler Teil 10

Bauchspeicheldrüse 118, 128; F 146;
    S 157; W 193; P 212
–, Ausführungsgänge 129; F 147;
    S 158; W 194; P 212
–, Bau 130
–, Blutgefäße 131
–, Gliederung 128
–, Innervation 131
–, Inselapparat 131
–, Lymphgefäße 131
Beckenausgang 10, 11
Beckeneingang 10
Beckenhöhle 2, 7, 10
–, Bauchfellbuchten 18
–, peritonäaler Teil 10
–, retroperitonäaler Teil 10
Begattungsorgan 341
–, männliches 341; F 351; S 356;
    W 363; P 373
–, –, Funktion 347
–, –, Muskulatur 348; F 355; S 359;
    W 366; P 376
–, weibliches 377, 388; F 401; S 406;
    R 414; Sf, Z 415; P 419
–, –, Muskulatur 391
Beutelnetz F 136
Bifurcatio tracheae 253, 261
Blättermagen 103; W 159, 163, 176
Blinddarm 11, 109, 110, 114; F 140;
    S 151; W 183; P 202
Blinddarmgekröse 12; F 140
Blinddarmkopf P 202
Blinddarmkörper P 202
Blinddarmspitze P 202
Blinddarm-Grimmdarmband W 189
Blutsinus, Milz 215
Bodenfalte 227; P 291
Bronchalarterien F 270; S 280;
    W 290; P 299
Bronchalbaum 261; F 270; S 279;
    W 287; P 299
–, Aufteilungsart 261
Bronchalvenen 265; F 270; S 280
Bronchuli 261
– respiratorii 261
Bronchus, Bronchi
– accessorius 261; F 270; S 279;
    W 290; P 299
– caudalis 261; F 270; S 279; W 287;
    P 299
– cranialis 261; F 270; S 279; W 287;
    P 299
– lobares 261
– medius 261; F 270; S 279; W 287
– principales 253, 261; S 279
– segmentales 261; P 299
– trachealis 255, 261; S 279; W 287
Brunnersche Drüsen 117
Brunst 377
–, Dauer F 397; S 403; W 407; P 415
Brustfell 2, 4, 7, 19
Brustfellhöhle 2, 4
Brustfellsäcke 2, 4, 255
Brusthöhle 2, 4
Brustkorb 4
Brustkorbhöhle 4
Brutpflege 376
Brutraum 377
Bucca, Buccae 21, 23
Buch 103; W 159, 163, 176

Buchblätter W 176
Buchbrücke W 174
Buchfächer W 176
Buchkanal W 176
Buch-Labmagenöffnung W 176
Buchrinne W 174, 175, 176
Bulbus glandis 346; H 353
– penis 346
– vestibuli 389; H 403; P 420
Bulla, Bullae
– conchae dorsalis P 229, 293
– – nasales 227
– – ventralis W 229, 281; P 230, 293
Bursa omentalis 14; F 136; S 148;
    W 177; P 195
– ovarica 384; F 398; S 403; R 407;
    Sf, Z 415; P 416
– testicularis 331, 338

Caecum (s. a. Zäkum, Blinddarm) 11,
    109, 110, 114; F 140; S 151;
    W 183; P 202
Calices renales 307; S 315; R 318
Canalis analis 11, 19, 109, 110, 118;
    F 143; S 152; W 188; P 208
– cervicis uteri 385; F 401; S 406;
    R 408; Sf, Z 415; P 419
– inguinalis 8
– omasi W 176
– pyloricus 106; F 132; P 195
– radicis dentis 78
– urogenitalis 345
– vaginalis 336
Caninus, Canini 79, 80, 81; H 85;
    S 88; W 91; P 96
Capsula adiposa, Niere 301
– fibrosa, Niere 301
– – perivascularis
    [s. Capsula hepatis] 124; S 156
– hepatis [s. Capsula fibrosa
    perivascularis] 124; S 156
– lienis 213
– prostatae 340
Caput epididymidis 331
Cardia (s. a. Kardia) 106, 107
Carnivoren-Gebiß 77
Cartilago, Cartilagines
– alaris 223; P 291
– arytaenoideae 242, 244; F 268;
    S 275; W 285; P 295
– cricoidea 242; F 268; S 274;
    W 285; P 295
– dorsi linguae 27; P 72
– epiglottica 242, 245; F 268; S 275;
    W 286; P 295
– interarytaenoidea 245, 246; H 268;
    S 275, 276
– laryngis 242; F 268; S 274; W 285;
    P 295
– nasalis accessoria lateralis 223;
    F 265; S 273; W 280
– – – medialis 223; F 265; S 273;
    W 280; P 291
– nasi externi 222; F 265; S 273;
    W 280; P 291
– – laterales dorsales 223; F 265;
    S 273; W 280; P 291
– – – ventrales 223; F 265; S 273;
    W 280; P 291
– septi nasi 221

Cartilago, Cartilagines
    (Fortsetzung)
– sesamoideae 242; H 268
– thyreoidea 242; F 268; S 274;
    W 285; P 295
– tracheales 255; F 270; S 277;
    W 287; P 298
– tubae auditivae P 76
– vomeronasalis 230; W 281; P 294
Caruncula sublingualis 34, 43; F 60,
    61; S 63, 64; W 68, 70; P 73, 74
Cauda epididymidis 331, 332
Cavernae corporis spongiosi 346
– corporum cavernosorum 344, 345
Cavum, Cava
– abdominis 2, 7
– dentis 77, 78; S 88; W 92; P 96
– infraglotticum 251
– laryngis 250; F 270; S 277; W 286;
    P 298
– mediastini serosum 6, 101
– nasi 19, 219, 225; F 266; S 273;
    W 280; P 291
– oris 19; F 58; S 62; W 66; P 72
– – proprium 21, 26
– pectoris 2, 4
– pelvis 2, 7, 10
– pericardii 2
– peritonaei 2, 7
– pharyngis 19, 21, 45
– pleurae 2, 4
– praeputiale 347
– thoracis 4
– tympani 47
– vaginale 336
Cellula, Cellulae
– conchae nasales 227; W 281
– ethmoidales 241; S 274; W 285
– reticuli W 173
Cementum 77
Cervix dentis 77
– uteri 385; F 401; S 406; R 408;
    Sf, Z 415; P 419
– vesicae 308
Choane, Choanen 45, 231
Clitoris (s. a. Klitoris) 390, 391;
    F 403; S 406; R 414; Sf, Z 415;
    P 420
Colliculus seminalis 309, 333
Collum glandis 346; P 375
– omasi W 163
– vesicae felleae 127
Colon (s. a. Kolon, Grimmdarm) 11,
    109, 110, 114; F 140; S 151;
    W 183; P 202
– ascendens 11, 16, 110, 114; F 140;
    S 151; W 183; P 202
– crassum P 202
– descendens 11, 16, 110, 114; F 140;
    S 152; W 183, 186; P 207
– dorsale 114; P 206
– sigmoideum 110; S 152; W 188
– tenue P 207
– transversum 11, 16, 110, 114;
    F 140; S 152; W 183, 186; P 206
– ventrale 114; P 206
Colpos 388
Columnae anales F 143; S 152
– uretericae 308
Commissura labiorum 390

Concha, Conchae
- ethmoidales 225, 227, 228; F 267; P 294
- nasales 225, 227
- nasalis dorsalis 228; F 265; S 273; W 280; P 291
- - media 228, 230; F 267; S 273; W 281; P 293
- - ventralis 228, 229; F 267; S 273; W 280; P 291
Cornu, Cornua
- caudale, Cartilago thyreoidea 242; F 268; S 274; W 285; P 295
- rostrale, Cartilago thyreoidea 242; F 268; W 285; P 295
- uteri 385; F 400; S 405; R 408; Sf, Z 415; P 417
Corona dentis 77
- glandis 346; P 375
- laryngis 48; F 61; S 64
Corpus, Corpora
- abomasi W 166
- caeci P 202
- cavernosum clitoridis 391
- cavernosa penis 341, 344; H 352; K 354; S 357; W 363; P 373
- clitoridis 391
- epididymidis 331
- linguae 26; F 60; S 63; P 72
- luteum 380
- - cyclicum 380
- - graviditatis 380
- - persistens 380
- ossis ischii 10
- pancreatis 128; F 146; S 158; W 194; P 212
- penis 341
- prostatae 340
- spongiosum glandis 341, 346
- - penis 341, 346
- uteri 385; F 401; S 406; R 408; Sf, Z 415; P 417
- ventriculi 106; F 132; S 148; W 166; P 195
- vesicae 308
- - felleae 127
Corpusculum renis 304
Cortex renis 302
Crista, Cristae
- renalis 307; H 311; K 312; Sf, Z 320; P 323
- reticuli W 173
- urethralis 309, 333
Crura clitoridis 391
- penis 341
Cunnus 390
Cupula pleurae 6
Curvatura caeci major P 202
- - minor P 202
- omasi W 163
- ventriculi major 13, 106; P 194
- - minor 13, 106; P 194

Damm 11, 390
Darm, Abschnitte 109
-, Anhangsdrüsen 19, 118; F 144; S 156; W 189; P 208
-, Blutgefäße 117
-, Innervation 117
-, Lymphgefäße und Lymphknoten 117

Darm (Fortsetzung)
-, lymphoretikuläre Einrichtungen 117; F 144; S 156; W 189; P 208
-, Topographie W 188
-, Weite 109
Darmdrehung 12, 15, 16
Darmeigendrüsen 117
Darmgekröse 3, 15; W 188
-, gemeinsames 12, 15, 16
-, kaudales 12
-, kraniales 12; S 150; W 183; P 200
Darmkanal 11, 109
-, Länge 109
Darmkonvolut W 181
Darmscheibe W 181
Darmschleife, primitive 15
Darmschleimhaut 109, 115
Darmwand, Bau 115
Darmzotten 117
Dauergebiß 79; H 84; K 87; S 88; W 91; P 96
Dauerzähne 79; S 88
deciduus 81
Dentalplatte 24; W 67, 91
Dens, Dentes 77, 79; F 84; S 88; W 91; P 96
- canini 79, 80, 81; H 85; K 86; S 88; W 91; P 96
- decidui 79, 81; H 85; K 86; S 90; W 94; P 100
- incisivi 79, 80, 81; H 84; K 87; S 88, 90; W 91, 92; P 96
- lupinus P 98
- molares 79, 81; H 85; K 87; S 89; W 92; P 97
- permanentes 79; S 88
- praemolares 79, 81; H 85; K 87; S 88; W 92; P 97
- sectorius H 85; K 88
Dentinum 77; W 92
- secundarium 78; W 92; P 96
Dentitionen 79
Dentition, lakteale 79; H 85; K 86; S 90; W 94; P 100
-, permanente 79; H 84; K 87; S 88; W 91; P 96
Descensus testis 334
Deziduate Tiere 394
- Vollplazentalier 394
Diaphragma 2, 7
- pelvis 11
Diastema 21, 82; S 88; P 72, 97
Dickdarm 11, 109, 114; F 140; S 151; W 183; P 201
Diverticulum nasi 225; P 291
- pharyngeum S 65
- praeputiale 348; S 359
- suburethrale 209, 389; S 317, 406; R 321, 414; Sf, Z 321
- tubae auditivae 45, 47, 233; P 74, 76, 294
- ventriculi 106; S 147, 149
Dorsalgekröse, Magen 12, 13, 108; F 135; S 148; W 177; P 195
Dorsum linguae 26
- nasi 221
- penis 341
Drüsenmagen 103; W 159, 163, 176
Ductuli aberrantes 332
- biliferi 126; F 146; W 193; P 211

Ductuli aberrantes (Fortsetzung)
- efferentes testis 328
Ductus, Ductus
- choledochus 126; F 145; S 157; W 193; P 211
- cysticus 126; F 146; S 157; W 193
- deferens 333; F 349; S 356; W 360; P 368
- ejaculatorius 333, 338
- epididymidis 331
- epoophori longitudinales 389
- excretorius 333, 338; P 370
- hepatici 126; F 146; W 193; P 211
- hepaticus communis 126; S 157; W 193; P 211
- hepatocysticus 126, 127; W 193
- incisivus 21, 26, 230; F 60, 267; S 62, 273; W 67, 281; P 72, 294
- mandibularis 34, 43; F 61; S 63; W 70; P 73, 74
- nasolacrimalis 231; F 265; S 273; W 280; P 291
- pancreaticus 128; F 145, 147; W 194; P 212
- - accessorius 128, 130; F 147; S 158; R, Sf 194; P 212
- papillares 305
- paraurethrales 389
- parotideus 41; F 58, 61; S 63; W 69; P 74
- sublinguales minores 44; S 64; W 70
- sublingualis major 34, 44; S 64; W 70
- venosus 123
Dünndarm 11, 109, 110, 111; F 137; S 149; W 181; P 197
Duodenum (s. a. Zwölffingerdarm) 11, 109, 110, 111; F 137; S 149; W 181; P 199
-, Pars ascendens 111; F 137; S 149; W 182; P 199
-, - cranialis 111; F 137; S 149; W 181; P 199
-, - descendens 111; F 137; S 149; W 182; P 199

Eckschneidezähne P 96
Eckzähne 79, 80, 81; F 85; S 88; W 91; P 96
Eiauffangmechanismus 385
Eichel 341, 391; H 353; K 355; R 365; Sf, Z 366; P 375, 420
-, fibröse 346; R 365
-, Kapuzenfortsatz P 375
-, vaskuläre 346
Eichelschwellkörper 341, 346
Eieinpflanzung 393
Eierstock 376, 378; F 397; S 403; R 407; Sf, Z 414; P 416
-, Bau 378
-, Blutversorgung 380
-, Epithelium superficiale 378
-, freier Rand 378
-, Funktion 378
-, Größe 378
-, Innervation 382
-, Keimplatte P 416
-, Lage 378

Eierstock (Fortsetzung)
–, Lymphgefäße und Lymphknoten 381
–, Marksubstanz 378
–, Ovulationsgrube P 416
–, Pigmentzellager P 416
–, Rindensubstanz 378
Eierstocksband 17, 378, 384
Eierstocksgekröse 378
Eierstockshilus 378
Eierstockstasche 384; F 398; S 403; R 407; Sf, Z 415; P 416
Eileiter 377, 382; H 399; K 400; S 403; R 408; Sf, Z 415; P 416
Eileiterfransen 384
Eileitergekröse 17, 384
Eileitertrichter 382
Eingeweide 1
Eizelle, Degeneration 378
–, Reifung 379
Ejakulat 340
Elfenbein 77; W 92
Email 77
Embryonalanhänge 393
Enamelum 77
Enddarm 11, 19, 109; F 137; S 149; W 181; P 197
Endometrium 387
Epididymis (s. a. Nebenhoden) 327, 331; F 349; S 355; W 360; P 368
Epiglottis 242, 245
Epiploon 14, 15; F 136; S 148; W 180; P 197
Epoophoron 378
Erektion 347
Ethmoturbinalia 225, 227, 228; F 267; P 294
Evolution des trächtigen Uterus 396
Excavatio, Excavationes
–, Beckenhöhle 18
– pubovesicalis 18
– rectogenitalis 18
– vesicogenitalis 18
–, weiblich 387
Extremitas capitata, Hoden 328
– caudalis, Niere 301
– caudata, Hoden 328
– cranialis, Niere 301
– tubaria, Eierstock 378
– uterina, Eierstock 378

Facies costalis, Lunge 256
– diaphragmatica, Leber 119; F 144; S 156; W 191; P 211
– –, Lunge 256
– dorsalis, Niere 301
– lateralis, Eierstock 378
– –, Hoden 328
– medialis, Eierstock 378
– –, Hoden 328
– –, Lunge 256
– parietalis, Magen 106
– – [s. diaphragmatica], Milz 213
– urethralis, Penis 341
– ventralis, Niere 301
– visceralis, Leber 119; F 144; S 156; W 189; P 211
– –, Magen 106
– –, Milz 213
Fangzähne 79, 80, 81; F 85

Fascia cremasterica 333, 334
– diaphragmatis pelvis externa 11
– – – interna 11
– endothoracica 4
– iliaca 10
– pelvis 10
– penis profunda 341
– – superficialis 341
– spermatica externa 333
– – interna 334
– thoracolumbalis 7
– transversalis 10
– trunci 7
Fettdarm 152
Fettkapsel, Niere 391
Fettkörper, inguinaler H 401
–, Mesosalpinx H 398
Fibrae obliquae externae 107; F 135; W 168
– – internae 107, 108; F 135; S 149; W 168
Fimbriae ovaricae 384
– tubae 384
Fissura, Fissurae
– interlobares, Lunge 261; F 270; S 277
– ligamenti teretis 120; S 156; W 189; P 209
Flankengegend 10
Flexura centralis, Kolon W 183
– diaphragmatica [s. diaphragmatica dorsalis] 114; P 206
– – dorsalis [s. diaphragmatica] 114; P 206
– – ventralis [s. sternalis] 114; P 206
– duodeni caudalis 111; F 137; S 149; W 182; P 199
– – cranialis 111; F 137; S 149; W 182; P 199
– duodenojejunalis 111; F 137; W 182
– pelvina, Kolon 114; P 202, 206
– sigmoidea penis 341; S 356; W 363
– sternalis [s. diaphragmatica ventralis] 114; P 206
Flotzmaul 23, 223, 224; R 66, 280
Flotzmaulknochen R 280
Flügelfalte 224, 227; W 280; P 291
Flügelknorpel 223; P 291
Flügelrinne 224; W 280
Folliculi tonsillares 29, 54; S 65, 147; W 68; P 72, 76
Follikelatresie 378
Follikelreifung 378
Foramen apicis dentis 78
– epiploicum 14, 15; F 136; S 148; W 180; P 197
– venae cavae 7
Fornix pharyngis 45
– vaginae 388; R 414; P 419
Fortpflanzungsfähige Tiere, weibliche 393
Fortpflanzungsorgane 327
Fossa clitoridis 391
– glandis 346; P 375
– linguae 26; W 67
– navicularis urethrae S 357
– ovarii P 416
– paralumbalis 10
– retromandibularis 36; P 74

Fossa clitoridis (Fortsetzung)
– tonsillaris H 56; F 62
– vesicae felleae 127; S 157; W 192
Foveolae gastricae 106; S 149; P 195
Frenulum, Frenula
– linguae 26, 34; F 60; S 63; W 67; P 72, 73
– papillae ilealis S 150
Fruchthüllen 393, 394
Fruchtkammern 396
Fruchtwasser 396
Fundus abomasi W 166
– sulci reticuli W 175
– ventriculi 106; F 132
– vesicae felleae 127
Fundusdrüsenzone (s. a. Magen-eigendrüsenzone) 106; F 135; S 149; W 176; P 195
Funiculus spermaticus 333, 336, 337; F 349; S 356; W 360; P 368
Futterloch 26; W 67

Gallenblase 127; F 145; S 157; W 192
Gallengangsystem 126
Gallengänge 126
Gallenläppchen [s. Pfortaderläppchen] 124
Gartnersche Gänge 389
Gaster (s. a. Magen) 11, 100, 103; F 132; S 147; W 159; P 194
Gaumen, harter 21, 24, 26; F 60; S 62; W 67; P 72
–, weicher 21, 45, 51; F 61; S 64; W 70; P 76
Gaumendrüsen W 70; P 76
Gaumenhöhle 240; W 281; P 295
Gaumen-Keilbeinhöhle 241; P 295
Gaumenmandel 54, 56; F 61, 62; W 71; P 77
Gaumennaht 26; F 60; S 62; W 67; P 72
Gaumensegel 21, 45, 51; F 61; S 64; W 70; P 76
Gaumensegelmandel 54, 56; F 62; S 64, 65; W 71; P 76
Gaumenstaffeln 26; F 60; S 62; W 67; P 72
Gebärmutter 377, 382, 385; F 400; S 405; R 408; Sf, Z 415; P 417
–, Bau 387
–, Befestigung 386
–, Involution 393
–, Lage 386
Gebärmutterband, breites 17, 386
Gebärmutterhals 385; F 401; S 406; R 408; Sf, Z 415; P 419
Gebärmutterhalskanal 385; F 401; S 406; R 408; Sf, Z 415; P 419
Gebärmutterhörner 385
Gebärmuttermuskulatur 387
Gebärmutterschleimhaut 387
–, Pigmentierung Sf 415
Gebärmutterzapfen 386
Gebiß 77; F 84; H 84; K 86; S 88; W 91; P 96
–, Carnivoren 77
–, Herbivoren 77
–, Omnivoren 77
Geburtsweg 388
Gefäßfalte 337, 338

Gekröse 16
–, Darm 3, 15; W 188
–, gemeinsames, Darm 12, 15, 16
–, Geschlechtsorgane 16
–, Harnorgane 16
–, Magen- und Darmkanal 11
–, Peritonäalhöhle 11
Gekrösearterie, hintere 12, 16
–, vordere 12, 16
Gekrösewurzel 16; F 137; S 150, 151; P 200
Gelbkörper 380
Genitalwülste 390
Geruchsorgan 219
Geschlechtsgänge, männliche 382
–, weibliche 382
Geschlechtsorgane 1, 327
–, männliche 327; F 349; S 355; W 360; P 368
– –, Blut- und Lymphgefäße 348
– –, Innervation 348
–, weibliche 376; F 397; S 403; W 406; P 415
– –, Altersmerkmale 392
– –, Altersveränderungen 392
– –, Blut- und Lymphgefäße 391
– –, Innervation 392
– –, juvenile Tiere 392
Geschmacksknospen 27; F 60
Geschmackspapillen 27
Gewehre S 88
Gewölbescheidewand W 283
Gingiva 24, 77
Glandula, Glandulae
– ampullae, Samenleiter 333, 339
– anales H 143
– buccales 21, 23, 35; F 59; S 62; W 66; P 72
– – dorsales 24; F 59; W 66; P 72
– – medii W 66
– – ventrales F 59; S 62; W 66; P 72
– bulbourethralis 327, 340; K 350, 351; S 356; W 363; P 372
– cervicales, Uterus 387
– circumanales F 143
– circumorales K 58
– duodenales 117
– gastricae 106; F 135; S 149; W 176; P 195
– genitales accessoriae 339; F 350; S 356; W 361; P 369
– intestinales 117
– labiales 21, 22, 35; F 59; S 62; W 66; P 72
– linguales 21
– mandibularis 21, 36; F 61; S 63; W 69; P 74
– nasales laterales 224, 231; F 267; S 273; Sf, Z 281; P 294
– oesophageae 101; F 131; S 147
– palatinae W 70; P 76
– paracaruncularis 34; Z 69; P 73
– parotis (s. a. Ohrspeicheldrüse) 21, 36; F 60; S 63; W 69; P 74
– pelvis renalis 307; P 323
– pharyngeae 50, 51; F 61
– prostatica 327, 340; H 350; K 351; S 356; W 362; P 370
– salivales 35

Glandula, Glandulae (Fortsetzung)
– sublinguales 21, 36, 44; F 61; S 63; W 70; P 75
– sublingualis monostomatica [s. sublingualis major] 44; F 61; S 63; W 70
– – polystomatica [s. sublinguales minores] 44, 45; F 61; S 63; W 70; P 75
– uretericae 307; P 324
– uterinae 387
– urethrales 346
– vesicularis 17, 327, 339; S 356; W 361; P 369
– vestibulares, Vagina 389
– – minores 389; H 403; S 406; R 414; Sf 415; P 419
– vestibularis major 389; K 403; R 414; Sf 415
– zygomatica 24; F 59
Glans clitoridis 391
– penis 341; H 353; K 355; R 365; Sf, Z 366; P 375
Glied, männliches 327, 341
Glomerula 306
Glossa (s. a. Zunge) 21, 26; F 60; S 63; W 67; P 72
Glottis 250, 251
Grasfresser 23; W 67
Gravidität, Dauer F 397; S 403; W 407; P 415
Grimmdarm 11, 109, 110, 114; F 140; S 151; W 183; P 202
–, besondere Einrichtungen P 207
–, zentrifugale Windungen 114; S 151; W 183
–, zentripetale Windungen 114; S 151; W 183
Grimmdarmgekröse 12, 16; S 151
Grimmdarmlabyrinth 114; S 151; W 183
Grimmdarmspirale 114; S 151; W 183
Gubernaculum testis 336, 338
Gyri centrifugales 114; S 151; W 183
– centripetales 114; S 151; W 183

Hakenzähne 79, 80, 81; F 85; S 62, 88; W 91; P 96
Harnableitende Organe 306
Harnapparat 1, 300
Harnbereitende Organe 300
Harnblase 300, 307; F 313; S 315; W 321; P 324
–, Bänder 309
–, Hals 308
–, Körper 308
–, Scheitel 308
Harnblasendreieck 309
Harn-Geschlechtsfalte 16, 17
Harnleiter 300, 307; F 313; S 315; R 319; Sf, Z 320; P 324
Harnorgane 1, 300; F 310; S 314; W 317; P 321
Harnröhre 300, 309, 341; F 314; S 317; W 321; P 325
–, Beckenstück 345
–, männliche 345; F 352; S 359; W 363; P 373, 374
–, weibliche 377

Harnröhrenschwellkörper 341, 346
Harnröhrenzwiebeldrüse 327, 340; K 350, 351; S 356; W 363; P 372
Harn- und Geschlechtsapparat 300
Hasenscharte H 58
Haube 103; W 159, 162, 173
–, Funktion W 173
Hauben-Psalteröffnung W 176
Haubenrinne W 174
Hauer S 62, 88
Hauerfurche S 62
Hauptbronchen 253, 261; S 279
Haustra 114; S 151; P 201, 202, 207, 208
Haut, Häute, seröse 2, 3
Hepar (s. a. Leber) 19, 118, 119; F 144; S 156; W 189; P 208
Herbivoren-Gebiß 77
Herzbeutel 2, 4
Herzbeutelhöhle 2
Hiatus aorticus 7
– oesophageus 7, 101
Hilus lienis 213; F 215; S 216; W 217; P 217
– ovarii 378
– pulmonis 256
– renalis 301
Hoden 327; F 349; S 355; W 360; P 368
–, Bandapparat 338
–, Bau 328
–, Blutgefäße 329
–, freier Rand 328
–, Kopfende 328
–, Nebenhodenrand 328
–, Schwanzende 328
Hodenabstieg 334
Hodengekröse 328, 338
Hodenhüllen 327, 333; F 349; S 355; W 360; P 368
Hodenleitband 336, 338
Hodennetz 328
Hodensack 327, 333; F 349; S 355; W 360; P 368
–, Form 338
–, Lage 338
–, Muskelhaut 333, 334
–, Stellung 338
Hodensacknaht 334
Hodenzwischenzellen 328
Hohlvenengekröse 6
Hörtrompete 47, 233; F 267; S 65; W 71; P 76, 294
Hüftdarm 11, 109, 110, 111; F 137; S 150; W 183; P 201
–, Band 111; F 137; S 150, 151; W 183; P 201, 202
–, Funktion P 201
Hüftdarmgekröse 12, 16
Hüftdarmöffnung 111, 114; F 137; S 150; W 183, 189; P 201, 202
Hungergrubengegend 10
Hungerwarze 34, 43; F 60, 61; S 63, 64; W 68, 70; P 73, 74
Hymen 388

Ileozäkalplatte W 189
Ileum (s. a. Hüftdarm) 11, 109, 110, 111; F 137; S 150; W 183; P 201
Ileumzapfen 111; S 150; W 189

Implantation des Eies 393
Impressio, Impressiones
- aortica, Lunge 256
- caecalis, Leber 119, 120; P 211
- cardiaca, Lunge 256
- colica, Leber 119; P 211
- duodenalis, Leber 119; P 211
- gastrica, Leber 119; F 146; P 211
- oesophagea, Leber 119, 256; P 210, 211
- omasica, Leber 119; W 191
- renalis, Leber 119; F 144; W 190, 191; P 210, 211
- reticularis, Leber 119; W 191
Incisivi 79, 80, 81; H 84; K 87; S 88, 90; W 91, 92; P 96
Incisura, Incisurae
- angularis, Magen 106
- cardiaca pulmonis 256; P 298
- interlobares, Leber 119; F 144; W 189
- pancreatis 128; W 194
- thyreoidea caudalis 242; F 268; W 285; P 295
Infundibulum, Infundibula
-, Zähne 84; W 92; P 96
- tubae uterinae 382
Inselapparat, Pankreas 131
Intermediärtyp 24, 67; W 67
Intestinum 11, 109
- crassum (s. a. Dickdarm) 11, 109, 114; F 140; S 151; W 183; P 201
- tenue (s.a.Dünndarm) 11, 109, 110, 111; F 137; S 149; W 181; P 197
Involution des Uterus 393
Isognathie 82; S 89
Isthmus faucium 21, 47, 51
- prostatae 340; P 370
- tubae uterinae 382

Jecur (s. a. Leber, Hepar) 19, 118, 119
Jejunum (s. a. Leerdarm) 11, 109, 110, 111; F 137; S 150; W 182; P 200
Jungfernhäutchen 388

Kantengebiß P 99
Kardia (s. a. Cardia) 106, 107
Kardiadrüsenzone 106, 107; F 135; S 149; W 177; P 195
Kardiamuskelschleife 108; F 135; W 169; P 195
Karunkeln R 408; Sf, Z 415
Kastration 328
Kehldeckel 242, 245
Kehldeckelfalte, seitliche 250; F 268, 270; S 277; W 287; P 296, 298
Kehldeckelknorpel 242, 245; F 268; S 275; W 286; P 295
Kehldeckelmandel, seitliche 54, 56, 249; F 62, 270; S 65, 277; Sf, Z 71, 287
Kehldeckel-Schildknorpelverbindung 246
Kehldeckel-Zungenbeinverbindung 246
Kehlkopf 219, 241; F 268; S 274; W 285; P 295
-, Ausgangsraum 251
-, Bewegungsmechanismus 251
-, Eigenmuskeln 248

Kehlkopf (Fortsetzung)
-, Entwicklung 241
-, Lageveränderungen 251
-, Muskeln 247; F 269; S 277; W 286; P 297
-, Stellung bei der Atmung 251
-, - beim Schluckakt 252
Kehlkopfhöhle 250; F 270; S 277; W 286; P 298
-, Relief 249
-, Schleimhautbildungen 249; F 270; S 277; W 286; P 298
Kehlkopfknorpel 242; F 268; S 274; W 285; P 295
-, Lageveränderungen gegeneinander 252
-, Verbindungen 245; F 268; S 275; W 286; P 295
Kehlkopfkrone 48; F 61; S 64
Kehlkopfnerven, Herkunft 241
Kehlkopfraum, mittlerer 250, 251
Kehlkopfschleimhaut, lymphoretikuläre Bildungen 249; F 270; S 277; R 287; P 298
Kehlkopftasche, mittlere 250; S 277; P 298
-, seitliche 246, 249, 251; F 270; S 277; P 298
Kehlkopfvorhof 250; S 277; P 298
Kehlkopfwulst H, S, W 242
Kehlrachen 45, 48, 232; F 61; S 64; P 76
Keilbeinhöhle 241; K 268; S 274; R 285; P 295
Keilknorpel 242, 245; H 268; P 295
Keimdrüse, männliche 327; F 349; S 355; W 360; P 368
Keimdrüse, weibliche 376, 378; F 397; S 403; R 407; Sf, Z 414; P 416
Keimdrüsenband, kaudales 336
-, kraniales 334
-, -, weiblich F 398
Keimdrüsenepithel 378
Keimplatte, Eierstock P 416
Kernspur F 96
Kieferbucht 236; F 267
Kieferfalte 23
Kieferhöhle 236; S 273; W 281; P 294
Kinnwulst 23; R 66; P 72
Kitzler 390, 391; F 403; S 406; R 414; Sf, Z 415; P 420
Klitoris (s. a. Clitoris) 390, 391
Knorpel, Kehlkopf 242; F 268; S 274; W 285; P 295
-, S-förmiger 223; P 291
Knorpelgerüst, Naseneingang 222; F 265; S 273; W 280; P 291
Kolon (s. a. Colon) 11, 16, 110, 114
-, großes P 202
-, kleines P 207
-, magenähnliche Erweiterung P 206
Kolongekröse 12, 16; S 151; P 202, 206, 207
Kolonlagen P 202
Konkreszenztheorie 83
Konzentratselektierer W 67
Kopfdarm 19; F 58; S 62; W 66; P 72
-, lymphatische Einrichtungen 53; F 62; S 65; W 70; P 76

Kopfdarm (Fortsetzung)
-, Speicheldrüsen, große 19, 21, 36, 43, 44; F 60, 61; S 63; W 69, 70; P 74, 75
-, -, kleine 21, 22, 23, 24, 35; F 59; S 62; W 66; P 72
Körpergegenden (s. a. Regiones) 9, 10, 11
Körperhöhlen 2
Kotyledonen W 394; R 408
Krummdarm (s. a. Ileum, Hüftdarm) 111
Kryptorchismus 336
Kundenspur P 96
Kupffersche Sternzellen 126

Labialwülste 390
Labium, Labia
- inferius 21; F 58; S 62; W 66; P 72
- oris 21; F 58; S 62; W 66; P 72
- pudendi 21
- superius 21; F 58; S 62; W 66; P 72
- vulvae 377, 390; F 403; S 406; R 414; Sf, Z 415; P 420
Labmagen 103; W 159, 163, 176
Labmagensegel W 176
Lamina, Laminae
- externa, Vorhaut 347
- interna, Vorhaut 347
- omasi W 176
- penis praeputii 347
- propria mediastini 6
Lappenbronchen 261
Larynx (s. a. Kehlkopf) 219, 241; F 268; S 274; W 285; P 295
Leber 19, 118, 119; F 144; S 156; W 189; P 208
-, Bänder 15, 108, 111, 121
-, Bau 124
-, Befestigung 121; F 144; W 191
-, Blutgefäße 121
-, Farbe 119; F 144; S 156; W 189; P 208
-, Flächen 119; F 144; S 156; W 189; P 211
-, Form 119; W 189
-, Gewicht 119; F 144; S 156; W 189; P 208
-, Gliederung 119; F 144; S 156; W 189; P 209
-, Größe 119
-, Impressionen 119; F 146; S 156; W 190, 191; P 210, 211
-, Innervation 123
-, Lage F 146; S 156; W 190; P 211
-, Lymphknoten 123
Leberkapsel 124; S 156
Leberlappen 120; F 144; S 156; W 189, 190; P 210
Leberläppchen 122, 124
Leber-Magenband 12, 15, 108, 121; F 136, 145; S 149; W 180, 192; P 197, 211
Leberpforte 120; F 145; S 157; W 189; P 210
Leber-Zwerchfellbänder 15, 108, 121; F 144, 145; S 156; W 192; P 211
Leber-Zwölffingerdarmband 12, 15, 108, 111, 121; F 136, 137, 145; S 149, 157, 158; W 180, 192; P 197, 199, 211

Leerdarm 11, 109, 110, 111; F 137;
S 150; W 182; P 200
Leerdarmgekröse 12, 16; P 200
Lefze H 58
Leibeshöhle 2
Leistengegend 10
Leistenspalt 8
Lendengegend 10
Levatortor 11
Leydigsche Zellen 328
Lieberkühnsche Drüsen 117
Lien (s. a. Splen, Milz) 213; F, S 216;
W, P 217
Ligamentum, Ligamenta
– anularia [trachealia] 255
– apicale penis 343; K 354
– arytaenoideum transversum 246;
F 268; S 276; W 286; P 296
– caudae epididymidis 336, 338;
F 349; S 355; W 360; P 368
– coronarium hepatis 15, 108, 121;
F 145; S 156; W 192; P 211
– cricoarytaenoideum 246; F 268;
S 275; W 286; P 295
– cricothyreoideum 245; F 268;
S 275; W 286; P 295
– cricotracheale 245; F 268; S 277;
W 286; P 297
– falciforme hepatis 15, 108, 121;
F 144; S 156; W 192; P 211
– gastrolienale 213; F 136, 216;
S 216; W 217; P 218
– gastrophrenicum 15, 101; F 136;
S 148; P 196, 211, 218
– hepatoduodenale 12, 15, 108, 111,
121; F 136, 137, 145; S 149, 157,
158; W 180, 192; P 197, 199, 211
– hepatogastricum 12, 15, 108, 121;
F 136, 145; S 149; W 180, 192;
P 197, 211
– hepatorenale F 145; W 192; P 211
– hyoepiglotticum 246; F 268; S 276;
W 286; P 296
– intercornuale, Uterus R 408;
Sf, Z 415
– latum uteri 17, 386
– lienorenale P 197
– ovarii proprium 378, 384; F 398;
S 403; R 407; Sf, Z 414; P 416
– phrenicolienale F 136; W 217;
P 197, 218
– pulmonale 6, 256
– renolienale (= lienorenale) P 218
– suspensorium penis 343
– teres hepatis 121; F 145; S 156;
W 189, 192; P 211
– – uteri 386
– – vesicae 17, 309
– testis proprium 331, 336, 338;
F 349; S 355; W 360; P 368
– thyreoepiglotticum 246; F 268;
S 276; W 286; P 296
– triangularia, Leber 15, 108, 121;
F 144; S 156; W 192; P 211
– vesicae medianum 17, 309
– – lateralia 17, 309
– vestibulare 246; F 268; S 276;
P 297
– vocale 246; F 268; S 276; W 286;
P 297

Limen pharyngooesophageum 49;
F 61, 131
Linea anocutanea 118; F 143; P 208
– anorectalis 118; F 143; P 208
– terminalis 10
Lingua (s. a. Zunge) 21, 26; F 60;
S 63; W 67; P 72
Lippen 21; F 58; S 62; W 66; P 72
Lippendrüsen 21, 22, 35; F 59; S 62;
W 66; P 72
Lippenrinne 23, 224; F 58, 265; S 62;
W 66; P 72
Lippenvorhof 21; F 58; P 72
Lobulus, Lobuli
– corticalis, Niere 305
– [s. Coni] epididymidis 331
– hepatis 122, 124
– pulmonis 264
– testis 328
Lobus, Lobi
– hepatis 120; F 144; S 156; W 189,
190; P 210
– pancreatis 128; F 146, 147; S 158;
W 194; P 212
– prostatae 340; P 370
– pulmonis 261; F 270; S 277;
W 287; P 299
– renales 304
Lückenzahn P 98
Luftröhre 219, 253; F 270; S 277;
W 287; P 298
–, Bau 255
–, Lage 253
–, Schleimhaut 255
Luftröhrengabelung 253, 261
Luftsack 45, 47, 233; P 74, 76, 294
Lunge 219, 255; F 270; S 277; W 287;
P 298
–, Blutgefäße 264; F 270; S 280;
W 290; P 299
–, Farbe 256; F 270; S 277; W 287
–, Feinbau 261
–, Flächen 256
–, Form F 270; S 277; W 287;
P 297
–, Gewicht 257
–, Gliederung 261
–, Größe 261
–, Impressionen 256
–, Innervation 265
–, Interstitium 261
–, Lage F 270; S 277; W 287; P 299
–, Läppchenzeichnung 261; F 270;
S 279; W 287; P 299
–, Lymphgefäße 265
–, Parenchym 264
–, Ränder 256
Lungenalveolen 264
Lungenfell 6, 256, 261
Lungenhilus 256
Lungenlappen 261; F 270; S 277;
W 287; P 299
Lungenläppchen 264
Lungensegmente 261
Lungenspalten 261; F 270; S 277
Lungenspitze 256
Lungenwurzel 256
Lungen-Zwerchfellband 6, 256
Lymphatischer Rachenring 54; F 62;
S 65; W 71; P 76

Lymphonoduli aggregati, Darm 117;
F 144; S 156; W 189; P 208
– solitarii, Darm 117; F 144; S 156;
W 189; P 208
Lyssa 27; F 60

Magen 11, 100, 103; F 132; S 147;
W 159; P 194
–, Bänder 12, 13, 14, 15, 101, 108,
121, 213; F 135, 136, 145, 216;
S 148, 149, 216; W 177, 180, 192,
217; P 195, 197, 211, 218
–, Blutgefäße 109
–, einfacher 103
–, einhöhliger 103, 105
–, –, Grundform 106
–, Entwicklung W 160
–, Fassungsvermögen H 135; S 147;
W 160; P 194
–, Form 105; F 132; S 147; W 160;
P 195
–, Innervation 109
–, Lage F 132; S 147; W 160; P 194
–, Lymphgefäße 109
–, mehrhöhliger 103
–, zusammengesetzter 103
Magendrehung 12, 13
Magendrüsen 106; F 135; S 149;
W 176; P 195
Magengekröse, dorsales 12, 13, 108;
F 135; S 148; W 177; P 195
–, ventrales 13, 108; F 136; S 149;
W 177, 180; P 197
Magenknie 106
Magenkrümmung, große 13, 106;
P 194
–, kleine 13, 106; P 194
Magenmund 103; P 195
Magenmuskulatur 107; W 168; P 195
Magenrinne 106, 108; F 135; S 149;
W 173; P 195
–, Buchabschnitt W 174, 175, 176
–, Haubenabschnitt W 174
–, Labmagenabschnitt W 174, 177
Magenrinnenfalten 108
Magenrinnenlippen W 175
Magenschleimhaut 106, 107; F 135;
S 149; W 171, 173, 176; P 195
–, lymphoretikuläres Gewebe 107;
S 149
Magenstraße 108
Magenwand, Bau 106
Magen-Zwölffingerdarmöffnung 103
Mahlzähne 79, 81; H 85; K 87; S 89;
W 92; P 97
–, vordere 79, 81; H 85; K 87; S 88;
W 92; P 97
Malpighische Körperchen 215
Mandeln 29, 54, 56, 233, 249; F 61,
62, 267, 270; S 63, 65, 66, 273, 277;
W 68, 71, 281, 287; P 76, 77
Mandelpfröpfe 54
Margo epididymalis, Hoden 328
– interalveolaris 21; S 88; P 72, 97
– lateralis, Niere 301
– liber, Eierstock 378
– –, Hoden 328
– medialis, Niere 301
– mesovaricus, Eierstock 378
– plicatus, Magen 106; P 195

Margo, Margines, Leber 120
–, –, Lunge 256
Mastdarm 11, 109, 110, 114, 115;
    F 140; S 152; W 188; P 208
Mastdarmampulle 115; F 140; S 152;
    P 208
Mastdarmgekröse 12, 16, 17; F 140;
    W 188; P 208
Mastdarmschleife, dorsale P 208
–, ventrale 118, 348; F 355; S 152;
    P 208, 376
Meatus, Meatus
– ethmoidales 236
– nasi 226
– – communis 226
– – dorsalis 226
– – medius 226
– – ventralis 226
– nasopharyngeus 224, 231; S 273;
    P 291, 294
Medianwulst, Zunge S 63
Mediastinum 4, 6, 255
– testis 328
Medulla renis 302
Membrana fibroelastica laryngis 246;
    F 268; S 275; W 286; P 295
– thyreohyoidea 246; F 268; S 276;
    W 286; P 296
Mentum 23; R 66; P 72
Mesenterium 3, 15; W 188
– caudale 12
– craniale 12; S 150; W 183; P 207
– dorsale commune 12, 15, 16
– ventrale 12, 14
Mesepididymis 338
Mesocaecum 12; F 140
Mesocolon 12, 16; S 151
– ascendens P 202, 206
– descendens P 207
Mesoductus deferens 333, 338
Mesoduodenum 12, 16; S 158; P 199
Mesofuniculus 338
Mesogastrium dorsale 12, 13, 108;
    F 135; S 148; W 177; P 195
– ventrale 13, 108; F 136; S 149;
    W 177, 180; P 197
Mesoileum 12, 16
Mesojejunum 12, 16; P 200
Mesometrium 17, 386
Mesorchium 328, 338
Mesorectum 12, 16, 17; F 140;
    W 188; P 208
Mesosalpinx 17, 384
Mesovarium 17, 378
Metra (s. a. Uterus, Gebärmutter) 385
Milchflecken 14
Milchgebiß 79; H 85; K 86; S 90;
    W 94; P 100
Milchzähne 79, 81; F 85; S 90; W 94;
    P 100
Milz 213; F 215; S 216; W, P 217
–, Bau 213
–, Blutgefäße 215
–, Farbe 213
–, Funktionen 213
–, Flächen 213
–, Form 213
–, Gewicht 213
–, Größe 213
–, Innervation 215

Milz (Fortsetzung)
–, Konsistenz 213
–, Lage F 215; S 216; W, P 217
–, Lymphgefäße 215
Milzbalken 213
Milzhilus 213; F 215; S 216; W, P 217
Milzkörperchen 215
Milznetz F 136
Milzpulpa 215
–, rote 215
–, weiße 215
Mitteldarm 11, 19, 109; F 137; S 149;
    W 181; P 197
Mittelfell 4, 6, 255
Mittelfellspalt 6
Mittelfleisch 11, 390
Mittelschneidezähne P 96
Mittelzähne, äußere W 91
–, innere W 91
Molaren 79, 81; H 85; K 87; S 89;
    W 92; P 97
Müllersche Gänge 382
Multipare Tiere 396
Mundatmung 219, 252
Mundhöhle 19; F 58; S 62; W 66;
    P 72
–, Anhangsdrüsen 35; F 60; S 63;
    W 69; P 74
–, eigentliche 21, 26
Mundhöhlenboden, präfrenularer 34;
    F 60; S 63; P 73
–, sublingualer 21, 34; W 68
Mundhöhlenbodendrüse 34
Mundhöhlenvorhof 21; P 74
Mundrachen 45, 47, 51, 232; F 61;
    S 64; W 70; P 76
Mundspalte 21; F 58; S 62; R 66;
    P 72
Mundwinkel 21; H 58; S 62; R 66;
    P 72
Muschelbeine 227
Muschelhöhle, dorsale 229; S 273;
    W 280; P 293
–, mittlere 230; W 281; P 293
–, ventrale 229, 230; S 273; W 281;
    P 293
Musculus, Musculi
– arytaenoideus transversus 249,
    253; F 269; S 277; W 286; P 297
– bulboglandularis S 356
– bulbospongiosus 11, 348; S 152
– ceratohyoideus 33
– coccygei 11
– constrictor vestibuli 391
– – vulvae 391; F 144; S 152; P 208
– constrictores pharyngis caudales 51
– – – medii 51
– – – rostrales 51
– cremaster 333, 334
– cricoarytaenoideus dorsalis 249,
    252; F 269; S 277; W 158, 286;
    P 297
– – lateralis 249, 253; F 269; S 277;
    W 286; P 297
– cricooesophageus W 158
– cricopharyngeus 51; W 159
– cricothyreoideus 249, 253; F 269;
    S 276; W 286; P 297
– genioglossus 30
– geniohyoideus 32

Musculus, Musculi
    (Fortsetzung)
– hyoepiglotticus 252
– hyoglossus 30
– hyoideus transversus 33
– hyopharyngeus 51
– iliocaudalis F 144
– ischiocavernosus 11, 348, 391
– ischiourethralis 391
– levator ani 11, 118; F 144; S 152;
    W 188; P 208
– – veli palatini 52
– lingualis proprius 30
– mylohyoideus 32
– occipitohyoideus 32
– oesophageus longitudinalis lateralis
    W 158; P 194
– omohyoideus 33, 34
– palatinus 51
– palatopharyngeus 51
– praeputialis caudalis 348
– – cranialis 348
– pterygopharyngeus 51
– pubocaudalis F 144
– rectococcygeus F 143; S 152;
    W 188; P 208
– retractor clitoridis 118; F 144;
    S 152; P 208
– – penis 118, 348; F 144; S 152;
    W 188; P 208
– sphincter ani externus 11, 118;
    F 143; S 152; W 188; P 208
– – – internus 118; F 143; S 152;
    W 188; P 208
– – antri pylori P 195
– – cardiae 108; S 149; P 195
– – ilei S 151
– – pylori 108; F 135; S 149; W 168,
    177; P 195
– – urethrae 11, 310
– sternohyoideus 33
– sternothyreoideus 33, 34
– styloglossus 30
– stylohyoideus 32
– stylopharyngeus caudalis 51
– – rostralis 51
– tensor veli palatini 52
– thyreoarytaenoideus 249; F 269;
    S 277; W 286; P 297
– thyreohyoideus 33, 34
– thyreopharyngeus 51; W 159
– trachealis 255; F 270; S 277;
    W 287; P 298
– urethralis 11, 310, 346, 348
– uvulae 51
– ventricularis 249, 253; F 269; P 297
– vocalis 249, 253; F 270; P 297
Muskeln, After 118; F 143; S 152;
    W 188; P 208
–, Gaumensegel 51
–, Kehlkopf 247; F 269; S 277;
    W 286; P 297
–, Schlundkopf 50
–, Zunge 29
–, Zungenbein 31
Muskulatur, männl. Begattungsorgan
    348; F 355; S 359; W 366; P 376
–, weibl. Begattungsorgane 391
–, Magen 108; W 177
Mutterkuchen 394

Muttermund, äußerer 385; F 401; R 410; Sf, Z 415; P 419
–, innerer 385; R 409; P 419
Muttertrompete 382
Myometrium 387

Nabel 8
Nabelarterien 17, 309
Nabelvene, obliterierte 121; F 145; P 211
Nachgeburt 394
Nares 219, 221, 223, 225; F 265; S 273; W 280; P 291
Nase 221; F 265; S 273; W 280; P 72, 291
–, weiche 223; P 291
Nasenatmung 219, 251
Nasenbodenknorpel 230; W 281; P 294
Nasenbodenorgan 230; F 267; S 273; W 281; P 294
Nasendrüsen, laterale 224, 231; F 267; S 273; W 281; P 294
Naseneingang 222
–, Haut F 265; S 273; W 280; P 291
–, knöcherner 221
–, Knorpelgerüst 222; F 265; S 273; W 280; P 291
Nasenflügel 223
Nasengang, Nasengänge 226
–, dorsaler 226
–, mittlerer 226
–, ventraler 226
Nasen-Gaumenkanal 21, 26, 230; F 60, 267; S 62, 273; W 67, 281; P 72, 294
Nasengrund 225
Nasenhöhle 19, 219, 221, 225; F 266; S 273; W 280; P 291
–, besondere Einrichtungen 230
–, Boden 221
Nasenknorpel 222; F 265; S 273; W 280; P 291
Nasenloch, Nasenlöcher 219, 221, 223, 225; F 265; S 273; W 280; P 291
–, falsches 225; P 291
–, Gestalt 224
–, wahres P 291
Nasenlochschlitz F 265
Nasenmuschel, Nasenmuscheln 225, 227
–, dorsale 228; F 266; S 273; W 280; P 291
–, mittlere 228, 230; F 267; S 273; W 281; P 293
–, ventrale 228, 229; F 267; S 273; W 280; P 291
Nasenmuskeln 225
Nasennebenhöhlen 221, 227, 236; F 267; S 273; W 281; P 294
Nasenrachen 45, 51, 219, 225, 231, 232; F 61, 267; S 65, 273; W 71, 281; P 76
Nasenrachengang 225, 231; S 273; P 291, 294
Nasenraum, medialer 226
Nasenrücken 221
Nasenscheidewand 221, 223; F 265; S 273; W 280; P 291

Nasenspiegel 223; F 58, 265; Sf, Z 66, 280
Nasenspitze 221
Nasentrompete 225; P 291
Nasenwinkel 223
Nasus externus 221; F 265; S 273; W 280; P 72, 291
Nebenhoden 327, 331; F 349; S 355; W 360; P 368
Nebenhodengekröse 338
Nebenhodenkanal 331, 332
Nebenhodenkopf 331
Nebenhodenkörper 331, 332
Nebenhodenschwanz 331, 332
Nebenhodenschwanzband 336, 338; F 349; S 355; W 360; P 368
Nebenhodentasche 331
Nephron 304
Nephros 300
Netz, großes 12, 13, 108; F 135; S 148; W 177; P 195
–, kleines 12, 13, 14, 108, 121; F 136, 145; S 149; W 177, 180, 192; P 197, 211
Netzbeutel 14; F 136; S 148; W 177; P 195
Netzbeutelhöhle 14; F 135; S 149; W 179; P 197
Netzbeutelloch 14, 15; F 136; S 148; W 180; P 197
Netzbeutelvorhof 14, 15; F 136; S 149; W 180; P 197
Netzmagen 103; W 159, 162, 173
Netzsegel (= Segelnetz) F 136
Niere 300; F 310; S 314; R 317; Sf, Z 320; P 321
–, artdiagnostische Merkmale 325, 326
–, Bau 301, 304
–, einfache 304
–, einwarzige 304
–, Gefäßsystem 306; F 312; S 315; R 320; Sf, Z 321; P 323
–, gefurchte 304
–, glatte 304
–, Grundform 300
–, mehrwarzige 304
–, Röhrchensystem 304
–, zusammengesetzte 304
Nierenbecken 300, 306; H 311, 313; K 313; S 315; Sf, Z 320; P 323
Nierenfett 301
Nierenhilus 301
Nierenkapsel 301
Nierenkelche 307; S 315; R 318
Nierenkörperchen 304
Nierenlappen 304
Nierenmark 302
Nierenpapille 305
–, Porenfeld 305
Nierenrinde 302
Nierensubstanz 302
Nüstern P 291

Oberlippe 21; F 58; S 62; W 66; P 72
Odontoblasten 77
Oesophagus (s. a. Speiseröhre) 11, 100; F 131; S 147; W 158; P 194
Oesophagussphinkter W 159

Ohrspeicheldrüse 21, 36; F 60; S 63; W 69; P 74
Ohrtrompete 45, 233; F 267; S 65; W 71; P 76, 294
Okklusion, zentrale 82; H 84; K 88; S 89; W 93; P 99
Omasum (s. a. Psalter, Buch) 103; W 159, 163, 176
Omentum majus 12, 13, 108; F 135; S 148; W 177; P 195
– minus 12, 13, 14, 108, 121; F 136, 145; S 149; W 177, 180, 192; P 197
Omnivoren-Gebiß 77
Omphalos 8
Oozyten 378
Orchis 327
Organum, Organa
– digestoria 1
– genitalia 327
– – feminina 376; F 397; S 403; W 406; P 415
– – masculina 327; F 349; S 355; W 360; P 368
– orobasale 34; F 60; S 63; W 69; P 73
– respiratoria 1; F 265; S 273; W 280; P 291
– urinaria 300; F 310; S 314; W 317; P 321
– vomeronasale 230; F 267; S 273; W 281; P 294
Os, Ossa
– conchae nasalis ventralis 228
– concharum 227
– ethmoidale, Lamina perpendicularis 221
– hyoideum 26
– penis 341, 343, 346; H 352; K 354
– rostrale 223; S 273
Ostium abdominale tubae uterinae 382
– cardiacum 103; P 195
– caecocolicum P 201, 202, 206
– ejaculatorium 333, 338; P 370
– ileale 111, 114; F 137; S 150; W 183, 189; P 201, 202
– intrapharyngeum 45, 48, 232; F 61; S 64; W 70; P 76
– intraruminale W 161, 171
– omasoabomasicum W 176
– pharyngeum tubae auditivae 45, 232; F 61, 267; S 273; W 281; P 76, 294
– praeputiale 347
– pyloricum 103
– reticulo-omasicum W 176
– ruminoreticulare W 171
– ureteris 308
– urethrae externum 309, 345, 389
– – internum 308, 309, 345
– uteri externum 385; F 401; R 410; Sf, Z 415; P 419
– – internum 385; R 409; P 419
– uterinum tubae 382
[– vaginale] 336
Oestrus 377
–, Dauer F 397; S 403; W 407; P 415
Ovarium (s. a. Eierstock) 376, 378; F 397; S 403; R 407; Sf, Z 414; P 416

Ovulation 380
Ovulationsgrube P 416

Palatum durum 21, 24, 26; F 60; S 62;
  W 67; P 72
– molle 21, 45, 51; F 61; S 64; W 70;
  P 76
Pancreas, Pankreas
  (s. a. Bauchspeicheldrüse) 118,
  128; F 146; S 157; W 193; P 212
Pankreasblase F 147
Pansen 103; W 159, 160, 170
–, Form W 160
Pansenfurchen W 160, 161
Pansengeräusch W 172
Pansen-Haubenfalte W 172
Pansen-Haubenfurche W 162
Pansen-Haubenöffnung W 172
Pansenpfeiler W 162, 170
Pansenrauschen W 172
Pansensäcke W 161
Pansenvorhof W 161, 162
Papilla, Papillae
– conicae 27; W 67
– duodeni major 126, 128; F 146,
  147; S 150, 157; W 193, 194; P 199,
  211, 212
– – minor 128; F 147; S 150, 158;
  P 199, 212
– filiformis 27; F 60; S 63; W 67;
  P 72
– foliata 27; F 60; S 63; R 67; P 72
– fungiformis 27; F 60; S 63; W 67;
  P 72
– gustatoriae 27
– ilealis 111; S 150; W 189
– incisiva 21, 26, 230; F 60; S 62;
  W 67; P 72
– linguales 27; F 60; S 63; W 67; P 72
– marginales 27, 28
– mechanicae 27
– parotidea 43; S 63; W 69; P 72
– renalis 305
– ruminis W 171
– tonsillares 29, 54, 55; S 63
– unguiculiformes W 175
– vallata 27; F 60; S 63; W 67; P 72
Paradidymis 332
Parametrium 386, 388
Paries membranaceus, Trachea 255
– profundus, großes Netz 14; F 136;
  W 177
– superficialis, großes Netz 14;
  F 136; W 179
Paroophoron 378
Parotis (s. a. Gl. parotis,
  Ohrspeicheldrüse) 21, 36, 40;
  F 60; S 63; W 69; P 74
Parotisgegend, Topographie P 74
Pars abdominalis, Harnleiter 307
– cardiaca 103
– disseminata, Prostata 340
– glandularis, Magen 103; P 195
– intercartilaginea 251
– intermembranacea 251
– laryngea pharyngis 45, 48, 232;
  F 61; S 64; P 76
– libera penis 341, 347; S 357; R 363,
  366; Sf, Z 366
– longa glandis 346; H 353

Pars (Fortsetzung)
– mobilis septi nasi 221, 223
– nasalis pharyngis 45, 51, 219, 225,
  231, 232; F 61; S 65; W 71, 281; P 76
  W 71, 281; P 76
– nonglandularis, Magen 103; S 149;
  P 195
– oralis pharyngis 45, 47, 51, 232;
  F 61; S 64; W 70; P 76
– oesophagea 45, 49; F 61; S 65;
  W 71; P 76
– pelvina, Harnleiter 307
– –, männliche Harnröhre 310, 345
– praeprostatica,
  männliche Harnröhre 310, 345
– prostatica, männliche Harnröhre
  310, 345
– pylorica 106; F 132
– respiratoria 45
– spongiosa, männliche Harnröhre
  310
Paukenhöhle 47
Pelvis renalis 300, 306; F 313; S 315;
  Sf, Z 320; P 323
Penis 327, 341; H 351; K 354; S 356;
  W 363; P 373
–, Muskulatur 348; F 355; S 359;
  W 366; P 376
Penisknochen 341, 343, 346; H 352;
  K 354
Penisschaft 341
Penisschenkel 341
Penisschwellkörper 341, 344; H 352;
  K 354; S 357; W 363; P 373
Penisstacheln K 355
Penistyp, fibroelastischer 345
–, muskulokavernöser 345
Peniswurzel 341
Pericardium 2, 4
Perikardialflüssigkeit 3
Perimetrium 386, 387
Perineum 11, 390
Periodontium 77
Peritonäalflüssigkeit 3
Peritonäalhöhle 2, 7
–, Gekröse 11
Peritonäalsack 7
Peritonaeum 2, 7, 19
Petiolus epiglottidis 245; H 268
Peyersche Platten 117; F 144; S 156;
  W 189; P 208
Pfortader 121
Pfortaderläppchen
  [s. Gallenläppchen] 124
Pfortaderring 128; S 158; P 212
Pförtner 103; F 132; S 149; W 166;
  P 194
Pharynx (s. a. Schlundkopf) 11, 45;
  F 61; S 64; W 70; P 76
Pharynxwand, Bau 49
Philtrum 23, 224; F 58, 265; S 62;
  W 66; P 72
Phren (s. a. Zwerchfell) 2, 7
Pigmentzellager, Eierstock P 416
Pila, Pilae
– omasi W 176
– ruminis W 162, 170
Placenta fetalis 394
– materna 394
– vera 394

Placentalia 393
Planum nasale 223; F 58, 265;
  Sf, Z 66, 280
– nasolabiale 23, 223, 224; R 66, 280
– rostrale 22, 223, 224; S 62, 273
Plazenta, histophysiologische Typen
  394
Plazentatiere 393
Plazentation 393
Plazentom R 408
Pleura 2, 4, 7, 19
– costalis 4, 255
– diaphragmatica 4, 255
– mediastinalis 4, 255
– parietalis 3, 4
– pericardiaca 4
– pulmonalis 6, 256, 261
Pleuraflüssigkeit 3, 7, 256
Pleurahöhle 2, 4
Pleurasäcke 2, 4, 255
Plexus entericus 118
– hepaticus 123
– myentericus 118
– pampiniformis 337
– submucosus 118
– subserosus 118
– testicularis 337
Plica, Plicae
– alaris 224, 227; W 280; P 291
– aryepiglottica 250; F 268, 270;
  S 277; W 287; P 297, 298
– basalis 227; P 291
– caecocolica P 202, 206
– carunculares P 73
– duodenocolica 111; F 137, 140;
  S 150; W 182, 186; P 199, 200
– circulares, Cervix uteri 386; R 408
– ductus deferentis 338
– glossoepiglottica mediana 29; F 60;
  S 63; W 67; P 76
– ileocaecalis 111; F 137; S 150, 151;
  W 183; P 201, 202
– praeputialis P 375
– pterygomandibularis 23
– recta 226; P 291
– ruminoreticularis W 172
– semilunares coli 114; P 202
– spirales abomasi W 177
– sublingualis 34
– ureterica 309
– urogenitalis 16, 17
– vasculosa 337, 338
– venae cavae 6
– vestibularis 250; F 270; P 298
– vocalis 250; F 270; S 277; W 287;
  P 298
Porta hepatis 120; F 145; S 157;
  W 189; P 210
Portio vaginalis 386; R 410;
  Sf, Z 415; P 419
Poschen 114; S 151; P 201, 202, 207,
  208
Poschenreihen P 202, 207, 208
Praemolaren 79, 81; H 85; K 87;
  S 88; W 92; P 97
Präputialbeutel 348; S 359
Präputialgrube 391
Praeputium 341, 347; H 353; K 355;
  S 359; R 365; P 375
– clitoridis 391

Processus, Processus
- caudatus, Leber 120; F 144; S 156; W 189; P 210
- corniculatus 242, 245; H 268; S 275, 277; W 286; P 295
- cuneiformis 242, 245; H 268; P 295
- dorsalis glandis 346; P 375
- papillaris, Leber 120; F 144; W 189
- uncinatus 233; F 266, 267
- urethrae 310, 345, 347; Sf, Z 366
- vaginalis, weiblicher 386; H 401
- − peritonaei 8, 333, 334
- vermiformis Hase, Kan. 114
Prostata (s. a. Gl. prostatica, Vorsteherdrüse) 327, 340; H 350; K 351; S 356; W 362; P 370
−, Pars disseminata 340
Proventriculus 103; W 159, 160, 170
Psalter (s. a. Buch) 103; W 159, 163, 176
Psalterblätter W 176
Psalter-Labmagenöffnung W 176
Psalterrinne W 174, 175, 176
Pseudopapillen H 311; K 312; Sf, Z 320
Pudendum femininum 390
Pulmo 219, 255; F 270; S 277; W 287; P 298
Pulmonalgefäße 264, 265; F 270; S 280; W 290; P 299
Pulpa dentis 77
Pulvinus, Pulvini
- cervicales, Cervix uteri 386; S 406; Sf, Z 415
- dentalis 24; W 67, 91
Putzdrüsen K 58
Pylorus 103; F 132; S 149; W 166; P 194
Pylorusdrüsenzone 106, 107; F 135; S 149; W 176; P 195
Pyloruswulst S 149; W 177

Rachen 11, 45; F 61; S 64; W 70; P 76
Rachenenge 21, 47, 51
Rachengewölbe 45
Rachenhöhle 19, 21, 45
Rachenmandel 54, 56, 233; F 61, 62, 267; S 65, 273; W 71, 281; P 77
Rachenring, lymphatischer 54; F 62; S 65; W 71; P 76
Rachenseptum S 65, 273; W 71, 281
Rachentasche S 65
Radix dentis 77
- linguae 21, 26
- mesenterii 16; F 137; S 150, 151
- penis 341
- pulmonis 256
Ramus, Rami
- bronchalis 265
- capsulares, Niere 306
Randpapillen 27, 28
Rankenarterien 347
Rankengeflecht 337
Recessus, Recessus
- caudalis omentalis 14; F 135; S 149; W 179; P 197
- conchae dorsalis 229; F 266; P 292
- − mediae 230; S 273; W 281
- − ventralis 229, 230; S 273; W 281; P 292

Recessus, Recessus (Fortsetzung)
- costodiaphragmaticus 6, 256
- interlaminares, Buch W 176
- laryngis medianus 250; S 277; P 298
- lienalis F 136
- maxillaris 236; F 267
- mediastini 6, 256
- pelvis, Niere 307; F 313; Sf, Z 320
- piriformis 49, 58, 250; F 61; S 64; W 71; P 76
- ruminis W 162
- sublingualis lateralis 34, 44; F 61; S 64; P 75
- supraomentalis W 179, 181, 182
- terminales, Niere 307; P 323
Rectum (s. a. Rektum, Mastdarm) 11, 109, 110, 114, 115; F 140; S 152; W 188; P 208
Regio, Regiones
- abdominis caudalis 9, 10
- − cranialis 9, 10
- − lateralis 10
- − media 9, 10
- analis 11
- hypochondriaca 10
- inguinalis 10
- laterales nasi 221
- lumbalis 10
- olfactoria, Nase 225; F 266
- perinealis 11
- pubica 10
- respiratoria, Nase 225
- umbilicalis 10
- urogenitalis 11
- xiphoidea 10
Reißzahn H 85; K 88
Rektum (s. a. Rectum, Mastdarm) 11, 109, 110, 114, 115
Ren (s. a. Niere) 300; F 310; S 314; R 317; Sf, Z 320; P 321
Renculi 304; R 318
Rete testis 328
Reticulum (s. a. Haube) 103; W 159, 162, 173
retroserös 3
retrovelar S 64; P 74
Rhaphe palati 26; F 60; S 62; W 67; P 72
- pharyngis 50, 51
- praeputii 347
- scroti 334
Riechgang 226
Riechschleimhaut 225; F 265
Rima glottidis 251
- oris 21; F 58; S 62; R 66; P 72
- vestibuli 250
- vulvae 390
Ringknorpel 242; F 268; S 274; W 285; P 295
Ringknorpel-Luftröhrenverbindung 245
Ringknorpel-Schildknorpel-verbindung 245
Ringknorpel-Stellknorpelverbindung 246
Rippenfell 4, 255
Rostrum S 273
Rugae palatinae 26; F 60; S 62; W 67; P 72

Rumen (s. a. Pansen) 103; W 159, 160, 170
Ruminoreticulum W 159
Rumpfdarm 11, 100; F 131; S 147; W 158; P 194
Rüssel S 273
Rüsselbein 223; S 273
Rüsselscheibe 22, 223, 224; S 62, 273
Rute 327, 341

Sacculi alveolares 261
Saccus, Sacci
- caecus ventriculi 106; P 195
- ruminis W 161
Saliva 36
Salpinx 382
Samenbildung 328
Samenblase 17, 327; P 369
Samenblasendrüse 17, 327, 339; S 356; W 361; P 369
Samenflüssigkeit 340
Samenhügel 309, 333
Samenkanälchen, Bau 328
Samenleiter 333; F 349; S 356; W 360; P 368
Samenleiterampulle 333, 339; W 360; P 369
Samenleitergekröse 333
Samenstrang 333, 336, 337; F 349; S 356; W 360; P 368
Samenstranggekröse 338
Saugpapillen 27, 28
Scham 377, 382, 390; F 403; S 406; R 414; Sf, Z 415; P 420
Schamgegend 10
Schamlippen 377, 390; F 403; S 406; R 414; Sf, Z 415; P 420
Schamspalte 390
Schamwinkel 390
Schaufelknorpelgegend 10
Scheide 377, 382, 388; H 401; K 403; S 406; R 414; Sf, Z 415; P 419
Scheidengewölbe 388; R 414; P 419
Scheidenhautfortsatz 8, 333, 334
−, weiblicher H 401
Scheidenhautring 336
Scheidenklappe P 419
Scheidenvorhof 377, 382, 388; F 403; S 406; R 414; Sf, Z 415; P 419
−, Drüsen 389
Scherengebiß P 98
Schildknorpel 242; F 268; S 274; W 285; P 295
Schildknorpel-Zungenbein-verbindung 246
Schleimhautbälge 29, 54; S 65, 147; W 68; P 72, 76
Schleudermagen W 161, 162
Schließknorpel 242, 245; F 268; S 275; W 285; P 295
Schließmuskel des Mageneingangs 108; S 149; P 195
- − Pförtners 108; F 135; S 149; W 168, 177; P 195
Schlingrachen 45, 47, 48, 49, 51, 232; F 61; S 64, 65; W 70, 71; P 76
Schluckakt 56
Schlundkopf 11, 45; F 61; S 64; W 70; P 76

Schlundkopf (Fortsetzung)
–, lymphatische Einrichtungen 54; F 62; S 65; W 71; P 76
Schlundkopfhöhle 19, 21, 45
Schlundkopfmuskeln 50, 51
Schlundrachen 45, 49; F 61; S 65; W 71; P 76
Schmelz 77
Schmelzbecher 84; W 92; P 96, 98
Schmelzblech 84
Schmelzkappe 84; W 92
Schmelzmantel 84
Schmelzüberzug W 92
Schnauze F 265
Schneidezähne 79, 80, 81; H 84; K 87; S 88, 90; W 91, 92; P 96
Schnurrbart P 72
Schnurrhaare K 58
Schwangerschaft, Dauer F 397; S 403; W 407; P 415
Schwellkörper, Eichel 346
–, Harnröhre 346
–, Penis 341, 344
Scrotum (s. a. Skrotum) 327, 333; F 349; S 355; W 360; P 368
Segelnetz (= Netzsegel) F 136
Segmentbronchen 261; P 299
Segmentum bronchopulmonale 261
Seitenwandknorpel, dorsale 223; F 265; S 273; W 280; P 291
–, ventrale 223; F 265; S 273; W 280; P 291
Sekundärdentin 78; W 92; P 96
Semiplacenta, Semiplazentalier 394
Septula testis 328
Septum, Septa
– conchae dorsalis P 291, 292
– – ventralis P 291, 292
– linguae 29, 30
– nasi 221, 223; F 265; S 273; W 280; P 291
– penis 341
– pharyngis S 65, 273; W 71, 281
– scroti 334
– sinuum frontalium 240; H 267; S 274; W 283; P 294
– – maxillarium 236; P 294
– – palatinorum 240
– – sphenoidalium P 295
Serosa 2
Sertolische Fußzellen 328
Sesamknorpel 242; H 268
Sexualzyklus 377
Siebbeingänge 236
Siebbeinmuscheln 225, 227, 228; F 267; P 294
Siebbeinzellen 241; S 274; W 285
Sinus, Sinus
– anales F 143; S 152
– clitoridis P 420
– conchae 227
– – dorsalis 229; S 273; W 280; P 293
– – mediae 230; W 281; P 293
– – ventralis 229, 230; S 273; W 281; P 293
– conchofrontalis 229; P 293, 294
– epididymalis 338
– frontales 240; H 267, 268; K 267; S 274; W 283, 285; P 294

Sinus, Sinus (Fortsetzung)
– lacrimalis 240; S 274; W 281; Sf, Z 285
– maxillaris 236; S 273; W 281; P 294
– palatinus 240; W 281; P 295
– paranales F 143
– paranasales 221, 226, 227, 236; F 267; S 273; W 281; P 294
– renalis 301, 306
– sphenoidalis 241; K 268; S 274; R 285; P 295
– sphenopalatinus 241; P 295
– urogenitalis 377, 382, 388
Sinusgang 226
Sinushaare F 58; S 62; W 66; P 72
Skrotalwülste 336
Skrotum (s. a. Scrotum) 327, 333
Speichel 36
Speicheldrüsen, große 19, 21, 36, 43, 44; F 60, 61; S 63; W 69, 70; P 74, 75
–, kleine 21, 22, 23, 24, 35; F 59; S 62; W 66; P 72
Speichelkörperchen 54
Speiseröhre 11, 100; F 131; S 147; W 158; P 194
–, Bau 101; F 131; S 147; W 158; P 194
–, Krümmungen W 159
Speiseröhren-Magenöffnung 103; P 195
Speiseröhrenschlitz 7, 101
Sperma 340
Spermatogenese 328
Spitzenkappe, Eichel 346; S 357
–, Klitoris 391
Spitzenknorpel 242, 245; H 268; S 275, 277; W 286; P 295
Splen (s. a. Milz) 213
Stellknorpel 242, 244; F 268; S 275; W 285; P 295
–, Verbindung 246
Stellknorpelbänder 246; F 268; S 275, 276; W 286; P 295, 296
Stimmband 246; F 268; S 276; W 286; P 297
Stimmbildung 251, 252, 253
Stimmfalte 250; F 270; S 277; W 287; P 298
Stimmorgan 253
Stimmritze 251
–, Respirationsbewegungen 253
Stirnhöhlen 240; H 267, 268; K 267; S 274; W 283, 285; P 294
Stirn-Muschelhöhle 229; P 293, 294
Stratum spongiosum, Harnröhre 346
– subdartoicum 334
Sublingualiswulst 34; S 64; P 75
Sulcus, Sulci
– abomasi W 174, 177
– alaris 224; W 280
– dorsalis penis 341
– medianus linguae 27; F 60
– omasi W 174, 175, 176
– omasoabomasicus W 163
– reticuli W 174
– ruminis W 160, 161
– ruminoreticularis W 162
– urethralis penis 341
– venae cavae P 210, 211

Sulcus, Sulci (Fortsetzung)
– – – caudalis 256
– – umbilicalis 121; S 156; W 189
– ventriculi 108; F 135; S 149; W 173; P 195
Syndesmosis cricothyreoidea W 286

Taenia, Taeniae 114, 117; S 151; P 201, 202, 207, 208
– caeci S 151; P 202
– coli S 151; P 207, 208
Tasthaare F 58
Testis (s. a. Hoden) 327; F 349; S 355; W 360; P 368
Thorax 4
Tollwurm 27; F 60
Tonsilla glottica 249; R 287
– lingualis 29, 54; F 60, 62; S 63, 65; W 68, 71; P 76
– palatina 54, 56; F 61, 62; W 71; P 77
– paraepiglottica 54, 56, 249; F 62, 270; S 65, 277; Sf, Z 71, 287
– pharyngea 54, 56, 233; F 61, 62, 267; S 65, 273; W 71, 281; P 77
– sublingualis 34; P 73
– tubaria 54, 56, 233; S 65, 66; W 71; P 76
– veli palatini 54, 56; F 62; S 64, 65; W 71; P 76
Torus linguae 26; W 67
– pyloricus S 149; W 177
Trabeculae corporis spongiosi 346
– corporum cavernosorum 344, 345
Trachea (s. a. Luftröhre) 219, 253; F 270; S 277; W 287; P 298
Trachealspangen 255; F 270; S 277; W 287; P 298
Trächtige Tiere 393
Trächtigkeit, Dauer F 397; S 403; W 407; P 415
Tragsack 396
Tränenbeinhöhle 240; S 274; W 281; Sf, Z 285
Tränen-Nasengang 231; F 265; S 273; W 280; P 291
Trigonum vesicae 309
Trituberkulartheorie 83
[Truncus penis] 341
Truncus pulmonalis 264
Tuba auditiva 47, 233; F 267; S 65; W 71; P 76, 294
– uterina 377, 382; H 399; K 400; S 403; R 408; Sf, Z 415; P 416
Tubenknorpel P 76
Tubenmandel 54, 56, 233; S 65, 66; W 71; P 76
Tubulus, Tubuli
– contortus distalis 305
– – proximalis 305
– renalis 305
– seminiferi contorti 328
Tunica albuginea, Eierstock 378
– – corporis spongiosi 346
– – corporum cavernosorum 341, 343, 344
– – testis 328
– dartos 333, 334
– vaginalis 333
– –, Lamina parietalis 333, 334
– –, – visceralis 337, 338

Umbilicus 8
Unipare Tiere 396
Unterkieferdrüse 21, 36, 43; F 61; S 63; W 69; P 74
Unterlippe 21; F 58; S 62; W 66; P 72
Unterzungendrüsen 21, 36, 44; F 61; S 63; W 70; P 75
Urachus 17
Ureter (s. a. Harnleiter) 300, 307; F 313; S 315; R 319; Sf, Z 320; P 324
–, Pars abdominalis 307
–, – pelvina 307
Urethra (s. a. Harnröhre) 300, 309; F 314; S 317; W 321; P 325
– feminina 309, 377
– masculina 310, 345; F 352; S 359; W 363; P 373, 374
Urnierengang 382
Uterindrüsen 387
Uterinmilch 387
Uterovagina masculina 17
Uterus (s. a. Gebärmutter) 377, 382, 385; F 400; S 405; R 408; Sf, Z 415; P 417
–, gravider 396; F 401; S 406; R 410; P 419
–, –, Evolution 396
–, –, Formveränderungen 396; F 401; S 406; R 410; P 419
–, –, Größenveränderungen 396; F 401; S 406; R 410; P 419
–, –, Internodien F 401
–, –, Lageveränderungen 396; F 401; S 406; R 410; P 419
– bicornis 382
– duplex 382
– masculinus 333
– simplex 382
Uterushals 385; F 401; S 406; R 408; Sf, Z 415; P 419
Uterushörner 385; F 400; S 405; R 408; Sf, Z 415; P 417
Uteruskörper 385; F 401; S 406; R 408; Sf, Z 415; P 417
Uterusmuskulatur 387
Uterusschleimhaut 387
Uvula 51; S 64; W 70

Vagina 377, 382, 388; H 401; K 403; S 406; R 414; Sf, Z 415; P 419
– duplex 382
– masculina H 350
– simplex 382
Valvae caecocolicae P 202
Vasa afferentia, Niere 306
– efferentia, Niere 306
Velum, Vela
– abomasica W 176
– palatinum 21, 45, 51; F 61; S 64; W 70; P 76
Vena, Venae
– arcuatae, Niere 306
– azygos 263
– bronchales 265; F 270; S 280
– capsulares, Niere 306
– centrales, Leber 123
– hepaticae 122
– interlobulares, Leber 122
– interlobares, Niere 306

Vena, Venae (Fortsetzung)
– ovarica 391
– portae 121
– pulmonales 265; F 270; S 280; W 290; P 299
– rectae, Niere 306
– renalis 306
– renis 306
– stellatae, Niere 306
– testicularis 337
– umbilicalis 122
– uterina 392
Ventralgekröse 12, 14
–, Magen 13, 108; F 136; S 149; W 177, 180; P 197
Ventriculus (s. a. Magen) 11, 100, 103; F 132; S 147; W 159; P 194
– laryngis 246, 249, 251; F 270; S 277; P 298
Verbindungen der Kehlkopfknorpel 245; F 268; S 275; W 286; P 295
Verdauungsapparat 1, 19
Verdauungskanal 19
Verdauungsorgane 1
Verschlußkissen 386; S 406; Sf, Z 415
Vertex vesicae 308
Vesica fellea 127; F 145; S 147; W 192
– urinaria 300, 307; F 313; S 315; W 321; P 324
Vesicula seminalis 17, 327; P 369
Vestibulum buccale 21, 23, 43; F 58; S 62; W 66
– bursae omentalis 14, 15; F 136; S 149; W 180; P 197
– labiale 21; F 58; P 72
– laryngis 250; S 277; P 298
– nasi 225
– oris 21; P 74
– oesophagi 45, 49; F 61; S 65; W 71; P 76
– vaginae 377, 382, 388; F 403; S 406; R 414; Sf, Z 415; P 419
Viborgsches Dreieck P 74
Villi intestinales 117
Viscera 1
Vollplazentalier 394
Vorderdarm 11, 19, 100; F 131; S 147; W 158; P 194
Vorhaut 341, 347; H 353; K 355; S 359; R 365; P 375
–, äußere 347; P 375
–, innere 347; P 375
Vorhofband 246; F 268; S 276; P 297
Vorhofdrüsen 389
Vorhofenge, Kehlkopf 250
Vormagen 103; W 159, 160, 170
Vorsteherdrüse 327, 340; H 350; K 351; S 356; W 362; P 370
–, Bau 340
Vulva 377, 382, 390; F 403; S 406; R 414; Sf, Z 415; P 420

Waldeyerscher Rachenring 54; F 62; S 65; W 71; P 76
Wiederkäuermagen W 159
–, Bau W 167
–, Befestigung W 177
–, Form W 160
–, Inneneinrichtungen W 167, 170
–, Lage W 160

Wiederkäuermagen (Fortsetzung)
–, Muskulatur W 168
Winkelgebiß P 96
Wolffscher Gang 382
Wolfszahn P 98
Wurmfortsatz Hase, Kan. 114
Wurzelhaut 77
Wurzelkanal 78
Wurzelzähne 78; H 84; S 88
Wurzelzement 77

Zahn, bleibender 79; S 88
Zahnaltersbestimmung H 86; K 88; S 91; W 96; P 100
Zahnarten 80
Zahnbecher, mondsichelförmig W 92
Zahnbein 77; W 92
Zahnbogen, Zahnbögen 21, 82
–, oberer 82
–, unterer 82
Zahnfach, Zahnfächer 77
Zahnfleisch 24, 77
Zahnformel 81
–, Dauergebiß 82; H 84; K 87; S 88; W 91; P 96
–, Milchgebiß 82; H 85; K 86; S 90; W 94; P 100
Zahnform, Zahnformen 83, 84
Zahngenerationen 79
Zahnhals 77
Zahnhöhle 77, 78; S 88; W 92; P 96
Zahnkrone 77
Zahnplatte 24; W 67, 91
Zahnpulpa 77
Zahnsternchen W 92; P 96
Zahnwechsel 79
Zahnwurzel 77
Zahnzahl 81
Zähne 77, 79; F 84; S 88; W 91; P 96
–, Durchbruch und Wechsel H 85, 86; K 87; S 90, 91; R 93; Sf 94; Z 95; P 99
–, schmelzfaltige 77, 84; P 97
–, schmelzhöckerige 77, 84; H 84; P 96
–, wurzellose 78; S 88
Zäkum (s. a. Caecum, Blinddarm) 11, 109, 110, 114
Zangen W 91; P 96
Zangengebiß P 96
Zement 77
Zementoblasten 77
Zentralvenen 123
Zentralvenenläppchen 124
Zervikaldrüsen 388
Zervikalkanal 385; F 401; S 406; R 408; Sf, Z 415; P 419
Zervixgewebe 388; R 408
Zirkumanaldrüsen F 143
Zirkumoraldrüsen K 58
Zona columnaris ani F 143; S 152; W 188
– cutanea F 143; S 152; W 188
– intermedia F 143; S 152
– parenchymatosa, Eierstock 378
– vasculosa, Eierstock 378
Zottenpumpe 117
Zunge 21, 26; F 60; S 63; W 67; P 72
–, Bau 26
–, Form 26

Zunge (Fortsetzung)
–, Innervation 26
–, lymphoretikuläres Gewebe 29;
    F 60; S 63; W 68
Zungenbälge 29, 54; S 63; P 72,
    76
Zungenbändchen 26, 34; F 60;
    S 63; W 67; P 72, 73
Zungenbein 26
Zungenbeinmuskeln 30
Zungenbodentonsille Z 69
Zungendrüsen 21
Zungengrund 21, 26
Zungenkörper 26; F 60; S 63; P 72

Zungenmandel 29, 54; F 60, 62; S 63,
    65; W 68, 71; P 76
Zungenmuskeln 29
Zungenpapillen 27; F 60; S 63; W 67;
    P 72
Zungenranddrüsen 28; S 63; W 68;
    P 73
Zungenrücken 26
Zungenrückenknorpel 27; P 72
Zungenrückenwulst 26; W 67
Zungenschleimhaut 27
Zungenspitze 26
Zungenwurzel 21, 26
Zwerchfell 2, 7

Zwischenknorpel, Kehlkopf 245,
    246; H 268; S 275, 276
Zwischenzahnrand 82; S 88; P 72, 97
Zwischenzellen, Hoden 328
Zwölffingerdarm 11, 109, 110, 111;
    F 137; S 149; W 181; P 199
–, Bänder 12, 15, 108, 111, 121; F 136,
    137, 140, 145; S 149, 150, 157, 158;
    W 180, 182, 186, 190; P 197, 199,
    200, 211
Zwölffingerdarmgekröse 12, 16;
    S 158; P 199
Zyklus 393
–, Dauer F 397; S 403; W 407; P 415

Notizen

Notizen

Notizen

Notizen